신재생에너지
발전설비 [태양광]
기사 필기

예문사

PREFACE
New and Renewable Energy

화석연료의 고갈이라는 인류가 당면한 과제를 해결하고 화석연료 사용으로 인한 환경문제 등을 극복하기 위한 방안으로 신·재생에너지에 관한 연구가 꾸준히 진행되고 있다. 미국, 독일, 일본 등 선진국에서는 정부 주도하에 신·재생에너지에 대한 R&D가 지속적으로 진행되고 있고 우리나라도 신·재생에너지에 대한 연구·개발에 박차를 가하고 있는 실정이다.

이처럼 대체에너지 개발과 환경문제 등에 관한 보다 활발한 연구, 개발, 관리가 필요한 시점에서 이 분야의 전문기술인력을 확보하기 위해 신·재생에너지 발전설비(태양광)에 대한 자격증 제도를 도입하여 실시해 오고 있다.

이 책은 자격시험 준비를 위한 것으로서 산업인력관리공단의 출제기준에 따라 전체 내용을 구성하였고, 각 편마다 실전예상문제 풀이를 통해 내용을 다시 한 번 정리할 수 있도록 하였으며, 최종적으로 CBT 대비 모의고사 문제를 풀어봄으로써 시험에 충분히 대비할 수 있도록 하였다.

끝으로 모든 수험생에게 합격의 영광이 함께하기를 바라고, 책을 출간하는 데 많은 도움을 주신 주경야독과 예문사에 감사의 마음을 전한다.

건축전기설비기술사 **박문환**

New and Renewable Energy

INFORMATION

CBT 웹 체험 Preview

한국산업인력공단(www.q-net.or.kr)에서는 실제 컴퓨터 필기시험 환경과 동일하게 구성된 자격검정 CBT 웹 체험을 제공하고 있습니다. 또한, 예문사 홈페이지(http://yeamoonsa.com)에서도 CBT 형태의 모의고사를 풀어볼 수 있으니 참고하여 활용하시기 바랍니다.

수험자 정보 확인

시험장 감독위원이 컴퓨터에 나온 수험자 정보와 신분증이 일치하는지를 확인하는 단계입니다. 수험번호, 성명, 주민등록번호, 응시종목, 좌석번호를 확인합니다.

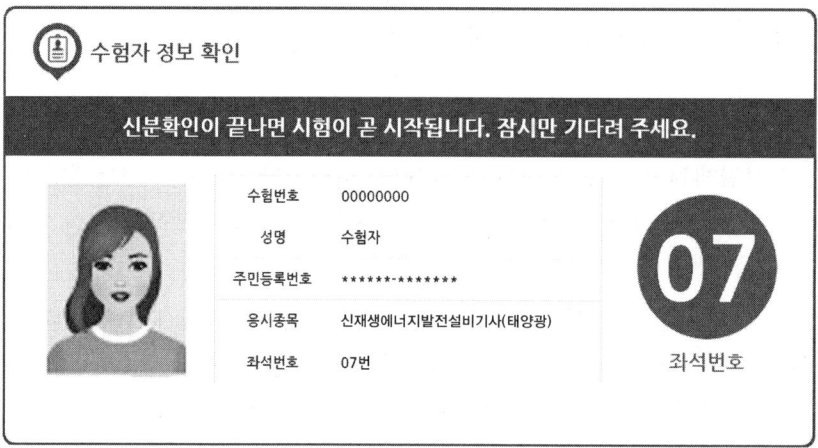

안내사항

시험에 관련된 안내사항이므로 꼼꼼히 읽어보시기 바랍니다.

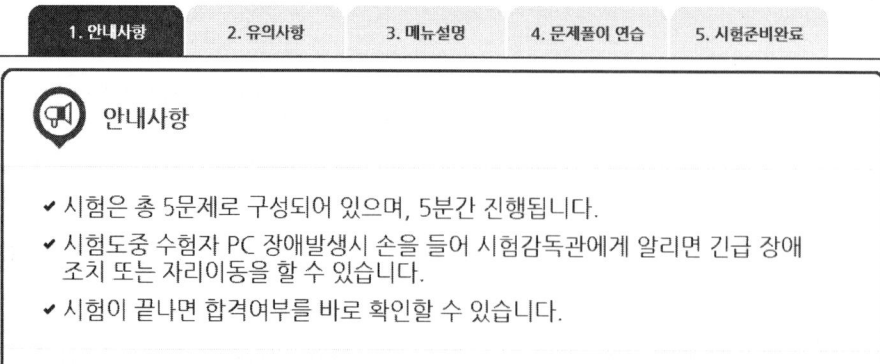

유의사항

부정행위는 절대 안 된다는 점, 잊지 마세요!

> **유의사항 - [1/3]**
>
> - 다음과 같은 부정행위가 발각될 경우 감독관의 지시에 따라 퇴실 조치되고, 시험은 무효로 처리되며, 3년간 국가기술자격검정에 응시할 자격이 정지됩니다.
>
>   ✓ 시험 중 다른 수험자와 시험에 관련한 대화를 하는 행위
>   ✓ 시험 중에 다른 수험자의 문제 및 답안을 엿보고 답안지를 작성하는 행위
>   ✓ 다른 수험자를 위하여 답안을 알려주거나, 엿보게 하는 행위
>   ✓ 시험 중 시험문제 내용과 관련된 물건을 휴대하여 사용하거나 이를 주고받는 행위

다음 유의사항 보기 ▶

문제풀이 메뉴 설명

문제풀이 메뉴에 대한 주요 설명입니다. CBT에 익숙하지 않다면 꼼꼼한 확인이 필요합니다. (글자크기/화면배치, 전체/안 푼 문제 수 조회, 남은 시간 표시, 답안 표기 영역, 계산기 도구, 페이지 이동, 안 푼 문제 번호 보기/답안 제출)

> **문제풀이 메뉴 설명**
>
> - 아래 문제풀이 기능 설명을 유의해서 읽고 기능을 숙지해 주십시오.

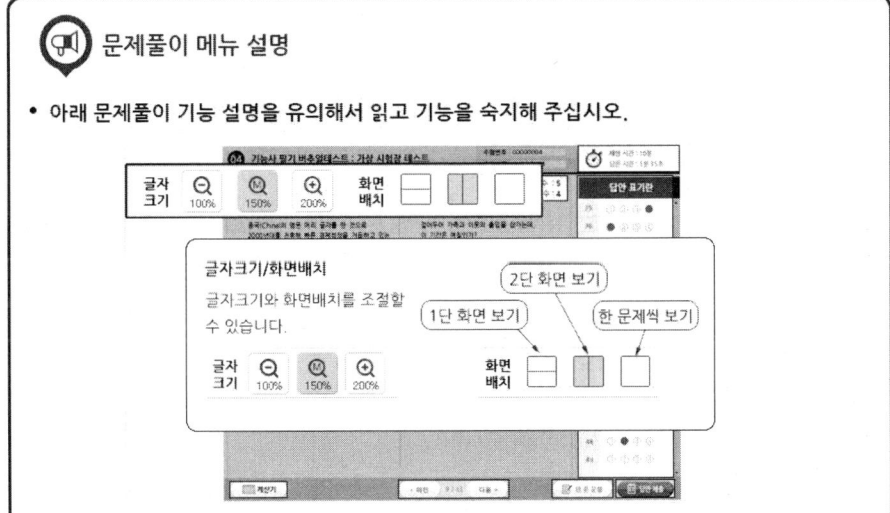

INFORMATION

시험준비 완료!

이제 시험에 응시할 준비를 완료합니다.

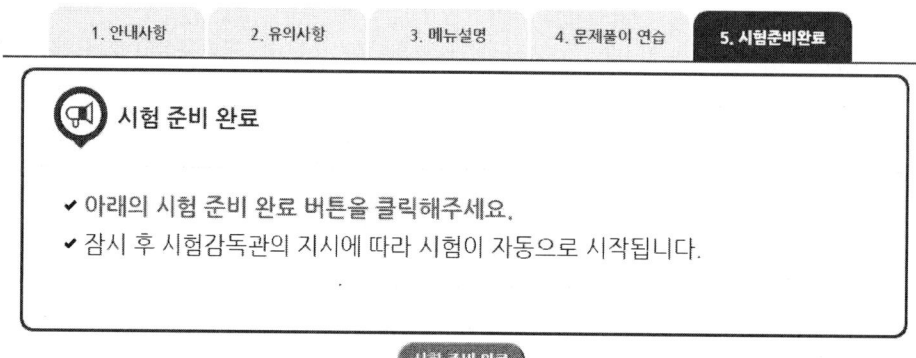

시험화면

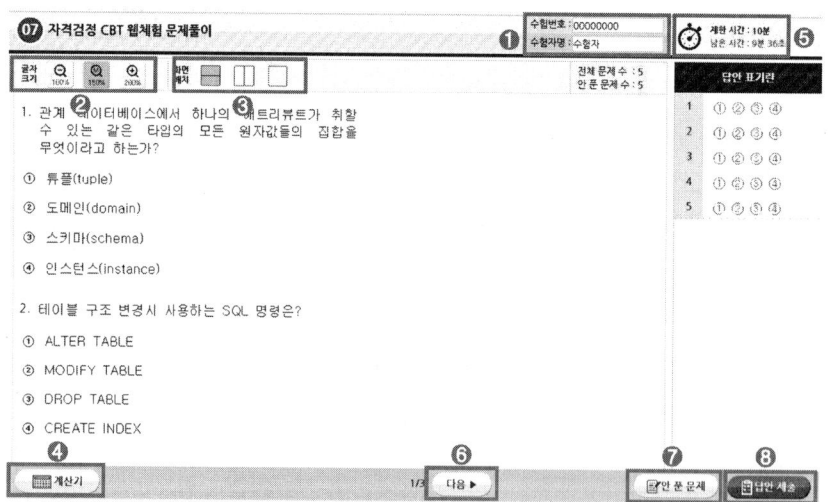

❶ 수험번호, 수험자명 : 본인이 맞는지 확인합니다.
❷ 글자크기 : 100%, 150%, 200%로 조정 가능합니다.
❸ 화면배치 : 2단 구성, 1단 구성으로 변경합니다.
❹ 계산기 : 계산이 필요할 경우 사용합니다.
❺ 제한 시간, 남은 시간 : 시험시간을 표시합니다.
❻ 다음 : 다음 페이지로 넘어갑니다.
❼ 안 푼 문제 : 답안 표기가 되지 않은 문제를 확인합니다.
❽ 답안 제출 : 최종답안을 제출합니다.

답안 제출

문제를 다 푼 후 답안 제출을 클릭하면 다음과 같은 메시지가 출력됩니다.
여기서 '예'를 누르면 답안 제출이 완료되며 시험을 마칩니다.

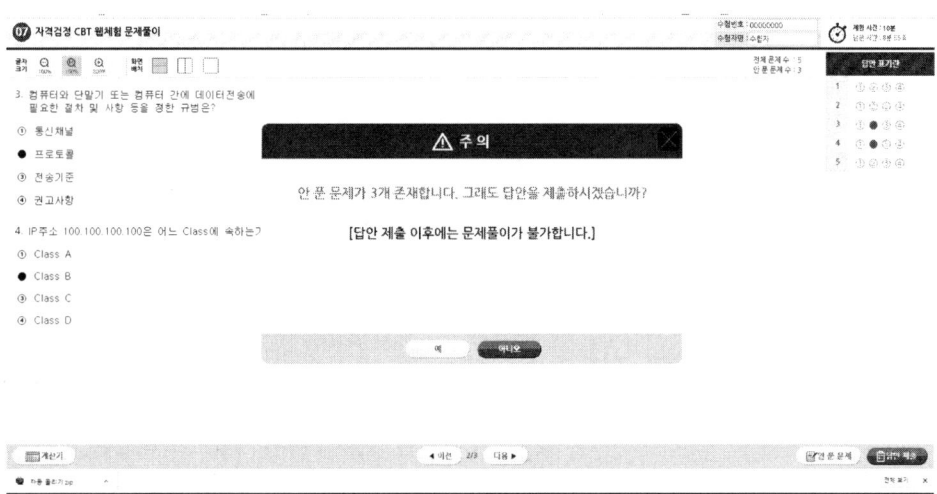

알고 가면 쉬운 CBT 4가지 팁

1. **시험에 집중하자.**
   기존 시험과 달리 CBT 시험에서는 같은 고사장이라도 각기 다른 시험에 응시할 수 있습니다. 옆 사람은 다른 시험을 응시하고 있으니, 자신의 시험에 집중하면 됩니다.

2. **필요하면 연습지를 요청하자.**
   응시자의 요청에 한해 시험장에서는 연습지를 제공하고 있습니다. 연습지는 시험이 종료되면 회수되므로 필요에 따라 요청하시기 바랍니다.

3. **이상이 있으면 주저하지 말고 손을 들자.**
   갑작스럽게 프로그램 문제가 발생할 수 있습니다. 이때는 주저하며 시간을 허비하지 말고, 즉시 손을 들어 감독관에게 문제점을 알려주시기 바랍니다.

4. **제출 전에 한 번 더 확인하자.**
   시험 종료 이전에는 언제든지 제출할 수 있지만, 한 번 제출하고 나면 수정할 수 없습니다. 맞게 표기하였는지 다시 확인해보시기 바랍니다.

INFORMATION

신재생에너지발전설비기사(태양광) 필기

직무분야	환경 · 에너지	중직무분야	에너지 · 기상	자격종목	신재생에너지발전설비기사(태양광)	적용기간	2025.1.1.~2028.12.31.

직무내용 : 신재생에너지설비에 대한 공학적 기초이론 및 숙련기능, 응용기술 등을 가지고 태양광발전설비를 기획, 설계, 시공, 감리, 운영, 유지보수와 안전 업무 등을 수행하는 직무이다.

필기검정방법	객관식	문제수	80	시험시간	2시간

필기과목명	문제수	주요항목	세부항목	세세항목
태양광 발전 기획	20	1. 태양광발전 설비용량조사	1. 음영분석	1. 음영분석 2. 어레이 이격거리
			2. 태양광발전 설비용량 산정	1. 발전설비용량 산정 2. 태양광발전 모듈 선정 3. 태양광 인버터 선정 4. 태양광발전 모듈의 온도계수 특성 등
			3. 태양광발전시스템 구성요소 개요	1. 태양전지 2. 태양광발전 모듈 3. 전력변환장치 4. 전력저장장치 5. 바이패스 소자 6. 역류방지 소자 7. 접속반 8. 교류 측 기기 9. 피뢰소자 등
		2. 태양광발전 사업 환경분석	1. 주변 기상 · 환경 검토	1. 일조시간, 일조량 2. 위도, 경도, 방위, 고도각 3. 설치 가능 여부 조사 4. 주변 환경조건 및 기후자료 분석 등
		3. 태양광발전 사업 부지 환경조사	1. 태양광발전부지 조사	1. 태양광발전부지 타당성 검토 2. 태양광발전부지 조사 3. 발전부지 면적 4. 공부서류 등 검토

필기과목명	문제수	주요항목	세부항목	세세항목
		4. 태양광발전 사업부지 인허가 검토	1. 국토 이용에 관한 법령 검토	1. 전기사업법령 2. 전기공사업법령 3. 전기(발전)사업 허가 기준 4. 국토의 계획 및 이용에 관한 법령
			2. 신재생에너지 관련 법령 검토	1. 신에너지 및 재생에너지 개발·이용·보급 촉진법령 2. 신에너지 및 재생에너지 설비의 지원 등에 관한 규정 및 지침 3. 신에너지 및 재생에너지 공급의무화 제도 관리 및 운영 지침 등
		5. 태양광발전 사업 허가	1. 태양광발전 사업계획서 작성	1. 전기사업신청서 검토 2. 송전관계일람도 준비 등
			2. 태양광발전 인허가 검토	1. 인허가 법령 검토 2. 개발행위 인허가 검토 3. 관련기관 인허가 기준 4. 제반서류 및 첨부서류 준비 등
		6. 태양광발전 사업 경제성 분석	1. 태양광발전 경제성 분석	1. 사업비 2. 경제성
			2. 태양광발전량 분석	1. 부하설비용량 2. 전력설비 손실 3. 태양광발전시스템 이용률 등
태양광 발전 설계	20	1. 태양광발전 토목설계	1. 태양광발전 토목 설계	1. 토목설계도서 2. 토목측량 및 지반조사도서
			2. 태양광발전 토목 설계 도면 검토	1. 토목설계도면
		2. 태양광발전 구조물 설계	1. 태양광발전 구조물 설계	1. 구조물 기초 2. 구조 설계도서 3. 구조계산서 4. 구조물 형식
			2. 태양광발전 구조물 설계 검토	1. 안전성, 시공성, 내구성을 고려한 도서 검토

INFORMATION

필기과목명	문제수	주요항목	세부항목	세세항목
		3. 태양광발전 어레이 설계	1. 태양광발전 전기배선 설계	1. 태양광발전 모듈 배선 2. 전기설비기술기준 3. 한국전기설비규정(KEC) 등
			2. 태양광발전 모듈배치 설계	1. 태양광발전 모듈의 직병렬 계산 2. 태양광발전 모듈 배치 등
			3. 태양광발전 어레이 전압강하 계산	1. 전압강하 및 전선 선정 2. 어레이 출력전압 특성 등 3. 직류 측 구성기기 선정
		4. 태양광발전 계통연계장치 설계	1. 태양광발전 수배전반 설계	1. 수배전반 설계도서 작성 2. 분산형 전원 계통연계 기술기준 등 3. 교류 측 구성기기 선정 4. 전기실 면적 산정
			2. 태양광발전 관제시스템 설계	1. 방범시스템 2. 방재시스템 3. 모니터링 시스템 등
		5. 태양광발전 시스템 감리	1. 태양광발전 설계 감리	1. 설계도서 검토 2. 전력기술 관리법 3. 설계감리업무 수행지침 등
			2. 태양광발전 착공 감리	1. 착공서류 등 검토 2. 착공감리
			3. 태양광발전 시공 감리	1. 공사 시방서 등 2. 시공감리
		6. 도면작성	1. 도면기호	1. 전기도면 관련 기호 2. 토목도면 관련 기호 3. 건축도면 관련 기호
			2. 설계도서 작성	1. 설계도서의 종류 2. 시방서의 개념 3. 시방서의 작성요령 4. 설계도의 개념 5. 설계도의 작성요령

필기과목명	문제수	주요항목	세부항목	세세항목
태양광 발전 시공	20	1. 태양광발전 토목공사	1. 태양광발전 토목공사 수행	1. 설계도면의 해석 2. 토목 시공 기준 3. 사용자재의 규격 4. 시방서 검토
			2. 태양광발전 토목공사 관리	1. 공정관리 2. 토목설계 내역 검토 3. 시공계획서 검토 4. 시공 상태 적합성 5. 공사현장 환경관리 등
		2. 태양광발전 구조물 시공	1. 태양광발전 구조물 시공	1. 태양광발전용 구조물 설치 2. 구조물 형태와 시공 공법 등
		3. 태양광발전 전기시설 공사	1. 태양광발전 어레이 시공	1. 어레이 시공 2. 전기 배선 및 접속반 설치 기준 3. 사용자재 규격 및 적합성 등
			2. 태양광발전 계통연계 장치 시공	1. 발전량 및 입출력 상태 확인 2. 인버터와 제어장치 설치 3. 수배전반 설치 4. 계통 연계 시공 5. 전기실 건축물 시공 6. 전기 및 위험물 관련 법규 등
			3. 전기 · 전자 기초	1. 전기 기초 이론 2. 전자 기초 이론 3. 송전설비 기초 이론 4. 배전설비 기초 이론 5. 변전설비 기초 이론
			4. 배관 · 배선 공사	1. 배관 시공 2. 배선 시공 3. 케이블트레이 시공 4. 덕트 시공 등
		4. 태양광발전 장치 준공 검사	1. 태양광발전 사용 전 검사	1. 보호계전기 특성 및 동작시험 2. 접지 및 절연저항 3. 보호장치 종류 및 시설조건 4. 안전진단 절차 및 설비 5. 단락전류 및 지락전류 6. 낙뢰 보호설비 등 7. 사용 전 검사 준비 8. 항목별 세부검사 및 동작시험 등

필기과목명	문제수	주요항목	세부항목	세세항목
태양광 발전 운영	20	1. 태양광발전 시스템 운영	1. 태양광발전 사업개시 신고	1. 사업개시 신고 등 2. SMP 및 REC 정산관리 등 3. 전기 안전관리자 선임 등
			2. 태양광발전설비 설치 확인	1. 설비점검 체크리스트 2. 설치된 발전설비 부품의 성능검사 등 3. 발전설비 설치 확인 등
			3. 태양광발전시스템 운영	1. 발전시스템 점검 방법과 시기 2. 태양광 모니터링 시스템 3. 발전시스템 운영 관리 계획 4. 발전시스템 비정상 운영 시 대처 및 조치 등
		2. 태양광발전 시스템 유지	1. 태양광발전 준공 후 점검	1. 태양광발전 모듈·어레이 측정 및 점검 2. 토목시설물 점검 3. 접속반, 인버터, 주변 기기·장치 점검 4. 운전, 정지, 조작, 시험준공도면 검토 5. 준공도면 검토 등
			2. 태양광발전 점검개요	1. 일상점검 항목 및 점검요령 2. 정기점검 항목 및 점검요령
			3. 태양광발전 유지관리	1. 발전설비 유지관리 2. 송전설비 유지관리 3. 태양광발전시스템 고장원인 4. 태양광발전시스템 문제진단 5. 고장별 조치방법 6. 유지관리 매뉴얼
		3. 태양광시스템 안전관리	1. 태양광발전 시공상 안전 확인	1. 시공 안전관리 2. 안전교육의 시행과 훈련 3. 안전관리 조직 운영 등
			2. 태양광발전 설비상 안전 확인	1. 설비 안전관리 2. 설비보존계획 3. 작업 중 안전대책 등
			3. 태양광발전 구조상 안전 확인	1. 구조 안전관리 2. 구조물 시공 절차와 방법 3. 천재지변에 따른 구조상 안전계획 4. 안전 관련 법규 등
			4. 안전관리 장비	1. 안전장비 종류 2. 안전장비 보관요령

PART 01. 태양광발전 기획

Section 01 태양광발전 설비용량조사 • 2
- 01 음영분석 및 주변 기상환경검토 ·· 2
- 02 태양광발전 설비용량 산정 ·· 9
- 03 태양광발전시스템 구성요소 개요 ·· 23

Section 02 태양광발전 사업부지환경조사 • 55
- 01 태양광발전 부지조사 ·· 55

Section 03 태양광발전 사업부지 인허가 검토 • 57
- 01 국토 이용에 관한 법령 검토 ·· 57
- 02 신재생에너지 관련 법령 검토 ·· 72

Section 04 태양광발전 사업허가 • 103
- 01 태양광발전 사업계획서 작성 및 인허가 검토 ·· 103

Section 05 태양광발전 사업 경제성 분석 • 107
- 01 태양광발전 경제성 분석 ·· 107
- 02 태양광발전량 분석 ·· 112

Section 06 실전예상문제 • 114
- 01 태양광발전 설비용량조사 ·· 114
- 02 태양광발전 사업환경 분석 ·· 200
- 03 태양광발전 사업부지환경조사 ·· 208
- 04 태양광발전 사업부지 인허가 검토 ·· 211
- 05 태양광발전 사업허가 ·· 270
- 06 태양광발전 사업 경제성 분석 ·· 273

PART 02. 태양광발전 설계

Section 01 태양광발전 토목설계 • 280

- 01 태양광발전 토목설계 …………………………………………………………… 280
- 02 태양광발전 구조물설계 ………………………………………………………… 282
- 03 태양광발전 어레이 설계 ………………………………………………………… 285
- 04 태양광발전 계통 연계장치 설계 ……………………………………………… 295
- 05 태양광발전시스템 감리 ………………………………………………………… 303
- 06 도면작성 …………………………………………………………………………… 307

Section 02 실전예상문제 • 322

- 01 태양광발전 토목 및 구조물설계 ……………………………………………… 322
- 02 한국전기설비규정(KEC) ………………………………………………………… 331
- 03 태양광발전 모듈배치 및 전압강하 계산 …………………………………… 370
- 04 태양광발전 수배전반 및 관제시스템 설계 ………………………………… 382
- 05 태양광발전시스템 감리 ………………………………………………………… 393
- 06 도면작성 …………………………………………………………………………… 423

PART 03. 태양광발전 시공

Section 01 태양광발전 토목공사 • 430

　　01 태양광발전 토목공사 수행 ·· 430

Section 02 태양광발전 구조물 시공 • 439

　　01 발전형태별 구조물 시공 ·· 439

Section 03 태양광발전 전기시설공사 • 441

　　01 태양광발전 어레이 시공 ·· 441
　　02 태양광발전 계통 연계장치 시공 ·· 446
　　03 전기전자 기초 ·· 474
　　04 배관 · 배선공사 ·· 502

Section 04 태양광발전 장치 준공검사 • 505

　　01 태양광발전 사용 전 검사 ·· 505

Section 05 실전예상문제 • 526

　　01 태양광발전 토목공사 및 구조물 시공 ·· 526
　　02 태양광발전 어레이 및 계통연계장치 시공 ·· 547
　　03 기초이론(전기, 전자, 송전 · 배전 · 변전) ··· 602
　　04 태양광발전 준공검사 및 사용 전 검사 ·· 632

PART 04. 태양광발전 운영

Section 01 태양광발전시스템 운영 • 640

    01 태양광발전 사업개시 신고 ··· 640
    02 태양광발전설비 설치확인 ··· 644
    03 태양광발전시스템 운영 ·· 647

Section 02 태양광발전시스템 유지 • 652

    01 태양광발전 준공 후 점검 ··· 652
    02 태양광발전 점검 개요 ·· 670
    03 태양광발전 유지관리 ··· 674

Section 03 태양광발전시스템 안전관리 • 683

    01 태양광발전 시공상 안전 확인 ·· 683
    02 태양광발전 설비상 안전 확인 ·· 685
    03 태양광발전 구조상 안전 확인 ·· 689
    04 안전관리장비 ·· 690

Section 04 실전예상문제 • 693

    01 태양광발전시스템 운영 ·· 693
    02 태양광발전시스템 유지(준공 후 점검, 점검개요, 유지관리) ········ 724
    03 태양광시스템 안전관리(시공, 설비, 구조, 장비) ····················· 797

PART 05. CBT 대비 모의고사

- 01 제1회 CBT 대비 모의고사 ·· 810
- 02 제2회 CBT 대비 모의고사 ·· 826
- 03 제3회 CBT 대비 모의고사 ·· 841
- 04 제4회 CBT 대비 모의고사 ·· 857
- 05 제5회 CBT 대비 모의고사 ·· 873
- 06 제6회 CBT 대비 모의고사 ·· 889
- 07 제7회 CBT 대비 모의고사 ·· 906
- 08 제8회 CBT 대비 모의고사 ·· 922

PART 01 태양광발전 기획

SECTION 001 태양광발전 설비용량조사

01 음영분석 및 주변 기상환경검토

■ 음영분석

1. 일사량과 일조량

일조량은 일사량과 동일한 의미로 사용된다.

1) 일조량의 단위

① $[kcal/m^2 \cdot h]$, $[kWh/m^2 \cdot day]$, $[MJ/m^2 \cdot month]$, $[MJ/m^2 \cdot year]$

② $1[kWh] ≒ 860[kcal]$

③ $1[J] ≒ 0.24[cal]$

④ $1[cal] ≒ 4.2[J]$

⑤ $1[kWh] = \dfrac{860[kcal]}{0.24[cal]}[J] = 3.6[MJ]$

⑥ $1[MJ/m^2 \cdot year] = 1 \times 10^6 [J/m^2 \cdot year] = \dfrac{1}{3.6}[kWh/m^2 \cdot year]$

2) 일사량

① 일사란 대기 중의 어느 한 점 또는 지표의 어느 한 점에서 받는 태양복사

② 하루 중의 일사량은 태양고도가 가장 높을 때인 남중시에 최대

③ 1년 중에는 하지경에 최대

3) 일조량

① 일조란 태양 직사광선이 구름이나 안개 등에 차단되지 않고 지표면에 비추는 것

② 전일조량(또는 수평면 일조량) : 규정된 일정 기간에 걸쳐 지표면에 직접 도달하는 햇빛과 산란되어 도달하는 햇빛을 모두 더한 값인 전일조 강도를 적산한 것

③ 산란일조량 : 규정된 일정 기간에 걸쳐 햇빛이 대기를 지나는 동안, 공기분자, 구름, 연무(Aerasol) 입자 등에 산란되어 도달하는 산란일조 강도를 적산한 것

4) 표준시험조건(Standard Test Conditions)

대기질량정수 : AM(Air Mass) 1.5, 복사강도 $1,000[W/m^2]$, 기준온도 $25[℃]$

5) 표준운전조건

① AM 1.5, 복사강도 1,000[W/m²]

② NOTC(Nominal Operating Photovoltaic Cell Temperature) 적용
- NOTC : 공칭 태양광발전전지 동작온도
- 셀 온도 보정산식

$$T_{cell} = T_{Air} + \frac{NOTC - 20}{800} S$$

여기서, T_{Air} : 주위 온도 20[℃]

S : 경사면일조강도 1,000[W/m²]

2. 계절별 태양고도 변화

1) 태양고도

지평면과 태양의 중심이 이루는 각

2) 계절별 태양의 남중고도

① 남중고도의 변화로 인해 계절변화가 생기며 그림자 길이가 달라진다. 하지 때 그림자 길이가 가장 짧고 동지 때 그림자 길이가 가장 길다.

② 위도가 37° 기준일 때 절기별 태양의 남중고도는 다음과 같다.

㉠ 하지 : $90 - \phi + 23.5 = 90 - 37 + 23.5 = 76.5°$

㉡ 춘분, 추분 : $90 - \phi = 90 - 37 = 53°$

㉢ 동지 : $90 - \phi - 23.5 = 90 - 37 - 23.5 = 29.5°$

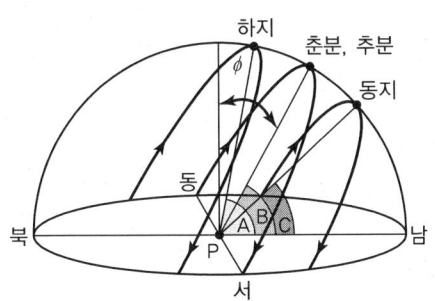

[절기별 태양의 남중고도]

A : 하지 때 태양의 남중고도
B : 춘분, 추분 때 태양의 남중고도
C : 동지 때 태양의 남중고도
ϕ : 그 지역의 위도

> - 남중고도 : 하루 중 태양의 고도가 가장 높을 때 고도
> - 위도 : 적도를 기준으로 남쪽과 북쪽을 나타내는 것
> - 경도 : 그리니치 천문대를 본초자오선으로 서쪽과 동쪽의 위치를 측정하는 것

3. 태양궤적 및 음영각

1) 태양궤적

(1) 태양궤적도

연중 태양의 궤적을 방위각과 고도각의 표로 나타낸 것

(2) 방위각(태양광 어레이가 정남향을 이루는 각)

① 태양의 위치와 관측점을 잇는 직선과 균분원 면에 연직이고 관측점을 지나는 수평면이 이루는 각도가 지면에 투영된 각도

② 방위각 : 정남 0°, 남동 −45°, 정동 −90°, 남서 45°, 정서 90°

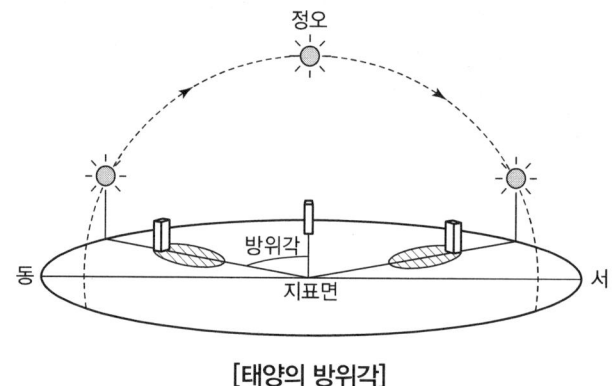

[태양의 방위각]

(3) 태양궤적도의 이용

태양궤적도를 이용하면 특정 지역, 특정 시각에서의 태양위치와 일출·일몰시간을 알 수 있다.

(4) 신태양궤적도

균시차를 고려한 태양궤적도로서 특정 월일의 태양궤적과 시각선이 나타나 있어 태양의 고도각과 방위각을 쉽게 찾을 수 있다.

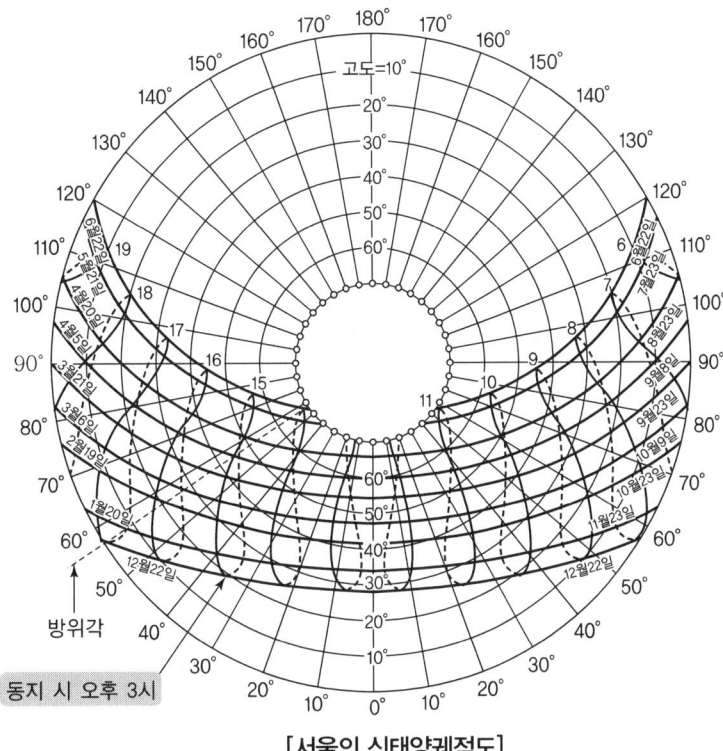

[서울의 신태양궤적도]

(5) 신월드램 태양궤적도
　① 관측자가 천구 상의 태양경로를 수직평면 상의 직교좌표로 나타낸 것
　② 태양광 획득을 위한 건물의 조향 태양광 어레이 설계 시 필수적이다.

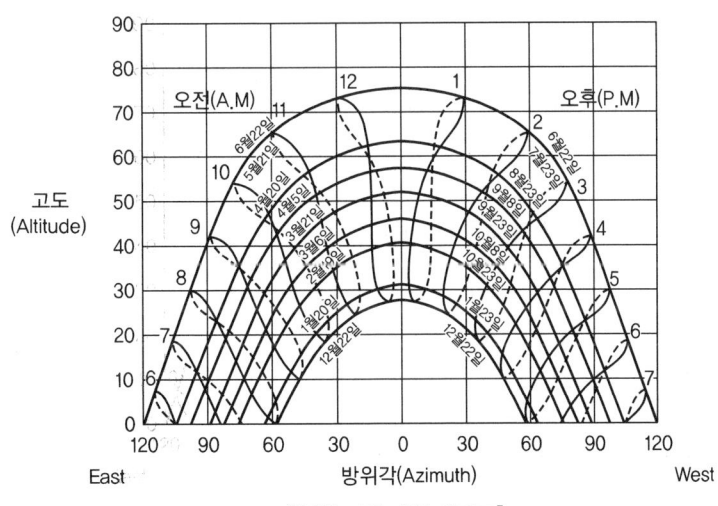

[신월드램 태양궤적도]

2) 음영각

   (1) 수직 음영각(입사각, 경사각)
       지면의 그림자 끝지점과 구조물의 상부를 이은 선과 지면이 이루는 각

   (2) 수평 음영각(방위각)
       1일 동안 그림자가 수평면에서 이동한 각

   (3) 음영각을 고려한 어레이 배치
       ① 지형(산세), 건물 등을 고려하여 어레이 배치
       ② 그림자 길이를 고려하여 어레이 배치
       ③ 그늘이 가장 길어지는 동지의 오전 9시에서 오후 3시 사이에 어레이에 그늘이 생기지 않도록 배치

4. 음영의 유형 및 분석

1) 음영의 발생원인 및 영향

   (1) 원인 : 구조물, 어레이 상호 배치 등
   (2) 영향 : 음영이 생기거나 오염된 셀 또는 모듈은 전기를 생산하지 못하고 오히려 부하가 되어 역전류 방향의 전류를 소비하여 셀이 손상될 때까지 가열되어 열점(Hot Spot)을 만들어 출력의 손실 발생
   (3) 대책 : Bypass Diode 설치

2) 음영에 따른 셀의 직렬연결 시 출력 변화

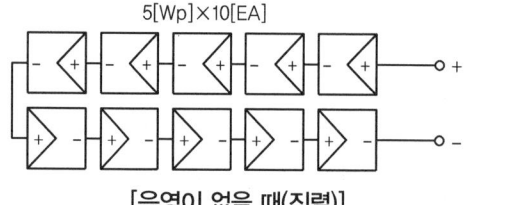

$5 \times 10 = 50[Wp]$

[음영이 없을 때(직렬)]

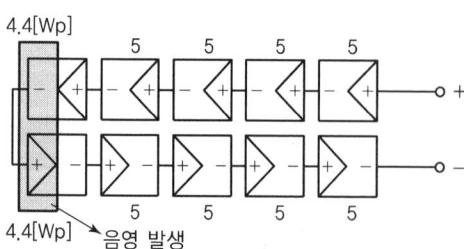

$4.4 \times 10 = 44[Wp]$

[두 개의 셀에 음영 발생 시(직렬)]

3) 음영에 따른 셀의 병렬연결 시 출력 변화

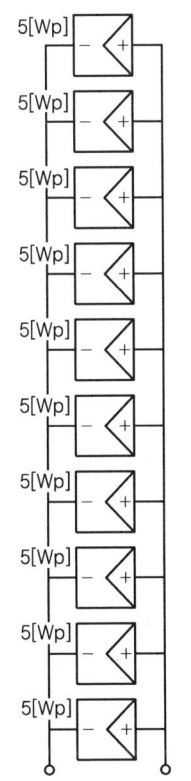

5+5+5+5+5+5+5+5+5+5=50[Wp]
[음영이 없을 때]

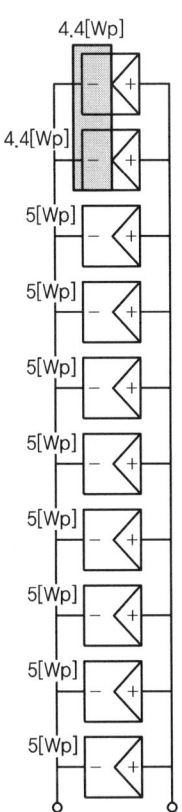

4.4+4.4+5+5+5+5+5+5+5+5=48.8[Wp]
[두 개의 셀에 음영 발생 시(병렬)]

4) 음영의 대책

일정한 셀 수(18개)마다 바이패스 다이오드 설치

2 어레이 이격거리

1. 태양전지 어레이 간격 산정식

1) 장애물과 이격거리 계산식

$$D = \frac{H}{\tan\alpha}$$

여기서, $\tan\alpha = \dfrac{H}{D}$ α : 태양의 고도각

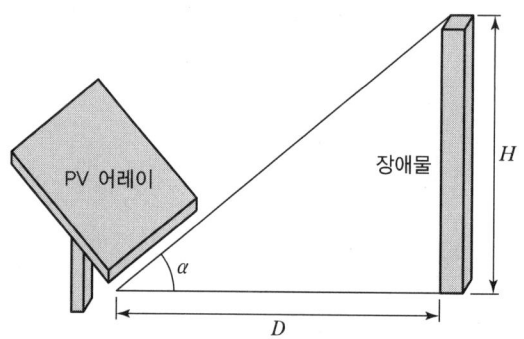

2) 어레이 간 최소 이격거리 계산식

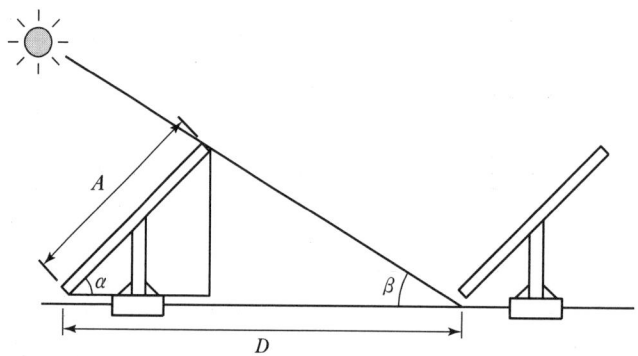

여기서, 어레이 이격거리 $D = A \times \dfrac{\sin(180° - \alpha - \beta)}{\sin\beta}$ (태양고도 따로 계산)

또는 $D = A \times [\cos\alpha + \sin\alpha \times \tan(90° - \beta)]$ (태양고도 따로 계산)

$D = A \times [\cos\alpha + \sin\alpha \times \tan(Lat(\text{그 지방의 위도}) + 23.5°)]$
(설치지역의 위도=그 지방의 위도를 직접 대입해 태양의 고도를 적용한 식)

  여기서, D : 어레이의 최소 이격거리[mm]
     A : 어레이 길이[mm] (어레이 세로 길이)
     α : 어레이의 경사각[°]
     β : 발전한계시각에서의 태양고도, 태양의 입사각
     Lat : 그 지방의 위도

대지 이용률이란 부지의 면적에 대한 모듈의 면적 비를 백분율[%]로 나타낸 것이다.

  대지 이용률 $= \dfrac{\text{모듈의 면적}}{\text{부지의 면적}} \times 100 [\%]$

02 태양광발전 설비용량 산정

1 발전설비용량 산정

1. 태양광발전시스템 발전량 산출

1) 전력 수요량 산정

① 독립전원용 태양광발전시스템 설계는 부하소비전력량으로 태양전지 용량을 결정
② 계통연계 시스템 사용전력량과 발전전력수량 사이에 제한적 관계없음
③ 설치장소의 면적에 의해 시스템 용량 결정

> 소비전력량 산출 = 부하수량 × 소비전력 × 사용시간

2) 발전가능량 산정

(1) 발전량 산출

① 독립형 : 전력수요량이 발전량
② 계통연계형 : 설치면적이 발전량

(2) PV 시스템의 발전량 산출

① 태양전지 어레이 필요 용량[kW] 산출(태양전지 용량과 부하 소비전력량의 관계)

$$P_{AS} = \frac{E_L \times D \times R}{(H_A/G_s) \times K}$$

여기서, P_{AS} : 표준상태에서의 태양전지 어레이 출력[kW]
　　　표준상태, AM(대기질량) 1.5, 일사강도 1,000[W/m^2], 태양전지셀 온도 25[℃]
　　H_A : 특정 기간에 얻을 수 있는 어레이 표면일사량[kWh/(m^2 · 기간)]
　　G_s : 표준상태에서의 일사강도[kW/m^2]
　　E_L : 특정 시간에서의 부하소비전력량(전력수요량)[kWh/기간]
　　D : 부하의 태양광발전시스템에 대한 의존율 = 1 - (백업전원전력 의존율)
　　R : 설계여유계수(추정한 일사량의 정확성 등의 설지환경에 따른 보정)
　　K : 종합설계계수(태양전지 모듈출력의 불균형보정 회로손실, 기기에 의한 손실 등 포함)

② 월간 발전량 산출

㉠ 경사면 일사량에 의한 산출

$$월간\ 발전량\ E_{PM} = P_{AS} \times K \times \left(\frac{H_{AM}}{G_s}\right)[kWh/월]$$

여기서, P_{AS} : 표준상태에서의 태양전지 어레이 출력[kW]
　　　K : 종합설계계수

H_{AM} : 월 적산 어레이 표면(경사면) 일사량[kWh/(m² · 월)]
G_s : 표준상태에서의 일사강도[kW/m²]

ⓒ 발전시간에 의한 방법

- 일평균 발전시간 = $\dfrac{1년간\ 발전전력량[kWh]}{시스템\ 용량[kW] \times 운전일수}$

- 시스템 이용률 = $\dfrac{1년간\ 발전전력량[kWh]}{24[h] \times 운전일수 \times 시스템\ 용량[kW]}$

  = $\dfrac{일평균\ 발전시간[h]}{24[h]}$

2 태양광 인버터의 선정

1. 인버터의 개요

어레이에서 발전된 전력은 직류이기 때문에 부하기기에 필요한 교류전력으로 변환한다. 이러한 역할을 하는 PCS는 태양전지 어레이 출력이 항상 최대전력점에서 발전할 수 있도록 최대전력 점추종(MPPT ; Maximum Power Point Tracking) 제어기능을 가져야 하며 계통과 연계되어 운전되기 때문에 계통사고로부터 PCS를 보호하고 태양광발전시스템 고장으로부터 계통을 보호하는 기능을 가지고 있어야 한다.

이 때문에 전력조절기능을 갖춘 계통연계형 인버터를 PCS(Power Conditioning System)라고 한다.

2. 인버터의 원리

① 인버터는 트랜지스터와 IGBT(Insulated Gate Bipolar Transistor), MOSFET 등의 스위칭 소자로 구성된다.

② 스위칭 소자를 정해진 순서대로 On-Off를 규칙적으로 반복함으로써 직류입력을 교류출력으로 변환한다.

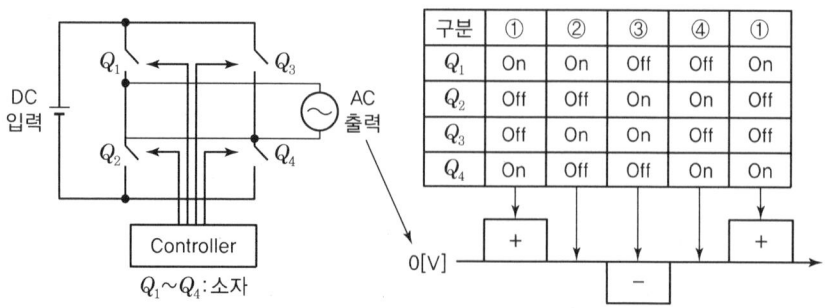

③ 단순히 On-Off만으로 직류를 교류로 변환하게 되면 다수 고조파가 교류출력에 포함되어 전력계통 및 부하기기에 악영향을 끼치므로, 약 20[kHz]의 고주파 PWM(Pulse Width Modulation) 제어방식을 이용하여 정현파의 양쪽 끝에 가까운 곳은 전압 폭을 좁게 하고, 중앙부는 전압 폭을 넓혀 1/2 Cycle 사이에 같은 방향(정 또는 부)으로 스위칭 동작을 해서 그림 같은 구형파의 폭을 만든다. 이 구형파는 L-C 필터를 이용해 파선형태로 나타낸 정현파 교류를 만든다.

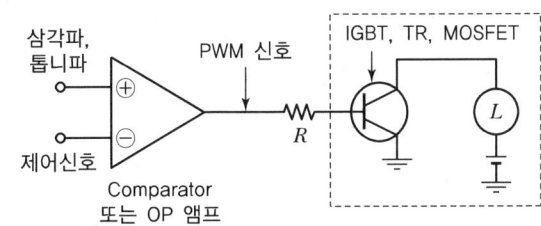

[제어(Controller)부 고조파 PWM(Pulse Width Modulation 제어방식)]

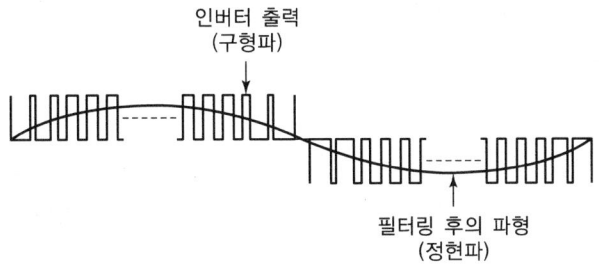

[PWM 인버터의 출력 파형]

3. 인버터의 기본기능

태양광 어레이로부터 입력받은 DC전력을 AC전력으로 변환시키는 기능

4. 파워컨디셔너 시스템

1) 파워컨디셔너 시스템(PCS ; Power Conditioner System)

파워컨디셔너는 태양전지에서 발전된 직류전력을 교류전력으로 변환하고, 교류부하에 전력을 공급함과 동시에 잉여전력을 한전 계통으로 역송전하는 장치이다.

2) 파워컨디셔너의 기능(역할)

(1) 자동전압조정기능

태양광발전시스템을 한전계통에 접속하여 역송 병렬운전을 하는 경우 전력 전송을 위한 수전점의 전압이 상승하여 한전의 전압 유지범위를 벗어날 수 있으므로 이를 방지하기 위하여 자동전압 조정기능을 부가하여 전압의 상승을 방지하고 있다. 자동전압 조정기능에는 진상무효전력제어기능과 출력제어기능이 있으며, 가정용으로 사용되는 3[kW] 미만의 것에는 이 기능이 생략된 것도 있다.

① 진상무효전력제어

앞선 전류의 제어는 역률 80[%]까지 실행되고, 이로 인한 전압상승의 억제효과는 최대 2~3[%] 정도가 된다.

② 출력제어

진상무효전력제어방식에 의한 전압상승억제가 한계에 달하고 계속해서 한전계통의 전압이 상승하는 경우에는 태양광발전시스템의 출력을 제한하여 파워컨디셔너의 출력 전압의 상승을 방지하기 위해서 동작한다.

(2) 자동운전, 자동정지 기능

새벽에 태양전지 어레이에 일조량이 확보되어 파워컨디셔너의 DC 입력전압의 최저 전압 이상이 되면 자동적으로 운전을 개시하여 발전을 시작하고, 일몰 시에도 발전이 가능한 파장범위까지 발전을 하다가 파워컨디셔너의 최저 DC 입력전압 이하가 되면 자동으로 운전을 정지한다.

(3) 계통연계 보호장치

① 한전계통과 병렬운전되는 저압연계시스템 보호장치 설치

과전압계전기(OVR), 저전압 계전기(UVR), 과주파수 계전기(OFR), 저주파수 계전기(UFR)

② 한전계통과 병렬 운전되는 특고압 연계의 보호계전기 설치장소

지락과전류 계전기(OCGR)를 수용가 특고압 측에 특고압 연계의 보호계전기의 설치장소는 태양광발전소 구내 수전점(수전보호 배전반)에 설치함을 원칙으로 하고 있다.

③ 보호계전기의 검출레벨과 동작시한

계전 기기	기기 번호	용도	검출 레벨	동작 시한
유효전력 계전기	32P	유효전력 역송방지	상시병렬운전 발전상태에서 전력계통 동요 시 및 외부 사고 시 오동작하지 않는 범위 내에서 최솟값	0.5~2.0초
무효전력 계전기	32Q	단락사고 보호	배후계통 최소조건하에서 상대 단 모선 2상 단락사고 시 유입 무효전력의 1/3 이하	0.5~2.0초 (외부사고 시 오동작하지 않도록 보호협조 정정)
부족전력 계전기	32U	부족전력 검출	상시 병렬운전 발전상태에서 전력계통 동요 시 및 외부사고 시 오동작하지 않는 범위 내에서 최솟값, 계전기의 동작은 발전기의 운전상태에서만 차단기가 트립(Trip)되도록 한다.	0.5~2.0초

계전 기기	기기 번호	용도	검출 레벨	동작 시한
과전압 계전기	59	과전압 보호	• 순시형 : 정격전압의 150[%] • 반한시형 : 정격전압의 115[%]	순시 정정치의 120[%]에서 2.0초
저전압 계전기	27	사고검출 또는 무전압 검출	정격전압의 80[%]	Supervising용 0.2~0.3초
주파수 계전기	81O 81U	주파수 변동 검출	• 고주파수 : 63.0[Hz] • 저주파수 : 57.0[Hz]	0.5초 1분
과전류 계전기	50/51	과전류 보호	• 순시 : 단락보호 • 한시 : 150[%]에서 과부하보호 및 후비보호	TR 2차 3상 단락 시 0.6초 이하

④ 연계 계통 이상 시 태양광발전시스템의 분리와 투입
　㉠ 단락 및 지락 고장으로 인한 선로보호장치 설치
　㉡ 정전 복전 후 5분을 초과하여 재투입
　㉢ 차단장치는 한전 배전계통의 정전 시에는 투입 불가능하도록 시설
　㉣ 연계 계통 고장 시에는 0.5초 이내 분리하는 단독운전 방지장치 설치

(4) 최대전력 추종제어기능(MPPT)

파워컨디셔너는 태양전지 어레이에서 발생되는 시시각각의 전압과 전류를 최대 출력으로 변환하기 위하여 태양전지 셀의 일사강도-온도 특성 또는 태양전지 어레이의 전압-전류 특성에 따라 최대 출력운전이 될 수 있도록 추종하는 기능을 최대전력추종(MPPT ; Maximum Power Point Tracking)제어라고 한다.

제어방식에는 직접제어식과 간접제어식이 있다.

① 직접제어방식

　센서를 통해 온도, 일사량 등의 외부조건을 측정하여 최대 전력 동작점이 변하는 파라미터(온도, 일사량)를 미리 입력하여 비례제어하는 방식
　㉠ 장점 : 구성 간단, 외부상황에 즉각적 대응 가능
　㉡ 단점 : 성능이 떨어진다.

② 간접제어방식

　㉠ P & O(Perturb & Observe) 제어
　　• 태양전지 어레이의 출력전압을 주기적으로 증가·감소시키고, 이전의 출력전력을 현재의 출력전력과 비교하여 최대전력 동작점을 찾는 방식이다.
　　• 간단하여 가장 많이 채용되는 방식이다.
　　• 최대 전력점 부근에서 Oscillation이 발생하여 손실이 생긴다.
　　• 외부 조건이 급변할 경우 전력손실이 커지고 제어가 불안정하게 된다.

ⓒ Incremental Conductance(InCond) 제어
- 태양전지 출력의 컨덕턴스와 증분 컨덕턴스를 비교하여 최대 전력 동작점을 추종하는 방식이다.
- 최대 전력점에서 어레이 출력이 안정된다.
- 일사량이 급변하는 경우에도 대응성이 좋다.
- 계산량이 많아서 빠른 프로세서가 요구된다.

ⓒ Hysterisis-Band 변동제어
- 태양전지 어레이 출력전압을 최대 전력점까지 증가시킨 후, 임의의 Gain을 최대전력점에서 전력과 곱하여 최소 전력값을 지정한다.
- 지정된 최소 전력값은 두 개가 생기므로 최대 전력을 기준으로 어레이 출력전압을 증가 혹은 감소시키면서 매 주기 동작한다.
- 어레이 그림자 영향 혹은 모듈의 특성으로 인하여 최대전력점 부근에서 최대전력점이 한 개 이상 생기는 경우 최대전력점을 추종할 수 있다.

(5) 단독운전 방지기능
① 단독운전

태양광발전시스템이 한전계통과 연계되어 발전을 하고 있는 상태에서 한전계통의 정전이 발생한 경우 태양광발전시스템은 정전으로 분리된 계통에 전력을 계속 공급하게 되는 운전상태를 단독운전이라 한다.

② 단독운전 시 보수점검자에게 감전 등의 안전사고 위험이 있으므로 태양광발전시스템을 정지시켜야 한다.
③ 분리된 구간의 부하용량보다 태양광발전시스템의 용량이 큰 경우 단독운전상태에서 전압계전기(OVR, UVR), 주파수계전기(OFR, UFR)에서는 보호할 수 없으므로 단독운전방지기능을 설치하여 안전하게 정지할 수 있도록 한다.
④ 파워컨디셔너에는 수동적 방식과 능동적 방식 2종류의 단독운전 방지기능이 내장되어 있다.

㉠ 수동적 방식(검출시간 0.5초 이내, 유지시간 5~10초)

종별	개요
1. 전압위상 도약검출방식	• 단독운전 시 파워컨디셔너 출력이 역률1에서 부하의 역률로 변화하는 순간의 전압위상의 도약을 검출한다. • 단독운전 시 위상변화가 발생하지 않을 때에는 검출할 수 없지만, 오동작이 적고 실용적이다.
2. 제3고조파 전압급증 검출방식	• 단독운전 시 변압기의 여자전류 공급에 따른 전압 변동의 급변을 검출한다. • 부하가 되는 변압기로 인하여 오작동의 확률이 비교적 높다.
3. 주파수 변화율 검출방식	단독운전 시 발전전력과 부하의 불평형에 의한 주파수의 급변을 검출한다.

ⓒ 능동적 방식(검출시한 0.5~1초)

종별	개요
1. 주파수 시프트 방식	파워컨디셔너의 내부발전기에 주파수 바이어스를 주었을 때, 단독운전 발생 시 나타나는 주파수 변동을 검출하는 방식이다.
2. 유효전력 변동방식	파워컨디셔너의 출력에 주기적인 유효전력 변동을 주었을 때, 단독운전 발생 시 나타나는 전압, 전류, 또는 주파수 변동을 검출하는 방식으로 상시 출력의 변동 가능성이 있다.
3. 무효전력 변동방식	파워컨디셔너의 출력에 주기적인 무효전력 변동을 주었을 때 단독운전 발생 시 나타나는 주파수 변동 등을 검출하는 방식이다.
4. 부하변동방식	파워컨디셔너의 출력과 병렬로 임피던스를 순간적 또는 주기적으로 삽입하여 전압 또는 전류의 급변을 검출하는 방식이다.

(6) 직류검출기능

① 파워컨디셔너는 직류를 교류로 변환하기 위하여 반도체 스위칭 소자(MOSFET, IGBT)를 고주파수로 스위칭하기 때문에 소자의 불규칙 분포 등에 의해 그 출력에는 적지만 직류분이 리플(Ripple) 형태로 포함된다.

② 교류 성분에 직류분을 함유하는 경우 주상변압기의 자기포화로 인한 고조파 발생, 계전기 등의 오·부작동 등 한전계통 운영에 문제를 야기하게 된다.

③ 이를 방지하기 위해서 무변압기방식의 파워컨디셔너에서는 파워컨디셔너의 정격교류 최대 출력전류의 직류성분 함유율을 분산형 배전계통 연계기술 가이드라인에서는 0.5[%] 초과하지 않도록 유지할 것을 규정하고 있다.

(7) 직류 지락 검출 기능

① 무변압기방식의 파워컨디셔너에서는 태양전지어레이의 직류 측과 한전 계통의 교류 측이 전기적으로 절연되어 있지 않기 때문에 태양전지어레이의 직류 측 지락사고에 대한 대책이 필요하다.

② 태양전지어레이의 직류 측에서 지락사고가 발생하면 지락전류에 직류성분이 중첩되어 일반적으로 사용되고 있는 누전차단기는 이를 검출할 수 없는 상황이 발생한다.

③ 이런 상황에 대비하여 파워컨디셔너의 내부에 직류 지락검출기를 설치하여, 태양전지어레이 측 직류지락사고를 검출하여 차단하는 기능이 필요하다. 일반적으로 직류 측 지락사고 검출 레벨은 100[mA]로 설정되어 운전되고 있다.

3) 파워컨디셔너 선정 시 점검(Check Point) 사항

(1) 태양광발전시스템에 적용하고 있는 파워컨디셔너의 용량

① 소용량 : 10[kW] 미만

② 공공산업시설용, 발전사업용 : 10~1,000[kW]

(2) 파워컨디셔너 선정 시 반드시 확인하여야 할 사항
　① 파워컨디셔너 제어방식 : 전압형 전류제어방식
　② 출력 기본파 역률 : 95[%] 이상
　③ 전류 왜형률 : 총합 5[%]이하, 각 차수마다 3[%] 이하
　④ 최고효율 및 유러피언 효율이 높을 것

(3) 태양광 유효이용에 관한 점검사항
　① 최대전력 변환효율이 높을 것
　② 최대전력 추종제어(MPPT)에 의한 최대전력의 추출이 가능할 것
　③ 야간 등의 대기손실이 적을 것
　④ 저부하 시의 손실이 적을 것

(4) 전력품질 공급 안정성에 관한 점검사항
　① 잡음발생 및 직류유출이 적을 것
　② 고조파의 발생이 적을 것
　③ 기동 정지가 안정적일 것

4) 태양광 발전시스템의 효율의 종류

효율의 종류에는 최고효율 · 유러피언효율 · 추적효율이 있다.

(1) 최고효율

전력변환(직류→교류, 교류→직류)을 행하였을 때, 최고의 변환효율을 나타내는 단위

$$\eta_{\max} = \frac{AC_{power}}{DC_{power}} \times 100[\%]$$

(2) 추적효율

태양광발전시스템용 파워컨디셔너가 일사량과 온도변화에 따른 최대 전력점을 추적하는 효율

$$추적효율 = \frac{운전최대출력[\text{kW}]}{일조량과\ 온도에\ 따른\ 최대출력[\text{kW}]} \times 100[\%]$$

(3) 유러피언 효율(European Efficiency)

변환기의 고효율 성능척도를 나타내는 단위로서 출력에 따른 변환효율에 비중을 두어 측정하는 단위(예 : 각 출력 5[%]/10[%]/20[%]/30[%]/50[%]/100[%]에서 효율을 측정하여 그 비중(계수)을 0.03/0.06/0.13/0.10/0.48/0.20 두어 곱한 값을 합산하여 계산한 값)

$$\eta_{EURO} = 0.03 \cdot \eta_{5\%} + 0.06 \cdot \eta_{10\%} + 0.13 \cdot \eta_{20\%} \\ + 0.10 \cdot \eta_{30\%} + 0.48 \cdot \eta_{50\%} + 0.20 \cdot \eta_{100\%}$$

총 Euro 효율을 구하기 위한 출력 전력별 비중(계수)은 다음 표와 같다.

출력전력[%]	5	10	20	30	50	100
출력별 비중(계수)	0.03	0.06	0.13	0.10	0.48	0.20

5) 파워컨디셔너의 종류

(1) 파워컨디셔너의 종류 : 전류(Commutation)방식, 제어방식, 절연방식에 따라 분류
  ① 전류방식 : 자기전류(Self Commutation), 강제전류(Line Commutation)
  ② 제어방식 : 전압제어형, 전류제어형
  ③ 절연방식 : 상용주파절연방식, 고주파절연방식, 무변압기방식

(2) 파워컨디셔너의 절연(회로)방식
  ① 계통연계용 파워컨디셔너의 직류 측과 교류 측의 절연방법에 따른 회로방식에는 상용주파절연방식, 고주파절연방식, 무변압기방식이 있으며 한국전기설비규정에 적합한 파워컨디셔너 회로방식을 선정하여야 한다.
  ② 파워컨디셔너의 절연방식에 따른 분류
    태양광발전시스템의 직류 측과 교류 측(상용전원 전력계통)과의 절연방식에 따른 파워컨디셔너의 종류 및 회로도 특징은 다음과 같다.

구분	회로도	특징	
상용주파 절연방식	(PV → DC→AC 인버터 → 상용주파 변압기)		태양전지의 직류출력을 상용 주파의 교류로 변환한 후 상용주파 변압기로 절연한다.
		장점	1. 주 회로와 제어부를 가장 간단히 구성할 수 있다. 2. 변압기로 절연이 되어 계통과의 안정성이 확보된다. 3. 3φ 10[kW] 이상의 파워컨디셔너에 적용된다.
		단점	1. 변압기 때문에 효율이 떨어진다. 2. 사이즈와 무게가 커진다.
고주파 절연방식	(PV → DC→AC 고주파 인버터 → 고주파 변압기 → AC→DC → DC→AC 인버터)		태양전지의 직류출력을 고주파 교류로 변환한 후 소형의 고주파 변압기로 절연하고, 그 후 직류로 변환하고 다시 상용주파의 교류로 변환한다.
		장점	1. 한전계통과 전기적으로 절연되어 안정성이 높다. 2. 저주파 절연 변압기를 사용하지 않기 때문에 고효율화, 소형경량화, 상용주파 절연방식에 비해 저렴하다.
		단점	많은 파워 소자를 사용하며 구성이 복잡하다.

구분	회로도		특징
무변압기 방식	PV — 컨버터 — 인버터		태양전지의 직류 DC/DC 컨버터로 승압 후, DC/AC 인버터로 상용주파수의 교류로 변환한다.
		장점	1. 변압기를 사용하지 않기 때문에 고효율, 소형 경량화에 가장 유리하다. 2. 시스템 구성에 필요한 전력용 반도체 소자가 가장 적기 때문에 저가의 시스템 구현에 적합하다.
		단점	1. 변압기를 사용하지 않기 때문에 안정성에서 불리하다. 2. 안정성 확보를 위해 복잡한 제어가 요구된다.

6) 파워컨디셔너 시스템 방식

　(1) 태양광시스템의 설치조건에 따른 계통연계형 인버터 설치 유형

　　① 인버터 시스템 구성방식에 따른 분류

　　　㉠ 전압방식에 따른 분류

　　　　• 저전압 병렬방식
　　　　• 고전압 방식

　　　㉡ 인버터의 대수 및 연결에 따른 분류

　　　　• 중앙집중식
　　　　• 병렬운전방식
　　　　• 서브어레이와 스트링 인버터 방식
　　　　• 마스터 슬레이브 방식
　　　　• 모듈 인버터 방식

　(2) 종류별 특성

　　① 저전압 병렬방식

　　　㉠ 구조(중앙집중식 인버터의 저전압방식)

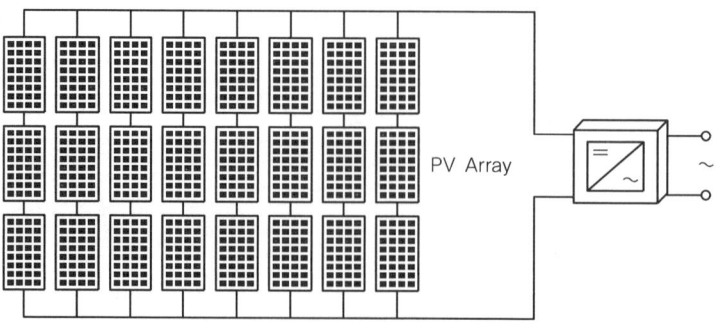

ⓒ 특징 : • 모듈 3~5개 직렬 연결
　　　　　　• DC 120[V] 이하
　　　　　　• 보호등급 Ⅲ 적용
　　ⓒ 장점 : • 음영을 적게 받는다.
　　　　　　• 고장 시 해당 스트링만 교체
　　ⓔ 단점 : • 중앙집중형일 때 높은 전류 발생
　　　　　　• 저항손을 줄이기 위해 굵은 케이블 간선 사용
　　ⓜ 적용 : 건물일체형 태양광발전시스템에 적용

② 고전압 방식
　　㉠ 구조(중앙집중형 인버터의 고전압방식)

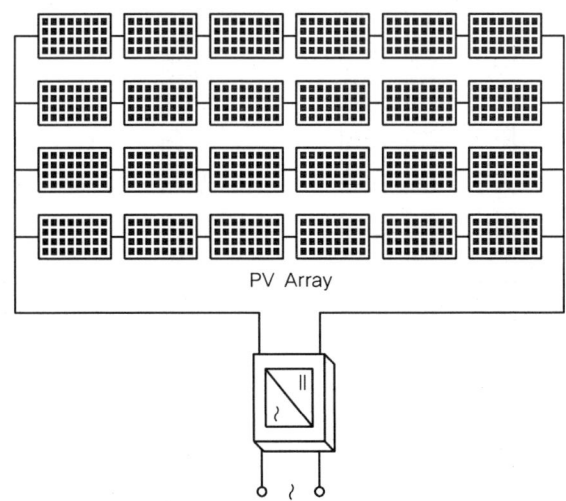

　　ⓒ 특징 : • DC 120[V] 초과
　　　　　　• 보호등급 Ⅱ 적용
　　ⓒ 장점 : • 케이블의 사이즈(굵기)가 작아짐
　　　　　　• 전압강하가 줄어듦
　　ⓔ 단점 : 긴 스트링으로 음영손실 발생 가능성 증가
　　ⓜ 적용 : 국내에서는 고전압방식 주로 채용

③ 중앙집중식
　㉠ 특징 : 다수의 스트링에 한 개의 인버터 설치
　㉡ 장점 : • 투자비 절감
　　　　　• 설치면적 최소화
　　　　　• 간편한 유지관리
　㉢ 단점 : • 고장 시 시스템 전체 동작 불가
　　　　　• 낮은 복사량일 때 효율 저하
　　　　　• 고장 시 높은 A/S 비용

④ 마스터 슬레이브(Master-slave) 방식
　㉠ 구조(중앙집중형 인버터가 있는 마스터 슬레이브방식)

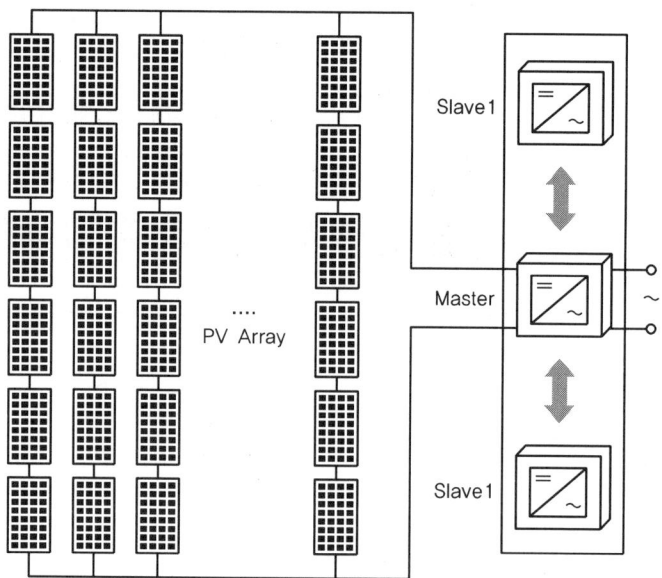

　㉡ 특징 : 하나의 마스터에 2~3개의 슬레이브 인버터로 구성
　㉢ 장점 : 인버터 1대의 중앙집중식보다 효율이 높음
　㉣ 단점 : 인버터 1대 설치 시보다 시설 투자비 증가

⑤ 병렬운전방식
　㉠ 구조(인버터 병렬운전방식)

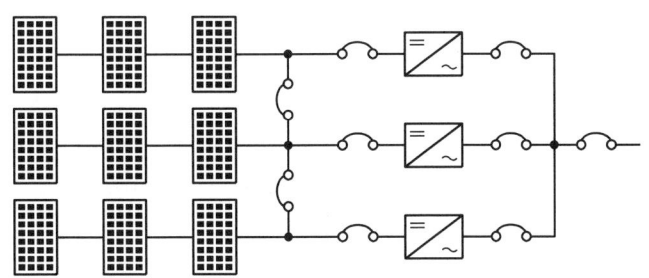

　㉡ 특징 : 인버터 입력부분을 병렬로 연결
　㉢ 장점 : • 인버터 효율 증가 및 수명 연장
　　　　　　• 백업(Backup) 유리
　㉣ 단점 : 보호방식 복잡

⑥ 모듈 인버터 방식(AC 모듈)
　㉠ 구조

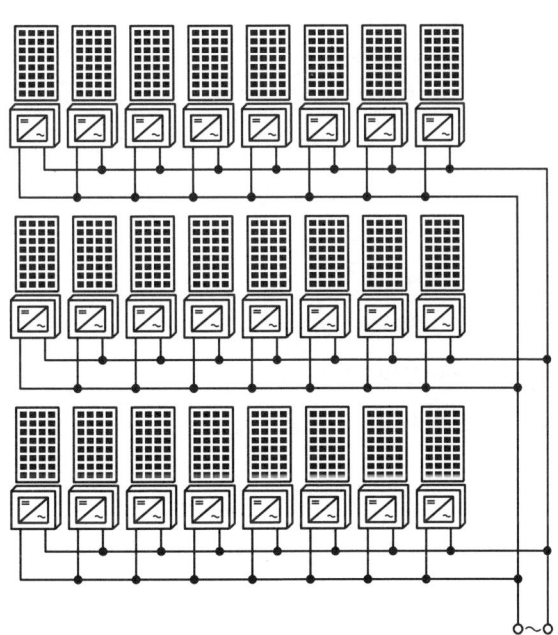

　㉡ 특징 : 모듈 하나마다 별개의 인버터 설치
　㉢ 장점 : • 최대 효율 및 MPP 최적 제어 가능
　　　　　　• 시스템 확장 유리
　㉣ 단점 : 투자비가 가장 비싸다.

⑦ 서브어레이와 스트링 인버터 방식(분산형 인버터 방식)
　㉠ 구조

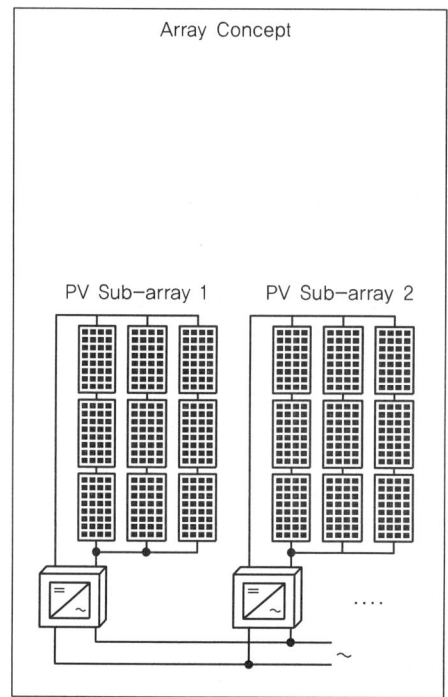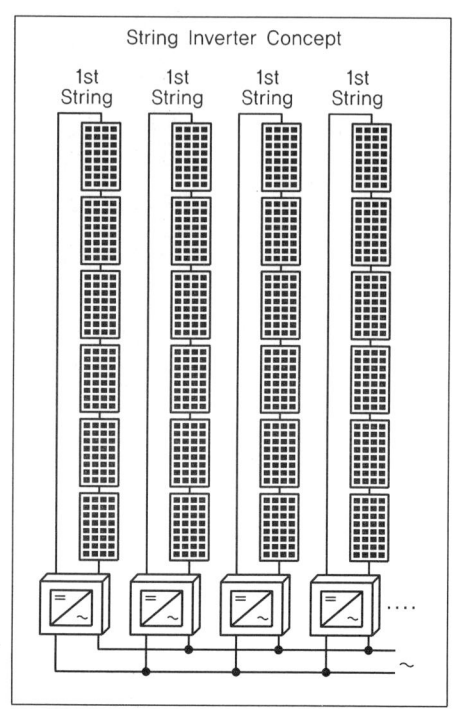

　㉡ 특징 : • 하나의 스트링에 하나의 인버터 설치(스트링 인버터)
　　　　　• 2~3개의 스트링 연결(서브 어레이)
　㉢ 장점 : • 설치가 간편
　　　　　• 설치비 절감
　　　　　• 접속함 생략 가능
　　　　　• 케이블양 감소
　㉣ 단점 : 스트링이 길 경우 음영에 따른 전력손실 증가

03 태양광발전시스템 구성요소 개요

1 태양전지

1. 태양전지의 원리

태양전지는 빛에너지를 흡수하여, 전기에너지의 근원인 전하(전자, 정공)를 생성한다. 생성된 전기입자(전하)는 음극성 전자와 양극성 정공으로 이루어지며, 태양전지 내에서 영원히 존재할 수 없어 소멸되기 전에 전자와 정공을 분리해야 한다. 전자와 정공이 분리되면 외부 전극으로 전자와 정공을 수집해서 전기로 사용이 가능하다. 즉, 빛에너지 흡수 → 전하 생성 → 전하 분리 → 전하 수집의 과정으로 태양전지는 전기를 생산하게 된다.

2. 태양전지의 변환효율

1) 태양전지 변환효율

태양광을 전기에너지로 바꾸어 주는 태양 전지의 성능을 결정하는 중요한 요소 가운데 하나이다. 같은 조건 하에서 태양전지 셀에 태양이 조사가 되었을 시에 태양광에너지가 전기에너지를 얼마만큼 발생을 시키는가를 나타내는 양, 즉 퍼센트[%]를 말한다.

2) 광전변환효율(η)

$$\eta = \frac{P_m}{P_{input}} = \frac{I_m \cdot V_m}{P_{input}} = \frac{V_{oc} \cdot I_{sc}}{P_{input}} \cdot FF$$

여기서, P_{input} : 태양에너지로부터 입사된 환상전력
$P_{input} = E \times A =$ 표준일조강도[W/m²] × 태양전지면적[m²]
E : 표준일조강도[W/m²] = 1,000[W/m²]
A : 태양전지면적[m²](가로 × 세로)
P_m : 최대 출력
FF : 충진율
V_m : 최대출력일 때의 전압
I_m : 최대출력일 때의 전류
V_{oc} : 개방전압, I_{sc} : 단락전류

(1) 태양전지의 충진율(FF ; Fill Factor, 곡선인자)

태양전지의 충진율은 개방전압과 단락전류의 곱에 대한 출력의 비로 정의된다.

$$FF = \frac{I_m \cdot V_m}{I_{sc} \cdot V_{oc}} = \frac{P_{\max}}{I_{sc} \cdot V_{oc}}$$

① 충진율은 최적 동작전류 I_m과 최적 동작전압 V_m이 I_{sc}와 V_{oc}에 가까운 정도를 나타낸다.
② 충진율은 태양전지 내부의 직·병렬 저항으로부터도 영향을 받는다.
③ 일반적으로 실리콘 태양전지의 개방전압은 약 0.6[V]이고 충진율은 약 0.7~0.8로 보고 또한 GaAs의 개방전압은 약 0.95[V]이고, 충진율은 약 0.78~0.85이다.
④ 전압에 따른 태양전지의 출력전류와 전력곡선

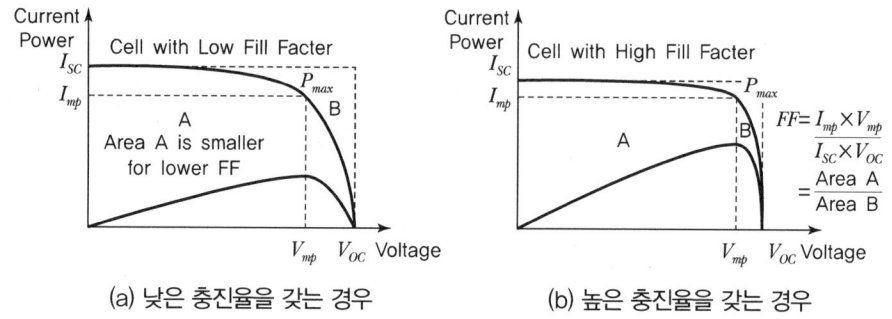

(a) 낮은 충진율을 갖는 경우   (b) 높은 충진율을 갖는 경우

[전압에 따른 태양전지의 출력전류와 전력곡선]

3. 태양전지의 기본단위 – 셀(Cell)

① 실리콘 계열에는 단결정과 다결정의 셀로 구분이 된다.
② 셀은 만드는 잉곳의 크기에 따라 5인치와 6인치로 나눈다.
③ 5인치 규격은 [mm] 단위로 125×125와 6인치 규격은 [mm] 단위로 156×156의 크기가 있다.
④ 통상적으로 현재는 6인치 셀을 많이 사용한다.

4. 태양전지소자의 시험항목 및 평가기준

시험항목	평가기준
1. 육안 외형 및 치수 검사	• 셀 : 깨짐, 크랙이 없는 것 • 치수는 156[mm] 미만일 때 제시한 값 대비 ±0.5[mm] • 두께는 제시한 값 대비 ±40[μm]
2. 전류-전압 특성시험	출력의 분포는 정격출력의 ±3[%] 이내
3. 온도계수시험	평가기준 없음(시험결과만 표기)
4. 스펙트럼 응답특성시험	평가기준 없음(시험결과만 표기)
5. 2차 기준 태양전지 교정시험	• 신규 교정 시험 • 재교정 시 초기 교정값이 5[%] 이상 변화하면 사용 불가 • 인증 필수시험항목이 아닌 선택 시험항목

1) 표시사항

① 일반사항 : 내구성이 있어야 하며 소비자가 명확히 인식할 수 있도록 표시하여야 한다.

② 인증설비에 대한 표시는 최소한 다음 사항을 포함하여야 한다.

㉠ 업체명 및 소재지

㉡ 설비명 및 모델명

㉢ 정격 및 적용조건

㉣ 제조연월일

㉤ 인증부여번호

㉥ 신재생에너지 설비인증표지

5. 단락전류

① 단락전류(Short Circuit Current)는 태양전지 양단의 전압이 "0"일 때 흐르는 전류를 의미한다. 단락전류는 태양전지로부터 끌어낼 수 있는 최대 전류이다.

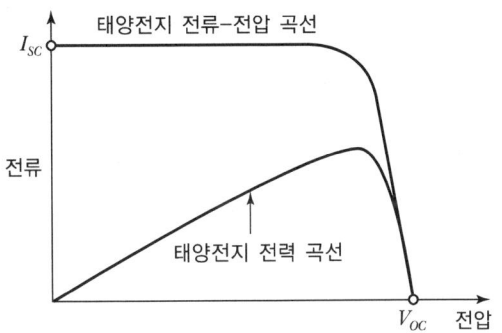

[태양전지 전류 – 전압 곡선에서의 단락전류]

② 단락전류는 다음 같은 요소들에 의해 영향을 받는다.

㉠ 태양전지의 면적

㉡ 입사광자 수(입사광원의 출력)

㉢ 입사광 스펙트럼

㉣ 태양전지의 광학적 특성(빛의 흡수 및 반사)

㉤ 태양전지의 수집확률

6. 개방전압

개방전압(Open Circuit Voltage)은 전류가 "0"일 때 태양전지 양단에 나타나는 전압으로 태양전지로부터 얻을 수 있는 최대 전압에 해당한다.

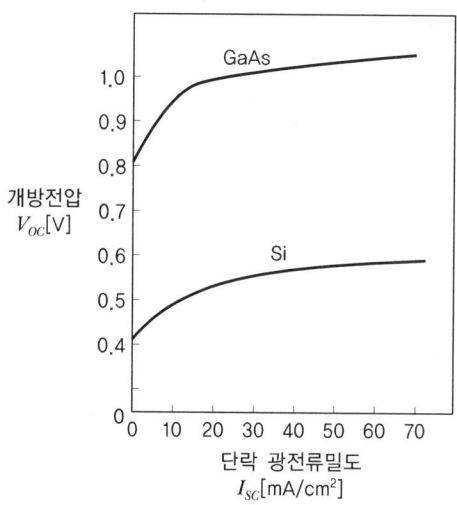

[Si 및 GaAs의 개방전압과 단락전류의 관계]

7. 태양전지의 종류

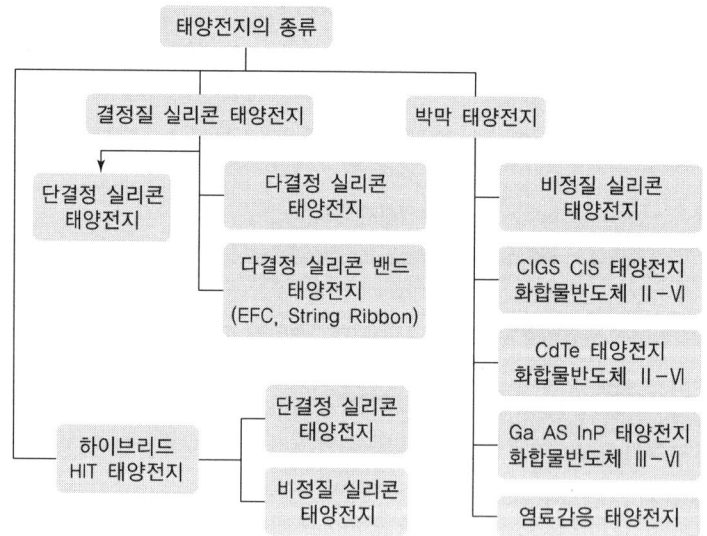

1) 태양전지의 소재의 형태에 따른 분류

결정질 실리콘 태양전지와 박막 태양전지로 구분된다.

(1) 결정질 실리콘 태양전지(기판형)
① 태양전지 전체 시장의 80[%] 이상을 차지
② 결정질 실리콘 태양전지는 실리콘 덩어리(잉곳)를 얇은 기판으로 절단하여 제작
③ 실리콘 덩어리의 제조방법에 따라 단결정과 다결정으로 구분

(2) 박막 태양전지
    ① 얇은 플라스틱이나 유리 기판에 막을 입히는 방식으로 제조
    ② 접합 구조에 따라 단일접합, 이중 또는 삼중의 다중접합 태양전지 등으로 구분할 수 있다.
    ③ 결정질보다 두께가 얇다.
    ④ 결정질보다 변환효율이 낮다.
    ⑤ 결정질보다 온도특성이 강하다.
    ⑥ 동일용량 설치 시 결정질보다 박막형이 면적을 많이 차지한다.(효율이 낮으므로 면적을 많이 차지)

2) 태양전지에 이용되는 반도체 재료

결정질 및 비정질	실리콘계	단결정 실리콘(Single-crystalline Silicon)
		다결정 실리콘(Multi-crystalline Silicon)
		비정질 실리콘(Amorphous Silicon)
Compound Semiconductor	Ⅲ-Ⅴ족 화합물계	GaAs, InP, GaAlAs, GaP, GaInAs 등
	Ⅱ-Ⅵ족 화합물계	$CuInSe_2$, CdS, CdTe, ZnS 등
화합물 또는 적층형	화합물/Ⅵ족 계열	GaAs/Ge, GaAlAs/Si, InP/Si 등
	화합물/화합물 계열	GaAs/InP, GaAlAs/GaAs, GaAs/$CuInSe_2$ 등

3) 태양전지의 재료에 따른 분류

(1) 실리콘 태양전지
- 실리콘의 제조방법에 따라 단결정과 다결정으로 분류된다.
- 단결정 태양전지의 효율이 높지만 최근에는 다결정 실리콘 재료 생산기술이 크게 진보하여 생산량이 증가하고 있다.
- 박막형 태양전지는 수소화된 비정질의 아몰퍼스상을 기본 태양전지와 박막을 다시 결정화한 다결정 실리콘 박막태양전지로 분류된다.

① 단결정(Single Crystal) 실리콘 태양전지
    ㉠ 단결정은 순도가 높고 결정결함밀도가 낮은 고품위의 재료이다.
    ㉡ 단단하고 구부러지지 않는다.
    ㉢ 무늬가 다양하지 못하다.
    ㉣ 검은색이다.
    ㉤ 제조에 필요한 온도는 1,400[℃]이다.
    ㉥ 집광장치를 사용하지 않는 경우 효율은 약 24[%]이다.
    ㉦ 집광장치를 사용한 경우 효율은 약 28[%] 이상이다.
    ㉧ 도달한계효율은 약 35[%]이다.

② 다결정(Poly Crystal) 실리콘 태양전지
　㉠ 저급한 재료를 저렴한 공정으로 처리
　㉡ 현재 다결정 태양전지 생산량이 단결정 생산량을 넘어섰다.
　㉢ 전지효율은 약 18[%]이다.
　㉣ 도달한계효율은 약 23[%]이다.

③ 단결정과 다결정 실리콘 셀의 특성 비교

구분	단결정 실리콘셀	다결정 실리콘셀
제조 방법	복잡하다.	단결정에 비해 간단하다.
실리콘순도	높다.	단결정에 비해 낮다.
효율	높다.	단결정에 비해 낮다.
한계효율	약 35[%]	약 23[%]
원가	고가이다.	단결정에 비해 저가이다.
특징	변환효율은 높으나, 가격이 고가이다.	단결정에 비해 효율은 낮으나, 가격이 저렴하다.

④ 단결정 및 다결정 태양전지 셀(Cell)의 제조과정

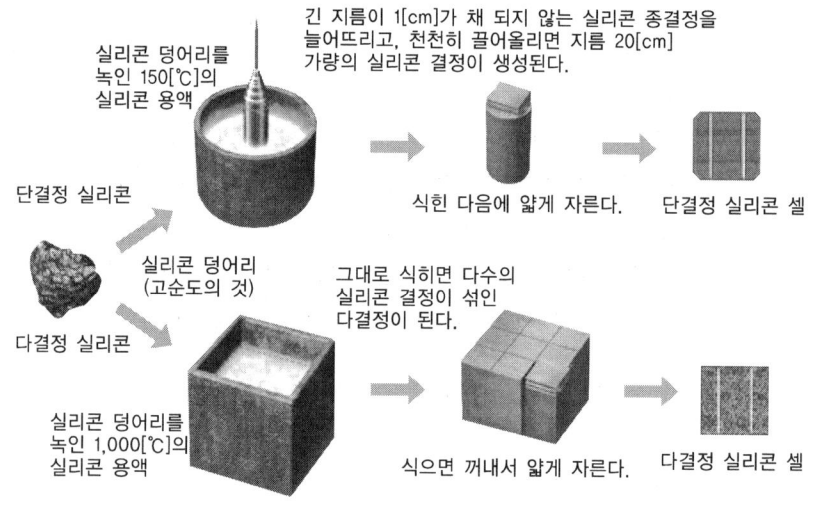

　㉠ 단결정 태양전지 제조공정
　　폴리실리콘(실리콘덩어리) → Czochralski 공정(실리콘용액 사각절단) → 웨이퍼 슬라이싱(웨이퍼절단) → 인도핑 → 반사 방지막 → 전/후면 전극 → 단결정 셀
　㉡ 다결정 태양전지 제조공정
　　폴리실리콘 → 방향성고결(주조결정) → 블록 → 웨이퍼슬라이싱 → 인도핑 → 반사 방지막 → 전/후면 전극 → 다결정 셀

(2) 비정질 실리콘 태양전지

비정질 실리콘 태양전지는 결정화가 되지 못한 실리콘이다. 태양전지는 결정의 반도체 기술을 이용하기 때문에 명백한 밴드갭이 존재하지 않는 비정질 재료는 태양전지가 되지 못한다.

(3) CIGS 또는 CIGSS 태양전지

① 직접 천이형 반도체로서 2.42[eV]의 에너지 밴드갭을 갖는다.
② 전하 수집을 위하여 ZnO 위에 Al 또는 Al/Ni 재질의 금속전극을 형성한다.
③ CIGS 태양전지는 우수한 내방사선 특성을 갖는다.
④ 장기간 사용해도 효율의 변화가 거의 없는 안정된 특성을 갖는다.

(4) CdTe 태양전지

① CdTe는 II-VI족 화합물 반도체 중에서 대표적으로 산업화된 재료로 직접 천이형 에너지대 구조에 의하여 광흡수계수가 매우 크므로, 두께 2[μm] 정도의 얇은 박막층으로 태양전지가 만들어진다.
② CdTe 태양전지의 특징
에너지 밴드갭이 1.45[eV]로, 태양에너지를 효과적으로 이용할 수 있는 최적 이론값에 가까운 금지대 폭을 가지고 있다.

(5) GaAs계 태양전지

① III-V족 화합물 반도체를 기반으로 하는 태양전지는 40[%] 이상의 고효율 태양전지를 만들 수 있는 것으로 기대되는 태양전지 재료이다.
② GaAs
㉠ III-V족 화합물 반도체의 대표적인 태양전지이다.
㉡ 에너지 밴드갭이 1.4[eV]로서 단일전지로는 최대효율을 낼 수 있는 최적의 밴드갭 특성을 가진다.
㉢ 직접 천이형으로 우수한 광 흡수율을 가지고 있으며, 이종 접합형 GaAs 태양전지이다.

(6) 적층형 태양전지

① Si → GaAs → AlGaAs 순서로 적층한다.
② 실리콘 계열은 실리콘 층으로 적층을 하고, GaAs는 이들 재료를 중심으로 적층해야 한다.

(7) 염료감응형 태양전지

염료감응형 태양전지는 나노 크기의 염료의 산화환원반응을 이용하여 전기를 생산하는 태양전지이다.

① 광 변환효율은 약 15[%] 정도이고 단가가 매우 저렴하다.
② 광이 입사하는 면은 투명유리와 이 위에 증착된 투명 전도막으로 이루어져 있다.
③ 투명 전도막 위에 단분자의 염료 고분자로 코팅되어 있으며, 이 물질은 나노 크기의 다공질 이산화 티타늄 입자로 형성되어 있다.
④ 반대편 전극은 백금이나 투명 박막이 코팅된 투명 유리를 사용한다.
⑤ 두 전극 사이에는 약 $50 \sim 100[\mu m]$ 크기의 공간에 산화환원용 전해질 용액이 채워져 있다.
⑥ 색이나 형상을 다양하게 할 수 있어 패션, 인테리어 분야에 이용할 수 있다.

2 태양전지 모듈

1. 태양전지의 개요

1) 태양전지 셀

① 태양전지는 태양의 빛에너지를 전기에너지로 변환하는 기능을 가진 최소단위인 태양전지 셀(Cell)이 기본이 된다.
② 셀 한 개에서 생기는 전압은 0.6[V] 정도와 발전용량은 1.5[W] 정도이다.
③ 태양전지셀은 10~15[cm] 각 판상의 실리콘에 PN접합을 한 반도체의 일종으로 36장, 60장, 72장, 88장, 96장을 직렬로 접속하여 모듈 형태로 제작하여 이용한다.

2) 태양전지의 구성 단위

① 셀(Cell) : 태양전지의 최소단위
② 모듈(Module) : 셀(Cell)을 내후성 패키지에 수 십장 모아 일정한 틀에 고정하여 구성된 것
③ 스트링(String) : 모듈(Module)의 직렬연결 집합단위
④ 어레이(Array) : 스트링(String), 케이블(전선), 구조물(가대)을 포함하는 모듈의 집합단위

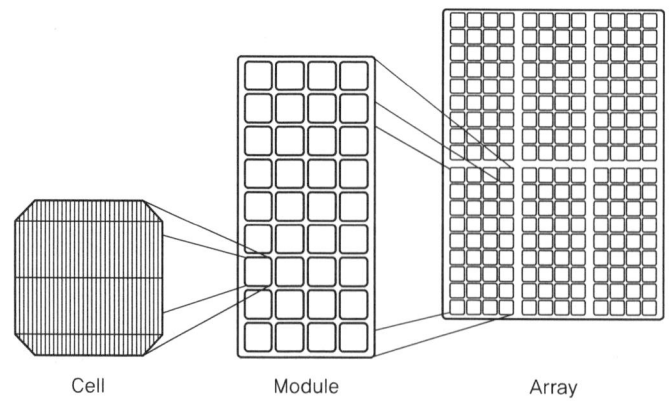

[태양전지의 셀/모듈/어레이]

2. 태양광 모듈의 전류-전압($I-V$) 특성곡선

태양전지모듈(PV Module)에 입사된 빛에너지를 전기적 에너지로 변환하는 출력특성을 태양전지 전류-전압($I-V$) 특성곡선이라 한다.

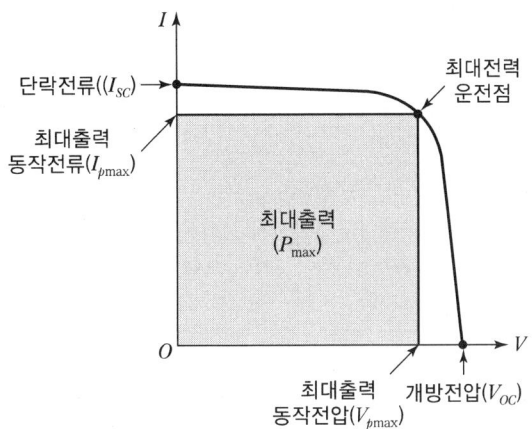

[태양전지 모듈의 전류-전압 특성곡선]

1) 태양광 모듈의 $I-V$ 특성지표

   (1) 표준시험조건(STC ; Standard Test Condition)에서 각각 다음과 같은 의미를 가지고 있다.

   ① 최대출력(P_{max}) : 최대출력 동작전압(V_{pmax}) × 최대출력 동작전류(I_{pmax})
   ② 개방전압(V_{oc}) : 태양전지 양극 간을 개방한 상태의 전압
   ③ 단락전류(I_{sc}) : 태양전지 양극 간을 단락한 상태에서 흐르는 전류
   ④ 최대출력 동작전압(V_{pmax}) : 최대출력 시의 동작전압
   ⑤ 최대출력 동작전류(I_{pmax}) : 최대출력 시의 동작전류

   (2) 표준시험조건(STC ; Standard Test Condition)은 다음과 같다.

   ① 소자 접합온도 25[℃]
   ② 대기질량지수 AM 1.5
   ③ 조사강도 1,000[W/m²]

   (3) 공칭 태양광발전전지 동작온도(NOCT ; Nominal Operating photovoltaic Cell Temperature)는 다음 조건에서 모듈을 개방회로로 하였을 때 도달하는 온도이다.

   ① 표면에서의 일조강도 : 800[W/m²]
   ② 공기온도(T_{Air}) : 20[℃]
   ③ 풍속 : 1[m/s]

④ 모듈 지지방법 : 후면을 개방한 상태(Open Back Side)

(4) 셀 온도 계산식

공칭 태양광발전전지 동작온도(NOCT)가 주어졌을 때 셀의 온도(T_{cell}) 계산식은 다음과 같으며, 셀의 온도(T_{cell})는 주위 온도가 높을 때, 인버터의 최저 동작전압에 모듈의 최소 직렬수량 산정 시 사용된다.

$$T_{cell} = T_{Air} + \left\{\left(\frac{NOCT-20}{800}\right) \times S\right\}[℃]$$

여기서, T_{Air} : 공기온도(주위 온도)[℃]
  $NOCT$: 공칭 태양광발전전지 동작온도[℃]
  S : 일조강도[W/m²](주어지지 않으면, 표준일조강도 1,000[W/m²] 적용)

3. 모듈의 단면구조

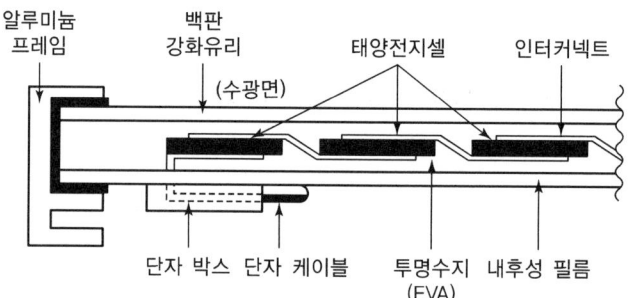

① 태양전지 셀은 인터커넥트라고 하는 셀 접속 금속부품에 의해 셀의 표면전극과 인접하는 셀의 이면 전극이 순차적으로 직렬 접속한다.
② 직렬 접속된 셀 군은 강화유리상에서 투명수지에 매립되며 뒷면에는 필름이 부착된다.
③ 주변을 알루미늄 프레임으로 고정하여 태양전지 모듈이 완성된다.
④ 태양전지 모듈과 다른 태양전지 모듈은 단자 박스의 경유로 케이블 접속된다.
⑤ 모듈의 단면구조도에서 인터커넥트 표면과 뒷면이 번갈아가며 직렬 접속된 태양전지 셀이 유리와 뒷면 필름 사이에 배치되는 것을 알 수가 있다.

4. 어레이의 설치 높이

어레이를 지표면에 설치하는 경우 강우 시에 모듈 표면으로 흙탕물이 튀는 것을 방지하기 위해 지면으로부터 0.6[m] 이상 높이에 설치해야 한다.

5. 기대수명

태양전지 모듈은 안전성, 내구성 확보를 위해 연구 개발 및 설계되고 있으며, 20년 이상의 내용연수가 기대된다. 이를 기대수명이라고 한다.

6. PV 인증에 대하여

태양전지 모듈의 안전성, 성능, 신뢰성의 유지·확인을 목적으로 한 국제적인 인증제도가 마련되고 있다. 국제표준 및 한국산업표준(KS)에 적합한 제품을 인증하는 것이다.

7. 모듈의 설치 경사각도 및 방향

1) 최적 효율 경사각도 및 방향
   ① 최적 경사각도 : 태양전지 모듈과 태양광선의 각도가 90°가 될 때
   ② 최적 방위각(방향) : 정남향
     그림자의 영향을 받지 않는 곳에 정남향 설치를 원칙으로 하되 건축물의 디자인 등에 부합되도록 현장여건에 따라 설치한다.

8. 일사시간

① 장애물로 인한 음영에도 불구하고 일사시간은 1일 5시간 이상이어야 한다.
② 단, 전기줄, 피뢰침, 안테나 등 경미한 음영은 장애물로 보지 아니한다.
③ 태양광 모듈 설치열이 2열 이상일 경우 앞열은 뒷열에 음영이 지지 않도록 설치하여야 한다.

9. 태양광 모듈의 설치용량

설치용량은 사업계획서상에 제시된 설계용량 이상이어야 하며 설계용량의 110[%]를 초과하지 않아야 한다.

10. 모듈 뒷면 표시사항

KS C IEC 표준에 기초하여 다음 항목이 모듈의 뒷면에 표시되어 있다.
① 제조업자명 또는 그 약호
② 제조연월일 및 제조번호
③ 내풍압성의 등급
④ 최대 시스템 전압(H 또는 L)
⑤ 어레이의 조립형태(A 또는 B)
⑥ 공칭 최대출력($P_{\max}$)(W_p)
⑦ 공칭 개방전압(V_{oc})[V]
⑧ 공칭 단락전류(I_{sc})[A]
⑨ 공칭 최대출력 동작전압($V_{p\max}$)[V]
⑩ 공칭 최대출력 동작전류($I_{p\max}$)[A]
⑪ 역내전압[V] : 바이패스 다이오드의 유무(Amorphous계만 해당)
⑫ 공칭 중량[kg]
⑬ 크기 : 가로×세로×높이[mm]

11. 태양전지 모듈의 등급별 용도

1) A등급(Class A)
   ① 접근제한 없음, 위험한 전압, 위험한 전력용

② 직류 50[V] 이상 또는 240[W] 이상으로 동작하는 것으로, 일반인의 접근이 예상되는 곳에 사용된다.

2) B등급(Class B)

① 접근제한, 위험한 전압, 위험한 전력용

② 울타리나 위치 등으로 공공의 접근이 금지된 시스템으로 사용이 제한된다.

3) C등급(Class C)

① 제한된 전압, 제한된 전력용

② 직류 50[V] 미만이고, 240[W] 미만에서 동작하는 것으로, 일반인의 접근이 예상되는 곳에 사용된다.

12. 태양전지 모듈의 시공·설치방법에 따른 온도상승과 에너지 감소율

태양전지 모듈에 자연통풍을 적용한다면 최소 10~15[cm]의 이격공간을 확보해야 한다. 후면통풍이 없을 때의 출력감소는 10[%] 정도이다.

13. 태양전지 모듈의 설치방식에 따른 분류

건축물에 설치하는 태양전지는 설치부위, 설치방식, 부가기능 등의 차이에 따라 분류되며, 시공·설치 관련 분류는 설치되는 부위에 따라 지붕, 벽, 기타로 분류하며 각각에 대하여 설치방식과 부가적인 기능이 있다.

설치 방식	설치 부위	부가 기능
지붕	지붕 설치형	경사 지붕형
		평지붕형
	지붕 건재형	지붕재 일체형
		지붕재형
	아트리움 지붕 및 천장	
벽	벽 일체형	
	벽 건재형	
기타	창재형	
	차양형	

1) 경사 지붕형

① 최적의 경사각을 지닌 남향의 경사지붕은 태양전지를 설치하기에 이상적이고 유럽의 전통 주택에서 가장 많이 이용되는 형식이다.

② PV-기술 특성상 일체화를 위해 다음과 같이 특별한 지붕이 적절하다.

㉠ 가능한 넓고, 균일하며, 평평하고, 남향을 향한 경사진 지붕
㉡ PV-모듈의 최대 출력을 가져올 수 있는 지붕 경사각(20°~40°)
㉢ 지붕형태에 의해 부분적으로나 전체적으로 그림자가 생기지 않을 것(예 : 돌출 부위)
㉣ PV-어레이가 설치되는 장소에 굴뚝, 환기구 및 환기배관, 안테나, 기둥, 지붕창 등과 같은 구조물에 대해 그늘이지지 않을 것

2) 평지붕형

① 평지붕은 태양광발전에 매우 적절한 장소이다.
② 대부분 평지붕은 사용되지 않고, 마감처리가 잘 되어 있어 그림자가 지지 않는 공간을 제공하고 있다. 따라서 이 장소는 추가적 용도로 사용되기에 적합하다. 여기서 태양전지 발전부는 설치방향과 관계하여 어떠한 제한도 받지 않으므로 전력생산을 위한 최적의 배치가 가능하다.
③ 평지붕에 태양전지 모듈을 설치할 때, 설치위치, 배치 및 적절한 태양전지 통합형식에 영향을 미치는 요소는 다음과 같다.
㉠ 견딜 수 있는 하중
㉡ 지붕의 구성(통풍이 되는/안 되는 구조, 녹화지붕 등)
㉢ 지붕의 용도(디딜 수 있는/없는, 체류공간의 사용용도 등)
㉣ 태양전지 통합화의 시점(신축 또는 기존)
㉤ 그림자에 의한 방해 요인(안테나, 환기용 개구부, 인접 건물 등)

3) 아트리움 지붕 및 천창

수직 파사드에 비해 천창은 태양전지 이용 면에서 일사조건이 많이 이롭다. 천장이 남향으로 경사져 있다면 더욱 좋다. 전형적으로 아트리움, 온실, 외기로부터 피할 수 있도록 제공되는 지하철 입구 또는 건물 로비공간에 많이 적용된다.
① 머리 윗부분에 설치되는 태양전지 판유리는 이중유리-모듈 구조로 설치
② 건물 내부 쪽에 위치하는 유리는 강화접합유리 사용
③ 단열유리가 적용된 태양전지 천창유리에 대해서는 붕괴방지를 위해 접합안전유리 사용
④ 빗물의 배수가 용이하도록 하며 오염물이 쌓이는 것을 방지하기 위해 구배가 진 구조물 사용
⑤ 계획단계에서 상부 유리의 청소 가능성에 대한 방법 수립(60° 이하이면 태양전지에 오염물이 쌓일 수 있음)

4) 벽(입면) 일체형

외피 마감재의 후면 통풍이 되는 소위 Cold-파사드는 통풍이 가능하므로 태양전지 설치가 유리하다. 기존의 외장재를 PV-유리모듈로 교체하거나 또는 비정질 태양전지 모듈이 접착된 금속판으로 대체 가능하다.

(1) 구조적 유의사항
　① 전형적인 유리와는 달리 태양전지 유리 파사드는 일사를 흡수하여 심하게 가열되고 파사드에 열적 부하로 작용하여 고정장치에 더욱 많은 부담을 줄 수 있다.
　② 고정과정에서 상이한 건축자재의 서로 다른 열팽창에 대하여 고려하고 이를 위한 충분한 여유공간을 미연에 확보해야 한다.
　③ 정역학적으로 하중을 받는 유리 고정장치와 이에 속하는 유리를 제외하고, 어떠한 경우라도 태양전지 모듈에 물리적 하중이 가해져서는 안 된다.

(2) 모듈방식
　① G2G(Glass To Glass)
　　㉠ 전면과 배면 기판이 모두 유리로 구성된 투과형 BIPV-모듈
　　㉡ 창호나 커튼월에서 주로 비전(Vision) 부위에 설치

　② G2T(Glass To Tedlar)
　　㉠ 전면은 유리, 배면은 불투명한 불소수지(Tedlar)로 구성된 국내 기성형(불투명) 태양전지 모듈 스팬드럴 부위에 설치하거나 외벽마감재 대신 사용
　　㉡ 모듈 뒤판이 불투명하여 배선 및 부품이 보이지 않지만 벽체와 일체식으로 공사가 마무리되면 시공 후 확인 및 보수작업에 어려움 발생

(3) 고정차양형
　① 차양시스템은 여름의 과도한 일사로부터 사람과 건물을 보호해 주는 역할을 한다. 또한 현휘(눈부심)에 대한 보호, 자연광의 모듈화, 건물 외피의 냉각 등과 같은 장점을 갖고 있다.
　② 이 시스템은 일반적으로 파사드에 장착되어 있는 콘솔(까치발로 버틴 선반)에 고정된다. 그리고 콘솔에 전달된 하중은 파사드 구조가 받는다.
　　㉠ 파사드 전면에 태양전지 모듈 전력생산량이 가장 많은 경사각을 갖고 있다.
　　㉡ 차양의 깊이와 투명한 정도에 따라 건물 실내에 비치는 자연광이 다양해진다.
　　㉢ 결정질 태양전지 모듈은 전지의 조밀도에 따라 강한 빛과 그림자 대비를 이룬다. 이 때문에 작업에 방해를 줄 수 있어 빛을 확산시키는 박막층 모듈 구성이나 반투명성 박막모듈을 사용할 수 있다.
　③ 파사드에 설치되는 태양전지 차양은 파사드와 간격을 두어 더운 공기가 위쪽으로 상승하여 건물외피에 냉각효과가 생기도록 한다. 반대로 파사드와 태양전지 차양의 간격이 없어 차양 아래에 더운 공기가 정체하지 않도록 유의해야 한다.

(4) 가동차양형
　건물에 통합된 가변형 태양전지 차양시스템은 수평축을 따라 위/아래로 또는 수직축을 따

라 좌/우로 태양방위와 고도에 따라 태양전지 모듈의 방위각이나 경사각을 조절할 수 있다.

① 가동차양형은 개별 창호의 상부 내지 건물 전체를 위한 차양기능을 수행하고 전기모터를 설치하여 자동으로 동작할 수 있도록 한다.

② 모터는 일간 및 연간 변동에 대해 시뮬레이션하여 태양전력생산이 최대가 되도록 한다. 그러나 구름이 낀 하늘이나 실제 일광 상황, 그리고 사용자의 개인적 요구를 고려하지 못한다는 단점이 있다.

③ 차양장치로서의 역할에서 태양전지 모듈이 차양의 기능을 만족시키지 못하는 경우도 발생한다.

14. 건물일체형 태양광발전(BIPV ; Bilding Integrated Photovoltaic)시스템

BIPV시스템은 건축자재+태양광발전시스템의 개념이다.

① 건축재료와 발전기능을 동시에 발휘한다.
② 태양광발전시스템 설계 시 건축설계자와 사전협의가 필요하다.
③ 태양전지 모듈을 지붕 파사드 · 블라인드 등 건물 외피에 적용한다.
④ 실리콘 태양전지에 비해 가격이 고가이고 효율이 낮아 적용실적은 낮다.

15. 태양광발전 모듈의 수상 설치유형

1) 수상태양광의 구성

① 구조체(Float) : 태양광 모듈을 설치할 수 있는 수상 부유체
② 계류장치 : 수위변동에 응동하면서 남향을 유지할 수 있도록 지지
③ 태양광설비 : 구조체 위에 설치되는 태양광 어레이, 접속함 등 전기설비
④ 수중케이블 : 발전된 전력을 육상의 전기실까지 전송하는 전송로

2) 수상태양광 부유체 형상별 분류

① 프레임(구조물)형 : 알루미늄 프로파일 또는 FRP, H빔으로 조립하고 하부에 부력재를 연결하는 구조
② 부력일체형 : 성형이 용이한 PE재질로 부력통과 모듈을 지지하는 부유체를 일체화한 구조

3) 수상태양광의 이용범위

유지 등의 수면에 부유(浮游)하여 설치하는 경우(이하 수상태양광)는 다음에 해당하는 경우에 한하며, 안정성, 환경성 등을 확보할 수 있도록 공급인증기관의 장이 정하는 세부 기준을 충족하는 설비를 의미한다.

① 「댐건설 · 관리 및 주변지역지원 등에 관한 법률」 제2조에 따른 댐
② 「전원개발촉진법」 제5조에 따라 전원개발사업구역으로 지정된 지역의 발전용 댐

③ 「농어촌정비법」 제2조에 따른 농업생산기반 정비사업에 따른 저수지 및 담수호와 농업생산기반시설로서의 방조제 내측
④ 「산업입지 및 개발에 관한 법률」 제6조, 제7조, 제8조에 따른 산업단지 내의 유수지
⑤ 「공유수면 관리 및 매립에 관한 법률」 제2조에 따른 공유수면 중 방조제 내측

4) 수상태양광 인정 기준
① 발전소 설치 부지는 연중 유수가 있거나 상시 물이 저장되어 있어야 한다.
② 태양광설비 전체(인버터 및 배전선로 제외)는 수면 위에 부유식으로 설치되어야 한다.
③ 댐 및 저수지의 본래 목적을 훼손하지 않아야 한다.
④ 태양광 모듈, 지지대, 부력 자재 등은 수도법에 따른 위생안전기준을 만족해야 한다.

5) 수상태양광 규제 제도
① 수도법 및 상수원 관리 규칙 : 상수원 보호구역으로 지정된 댐 내 수상태양광 개발 제한
② 환경영향평가 : 환경성 평가지침에 의거 식수용 댐의 경우 사업준공 후 10년간 모니터링 실시
③ 개발행위 허가 : 수상태양광 설치수면은 개발행위 대상이며, 전기실 부지는 면적에 따라 부분 대상

6) 수상태양광의 장단점
① 수상태양광의 장점
㉠ 국토의 효율적 이용 : 산지 및 농지 개발훼손 없이 개발 가능
㉡ 고효율 발전 : 수면 위 냉각효과로 육상태양광과 비교하여 효율 상승
㉢ 생태 보호 : 그늘 형성으로 수상태양광 하부 어류 개체수 증가 및 조류발생 억제

② 수상태양광의 단점
㉠ 육상태양광발전에 비하여 설치비용 20[%] 증가
㉡ 오염 발생 시 어류 및 농산물에 악영향
㉢ 소규모 저수지 준설 작업불가
㉣ 육상태양광발전에 비하여 운영 및 유지보수비 약 50[%] 증가

16. 태양전지 모듈의 검사

1) 출하 검사
① 전기적 특성검사　② 구조 및 조립시험　③ 절연저항시험
④ 강박시험(우박시험)　⑤ 내전압검사

2) 신뢰성 검사
① 내풍압 검사　　　　② 내습성 검사　　　　③ 내열성 검사
④ 온도 사이클 테스트　⑤ 염수분무시험　　　⑥ 자외선(UV) 피복시험

③ 전력저장장치(축전지)

- 축전지(Electric Storage Batteries)는 전기에너지를 화학에너지로 바꿔 저장하고, 필요할 때 다시 전기에너지로 바꿔 쓰는 장치로서 전력저장장치라 할 수 있다.
- 발전량 부족 시나 야간, 일조가 없을 때의 부하로 전력을 공급하기 위해 전력저장장치(축전지)를 설치한다. 독립형 태양광발전에서 섬 지방이나 산간지방 등 상용전원이 없는 곳에서 활용한다.
- 계통 연계형 태양광발전시스템에서도 축전지를 설치하여 재해 시 비상전원 공급, 발전전력 급변 시의 버퍼, 전력저장, 피크 시프트 등 시스템의 적용범위를 확대함으로써 비상전원의 확보, 전력 품질의 유지, 경제성 등의 목적으로 설치하는 경우도 있다.
- 최근에는 다수의 태양광발전시스템이 계통에 연계되었을 때 계통전압 안정화 및 피크 제어 목적으로 축전지를 이용한 ESS(Energy Storage System)를 도입하고 있다.

1. 전력저장장치의 용어

1) 분산형 전원(Distributed Generation)

원자력이나 대용량 화력 등과 같은 집중적이고 대용량이 아닌 소용량 발전시스템을 말한다. 수력, 태양광, 풍력, 소용량 열병합발전시스템 등이 있다.

2) 전기저장장치(ESS ; Energy Storage System)

① 전력계통 및 타 전원으로부터 전기를 축전지에 에너지로 저장하였다가 필요할 때 사용하는 장치
② 전력변환장치(PCS), 전력관리장치(PMS), 축전지관리장치(BMS) 등으로 구성된다.

2. 전력저장장치의 기본 성능

1) 충·방전 기능

2) 용량 확인

ESS의 출력전력량[kWh]이 정격출력량[kWh]의 ±5[%] 이내인지 확인한다.

3) 계통 연계 성능

(1) 동기화 조건
① 저압계통의 경우 계통 투입 시 돌입전류가 ESS에 대해 계통 투입에 의한 연속 전압변

동률이 6[%]를 초과하지 않는지 확인한다.
② ESS 역률은 90[%] 이상 유지한다.
③ ESS는 계통의 전압, 주파수, 전압위상각이 전력계통과 동기화되는지 확인한다.
④ 계통사고 시 ESS 성능을 확인한다.
⑤ 단독운전 방지 : ESS는 단독운전 상태를 검출하여 0.5초 이내에 분리한다.
⑥ 역전력 계전기 설치 : 단순병렬 운전 시 ESS의 경우에는 전기 유입을 예방하기 위해 역전력 계전기를 설치한다.
  ㉠ 설치 생략 조건
    • ESS 용량이 50[kW] 이하일 것
    • ESS 용량이 수전계약전력용량 이하일 것
    • 단독운전 방지 기능이 있을 것

3. 통신 및 제어기능

1) 통신기능

ESS와 시스템운영자 또는 그리드와 연계하여 정보교환이 필요한 경우 감시, 제어, 계측, 고장 기록을 상호 운용성이 보장하는지 확인한다.

2) 전력관리장치(PMS ; Power Management System)

전기저장장치 내에서의 전기소비를 감시하고 규제하며 전기 사용을 예상하여 필요한 조정을 할 수 있는 기능 등의 전력을 관리하는 시스템

| PMS의 기능 |

구분	기능
계측기능	전압, 전류, 주파수 운전모드
제어기능	전압과 전류 기준의 충전제어, 전압과 전류 기준의 방전제어
보호기능	과전압, 저전압, 과전류, 저주파수
통신기능	통신 프로토콜(IEC-61850/mode bus)
저장기능	PMS 계측기능에 저장된 정보를 일정기간 저장

3) 축전지관리장치(BMS ; Battery Management System)

축전지 셀(Cell)과의 균형을 정밀하게 잡아주며 모든 셀이 완전 충전상태가 될 수 있도록 하고 저장된 전기에너지를 완벽하게 활용할 수 있도록 제어 및 감시하는 장치

| BMS의 기능 |

구분	기능
계측기능	시스템 및 모듈의 전압, 전류 온도 측정
계산기능	축전지 충전상태, 축전지 수명 계산
제어기능	축전지 균등화, 축전지 온도상승 제어, 랙(Rack) 간의 병렬운전 중 이상전압 발생 시 제어
표시ㆍ경보기능	과충전, 과방전, 과전류, 과온 상태의 표시 및 경보
통신기능	표준통신 프로토콜(IEC-61850/mode bus)

4. 축전지 종류

① 연축전지 : 양극판(PbO_2), 음극판(Pb), 격리판, 전해액(H_2SO_4) 및 전조(Container)로 구성되어 있는 축전지로 태양광발전시스템에서 가장 많이 사용된다.

② 알칼리축전지 : 수산화 물질과 같은 알칼리용액으로 전해액이 구성된 축전지이다.

5. 축전지 기대수명에 영향을 미치는 요소

① 방전심도(DOD)
② 방전횟수
③ 사용온도

이 중 방전심도의 영향이 가장 크다.

6. 축전지 선정

1) 독립형 전원시스템용 축전지

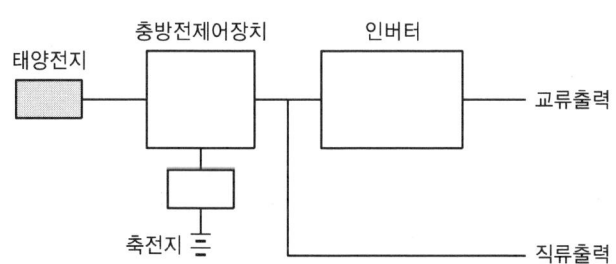

① 축전지 용량(C) = $\dfrac{1일\ 소비전력량 \times 불일조일수}{보수율 \times 방전심도 \times 축전지전압(방전종지전압)}$ [Ah]

  ㉠ 방전심도(DOD ; Depth Of Discharge) : 축전지의 잔존용량을 표현하는 방법
  ㉡ 불일조일수 : 기상 상태의 변화로 발전을 할 수 없을 때의 일수

② 직류부하 전용일 때는 인버터가 필요 없다.

③ 직류출력 전압과 축전지의 전압을 서로 같게 한다.

2) 계통연계 시스템용 축전지

(1) 방재 대응형

재해 시 인버터를 자립운전으로 전환하고 특정 재해대응 부하로 전력을 공급한다.

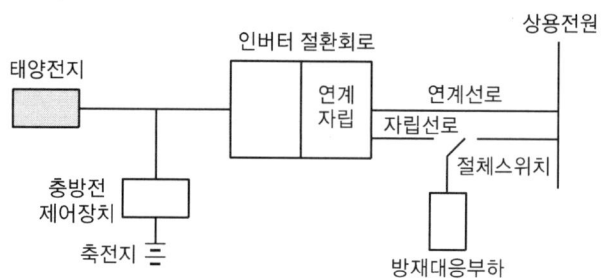

① 평상시 계통연계 운전
② 정전 시 방재, 비상부하 자립운전
③ 정전 회복 후 야간충전운전

(2) 부하 평준화 대응형(피크 시프트형, 야간전력 저장형)

태양전지 출력과 축전지 출력을 병용하여 부하의 피크 시에 인버터를 필요 출력으로 운전하여 수전전력의 증대를 막고 기본전력요금을 절감하려는 시스템이다.

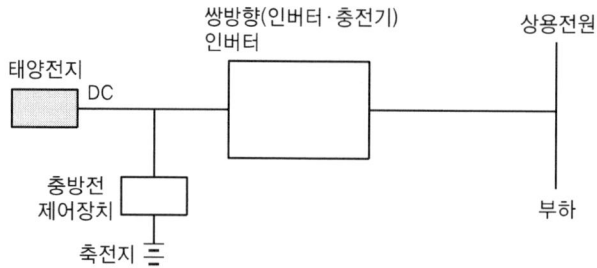

① 보통 때 연계운전
② 피크 시 태양전지＋축전지 겸용에 의한 피크부하 부담
③ 정전 회복 후 야간 충전운전

(3) 계통안정화 대응형

기후가 급변할 때나 계통부하가 급변할 때는 축전지를 방전하고, 태양전지 출력이 증대하여 계통전압이 상승하도록 할 때에는 축전지를 충전하여 역류를 줄이고 전압의 상승을 방지하는 방식

(4) 계통 연계형 시스템용 축전지 용량 산출식

$$C = \frac{KI}{L}[\text{Ah}]$$

여기서, C : 온도 25[℃]에서 정격방전율 환산용량(축전지의 표시용량)
K : 방전시간, 축전지 온도, 허용최저전압으로 결정되는 용량환산시간
I : 평균 방전전류
L : 보수율(수명 말기의 용량감소율 고려해 일반적으로 0.8 적용)

7. 축전지 설비의 설치기준

축전지 설비를 설치할 경우에는 다음 표와 같이 최소한의 이격거리를 확보할 필요가 있으므로 시스템의 설계 시에 이를 반영해야 한다.

이격거리를 확보해야 할 부분	이격거리[m]
큐비클 이외의 발전설비와의 사이	1.0
큐비클 이외의 변전설비와의 거리	1.0
옥외에 설치할 경우 건물과의 사이	2.0
전면 또는 조작면	1.0
점검면	0.6
환기면[*]	0.2

[*] 전면, 조작면 또는 점검면 이외에 환기구가 설치되는 면을 말한다.

8. 축전지가 갖추어야 할 조건

① 자기 방전율이 낮을 것
② 에너지 저장밀도가 높을 것
③ 중량 대비 효율이 높을 것
④ 과충전 및 과방전에 강할 것
⑤ 가격이 저렴하고 장수명일 것

4 바이패스 소자와 역류방지 소자

1. 바이패스 소자
① 태양전지의 직렬접속 시 전류의 우회로를 만드는 다이오드를 말한다.
② 모듈의 일부 셀이 나뭇잎, 응달(음영)이 발생하면 그 부분의 셀은 전기를 생산하지 못할 경우
  ㉠ 발전되지 않은 셀에서 저항이 커진다.
  ㉡ 이 셀에 직렬접속되어 있는 스트링(회로)에 전전압이 인가되어 고저항의 셀에 전류가 흘러 발열된다. 이 발열 부분을 핫스팟(Hot Spot)이라 한다.
  ㉢ 셀이 고온이 되면 셀 및 그 주변의 충진재가 변색되고 이면 커버의 부풀림이 발생한다.
  ㉣ 셀의 온도가 더 높아지면 셀 및 모듈이 파손된다.
  ㉤ 이를 방지하기 위해 바이패스 다이오드를 설치한다.

2. 바이패스 다이오드 설치위치
태양전지 모듈 후면에 있는 출력단자함에 설치한다.

3. 태양전지 모듈의 바이패스 다이오드 설치 예
① 태양전지 모듈의 일부 셀이 나뭇잎, 새 배설물 등으로 음영(그늘)이 생기면 그 부분의 셀은 전기를 생산하지 못하고 저항이 증가한다. 그늘진 셀에는 직렬로 접속된 다른 셀들의 회로(String)의 모든 전압이 인가되어 그 셀은 발열(Hot Spot)하게 된다. 즉, 셀이 고온이 되면 셀과 주변의 충진재(EVA)가 변색되고 뒷면 커버의 팽창 등을 일으킨다.
② 이를 방지하기 위해 고저항이 된 셀들과 병렬로 접속하여 음영된 셀에 흐르는 전류를 바이패스(By-pass)하도록 하는 것이 바이패스 소자이다.
  ㉠ 태양전지 모듈 내의 셀의 18~22개마다 셀의 전류방향과 반대로 바이패스 다이오드를 설치하여 출력 저하 및 발열 억제
    • 태양전지 정상작동 시 바이패스 다이오드에 역방향전압이 걸려 있어 작동하지 않고 부문음영이 발생하면 태양전지에는 역방향 전압, 바이패스 다이오드에는 순방향 전압이 인가되어 바이패스 다이오드 작동
  ㉡ 바이패스 다이오드 역내전압은 스트링 전압의 1.5배 이상

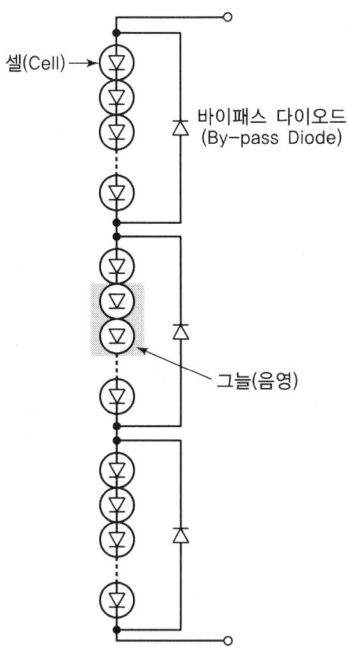

4. 모듈의 음영과 바이패스 다이오드

1) 음영과 모듈의 직병렬에 따른 출력전력 비교

   (1) 직렬 시

   ① 음영 없을 때 출력

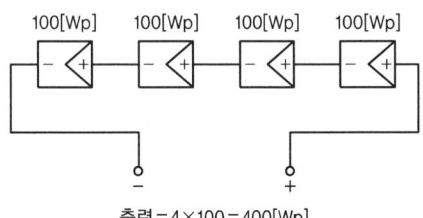

출력 = 4×100 = 400[Wp]

   ② 일부 셀에 음영 발생 시 출력 : 음영 발생한 셀이 전체에 영향을 미친다.

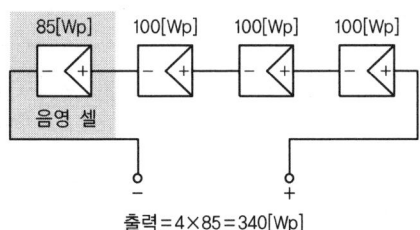

출력 = 4×85 = 340[Wp]

(2) 병렬 시

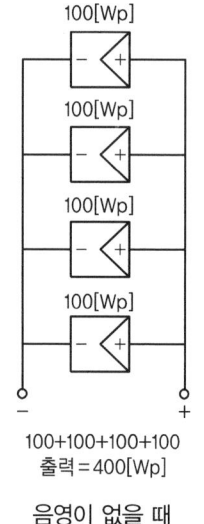

100+100+100+100
출력=400[Wp]

음영이 없을 때

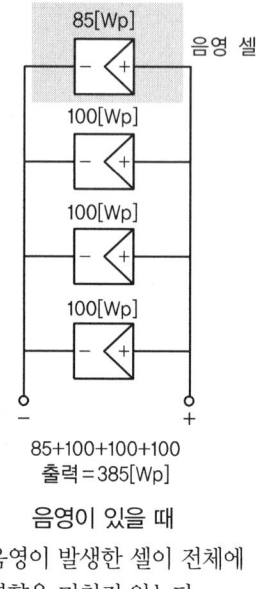

85+100+100+100
출력=385[Wp]

음영이 있을 때
음영이 발생한 셀이 전체에
영향을 미치지 않는다.

5. 역류방지소자

1) 역류방지소자의 설치목적

   ① 태양전지 모듈에 그늘(음영)이 생긴 경우, 그 스트링 전압이 낮아져 부하가 되는 것을 방지
   ② 독립형 태양광발전시스템에서 축전지를 가진 시스템에서 야간에 태양광발전이 정지된 상태에서 축전지 전력이 태양전지 모듈 쪽으로 흘러들어 소모되는 것을 방지

2) 역류방지소자 설치위치

   역류방지소자(Blocking Diode)는 태양전지 어레이의 스트링(String)별로 설치한다.

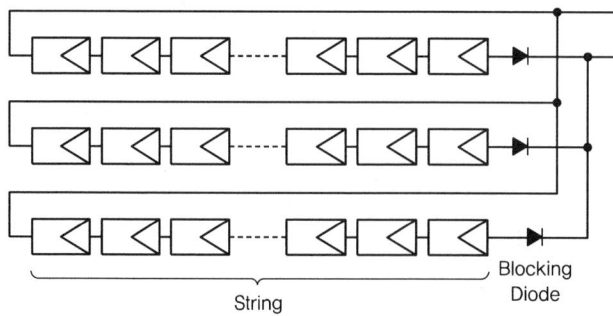

3) 역전류 방지 다이오드

① 1대의 인버터에 연결된 태양전지 직렬군이 2병렬 이상일 경우에는 각 직렬군에 역전류 방지 다이오드를 별도의 접속함에 설치하여야 한다.
② 접속함은 발생하는 열을 외부에 방출할 수 있도록 환기구 및 방열판 등을 갖추어야 한다.
③ 용량은 모듈 단락전류의 1.4배 이상이어야 하며 현장에서 확인할 수 있도록 표시하여야 한다.(역전류 방지 다이오드의 용량은 모듈 단락전류의 1.4배 이상)

5 접속반[접속함(단자함, 수납함, 배전함)]

1. 접속함의 설치목적

① 보수·점검 시 회로를 분리하거나 점검을 용이하게 하기 위해 설치
② 스트링별 고장 시 정지 범위를 분리하여 운전을 할 수 있도록 설치

2. 접속함의 내부회로 결선도

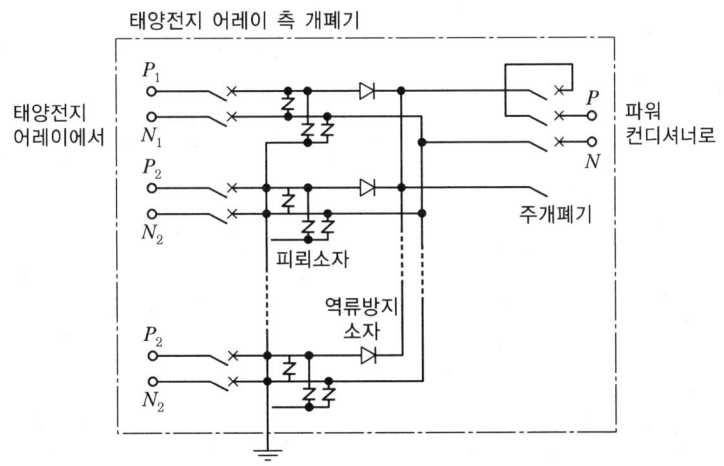

3. 접속함 내 설치되는 기기

① 태양전지 어레이 측 기기
② 주개폐기
③ 서지보호장치(SPD ; Surge Protected Device)
④ 역류방지소자
⑤ 출력단자대
⑥ 감시용 DCCT(Shunt), DCPT, T/D(Transducer)

4. 접속함의 연결전선

① 태양전지에서 옥내에 이르는 배선에 쓰이는 전선은 모두 모듈전용선(TFR-CV선)을 사용하여야 한다.
② 전선이 지면을 통과할 경우에는 피복에 손상이 발생되지 않게 별도의 조치를 취해야 한다.
③ 리드선의 극성 표시방법은 케이블에 (+), (-)의 마크 표시, 케이블 색은 적색(+), 청색(-)으로 구분한다.

5. 접속함 선정 시 고려사항

① 독립형 또는 계통연계형 태양광발전시스템에 사용되는 개폐장치 및 제어장치 부속품을 포함하는, 직류 1,500[V]를 초과하지 않는 태양광발전용 접속함은 KS C 8567(2017)에 의한 인증 제품을 사용하여야 한다.
② 접속함의 병렬 스트링 수에 의한 분류와 설치장소에 의한 보호등급은 다음과 같다.

∥ 접속함의 분류 및 보호 등급 ∥

병렬 스트링 수에 의한 분류	설치장소에 의한 분류
소형(3회로 이하)	IP 54 이상
중대형(4회로 이상)	실내형 : IP 20 이상
	실외형 : IP 54 이상

③ 선정 기준
  ㉠ 전압 : 접속함의 정격전압은 태양전지 스트링의 개방 시의 최대직류전압으로 선정
  ㉡ 전류 : 정격입력전류는 접속함에 안전하게 흘릴 수 있는 전류값이며 최대전류를 기준으로 선정

6. 접속함의 외부 · 내부

[외부]

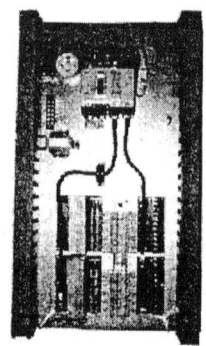

[내부]

7. 단자대

태양전지 어레이의 스트링별로 배선을 접속함까지 가지고 와서 접속 내부 단자대를 통해 접속

8. 주 개폐기

① 주 개폐기는 태양전지 어레이의 출력을 1개소에 통합한 후 파워컨디셔너와 회로도 중에 설치한다.

② 주 개폐기는 태양전지 어레이의 최대사용전압, 통과전류를 만족하는 것으로서 최대 통과전류(표준태양전지 어레이 단락전류)를 개폐할 수 있는 것을 사용하면 좋다. 또한 보수도 용이하고 MCCB를 사용해도 좋지만 태양전지 어레이의 단락전류에서는 자동차단(트립)되지 않는 정격의 것을 사용하는 것이 좋다. 그리고 반드시 정격전압에 적정한 직류차단기를 사용하여야 한다.

③ 태양전지 어레이 측 개폐기로 단로기나 Fuse를 사용하는 경우에는 반드시 주 개폐기로 MCCB를 설치하여야 한다.

④ 배선용 차단기(MCCB)
배선용 차단기는 개폐기구 트립장치 등을 절연물의 용기 내에 일체로 조립한 것

9. 어레이 측 개폐기

태양전지 어레이 측 개폐기는 태양전지 어레이의 점검 · 보수 또는 일부 태양전지 모듈의 고장 발생 시 스트링 단위로 회로를 분리시키기 위해 스트링 단위로 설치한다.

6 교류 측 기기

1. 분전반

① 분전반은 계통에 연계하는 경우에 파워컨디셔너의 교류출력을 계통으로 접속할 때 사용하는 차단기를 수납하는 함이다.

② 일반주택, 빌딩의 경우 대부분 분전반이나 배전반이 설치되어 있으므로 태양광발전시스템의 정격출력전류에 적합한 차단기가 있으면 그것을 사용한다.

③ 기설치된 분전반 내 차단기의 여유가 없으면 별도의 분전반 설치

④ 차단기는 역접속 가능형 누전차단기 설치(지락검출기능)
(단, 기설치된 분전반의 계통 측에 지락검출기능이 부착된 과전류 차단기가 이미 설치된 경우에는 교체할 필요가 없다.)

2. 적산전력량계

적산전력량계는 계통연계에서 역송전한 전력량을 계측하여 전력회사에 판매하는 전력요금의 산출을 하는 계량기로서 계량법에 의한 검정을 받은 적산전력량계를 사용해야 한다.

1) 적산전력량계의 설치

① 종래 전력회사가 설치하고 있는 수요전력량계의 적산전력량계도 역송전이 있는 계통연계 시스템을 설치할 때는 전력회사가 역송방지장치가 부착된 적산전력량계로 변경하게 된다.

② 역송전력계량용의 적산전력량계는 전력회사가 설치하는 수요전력량계의 적산전력량계에 인접하여 설치한다.

③ 적산전력량계는 옥외용의 경우 옥외용 함에 내장하는 것으로 하고 옥내용의 경우 창이 부착된 옥외용 수납함의 내부에 설치한다.

2) 적산전력량계 접속(결선)도

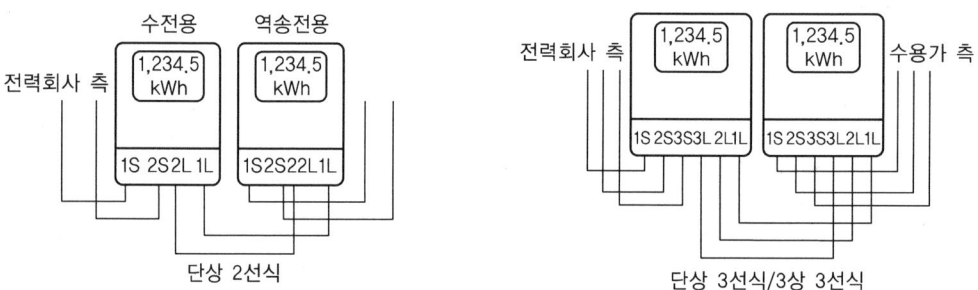

역송전 계량용의 적산전력계는 수요전력량계와는 역으로 수용가 측을 전원 측으로 접속한다.

7 피뢰 소자

1. 피뢰 소자

저압 전기설비의 피뢰소자는 서지보호장치(SPD ; Surge Protective Device)라고도 한다.

1) 서지보호장치(SPD)

① 서지로부터 각종 장비들을 보호하는 장치이다.

② SPD는 과도전압과 노이즈를 감쇄시키는 장치로서 TVSS(Transient Voltage Surge Suppressor)라고도 불린다.

2) SPD 설치목적

① 태양광 발전설비가 피뢰침에 의한 직격뢰로부터는 보호되어야 한다.

② 서지보호소자는 유도 뇌서지가 태양전지 어레이 또는 파워컨디셔너 등에 침입한 경우에 전기설비 또는 장치를 뇌서지로부터 보호하기 위해 설치한다.

3) 서지보호장치 설치위치
① 접속함에는 태양전지 어레이의 보호를 위해 스트링마다 서지보호소자(SPD)를 설치
② 낙뢰 빈도가 높은 경우에는 주개폐기 측에도 설치한다.
③ 배선은 접지단자에서 최대한 짧게 하여야 하며, 서지보호소자의 접지 측 배선을 일괄해서 접속한다.

2. 낙뢰의 종류

1) 직격뢰
① 전력설비나 전기기기에 직접 뇌가 떨어져 직접 뇌 방전을 받는 낙뢰를 말한다.
② 직격뢰의 전류파고치가 15~20[kA] 이하가 거의 50[%]이지만 200[kA] 이상인 것도 있다.
③ 직격뢰 대책은 피뢰침을 설치한다.

2) 유도뢰
(1) 직격뢰가 원인인 경우(전자유도)
나무나 빌딩 등이 비교적 높은 건물 등에 뇌격하여 직격로 전류가 흘러 주위에 강한 전자계가 생기고 전자유도작용에 의해 부근의 전력 송전선이나 통신선에 서지전압이 발생한다.

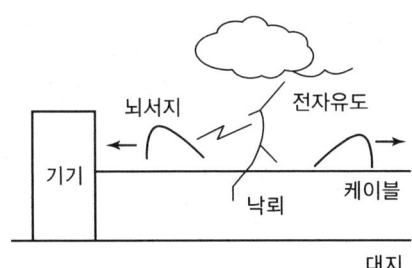

(2) 정전유도
정전유도에 의한 것은 뇌 구름에 의해 전로에 유도된 플러스 전하가 낙뢰로 인한 지표면 전하가 중화되면 뇌서지가 되어 선로를 타고 이동한다.

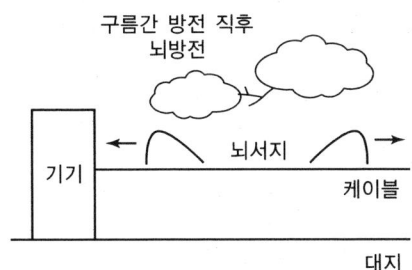

3. 낙뢰(뇌서지) 방호대책

1) 감전으로부터 인축의 상해를 줄이기 위한 대책
① 노출도전성 부분의 절연
② 등전위화(메시접지시스템 이용)
③ 뇌 등전위 본딩
④ 물리적 제한과 경고표시

2) 물리적 손상을 줄이기 위한 보호대책(외부 뇌보호)
① 외부 피뢰시스템
　㉠ 수뢰부시스템
　㉡ 인하도선시스템
　㉢ 접지극시스템
② 피뢰 등전위 본딩
③ 외부 피뢰시스템으로부터 전기적 절연(이격거리)

3) 피뢰시스템의 등급별 회전구체 반지름 메시치수

구분	보호법	
피뢰시스템 등급	회전구체 반지름 γ[m]	메시치수 W_m[m]
I	20	5×5
II	30	10×10
III	45	15×15
IV	60	20×20

4) 전기전자 설비의 고장을 줄이기 위한 보호대책
① 접지 및 본딩 대책
② 자기차폐
③ 선로의 포설경로
④ 절연인터페이스
⑤ 협조된 SPD시스템

4. 뇌서지 대책

1) PV시스템을 보호하기 위한 대책
① 피뢰소자를 어레이 주회로 내부에 분산시켜 설치하고 접속함에도 설치한다.
② 저압배전선에서 침입하는 뇌서지에 대해서는 분전반에 피뢰소자를 설치한다.
③ 뇌우 다발지역에서는 교류전원 측으로 내뢰트랜스를 설치하여 보다 안전한 대책을 세운다.

2) 뇌보호시스템
   ① 외부 뇌보호 : 수뇌부, 인하도선, 접지극, 차폐, 안전이격거리
   ② 내부 뇌보호 : 등전위 본딩, 차폐, 안전이격거리, 서지보호장치(SPD), 접지

3) 피뢰대책용 부품

   뇌보호용 부품에는 크게 피뢰소자와 내뢰트랜스 2가지가 있으며, PV 시스템에는 일반적으로 피뢰소자인 어레스터 또는 서지업서버를 사용한다.
   ① 어레스터(SPD, 저압) : 낙뢰에 의한 충격성 과전압에 대하여 전기설비의 단자전압을 규정치 이내로 저감시켜 정전을 일으키지 않고 원상태로 회귀하는 장치이다.
   ② 서지업서버(SA, 고압) : 전선로에 침입하는 이상 전압의 높이를 완화하고 파고치를 저하시키는 장치이다.
   ③ 내뢰트랜스 : 실드 부착 절연트랜스를 주체로 하고 어레스터 및 콘덴서를 부가시킨 것, 뇌서지가 침입한 경우 내부에 넣은 어레스터에서의 제어 및 1차 측과 2차 측 간의 고절연화, 실드에 의해 뇌서지의 흐름을 완전히 차단할 수 있도록 한 변압기이다.

4) 피뢰소자의 설치장소(선정)
   ① 접속함 내와 분전반 내에 설치하는 피뢰소자는 어레스터(방전내량이 큰 것)를 선정한다.
   ② 어레이 주회로 내에 설치하는 피뢰소자는 서지업서버(방전내량이 적은 것)를 선정한다.

5) 서지보호장치(SPD ; Surge Protective Device)
   (1) 저압의 전기설비의 피뢰소자

   태양광발전시스템은 모듈을 비롯하여 파워컨디셔너 등 각종 전기·전자 설비들로 순간적인 과전압이나 전류에 매우 취약한 반도체들로 구성되어 있다. 따라서 낙뢰나 스위칭 개폐 등에 의해 발생되는 순간 과전압은 이러한 기기들을 순식간에 손상시킬 수 있다. 태양광발전시스템의 특성상 순간의 사고도 용납될 수 없기 때문에 이를 보호하기 위하여 SPD 등을 중요지점에 각각 설치하여야 한다.

   (2) SPD의 특징
   ① 서지억제기, 서지방호장치 등 다양한 용어로 통용되고 있지만, 보통 서지보호장치 또는 SPD로 호칭한다.
   ② SPD는 크게 반도체형과 갭형이 있다.
   ③ 최근에는 반도체 SPD가 많이 사용되고 있다.
   ④ 종래에는 SPD 소자에 탄화규소(SiC)가 사용되어 왔으나 산화아연(ZnO)이 개발된 이후, 반도체형의 SPD 소자에 산화아연이 많이 사용되고 있다.
   ⑤ 산화아연은 큰 서지 내량과 우수한 제한 전압 등의 특징을 갖고 있어 직렬 갭을 필요로 하지 않는 이상적인 SPD로서 기기의 입·출력부에 설치한다.

(3) 뇌보호영역(LPZ ; Lightning Protection Zone)별 SPD의 선택기준

구분	파형 및 내량	적용 SPD
LPZ 1	10/350[μs] 파형 기준의 임펄스 전류 I_{imp} 15[kA]~60[kA]	Class I SPD
LPZ 2	8/20[μs] 파형 기준의 최대방전전류 I_{max} 40[kA]~160[kA]	Class II SPD
LPZ 3	1.2/50[μs](전압), 8/20[μs](전류) 조합파 기준	Class III SPD

(4) 피뢰기가 구비해야 할 조건
    ① 충격방전 개시전압이 낮을 것
    ② 상용주파 방전 개시 전압이 높을 것
    ③ 방전내량이 높고 제한전압이 낮을 것
    ④ 속류의 차단능력이 충분할 것

SECTION 002 태양광발전 사업부지환경조사

01 태양광발전 부지조사

1 부지 선정 시 일반적 고려사항

1. 지정학적 조건
① 일조량 및 일조시간 : 설치지역의 일조량과 일조시간이 풍부해야 한다.
② 일조량 : 태양복사의 양
③ 일조시간 : 태양광선이 지표를 비추는 시간

2. 건설 및 운영 조건
① 주변 환경 : 홍수, 태풍, 수목, 오염(공해, 염해), 인축의 접근 등
② 접근성 : 전기, 가스, 상수도 공급과 교통의 편의성 등

3. 행정상 조건
인 · 허가 문제

4. 전력계통과의 연계
계통의 인입선로 위치, 송배전용 전기설비 이용 등

5. 경제성
부지 매입가격 및 부대공사비 등

6. 기타
주민과의 협의

2 부지 선정 절차

지역 선정 → 정보 수집 → 현장조사 → 지자체 방문 토지현황 파악 → 토지의 법적 사항 검토 및 소유자 파악 → 용량 · 규모기획 → 지가조사 → 소유자 협의 → 계약 체결

1. 지역(후보지) 선정
발전소 건설 후보지 선정

2. 지역정보 수집
① 일조량 : 연 $4,000[MJ/m^2]$ 이상
② 일조시간 : 3.5시간 이상 지역 고려
③ 지자체 지원 여부 등

3. 현장조사
① 지적도 검토 : 지적도와 실제 부지 비교 및 표고, 경사도 검토
② 주변 토지 이용현황 등

4. 지자체 방문 토지현황 파악
지자체 방문 후 토지대장, 지적도(임야도 등) 등을 통해 토지용도 및 이용현황 파악

5. 법적 사항 검토 및 소유자 파악
① 발전사업 허가
② 개발행위 허가
③ 토지 소유자 파악

6. 용량·규모 기획
태양광발전 설비용량, 규모 등 기획

7. 지가조사
공시지가 확인 및 주변 지역 토지 매매가 조사

8. 소유자와 협의
소유자와 매매 및 가격협의

9. 계약 체결
협의 완료 시 계약 체결

SECTION 003 태양광발전 사업부지 인허가 검토

01 국토 이용에 관한 법령 검토

1 전기사업법령

1. 목적(법 제1조)

이 법은 전기사업에 관한 기본제도를 확립하고 전기사업의 경쟁과 새로운 기술 및 사업의 도입을 촉진함으로써 전기사업의 건전한 발전을 도모하고 전기사용자의 이익을 보호하여 국민경제의 발전에 이바지함을 목적으로 한다.

2. 정의(법 제2조)

이 법에서 사용하는 용어의 뜻은 다음과 같다.

1) 전기사업

발전사업 · 송전사업 · 배전사업 · 전기판매사업 및 구역전기사업을 말한다.

2) 전기사업자

발전사업자 · 송전사업자 · 배전사업자 · 전기판매사업자 및 구역전기사업자를 말한다.

3) 발전사업

전기를 생산하여 이를 전력시장을 통하여 전기판매사업자에게 공급하는 것을 주된 목적으로 하는 사업을 말한다.

4) 발전사업자

제7조제1항에 따라 발전사업의 허가를 받은 자를 말한다.

5) 송전사업

발전소에서 생산된 전기를 배전사업자에게 송전하는 데 필요한 전기설비를 설치 · 관리하는 것을 주된 목적으로 하는 사업을 말한다.

6) 송전사업자

제7조제1항에 따라 송전사업의 허가를 받은 자를 말한다.

7) 배전사업

발전소로부터 송전된 전기를 전기사용자에게 배전하는 데 필요한 전기설비를 설치·운용하는 것을 주된 목적으로 하는 사업을 말한다.

8) 배전사업자

제7조제1항에 따라 배전사업의 허가를 받은 자를 말한다.

9) 전기판매사업

전기사용자에게 전기를 공급하는 것을 주된 목적으로 하는 사업(전기자동차충전사업, 재생에너지전기공급사업 및 재생에너지전기저장판매사업은 제외한다)을 말한다.

10) 전기판매사업자

제7조제1항에 따라 전기판매사업의 허가를 받은 자를 말한다.

11) 구역전기사업

대통령령으로 정하는 규모 이하의 발전설비를 갖추고 특정한 공급구역의 수요에 맞추어 전기를 생산하여 전력시장을 통하지 아니하고 그 공급구역의 전기사용자에게 공급하는 것을 주된 목적으로 하는 사업을 말한다.

12) 구역전기사업자

제7조제1항에 따라 구역전기사업의 허가를 받은 자를 말한다.

13) 전력시장

전력거래를 위하여 제35조에 따라 설립된 한국전력거래소(이하 "한국전력거래소"라 한다)가 개설하는 시장을 말한다.

14) 전력계통

전기의 원활한 흐름과 품질유지를 위하여 전기의 흐름을 통제·관리하는 체제를 말한다.

15) 보편적 공급

전기사용자가 언제 어디서나 적정한 요금으로 전기를 사용할 수 있도록 전기를 공급하는 것을 말한다.

16) 전기설비

발전·송전·변전·배전·전기공급 또는 전기사용을 위하여 설치하는 기계·기구·댐·수로·저수지·전선로·보안통신선로 및 그 밖의 설비(「댐건설·관리 및 주변지역지원 등에 관한 법률」에 따라 건설되는 댐·저수지와 선박·차량 또는 항공기에 설치되는 것과 그 밖에 대통령령으로 정하는 것은 제외한다)로서 다음 각 목의 것을 말한다.

가. 전기사업용전기설비
나. 일반용전기설비
다. 자가용전기설비

16의2) 전선로

발전소·변전소·개폐소 및 이에 준하는 장소와 전기를 사용하는 장소 상호 간의 전선 및 이를 지지하거나 수용하는 시설물을 말한다.

17) 전기사업용전기설비

전기설비 중 전기사업자가 전기사업에 사용하는 전기설비를 말한다.

18) 일반용 전기설비

산업통상자원부령으로 정하는 소규모의 전기설비로서 한정된 구역에서 전기를 사용하기 위하여 설치하는 전기설비를 말한다.

19) 자가용 전기설비

전기사업용전기설비 및 일반용전기설비 외의 전기설비를 말한다.

20) 안전관리

국민의 생명과 재산을 보호하기 위하여 이 법 및 「전기안전관리법」에서 정하는 바에 따라 전기설비의 공사·유지 및 운용에 필요한 조치를 하는 것을 말한다.

3. 정부 등의 책무(법 제3조)

① 산업통상자원부장관은 이 법의 목적을 달성하기 위하여 전력수급(電力需給)의 안정과 전력산업의 경쟁촉진 등에 관한 기본적이고 종합적인 시책을 마련하여야 한다.
④ 특별시장·광역시장·특별자치시장·도지사·특별자치도지사(이하 "시·도지사"라 한다) 및 시장·군수·구청장(구청장은 자치구의 구청장을 말한다. 이하 같다)은 그 관할 구역의 전기사용자가 전기를 안정적으로 공급받기 위하여 필요한 시책을 마련하여야 하며, 제1항에 따른 산업통상자원부장관의 전력수급 안정을 위한 시책의 원활한 시행에 협력하여야 한다.

4. 전기사용자의 보호(법 제4조)

전기사업자와 전기신사업자(이하 "전기사업자 등"이라 한다)는 전기사용자의 이익을 보호하기 위한 방안을 마련하여야 한다.

5. 환경보호(법 제5조)

전기사업자 등은 전기설비를 설치하여 전기사업 및 전기신사업(이하 "전기사업 등"이라 한다)

을 할 때에는 자연환경 및 생활환경을 적정하게 관리·보존하는 데 필요한 조치를 마련하여야 한다.

6. 보편적 공급(법 제6조)

① 전기사업자는 전기의 보편적 공급에 이바지할 의무가 있다.
② 산업통상자원부장관은 다음 각 호의 사항을 고려하여 전기의 보편적 공급의 구체적 내용을 정한다.
　1. 전기기술의 발전 정도
　2. 전기의 보급 정도
　3. 공공의 이익과 안전
　4. 사회복지의 증진

7. 전기(발전)사업의 허가기준

1) 전기사업의 허가(법 제7조)

① 전기사업을 하려는 자는 대통령령으로 정하는 바에 따라 전기사업의 종류별 또는 규모별로 산업통상자원부장관 또는 시·도지사(이하 "허가권자"라 한다)의 허가를 받아야 한다. 허가 받은 사항 중 산업통상자원부령으로 정하는 중요 사항을 변경하려는 경우에도 또한 같다.
② 산업통상자원부장관은 전기사업을 허가 또는 변경허가를 하려는 경우에는 미리 제53조에 따른 전기위원회(이하 "전기위원회"라 한다)의 심의를 거쳐야 한다.
③ 동일인에게는 두 종류 이상의 전기사업을 허가할 수 없다. 다만, 대통령령으로 정하는 경우에는 그러하지 아니하다.
④ 허가권자는 필요한 경우 사업구역 및 특정한 공급구역별로 구분하여 전기사업의 허가를 할 수 있다. 다만, 발전사업의 경우에는 발전소별로 허가할 수 있다.
⑤ 전기사업의 허가기준은 다음 각 호와 같다.
　1. 전기사업을 적정하게 수행하는 데 필요한 재무능력 및 기술능력이 있을 것
　2. 전기사업이 계획대로 수행될 수 있을 것
　3. 배전사업 및 구역전기사업의 경우 둘 이상의 배전사업자의 사업구역 또는 구역전기사업자의 특정한 공급구역 중 그 전부 또는 일부가 중복되지 아니할 것
　4. 구역전기사업의 경우 특정한 공급구역의 전력수요의 50퍼센트 이상으로서 대통령령으로 정하는 공급능력을 갖추고, 그 사업으로 인하여 인근 지역의 전기사용자에 대한 다른 전기사업자의 전기공급에 차질이 없을 것
　4의2. 발전소나 발전연료가 특정 지역에 편중되어 전력계통의 운영에 지장을 주지 아니할 것
　5. 「신에너지 및 재생에너지 개발·이용·보급 촉진법」 제2조에 따른 태양에너지 중 태

양광, 풍력, 연료전지를 이용하는 발전사업의 경우 대통령령으로 정하는 바에 따라 발전사업 내용에 대한 사전고지를 통하여 주민 의견수렴 절차를 거칠 것
6. 그 밖에 공익상 필요한 것으로서 대통령령으로 정하는 기준에 적합할 것
⑥ 제1항에 따른 허가의 세부기준·절차와 그 밖에 필요한 사항은 산업통상자원부령으로 정한다.

2) 두 종류 이상의 전기사업의 허가(시행령 제3조)

법 제7조제3항 단서에 따라 동일인이 두 종류 이상의 전기사업을 할 수 있는 경우는 다음 각 호와 같다.
1. 배전사업과 전기판매사업을 겸업하는 경우
2. 도서지역에서 전기사업을 하는 경우
3. 「집단에너지사업법」 제48조에 따라 발전사업의 허가를 받은 것으로 보는 집단에너지사업자가 전기판매사업을 겸업하는 경우. 다만, 같은 법 제9조에 따라 허가받은 공급구역에 전기를 공급하려는 경우로 한정한다.

3) 전기사업의 허가기준(시행령 제4조)

① 법 제7조제5항제4호에서 "대통령령으로 정하는 공급능력"이란 해당 특정한 공급구역의 전력수요의 60퍼센트 이상의 공급능력을 말한다.
② 법 제7조제5항제5호에 따라 발전사업의 허가를 받으려는 자가 거쳐야 하는 주민 의견수렴 절차는 제4조의2에 따른 절차로 한다.
③ 법 제7조제5항제6호에서 "대통령령으로 정하는 기준"이란 발전사업에 있어서 다음 각 호의 기준을 말한다.
  1. 발전소가 특정 지역에 편중되어 전력계통의 운영에 지장을 주지 아니할 것
  2. 발전연료가 어느 하나에 편중되어 전력수급(電力需給)에 지장을 주지 아니할 것
  3. 법 제25조에 따른 전력수급기본계획에 부합할 것
  4. 「기후위기 대응을 위한 탄소중립·녹색성장 기본법」 제8조제1항에 따른 중장기 국가 온실가스 감축 목표의 달성에 지장을 주지 아니할 것
④ 제3항 각 호의 기준의 세부기준은 산업통상자원부장관이 정하여 고시한다.

4) 사업허가의 신청(시행규칙 제4조)

① 법 제7조제1항에 따라 전기사업의 허가를 신청하려는 자는 별지 제1호 서식의 전기사업허가신청서(전자문서로 된 신청서를 포함한다. 이하 같다)에 다음 각 호의 서류(전자문서를 포함한다. 이하 같다)를 첨부하여 산업통상자원부장관에게 제출해야 한다. 다만, 발전설비용량이 3천킬로와트 이하인 발전사업의 허가를 받으려는 자는 특별시장·광역시장·특별자치시장·도지사 또는 특별자치도지사(이하 "시·도지사"라 한다)에게 제출

해야 한다.
1. 별표 1의 작성방법에 따라 작성한 사업계획서. 이 경우 별표 1의2에 따른 서류를 첨부하여야 한다.
2. 정관, 재무상태표 및 손익계산서(신청자가 법인인 경우만 해당하며, 설립 중인 법인의 경우에는 정관만 제출한다)
3. 신청자(발전설비용량 3천킬로와트 이하인 신청자는 제외한다. 이하 이 호에서 같다)의 주주명부. 이 경우 신청자가 재무능력을 평가할 수 없는 신설법인인 경우에는 신청자의 최대주주를 신청자로 본다.
4. 「전기사업법 시행령」(이하 "영"이라 한다) 제4조의2에 따른 의견수렴 결과(「신에너지 및 재생에너지 개발·이용·보급 촉진법」 제2조에 따른 태양에너지 중 태양광, 풍력, 연료전지를 이용하는 발전사업인 경우만 해당한다)
5. 법 제7조의3제1항에 따라 의제받으려는 인·허가 등에 관하여 해당 법률에서 정하는 관련 서류

② 제1항에 따른 신청을 받은 산업통상자원부장관은 관할 지방자치단체의 장에게 제1항제4호에 따른 의견수렴 결과에 대한 의견(발전설비용량이 3천킬로와트를 초과하는 발전사업의 경우로 한정한다)을 들을 수 있다.

③ 제1항에 따른 신청을 받은 산업통상자원부장관 또는 시·도지사는 「전자정부법」 제36조제1항에 따른 행정정보의 공동이용을 통하여 법인 등기사항증명서(법인인 경우만 해당한다)를 확인하여야 한다.

8. 사업허가의 취소 등(법 제12조)

① 산업통상자원부장관은 전기사업자가 다음 각 호의 어느 하나에 해당하는 경우에는 전기위원회의 심의를 거쳐 그 허가를 취소하거나 6개월 이내의 기간을 정하여 사업정지를 명할 수 있다. 다만, 제1호부터 제4호까지의 어느 하나에 해당하는 경우에는 그 허가를 취소하여야 한다.
1. 제8조 각 호의 어느 하나에 해당하게 된 경우
2. 제9조에 따른 준비기간에 전기설비의 설치 및 사업을 시작하지 아니한 경우
3. 원자력발전소를 운영하는 발전사업자(이하 "원자력발전사업자"라 한다)에 대한 외국인의 투자가 「외국인투자 촉진법」 제2조제1항제4호에 해당하게 된 경우
4. 거짓이나 그 밖의 부정한 방법으로 제7조제1항에 따른 허가 또는 변경허가를 받은 경우
5. 인가를 받지 아니하고 전기사업의 전부 또는 일부를 양수하거나 법인의 분할이나 합병을 한 경우
6. 정당한 사유 없이 전기의 공급을 거부한 경우
7. 산업통상자원부장관의 인가 또는 변경인가를 받지 아니하고 전기설비를 이용하게 하거나 전기를 공급한 경우

11. 차액계약을 통하여서만 전력을 거래하여야 하는 전기사업자가 같은 조 제3항에 따라 인가받은 차액계약을 통하지 아니하고 전력을 거래한 경우
12. 인가를 받지 아니하거나 신고를 하지 아니한 경우
13. 제93조제1항을 위반하여 회계를 처리한 경우
14. 사업정지기간에 전기사업을 한 경우

9. 전기공급의 의무(법 제14조)

발전사업자, 전기판매사업자, 전기자동차충전사업자, 재생에너지전기공급사업자, 통합발전소사업자, 재생에너지전기저장판매사업자 및 송전제약발생지역전기공급사업자는 대통령령으로 정하는 정당한 사유 없이 전기의 공급을 거부하여서는 아니 된다.

10. 구역전기사업자와 전기판매사업자의 전력거래 등(법 제16조의3)

① 구역전기사업자는 사고나 그 밖에 산업통상자원부령으로 정하는 사유로 전력이 부족하거나 남는 경우에는 부족한 전력 또는 남는 전력을 전기판매사업자와 거래할 수 있다.
② 전기판매사업자는 정당한 사유 없이 제1항의 거래를 거부하여서는 아니 된다.
③ 전기판매사업자는 제1항의 거래에 따른 전기요금과 그 밖의 거래조건에 관한 사항을 내용으로 하는 약관(이하 "보완공급약관"이라 한다)을 작성하여 산업통상자원부장관의 인가를 받아야 한다. 이를 변경하는 경우에도 또한 같다.
④ 제3항에 따른 인가에 관하여는 제16조제2항을 준용한다.

11. 전력량계의 설치·관리(법 제19조)

① 다음 각 호의 자는 시간대별로 전력거래량을 측정할 수 있는 전력량계를 설치·관리하여야 한다.
   1. 발전사업자(대통령령으로 정하는 발전사업자는 제외한다)
   2. 자가용전기설비를 설치한 자(제31조제2항 단서에 따라 전력을 거래하는 경우만 해당한다)
   3. 구역전기사업자(제31조제3항에 따라 전력을 거래하는 경우만 해당한다)
   4. 배전사업자
   5. 제32조 단서에 따라 전력을 직접 구매하는 전기사용자
② 제1항에 따른 전력량계의 허용오차 등에 관한 사항은 산업통상자원부장관이 정한다.

12. 전력거래(법 제31조)

① 발전사업자 및 전기판매사업자는 제43조에 따른 전력시장운영규칙으로 정하는 바에 따라 전력시장에서 전력거래를 하여야 한다. 다만, 도서지역 등 대통령령으로 정하는 경우에는 그러하지 아니하다.

② 자가용 전기설비를 설치한 자는 그가 생산한 전력을 전력시장에서 거래할 수 없다. 다만, 대통령령으로 정하는 경우에는 그러하지 아니하다.

③ 구역전기사업자는 대통령령으로 정하는 바에 따라 특정한 공급구역의 수요에 부족하거나 남는 전력을 전력시장에서 거래할 수 있다.

④ 전기판매사업자는 다음 각 호의 어느 하나에 해당하는 자가 생산한 전력을 제43조에 따른 전력시장운영규칙으로 정하는 바에 따라 우선적으로 구매할 수 있다.
  1. 대통령령으로 정하는 규모 이하의 발전사업자
  2. 자가용전기설비를 설치한 자(제2항 단서에 따라 전력거래를 하는 경우만 해당한다)
  3. 「신에너지 및 재생에너지 개발·이용·보급 촉진법」 제2조제1호 및 제2호에 따른 신에너지 및 재생에너지를 이용하여 전기를 생산하는 발전사업자
  4. 「집단에너지사업법」 제48조에 따라 발전사업의 허가를 받은 것으로 보는 집단에너지사업자
  5. 수력발전소를 운영하는 발전사업자

⑤ 「지능형전력망의 구축 및 이용촉진에 관한 법률」 제12조제1항에 따라 지능형전력망 서비스 제공사업자로 등록한 자 중 대통령령으로 정하는 자(이하 "수요관리사업자"라 한다)는 제43조에 따른 전력시장운영규칙으로 정하는 바에 따라 전력시장에서 전력거래를 할 수 있다. 다만, 수요관리사업자 중 「독점규제 및 공정거래에 관한 법률」 제31조제1항의 상호출자제한기업집단에 속하는 자가 전력거래를 하는 경우에는 대통령령으로 정하는 전력거래량의 비율에 관한 기준을 충족하여야 한다.

13. 한국전력거래소 업무(법 제36조)

① 한국전력거래소는 그 목적을 달성하기 위하여 다음 각 호의 업무를 수행한다.
  1. 전력시장 및 소규모전력중개시장의 개설·운영에 관한 업무
  2. 전력거래에 관한 업무
  3. 회원의 자격 심사에 관한 업무
  4. 전력거래대금 및 전력거래에 따른 비용의 청구·정산 및 지불에 관한 업무
  5. 전력거래량의 계량에 관한 업무
  6. 제43조에 따른 전력시장운영규칙 및 제43조의2에 따른 중개시장운영규칙 등 관련 규칙의 제정·개정에 관한 업무
  7. 전력계통의 운영에 관한 업무
  8. 제18조제2항에 따른 전기품질의 측정·기록·보존에 관한 업무
  9. 그 밖에 제1호부터 제8호까지의 업무에 딸린 업무

② 한국전력거래소는 제1항에 따른 업무 중 일부를 다른 기관 또는 단체에 위탁하여 처리하게 할 수 있다.

14. 전기설비의 안전관리

1) 전기사업용 전기설비의 공사계획의 인가 또는 신고(법 제61조)

   전기사업자는 전기사업용 전기설비의 설치공사 또는 변경공사로서 산업통상자원부령으로 정하는 공사를 하려는 경우에는 그 공사계획에 대하여 산업통상자원부장관의 인가를 받아야 한다. 인가받은 사항을 변경하려는 경우에도 또한 같다.

2) 사용 전 검사(법 제63조)

   전기설비의 설치공사 또는 변경공사를 한 자는 산업통상자원부령으로 정하는 바에 따라 허가권자가 실시하는 검사에 합격한 후에 이를 사용하여야 한다.

3) 전기설비의 임시사용(법 제64조)

   ① 허가권자는 제63조에 따른 검사에 불합격한 경우에도 안전상 지장이 없고 전기설비의 임시사용이 필요하다고 인정되는 경우에는 사용 기간 및 방법을 정하여 그 설비를 임시로 사용하게 할 수 있다. 이 경우 허가권자는 그 사용 기간 및 방법을 정하여 통지를 하여야 한다.

2 전기공사업법령

1. 목적(법 제1조)

이 법은 전기공사업과 전기공사의 시공·기술관리 및 도급에 관한 기본적인 사항을 정함으로써 전기공사업의 건전한 발전을 도모하고 전기공사의 안전하고 적정한 시공을 확보함을 목적으로 한다.

2. 정의(법 제2조)

이 법에서 사용하는 용어의 뜻은 다음과 같다.

1) 전기공사

   다음 각 목의 어느 하나에 해당하는 설비 등을 설치·유지·보수·해체하는 공사 및 이에 따른 부대공사로서 대통령령으로 정하는 것을 말한다.
   가. 「전기사업법」 제2조제16호에 따른 전기설비
   나. 전력 사용 장소에서 전력을 이용하기 위한 전기계장설비(電氣計裝設備)
   다. 전기에 의한 신호표지
   라. 「신에너지 및 재생에너지 개발·이용·보급 촉진법」 제2조제3호에 따른 신·재생에너지 설비 중 전기를 생산하는 설비
   마. 「지능형전력망의 구축 및 이용촉진에 관한 법률」 지능형전력망 중 전기설비

2) 공사업(工事業)

도급이나 그 밖에 어떠한 명칭이든 상관없이 전기공사를 업(業)으로 하는 것을 말한다.

3) 공사업자(工事業者)

제4조제1항에 따라 공사업의 등록을 한 자를 말한다.

4) 발주자(發注者)

전기공사를 공사업자에게 도급을 주는 자를 말한다. 다만, 수급인으로서 도급받은 전기공사를 하도급 주는 자는 제외한다.

5) 도급(都給)

원도급(原都給), 하도급, 위탁, 그 밖에 어떠한 명칭이든 상관없이 전기공사를 완성할 것을 약정하고, 상대방이 그 일의 결과에 대하여 대가를 지급할 것을 약정하는 계약을 말한다.

6) 하도급(下都給)

도급받은 전기공사의 전부 또는 일부를 수급인이 제3자와 체결하는 계약을 말한다.

7) 수급인(受給人)

발주자로부터 전기공사를 도급받은 자를 말한다.

8) 하수급인(下受給人)

수급인으로부터 전기공사를 하도급받은 자를 말한다.

9) 전기공사기술자

다음 각 목의 어느 하나에 해당하는 사람으로서 제17조의2에 따라 산업통상자원부장관의 인정을 받은 사람을 말한다.
  가. 「국가기술자격법」에 따른 전기 분야의 기술자격을 취득한 사람
  나. 일정한 학력과 전기 분야에 관한 경력을 가진 사람

10) 전기공사관리

전기공사에 관한 기획, 타당성 조사·분석, 설계, 조달, 계약, 시공관리, 감리, 평가, 사후관리 등에 관한 관리를 수행하는 것을 말한다.

11) 시공책임형 전기공사관리

전기공사업자가 시공 이전 단계에서 전기공사관리 업무를 수행하고 아울러 시공 단계에서 발주자와 시공 및 전기공사관리에 대한 별도의 계약을 통하여 전기공사의 종합적인 계획·관리 및 조정을 하면서 미리 정한 공사금액과 공사기간 내에서 전기설비를 시공하는 것을 말한다. 다만, 「전력기술관리법」에 따른 설계 및 공사감리는 시공책임형 전기공사관리 계약의 범위에서 제외한다.

3. 공사업의 등록(법 제4조)

① 공사업을 하려는 자는 산업통상자원부령으로 정하는 바에 따라 주된 영업소의 소재지를 관할하는 특별시장·광역시장·특별자치시장·도지사 또는 특별자치도지사(이하 "시·도지사"라 한다)에게 등록하여야 한다.
② 제1항에 따른 공사업의 등록을 하려는 자는 대통령령으로 정하는 기술능력 및 자본금 등을 갖추어야 한다.
③ 제1항에 따라 공사업을 등록한 자 중 등록한 날부터 5년이 지나지 아니한 자는 제2항에 따른 기술능력 및 자본금 등(이하 "등록기준"이라 한다)에 관한 사항을 대통령령으로 정하는 기간이 지날 때마다 산업통상자원부령으로 정하는 바에 따라 시·도지사에게 신고하여야 한다.
④ 시·도지사는 제1항에 따라 공사업의 등록을 받으면 등록증 및 등록수첩을 내주어야 한다.

4. 결격사유(법 제5조)

다음 각 호의 어느 하나에 해당하는 자는 제4조제1항에 따른 공사업의 등록을 할 수 없다.
1. 피성년후견인
2. 파산선고를 받고 복권되지 아니한 자
3. 다음 각 목의 어느 하나에 해당되어 금고 이상의 실형을 선고받고 그 집행이 끝나거나(집행이 끝난 것으로 보는 경우를 포함한다) 면제된 날부터 2년이 지나지 아니한 사람
4. 제3호에 따른 죄를 범하여 금고 이상의 형의 집행유예를 선고받고 그 유예기간에 있는 사람
5. 등록이 취소(제1호 또는 제2호에 해당하여 등록이 취소된 경우는 제외한다)된 후 2년이 지나지 아니한 자. 이 경우 공사업의 등록이 취소된 자가 법인인 경우에는 그 취소 당시의 대표자와 취소의 원인이 된 행위를 한 사람을 포함한다.
6. 임원 중에 제1호부터 제5호까지의 규정 중 어느 하나에 해당하는 사람이 있는 법인

5. 전기공사 및 시공책임형 전기공사관리의 분리발주(법 제11조)

① 전기공사는 다른 업종의 공사와 분리발주하여야 한다.
② 시공책임형 전기공사관리는 「건설산업기본법」에 따른 시공책임형 건설사업관리 등 다른 업종의 공사관리와 분리발주하여야 한다.
③ 다음 각 호의 어느 하나에 해당하는 공사는 제1항 또는 제2항에도 불구하고 분리발주하지 아니할 수 있다.
　1. 「재난 및 안전관리 기본법」 제3조제1호의 재난 발생에 따른 긴급복구공사
　2. 국방 및 국가안보 등과 관련하여 기밀을 유지하여야 하는 공사
　3. 공사의 성질상 또는 기술관리상 분리하여 발주하는 것이 곤란한 경우로서 대통령령으로 정하는 공사

6. 하도급의 제한 등(법 제14조)

① 공사업자는 도급받은 전기공사를 다른 자에게 하도급 주어서는 아니 된다. 다만, 대통령령으로 정하는 경우에는 도급받은 전기공사의 일부를 다른 공사업자에게 하도급 줄 수 있다.
② 하수급인은 하도급받은 전기공사를 다른 자에게 다시 하도급 주어서는 아니 된다. 다만, 하도급받은 전기공사 중에 전기기자재의 설치 부분이 포함되는 경우로서 그 전기기자재를 납품하는 공사업자가 그 전기기자재를 설치하기 위하여 전기공사를 하는 경우에는 하도급 줄 수 있다.
③ 공사업자는 제1항 단서에 따라 전기공사를 하도급 주려면 미리 해당 전기공사의 발주자에게 이를 서면으로 알려야 한다.
④ 하수급인은 제2항 단서에 따라 전기공사를 다시 하도급 주려면 미리 해당 전기공사의 발주자 및 수급인에게 이를 서면으로 알려야 한다.

3 국토의 계획 및 이용에 관한 법령

1. 목적(법 제1조)

이 법은 국토의 이용·개발과 보전을 위한 계획의 수립 및 집행 등에 필요한 사항을 정하여 공공복리를 증진시키고 국민의 삶의 질을 향상시키는 것을 목적으로 한다.

2. 국토 이용 및 관리의 기본원칙(법 제3조)

국토는 자연환경의 보전과 자원의 효율적 활용을 통하여 환경적으로 건전하고 지속가능한 발전을 이루기 위하여 다음 각 호의 목적을 이룰 수 있도록 이용되고 관리되어야 한다.
1. 국민생활과 경제활동에 필요한 토지 및 각종 시설물의 효율적 이용과 원활한 공급
2. 자연환경 및 경관의 보전과 훼손된 자연환경 및 경관의 개선 및 복원
3. 교통·수자원·에너지 등 국민생활에 필요한 각종 기초 서비스 제공
4. 주거 등 생활환경 개선을 통한 국민의 삶의 질 향상
5. 지역의 정체성과 문화유산의 보전
6. 지역 간 협력 및 균형발전을 통한 공동번영의 추구
7. 지역경제의 발전과 지역 및 지역 내 적절한 기능 배분을 통한 사회적 비용의 최소화
8. 기후변화에 대한 대응 및 풍수해 저감을 통한 국민의 생명과 재산의 보호
9. 저출산·인구의 고령화에 따른 대응과 새로운 기술변화를 적용한 최적의 생활환경 제공

3. 국가계획, 광역도시계획 및 도시·군계획의 관계 등(법 제4조)

① 도시·군계획은 특별시·광역시·특별자치시·특별자치도·시 또는 군의 관할 구역에서

수립되는 다른 법률에 따른 토지의 이용·개발 및 보전에 관한 계획의 기본이 된다.
② 광역도시계획 및 도시·군계획은 국가계획에 부합되어야 하며, 광역도시계획 또는 도시·군계획의 내용이 국가계획의 내용과 다를 때에는 국가계획의 내용이 우선한다. 이 경우 국가계획을 수립하려는 중앙행정기관의 장은 미리 지방자치단체의 장의 의견을 듣고 충분히 협의하여야 한다.
③ 광역도시계획이 수립되어 있는 지역에 대하여 수립하는 도시·군기본계획은 그 광역도시계획에 부합되어야 하며, 도시·군기본계획의 내용이 광역도시계획의 내용과 다를 때에는 광역도시계획의 내용이 우선한다.
④ 특별시장·광역시장·특별자치시장·특별자치도지사·시장 또는 군수(광역시의 관할 구역에 있는 군의 군수는 제외한다. 이하 같다. 다만, 제8조제2항 및 제3항, 제113조, 제133조, 제136조, 제138조제1항, 제139조제1항·제2항에서는 광역시의 관할 구역에 있는 군의 군수를 포함한다)가 관할 구역에 대하여 다른 법률에 따른 환경·교통·수도·하수도·주택 등에 관한 부문별 계획을 수립할 때에는 도시·군기본계획의 내용에 부합되게 하여야 한다.

4. 용도지역별 관리 의무(법 제7조)

국가나 지방자치단체는 제6조에 따라 정하여진 용도지역의 효율적인 이용 및 관리를 위하여 다음 각 호에서 정하는 바에 따라 그 용도지역에 관한 개발·정비 및 보전에 필요한 조치를 마련하여야 한다.
1. 도시지역 : 이 법 또는 관계 법률에서 정하는 바에 따라 그 지역이 체계적이고 효율적으로 개발·정비·보전될 수 있도록 미리 계획을 수립하고 그 계획을 시행하여야 한다.
2. 관리지역 : 이 법 또는 관계 법률에서 정하는 바에 따라 필요한 보전조치를 취하고 개발이 필요한 지역에 대하여는 계획적인 이용과 개발을 도모하여야 한다.
3. 농림지역 : 이 법 또는 관계 법률에서 정하는 바에 따라 농림업의 진흥과 산림의 보전·육성에 필요한 조사와 대책을 마련하여야 한다.
4. 자연환경보전지역 : 이 법 또는 관계 법률에서 정하는 바에 따라 환경오염 방지, 자연환경·수질·수자원·해안·생태계 및 「국가유산기본법」 제3조에 따른 국가유산의 보전과 수산자원의 보호·육성을 위하여 필요한 조사와 대책을 마련하여야 한다.

5. 용도지역의 지정(법 제36조)

① 국토교통부장관, 시·도지사 또는 대도시 시장은 다음 각 호의 어느 하나에 해당하는 용도지역의 지정 또는 변경을 도시·군관리계획으로 결정한다.
　1. 도시지역 : 다음 각 목의 어느 하나로 구분하여 지정한다.
　　가. 주거지역 : 거주의 안녕과 건전한 생활환경의 보호를 위하여 필요한 지역

나. 상업지역 : 상업이나 그 밖의 업무의 편익을 증진하기 위하여 필요한 지역

다. 공업지역 : 공업의 편익을 증진하기 위하여 필요한 지역

라. 녹지지역 : 자연환경·농지 및 산림의 보호, 보건위생, 보안과 도시의 무질서한 확산을 방지하기 위하여 녹지의 보전이 필요한 지역

2. 관리지역 : 다음 각 목의 어느 하나로 구분하여 지정한다.

가. 보전관리지역 : 자연환경 보호, 산림 보호, 수질오염 방지, 녹지공간 확보 및 생태계 보전 등을 위하여 보전이 필요하나, 주변 용도지역과의 관계 등을 고려할 때 자연환경보전지역으로 지정하여 관리하기가 곤란한 지역

나. 생산관리지역 : 농업·임업·어업 생산 등을 위하여 관리가 필요하나, 주변 용도지역과의 관계 등을 고려할 때 농림지역으로 지정하여 관리하기가 곤란한 지역

다. 계획관리지역 : 도시지역으로의 편입이 예상되는 지역이나 자연환경을 고려하여 제한적인 이용·개발을 하려는 지역으로서 계획적·체계적인 관리가 필요한 지역

3. 농림지역

4. 자연환경보전지역

6. 개발행위의 허가(법 제56조)

① 다음 각 호의 어느 하나에 해당하는 행위로서 대통령령으로 정하는 행위(이하 "개발행위"라 한다)를 하려는 자는 특별시장·광역시장·특별자치시장·특별자치도지사·시장 또는 군수의 허가(이하 "개발행위허가"라 한다)를 받아야 한다. 다만, 도시·군계획사업(다른 법률에 따라 도시·군계획사업을 의제한 사업을 포함한다)에 의한 행위는 그러하지 아니하다.

1. 건축물의 건축 또는 공작물의 설치
2. 토지의 형질 변경(경작을 위한 경우로서 대통령령으로 정하는 토지의 형질 변경은 제외한다)
3. 토석의 채취
4. 토지 분할(건축물이 있는 대지의 분할은 제외한다)
5. 녹지지역·관리지역 또는 자연환경보전지역에 물건을 1개월 이상 쌓아놓는 행위

② 개발행위허가를 받은 사항을 변경하는 경우에는 제1항을 준용한다. 다만, 대통령령으로 정하는 경미한 사항을 변경하는 경우에는 그러하지 아니하다.

③ 제1항에도 불구하고 제1항제2호 및 제3호의 개발행위 중 도시지역과 계획관리지역의 산림에서의 임도(林道) 설치와 사방사업에 관하여는 「산림자원의 조성 및 관리에 관한 법률」과 「사방사업법」에 따르고, 보전관리지역·생산관리지역·농림지역 및 자연환경보전지역의 산림에서의 제1항제2호(농업·임업·어업을 목적으로 하는 토지의 형질 변경만 해당한다) 및 제3호의 개발행위에 관하여는 「산지관리법」에 따른다.

④ 다음 각 호의 어느 하나에 해당하는 행위는 제1항에도 불구하고 개발행위허가를 받지 아니하

고 할 수 있다. 다만, 제1호의 응급조치를 한 경우에는 1개월 이내에 특별시장 · 광역시장 · 특별자치시장 · 특별자치도지사 · 시장 또는 군수에게 신고하여야 한다.
1. 재해복구나 재난수습을 위한 응급조치
2. 「건축법」에 따라 신고하고 설치할 수 있는 건축물의 개축 · 증축 또는 재축과 이에 필요한 범위에서의 토지의 형질 변경(도시 · 군계획시설사업이 시행되지 아니하고 있는 도시 · 군계획시설의 부지인 경우만 가능하다)

7. 개발행위허가의 규모(시행령 제55조)

① 법 제58조제1항제1호 본문에서 "대통령령으로 정하는 개발행위의 규모"란 다음 각 호에 해당하는 토지의 형질변경면적을 말한다. 다만, 관리지역 및 농림지역에 대하여는 제2호 및 제3호의 규정에 의한 면적의 범위 안에서 당해 특별시 · 광역시 · 특별자치시 · 특별자치도 · 시 또는 군의 도시 · 군계획조례로 따로 정할 수 있다.
1. 도시지역
   가. 주거지역 · 상업지역 · 자연녹지지역 · 생산녹지지역 : 1만제곱미터 미만
   나. 공업지역 : 3만제곱미터 미만
   다. 보전녹지지역 : 5천제곱미터 미만
2. 관리지역 : 3만제곱미터 미만
3. 농림지역 : 3만제곱미터 미만
4. 자연환경보전지역 : 5천제곱미터 미만

••• 02 신재생에너지 관련 법령 검토

1 신에너지 및 재생에너지 개발·이용·보급 촉진법

1. 목적(제1조)

이 법은 신에너지 및 재생에너지의 기술개발 및 이용·보급 촉진과 신에너지 및 재생에너지 산업의 활성화를 통하여 에너지원을 다양화하고, 에너지의 안정적인 공급, 에너지 구조의 환경친화적 전환 및 온실가스 배출의 감소를 추진함으로써 환경의 보전, 국가경제의 건전하고 지속적인 발전 및 국민복지의 증진에 이바지함을 목적으로 한다.

2. 정의(제2조)

이 법에서 사용하는 용어의 뜻은 다음과 같다.
1) "신에너지"란 기존의 화석연료를 변환시켜 이용하거나 수소·산소 등의 화학 반응을 통하여 전기 또는 열을 이용하는 에너지로서 다음 각 목의 어느 하나에 해당하는 것을 말한다.
   가. 수소에너지
   나. 연료전지
   다. 석탄을 액화·가스화한 에너지 및 중질잔사유(重質殘渣油)를 가스화한 에너지로서 대통령령으로 정하는 기준 및 범위에 해당하는 에너지
   라. 그 밖에 석유·석탄·원자력 또는 천연가스가 아닌 에너지로서 대통령령으로 정하는 에너지
2) "재생에너지"란 햇빛·물·지열(地熱)·강수(降水)·생물유기체 등을 포함하는 재생 가능한 에너지를 변환시켜 이용하는 에너지로서 다음 각 목의 어느 하나에 해당하는 것을 말한다.
   가. 태양에너지
   나. 풍력
   다. 수력
   라. 해양에너지
   마. 지열에너지
   바. 생물자원을 변환시켜 이용하는 바이오에너지로서 대통령령으로 정하는 기준 및 범위에 해당하는 에너지
   사. 폐기물에너지(비재생폐기물로부터 생산된 것은 제외한다)로서 대통령령으로 정하는 기준 및 범위에 해당하는 에너지
   아. 그 밖에 석유·석탄·원자력 또는 천연가스가 아닌 에너지로서 대통령령으로 정하는 에너지

3) "신에너지 및 재생에너지 설비"(이하 "신·재생에너지 설비"라 한다)란 신에너지 및 재생에너지(이하 "신·재생에너지"라 한다)를 생산 또는 이용하거나 신·재생에너지의 전력계통 연계조건을 개선하기 위한 설비로서 산업통상자원부령으로 정하는 것을 말한다.
4) "신·재생에너지 발전"이란 신·재생에너지를 이용하여 전기를 생산하는 것을 말한다.
5) "신·재생에너지 발전사업자"란 「전기사업법」 제2조제4호에 따른 발전사업자 또는 같은 조 제19호에 따른 자가용전기설비를 설치한 자로서 신·재생에너지 발전을 하는 사업자를 말한다.

3. 시책과 장려 등(제4조)

① 정부는 신·재생에너지의 기술개발 및 이용·보급의 촉진에 관한 시책을 마련하여야 한다.
② 정부는 지방자치단체, 「공공기관의 운영에 관한 법률」 제4조에 따른 공공기관(이하 "공공기관"이라 한다), 기업체 등의 자발적인 신·재생에너지 기술개발 및 이용·보급을 장려하고 보호·육성하여야 한다.

4. 기본계획의 수립(제5조)

① 산업통상자원부장관은 관계 중앙행정기관의 장과 협의를 한 후 제8조에 따른 신·재생에너지정책심의회의 심의를 거쳐 신·재생에너지의 기술개발 및 이용·보급을 촉진하기 위한 기본계획(이하 "기본계획"이라 한다)을 5년마다 수립하여야 한다.
② 기본계획의 계획기간은 10년 이상으로 하며, 기본계획에는 다음 각 호의 사항이 포함되어야 한다.
  1. 기본계획의 목표 및 기간
  2. 신·재생에너지원별 기술개발 및 이용·보급의 목표
  3. 총전력생산량 중 신·재생에너지 발전량이 차지하는 비율의 목표
  4. 「에너지법」 제2조제10호에 따른 온실가스의 배출 감소 목표
  5. 기본계획의 추진방법
  6. 신·재생에너지 기술수준의 평가와 보급전망 및 기대효과
  7. 신·재생에너지 기술개발 및 이용·보급에 관한 지원 방안
  8. 신·재생에너지 분야 전문인력 양성계획
  9. 직전 기본계획에 대한 평가
  10. 그 밖에 기본계획의 목표달성을 위하여 산업통상자원부장관이 필요하다고 인정하는 사항
③ 산업통상자원부장관은 신·재생에너지의 기술개발 동향, 에너지 수요·공급 동향의 변화, 그 밖의 사정으로 인하여 수립된 기본계획을 변경할 필요가 있다고 인정하면 관계 중앙행정기관의 장과 협의를 한 후 제8조에 따른 신·재생에너지정책심의회의 심의를 거쳐 그 기본계획을 변경할 수 있다.

5. 연차별 실행계획(제6조)

① 산업통상자원부장관은 기본계획에서 정한 목표를 달성하기 위하여 신·재생에너지의 종류별로 신·재생에너지의 기술개발 및 이용·보급과 신·재생에너지 발전에 의한 전기의 공급에 관한 실행계획(이하 "실행계획"이라 한다)을 매년 수립·시행하여야 한다.
② 산업통상자원부장관은 실행계획을 수립·시행하려면 미리 관계 중앙행정기관의 장과 협의하여야 한다.
③ 산업통상자원부장관은 실행계획을 수립하였을 때에는 이를 공고하여야 한다.

6. 신·재생에너지 기술개발 등에 관한 계획의 사전협의(제7조)

국가기관, 지방자치단체, 공공기관, 그 밖에 대통령령으로 정하는 자가 신·재생에너지 기술개발 및 이용·보급에 관한 계획을 수립·시행하려면 대통령령으로 정하는 바에 따라 미리 산업통상자원부장관과 협의하여야 한다.

7. 신·재생에너지정책심의회(제8조)

① 신·재생에너지의 기술개발 및 이용·보급에 관한 중요 사항을 심의하기 위하여 산업통상자원부에 신·재생에너지정책심의회(이하 "심의회"라 한다)를 둔다.
② 심의회는 다음 각 호의 사항을 심의한다.
  1. 기본계획의 수립 및 변경에 관한 사항. 다만, 기본계획의 내용 중 대통령령으로 정하는 경미한 사항을 변경하는 경우는 제외한다.
  2. 신·재생에너지의 기술개발 및 이용·보급에 관한 중요 사항
  3. 신·재생에너지 발전에 의하여 공급되는 전기의 기준가격 및 그 변경에 관한 사항
  4. 신·재생에너지 이용·보급에 필요한 관계 법령의 정비 등 제도개선에 관한 사항
  5. 그 밖에 산업통상자원부장관이 필요하다고 인정하는 사항
③ 심의회의 구성·운영과 그 밖에 필요한 사항은 대통령령으로 정한다.

8. 조성된 사업비의 사용(제10조)

산업통상자원부장관은 제9조에 따라 조성된 사업비를 다음 각 호의 사업에 사용한다.
1. 신·재생에너지의 자원조사, 기술수요조사 및 통계작성
2. 신·재생에너지의 연구·개발 및 기술평가
3. 삭제 〈2015.1.28.〉
4. 신·재생에너지 공급의무화 지원
5. 신·재생에너지 설비의 성능평가·인증 및 사후관리
6. 신·재생에너지 기술정보의 수집·분석 및 제공

7. 신·재생에너지 분야 기술지도 및 교육·홍보
8. 신·재생에너지 분야 특성화대학 및 핵심기술연구센터 육성
9. 신·재생에너지 분야 전문인력 양성
10. 신·재생에너지 설비 설치기업의 지원
11. 신·재생에너지 시범사업 및 보급사업
12. 신·재생에너지 이용의무화 지원
13. 신·재생에너지 관련 국제협력
14. 신·재생에너지 기술의 국제표준화 지원
15. 신·재생에너지 설비 및 그 부품의 공용화 지원
16. 그 밖에 신·재생에너지의 기술개발 및 이용·보급을 위하여 필요한 사업으로서 대통령령으로 정하는 사업

9. 사업의 실시(제11조)

① 산업통상자원부장관은 제10조 각 호의 사업을 효율적으로 추진하기 위하여 필요하다고 인정하면 다음 각 호의 어느 하나에 해당하는 자와 협약을 맺어 그 사업을 하게 할 수 있다.
  1. 「특정연구기관 육성법」에 따른 특정연구기관
  2. 「기초연구진흥 및 기술개발지원에 관한 법률」 제14조의2제1항에 따라 인정받은 기업부설연구소
  3. 「산업기술연구조합 육성법」에 따른 산업기술연구조합
  4. 「고등교육법」에 따른 대학 또는 전문대학
  5. 국공립연구기관
  6. 국가기관, 지방자치단체 및 공공기관
  7. 그 밖에 산업통상자원부장관이 기술개발능력이 있다고 인정하는 자
② 산업통상자원부장관은 제1항 각 호의 어느 하나에 해당하는 자가 하는 기술개발사업 또는 이용·보급 사업에 드는 비용의 전부 또는 일부를 출연(出捐)할 수 있다.
③ 제2항에 따른 출연금의 지급·사용 및 관리 등에 필요한 사항은 대통령령으로 정한다.

10. 신·재생에너지사업에의 투자권고 및 신·재생에너지 이용의무화 등(제12조)

① 산업통상자원부장관은 신·재생에너지의 기술개발 및 이용·보급을 촉진하기 위하여 필요하다고 인정하면 에너지 관련 사업을 하는 자에 대하여 제10조 각 호의 사업을 하거나 그 사업에 투자 또는 출연할 것을 권고할 수 있다.
② 산업통상자원부장관은 신·재생에너지의 이용·보급을 촉진하고 신·재생에너지산업의 활성화를 위하여 필요하다고 인정하면 다음 각 호의 어느 하나에 해당하는 자가 신축·증축 또는 개축하는 건축물에 대하여 대통령령으로 정하는 바에 따라 그 설계 시 산출된 예상 에너지

사용량의 일정 비율 이상을 신·재생에너지를 이용하여 공급되는 에너지를 사용하도록 신·재생에너지 설비를 의무적으로 설치하게 할 수 있다.
1. 국가 및 지방자치단체
2. 공공기관
3. 정부가 대통령령으로 정하는 금액 이상을 출연한 정부출연기관
4. 「국유재산법」 제2조제6호에 따른 정부출자기업체
5. 지방자치단체 및 제2호부터 제4호까지의 규정에 따른 공공기관, 정부출연기관 또는 정부출자기업체가 대통령령으로 정하는 비율 또는 금액 이상을 출자한 법인
6. 특별법에 따라 설립된 법인

③ 산업통상자원부장관은 신·재생에너지의 활용 여건 등을 고려할 때 신·재생에너지를 이용하는 것이 적절하다고 인정되는 공장·사업장 및 집단주택단지 등에 대하여 신·재생에너지의 종류를 지정하여 이용하도록 권고하거나 그 이용설비를 설치하도록 권고할 수 있다.

11. 신·재생에너지 공급의무화 등(제12조의5)

① 산업통상자원부장관은 신·재생에너지의 이용·보급을 촉진하고 신·재생에너지산업의 활성화를 위하여 필요하다고 인정하면 다음 각 호의 어느 하나에 해당하는 자 중 대통령령으로 정하는 자(이하 "공급의무자"라 한다)에게 발전량의 일정량 이상을 의무적으로 신·재생에너지를 이용하여 공급하게 할 수 있다.
1. 「전기사업법」 제2조에 따른 발전사업자
2. 「집단에너지사업법」 제9조 및 제48조에 따라 「전기사업법」 제7조제1항에 따른 발전사업의 허가를 받은 것으로 보는 자
3. 공공기관

② 제1항에 따라 공급의무자가 의무적으로 신·재생에너지를 이용하여 공급하여야 하는 발전량(이하 "의무공급량"이라 한다)의 합계는 총전력생산량의 25퍼센트 이내의 범위에서 연도별로 대통령령으로 정한다. 이 경우 균형 있는 이용·보급이 필요한 신·재생에너지에 대하여는 대통령령으로 정하는 바에 따라 총의무공급량 중 일부를 해당 신·재생에너지를 이용하여 공급하게 할 수 있다.

③ 공급의무자의 의무공급량은 산업통상자원부장관이 공급의무자의 의견을 들어 공급의무자별로 정하여 고시한다. 이 경우 산업통상자원부장관은 공급의무자의 총발전량 및 발전원(發電源) 등을 고려하여야 한다.

④ 공급의무자는 의무공급량의 일부에 대하여 3년의 범위에서 그 공급의무의 이행을 연기할 수 있다.

⑤ 공급의무자는 제12조의7에 따른 신·재생에너지 공급인증서를 구매하여 의무공급량에 충당할 수 있다.

⑥ 산업통상자원부장관은 제1항에 따른 공급의무의 이행 여부를 확인하기 위하여 공급의무자에게 대통령령으로 정하는 바에 따라 필요한 자료의 제출 또는 제5항에 따라 구매하여 의무공급량에 충당하거나 제12조의7제1항에 따라 발급받은 신·재생에너지 공급인증서의 제출을 요구할 수 있다.

⑦ 제4항에 따라 공급의무의 이행을 연기할 수 있는 총량과 연차별 허용량, 그 밖에 필요한 사항은 대통령령으로 정한다.

12. 신·재생에너지 공급 불이행에 대한 과징금(제12조의6)

① 산업통상자원부장관은 공급의무자가 의무공급량에 부족하게 신·재생에너지를 이용하여 에너지를 공급한 경우에는 대통령령으로 정하는 바에 따라 그 부족분에 제12조의7에 따른 신·재생에너지 공급인증서의 해당 연도 평균거래 가격의 100분의 150을 곱한 금액의 범위에서 과징금을 부과할 수 있다.

② 제1항에 따른 과징금을 납부한 공급의무자에 대하여는 그 과징금의 부과기간에 해당하는 의무공급량을 공급한 것으로 본다.

③ 산업통상자원부장관은 제1항에 따른 과징금을 납부하여야 할 자가 납부기한까지 그 과징금을 납부하지 아니한 때에는 국세 체납처분의 예를 따라 징수한다.

④ 제1항 및 제3항에 따라 징수한 과징금은 「전기사업법」에 따른 전력산업기반기금의 재원으로 귀속된다.

13. 신·재생에너지 공급인증서 등(제12조의7)

① 신·재생에너지를 이용하여 에너지를 공급한 자(이하 "신·재생에너지 공급자"라 한다)는 산업통상자원부장관이 신·재생에너지를 이용한 에너지 공급의 증명 등을 위하여 지정하는 기관(이하 "공급인증기관"이라 한다)으로부터 그 공급 사실을 증명하는 인증서(전자문서로 된 인증서를 포함한다. 이하 "공급인증서"라 한다)를 발급받을 수 있다. 다만, 제17조에 따라 발전차액을 지원받은 신·재생에너지 공급자에 대한 공급인증서는 국가에 대하여 발급한다.

② 공급인증서를 발급받으려는 자는 공급인증기관에 대통령령으로 정하는 바에 따라 공급인증서의 발급을 신청하여야 한다.

③ 공급인증기관은 제2항에 따른 신청을 받은 경우에는 신·재생에너지의 종류별 공급량 및 공급기간 등을 확인한 후 다음 각 호의 기재사항을 포함한 공급인증서를 발급하여야 한다. 이 경우 균형 있는 이용·보급과 기술개발 촉진 등이 필요한 신·재생에너지에 대하여는 대통령령으로 정하는 바에 따라 실제 공급량에 가중치를 곱한 양을 공급량으로 하는 공급인증서를 발급할 수 있다.

1. 신·재생에너지 공급자
2. 신·재생에너지의 종류별 공급량 및 공급기간

3. 유효기간

④ 공급인증서의 유효기간은 발급받은 날부터 3년으로 하되, 제12조의5제5항 및 제6항에 따라 공급의무자가 구매하여 의무공급량에 충당하거나 발급받아 산업통상자원부장관에게 제출한 공급인증서는 그 효력을 상실한다. 이 경우 유효기간이 지나거나 효력을 상실한 해당 공급인증서는 폐기하여야 한다.

⑤ 공급인증서를 발급받은 자는 그 공급인증서를 거래하려면 제12조의9제2항에 따른 공급인증서 발급 및 거래시장 운영에 관한 규칙으로 정하는 바에 따라 공급인증기관이 개설한 거래시장(이하 "거래시장"이라 한다)에서 거래하여야 한다.

⑥ 산업통상자원부장관은 다른 신·재생에너지와의 형평을 고려하여 공급인증서가 일정 규모 이상의 수력을 이용하여 에너지를 공급하고 발급된 경우 등 산업통상자원부령으로 정하는 사유에 해당할 때에는 거래시장에서 해당 공급인증서가 거래될 수 없도록 할 수 있다.

⑦ 산업통상자원부장관은 거래시장의 수급조절과 가격안정화를 위하여 대통령령으로 정하는 바에 따라 국가에 대하여 발급된 공급인증서를 거래할 수 있다. 이 경우 산업통상자원부장관은 공급의무자의 의무공급량, 의무이행실적 및 거래시장 가격 등을 고려하여야 한다.

⑧ 신·재생에너지 공급자가 신·재생에너지 설비에 대한 지원 등 대통령령으로 정하는 정부의 지원을 받은 경우에는 대통령령으로 정하는 바에 따라 공급인증서의 발급을 제한할 수 있다.

14. 공급인증기관의 지정 등(제12조의8)

① 산업통상자원부장관은 공급인증서 관련 업무를 전문적이고 효율적으로 실시하고 공급인증서의 공정한 거래를 위하여 다음 각 호의 어느 하나에 해당하는 자를 공급인증기관으로 지정할 수 있다.
  1. 제31조에 따른 신·재생에너지센터
  2. 「전기사업법」 제35조에 따른 한국전력거래소
  3. 제12조의9에 따른 공급인증기관의 업무에 필요한 인력·기술능력·시설·장비 등 대통령령으로 정하는 기준에 맞는 자

② 제1항에 따라 공급인증기관으로 지정받으려는 자는 산업통상자원부장관에게 지정을 신청하여야 한다.

③ 공급인증기관의 지정방법·지정절차, 그 밖에 공급인증기관의 지정에 필요한 사항은 산업통상자원부령으로 정한다.

15. 공급인증기관의 업무 등(제12조의9)

① 제12조의8에 따라 지정된 공급인증기관은 다음 각 호의 업무를 수행한다.
  1. 공급인증서의 발급, 등록, 관리 및 폐기
  2. 국가가 소유하는 공급인증서의 거래 및 관리에 관한 사무의 대행

3. 거래시장의 개설

4. 공급의무자가 제12조의5에 따른 의무를 이행하는 데 지급한 비용의 정산에 관한 업무

5. 공급인증서 관련 정보의 제공

6. 그 밖에 공급인증서의 발급 및 거래에 딸린 업무

② 공급인증기관은 업무를 시작하기 전에 산업통상자원부령으로 정하는 바에 따라 공급인증서 발급 및 거래시장 운영에 관한 규칙(이하 "운영규칙"이라 한다)을 제정하여 산업통상자원부장관의 승인을 받아야 한다. 운영규칙을 변경하거나 폐지하는 경우(산업통상자원부령으로 정하는 경미한 사항의 변경은 제외한다)에도 또한 같다.

③ 산업통상자원부장관은 공급인증기관에 제1항에 따른 업무의 계획 및 실적에 관한 보고를 명하거나 자료의 제출을 요구할 수 있다.

④ 산업통상자원부장관은 다음 각 호의 어느 하나에 해당하는 경우에는 공급인증기관에 시정기간을 정하여 시정을 명할 수 있다.

1. 운영규칙을 준수하지 아니한 경우
2. 제3항에 따른 보고를 하지 아니하거나 거짓으로 보고한 경우
3. 제3항에 따른 자료의 제출 요구에 따르지 아니하거나 거짓의 자료를 제출한 경우

16. 공급인증기관 지정의 취소 등(제12조의10)

① 산업통상자원부장관은 공급인증기관이 다음 각 호의 어느 하나에 해당하는 경우에는 산업통상자원부령으로 정하는 바에 따라 그 지정을 취소하거나 1년 이내의 기간을 정하여 그 업무의 전부 또는 일부의 정지를 명할 수 있다. 다만, 제1호 또는 제2호에 해당하는 때에는 그 지정을 취소하여야 한다.

1. 거짓이나 그 밖의 부정한 방법으로 지정을 받은 경우
2. 업무정지 처분을 받은 후 그 업무정지 기간에 업무를 계속한 경우
3. 제12조의8제1항제3호에 따른 지정기준에 부적합하게 된 경우
4. 제12조의9제4항에 따른 시정명령을 시정기간에 이행하지 아니한 경우

② 산업통상자원부장관은 공급인증기관이 제1항제3호 또는 제4호에 해당하여 업무정지를 명하여야 하는 경우로서 그 업무의 정지가 그 이용자 등에게 심한 불편을 주거나 그 밖에 공익을 해칠 우려가 있으면 그 업무정지 처분을 갈음하여 5천만원 이하의 과징금을 부과할 수 있다.

③ 제2항에 따라 과징금을 부과하는 위반행위의 종별·정도 등에 따른 과징금의 금액과 그 밖에 필요한 사항은 대통령령으로 정한다.

④ 산업통상자원부장관은 제2항에 따른 과징금을 납부하여야 할 자가 납부기한까지 그 과징금을 납부하지 아니한 때에는 국세 체납처분의 예를 따라 징수한다.

17. 신·재생에너지 발전 기준가격의 고시 및 차액 지원(제17조)

① 산업통상자원부장관은 신·재생에너지 발전에 의하여 공급되는 전기의 기준가격을 발전원별로 정한 경우에는 그 가격을 고시하여야 한다. 이 경우 기준가격의 산정기준은 대통령령으로 정한다.

② 산업통상자원부장관은 신·재생에너지 발전에 의하여 공급한 전기의 전력거래가격(「전기사업법」 제33조에 따른 전력거래가격을 말한다)이 제1항에 따라 고시한 기준가격보다 낮은 경우에는 그 전기를 공급한 신·재생에너지 발전사업자에 대하여 기준가격과 전력거래가격의 차액(이하 "발전차액"이라 한다)을 「전기사업법」 제48조에 따른 전력산업기반기금에서 우선적으로 지원한다.

③ 산업통상자원부장관은 제1항에 따라 기준가격을 고시하는 경우에는 발전차액을 지원하는 기간을 포함하여 고시할 수 있다.

④ 산업통상자원부장관은 발전차액을 지원받은 신·재생에너지 발전사업자에게 결산재무제표(決算財務諸表) 등 기준가격 설정을 위하여 필요한 자료를 제출할 것을 요구할 수 있다.

18. 지원 중단 등(제18조)

① 산업통상자원부장관은 발전차액을 지원받은 신·재생에너지 발전사업자가 다음 각 호의 어느 하나에 해당하면 산업통상자원부령으로 정하는 바에 따라 경고를 하거나 시정을 명하고, 그 시정명령에 따르지 아니하는 경우에는 발전차액의 지원을 중단할 수 있다.
  1. 거짓이나 부정한 방법으로 발전차액을 지원받은 경우
  2. 제17조제4항에 따른 자료요구에 따르지 아니하거나 거짓으로 자료를 제출한 경우

② 산업통상자원부장관은 발전차액을 지원받은 신·재생에너지 발전사업자가 제1항제1호에 해당하면 산업통상자원부령으로 정하는 바에 따라 그 발전차액을 환수(還收)할 수 있다. 이 경우 산업통상자원부장관은 발전차액을 반환할 자가 30일 이내에 이를 반환하지 아니하면 국세 체납처분의 예에 따라 징수할 수 있다.

19. 신·재생에너지 기술의 국제표준화 지원(제20조)

① 산업통상자원부장관은 국내에서 개발되었거나 개발 중인 신·재생에너지 관련 기술이 「국가표준기본법」 제3조제2호에 따른 국제표준에 부합되도록 하기 위하여 설비인증기관에 대하여 표준화기반 구축, 국제활동 등에 필요한 지원을 할 수 있다.

② 제1항에 따른 지원 범위 등에 관하여 필요한 사항은 대통령령으로 정한다.

20. 신·재생에너지 설비 및 그 부품의 공용화(제21조)

① 산업통상자원부장관은 신·재생에너지 설비 및 그 부품의 호환성(互換性)을 높이기 위하여

그 설비 및 부품을 산업통상자원부장관이 정하여 고시하는 바에 따라 공용화 품목으로 지정하여 운영할 수 있다.

② 다음 각 호의 어느 하나에 해당하는 자는 신·재생에너지 설비 및 그 부품 중 공용화가 필요한 품목을 공용화 품목으로 지정하여 줄 것을 산업통상자원부장관에게 요청할 수 있다.
   1. 제31조에 따른 신·재생에너지센터
   2. 그 밖에 산업통상자원부령으로 정하는 기관 또는 단체

③ 산업통상자원부장관은 신·재생에너지 설비 및 그 부품의 공용화를 효율적으로 추진하기 위하여 필요한 지원을 할 수 있다.

④ 제1항부터 제3항까지의 규정에 따른 공용화 품목의 지정·운영, 지정 요청, 지원기준 등에 관하여 필요한 사항은 대통령령으로 정한다.

21. 의무 불이행에 대한 과징금(제23조의3)

① 산업통상자원부장관은 혼합의무자가 혼합의무비율을 충족시키지 못한 경우에는 대통령령으로 정하는 바에 따라 그 부족분에 해당 연도 평균거래가격의 100분의 150을 곱한 금액의 범위에서 과징금을 부과할 수 있다.

② 산업통상자원부장관은 제1항에 따른 과징금을 납부하여야 할 자가 납부기한까지 그 과징금을 납부하지 아니한 때에는 국세 체납처분의 예에 따라 징수한다.

③ 제1항 및 제2항에 따라 징수한 과징금은 「에너지 및 자원사업 특별회계법」에 따른 에너지 및 자원사업 특별회계의 재원으로 귀속된다.

22. 청문(제24조)

산업통상자원부장관은 다음 각 호에 해당하는 처분을 하려면 청문을 하여야 한다.
1. 제12조의10제1항에 따른 공급인증기관의 지정 취소
2. 삭제 〈2015.1.28.〉
3. 제23조의6에 따른 관리기관의 지정 취소

23. 국유재산·공유재산의 임대 등(제26조)

① 국가 또는 지방자치단체는 국유재산 또는 공유재산을 신·재생에너지 기술개발 및 이용·보급에 관한 사업을 하는 자에게 대부계약의 체결 또는 사용허가(이하 "임대"라 한다)를 하거나 처분할 수 있다. 이 경우 국가 또는 지방자치단체는 신·재생에너지 기술개발 및 이용·보급에 관한 사업을 위하여 필요하다고 인정하면 「국유재산법」 또는 「공유재산 및 물품 관리법」에도 불구하고 수의계약(隨意契約)으로 국유재산 또는 공유재산을 임대 또는 처분할 수 있다.

② 국가 또는 지방자치단체가 제1항에 따라 국유재산 또는 공유재산을 임대하는 경우에는 「국유재산법」 또는 「공유재산 및 물품 관리법」에도 불구하고 자진철거 및 철거비용의 공탁을 조

건으로 영구시설물을 축조하게 할 수 있다. 다만, 공유재산에 영구시설물을 축조하려면 지방의회의 동의를 받아야 하며, 지방의회의 동의 절차에 관하여는 지방자치단체의 조례로 정할 수 있다.
③ 제1항에 따른 국유재산 및 공유재산의 임대기간은 10년 이내로 하되, 제31조에 따른 신·재생에너지센터(이하 "센터"라 한다)로부터 신·재생에너지 설비의 정상가동 여부를 확인받는 등 운영의 특별한 사유가 없으면 각각 10년 이내의 기간에서 2회에 걸쳐 갱신할 수 있다.
④ 제1항에 따라 국유재산 또는 공유재산을 임차하거나 취득한 자가 임대일 또는 취득일부터 2년 이내에 해당 재산에서 신·재생에너지 기술개발 및 이용·보급에 관한 사업을 시행하지 아니하는 경우에는 대부계약 또는 사용허가를 취소하거나 환매할 수 있다.
⑤ 국가 또는 지방자치단체가 제1항에 따라 국유재산 또는 공유재산을 임대하는 경우에는 「국유재산법」 또는 「공유재산 및 물품관리법」에도 불구하고 임대료를 100분의 50의 범위에서 경감할 수 있다.
⑥ 산업통상자원부장관은 제1항에 따라 임대 또는 처분할 수 있는 국유재산의 범위와 대상을 기획재정부장관과 협의하여 산업통상자원부령으로 정할 수 있다.

24. 보급사업(제27조)

① 산업통상자원부장관은 신·재생에너지의 이용·보급을 촉진하기 위하여 필요하다고 인정하면 대통령령으로 정하는 바에 따라 다음 각 호의 보급사업을 할 수 있다.
   1. 신기술의 적용사업 및 시범사업
   2. 환경친화적 신·재생에너지 집적화단지(集積化團地) 및 시범단지 조성사업
   3. 지방자치단체와 연계한 보급사업
   4. 실용화된 신·재생에너지 설비의 보급을 지원하는 사업
   5. 그 밖에 신·재생에너지 기술의 이용·보급을 촉진하기 위하여 필요한 사업으로서 산업통상자원부장관이 정하는 사업
② 산업통상자원부장관은 개발된 신·재생에너지 설비가 설비인증을 받거나 신·재생에너지 기술의 국제표준화 또는 신·재생에너지 설비와 그 부품의 공용화가 이루어진 경우에는 우선적으로 제1항에 따른 보급사업을 추진할 수 있다.
③ 관계 중앙행정기관의 장은 환경 개선과 신·재생에너지의 보급 촉진을 위하여 필요한 협조를 할 수 있다.

25. 신·재생에너지 기술의 사업화(제28조)

① 산업통상자원부장관은 자체 개발한 기술이나 제10조에 따른 사업비를 받아 개발한 기술의 사업화를 촉진시킬 필요가 있다고 인정하면 다음 각 호의 지원을 할 수 있다.
   1. 시험제품 제작 및 설비투자에 드는 자금의 융자

2. 신·재생에너지 기술의 개발사업을 하여 정부가 취득한 산업재산권의 무상 양도
3. 개발된 신·재생에너지 기술의 교육 및 홍보
4. 그 밖에 개발된 신·재생에너지 기술을 사업화하기 위하여 필요하다고 인정하여 산업통상자원부장관이 정하는 지원사업

② 제1항에 따른 지원의 대상, 범위, 조건 및 절차, 그 밖에 필요한 사항은 산업통상자원부령으로 정한다.

26. 신·재생에너지의 교육·홍보 및 전문인력 양성(제30조)

① 정부는 교육·홍보 등을 통하여 신·재생에너지의 기술개발 및 이용·보급에 관한 국민의 이해와 협력을 구하도록 노력하여야 한다.

② 산업통상자원부장관은 신·재생에너지 분야 전문인력의 양성을 위하여 신·재생에너지 분야 특성화대학 및 핵심기술연구센터를 지정하여 육성·지원할 수 있다.

27. 하자보수(제30조의3)

① 신·재생에너지 설비를 설치한 시공자는 해당 설비에 대하여 성실하게 무상으로 하자보수를 실시하여야 하며 그 이행을 보증하는 증서를 신·재생에너지 설비의 소유자 또는 산업통상자원부령으로 정하는 자에게 제공하여야 한다. 다만, 하자보수에 관하여「국가를 당사자로 하는 계약에 관한 법률」또는「지방자치단체를 당사자로 하는 계약에 관한 법률」에 특별한 규정이 있는 경우에는 해당 법률이 정하는 바에 따른다.

② 제1항에 따른 하자보수의 대상이 되는 신·재생에너지 설비 및 하자보수 기간 등은 산업통상자원부령으로 정한다.

28. 신·재생에너지센터(제31조)

① 산업통상자원부장관은 신·재생에너지의 이용 및 보급을 전문적이고 효율적으로 추진하기 위하여 대통령령으로 정하는 에너지 관련 기관에 신·재생에너지센터를 두어 신·재생에너지 분야에 관한 다음 각 호의 사업을 하게 할 수 있다.

1. 제11조제1항에 따른 신·재생에너지의 기술개발 및 이용·보급사업의 실시자에 대한 지원·관리
2. 제12조제2항 및 제3항에 따른 신·재생에너지 이용의무의 이행에 관한 지원·관리
3. 삭제〈2015.1.28.〉
4. 제12조의5에 따른 신·재생에너지 공급의무의 이행에 관한 지원·관리
5. 제12조의9에 따른 공급인증기관의 업무에 관한 지원·관리
6. 제13조에 따른 설비인증에 관한 지원·관리
7. 이미 보급된 신·재생에너지 설비에 대한 기술지원

8. 제20조에 따른 신·재생에너지 기술의 국제표준화에 대한 지원·관리
9. 제21조에 따른 신·재생에너지 설비 및 그 부품의 공용화에 관한 지원·관리
10. 신·재생에너지 설비 설치기업에 대한 지원·관리
11. 제23조의2에 따른 신·재생에너지 연료 혼합의무의 이행에 관한 지원·관리
12. 제25조에 따른 통계관리
13. 제27조에 따른 신·재생에너지 보급사업의 지원·관리
14. 제28조에 따른 신·재생에너지 기술의 사업화에 관한 지원·관리
15. 제30조에 따른 교육·홍보 및 전문인력 양성에 관한 지원·관리
15의2. 신·재생에너지 설비의 효율적 사용에 관한 지원·관리
16. 국내외 조사·연구 및 국제협력 사업
17. 제1호·제3호 및 제5호부터 제8호까지의 사업에 딸린 사업
18. 그 밖에 신·재생에너지의 이용·보급 촉진을 위하여 필요한 사업으로서 산업통상자원부장관이 위탁하는 사업

② 산업통상자원부장관은 센터가 제1항의 사업을 하는 경우 자금 출연이나 그 밖에 필요한 지원을 할 수 있다.
③ 센터의 조직·인력·예산 및 운영에 관하여 필요한 사항은 산업통상자원부령으로 정한다.

29. 권한의 위임·위탁(제32조)

① 이 법에 따른 산업통상자원부장관의 권한은 그 일부를 대통령령으로 정하는 바에 따라 소속기관의 장, 특별시장·광역시장·특별자치시장·도지사 또는 특별자치도지사(이하 "시·도지사"라 한다)에게 위임할 수 있다.
② 이 법에 따른 산업통상자원부장관 또는 시·도지사의 업무는 그 일부를 대통령령으로 정하는 바에 따라 센터 또는 「에너지법」 제13조에 따른 한국에너지기술평가원에 위탁할 수 있다.

30. 벌칙(제34조)

① 거짓이나 부정한 방법으로 제17조에 따른 발전차액을 지원받은 자와 그 사실을 알면서 발전차액을 지급한 자는 3년 이하의 징역 또는 지원받은 금액의 3배 이하에 상당하는 벌금에 처한다.
② 거짓이나 부정한 방법으로 공급인증서를 발급받은 자와 그 사실을 알면서 공급인증서를 발급한 자는 3년 이하의 징역 또는 3천만원 이하의 벌금에 처한다.
③ 제12조의7제5항을 위반하여 공급인증기관이 개설한 거래시장 외에서 공급인증서를 거래한 자는 2년 이하의 징역 또는 2천만원 이하의 벌금에 처한다.
④ 법인의 대표자나 법인 또는 개인의 대리인, 사용인, 그 밖의 종업원이 그 법인 또는 개인의 업무에 관하여 제1항부터 제3항까지의 어느 하나에 해당하는 위반행위를 하면 그 행위자를

벌하는 외에 그 법인 또는 개인에게도 해당 조문의 벌금형을 과(科)한다. 다만, 법인 또는 개인이 그 위반행위를 방지하기 위하여 해당 업무에 관하여 상당한 주의와 감독을 게을리하지 아니한 경우에는 그러하지 아니하다.

2 신에너지 및 재생에너지 개발·이용·보급 촉진법 시행령

1. 신·재생에너지 기술개발 등에 관한 계획의 사전협의(제3조)

① 법 제7조에서 "대통령령으로 정하는 자"란 다음 각 호의 어느 하나에 해당하는 자를 말한다.
   1. 정부로부터 출연금을 받은 자
   2. 정부출연기관 또는 제1호에 따른 자로부터 납입자본금의 100분의 50 이상을 출자받은 자

② 법 제7조에 따라 신에너지 및 재생에너지(이하 "신·재생에너지"라 한다) 기술개발 및 이용·보급에 관한 계획을 협의하려는 자는 그 시행 사업연도 개시 4개월 전까지 산업통상자원부장관에게 계획서를 제출하여야 한다.

③ 산업통상자원부장관은 제2항에 따라 계획서를 받았을 때에는 다음 각 호의 사항을 검토하여 협의를 요청한 자에게 그 의견을 통보하여야 한다.
   1. 법 제5조에 따른 신·재생에너지의 기술개발 및 이용·보급을 촉진하기 위한 기본계획(이하 "기본계획"이라 한다)과의 조화성
   2. 시의성(時宜性)
   3. 다른 계획과의 중복성
   4. 공동연구의 가능성

2. 신·재생에너지정책심의회의 구성(제4조)

① 법 제8조제1항에 따른 신·재생에너지정책심의회(이하 "심의회"라 한다)는 위원장 1명을 포함한 20명 이내의 위원으로 구성한다.

② 심의회의 위원장은 산업통상자원부 소속 에너지 분야의 업무를 담당하는 고위공무원단에 속하는 일반직공무원 중에서 산업통상자원부장관이 지명하는 사람으로 하고, 위원은 다음 각 호의 사람으로 한다.
   1. 기획재정부, 과학기술정보통신부, 농림축산식품부, 산업통상자원부, 환경부, 국토교통부, 해양수산부의 3급 공무원 또는 고위공무원단에 속하는 일반직공무원 중 해당 기관의 장이 지명하는 사람 각 1명
   2. 신·재생에너지 분야에 관한 학식과 경험이 풍부한 사람 중 산업통상자원부장관이 위촉하는 사람

3. 신·재생에너지 공급의무 비율 등(제15조)

① 법 제12조제2항에 따른 예상 에너지사용량에 대한 신·재생에너지 공급의무 비율은 다음 각 호와 같다.
   1. 「건축법 시행령」 별표 1 제5호부터 제16호까지, 제23호, 제24호 및 제26호부터 제28호까지의 용도의 건축물로서 신축·증축 또는 개축하는 부분의 연면적이 1천제곱미터 이상인 건축물(해당 건축물의 건축 목적, 기능, 설계 조건 또는 시공 여건상의 특수성으로 인하여 신·재생에너지 설비를 설치하는 것이 불합리하다고 인정되는 경우로서 산업통상자원부장관이 정하여 고시하는 건축물은 제외한다) : 별표 2에 따른 비율 이상
   2. 제1호 외의 건축물 : 산업통상자원부장관이 용도별 건축물의 종류로 정하여 고시하는 비율 이상
② 제1항제1호에서 "연면적"이란 「건축법 시행령」 제119조제1항제4호에 따른 연면적을 말하되, 하나의 대지(垈地)에 둘 이상의 건축물이 있는 경우에는 동일한 건축허가를 받은 건축물의 연면적 합계를 말한다.
③ 제1항에 따른 건축물의 예상 에너지사용량의 산정기준 및 산정방법 등은 신·재생에너지의 균형 있는 보급과 기술개발의 촉진 및 산업 활성화 등을 고려하여 산업통상자원부장관이 정하여 고시한다.

4. 신·재생에너지 설비 설치의무기관(제16조)

① 법 제12조제2항제3호에서 "대통령령으로 정하는 금액 이상"이란 연간 50억 원 이상을 말한다.
② 법 제12조제2항제5호에서 "대통령령으로 정하는 비율 또는 금액 이상을 출자한 법인"이란 다음 각 호의 어느 하나에 해당하는 법인을 말한다.
   1. 납입자본금의 100의 50 이상을 출자한 법인
   2. 납입자본금으로 50억 원 이상을 출자한 법인

5. 신·재생에너지 설비의 설치계획서 제출 등(제17조)

① 법 제12조제2항에 따라 같은 항 각 호의 어느 하나에 해당하는 자(이하 "설치의무기관"이라 한다)의 장 또는 대표자가 제15조제1항 각 호의 어느 하나에 해당하는 건축물을 신축·증축 또는 개축하려는 경우에는 신·재생에너지 설비의 설치계획서(이하 "설치계획서"라 한다)를 해당 건축물에 대한 건축허가를 신청하기 전에 산업통상자원부장관에게 제출하여야 한다.
② 산업통상자원부장관은 설치계획서를 받은 날부터 30일 이내에 타당성을 검토한 후 그 결과를 해당 설치의무기관의 장 또는 대표자에게 통보하여야 한다.
③ 산업통상자원부장관은 설치계획서를 검토한 결과 제15조제1항에 따른 기준에 미달한다고 판단한 경우에는 미리 그 내용을 설치의무기관의 장 또는 대표자에게 통지하여 의견을 들을 수 있다.

6. 신·재생에너지 설비의 설치 및 확인 등(제18조)

① 설치의무기관의 장 또는 대표자는 제17조제2항에 따른 검토결과를 반영하여 신·재생에너지 설비를 설치하여야 하며, 설치를 완료하였을 때에는 30일 이내에 신·재생에너지 설비 설치확인신청서를 산업통상자원부장관에게 제출하여야 한다.

② 산업통상자원부장관은 제1항에 따른 신·재생에너지 설비 설치확인신청서를 받았을 때에는 제17조제2항에 따른 검토 결과를 반영하였는지 확인한 후 신·재생에너지 설비 설치확인서를 발급하여야 한다.

③ 산업통상자원부장관은 설치의무기관의 신·재생에너지 설비 설치 및 신·재생에너지 이용현황을 주기적으로 점검하여 공표할 수 있다.

7. 신·재생에너지 공급의무자(제18조의3)

① 법 제12조의5제1항에서 "대통령령으로 정하는 자"란 다음 각 호의 어느 하나에 해당하는 자를 말한다.

　1. 법 제12조의5제1항제1호 및 제2호에 해당하는 자로서 50만킬로와트 이상의 발전설비(신·재생에너지 설비는 제외한다)를 보유하는 자
　2. 「한국수자원공사법」에 따른 한국수자원공사
　3. 「집단에너지사업법」 제29조에 따른 한국지역난방공사

② 산업통상자원부장관은 제1항 각 호에 해당하는 자(이하 "공급의무자"라 한다)를 공고하여야 한다.

8. 연도별 의무공급량의 합계 등(제18조의4)

① 법 제12조의5제2항 전단에 따른 의무공급량(이하 "의무공급량"이라 한다)의 연도별 합계는 공급의무자의 다음 계산식에 따른 총전력생산량에 별표 3에 따른 비율을 곱한 발전량 이상으로 한다. 이 경우 의무공급량은 법 제12조의7에 따른 공급인증서(이하 "공급인증서"라 한다)를 기준으로 산정한다.

> 총전력생산량 = 지난 연도 총전력생산량 − (신·재생에너지발전량 + 「전기사업법」 제2조제16호나목 중 산업통상자원부장관이 정하여 고시하는 설비에서 생산된 발전량)

② 산업통상자원부장관은 3년마다 신·재생에너지 관련 기술 개발의 수준 등을 고려하여 별표 3에 따른 비율을 재검토하여야 한다. 다만, 신·재생에너지의 보급 목표 및 그 달성 실적과 그 밖의 여건 변화 등을 고려하여 재검토 기간을 단축할 수 있다.

③ 법 제12조의5제2항 후단에 따라 공급하게 할 수 있는 신·재생에너지의 종류 및 의무공급량

에 대하여 적용하는 기준은 별표 4와 같다. 이 경우 공급의무자별 의무공급량은 산업통상자원부장관이 정하여 고시한다.

④ 제3항에 따라 공급하는 신·재생에너지에 대해서는 산업통상자원부장관이 정하여 고시하는 비율 및 방법 등에 따라 공급인증서를 구매하여 의무공급량에 충당할 수 있다.

⑤ 공급의무자는 법 제12조의5제4항에 따라 연도별 의무공급량(공급의무의 이행이 연기된 의무공급량은 포함하지 아니한다. 이하 같다)의 100분의 20을 넘지 아니하는 범위에서 공급의무의 이행을 연기할 수 있다. 이 경우 공급의무자는 연기된 의무공급량의 공급이 완료되기까지는 그 연기된 의무공급량 중 매년 100분의 20 이상을 연도별 의무공급량에 우선하여 공급하여야 한다.

⑥ 공급의무자는 법 제12조의5제4항에 따라 공급의무의 이행을 연기하려는 경우에는 연기할 의무공급량, 연기 사유 등을 산업통상자원부장관에게 다음 연도 2월 말일까지 제출하여야 한다.

9. 과징금의 부과 및 납부(제18조의6)

① 산업통상자원부장관은 법 제12조의6제1항에 따라 과징금을 부과하기 위하여 과징금 부과 통지를 할 때에는 공급 불이행분과 과징금의 금액을 분명하게 적은 문서로 하여야 한다.

② 제1항에 따라 통지를 받은 자는 통지를 받은 날부터 30일 이내에 과징금을 산업통상자원부장관이 정하는 수납기관에 내야 한다. 다만, 천재지변이나 그 밖의 부득이한 사유로 그 기간에 과징금을 낼 수 없을 때에는 그 사유가 해소된 날부터 7일 이내에 내야 한다.

③ 제2항에 따라 과징금을 받은 수납기관은 과징금을 낸 자에게 영수증을 내주어야 한다.

④ 과징금의 수납기관은 제2항에 따라 과징금을 받았을 때에는 지체 없이 그 사실을 산업통상자원부장관에게 통보하여야 한다.

10. 신·재생에너지 공급인증서의 발급 신청 등(제18조의8)

① 법 제12조의7제2항에 따라 공급인증서를 발급받으려는 자는 법 제12조의9제2항에 따른 공급인증서 발급 및 거래시장 운영에 관한 규칙에서 정하는 바에 따라 신·재생에너지를 공급한 날부터 90일 이내에 발급 신청을 하여야 한다.

② 제1항에 따른 신청기간 내에 공급인증서 발급을 신청하지 못했으나 법 제12조의7제1항에 따른 공급인증기관(이하 이 조에서 "공급인증기관"이라 한다)이 그 신청기간 내에 신·재생에너지 공급 사실을 확인한 경우에는 제1항에도 불구하고 제1항에 따른 신청기간이 만료되는 날에 공급인증서 발급을 신청한 것으로 본다.

③ 제1항 및 제2항에 따라 발급 신청을 받은 공급인증기관은 발급 신청을 한 날부터 30일 이내에 공급인증서를 발급해야 한다.

11. 신·재생에너지의 가중치(제18조의9)

법 제12조의7제3항 후단에 따른 신·재생에너지의 가중치는 해당 신·재생에너지에 대한 다음 각 호의 사항을 고려하여 산업통상자원부장관이 정하여 고시하는 바에 따른다.
1. 환경, 기술개발 및 산업 활성화에 미치는 영향
2. 발전 원가
3. 부존(賦存) 잠재량
4. 온실가스 배출 저감(低減)에 미치는 효과
5. 전력 수급의 안정에 미치는 영향
6. 지역주민의 수용(受容) 정도

12. 신·재생에너지 연료의 기준 및 범위(제18조의12)

법 제12조의11제1항에서 "대통령령으로 정하는 기준 및 범위에 해당하는 것"이란 다음 각 호의 연료(「폐기물관리법」 제2조제1호에 따른 폐기물을 이용하여 제조한 것은 제외한다)를 말한다.
1. 수소
2. 중질잔사유를 가스화한 공정에서 얻어지는 합성가스
3. 생물유기체를 변환시킨 바이오가스, 바이오에탄올, 바이오액화유 및 합성가스
4. 동물·식물의 유지(油脂)를 변환시킨 바이오디젤 및 바이오중유
5. 생물유기체를 변환시킨 목재칩, 펠릿 및 숯 등의 고체연료

13. 신·재생에너지 품질검사기관(제18조의13)

법 제12조의12제1항에서 "대통령령으로 정하는 신·재생에너지 품질검사기관"이란 다음 각 호의 기관을 말한다.
1. 「석유 및 석유대체연료 사업법」 제25조의2에 따라 설립된 한국석유관리원
2. 「고압가스 안전관리법」 제28조에 따라 설립된 한국가스안전공사
3. 「임업 및 산촌 진흥촉진에 관한 법률」 제29조의2에 따라 설립된 한국임업진흥원

14. 신·재생에너지의 이용·보급의 촉진(제19조)

산업통상자원부장관은 신·재생에너지의 이용·보급을 촉진하기 위하여 필요한 경우 관계 중앙행정기관 또는 지방자치단체에 대하여 관련 계획의 수립, 제도의 개선, 필요한 예산의 반영, 법 제13조제1항에 따라 인증(이하 "설비인증"이라 한다)을 받은 신·재생에너지 설비의 사용 등을 요청할 수 있다.

15. 신·재생에너지 기술의 국제표준화를 위한 지원 범위(제23조)

법 제20조제2항에 따른 지원 범위는 다음 각 호와 같다.
1. 국제표준 적합성의 평가 및 상호인정의 기반 구축에 필요한 장비·시설 등의 구입비용
2. 국제표준 개발 및 국제표준 제안 등에 드는 비용
3. 국제표준화 관련 국제협력의 추진에 드는 비용
4. 국제표준화 관련 전문인력의 양성에 드는 비용

16. 신·재생에너지 설비 및 그 부품 중 공용화 품목의 지정절차 등(제24조)

① 법 제21조제2항 및 제4항에 따라 신·재생에너지 설비 및 그 부품 중 공용화 품목의 지정을 요청하려는 자는 산업통상자원부령으로 정하는 바에 따라 대상 품목의 명칭, 규격, 지정 요청 사유 및 기대효과 등을 적은 지정요청서에 대상 품목에 대한 설명서를 첨부하여 산업통상자원부장관에게 제출하여야 한다.

② 산업통상자원부장관은 제1항에 따른 지정 요청을 받은 경우에는 산업통상자원부령으로 정하는 바에 따라 전문가 및 이해관계인의 의견을 들은 후 해당 신·재생에너지 설비 및 그 부품을 공용화 품목으로 지정할 수 있다.

③ 산업통상자원부장관은 법 제21조제3항에 따라 공용화 품목의 개발, 제조 및 수요·공급 조절에 필요한 자금을 다음 각 호의 구분에 따른 범위에서 융자할 수 있다.
  1. 중소기업자 : 필요한 자금의 80퍼센트
  2. 중소기업자와 동업하는 중소기업자 외의 자 : 필요한 자금의 70퍼센트
  3. 그 밖에 산업통상자원부장관이 인정하는 자 : 필요한 자금의 50퍼센트

17. 자료제출(제26조의3)

① 산업통상자원부장관은 법 제23조의2제2항에 따라 혼합의무자에게 다음 각 호의 자료 제출을 요구할 수 있다.
  1. 신·재생에너지 연료 혼합의무 이행확인에 관한 다음 각 목의 자료
     가. 수송용연료의 생산량
     나. 수송용연료의 내수판매량
     다. 수송용연료의 재고량
     라. 수송용연료의 수출입량
     마. 수송용연료의 자가소비량
  2. 신·재생에너지 연료 혼합시설에 관한 다음 각 목의 자료
     가. 신·재생에너지 연료 혼합시설 현황
     나. 신·재생에너지 연료 혼합시설 변동사항

다. 신·재생에너지 연료 혼합시설의 사용실적
3. 혼합의무자의 사업에 관한 다음 각 목의 자료
   가. 수송용연료 및 신·재생에너지 연료 거래실적
   나. 신·재생에너지 연료 평균거래가격
   다. 결산재무제표
4. 그 밖에 혼합의무의 이행 여부를 확인하기 위하여 산업통상자원부장관이 필요하다고 인정하는 자료

② 제1항에 따라 혼합의무자가 제출하여야 하는 자료의 제출 시기와 방법, 그 밖에 필요한 사항은 산업통상자원부장관이 정하여 고시한다.

18. 보급사업의 실시기관(제27조)

① 산업통상자원부장관은 법 제27조제1항 각 호에 따른 보급사업(이하 이 조에서 "보급사업"이라 한다)을 시행하는 경우에는 다음 각 호의 어느 하나에 해당하는 자 중에서 보급사업의 실시기관을 선정하여 시행한다. 다만, 법 제27조제1항제2호에 따른 환경친화적 신·재생에너지 집적화단지(이하 "집적화단지"라 한다) 조성사업을 시행하는 경우에는 지방자치단체를 해당 사업의 실시기관으로 선정하여 시행한다.
1. 법 제11조제1항 각 호의 어느 하나에 해당하는 자
2. 센터

② 산업통상자원부장관은 보급사업을 촉진하기 위하여 필요한 경우에는 보급사업의 시행에 필요한 비용을 예산의 범위에서 제1항에 따른 실시기관에 지원할 수 있다.

③ 보급사업의 지원대상, 지원 조건 및 추진절차, 그 밖에 필요한 사항은 산업통상자원부장관이 정하여 고시한다.

19. 신·재생에너지 설비에 대한 사후관리(제28조의2)

① 법 제30조의4제1항에서 "신·재생에너지 보급사업의 시행기관 등 대통령령으로 정하는 기관의 장"이란 제27조제1항에 따라 선정된 보급사업 실시기관의 장을 말한다.

② 법 제30조의4제3항에 따라 연 1회 이상 사후관리를 실시해야 하는 신·재생에너지 설비는 설치한 날부터 3년 이내인 신·재생에너지 설비로 한다.

20. 권한의 위임·위탁(제30조)

① 산업통상자원부장관은 법 제32조제1항에 따라 다음 각 호의 권한을 국가기술표준원장에게 위임한다.
1. 삭제 〈2015.6.15.〉
2. 법 제13조제2항에 따른 설비인증기관에 대한 행정상 지원

3. 삭제 〈2015.6.15.〉
4. 법 제20조제1항에 따른 설비인증기관에 대한 표준화기반 구축 및 국제활동 등의 지원
5. 법 제21조에 따른 공용화 품목의 지정
6. 삭제 〈2015.6.15.〉
7. 삭제 〈2015.6.15.〉

② 산업통상자원부장관은 법 제32조제1항에 따라 법 제27조제1항제3호에 따른 보급사업에 관한 권한을 특별시장, 광역시장, 도지사 또는 특별자치도지사에게 위임한다.

③ 산업통상자원부장관은 법 제32조제2항에 따라 다음 각 호의 업무를 센터에 위탁한다.
1. 법 제12조제2항 및 이 영 제17조에 따른 설치계획서의 접수, 검토 결과 통보 및 의견 청취
2. 법 제12조제2항 및 이 영 제18조에 따른 신·재생에너지 설비 설치확인신청서 접수 및 신·재생에너지 설비 설치확인서 발급
3. 삭제 〈2015.6.15.〉
4. 삭제 〈2015.6.15.〉

④ 산업통상자원부장관은 법 제32조제2항에 따라 법 제11조제1항에 따른 신·재생에너지 기술개발사업에 대한 협약체결 업무를 「에너지법」 제13조에 따른 한국에너지기술평가원에 위탁한다.

21. 규제의 재검토(제30조의2)

산업통상자원부장관은 제20조의2에 따른 보험 또는 공제의 기준, 가입기간 및 가입대상에 대하여 2015년 1월 1일을 기준으로 2년마다(매 2년이 되는 해의 1월 1일 전까지를 말한다) 그 타당성을 검토하여 개선 등의 조치를 해야 한다.

22. 바이오에너지 등의 기준 및 범위(별표 1)

에너지원의 종류별		기준 및 범위
1. 석탄을 액화·가스화한 에너지	가. 기준	석탄을 액화 및 가스화하여 얻어지는 에너지로서 다른 화합물과 혼합되지 않은 에너지
	나. 범위	1) 증기 공급용 에너지 2) 발전용 에너지
2. 중질잔사유(重質殘査油)를 가스화한 에너지	가. 기준	1) 중질잔사유(원유를 정제하고 남은 최종 잔재물로서 감압증류과정에서 나오는 감압잔사유, 아스팔트와 열분해 공정에서 나오는 코크, 타르 및 피치 등을 말한다)를 가스화한 공정에서 얻어지는 연료 2) 1)의 연료를 연소 또는 변환하여 얻어지는 에너지
	나. 범위	합성가스

에너지원의 종류별		기준 및 범위
3. 바이오 에너지	가. 기준	1) 생물유기체를 변환시켜 얻어지는 기체, 액체 또는 고체의 연료 2) 1)의 연료를 연소 또는 변환시켜 얻어지는 에너지 ※ 1) 또는 2)의 에너지가 신·재생에너지가 아닌 석유제품 등과 혼합된 경우에는 생물유기체로부터 생산된 부분만을 바이오에너지로 본다.
	나. 범위	1) 생물유기체를 변환시킨 바이오가스, 바이오에탄올, 바이오액화유 및 합성가스 2) 쓰레기매립장의 유기성 폐기물을 변환시킨 매립지가스 3) 동·식물의 유지(油脂)를 변환시킨 바이오디젤 및 바이오중유 4) 생물유기체를 변환시킨 땔감, 목재칩, 펠릿 및 숯 등의 고체연료
4. 폐기물 에너지	기준	1) 폐기물을 변환시켜 얻어지는 기체, 액체 또는 고체의 연료 2) 1)의 연료를 연소 또는 변환시켜 얻어지는 에너지 3) 폐기물의 소각열을 변환시킨 에너지 ※ 1)부터 3)까지의 에너지가 신·재생에너지가 아닌 석유제품 등과 혼합되는 경우에는 폐기물로부터 생산된 부분만을 폐기물에너지로 보고, 1)부터 3)까지의 에너지 중 비재생폐기물(석유, 석탄 등 화석연료에 기원한 화학섬유, 인조가죽, 비닐 등으로서 생물 기원이 아닌 폐기물을 말한다)로부터 생산된 것은 제외한다.
5. 수열에너지	가. 기준	물의 열을 히트펌프(Heat Pump)를 사용하여 변환시켜 얻어지는 에너지
	나. 범위	해수(海水)의 표층 및 하천수의 열을 변환시켜 얻어지는 에너지

23. 신·재생에너지의 공급의무 비율(별표 2)

해당 연도	2020~2021	2022~2023	2024~2025	2026~2027	2028~2029	2030 이후
공급의무비율 (%)	30	32	34	36	38	40

24. 연도별 의무공급량의 비율(별표 3)

해당 연도	비율(%)
2012년	2.0
2013년	2.5
2014년	3.0
2015년	3.0
2016년	3.5

해당 연도	비율(%)
2017년	4.0
2018년	5.0
2019년	6.0
2020년	7.0
2021년	9.0
2022년	12.5
2023년	13.0
2024년	13.5
2025년	14.0
2026년	15.0
2027년	17.0
2028년	19.0
2029년	22.5
2030년 이후	25.0

25. 신·재생에너지의 종류 및 의무공급량(별표 4)

① 종류

태양에너지(태양의 빛에너지를 변환시켜 전기를 생산하는 방식에 한정한다)

② 연도별 의무공급량

해당 연도	의무공급량(단위 : GWh)
2012년	276
2013년	723
2014년	1,353
2015년 이후	1,971

3 신에너지 및 재생에너지 개발·이용·보급 촉진법 시행규칙

1. 신·재생에너지 설비(제2조)

「신에너지 및 재생에너지 개발·이용·보급 촉진법」(이하 "법"이라 한다) 제2조제3호에서 "산업통상자원부령으로 정하는 것"이란 다음 각 호의 설비 및 그 부대설비(이하 "신·재생에너지 설비"라 한다)를 말한다.

1. 수소에너지 설비 : 물이나 그 밖에 연료를 변환시켜 수소를 생산하거나 이용하는 설비
2. 연료전지 설비 : 수소와 산소의 전기화학 반응을 통하여 전기 또는 열을 생산하는 설비
3. 석탄을 액화·가스화한 에너지 및 중질잔사유(重質殘渣油)를 가스화한 에너지 설비 : 석탄 및 중질잔사유의 저급 연료를 액화 또는 가스화시켜 전기 또는 열을 생산하는 설비
4. 태양에너지 설비
   가. 태양열 설비 : 태양의 열에너지를 변환시켜 전기를 생산하거나 에너지원으로 이용하는 설비
   나. 태양광 설비 : 태양의 빛에너지를 변환시켜 전기를 생산하거나 채광(採光)에 이용하는 설비
5. 풍력 설비 : 바람의 에너지를 변환시켜 전기를 생산하는 설비
6. 수력 설비 : 물의 유동(流動) 에너지를 변환시켜 전기를 생산하는 설비
7. 해양에너지 설비 : 해양의 조수, 파도, 해류, 온도차 등을 변환시켜 전기 또는 열을 생산하는 설비
8. 지열에너지 설비 : 물, 지하수 및 지하의 열 등의 온도차를 변환시켜 에너지를 생산하는 설비
9. 바이오에너지 설비 : 「신에너지 및 재생에너지 개발·이용·보급 촉진법 시행령」(이하 "영"이라 한다) 별표 1의 바이오에너지를 생산하거나 이를 에너지원으로 이용하는 설비
10. 폐기물에너지 설비 : 폐기물을 변환시켜 연료 및 에너지를 생산하는 설비
11. 수열에너지 설비 : 물의 열을 변환시켜 에너지를 생산하는 설비
12. 전력저장 설비 : 신에너지 및 재생에너지(이하 "신·재생에너지"라 한다)를 이용하여 전기를 생산하는 설비와 연계된 전력저장 설비

2. 신·재생에너지 공급인증서의 거래 제한(제2조의2)

법 제12조의7제6항에서 "산업통상자원부령으로 정하는 사유"란 다음 각 호의 경우를 말한다.

1. 공급인증서가 발전소별로 5천킬로와트를 넘는 수력을 이용하여 에너지를 공급하고 발급된 경우
2. 공급인증서가 기존 방조제를 활용하여 건설된 조력(潮力)을 이용하여 에너지를 공급하고 발급된 경우
3. 공급인증서가 영 별표 1의 석탄을 액화·가스화한 에너지 또는 중질잔사유를 가스화한 에너

지를 이용하여 에너지를 공급하고 발급된 경우
4. 공급인증서가 영 별표 1의 폐기물에너지 중 화석연료에서 부수적으로 발생하는 폐가스로부터 얻어지는 에너지를 이용하여 에너지를 공급하고 발급된 경우

3. 공급인증기관의 지정방법 등(제2조의3)

① 법 제12조의8제1항에 따른 공급인증기관(이하 "공급인증기관"이라 한다)으로 지정을 받으려는 자는 별지 제1호 서식의 공급인증기관 지정신청서에 다음 각 호의 서류를 첨부하여 산업통상자원부장관에게 제출하여야 한다.
  1. 정관(법인인 경우만 해당한다)
  2. 공급인증기관의 운영계획서
  3. 공급인증기관의 업무에 필요한 인력·기술능력·시설 및 장비 현황에 관한 자료
② 제1항에 따른 신청을 받은 산업통상자원부장관은「전자정부법」제36조제1항에 따른 행정정보의 공동이용을 통하여 법인 등기사항증명서(법인인 경우만 해당한다)를 확인하여야 한다.
③ 산업통상자원부장관은 제1항에 따른 공급인증기관 지정 신청을 받으면 그 신청 내용이 다음 각 호의 기준에 맞는지 심사하여야 한다.
  1. 공급인증기관의 업무를 공정하고 신속하게 처리할 능력이 있는지 여부
  2. 공급인증기관의 업무에 필요한 인력·기술능력·시설 및 장비 등을 갖추었는지 여부
④ 산업통상자원부장관은 제3항에 따른 심사에 필요하다고 인정할 때에는 신청인에게 관련 자료의 제출을 요구하거나 신청인의 의견을 들을 수 있다.
⑤ 산업통상자원부장관은 제3항 및 제4항에 따라 심사한 결과 공급인증기관을 지정하였을 때에는 신청인에게 별지 제2호 서식의 공급인증기관 지정서를 발급하고, 그 사실을 지체 없이 공고하여야 한다.

4. 운영규칙의 제정 등(제2조의4)

① 법 제12조의9제2항에 따라 공급인증기관이 제정하는 공급인증서 발급 및 거래시장 운영에 관한 규칙에는 다음 각 호의 사항이 포함되어야 한다.
  1. 공급인증서의 발급, 등록, 거래 및 폐기 등에 관한 사항
  2. 신·재생에너지 공급량의 증명에 관한 사항
  3. 공급인증서의 거래방법에 관한 사항
  4. 공급인증서 가격의 결정방법에 관한 사항
  5. 공급인증서 거래의 정산 및 결제에 관한 사항
  6. 제1호와 관련된 정보의 공개 및 분쟁조정에 관한 사항
  7. 그 밖에 공급인증서의 발급 및 거래시장 운영에 필요한 사항

② 법 제12조의9제2항 후단에서 "산업통상자원부령으로 정하는 경미한 사항의 변경"이란 계산착오, 오기(誤記), 누락, 그 밖에 이에 준하는 사유로 제1항의 사항을 변경하는 것을 말한다.

5. 발전차액의 지원 중단 및 환수절차(제11조)

① 산업통상자원부장관은 법 제18조제1항에 따라 신·재생에너지 발전사업자가 법 제18조제1항제2호에 해당하는 행위(이하 이 항에서 "위반행위"라 한다)를 한 경우에는 다음 각 호의 구분에 따라 조치한다.
  1. 위반행위를 1회 한 경우 : 경고
  2. 위반행위를 2회 한 경우 : 시정명령
  3. 제2호의 시정명령에 따르지 아니한 경우 : 법 제17조제2항에 따른 발전차액의 지원 중단
② 산업통상자원부장관은 법 제18조제2항 전단에 따라 신·재생에너지 발전사업자가 법 제18조제1항제1호에 해당하는 행위를 한 경우에는 발전차액을 환수하여야 한다. 이 경우 산업통상자원부장관은 미리 해당 신·재생에너지 발전사업자에게 10일 이상의 기간을 정하여 의견을 제출할 기회를 주어야 한다.
③ 산업통상자원부장관은 제2항에 따라 발전차액을 환수하는 경우에는 위반 사실, 환수금액, 납부기간, 수납기관, 이의제기의 기간 및 방법을 구체적으로 적은 문서로 해당 신·재생에너지 발전사업자에게 발전차액을 낼 것을 통보하여야 한다.

6. 신·재생에너지 설비 및 그 부품에 대한 공용화 품목의 지정절차 등(제12조)

① 법 제21조제2항제2호에서 "산업통상자원부령으로 정하는 기관 또는 단체"란 신·재생에너지의 개발·이용 및 보급 관련 단체를 말한다.
② 영 제24조제1항에 따라 공용화 품목의 지정을 요청하려는 자는 지정요청서에 다음 각 호의 서류를 첨부하여 국가기술표준원장에게 제출하여야 한다.
  1. 대상 품목의 명칭·규격 및 설명서
  2. 공용화 품목으로 지정받으려는 사유
  3. 공용화 품목으로 지정될 경우의 기대효과
③ 제2항에서 규정한 사항 외에 공용화 품목의 지정에 관한 세부 사항은 국가기술표준원장이 정하여 고시한다.

7. 관리기관의 신청 및 지정방법 등(제13조의2)

① 법 제23조의4제1항에 따른 혼합의무 관리기관(이하 "관리기관"이라 한다)으로 지정을 받으려는 자는 별지 제3호 서식의 관리기관 지정신청서에 다음 각 호의 서류를 첨부하여 산업통상자원부장관에게 제출하여야 한다.
  1. 정관

2. 관리기관의 운영계획서
　　3. 관리기관의 업무에 필요한 인력·기술능력·시설 및 장비 현황에 관한 자료
② 산업통상자원부장관은 제1항에 따른 관리기관 지정 신청 내용이 다음 각 호의 기준에 적합한지 심사하여야 한다.
　　1. 관리기관의 업무를 공정하고 신속하게 처리할 능력이 있는지 여부
　　2. 관리기관의 업무에 필요한 인력·기술능력·시설 및 장비 등을 갖추었는지 여부
③ 산업통상자원부장관은 제2항에 따른 심사에 필요하다고 인정할 때에는 신청인에게 관련 자료의 제출을 요구하거나 신청인의 의견을 청취할 수 있다.
④ 산업통상자원부장관은 제2항 및 제3항에 따라 관리기관을 지정하는 경우에 신청인에게 별지 제4호 서식의 관리기관 지정서를 발급하고 그 사실을 지체없이 공고하여야 한다.

8. 신·재생에너지 기술 사업화의 지원절차 등(제15조)

① 법 제28조제1항에 따라 신·재생에너지 기술 사업화에 대한 지원을 받으려는 자는 별지 제8호 서식의 신·재생에너지 기술 사업화 지원신청서에 다음 각 호의 서류를 첨부하여 산업통상자원부장관에게 제출하여야 한다.
　1. 사업계획서
　2. 다음 각 목의 어느 하나에 해당함을 증명하는 서류 사본. 이 경우 가목에 해당하는 자는 자체개발내역서를 포함한다.
　　　가. 해당 신·재생에너지 관련 기술을 자체적으로 개발한 자로서 그 사용권을 가지고 있는 자
　　　나. 해당 신·재생에너지 관련 기술을 개발한 국공립연구기관, 대학, 기업 또는 개인으로부터 해당 신·재생에너지 관련 기술을 이전받은 자
　　　다. 정부, 국공립연구기관, 대학, 기업 또는 개인이 보유하는 신·재생에너지 관련 기술에 대한 사용권을 가지고 있는 자
　3. 해당 신·재생에너지 관련 기술이 지원 신청 당시 아직 사업화되지 아니한 기술임을 증명하는 자료
② 법 제28조제1항에 따른 신·재생에너지 기술의 사업화에 관한 지원 범위는 다음 각 호와 같다.
　1. 법 제28조제1항제1호에 따른 시험제품 제작 및 설비투자의 경우 : 필요한 자금의 100퍼센트의 범위에서 융자 지원
　2. 법 제28조제1항제3호에 따른 신·재생에너지 기술의 교육 및 홍보의 경우 : 필요한 자금의 80퍼센트의 범위에서 자금 지원
　3. 법 제28조제1항제4호에 따라 산업통상자원부장관이 정하는 지원사업의 경우 : 필요한 자금의 80퍼센트의 범위에서 자금 지원

③ 제1항 및 제2항에서 규정한 사항 외에 신·재생에너지 기술 사업화의 지원에 관한 세부 사항은 산업통상자원부장관이 정하여 고시한다.

9. 신·재생에너지 분야 특성화대학 및 핵심기술연구센터의 지정 신청(제16조)

법 제30조제2항에 따라 신·재생에너지 분야 특성화대학 또는 핵심기술연구센터로 지정받으려는 자는 별지 제9호 서식의 신·재생에너지 분야 특성화대학 지정신청서 또는 별지 제10호 서식의 신·재생에너지 분야 핵심기술연구센터 지정신청서에 다음 각 호의 서류를 첨부하여 산업통상자원부장관에게 제출하여야 한다.

1. 중장기 인력양성 사업계획서
2. 신·재생에너지 분야 특성화대학 또는 핵심기술연구센터 운영계획서

10. 신·재생에너지 설비의 하자보수(제16조의2)

① 법 제30조의3제1항에서 "산업통상자원부령으로 정하는 자"란 법 제27조제1항 각 호의 어느 하나에 해당하는 보급사업에 참여한 지방자치단체 또는 공공기관을 말한다.
② 법 제30조의3제1항에 따른 하자보수의 대상이 되는 신·재생에너지 설비는 법 제12조제2항 및 제27조에 따라 설치한 설비로 한다.
③ 법 제30조의3제1항에 따른 하자보수의 기간은 5년의 범위에서 산업통상자원부장관이 정하여 고시한다.

11. 신·재생에너지 설비의 사후관리 절차 등(제16조의3)

① 법 제30조의4제1항에 따른 시행기관의 장(이하 "시행기관의 장"이라 한다)은 매년 1월 말일까지 다음 각 호의 사항을 포함하는 해당 연도의 사후관리 계획을 수립·시행하고, 같은 항에 따라 고시된 신·재생에너지 설비의 시공자에게 통보하여 사후관리를 실시하도록 해야 한다.

1. 신·재생에너지 설비의 가동 상태, 구조물 외관 및 각종 부재의 체결 상태 등 점검사항
2. 신·재생에너지 설비별 점검시기 및 점검방법
3. 그 밖에 신·재생에너지 설비의 효율적인 사후관리를 위해 필요한 사항으로서 산업통상자원부장관이 정하여 고시하는 사항

② 시공자는 법 제30조의4제3항에 따라 신·재생에너지 설비에 대한 사후관리 실적을 별지 제11호 서식에 따라 해당 연도의 5월 말일까지 시행기관의 장에게 보고해야 한다.
③ 시행기관의 장은 법 제30조의4제4항에 따라 신·재생에너지 설비에 대한 사후관리 시행결과를 별지 제12호 서식에 따라 해당 연도의 6월 말일까지 센터에 제출해야 하고, 센터는 이를 종합하여 별지 제12호 서식에 따라 해당 연도의 7월 말일까지 산업통상자원부장관에게 보고해야 한다.

12. 규제의 재검토(제18조)

① 산업통상자원부장관은 제13조에 따른 신·재생에너지전문기업의 신고 등에 대하여 2014년 1월 1일을 기준으로 3년마다(매 3년이 되는 해의 1월 1일 전까지를 말한다) 그 타당성을 검토하여 개선 등의 조치를 하여야 한다.

② 산업통상자원부장관은 제13조의2에 따른 공개할 수 있는 신·재생에너지전문기업의 정보에 대하여 2015년 1월 1일을 기준으로 3년마다(매 3년이 되는 해의 1월 1일 전까지를 말한다) 그 타당성을 검토하여 개선 등의 조치를 하여야 한다.

③ 산업통상자원부장관은 다음 각 호의 사항에 대하여 다음 각 호의 기준일을 기준으로 2년마다(매 2년이 되는 해의 기준일과 같은 날 전까지를 말한다) 그 타당성을 검토하여 개선 등의 조치를 하여야 한다.

1. 제4조에 따른 설비인증의 대상 : 2015년 1월 1일
2. 제5조제2항에 따른 설비인증의 심사 일정 통보기한 : 2015년 1월 1일
3. 제6조제1항에 따른 성능검사기관 지정 신청 시의 제출서류 : 2015년 1월 1일
4. 제7조제1항 및 별표 2에 따른 설비인증 심사기준 : 2015년 1월 1일
5. 제11조제1항에 따른 위반행위에 따른 조치사항 : 2015년 1월 1일

4 신·재생에너지 공급의무화제도 및 연료 혼합의무화제도 관리·운영지침

1. 신·재생에너지원별 가중치(별표 2)

구분	공급인증서 가중치	대상에너지 및 기준	
		설치유형	세부기준
태양광 에너지	1.2	일반부지에 설치하는 경우	100[kW] 미만
	1.0		100[kW]부터
	0.8		3,000[kW] 초과부터
	0.5	임야에 설치하는 경우	-
	1.5	건축물 등 기존 시설물을 이용하는 경우	3,000[kW] 이하
	1.0		3,000[kW] 초과부터
	1.6	유지 등의 수면에 부유하여 설치하는 경우	100[kW] 미만
	1.4		100[kW]부터
	1.2		3,000[kW] 초과부터
	1.0	자가용 발전설비를 통해 전력을 거래하는 경우	
기타 신·재생 에너지	0.25	폐기물에너지(비재생폐기물로부터 생산된 것은 제외), Bio-SRF, 흑액	
	0.5	매립가스, 목재펠릿, 목재칩	
	1.0	조력(방조제 有), 기타 바이오에너지(바이오중유, 바이오가스 등)	
	1.0~2.5	지열, 조력(방조제 無)	변동형

구분	공급인증서 가중치	대상에너지 및 기준	
		설치유형	세부기준
기타 신·재생 에너지	1.2	육상풍력	
	1.5	수력, 미이용 산림바이오메스 혼소설비	
	1.75	조력(방조제 無, 고정형)	
	1.9	연료전지	
	2.0	조류, 미이용 산림바이오매스(바이오에너지 전소설비만 적용), 지열(고정형)	
	2.0	해상풍력	연안해상풍력 기본가중치
	2.5		기본가중치

[비고]

1. "건축물"이란 발전사업허가일 이전(단, 건축물의 용도가 건축법 시행령 별표 1에 따른 창고시설과 동물 및 식물관련시설의 경우에 발전사업허가일로부터 1년 이전)에 건축물 사용승인을 득하여야 하며(단, 전원개발촉진법 제5조에 따른 전원개발사업구역 내 설치된 경우 및 건물일체형 태양광시스템의 경우 제외), ㉠ 지붕과 외벽이 있는 구조물이며, ㉡ 사람이 출입할 수 있어야 하며, ㉢ 사람, 동·식물을 보호 또는 물건을 보관하는 건축물의 본래의 목적에 합리적으로 사용되도록 설계·설치된 구조물을 대상으로 「건축법」 등 관련 규정 준수 여부 및 안정성 등을 확보할 수 있도록 공급인증기관의 장이 정하는 세부 기준을 충족하는 설비를 의미한다. 다만, 관련 법령 등에 의한 공공건축물의 외벽 등은 해당 기준을 적용할 수 있다.

2. "기존 시설물"이라 함은 「도로법」에 의한 도로의 방음벽 등 고유의 목적을 가진 시설물을 대상으로 「건축법」 등 관련 규정 준수 여부 및 안정성 등을 확보할 수 있도록 공급인증기관의 장이 정하는 세부 기준을 충족하는 설비를 의미한다.

3. 태양광에너지 가중치와 관련하여, 일반부지에 해당하는 가중치를 적용받는 발전소 중 인근지역(설치장소의 경계가 250미터 이내의 지역을 의미한다) 내 동일사업자의 발전소는 해당 발전소 합산용량에 해당하는 가중치를 적용하며, 공급인증기관의 장은 다음 각 호의 어느 하나에 해당하는 경우는 해당 발전설비의 일부 또는 전부에 대하여 가중치 적용을 제한할 수 있다.

    ① 사업자 등이 태양광에너지 발전설비 설치를 위해 일정 토지를 취득 또는 임대하고, 가중치 우대를 목적으로 해당 토지를 분할하거나 발전사업 허가용량을 분할하여 다수의 발전설비로 분할 설치하는 경우는 해당 발전설비의 일부 또는 전부에 대하여 합산용량에 따른 가중치를 적용한다.

    ② 태양광에너지 발전설비의 실질 소유주가 가중치 우대를 목적으로 타인 명의로 태양광에너지발전소를 준공하여 운영하는 것이 명백하다고 인정되는 경우는 동일사업자 규정을 적용한다.

4. 태양광에너지 가중치는 전체용량에 대하여 부여하되 소수점 넷째 자리에서 절사하며, 설치 유형별 용량기준 순으로 구분하여 구간별 해당 가중치를 아래와 같이 적용한다.
   ① 일반부지에 설치하는 경우

설치용량	태양광에너지 가중치 산정식
100[kW] 미만	1.2
100[kW]부터 3,000[kW] 이하	$\dfrac{99.999 \times 1.2 + (용량 - 99.999) \times 1.0}{용량}$
3,000[kW] 초과부터	$\dfrac{99.999 \times 1.2}{용량} + \dfrac{2,900.001 \times 1.0}{용량} + \dfrac{(용량 - 3,000) \times 0.8}{용량}$

   ② 건축물 등 기존 시설물을 이용하는 경우

설치용량	태양광에너지 가중치 산정식
3,000[kW] 이하	1.5
3,000[kW] 초과부터	$\dfrac{3,000 \times 1.5 + (용량 - 3,000) \times 1.0}{용량}$

   ③ 유지 등의 수면에 부유하여 설치하는 경우

설치용량	태양광에너지 가중치 산정식
100[kW] 미만	1.6
100[kW]부터 3,000[kW] 이하	$\dfrac{99.999 \times 1.6 + (용량 - 99.999) \times 1.0}{용량}$
3,000[kW] 초과부터	$\dfrac{99.999 \times 1.6}{용량} + \dfrac{2,900.001 \times 1.4}{용량} + \dfrac{(용량 - 3,000) \times 1.2}{용량}$

SECTION 004 태양광발전 사업허가

01 태양광발전 사업계획서 작성 및 인허가 검토

1 인·허가 사항

1. 전기(발전)사업 허가권자

① 3,000[kW] 초과 설비 : 산업통상자원부 장관
② 3,000[kW] 이하 설비 : 시·도지사
　※ 단, 제주특별자치도는 제주국제자유도시 특별법에 따라 3,000[kW] 이상의 발전설비도 제주특별자치도지사의 허가사항임

2. 전기(발전)사업 허가기준

① 전자사업을 적정하게 수행하는 데 필요한 재무능력, 기술능력이 있을 것
② 전기사업이 계획대로 수행될 수 있을 것
③ 배전사업 및 구역전기사업의 경우 둘 이상의 배전사업자의 사업구역 및 구역 전기사업자의 특정한 공급구역 중 그 전부 또는 일부가 중복되지 아니할 것
④ 발전소가 특정 지역에 편중되어 전력계통의 운영에 지장을 주지 않을 것
⑤ 발전연료가 어느 하나에 편중되어 전력수급에 지장을 초래하지 않을 것

3. 환경영향평가 협의

1) 허가 기준

발전용량 100,000[kW] 미만인 경우 소규모환경영향평가, 발전용량이 100,000[kW] 이상일 경우 환경영향평가의 대상

2) 소규모환경영향평가 검토대상(보전이 필요한 지역 내의 개발사업)

① 보전관리지역, 자연환경보전지역, 개발제한구역 : 5,000[m^2]
② 생산관리지역 : 7,500[m^2]
③ 계획관리지역 : 10,000[m^2]

4. 개발행위허가

1) 목적
국토의 계획 및 이용에 관한 법률에 따라 개발계획의 적정성 기반시설을 확보하여 난개발 방지

2) 허가권자
시장, 군수

3) 개발행위 대상
① 건축물의 건축
② 공작물의 설치
③ 토지의 형질 변경(단, 경작을 위한 토지의 형질 변경은 제외)
④ 토석 채취
⑤ 토지 분할
⑥ 물건을 쌓아 놓는 행위

4) 용도지역별 허가면적
① 도시지역
   ㉠ 주거지역, 상업지역, 자연녹지지역, 생산녹지지역 : 1만[m^2] 미만
   ㉡ 공업지역 : 3만[m^2] 미만
   ㉢ 보전녹지지역 : 5천[m^2] 미만
② 관리지역 : 3만[m^2] 미만
③ 농림지역 : 3만[m^2] 미만
④ 자연환경보전지역 : 5천[m^2] 미만

5) 개발행위 허가의 항목
① 산지전용 허가 및 입목 벌채 허가
② 농지전용 허가 : 농지의 형질 변경
③ 사방지 지정의 해제
④ 사도 개설의 허가
⑤ 무연분묘의 개장 허가
⑥ 초지 전용의 허가 : 초지의 형질 변경

2 인·허가 절차 : 태양광발전사업의 추진절차

1. 발전사업 허가신청
① 3,000[kW] 초과 시 : 산업통상자원부 장관
② 3,000[kW] 이하 시 : 시·도지사

2. 환경영향평가
① 100,000[kW] 미만 : 소규모환경영향평가
② 100,000[kW] 이상 : 환경영향 평가

3. 개발행위 허가

4. 전기설비 공사계획 인가 및 신고

5. 사용 전 검사
검사기관 : 한국전기안전공사

6. 대상설비 확인

7. 전력수급계약 체결

8. 사업개시 신고

발전사업 허가신청 시 제출서류

구분	200[kW] 이하	3,000[kW] 이하	3,000[kW] 초과
신규 허가 제출 서류	1. 사업허가 신청서 2. 사업계획서	1. 사업허가 신청서 2. 사업계획서 3. 송전관계 일람도 　(발전/구역전기사업 경우) 4. 발전원가 명세서 　(발전/구역전기사업 경우) 5. 기술인력 확보계획 6. 수력 : 하천점용허가서 사본 　　(하천법) 　원자력 : 건설허가서 사본 　　(원자력법) ※ 신청서 사본도 가능	1. 사업허가 신청서 2. 사업계획서 3. 송전관계 일람도 　(발전/구역전기사업 경우) 4. 발전원가 명세서 　(발전/구역전기사업 경우) 5. 기술인력 확보계획 6. 5년간 예상 손익산출서 7. 전기설비 개요서 　(배전선로 제외) 8. 공급구역 5만분의 1 지도 　(배전/구여건기사업 경우) 9. 신용평가 의견서 10. 소요재원 조달계획 11. 법인은 정관, 등기부등본 직전 연도 손익계산서, 대차대조표 　※ 설립 중 법인은 정관 12. 수력 : 하천점용허가서 사본 　　(하천법) 　원자력 : 건설허가서 사본 　　(원자력법)
변경 허가	1. 사업허가 변경신청서 2. 변경내용을 증명할 수 있는 서류		

SECTION 005 태양광발전 사업 경제성 분석

01 태양광발전 경제성 분석

1 사업비

1. 사업비의 구성

1) 초기 투자비
   ① 주설비 : PV모듈, PCS, 구조물
   ② 계통연계 : 수·변전설비, 모니터링 설비
   ③ 공사비 : 기초공사, 구조물 설치공사, 전기공사, CCTV, 보안등공사 등
   ④ 인허가, 설계, 감리, 검사 : 인허가 용역, 설계 및 감리, 사용 전 검사
   ⑤ 토지비용

2) 연간 유지관리비
   연간 유지관리비용＝법인세 및 제세＋보험료＋운전유지 및 수선비
   ① 법인세 : 초기투자비용×요율[%]
   ② 보험료 : 초기투자비용×요율[%]
   ③ 운전유지 및 수선비 : 초기투자비용×약 1[%]

3) 발전원가 계산

$$발전원가 = \frac{\frac{초기\ 투자비[원]}{설비내용연수[년]} + 연간\ 유지관리비[원/년]}{연간\ 총발전량[kWh/년]}[원/kWh]$$

2. 공사원가계산서

공사원가라 함은 공사 시공과정에서 발생하는 재료비, 노무비, 경비의 합계액을 말한다.

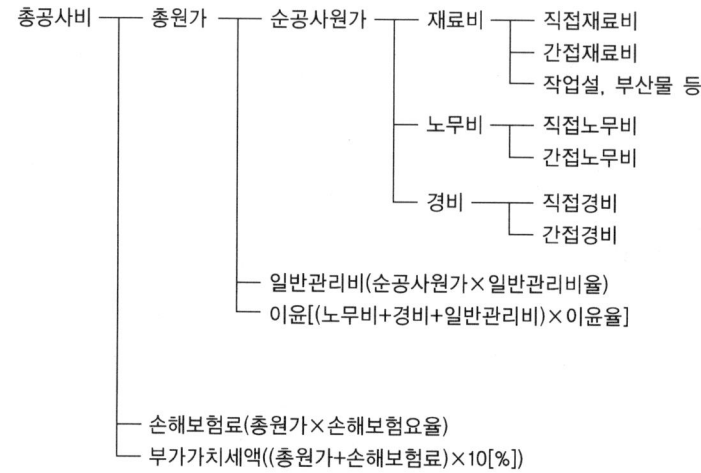

3. 순공사원가 구성항목

1) 재료비

① 재료비＝재료량×단가

② 재료비는 직접재료비 및 간접재료비로 구성

　㉠ 직접재료비＝주요재료비＋부분품비

　㉡ 간접재료비＝소모재료비＋소모공구, 기구, 비품비＋가설재료비

③ 공구손료＝직접인건비(할증 전)×3[%]

2) 노무비

① 직접노무비＝노무량×노임단가

② 간접노무비＝직접노무비×간접노무비율

③ 노무비＝직접노무비＋간접노무비

④ 간접노무비율

구분		간접노무비율
공사 종류별	건축공사	14.5
	토목공사	15
	특수공사(포장, 준설 등)	15.5
	기타(전문, 전기, 통신 등)	15
공사 규모별	5억 원 미만	14
	5억 원 이상~30억 원 미만	15
	30억 원 이상	16
공사 기간별	6개월 미만	13
	6개월 이상~12개월 미만	15
	12개월 이상	17

3) 경비

경비는 공사의 시공을 위하여 소요되는 공사원가 중 재료비, 노무비를 제외한 원가를 말하며, 기업의 유지를 위한 관리활동부문에서 발생하는 일반관리비와 구분된다.

4) 일반관리비

① 기업의 유지를 위한 관리활동부문에서 발생하는 제비용으로서 제조(또는 공사)원가에 속하지 아니하는 모든 영업비용 중 판매비 등을 제외한 비용, 즉, 임원급료, 사무실직원의 급료, 제수당, 퇴직급여충당금, 복리후생비, 여비, 교통·통신비, 수도광열비, 세금과공과, 지급임차료, 감가상각비, 운반비, 차량비, 경상시험연구개발비, 보험료 등을 말하며 기업손익계산서를 기준하여 산정한다.

② 일반관리비는 순공사원가에는 해당되지 않는다.

③ 일반관리비=(재료비+노무비+경비)×요율

④ 일반관리비 요율(전문·전기·통신·소방·기타)

　㉠ 5억 원 미만 : 6.0[%]　　㉡ 5억 원 이상~30억 원 미만 : 5.5[%]

　㉢ 30억 원 이상~100억 원 미만 : 5.0[%]　㉣ 100억 원 이상 : 4.5[%]

5) 이윤

이윤=(노무비+경비+일반관리비)×이윤율

∥ 이윤율 ∥

공사 규모	이윤율[%]	공사 규모	이윤율[%]
50억 원 미만	15.0	300억 원 이상~1,000억 원 미만	10.0
50억 원 이상~300억 원 미만	12.0	1,000억 원 이상	9.0

2 경제성

1. 비용편익 분석방법

여러 정책대안 중 목표 달성에 가장 효과적인 것을 찾기 위해 비용과 편익을 비교·분석하는 기법

1) 비용편익 분석방법 종류

① 비용편익비 분석(CBR ; Cost-Benefit Ratio)
② 순현재가치법(NPV ; Net Present Value)
③ 내부수익률법(IRR ; Internal Rate of Return)

2) 경제성 분석의 모형

(1) 비용편익비 분석(CBR ; Cost-Benefit Ratio)

① 비용편익비는 투자로부터 기대되는 총 편익의 현가를 총 비용의 현가로 나눈 값을 의미한다.

② 장래에 발생되는 편익과 비용을 현재가치로 환산하기 위해서는 할인율(r : 사회적 할인율)로 할인하여, 분석기간 중 기대되는 총 편익의 현재가치총액과 총 비용의 현재가치총액의 비율을 계산하는 지표로서, 다음의 식으로 산출되며, B/C Ratio가 1보다 클수록 그 사업은 타당하다고 판단할 수 있다.

$$\text{B/C Ratio} = \frac{\sum \dfrac{B_i}{(1+r)^i}}{\sum \dfrac{C_i}{(1+r)^i}}$$

여기서, B_i : 연차별 총 편익, C_i : 연차별 총 비용
r : 할인율, i : 기간

(2) 순현재가치법(NPV ; Net Present Value)

① 순현재가치법은 경제성을 가늠하는 척도 중의 하나로서 투자로부터 기대되는 미래의 총 편익을 할인율로 할인한 총 편익의 현가(Present Value)에서 총 비용의 현가를 공제한 값으로 정의할 수 있다.

② 순현재가치는 대안선택에 있어서 정확한 기준을 제시해 주고, 계산이 용이하여 경제적 타당성 분석에 보편적으로 이용되는 방법으로 다음의 식으로 산출한다.

$$\text{NPV} = \sum \frac{B_i}{(1+r)^i} - \sum \frac{C_i}{(1+r)^i}$$

여기서, B_i : 연차별 총 편익, C_i : 연차별 총 비용
r : 할인율, i : 기간

(3) 내부수익률법(IRR ; Internal Rate of Return)
① 내부수익률이란 투자로 지출되는 총 비용의 현재가치와 그 투자로 유입되는 미래 총 편익의 현재가치가 동일하게 되는 수익률을 말한다.
② 어떤 사업(투자안)의 순현재가치(NPV)를 0으로 만드는 할인율로 다음의 식으로 나타낼 수 있다.

$$\sum \frac{B_i}{(1+r)^i} = \sum \frac{C_i}{(1+r)^i}$$

여기서, B_i : 연차별 총 편익, C_i : 연차별 총 비용
r : 할인율, i : 기간

2. 사업의 경제성 판단기준

사업의 채택 여부에 대한 NPV, B/C Ratio, IRR의 판단기준은 NPV가 0보다 크고, B/C Ratio가 1보다 크고, IRR이 할인율보다 큰 경우, 해당 사업은 경제적으로 타당하다고 판단된다.

∥ 사업의 경제성 평가기준 ∥

순현재가치분석법	비용편익비분석	내부수익률법	경제성의 판단
NPV > 0	B/C Ratio > 1	IRR > r	사업의 경제성이 있음
NPV < 0	B/C Ratio < 1	IRR < r	사업의 경제성이 없음
NPV = 0	B/C Ratio = 1	IRR = r	사업의 경제성 유·무를 말할 수 없음

⋯02 태양광발전량 분석

1 부하설비용량

1. 부하설비용량 결정

사용설비용량이 출력만 표시된 경우에는 아래 표에 따라 입력으로 환산한다.

사용설비			출력표시	입력[kW]환산율
백열전동 및 소형기기			[W]	100[%]
전열기			[kW]	100[%]
특수기기(전기용접기 및 전기로)			[kW] 또는 [kVA]	100[%]
전동기	저압	단상	[kW]	133[%]
		삼상	[kW]	125[%]
	고압, 특별고압		[kW]	118[%]

2. 변압기용량 계산

$$변압기용량[kVA] = \frac{총부하설비용량 \times 수용률}{역률 \times 부등률}$$

3. 수용률, 부등률, 부하율, 최대부하

1) $수용률 = \dfrac{최대수요전력}{총설비용량} \times 100[\%]$

2) $부등률 = \dfrac{각각의\ 최대수요전력의\ 합}{합성\ 최대수요전력}$

3) $부하율 = \dfrac{평균전력(1시간\ 평균)}{최대수요전력} \times 100[\%]$

4) $최대부하 = 총설비용량 \times \dfrac{수용률}{부등률}$

2 전력설비 손실

1. 배전선로 손실

1) 저항손(전력손실)

배전선로의 손실 중 가장 큰 손실이다.

저항손 $P_l = I^2 \times R = \dfrac{V^2}{R}[\text{W}]$

2) 시스손

도전성 외장(Sheath)을 갖는 케이블 시스에 와전류로 유도된 전류와 시스저항에 의한 손실

3) 유전체손

유전체 중의 쌍극자의 배향에 의한 흡수전류(전도전류)에 의한 것으로 교번전계에 의해 발생되는 손실

4) 배전선로 손실 저감방법

동일 용량의 전력을 송·배전하는 경우 전압을 높여 전류를 낮추거나 전선의 단면적을 키워 저항을 저감한다.

2. 변압기의 손실

① 변압기 손실=무부하손실(철손)+부하손실(동손)
② 무부하손실=단위시간당 무부하손실[W/h]×365[일]×24[시간]
③ 부하손실=단위시간당 부하손실[W/h]×365[일]×Σ(부하율^2×가동시간)

3 태양광발전시스템 이용률 등

1. 태양광발전시스템 이용률

① 일 평균 발전시간= $\dfrac{1년간\ 발전전력량[\text{kWh}]}{시스템\ 용량[\text{kW}] \times 운전일수}[\text{h/day}]$

② 시스템 이용률[%] = $\dfrac{1년간\ 발전전력량[\text{kWh}]}{24[\text{h}] \times 운전일수 \times 시스템\ 용량[\text{kW}]} \times 100[\%]$

$= \dfrac{일\ 평균\ 발전시간[\text{h}]}{24[\text{h}]} \times 100[\%]$

2. 부지(대지) 이용률

① 모듈의 이격거리에 대한 모듈의 길이의 비를 대지(부지)이용률이라고 한다.
② 경사각을 낮출수록 대지이용률은 증가한다.
③ 대지이용률(f) = $\dfrac{모듈의\ 길이(L)}{어레이\ 이격거리(d)} \times 100[\%]$

SECTION 006 실전예상문제

01 태양광발전 설비용량조사

01 태양광발전시스템 어레이의 그림자 영향에 대한 대책이 아닌 것은?
① 모듈을 가로깔기로 배치한다.
② 인버터에 MPPT 제어기능을 추가한다.
③ 모듈 후면 단자함 내 바이패스 다이오드를 설치한다.
④ 스트링(모듈 직렬연결) 간 블로킹 다이오드를 설치한다.

풀이 모듈을 가로깔기, 세로깔기 등으로 배치하는 것은 면적에 대한 설치방법이다.

02 태양광발전시스템에서 어레이 경사면 일조량과 가장 근사한 것은?
① 전수평면일조량과 경사면 직달광선 일조량의 합
② 전수평면일조량과 경사면 산란광선 일조량의 합
③ 경사면 직달광선 일조량과 경사면 산란광선 일조량의 합
④ 전수평면일조량, 경사면 직달광선 일조량, 경사면 산란광선 일조량의 합

풀이 경사면 일조량=경사면 직달광선 일조량+경사면 산란광선 일조량

03 태양광발전시스템의 어레이 설계 시 고려사항으로 적당하지 않은 것은?
① 방위각 ② 부하의 종류
③ 음영   ④ 경사각

풀이 부하 종류는 어레이 설계 시 고려사항이 아니다.

04 태양전지 어레이의 방위각과 경사각에 대한 설명으로 틀린 것은?
① 태양복사의 최대 획득량은 방위각과 경사각에 의해 결정된다.
② 수평면으로부터 경사각은 그 지역의 위도에 의해 결정된다.
③ 태양복사의 최대 획득량을 위한 가장 바람직한 방위는 정남향이다.
④ 여름철의 경우 수평면보다 수직 파사드에 설치된 시스템에서 더 많은 획득량을 기대할 수 있다.

풀이 여름철은 태양고도가 높아 태양전지모듈이 수평으로 설치될수록 태양광 입사량이 증가한다.

정답 01 ① 02 ③ 03 ② 04 ④

05 태양고도가 가장 높은 시기로 옳은 것은?
① 춘분
② 하지
③ 추분
④ 동지

풀이 동지 시 남중고도각 $= 90° - (\phi + 23.5°)$
하지 시 남중고도각 $= 90° - (\phi - 23.5°)$
춘·추분 시 남중고도각 $= 90° - \phi$ 즉, 태양의 고도가 가장 높은 때는 하지이다.

06 강우 시 태양전지 모듈 표면에 흙탕물이 튀는 것을 방지하기 위해 지면으로부터 몇 [m] 이상 높이에 설치할 수 있도록 설계하여야 하는가?
① 0.3
② 0.4
③ 0.6
④ 0.8

풀이 태양전지 모듈 및 어레이 설계 시 고려되는 설치 높이는 강우 시 모듈 표면으로 흙탕물이 튀는 것을 방지하기 위해 지면으로부터 0.6[m] 이상의 높이에 설치한다.

07 태양광발전소의 부지 타당성 조사 시 고려하여야 할 부지 내 경미한 음영의 종류가 아닌 것은?
① 송전철탑
② TV 안테나
③ 전깃줄
④ 피뢰침

풀이 경미한 음영
전깃줄, TV안테나, 피뢰침 등은 경미한 음영으로 보지 않는다.

08 음영각 및 음영각의 검토사항에 대한 설명으로 틀린 것은?
① 수직 음영각은 태양의 고도각을 말한다.
② 주변 산세, 수풀, 나무, 건물 등을 고려하여 어레이를 배치한다.
③ 그늘의 길이와 방향은 위도, 계절에 따라 같으므로 그림자의 길이를 계산하여 어레이를 배치한다.
④ 연중 입사각이 가장 적은 동지의 오전 9시부터 오후 3시 사이에 어레이에 그늘이 생기지 않도록 해야 한다.

풀이 그늘의 길이와 방향은 위도, 계절에 따라 모두 다르다.

정답 05 ② 06 ③ 07 ① 08 ③

09 태양광발전시스템의 설계에 있어서 태양전지 어레이의 레이아웃 배치검토에 필요한 자료가 아닌 것은?

① 설치예정지의 면적, 토지의 굴곡상태 데이터
② 설치예정지의 위도 · 경도에 따른 동짓날의 해 그림자 거리
③ 사용 예정인 태양전지 모듈 및 인버터의 카탈로그
④ 태양전지 어레이의 가대에 대한 구조계산서

풀이 어레이의 가대에 대한 구조계산서는 어레이 자체의 구조적 안정성을 평가하기 위한 것이다.

10 태양광 발전설비 어레이를 정남 쪽으로 설치할 경우 북쪽에 인접한 장해물이나 태양전지 어레이 상호 간의 설치간격에 따라 음영이 발생하여 발전량 감소를 초래한다. 이 음영의 영향을 받지 않는 상호 간의 간격 검토기준이 되는 날은?

① 하지
② 동지
③ 춘분
④ 추분

풀이 어레이 사이의 이격거리는 태양고도가 가장 낮은 동지를 기준으로 산정한다.

11 태양전지 어레이의 설치각도와 전후면 이격거리를 결정하는 요소가 아닌 것은?

① 장애물의 높이
② 어레이의 크기
③ 설치지역의 위도
④ 인버터의 효율

풀이 태양광 어레이 이격거리 결정 요소
태양광 어레이 경사각, 전면의 태양광 어레이 높이, 태양고도각, 설치지역의 위도
이격거리 $d = L \times \{\cos\alpha + \sin\alpha \times \tan(90-\theta)\}$

12 태양전지 어레이의 이격거리 산출 시 적용하는 설계요소가 아닌 것은?

① 태양의 고도각
② 강재의 강도 및 판두께
③ 건축 시공 부지 현황
④ 태양광발전소 위치에 대한 위도

풀이 어레이 이격거리 산출식
이격거리 $d = L\{\cos\alpha + \sin\alpha \times \tan(90-\beta)\}$
여기서, L : 어레이 길이
α : 어레이 경사각
β : 그림자 경사각

정답 09 ④ 10 ② 11 ④ 12 ②

13 태양전지 어레이(길이 2.58[m], 경사각 30°)가 남북방향으로 설치되어 있으며, 앞면 어레이의 높이는 약 1.5[m], 뒷면 어레이에 태양입사각이 45°일 때, 앞면 어레이의 그림자 길이는?

① 1.5[m]
② 2.5[m]
③ 3.5[m]
④ 4.5[m]

풀이

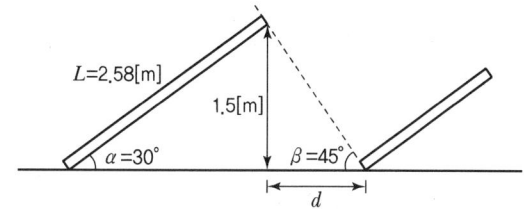

어레이 그림자 길이는 어레이 높이와 태양의 고도에 의해 결정된다.

$$\tan\beta = \frac{h}{d} \qquad d = \frac{h}{\tan\beta} \qquad d = \frac{1.5}{\tan 45°} = 1.5[m]$$

여기서, α : 어레이 경사각
β : 태양의 고도(수평면에 대한 입사각)

14 태양전지 어레이 설계 시 그늘에 대한 검토사항 중 일반적으로 수평면에 수직으로 세워진 높이 L, 높이가 만든 그림자의 남북방향 길이 L_s, 태양의 높이 h, 방위각을 α로 할 때 그림자 배율 R을 나타낸 식은?

① $R = \cos\alpha \times \cot h$
② $R = \cot h$
③ $R = \dfrac{\tan h}{\cos\alpha}$
④ $R = \cos\alpha$

풀이 고도각(h), 방위각(α)의 변화와 그림자 배율(R)

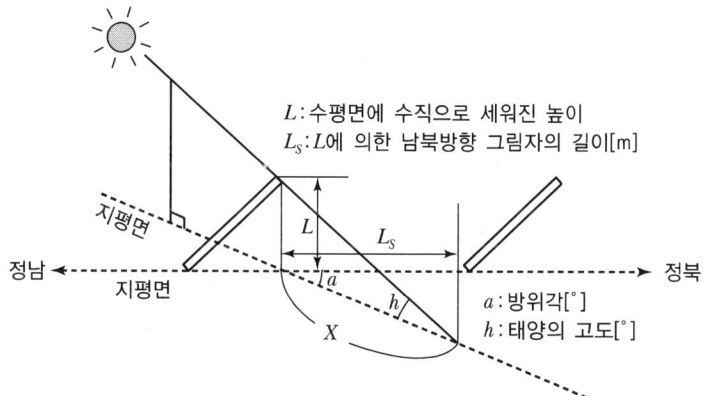

그림자의 배율 $(R) = \dfrac{L_s}{L} = \dfrac{x \times \cos\alpha}{x \times \tan h} = \dfrac{\cos\alpha}{\tan h} = \cos\alpha \times \cot h$

정답 13 ① 14 ①

15 어레이의 세로길이(L)가 2.5[m], 어레이 경사각이 33°, 동지 시 발전한계시각에서의 태양의 고도각이 15°일 때 산정하여 북위 37° 지방에서 어레이 간 최소 이격거리는?

① 6.5 ② 7.2
③ 8.2 ④ 10

풀이
$$d = L \times \frac{\sin(180° - \alpha - \beta)}{\sin\beta} = 25 \times \frac{\sin(180° - 33° - 15°)}{\sin 15°} = 7.178$$
$$d = L \times \{\cos\alpha + \sin\alpha \times \tan(90° - \beta)\}$$
$$= 2.5 \times \{\cos 33° + \sin 33° \times \tan(90° - 15°)\} = 7.178$$

16 태양전지 어레이의 이격거리 산출 시 적용하는 설계요소가 아닌 것은?

① 구조물 형상 ② 남북향 간 길이
③ 강재의 강도 및 관의 두께 ④ 태양광발전 위치에 대한 위도

풀이 어레이 이격거리 산출식

이격거리 $d = L\{\cos\alpha + \sin\alpha \times \tan(90° - \beta)\}$

여기서, L : 어레이 길이, α : 어레이 경사각, β : 그림자 경사각

17 다음과 같은 조건일 때 어레이 간의 최소 이격거리는 얼마인가?(단, 경사고정식으로 정남향임)

- L : 모듈 어레이 길이 3[m]
- lat : 설치지역의 위도 35.5°
- θ : 모듈 어레이 경사각 30°

① 6[m] ② 5[m]
③ 4[m] ④ 3[m]

풀이 PV 어레이 이격거리 계산

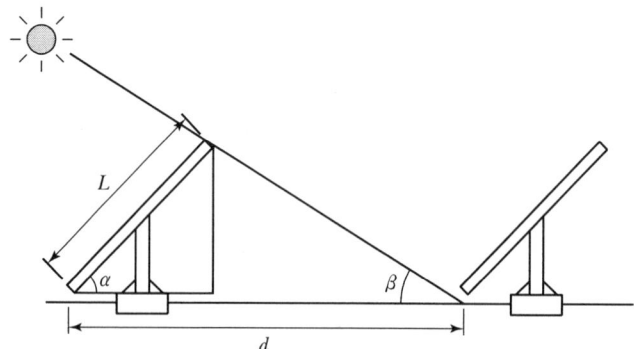

이격거리 $d = L \times \dfrac{\sin(180° - \alpha - \beta)}{\sin\beta}$

또는 $d = L \times [\cos\alpha + \sin\alpha \times \tan(90° - \beta)]$

정답 15 ② 16 ③ 17 ②

여기서, d : 어레이 최소이격거리
L : 어레이 길이, α : 어레이 경사각
β : 그림자 경사각(동지 시 발전한계시각에서의 태양고도)

어레이 이격거리 $d = L \times [\cos\alpha + \sin\alpha \times \tan(lat : \text{그 지방의 위도} + 23.5°)]$ 식을 적용 시 동지 때 남중고도 이외에는 뒷열 어레이에 그림자가 생긴다. 이때 태양의 고도는 $[90° - (lat + 23.5°)]$로서 위도가 35.5인 지역의 경우 그림자의 영향을 받지 않는 태양의 고도는 $31° = [90° - (35.5° + 23.5°)]$(동지 시 남중고도)가 된다.
즉, 31° 미만에서는 어레이에 그림자가 형성된다.

- $d = 3 \times \dfrac{\sin(180° - 30° - 31°)}{\sin 31°} = 5.094 ≒ 5[\text{m}]$
- $d = 3 \times [\cos 30° + \sin 30° \times \tan(90° - 31°)] = 5.094 ≒ 5[\text{m}]$

18 태양전지 모듈 간의 이격거리(X)는?

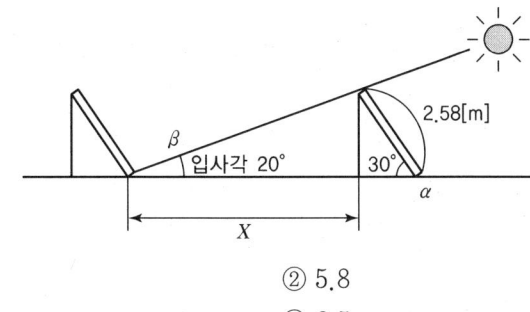

① 5.1 ② 5.8
③ 6.2 ④ 6.5

풀이 $X = L \times [\cos(\text{어레이 경사각}) + \sin(\text{어레이 경사각}) \times \tan(90° - \text{고도각(입사각)})]$
$= 2.58 \times [\cos 30° + \sin 30° \times \tan(90° - 20°)] ≒ 5.8[\text{m}]$

19 태양전지 어레이의 세로길이(L) 0.6[m], 어레이의 경사각(a) 33°, 태양의 고도각(b) 15°로 산정하여 북위 37° 지방에서 태양광 발전소를 건설하고자 할 때, 어레이 간의 최소 이격거리는 약 몇 [m]로 하면 되는가?

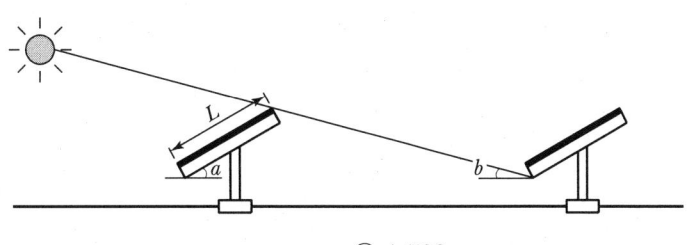

① 1.595 ② 1.723
③ 1.889 ④ 2.273

정답 18 ② 19 ②

풀이) $d = L \times \{\cos\alpha + \sin\alpha \times \tan(90° - \beta)\}$
$= 0.6 \times \{\cos 33° + \sin 33° \times \tan(90° - 15°)\} = 1.7227 ≒ 1.723[m]$

여기서, L : 어레이 길이
α : 어레이 경사각
β : 그림자 경사각(동지 시 발전한계시각에서의 태양고도)

20 태양전지 어레이의 출력이 10,600[W], 해당 지역 1일 평균 적산경사면 일사량이 3.25[kWh/(m² · 일)]이면, 하루 동안의 발전량[kWh/일]은?(단, 종합설계계수는 0.68)

① 34.45
② 24.45
③ 23.43
④ 28.43

풀이) 하루 동안 발전량(E_{PM}) = $P_{AS} \times \dfrac{H_{AM}}{G_S} \times K$ [kWh/월]

여기서, H_{AM} : 일평균 적산 어레이 표면(경사면) 일사량[kWh/(m² · 일)]

$E_{PM} = 10,600 \times 10^{-3} \times \dfrac{3.25}{1,000 \times 10^{-3}} \times 0.68 = 23.426$ [kWh/일]

21 초기투자비가 20억 원, 설비수명이 20년, 연간유지비가 1억 원인 1[MW]태양광설비의 연간 총 발전량이 1,500[MWh]일 때 발전원가[원/kWh]는?

① 90.5
② 120.3
③ 133.3
④ 155.5

풀이) 발전원가 = $\dfrac{\dfrac{초기투자비[원]}{설비수명연한[년]} + 연간 유지관리비[원/년]}{연간 총발전량[kWh/년]}$

$= \dfrac{\dfrac{20 \times 10^8}{20} + 1 \times 10^8}{1,500,000} ≒ 133.33$ [원/kWh]

22 태양광발전시스템의 연간 누적발전량이 15,000[kWh], 시스템 용량은 10[kW], 연간 운전일 수가 350일일 때, 시스템 이용률은 약 몇 [%]인가?

① 14.29[%]
② 16.45[%]
③ 17.85[%]
④ 19.04[%]

풀이) 시스템 이용률[%] = $\dfrac{1년간 발전전력량[kWh]}{24[h] \times 운전일수 \times 시스템 용량[kW]} \times 100$

$= \dfrac{15,000}{24 \times 350 \times 10} \times 100 ≒ 17.85$ [%]

23 다음 설비의 1일 전력수요량[kWh]은?(단, 손실계수 1.1을 적용)

부하설비	수량	소비전력[W]	사용시간[h]
컴퓨터 및 부대설비	5	150	8
조명(형광등)	20	36	6
TV	2	240	5
냉장고	1	180	24
에어컨	1	1,600	4

① 23.44　　　　　　　　　　② 25.784
③ 13.44　　　　　　　　　　④ 15.784

풀이 1일 전력수요량 = 1일 전력소비량 × 1.1
　　　　 = (5×150×8) + (20×36×6) + (2×240×5) + (1×180×24) + (1×1,600×4)
　　　　 = 23,440[W] × 10^{-3}
　　　　 = 23.44[kWh] × 1.1
　　　　 = 25.784[kWh]

24 1일 전력수용량 산정 수식으로 적합한 것은?

① 1일 전력소비량×1.1　　　　② 1일 전력소비량×1.2
③ 1일 전력소비량×1.3　　　　④ 1일 전력소비량×1.4

풀이 1일 전력수요량 산정 시 일반적으로 보정계수는 1.2를 적용한다.

25 시스템 이용률이 25[%]일 때 일평균 발전시간은?

① 5　　　　　　　　　　　　② 6
③ 7　　　　　　　　　　　　④ 8

풀이 일평균 발전시간 = $\dfrac{1년간\ 발전전력량[kWh]}{시스템\ 용량[kW] \times 운전일수}$

시스템 이용률 = $\dfrac{1년간\ 발전전력량}{24[h] \times 운전일수 \times 시스템\ 용량[kW]}$ = $\dfrac{일평균\ 발전시간}{24[h]}$

일평균 발전시간 = 시스템 이용률 × 24 = 0.25 × 24 = 6

26 태양광설비 3[MWp], 일일발전시간이 4.6시간인 경우 연간발전량은?

① 1,095[MWh]　　　　　　　② 13.7[MWh]
③ 5,037[MWh]　　　　　　　④ 328.8[MWh]

정답 23 ②　24 ②　25 ②　26 ③

풀이 연간발전량 = 설비용량[MWh] × 일발전시간 × 365 = 3[MWp] × 4.6[h] × 365 = 5,037[MWh]

27 방사조도가 1,000[W/m²]이고, 태양전지의 출력이 36[W]일 때, 태양전지의 광전변환효율[%]은?(단, 태양전지의 면적은 0.5[m²]이다.)

① 1.8 ② 3.6
③ 7.2 ④ 9.6

풀이 태양전지의 광전변환효율(η)

$$\eta = \frac{출력(P_{\max})}{방사조도(E) \times 면적(A)} \times 100[\%] = \frac{36}{1,000 \times 0.5} \times 100 = 7.2[\%]$$

28 다음 중 독립형 태양광발전시스템의 발전량 산출절차로 옳은 것은?

① 전력수요량 결정 → 태양광 용량 결정 → 설치면적 결정 → 태양전지 모듈 선정 → 인버터 선정 → 발전량 산출
② 전력수요량 결정 → 태양광 용량 결정 → 설치면적 결정 → 시스템 설계(어레이 용량 산출, 설치장소 일사량 적용, 모듈 수량 결정) → 인버터 선정 → 발전량 산출
③ 부하별 1일 소비전력 산출 → 1일 소비전력량 합산 → 1일 전력수요량 산정
④ 부하설비 용량 산정 → 변압기 용량 산정 → 발전기 용량 산정

풀이 ① 계통연계형 태양광발전시스템 발전량 산출순서
③ 전력수요량 산출순서

29 태양광발전시스템의 월간 발전가능량 산출식은?(단, P_{AS} : 표준상태에서의 태양전지 어레이(모듈 총 수량) 출력[kW], H_{AM} : 월적산 어레이 표면(경사면) 일사량[kWh/(m² · 월)], G_S : 표준상태에서의 일사강도[kW/m²](=1[kW/m²]), K : 종합설계계수)

① $E_{PM} = H_{AM} \times \dfrac{P_{AS}}{G_S} \times K$ [kWh/월]

② $E_{PM} = P_{AS} \times \dfrac{H_{AM}}{G_S} \times K$ [kWh/월]

③ $E_{PM} = P_{AS} \times \dfrac{G_S}{H_{AM}} \times K$ [kWh/월]

④ $E_{PM} = P_{AS} \times \dfrac{G_S}{H_{AM} \times K}$ [kWh/월]

정답 27 ③ 28 ② 29 ②

30 표준상태에서 태양전지 어레이의 변환효율을 산출하는 계산식으로 옳은 것은?

- P_{AS} : 태양전지 어레이 출력전력[kW]
- G_H : 수평면 일사량[kW/m²]
- G_S : 경사면 일사량[kW/m²]
- A : 태양전지 어레이 면적[m²]

① $\eta = \dfrac{P_{AS}}{G_S \times A} \times 100[\%]$

② $\eta = \dfrac{G_S}{P_{AS} \times A} \times 100[\%]$

③ $\eta = \dfrac{P_{AS} \times A}{G_H} \times 100[\%]$

④ $\eta = \dfrac{G_S \times A}{P_{AS}} \times 100[\%]$

풀이 태양전지 어레이의 변환효율$(\eta) = \dfrac{P_{AS}}{G_S \times A} \times 100[\%]$

31 태양광발전 설비용량과 부하에서 소비하는 전력량의 관계를 올바르게 나타낸 것은?

- P_{AS} : 표준상태에서의 태양광 어레이의 출력[kW]
- H_A : 태양광 어레이면 일사량[kW/m² · 기간]
- E_L : 부하소비전력량[kWh/기간]
- R : 설계여유계수
- G_S : 표준상태에서의 일사강도[kW/m²]
- D : 부하의 태양광발전시스템에 대한 의존율
- K : 종합설계지수

① $P_{AS} = \dfrac{E_L \times G_S \times R}{(H_A/D) \times K}$

② $P_{AS} = \dfrac{E_L \times D \times R}{(H_A/G_S) \times K}$

③ $P_{AS} = \dfrac{E_L \times G_S \times R \times K}{(H_A/D)}$

④ $P_{AS} = \dfrac{D \times R \times K}{(H_A/E_L \times G_S)}$

풀이 태양광 어레이의 출력$(P_{AS}) = \dfrac{E_L \times D \times R}{(H_A/G_S) \times K}$

32 태양전지 어레이 출력 9,800[W], 해당 지역 7월의 경사면 일사량이 104.8[kWh/(m² · 월)]이면 7월 한 달 동안 발전량[kWh/월]은?(단, 종합설계계수는 0.68)

① 698.39
② 1,027.4
③ 826.42
④ 1,122.72

풀이 7월 발전량$(E_{PM}) = P_{AS} \times \dfrac{H_{AM}}{G_S} \times K$ [kWh/월]

$= 9,800 \times 10^{-3} \times \dfrac{104.8[\text{kWh}/(\text{m}^2 \cdot \text{월})]}{1,000[\text{W/m}^2] \times 10^{-3}} \times 0.68$

$= 698.3872$ [kWh/월]

정답 30 ① 31 ② 32 ①

33 변환효율이 13[%]의 100[W]급의 태양전지 모듈을 이용하여 10[kW]급 태양전지 어레이를 구성하는 데 필요한 설치면적[m²]으로 적당한 것은?(단, STC 조건이다.)

① 50   ② 80
③ 100   ④ 150

풀이 변환효율 $(\eta) = \dfrac{\text{출력}}{\text{면적}[m^2] \times \text{일사강도}}$

$= \dfrac{10[kW]}{\text{면적}[m^2] \times 1,000[W/m^2]} \times 100 = 13[\%]$

면적$[m^2] = \dfrac{10[kW]}{13 \times 1,000 \times 10^{-3}[kW/m^2]} \times 100 = 76.923 ≒ 80[m^2]$

34 태양전지 어레이의 출력이 10,800[W], 해당지역의 1일 적산 경사면 일사량이 3.74[kWh/m²·일]이라고 하면 하루 동안의 발전량[kWh/일]은?(단, 종합효율은 0.82로 한다.)

① 13.33   ② 33.12   ③ 53.32   ④ 61.20

풀이 발전량 = 어레이출력 × 경사면일사량 × 효율
$= 10,800 \times 10^{-3} \times 3.74 \times 0.82 = 33.121 ≒ 33.12[kWh/일]$

35 그림은 태양광발전 설비와 태양전지판의 크기를 나타낸 것이다. 햇빛이 지표면에 수직으로 입사할 때 1[m²]의 지표면에서 단위시간당 받는 빛에너지가 1,000[W]이고 태양전지의 변환효율이 15[%]일 때, 이 태양광발전시설이 2시간 동안 생산하는 전력량은 몇 [Wh]인가?(단, 햇빛은 2시간 내내 동일하게 지면에 수직으로 입사하며, 태양전지 표면에서 빛의 반사는 일어나지 않는다.)

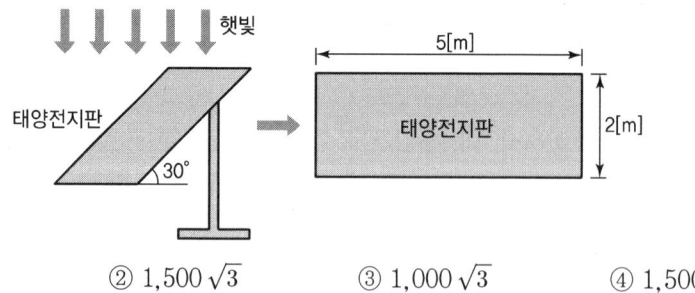

① 3,000   ② 1,500√3   ③ 1,000√3   ④ 1,500

풀이
- 2시간 동안 생산하는 전력량[Wh] = 태양전지판 출력 × 2[h]
- 태양전지판 출력 [W] = 경사면일조강도 × 태양전지판 면적 × 변환효율
- 경사면 일조강도 = 법선면 일조강도 × $\sin\theta$ (여기서, θ : 경사면 입사각)
- 경사면 입사각 $\theta = 90° - 30° = 60°$
- 법선면 일조강도 = 1,000[W/m²]

정답 33 ② 34 ② 35 ②

- 경사면 일조강도 $= 1,000 \times \sin60° = 1,000 \times \dfrac{\sqrt{3}}{2} = 500\sqrt{3}\,[\text{W/m}^2]$
- 태양전지판 출력 $= 500\sqrt{3} \times 2 \times 5 \times 0.15 = 750\sqrt{3}\,[\text{W}]$
- 2시간 동안 생산하는 전력량 $= 750\sqrt{3}\,[\text{W}] \times 2 = 1,500\sqrt{3}\,[\text{Wh}]$

36 태양광발전의 역사에 대한 설명 중 잘못된 것은?

① 1839년 프랑스의 에드몬드 베크렐이 최초로 광기전력효과(Photovoltaic Effect) 발견
② 1940~50년대에 폴란드의 초크랄스키에 의해 고순도 단결정 제조공정 개발
③ 1954년 벨 연구소에서 셀렌(Se) 태양전지보다 높은 효율(4%)의 실리콘 태양전지 개발
④ 1980년 미국의 ARCO Solar에서 세계 최초로 10 Mega Watt/year 이상의 모듈 생산 구성

풀이 세계 최초로 1 Mega Watt/year 이상의 모듈 구성

37 다음 그림이 설명하고 있는 전지의 종류는?

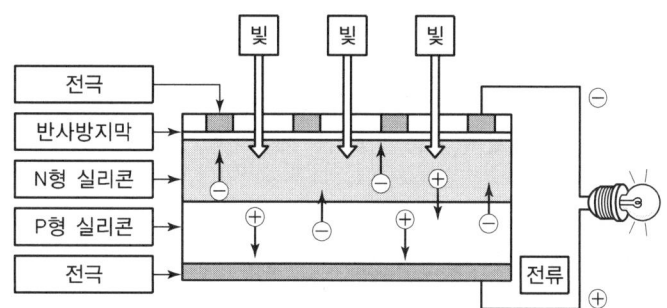

① 2차 전지
② 연료 전지
③ 태양 전지
④ 리튬 전지

풀이 위 그림은 실리콘 태양 전지의 발전원리를 나타낸 것이다.

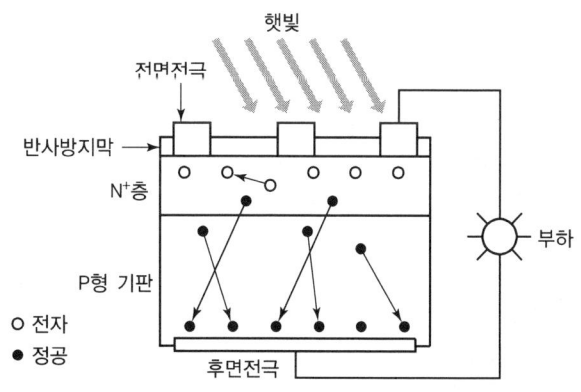

∴ 광흡수(포획) → 전하 생성 → 전하분리 → 전하 수집

정답 36 ④ 37 ③

38 태양방사에너지에 관한 설명 중 틀린 것은?

① 정오 전후 여름과 적도에 가까울수록 감소량이 적다.
② 태양광에너지 감소는 대기 중을 통과하는 거리가 멀수록 커지고 태양지평선을 이루는 각도와 관련이 있다.
③ 시간적으로는 아침과 저녁의 태양고도가 낮을 때 감소가 크다.
④ 계절로는 겨울, 지역적으로는 위도가 낮을수록 많이 감소한다.

풀이 계절로는 겨울, 지역적으로는 위도가 높을수록 많이 감소한다.

39 태양에너지의 장점으로 옳은 것은?

① 청정에너지로 석유나 석탄같이 환경오염이 없다.
② 고급 에너지이나 에너지 밀도가 낮다.
③ 에너지 생산이 간헐적이다.
④ 모든 지역에서 발전량이 동일하다.

풀이 태양에너지의 장점
- 무공해 무한량의 청정에너지
- 화석에너지에 비해 지역적 편중이 적은 분산형 에너지
- 탄산가스 배출을 저감할 수 있는 재생 가능 에너지원

40 태양광발전의 장점으로 가장 옳은 것은?

① 전력생산량이 지역별 일사량에 의존한다.
② 에너지 밀도가 낮아 큰 설치면적이 필요하다.
③ 설치장소가 한정적이며, 시스템 비용이 고가이다.
④ 에너지의 원료인 태양의 빛은 무료이며, 무한하다.

풀이 태양광발전의 특징
㉠ 장점
- 햇빛이 있는 곳이면 어느 곳에서나 간단히 설치 가능하다.
- 한번 설치해 놓으면 유지비용이 거의 들지 않는다.
- 무소음, 무진동으로 환경오염이 없다.
- 에너지가 반영구적이다.

㉡ 단점
- 에너지 밀도가 낮아 큰 설치면적이 필요하다.
- 전력생산량이 지역별 일사량에 의존한다.
- 설치장소가 한정적이다.
- 시스템 비용이 고가이다.

정답 38 ④ 39 ① 40 ④

41 태양전지 제조과정 중 표면 조직화에 대한 설명으로 틀린 것은?

① 표면 조직화는 표면 반사손실을 줄이거나 입사경로를 증가시킬 목적이다.
② 표면 조직화는 광흡수율을 높여 단락전류를 높이기 위함이다.
③ 태양전지의 표면을 피라미드 또는 요철구조로 형성화하는 방법이다.
④ 표면 조직화는 태양전지의 곡선인자 값을 향상시키게 된다.

풀이 태양전지 제조과정 중 표면 조직화
- 빛의 수집 목적 : 표면에서의 반사율을 감소시키고 태양전지 내부에서 빛의 통과길이를 길게 하고 후면의 내부반사를 이용하여 흡수된 빛의 양을 증가시킨다.
- 실리콘 표면을 조직화하면 피라미드 구조가 형성되는데, 피라미드는 형성각도가 빛의 진행방향에 중요한 역할을 수행하고 피라미드 구조물의 각도가 클수록 반사 횟수가 증가하며 그만큼 광생성된 전류가 증가한다.

42 태양전지의 특징이 아닌 것은?

① 태양빛이 있을 때 전기를 생산한다.
② 전압의 세기는 여러 장의 태양전지를 직렬로 연결하여 조정한다.
③ 전기를 저장하는 능력이 있다.
④ 전류의 세기는 병렬연결이나 태양전지의 면적으로 조정할 수 있다.

풀이 태양전지는 빛에너지를 전기에너지로 변환하며 저장능력은 없다.

43 태양빛을 반도체에 조사했을 때 조사된 부분과 조사되지 않은 부분 사이에 전위차를 발생시키는 현상은 무엇인가?

① 분광효과   ② 광도전효과   ③ 광기전력효과   ④ 열기전력효과

풀이 반도체에 빛을 조사했을 때 조사된 부분과 조사되지 않은 부분 사이에 전위차(광기전력)를 발생시키는 현상을 광기전력효과라 한다.

44 집광형 태양광발전시스템에 관한 설명으로 틀린 것은?

① 주로 산란광을 집광한다.
② 렌즈 혹은 거울(Mirror)을 사용하여 집광한다.
③ 높은 전류값으로 인해 전극에서의 손실을 줄이는 것이 중요하다.
④ 집광된 빛이 입사될 경우 셀의 온도가 일정하면 변환효율은 낮아지지 않고 유지가 된다.

풀이 집광형은 광학계를 사용하므로 직달광 이외에는 이용할 수 없기 때문에 산란광이 적은 사막지대와 같은 장소가 아니면 효과를 발휘하기 어렵다.

정답 41 ④ 42 ③ 43 ③ 44 ①

45 태양광발전시스템의 구성요소에 대한 설명으로 틀린 것은?

① 태양전지 모듈에서 생산된 전기를 저장하기 위해 축전지를 사용하기도 한다.
② 인버터는 태양전지 모듈에서 생산된 교류 전기를 직류 전기로 변환시키는 역할을 한다.
③ 태양전지 모듈 제작 시, 발생전압을 증가시키기 위해 여러 장의 셀을 직렬로 연결한다.
④ 태양전지 어레이는 태양전지 모듈의 집합체로서 스트링, 역류 방지 다이오드, 바이패스 다이오드, 접속함 등으로 구성된다.

풀이 태양전지 모듈에서 생산된 전력은 직류이다. 이를 교류로 변환시키는 기기가 인버터이다.

46 태양광발전에 대한 설명 중 틀린 것은?

① 공해가 없다.
② 설치장소가 한정적이다.
③ 에너지 밀도가 높아 큰 면적이 필요하다.
④ 초기투자비와 발전단가가 높다.

풀이 태양광발전은 에너지 밀도가 낮아 큰 면적이 필요하다.

47 일반적인 전지와 비교해서 태양전지의 특징을 설명한 내용 중 옳은 것은?

ㄱ. 태양전지가 전달하는 전력은 입사하는 빛의 세기에 따라 달라짐
ㄴ. 태양전지로부터의 전류값은 부하저항에 따라 변하지 않음
ㄷ. 태양전지로부터 얻을 수 있는 전력은 부하저항에 따라 변하지 않음
ㄹ. 빛에 의한 전기화학적인 전위의 일시적인 변화로부터 EMF(기전력)를 유도함

① ㄱ, ㄴ
② ㄱ, ㄴ, ㄷ
③ ㄱ, ㄹ
④ ㄴ, ㄷ, ㄹ

풀이 태양전지로부터의 전류값은 부하저항에 따라 변하고 태양전지로부터 얻을 수 있는 전력은 부하저항에 따라 변한다.

48 태양광 발전의 특징으로 옳지 않은 것은?

① 무인화 기능
② 청정발전방식
③ 운영유지비 많음
④ 무한정한 에너지

풀이 태양광 발전의 특징
㉠ 장점
- 햇빛이 있는 곳이면 어느 곳에서나 간단히 설치할 수 있다.
- 한 번 설치해 놓으면 유지비용이 거의 들지 않는다.
- 무소음, 무진동으로 환경오염이 없다.
- 에너지가 반영구적이다.

정답 45 ② 46 ③ 47 ③ 48 ③

ⓒ 단점
- 에너지 밀도가 낮아 큰 설치면적이 필요하다.
- 전력생산량이 지역별 일사량에 의존한다.
- 설치장소가 한정적이다.
- 시스템 비용이 고가이다.

49 태양광발전시스템의 구성에 관한 것 중 잘못된 것은?
① 충전조절기는 태양전지판에서 발생된 전력을 충전기에 충전시키거나 인버터에 공급한다.
② 축전지는 야간 및 발전할 수 없는 상황에 대비하는 전력 저장장치이다.
③ 태양전지는 광전효과에 의해 광에너지를 전기에너지로 변환한다.
④ 인버터는 태양전지에서 발생된 교류전력을 직류전력으로 변환시킨다.

풀이 태양전지에서 발생된 전력은 직류이며, 인버터는 직류를 교류로 변환하는 장치이다.

50 태양광발전설비의 구성요소가 아닌 것은?
① 전지 모듈 어레이   ② 수변전설비
③ 전력변환장치(인버터)   ④ 축전지

풀이 수변전설비는 전력을 공급받아 부하에 알맞은 전압으로 변성하는 설비이다.

51 태양광발전시스템 설치장소 선정 시 고려사항으로 가장 거리가 먼 것은?
① 도로 접근성이 용이하여야 한다.
② 일사량과 일조시간을 고려해야 한다.
③ 전력계통 연계조건이 어떠한지 살펴야 한다.
④ 설치장소의 고도 및 기압을 측정하여야 한다.

풀이 기압은 고려사항이 아니다.

52 태양광발전시스템의 특징이 아닌 것은?
① 구름이 낀 날이나 비 오는 날에는 발전이 불가능하다.
② 발전량은 기상조건의 영향을 받는다.
③ 빛을 전기로 직접 변환한다.
④ 분산형 시스템이다.

풀이 맑은 날에 비해 발전량은 감소하지만 구름이 낀 날이나 비 오는 날에도 발전은 된다.

정답 49 ④ 50 ② 51 ④ 52 ①

53 태양광 발전시스템의 특징이 아닌 것은?

① 송전 손실의 증가
② 최대부하전력 절감
③ 에너지의 안정적인 공급
④ 국지적인 전력수요에 대응

풀이 송전손실은 전력전송 시 발생하는 손실로 송전손실은 발전소와 전력이 소비되는 지역이 멀수록 증가한다.

54 태양전지의 발전원리에 관한 설명으로 틀린 것은?

① 태양전지는 n형 반도체와 p형 반도체를 이어 맞춘 구조이다.
② 빛이 흡수되면 전자는 n형 반도체에, 정공은 p형 반도체에 모인다.
③ n형 반도체는 실리콘 원자 1개의 전자가 부족한 상태를 이용한다.
④ 반도체가 빛을 흡수하면 입자가 생겨 태양전지 내부의 전자를 이동시켜 전기를 발생한다.

풀이 태양전지는 빛에너지를 흡수하여 전기에너지인 전하(전자 정공)를 생성. 즉 빛에너지 흡수 → 전하 생성 → 전하분리 → 전하수집의 과정으로 전기 생성
p형 반도체는 실리콘 원자 1개의 전자가 부족한 상태를 이용한다.

55 광전관에 응용되고 빛의 검출 측정에 사용되는 광전효과는?

① 외부 광전효과
② 광기전력효과
③ 내부 광전효과
④ 광이온화

풀이 빛의 검출 측정에 사용되는 광전효과 : 외부광전효과

56 태양광발전시스템을 분류하는 방법으로 일반적인 기준이 아닌 것은?

① 부하의 형태
② 계통연계 유무
③ 축전지의 유무
④ 태양전지의 종류

풀이 태양광발전시스템을 분류하는 방법 : 계통연계 유무, 축전지의 유무, 부하의 형태(직류, 교류)

57 태양전지를 구성하는 최소단위는 무엇인가?

① 축전지
② 어레이
③ 모듈
④ 셀

풀이 태양전지 구성 단위 순서 : 셀 → 모듈 → 어레이

정답 53 ① 54 ③ 55 ① 56 ④ 57 ④

58 태양전지의 전기적 특성에 대한 설명이 아닌 것은?
① 태양전지의 출력전류는 입사되는 빛의 세기에 비례한다.
② 최대 밝기의 1/5 정도 되는 흐린 날에도 전압이 측정된다.
③ 태양전지의 출력전압은 온도에 따라 영향을 받는다.
④ 출력전압은 절대적으로 입사광 세기에 비례한다.

풀이 태양전지의 출력전압은 다음 그림과 같이 입사광의 세기와 셀 온도의 영향을 받는다.

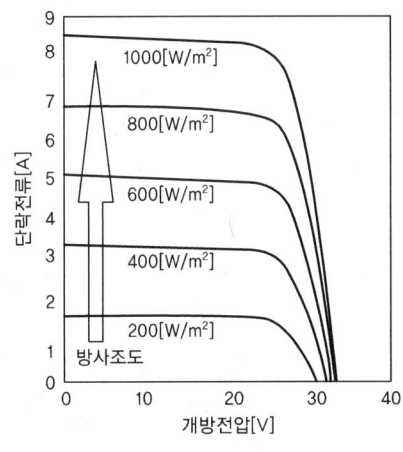

[셀의 표면온도(25[℃]) 일정 시]   [일조강도(1,000[W/m²]) 일정 시]

- 태양전지 일사량 특성 : 전류에 비례, 전압에 비례, 그 수준은 낮다.
- 태양전지 온도 특성 : 전류에 비례, 전압에 반비례, 그 수준은 낮다.

59 태양광발전의 핵심요소기술로서 틀린 것은?
① 회전체 작동기술
② 태양전지 제조기술
③ 전력변환장치(PCS) 기술
④ BOS(Balance of system) 기술

풀이 태양광발전은 태양광을 이용하여 반도체를 동작시키는 방식으로 발전기를 구동하는 다른 발전방식과는 차이점이 있다.
BOS(Balance of system) : DC Generation(Solar Array)와 AC 부히와의 균형

60 태양전지의 열손실 요소가 아닌 것은?
① 전도
② 대류
③ 풍속
④ 복사

풀이
- 태양전지 열손실 요인 : 전도, 대류, 복사
- 풍속이 높으면 태양전지의 온도를 낮추어 발전량을 높인다.

정답 58 ④ 59 ① 60 ③

61 태양전지에서 직렬저항성분이 발생하는 원인이 아닌 것은?

① 태양전지 내의 누설전류
② 전면 및 후면 금속전극의 저항
③ 금속전극과 이미터, 베이스 사이의 접촉저항
④ 태양전지의 이미터와 베이스를 통한 전류 흐름

풀이 ㉠ 태양전지 직렬저항 발생원인
- 태양전지의 이미터와 베이스를 통한 전류 흐름. 즉 이미터와 베이스의 수직 저항 성분
- 금속전극과 이미터, 베이스 사이의 접촉저항
- 금속자체가 보유하고 있는 저항성분

㉡ 태양전지 병렬저항 발생원인
- 전면 및 후면 금속전극의 저항병렬저항은 누설전류와 관계된다.
- 측면의 표면누설
- 접합의 결함에 의한 누설
- 결정이나 전극의 미세균열에 의한 누설
- 태양전지는 직렬저항보다 병렬저항으로 인하여 큰 출력손실 발생

62 태양전지의 직렬저항 증가에 의해 영향을 받는 요소는?

① 개방전압 감소
② 누설전류 증가
③ 단락전류 증가
④ 충진율 감소

풀이
- 직렬저항이 증가하면 개방전압은 변화가 없고, 충진율은 급격히 감소한다.
- 병렬저항이 감소하면 충진율과 개방전압이 감소한다.

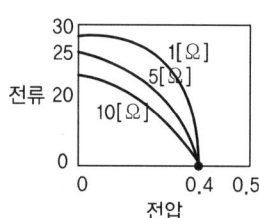
[직렬저항과 $I-V$ 특성곡선]

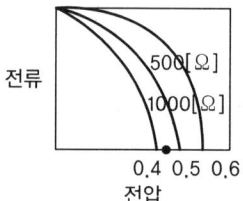
[병렬저항과 $I-V$ 특성곡선]

63 태양광 모듈 내부의 전지를 기계적 충격, 온도 및 습도로부터 보호하고 전기적으로 절연시키기 위해 사용되는 캡슐화 재료가 아닌 것은?

① PVF(Poly-Vinyl Fluoride)
② EVA(Ethylene-Vinyl Acetate)
③ PVB(Poly-Vinyl Butyral)
④ PO(Poly-Olefin)

풀이 태양전지를 함입하는 데 4가지 캡슐화가 사용된다.
- 에틸렌 비닐 아세테이트캡슐화(EVA)
- 폴리비닐부티랄 캡슐화(PVB)
- 테플론 캡슐화
- 수지 캡슐화(PO)
- 폴리불화비닐(PVF) : Back Sheet 재료로 사용

64. 태양전지에 입사되는 빛을 최대로 흡수함으로써 효율을 증가시킬 수 있다. 이를 위한 광학적 손실을 줄이는 대책으로 틀린 것은?

① 표면 조직화
② 웨이퍼 두께 감소
③ 전극 면적 최소화
④ 표면 반사방지 코팅

풀이 고효율 태양전지의 주요 특성
- 표면에서 재결합 방지를 위한 Passivation
- 가시광의 기판 표면에서 반사율 감소를 위해 표면 조직화
- 빛 흡수를 최대화하기 위해 이중 반사방지막 형성
- 전면 전극의 면적을 최소화
- 전극과 실리콘 기판과의 접촉저항 최소화
※ 웨이퍼 : 집적회로의 기판으로 직경 지름이 5[cm], 두께는 0.25[mm] 정도인 실리콘 단결정의 얇은 판

65. 태양전지를 재료에 의하여 분류한 것으로 틀린 것은?

① 유기물
② 화합물
③ 염료감응형
④ 잉곳과 웨이퍼

풀이 태양전지의 송류 분류 시 실리콘 화합물, 적층형으로 분류하고 재료에 의해 분류하면 ㉠ 실리콘 태양전지, ㉡ 화합물 반도체, ㉢ 적층형 태양전지, ㉣ 적층형 반도체 : 화합물 반도체의 특성과 실리콘 태양전지의 장점을 지닌 염료감응형 태양전지와 유기물 태양전지

유기물, 화합물, 염료감응형은 태양전지 재료이고 잉곳과 웨이퍼는 태양전지 제작과정에서 만들어진다.
- 잉곳은 태양전지 셀 제작단계에서 만들어지는 실리콘 뭉치이다.
- 웨이퍼는 잉곳을 얇게 썰어 놓은 것이다.

정답 64 ② 65 ④

66 단락전류는 태양전지 양단의 전압이 0일 때 흐르는 전류를 의미한다. 다음 중 단락전류의 손실을 발생시키는 원인이 아닌 것은?

① 모듈 라미네이션 공정 불량
② 외부 수분침입에 의한 리본 전극 산화
③ 전극의 솔더링 스폿에 의한 충진재 두께 편차
④ 자외선에 의한 충진재 내부의 커플링재 분해

풀이 단락전류는 태양전지로부터 끌어낼 수 있는 최대 전류이고 손실을 발생시키는 원인은 다음과 같다.
- 모듈 라미네이션의 공정불량
- 전극의 솔더링 스폿에 의한 충진재 두께 편차
- 자외선에 의한 충진재 내부의 커플링재 분해

67 태양전지별 분광감도의 설명이다. 옳은 것은?

① 박막전지는 적외선을 더 잘 이용한다.
② CdTe와 CIS전지는 중간파장의 빛을 잘 흡수한다.
③ 비정질 실리콘 전지는 장파장 빛을 최적으로 흡수한다.
④ 결정질 태양전지는 자외선 파장 태양 복사에 민감하게 작용한다.

풀이
- 박막전지는 가시광선을 더 잘 이용한다.
- 비정질 실리콘 전지는 단파장 빛을 최적으로 흡수한다.
- 결정질 태양전지는 적외선 파장 태양 복사에 민감하게 작용한다.

68 확산광에 대한 설명으로 적절하지 않은 것은?

① 확산광이 늘어나면 집광형 시스템의 출력이 줄어든다.
② 결정질 실리콘 태양전지는 확산광을 흡수하지 못한다.
③ 확산광은 주로 대기에서의 산란에 의해 발생한다.
④ 확산광은 맑은 날의 경우 지표에 도달하는 전체 태양광의 10~20[%]을 차지한다.

풀이 결정질 실리콘 태양전지는 직달광과 확산광을 흡수하여 발전한다.

69 태양전지에서 직렬저항 성분이 아닌 것은?

① 접합 결함에 의한 누설 저항
② 금속전극 자체의 저항
③ 표면층의 면 저항
④ 기판 자체 저항

풀이
- 직렬저항 성분 : 전지의 전면과 후면에서의 금속 접촉저항, 지판자체 저항, 표면층의 면 저항, 금속 전극 자체의 저항
- 병렬저항 성분 : 측면의 표면 누설, 접합의 결합에 의한 누설, 결정이나 전극의 미세균열에 의한 누설, 전위 또는 결정입계를 따라 발생하는 누설

정답 66 ② 67 ② 68 ② 69 ①

70 태양광발전시설의 발전량을 예측하기 위해 경사면에서 복사량을 계산할 때 지표에 반사 성분인 알베도가 포함된다. 일반적인 알베도 값은?

① 0.15
② 0.20
③ 0.25
④ 0.30

풀이 일반적인 알베도(반사율)는 0.2

71 다음은 태양복사에 대한 설명이다. 틀린 것은?

① 직달복사는 태양으로부터 지표면에 직접 도달되는 복사로 물체에 강한 그림자를 만드는 성분이다.
② 태양복사량의 평균값은 태양상수라고 하며, 1,367[W/m^2]이다.
③ 매우 흐린 날 특히 겨울에는 태양복사는 거의 모두 산란복사된다.
④ 산란복사는 태양복사가 지표면에 도달되기 전에 구름이나 대기 중의 먼지에 의해 반사되지 않고 확산되는 성분이다.

풀이 맑은 날의 태양의 산란복사는 직달복사의 10[%] 정도이며, 매우 흐린 날 특히 겨울에는 태양복사의 대부분이 직달복사가 된다.

72 다음은 태양전지의 특징을 설명한 것이다. 틀린 것은?

① 전기를 저장하는 기능을 가진다.
② 빛이 있을 때 전기를 생산한다.
③ 전류의 세기는 병렬연결이나 태양전지의 면적으로 조정할 수 있다.
④ 전압의 세기는 태양전지를 직렬로 연결시켜 조정한다.

풀이 태양전지는 물리적 전지로 전기를 저장하는 기능이 없다. 반면 화학적 전지(2차 전지)인 납축전지, 리튬이온전지, 나트륨 황전지, 레독스 흐름전지 등은 전기를 저장하는 기능이 있다.

73 다음 중 지구 대기의 영향을 받지 않는 우주에서의 태양복사에너지 대기 질량(AM)은 무엇인가?

① AM0
② AM1
③ AM2
④ AM3

풀이 우주에서의 대기질량은 AM0이고, 표준시험 조건의 대기질량은 AM1.5이다.
AM1 스펙트럼 : 태양이 천정에 있을 때의 지표상의 스펙트럼

정답 70 ② 71 ③ 72 ① 73 ①

74 지표면에서의 태양 일조강도가 영향을 줄 수 있는 대기효과에 대한 설명으로 틀린 것은?

① 대기에서 흡수, 반사, 산란으로 인하여 태양복사가 감소한다.
② 태양복사가 감소하는 주원인은 공기분자, 먼지입자 또는 오염물질에 의한 흡수이다.
③ 최대 일사량은 구름이 조금 낀 맑은 날에 발생한다.
④ 오염물질에 의한 산란은 구름 상태와 태양의 고도에 따라 심하게 변한다.

풀이 대기에서 국부적인 변화원인은 공기분자, 먼지입자, 구름, 오염물질 등으로 태양복사가 감소하는 주원인은 아니다.

75 각종 태양전지의 특징 중 장점이 아닌 것은?

① CIGS는 실리콘 재료에 영향을 받지 않고 색이 좋다.
② 염료감응형은 색을 선택할 수 있고 저렴하다.
③ 단결정 실리콘은 변환효율이 높다.
④ HIT는 변환효율이 낮다.

풀이 HIT 태양전지는 변환효율이 25[%] 정도로 매우 높고 단결정 실리콘 태양전지 변환효율은 15%로 높다.

76 태양전지의 PN접합에 의한 전류생성의 순서로 올바른 것은?

① 광포획 – 분리 – 수집 – 생성
② 광포획 – 분리 – 생성 – 수집
③ 광포획 – 생성 – 수집 – 분리
④ 광포획 – 생성 – 분리 – 수집

풀이 태양전지의 PN접합에 의한 전류생성 원리
광포획(수집) → 전하생성 → 전하분리 → 전하수집

77 여러 태양전지에 대한 설명으로 틀린 것은?

① CIGS 태양전지는 빛의 흡수율이 높아 박막형 태양전지로 제조된다.
② 유기반도체 태양전지는 제작이 용이하고 생산비용이 낮다.
③ 비정질 실리콘 태양전지는 초기 광열화 문제로 인해 성능 저하가 발생한다.
④ 염료감응형 태양전지는 효율은 낮지만 장기 신뢰성이 우수하다.

풀이 염료감응형 태양전지는 나노 크기 염료의 산화·환원 반응을 이용하여 전기를 생산하는데, 태양전지의 색을 선택할 수 있고 가격은 낮아지나 변환효율이 낮고 내구성이 우려된다.

정답 74 ② 75 ④ 76 ④ 77 ④

78 다결정 실리콘 태양전지에 관한 설명으로 옳지 않은 것은?

① 재료가 저렴하다.
② 단결정에 비해 효율이 좋다.
③ 가장 많이 사용하는 태양전지이다.
④ 반도체 IC 제조과정에서 발생한 불량 실리콘을 재이용한 것이다.

풀이 ㉠ 단결정 실리콘 태양전지
- 단결정은 순도가 높고 결정결함 밀도가 낮으며 고품위의 재료이다.
- 집광장치를 사용하지 않은 경우 효율은 약 24[%]이다.
- 집광장치를 사용한 경우 효율은 약 28[%] 이상이 된다.
- 도달한계 효율은 약 35[%]이다.

㉡ 다결정 실리콘 태양전지
- 저급한 재료를 저렴한 공정으로 처리할 수 있다.
- 다결정 태양전지 생산량이 단결정 생산량보다 많다.
- 전지효율은 약 15~17[%]이다.
- 도달한계효율은 약 23[%]이다.

79 다결정 실리콘 태양전지의 태양전지에 대한 설명 중 틀린 것은?

① 가격이 저렴하고 공정처리가 간단하다.
② 태양전지 생산량 중 단결정 생산량보다 많다.
③ 전지의 최고효율은 8[%] 미만이고 도달한계효율은 18[%]이다.
④ 변환효율은 단결정보다 낮다.

풀이 다결정 실리콘 태양전지는 단결정 실리콘 태양전지에 비해 공정이 간단하고 가격이 저렴해서 널리 사용되며, 변환효율은 단결정보다 낮은 것이 단점이다. 전지의 최고효율은 15~17[%], 도달한계효율은 23[%]이다.

80 단결정 실리콘 태양전지의 특징이 아닌 것은?

① 일소량이 적을 때도 발전이 비교적 양호하다.
② 실리콘의 원자배열이 규칙적이다.
③ 실리콘의 배열방향이 일정하여 전자이동의 걸림이 없다.
④ 변환효율은 낮다.

풀이 단결정 실리콘 태양전지는 실리콘의 원자배열이 규칙적이며 배열방향이 일정하여 전자이동에 걸림이 없고 변환효율이 높다.(단결정 : 16~18[%], 다결정 : 15~17[%])

정답 78 ② 79 ③ 80 ④

81 단결정 태양전지의 제조공정 순서를 옳게 나열한 것은?

① 폴리실리콘 → Czochralski 공정 → 웨이퍼 슬라이싱 → 반사 방지막 → 전/후면 전극 → 인 도핑
② Czochralski 공정 → 폴리실리콘 → 웨이퍼 슬라이싱 → 반사 방지막 → 전/후면 전극 → 인 도핑
③ 폴리실리콘 → Czochralski 공정 → 웨이퍼 슬라이싱 → 인 도핑 → 전/후면 전극 → 반사 방지막
④ 폴리실리콘 → Czochralski 공정 → 웨이퍼 슬라이싱 → 인 도핑 → 반사 방지막 → 전/후면 전극

풀이
- 단결정 태양전지 제조공정 : 폴리실리콘 → Czochralski 공정 → 웨이퍼 슬라이싱 → 인 도핑 → 반사 방지막 → 전/후면 전극
- 다결정 태양전지 제조공정 : 폴리실리콘 → 방향성 고결 → 블록 → 웨이퍼 슬라이싱 → 인 도핑 → 반사 방지막 → 전/후면 전극

82 단결정 실리콘 태양전지의 특징이 아닌 것은?

① 제조에 필요한 온도는 약 1,400[℃]이다.
② 단단하고, 구부러지지 않는다.
③ 무늬가 다양하다.
④ 검은색이다.

풀이 단결정(single crystal) 실리콘 태양전지
- 순도가 높고, 결정 결함 밀도가 낮은 고품위 재료이다.
- 단단하고 구부러지지 않는다.
- 무늬가 다양하지 못하다.
- 검은색이다.
- 제조에 필요한 온도는 1,400[℃]이다.

83 결정질 실리콘 태양전지 모듈 출력에 대한 설명으로 옳은 것은?

① 태양전지 표면온도와는 관계가 없다.
② 태양전지 표면온도가 올라갈수록 계속 증가한다.
③ 방사조도에 비례하여 증가한다.
④ 방사조도에 비례하여 감소한다.

풀이 결정질 실리콘 전지
- 온도가 올라갈수록 출력이 감소한다.
- 방사조도에 비례하여 출력이 증가한다.

84 다음 중 박막형 태양전지 모듈의 종류에 해당되지 않는 것은?

① 염료 감응형 전지
② 비정질 실리콘 전지
③ 다결정 전지
④ Cd-Te 전지

정답 81 ④ 82 ③ 83 ③ 84 ③

풀이 태양전지의 종류

∴ 단결정과 다결정은 결정질 전지로 박막형이 아니다.

85 다음 중 결정질 태양전지의 에너지 손실에서 가장 큰 부분은?

① 전면 접촉으로 초래된 반사와 차광
② 공간 전하 영역에서의 전지의 전위차
③ 장파장 복사에서 너무 낮은 광자 에너지
④ 단파장 복사에서 너무 높은 광자 에너지

풀이 다결정 태양전지의 에너지 손실(실리콘 결정질 태양전지의 에너지 손실)
- 단파장 복사에서 너무 높은 광자에너지(단파장 과잉에너지) : 32[%]
- 장파장 복사에서 너무 낮은 광자에너지(장파장 투과) : 23[%]
- 공간전하 영역에서의 전지의 전위차 : 전압인자 손실 : 16[%], 반사와 차광 : 3~6[%]

86 P형 반도체를 만들기 위해 진성반도체에 첨가하는 3가 원소는?

① B, Al, Ga
② B, Al, P
③ B, Ga, P
④ Al, Ga, P

풀이 P형 반도체를 만들기 위해 진성반도체에 첨가하는 3가 원소로 B, Al, Ga(붕소, 알루미늄, 갈륨)이 있고, N형 반도체를 만들기 위해 진성반도체에 첨가하는 5가 원소 P, As, Sb(인, 비소, 안티몬)

87 태양전지의 효율적인 반응을 위한 에너지 밴드갭[eV]은?

① 0~0.5
② 0.5~1.0
③ 1~1.5
④ 1.5~2

풀이 태양전지의 효율적인 반응을 위한 에너지 밴드갭[eV]은 1.0~1.5[eV]이다.

정답 85 ④ 86 ① 87 ③

88 같은 발전용량을 생산하기 위해 태양광 전지의 재료의 종류 중 가장 큰 대지 또는 지붕면적이 필요한 재료는?

① CIS
② 단결정
③ 다결정
④ 비정질 실리콘

풀이 효율이 가장 낮은 것을 사용할 때 가장 큰 면적이 필요하다.
태양전지 재료의 효율 : 단결정 > 다결정 > 화합물(CIS) > 비정질 실리콘

89 아몰퍼스 실리콘 태양전지의 특징 중 틀린 것은?

① 실리콘 부족의 우려가 없다.
② 구부러지기 쉽다.
③ 제조에 필요한 온도는 200[℃] 정도로 낮다.
④ 여름철에는 출력이 결정질 실리콘에 비해 적다.

풀이 아몰퍼스 실리콘 태양전지의 출력은 계절에 무관하게 결정질 실리콘 태양전지에 비해 적다.

90 박막 실리콘 태양전지 설명 중 틀린 것은?

① 실리콘의 사용량이 적어 저렴하다.
② 재료는 인듐을 사용한다.
③ 아몰퍼스 실리콘 박막을 적층한 방식이다.
④ 턴덤형 실리콘 태양전지 변환효율은 12[%] 정도이다.

풀이 박막형 실리콘 태양전지는 대부분 비정질 실리콘형이다.
CIGS(화합물 박막형 태양전지) : Cu, In, Ga, Se을 광활성층으로 사용

91 실리콘 태양전지와 비교해서 화합물 반도체 태양전지인 GaAs(갈륨비소)의 특징은?

① 모든 파장영역에서 빛의 흡수율이 떨어진다.
② 접합영역에서 전자와 정공의 재결합이 낮다.
③ 빛의 흡수가 뛰어나 후면에서 재결합이 거의 발생하지 않는다.
④ 접합영역이나 표면에서의 재결합보다 내부에서의 재결합이 많이 발생한다.

풀이 GaAs(갈륨비소) 태양전지의 특징
- III-V족 화합물 반도체의 대표적인 태양전지이다.
- 에너지 밴드갭이 1.4[eV]로서 단일 전지로는 최대효율을 낼 수 있는 최적의 밴드갭 특성을 가진다.
- 직접 천이형으로 우수한 광흡수율을 가진다.
- 빛의 흡수가 뛰어나 후면에서 재결합이 거의 발생하지 않는다.

정답 88 ④ 89 ④ 90 ② 91 ③

92 태양전지 셀의 종류에서 박막형의 특징이 아닌 것은?

① 온도 특성에 강하다.
② 결정질보다 변환효율이 낮다.
③ 결정질 전지보다 얇다.
④ 동일 용량 설치 시 결정질보다 박막형이 면적을 적게 차지한다.

풀이 박막태양전지의 특성
- 박막태양전지의 종류는 아몰퍼스 태양전지, CIGS, CdTe 등이 있다.
- 결정질 실리콘 계열 태양전지보다 고온에서의 효율이 좋다.
- 박막 태양전지모듈은 두께가 얇다.
- 결정질 실리콘 계열보다 변환효율이 낮아 동일 전력을 생산하려면 결정질 실리콘보다 넓은 면적을 필요로 한다.
- 온도 특성에 강하다.

93 단방향 추적식 태양광발전시스템 중 잘못된 것은?

① 연중 최적 경사각으로 설치한다.
② 태양광을 동서방향으로 30~150° 회전 가능토록 한다.
③ 발전효율은 고정식보다 5~10[%] 증가한다.
④ 개별 발전장치는 고정식에 비해 이격거리가 20~30[%] 증가한다.

풀이 연중 최적 경사각 설치는 고정식 태양광발전시스템에 관한 설명이다.

94 양방향 추적식 태양광발전시스템 중 잘못된 것은?

① 태양광의 방위각(60~210°) 및 경사각(0~80°) 회전 가능
② 고정식에 비해 개별 발전장치 간격 최대 5배까지 증가
③ 경사지 및 설치조건이 불리한 곳에 설치 불가능
④ 발전효율이 고정식에 비해 20~30[%] 증가

풀이 경사지 및 설치조건이 불리한 곳에 설치 가능
양방향 추적식 : 좌우상하

95 BIPV(Building Integrated PV System)에 대한 설명으로 틀린 것은?

① 태양광모듈을 지붕·파사드·블라인드 등 건물외피에 적용하는 방식이다.
② 태양광발전시스템 설계 시 건축가와 사전협의가 필요하다.
③ 건축재료와 발전기능을 동시에 발휘하는 방식이다.
④ 경제적이며, 에너지 효율이 우수하다.

정답 92 ④ 93 ① 94 ③ 95 ④

풀이 BIPV(건축물일체형 태양광발전시스템)는 효율이 낮고, 가격이 비싸다.

96 위도가 36.5°일 때, 동지 시 남중고도는?

① 45°   ② 40.5°
③ 35°   ④ 30°

풀이 절기별 태양의 남중고도
- 춘 · 추분 시 남중고도 = 90° − 위도
- 하지 시 남중고도 = 90° − 위도 + 23.5°
- 동지 시 남중고도 = 90° − 위도 − 23.5°
∴ 동지 시 남중고도 = 90° − 36.5° − 23.5° = 30°

97 그림은 PV(Photovoltaic) 어레이의 구성도를 나타낸 것이다. 전류 $I[A]$와 단자 A, B 사이의 전압[V]은?

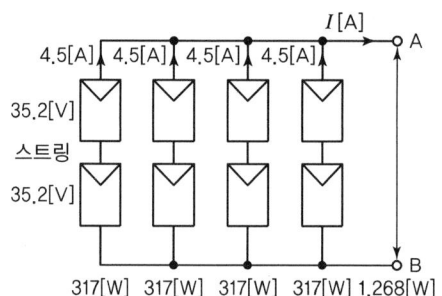

① 4.5[A], 35.2[V]   ② 4.5[A], 70.4[V]
③ 18[A], 35.2[V]   ④ 18[A], 70.4[V]

풀이 직렬연결은 전압이 상승하고, 병렬연결은 전류가 상승한다.
전류 = 4.5[A] × 4개 병렬 = 18[A], 전압 = 35.2[V] × 2개 직렬 = 70.4[V]

98 최대전력 추종(MPPT)제어에 있어서 P & O(Perturb & Observe) 방식에 대한 설명으로 옳은 것은?

① 직접제어방식이다.
② 계산량이 많아서 빠른 프로세서가 요구된다.
③ 태양전지출력의 컨덕턴스와 증분 컨덕턴스를 비교하여 최대 전력점을 찾는다.
④ 최대 전력점 부근에서 진동이 발생하여 손실이 발생한다.

정답 96 ④ 97 ④ 98 ④

풀이 MPPT 제어기법의 장단점

구분		장점	단점
직접제어		• 구성이 간단 • 즉각적 대응 가능	• 성능이 떨어짐
간접제어	P & O	• 제어가 간단	• 출력전압이 연속적으로 진동하여 손실 발생
	InCond	• 최대 출력점에서 안정	• 많은 연산이 필요
	Hysteresis-band	• 일사량 변화 시 효율이 높다.	• InCond 방식보다 전반적으로 성능이 낮다.

99 태양전지의 변환효율을 표시한 것은?

① 태양전지 최소출력을 발전하는 태양전지모듈의 전체면적과 규정된 시험조건에서 측정한 입사조사강도의 곱을 백분율로 표시한 것
② 태양전지 최소출력을 발전하는 태양전지모듈의 전체면적과 규정된 시험조건에서 측정한 입사강도의 곱을 백분율로 표시한 것
③ 태양전지 최대출력을 발전하는 태양전지모듈의 전체면적과 규정된 시험조건에서 측정한 입사강도의 곱을 백분율로 표시한 것
④ 태양전지 최소출력을 발전하는 태양전지모듈의 일부 면적과 규정된 시험조건에서 측정한 입사강도의 곱을 백분율로 표시한 것

풀이 태양전지의 변환효율 = $\dfrac{\text{태양전지 최대출력}}{(\text{태양전지 모듈의 전체면적} \times \text{측정한 입사강도})} \times 100[\%]$

100 태양전지 모듈의 가로가 1.6[m] 세로가 1[m]이고, 변환효율이 10[%]인 경우의 충진율(FF)은?(단, $V_{oc} = 40[V]$, $I_{sc} = 8[A]$이고, 표준시험 조건이다.)

① 0.50　　　　　　　　　　　　② 0.65
③ 0.70　　　　　　　　　　　　④ 0.80

풀이 충진율$(FF) = \dfrac{P_{\max}}{V_{oc} \times I_{sc}} = \dfrac{1,000 \times 1.6 \times 1 \times 0.1}{40 \times 8} = 0.50$

모듈의 최대출력 $P_{\max} = 1,000 \times \text{면적}[A] \times \text{효율}(\eta)$

101 태양전지에서 생산된 전력 3[kW]가 인버터에 입력되어 인버터 출력이 2.4[kW]가 되면 인버터의 변환효율은 몇 [%]인가?

① 70　　　　② 80　　　　③ 90　　　　④ 95

정답 99 ③　100 ①　101 ②

풀이 인버터의 효율(η) = $\dfrac{\text{출력(AC) 전력}}{\text{입력(DC) 전력}} \times 100[\%] = \dfrac{2.4}{3} \times 100[\%] = 80[\%]$

102 태양전지 변환효율(η)과 직접적인 관계가 없는 것은?

① 태양전지 면적
② 단락전류
③ 주변온도
④ Fill Factor

풀이 태양전지 변환효율(η) = $\dfrac{P_{\max}}{E \times A} \times 100[\%] = \dfrac{V_{mpp} \times I_{mpp}}{E \times A} \times 100[\%] = \dfrac{V_{oc} \times I_{sc}}{E \times A} \times FF \times 100[\%]$

여기서, $P_{\max}$: 최대출력[Wp]
E : 일조강도[W/m²]
A : 태양전지 면적[m²]
V_{mpp} : 최대 출력 시 전압[V]
I_{mpp} : 최대 출력 시 전류[A]
V_{oc} : 개방전압[V]
I_{sc} : 단락전류[A]
FF(Fill Factor) : 충진율

103 태양전지에서 생산된 전력 125[W]가 인버터에 입력되어 인버터 출력이 100[W]가 되었다면, 인버터의 변환효율은 몇 %인가?

① 40
② 65
③ 80
④ 95

풀이 인버터의 효율(η) = $\dfrac{\text{출력(AC) 전력}}{\text{입력(DC) 전력}} \times 100[\%] = \dfrac{100}{125} \times 100[\%] = 80[\%]$

104 인버터에 대한 효율을 각각 변환효율(η_{inv}), 추적효율(η_{tr}), 유로효율(η_{euro})이라 할 때 정격효율(η_{rate})은 어떻게 나타내는가?

① 추적효율(η_{tr}) × 유로효율(η_{euro})
② 변환효율(η_{inv}) × 추적효율(η_{tr})
③ $\dfrac{\text{변환효율}(\eta_{inv})}{\text{추적효율}(\eta_{tr})}$
④ $\dfrac{\text{변환효율}(\eta_{inv})}{\text{유로효율}(\eta_{euro})}$

풀이 인버터의 정격효율(η_{rate}) = 변환효율(η_{inv}) × 추적효율(η_{tr})

변환효율 : 단위면적당 들어오는 태양에너지가 얼마만큼 전기에너지로 변환되는 비율

변환효율(η) = $\dfrac{\text{최대출력}(P_{\max})}{\text{일조강도}(E) \times \text{모듈면적}(A)} \times 100[\%]$

정답 102 ③ 103 ③ 104 ②

105 일반적인 GaAs 태양전지의 개방전압(V_{oc})과 충진율(FF ; Fill Factor) 값으로 가장 적합한 것은?

① $V_{oc}=0.6[\text{V}], FF=0.7 \sim 0.8$
② $V_{oc}=0.75[\text{V}], FF=0.72 \sim 0.8$
③ $V_{oc}=0.95[\text{V}], FF=0.78 \sim 0.85$
④ $V_{oc}=1.4[\text{V}], FF=0.9 \sim 1.0$

풀이
- Si(실리콘) 태양전지의 V_{oc}는 0.6[V], FF=0.7~0.8
- GaAs(갈륨비소) 태양전지의 V_{oc}는 0.95[V], FF=0.78~0.85

106 태양전지 효율은 설치된 출력의 실제적 이용 상태를 말하는 것으로, 실제 100[W]의 일사량에서 효율이 15[%], 태양전지의 출력이 15[W]이면 변환효율은 몇 [%]가 되는가?

① 10
② 15
③ 20
④ 30

풀이 태양전지 변환효율은 출력에 관계 없이 동일하므로 15[%]이다.

107 실리콘 태양전지 중 변환효율이 가장 높은 것은?

① 단결정 Si
② 다결정 Si
③ 박막형 Si
④ 아몰퍼스 Si

풀이 실리콘 태양전지의 변환효율이 높은 순서는 단결정 Si>다결정 Si>박막형 Si>아몰퍼스 Si이다.

108 태양광발전시스템의 발전효율을 극대화하기 위한 시스템은?

① 고정형 시스템
② 반고정형 시스템
③ 추적형 시스템
④ 건물일체형 시스템

풀이 추적방식 : 단방향(상하 좌우 하나만) 양방향(상하 좌우 모두 가능)
추적형은 고정형과 비교하여 발전부지가 증가하여 시공비가 높지만 발전효율은 개선할 수 있다.

109 태양광발전시스템의 전체 성능에 영향을 미치는 인버터 효율에 관한 설명으로 가장 옳은 것은?

① 변환효율과 추적효율을 같이 고려해야 한다.
② 변환효율만이 시스템 성능에 영향을 미친다.
③ 추적효율만이 시스템 성능에 영향을 미친다.
④ 태양광 인버터의 효율은 중요하지 않다.

풀이 인버터의 효율=변환효율×추적효율(유로효율)

정답 105 ③ 106 ② 107 ① 108 ③ 109 ①

110 다음 태양광발전시스템의 종류 중 에너지 효율이 가장 좋은 방식은?

① 고정형 시스템 ② 반고정형 시스템
③ 추적형 시스템 ④ 건물 일체형 시스템

풀이 추적형 시스템은 태양전지모듈을 입사되는 태양광에 수직이 되도록 위치시키는 방식으로 태양광발전 효율은 가장 높으나 설치면적이 넓고, 설치비용이 가장 경제적이지 못하다.
효율 크기 : 추적형 > 반고정형 > 고정형 > 건물 일체형

111 다음 설명은 인버터의 효율 중 어떤 효율에 관한 설명인가?

> 태양광 모듈의 출력이 최대가 되는 최대 전력점(MPP ; Maximum Power Point)을 찾는 기술에 대한 성능 지표이다.

① 정격효율 ② 변환효율
③ 추적효율 ④ 유로효율

풀이
- 최고효율(변환효율) : 전력변환(DC → AC AC → DC)을 행하였을 때 최고의 변환효율을 나타내는 단위
- 추적효율 : 태양광 모듈의 출력이 최대가 되는 최대 전력점(MPP ; Maximum Power Point)을 찾는 기술에 대한 성능 지표
- 유로효율 : 인버터의 고효율 성능 척도를 나타내는 단위로서 출력에 따라 변환효율 비중을 둬서 측정하는 단위

112 태양광발전시스템의 손실 인자가 아닌 것은?

① 모듈의 오염 ② 모듈의 온도
③ 음영 ④ 효율

풀이 태양광발전에 영향을 주는 손실 인자 : 모듈의 오염, 음영, 셀 온도(모듈의 온도)

113 다음 중 발전효율이 가장 높은 태양전지는?

① HIT 태양전지 ② CIGS 태양전지
③ Organic 태양전지 ④ Perovskite 태양전지

풀이 ㉠ HIT 태양전지(Heterojunction with Intrinsic Thin Layer)
- 표면(윗면)에 전극이 없고 모두 뒷면에 모여 있는 전지
- 최대 변환효율 : 25.6[%]

㉡ CIGS 박막 태양전지
구리, 인듐, 갈륨, 셀레늄(Cu, In, Ga, Se)의 화합물을 유리나 플라스틱 등의 기판에 얇은 막으로

정답 110 ③ 111 ③ 112 ④ 113 ①

쌓아올린 전지. 대면적 상용모듈 사용 시 효율 8~14[%]
ⓒ Organic 태양전지(유기 태양전지)
- 메로시아닌 등의 유기재료를 사용한 태양전지로 재료 가격이 싸기 때문에 전지 가격이 절감된다.
- 효율 : 3.5[%]
ⓓ Perovskite 태양전지
- 페브로 스카이트 물질을 이용한 염료감응형 태양전지
- 효율 : 15[%]

114 태양전지의 변환효율에 대한 설명으로 틀린 것은?

① 태양전지의 성능을 나타내는 파라미터이다.
② 태양광 스펙트럼이나 세기, 전지의 온도에 영향을 받는다.
③ 태양으로부터 입사된 에너지에 대한 출력 전기에너지의 비로 정의된다.
④ 지상에서 사용되는 태양전지의 효율은 모듈 온도 25[℃], AM 1.0 조건에서 측정된다.

풀이 태양전지 모듈 표준시험 조건(STC)
- 모듈표면 온도 25[℃]
- AM 1.5
- 일사량 1[kW/m^2]

115 태양전지의 변환효율에 영향을 주는 외부 요인이 아닌 것은?

① 기압
② 표면온도
③ 방사조도
④ 분광분포(Air Mass)

풀이 태양전지의 변환효율은 태양전지 성능을 나타내는 가장 중요한 인자로서 태양으로부터 입사된 에너지에 대한 출력에너지의 비로 정의되며 효율은 입사되는 태양광 스펙트럼이나 세기 그리고 전지의 온도에 영향을 받기도 하므로 태양전지의 변환효율은 정밀하게 조절된 조건에서 측정해야 한다.

116 일시량과 어레이 경사각에 대한 설명으로 틀린 것은?

① 경사면 일사량은 어레이 경사각을 결정한다.
② 지표면 확산 일사는 태양으로부터 산란, 반사 후 지상에 도달하는 일사이다.
③ 지표면 직달 일사는 태양으로부터 지상의 관측지점으로 직접 도달하는 일사이다.
④ 태양전지는 많은 일사량을 받도록 지면과 수평면에 설치한다.

풀이 모듈은 많은 일사량을 받기 위해 해당 지역의 위도에서 가장 효율이 높은 경사각으로 설치한다.

정답 114 ④   115 ①   116 ④

117 태양전지의 충진율(Fill Factor, FF)에 대한 설명으로 틀린 것은?

① 충진율이 낮을수록 태양전지의 성능품질이 좋음을 나타낸다.
② 충진율은 개방전압(V_{oc})과 단락전류(I_{sc})의 곱에 대한 최대출력의 비로 정의된다.
③ 충진율은 태양전지의 특성을 표시하는 파라미터로서 내부 직렬저항 및 병렬저항으로부터의 영향을 받는다.
④ 충진율은 최적 동작전류(I_m)와 최적 동작전압(V_m)이 단락전류(I_{sc})와 개방전압(V_{oc})에 가까운 정도를 나타낸다.

풀이 충진율(FF) = $\dfrac{I_m \cdot V_m}{I_{sc} \cdot V_{oc}} = \dfrac{P_{\max}}{I_{sc} \cdot V_{oc}}$

여기서, I_m : 최대 동작전류, I_{sc} : 단락전류, V_m : 최대 동작전압
V_{oc} : 개방전압, $P_{\max}$: 최대출력

충진율이 높을수록 태양전지의 성능품질이 좋음을 나타낸다. 결정질 태양전지 약 0.75~0.85, 비정질 태양전지는 0.5~0.7이다.

118 PN접합에 의한 태양광발전원리 설명 중 잘못된 것은?

① 태양전지는 실리콘(Si)에 5가 원소를 도핑시킨 N형 반도체와 3가 원소를 도핑시킨 P형 반도체로 이루어진 PN접합 구조로 되어 있다.
② 태양전지에 빛이 입사되면 반도체 내의 전자(−)와 정공(+)이 여기(Excite)되어 반도체 내부를 자유로이 이동한다.
③ 태양전지는 반도체 내부를 이동하다가 PN접합에 의해 생긴 전계에 들어오면 전자(−)는 N형 반도체, 정공(+)은 P형 반도체에 이르러 P형 반도체와 N형 반도체 표면에 전극을 형성한다.
④ PN접합에 의해 전계가 발생하고 부하에 연결하면 정공(+)을 외부로 흐르게 하면 전류가 흐른다.

풀이 PN접합에 의해 전계가 발생하고 부하에 연결하면 전자(−)를 외부로 흐르게 하면 전류가 흐른다.

119 태양광발전의 장점에 해당하지 않는 것은?

① 기존 화석연료를 이용하는 발전에 비하여 효율이 높다.
② 고갈되지 않는 반영구적 에너지이다.
③ 규모나 지역에 관계없이 설치할 수 있고 유지비용이 거의 들지 않는다.
④ 환경오염이 없는 무공해 에너지이다.

풀이 태양광발전의 장단점
㉠ 장점
 • 햇빛이 있는 곳이면 어느 곳이나 설치 가능하다.
 • 원재료에서부터 모듈 설치에 이르기까지 산업화가 가능하여 부가가치 및 고용 창출 효과가 크다.

정답 117 ① 118 ④ 119 ①

ⓛ 단점
- 기존 화석연료 발전에 비해 효율이 낮다.
- 초기투자비용이 높고 발전원가가 높다.
- 흐린 날, 비 오는 날에는 생산량이 감소한다.

120 독립형 태양광발전설비의 종류가 아닌 것은?

① 복합형
② 계통연계형
③ 축전지가 없는 형
④ 축전지가 있는 형

풀이
- 독립형 태양광발전설비 : 상용전원이 공급되지 않는 곳에 설치한 설비시스템 구성에 따라 직류부하용, 교류부하용, 하이브리드형으로 분류한다.
- 형태별 : 복합형, 축전지가 있는형, 축전지가 없는형
- 계통연계형 : 상용전원이 공급되는 장소에 설치한 발전설비

121 계통연계형 인버터의 기능에 해당하지 않는 것은?

① 자동운전 정지기능
② 자동전류 조정기능
③ 단독운동 방지기능
④ 최대출력 추종제어기능

풀이 인버터의 기능
- 자동운전 정지기능
- 최대전력 추종제어기능
- 단독운전 방지기능
- 자동전압 조정기능
- 직류 검출기능
- 지류 지락 검출기능
- 계통연계 보호기능

122 태양광발전시스템의 분류 중 전력회사의 배전선에서 멀리 떨어진 산악지대 및 외딴 섬 등에서 사용하는 방식은?

① 계통연계형 시스템
② 독립형 시스템
③ 추적형 시스템
④ 연동형 시스템

풀이 독립형 시스템
멀리 떨어진 산악지대 및 외딴 섬과 같이 전기가 들어오지 않는 지역에서 태양광 발전기로 전기를 공급하는 방식

정답 120 ② 121 ② 122 ②

123 지역 전력 계통과 연결되어 있을 뿐 아니라 축전지와도 연결된 구조로 생산된 전력을 축전지에 저장 및 지역 전력사업자에게 판매하는 시스템은?

① 하이브리드 시스템
② 계통연계형
③ 계통지원형
④ 독립형

풀이 완전계통연계형

124 독립형 태양광발전시스템에 대한 설명이 아닌 것은?

① 독립형은 전력회사로부터 전력을 공급받을 수 없는 지역에 설치한다.(도서지방, 등대 등)
② 독립형은 유지보수비용이 계통연계형에 비해 저렴하고 보수가 간편하다.
③ 섬이나 특수지역 등의 특수목적으로 사용되고 일반화된 시스템은 아니다.
④ 독립형은 전력공급 중단을 방지하기 위해 축전지와 비상발전기를 설치한다.

풀이 독립형은 축전지를 설치해야 하며, 납축전지의 수명이 2~3년이므로 이를 교체하는 데 드는 유지보수비용이 비싸다.

125 계통연계형 태양광발전시스템의 특징이 아닌 것은?

① 초과 생산된 전력을 계통에 보내거나 전력생산이 불충분할 경우 계통으로 전력을 공급받을 수 있는 시스템이다.
② 주택용 및 상업용의 태양광발전시스템에 도입할 수 있다.
③ 전력저장장치를 별도로 설치해야 하므로 가격이 비싸다.
④ 태양광발전에서 생산된 전력은 지역전력망으로 공급할 수 있다.

풀이 계통연계형 태양광발전시스템은 전력저장장치가 필요치 않아 설치비가 저렴하다.

126 태양광발전시스템에 풍력발전, 열병합발전 등 타 에너지원의 발전시스템과 결합하여 축전지·부하 및 상용계통에 전력을 공급하는 시스템은?

① 독립형 시스템
② 하이브리드 시스템
③ 계통연계형 시스템
④ 집광형 시스템

풀이 하이브리드 시스템 : 태양광, 풍력, 지열, 소수력, 디젤 발전 등 둘 이상이 조합된 발전시스템을 말한다.

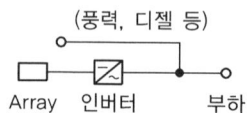

정답 123 ② 124 ② 125 ③ 126 ②

127 태양광발전시스템 중에서 태양전지판에 항상 태양 직달일사량이 최대가 되도록 태양을 추적하는 방식은?

① 단독식
② 감지식
③ 프로그램
④ 혼합식

풀이 혼합식 추적법은 감지식 추적법과 프로그램 추적법을 혼합한 방식으로 가장 이상적인 방법이다.

128 저압배전선로에 연계 가능한 태양광발전설비의 최대용량은?

① 100[kW] 미만
② 50[kW] 미만
③ 80[kW] 미만
④ 60[kW] 미만

129 태양을 올려보는 각도가 30°인 경우, Air Mass 값은?

① 2.0
② 1.5
③ 1.0
④ 0.7

풀이 태양을 올려보는 각도와 Air Mass 값은 다음 그림 및 식과 같다.

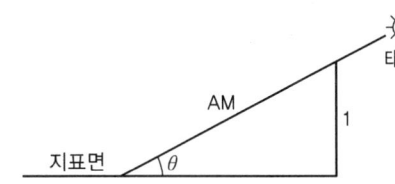

- $\theta = \sin^{-1}\left(\dfrac{1}{AM}\right)$
- $AM = \dfrac{1}{\sin\theta}$

$AM(\text{Air Mass}) = \dfrac{1}{\sin 30°} = 2.0$

130 태양광발전에 영향을 주는 인자끼리 바르게 묶인 것은?

① 전압-온도, 전류-풍량
② 전압-온도, 전류-일사량
③ 전압-풍량, 전류-일사량
④ 전압-일사량, 전류-온도

풀이 태양광발전에 영향을 주는 인자로 전압은 온도에 반비례하고, 전류는 일사량에 비례한다.

131 태양전지의 최대출력값을 표시한 것은?

① 최대전압과 최대전류가 만나는 최적의 동작점에서 발생한 전력이 태양전지의 최대출력값이 된다.
② 최대전압과 최소전류가 만나는 최적의 동작점에서 발생한 전력이 태양전지의 최대출력값이 된다.
③ 최소전압과 최대전류가 만나는 최적의 동작점에서 발생한 전력이 태양전지의 최대출력값이 된다.
④ 최소전압과 최소전류가 만나는 최적의 동작점에서 발생한 전력이 태양전지의 최대출력값이 된다.

정답 127 ④ 128 ① 129 ① 130 ② 131 ①

[풀이] $P_{mpp} = V_{mpp} \times I_{mpp}$

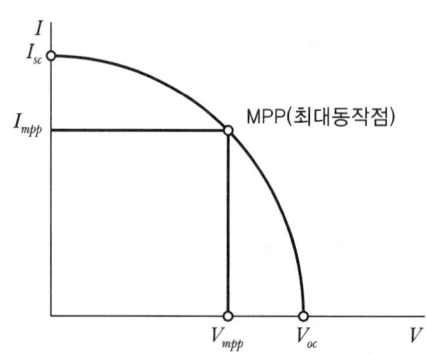

132 방사조도가 1,000[W/m²]이고, 태양전지의 출력이 36[W]일 때, 태양전지의 광전변환효율[%]은?(단, 태양전지의 면적은 0.5[m²]이다.)

① 1.8 ② 3.6 ③ 7.2 ④ 9.6

[풀이] 태양전지의 광전변환효율(η)

$$\eta = \frac{출력(P_{max})}{방사조도(E) \times 면적(A)} \times 100[\%] = \frac{36}{1,000 \times 0.5} \times 100 = 7.2[\%]$$

133 태양광 모듈의 $V-I$ 곡선에서 일사량의 변화에 따라 변화하는 것은?

① 전압 – 저항 ② 전압 – 출력
③ 전압 – 전류 ④ 전류 – 온도

[풀이]
- 개방전압 : 태양전지에 부하를 연결하지 않은 상태에서 태양전지 양단에 나타나는 전압 값
- 단락전류 : 태양전지의 전극을 단락한 상태에서 도선을 흐르는 전류의 최댓값

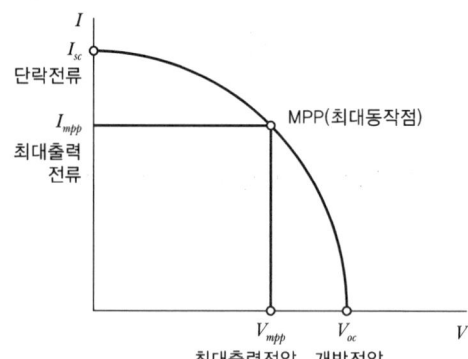

134 '수십 장의 태양전지 셀을 직렬로 연결하여 일정한 틀이 고정되어 구성한 것'을 무엇이라 하는가?

① 태양전지 어레이 ② 태양전지 모듈
③ 태양전지 프레임 ④ 태양전지 단자함

[풀이] 셀 → 모듈 → 어레이

정답 132 ③ 133 ③ 134 ②

135 가장 일반적으로 사용되는 태양광 모듈의 단면 구조를 올바르게 나열한 것은?(단, EVA(Ethylene Vinyl Acetate)는 충진재임)

① Glass – EVA – Cell – Back Layer
② Glass – Cell – EVA – Back Layer
③ Glass – EVA – Cell – Glass – Back Layer
④ Glass – EVA – Cell – EVA – Back Layer

풀이 태양광 모듈의 단면구조
Glass(수광면) – EVA(충진재) – Cell – EVA(충진재) – Back Layer(후면필름)

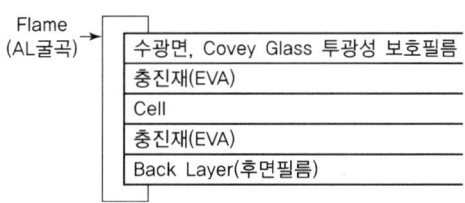

136 동일 출력전류(I) 특성을 가지는 N개의 태양전지를 같은 일사 조건에서 서로 병렬로 연결했을 경우 I_a에 대한 계산식은?

① $I_a = \dfrac{N}{I}$
② $I_a = \dfrac{I}{N}$
③ $I_a = N \times I$
④ $I_a = N \times I^2$

풀이 태양전지 직렬연결 시 전체 전류가 1개의 전류와 동일
태양전지 병렬연결 시 병렬 수만큼 전류 증가
$I_a = N \times I$ [A]

137 태양전지에 음영이 존재하여 셀과 모듈에 지속적으로 나쁜 영향을 미치는 요소는?

① 열점효과(Hot Spot)
② 광기전력효과
③ 입사효과
④ 분광효과

풀이 방지대책으로 바이패스다이오드 설치

138 태양전지의 직·병렬 저항에 대한 설명 중 잘못된 것은?

① 태양전지의 직렬저항이 0.5[Ω] 이하로 제조된다.
② 태양전지의 병렬저항이 1[kΩ]보다 크게 제조된다.
③ 낮은 병렬저항은 누설전류를 발생시키고 PN접합의 광생성전류와 전압을 감소시킨다.
④ 태양전지는 병렬저항보다 직렬저항으로 인하여 큰 출력손실이 발생한다.

풀이 태양전지는 직렬저항보다 병렬저항으로 인하여 큰 출력손실이 발생한다.

정답 135 ④ 136 ③ 137 ① 138 ④

139 n개의 태양전지를 직·병렬로 접속한 경우의 설명으로 옳은 것은?

① 태양전지를 직렬로 접속하면 전압은 n배로 높아진다.
② 태양전지를 직렬로 접속하면 전류는 n배로 높아진다.
③ 태양전지를 병렬로 접속하면 전압은 n배로 높아진다.
④ 태양전지를 병렬로 접속하면 전류는 변하지 않는다.

풀이
- n개의 태양전지를 직렬로 접속하면 전압은 n배로 높아진다.
- n개의 태양전지를 병렬로 접속하면 전류는 n배로 높아진다.

140 태양전지 모듈의 표준시험조건(STC ; Standard Test Conditions)에 해당되는 것은?

① 태양전지 모듈 표면온도 20[℃] 분광분포 AM 1.5, 방사조도 1,500[W/m²]
② 태양전지 모듈 표면온도 25[℃] 분광분포 AM 1.5, 방사조도 1,000[W/m²]
③ 태양전지 모듈 표면온도 25[℃] 분광분포 AM 1.0, 방사조도 1,500[W/m²]
④ 태양전지 모듈 표면온도 25[℃] 분광분포 AM 1.5, 방사조도 1,500[W/m²]

풀이 AM(Air Mass)
태양직사광이 지상에 입사하기까지 통과하는 대기의 양

141 태양전지 모듈의 방사조도 특성에 관한 설명 중 잘못된 것은?

① 태양전지 모듈의 출력사양은 일반적으로 AM 1.5에서 측정된 출력이다.
② 방사조도는 1,500[W/m²] 값을 기준으로 한다.
③ 방사조도(일사강도)란 수조면 1[m²]에 도달하는 태양에너지의 힘을 표시하며 단위는 [W/m²]이다.
④ 방사조도가 클수록 전류 및 전압은 더욱 커지게 되며 유효전력을 많이 사용할 수 있다.

풀이 방사조도는 1,000[W/m²]이다.

142 태양전지 측정 STC 조건에 따른 최적의 일사량과 표면온도는?

① 1,000[W/m²], 25[℃]
② 1,800[W/m²], 35[℃]
③ 1,500[W/m²], 45[℃]
④ 2,500[W/m²], 55[℃]

풀이 태양전지 측정 STC(Standard Test Condition)는 일사량 1,000[W/m²], 온도 25[℃], AM 1.5이다.

정답 139 ① 140 ② 141 ② 142 ①

143 태양전지 모듈의 구성요소로만 된 것은?
① 셀, 프레임, 프런트커버, 역류방지 다이오드
② 셀, 프레임, 인터커넥터, 인버터
③ 셀, 프레임, 역류방지 다이오드, 인버터
④ 셀, 프레임, 프런트커버, 인터커넥터, 충진재, 표면재(강화유리)

풀이
- 모듈의 구성요소 : 셀, 프레임, 프런터커버, 인터커넥터
- 역류방지 다이오드는 접속함 설치
- 인터버, 별도설비

144 실리콘 태양전지 모듈의 출력 특성에 대한 설명이다. 틀린 것은?
① 표면온도가 높아지면 출력이 상승하는 정(+)온도특성을 가진다.
② 방사조도가 동일하면 여름철에 비해 겨울철이 출력이 크다.
③ 방사조도가 동일하고 모듈 온도가 상승한 경우 개방전압, 최대출력도 저하한다.
④ 모듈 온도가 동일하고 방사조도가 변화할 경우 단락전류가 방사조도에 비례하는 특성을 나타낸다.

풀이
- 실리콘 결정질 태양전지는 셀의 표면온도가 상승하면, 출력과 전압은 감소하는 부(−)특성, 전류는 증가하는 정(+)특성을 갖는다.
- 단락전류는 방사조도에 비례하는 특성을 갖는다.

145 태양전지를 여러 장 직렬로 연결하여 하나의 프레임으로 구성한 것은 무엇인가?
① 셀
② 모듈
③ 프레임
④ 어레이

풀이 모듈은 셀 36장, 60장, 72장을 직렬로 연결하여 하나의 프레임으로 구성

146 태양광발전시스템을 완성하기 위하여 필요한 모듈을 직·병렬로 구성하게 되는데, 직렬로 접속된 모듈 집합체의 회로를 무엇이라 하는가?
① 셀
② 모듈
③ 스트링
④ 어레이

풀이 태양광발전시스템의 회로
Cell → 모듈 → 스트링(직렬) → 어레이(병렬)

정답 143 ④ 144 ① 145 ② 146 ③

147 태양전지모듈의 공칭 태양전지 동작온도(NOCT ; Nominal Operating Cell Temperature)에서의 측정 조건이 아닌 것은?

① 습도 35[%]
② 풍속 1[m/s]
③ 외기온도 20[℃]
④ 총 방사조도 800[W/m²]

풀이 NOCT의 조건
- 경사각 : 수평면 기준으로 45°
- 경사면 일조강도 : 800[W/m²]
- 주위온도 : 20[℃]
- 풍속 : 1[m/s]

148 태양열발전시스템에 대한 설명으로 잘못된 것은?

① 홈통형은 공정열이나 화학반응을 위해 열을 제공한다.
② 파라볼라 접시형은 집열기에서 태양열에너지를 직접 열로 변환시켜 열로 이용한다.
③ 진공관형은 집열관 내의 가열된 열매체는 파이프를 통해 열교환기로 수송되어 증기를 생산한다.
④ 파워 타워형의 집광비는 300~1,500[sun] 정도이며, 1,500[℃] 이상에서도 동작이 가능하다.

풀이
- 태양열발전시스템 종류 : 홈통형, 파워 타워형, 파라볼라 접시형
- 홈통형 : 집열관 내의 가열된 열매체는 파이프를 통해 열교환기로 수송되어 증기생산
- 진공간형은 없다.

태양에너지의 단점
- 에너지 밀도가 낮다.
- 에너지 생산이 간헐적이다.
- 모든 지역에서 발전량이 동일하다.

149 결정계 실리콘 태양전지 모듈에서 표면온도와 출력의 관계를 옳게 나타낸 것은?

① 표면온도가 높아지면 출력이 증가한다.
② 표면온도가 높아지면 출력이 감소한다.
③ 표면온도가 낮아지면 출력이 감소한다.
④ 표면온도가 높든지 낮든지 출력에는 영향이 없다.

풀이
- 표면온도 상승 시 출력 및 전체 출력 감소
- 표면온도 저하 시 출력 및 전체 출력 증가

정답 147 ① 148 ③ 149 ②

150 태양전지 모듈은 나뭇잎 등의 부착이나 앞면의 어레이 등으로 인해 그늘이 지면 거의 대부분 발전되지 않는다. 이때 태양전지 어레이나 스트링이 병렬회로로 구성되어 있다고 하면, 태양전지 어레이의 스트링 사이에 출력전압의 불균형이 발생할 때 부하가 되는 것을 방지하기 위한 목적으로 사용되는 소자는?

① 피뢰소자
② 바이패스 소자
③ 역류방지소자
④ 정류 다이오드 소자

풀이 ① 피뢰소자 : 낙뢰로부터 기기 및 선로보호
② 바이패스 소자 : 음영에 의해 발생하는 태양전지모듈의 출력 저하와 발열을 억제하는 소자
④ 정류 다이오드 소자 : 교류를 직류로 변환

151 결정계 태양광 모듈의 뒷면에 표시되는 항목 중 맞는 것은?

① 제조업자명, 제조연월일, 제조번호, 내풍압성 등급, 공칭최대출력, 공칭개방전압, 공칭단락전류
② 제조업자명, 공칭최대출력, 공칭개방전류, 공칭단락전압
③ 제조업자명, 공칭최대출력, 공칭개방전압, 공칭단락전류, 역내전압
④ 제조업자명, 제조연월일, 제조번호, 내풍압성 등급, 공칭최대출력, 공칭개방전압, 공칭단락전류, 역내전압

풀이 역 내 전압의 표기는 아몰퍼스계만 해당한다. 이 외 최대시스템전압, 어레이 조립형태, 공칭최대출력 동작전압, 공칭최대출력, 동작전류, 공칭질량(kg)이 있다.

152 태양전지 모듈에 그림자가 생겼을 때 출력 감소를 최소화하는 대비책으로 설치하는 것은?

① 바이패스 다이오드
② 역류 다이오드
③ 제너 다이오드
④ 발광 다이오드

풀이 바이패스 다이오드는 Cell의 음영 시 출력저감방지와 열점(Hot Spot) 방지목적으로 모듈 후면 단자함에 설치한다. 역류방지소자(Blocking Diode)는 태양전지 String별로 설치목적은 태양전지 모듈에 그늘(음영)이 생긴 경우 그 스트링 전압이 낮은 부하가 되는 것을 방지하는 것과 독립형 태양광발전시스템에서 야간에 태양광빛진이 징지된 상태에서 축진지 전력이 태양전지 모듈 쪽으로 흘러들어 소모되는 것을 방지하기 위한 것이다.

153 태양전지 모듈을 구성하는 직렬 셀에 음영이 생길 경우 발생하는 출력 저하 및 발열을 억제하기 위해 설치하는 소자는?

① 바이패스 다이오드
② 역전류 방지 다이오드
③ 역전류 방지 퓨즈
④ 정류 다이오드

정답 150 ③ 151 ① 152 ① 153 ①

풀이 바이패스 다이오드는 태양전지 셀의 음영에 의한 출력저하를 줄이고, 열점현상을 방지하기 위해 이용된다.

154 Bypass 다이오드에 대한 설명으로 잘못된 것은?

① 오염된 셀을 우회하므로 역 바이어스 전압을 생성하지 않게 한다.
② 열점(Hot Spot)의 손상을 방지한다.
③ 바이패스 다이오드는 셀의 스트링과 직렬로 연결한다.
④ 태양광 어레이 단자함 내에 설치한다.

풀이 바이패스 다이오드는 셀의 스트링과 병렬로 연결하며, 모듈에 음영 발생 시 셀의 손상을 방지하기 위해 설치한다.

155 태양전지 모듈에 그림자가 생겼을 때 대비책으로 설치하는 것은?

① 발광 다이오드
② 역류방지 다이오드
③ 제너 다이오드
④ 바이패스 다이오드

풀이 태양전지 모듈에 음영(그림자) 대책으로 바이패스 다이오드를 설치한다.

156 태양전지 모듈의 표준시험에 사용되는 대기질량지수(AM)는?

① 0.0
② 0.5
③ 1.0
④ 1.5

풀이 태양전지 모듈의 표준시험에 사용되는 대기질량지수(AM)는 1.5이다.

157 태양전지 모듈 내에 포함되지 않는 것은?

① 역류방지소자
② 태양전지 셀
③ 프론트 커버
④ 충진재

풀이
- 역류방지소자 : 접속함에 설치
- 바이패스소자 : 태양전지 모듈 후면 단자함에 설치
- 태양전지 셀 : 프런트커버, 충진재는 모듈 내 포함

정답 154 ③ 155 ④ 156 ④ 157 ①

158 태양전지 모듈(Module)에 부분 음영이 존재할 때, 모듈의 특성은 어떻게 변하는가?
① 변화 없음
② 발열 감소
③ 출력 감소
④ 효율 증가

풀이 모듈에 음영(그늘)이 존재할 때 전류가 감소하여 출력이 저하한다.

159 태양전지 모듈 뒷면에 부착된 라벨에 표시되는 사항이 아닌 것은?
① 공칭 최대출력 동작전압
② 공칭 개방전압
③ 공칭 개방전류
④ 공칭 최대출력

풀이 KS C IEC 표준에 기초하여 다음의 항목이 모듈 뒷면에 표시되어 있다.
- 제조업자명 또는 약호
- 제조연월일
- 내풍압등급
- 최대 시스템 전압(H 또는 L)
- 공칭 최대출력(P_{mmp})[Wp]
- 공칭 개방전압(V_{oc})[V]
- 공칭 단락전류(I_{sc})[A]
- 공칭 최대출력 동작전압(V_{mpp})[V]
- 공칭 최대출력 동작전류(I_{mpp})[A]
- 공칭중량
- 크기
- 역내전압[V] : 바이패스 다이오드의 유무(Amorphous계만 해당)

160 태양광 모듈 표면의 황변현상은 태양광 모듈 내부의 충진재(EVA)가 무엇과 화학반응하여 변색되는 것을 말하는가?
① 습기
② 자외선
③ 가시광선
④ 적외선

풀이 충진재(EVA ; Ethlene Vinyl Acetate)는 플라스틱 재료에 속하며, 자외선(UV ; Ultra Violet)과 반응하여 고분자 사슬이 파괴되어 변색, 라디칼 형성, 표면분해가 발생한다.

161 STC 조건에서 최대전압이 45[V], 전압온도계수가 -0.2[V/℃]인 결정질 태양전지 모듈 10장이 직렬로 연결되어 있다. 외기 온도가 -25[℃]일 때 최대전압은 몇 [V]인가?
① 350
② 450
③ 550
④ 650

풀이 -25[℃]일 때 모듈 1매 최대전압
$$V_{mpp}(-25℃) = V_{mpp} + \{온도계수 \times (외기온도 - 25[℃])\}$$
$$= 45 + \{-0.2 \times (-25 - 25)\}$$
$$= 55[V]$$
∴ 모듈 10장 직렬 연결 시 $55 \times 10 = 550$[V]

정답 158 ③ 159 ③ 160 ② 161 ③

162 태양전지의 충진율(FF ; Fill Factor)에 대한 설명 중 틀린 것은?

① 충진율은 태양전지 내부의 직병렬저항으로부터 영향을 받는다.
② 태양전지의 충진율(Fill Factor)은 개방전압과 단락전류의 합에 대한 출력의 비로 정의된다.
③ 충진율은 최적 동작전류 I_m과 최적동작전압 V_m이 I_{sc}와 V_{oc}에 가까운 정도를 나타낸다.
④ 충진율에 영향을 주는 요인은 정규화된 개방전압에서 이상적인 Diode의 특성으로부터 벗어나는 n값

풀이 FF는 개방전압과 단락전류의 곱에 대한 출력비

$$\eta = \frac{P_m}{P_{input}} = \frac{I_m V_m}{P_{input}} = \frac{V_{oc} \times I_{sc}}{P_{input}} \times FF$$

$$FF = \frac{I_m V_m}{I_{sc} V_{oc}} = \frac{P_{max}}{I_{sc} V_{oc}}$$

163 태양전지 모듈의 설치공법 중 틀린 것은?

① 벽 설치형 : 벽에 가대를 설치하고 그 위에 태양전지 모듈을 설치하는 형태로 중·고층건물의 벽면을 유효하게 활용할 수 있다.
② 벽 건재형 : 태양전지 모듈이 벽재로서 기능하는 형태로 주로 커튼월 등으로 설치되어 있다.
③ 창재형 : 창의 상부 등 건물 외부에 가대를 설치하고 태양전지 모듈을 설치하여 차양기능을 보완한 형태이다.
④ 루버형 : 개구부의 블라인드 기능을 가지고 있는 형태이다.

풀이
- 차양형 : 창의 상부 등 건물 외부에 가대를 설치하고 태양전지 모듈을 설치하여 차양기능을 보완한 형태이다.
- 창재형 : 채광성, 투시성 등의 유리창 기능을 보유하고 있는 형태로 셀의 배치에 따라 개구율 조정이 가능하다.

164 전류와 전압을 표시하는 $I-V$ 곡선에서 태양전지 양단자와 음단자가 쇼트 시 단자 사이의 전압은 0이고 무부하 시 태양전지에서 측정되는 것은 무엇인가?

① 최대동작전류
② 최대동작전압
③ 단락전류
④ 최대출력값

풀이 태양전지의 전극을 단락한 상태에서 도선을 흐르는 전류의 최댓값

165 면적이 200[cm²]이고 변환효율이 20[%]인 태양전지에 AM 1.5의 빛을 입사시킬 경우에 생산되는 전력[W]은?(단, 수직복사 E는 1,000[W/m²]이다.)

① 3
② 4
③ 5
④ 6

정답 162 ② 163 ③ 164 ③ 165 ②

풀이 생산전력(최대출력) $P_{\max}$는 변환효율 η에서

$$\eta = \frac{P_m}{P_{\text{input}}} = \frac{I_m \cdot V_m}{P_{\text{input}}} = \frac{P_m}{\text{면적} \times 1{,}000\,[\text{W/m}^2]} \times 100[\%] = 20[\%]$$이므로

$$P_m = \frac{20[\%] \times \text{면적} \times 1{,}000\,[\text{W/m}^2]}{100[\%]} = \frac{20 \times 200 \times 10^{-4} \times 1{,}000}{100} = 4[\text{W}]$$

166 태양광 모듈의 최대출력($P_{\max}$)의 의미는?

① $V \times I$
② $V_{oc} \times I_{sc}$
③ $V_{oc} \times I_{mpp}$
④ $V_{mpp} \times I_{mpp}$

풀이 태양광 모듈의 최대출력($P_{\max}$) = $V_{mpp} \times I_{mpp}$

167 태양전지의 전류-전압 특성의 측정으로부터 계산되는 파라미터가 아닌 것은?

① 직렬저항(Series Resistance)
② 개방전압(Open Circuit Voltage)
③ 단락전류(Short Circuit Current)
④ 곡선인자(Fill Factor)

풀이
- $I-V$ 파라미터 : 개방전압, 단락전류, 최대출력 동작전압, 최대출력 동작전류, 최대출력
- 직렬저항은 태양전지 내부전압 강하요소, 곡선인자(Fill Factor) = $\dfrac{V_{mpp} \times I_{mpp}}{V_{oc} \times I_{sc}}$

168 다음 그림은 PV(Photovoltaic) 어레이 구성도를 나타내고 있다. 전류 I와 단자 A, B 사이의 전압은?

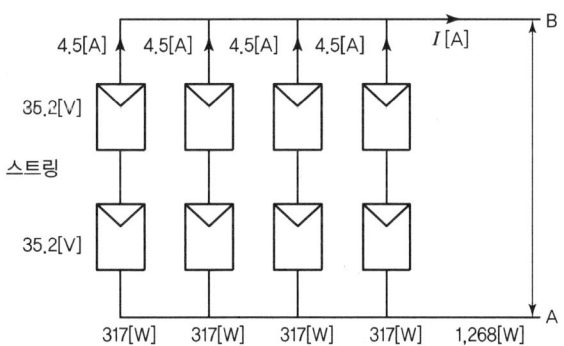

① 4.5[A], 35.2[V]
② 18[A], 70.4[V]
③ 4.5[A], 70.4[V]
④ 18[A], 35.2[V]

정답 166 ④ 167 ① 168 ②

풀이 태양전지 어레이 회로는 직렬일 때는 전압을 합산하고 병렬일 때는 전류를 합산한다.
- A와 B 출력전류 = 4.5+4.5+4.5+4.5 = 18[A] → I에 흐르는 전류는 18[A]
- A와 B 출력전압 = 35.2+35.2 = 70.4[V]

169 최대전압 50[V], 전압온도계수 −0.2[V/℃]인 결정질 태양전지 모듈 10장이 직렬연결되어 있다. 태양전지 표면온도가 60[℃]일 때 최대전압은 몇 [V]인가?(단, STC 조건이다.)

① 430 ② 415
③ 400 ④ 375

풀이 60℃일 때 모듈 1매 최대전압
60℃일 때 최대전압 = 최대전압 + {온도계수×(60−25)}
최대전압 = 50 + {−0.2×(60−25)} = 43[V]
모듈 10장이 직렬 연결되어 있으므로 10×43 = 430[V]

170 태양전지 모듈 전 면적 1,000[m²]에서 방사조도 1,000[W/m²]이고, 최대 출력이 100[kW]이면 변환효율은 몇 [%]인가?

① 5 ② 10 ③ 15 ④ 20

풀이 변환효율$(\eta) = \dfrac{P_m(최대출력)}{면적 \times 방사조도} \times 100 = \dfrac{100\,[\text{kW}]}{1{,}000\,[\text{m}^2] \times 1{,}000\,[\text{W/m}^2] \times 10^{-3}} \times 100 = 10[\%]$

171 일사강도 0.8[kW/m²], 결정계 태양전지의 모듈면적 1.0[m²], 셀 온도 65[℃], 변환효율이 15[%]인 경우 출력은 약 몇 [kW]인가?(단, 결정계 셀 온도 보정계수($P_{\max}$)는 −0.4[%/℃]이다.)

① 0.1 ② 0.2 ③ 0.3 ④ 0.4

풀이 온도 변화에 따른 출력 $P_{65[℃]} = P + P(셀온도 − 25[℃]) \times 온도보정계수$
태양전지 모듈의 출력 P는 변환효율공식으로 구하면
효율$(\eta) = \dfrac{P(출력)}{경사면 일사강도 \times 어레이 면적}$
$P = \eta \times 경사면일사강도 \times 어레이 면적$
$P = 0.15 \times 800 \times 1 \times 10^{-3} = 0.12[\text{kW}]$
$P_{65[℃]} = 0.12 + 0.12(65−25) \times \left(\dfrac{-0.4}{100}\right) = 0.1008 ≒ 0.1[\text{kW}]$

정답 169 ① 170 ② 171 ①

172 태양광발전시스템 출력전력이 31,500[W]이고, 모듈 최대 출력이 140[W]이며, 1스트링 직렬매수가 15개인 경우 태양전지 모듈의 병렬회로 수는?

① 12 ② 15 ③ 17 ④ 19

풀이
- 태양광발전의 출력＝태양전지 모듈출력×직렬 수×병렬 수
- 병렬 수＝$\dfrac{\text{태양광발전출력}}{\text{태양전지 모듈 출력}\times\text{직렬 수}}=\dfrac{31{,}500[\text{W}]}{140[\text{W}]\times 15}=15$

173 인버터 직류입력전압이 300[V]이고 모듈 최대출력동작전압이 20[V]인 경우 태양전지 모듈 직렬 매수는?

① 14 ② 15 ③ 16 ④ 17

풀이 모듈직렬 매수＝$\dfrac{\text{인버터 입력전압}}{\text{최대출력동작전압}}=\dfrac{300}{20}=15[\text{EA}]$

174 연간 전압 감소율이 0.5[%]인 태양전지 모듈과 인버터의 특성이 아래와 같이 주어질 때 모듈온도 65[℃]에서 20년 동안 V_{mmp}를 300[V] 이상 유지하기 위해 직렬연결 모듈이 최소 몇 장이 필요한가?(단, 태양전지 모듈 $V_{mmp}=29.5[\text{V}]$, V_{mmp}온도계수＝$-0.5[\%/℃]$, 인버터 MPP 최소전압＝300[V]이다.)

① 8 ② 10 ③ 12 ④ 15

풀이
모듈의 최대 직렬 수＝$\dfrac{\text{PCS 입력전압 변동의 최댓값}}{\text{모듈 표면온도 최저인 상태에서 개방 전압}}$

모듈의 최소 직렬 수＝$\dfrac{\text{인버터 MPP 최솟값}}{\text{모듈 표면온도 최고인 상태에서 최대출력동작전압}}$

모듈 표면온도가 최고인 상태에서 최대출력동작전압($\Delta_H V_{mpp}$)

$$\begin{aligned}\Delta_H V_{mpp} &= V_{mpp}\times\{1+\beta\times(T_{cell\,max}-25)\}\\ &=29.5\times\left\{1+\left(\dfrac{-0.5}{100}\right)\times(65-25)\right\}\\ &=23.6[\text{V}]\end{aligned}$$

여기서, β : 온도계수, $T_{cell\,max}$: 모듈최고온도

여기서 연간전압감소율 0.5[%]이므로
20년간 직렬 모듈전압＝$23.6\times(1-0.005)^{20}=21.348≒21.35$

모듈의 최소직렬 수＝$\dfrac{300}{21.35}=14.05=15$장

최소직렬 수 계산 시에는 소수점은 절상한다.

정답 172 ② 173 ② 174 ④

175 모듈의 +COMMON은 접지와 연결되어 있고, 지락 발생 시 직렬모듈 전체 전압 변화로 모듈의 지락상태 및 위치를 파악할 수 있는 그림이다. 접속반 채널이 정상상태인 경우 단자 A와 B 사이의 전압은 몇 [V]인가?

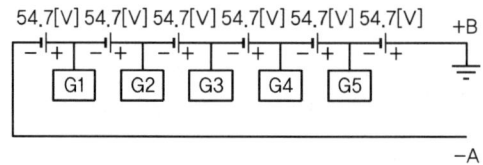

① DC 54.7[V]
② DC 164.1[V]
③ DC 273.5[V]
④ DC 328.2[V]

풀이 태양전지의 모듈이 직렬로 연결 시 출력전압의 합이다.
A와 B 사이의 전압은 54.7+54.7+54.7+54.7+54.7+54.7=328.2[V]

176 50[kW] 이상의 태양광 발전설비에 의무적으로 설치하여야 하는 모니터링 설비의 계측설비 중 전력량계의 정확도 기준으로 옳은 것은?

① 1[%] 이내
② 1.5[%] 이내
③ 3[%] 이내
④ 5[%] 이내

풀이 모니터링 설비의 계측설비 요구사항

계측설비	요구사항
인버터	CT 정확도 3[%] 이내
온도센서	정확도 ±0.3[℃](−20~100[℃] 미만)
유량계, 열량계	정확도 ±1.5[%] 이내
전력량계	정확도 ±1[%] 이내

177 태양전지 모듈의 열 발생 원인으로 틀린 것은?

① 정적 하중
② 셀에서 적외선 흡수
③ 모듈의 전기적 동작
④ 모듈 상부 표면으로부터의 반사

풀이 태양전지모듈의 열 발생원인
- 열적(온도, 습도)
- 기계적(열응력, 충격)
- 전기적(전압, 전류)
- 광조사(자외선)

정답 175 ④ 176 ① 177 ①

178 태양광 모듈의 뒷면 표시사항에 해당되지 않는 것은?

① 공칭 중량
② 내진 등급
③ 공칭 단락전류
④ 내풍압성의 등급

풀이 태양광 모듈의 뒷면 표시사항
- 제조업자명 또는 그 약호
- 제조일자 및 제조번호 또는 제조일자를 알 수 있는 제조번호
- 내풍압성의 등급
- 최대 시스템 전압(H 또는 L)
- 어레이의 조합 형태(A 또는 B)
- 공칭 최대출력[W]
- 공칭 개방전압[V]
- 공칭 단락전류[A]
- 공칭 최대출력 동작전압[V]
- 공칭 최대출력 동작전류[A]
- 역내전압[V] : 바이패스 다이오드의 유무(아몰퍼스계만 해당)
- 공칭 중량[kg]

179 태양전지 모듈과 인버터가 통합된 형태로 태양광발전시스템 확장이 유리한 인버터 운전방식은?

① 중앙 집중형 인버터 방식
② 병렬운전 인버터 방식
③ 스트링 인버터 방식
④ 모듈 인버터 방식

풀이 ㉠ 인버터 시스템 방식 선정
- 인버터의 입력에 따라 중앙집중형과 분산형 시스템으로 구분
- 인버터는 전체 시스템에 대해서는 중앙집중형 인버터로 스트링에 대해서는 스트링 인버터로 개별에 대해서는 모듈인버터로 사용

㉡ 모듈 인버터 방식(AC 모듈)
태양전지 모듈과 인버터가 통합된 형태의 모듈로 제각기 최대전력 추종제어기능을 갖추고 있으며, 태양광발전시스템의 확장이 쉽고, 음영에 대한 영향을 최소화할 수 있는 방식이다.

㉢ 병렬운전 인버터 방식
- 인버터의 DC 입력부분과 AC 출력부분을 모두 병렬로 접속하는 방식
- 인버터의 운전효율 증가와 수명 연장
- 중앙집중형 인버터에 비해 출력 증가
- 입력 측 차단기 및 보호방식이 복잡해진다.

정답 178 ② 179 ④

180 다음 보기에서 태양광 모듈의 설치가 가능한 위치를 모두 나타낸 것은?

[보기]
ㄱ. 평면지붕   ㄴ. 벽
ㄷ. 경사지붕   ㄹ. 유리창

① ㄱ, ㄴ, ㄷ
② ㄱ, ㄴ, ㄹ
③ ㄱ, ㄷ, ㄹ
④ ㄱ, ㄴ, ㄷ, ㄹ

풀이 태양전지모듈 설치 분류
- 평면지붕 – 지붕 설치형
- 경사지붕 – 지붕 설치형, 지붕 건재형
- 일반 부지
- 수면
- 벽 – 벽설치형, 벽건재형
- 유리창 – 창재형

181 태양전지 모듈의 $I-V$ 특성곡선에서 일사량에 따라 가장 많이 변화하는 것은?

① 전압   ② 전류   ③ 온도   ④ 저항

풀이 태양전지 모듈의 출력전압은 온도에 영향, 전류는 태양복사(일사량)에 영향을 받음

182 태양전지의 변환효율을 상승시키기 위한 방법이 아닌 것은?

① 반도체 내부에서 빛이 흡수되도록 한다.
② 빛에 의해 생성된 전자와 정공쌍이 소멸되지 않고 외부회로까지 전달되도록 한다.
③ PN 접합부에 전기장이 발생하도록 소재 및 공정을 설계한다.
④ 태양전지를 설치할 때 가능한 한 온도가 상승되도록 한다.

풀이 태양전지는 온도가 높으면 태양전지의 전압이 낮아져 발전량이 저하된다. 동절기는 온도에 의한 전력이 가장 많은 계절이다.

183 KS C IEC 규격에 따라 모듈의 뒷면에 표시해야 할 항목이 아닌 것은?

① 공칭 중량
② 내풍압성 등급
③ 습윤 누설전류
④ 제조연월일 및 제조번호

풀이 태양전지 모듈의 뒷면에 표시되는 항목
- 제조업자명 또는 그 약호
- 제조연월일 및 제조번호 또는 제조연월을 알 수 있는 제조번호
- 내풍압성의 등급
- 최대 시스템 전압(H 또는 L)

정답 180 ④ 181 ② 182 ④ 183 ③

- 어레이의 조립형태(A 또는 B)
- 공칭 최대출력[W]
- 공칭 개방전압[V]
- 공칭 단락전류[A]
- 공칭 최대출력 동작전압[V]
- 공칭 최대출력 동작전류[A]
- 역내전압[V] : 바이패스 다이오드의 유무(아몰퍼스계만 해당)
- 공칭 중량[kg]

184 태양전지 모듈의 전류−전압 특성곡선과 관계없는 것은?

① 개방전압　　　　　　　　　　② 최대출력동작전류
③ 정격투입전류　　　　　　　　④ 최대출력동작전압

풀이 정격투입전류는 차단기의 정격을 나타낼 때 사용

185 현장에 설치된 태양광발전설비에서 외기온도 37[℃]일 때 다음 모듈의 셀 표면 온도는?(단, 패널 표면의 일사량은 1,000[W/m²]이다.)

정상작동 셀 온도(NOCT)	45[℃]
전력 온도계수	−0.43[%/℃]
전압 온도계수	−0.31[%/℃]
전류 온도계수	+0.05[%/℃]

① 66.25[℃]　　　　　　　　　② 67.25[℃]
③ 68.25[℃]　　　　　　　　　④ 69.25[℃]

풀이 $T_c(\text{Cell온도}) = T_a(\text{주변온도}) + \dfrac{\text{NOCT} - 20[℃]}{800[\text{W/m}^2]} \times 1,000[\text{W/m}^2]$

$= 37[℃] + \dfrac{45[℃] - 20[℃]}{800[\text{W/m}^2]} \times 1,000[\text{W/m}^2]$

$= 68.25[℃]$

186 태양광발전시스템에 그림자가 발생하게 되면 일사량이 감소하기 때문에 발전량도 감소한다. 일사량의 2가지 성분으로 옳은 것은?

① 직달광 성분과 산란광 성분　　　② 경사면 일사성분과 산란광 성분
③ 직달광 성분과 수평면 일사성분　④ 수평면 일사성분과 경사면 일사성분

풀이 태양광은 직달일사와 확산일사(산란광)로 구성된다.

정답 184 ③　185 ③　186 ①

187 태양광발전설비에서 1스트링(String)의 직렬 매수 산정식에 해당하는 것은?(단, 주변온도를 고려하지 않은 경우이다.)

① $\dfrac{\text{인버터의 직류입력전류}}{\text{모듈 최대출력동작전압}}$ ② $\dfrac{\text{인버터의 직류입력전압}}{\text{모듈 최대출력동작전압}}$

③ $\dfrac{\text{인버터의 직류입력전압}}{\text{모듈 최대출력동작전류}}$ ④ $\dfrac{\text{인버터의 직류입력전류}}{\text{모듈 최대출력동작전류}}$

풀이 1) 온도를 무시한 모듈의 1스트링(String)의 직렬 매수 산정식 = $\dfrac{\text{인버터의 직류입력전압}}{\text{모듈 최대출력동작전압}}$

2) 셀의 온도를 고려한 최대 직렬 수 = $\dfrac{\text{인버터의 최고입력전압}}{\text{최저온도일 때의 개방전압}}$

= $\dfrac{\text{MPP 최댓값}}{\text{모듈표면온도가 최저일 때 최대동작전압}(V_{mpp})}$

3) 셀의 온도를 고려한 최소 직렬 수 = $\dfrac{\text{PCS 입력전압변동범위 최솟값}}{\text{모듈표면온도가 최고인 상태의 최대출력동작전압}}$

188 충진율에 영향을 미치는 태양전지의 병렬저항 성분은?

① 표면층의 면저항, 표면의 누설저항, 전위 또는 결정입계에 따라 발생하는 누설저항, 접합결합에 의한 누설저항
② 표면층의 면저항, 기관 자체의 저항, 금속전극 자체의 저항
③ 표면의 누설저항 전위 또는 결정입계에 따라 발생하는 누설저항, 접합의 결합에 의한 누설저항, 결정이나 전극의 미세균열에 의한 누설저항
④ 표면의 누설저항, 접합의 결합에 의한 누설저항, 표면층의 면저항

풀이 ②는 직렬저항 성분이다.
태양전지는 직렬저항보다 병렬저항으로 인하여 큰 출력 손실이 발생한다.

189 태양전지 모듈의 전류에 가장 많은 영향을 미치는 것은?

① 전압 ② 입력전압
③ 온도 ④ 일사량

190 계통 연계형 인버터의 직류를 교류로 변환할 때 발생하는 변환효율 계산식은?

① $\dfrac{P_{AC} \text{ 입력전력}}{P_{DC} \text{ 입력전력}}$ ② $\dfrac{P_{DC} \text{ 입력전력}}{P_{AC} \text{ 출력전력}}$

③ $\dfrac{P_{DC} \text{ 순간입력전력}}{P_{PV} \text{ 최대순간 } PV \text{ 어레이전력}}$ ④ $\dfrac{P_{AC} \text{ 순간입력전력}}{P_{PV} \text{ 최대순간 } PV \text{ 어레이전력}}$

정답 187 ② 188 ③ 189 ④ 190 ①

풀이 인버터의 직류를 교류로 변환할 때 변환효율식

$$\eta_{con} = \frac{P_{AC}\text{입력전력}}{P_{DC}\text{입력전력}}$$

191 공칭 태양전지 동작온도(NOTC)의 영향요소가 아닌 것은?

① 전지표면의 방사조도 ② 주위온도
③ 풍속 ④ 주변습도

풀이 NOTC(Nominal Operating Photovoltaic Cell Temperature)
해가 남중(태양시 정오)일 때 개방형 선반식 가대에 설치된 모듈에 햇빛이 연직으로 입사하고 방사조도 800[W/m²], 기온 20[℃], 풍속 1[m/s]을 표준기준 환경조건에서의 평균온도
STC : 방사조도 1,000[W/m²], 온도 25[℃], AM : 1.5

192 태양전지의 변환효율을 높이기 위한 방법으로 틀린 것은?

① 가급적 많은 빛이 반도체 내부에서 흡수되도록 하여야 한다.
② 입사 태양광에너지를 높이고 온도를 높게 유지해야 한다.
③ 빛에 의해 생성된 전자와 정공쌍이 소멸되지 않고 외부회로까지 전달되도록 해야 한다.
④ PN 접합부에 큰 전기장이 발생하도록 소재 및 공정을 설계해야 한다.

풀이 입사태양광에너지는 높이고 온도는 적정하게 유지해야 한다.(적정온도 20~25[℃])

193 태양전지 모듈(슈퍼 스트레이트형)의 구조 등에 관한 설명으로 옳지 않은 것은?

① 충진재로 봉한 태양전지셀을 수광면의 프런트커버와 뒷면 백커버 사이에 끼운 구조이다.
② 프런트커버는 90[%] 이상의 투과율과 높은 내충격력을 보유한 약 3[mm] 정도의 백판 열처리 유리를 사용한다.
③ 태양전지 셀 사이의 내부 연결을 위하여 절연전선을 사용하여 접속한다.
④ 프레임은 알루마이트 내시처리를 한 알루미늄 표면에 아크릴 도장을 한 프레임재를 사용한다.

풀이 슈퍼 스트레이트형 태양전지의 셀 사이의 내부 연결을 위하여 인터커넥터(금속리본)를 사용한다.

194 태양전지 모듈을 건축자재화하여 건물 외부에 적용하여 경제성 및 부가가치를 높여 보급하는 태양광발전시스템은?

① 단방향 추적식 ② 양방향 추적식
③ BIPV ④ 경사 가변식

정답 191 ④ 192 ② 193 ③ 194 ③

풀이 BIPV : 건물 외피에 적용하여 일체화하는 방식

195 방수성, 내수성 등 지붕의 여러 기능을 겸비하여 주변 지붕재와 동일한 형상을 하고 있기 때문에 지붕과 일체감이 있고 건축의 미적 디자인을 손상시키지 않는 모듈설치공법은?

① 경사지붕형 ② 지붕재일체형
③ 지붕재형 ④ 평지붕형

풀이 ① 경사지붕형 : 주로 주택용 설치공법
③ 지붕재형 : 주변 지붕재와 배합이 가능하며 주로 신축주택용 건물에 설치
④ 평지붕형 : 주로 청사나 학교관사 옥상에 태양전지 모듈 설치공법

196 BIPV(Building Integrated PV System)에 대한 설명으로 틀린 것은?

① 건축 재료와 발전기능을 동시에 발휘하는 방식이다.
② 경제적이며 에너지 효율성이 우수하다.
③ 태양광발전시스템 설계 시 건축가와 사전협의가 필요하다.
④ 태양광모듈은 지붕·파사드·블라인드 등 건물 외피에 적용하는 방식이다.

풀이 건물일체형 태양광발전시스템(BIPV : Building Integrated Photovoltaic System)
건물 외피에 적용하여 일체화함으로써 전력분야의 경제성 확보는 물론 건물 외적으로 보이는 미적 요소 등 각종 부가가치를 높여서 보다 효율적으로 태양에너지를 이용하는 것으로 발전효율이 낮다.

197 태양전지 표준모듈의 프레임 구조에 해당하지 않는 것은?

① EVA ② 전지 ③ EPDM ④ Glass

풀이 태양전지 표준모듈의 프레임 구조는 셀(전지), 충진재(EVA), 강화유리(Glass), 인터커넥터(금속리본) 등이다.
EPDM(고무가스켓) : 보호커버 고무시트

198 태양전지 모듈 선정 시 고려사항에 해당되지 않는 것은?

① 경제성 ② 신뢰성
③ 변환효율 ④ 태양전지 셀의 크기

풀이 모듈 선정 시 고려사항
• 태양전지의 종류, 변환효율, 최대출력, 신뢰성, 가격(경제성)
• 셀의 크기는 태양전지 모듈의 변환효율에 반영됨

정답 195 ② 196 ② 197 ③ 198 ④

199 태양광발전시스템의 어레이 추적방식이 아닌 것은?

① 감지식 추적방식 ② 혼합식 추적방식
③ 집광식 추적방식 ④ 프로그램 추적방식

풀이 태양광발전시스템의 어레이 추적방식
- 감지식 추적방식
- 프로그램 추적방식
- 혼합식 추적방식

200 태양전지 모듈의 기대수명은 얼마인가?

① 5년 이상 내용연수 ② 10년 이상 내용연수
③ 15년 이상 내용연수 ④ 20년 이상 내용연수

201 종합출력에 영향을 미치는 손실 요소가 아닌 것은?

① 모듈의 온도 ② 실측 경사면 일사량
③ MPP 불일치 ④ 인버터 손실

풀이 종합출력에 영향을 미치는 손실요소는 모듈의 오손, 모듈의 온도 DC 전압강하, MPP 불일치, 인버터 손실, AC 손실, 계량기 등이다.

202 태양전지 모듈검사는 출하검사와 신뢰성 검사로 구분된다. 다음 중 출하검사에 들어가지 않는 것은?

① 특성검사 ② 내습성 검사
③ 절연저항시험 ④ 구조 및 조립시험

풀이
- 출하검사 : 특성검사, 절연저항시험, 구조 및 조립시험, 강박시험 등
- 신뢰성 검사 : 내습성 검사, 염수부분, 내열성, 피복시험 등

203 태양전지 모듈에 다른 태양전지회로나 축전지의 전류가 유입되는 것을 방지하기 위하여 설치하는 것은?

① ZNR ② SPD ③ 바이패스 소자 ④ 역류방지 소자

풀이 역류방지 소자
태양전지 모듈에 다른 태양전지 회로와 축전지의 전류가 유입되는 것을 방지하기 위해 설치하는 것으로 일반적으로 다이오드가 사용되고, 역류방지 소자는 접속함 내에 설치하는 것이 일반적이나 태양전지 모듈의 단자함 내부에 설치하는 경우도 있다.

정답 199 ③ 200 ④ 201 ② 202 ② 203 ④

204 개방전압의 측정 순서를 올바르게 나타낸 것은?

> ㉠ 측정하는 스트링의 단로 스위치만 ON하여(단로 스위치가 있는 경우) 직류전압계로 각 스트링의 P-N 단자 간의 전압 측정
> ㉡ 태양전지 모듈에 음영이 발생되는 부분이 없는지 확인
> ㉢ 접속함의 출력 개·폐기를 OFF
> ㉣ 접속함 각 스트링의 단로 스위치를 모두 OFF(단로 스위치가 있는 경우)

① ㉢-㉣-㉡-㉠
② ㉠-㉡-㉢-㉣
③ ㉡-㉢-㉣-㉠
④ ㉣-㉡-㉠-㉢

205 태양광 모듈의 단면을 보면 여러 층으로 이루어져 있다. 이러한 층을 이루는 재료 중에 태양전지를 외부의 습기와 먼지로부터 차단하기 위하여 현재 가장 일반적으로 사용하는 충전재는?

① FRP
② Tedlar
③ EVA
④ Glass

풀이 모듈에 사용되는 충진재(EVA)
에틸렌비닐아세테이트(Ethylene-Vinyl Acetate)는 에틸렌과 비닐아세테이트를 결합한 화학 신소재로 투명하고 접착성과 유연성이 우수해 태양전지용 시트 등 다양한 용도로 사용된다.

206 실리콘 태양전지 모듈의 출력특성에 대한 설명으로 틀린 것은?

① 태양광 모듈의 표면온도가 높아지면 출력이 약간 증가함
② 태양의 일사강도가 동일한 경우, 여름철에 비해 겨울철의 출력이 높음
③ 단락전류는 일사강도에 비례하는 특성을 보임
④ 모듈 온도가 높아지면 개방전압은 일반적으로 감소함

풀이 실리콘 태양전지 모듈의 출력특성
- 태양전지 모듈의 출력전압은 온도가 높으면 강하되고, 온도가 낮으면 상승한다.
- 태양전지 모듈의 출력전류는 일사량이 높으면 증가하고, 일사량이 낮으면 줄어든다.

207 다음 중 인버터에 대한 설명 중 잘못된 것은?

① 태양전지에서 얻어지는 직류전력을 교류전력으로 변환시켜 주는 장치이다.
② 태양전지에서 얻어지는 교류전력을 직류전력으로 변환시켜 주는 장치이다.
③ 인버터를 이용하면 교류를 사용하는 전기기기의 직접 사용이 가능하다.
④ 인버터를 역변환 회로라고도 한다.

풀이
- 컨버터(Converter) : 교류를 직류로 순변환회로
- 인버터(Inverter) : 직류를 교류로 역변환회로

정답 204 ① 205 ③ 206 ① 207 ②

208 인버터(파워컨디셔너 PCS) 기능 중 잘못된 것은?
① 태양광 출력에 따른 자동운전, 자동정지 및 최대전력 추종제어기능
② 태양광발전설비와 전력망(Grid)과의 병렬운전을 위한 주파수 전압, 위상제어기능
③ 전력망 이상 발생 시 단독운전 유지기능
④ 발전출력의 품질(전압변동, 고조파) 제어기능

풀이 인버터의 기능
- 전력망 이상 발생 시 단독운전 방지
- 태양광발전설비 및 파워컨디셔너 자체 고장진단 및 이상 발생 시 자동정지

209 인버터의 설명으로 틀린 것은?
① PWM 원리로 정현파를 재생한다.
② 무변압기 인버터는 효율이 나쁘다.
③ MPPT를 이용한 최대전력을 생산한다.
④ 추적효율은 최적 동작점을 조정하는 것이다.

풀이 인버터 설명
- PWM 원리로 정현파를 재생한다.
- 무변압기 인버터는 변압기 효율의 손실이 없어 효율이 좋다.
- MPPT를 이용한 최대전력을 생산한다.
- 추적효율은 최적 동작점을 조정하는 것이다.
- 타여자 인버터는 전류보조회로가 필요치 않다.
- 주파수나 전압의 크기는 병렬의 교류전원에 의해서 정해진다.

210 인버터 선정 시 반드시 확인해야 할 사항으로 잘못된 것은?
① 인버터 제어방식 : 전압형 전류제어방식
② 출력 기본파 역률 : 95[%] 이상
③ 전류 외형률 : 총합 3[%] 이하 각 차수마다 5[%] 이하
④ 최고효율 및 유러피언 효율이 높을 것

풀이
- **전류 외형률** : 총합 5[%] 이하 가 차수마다 3[%] 이하

  전류의 외형률 $THD = \dfrac{\sqrt{\sum_{n=2}^{n=40} iAC_n}}{I_{AC_1}} \times 100[\%]$

- **최고 효율** : 전력변환을 행할 때 최고 변환효율 $\eta = \dfrac{AC}{DC} \times 100[\%]$

- **유러피언 효율** : 변환기의 고효율 성능척도를 나타내며, 출력에 따른 변환효율 비중을 두어 측정
  $\eta_{EURO} : 0.03 \times \eta_{5\%} + 0.06 \times \eta_{10\%} + 0.13 \times \eta_{20\%} + 0.1 \times \eta_{30\%} + 0.48 \times \eta_{50\%} + 0.2 \times \eta_{100\%}[\%]$

  여기서, 0.03, 0.06 : 비중계수
  5[%], 10[%] : 각 출력에서의 효율

정답 208 ③　209 ②　210 ③

211 전력변환장치(PCS)의 기능에 대한 설명으로 틀린 것은?

① 단독운전 방지기능
② 계통연계 운전기능
③ 전류 자동조절기능
④ 최대전력 추종제어기능

풀이 전력변환장치(PCS)의 기능
- 자동전압 조정기능
- 자동운전 정지기능
- 최대전력 추종제어기능
- 단독운전 방지기능
- 직류검출기능
- 직류지락 검출기능

212 태양광발전시스템 인버터의 기능이 아닌 것은?

① 자동운전정지
② 자동전압 조정
③ 직류검출
④ 고조파 검출

풀이 인버터의 기능
- 자동운전 정지기능
- 최대전력 추종제어기능
- 단독운전 방지기능
- 자동전압 조정기능
- 직류 검출기능
- 직류 지락 검출기능
- 계통연계 보호기능

213 태양광발전설비용 인버터 선정 시 전력품질 안정성 부분에 대한 고려사항이 아닌 것은?

① 교류분이 적을 것
② 노이즈의 발생이 적을 것
③ 고조파의 발생이 적을 것
④ 기동, 정지가 안정적일 것

풀이 인버터 선정 시 전력품질 안정성 부분 고려사항
- 직류분이 적을 것
- 노이즈(잡음) 발생이 적을 것
- 고조파 발생이 적을 것
- 기동, 정지가 안정적일 것

214 태양광발전시스템의 인버터 기능으로 틀린 것은?

① 계통보호를 위한 단독운전 방지기능이 있다.
② 태양전지에 온도가 높이 올라가면 자동적으로 온도를 조정하는 기능이 있다.
③ 태양전지의 출력을 가능한 범위 내에서 유효하게 끌어내기 위한 자동운전 정지기능이 있다.
④ 계통과 인버터에 이상이 있을 때 안전하게 분리하거나 인버터를 정지시키는 기능이 있다.

풀이 인버터에는 태양전지의 온도조절기능이 없다.

정답 211 ③ 212 ④ 213 ① 214 ②

215 인버터 Data 중 모니터링 화면에 전송되는 것이 아닌 것은?

① 일사량
② 발전량
③ 입력 측 전압, 전류, 전력
④ 출력 측 전압, 전류, 전력

풀이
- 인버터의 모니터링 : 입출력 전압, 전류, 전력 발전량
- 일사량은 일사량계에 의해 측정된다.

216 태양광발전시스템의 인버터에 대한 설명으로 틀린 것은?

① 옥내형만 가능하다.
② 자립 운전기능도 가능하다.
③ 직류를 교류로 변환하는 장치이다.
④ 잉여전력을 계통으로 역송전할 수 있다.

풀이 인버터는 실내·실외용을 구분하여 설치하여야 한다. 다만, 실내용을 실외에 설치하는 경우는 5[kW] 이상 용량일 경우에만 가능하며 이 경우 빗물 침투를 방지할 수 있도록 옥내에 준하는 수준으로 외함 등을 설치하여야 한다.

217 태양광발전시스템의 구성요소 중 인버터의 역할은?

① 직류 → 교류로 변환
② 교류 → 직류로 변환
③ 교류 → 교류로 변환
④ 직류 → 직류로 변환

풀이
- 인버터 : 직류 → 교류로 변환
- 정류기 : 교류 → 직류로 변환

218 태양전지의 출력은 일사강도와 표면온도에 따라 변동한다. 이런 변동에 대하여 태양전지의 동작점이 항상 최대출력점을 추종하도록 변화시켜 태양전지에서 최대출력을 얻을 수 있는 제어를 무엇이라 하는가?

① 단독운전제어
② 자동전압제어
③ 자동운전 정지제어
④ 최대전력 추종제어

풀이 최대전력 추종제어는 태양전지의 동작점이 항상 최대출력점을 추종하도록 변화시키는 인버터의 기능이다.

정답 215 ① 216 ① 217 ① 218 ④

219 실시간으로 변하는 일사강도에 따라 태양광 인버터가 최대 출력점에서 동작하도록 하는 기능은?

① 자동운전정지기능
② 단독운전방지기능
③ 자동전류조절기능
④ 최대전력 추종제어기능

풀이 최대전력 추종제어
실시간으로 변화하는 일사강도에 따라 태양광 인버터가 최대 출력점에서 동작하도록 기능한다.

220 태양광발전시스템을 상용전원과 병렬운전하고자 할 때, 파워컨디셔너(PCS)의 일치조건이 아닌 것은?

① 전압
② 주파수
③ 전류
④ 위상

풀이 태양광발전시스템의 인버터를 상용전원(계통)과 연계할 때에는 전압, 주파수, 위상을 일치시켜야 한다.

221 인버터의 직류 동작전압을 일정시간 간격으로 약간 변동시켜 그 때의 태양전지 출력전력을 계측하여 사전에 발생한 전력과 비교하여, 항상 출력전력이 크게 되는 방향으로 인버터의 직류전압을 변화시키는 기능은?

① 직류 검출제어기능
② 독립운전 방지기능
③ 최대전력 추종제어기능
④ 자동운전 정지제어기능

풀이 최대출력 추종제어(MPPT ; Maximum Power Point Tracking) 기능
인버터의 직류 동작전압을 일정시간 간격으로 약간 변동시켜 그때의 태양전지 출력전력을 계측하여 사전에 발생한 전력과 비교하여, 항상 출력전력이 크게 되는 방향으로 인버터의 직류전압을 변화시키는 기능

222 인버터의 전기적 보호등급 III의 안전 최저전압은 얼마인가?

① 최대 AC : 120[V], 최대 DC : 50[V]
② 최대 AC : 120[V], 최대 DC : 120[V]
③ 최대 AC : 50[V], 최대 DC : 50[V]
④ 최대 AC : 50[V], 최대 DC : 120[V]

풀이 인버터의 전기적 보호등급

등급 I	장치 접지됨	⏚
등급 II	보호절연(이중/강화 절연)	▢
등급 III	안전조치전압(최대 AC 50[V], 최대 DC 120[V])	◇III

정답 219 ④ 220 ③ 221 ③ 222 ④

223 출력전압의 파형을 기준으로 할 때 독립형 인버터에 해당되지 않는 것은?

① 구형파 인버터 ② 유사 사인파 인버터
③ 사인파 인버터 ④ 여현파 인버터

풀이
- 일반적으로 사용되는 출력전압 파형의 인버터는 사인파, 구형파, 유사 사인파 등의 인버터가 있다.
- 여현파는 코사인파를 말하며 독립형 인버터에는 해당되지 않는다.

224 태양광발전시스템용 인버터의 효율에 영향을 미치는 요소는?

① 스위칭주파수, 출력전압, 최대전력점 추적제어, 필터회로
② 스위칭주파수, 출력전압, Dead Time, 필터회로
③ 출력전압, 최대전력점 추적제어, 필터회로, Dead Time
④ 출력전압, 최대전력점 추적제어, 필터회로, 배전반

풀이 Dead Time
PWM을 이용하여 인버터의 게이트 구동 시 하나의 Lag에 있는 두 개의 게이트가 실제로 On-Off되는 시간차에 따라 단락이 발생하는데, 이 단락을 방지하는 최소의 시간이다.

225 인버터의 최저 입력전압은 250[V], 효율은 90[%], 출력용량은 100[kW]이며, 직류선로의 전압강하가 2[V]일 때, 인버터의 직류입력전류는 약 몇 [A]인가?

① 461 ② 441
③ 421 ④ 401

풀이 직류회로의 출력(P) = 전압(V) × 전류(I) × 효율(η)

$$I = \frac{P}{(V + \Delta V) \times \eta} = \frac{100 \times 10^3}{(250+2) \times 0.9} = 440.91 \fallingdotseq 441[A]$$

여기서, ΔV : 전압강하

226 다음 설명은 인버터의 효율 중 어떤 효율에 관한 것인가?

> 태양광 모듈의 출력이 최대가 되는 최대전력점(MPP ; Maximum Power Point)을 찾는 기술에 대한 성능지표이다.

① 정격효율 ② 추적효율
③ 유로효율 ④ 변환효율

풀이 추적효율 : 태양광 모듈의 출력이 최대가 되는 최대전력점(MPP)을 찾는 기술

정답 223 ④ 224 ① 225 ② 226 ②

227 인버터 각 시스템 방식 중 PV 분전함이 없어도 되고, PV 어레이 근처에 설치되는 인버터 연결 방식은?

① 병렬운전방식 ② 모듈 인버터 방식
③ 스트링 인버터 방식 ④ 중앙집중형 인버터 방식

풀이 스트링 인버터를 사용하면 설치가 더 간편해지고 설치비를 상당히 줄일 수 있다. 인버터는 PV 어레이 바로 근처에 설치되고 스트링 방식으로 연결된다.
- PV 분전함(접속함) 생략가능
- 일련의 상호 연결에 소모되는 모듈 케이블링의 감소와 DC전원 케이블의 생략

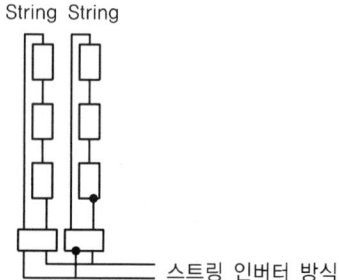
스트링 인버터 방식

228 다음에서 설명하고 있는 운전상태는?

> 태양광발전시스템이 계통과 연계되어 있는 상태에서 계통 측에 정전이 발생하면, 부하전력이 인버터의 출력과 동일하게 되므로 인버터의 출력전압, 주파수는 변하지 않고 전압, 주파수 계전기에서는 정전을 검출할 수 없게 된다. 그 때문에 계속해서 태양광발전시스템에서 계통으로 전력이 공급될 가능성이 있게 된다.

① 자동운전 ② 단독운전
③ 병렬운전 ④ 추종운전

풀이 단독운전 시 보수점검자에게 위해 끼칠 위험이 있으므로 이를 방지하기 위해 단독운전 방지기능을 설치한다.

229 자가용 발전설비 고장의 영향이 연계계통에 파급되지 않도록 발전설비를 즉시 전력계통과 분리시키는 인버터의 기능은?

① 자동전압 조정기능
② 단독운전 방지기능
③ 계통연계 보호기능
④ 자동운전 정지기능

풀이 계통연계 보호장치

계통에 연계하여 운전하는 태양광발전시스템에서 계통 측과 인버터 측에 이상이 발생했을 때, 이를 감지하고 신속하게 인버터를 정지시켜 계통 측의 안전을 확보하지 않으면 안 된다. 그 때문에 전기설비기술기준에서 계통연계 보호장치의 설치가 의무화되어 있다.

230 고주파 변압기 절연방식과 트랜스리스 방식의 계통연계 인버터는 출력전류에 중첩되는 직류분이 정격교류의 최대 몇 [%] 이하로 유지해야 하는가?

① 0.5[%] ② 5[%]
③ 10[%] ④ 20[%]

풀이 고주파 변압기 절연방식과 트랜스리스 방식의 계통연계 인버터는 출력전류에 중첩되는 직류분이 정격교류의 최대 0.5[%] 이하이어야 한다.

231 태양광발전시스템의 단독운전 검출방식 중 능동적 검출방식으로만 묶인 것은?

① 주파수 시프트방식, 유효전력변동방식, 무효전력변동방식, 부하변동방식
② 전압위상 도약검출방식, 제3고조파 전압급증 검출방식, 주파수변화율 검출방식
③ 주파수 시프트방식, 전압위상 도약검출방식, 무효전력변동방식, 부하변동방식
④ 주파수변화율 검출방식, 전압위상 도약검출방식, 무효전력변동방식, 부하변동방식

풀이
- 수동검출방식 : 전압위상 도약검출방식, 제3고조파 전압급증 검출방식, 주파수 변화율 검출방식
- 능동검출방식 : 주파수 시프트방식, 유효전력변동방식, 무효전력변동방식, 부하변동방식

232 인버터의 단독운전 방지기능 중 수동적 방식의 설명으로 틀린 것은?

① 전압위상 도약검출방식 : 단독운전 시 인버터 출력이 역률 1에서 부하의 역률로 변화하는 순간의 전압위상의 도약을 검출
② 제3고조파 전압급증 검출방식 : 단독운전 시 변압기의 여자전류 공급에 따른 전압의 급변을 검출
③ 주파수 변화율 검출방식 : 단독운전 시 발전전력과 부하의 불평형에 의한 주파수의 급변을 검출
④ 부하변동방식 : 인버터의 출력과 병렬로 임피던스를 순간적으로 또는 주기적으로 삽입하여 전압 또는 전류의 급변을 검출하는 방식

풀이 부하변동방식은 능동적 방식

233 분산형 전원 배전계통 연계기술 기준 중 단독운전 방지를 위한 가압중지시간은 몇 초 내로 하여야 하는가?

① 0.1 ② 0.2
③ 0.5 ④ 1.0

풀이 단독운전 상태 발생 시 해당 분산형 전원 연계시스템은 이를 감지하여 단독운전 발생 후 최대 0.5초 이내에 한전계통에 대한 가압을 중지해야 한다.

정답 230 ① 231 ① 232 ④ 233 ③

234 인버터의 직류동작전압을 일정시간 간격으로 약간 변동시켜 그때의 태양전지 출력전력을 계측하여 사전에 발생한 부분과 비교를 하게 되고 항상 전력이 크게 되는 방향으로 인버터의 직류전압을 변화시키는 기능은?

① 자동운전 정지제어기능
② 직류 검출제어기능
③ 최대전력 추종제어기능
④ 자동전압 조정기능

풀이 최대전력 추종제어
태양전지의 출력은 일사강도와 태양전지 표면온도에 따라 변동하는데, 이런 변동에 대하여 태양전지 동작점이 항상 최대출력점을 추종하도록 변화시켜 태양전지에서 최대출력을 얻을 수 있는 제어

235 자동전압 조정기능에 대한 설명 중 잘못된 것은?

① 태양광시스템이 한전계통에 연계(접속)하여 역송 병렬운전을 하는 경우 전력 전송을 위한 수전점의 전압이 상승하여 한전의 전압 유지 범위를 벗어날 수 있는데, 이를 방지하기 위한 기능이 자동전압 조정기능이다.
② 자동전압 조정기능에는 진상무효전력 제어기능과 출력제어기능이 있다.
③ 가정용으로 사용되는 3[kW] 미만의 것에는 이 기능이 생략된 것도 있다.
④ 자동전압 조정기는 태양광발전시스템에서 생략되어서는 안 된다.

풀이 소용량의 태양광발전시스템은 전압 상승의 가능성이 희박하여 자동전압 조정기능을 생략할 수 있다.

236 다음은 인버터의 단독운전 검출방식 중 어떤 방식에 대한 설명인가?

> 인버터의 출력단에 병렬로 임피던스를 순간적 또는 주기적으로 삽입하여 전압 또는 전류의 급변을 검출한다.

① 주파수 시프트방식
② 무효전력 변동방식
③ 유효전력 변동방식
④ 부하 변동방식

검출방식	특징
주파수 시프트방식	인버터의 내부발진기에 주파수 바이어스를 주었을 때, 단독운전 발생 시 나타나는 주파수 변동을 검출하는 방식
유효전력 변동방식	인버터의 출력에 주기적인 유효전력 변동을 주었을 때, 단독운전 발생 시 나타나는 전압, 전류 또는 주파수 변동을 검출하는 방식으로 상시 출력이 변동할 가능성이 있다.
무효전력 변동방식	인버터의 출력에 주기적인 무효전력 변동을 주었을 때, 단독운전 발생 시 나타나는 주파수 변동 등을 검출하는 방식
부하변동방식	인버터의 출력과 병렬로 임피던스를 순간적 또는 주기적으로 삽입하여 전압 또는 전류의 급변을 검출하는 방식

정답 234 ③ 235 ④ 236 ④

237 계통연계 보호장치 중 인버터 내부에 내장되지 않는 계전기는?
① 과전압 계전기
② 저전압 계전기
③ 과주파수 계전기
④ 지락 과전압 계전기

풀이 인버터에 내장되는 계전기는 과전압계전기, 저전압계전기, 과주파수계전기, 저주파수계전기이다. 지락 과전압 계전기는 계통단락 사고보호를 위하여 고압 측에 설치한다.

238 MPPT 제어방식의 특징 중 잘못된 것은?
① 직접제어 : 구성이 간단하고 즉각적 대응이 가능하나 성능이 떨어진다.
② P & O 제어 : 제어가 간단하고 출력전압이 연속적으로 진동하여 손실이 발생한다.
③ IncCond : 최대출력점에서 안정적이나 많은 연산이 필요하다.
④ Hysterisis – Band : 일사량 변화 시 효율이 높으며, 전반적으로 IncCond 방식보다 성능이 높다.

풀이 Hysterisis – Band는 IncCond 방식보다 성능이 낮다. P & O(Pertube observe), IncCond(Incremental Conductance), Hysterisis – Band는 직접제어방식이다.

239 전력회사의 배전계통과 연계되어 운전하는 태양광발전시스템의 연계보호장치 중 잘못된 것은?
① 유효전력 계전기
② 과전압 계전기(OVR)
③ 주파수 계전기
④ 거리 계전기

풀이 거리 계전기는 송배전 선로에 적용

계통 연계보호장치
㉠ 전력 계전기
  • 유효전력 계전기(32P)
  • 무효전력 계전기(32Q) : 단락사고 보호
  • 부족전력 계전기(32U) : 부족전력 검출
㉡ 전압 계전기
  • 과전압 계전기(59) OVR : 과전압 보호
  • 저전압 계전기(27) UrR : 사고 검출 또는 부전압 검출
㉢ 주파수 계전기 : 주파수 변동검출
  • 과주파수 계전기(81O) OFR : 63[Hz]
  • 저주파수 계전기(81U) UFR : 57[Hz]
㉣ 과전류 계전기(50/51) OCR : 과전류 보호
  • 순시 : 단락 보호
  • 한시 : 150[%]에서 과부하 보호 및 후비 보호
㉤ 지락과전류 계전기 OCGR : 특고압 연계 시 저압연계 보호장치
이러한 계통 연계보호장치는 중·소용량에서는 인버터에 내장되고 대용량 태양광발전시스템에서는 별도의 보호계전 시스템을 갖추어야 한다.

정답 237 ④ 238 ④ 239 ④

240 태양광이 가려지는 음영 공간이 있는 건물의 외벽 등의 소형 태양광발전시스템에 사용되는 인버터는?

① 중앙집중식 인버터
② 마스터-슬레이브 제어형 인버터
③ 모듈 인버터
④ 고전압 방식의 인버터

풀이 소형 태양광발전시스템에 사용되는 인버터는 모듈단위로 설치하는 모듈 인버터(AC 모듈)이다.

- 인버터시스템 방식은 인버터 입력에 따라 중앙집중형과 분산형 방식으로 구분된다.
- 마스터-슬레이브 제어 인버터 : 대용량 태양광발전시스템은 마스터 슬레이브 원리를 이용한 중앙집형 인버터 방식 사용
- 서브어레이와 스트링 인버터방식(분산형 인버터 방식) : 태양전지 어레이는 한 개의 스트링 형성. 중간 규모 시스템은 2~3개의 스트링이 인버터에 연결
- 모듈 인버터방식(AC 모듈) : 부분 음영이 있는 곳에서도 높은 시스템 효율을 얻기 위해서는 인버터를 태양전지모듈마다 각각 연결시켜 모듈이 최대전력점(MPPT)에서 작동하도록 하는 것
- 저전압방식 : 모듈을 3~5개 직렬연결하여 스트링 전압을 DC 120[V] 이하로 구성한 것
- 고전압방식 : 스트링이 길고 인버터 입력전압이 DC 120[V] 초과하는 것

241 다음은 인버터의 어떤 회로방식에 대한 설명인가?

> 태양전지의 직류출력을 DC-DC 컨버터로 승압하고 인버터로 상용주파의 교류로 변환한다.

① 트랜스리스 방식
② DC-DC 컨버터 방식
③ 고주파 변압기 절연방식
④ 상용주파 변압기 절연방식

풀이 인버터 회로방식

절연방식	회로도	설명
상용주파 변압기 절연방식	PV → 인버터(DC→AC) → 상용주파 변압기	태양전지 직류출력을 상용주파의 교류로 변환한 후 변압기로 절연한다.
고주파 변압기 절연방식	PV → 고주파 인버터(DC→AC) → 고주파 변압기(AC→DC) → 인버터(DC→AC)	태양전지의 직류출력을 고주파 교류로 변환한 후, 소형 고주파 변압기로 절연한다. 그 다음 일단 직류로 변환하고 다시 상용주파수 교류로 변환한다.
트랜스리스 방식 (무변압기 방식)	PV → 컨버터 → 인버터	태양전지의 직류출력 DC-DC 컨버터로 승압하고 인버터로 상용주파의 교류로 변환한다.

정답 240 ③ 241 ①

242 태양전지의 직류 출력을 상용주파수의 교류로 변환한 후 변압기에서 절연하는 방식은?

① 트랜스리스 방식
② 고주파 변압기 절연방식
③ PAM 방식
④ 상용주파 변압기 절연방식

풀이 241번 해설 참조

243 다음 그림과 같이 설명되는 인버터 회로방식은?

태양전지의 직류출력을 DC-DC 컨버터로 승압하고, 인버터로 상용주파의 교류로 변환하는 방식이며, 회로구성은 태양전지 셀, 컨버터, 인버터로 구성되어 있다.

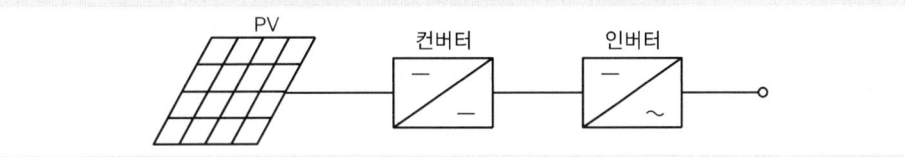

① 상용주파 변압기 절연방식
② 고주파 변압기 절연방식
③ 트랜스리스 방식
④ 트랜스 방식

풀이 241번 해설 참조

244 트랜스리스 방식의 인버터 회로 구성이 아닌 것은?

① 변압기　② 컨버터　③ 인버터　④ 개폐기

풀이 태양전지 직류 출력을 DC-DC 컨버터로 승압하고 인버터로 DC→AC로 상용주파수의 교류로 변환한다.

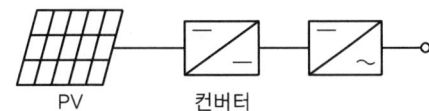

245 인버터는 태양전지에서 출력되는 직류전력을 교류전력으로 변환하고 교류계통으로 접속된 부하설비에 전력을 공급하는 기능을 한다. 그림과 같은 인버터 회로방식의 명칭으로 옳은 것은?

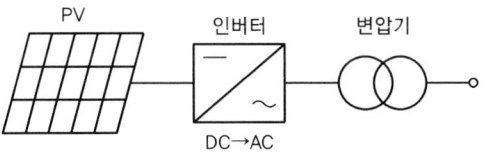

① 상용주파 변압기 절연방식
② 고주파 변압기 절연방식
③ 트랜스리스 방식
④ 트랜스 방식

풀이 241번 해설 참조

정답 242 ④ 243 ③ 244 ① 245 ①

246 태양광발전시스템의 직류출력을 DC-DC컨버터로 승압하고 인버터로 상용주파의 교류로 변환하는 인버터의 회로방식은?

① 계통연계 방식
② 트랜스리스 방식
③ 고주파 변압기 절연방식
④ 상용주파 절연방식

풀이 241번 해설 참조

247 인버터의 회로방식이 아닌 것은?

① 상용주파 변압기 절연방식
② 고조파 변압기 절연방식
③ 고주파 변압기 절연방식
④ 트랜스리스(Transless) 방식

풀이 241번 해설 참조
- 고주파(High Frequency) : 상대적으로 높은 주파수를 말함. 일반적으로 무선주파수를 가리키는 경우가 많음
- 고조파(Harmonic Wave) : 주기파 또는 주기 변화량에 있어서 기본 주파수의 정배수 주파수를 가진 성분을 말함(예 : 기본파의 3배 주파수를 가진 파를 제3고조파라 함)

248 태양전지의 직류 출력을 상용주파수의 교류로 변환한 후 변압기에서 절연하는 방식은?

① PAM 방식
② 트랜스리스 방식
③ 고주파 변압기 절연방식
④ 상용주파 변압기 절연방식

풀이 241번 해설 참조

249 뇌서지 내성 및 노이즈 차단특성이 우수하나 중량부피가 큰 인버터 절연방식은?

① 상용주파 절연방식
② 무변압기 절연방식
③ 고주파 절연방식
④ 접지 절연방식

풀이 인버터 절연방식의 종류별 특징

소분류	특징	
상용주파 절연방식	• 뇌서지 내성 및 노이즈 차단특성 우수 • 절연이 가능하고 회로구성이 간단하다.	• 중량 부피가 크다. • 소용량의 경우 효율이 낮다.
고주파 절연방식	• 소형, 경량, 무변압기 방식에 비해 고가이다. • 회로가 복잡하다.	
무변압기방식	• 소형, 경량, 저가이다. • 고조파 발생 및 직류 유출이 가능하다. • 직류 유출의 검출 및 차단기능이 반드시 필요하다.	• 비교적 신뢰성 높다.

정답 246 ② 247 ② 248 ④ 249 ①

250 상용주파변압기 절연방식의 인버터에 대한 특징이 아닌 것은?

① 절연이 가능하고 회로구성이 간단하다.
② 중량이 가볍고 부피가 작다.
③ 소용량의 경우 효율이 낮다.
④ 구조가 간단하다.

풀이 상용주파 변압기 절연방식의 인버터에 대한 특징
- 뇌서지 내성 및 노이즈 차단특성 우수
- 절연이 가능하고 회로구성 간단
- 구조가 간단
- 중량과 부피가 크다.
- 소용량의 경우 효율이 낮다.

251 고주파 절연방식과 무변압기 방식의 인버터에서는 인버터의 정격교류 최대 출력전류의 직류성분 함유율을 분산형 배전계통 연계 시 몇 [%]를 초과하지 않도록 규정하고 있는가?

① 0.3[%]   ② 0.5[%]   ③ 0.6[%]   ④ 0.7[%]

252 다음 인버터시스템 방식 중 저전압방식의 설명으로 틀린 것은?

① 표준 모듈은 3~5개 직렬로 연결하여 스트링 전압을 DC 120[V] 이하로 구성한 것이다.
② 장점은 음영의 영향을 적게 받는 것이다.
③ 단점은 중앙집중형으로 구성 시 높은 전류가 발생하는 것이다.
④ 저전압방식은 보호등급 I에 의해 설계할 수 있다.

풀이
- 저전압방식
  중앙집중형으로 구성 시 높은 전류가 발생한다.
  전류가 높아지면 저항손실($P_R = I^2R$)이 증가하므로 저항손실을 줄이기 위해 굵은 Cable을 사용한다.
- 보호등급

등급	내용	기호
I	장치접지됨	⏚
II	보호절연(이중/강화절연)	▣
III	안전 초저전압(최대 AC 50[V], 최대 DC 120[V])	⬨III

- 저전압방식은 보호등급 III에 의해 설계할 수 있다.

정답 250 ② 251 ② 252 ④

253 태양광발전용 인버터의 회로방식으로 적당하지 않은 것은?

① 트랜스리스 방식
② 상용주파 변압기 절연방식
③ 고주파 변압기 절연방식
④ 단권변압기 절연방식

풀이 인버터의 회로방식 종류
- 상용주파 변압기 절연방식
- 고주파 변압기 절연방식
- 트랜스리스(무변압기) 방식

254 태양광발전시스템의 직류 측 보호를 위한 장치로서 옳지 않은 것은?

① ACB
② 직렬회로용 퓨즈
③ 역전류 방지 다이오드
④ 바이패스 다이오드

풀이 ACB(Air Circuit Breaker) 기중차단기
교류저압회로 보호용 차단기. 저압의 집중 부하에 적용하는 차단기

255 인버터시스템 방식 중 고전압 인버터 방식에 대한 설명으로 잘못된 것은?

① 스트링이 길고 인버터의 입력전압이 DC 120[V](DOV)를 초과하는 것으로 보호등급 II가 적용된다.
② 전류가 높아 케이블의 굵기를 가늘게 할 수 있다.
③ 스트링이 길기 때문에 음영손실이 높다.
④ 저전압 방식에 비해 발전량 손실이 매우 크다.

풀이 전류가 낮아 케이블 굵기를 가늘게 할 수 있다.

256 접속함에 설치되는 부품을 모두 나열한 것은?

ㄱ. 직류출력 개폐기
ㄴ. 피뢰소자
ㄷ. 역류방지 소자
ㄹ. 바이패스 소자
ㅁ. 과전압 계전기

① ㄱ, ㄴ, ㄷ
② ㄱ, ㄷ, ㄹ
③ ㄷ, ㄹ, ㅁ
④ ㄱ, ㄹ, ㅁ

풀이 접속함에는 피뢰소자, 역류방지 소자, 직류출력 개폐기, 어레이 측 개폐기, 퓨즈, 바이패스 소자는 단자함에 설치, 과전압 계전기는 연계보호장치

정답 253 ④ 254 ① 255 ② 256 ①

257 태양광발전시스템의 접속함에 관한 설명으로 틀린 것은?

① 피뢰기(LA)가 설치되어 있다.
② 역류방지 소자가 설치되어 있다.
③ 스트링 배선을 하나로 모아 인버터에 보내는 기기이다.
④ 보수, 점검 시 회로를 분리하여 점검을 용이하게 한다.

풀이 접속함에 설치된 기기는 역류방지 소자 서지보호장치(SPD ; Surge Protective Device) 개폐기이며, 피뢰기(LA ; Lighting Arrester)는 특고압 전로의 뇌서지 저감장치이다.

258 태양광발전시스템의 분전함(접속함)에 설치되는 구성요소가 아닌 것은?

① 직류출력 개폐기　　　　　　　　② 누전 차단기
③ 피뢰소자　　　　　　　　　　　　④ 역류방지 소자

풀이 태양광발전시스템 분점함(접속함) 구성요소 : 태양전지 어레이 측 개폐기, 주개폐기, 피뢰소자, 단자대, 역류방지 소자

259 다음 중 접속함 내부의 구성기기가 아닌 것은?

① 주 개폐기　　　　　　　　　　　② 단자대
③ 바이패스 소자　　　　　　　　　④ 역류방지소자

풀이 바이패스 소자는 모듈 내에 설치

260 접속함에 대한 설명으로 잘못된 것은?

① 접속함은 태양전지 어레이와 인버터 사이에 설치하며 여러 개의 태양전지 모듈의 직렬연결된 스트링 회로의 단자대를 이용하여 접속한다.
② 보수 점검 시 회로를 분리하거나 점검을 용이하게 하기 위해 설치한다.
③ 노출된 장소에 설치되는 경우 빗물, 먼지 등이 침입하지 않는 구조로 보호등급은 IP 33 이상의 것을 선정한다.
④ 접속함에는 태양전지 어레이 측 개폐기, 주 개폐기, 서지보호장치(SPD), 역류방지 소자, 출력용 단자대, 감시용 DCCT, DCPT(Shunt), T/D(Transducer) 또는 Multi Power Transducer 등이 있다.

풀이
- 접속함 보호등급은 실외형 IP 54 이상을 선정한다.
- 방수방진 보호등급 IP 분진과 수분침투에 대한 산업표준
- IP ; Ingress Protection

정답 257 ① 258 ② 259 ③ 260 ③

261 여러 개의 태양전지 모듈의 스트링을 하나의 접속점에 모아 보수·점검 시에 회로를 분리하거나 점검작업을 용이하게 하며, 태양전지 어레이에 고장이 발생해도 정지범위를 최대한 적게 하는 등의 목적으로 사용되는 것은?

① 인버터
② 접속함
③ 바이패스 소자
④ 계통연계 보호계전기

풀이 접속함에는 직류 출력 개폐기, 피뢰소자, 역류방지 소자, 단자대, 감시용 DCCT, DCPT 등을 설치한다.

262 태양광발전시스템의 교류 측 기기에 속하지 않는 것은?

① 접속함
② 분전반
③ 적산전력량계
④ 지락과전류차단기

풀이 접속함의 직류 측 기기에 해당된다.

263 뇌 서지 등의 피해로부터 태양광 발전시스템을 보호하기 위한 대책으로 적절하지 않은 것은?

① 피뢰소자를 어레이 주회로 내부에 분산시켜 설치하고 접속함에도 설치한다.
② 저압배전선에서 침입하는 뇌 서지에 대해서는 분전반에 피뢰소자를 설치한다.
③ 피뢰소자의 접지 측 배선은 되도록 길게 유지하면서 설치한다.
④ 뇌우 다발지역에서는 교류전원 측으로 내뢰트랜스를 설치한다.

풀이 피뢰소자 설치지역
- 피뢰소자를 어레이 주회로 내부에 분산시켜 설치하고 접속함도 설치
- 저압 배전선에서 침입하는 뇌서지에 대해서는 분전반에 피뢰소자를 설치
- 뇌우 다발지역에서는 교류전원 측으로 내뢰트랜스를 설치
- 피뢰소자의 접지 측 배선은 되도록 짧게 한다.

264 뇌보호 시스템 중 내부 뇌보호시스템은?

① 접지시스템
② 인하도선시스템
③ 수뢰부시스템
④ 서지보호장치시스템

풀이
- 외부 뇌보호시스템 : 수뢰부시스템, 인하도선시스템, 접지시스템
- 내부 뇌보호시스템 : 접지와 본딩, 자기차폐, 선로의 포설경로, 절연인터페이스, 협조된 서지보호장치(SPD)

정답 261 ② 262 ① 263 ③ 264 ④

265 태양광발전시스템이 개방된 곳에 설치되어 있다면, 낙뢰로부터 보호하기 위해 설치하는 것은?
① 발광다이오드
② 역류방지소자
③ 바이패스소자
④ 피뢰침

풀이 태양광발전시스템이 개방된 곳(옥외)에 설치된 경우 낙뢰로부터 보호하기 위해서 피뢰침을 설치한다.

266 뇌 서지 등의 피해로부터 PV(Photovoltaic) 시스템을 보호하기 위한 대책으로 적합하지 않은 것은?
① 뇌우의 발생지역에서는 직류전원 측에 내뢰트랜스를 설치하여 보다 완전한 대책을 세운다.
② 피뢰소자를 어레이 주회로 내에 분산 설치함과 동시에 접속함에도 설치한다.
③ 저압 배전선으로부터 침입하는 뇌서지에 대해서는 분전반에 피뢰소자를 설치한다.
④ 접속함 및 분전반 안에 설치하는 피뢰소자는 방전용량이 큰 것을 선정한다.

풀이 뇌뢰트랜스는 교류전원 측에 설치되는 피뢰소자이다.

267 직격뢰와 유도뢰에 대한 설명이 아닌 것은?
① 직격뢰는 에너지가 매우 작다.
② 유도뢰에 의한 순간적인 전압상승을 뇌서지라고 한다.
③ 정전유도에 의한 유도뢰는 케이블에 유도된 플러스 전하가 낙뢰로 인한 지표면 전하의 중화에 의해 뇌서지가 된다.
④ 전자유도에 의한 유도뢰는 케이블 부근에 낙뢰로 인한 뇌 전류에 따라 케이블에 유도되어 뇌서지가 된다.

풀이 직격뢰의 전류파고치는 15~20[kA] 이하가 50[%] 정도 차지하지만 200[kA] 이상의 것도 관측되고 있다. 직격뢰에 대한 대책은 피뢰침을 설치하여 보호한다.

268 피뢰소자 중 내뢰트랜스의 선정방법으로 옳지 않은 것은?
① 전기특성이 양호한 것으로 선정한다.
② 1차 측, 2차 측의 전압 및 용량을 결정하고 카탈로그에 의해 형식을 선정한다.
③ 내뢰트랜스로 보호할 수 없는 경우에만 어레스터와 서지업서버를 사용한다.
④ 1차 측과 2차 측 간에 실드판이 있고, 이 판수가 많을수록 뇌서지에 대한 억제 효과도 높아지므로 많은 것을 선정한다.

풀이 어레스터와 서지업서버로 보호할 수 없는 경우에는 내뢰트랜스로 보호한다.

정답 265 ④ 266 ① 267 ① 268 ③

269 뇌보호형 부품이 아닌 것은?

① 서지흡수기(SA)
② 내뢰트랜스
③ 단로기
④ 피뢰기(LA)

풀이 뇌보호용 부품은 서지흡수기(SA), SPD(서지보호장치), 피뢰기(SA), 내뢰트랜스이다.
단로기(DS)는 무부하 전로만 개폐할 수 있는 개폐기로 회로 분리목적으로만 사용한다.

270 건축물에 설치된 태양광 설비를 직접적인 낙뢰로부터 보호하기 위한 외부 뇌보호시스템이 아닌 것은?

① 수뢰부 시스템
② 인하도선 시스템
③ 접지 시스템
④ SPD 시스템

풀이 외부 뇌보호시스템 : 수뢰부 시스템, 인하도선 시스템, 접지 시스템
※ SPD는 내부 뇌보호시스템

271 뇌 서지 등의 피해로부터 PV시스템을 보호하기 위한 대책으로 적합하지 않은 것은?

① 피뢰소자를 어레이 주회로 내에 분산시켜 설치함과 동시에 접속함에도 설치한다.
② 뇌우의 발생지역에서는 직류전원 측에 내뢰트랜스를 설치하여 보다 완전한 대책을 취한다.
③ 뇌우의 발생지역에서는 교류전원 측에 내뢰트랜스를 설치하여 보다 완전한 대책을 취한다.
④ 저압 배전선으로부터 침입하는 뇌 서지에 대해서는 분전반에 피뢰소자를 설치한다.

풀이 직류전원에서는 내뢰트랜스를 사용할 수 없다.

272 피뢰기가 구비해야 할 조건으로 잘못 설명된 것은?

① 속류의 차단능력이 충분할 것
② 상용주파 방전 개시 전압이 높을 것
③ 충격 방전 개시 전압이 낮을 것
④ 방전내량이 작으면서 제한전압이 높을 것

풀이 피뢰기 구비조건
- 충격 방전 개시 전압이 낮을 것
- 상용주파 방전 개시 전압이 높을 것
- 제한전압이 낮을 것
- 속류차단능력이 클 것

정답 269 ③ 270 ④ 271 ② 272 ④

273 서지보호장치(SPD)의 설명으로 옳지 않은 것은?
  ① SPD는 반도체형과 갭형이 있고, 기능 면으로 구별하면 억제형과 차단형이 있다.
  ② SPD 소자로서 탄화규소, 산화아연 등이 있다.
  ③ 통신용, 전원용이 있다.
  ④ 단락전류 차단기능이 있다.

  풀이 SPD(서지보호장치)는 뇌서지로부터 저압기기를 보호하는 소자로 단락전류 차단기능은 없다. 단락전류 차단은 CB 및 Fuse의 기능이다.

274 피뢰소자 중 서지보호장치(SPD)의 구체적인 선정방법으로 틀린 것은?
  ① 최대연속 사용전압(U_c) : 접속함 및 분전반 등의 SPD 설치장소는 제조사의 카탈로그의 정격전압 또는 제조사가 권하는 전압의 형식의 것을 선정한다.
  ② 전압방호레벨(U_p) : 공칭방전전류(8/20[μs])에서의 방호레벨이 2,500[V] 이하인 것을 선정, 서지보호장치의 기능을 발휘하기 위해서는 가능한 한 접지선은 짧게 배선(0.5[m] 이내)해야 한다.
  ③ 최대방전전류(I_{max} 8/20[μs]) : 서지보호장치의 최대방전전류는 최저 20[kA] 이상, 겨울철 번개에 대응할 수 있는 40[kA] 이상으로 선정한다.
  ④ 서지보호장치는 회로에서 쉽게 탈착할 수 있는 구조가 좋다. 이는 절연저항 측정 시 접지선 분리에 도움이 되기 때문이다.

  풀이 최대방전전류는 최저 10[kA] 이상

275 낙뢰에 의한 충격성 과전압에 대하여 전기설비의 단자전압을 규정치 이내로 저감시켜 정전을 일으키지 않고 원상태로 회귀하는 장치는?
  ① 어레스터   ② 서지업소버
  ③ 내뢰트랜스   ④ 차단기

  풀이 ② 서지업소버 : 전선로에 침입하는 이상전압의 높이를 완화하고 파고치를 저하시키는 장치
      ③ 내뢰트랜스 : 실드 부착 절연트랜스를 주체로 하고 어레스터 및 콘덴서를 부가시킨 것. 실드에 의해 뇌서지의 흐름을 완전히 차단할 수 있도록 한 변압기
      ④ 차단기 : 정상전류는 On-Off, 이상전류는 차단하여 전기기기를 보호하는 장치

정답 273 ④ 274 ③ 275 ①

276 뇌 서지 등의 피해로부터 PV시스템을 보호하기 위한 대책 중 틀린 것은?
① 피뢰소자를 어레이 주회로 내부에 분산시켜 설치하고 접속함에도 설치한다.
② 뇌 서지가 침입하지 못하도록 피뢰소자를 설비인 입구 가까운 곳에 설치한다.
③ 저압배전선에서 침입하는 뇌 서지에 대해 분전반에는 피뢰소자를 설치하지 않아도 된다.
④ 뇌우 다발지역에서는 교류전원 측으로 내뢰트랜스를 설치한다.

풀이 저압배전선에서 침입하는 뇌 서지에 대해 분전반에 피뢰소자를 설치한다.

277 태양광발전시스템과 하위 전자기기를 용량, 유도결합과 그리드 과전압으로부터 보호하기 위해 설치하는 것은?
① 피뢰침
② 종단 저항
③ 서지 흡수기
④ 바이패스 장치

풀이 서지 흡수기 : LA와 같은 구조와 특성을 지니고 있으며 선로에서 발생하는 순간 과도전압 등의 이상전압이 2차 시기에 영향을 미치는 것을 방지한다.

278 태양광발전시스템에서 지락 발생 시 누전 차단기로 보호할 수 없는 경우가 발생하는 이유는?
① 지락전류에 직류성분이 포함되어 있기 때문에
② 태양전지에서 발생하는 지락전류의 크기가 매우 크기 때문에
③ 인버터의 출력이 직접계통에 접속되기 때문에
④ 태양전지와 계통 측이 절연되어 있지 않기 때문에

풀이 누전차단기는 교류 600[V] 이하의 전로에서 인체에 대한 감전사고와 전기기기 손상을 방지하기 위해 설치하는 차단기

279 태양광발전용 인버터의 단독운전 방지 기능에서 능동적인 검출방식이 아닌 것은?
① 부하변동방식
② 주파수시프트방식
③ 무효전력변동방식
④ 전압위상도약방식

풀이 인버터의 단독운전 방지 기능에서 능동적 방식
- 주파수시프트방식
- 부하변동방식
- 유효전력변동방식
- 무효전력변동방식

정답 276 ③ 277 ③ 278 ① 279 ④

280 전력변환장치의 설명으로 잘못된 것은?

① AC – DC Converter(순변환) : 제어정류기(Controlled Rectifier)
② AC – AC Converter(교류변환) : 교류전압제어기, 사이클로 컨버터
③ DC – DC Converter(직류변환) : 초퍼(Chopper), 스위칭 레귤레이터
④ DC – AC Converter(역변환) : 컨버터(Converter)

풀이 DC – AC Converter(역변환) : 인버터(Inverter)

281 계통연계 보호장치 중 역송전이 있는 저압연계시스템에서 설치가 필요한 계전기가 아닌 것은?

① 저전압 계전기
② 과전압 계전기
③ 과주파수 계전기
④ 지락 과전압계전기

풀이
- 저압 연계시스템의 계통연계 보호장치 : UVR(저전압계전기), OVR(과전압계전기), UFR(저주파수계전기), OFR(과주파수계전기)
- 특고압 연계시스템은 저압 계통연계 보호장치에 추가로 OVGR(지락과전압계전기) 또는 OCGR(지락과전류계전기)이 필요하다.

282 태양광발전시스템에서 태양전지 어레이의 전기적 구성요소로 틀린 것은?

① 접속함
② 바이패스 다이오드
③ 인버터
④ 역류방지 다이오드

풀이 태양전지 어레이의 전기적 구성요소 : 스트링, 역류방지 다이오드, 바이패스 다이오드, 접속함 등

283 태양전지 모듈 내에 태양전지 셀의 결함 또는 열화로 인한 출력저하를 방지하고 발열을 억제하기 위하여 사용하는 것은?

① 리드선
② 충진재
③ 바이패스 소자
④ 알루미늄 프레임

풀이 바이패스 소자

일부 셀이 나뭇잎, 새 배설물 등의 그늘(음영)이 발생하면 그 부분의 셀은 전기를 생산하지 못하고 저항이 증가한다. 그늘진 셀에는 접속된 다른 셀들의 회로(String)의 모든 전압이 인가되어 그늘진 셀은 발열하게 된다. 셀이 고온이 되면 셀과 주변의 충진재(EVA)가 변색되고, 뒷면 커버의 팽창 음영셀의 파손이 발생한다. 즉, 모듈 내의 셀의 결함 또는 열화로 인한 출력저하, 발열 등이 발생한다. 이를 방지하기 위한 목적으로 고저항이 된 셀들과 병렬로 접속하여 음영된 셀에 흐르는 전류를 바이패스(By – pass)하도록 하는 것이다.

정답 280 ④ 281 ④ 282 ③ 283 ③

284 어레이 내의 스트링과 스트링 사이에서 전압불균형이 발생하여 병렬 접속한 스트링 사이에 전류가 흘러 악영향을 미치는데 이를 방지하기 위해 사용되는 것은?

① 바이패스 다이오드
② 역류방지 다이오드(Blocking Diode)
③ 정류 다이오드
④ 발광 다이오드

풀이 역류방지 다이오드는 스트링마다 설치하며, 모듈을 연결하는 직렬회로에서 역류를 방지하기 위해서도 설치한다.

285 역류방지 다이오드(Blocking Diode)의 용량은 모듈 단락전류의 몇 배 이상으로 설계하는가?

① 1.0배　② 1.4배　③ 3.0배　④ 4.0배

풀이 역류방지 다이오드 시공기준
- 1대의 인버터에 연결된 태양전지 직렬군이 2병렬 이상일 경우에는 각 직렬군에 역전류 방지다이오드를 별도의 접속함에 설치해야 하고, 접속함은 발생하는 열을 외부에 방출할 수 있도록 환기구나 방열판을 갖추어야 한다.
- 용량은 모듈단락전류의 1.4배 이상이어야 하고 현장에서 확인할 수 있도록 표시해야 한다.

286 역류방지 다이오드(Blocking Diode)의 역할을 옳게 설명한 것은?

① 태양빛이 없을 때 축전지로부터 태양전지를 보호한다.
② 태양광발전시스템의 외함을 접지하기 위해 사용한다.
③ 과전류가 흐를 때 회로를 차단한다.
④ 태양광 모듈을 최적 운전점을 추적한다.

풀이 역류방지 소자의 설치목적
- 태양전지 모듈에 그늘(음영)이 생긴 경우, 그 스트링 전압이 낮아져 부하가 되는 것을 방지하는 것
- 독립형 태양광 발전시스템에서 축전지가 설치된 경우 야간에 태양광 발전이 정지된 상태에서 축전지 전력이 태양전지 모듈 쪽으로 흘러들어 소모되는 것을 방지하기 위한 것

287 독립형 태양광발전시스템에서 축전지의 방전 시 모듈로 유입하는 전류를 억제하기 위해 설치하는 소자는?

① 바이패스 소자
② 역류방지 소자
③ 서지보호장치
④ 환류다이오드

풀이 역류방지 소자의 설치목적
- 태양전지 모듈에 그늘(음영)이 생긴 경우, 그 스트링 전압이 낮아져 부하가 되는 것을 방지하는 것
- 독립형 태양광 발전시스템에서 축전지가 설치된 경우 야간에 태양광 발전이 정지된 상태에서 축전지 전력이 태양전지 모듈 쪽으로 흘러들어 소모되는 것을 방지하기 위한 것

정답 284 ② 285 ② 286 ① 287 ②

288 인버터의 부하가 인덕턴스인 경우 스위칭 소자가 On-Off 시 인덕턴스 양단에 나타나는 역기전력에 의한 스위칭 소자의 내전압을 초과하여 소손되는 것을 방지하는 용도의 소자는?

① IGBT
② 환류 다이오드
③ 역류방지 소자
④ 바이패스 소자

풀이 환류 다이오드(Free Wheeling Diode)
인버터의 부하가 인덕턴스인 경우 트랜지스터가 On-Off 시 인덕터 양단에 나타나는 역기전력 ($e = -L\frac{di}{dt}$)에 의한 트랜지스터의 내전압을 초과하여 소손되는 것을 방지

289 전기설비의 안전에 관한 일반적인 사항이 아닌 것은?

① 전기설비의 접지와 건축물의 피뢰설비 및 통신설비들을 통합접지공사를 할 수 있다.
② 전선배관 등의 관통부는 화재 확산을 방지하기 위해서 관통부 처리를 하여야 한다.
③ 전기실의 소화설비로는 이산화탄소, 청정소화약제 등을 사용할 수 있다.
④ 유입 변압기는 반드시 옥내 설치가 권장된다.

풀이 유입변압기는 옥내·옥외 설치가 가능하며, 일반적으로 건축물의 화재 확산 방지를 고려하여 옥외설치가 권장되고 있다.
- 공용접지 : 전기시설 특고압, 고압, 저압 접지를 말한다.
- 통합접지 : 전기시설(특고압, 고압, 저압) 접지, 통신접지, 피뢰접지를 말한다. 통합접지를 한 곳에는 SPD를 설치해야 한다.

290 BIPV(Building Intergrated Photovoltaic) 투명창으로 적용 가능한 비정질 실리콘 기반 투명 태양전지의 특징이 아닌 것은?

① 투명기판, 투명 전면전극, 비정질 실리콘 흡수층, 후면전극으로 구성된다.
② 개방형 태양전지는 투명전극재료로 ITO, ZnO, SnO_2 등이 사용된다.
③ 투과형 태양전지는 후면에 투명유리를 적용하여 빛을 투과시킨다.
④ a-Si : H 흡수층은 1.7~1.8[eV]의 높은 밴드갭을 가지므로 얇은 두께에서도 빛 흡수가 가능하다.

풀이 TCO(전도성 산화물) 전면 접촉은 SnO_2, ITO, ZnO가 사용되고 하부 TCO층은 후면 접촉과 함께 반사판 기능을 수행한다.

291 결정질 실리콘 태양전지의 일반적인 제조공정이 아닌 것은?

① 확산
② 측면 접합
③ 웨이퍼 장착
④ 반사방지막 코팅

정답 288 ② 289 ④ 290 ③ 291 ②

풀이 결정질 실리콘 태양전지의 제조과정

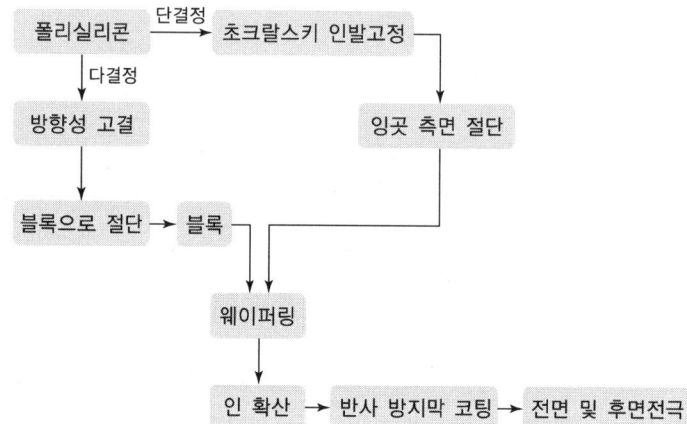

292 실리콘형 태양전지의 재료 중 P형 반도체의 특성이 맞는 것은?

① 정공이 다수 캐리어이다.
② 전자가 다수 캐리어이다.
③ 전자·정공 모두 다수 캐리어이다.
④ 전자·정공 모두 소수 캐리어이다.

풀이
- P형 반도체의 다수 캐리어는 정공, 소수 캐리어는 전자
- N형 반도체의 다수 캐리어는 전자, 소수 캐리어는 정공

293 실리콘 태양전지의 P형 반도체의 특성 설명으로 옳은 것은?

① 전자, 정공 모두 다수 캐리어이다.
② 전자, 정공 모두 소수 캐리어이다.
③ 전자가 다수 캐리어이다.
④ 정공이 다수 캐리어이다.

풀이 실리콘 태양전지의 P형 반도체는 정공이 다수캐리어이고, N형 반도체는 전자가 다수캐리어이다.

294 PN접합 다이오드의 순 바이어스란?

① 인가전압의 극성과는 관계가 없다.
② 반도체의 종류에 관계없이 같은 극성의 전압을 인가한다.
③ P형 반도체에 +, N형 반도체에 −의 전압을 인가한다.
④ P형 반도체에 −, N형 반도체에 +의 전압을 인가한다.

풀이
- 순 바이어스 : P형 반도체에 +, N형 반도체에 −의 전압을 인가
- 역 바이어스 : P형 반도체에 −, N형 반도체에 +의 전압을 인가

정답 292 ① 293 ④ 294 ③

295 PN접합 다이오드에 공핍층이 생기는 경우는?

① (-) 전압만 인가할 때 생긴다.
② 전압을 가하지 않을 때 생긴다.
③ 전자와 정공의 확산에 의해 생긴다.
④ 다수 전송파가 많이 모여 있는 순간에 생긴다.

풀이 P형 반도체는 정공이고, n형 반도체는 전자로 둘을 접합시키면 정공과 전자의 농도 차가 발생하여 확산이 일어난다.

296 PN접합 다이오드의 P형 반도체에 (+)바이어스를 가하고, N형 반도체에 (-)바이어스를 가할 때 나타나는 현상은?

① 공핍층의 폭이 작아진다.
② 공핍층 내부의 전기장이 증가한다.
③ 전류는 소수캐리어에 의해 발생한다.
④ 다이오드는 부도체와 같은 특성을 보인다.

풀이 태양전지는 실리콘(Si)에 5가 원소를 도핑시킨 P형 반도체와 3가 원소를 도핑시킨 P형 반도체로 이루어진 P-N 접합구조로 되어 있다.
PN접합 다이오드의 P형 반도체에 (+)바이어스를 가하고 N형 반도체에 (-)바이어스를 가하면 공핍층의 폭이 작아지는 현상이 생긴다.

297 PN접합 다이오드에 역방향 바이어스 전압을 인가할 때의 설명으로 틀린 것은?

① 전위장벽이 높아진다.
② 전계가 강해진다.
③ P형에 (+)전압, N형에 (-)전압을 연결한다.
④ 공간전하 영역의 폭이 넓어진다.

풀이 PN접합 다이오드에서 P형 영역에 음(-)의 전압, N형 영역에 양(+)의 전압이 인가된 상태를 역방향 바이어스가 인가되었다고 한다.

298 PN접합 다이오드의 P형 반도체에 (-)바이어스를 가하고, N형 반도체에 (+)바이어스를 가할 때 나타나는 현상은?

① 공핍층(결핍층)의 폭이 좁아진다.
② 공핍층(결핍층) 내부의 전기장이 감소한다.
③ 전류는 다수캐리어에 의해 발생한다.
④ 다이오드는 부도체와 같은 특성을 보인다.

풀이 공간전하층(공핍층)
확산에 의해 N형 반도체 지역에는 (+)인 정공이 P형 반도체 지역에는 (-)인 전자가 형성되는 영역이며 P형 반도체에 (-)바이어스를 가하고, N형 반도체에 (+)바이어스를 가하는 것은 역방향 바이어스로 공핍층이 넓어지고, 공핍층 내부의 전기장이 증가하며, 부도체와 같은 특성을 나타낸다.

정답 295 ③ 296 ① 297 ③ 298 ④

299 N형 반도체의 다수캐리어는?

① 양성자
② 중성자
③ 정공
④ 전자

풀이 P형 반도체의 다수캐리어는 정공이고, N형 반도체의 다수캐리어는 전자

300 밴드갭 에너지는 반도체의 특성을 구분하는 매우 중요한 요소다. Si, GaAs, Ge를 밴드갭 에너지의 크기순으로 바르게 나열한 것은?

① Si > GaAs > Ge
② GaAs > Ge > Si
③ GaAs > Si > Ge
④ Ge > GaAs > Si

풀이 반도체 밴드갭은 Si : 1.12, Ge : 0.67, GaAs : 1.42로 반도체 밴드갭의 크기 순서는 GaAs > Si > Ge 이다.

301 단결정 실리콘 태양전지의 특징이 아닌 것은?

① 제조에 필요한 온도는 약 1,400[℃]이다.
② 단단하고, 구부러지지 않는다.
③ 무늬가 다양하다.
④ 색이 검은색이다.

풀이 단결정(Single Crystal) 실리콘 태양전지
- 단결정 실리콘 태양전지는 무늬가 다양하지 못하다.(색은 검은색이다.)
- 순도가 높고, 결정 결함 밀도가 낮은 고품위재료이다.
- 단단하고 구부러지지 않는다.
- 제조에 필요한 온도는 1,400[℃]이다.

302 결정질 실리콘 태양전지의 일반적인 제조공정이 아닌 것은?

① 웨이퍼 장착
② 표면 조직화
③ 측면 접합
④ 반사방지막 코딩

풀이 태양전지 제조공정
- 세정 및 웨이퍼 표면 가공(Texturing)
- 에미터 형성(Doping)
- 도핑 시 형성된 산화막(PSG) 제거
- p-n접합 측면분리(Edge Isolation)
- 반사방지막 형성(AR Coating)
- 금속전극 형성(Metallization)
- 금속전극 소성(Firing)
- 태양전지 특성 검사 및 분류(Sorting)

정답 299 ④ 300 ③ 301 ③ 302 ③

303 궤도전자가 강한 에너지를 받아서 원자 내의 궤도를 이탈하여 자유전자가 되는 것을 무엇이라 하는가?

① 여기
② 공진
③ 전리
④ 방사

풀이
- 전리 : 원자핵의 구속력으로부터 완전히 벗어나 원자는 전자를 잃어 이온화되는 상태, 궤도전자, 즉 자유전자
- 여기 : 기저상태에서 에너지가 높은 상태로 옮겨가는 것, 핵의 구속력을 벗어나지 않은 상태
- 공진 : 특정진동수(주파수)에서 큰 진폭으로 진동하는 현상

304 전력 반도체 소자 중 전압구동방식의 소자인 것은?

① Thyristor
② GTO
③ BJT
④ IGBT

풀이
- 전압구동방식 : IGBT, MOSFET, MCT
- 전류구동방식 : Thyristor, GTO, BJT

305 PN접합구조의 반도체 소자에 빛을 조사할 때, 전압차를 가지는 전자와 정공의 쌍이 생성되는 현상은?

① 광기전력효과
② 광이온화효과
③ 핀치효과
④ 광전하효과

풀이 PN접합에 빛을 조사시킬 때 전자-정공 쌍이 생성되고 분리되면 n형 이미터 쪽에는 전자가 과다하게 많고 다른 p형 베이스 쪽에는 홀이 많이 모이게 됨으로써 접합 양단에 두 전극을 서로 띄어 개방하면 광기전력(또는 전위차)이 발생하는 현상이다.

정답 303 ③ 304 ④ 305 ①

02 태양광발전 사업환경 분석

01 다음 중 태양광발전을 위한 부지 선정 시 일반적인 고려사항으로 잘못된 것은?

① 지정학적 조건 : 일사량 및 일조량
② 건설상 조건 : 부지의 접근성 및 주변환경
③ 전력계통과의 연계조건 : 전력계통 인입선 위치 등
④ 환경조건 : 일산화탄소의 배출량

풀이
- 행정상의 조건 : 인·허가 각종 규제
- 경제성 : 부지매입 가격 및 부대공사비
- 주변환경 : 집중호우 및 홍수·태풍, 수목영향, 공해, 염해
- 태양광 발전에서 일산화탄소 배출량은 고려사항이 아니다.

02 태양광 발전소 부지 선정 시 일반적인 고려사항으로 틀린 것은?

① 부지 가격에 대한 평가
② 주변 식생에 의한 음영 여부 확인
③ 일사량 조사 및 동향배치 가능 여부 확인
④ 토사, 암반의 지내력 및 지반, 지질 상태 확인

풀이 북반구의 경우 태양광발전소 부지 선정 시 남향배치 가능 여부를 확인하고, 남반구는 북향배치 가능 여부를 확인한다.

03 태양광발전시스템 부지 선정 시 일반적 고려사항으로 틀린 것은?

① 일사량이 좋고 동향인지 확인
② 부지의 가격이 저렴한지 확인
③ 바람이 잘 통할 수 있는 부지인지 확인
④ 토사, 암반의 지내력 등 지반지질 상태 확인

풀이 태양광발전시스템 부지 선정 시 고려사항
- 일사량이 좋고 태양고도가 가장 높은 남향
- 토사 암반의 지내력 등 지반지질 상태
- 바람이 잘 통하는지 여부
- 부지의 가격

04 태양광발전 부지 선정 절차가 옳게 나열된 것은?

① 후보지 선정 → 지역정보 수집 → 현장조사 → 지가조사 → 소유자 협의
② 후보지 선정 → 현장조사 → 지역정보 수집 → 지가조사 → 소유자 협의
③ 지역정보 수집 → 후보지 선정 → 현장조사 → 지가조사 → 소유자 협의
④ 지역정보 수집 → 현장조사 → 지가조사 → 토지현황 파악 → 소유자 협의

정답 01 ④ 02 ③ 03 ① 04 ①

풀이 태양광발전소 부지 선정 절차
후보지 선정(지역 선정) → 지역정보 수집 → 현장조사 → 토지현황 파악 → 법적 사항 검토 및 소유자 파악 → 시스템 용량 기획 → 지가조사 → 소유자 협의 → 계약 체결

05 일사량에 대한 설명으로 잘못된 것은?

① 일사량은 태양으로부터 받는 직달광과 천공으로부터 오는 산란광의 합이다.
② 지면 위에서 관측되는 일사량은 대기가 없을 경우 70[%] 정도이다.
③ 일사량의 단위는 [kWh/m²일], [MJ/m²월]이다.
④ 하루 중 일사량은 태양고도가 가장 높을 때 남중시가 최대이고 1년 중에는 동지경에 최대가 된다.

풀이 일사량은 1년 중 하지경에 최대가 된다. 또한 해안지역이 산악지대보다 일사량이 높다.

06 일사량 및 일조시간에 대한 설명으로 잘못된 것은?

① 일사량 : 일정 기간 동안 지표면에 도달하는 태양의 복사에너지양을 의미
② 일조량의 종류로는 산란일조량, 전일조량(또는 수평면일조량), 직달일조량, 총일조량(또는 경사면 일조량)이 있다.
③ 가조시간은 해가 뜨는 시각부터 질 때까지의 시간이고 일조시간은 구름의 방해 없이 지표면에 태양이 비친 시간이다.
④ 일조율은 $\frac{가조시간}{일조시간} \times 100[\%]$이다.

풀이 일조율은 가조시간에 대한 일조시간의 비로,
일조율 $= \frac{일조시간}{가조시간} \times 100[\%]$
(일조량과 일사량은 동일 의미이다.)

07 일조시간에 대한 설명으로 틀린 것은?

① 일조시간은 실제로 태양광선이 지표면을 내리쬔 시간이다.
② 일조시간과 가조시간의 비를 일조율[%]이라 한다.
③ 구름이 많은 날씨일 경우 가조시간과 일조시간이 일치한다.
④ 가조시간이란 한 지방의 해 돋는 시간부터 해지는 시간까지의 시간을 말한다.

풀이 일조와 일사량
- '일조'란 태양광선이 구름이나 안개로 가려지지 않고 지상을 비추는 것
- 태양광선이 비춘 시간을 일조시간이라 함
- 일조시간은 보통 1일이나 한 달 동안에 비춘 시간을 수로 나타냄
- 일조시간으로 일사량도 추정할 수 있으며, 낮 동안에 구름이 어느 정도 끼었는가도 나타낼 수 있음

정답 05 ④ 06 ④ 07 ③

- 어떤 지점에 있어서 맑은 날의 일조시간은 그 지점의 위도에 따라 정해짐
- 가조시간은 산이나 언덕 등의 장애물이 없다고 가정하여 어느 지점에 햇빛이 비출 수 있는 시간

08 일조율을 나타낸 식으로 옳은 것은?

① 일조율 = $\dfrac{일조시간}{가조시간} \times 100[\%]$

② 일조율 = $\dfrac{가조시간}{일조시간} \times 100[\%]$

③ 일조율 = $\dfrac{법선면\ 일조강도}{수평면\ 가조강도} \times 100[\%]$

④ 일조율 = $\dfrac{수평면\ 일조강도}{법선면\ 일조강도} \times 100[\%]$

09 태양복사에너지의 결정요소로 천문 지리적 요소가 아닌 것은?

① 태양과 지구 사이의 거리
② 관측지점의 고도
③ 태양의 천정각
④ 구름, 흡수기체(수증기, 오존, 이산화탄소)

풀이 태양복사에너지의 결정요소
- 천문 지리적 요소 : 태양과 지구 사이의 거리, 태양 천정각, 관측지점의 고도, 지표면의 알베도
- 대기 중 존재하는 태양복사 감쇠성분 : 구름, 흡수기체(수증기, 오존, 이산화탄소 등) 및 에어로졸
- 알베도 : 태양에서 지구로 도달한 일사가 대기나 지표면에 의해서 반사되는 비율

10 계절별 태양고도 변화에서 남중고도가 가장 높은 시기는?

① 춘분
② 하지
③ 추분
④ 동지

풀이 남중고도

하루 중 태양의 고도가 가장 높을 때이다.
- 동지 시 남중고도각 = $90° - (\phi + 23.5°)$
- 하지 시 남중고도각 = $90° - (\phi - 23.5°)$
- 춘·추분 시 남중고도각 = $90° - \phi$

※ ϕ는 그 지역의 위도, 남중고도의 변화로 계절의 변화가 생기며 그림자 길이가 달라진다. 하지 때 그림자 길이가 가장 짧고, 동지 때 가장 길다.

11 위도가 37°일 때 동지 시 남중고도는?

① 76.5
② 29.5
③ 53
④ 39.5

풀이 절기별 태양의 남중고도
- 동지 시 : $90 - \phi - 23.5 = 90 - 37 - 23.5 = 29.5°$
- 하지 시 : $90 - \phi + 23.5 = 90 - 37 + 23.5 = 76.5°$
- 춘·추분 시 : $90° - \phi = 90 - 37° = 53°$

정답 08 ① 09 ④ 10 ② 11 ②

12 위도가 30°인 지역의 하지 시 남중고도각은?
   ① 36.5°
   ② 60.5°
   ③ 70.5°
   ④ 83.5°

   풀이 위도가 30°인 지역의 하지 시 남중고도각
   - 하지 : $90 - \phi + 23.5 = 90 - 30 + 23.5 = 83.5°$
   - 동지 : $90 - \phi - 23.5$
   - 춘 · 추분 : $90 - \phi$

13 태양의 남중고도에 대한 설명으로 잘못된 것은?
   ① 지구의 자전축이 공전축에 대해 66.5° 기울어져 있는 상태로 공전하기 때문에 태양의 남중고도에 변화가 생긴다.
   ② 남중고도의 변화로 계절의 변화가 생긴다.
   ③ 남중고도가 높을수록 그림자 길이가 길다.
   ④ 하지 때 태양의 남중고도는 남반구에서 최대, 북반구에 최소가 된다.

   풀이 하지 때 태양의 남중고도는 북반구에서 최대, 남반구에서 최소가 된다. 춘분과 추분일 때 남중고도는 적도에서 최대가 된다.

14 우리나라와 유럽 등에서 사용하는 연평균값 AM은 얼마인가?
   ① AM : 1.25
   ② AM : 1.4
   ③ AM : 1.5
   ④ AM : 2.0

   풀이
   - AM 0 : 대기권 밖
   - AM 1 : 태양 빛이 수직으로 비치는 상태
   - AM 1.5 : 일반적으로 지구상에 비치는 스펙트럼

15 신월드랩 태양궤적도에 대한 설명으로 잘못된 것은?
   ① 태양 경로를 수직평면 상의 직교좌표로 나타낸 것이다.
   ② 입면도 상에 궤적을 그대로 나타내어 이해가 쉽고 편리하다.
   ③ 세로축은 고도각, 가로축은 방위각을 나타낸다.
   ④ 신월드랩 태양궤적도를 통해 특정 시간의 고도각과 방위각은 찾을 수 없다.

   풀이
   - 특정 시간의 고도각과 방위각을 찾을 수 있다.
   - 태양궤적도 : 연중 태양궤적을 방위각과 고도각을 이용 차트로 표현한 것

정답 12 ④ 13 ④ 14 ③ 15 ④

16 태양궤적도를 구성하는 선에 대한 설명으로 잘못된 것은?

① 방위각선 : 수평사영, 수직사영
② 고도각선 : 수평사영, 수직사영
③ 태양궤적선 : 날짜별로 그려진 곡선
④ 시간선 : 날짜별로 태양궤적선 상에 연결되어 표시된 곡선

풀이
- 고도각선 : 수직사영
- 고도각 : 지평면과 태양 중심이 이루는 각
- 방위각 : 어레이가 정남향과 이루는 각

17 태양광발전시스템에서 음영의 영향이 아닌 것은?

① 음영이 생기거나 오염된 셀 또는 모듈은 전기적으로 부하가 되어 역전류방향의 전류를 소비한다.
② 셀이 손상될 때까지 가열되어 핫 스폿(Hot Spot)을 만들고 급격한 출력 손실을 가져온다.
③ 어레이의 출력이 급격히 줄어든다.
④ 바이패스 다이오드를 설치한다.

풀이 바이패스 다이오드는 음영의 대책 중 하나이다.

18 대기질량(AM ; Air Mass)에 대한 설명이 아닌 것은?

① AM 0은 대기권 밖일 때
② AM 2.0은 태양빛이 30°로 비추는 상태일 때
③ AM 1.0은 바다 표면에 태양빛이 90°로 비추는 상태일 때
④ AM 1.5는 태양빛이 180°로 비추는 스펙트럼일 때

풀이 $AM = \dfrac{1}{\sin\beta}$

여기서, β : 태양고도

$AM\ 1.5 = \dfrac{1}{\sin\beta_{1.5}} = 1.5$ $\quad\sin\beta_{1.5} = \dfrac{1}{1.5}$ $\quad\beta_{1.5} = \sin^{-1}\left(\dfrac{1}{1.5}\right) = 41.8°$

$AM\ 1 : \sin^{-1}\left(\dfrac{1}{1}\right) = 90°$ $\quad AM\ 2 : \sin^{-1}\left(\dfrac{1}{2}\right) = 30°$

19 태양광발전시스템 설계 시 갖추어야 할 기초자료가 아닌 것은?

① 청명일수
② 최대 폭설량
③ 지질조사 기록
④ 순간풍속 및 최대풍속

정답 16 ② 17 ④ 18 ④ 19 ①

풀이 ① 청명일수보다 일사량 자료가 필요하다.

태양광발전시스템 설계 시 기초자료
- 그 지역 일사량
- 순간풍속 및 최대풍속
- 지질조사
- 적설량(최대적설량)

20 태양광발전시스템의 22.9[kV] 특별고압 가공선로 1회선에 연계 가능한 용량으로 옳은 것은?
① 30[kW] 이하
② 100[kW] 이하
③ 10,000[kW] 이하
④ 30,000[kW] 이하

풀이 신설 및 계약전력 증가 시 공급방식 및 공급전압은 전기사용장소 내의 계약전력 합계를 기준으로 다음 표에 따라 결정

계약전력	공급방식 및 공급전압
500[kW] 미만	교류 단상 220[V] 또는 교류 삼상 380[V] 중 한전이 적당하다고 결정한 한 가지 공급방식 및 공급전압
500[kW] 이상~10,000[kW] 이하	교류 삼상 22,900[V]
10,000[kW] 초과~400,000[kW] 이하	교류 삼상 154,000[V]
400,000[kW] 초과	교류 삼상 345,000[V]

21 어레이 설계 시 어레이 구조 결정의 기술적 측면에서의 고려사항으로 맞지 않는 것은?
① 구조 안정성
② 조화로움 및 경제성
③ 풍속, 풍압, 지진 고려
④ 건축물과의 결합(기초)방법 결정

풀이 태양광 어레이 구조설계의 기본방향
- 안정성 : 내진 내풍설계 및 최대상정하중 고려 천재지변 대비 하부의 기존 구조물의 안정성 고려
- 경제성 : 과다설계 배제, 공사비 절감 가능 공법
- 시공성 : 부재의 재질, 접합방법 등의 통일
- 사용성 및 내구성 : 경년 변화, 지반의 상태, 환경 등을 고려한 설계

22 태양광발전시스템 전기설계를 위한 기본계획 설계 흐름도를 올바르게 나타낸 것은?
① 설치면적 결정 → 모듈 선정 → 인버터 선정 → 직렬 결선 수 선정 → 병렬 수와 어레이 용량 선정
② 설치면적 결정 → 모듈 선정 → 인버터 선정 → 병렬 수와 어레이 용량 선정 → 직렬 결선 수 선정
③ 설치면적 결정 → 직렬 결선 수 선정 → 병렬 수와 어레이 용량 선정 → 인버터 선정 → 모듈 선정
④ 설치면적 결정 → 인버터 선정 → 모듈 선정 → 병렬 수와 어레이 용량 선정 → 직렬 결선 수 선정

정답 20 ③ 21 ② 22 ①

풀이 태양광발전시스템 전기설계를 위한 기본계획(모듈 수량 산출도)

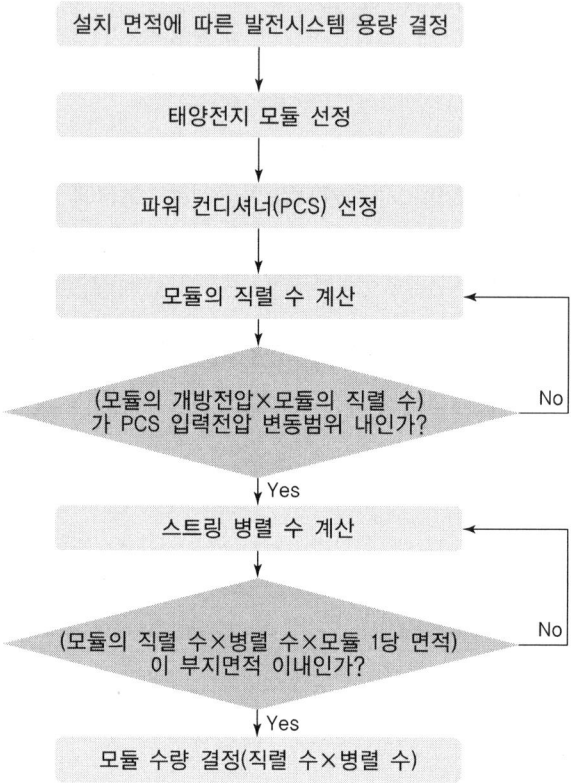

23 음영의 대책으로 잘못된 것은?

① 음영이 생기지 않도록 어레이를 배치한다.
② 부분 음영이 발생될 것을 대비해 일정한 셀 수마다 바이패스 다이오드를 설치한다.
③ 역 바이어스 전압이 생성되지 않게 한다.
④ 인버터의 MPP 추종제어기능으로 출력을 최소화한다.

풀이 MPP 추종제어기능으로 출력손실을 최소화한다.

24 음영의 방지대책이 아닌 것은?

① 추적식 태양광모듈을 이용한다.
② 음영이 생기지 않도록 어레이를 배치한다.
③ 인버터(PCS)의 MPP 추종제어기능으로 출력손실을 최소화한다.
④ 부분 음영이 발생될 것을 대비해 일정한 셀 수마다 바이패스 소자를 설치한다.

정답 23 ④ 24 ①

풀이 음영방지대책
- 태양전지모듈의 접속함 내에 역전류저지 다이오드 적용
- 서브어레이, 스트링 인버터 사용
- 인버터 MPPT 기능 사용

25 음영각에 대한 설명으로 잘못된 것은?

① 수직음영각(입사각, 경사각)은 지면의 그림자 끝 지점과 장애물의 상부를 이은 선과 지면이 이루는 각이다.
② 수직음영각은 태양의 고도각이다.
③ 수평음영각(방위각)은 하루 동안의 그림자가 수평면 상을 이동한 각이다.
④ 수평음영각이 작을수록 발전가능시간이 길어진다.

풀이 수평음영각이 작을수록 발전가능시간은 짧아진다.

03 태양광발전 사업부지환경조사

01 3,000[kW] 이하 발전사업을 하기 위한 전기(발전)사업 허가권자는?

① 시·도지사　　　　　　　　② 산업통상자원부 장관
③ 국무총리　　　　　　　　　④ 한국전력공사 사장

풀이 전기(발전)사업 허가권자
- 3,000[kW] 이하 설비 : 시·도지사
- 3,000[kW] 초과 설비 : 산업통상자원부 장관

단, 제주특별자치도는 제주국제자유도시 특별법에 따라 3,000[kW] 이상의 발전설비도 제주특별자치도지사의 허가사항임

02 개발행위의 허가 대상 중 잘못된 것은?

① 건축물의 건축　　　　　　② 경작을 위한 토지의 형질 변경
③ 공작물 설치　　　　　　　④ 물건을 쌓아 놓는 행위

풀이 토지의 형질 변경
- 절토·성토·정지·포장 등의 방법으로 형질 변경(단, 경작을 위한 토지의 형질 변경은 제외)
- 토석채취
- 토지분할

03 환경영향 평가 대상 태양광발전소 발전용량 기준은?

① 10,000[kW] 이상　　　　　② 20,000[kW] 이상
③ 50,000[kW] 이상　　　　　④ 100,000[kW] 이상

04 전기사업용 전기설비의 공사계획 인가 또는 신고 시 산업통상자원부의 인가가 필요한 발전소 출력은?

① 3,000[kW] 이상　　　　　② 5,000[kW] 이상
③ 10,000[kW] 이상　　　　 ④ 50,000[kW] 이상

풀이 전기사업용 전기설비의 공사계획 인가 또는 신고기준
- 산업통상자원부 인가사항 : 출력 10,000[kW] 이상의 발전소 설치공사
- 지자체 신고사항 : 출력 10,000[kW] 미만의 발전소 설치공사

정답 01 ① 02 ② 03 ④ 04 ③

05 소규모환경영향평가 및 협의 항목이 아닌 것은?

① 대기
② 소음
③ 토양
④ 수질

풀이 환경정책기본법 : 대기 · 수질 · 소음

06 일정 규모 이상의 발전설비를 보유한 발전사업자에게 총 발전량의 일정량 이상을 신·재생에너지로 생산한 전력으로 공급하게 하는 것을 무엇이라 하는가?

① 신·재생에너지 공급의무화제도(RPS)
② 신·재생에너지 포상제도
③ 발전차액 보상제도
④ 신·재생에너지 설비 현대화 제도

07 개발행위 허가만으로 태양광발전소를 건설할 수 있는 관리지역의 면적 기준은?

① 10,000[m^2] 미만
② 5,000[m^2] 미만
③ 30,000[m^2] 미만
④ 15,000[m^2] 미만

풀이 개발행위 허가 용도지역별 허가면적
1. 도시지역
   - 주거지역, 상업지역, 자연녹지지역, 생산녹지지역 : 1만 [m^2] 미만
   - 공업지역 : 3만 [m^2] 미만
   - 보전녹지지역 : 5천 [m^2] 미만
2. 관리지역 : 3만 [m^2] 미만
3. 농림지역 : 3만 [m^2] 미만
4. 자연환경보전지역 : 5천 [m^2] 미만

08 태양광 발전사업을 위한 부지를 선정하고자 한다. 개발행위 허가 기준에 따른 개발행위의 규모가 아닌 것은?

① 농림지역 30,000[m^2] 미만
② 도시 주거지역 10,000[m^2] 미만
③ 도시 공업지역 30,000[m^2] 미만
④ 자연환경보전지역 7,000[m^2] 미만

풀이 7번 해설 참조

정답 05 ③ 06 ① 07 ③ 08 ④

09 농림지역에 태양광 발전 사업을 하려고 한다. 개발행위 대상이 되는 부지면적은 최대 몇 [m²] 미만인가?

① 5,000[m²]
② 7,500[m²]
③ 10,000[m²]
④ 30,000[m²]

풀이 7번 해설 참조

10 소규모환경영향평가의 대상이 되는 보전관리지역의 면적기준은?

① 5,000[m²] 이상
② 7,500[m²] 이상
③ 10,000[m²] 이상
④ 15,000[m²] 이상

풀이 보전이 필요한 지역 내의 개발사업
- 보전관리지역 : 5,000[m²]
- 생산관리지역 : 7,500[m²]
- 계획관리지역 : 10,000[m²]
- 자연환경보전지역 : 5,000[m²]
- 개발제한구역 : 5,000[m²]

11 태양광발전소의 경우 발전시설용량이 몇 [kW] 이상일 때 환경영향 평가 대상인가?

① 5,000
② 10,000
③ 50,000
④ 100,000

풀이 환경영향평가대상사업의 범위

발전시설용량이 1만 킬로와트 이상인 발전소. 다만, 댐 및 저수지 건설을 수반하는 발전소의 경우에는 발전시설용량이 3천 킬로와트 이상인 것. 태양력·풍력 또는 연료전지발전소의 경우에는 발전시설용량이 10만 킬로와트 이상인 것

12 22.9[kV] 연계형 태양광 발전사업자를 위한 인허가 및 신고사항에 대한 설명으로 틀린 것은?

① 송배전 전선로 이용 신청은 한국전력공사
② 발전용량이 50,000[kW] 이상인 경우 환경영향평가의 대상으로 지자체 허가 신청
③ 공사계획 인가 및 신고는 10,000[kW] 이상 산업통상자원부 인가, 10,000[kW] 미만은 각 지자체에 신고
④ 발전사업 허가신청은 3,000[kW] 초과설비는 산업통상자원부 및 제주도청, 3,000[kW] 이하는 각 지자체

풀이 발전용량이 100,000[kW] 이상인 경우 환경영향평가 대상으로 지자체 허가 신청

정답 09 ④ 10 ① 11 ④ 12 ②

04 태양광발전 사업부지 인허가 검토

1 국토의 이용에 관한 법령 검토

01 전기를 생산하여 이를 전력시장을 통하여 전기판매업자에게 공급하는 것을 주된 목적으로 하는 사업을 무엇이라고 하는가?

① 송전사업　　　② 배전사업　　　③ 발전사업　　　④ 변전사업

풀이 전기를 생산하여 이를 전력시장을 통하여 전기판매사업자에게 공급하는 것을 주된 목적으로 하는 사업을 '발전사업'이라고 한다.

02 전기공사업의 등록기준으로 옳은 것은?

① 자본금 1억 원 이상, 전기공사기술자 2명 이상, 공사업 운영을 위한 사무실 확보
② 자본금 1억 5천만 원 이상, 전기공사기술자 3명 이상, 공사업 운영을 위한 사무실 확보
③ 자본금 3억 원 이상, 전기공사기술자 3명 이상, 공부상 면적이 $30[m^2]$ 이상 사무실 확보
④ 자본금 4억 원 이상, 전기공사기술자 2명 이상, 공부상 면적이 $25[m^2]$ 이상 사무실 확보

풀이 전기공사업법 시행령 [별표 3] 공사업의 등록기준(제6조제1항 관련)

항목	공사업의 등록기준
1. 기술능력	전기공사기술자 3명 이상(3명 중 1명 이상은 별표 4의2 비고 제1호에 따른 기술사, 기능장, 기사 또는 산업기사의 자격을 취득한 사람이어야 한다)
2. 자본금	1억 5천만 원 이상
3. 사무실	공사업 운영을 위한 사무실

03 전기사업법의 목적을 설명한 것 중 잘못된 것은?

① 전기사업에 관한 기본제도 확립
② 전기사업의 경쟁 촉진
③ 전기사업의 건전한 발전 도모
④ 전기사업자의 이익을 보호하여 국민경제의 발전에 이바지

풀이 전기사업법 제1조(목적)
이 법은 전기사업에 관한 기본제도를 확립하고 전기사업의 경쟁과 새로운 기술 및 사업의 도입을 촉진함으로써 전기사업의 건전한 발전을 도모하고 전기사용자의 이익을 보호하여 국민경제의 발전에 이바지함을 목적으로 한다.

정답 01 ③　02 ②　03 ④

04 전기사업법 정의에서 전기사업자의 구분으로 잘못 표현된 것은?

① 발전사업자　　② 송전사업자　　③ 변전사업자　　④ 배전사업자

풀이 전기사업자란 발전사업자, 송전사업자, 배전사업자, 전기판매사업자 및 구역전기사업자를 말한다.

05 전기사업법에서 정의하는 용어 중 전기설비의 종류가 아닌 것은?

① 일반용 전기설비　　　　　　② 자가용 전기설비
③ 전기사업용 전기설비　　　　④ 항공기에서 사용하는 전기설비

풀이 전기사업법 제2조(정의)
16. "전기설비"란 발전·송전·변전·배전·전기공급 또는 전기사용을 위하여 설치하는 기계·기구·댐·수로·저수지·전선로·보안통신선로 및 그 밖의 설비(「댐건설·관리 및 주변지역지원 등에 관한 법률」에 따라 건설되는 댐·저수지와 선박·차량 또는 항공기에 설치되는 것과 그 밖에 대통령령으로 정하는 것은 제외한다)로서 다음 각 목의 것을 말한다.
　가. 전기사업용 전기설비
　나. 일반용 전기설비
　다. 자가용 전기설비

06 타인의 전기설비 또는 구내발전설비로부터 전기를 공급받아 구내배전설비로 전기를 공급하기 위한 전기설비로서 수전지점으로부터 배전반(구내배전설비로 전기를 배전하는 전기설비를 말한다)까지의 설비는?

① 발전설비　　② 송전설비　　③ 보호설비　　④ 수전설비

풀이 전기안전관리법 시행규칙 제2조(정의)
2. "수전설비"란 타인의 전기설비 또는 구내발전설비로부터 전기를 공급받아 구내배전설비로 전기를 공급하기 위한 전기설비로서 수전지점으로부터 배전반(구내배전설비로 전기를 배전하는 전기설비를 말한다)까지의 설비를 말한다.

07 전기설비의 정의를 잘못 표현한 것은?

① 전기사업용 전기설비　　　　② 자가용 전기설비
③ 일반용 전기설비　　　　　　④ 선박, 차량, 항공기 전기설비

풀이 "전기설비"란 발전·송전·변전·배전·전기공급 또는 전기사용을 위하여 설치하는 기계·기구·댐·수로·저수지·전선로·보안통신선로 및 그 밖의 설비(「댐건설·관리 및 주변지역지원 등에 관한 법률」에 따라 건설되는 댐·저수지와 선박·차량 또는 항공기에 설치되는 것과 그 밖에 대통령령으로 정하는 것은 제외한다)로서 다음 각 목의 것을 말한다.
　가. 전기사업용 전기설비　　나. 일반용 전기설비　　다. 자가용 전기설비

정답 04 ③　05 ④　06 ④　07 ④

08 인가가 필요한 전기사업용 전기설비의 공사계획의 인가가 필요한 것에 속하는 것은?

① 출력 10,000[kW] 이상의 발전소 설치
② 용량 10,000[kVA] 이상의 발전기 설치
③ 용량 100,000[kVA] 이상의 발전기 설치
④ 출력 100,000[kW] 미만의 발전소 설치

풀이 전기사업법 시행규칙 [별표 5] 전기사업용 전기설비 공사계획의 인가 및 신고의 대상(제28조제1항 관련)

공사의 종류	인가가 필요한 것	신고가 필요한 것
1. 발전소 　가. 설치공사	출력 1만 킬로와트 이상의 발전소 설치	출력 1만 킬로와트 미만의 발전소 설치

09 전기를 생산하여 이를 전력시장을 통하여 전기판매사업자에게 공급하는 것을 주된 목적으로 하는 사업은?

① 배전사업　　② 송전사업　　③ 발전사업　　④ 변전사업

풀이 발전사업이란 전기를 생산하여 이를 전력시장을 통해 전기판매사업자에게 공급하는 것을 주된 목적으로 하는 사업을 말한다.

10 전기사업법 제2조제4호에 따른 발전사업자 또는 같은 조 제19호에 따른 자가용 전기설비를 설치한 자로서 신·재생에너지 발전을 하는 사업자는 어느 사업자인가?

① 태양광 발전사업자
② 신·재생에너지 발전사업자
③ 신에너지 발전사업자
④ 재생에너지 발전사업자

풀이 "신·재생에너지 발전사업자"란 「전기사업법」 제2조제4호에 따른 발전사업자 또는 같은 조 제19호에 따른 자가용 전기설비를 설치한 자로서 신·재생에너지 발전을 하는 사업자를 말한다.
"발전사업"이란 전기를 생산하여 이를 전력시장을 통하여 전기판매사업자에게 공급하는 것을 주된 목적으로 하는 사업을 말한다.

11 200[kW] 이하의 발전설비용량의 발전사업 허가를 받으려는 자는 누구에게 전기사업 허가신청서를 제출하여야 하는가?

① 안전행정부장관
② 대통령
③ 산업통상자원부장관
④ 해당 특별시장·광역시장·도지사

정답 08 ① 09 ③ 10 ② 11 ④

풀이 전기사업법 시행규칙 제4조(사업허가의 신청)

① 법 제7조제1항에 따라 전기사업의 허가를 신청하려는 자는 별지 제1호 서식의 전기사업허가신청서(전자문서로 된 신청서를 포함한다. 이하 같다)에 다음 각 호의 서류(전자문서를 포함한다. 이하 같다)를 첨부하여 산업통상자원부장관에게 제출해야 한다. 다만, 발전설비용량이 3천킬로와트 이하인 발전사업의 허가를 받으려는 자는 특별시장·광역시장·특별자치시장·도지사 또는 특별자치도지사(이하 "시·도지사"라 한다)에게 제출해야 한다.

12 산업통상자원부장관의 전기사업 허가기준사항을 잘못 설명한 것은?

① 전기사업을 적정하게 수행하는 데 필요한 재무능력 및 기술능력이 있을 것
② 구역전기사업의 경우 특정한 공급구역 전력수요의 30% 이상으로서 산업통상자원부령으로 정하는 공급능력을 갖추고 그 사업으로 인하여 인근지역의 전기사용자에 대한 다른 전기사업자의 전기공급에 차질이 없을 것
③ 발전소가 특정 지역에 편중되어 전력계통의 운영에 지장을 주지 아니할 것
④ 발전연료가 어느 하나에 편중되어 전력수급에 지장을 주지 아니할 것

풀이 전기사업법 제7조(전기사업의 허가)

① 전기사업을 하려는 자는 대통령령으로 정하는 바에 따라 전기사업의 종류별 또는 규모별로 산업통상자원부장관 또는 시·도지사(이하 "허가권자"라 한다)의 허가를 받아야 한다. 허가받은 사항 중 산업통상자원부령으로 정하는 중요사항을 변경하려는 경우에도 또한 같다.
⑤ 전기사업의 허가기준은 다음 각 호와 같다.
  1. 전기사업을 적정하게 수행하는 데 필요한 재무능력 및 기술능력이 있을 것
  2. 전기사업이 계획대로 수행될 수 있을 것
  3. 배전사업 및 구역전기사업의 경우 둘 이상의 배전사업자의 사업구역 또는 구역전기사업자의 특정한 공급구역 중 그 전부 또는 일부가 중복되지 아니할 것
  4. 구역전기사업의 경우 특정한 공급구역의 전력수요의 50퍼센트 이상으로서 대통령령으로 정하는 공급능력을 갖추고, 그 사업으로 인하여 인근 지역의 전기사용자에 대한 다른 전기사업자의 전기공급에 차질이 없을 것
  4의2. 발전소나 발전연료가 특정 지역에 편중되어 전력계통의 운영에 지장을 주지 아니할 것
  5. 「신에너지 및 재생에너지 개발·이용·보급 촉진법」 제2조에 따른 태양에너지 중 태양광, 풍력, 연료전지를 이용하는 발전사업의 경우 대통령령으로 정하는 바에 따라 발전사업 내용에 대한 사전고지를 통하여 주민 의견수렴 절차를 거칠 것
  6. 그 밖에 공익상 필요한 것으로서 대통령령으로 정하는 기준에 적합할 것
⑥ 제1항에 따른 허가의 세부기준·절차와 그 밖에 필요한 사항은 산업통상자원부령으로 정한다.

13 전기공사업법의 목적을 설명한 것 중 틀린 것은?

① 전기공사의 도급에 관한 사항은 없다.
② 전기공사의 시공·기술관리
③ 전기공사의 도급에 관한 기본적인 사항 확립
④ 전기공사의 안전하고 적정한 시공 확보

정답 12 ② 13 ①

풀이 전기공사업법 제1조(목적)
이 법은 전기공사업과 전기공사의 시공, 기술관리 및 도급에 관한 기본적인 사항을 정함으로써 전기공사업의 건전한 발전을 도모하고 전기공사의 안전하고 적정한 시공을 확보함을 목적으로 한다.

14 자가용 발전설비 설치자가 생산한 전력을 전력시장을 통하지 아니하고 전기판매사업자와 거래할 수 있는 발전설비용량은?

① 1,000[kW] 이하　　　② 3,000[kW] 이하
③ 5,000[kW] 이하　　　④ 10,000[kW] 이하

풀이 소규모 신·재생에너지 발전전력 등의 거래에 관한 지침 제3조(전력거래 방법)
발전사업자 등은 발전설비용량 1,000[kW] 이하의 신·재생에너지발전설비·전기발전보일러 및 총 저장용량이 1,000[kWh] 이하이면서 총 충·방전설비용량이 1,000[kW] 이하인 전기저장장치·전기자동차시스템을 이용해 생산한 전력을 아래 각 호의 범위 내에서 전력시장을 통하지 아니하고 전기판매사업자와 거래할 수 있다.
1. 발전사업자가 생산한 전력
2. 발전사업자 이외의 자가 생산한 전력으로서 아래 각 목의 것
   가. 태양에너지 발전설비로 발전한 전력 중 자가소비 후 남는 전력
   나. 태양에너지 발전설비를 제외한 설비의 연간 총 생산량의 50% 미만의 전력

15 전기공사업 등록신고는 어디에 해야 하는가?

① 산업통상자원부　　　② 관할소재지 시·도지사
③ 전기공사협회　　　　④ 전력기술인협회

풀이 공사업을 하려는 자는 산업통상자원부령으로 정하는 바에 따라 주된 영업소의 소재지를 관할하는 특별시장, 광역시장, 시·도지사 또는 특별자치도지사에게 등록하여야 한다.

16 대통령령으로 정하는 규모 이하의 발전설비를 갖추고 특정한 공급구역의 수요에 맞추어 전기를 생산하여 전력시장을 통하지 아니하고 그 공급구역의 전기사용자에게 공급하는 것을 주된 목적으로 하는 사업자는 누구인가?

① 전기판매사업자　　　② 발전사업자
③ 구역전기사업자　　　④ 지역전기사업자

17 대통령령으로 정하는 구역전기사업자의 발전설비의 용량으로 맞는 것은?

① 2만 5천 킬로와트　　② 3만 5천 킬로와트
③ 3만 킬로와트　　　　④ 4만 5천 킬로와트

정답 14 ①　15 ②　16 ③　17 ②

풀이 전기사업법 시행령 제1조의2(구역전기사업자의 발전설비용량)
「전기사업법」 제2조제11호에서 "대통령령으로 정하는 규모"란 3만 5천 킬로와트를 말한다.

18 전기사업법에서 구역전기사업자는 몇 [kW]까지 전기를 생산하여 전력시장을 통하지 않고 그 공급구역의 전기사용자에게 전기를 공급할 수 있는가?

① 20,000   ② 25,000   ③ 30,000   ④ 35,000

풀이 전기사업법 시행령 제1조의2(구역전기사업자의 발전설비용량)
「전기사업법」 제2조제11호에서 "대통령령으로 정하는 규모"란 3만 5천 킬로와트를 말한다.

19 발전사업의 정의로 옳은 것은?

① 전기를 생산하여 전기수용가에 공급하는 사업
② 생산된 전기를 배전사업자에게 송전하는 데 필요한 전기설비를 설치·관리하는 사업
③ 송전된 전기를 전기사용자에게 배전하는 데 필요한 전기설비를 설치·운용하는 사업
④ 전기를 생산하여 이를 전력시장을 통하여 전기판매사업자에게 공급하는 사업

풀이 전기사업법 제2조(정의)
3. "발전사업"이란 전기를 생산하여 이를 전력시장을 통하여 전기판매사업자에게 공급하는 것을 주된 목적으로 하는 사업을 말한다.

20 대통령령으로 정하는 규모 이하의 발전설비를 갖추고 특정한 공급구역의 수요에 맞추어 전기를 생산하여 전력시장을 통하지 아니하고 그 공급구역의 전기사용자에게 공급하는 것을 주된 목적으로 하는 사업을 무엇이라 하는가?

① 전기사업   ② 송전사업   ③ 배전사업   ④ 구역전기사업

풀이 전기사업법 제2조(정의)
3. "구역전기사업"이란 대통령령으로 정하는 규모 이하의 발전설비를 갖추고 특정한 공급구역의 수요에 맞추어 전기를 생산하여 전력시장을 통하지 아니하고 그 공급구역의 전기사용자에게 공급하는 것을 주된 목적으로 하는 사업을 말한다.

21 전기사업자가 사업개시 신고서를 산업통상자원부장관이 아닌 시·도지사에게 제출할 수 있는 발전시설용량은?

① 300[kW] 이하   ② 500[kW] 이하
③ 3,000[kW] 이하   ④ 5,000[kW] 이하

정답 18 ④   19 ④   20 ④   21 ③

풀이 전기사업 허가권자
- 3,000[kW] 이하 설비 : 시·도지사
- 3,000[kW] 초과 설비 : 산업통상자원부장관

22 전기사업의 허가를 신청하는 자가 사업계획서를 작성할 때 태양광설비의 개요로 기재하여야 할 내용이 아닌 것은?

① 태양전지 및 인버터의 효율, 변환방식, 교류주파수
② 태양전지의 종류, 정격용량, 정격전압 및 정격출력
③ 인버터의 종류, 입력전압, 출력전압 및 정격출력
④ 집광판(集光板)의 면적

풀이 전기사업의 허가를 신청하는 자는 사업계획서를 작성할 경우 태양광설비의 개요로 다음 사항을 포함하여야 한다.(전기사업법 시행규칙 [별표 1])
- 태양전지의 종류, 정격용량, 정격전압 및 정격출력
- 인버터(Inverter)의 종류, 입력전압, 출력전압 및 정격출력
- 집광판(集光板)의 면적

23 전기공사기술자의 등급 및 경력 등에 관한 증명서를 발급하는 자는?
① 전기공사협회장　　　　　② 시·도지사
③ 산업통상자원부장관　　　④ 대통령

풀이 전기공사업법 제17조의2(전기공사기술자의 인정)
① 전기공사기술자로 인정을 받으려는 사람은 산업통상자원부장관에게 신청하여야 한다.
② 산업통상자원부장관은 제1항에 따른 신청인이 제2조제9호 각 목의 어느 하나에 해당하면 전기공사기술자로 인정하여야 한다.
③ 산업통상자원부장관은 제1항에 따른 신청인을 전기공사기술자로 인정하면 전기공사기술자의 등급 및 경력 등에 관한 증명서(이하 "경력수첩"이라 한다.)를 해당 전기공사기술자에게 발급하여야 한다.
④ 제1항에 따른 신청절차와 제2항에 따른 기술자격·학력·경력의 기준 및 범위 등은 대통령령으로 정한다.

24 전기공사업법에 명시된 전기공사기술자의 양성교육 훈련기간으로 알맞은 것은?
① 20시간　　② 30시간　　③ 50시간　　④ 100시간

풀이 전기공사업법 시행령 [별표 4의3] 양성교육훈련의 교육실시기준

대상자	교육시간	교육내용
별표 4의2에 따른 전기공사기술자로 인정을 받으려는 사람 및 등급의 변경을 인정받으려는 전기공사기술자	20시간	기술능력의 향상

정답 22 ④　23 ③　24 ①

25 등록사항의 변경신고를 하려는 자는 그 사유가 발생한 날부터 며칠 이내에 전기공사업 등록사항 변경신고서에 등록증 및 등록수첩과 구비서류를 첨부하여 지정공사업자단체에 제출하여야 하는가?

① 30 　　② 60 　　③ 90 　　④ 120

풀이 전기공사업법 시행규칙 제8조(등록사항 변경신고)
① 법 제9조제1항에 따라 등록사항의 변경신고를 하려는 자는 그 사유가 발생한 날부터 30일 이내에 별지 제15호 서식의 전기공사업 등록사항 변경신고서(전자문서로 된 신고서를 포함한다)에 등록증 및 등록수첩과 다음 각 호의 구분에 따른 서류(전자문서를 포함한다)를 첨부하여 지정공사업자단체에 제출하여야 한다.

26 한국전력거래소의 수행업무가 아닌 것은?

① 전력계통의 설계에 관한 업무
② 회원의 자격 심사에 관한 업무
③ 전력거래량의 계량에 관한 업무
④ 전력시장의 개설·운영에 관한 업무

풀이 전기사업법 제36조(업무)
① 한국전력거래소는 그 목적을 달성하기 위하여 다음 각 호의 업무를 수행한다.
　1. 전력시장의 개설·운영에 관한 업무
　2. 전력거래에 관한 업무
　3. 회원의 자격 심사에 관한 업무
　4. 전력거래대금 및 전력거래에 따른 비용의 청구·정산 및 지불에 관한 업무
　5. 전력거래량의 계량에 관한 업무
　6. 제43조에 따른 전력시장운영규칙 및 제43조의2에 따른 중개시장운영규칙 등 관련 규칙의 제정·개정에 관한 업무
　7. 전력계통의 운영에 관한 업무
　8. 제18조제2항에 따른 전기품질의 측정·기록·보존에 관한 업무
　9. 그 밖에 제1호부터 제8호까지의 업무에 딸린 업무

27 산업통상자원부장관이 전기의 보편적 공급의 구체적 내용을 정할 경우 고려하여야 할 사항으로 틀린 것은?

① 사회복지의 증진　　② 전기의 보급 정도
③ 개인의 이익과 안전　　④ 전기기술의 발전 정도

정답 25 ①　26 ①　27 ③

> **풀이)** 전기사업법 제6조(보편적 공급)
> ① 전기사업자는 전기의 보편적 공급에 이바지할 의무가 있다.
> ② 산업통상자원부장관은 다음 각 호의 사항을 고려하여 전기의 보편적 공급의 구체적 내용을 정한다.
>   1. 전기기술의 발전 정도
>   2. 전기의 보급 정도
>   3. 공공의 이익과 안전
>   4. 사회복지의 증진

28 전기사업에 종사하는 자로서 정당한 사유 없이 전기사업용 전기설비의 유지 또는 운용업무를 수행하지 아니함으로써 발전·송전·변전 또는 배전에 장애가 발생하게 한 자에 대한 전기사업법상 벌칙 기준은?

① 2년 이하의 징역 또는 1천만 원 이하의 벌금
② 3년 이하의 징역 또는 2천만 원 이하의 벌금
③ 5년 이하의 징역 또는 5천만 원 이하의 벌금
④ 10년 이하의 징역 또는 5천만 원 이하의 벌금

> **풀이)** 전기사업법 제100조(벌칙)
> ① 다음 각 호의 어느 하나에 해당하는 자는 10년 이하의 징역 또는 1억 원 이하의 벌금에 처한다.
>   1. 전기사업용 전기설비를 손괴하거나 절취(竊取)하여 발전·송전·변전 또는 배전을 방해한 자
>   2. 전기사업용 전기설비에 장애를 발생하게 하여 발전·송전·변전 또는 배전을 방해한 자
>   3. 제17조의2제2항을 위반하여 자료 또는 정보를 사용·제공 또는 누설한 자
> ② 다음 각 호의 어느 하나에 해당하는 자는 5년 이하의 징역 또는 5천만 원 이하의 벌금에 처한다.
>   1. 정당한 사유 없이 전기사업용 전기설비를 조작하여 발전·송전·변전 또는 배전을 방해한 자
>   2. 전기사업에 종사하는 자로서 정당한 사유 없이 전기사업용전기설비의 유지 또는 운용업무를 수행하지 아니함으로써 발전·송전·변전 또는 배전에 장애가 발생하게 한 자
> ③ 제1항 및 제2항제1호의 미수범은 처벌한다.

29 전기를 생산하여 이를 전력시장을 통하여 전기판매사업자에게 공급함을 주된 목적으로 하는 사업을 무엇이라 하는가?

① 송전사업   ② 배전사업   ③ 발전사업   ④ 변전사업

> **풀이)** 전기사업법 제2조(정의)
>   3. "발전사업"이란 전기를 생산하여 이를 전력시장을 통하여 전기판매사업자에게 공급하는 것을 주된 목적으로 하는 사업을 말한다.
>   5. "송전사업"이란 발전소에서 생산된 전기를 배전사업자에게 송전하는 데 필요한 전기설비를 설치·관리하는 것을 주된 목적으로 하는 사업을 말한다.
>   7. "배전사업"이란 발전소로부터 송전된 전기를 전기사용자에게 배전하는 데 필요한 전기설비를 설치·운용하는 것을 주된 목적으로 하는 사업을 말한다.

정답 28 ③ 29 ③

30 시간대별로 전력거래량을 측정할 수 있는 전력량계를 설치·관리하여야 하는 자가 아닌 것은?

① 발전사업자
② 송전사업자
③ 구역전기사업자
④ 자가용 전기설비를 설치한 자

풀이 전기사업법 제19조(전력량계의 설치·관리)
① 다음 각 호의 자는 시간대별로 전력거래량을 측정할 수 있는 전력량계를 설치·관리하여야 한다.
  1. 발전사업자(대통령령으로 정하는 발전사업자는 제외한다)
  2. 자가용전기설비를 설치한 자(제31조제2항 단서에 따라 전력을 거래하는 경우만 해당한다)
  3. 구역전기사업자(제31조제3항에 따라 전력을 거래하는 경우만 해당한다)
  4. 배전사업자
  5. 제32조 단서에 따라 전력을 직접 구매하는 전기사용자
② 제1항에 따른 전력량계의 허용오차 등에 관한 사항은 산업통상자원부장관이 정한다.

31 「전기사업법」 제2조제4호에 따른 발전사업자 또는 같은 조 제19호에 따른 자가용 전기설비를 설치한 자로서 신·재생에너지 발전을 하는 사업자는 어떤 사업자인가?

① 에너지발전사업자
② 에너지송전사업자
③ 에너지배전사업자
④ 신·재생에너지발전사업자

풀이 "신·재생에너지 발전사업자"란 「전기사업법」 제2조제4호에 따른 발전사업자 또는 같은 조 제19호에 따른 자가용 전기설비를 설치한 자로서 신·재생에너지 발전을 하는 사업자를 말한다.

32 전기사업자는 사업을 시작한 경우에는 지체없이 그 사실을 누구에게 신고하여야 하는가?

① 교육부장관
② 도지사
③ 시장, 군수
④ 산업통상자원부장관

풀이 전기사업을 하려는 자는 산업통상자원부장관에 신고하여야 한다.(전기사업법 제10조의2)

33 전력수급기본계획의 수립과 관련하여 기본계획에 포함되어야 할 사항으로 틀린 것은?(단, 물기가 있는 장소이다.)

① 전력생산의 관리에 관한 사항
② 전력수급의 기본방향에 관한 사항
③ 전력수급의 장기전망에 관한 사항
④ 발전설비계획 및 주요 송전·변전설비계획에 관한 사항

정답 30 ② 31 ④ 32 ④ 33 ①

> **풀이** 전기사업법 제25조(전력수급기본계획의 수립)
> ⑥ 기본계획에는 다음 각 호의 사항이 포함되어야 한다.
> 　1. 전력수급의 기본방향에 관한 사항
> 　2. 전력수급의 장기전망에 관한 사항
> 　3. 발전설비계획 및 주요 송전·변전설비계획에 관한 사항
> 　4. 전력수요의 관리에 관한 사항
> 　5. 직전 기본계획의 평가에 관한 사항
> 　5의2. 분산형 전원의 확대에 관한 사항
> 　6. 그 밖에 전력수급에 관하여 필요하다고 인정하는 사항

34 발전사업자가 의무적으로 전압 및 주파수를 측정하여야 하는 횟수와 측정 결과 보존기간은?

① 매월 1회 이상 측정하고 1년간 보존
② 매월 1회 이상 측정하고 3년간 보존
③ 매년 1회 이상 측정하고 3년간 보존
④ 매년 1회 이상 측정하고 1년간 보존

> **풀이** 전기사업법 시행규칙 제19조(전압 및 주파수의 측정)
> ① 법 제18조제2항에 따라 전기사업자 및 한국전력거래소는 전압 및 주파수를 매년 1회 이상 측정하여야 하며, 측정 결과를 3년간 보존하여야 한다.

35 전기사업법에서 기금을 사용할 경우 대통령령으로 정하는 전력산업과 관련한 중요 사업으로 틀린 것은?

① 전기의 특수적 공급을 위한 사업
② 전력산업 분야 전문인력의 양성 및 관리
③ 전력산업 분야 개발기술의 사업화 지원사업
④ 전력산업 분야의 시험·평가 및 검사시설의 구축

> **풀이** 전기사업법 시행령 제34조(기금의 사용)
> 법 제49조제11호에서 "대통령령으로 정하는 전력산업과 관련한 중요 사업"이란 다음 각 호의 사업을 말한다.
> 1. 안전관리를 위한 사업
> 1의2. 법 제5조에 따른 자연환경 및 생활환경의 적정한 관리·보존을 위한 사업
> 2. 법 제6조에 따른 전기의 보편적 공급을 위한 사업
> 3. 전력산업기반 조성사업 및 전력산업기반 조성사업에 대한 기획·관리 및 평가
> 4. 전력산업 및 전력산업 관련 융복합 분야 전문인력의 양성 및 관리
> 5. 전력산업 분야의 시험·평가 및 검사시설의 구축
> 6. 전력산업의 해외진출 지원사업
> 7. 전력산업 분야 개발기술의 사업화 지원사업
> 8. 원자력발전의 감축을 위하여 발전사업 또는 「전원개발촉진법」 제2조제2호에 따른 전원개발사업을 중단한 사업자에 대한 산업통상자원부장관이 인정하는 지원사업

정답 34 ③　35 ①

36 전기사업자는 산업통상자원부장관이 지정한 준비기간에 사업에 필요한 전기설비를 설치하고 시작하여야 한다. 준비기간은 최대 얼마이어야 하는가?

① 3년　　　　② 5년　　　　③ 7년　　　　④ 10년

풀이 전기사업법 제9조(전기설비의 설치 및 사업의 개시 의무)
① 전기사업자는 허가권자가 지정한 준비기간에 사업에 필요한 전기설비를 설치하고 사업을 시작하여야 한다.
② 제1항에 따른 준비기간은 10년의 범위에서 산업통상자원부장관이 정하여 고시하는 기간을 넘을 수 없다. 다만, 허가권자가 정당한 사유가 있다고 인정하는 경우에는 준비기간을 연장할 수 있다.
③ 허가권자는 전기사업을 허가할 때 필요하다고 인정하면 전기사업별 또는 전기설비별로 구분하여 준비기간을 지정할 수 있다.
④ 전기사업자는 사업을 시작한 경우에는 지체 없이 그 사실을 허가권자에게 신고하여야 한다. 다만, 발전사업자의 경우에는 최초로 전력거래를 한 날부터 30일 이내에 신고하여야 한다.

37 전기판매사업자가 작성하는 기본공급약관 내용과 틀린 것은?

① 공급구역　　　　　　　② 공급의 종류
③ 공급전압 및 주파수　　④ 공급 역률

풀이 전기판매사업자가 작성하는 기본공급약관에는 다음 각 호의 사항이 포함되어야 한다.
- 공급구역
- 공급의 종류
- 공급전압 및 주파수
- 전기요금
- 전력량계 등의 전기설비 설치주체 및 내용과 전기설비공사의 비용부담에 관한 사항
- 공급전력 및 공급전력량의 측정 및 요금 계산방법
- 전기판매사업자와 전기사용자 간의 책임분계점
- 전기의 사용방법 및 기계·기구 등 용품의 사용 제한에 관한 사항

38 전기사업법의 목적을 달성하기 위해 전력수급의 안정과 전력산업의 경쟁촉진에 관한 기본적이고 종합적인 시책을 마련하는 곳은?

① 신·재생에너지센터　　② 시·도의 에너지수급센터
③ 산업통상자원부　　　　④ 한국전력발전부

풀이 전기사업법 제3조(정부 등의 책무)
① 산업통상자원부장관은 이 법의 목적을 달성하기 위하여 전력수급(電力需給)의 안정과 전력산업의 경쟁 촉진 등에 관한 기본적이고 종합적인 시책을 마련하여야 한다.

정답 36 ④　37 ④　38 ③

39 전기설비기술기준은 발전·송전·변전·배전 또는 전기 사용을 위하여 시설하는 기계·기구·( )·( ) 및 기타 시설물의 안전에 필요한 기술기준을 규정한 것이다. ( ) 속에 들어갈 내용은?

① 급전소, 개폐소
② 전선로, 보안통신선로
③ 궤전선로, 약전류 전선로
④ 옥내배선, 옥외배선

풀이 전기설비기술기준 제1조
이 고시는 발전·송전·변전·배전 또는 전기 사용을 위하여 시설하는 기계·기구·댐·수로·저수지·전선로·보안통신선로 그 밖의 시설물의 안전에 필요한 성능과 기술적 요건을 규정함을 목적으로 한다.

40 전기공사의 종류가 아닌 것은?

① 저수지, 수로 및 이에 수반되는 구조물 공사
② 발전·송전·변전 및 배전 설비공사
③ 산업시설물, 건축물 및 구조물의 전기설비공사
④ 전기철도 및 철도신호 전기설비공사

풀이 전기공사업법 시행령 제2조(전기공사)
1. 발전·송전·변전 및 배전 설비공사
2. 산업시설물, 건축물 및 구조물의 전기설비공사
3. 도로, 공항 및 항만 전기설비공사
4. 전기철도 및 철도신호 전기설비공사
5. 제1호부터 제4호까지의 규정에 따른 전기설비공사 외의 전기설비공사
6. 제1호부터 제5호까지의 규정에 따른 전기설비 등을 유지·보수하는 공사 및 그 부대공사

41 다음 설명의 ( ) 안에 알맞은 내용은?

발전사업자가 발전용 전기설비용량을 변경하려 할 때 허가 또는 변경허가 용량의 ( ) 이하인 경우에는 주무부처 장관이 변경허가사항에 속하지 아니한다.

① $\dfrac{1}{100}$
② $\dfrac{5}{100}$
③ $\dfrac{10}{100}$
④ $\dfrac{20}{100}$

풀이 전기사업법 시행규칙 제5조(변경허가사항 등)
① 법 제7조제1항 후단에서 "산업통상자원부령으로 정하는 중요 사항"이란 다음 각 호의 사항을 말한다.
  1. 사업구역 또는 특정한 공급구역
  2. 공급전압
  3. 발전사업 또는 구역전기사업의 경우 발전용 전기설비에 관한 다음 각 목의 어느 하나에 해당하는 사항

정답 39 ② 40 ① 41 ③

가. 설치장소(동일한 읍·면·동에서 설치장소를 변경하는 경우는 제외한다)
나. 설비용량(변경 정도가 허가 또는 변경허가를 받은 설비용량의 100분의 10 이하인 경우는 제외한다)
다. 원동력의 종류(허가 또는 변경허가를 받은 설비용량이 30만킬로와트 이상인 발전용 전기설비에 「신에너지 및 재생에너지 개발·이용·보급 촉진법」 제2조에 따른 신·재생에너지를 이용하는 발전용 전기설비를 추가로 설치하는 경우는 제외한다)
라. 별표 5 제1호나목에 따른 발전설비[별표 5 제1호나목에 따른 원동력설비 중 터빈(높은 압력의 액체·기체를 날개바퀴의 날개에 부딪히게 함으로써 회전하는 힘을 얻는 기계를 말한다) 및 보일러와 같은 목에 따른 발전기계통설비 중 발전기를 모두 변경하는 경우만 해당한다]

42 전력수급의 안정을 위하여 대통령령으로 정하는 기본계획의 경미한 사항을 변경하는 경우로 틀린 것은?

① 전기설비별 용량의 20[%]의 범위에서 그 용량을 변경하는 경우
② 연도별 전기설비 총용량의 5[%]의 범위에서 그 총용량을 변경하는 경우
③ 전기설비 설치공사의 착공 또는 준공 등의 기간을 2년의 범위에서 조정하는 경우
④ 전기설비 설치공사 시 총공사비의 10[%]의 범위에서 그 총공사비를 변경하는 경우

풀이 전기사업법 시행규칙 제20조(기본계획의 경미한 변경)
1. 전기설비 설치공사의 착공·준공 또는 공사기간을 2년 이내의 범위에서 조정하는 경우
2. 전기설비별 용량의 20퍼센트 이내의 범위에서 그 용량을 변경하는 경우
3. 신규건설 또는 폐지되는 연도별 전기설비용량의 5퍼센트 이내의 범위에서 전기설비용량을 변경하는 경우

43 전기안전관리업무를 개인 대행자가 대행할 수 있는 태양광발전 설비의 용량은?

① 200[kW] 미만
② 250[kW] 미만
③ 300[kW] 미만
④ 350[kW] 미만

풀이 전기안전관리법 시행규칙 제26조(전기안전관리업무의 대행규모)
법 제22조제3항에 따라 안전공사, 같은 항 제2호에 따른 전기안전관리대행사업자(이하 "대행사업자"라 한다) 및 같은 항 제3호에 따른 자(이하 "개인대행자"라 한다)가 전기안전관리업무를 대행할 수 있는 전기설비의 규모는 다음 각 호의 구분에 따른다.
1. 안전공사 및 대행사업자 : 다음 각 목의 어느 하나에 해당하는 전기설비(둘 이상의 전기설비 용량의 합계가 4천500킬로와트 미만의 경우로 한정한다)
  가. 용량 1천킬로와트 미만의 전기수용설비
  나. 용량 300킬로와트 미만의 발전설비(법 제22조제3항에 따른 전기사업용 신재생에너지 발전설비 중 태양광발전설비 이외의 발전설비는 원격감시·제어기능을 갖춘 경우로 한정한다). 다만, 비상용 예비발전설비의 경우에는 용량 500킬로와트 미만으로 한다.
  다. 용량 1천킬로와트(원격감시·제어기능을 갖춘 경우 용량 3천킬로와트) 미만의 태양광발전설비

정답 42 ④ 43 ②

2. 개인대행자 : 다음 각 목의 어느 하나에 해당하는 전기설비(둘 이상의 용량의 합계가 1천550킬로와트 미만인 전기설비로 한정한다)
   가. 용량 500킬로와트 미만의 전기수용설비
   나. 용량 150킬로와트 미만의 발전설비(법 제22조제3항에 따른 전기사업용 신재생에너지 발전설비 중 태양광발전설비 이외의 발전설비는 원격감시·제어기능을 갖춘 경우로 한정한다). 다만, 비상용 예비발전설비의 경우에는 용량 300킬로와트 미만으로 한다.
   다. 용량 250킬로와트(원격감시·제어기능을 갖춘 경우 용량 750킬로와트) 미만의 태양광발전설비

44 안전공사 및 전기판매사업자는 일반용 전기설비의 점검 또는 점검결과의 통지를 한 경우 서류 또는 자료를 몇 년간 보존해야 하는가?

① 1년   ② 2년   ③ 3년   ④ 5년

풀이 전기안전관리법 시행규칙 제14조(점검결과의 기록 등)
법 제12조제7항에 따라 안전공사는 일반용 전기설비를 점검하거나 그 점검 결과를 통지한 경우에는 다음 각 호의 사항을 적은 서류 또는 자료를 3년간 보존하여야 한다.
1. 일반용 전기설비의 소유자 등의 성명(법인인 경우에는 그 명칭과 대표자의 성명) 및 주소
2. 점검 연월일
3. 점검의 결과
4. 통지 연월일
5. 통지사항
6. 점검자의 성명
7. 사용 전 점검의 경우에는 시공자의 성명(법인인 경우에는 그 명칭과 대표자의 성명)

45 태양광발전설비에서 용량에 관계없이 전기안전관리자를 선임할 수 있는 기준으로 맞는 것은?

① 전기기사 또는 전기기능장 자격 소지자로 실무경력 2년 이상인 자
② 전기기사 또는 전기기능장 자격 소지자로 실무경력 3년 이상인 자
③ 전기기사 또는 전기기능장 자격 소지자로 실무경력 4년 이상인 자
④ 전기기사 또는 전기기능장 자격 소지자로 실무경력 5년 이상인 자

풀이 전기안전관리업무를 전문으로 하는 자의 요건(전기안전관리법 시행령 [별표 2])
가. 전기기사 또는 전기기능장 자격 취득 이후 실무경력 2년 이상인 사람 5명 이상
나. 전기산업기사 자격 취득 이후 실무경력 4년 이상인 사람 10명 이상
다. 전기 분야 기능사 이상의 자격 소지자이거나 전기 분야에서 3년 이상 실무경력이 있는 사람 5명 이상

46 전기안전에 관하여 산업통상자원부장관에게 보고할 사항이 아닌 것은?

① 일반용 전기설비 사용 전 점검 절차 등
② 전기안전관리자의 선임 및 해임에 관한 사항
③ 부적합 전기설비에 대한 조치 내용 및 처리 결과
④ 전기안전관리대행사업자 및 개인대행자의 등록 및 신고수리 현황

정답 44 ③ 45 ① 46 ②

풀이 전기안전관리법 제39조(보고)
① 산업통상자원부장관은 산업통상자원부령으로 정하는 바에 따라 전기설비의 검사·점검현황 등 전기안전에 관한 사항을 시·도지사, 시장·군수·구청장, 안전공사, 전기판매사업자 및 구역전기사업자로 하여금 보고하게 할 수 있다.
② 시·도지사는 산업통상자원부령으로 정하는 바에 따라 전기안전관리자의 선임 및 해임에 관한 사항을 전력기술인단체로 하여금 보고하게 할 수 있다.

47 전압에 관계없이 모든 전기공사를 시공관리할 수 있는 전기공사기술자는?
① 저압전기공사기술자 또는 중급전기공사기술자
② 중급전기공사기술자 또는 고급전기공사기술자
③ 중급전기공사기술자 또는 특급전기공사기술자
④ 고급전기공사기술자 또는 특급전기공사기술자

풀이 전기공사업법 시행령 [별표 4]

전기공사기술자의 구분	전기공사의 규모별 시공관리 구분
특급전기기술자, 고급전기기술자	모든 전기공사
중급전기기술자	사업전압이 100,000볼트 이하인 전기공사
초급전기기술자	사업전압이 1,000볼트 이하인 전기공사

48 전기안전관리자를 선임하지 않아도 되는 발전설비의 설비용량은?
① 10[kW] 이하　　② 20[kW] 이하
③ 30[kW] 이하　　④ 50[kW] 이하

풀이 전기안전관리자 선임 제외 대상
• 설비용량이 20[kW] 이하인 발전설비
• 저압에 해당하는 0.75[kW] 미만 전력을 수전하는 전기설비

49 동일인이 두 종류 이상의 전기사업을 할 수 있는 경우가 아닌 것은?
① 도서지역에서 전기사업을 하는 경우
② 발전사업과 전기판매사업을 겸업하는 경우
③ 배전사업과 전기판매사업을 겸업하는 경우
④ 발전사업의 허가를 받은 것으로 보는 집단에너지사업자가 전기판매사업을 겸업하는 경우

풀이 두 종류 이상의 전기사업의 허가(전기사업법 시행령 제3조)
• 배전사업과 전기판매사업을 겸업하는 경우
• 도서지역에서 전기사업을 하는 경우

정답 47 ④　48 ②　49 ②

- 집단에너지사업법에 따라 발전사업의 허가를 받은 것으로 보는 집단에너지사업자가 전기판매사업을 겸업하는 경우

50 전력시장에서 전력을 직접 구매할 수 있는 전기사용자의 수전설비용량 기준은?

① 10,000[kVA] ② 20,000[kVA]
③ 30,000[kVA] ④ 50,000[kVA]

풀이 전기사업법 시행령 제20조(전력의 직접 구매)
법 제32조 단서에서 "대통령령으로 정하는 규모 이상의 전기사용자"란 수전설비(受電設備)의 용량이 3만 킬로볼트암페어 이상인 전기사용자를 말한다.

51 전기판매사업자가 전력시장 운영규칙으로 정하는 바에 따라 우선적으로 구매할 수 있는 대상으로 틀린 것은?

① 자가용 전기설비를 설치한 자
② 수력발전소를 운영하는 발전사업자
③ 설비용량이 3만 킬로와트 이하인 발전사업자
④ 발전사업의 허가를 받은 것으로 보는 집단에너지 사업자

풀이
- 설비용량이 2만[kW] 이하인 발전사업자
- 자가용 전기설비를 설치한 자(자기가 생산한 전력의 연간 총생산량의 50[%] 미만의 범위에서 전력을 거래하는 경우만 해당)
- 신에너지 및 재생에너지 개발·이용·보급 촉진법에 따른 신·재생에너지를 이용하여 전기를 생산하는 발전사업자
- 집단에너지법에 따라 발전사업의 허가를 받은 것으로 보는 집단에너지 사업자
- 수력발전소를 운영하는 발전사업자

52 발전사업자 및 전기판매사업자는 전력시장 운영규칙에서 정하는 바에 따라 전력시장에서 전력거래를 하여야 하는데, 신·재생에너지발전사업지기 최대 몇 [kW] 이하의 발전설비용량을 이용하여 생산한 전력을 거래하는 경우는 그러하지 아니한가?

① 200 ② 500 ③ 1,000 ④ 1,500

풀이 소규모 신·재생에너지발전전력 등의 거래에 관한 지침 제3조(전력거래 방법)
발전사업자 등은 발전설비용량 1,000[kW] 이하의 신·재생에너지발전설비·전기발전보일러 및 총저장용량이 1,000[kWh] 이하이면서 총 충·방전설비용량이 1,000[kW] 이하인 전기저장장치·전기자동차시스템을 이용해 생산한 전력을 아래 각 호의 범위 내에서 전력시장을 통하지 아니하고 전기판매사업자와 거래할 수 있다.
1. 발전사업자가 생산한 전력

정답 50 ③ 51 ③ 52 ③

2. 발전사업자 이외의 자가 생산한 전력으로서 아래 각 목의 것
　가. 태양에너지 발전설비로 발전한 전력 중 자가소비 후 남는 전력
　나. 태양에너지 발전설비를 제외한 설비의 연간 총 생산량의 50% 미만의 전력

53 전기사업의 허가를 신청하려는 자가 사업계획서를 작성할 때, 태양광발전설비의 개요에 포함되어야 할 내용으로 적합하지 않은 것은?

① 태양전지의 종류, 정격용량, 정격전압 및 정격출력
② 태양전지 및 인버터의 효율, 변환특성, 교류주파수
③ 인버터의 종류, 입력전압, 출력전압 및 정격출력
④ 집광판의 면적

풀이 태양광발전설비 개요(전기사업법 시행규칙 [별표 1])
　㉠ 발전설비
　　• 태양전지의 종류, 정격용량, 정격전압 및 정격출력
　　• 인버터의 종류, 입력전압, 출력전압 및 정격출력
　　• 집광판의 면적
　　• 발전소의 명칭 및 위치
　㉡ 송·변전설비
　　• 변전소의 명칭 및 위치, 변압기의 종류, 용량, 전압, 대수
　　• 송전선로 명칭, 구간 및 송전용량
　　• 개폐소 위치
　　• 송전선의 길이 종류, 회선 수 및 굵기의 1회선당 조수

54 공사업자가 전기공사를 하도급 주기 위하여 미리 해당 전기공사의 발주자에게 이를 알리기 위하여 작성하는 하도급 통지서에 첨부하는 서류로 틀린 것은?

① 공사 예정 공정표
② 하도급(재하도급)계약서 사본
③ 하수급인 또는 다시 하도급받은 공사업자의 등록수첩 사본
④ 하수급인 또는 다시 하도급받은 공사업자의 전기공사자재 보유현황

풀이 하도급 통지서에는 다음 각 호의 서류를 첨부하여야 한다.(전기공사업법 시행규칙 제11조)
　1. 하도급(재하도급) 계약서 사본
　2. 하도급(재하도급) 내용이 명시된 공사명세서
　3. 공사 예정 공정표
　4. 하수급인 또는 다시 하도급받은 공사업자의 전기공사기술자 보유현황
　5. 하수급인 또는 다시 하도급받은 공사업자의 등록수첩 사본

정답 53 ② 54 ④

55 전력수급의 안정을 위하여 전력수급 기본계획을 수립하는 사람은 누구인가?
① 고용노동부장관　　　　　　　② 국토교통부장관
③ 기획재정부장관　　　　　　　④ 산업통상자원부장관

풀이 전기사업법 제25조(전력수급기본계획의 수립)
① 산업통상자원부장관은 전력수급의 안정을 위하여 전력수급기본계획(이하 "기본계획"이라 한다)을 수립하여야 한다.

56 전기공사업 등록증 및 등록수첩을 발급하는 자는?
① 대통령　　　　　　　　　　　② 산업통상자원부장관
③ 시·도지사　　　　　　　　　　④ 지정공사업자단체

풀이 전기공사업법 제4조(공사업의 등록)
① 공사업을 하려는 자는 산업통상자원부령으로 정하는 바에 따라 주된 영업소의 소재지를 관할하는 특별시장·광역시장·특별자치시장·도지사 또는 특별자치도지사(이하 "시·도지사"라 한다)에게 등록하여야 한다.
④ 시·도지사는 제1항에 따라 공사업의 등록을 받으면 등록증 및 등록수첩을 내주어야 한다.

57 전기공사기술자의 등급 및 경력 등에 관한 증명서를 발급하는 자는?
① 산업통상자원부장관　　　　　② 한국산업인력공단
③ 시·도지사　　　　　　　　　　④ 전기공사협회

풀이 전기공사업법 제17조의2(전기공사기술자의 인정)
③ 산업통상자원부장관은 제1항에 따른 신청인을 전기공사기술자로 인정하면 전기공사기술자의 등급 및 경력 등에 관한 증명서(이하 "경력수첩"이라 한다.)를 해당 전기공사기술자에게 발급하여야 한다.

정답 55 ④　56 ③　57 ①

2 신재생에너지 관련 법령 검토

01 다음 중 신·재생에너지에 해당되지 않는 것은?

① 풍력
② 원자력
③ 연료전지
④ 태양에너지

풀이 신에너지 및 재생에너지 개발·이용·보급 촉진법 제2조(정의)
1. "신에너지"란 기존의 화석연료를 변환시켜 이용하거나 수소·산소 등의 화학반응을 통하여 전기 또는 열을 이용하는 에너지로서 다음 각 목의 어느 하나에 해당하는 것을 말한다.
   가. 수소에너지
   나. 연료전지
   다. 석탄을 액화·가스화한 에너지 및 중질잔사유(重質殘渣油)를 가스화한 에너지로서 대통령령으로 정하는 기준 및 범위에 해당하는 에너지
   라. 그 밖에 석유·석탄·원자력 또는 천연가스가 아닌 에너지로서 대통령령으로 정하는 에너지
2. "재생에너지"란 햇빛·물·지열(地熱)·강수(降水)·생물유기체 등을 포함하는 재생 가능한 에너지를 변환시켜 이용하는 에너지로서 다음 각 목의 어느 하나에 해당하는 것을 말한다.
   가. 태양에너지
   나. 풍력
   다. 수력
   라. 해양에너지
   마. 지열에너지
   바. 생물자원을 변환시켜 이용하는 바이오에너지로서 대통령령으로 정하는 기준 및 범위에 해당하는 에너지
   사. 폐기물에너지로서 대통령령으로 정하는 기준 및 범위에 해당하는 에너지
   아. 그 밖에 석유·석탄·원자력 또는 천연가스가 아닌 에너지로서 대통령령으로 정하는 에너지

02 햇빛·물·지열(地熱)·강수(降水)·생물유기체 등을 포함하는 재생 가능한 에너지를 변환시켜 이용하는 에너지에 해당하는 것이 아닌 것은?

① 해양에너지
② 지열에너지
③ 수소에너지
④ 태양에너지

풀이
• 재생에너지 : 해양에너지, 지열에너지, 태양에너지, 풍력에너지, 수력에너지
• 신에너지 : 수소에너지, 연료전지, 석탄을 액화·가스화한 에너지 및 중질잔사유를 가스화한 에너지

03 다음 중 신에너지 항목이 아닌 것은?

① 바이오에너지
② 연료전지
③ 수소에너지
④ 석탄을 액화 또는 가스화한 에너지

정답 01 ② 02 ③ 03 ①

풀이 신에너지
- 수소에너지
- 연료전지
- 석탄을 액화 또는 가스화한 에너지 및 중질잔사유를 가스화한 에너지

04 해양의 조수, 파도, 해류, 온도차 등을 변환시켜 전기 또는 열을 생산하는 설비는?
① 해양에너지 설비
② 지열에너지 설비
③ 태양열에너지 설비
④ 수소에너지 설비

풀이 ㉠ 태양에너지 설비
- 태양열 설비 : 태양의 열에너지를 변환시켜 전기를 생산하거나 에너지원으로 이용하는 설비
- 태양광 설비 : 태양의 빛에너지를 변환시켜 전기를 생산하거나 채광(採光)에 이용하는 설비
㉡ 바이오에너지 설비 : 「신에너지 및 재생에너지 개발·이용·보급 촉진법 시행령」 별표 1의 바이오에너지를 생산하거나 이를 에너지원으로 이용하는 설비
㉢ 풍력 설비 : 바람의 에너지를 변환시켜 전기를 생산하는 설비
㉣ 수력 설비 : 물의 유동(流動) 에너지를 변환시켜 전기를 생산하는 설비
㉤ 연료전지 설비 : 수소와 산소의 전기화학반응을 통하여 전기 또는 열을 생산하는 설비
㉥ 석탄을 액화·가스화한 에너지 및 중질잔사유(重質殘渣油)를 가스화한 에너지 설비 : 석탄 및 중질잔사유의 저급 연료를 액화 또는 가스화시켜 전기 또는 열을 생산하는 설비
㉦ 해양에너지 설비 : 해양의 조수, 파도, 해류, 온도차 등을 변환시켜 전기 또는 열을 생산하는 설비
㉧ 폐기물에너지 설비 : 폐기물을 변환시켜 연료 및 에너지를 생산하는 설비
㉨ 지열에너지 설비 : 물, 지하수 및 지하의 열 등의 온도차를 변환시켜 에너지를 생산하는 설비
㉩ 수소에너지 설비 : 물이나 그 밖에 연료를 변환시켜 수소를 생산하거나 이용하는 설비

05 물의 유동(流動) 에너지를 변환시켜 전기를 생산하는 설비는?
① 태양광 설비
② 태양열 설비
③ 수력 설비
④ 풍력 설비

풀이 ① 태양광 설비 : 태양의 빛에너지를 변환시켜 전기를 생산하거나 채광(採光)에 이용하는 설비
② 태양열 설비 : 태양의 열에너지를 변환시켜 전기를 생산하거나 에너지원으로 이용하는 설비
③ 수력 설비 : 물의 유동(流動) 에너지를 변환시켜 전기를 생산하는 설비
④ 풍력 설비 : 바람의 에너지를 변환시켜 전기를 생산하는 설비

06 신에너지 및 재생에너지 개발·이용·보급 촉진법에서 신·재생에너지 설비가 아닌 것은?
① 태양에너지 설비
② 풍력 설비
③ 전기에너지 설비
④ 바이오에너지 설비

풀이 • 신에너지 : 수소에너지, 연료전지, 석탄을 액화·가스화한 에너지 및 중질잔사유를 가스화한 에너지
• 재생에너지 : 태양에너지, 풍력, 수력, 해양에너지, 지열에너지, 바이오에너지, 폐기물에너지

07 신·재생에너지정책심의회의 심의를 거쳐 신·재생에너지의 기술 개발 및 이용·보급을 촉진하기 위한 기본계획을 수립하는 자는?

① 안전행정부장관　　　　　　　　② 산업통상자원부장관
③ 고용노동부장관　　　　　　　　④ 환경부장관

풀이 신에너지 및 재생에너지 개발·이용·보급 촉진법 제5조(기본계획의 수립)
① 산업통상자원부장관은 관계 중앙행정기관의 장과 협의를 한 후 제8조에 따른 신·재생에너지정책심의회의 심의를 거쳐 신·재생에너지의 기술개발 및 이용·보급을 촉진하기 위한 기본계획(이하 "기본계획"이라 한다.)을 5년마다 수립하여야 한다.

08 신·재생에너지 기술 개발 및 이용·보급을 촉진하기 위한 기본계획에 대한 설명으로 옳지 않은 것은?

① 기본계획의 계획기간은 10년 이상으로 한다.
② 총 에너지생산량 중 신·재생에너지가 차지하는 비율의 목표가 포함된다.
③ 신·재생에너지 분야 전문인력 양성계획이 포함된다.
④ 온실가스 배출 감소 목표가 포함된다.

풀이 신에너지 및 재생에너지 개발·이용·보급 촉진법 제5조(기본계획의 수립)
① 산업통상자원부장관은 관계 중앙행정기관의 장과 협의를 한 후 제8조에 따른 신·재생에너지정책심의회의 심의를 거쳐 신·재생에너지의 기술개발 및 이용·보급을 촉진하기 위한 기본계획(이하 "기본계획"이라 한다)을 5년마다 수립하여야 한다.
② 기본계획의 계획기간은 10년 이상으로 하며, 기본계획에는 다음 각 호의 사항이 포함되어야 한다.
　1. 기본계획의 목표 및 기간
　2. 신·재생에너지원별 기술개발 및 이용·보급의 목표
　3. 총전력생산량 중 신·재생에너지 발전량이 차지하는 비율의 목표
　4. 「에너지법」 제2조제10호에 따른 온실가스의 배출 감소 목표
　5. 기본계획의 추진방법
　6. 신·재생에너지 기술수준의 평가와 보급전망 및 기대효과
　7. 신·재생에너지 기술 개발 및 이용·보급에 관한 지원 방안
　8. 신·재생에너지 분야 전문인력 양성계획
　9. 직전 기본계획에 대한 평가
　10. 그 밖에 기본계획의 목표달성을 위하여 산업통상자원부장관이 필요하다고 인정하는 사항

정답 07 ② 08 ②

09 산업통상자원부장관이 수립하는 신·재생에너지의 기술개발 및 이용·보급을 촉진하기 위한 기본계획의 계획기간은 얼마인가?

① 3년 이상   ② 5년 이상
③ 10년 이상   ④ 20년 이상

풀이 8번 해설 참조

10 신·재생에너지 기술개발과 이용·보급을 촉진하기 위한 기본계획에 대한 설명으로 틀린 것은?

① 기본계획은 5년마다 수립하여야 한다.
② 기본계획의 계획기간은 10년 이상으로 한다.
③ 신·재생에너지 기술수준의 평가와 보급전망 및 기대효과가 포함된다.
④ 총에너지생산량 중 신·재생에너지소비량이 차지하는 비율의 목표가 포함된다.

풀이 총전력생산량 중 신·재생에너지발전량이 차지하는 비율의 목표가 포함된다.

11 신에너지 및 재생에너지 개발·이용·보급 촉진법의 제정 목적으로 틀린 것은?

① 에너지원의 단일화   ② 온실가스 배출의 감소
③ 에너지의 안정적인 공급   ④ 에너지 구조의 환경친화적 전환

풀이 신에너지 및 재생에너지 개발·이용·보급 촉진법 제1조(목적)
이 법은 신에너지 및 재생에너지의 기술개발 및 이용·보급 촉진과 신에너지 및 재생에너지 산업의 활성화를 통하여 에너지원을 다양화하고, 에너지의 안정적인 공급, 에너지 구조의 환경친화적 전환 및 온실가스 배출의 감소를 추진함으로써 환경의 보전, 국가경제의 건전하고 지속적인 발전 및 국민복지의 증진에 이바지함을 목적으로 한다.

12 국가기관, 지방자치단체, 공공기관, 그 밖에 대통령령으로 정하는 자가 신·재생에너지 기술개발 및 이용·보급에 관한 계획을 수립·시행하려면 대통령령으로 정하는 바에 따라 미리 누구와 협의를 하여야 하는가?

① 시·도지사   ② 국가기술표준원장
③ 한국전력공사사장   ④ 산업통상자원부장관

풀이 국가기관, 지방자치단체, 공공기관, 그 밖에 대통령령으로 정하는 자가 신·재생에너지기술개발 및 이용·보급에 관한 계획을 수립·시행하려면 대통령령으로 정하는 바에 따라 미리 산업통상자원부장관과 협의하여야 한다.

정답 09 ③   10 ④   11 ①   12 ④

13 신·재생에너지 기술개발 및 이용·보급 목적의 사업비 용도에 맞지 않은 것은?
① 신·재생에너지 연구개발 및 기술평가
② 신·재생에너지 설비의 성능평가·인증
③ 신·재생에너지 기술의 국내 표준화 지원
④ 신·재생에너지 시범사업 및 보급사업

풀이 신에너지 및 재생에너지 개발·이용·보급 촉진법 제10조(조성된 사업비의 사용)
산업통상자원부장관은 제9조에 따라 조성된 사업비를 다음 각 호의 사업에 사용한다.
1. 신·재생에너지의 자원조사, 기술수요조사 및 통계작성
2. 신·재생에너지의 연구·개발 및 기술평가
3. 삭제〈2015.1.28.〉
4. 신·재생에너지 공급의무화 지원
5. 신·재생에너지 설비의 성능평가·인증 및 사후관리
6. 신·재생에너지 기술정보의 수집·분석 및 제공
7. 신·재생에너지 분야 기술지도 및 교육·홍보
8. 신·재생에너지 분야 특성화대학 및 핵심기술연구센터 육성
9. 신·재생에너지 분야 전문인력 양성
10. 신·재생에너지 설비 설치기업의 지원
11. 신·재생에너지 시범사업 및 보급사업
12. 신·재생에너지 이용의무화 지원
13. 신·재생에너지 관련 국제협력
14. 신·재생에너지 기술의 국제표준화 지원
15. 신·재생에너지 설비 및 그 부품의 공용화 지원
16. 그 밖에 신·재생에너지의 기술개발 및 이용·보급을 위하여 필요한 사업으로서 대통령령으로 정하는 사업

14 신·재생에너지 기술개발 및 이용·보급 목적의 사업비 용도에 맞지 않은 것은?
① 신·재생에너지 시범사업 및 보급사업
② 신·재생에너지 설비 수출기업의 지원
③ 신·재생에너지 설비의 성능평가·인증
④ 신·재생에너지 연구·개발 및 기술평가

풀이 13번 해설 참조

15 산업통상자원부장관이 신·재생에너지 기술개발 및 이용보급 사업비의 조성에 따라 조성된 사업비를 사용할 수 있는 사업이 아닌 것은?
① 신·재생에너지 공급의무화 지원
② 신·재생에너지 이용의무화 지원
③ 신·재생에너지 설비 설치기업의 지원
④ 신·재생에너지 설비 및 그 부품의 특성화 지원

풀이 13번 해설 참조

정답 13 ③ 14 ② 15 ④

16 신·재생에너지 기술개발 및 이용·보급 사업비의 사용처가 아닌 것은?

① 신·재생에너지 분야 기술지도 및 교육·홍보
② 신·재생에너지를 생산하는 사업자에 대한 지원
③ 신·재생에너지 기술의 국제표준화 지원
④ 신·재생에너지 관련 국제협력

풀이 13번 해설 참조

17 산업통상자원부장관은 보급사업의 실시기관을 선정하여 시행한다. 다음 중 실시기관이 아닌 것은?

① 신·재생에너지센터
② 특정연구기관
③ 기업연구소
④ 개인연구소

풀이 신에너지 및 재생에너지 개발·이용·보급 촉진법 시행령 제27조(보급사업의 실시기관)
산업통상자원부장관은 법 제27조제1항 각 호에 따른 보급사업을 시행하는 경우에는 다음 각 호의 어느 하나에 해당하는 자 중에서 보급사업의 실시기관을 선정하여 시행한다. 다만, 법 제27조제1항제2호에 따른 환경친화적 신·재생에너지 집적화단지(이하 "집적화단지"라 한다) 조성사업을 시행하는 경우에는 지방자치단체를 해당 사업의 실시기관으로 선정하여 시행한다.
1. 법 제11조제1항 각 호의 어느 하나에 해당하는 자
2. 센터

신에너지 및 재생에너지 개발·이용·보급 촉진법 제11조(사업의 실시)
① 산업통상자원부장관은 제10조 각 호의 사업을 효율적으로 추진하기 위하여 필요하다고 인정하면 다음 각 호의 어느 하나에 해당하는 자와 협약을 맺어 그 사업을 하게 할 수 있다.
  1. 「특정연구기관 육성법」에 따른 특정연구기관
  2. 「기초연구진흥 및 기술개발지원에 관한 법률」 제14조의2제1항에 따른 기업연구소
  3. 「산업기술연구조합 육성법」에 따른 산업기술연구조합
  4. 「고등교육법」에 따른 대학 또는 전문대학
  5. 국공립연구기관
  6. 국가기관, 지방자치단체 및 공공기관
  7. 그 밖에 산업통상자원부장관이 기술개발능력이 있다고 인정하는 자

18 신재생에너지의 이용·보급을 촉진하기 위한 보급 산업에 해당하지 않는 것은?

① 신기술의 적용사업 및 시범사업
② 지방자치단체와 연계한 보급사업
③ 신·재생에너지 국제표준화 적용사업
④ 환경친화적 신·재생에너지 시범단지 조성사업

정답 16 ② 17 ④ 18 ③

풀이 신에너지 및 재생에너지 개발·이용·보급 촉진법 제27조(보급사업)
① 산업통상자원부장관은 신·재생에너지의 이용·보급을 촉진하기 위하여 필요하다고 인정하면 대통령령으로 정하는 바에 따라 다음 각 호의 보급사업을 할 수 있다.
　1. 신기술의 적용사업 및 시범사업
　2. 환경친화적 신·재생에너지 집적화단지(集積化團地) 및 시범단지 조성사업
　3. 지방자치단체와 연계한 보급사업
　4. 실용화된 신·재생에너지 설비의 보급을 지원하는 사업
　5. 그 밖에 신·재생에너지 기술의 이용·보급을 촉진하기 위하여 필요한 사업으로서 산업통상자원부장관이 정하는 사업
② 산업통상자원부장관은 개발된 신·재생에너지 설비가 설비인증을 받거나 신·재생에너지 기술의 국제표준화 또는 신·재생에너지 설비와 그 부품의 공용화가 이루어진 경우에는 우선적으로 제1항에 따른 보급사업을 추진할 수 있다.
③ 관계 중앙행정기관의 장은 환경 개선과 신·재생에너지의 보급 촉진을 위하여 필요한 협조를 할 수 있다.

19 신·재생에너지의 이용·보급을 촉진하기 위한 보급사업의 종류가 아닌 것은?
① 신기술의 적용사업 및 시범사업
② 지방자치단체와 연계한 보급사업
③ 실증단계의 신·재생에너지 설비의 보급을 지원하는 사업
④ 환경친화적 신·재생에너지 집적화단지 및 시범단지 조성사업

풀이 18번 해설 참조

20 다음에서 각 호의 보급사업 내용에 해당하지 않는 것은?

> 산업통상자원부장관은 신·재생에너지의 이용·보급을 촉진하기 위하여 필요하다고 인정하면 대통령령으로 정하는 바에 따라 다음 각 호의 보급사업을 할 수 있다.

① 신기술의 적용사업 및 시범사업
② 환경친화적 신·재생에너지 집적화단지 및 시범단지 조성사업
③ 지방자치단체와 연계한 보급사업
④ 초기 단계의 신·재생에너지 설비의 보급을 지원하는 사업

풀이 18번 해설 참조

정답 19 ③ 20 ④

21 산업통상자원부장관이 우선적으로 보급사업을 추진할 수 없는 경우는?

① 개발된 신·재생에너지 설비가 설비인증을 받은 경우
② 신·재생에너지 기술의 국제 표준화가 이루어진 경우
③ 신·재생에너지 설비와 그 부품의 공용화가 이루어진 경우
④ 연구실험결과만 있는 신·재생에너지 설비인 경우

풀이 산업통상자원부장관은 개발된 신·재생에너지 설비가 설비인증을 받거나 신·재생에너지 기술의 국제 표준화 또는 신·재생에너지 설비와 그 부품의 공용화가 이루어진 경우에는 우선적으로 제1항에 따른 보급사업을 추진할 수 있다.

22 산업통상자원부장관은 권한을 위임 및 위탁할 수 있다. 보급사업에 관한 권한을 위임받을 수 있는 자는 누구인가?

① 신·재생에너지센터장
② 시·도지사
③ 한국에너지기술평가원장
④ 한국전력공사장

풀이 산업통상자원부장관은 보급사업에 관한 권한을 특별시장, 광역시장, 시·도지사 또는 특별자치도지사에게 위임할 수 있다.

23 에너지원을 다양화하고, 에너지의 안정적인 공급, 에너지 구조의 환경친화적 전환 및 온실가스 배출의 감소를 추진함으로써 환경의 보전, 국가경제의 건전하고 지속적인 발전 및 국민복지의 증진에 이바지함을 목적으로 하는 법은?

① 전기공사업법
② 에너지이용효율화법
③ 신에너지 및 재생에너지 개발 이용 보급 촉진법
④ 저탄소 녹색성장 기본법

풀이 신에너지 및 재생에너지 개발·이용·보급 촉진법 제1조(목적)
이 법은 신에너지 및 재생에너지의 기술개발 및 이용·보급 촉진과 신에너지 및 재생에너지 산업의 활성화를 통하여 에너지원을 다양화하고, 에너지의 안정적인 공급, 에너지 구조의 환경친화적 전환 및 온실가스 배출의 감소를 추진함으로써 환경의 보전, 국가경제의 건전하고 지속적인 발전 및 국민복지의 증진에 이바지함을 목적으로 한다.

24 신·재생에너지의 기술개발 및 이용·보급 촉진을 위한 기본계획의 계획기간은?

① 3년 이상
② 5년 이상
③ 10년 이상
④ 20년 이상

정답 21 ④ 22 ② 23 ③ 24 ③

풀이
- 산업통상자원부장관은 관계 중앙행정기관의 장과 협의를 한 후 신·재생에너지정책심의회의 심의를 거쳐 신·재생에너지의 기술개발 및 이용·보급을 촉진하기 위한 기본계획을 5년마다 수립하여야 한다.
- 기본계획의 계획기간은 10년 이상으로 한다.

25 신·재생에너지 기술개발과 이용·보급에 관한 계획을 협의하려는 자가 제출한 계획서를 산업통상자원부장관이 검토하여 통보하여야 할 사항이 아닌 것은?
① 신·재생에너지의 기술개발 기본계획과의 조화성
② 시의성
③ 다른 계획과의 중복성
④ 단독연구의 가능성

풀이 산업통상자원부장관은 계획서를 받았을 때에는 신·재생에너지의 기술개발 및 이용·보급을 촉진하기 위한 기본계획과의 조화성, 시의성(時宜性), 다른 계획과의 중복성, 공동연구의 가능성을 검토하여 협의를 요청한 자에게 그 의견을 통보한다.

26 신·재생에너지의 기술개발 및 이용·보급과 신·재생에너지 발전에 의한 전기의 공급에 관한 실행계획은 몇 년마다 수립·시행하여야 하는가?
① 1년
② 3년
③ 5년
④ 7년

풀이 신·재생에너지의 기술개발 및 이용·보급과 신·재생에너지 발전에 의한 전기공급에 관한 실행계획의 계획기간은 매년이다.

27 다음 중 신·재생에너지 기술개발 및 이용·보급에 관한 계획을 수립·시행하기 위해 대통령령으로 정하는 바에 따라 미리 산업통상자원부장관과 협의하여야 하는 자가 아닌 것은?
① 국가기관
② 지방자치단체
③ 민간기관
④ 공공기관

풀이 신에너지 및 재생에너지 개발·이용·보급 촉진법 제7조(신·재생에너지 기술개발 등에 관한 계획의 사전협의)
국가기관, 지방자치단체, 공공기관, 그 밖에 대통령령으로 정하는 자가 신·재생에너지 기술개발 및 이용·보급에 관한 계획을 수립·시행하려면 대통령령으로 정하는 바에 따라 미리 산업통상자원부장관과 협의해야 한다.

정답 25 ④ 26 ① 27 ③

28 산업통상자원부장관은 공용화 품목의 개발, 제조 및 수요 · 공급 조절에 필요한 자금의 몇 %까지 중소기업자에게 융자할 수 있는가?

① 20　　　　② 40　　　　③ 60　　　　④ 80

풀이 신에너지 및 재생에너지 개발 · 이용 · 보급 촉진법 시행령 제24조(신 · 재생에너지 설비 및 그 부품 중 공용화 품목의 지정절차 등)
③ 산업통상자원부장관은 법 제21조제3항에 따라 공용화 품목의 개발, 제조 및 수요 · 공급조절에 필요한 자금을 다음 각 호의 구분에 따른 범위에서 융자할 수 있다.
1. 중소기업자 : 필요한 자금의 80퍼센트
2. 중소기업자와 동업하는 중소기업자 외의 자 : 필요한 자금의 70퍼센트
3. 그 밖에 산업통상자원부장관이 인정하는 자 : 필요한 자금의 50퍼센트

29 신에너지 및 재생에너지 개발 · 이용 · 보급 촉진법에서 정한 공급의무자가 아닌 것은?

① 한국중부발전주식회사　　　　② 한국수자원공사
③ 한국가스공사　　　　　　　　④ 한국지역난방공사

풀이 신에너지 및 재생에너지 개발 · 이용 · 보급 촉진법 제12조의5(신 · 재생에너지 공급의무화 등)
① 산업통상자원부장관은 신 · 재생에너지의 이용 · 보급을 촉진하고 신 · 재생에너지산업의 활성화를 위하여 필요하다고 인정하면 다음 각 호의 어느 하나에 해당하는 자 중 대통령령으로 정하는 자(이하 "공급의무자"라 한다)에게 발전량의 일정량 이상을 의무적으로 신 · 재생에너지를 이용하여 공급하게 할 수 있다.
1. 「전기사업법」 제2조에 따른 발전사업자
2. 「집단에너지사업법」 제9조 및 제48조에 따라 「전기사업법」 제7조제1항에 따른 발전사업의 허가를 받은 것으로 보는 자
3. 공공기관
※ 신 · 재생에너지 설비를 제외한 설비규모 50만 [kW] 이상의 발전설비를 보유하는 자 및 K-Water, 한국지역난방공사
- 공급의무자 : 13개 발전사
- 한국수력원자력, 남동발전, 중부발전, 서부발전, 남부발전, 동서발전, 한국지역난방공사, K-Water, 포스코파워, SK E&S, GS EPS, GS파워, MPC율촌전력

30 산업통상자원부장관이 혼합의무자에게 제출을 요구하는 자료 중 신 · 재생에너지 연료 혼합시설에 대한 자료가 아닌 것은?

① 신 · 재생에너지 연료 혼합시설 현황　　② 신 · 재생에너지 연료 혼합시설 변동사항
③ 신 · 재생에너지 연료 혼합시설의 구매단가　　④ 신 · 재생에너지 연료 혼합시설의 사용실적

정답 28 ④　29 ③　30 ③

풀이 신에너지 및 재생에너지 개발·이용·보급 촉진법 시행령 제26조의3(자료제출)
① 산업통상자원부장관은 법 제23조의2제2항에 따라 혼합의무자에게 다음 각 호의 자료 제출을 요구할 수 있다.
2. 신·재생에너지 연료 혼합시설에 관한 다음 각 목의 자료
가. 신·재생에너지 연료 혼합시설 현황
나. 신·재생에너지 연료 혼합시설 변동사항
다. 신·재생에너지 연료 혼합시설의 사용실적

31 신·재생에너지 공급의무자에 해당하지 않는 것은?

① 한국수자원공사
② 한국석유공사
③ 한국지역난방공사
④ 50만[kW] 이상의 발전설비(신재생에너지 설비는 제외한다)를 보유하는 자

풀이 신에너지 및 재생에너지 개발·이용·보급 촉진법 시행령 제18조의3(신·재생에너지 공급의무자)
① 법 제12조의5제1항에서 "대통령령으로 정하는 자"란 다음 각 호의 어느 하나에 해당하는 자를 말한다.
1. 법 제12조의5제1항제1호 및 제2호에 해당하는 자로서 50만킬로와트 이상의 발전설비(신·재생에너지 설비는 제외한다)를 보유하는 자
2. 「한국수자원공사법」에 따른 한국수자원공사
3. 「집단에너지사업법」 제29조에 따른 한국지역난방공사
② 산업통상자원부장관은 제1항 각 호에 해당하는 자(이하 "공급의무자"라 한다)를 공고하여야 한다.

32 신·재생에너지 설비의 설치계획서를 받은 산업통상자원부장관은 설치계획서를 받은 날로부터 타당성을 검토한 후 그 결과를 며칠 이내에 해당 설치의무기관의 장 또는 대표자에게 통보하여야 하는가?

① 10일   ② 20일   ③ 30일   ④ 50일

풀이 신에너지 및 재생에너지 개발·이용·보급 촉진법 시행령 제17조(신·재생에너지 설비의 설치계획서 제출 등)
① 법 제12조제2항에 따라 같은 항 각 호의 어느 하나에 해당하는 자(이하 "설치의무기관"이라 한다)의 장 또는 대표자가 제15조제1항 각 호의 어느 하나에 해당하는 건축물을 신축·증축 또는 개축하려는 경우에는 신·재생에너지 설비의 설치계획서(이하 "설치계획서"라 한다)를 해당 건축물에 대한 건축허가를 신청하기 전에 산업통상자원부장관에게 제출하여야 한다.
② 산업통상자원부장관은 설치계획서를 받은 날부터 30일 이내에 타당성을 검토한 후 그 결과를 해당 설치의무기관의 장 또는 대표자에게 통보하여야 한다.
③ 산업통상자원부장관은 설치계획서를 검토한 결과 제15조제1항에 따른 기준에 미달한다고 판단한 경우에는 미리 그 내용을 설치의무기관의 장 또는 대표자에게 통지하여 의견을 들을 수 있다.

정답 31 ② 32 ③

33 「신에너지 및 재생에너지 개발·이용·보급 촉진법령」에 따른 신·재생에너지 공급의무자의 2024년도 의무공급량 비율[%]은?

① 13 ② 13.5 ③ 14 ④ 15

풀이 연도별 의무공급량의 비율

해당 연도	비율[%]	해당 연도	비율[%]
2023년	13.0	2027년	17.0
2024년	13.5	2028년	19.0
2025년	14.0	2029년	22.5
2026년	15.0	2030년 이후	25.0

34 신·재생에너지 공급인증서를 발급받으려는 자는 공급인증서 발급 및 거래시장 운영에 관한 규칙에 의거 신·재생에너지를 공급한 날부터 며칠 이내에 공급인증서 발급 신청을 하여야 하는가?

① 15일 ② 30일 ③ 60일 ④ 90일

풀이 신에너지 및 재생에너지 개발·이용·보급 촉진법 시행령 제18조의8(신·재생에너지 공급인증서의 발급 신청 등)
① 법 제12조의7제2항에 따라 공급인증서를 발급받으려는 자는 법 제12조의9제2항에 따른 공급인증서 발급 및 거래시장 운영에 관한 규칙에서 정하는 바에 따라 신·재생에너지를 공급한 날부터 90일 이내에 발급 신청을 하여야 한다.
② 제1항에 따른 신청기간 내에 공급인증서 발급을 신청하지 못했으나 법 제12조의7제1항에 따른 공급인증기관(이하 이 조에서 "공급인증기관"이라 한다)이 그 신청기간 내에 신·재생에너지 공급 사실을 확인한 경우에는 제1항에도 불구하고 제1항에 따른 신청기간이 만료되는 날에 공급인증서 발급을 신청한 것으로 본다.
③ 제1항 및 제2항에 따라 발급 신청을 받은 공급인증기관은 발급 신청을 한 날부터 30일 이내에 공급인증서를 발급해야 한다.

35 신에너지 및 재생에너지 기술개발 및 이용·보급에 관한 계획을 협의하려는 자는 그 시행 사업연도 개시 몇 개월 전까지 산업통상자원부장관에게 계획서를 제출하여야 하는가?

① 1 ② 3 ③ 4 ④ 6

풀이 신에너지 및 재생에너지 개발·이용·보급 촉진법 시행령 제3조(신·재생에너지 기술개발 등에 관한 계획의 사전협의)
② 법 제7조에 따라 신에너지 및 재생에너지(이하 "신·재생에너지"라 한다.) 기술개발 및 이용·보급에 관한 계획을 협의하려는 자는 그 시행 사업연도 개시 4개월 전까지 산업통상자원부장관에게 계획서를 제출하여야 한다.

정답 33 ② 34 ④ 35 ③

36 산업통상자원부장관이 혼합의무자에게 제출을 요구할 수 있는 자료 중 신·재생에너지 연료혼합의무 이행확인에 관한 자료의 내용이 아닌 것은?

① 수송용 연료의 생산량
② 수송용 연료의 수출입량
③ 수송용 연료의 내수판매량
④ 수송용 연료의 자가발전량

풀이 신에너지 및 재생에너지 개발·이용·보급 촉진법 시행령 제26조의3(자료제출)
① 산업통상자원부장관은 법 제23조의2 제2항에 따라 혼합의무자에게 다음 각 호의 자료 제출을 요구할 수 있다.
1. 신·재생에너지 연료 혼합의무 이행확인에 관한 다음 각 목의 자료
    가. 수송용 연료의 생산량   나. 수송용 연료의 내수판매량   다. 수송용 연료의 재고량
    라. 수송용 연료의 수출입량   마. 수송용 연료의 자가소비량

37 기본계획에서 정한 목표를 달성하기 위하여 신·재생에너지의 종류별로 신·재생에너지의 기술개발 및 이용·보급과 신·재생에너지 발전에 의한 전기의 공급에 관한 실행계획을 매년 수립·시행하는 주체는 누구인가?

① 환경부장관
② 고용노동부장관
③ 국토교통부장관
④ 산업통상자원부장관

풀이 신에너지 및 재생에너지 개발·이용·보급 촉진법 제6조(연차별 실행계획)
① 산업통상자원부장관은 기본계획에서 정한 목표를 달성하기 위하여 신·재생에너지의 종류별로 신·재생에너지의 기술개발 및 이용·보급과 신·재생에너지 발전에 의한 전기의 공급에 관한 실행계획(이하 "실행계획"이라 한다)을 매년 수립·시행하여야 한다.

38 발전차액의 지원을 위한 기준가격의 산정기준으로 틀린 것은?

① 신·재생에너지 발전사업자의 송전·배전선로 이용요금
② 신·재생에너지 발전기술의 사용화 수준 및 시장 보급 여건
③ 운전 중인 신·재생에너지 발전사업자의 경영 여건 및 운전 실적
④ 전력시장에서의 신·재생에너지 발전에 의하여 공급한 전력의 거래 건수

풀이 신에너지 및 재생에너지 개발·이용·보급 촉진법 시행령 제22조(발전차액 지원을 위한 기준가격의 산정기준)
1. 신·재생에너지 발전소의 표준공사비, 운전유지비, 투자보수비 및 각종 세금과 공과금
2. 신·재생에너지 발전소의 설비 이용률, 수명 기간, 사고 보수율과 발전소에서의 신·재생에너지 소비율 설계치 및 실적치
3. 신·재생에너지 발전사업자의 송전·배전 선로 이용요금
4. 신·재생에너지 발전기술의 상용화 수준 및 시장 보급 여건
5. 운전 중인 신·재생에너지 발전사업자의 경영 여건 및 운전 실적
6. 전기요금 및 전력시장에서의 신·재생에너지 발전에 의하여 공급한 전력의 거래가격 수준

정답 36 ④ 37 ④ 38 ④

39 신·재생에너지 공급인증서의 발급 신청을 받은 공급인증기관은 발급 신청을 한 날부터 며칠 이내에 공급인증서를 발급하여야 하는가?

① 10일 ② 30일 ③ 50일 ④ 90일

풀이 신에너지 및 재생에너지 개발·이용·보급 촉진법 시행령 제18조의8(신·재생 에너지 공급인증서의 발급 신청 등)
① 법 제12조의7제2항에 따라 공급인증서를 발급받으려는 자는 법 제12조의9제2항에 따른 공급인증서 발급 및 거래시장 운영에 관한 규칙에서 정하는 바에 따라 신·재생에너지를 공급한 날부터 90일 이내에 발급 신청을 하여야 한다.

40 다음 중 신·재생에너지 통계전문기관은?

① 신·재생에너지협회 ② 신·재생에너지센터
③ 통계청 ④ 한국에너지기술연구원

풀이 신에너지 및 재생에너지 개발·이용·보급 촉진법 제31조(신·재생에너지센터)
① 산업통상자원부장관은 신·재생에너지의 이용 및 보급을 전문적이고 효율적으로 추진하기 위하여 대통령령으로 정하는 에너지 관련 기관에 신·재생에너지센터를 두어 신·재생에너지 분야에 관한 다음 각 호의 사업을 하게 할 수 있다.
12. 제25조에 따른 통계관리

41 공급의무자의 의무공급량 중 일정 부분은 산업통상자원부장관이 균형 있는 이용·보급이 필요하여 이 에너지로 공급하도록 규정하고 있는데 다음 중 어떤 에너지인가?

① 태양의 빛에너지를 변환시켜 전기를 생산하는 방식의 태양에너지
② 바람의 에너지를 변환시켜 전기를 생산하는 방식의 풍력에너지
③ 해양의 조수·파도·해류·온도차 등을 변환시켜 전기를 생산하는 방식의 해양에너지
④ 바이오에너지를 변환시켜 전기를 생산하는 방식의 바이오에너지

풀이 신·재생에너지의 종류 및 의무공급량(신재생에너지법 시행령 [별표 4])
• 종류 : 태양에너지(태양의 빛에너지를 변환시켜 전기를 생산하는 방식에 한정한다.)

42 신·재생에너지 품질검사기관이 아닌 곳은?

① 한국전력공사 ② 한국석유관리원
③ 한국임업진흥원 ④ 한국가스안전공사

풀이 신에너지 및 재생에너지 개발·이용·보급 촉진법 시행령 제18조의13(신·재생에너지 품질검사기관)
법 제12조의12제1항에서 "대통령령으로 정하는 신·재생에너지 품질검사기관"이란 다음 각 호의 기관을 말한다.

정답 39 ② 40 ② 41 ① 42 ①

1. 「석유 및 석유대체연료 사업법」 제25조의2에 따라 설립된 한국석유관리원
2. 「고압가스 안전관리법」 제28조에 따라 설립된 한국가스안전공사
3. 「임업 및 산촌 진흥촉진에 관한 법률」 제29조의2에 따라 설립된 한국임업진흥원

43 대통령령으로 정하는 신·재생에너지 연료의 기준 및 범위에 해당하는 연료로 틀린 것은?

① 액화석유가스
② 동물·식물의 유지(油脂)를 변화시킨 바이오디젤
③ 중질잔사유를 가스화한 공정에서 얻어지는 합성가스
④ 생물유기체를 변환시킨 바이오가스, 바이오에탄올, 바이오액화유 및 합성가스

풀이 신에너지 및 재생에너지 개발·이용·보급 촉진법 시행령 제18조의12(신·재생에너지 연료의 기준 및 범위)
법 제12조의11제1항에서 "대통령령으로 정하는 기준 및 범위에 해당하는 것"이란 다음 각 호의 연료(「폐기물관리법」 제2조제1호에 따른 폐기물을 이용하여 제조한 것은 제외한다)를 말한다.
1. 수소
2. 중질잔사유를 가스화한 공정에서 얻어지는 합성가스
3. 생물유기체를 변환시킨 바이오가스, 바이오에탄올, 바이오액화유 및 합성가스
4. 동물·식물의 유지(油脂)를 변환시킨 바이오디젤 및 바이오중유
5. 생물유기체를 변환시킨 목재칩, 펠릿 및 숯 등의 고체연료

44 신·재생에너지 공급인증서에 관한 내용 중 옳은 것을 모두 선택한 것은?

㉠ 공급인증서는 산업통상자원부장관이 지정하는 공급인증기관에서만 발급할 수 있다.
㉡ 공급인증서를 발급받으려는 자는 대통령령이 정하는 바에 따라 신청할 수 있다.
㉢ 공급인증서의 유효기간은 발급받은 날로부터 5년이다.
㉣ 공급인증서는 공급인증기관이 개설한 거래시장에서 거래할 수 있다.

① ㉠, ㉡, ㉢
② ㉠, ㉡, ㉣
③ ㉠, ㉢, ㉣
④ ㉡, ㉢, ㉣

풀이 신에너지 및 재생에너지 개발·이용·보급 촉진법 제12조의7(신·재생에너지 공급인증서 등)
① 신·재생에너지를 이용하여 에너지를 공급한 자(이하 "신·재생에너지 공급자"라 한다)는 산업통상자원부장관이 신·재생에너지를 이용한 에너지 공급의 증명 등을 위하여 지정하는 기관(이하 "공급인증기관"이라 한다)으로부터 그 공급 사실을 증명하는 인증서(전자문서로 된 인증서를 포함한다. 이하 "공급인증서"라 한다)를 발급받을 수 있다. 다만, 제17조에 따라 발전차액을 지원받은 신·재생에너지 공급자에 대한 공급인증서는 국가에 대하여 발급한다.
② 공급인증서를 발급받으려는 자는 공급인증기관에 대통령령으로 정하는 바에 따라 공급인증서의 발급을 신청하여야 한다.
③ 공급인증기관은 제2항에 따른 신청을 받은 경우에는 신·재생에너지의 종류별 공급량 및 공급기간 등을 확인한 후 다음 각 호의 기재사항을 포함한 공급인증서를 발급하여야 한다. 이 경우 균형 있는

정답 43 ① 44 ②

이용·보급과 기술개발 촉진 등이 필요한 신·재생에너지에 대하여는 대통령령으로 정하는 바에 따라 실제 공급량에 가중치를 곱한 양을 공급량으로 하는 공급인증서를 발급할 수 있다.
1. 신·재생에너지 공급자
2. 신·재생에너지의 종류별 공급량 및 공급기간
3. 유효기간

④ 공급인증서의 유효기간은 발급받은 날부터 3년으로 하되, 제12조의5제5항 및 제6항에 따라 공급의무자가 구매하여 의무공급량에 충당하거나 발급받아 산업통상자원부장관에게 제출한 공급인증서는 그 효력을 상실한다. 이 경우 유효기간이 지나거나 효력을 상실한 해당 공급인증서는 폐기하여야 한다.

⑤ 공급인증서를 발급받은 자는 그 공급인증서를 거래하려면 제12조의9제2항에 따른 공급인증서 발급 및 거래시장 운영에 관한 규칙으로 정하는 바에 따라 공급인증기관이 개설한 거래시장(이하 "거래시장"이라 한다)에서 거래하여야 한다.

⑥ 산업통상자원부장관은 다른 신·재생에너지와의 형평을 고려하여 공급인증서가 일정 규모 이상의 수력을 이용하여 에너지를 공급하고 발급된 경우 등 산업통상자원부령으로 정하는 사유에 해당할 때에는 거래시장에서 해당 공급인증서가 거래될 수 없도록 할 수 있다.

⑦ 산업통상자원부장관은 거래시장의 수급조절과 가격안정화를 위하여 대통령령으로 정하는 바에 따라 국가에 대하여 발급된 공급인증서를 거래할 수 있다. 이 경우 산업통상자원부장관은 공급의무자의 의무공급량, 의무이행실적 및 거래시장 가격 등을 고려하여야 한다.

⑧ 신·재생에너지 공급자가 신·재생에너지 설비에 대한 지원 등 대통령령으로 정하는 정부의 지원을 받은 경우에는 대통령령으로 정하는 바에 따라 공급인증서의 발급을 제한할 수 있다.

45 신에너지 및 재생에너지의 활성화 방안과 맞지 않는 것은?

① 에너지의 환경친화적 전환 ② 에너지의 안정적 공급
③ 온실가스 배출의 감소 ④ 에너지원의 단일화

풀이 신에너지 및 재생에너지 개발·이용·보급 촉진법 제1조(목적)
이 법은 신에너지 및 재생에너지의 기술개발 및 이용·보급 촉진과 신에너지 및 재생에너지 산업의 활성화를 통하여 에너지원을 다양화하고, 에너지의 안정적인 공급, 에너지 구조의 환경친화적 전환 및 온실가스 배출의 감소를 추진함으로써 환경의 보전, 국가경제의 건전하고 지속적인 발전 및 국민복지의 증진에 이바지함을 목적으로 한다.

46 산업통상자원부령으로 정하는 신·재생에너지 공급인증서의 거래 제한 사유로 틀린 것은?

① 발전소별로 1천킬로와트를 넘는 수력을 이용하여 에너지를 공급하고 발급된 경우
② 기존 방조제를 활용하여 건설된 조력(潮力)을 이용하여 에너지를 공급하고 발급된 경우
③ 석탄을 액화가스화한 에너지 또는 중질잔사유를 가스화한 에너지를 이용하여 에너지를 공급하고 발급된 경우
④ 폐기물에너지 중 화석 연료에서 부수적으로 발생하는 폐가스로부터 얻어지는 에너지를 이용하여 에너지를 공급하고 발급된 경우

정답 45 ④ 46 ①

풀이 신에너지 및 재생에너지 개발·이용·보급 촉진법 시행규칙 제2조의2(신·재생에너지 공급인증서의 거래 제한)
법 제12조의7제6항에서 "산업통상자원부령으로 정하는 사유"란 다음 각호의 경우를 말한다.
1. 공급인증서가 발전소별로 5천킬로와트를 넘는 수력을 이용하여 에너지를 공급하고 발급된 경우
2. 공급인증서가 기존 방조제를 활용하여 건설된 조력(潮力)을 이용하여 에너지를 공급하고 발급된 경우
3. 공급인증서가 영 별표 1의 석탄을 액화·가스화한 에너지 또는 중질잔사유를 가스화한 에너지를 이용하여 에너지를 공급하고 발급된 경우
4. 공급인증서가 영 별표 1의 폐기물에너지 중 화석연료에서 부수적으로 발생하는 폐가스로부터 얻어지는 에너지를 이용하여 에너지를 공급하고 발급된 경우

47 다음 중 신에너지에 해당되지 않는 것은?

① 수소에너지
② 연료전지
③ 석탄을 액화 가스화한 에너지
④ 해양에너지

풀이
- 신에너지 : 수소에너지, 연료전지, 석탄을 액화·가스화한 에너지 및 중질잔사유를 가스화한 에너지
- 재생에너지 : 태양에너지, 풍력, 수력, 해양에너지, 지열에너지, 바이오에너지, 폐기물에너지

48 태양에너지 전문기업으로 신고할 경우 자본금 및 국가기술자격법에 따른 기술 인력으로 바르게 제시된 것은?

① 자본금 1억 원 이상, 기계·화공·전기 분야의 기사 2명 이상
② 자본금 2억 원 이상, 기계·전기·건축 분야의 기사 2명 이상
③ 자본금 1억 원 이상, 기계·전기·건축 분야의 기사 2명 이상
④ 자본금 2억 원 이상, 기계·전기·토목 분야의 기사 2명 이상

풀이 신·재생에너지 전문기업의 신고기준

에너지원의 종류	자본금 및 기술인력
태양에너지	가. 자본금 또는 자산평가액 1억 원 이상 나. 국가기술자격법에 따른 건설, 기계, 전기, 전자, 환경, 에너지 분야의 기사 2명 이상

49 바이오에너지 등의 기준 및 범위에서 에너지원의 종류와 기준 및 범위의 연결이 틀린 것은?

① 바이오에너지 : 생물유기체를 변환시킨 땔감
② 폐기물에너지 : 유기성 폐기물을 변환시킨 매립지가스
③ 석탄을 액화·가스화한 에너지 : 증기 공급용 에너지
④ 중질잔사유를 가스화한 에너지 : 합성가스

정답 47 ④ 48 ③ 49 ②

풀이 바이오에너지 등의 기준 및 범위(신에너지 및 재생에너지 개발·이용·보급 촉진법 시행령 [별표 1])

에너지원의 종류		기준 및 범위
1. 석탄을 액화·가스화한 에너지	가. 기준	석탄을 액화 및 가스화하여 얻어지는 에너지로서 다른 화합물과 혼합되지 않은 에너지
	나. 범위	1) 증기 공급용 에너지　　　　2) 발전용 에너지
2. 중질잔사유를 가스화한 에너지	가. 기준	1) 중질잔사유(원유를 정제하고 남은 최종 잔재물로서 감압증류 과정에서 나오는 감압잔사유, 아스팔트와 열분해 공정에서 나오는 코크, 타르 및 피치 등을 말한다)를 가스화한 공정에서 얻어지는 연료 2) 1)의 연료를 연소 또는 변환하여 얻어지는 에너지
	나. 범위	합성가스
3. 바이오 에너지	가. 기준	1) 생물유기체를 변환시켜 얻어지는 기체, 액체 또는 고체의 연료 2) 1)의 연료를 연소 또는 변환시켜 얻어지는 에너지 ※ 1) 또는 2)의 에너지가 신·재생에너지가 아닌 석유제품 등과 혼합된 경우에는 생물유기체로부터 생산된 부분만을 바이오에너지로 본다.
	나. 범위	1) 생물유기체를 변환시킨 바이오가스, 바이오에탄올, 바이오액화유 및 합성가스 2) 쓰레기매립장의 유기성 폐기물을 변환시킨 매립지가스 3) 동물·식물의 유지(油脂)를 변환시킨 바이오디젤 및 바이오중유 4) 생물유기체를 변환시킨 땔감, 목재칩, 펠릿 및 숯 등의 고체연료
4. 폐기물 에너지	기준	1) 폐기물을 변환시켜 얻어지는 기체, 액체 또는 고체의 연료 2) 1)의 연료를 연소 또는 변환시켜 얻어지는 에너지 3) 폐기물의 소각열을 변환시킨 에너지 ※ 1)부터 3)까지의 에너지가 신·재생에너지가 아닌 석유제품 등과 혼합되는 경우에는 각종 사업장 및 생활시설의 폐기물로부터 생산된 부분만을 폐기물에너지로 보고, 1)부터 3)까지의 에너지 중 비재생폐기물(석유, 석탄 등 화석연료에 기원한 화학섬유, 인조가죽, 비닐 등으로서 생물 기원이 아닌 폐기물을 말한다)로부터 생산된 것은 제외한다.
5. 수열 에너지	가. 기준	물의 열을 히트펌프(heat pump)를 사용하여 변환시켜 얻어지는 에너지
	나. 범위	해수(海水)의 표층 및 하천수의 열을 변환시켜 얻어지는 에너지

50 물의 표층의 열을 변환시켜 에너지를 생산하는 설비는?

① 전력저장 설비　　　　　　　　② 수열에너지 설비
③ 해양에너지 설비　　　　　　　④ 폐기물에너지 설비

풀이 신에너지 및 재생에너지 개발·이용·보급 촉진법 시행규칙 제2조(신·재생에너지 설비)
11. 수열에너지 설비 : 물의 표층의 열을 변환시켜 에너지를 생산하는 설비

51 신·재생에너지 연료의 기준 및 범위에 해당되지 않는 것은?

① 중질잔사유를 가스화한 공정에서 얻어지는 합성가스
② 생물유기체를 변환시킨 바이오가스, 바이오에탄올, 바이오액화유 및 합성가스
③ 동물·식물의 유지(油脂)를 변환시킨 바이오디젤
④ 생물유기체를 변환시킨 펠릿 및 목탄 등의 기체연료

풀이 49번 해설 참조

정답 50 ② 51 ④

52 신에너지 및 재생에너지 개발 이용 보급 촉진법에 따른 바이오에너지 등의 기준 및 범위에 관한 설명 중 에너지원의 종류와 그 범위가 잘못 연결된 것은?

① 석탄을 액화·가스화한 에너지 – 증기공급용 에너지
② 중질잔사유를 가스화한 에너지 – 합성가스
③ 바이오에너지 – 동물·식물의 유지를 변환시킨 바이오디젤
④ 폐기물에너지 – 쓰레기매립장의 유기성 폐기물을 변환시킨 매립지가스

풀이 49번 해설 참조

53 신·재생에너지발전사업자가 도서지역에서 생산한 전력을 전력시장에서 거래하지 않아도 되는 발전설비용량은?

① 1,000[kW] 이하
② 2,000[kW] 이하
③ 3,000[kW] 이하
④ 4,000[kW] 이하

풀이 소규모 신·재생에너지 발전전력의 거래에 관한 지침 제3조(전력거래 방법)
발전사업자 등은 발전설비용량 1,000[kW] 이하의 신·재생에너지발전설비·전기발전보일러 및 총 저장용량이 1,000[kWh] 이하이면서 총 충·방전설비용량이 1,000[kW] 이하인 전기저장장치·전기자동차시스템을 이용해 생산한 전력을 아래 각 호의 범위 내에서 전력시장을 통하지 아니하고 전기판매사업자와 거래할 수 있다.
1. 발전사업자가 생산한 전력
2. 발전사업자 이외의 자가 생산한 전력으로서 아래 각 목의 것
　가. 태양에너지 발전설비로 발전한 전력 중 자가소비 후 남는 전력
　나. 태양에너지 발전설비를 제외한 설비의 연간 총 생산량의 50% 미만의 전력

54 정부는 국가의 기후위기에 관한 대책을 몇 년마다 수립·시행하여야 하는가?

① 1년　　② 5년　　③ 10년　　④ 15년

풀이 기후위기 대응을 위한 탄소중립·녹색성장 기본법 제38조(국가 기후위기 적응대책의 수립·시행)
① 정부는 국가의 기후위기 적응에 관한 대책(이하 "기후위기적응대책"이라 한다)을 5년마다 수립·시행하여야 한다.

55 신에너지 및 재생에너지 개발·이용·보급 촉진법의 목적으로 틀린 것은?

① 신·재생에너지 산업의 활성화를 통해 에너지원의 다양화
② 에너지의 안정적 공급, 에너지 구조의 환경친화적 온실가스 배출 감소
③ 국가경제의 건전하고 지속적인 발전 및 국민복지의 증진
④ 전기사업의 경쟁을 촉진하여 전기사업의 건전한 발전을 도모

정답 52 ④　53 ①　54 ②　55 ④

풀이 신에너지 및 재생에너지 개발·이용·보급 촉진법 제1조(목적)

이 법은 신에너지 및 재생에너지의 기술개발 및 이용·보급 촉진과 신에너지 및 재생에너지 산업의 활성화를 통하여 에너지원을 다양화하고, 에너지의 안정적인 공급, 에너지 구조의 환경친화적 전환 및 온실가스 배출의 감소를 추진함으로써 환경의 보전, 국가경제의 건전하고 지속적인 발전 및 국민복지의 증진에 이바지함을 목적으로 한다.

56 에너지원을 다양화하고, 에너지의 안정적인 공급, 에너지 구조의 환경친화적 전환 및 온실가스 배출의 감소를 추진함으로써 환경의 보전, 국가경제의 건전하고 지속적인 발전 및 국민복지의 증진에 이바지함을 목적으로 하는 법은?

① 에너지이용효율화법
② 신에너지 및 재생에너지 개발·이용·보급 촉진법
③ 저탄소 녹색성장 기본법
④ 전기사업법

풀이 55번 해설 참조

57 신·재생에너지원별 설비에 관한 설명으로 잘못된 것은?

① 태양광 설비는 태양의 빛에너지를 변환시켜 전기를 생산하거나 채광에 이용하는 설비
② 연료전지 설비는 수소와 물의 전기화학적인 반응을 통하여 전기 또는 열을 생산하는 설비
③ 해양에너지 설비는 해양의 조수, 파도, 해류, 온도차 등을 변환시켜 전기 또는 열을 생산하는 설비
④ 태양열 설비는 태양의 열에너지를 변환시켜 전기를 생산하거나 에너지원으로 이용하는 설비

풀이 신에너지 및 재생에너지 개발·이용·보급 촉진법 시행규칙 제2조(신·재생에너지 설비)

「신에너지 및 재생에너지 개발·이용·보급 촉진법」(이하 "법"이라 한다) 제2조제3호에서 "산업통상자원부령으로 정하는 것"이란 다음 각 호의 설비 및 그 부대설비(이하 "신·재생에너지 설비"라 한다)를 말한다.

1. 수소에너지 설비 : 물이나 그 밖에 연료를 변환시켜 수소를 생산하거나 이용하는 설비
2. 연료전지 설비 : 수소와 산소의 전기화학 반응을 통하여 전기 또는 열을 생산하는 설비
3. 석탄을 액화·가스화한 에너지 및 중질잔사유(重質殘渣油)를 가스화한 에너지 설비 : 석탄 및 중질잔사유의 저급 연료를 액화 또는 가스화시켜 전기 또는 열을 생산하는 설비
4. 태양에너지 설비
   가. 태양열 설비 : 태양의 열에너지를 변환시켜 전기를 생산하거나 에너지원으로 이용하는 설비
   나. 태양광 설비 : 태양의 빛에너지를 변환시켜 전기를 생산하거나 채광(採光)에 이용하는 설비
5. 풍력 설비 : 바람의 에너지를 변환시켜 전기를 생산하는 설비
6. 수력 설비 : 물의 유동(流動) 에너지를 변환시켜 전기를 생산하는 설비
7. 해양에너지 설비 : 해양의 조수, 파도, 해류, 온도차 등을 변환시켜 전기 또는 열을 생산하는 설비
8. 지열에너지 설비 : 물, 지하수 및 지하의 열 등의 온도차를 변환시켜 에너지를 생산하는 설비

정답 56 ② 57 ②

9. 바이오에너지 설비 : 「신에너지 및 재생에너지 개발·이용·보급 촉진법 시행령」(이하 "영"이라 한다) 별표 1의 바이오에너지를 생산하거나 이를 에너지원으로 이용하는 설비
10. 폐기물에너지 설비 : 폐기물을 변환시켜 연료 및 에너지를 생산하는 설비
11. 수열에너지 설비 : 물의 열을 변환시켜 에너지를 생산하는 설비
12. 전력저장 설비 : 신에너지 및 재생에너지(이하 "신·재생에너지"라 한다)를 이용하여 전기를 생산하는 설비와 연계된 전력저장 설비

58 중질잔사유를 가스화한 에너지로 대통령령으로 정하는 에너지는 어느 것인가?

① 수소가스
② 바이오가스
③ 합성가스
④ 폐기물가스

풀이 합성가스는 석탄을 액화 가스화한 에너지 및 중질잔사유를 가스화한 에너지로서 대통령령으로 정하는 에너지이다.

59 신·재생에너지 개발·이용·보급 촉진법 용어의 설명으로 틀린 것은?

① 신·재생에너지란 기존의 화석연료를 잘 이용하는 것이다.
② 신·재생에너지 설비란 신·재생에너지를 생산하거나 이용하는 설비로서 산업통상자원부령으로 정하는 것을 말한다.
③ 신·재생에너지 발전이란 신·재생에너지를 이용하여 전기를 생산하는 것을 말한다.
④ 신·재생에너지 발전사업자란 전기사업법의 발전사업자 또는 자가용 전기설비를 설치한 자로서 신·재생에너지 발전을 하는 사업자를 말한다.

풀이 신에너지 및 재생에너지 개발·이용·보급 촉진법 제2조(정의)
1. "신에너지"란 기존의 화석연료를 변환시켜 이용하거나 수소·산소 등의 화학 반응을 통하여 전기 또는 열을 이용하는 에너지로서 다음 각 목의 어느 하나에 해당하는 것을 말한다.
   가. 수소에너지
   나. 연료전지
   다. 석탄을 액화·가스화한 에너지 및 중질잔사유(重質殘渣油)를 가스화한 에너지로서 대통령령으로 정하는 기준 및 범위에 해당하는 에너지
   라. 그 밖에 석유·석탄·원자력 또는 천연가스가 아닌 에너지로서 대통령령으로 정하는 에너지
2. "재생에너지"란 햇빛·물·지열(地熱)·강수(降水)·생물유기체 등을 포함하는 재생 가능한 에너지를 변환시켜 이용하는 에너지로서 다음 각 목의 어느 하나에 해당하는 것을 말한다.
   가. 태양에너지
   나. 풍력
   다. 수력
   라. 해양에너지
   마. 지열에너지
   바. 생물자원을 변환시켜 이용하는 바이오에너지로서 대통령령으로 정하는 기준 및 범위에 해당하는 에너지

정답 58 ③ 59 ①

사. 폐기물에너지(비재생폐기물로부터 생산된 것은 제외한다)로서 대통령령으로 정하는 기준 및 범위에 해당하는 에너지
아. 그 밖에 석유·석탄·원자력 또는 천연가스가 아닌 에너지로서 대통령령으로 정하는 에너지

60 신·재생에너지정책심의회의 심의사항으로 잘못 설명된 것은?

① 대통령이 필요하다고 인정하는 사항
② 기본계획의 수립 및 변경에 관한 사항
③ 신·재생에너지의 기술개발 및 이용·보급에 관한 중요사항
④ 신·재생에너지 발전에 의하여 공급되는 전기의 기준가격 및 그 변경에 관한 사항

풀이 신에너지 및 재생에너지 개발·이용·보급 촉진법 제8조(신·재생에너지정책심의회)
① 신·재생에너지의 기술개발 및 이용·보급에 관한 중요 사항을 심의하기 위하여 산업통상자원부에 신·재생에너지정책심의회(이하 "심의회"라 한다)를 둔다.
② 심의회는 다음 각 호의 사항을 심의한다.
  1. 기본계획의 수립 및 변경에 관한 사항. 다만, 기본계획의 내용 중 대통령령으로 정하는 경미한 사항을 변경하는 경우는 제외한다.
  2. 신·재생에너지의 기술개발 및 이용·보급에 관한 중요 사항
  3. 신·재생에너지 발전에 의하여 공급되는 전기의 기준가격 및 그 변경에 관한 사항
  4. 신·재생에너지 이용·보급에 필요한 관계 법령의 정비 등 제도개선에 관한 사항
  5. 그 밖에 산업통상자원부장관이 필요하다고 인정하는 사항
③ 심의회의 구성·운영과 그 밖에 필요한 사항은 대통령령으로 정한다.

61 신·재생에너지 정책심의회 위원으로 소속공무원을 지명할 수 없는 기관은?

① 기획재정부
② 보건복지부
③ 국토교통부
④ 농림축산식품부

풀이 신에너지 및 재생에너지 개발·이용·보급 촉진법 시행령 제4조(신·재생에너지정책심의회의 구성)
1. 기획재정부, 과학기술정보통신부, 농림축산식품부, 산업통상자원부, 환경부, 국토교통부, 해양수산부의 3급 공무원 또는 고위공무원단에 속하는 일반직공무원 중 해당 기관의 장이 지명하는 사람 각 1명

62 심의회의 원활한 심의를 위하여 필요한 경우에는 심의회에 신·재생에너지 전문위원회를 둘 수 있다. 전문위원회의 위원은 신·재생에너지 분야에 관한 전문지식을 가진 사람으로서 누가 위촉하는 사람인가?

① 산업통상자원부 장관
② 국무총리
③ 과학기술정보통신부 장관
④ 행정안전부 장관

정답 60 ① 61 ② 62 ①

풀이 신에너지 및 재생에너지 개발·이용·보급 촉진법 시행령 제4조(신·재생에너지정책심의회의 구성)
① 신·재생에너지정책심의회(이하 "심의회"라 한다)는 위원장 1명을 포함한 20명 이내의 위원으로 구성한다.
② 심의회의 위원장은 산업통상자원부 소속 에너지 분야의 업무를 담당하는 고위공무원단에 속하는 일반직 공무원 중에서 산업통상자원부장관이 지명하는 사람으로 하고, 위원은 다음 각 호의 사람으로 한다.
  1. 기획재정부, 과학기술정보통신부, 농림축산식품부, 산업통상자원부, 환경부, 국토교통부, 해양수산부의 3급 공무원 또는 고위공무원단에 속하는 일반직공무원 중 해당 기관의 장이 지명하는 사람 각 1명
  2. 신·재생에너지 분야에 관한 학식과 경험이 풍부한 사람 중 산업통상자원부장관이 위촉하는 사람

63 전기사업법 제2조제4호에 따른 발전사업자 또는 같은 조 제19호에 따른 자가용 전기설비를 설치한 자로서 신·재생에너지 발전을 하는 사업자는 어느 사업자인가?
① 화력발전사업자
② 송·배전사업자
③ 신·재생에너지 발전사업자
④ 구역 전기 사업자

풀이 신·재생에너지 발전사업자
전기사업법 제2조제4호에 따른 발전사업자 또는 같은 조 제19호에 따른 자가용 전기설비를 설치한 자로서 신·재생에너지 발전을 하는 사업자

64 신·재생에너지 개발·이용·보급 촉진법의 기본계획 수립권자는?
① 대통령
② 국무총리
③ 산업통상자원부장관
④ 시·도지사

풀이 신에너지 및 재생에너지 개발·이용·보급 촉진법 제5조(기본계획의 수립)
① 산업통상자원부장관은 관계 중앙행정기관의 장과 협의를 한 후 제8조에 따른 신·재생에너지정책심의회의 심의를 거쳐 신·재생에너지의 기술개발 및 이용·보급을 촉진하기 위한 기본계획(이하 "기본계획"이라 한다)을 5년마다 수립하여야 한다.

65 신·재생에너지 기술 개발 및 이용·보급 사업비의 조성에 정부는 실행계획을 시행하는 데 필요한 사업비를 회계연도마다 세출예산에 계상하는데, 조성된 이 사업비의 사용자는?
① 대통령
② 산업통상자원부장관
③ 중앙행정기관장
④ 시·도지사

풀이 신에너지 및 재생에너지 개발·이용·보급 촉진법 제10조(조성된 사업비의 사용)
산업통상자원부장관은 제9조에 따라 조성된 사업비를 다음 각 호의 사업에 사용한다.
1.~16.

정답 63 ③ 64 ③ 65 ②

66 정부가 신·재생에너지의 기술 개발 및 이용·보급의 촉진에 관한 시책을 마련하여 자발적인 신·재생에너지 기술개발 및 이용·보급을 장려하고 보호·육성해야 하는 대상으로 잘못된 것은?

① 공공기관 ② 지방자치단체
③ 기업체 ④ 외국의 기업체

풀이 신에너지 및 재생에너지 개발·이용·보급 촉진법 제4조(시책과 장려 등)
② 정부는 지방자치단체, 「공공기관의 운영에 관한 법률」 제4조에 따른 공공기관(이하 "공공기관"이라 한다), 기업체 등의 자발적인 신·재생에너지 기술개발 및 이용·보급을 장려하고 보호·육성하여야 한다.

67 산업통상자원부장관은 관계 중앙행정기관의 장과 협의를 한 후 신·재생에너지 정책심의회의 심의를 거쳐 신·재생에너지의 기술개발 및 이용·보급을 촉진하기 위한 기본계획을 몇 년마다 수립하여야 되는가?

① 1년 ② 3년 ③ 5년 ④ 10년

풀이 신에너지 및 재생에너지 개발·이용·보급 촉진법 제5조(기본계획의 수립)
① 산업통상자원부장관은 관계 중앙행정기관의 장과 협의를 한 후 제8조에 따른 신·재생에너지정책심의회의 심의를 거쳐 신·재생에너지의 기술개발 및 이용·보급을 촉진하기 위한 기본계획(이하 "기본계획"이라 한다)을 5년마다 수립하여야 한다.

68 신에너지 및 재생에너지 기술 개발 및 이용·보급에 관한 계획을 협의하려는 자는 산업통상자원부장관에게 시행사업 연도 개시 몇 개월 전까지 계획서를 제출해야 하는가?

① 1개월 전 ② 2개월 전
③ 3개월 전 ④ 4개월 전

풀이 신에너지 및 재생에너지 개발·이용·보급 촉진법 시행령 제3조(신·재생에너지 기술개발 등에 관한 계획의 사전협의)
① 법 제7조에서 "대통령령으로 정하는 자"란 다음 각 호의 어느 하나에 해당하는 자를 말한다.
  1. 정부로부터 출연금을 받은 자
  2. 정부출연기관 또는 제1호에 따른 자로부터 납입자본금의 100분의 50 이상을 출자받은 자
② 법 제7조에 따라 신에너지 및 재생에너지(이하 "신·재생에너지"라 한다) 기술개발 및 이용·보급에 관한 계획을 협의하려는 자는 그 시행 사업연도 개시 4개월 전까지 산업통상자원부장관에게 계획서를 제출하여야 한다.
③ 산업통상자원부장관은 제2항에 따라 계획서를 받았을 때에는 다음 각 호의 사항을 검토하여 협의를 요청한 자에게 그 의견을 통보하여야 한다.
  1. 법 제5조에 따른 신·재생에너지의 기술개발 및 이용·보급을 촉진하기 위한 기본계획(이하 "기본계획"이라 한다)과의 조화성

정답 66 ④ 67 ③ 68 ④

2. 시의성(時宜性)
3. 다른 계획과의 중복성
4. 공동연구의 가능성

69 공급인증서 구매 시 5[GW] 이상의 발전설비를 보유한 공급의무자는 5[GW] 이상의 발전설비를 보유한 공급의무자가 아닌 사업자로부터 태양에너지를 구매하여 별도의 의무공급량을 충당할 수 있는데, 이때 태양에너지의 몇 [%]를 구매할 수 있는가?

① 30[%] 이상   ② 50[%] 이상   ③ 20[%] 이상   ④ 10[%] 이상

풀이 소규모 사업자 보호를 위하여 5[GW] 이상의 발전설비를 보유한 공급의무자는 5[GW] 이상의 발전설비를 보유한 공급의무자가 아닌 사업자로부터 별도 의무공급량의 50[%] 이상을 구매하여 충당하여야 한다.

70 공급의무자가 의무적으로 신·재생에너지를 이용하여 공급하여야 하는 발전량의 합계는 총 전력생산량의 몇 [%] 이내의 범위에서 정하는가?

① 10[%]   ② 15[%]   ③ 20[%]   ④ 25[%]

풀이 신에너지 및 재생에너지 개발·이용·보급 촉진법 제12조의5(신·재생에너지 공급의무화 등)
② 제1항에 따라 공급의무자가 의무적으로 신·재생에너지를 이용하여 공급하여야 하는 발전량(이하 "의무공급량"이라 한다)의 합계는 총전력생산량의 25퍼센트 이내의 범위에서 연도별로 대통령령으로 정한다. 이 경우 균형 있는 이용·보급이 필요한 신·재생에너지에 대하여는 대통령령으로 정하는 바에 따라 총의무공급량 중 일부를 해당 신·재생에너지를 이용하여 공급하게 할 수 있다.

71 산업통상자원부장관은 신·재생에너지의 이용·보급을 촉진하고자 신축·증축 또는 개축하는 건축물에 대하여 설계 시 산출된 예상에너지의 사용량의 일정 비율 이상을 신·재생에너지 설비를 의무적으로 설치하게 할 수 있는데 이에 해당하지 않는 단체는?

① 국가 및 지방자치단체
② 정부가 대통령령으로 정하는 금액 이상을 출연한 정부출연기관
③ 신·재생에너지 발전사업자
④ 공공기관

풀이 신에너지 및 재생에너지 개발·이용·보급 촉진법 제12조(신·재생에너지사업에의 투자권고 및 신·재생에너지 이용의무화 등)
① 산업통상자원부장관은 신·재생에너지의 기술개발 및 이용·보급을 촉진하기 위하여 필요하다고 인정하면 에너지 관련 사업을 하는 자에 대하여 제10조 각 호의 사업을 하거나 그 사업에 투자 또는 출연할 것을 권고할 수 있다.
② 산업통상자원부장관은 신·재생에너지의 이용·보급을 촉진하고 신·재생에너지산업의 활성화를 위하여 필요하다고 인정하면 다음 각 호의 어느 하나에 해당하는 자가 신축·증축 또는 개축하는

정답 69 ② 70 ④ 71 ③

건축물에 대하여 대통령령으로 정하는 바에 따라 그 설계 시 산출된 예상 에너지사용량의 일정 비율 이상을 신·재생에너지를 이용하여 공급되는 에너지를 사용하도록 신·재생에너지 설비를 의무적으로 설치하게 할 수 있다.
1. 국가 및 지방자치단체
2. 공공기관
3. 정부가 대통령령으로 정하는 금액 이상을 출연한 정부출연기관
4. 「국유재산법」 제2조제6호에 따른 정부출자기업체
5. 지방자치단체 및 제2호부터 제4호까지의 규정에 따른 공공기관, 정부출연기관 또는 정부출자기업체가 대통령령으로 정하는 비율 또는 금액 이상을 출자한 법인
6. 특별법에 따라 설립된 법인
③ 산업통상자원부장관은 신·재생에너지의 활용 여건 등을 고려할 때 신·재생에너지를 이용하는 것이 적절하다고 인정되는 공장·사업장 및 집단주택단지 등에 대하여 신·재생에너지의 종류를 지정하여 이용하도록 권고하거나 그 이용설비를 설치하도록 권고할 수 있다.

72 신·재생에너지의 공급의무화에 대한 설명 중 잘못된 것은?

① 공급의무자가 의무적으로 신·재생에너지를 이용하여 공급하여야 할 발전량의 합계는 총 전력생산량의 15% 이내의 범위에서 연도별로 대통령령으로 정한다.
② 공급의무자의 의무공급량은 산업통상자원부장관이 공급의무자의 의견을 들어 공급의무자별로 정하여 고시한다.
③ 공급의무자는 의무공급량의 일부에 대하여 대통령령으로 정하는 바에 따라 다음 연도로 그 공급의무의 이행을 연기할 수 있다.
④ 공급의무자는 신·재생에너지 공급인증서를 구매하여 의무공급량에 충당할 수 있다.

풀이 신에너지 및 재생에너지 개발·이용·보급 촉진법 제12조의5(신·재생에너지 공급의무화 등)
① 산업통상자원부장관은 신·재생에너지의 이용·보급을 촉진하고 신·재생에너지산업의 활성화를 위하여 필요하다고 인정하면 다음 각 호의 어느 하나에 해당하는 자 중 대통령령으로 정하는 자(이하 "공급의무자"라 한다)에게 발전량의 일정량 이상을 의무적으로 신·재생에너지를 이용하여 공급하게 할 수 있다.
1. 「전기사업법」 제2조에 따른 발전사업자
2. 「집단에너지사업법」 제9조 및 제48조에 따라 「전기사업법」 제7조제1항에 따른 발전사업의 허가를 받은 것으로 보는 자
3. 공공기관
② 제1항에 따라 공급의무자가 의무적으로 신·재생에너지를 이용하여 공급하여야 하는 발전량(이하 "의무공급량"이라 한다)의 합계는 총전력생산량의 25퍼센트 이내의 범위에서 연도별로 대통령령으로 정한다. 이 경우 균형 있는 이용·보급이 필요한 신·재생에너지에 대하여는 대통령령으로 정하는 바에 따라 총의무공급량 중 일부를 해당 신·재생에너지를 이용하여 공급하게 할 수 있다.
③ 공급의무자의 의무공급량은 산업통상자원부장관이 공급의무자의 의견을 들어 공급의무자별로 정하여 고시한다. 이 경우 산업통상자원부장관은 공급의무자의 총발전량 및 발전원(發電源) 등을 고려하여야 한다.

정답 72 ①

④ 공급의무자는 의무공급량의 일부에 대하여 3년의 범위에서 그 공급의무의 이행을 연기할 수 있다.
⑤ 공급의무자는 제12조의7에 따른 신·재생에너지 공급인증서를 구매하여 의무공급량에 충당할 수 있다.
⑥ 산업통상자원부장관은 제1항에 따른 공급의무의 이행 여부를 확인하기 위하여 공급의무자에게 대통령령으로 정하는 바에 따라 필요한 자료의 제출 또는 제5항에 따라 구매하여 의무공급량에 충당하거나 제12조의7제1항에 따라 발급받은 신·재생에너지 공급인증서의 제출을 요구할 수 있다.
⑦ 제4항에 따라 공급의무의 이행을 연기할 수 있는 총량과 연차별 허용량, 그 밖에 필요한 사항은 대통령령으로 정한다.

73 신·재생에너지 공급인증기관의 업무가 아닌 것은?

① 공급인증서의 발급, 등록, 관리 및 폐기
② 거래시장의 개설
③ 공급인증서 관련 정보의 제공
④ 공급의무자별 의무공급량 공고

풀이 신에너지 및 재생에너지 개발·이용·보급 촉진법 제12조의9(공급인증기관의 업무 등)
① 제12조의8에 따라 지정된 공급인증기관은 다음 각 호의 업무를 수행한다.
1. 공급인증서의 발급, 등록, 관리 및 폐기
2. 국가가 소유하는 공급인증서의 거래 및 관리에 관한 사무의 대행
3. 거래시장의 개설
4. 공급의무자가 제12조의5에 따른 의무를 이행하는 데 지급한 비용의 정산에 관한 업무
5. 공급인증서 관련 정보의 제공
6. 그 밖에 공급인증서의 발급 및 거래에 딸린 업무

74 다음 설명에 해당하는 자가 아닌 것은?

> 산업통상자원부장관은 공급인증서 관련 업무를 전문적이고 효율적으로 실시하고 공급인증서의 공정한 거래를 위하여 다음 각 호의 어느 하나에 해당하는 자를 공급인증기관으로 지정할 수 있다.

① 신·재생에너지 센터
② 한국전력거래소
③ 공급인증기관의 업무에 필요한 인력, 기술능력, 시설, 장비 등의 기준에 맞는 자
④ 공급인증기관의 지정에 필요한 사항은 대통령령으로 정한다.

풀이 신에너지 및 재생에너지 개발·이용·보급 촉진법 제12조의8(공급인증기관의 지정 등)
① 산업통상자원부장관은 공급인증서 관련 업무를 전문적이고 효율적으로 실시하고 공급인증서의 공정한 거래를 위하여 다음 각 호의 어느 하나에 해당하는 자를 공급인증기관으로 지정할 수 있다.
1. 제31조에 따른 신·재생에너지센터
2. 「전기사업법」 제35조에 따른 한국전력거래소

정답 73 ④ 74 ④

3. 제12조의9에 따른 공급인증기관의 업무에 필요한 인력·기술능력·시설·장비 등 대통령령으로 정하는 기준에 맞는 자
② 제1항에 따라 공급인증기관으로 지정받으려는 자는 산업통상자원부장관에게 지정을 신청하여야 한다.
③ 공급인증기관의 지정방법·지정절차, 그 밖에 공급인증기관의 지정에 필요한 사항은 산업통상자원부령으로 정한다.

75 신·재생에너지 공급인증기관으로 지정받기 위한 서류 중 지정 신청서에 첨부해야 하는 서류로 잘못된 것은?

① 정관(법인인 경우)
② 공급인증기관의 운영계획서
③ 공급인증기관의 업무에 필요한 인력, 기술능력, 시설 및 장비현황에 관한 자료
④ 납입 자본금 증명 서류

풀이 신에너지 및 재생에너지 개발·이용·보급 촉진법 시행규칙 제2조의3(공급인증기관의 지정방법 등)
① 법 제12조의8제1항에 따른 공급인증기관(이하 "공급인증기관"이라 한다)으로 지정을 받으려는 자는 별지 제1호 서식의 공급인증기관 지정신청서에 다음 각 호의 서류를 첨부하여 산업통상자원부장관에게 제출해야 한다.
1. 정관(법인인 경우만 해당한다)
2. 공급인증기관의 운영계획서
3. 공급인증기관의 업무에 필요한 인력, 기술능력, 시설 및 장비 현황에 관한 자료

76 공급인증서의 발급 및 거래단위인 REC의 1REC로 적용되는 전력량은 얼마인가?

① 10[kWh]   ② 100[kWh]   ③ 1[kWh]   ④ 1[MWh]

풀이 REC(Renewable Energy Certificate)
공급인증서의 발급 및 거래단위로서 공급인증서 발급대상 설비에서 공급된 [MWh] 기준의 신·재생에너지 전력량에 대해 가중치를 곱하여 부여하는 단위를 말한다.
1[MWh] = 1,000[kWh]

77 산업통상자원부장관은 몇 년마다 기술개발 수준 신·재생에너지의 보급 목표 운영 실적과 그 밖의 여건 변화를 고려하여 공급의무량 비율을 재검토해야 하는가?

① 1년   ② 3년   ③ 5년   ④ 10년

풀이 신에너지 및 재생에너지 개발·이용·보급 촉진법 시행령 제18조의4(연도별 의무공급량의 합계 등)
② 산업통상자원부장관은 3년마다 신·재생에너지 관련 기술 개발의 수준 등을 고려하여 별표 3에 따른 비율을 재검토하여야 한다. 다만, 신·재생에너지의 보급 목표 및 그 달성 실적과 그 밖의 여건 변화 등을 고려하여 재검토 기간을 단축할 수 있다.

정답 75 ④ 76 ④ 77 ②

신재생에너지발전설비/태양광

78 공급인증서 가중치의 재검토 주기는 얼마인가?

① 1년　　　　　　　　　　② 2년
③ 3년　　　　　　　　　　④ 5년

풀이 신·재생에너지 공급의무화제도 및 연료 혼합의무화제도 관리·운영지침 제7조(공급인증서 가중치)
① 영 제18조의9에 따른 공급인증서의 가중치는 별표 2와 같다. 단, 장관은 3년마다 기술개발 수준, 신·재생에너지의 보급 목표, 운영 실적과 그 밖의 여건 변화 등을 고려하여 공급인증서 가중치를 재검토하여야 하며, 필요한 경우 재검토기간을 단축할 수 있다.

79 국유재산 또는 공유재산을 임차하거나 취득한 자가 해당 재산에서 신·재생에너지 기술 개발 및 이용·보급에 관한 사업을 취득일로부터 얼마의 기간 이내에 시행하지 아니하는 경우 대부계약 또는 사용허가를 취소하거나 환매할 수 있는가?

① 3개월　　　② 6개월　　　③ 1년　　　④ 2년

풀이 신에너지 및 재생에너지 개발·이용·보급 촉진법 제26조(국유재산·공유재산의 임대 등)
① 국가 또는 지방자치단체는 국유재산 또는 공유재산을 신·재생에너지 기술개발 및 이용·보급에 관한 사업을 하는 자에게 대부계약의 체결 또는 사용허가(이하 "임대"라 한다)를 하거나 처분할 수 있다. 이 경우 국가 또는 지방자치단체는 신·재생에너지 기술개발 및 이용·보급에 관한 사업을 위하여 필요하다고 인정하면 「국유재산법」 또는 「공유재산 및 물품 관리법」에도 불구하고 수의계약(隨意契約)으로 국유재산 또는 공유재산을 임대 또는 처분할 수 있다.
② 국가 또는 지방자치단체가 제1항에 따라 국유재산 또는 공유재산을 임대하는 경우에는 「국유재산법」 또는 「공유재산 및 물품 관리법」에도 불구하고 자진철거 및 철거비용의 공탁을 조건으로 영구시설물을 축조하게 할 수 있다. 다만, 공유재산에 영구시설물을 축조하려면 지방의회의 동의를 받아야 하며, 지방의회의 동의 절차에 관하여는 지방자치단체의 조례로 정할 수 있다.
③ 제1항에 따른 국유재산 및 공유재산의 임대기간은 10년 이내로 하되, 제31조에 따른 신·재생에너지센터(이하 "센터"라 한다)로부터 신·재생에너지 설비의 정상가동 여부를 확인받는 등 운영의 특별한 사유가 없으면 각각 10년 이내의 기간에서 2회에 걸쳐 갱신할 수 있다.
④ 제1항에 따라 국유재산 또는 공유재산을 임차하거나 취득한 자가 임대일 또는 취득일부터 2년 이내에 해당 재산에서 신·재생에너지 기술개발 및 이용·보급에 관한 사업을 시행하지 아니하는 경우에는 대부계약 또는 사용허가를 취소하거나 환매할 수 있다.
⑤ 국가 또는 지방자치단체가 제1항에 따라 국유재산 또는 공유재산을 임대하는 경우에는 「국유재산법」 또는 「공유재산 및 물품관리법」에도 불구하고 임대료를 100분의 50의 범위에서 경감할 수 있다.
⑥ 산업통상자원부장관은 제1항에 따라 임대 또는 처분할 수 있는 국유재산의 범위와 대상을 기획재정부장관과 협의하여 산업통상자원부령으로 정할 수 있다.

80 신·재생에너지 공급인증서의 유효기간은 발급받은 날부터 몇 년으로 하는가?

① 1년　　　② 3년　　　③ 5년　　　④ 10년

정답 78 ③　79 ④　80 ②

풀이 신에너지 및 재생에너지 개발·이용·보급 촉진법 제12조의7(신·재생에너지 공급인증서 등)
④ 공급인증서의 유효기간은 발급받은 날부터 3년으로 하되, 제12조의5제5항 및 제6항에 따라 공급의무자가 구매하여 의무공급량에 충당하거나 발급받아 산업통상자원부장관에게 제출한 공급인증서는 그 효력을 상실한다. 이 경우 유효기간이 지나거나 효력을 상실한 해당 공급인증서는 폐기하여야 한다.

81 신·재생에너지 공급인증서 발급 및 거래시장 운영에 관한 규칙에 포함되어야 할 사항으로 잘못된 것은?

① 공급인증서의 발급·등록·거래 및 폐기 등에 관한 사항
② 신에너지 및 재생에너지 소비량의 증명에 관한 사항
③ 공급인증서의 거래방법에 관한 사항
④ 공급인증서 가격의 결정방법에 관한 사항

풀이 신에너지 및 재생에너지 개발·이용·보급 촉진법 시행규칙 제2조의4(운영규칙의 제정 등)
① 법 제12조의9제2항에 따라 공급인증기관이 제정하는 공급인증서 발급 및 거래시장 운영에 관한 규칙에는 다음 각 호의 사항이 포함되어야 한다.
1. 공급인증서의 발급, 등록, 거래 및 폐기 등에 관한 사항
2. 신·재생에너지 공급량의 증명에 관한 사항
3. 공급인증서의 거래방법에 관한 사항
4. 공급인증서 가격의 결정방법에 관한 사항
5. 공급인증서 거래의 정산 및 결제에 관한 사항
6. 제1호와 관련된 정보의 공개 및 분쟁조정에 관한 사항
7. 그 밖에 공급인증서의 발급 및 거래시장 운영에 필요한 사항

82 2012년 1월 1일부터 국내 총 발전량의 일정 비율을 신·재생에너지로 의무화하는 제도는?

① FIT(Feed In Tariff)
② REC(Renewable Energy Certificate)
③ RPS(Renewable Portfolio Standard)
④ FERC(Federal Energy Regulatory Commission)

풀이 ① FIT(Feed In Tariff) : 발전차액지원제도
② REC(Renewable Energy Certificate) : 신·재생에너지 공급인증서의 발급 및 거래단위로서 공급인증서 발급대상설비에서 공급된 [MWh] 기준의 신·재생에너지 전력량에 대해 가중치를 곱하여 부여하는 단위
③ RPS(Renewable Portfolio Standard) : 신·재생에너지 공급의무화제도
④ FERC(Federal Energy Regulatory Commission) : 미국 연방에너지규제위원회

정답 81 ② 82 ③

83 신·재생에너지 발전 기준가격의 고시 및 차액 지원자는 누구인가?
① 대통령
② 산업통상자원부장관
③ 국토교통부장관
④ 시·도지사

풀이 신에너지 및 재생에너지 개발·이용·보급 촉진법 제17조(신·재생에너지 발전 기준가격의 고시 및 차액 지원)
① 산업통상자원부장관은 신·재생에너지 발전에 의하여 공급되는 전기의 기준가격을 발전원별로 정한 경우에는 그 가격을 고시하여야 한다. 이 경우 기준가격의 산정기준은 대통령령으로 정한다.
② 산업통상자원부장관은 신·재생에너지 발전에 의하여 공급한 전기의 전력거래가격(「전기사업법」 제33조에 따른 전력거래가격을 말한다)이 제1항에 따라 고시한 기준가격보다 낮은 경우에는 그 전기를 공급한 신·재생에너지 발전사업자에 대하여 기준가격과 전력거래가격의 차액(이하 "발전차액"이라 한다)을 「전기사업법」 제48조에 따른 전력산업기반기금에서 우선적으로 지원한다.
③ 산업통상자원부장관은 제1항에 따라 기준가격을 고시하는 경우에는 발전차액을 지원하는 기간을 포함하여 고시할 수 있다.
④ 산업통상자원부장관은 발전차액을 지원받은 신·재생에너지 발전사업자에게 결산재무제표(決算財務諸表) 등 기준가격 설정을 위하여 필요한 자료를 제출할 것을 요구할 수 있다.

84 기본계획에서 정한 목표를 달성하기 위하여 신·재생에너지의 종류별로 신·재생에너지의 기술개발 및 이용·보급과 신·재생에너지 발전에 의한 전기의 공급에 관한 실행계획을 매년 수립·시행해야 하는 자는?
① 대통령
② 안전행정부장관
③ 산업통상자원부장관
④ 시·도지사

풀이 신에너지 및 재생에너지 개발·이용·보급 촉진법 제6조(연차별 실행계획)
① 산업통상자원부장관은 기본계획에서 정한 목표를 달성하기 위하여 신·재생에너지의 종류별로 신·재생에너지의 기술개발 및 이용·보급과 신·재생에너지 발전에 의한 전기의 공급에 관한 실행계획(이하 "실행계획"이라 한다)을 매년 수립·시행하여야 한다.
② 산업통상자원부장관은 실행계획을 수립·시행하려면 미리 관계 중앙행정기관의 장과 협의하여야 한다.
③ 산업통상자원부장관은 실행계획을 수립하였을 때에는 이를 공고하여야 한다.

85 다음 중 신·재생에너지센터의 업무로 틀린 것은?
① 기술개발 및 이용·보급 사업의 실시자에 대한 지원·관리
② 신·재생에너지 공급의무의 이행에 관한 지원·관리
③ 신·재생에너지 설비에 대한 효율 지원 및 회계와 정산 지원·관리
④ 신·재생에너지 기술의 국제표준화에 대한 지원·관리

정답 83 ② 84 ③ 85 ③

풀이 신에너지 및 재생에너지 개발·이용·보급 촉진법 제31조(신·재생에너지센터)
① 산업통상자원부장관은 신·재생에너지의 이용 및 보급을 전문적이고 효율적으로 추진하기 위하여 대통령령으로 정하는 에너지 관련 기관에 신·재생에너지센터를 두어 신·재생에너지 분야에 관한 다음 각 호의 사업을 하게 할 수 있다.
  1. 제11조제1항에 따른 신·재생에너지의 기술개발 및 이용·보급사업의 실시자에 대한 지원·관리
  2. 제12조제2항 및 제3항에 따른 신·재생에너지 이용의무의 이행에 관한 지원·관리
  3. 삭제 〈2015.1.28.〉
  4. 제12조의5에 따른 신·재생에너지 공급의무의 이행에 관한 지원·관리
  5. 제12조의9에 따른 공급인증기관의 업무에 관한 지원·관리
  6. 제13조에 따른 설비인증에 관한 지원·관리
  7. 이미 보급된 신·재생에너지 설비에 대한 기술지원
  8. 제20조에 따른 신·재생에너지 기술의 국제표준화에 대한 지원·관리
  9. 제21조에 따른 신·재생에너지 설비 및 그 부품의 공용화에 관한 지원·관리
  10. 신·재생에너지 설비 설치기업에 대한 지원·관리
  11. 제23조의2에 따른 신·재생에너지 연료 혼합의무의 이행에 관한 지원·관리
  12. 제25조에 따른 통계관리
  13. 제27조에 따른 신·재생에너지 보급사업의 지원·관리
  14. 제28조에 따른 신·재생에너지 기술의 사업화에 관한 지원·관리
  15. 제30조에 따른 교육·홍보 및 전문인력 양성에 관한 지원·관리
  16. 국내외 조사·연구 및 국제협력 사업
  17. 제1호·제3호 및 제5호부터 제8호까지의 사업에 딸린 사업
  18. 그 밖에 신·재생에너지의 이용·보급 촉진을 위하여 필요한 사업으로서 산업통상자원부장관이 위탁하는 사업
② 산업통상자원부장관은 센터가 제1항의 사업을 하는 경우 자금 출연이나 그 밖에 필요한 지원을 할 수 있다.
③ 센터의 조직·인력·예산 및 운영에 관하여 필요한 사항은 산업통상자원부령으로 정한다.

86 다음 중 신·재생에너지 통계 전문기관은?
① 통계청
② 한국에너지기술연구원
③ 신·재생에너지센터
④ 산업통상자원부

풀이 신·재생에너지 통계에 관한 업무를 수행하는 전문성이 있는 기관은 신·재생에너지센터이다.

87 신재생에너지 발전 사업자가 관련법에 따라 산업통상자원부장관으로부터 발전차액을 반환 요구받았을 경우 그 이행을 며칠 이내에 하여야 하는가?
① 100일
② 50일
③ 30일
④ 15일

정답 86 ③ 87 ③

풀이 신에너지 및 재생에너지 개발·이용·보급 촉진법 제18조(지원 중단 등)
① 산업통상자원부장관은 발전차액을 지원받은 신·재생에너지 발전사업자가 다음 각 호의 어느 하나에 해당하면 산업통상자원부령으로 정하는 바에 따라 경고를 하거나 시정을 명하고, 그 시정명령에 따르지 아니하는 경우에는 발전차액의 지원을 중단할 수 있다.
  1. 거짓이나 부정한 방법으로 발전차액을 지원받은 경우
  2. 제17조제4항에 따른 자료요구에 따르지 아니하거나 거짓으로 자료를 제출한 경우
② 산업통상자원부장관은 발전차액을 지원받은 신·재생에너지 발전사업자가 제1항제1호에 해당하면 산업통상자원부령으로 정하는 바에 따라 그 발전차액을 환수(還收)할 수 있다. 이 경우 산업통상자원부장관은 발전차액을 반환할 자가 30일 이내에 이를 반환하지 아니하면 국세 체납처분의 예에 따라 징수할 수 있다.

88 신·재생에너지 공급인증서에 표기되는 공급량 계산 시 적용되는 신·재생에너지 가중치 결정의 고려사항이 아닌 것은?

① 수입대체 효과
② 부존(賦存) 잠재량
③ 지역주민의 수용(受容) 정도
④ 전력 수급의 안정에 미치는 영향

풀이 신에너지 및 재생에너지 개발·이용·보급 촉진법 시행령 제18조의9(신·재생에너지의 가중치) 고려사항
  1. 환경, 기술개발 및 산업 활성화에 미치는 영향
  2. 발전 원가
  3. 부존(賦存) 잠재량
  4. 온실가스 배출저감(低減)에 미치는 효과
  5. 전력 수급의 안정에 미치는 영향
  6. 지역주민의 수용(受容) 정도

89 신재생에너지 설비 설치의무기관 중 대통령령으로 정하는 비율 또는 금액 이상을 출자한 법인이란?

① 납입자본금의 100분의 10 이상을 출자한 법인
② 납입자본금의 100분의 30 이상을 출자한 법인
③ 납입자본금의 100분의 50 이상을 출자한 법인
④ 납입자본금의 100분의 70 이상을 출자한 법인

풀이 신에너지 및 재생에너지 개발·이용·보급 촉진법 시행령 제16조(신·재생에너지 설비 설치의무기관)
① 법 제12조제2항제3호에서 "대통령령으로 정하는 금액 이상"이란 연간 50억 원 이상을 말한다.
② "대통령령으로 정하는 비율 또는 금액 이상을 출자한 법인"이란 다음 각 호의 어느 하나에 해당하는 법인을 말한다.
  1. 납입자본금의 100분의 50 이상을 출자한 법인
  2. 납입자본금으로 50억 원 이상을 출자한 법인

정답 88 ① 89 ③

90 신·재생에너지 정책심의회의 심의사항이 아닌 것은?

① 신·재생에너지 기본계획의 수립 및 변경에 관한 사항
② 신·재생에너지의 기술개발 및 이용·보급에 관한 사항
③ 송배전 등 전기의 기준가격 및 변경에 관한 사항
④ 산업통상자원부장관이 필요하다고 인정하는 사항

풀이 신에너지 및 재생에너지 개발·이용·보급 촉진법 제8조(신·재생에너지정책심의회)
① 신·재생에너지의 기술개발 및 이용·보급에 관한 중요 사항을 심의하기 위하여 산업통상자원부에 신·재생에너지정책심의회(이하 "심의회"라 한다)를 둔다.
② 심의회는 다음 각 호의 사항을 심의한다.
  1. 기본계획의 수립 및 변경에 관한 사항. 다만, 기본계획의 내용 중 대통령령으로 정하는 경미한 사항을 변경하는 경우는 제외한다.
  2. 신·재생에너지의 기술개발 및 이용·보급에 관한 중요 사항
  3. 신·재생에너지 발전에 의하여 공급되는 전기의 기준가격 및 그 변경에 관한 사항
  4. 신·재생에너지 이용·보급에 필요한 관계 법령의 정비 등 제도개선에 관한 사항
  5. 그 밖에 산업통상자원부장관이 필요하다고 인정하는 사항
③ 심의회의 구성·운영과 그 밖에 필요한 사항은 대통령령으로 정한다.

91 산업통상자원부령은 전력수급의 안정을 위하여 전력수급기본계획을 수립하고 공고해야 하는데 그 기본계획에 포함되어야 할 사항으로 잘못된 것은?

① 전력수급의 기본방향에 관한 사항
② 전력수급의 장기전망에 관한 사항
③ 발전설비계획에 관한 사항
④ 전력공급의 관리에 관한 사항

풀이 전기사업법 제25조(전력수급기본계획의 수립)
⑥ 기본계획에는 다음 각 호의 사항이 포함되어야 한다.
  1. 전력수급의 기본방향에 관한 사항
  2. 전력수급의 장기전망에 관한 사항
  3. 발전설비계획 및 주요 송전·변전설비계획에 관한 사항
  4. 전력수요의 관리에 관한 사항
  5. 직전 기본계획의 평가에 관한 사항
  5의2. 분산형 전원의 확대에 관한 사항
  6. 그 밖에 전력수급에 관하여 필요하다고 인정하는 사항

92 공급인증기관이 개설한 거래시장 외에서 공급인증서를 거래한 자는 최대 얼마 이하의 벌금에 처하는가?

① 1천만 원
② 2천만 원
③ 5천만 원
④ 7천만 원

정답 90 ③ 91 ④ 92 ②

[풀이] 신에너지 및 재생에너지 개발 · 이용 · 보급 촉진법 제34조(벌칙)
① 거짓이나 부정한 방법으로 제17조에 따른 발전차액을 지원받은 자와 그 사실을 알면서 발전차액을 지급한 자는 3년 이하의 징역 또는 지원받은 금액의 3배 이하에 상당하는 벌금에 처한다.
② 거짓이나 부정한 방법으로 공급인증서를 발급받은 자와 그 사실을 알면서 공급인증서를 발급한 자는 3년 이하의 징역 또는 3천만 원 이하의 벌금에 처한다.
③ 제12조의7제5항을 위반하여 공급인증기관이 개설한 거래시장 외에서 공급인증서를 거래한 자는 2년 이하의 징역 또는 2천만 원 이하의 벌금에 처한다.

93 거짓이나 부정한 방법으로 공급인증서를 발급받은 자와 그 사실을 알면서 공급인증서를 발급한 자는 어떤 벌칙에 처하는가?
① 2년 이하의 징역 또는 3천만 원 이하의 벌금
② 2년 이하의 징역 또는 5천만 원 이하의 벌금
③ 3년 이하의 징역 또는 3천만 원 이하의 벌금
④ 3년 이하의 징역 또는 5천만 원 이하의 벌금

[풀이] 신에너지 및 재생에너지 개발 · 이용 · 보급 촉진법 제34조(벌칙)
② 거짓이나 부정한 방법으로 공급인증서를 발급받은 자와 그 사실을 알면서 공급인증서를 발급한 자는 3년 이하의 징역 또는 3천만원 이하의 벌금에 처한다.

94 산업통상자원부장관은 공급의무자가 의무공급량에 부족하게 신 · 재생에너지를 이용하여 에너지를 공급한 경우에는 대통령령으로 정하는 바에 따라 그 부족분에 신 · 재생에너지 공급인증서의 해당 연도 평균거래 가격의 얼마를 곱한 금액의 범위에서 과징금을 부과하는가?
① 100분의 30 ② 100분의 50 ③ 100분의 100 ④ 100분의 150

[풀이] 신에너지 및 재생에너지 개발 · 이용 · 보급 촉진법 제12조의6(신 · 재생에너지 공급 불이행에 대한 과징금)
① 산업통상자원부장관은 공급의무자가 의무공급량에 부족하게 신 · 재생에너지를 이용하여 에너지를 공급한 경우에는 대통령령으로 정하는 바에 따라 그 부족분에 제12조의7에 따른 신 · 재생에너지 공급인증서의 해당 연도 평균거래 가격의 100분의 150을 곱한 금액의 범위에서 과징금을 부과할 수 있다.

95 산업통상자원부장관은 공급인증기관이 다음 각 호의 어느 하나에 해당할 때 산업통상자원부령으로 정하는 바에 따라 그 지정을 반드시 취소해야 한다. 다음 중 어떤 경우인가?
① 건축물 인증 심사기준에 부적합한 것으로 발견된 경우
② 지정기준에 부적합하게 된 경우
③ 업무정지처분을 받은 후 그 업무정지기간에 업무를 계속한 경우
④ 시정명령을 시정기간에 이행하지 아니한 경우

정답 93 ③ 94 ④ 95 ②

96 산업통상자원부장관이 청문을 통하여 내리는 처분으로 옳은 것은?

① 공급인증기관의 지정 취소　　② 건축물의 인증 취소
③ 발전설비의 지정 취소　　　　④ 송전설비의 지정 취소

풀이 신에너지 및 재생에너지 개발·이용·보급 촉진법 제24조(청문)
산업통상자원부장관은 다음 각 호에 해당하는 처분을 하려면 청문을 하여야 한다.
1. 제12조의10제1항에 따른 공급인증기관의 지정 취소
2. 삭제 〈2015. 1. 28.〉
3. 제23조의6에 따른 관리기관의 지정 취소

97 산업통상자원부장관은 발전차액을 반환할 자가 며칠 이내에 이를 반환하지 아니하면 국세체납처분의 예에 따라 징수할 수 있는가?

① 15　　② 30　　③ 45　　④ 60

풀이 신에너지 및 재생에너지 개발·이용·보급 촉진법 제18조(지원 중단 등)
② 산업통상자원부장관은 발전차액을 지원받은 신·재생에너지 발전사업자가 제1항제1호에 해당하면 산업통상자원부령으로 정하는 바에 따라 그 발전차액을 환수(還收)할 수 있다. 이 경우 산업통상자원부장관은 발전차액을 반환할 자가 30일 이내에 이를 반환하지 아니하면 국세 체납처분의 예에 따라 징수할 수 있다.

98 산업통상자원부장관이 신·재생에너지 발전사업자에게 기준가격 설정을 위하여 필요한 자료를 제출할 것을 요구하였으나 거짓으로 자료를 2회 제출한 경우 행하는 조치사항으로 옳은 것은?

① 경고　　　　　　　　　　　　② 벌금
③ 시정명령　　　　　　　　　　④ 발전차액의 지원 중단

풀이 신에너지 및 재생에너지 개발·이용·보급 촉진법 시행규칙 제11조(발전차액의 지원 중단 및 환수절차)
① 산업통상자원부장관은 법 제18조제1항에 따라 신·재생에너지 발전사업자가 법 제18조제1항제2호에 해당하는 행위(이하 이항에서 "위반행위"라 한다)를 한 경우에는 다음 각 호의 구분에 따라 조치한다.
1. 위반행위를 1회 한 경우 : 경고
2. 위반행위를 2회 한 경우 : 시정명령
3. 제2호의 시정명령에 따르지 아니한 경우 : 법 제17조제9항에 따른 발전차액의 지원 중단

99 신·재생에너지 연료 혼합의무 불이행에 대한 과징금의 통지를 받은 경우 받은 날부터 며칠 이내에 과징금을 산업통상자원부장관이 정하는 수납기관에 내야 하는가?

① 30　　② 60　　③ 90　　④ 120

정답 96 ①　97 ②　98 ③　99 ①

풀이 신에너지 및 재생에너지 개발·이용·보급 촉진법 시행령 제26조의5(신·재생에너지 연료 혼합의무 불이행에 대한 과징금의 부과 및 납부)
② 제1항에 따라 통지를 받은 자는 통지를 받은 날부터 30일 이내에 과징금을 산업통상자원부장관이 정하는 수납기관에 내야 한다. 다만, 천재지변이나 그 밖의 부득이한 사유로 그 기간에 과징금을 낼 수 없을 때에는 그 사유가 해소된 날부터 7일 이내에 내야 한다.

100 다음 중 연료전지의 종류가 아닌 것은?
① 인산형(PAFC)
② 용융탄산염형(MCFC)
③ 분산전해질형(PEFC)
④ 고체산화물형(SOFC)

풀이 연료전지의 종류 : 알칼리형, 인산형, 용융탄산형, 고체산화물형, 고분자전해질형

101 신·재생에너지의 중요성에 대한 설명과 무관한 것은?
① 화석연료의 고갈문제 해결
② CO_2 발생의 증가
③ 기후변화협약
④ 최근 유가의 불안정

풀이 신·재생에너지의 중요성
- 화석연료 고갈로 인한 자원 확보 경쟁의 심화, 고유가 등으로 에너지 공급방식의 다양화 필요
- 기후변화협약 등 환경규제에 대응하기 위한 청정에너지 중요성 증대
- 신·재생에너지산업은 시장규모가 팽창하고 있는 미래 산업

102 전기의 수요는 시간에 따라 변화하고, 재생에너지원에 의해 발생되는 전력 또한 시간에 따라 변화하는 특징이 있다. 다음의 에너지원 중 피크부하에 가장 잘 대응할 수 있는 것은?
① 풍력에너지
② 태양에너지
③ 수력에너지
④ 파력에너지

풀이 수력에너지는 안정적으로 지속가능한 발전으로 기동시간이 1~10분 정도 짧아 피크부하에 가장 잘 대응할 수 있다.

103 태양전지는 어떤 효과를 이용한 것인가?
① 광전도 효과
② 광증폭 효과
③ 광전자 방출효과
④ 광기전력 효과

풀이 태양전지는 광기전력 효과를 이용한 것이다. 광기전력 효과란 p-n 접합에 빛을 조사시킬 때 전자-정공 쌍이 생성되고 분리되며 n형 이미터 쪽에는 (-)전자가 과다하게 많고 다른 p형 베이스 쪽에는 (+)정공이 많이 모이게 되므로 접합 양단에 두 전극을 서로 띄어 개방하면 기전력(전위차)이 발생하는 현상이다.

정답 100 ③ 101 ② 102 ③ 103 ④

104 교토의정서에서 정한 지구온난화 방지를 위한 감축대상 가스가 아닌 것은?

① CH_4 ② N_2O ③ SF_6 ④ NFC

풀이 교토의정서에서 정한 지구온난화 감축 대상 가스
이산화탄소(CO_2), 메탄(CH_4), 아산화질소(N_2O), 수소불화탄소(HFCs), 과불화탄소(PHCs), 육불화황(SF_6)

105 다음에 설명하는 목질계 바이오매스는?

> 목재 가공과정에서 발생하는 건조된 목재 잔재를 압축하여 생산하는 작은 원통 모양의 표준화된 목질계 연료이다.

① 목질 브리켓   ② 목질칩   ③ 목질 펠릿   ④ 목탄

풀이
- 목질 펠릿 : 톱밥이나 목피 및 폐목재를 균일하게 파쇄하고 압축하여 생산하는 원통 모양의 표준화된 목질계 연료로 크기는 지름 6~15[mm], 길이 32[mm] 이하로 제한하는 목질계 연료(고위발열량)
- 목재 브리켓 : 유해물질에 의해 오염되지 않은 목재를 파쇄하고 압축하여 생산하는 원통형, 직사각형, 직육면체, 굴곡있는 원통형 등 여러 모양으로 만들어진 목질계 연료(저위발열량)
- 목질(우드)칩 : 뿌리, 가지, 임목 부산물을 분쇄하여 제조된 목질계 연료
- 목탄 : 나무 따위의 유기물을 불완전연소시켜서 만든 목질계 연료

106 다음 중 수평축 풍력발전시스템은?

① 사보니우스형   ② 다리우스형   ③ 파워타워형   ④ 프로펠러형

풀이
- 수평축 풍력발전 : 프로펠러형, 더치형, 세일윙형, 플레이드형
- 수직축 풍력발전 : 다리우스형, 사보니우스형, 크로스 플로우형, 패들형

107 연료전지시스템의 구성요소 중 단위전지를 적층하여 모듈화한 것은?

① 고분자 막   ② 전해질   ③ 개스킷   ④ 스택

풀이 연료전지의 단위전지를 적층하여 모듈화한 것을 스택(stack)이라고 한다.

108 연료전지 구성요소 중 개질기(Reformer)에 대한 설명으로 옳은 것은?

① 연료전지에서 나오는 직류를 교류로 변환시키는 장치
② 수소가 함유된 일반연료(천연가스, 메탄올, 석탄 등)로부터 수소를 발생시키는 장치
③ 전해질이 함유된 전해질 판, 연료극, 공기극으로 구성된 장치
④ 원하는 전기출력을 얻기 위해 단위전지 수십에서 수백 장을 직렬로 쌓아 올린 본체

정답 104 ④   105 ③   106 ④   107 ④   108 ②

풀이 • 연료전지(Fuel Cells) : 연료가 갖는 화학에너지를 직접 전기에너지로 전환하는 것
• 연료전지 발전시스템의 개질기 : 천연가스, 메탄올, 석탄, 석유 등 수소가 많은 연료로 변환시키는 장치

109 연료전지의 특징에 대한 설명으로 적합하지 않은 것은?

① 간헐성의 특징에 따른 축전지설비가 필요하다.
② 등유, LNG, 메탄올 등 연료의 다양화가 가능하다.
③ 발전소의 건설비용이 크며 수명과 신뢰성 향상을 위한 기술연구가 필요하다.
④ 다양한 발전 용량의 제작이 가능하다.

풀이 연료전지는 연료의 산화에 의해 생기는 화학에너지를 직접 전기에너지로 변환시키는 전지 일종의 발전장치로 간헐성 특징은 없다.(즉 연속적 전원공급 가능)

110 바이오에너지의 범위에 대한 설명으로 틀린 것은?

① 동식물의 유지를 변화시킨 바이오디젤
② 쓰레기매립장의 무기성 폐기물을 변환시킨 매립지 가스
③ 생물유기체를 변환시킨 땔감·우드칩·펠렛 및 목판 등의 고체연료
④ 생명유기체를 변환시킨 바이오가스·바이오 에탄올·바이오 액화유 및 합성가스

풀이 쓰레기매립장의 유기성 폐기물을 변환시킨 매립지 가스로 바이오에너지 범위이다.

111 반동수차의 종류가 아닌 것은?

① 펠톤 수차   ② 카플란 수차
③ 프로펠러 수차   ④ 프란시스 수차

풀이 • 충동수차 : 펠톤 수차
• 반동수차 : 카플란 수차, 프란시스 수차, 프로펠러 수차, 사류 수차 등

112 풍력발전시스템 부품 중 저속의 블레이드 회전수를 발전기용 고속회전수로 변환시키는 장치는?

① 감속기   ② 로터   ③ 증속기   ④ 인버터

풀이 • 증속기 : 느린 회전수에 큰 토크를 가진 풍력에너지를 빠른 회전수에 작은 토크를 지닌 발전기에 사용되는 동력전달장치
• Roter : 회전자

정답 109 ① 110 ② 111 ① 112 ③

113 태양광발전의 기본 원리로서 1939년에 Edmond Bequerel에 의해 최초로 발견된 현상은?
① 광기전력 효과　　　　　　　　② 광전도 효과
③ 광흡수 효과　　　　　　　　　④ 광자기장 효과

풀이 1839년 프랑스의 에드몬드 베크렐이 최초로 광기전력 효과를 발견. 광기전력 효과란 p-n 접합에 빛을 조사시킬 때 전자-정공 쌍이 생성되고 분리되며 n형 이미터 쪽에는 전자가 과다하게 많고 다른 p형 베이스 쪽에는 홀이 많이 모이게 됨으로써 접합 양단에 두 전극을 서로 띄어 개방하면 광기전력이 발생한다.

114 온실효과에 대한 설명으로 틀린 것은?
① 온실효과란 대기에 복사 에너지가 흡수되어 대기의 기온이 상승하는 현상을 말한다.
② 석탄 등 화석연료 대량소비는 CO_2 발생 주원인이다.
③ CO_2 발생 증가는 지구온난화에 영향을 준다.
④ 지구온난화는 연간 강수량과는 무관하다.

풀이 지구온난화는 강수 패턴을 변화시켜 한쪽은 물난리, 다른 쪽은 물부족을 일으킨다.

115 태양열발전시스템의 주요 구성요소가 아닌 것은?
① 열교환기　　　　　　　　　　② 축열조
③ 집열기　　　　　　　　　　　④ 인버터

풀이 태양열 발전 시스템은 집광열 → 축열 → 열전달 → 증기 발생 → 터빈(동력) → 발전으로 구성

정답 113 ①　114 ④　115 ④

05 태양광발전 사업허가

01 3,000[kW] 이하의 태양광 발전소 전기사업 허가 시 필요한 서류가 아닌 것은?
① 송전관계 일람도
② 신용평가 의견서
③ 발전원가 명세서
④ 전기사업허가신청서

풀이 200[kW] 초과 3,000[kW] 이하의 발전사업허가 신청 시 필요서류
- 사업허가 신청서
- 사업계획서
- 송전관계 일람도(발전/구역전기사업 경우)
- 발전원가 명세서(발전/구역전기사업 경우)
- 기술인력 확보계획

02 3,000[kW] 이하 발전사업 허가 시 필요서류가 아닌 것은?
① 사업계획서
② 송전관계 일람도
③ 전기사업 허가신청서
④ 5년간 예상사업 손익산출서

풀이 3,000[kW] 이하의 발전사업허가 신청 시 필요서류
- 전기사업 허가 신청서
- 전기사업법 시행규칙에 따른 사업계획서
- 송전관계 일람도
- 발전원가 명세서
- 발전설비 운영을 위한 기술인력 확보계획을 기재한 서류

03 태양광 발전사업 허가기준에 대한 설명이다. 다음 중 허가기준에 맞지 않은 것은?
① 전기사업 수행에 필요한 재무능력 및 기술능력이 있을 것
② 전기사업이 계획대로 수행될 수 있을 것
③ 일정지역에 편중되어 전력계통의 운영에 지장을 초래해서는 아니 될 것
④ 태양광 발전사업 허가신청 시 환경영향평가를 반드시 받아야 될 것

풀이 환경영향평가 검토 대상
- 발전소(발전시설용량 10,000[kW] 이상)
- 댐 및 저수지 건설을 수반하는 경우 3,000[kW] 이상
- 태양광, 풍력, 연료전지 발전소는 100,000[kW] 이상

정답 01 ② 02 ④ 03 ④

발전사업허가 신청 시 제출서류
- 200[kW] 이하 : 사업허가신청서, 사업계획서, 송전관계일람도
- 3,000[kW] 이하 : 사업허가신청서, 사업계획서, 송전관계일람도, 발전원가 명세서, 기술인력 확보계획
- 3,000[kW] 초과 : 사업허가신청서, 사업계획서, 송전관계일람도, 발전원가 명세서, 기술인력 확보계획

5년간 예상 손익산출서, 전기설비 개요 시 공급구역 5만의 1 지도 신용평가의견서, 소요재원 조달계획

04 태양광발전사업 허가신청서에 포함되는 필요서류 목록이 아닌 것은?(단, 3,000[kW] 미만인 경우이다.)

① 전기사업법 시행규칙에 따른 사업계획서
② 송전관계 일람도 및 발전원가 명세서
③ 전력계통의 조류 계산서
④ 발전설비 운영을 위한 기술인력 확보계획을 기재한 서류

풀이 사업허가 신청 시 제출서류

1. 200[kW] 이하
   - 사업허가 신청서
   - 사업계획서
   - 송전관계 일람도

2. 3,000[kW] 이하
   - 사업허가 신청서
   - 사업계획서
   - 송전관계 일람도
   - 발전원가 명세서
   - 기술인력 확보계획서

3. 3,000[kW] 초과
   - 사업허가 신청서
   - 사업계획서
   - 송전관계 일람도
   - 발전원가 명세서
   - 기술인력 확보계획서
   - 5년간 예상손익산출서
   - 전기설비 개요서
   - 신용평가의견서
   - 공급구역 5만분의 1 지도
   - 소요재원 소날계획서
   - 법인은 정관, 등기부등본, 직전연도 손익계산서, 대차대조표

05 태양광발전소의 전기사업허가신청서에 포함되는 필요서류 목록이 아닌 것은?(단, 3,000[kW] 미만인 경우이다. 신청자가 법인이다.)

① 신청자의 주주명부
② 사업계획서
③ 기술인력확보계획
④ 발전원가 명세서

정답 04 ③ 05 ①

풀이 발전사업 허가신청 시 제출서류

구분	200[kW] 이하	3,000[kW] 이하	3,000[kW] 초과

신규 허가 제출 서류	1. 사업허가 신청서
	2. 사업계획서
		1. 사업허가 신청서
		2. 사업계획서
		3. 송전관계 일람도(발전/구역전기사업의 경우)
		4. 발전원가 명세서(발전/구역전기사업의 경우)
		5. 기술인력 확보계획
		6. 수력 : 하천점용허가서 사본(하천법)
		   원자력 : 건설허가서 사본(원자력법)
		※ 신청서 사본도 가능
			1. 사업허가 신청서
			2. 사업계획서
			3. 송전관계 일람도(발전/구역전기사업 경우)
			4. 발전원가 명세서(발전/구역전기사업 경우)
			5. 기술인력 확보계획
			6. 5년간 예상 손익산출서
			7. 전기설비 개요서(배전선로 제외)
			8. 공급구역 5만분의 1지도(배전/구역전기사업 경우)
			9. 신용평가 의견서
			10. 소요재원 조달계획
			11. 법인은 정관, 등기부등본 직전 연도 손익계산서 대차대조표
			※ 설립 중 법인은 정관
			12. 수력 : 하천점용허가서사본(하천법)
			   원자력 : 건설허가서사본(원자력법)

변경 허가	1. 사업허가 변경신청서 2. 변경내용을 증명할 수 있는 서류		

06 3,000[kW]를 초과하는 태양광발전사업 허가절차를 올바르게 나타낸 것은?

㉠ 발전사업신청서 접수 ㉡ 전기사업허가증 발급
㉢ 발전사업신청서 작성 ㉣ 신청인에게 통지
㉤ 전기위원회 심의   ㉥ 전기안전공사 심의
㉦ 태양광발전산업협회 심의

① ㉢→㉠→㉤→㉡→㉣
② ㉠→㉢→㉥→㉡→㉣
③ ㉢→㉠→㉡→㉦→㉣
④ ㉢→㉠→㉦→㉡→㉣

풀이 태양광발전사업 허가절차

신청서 작성 → 접수 → 전기위원회 심의 → 허가 → 허가증 교부

06 태양광발전 사업 경제성 분석

01 태양광발전사업을 하고자 하는 경우 일반적으로 경제성 분석 평가를 실시하는데 경제성 분석 기준으로 옳지 않은 것은?

① 순현가
② 할인율
③ 비용편익비
④ 내부 수익률

풀이 경제성 분석의 모형
- 비용편익비 분석(Cost – Benefit Ratio)
- 내부 수익률(Internal Rate of Return)
- 순현재가치법(Net Present Value)

02 투자안의 경제성 분석 모형이 아닌 것은?

① 비용편익비 분석(CBR ; Cost – Benefit Ratio)
② 내부수익률법(IRR ; Intern Ratio of Return)
③ 순현재가치법(NPV ; Net Present Value)
④ 원가분석법

03 태양광발전 경제성 분석방법이 아닌 것은?

① 순현가 분석
② 원가 분석
③ 내부수익률 분석
④ 비용편익비 분석

풀이 가장 보편적인 경제성 분석방법은 순현가, 내부수익률, 비용편익비 분석이며 원가분석은 태양광발전소 건설하는 데 필요한 총 비용에 대한 분석을 나타낸다.

04 투자로부터 기대되는 총 편익의 현가를 총비용의 현가로 나눈 값으로 사업의 타당성을 판단하는 경제성 분석의 모형은?

① 비용편익비 분석(CBR)
② 내부수익률법(IRR)
③ 순현재가치법(NPV)
④ 자본회수기간법(PPM)

풀이 비용편익비 분석은 연차별 총비용 대비 연차별 총 편익 비를 토대로 사업의 타당성을 판단하는 경제성 분석의 모형이다.

정답 01 ② 02 ④ 03 ② 04 ①

$$\text{비용편익분석 B/C Ratio} = \frac{\sum \dfrac{B_i}{(1+r)^i}}{\sum \dfrac{C_i}{(1+r)^i}}$$

여기서, B_i : 연차별 총편익, C_i : 연차별 총비용, r : 할인율, i : 기간

05 투자로부터 기대되는 미래의 총 편익을 할인율로 할인한 총 편익의 현가(Present Value)에서 총 비용의 현가를 공제한 값을 무엇이라고 하는가?

① 비용편익비 분석(CBR)
② 내부수익률법(IRR)
③ 순현재가치법(NPV)
④ 할인율(r)

풀이 순현재가치(NPV) $= \sum \dfrac{B_i}{(1+r)^i} - \sum \dfrac{C_i}{(1+r)^i}$

여기서, B_i : 연차별 총편익, C_i : 연차별 총비용, r : 할인율, i : 기간

06 순현재가치를 0으로 만들어 평가하는 경제성 분석 모형은?

① 현재가치법
② 편익비용비율법
③ 자본회수기간법
④ 내부수익률법

풀이 순 현재가치를 0으로 만들어 평가하는 경제성 분석 모형은 '내부수익률법'이다.

07 미래의 가치를 현재의 가치와 같게 하는 비율은 무엇인가?

① 할인율(r)
② 이자율
③ 인플레이션 비율
④ 투자율

08 사업의 경제성 평가기준에 대한 설명으로 틀린 것은?

① NPV>0, B/C Ration>1, IRR>r일 때 사업의 경제성 있음
② NPV<0, B/C Ration<1, IRR<r일 때 사업의 경제성 없음
③ NPV=0, B/C Ration=1, IRR=r일 때 사업의 경제성 유무를 말할 수 없음
④ NPV=0, B/C Ration=1, IRR=r일 때 사업의 경제성 없음

풀이
- NPV : 순현재가치분석법
- B/C Ration : 비용편익분석
- IRR : 내부수익률법
- r : 할인율

정답 05 ③ 06 ④ 07 ① 08 ④

09 사업의 경제성이 있다고 판단되는 항목을 모두 옳게 나열한 것은?(단, r은 할인율을 나타낸다.)

① NPV>0, B/C ratio>1, IRR>r
② NPV<0, B/C ratio<1, IRR<r
③ NPV=0, B/C ratio<1, IRR<r
④ NPV=0, B/C ratio=1, IRR=r

풀이 사업의 경제성 평가기준

순현재가치분석법	비용편익비분석	내부수익률법	경제성의 판단
NPV>0	B/C ratio>1	IRR>r	사업의 경제성이 있음
NPV<0	B/C ratio<1	IRR<r	사업의 경제성이 없음
NPV=0	B/C ratio=1	IRR=r	사업의 경제성 유·무를 말할 수 없음

10 다음 중 순공사원가 항목으로 구성된 것은?

① 재료비, 노무비, 경비
② 재료비, 노무비, 일반관리비
③ 재료비, 노무비, 경비, 이윤
④ 재료비, 노무비, 경비, 일반관리비, 이윤

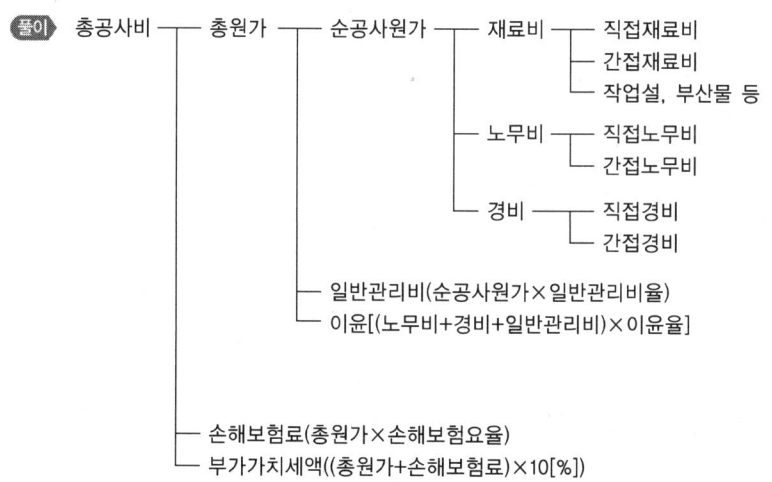

11 총원가에는 해당되지만 순공사원가의 구성항목이 아닌 것은?

① 간접재료비
② 간접노무비
③ 간접경비
④ 일반관리비

풀이 공사시공 과정에서 발생한 재료비, 노무비, 경비의 합계액이 순공사 원가이다.

정답 09 ① 10 ① 11 ④

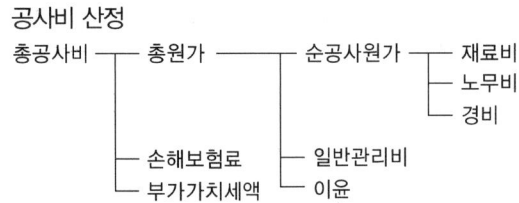

12 산재보험료는 산재보험요율에 무엇을 곱한 값인가?

① 재료비　　　　　　② 노무비
③ 일반관리비　　　　④ 총 원가

[풀이] 산재보험료＝노무비×산재보험요율

13 태양광 발전원가의 구성 항목 중 초기투자비에 해당하지 않는 것은?

① 계통연계비용　　　② 인허가 용역비
③ 설계 및 감리비　　④ 운전유지 및 수선비

[풀이] 태양광발전의 초기투자비 항목
- 주설비 : PV 모듈, PCS, 지지물
- 계통연계 : 수배전설비, 모니터링 설비
- 공사 : 기초공사 지지대설치공사, 전기공사 전선, 안전시설 등
- 인허가, 설계감리 검사 : 인허가 용역, 설계 및 감리, 검사비용
- 토지비용 : 구입비

※ 운전유지 및 수선비는 태양광발전 완공 후 발전소 운영에 필요한 비용이다.

14 태양광발전 원가 구성 항목 중 초기 투자비가 아닌 것은?

① 인·허가용역비　　② 설계 및 감리비
③ 유지보수비　　　　④ 계통연계비용

[풀이] 유지보수비는 연간 유지관리비에 해당

초기 투자비 항목
- 주 설비 : PV 모듈, PCS, 지지물
- 계통연계 : 수배전설비
- 공사비 : 기초공사, 지지대 설치공사, 전기공사
- 인·허가, 설계감리, 검사
- 토지비용

정답　12 ②　13 ④　14 ③

15 태양광발전소 설비용량이 2,500[kW], SMP가 200[원/kWh], 가중치 적용 전 REC가 150[원/kWh]인 경우 판매단가[원/kWh]는?(단, 설치장소는 기존 건축물 지붕을 이용하여 설치하는 것으로 한다.)

① 450   ② 425   ③ 500   ④ 525

풀이 태양광 발전 공급인증서 가중치 적용기준(건축물 설치 시)

설치용량	태양광에너지 합성가중치 산정식
3,000[kW] 이하	1.5
3,000[kW] 초과부터	$\dfrac{3{,}000 \times 1.5 + (용량 - 3{,}000) \times 1.0}{용량}$

건축물을 이용하여 설치하고, 설비용량이 2,500[kW]이므로 합성가중치는 1.5를 적용
판매단가[원/kWh] = SMP[원/kWh] + REC[원/kWh] × 합성가중치
= 200 + 150 × 1.5 = 425[원/kWh]

정답 15 ②

PART 02
태양광발전 설계

SECTION 001 태양광발전 토목설계

01 태양광발전 토목설계

1 선정부지의 경계측량 검토

1. 지적 측량의 종목

1) 경계복원측량

   경계복원측량은 지적공부에 등록된 경계점을 지표상에 복원하는 측량으로 건축물을 신축, 증축, 개축하거나 인접한 토지와의 경계를 확인하고자 할 때 주로 이용하는 측량

2) 분할측량

   분할측량은 지적공부에 등록된 1필지를 2필지 이상으로 나누어 등록하기 위한 측량으로 소유권 이전, 매매, 지목변경 등을 할 때 주로 이용하는 측량

3) 지적현황측량

   지적현황측량은 지상건축물 등의 현황을 지적도 및 임야도에 등록된 경계와 대비하여 도면에 표시하는 측량

4) 등록전환측량

   등록전환측량은 임야대장 및 임야도에 등록된 토지를 토지대장 및 지적도에 옮겨 등록하기 위한 측량

5) 신규등록전환측량

   신규등록전환측량은 새로 조성된 토지와 지적공부에 등록되어 있지 아니한 토지를 지적공부에 등록하기 위한 측량

2 선정부지 정지작업

1. 흙의 성질

흙은 흙입자, 물, 공기로 구성되어 있다.

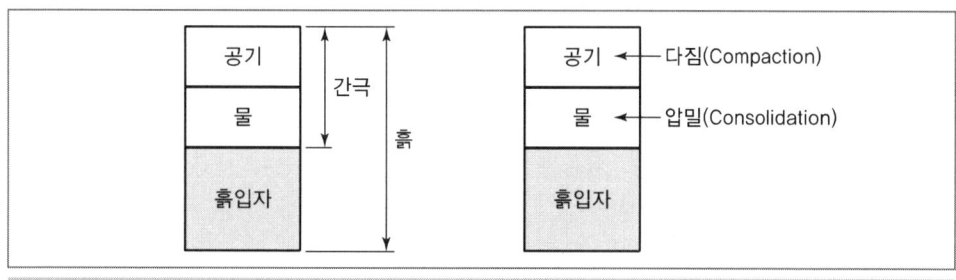

흙의 간극, 다짐, 압밀

2. 흙의 전단강도

흙의 가장 중요한 역학적 성질로서 이것으로부터 기초의 극한 지지력을 알 수 있다. 기초의 하중이 그 흙의 전단강도 이상이면 흙은 "붕괴"되고 기초는 "침하"된다. 이하이면 흙은 "안정"되고 기초는 "지지"된다.

3. 간극비, 함수비, 포화도

① 간극비(Void Ratio) = $\dfrac{간극의\ 용적}{토립자의\ 용적}$

② 함수비(Water Content) = $\dfrac{물의\ 중량}{토립자의\ 중량} \times 100[\%]$

③ 포화도(Degree of Saturation) = $\dfrac{물의\ 용적}{간극의\ 용적} \times 100[\%]$

4. 흙의 압밀(Consolidation)

1) 압밀침하

외력에 의하여 간극 내의 물이 빠져 흙 입자 간의 사이가 좁아지며 침하되는 것

2) 예민비(Sensitivity Ratio) : 흙의 이김에 의해 약해지는 정도

예민비 = $\dfrac{자연\ 시료의\ 강도}{이긴\ 시료의\ 강도}$

02 태양광발전 구조물설계

1 태양광 구조물 시스템의 설계기준

1. 태양광발전 구조물의 형식별 구분

1) 주택 및 일반건물 설치 시

지붕건재형, 지붕설치형, 벽건재형, 벽설치형, 차양형, 톱라이트형

2) 대지 설치 시

경사고정형, 경사변동형, 추적방향(단축추적, 양축추적), 추적방식(감지식, 프로그램, 혼합식)

2. 구조물 설계 시 고려사항

① 안정성 : 풍압, 적설 내진 등 고려
② 시공성 : 부재의 재질, 규격 등
③ 내구성 : 사용 연한
④ 경제성 : 과대 설계 배제, 공사비 절감공법

3. 상정하중 계산

① 수직하중 : 고정하중, 적설하중, 활하중
② 수평하중 : 풍하중, 지진하중

4. 구조계산서

설계하중(사용하중)에 의한 실제 응력이 허용응력을 초과하지 않도록 설계한다.

2 구조물 이격거리 산출 적용 설계요소

태양광발전시스템에서 어레이 간격의 산정은 출력 저하 방지를 위해 필요하고 어레이 간격을 크게 하면 음영에 의한 출력 저하는 감소하지만 면적이 넓어진다. 그러므로 출력 저하를 최소화하면서 발전용량을 최대화할 수 있는 최적 간격 산정이 필요하다.

1. 가대의 재질

① 환경조건, 설계 내용연수에 따라 결정
② 염해, 공해 등에 의한 부식의 발생이 없을 것

2. 가대의 강도

어레이 자체하중+풍압하중에 견디게 설계

3. 재질에 따른 가대의 종류

① 강제+도장(저가) : 재도장(5~10주기)
② 강제+용융 아연도금(중가) : 철의 10배 정도 내식성 부분 녹 발생
③ 스테인리스(sus)(고가) : 경량
④ 알루미늄 합금제(중가) : 경량, 강도가 약함, 부식 발생

4. 어레이 설치방식에 따른 분류

① 고정식
② 경사가변형
③ 추적식
　㉠ 추적방향 : 단축식, 양축식
　㉡ 추적방식 : 감지식, 프로그램, 혼합식 추적법

3 태양전지 어레이용 가대 설계

1. 가대의 구성

프레임(수평부재, 수직부재), 지지대, 기초판

2. 설계하중

가대는 설치장소, 설치방식 형태 등에 따라 하중이 달라지므로 그에 맞는 설계하중 필요

3. 상정하중

설계하중은 수직하중과 수평하중을 고려한다.

1) 수직하중

① 고정하중 : 어레이+프레임+지지대
② 적설하중
③ 활하중 : 건축물 및 공작물을 점유 사용함으로써 발생

2) 수평하중

① 풍하중 : 바람
② 지진하중

풍하중($W = P_C$)

설계풍압 $P_C[\text{kN/m}^2] = q_z \cdot G_f \cdot C_f$

또는 $P_C[\text{kN}] = q_z \cdot G_f \cdot C_f \cdot A$

여기서, q_z : 임의의 높이(z)에서의 설계속도압[kN/m^2]

$$q_z = \frac{1}{2}\rho V_z^2$$

ρ : 공기밀도(0.00125[kN·s^2/m^4]=1.25[kg/m^3])

V_z : 지역별 기본풍속(25~45[m/s])에 지형, 중요도, 바람의 분포 등을 고려한 값

$$V_z = V_0 \cdot K_{zr} \cdot K_{zt} \cdot I_W$$

A : 유효수압면적[m^2]

G_f : 가스트영향계수

C_f : 풍압계수

※ 가스트영향계수(G_f : Gust effect factor)
바람의 난동으로 발생하는 불규칙한 풍하중이 건축물에 작용한 경우 건축물에 유발되는 최대변위를 평균범위로 나눈 값으로 정의. 즉, 주변 식생, 구조물 등에 의한 난류, 돌풍 등의 영향을 고려한 계수

3) 하중의 크기

폭풍 시 > 적설 시 > 지진 시
- 폭풍 시 : 고정+풍압하중
- 적설 시 : 고정+적설하중
- 지진 시 : 고정+지진하중

03 태양광발전 어레이 설계

1 태양광발전 전기배선설계

1. 태양광발전 모듈배선

① 태양전지판 모듈과 모듈을 연결하는 전선
② 공칭단면적 2.5[mm²] 이상 연동선 또는 동등이상의 세기 및 굵기의 전선으로 배선해야 한다.
③ 반드시 극성 표시 확인 후 배선 : 정극(+, P) 부극(-, N)
   태양전지 모듈 이면에서 접속용 케이블이 2본씩 나오기 때문이다.
④ 모듈접속함에서 인버터까지 배선의 전압강하율 1~2[%]

2. 한국전기설비규정(KEC)

1) 전압의 구분

분류	전압의 범위
저압	• 직류 : 1.5[kV] 이하 • 교류 : 1[kV] 이하
고압	• 직류 : 1.5[kV] 초과, 7[kV] 이하 • 교류 : 1[kV] 초과, 7[kV] 이하
특고압	7[kV] 초과

2) 전선

(1) 전선의 종류

① 나전선 : 도체에 피복을 하지 않은 전선. 경동선, 연동선, ACSR(강심 알루미늄 전선)
② 절연전선 : 도체의 사용전압에 견디는 절연물로 피복한 전선. 450/750[V] 비닐절연전선 등
③ 케이블 : 도체의 사용전압에 견디는 절연물로 피복을 하고 그 절연물 외부에 절연물 또는 차폐층을 보호하기 위하여 피복을 한 것
   ㉠ 저압케이블 : 연피케이블, 알루미늄케이블, 비닐외장케이블, 클로로프렌 외장케이블
   ㉡ 고압케이블 : 저압케이블 종류와 같으며 콤바인드덕트 케이블
   ㉢ 특별고압케이블 : OF 케이블 등

(2) 전선의 접속
   ① 전선의 전기저항을 증가시키지 말 것

② 인장하중을 20[%] 이상 감소시키지 말 것
③ 절연전선의 절연물과 동등 이상의 절연효력이 있도록 충분히 피복할 것
④ 재질이 다른 도체를 접속 시 전기적 부식이 생기지 않을 것

(3) 전로의 절연
　① 전로는 대지로부터 절연하여야 한다.
　② 전로와 대지의 절연 예외 장소
　　㉠ 접지공사의 접지점
　　㉡ 중성점 접지점
　　㉢ 변성기 2차 측 접지점
　　㉣ 다중접지시 접지점
　　㉤ 시험용 변압기, 전기방식용 양극, 전기철도 귀선
　　㉥ 전기욕기, 전기로, 전기보일러, 전해조 등 대지로부터 절연이 기술상 곤란한 곳

(4) 누설전류
　① 전로 1조당 : 최대공급전류 $\times \left(\dfrac{1}{2,000}\right)$ 이하
　② 단상 2선식 : 최대공급전류 $\times \left(\dfrac{1}{1,000}\right)$ 이하

(5) 절연내력시험
　① 연료전지 및 태양전지 모듈의 절연내력
　　㉠ 시험전압 : 최대사용전압의 1.5배의 직류전압 또는 1배의 교류전압(500[V] 미만으로 되는 경우에는 500[V])
　　㉡ 시험방법 : 충전부분과 대지 사이에 연속하여 10분간 가했을 때 이에 견디는 것이어야 한다.
　② 변압기 전로의 권선 종류 및 절연내력시험전압(교류시험전압 → 연속 10분간)

구분		배수	최저전압
7,000[V] 이하		최대사용전압×1.5배	500[V]
비접지식	7,000[V] 초과	최대사용전압×1.25배	10,500[V]
중성점 다중접지식	7,000[V] 초과 25,000[V] 이하	최대사용전압×0.92배	—
중성점 접지식	60,000[V] 초과	최대사용전압×1.1배	75,000[V]
중성점 직접접지식	170,000[V] 이하	최대사용전압×0.72배	—
	170,000[V] 넘는 구내에서만 적용	최대사용전압×0.64배	—

③ 회전기 및 정류기의 절연내력 시험전압

기구의 종류			시험전압	시험할 곳	최저시험전압
회전기	발전기, 전동기, 조상기 등의 회전기	7[kV] 이하	최대사용전압×1.5	권선과 대지 사이	500[V]
		7[kV]를 넘는 것	최대사용전압×1.25		10,500[V]
	회전변류기		직류 측 최대 사용전압의 1배의 교류전압	권선과 대지 사이	500[V]
정류기	최대사용전압 60[kV] 이하		직류 측 최대 사용전압의 1배의 교류전압	주양극과 외함 사이	500[V]
	최대사용전압 60[kV] 초과		교류 측의 최대 사용전압의 1.1배의 교류전압 또는 직류 측의 최대사용전압의 1.1배의 직류전압	교류 측 및 직류 고전압 측 단자와 대지 사이	

* 권선과 대지 사이 및 충전부분과 외함 사이에 10분간

④ 전선로의 절연내력시험전압(직류전압 → 연속 10분간)
변압기의 절연내력시험전압(교류시험전압)을 기준한다.
단, 케이블 사용(교류시험전압×2배)

(6) 저압전로의 절연성능

전기사용 장소의 사용전압이 저압인 전로의 전선 상호 간 및 전로와 대지 사이의 절연저항은 개폐기 또는 과전류차단기로 구분할 수 있는 전로마다 다음 표에서 정한 값 이상이어야 한다. 다만, 전선 상호 간의 절연저항은 기계기구의 분리가 용이하지 않은 분기회로의 경우 기기 접속 전에 측정할 수 있다.

또한, 측정 시 영향을 주거나 손상을 받을 수 있는 SPD 또는 기타 기기 등은 측정 전에 분리시켜야 하고, 부득이하게 분리가 어려운 경우에는 시험전압을 250[V] DC로 낮추어 측정할 수 있지만 절연저항 값은 1[MΩ] 이상이어야 한다.

전로의 사용전압[V]	DC 시험전압[V]	절연저항[MΩ]
SELV 및 PELV	250	0.5
FELV, 500[V] 이하	500	1.0
500[V] 초과	1,000	1.0

* 특별저압(Extra Low Voltage : 2차 전압이 AC 50[V], DC 120[V] 이하)으로 SELV(비접지회로 구성) 및 PELV(접지회로 구성)은 1차와 2차가 전기적으로 절연된 회로, FELV는 1차와 2차가 전기적으로 절연되지 않은 회로

- FELV(Functional Extra Low Voltage)
- SELV(Safety Extra Low Voltage)
- PELV(Protective Extra Low Voltage)

(7) 변압기 중성점 접지

① 변압기의 중성점 접지저항 값은 다음에 의한다.

㉠ 일반적으로 변압기의 고압·특고압 측 전로 1선 지락전류로 150을 나눈 값과 같은 저항 값 이하 $R = \dfrac{150}{변압기의\ 고압\ 측\ 또는\ 특고압\ 측\ 1선\ 지락전류}$

㉡ 변압기의 고압·특고압 측 전로 또는 사용전압이 35[kV] 이하의 특고압전로가 저압 측 전로와 혼촉하고 저압전로의 대지전압이 150[V]를 초과하는 경우는 저항 값은 다음에 의한다.
- 1초 초과 2초 이내에 고압·특고압 전로를 자동으로 차단하는 장치를 설치할 때는 300을 나눈 값 이하
- 1초 이내에 고압·특고압 전로를 자동으로 차단하는 장치를 설치할 때는 600을 나눈 값 이하

② 전로의 1선 지락전류는 실측 값에 의한다. 다만, 실측이 곤란한 경우에는 선로정수 등으로 계산한 값에 의한다.

③ 전로의 중성점 접지

㉠ 목적
- 보호계전기의 확실한 동작 확보
- 이상전압의 억제 및 대지전압의 저감
- 기기의 절연레벨 경감

㉡ 접지의 종류

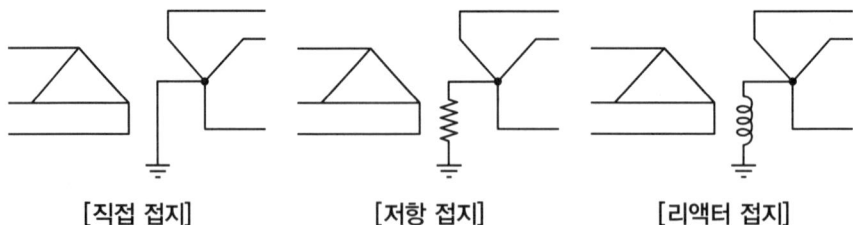

[직접 접지]　　　　[저항 접지]　　　　[리액터 접지]

(8) 특별 고압용 기계기구의 시설

특별 고압용 기계기구는 다음에 한하여 시설할 수 있으며 발전소·변전소·개폐소 또는 이에 준하는 곳에 시설하는 경우 노출된 충전부분에 취급자가 쉽게 접촉할 우려가 없도록 시설해야 한다.

① 기계기구의 주위에 울타리·담 등을 시설하는 경우
② 기계기구를 지표상 5[m] 이상의 높이에 시설하고 충전부분의 지표상의 높이를 표에서 정한 값 이상으로 하고 또한 사람이 접촉할 우려가 없도록 시설하는 경우

∥ 사용전압에 따른 충전부분까지의 이격거리 ∥

사용전압의 구분	울타리의 높이와 울타리로부터 충전부분까지의 거리의 합계 또는 지표상의 높이
35[kV] 이하	5[m]
35[kV] 초과 160[kV] 이하	6[m]
160[kV] 초과	6[m]에 160[kV]를 초과하는 10[kV] 또는 그 단수마다 12[cm]를 더한 값

③ 공장 등의 구내에서 기계기구를 콘크리트제의 함 또는 접지공사를 한 금속제의 함에 넣고 또한 충전부분이 노출하지 아니하도록 시설하는 경우
④ 옥내에 설치한 기계기구를 취급자 이외의 사람이 출입할 수 없도록 설치한 곳에 시설하는 경우
⑤ 충전부분이 노출하지 아니하는 기계기구를 사람이 쉽게 접촉할 우려가 없도록 시설하는 경우

(9) 고압용 기계기구의 시설

① 고압용 기계기구는 다음 각 호의 1에 해당하는 경우, 발전소·변전소·개폐소 또는 이에 준하는 곳에 시설하는 경우 이외에는 시설하지 말 것
  ㉠ 울타리, 담 등의 높이는 2[m] 이상으로 하고 지표면과 울타리, 담 등의 하단 사이의 간격은 15[cm] 이하로 시설하는 경우

∥ 울타리, 담 등의 높이 ∥

사용전압의 구분	울타리의 높이와 울타리로부터 충전부분까지의 거리의 합계 또는 지표상의 높이
35[kV] 이하	5[m]
35[kV] 초과 160[kV] 이하	6[m]
160[kV] 초과	6[m]에 160[kV]를 초과하는 10[kV] 또는 그 단수마다 12[cm]를 더한 값

ⓒ 기계기구를 지표상 4.5[m](시가지 외에는 4[m]) 이상의 높이에 시설하고 또한 사람이 쉽게 접촉할 우려가 없도록 시설하는 경우
ⓒ 공장 등의 구내에서 기계기구의 주위에 사람이 쉽게 접촉할 우려가 없도록 적당한 울타리를 설치하는 경우
ⓔ 옥내에 설치한 기계기구를 취급자 이외의 사람이 출입할 수 없도록 설치한 곳에 시설하는 경우
ⓜ 기계기구를 콘크리트제의 함 또는 접지공사를 한 금속제 함에 넣고 또한 충전부분이 노출하지 아니하도록 시설하는 경우
ⓗ 충전부분이 노출하지 아니하는 기계기구를 사람이 쉽게 접촉할 우려가 없도록 시설하는 경우
ⓐ 충전부분이 노출하지 아니하는 기계기구를 온도상승에 의하여 또는 고장 시 그 근처의 대지와의 사이에 생기는 전위차에 의하여 사람이나 가축 또는 다른 시설물에 위험의 우려가 없도록 시설하는 경우
② 고압용의 기계기구는 노출된 충전부분에 취급자가 쉽게 접촉할 우려가 없도록 시설할 것

(10) 아크를 발생하는 기구의 시설

∥ 전압에 따른 기구와 가연물과의 이격거리 ∥

기구 등의 구분	이격거리
고압용의 것	1[m] 이상
특별고압용의 것	2[m] 이상

(11) 과전류 차단기
① 저압용 퓨즈 정격전류의 1.1배에 견디고
　ⓐ 30[A]×1.6배 60분 이내, 2배의 전류로 2분 이내에 용단할 것
　ⓑ 100[A]×1.6배 120분 이내, 2배의 전류로 6분 이내에 용단할 것
② 배선용 차단기 : 1배의 전류에 견딜 것
③ 고압용 퓨즈

종류	정격전류의 배수
포장 퓨즈	1.3배에 견디고 2배의 전류에 120분 이내 용단
비포장 퓨즈	1.25배에 견디고 2배의 전류에 2분 이내 용단

2 태양광발전 모듈배치설계

1. 모듈 수 산출

1) 모듈의 최대 직렬 수

$$\text{모듈의 최대 직렬 수} = \frac{\text{PCS 입력전압 변동범위 최고값}}{\text{모듈 표면온도가 최저인 상태의 개방전압}}[\text{개}]$$

단, 최저온도에서의 개방전압($\Delta_L V_{oc}$)

$$\Delta_L V_{oc} = V_{oc}\{1 + \beta_{pu} \times (\text{모듈표면최저온도} - 25[\text{℃}])\} = V_{oc}(1 + \beta_{pu} \times \theta_L)[\text{V}]$$

2) 모듈의 최소 직렬 수

$$\text{모듈의 최소 직렬 수} = \frac{\text{PCS 입력전압 변동범위 최저값}}{\text{모듈 표면온도가 최고인 상태의 최대출력 동작전압}}[\text{개}]$$

단, 모듈 온도가 최고인 상태에서의 최대출력 동작전압($\Delta_H V_{mpp}$)

$$\Delta_H V_{mpp} = V_{mpp}\{1 + \beta_{pu} \times (\text{모듈표면 최고온도} - 25[\text{℃}])\} = V_{mpp}(1 + \beta_{pu} \times \theta_H)[\text{V}]$$

3) 모듈의 병렬 수

① 모듈의 최대 병렬 수 $= \dfrac{\text{PCS 용량}}{\text{모듈의 최소 직렬 수} \times \text{모듈 1매분의 최대출력}}$

② 모듈의 최소 병렬 수 $= \dfrac{\text{PCS 용량}}{\text{모듈의 최대 직렬 수} \times \text{모듈 1매분의 최대출력}}$

모듈의 설치용량은 PCS(인버터) 용량의 105[%] 이내이어야 한다.

2. 설치 가능한 태양전지 모듈 수 산출 예

태양전지 모듈 수는 설치면적과 발전용량에 의해 결정한다.
$144[\text{m}^2](12 \times 12[\text{m}])$의 면적에 태양광발전설비를 시설하고자 할 때, 모듈의 설치 가능 개수와 PCS 출력[kWp]을 구하면 다음과 같다.

> 300[Wp]급, 모듈의 가로길이 1.8[m], 세로길이 0.9[m], 모듈의 온도에 따른 전압 변동 범위 28~40[V], PCS 농작선압 300~650[V], 효율 90[%], 설치간격, 기타 손실 무시

1) 모듈의 설치 가능 개수

- 가로배열 : 12÷1.8=6.67 → 6개
- 세로배열 : 12÷0.9=13.33 → 13개
- 13개 직렬연결 시 최저전압 : 13×28=364[V]
- 13개 직렬연결 시 최대전압 : 13×40=520[V]

PCS 동작전압이 300~650[V]이므로 최저·최대전압도 이 범위 내로서 13개 직렬연결이 가능(만일 PCS 동작전압 범위에서 벗어나면 개수를 조정)하다.

∴ 설치 가능 개수 = 6×13 = 78개

2) PCS 출력[kWp]

PCS 출력 = 모듈 수 × 모듈 1개의 출력 [Wp] × PCS 효율
= 78 × 300 × 0.90 × 10^{-3} = 21.06[kWp]

3) 인버터

(1) 인버터의 기능
① 전력변환 DC → AC
② 자동전압 조정
③ 계통 연계 보호
④ MPPT(최대전력 추종) 기능
⑤ 단독운전 방지기능
⑥ 직류검출기능

(2) 인버터 선정 시 주의사항
① 전력변환효율이 높을 것
② 수명이 길고 신뢰성이 높을 것
③ 고조파 잡음 발생이 적을 것
④ 저부하 시, 대기 시 손실이 적을 것

(3) 인버터의 분류
① 전류별(Commutation)
㉠ 자기전류방식
㉡ 강제전류방식

② 제어방식별
㉠ 전압제어형
㉡ 전류제어형

4) 태양전지 어레이 간격 산정식

(1) 장애물과 이격거리 계산식

$$D = \frac{H}{\tan\alpha}$$

여기서, $\tan\alpha = \frac{H}{D}$ α : 태양의 고도각

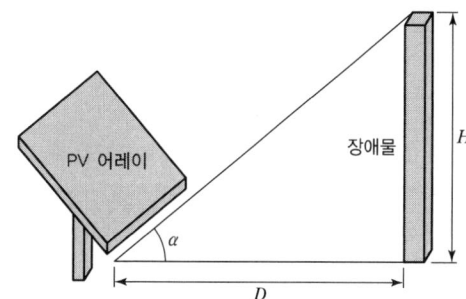

(2) 어레이 간 최소 이격거리 계산식

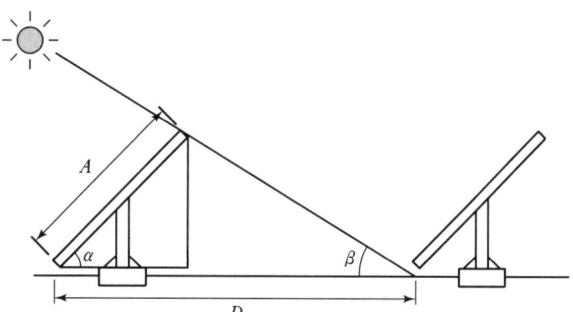

여기서, 어레이 이격거리 $D = A \times \frac{\sin(180° - \alpha - \beta)}{\sin\beta}$ (태양고도 따로 계산)

또는 $D = A \times [\cos\alpha + \sin\alpha \times \tan(90° - \beta)]$ (태양고도 따로 계산)

$D = A \times [\cos\alpha + \sin\alpha \times \tan(Lat(\text{그 지방의 위도}) + 23.5°)]$ (설치지역의 위도=그 지방의 위도를 직접 대입해 태양의 고도를 적용한 식)

여기서, D : 어레이의 최소 이격거리[mm]
  A : 어레이 길이[mm] (어레이 세로 길이)
  α : 어레이의 경사각[°]
  β : 발전한계시각에서의 태양고도, 태양의 입사각
  Lat : 그 지방의 위도

대지 이용률이란 부지의 면적에 대한 모듈의 면적 비를 백분율[%]로 나타낸 것이다.

$$\text{대지 이용률} = \frac{\text{모듈의 면적}}{\text{부지의 면적}} \times 100[\%]$$

3 태양광발전 어레이 전압강하계산

1. 전압강하 및 전선 선정

1) 전선의 굵기 선정

(1) 전선의 굵기 선정 시 고려사항
   ① 허용전류
   ② 전압강하
   ③ 기계적 강도
   ④ 고조파
   ⑤ 장래 증설 및 변경 등

(2) 전기방식에 따른 전압강하 및 전선의 단면적 계산

전기방식	전압강하(e)	전선의 단면적($A[\text{mm}^2]$)
직류 2선식, 교류 2선식	$e = \dfrac{35.6 \times L \times I}{1{,}000 \times A}$	$A = \dfrac{35.6 \times L \times I}{1{,}000 \times e}$
단상 3선식, 3상 4선식	$e = \dfrac{17.8 \times L \times I}{1{,}000 \times A}$	$A = \dfrac{17.8 \times L \times I}{1{,}000 \times e}$
3상 3선식	$e = \dfrac{30.8 \times L \times I}{1{,}000 \times A}$	$A = \dfrac{30.8 \times L \times I}{1{,}000 \times e}$

여기서, L : 권선의 길이[m], I : 전류[A]

전압강하율(ε) = $\dfrac{전압강하(e)(송전단전압 - 수전단전압)}{수전단전압} \times 100[\%]$

(3) 어레이에서 인버터의 입력 출력단과 계통연계점 간 전압강하는 3%를 초과해서는 안 된다.(내선규정)
   ① 60[m] 이하 : 3[%]
   ② 120[m] 이하 : 5[%]
   ③ 200[m] 이하 : 6[%]
   ④ 200[m] 초과 : 7[%]

2. 직류 측 구성기기 선정

1) 접속함의 설치목적
   ① 보수·점검 시 회로를 분리하거나 점검을 용이하게 하기 위해 설치
   ② 스트링별 고장 시 정지 범위를 분리하여 운전을 할 수 있도록 설치

2) 인버터의 개요
   어레이에서 발전된 전력은 직류이기 때문에 부하기기에 필요한 교류전력으로 변환한다. 이러한 역할을 하는 PCS는 태양전지 어레이 출력이 항상 최대전력점에서 발전할 수 있도록 최

대전력점추종(MPPT ; Maximum Power Point Tracking) 제어기능을 가져야 하며 계통과 연계되어 운전되기 때문에 계통사고로부터 PCS를 보호하고 태양광발전시스템 고장으로부터 계통을 보호하는 기능을 가지고 있어야 한다.

이 때문에 전력조절기능을 갖춘 계통연계형 인버터를 PCS(Power Conditioning System)라고 한다.

3) 축전지

① 축전지(Electric storage batteries)는 전기에너지를 화학에너지로 바꿔 저장하고, 필요할 때 다시 전기에너지로 바꿔 쓰는 장치로서 전력저장장치라 할 수 있다.

② 발전량 부족 시나 야간, 일조가 없을 때의 부하로 전력을 공급하기 위해 전력저장장치(축전지)를 설치한다. 독립형 태양광발전에서 섬 지방이나 산간지방 등 상용전원이 없는 곳에서 활용한다.

③ 계통 연계형 태양광발전시스템에서도 축전지를 설치하여 재해 시 비상전원 공급, 발전전력 급변 시의 버퍼, 전력저장, 피크 시프트 등 시스템의 적용범위를 확대함으로써 비상전원의 확보, 전력품질의 유지, 경제성 등의 목적으로 설치하는 경우도 있다.

④ 최근에는 다수의 태양광발전시스템이 계통에 연계되었을 때 계통전압 안정화 및 피크 제어 목적으로 축전지를 이용한 ESS(Energy Storage System)를 도입하고 있다.

04 태양광발전 계통 연계장치 설계

1 태양광발전 수배전반 설계

1. 교류 측 기기

1) 분전반

① 분전반은 계통에 연계하는 경우에 파워컨디셔너의 교류출력을 계통으로 접속할 때 사용하는 차단기를 수납하는 함이다.

② 일반주택, 빌딩의 경우 대부분 분전반이나 배전반이 설치되어 있으므로 태양광발전시스템의 정격출력전류에 적합한 차단기가 있으면 그것을 사용한다.

③ 기설치된 분전반 내 차단기의 여유가 없으면 별도의 분전반 설치

④ 차단기는 역접속 가능형 누전차단기 설치(지락검출기능)
(단, 기설치된 분전반의 계통 측에 지락검출기능이 부착된 과전류 차단기가 이미 설치된 경우에는 교체할 필요가 없다.)

2) 적산전력량계

적산전력량계는 계통연계에서 역송전한 전력량을 계측하여 전력회사에 판매하는 전력요금의 산출을 하는 계량기로서 계량법에 의한 검정을 받은 적산전력량계를 사용해야 한다.

(1) 적산전력량계의 설치

① 종래 전력회사가 설치하고 있는 수요전력량계의 적산전력량계도 역송전이 있는 계통연계시스템을 설치할 때는 전력회사가 역송방지장치가 부착된 적산전력량계로 변경하게 된다.

② 역송전력량계의 적산전력량계는 전력회사가 설치하는 수요전력량계의 적산전력량계에 인접하여 설치한다.

③ 적산전력량계는 옥외용의 경우 옥외용 함에 내장하는 것으로 하고 옥내용의 경우 창이 부착된 옥외용 수납함의 내부에 설치한다.

(2) 적산전력량계 접속(결선)도

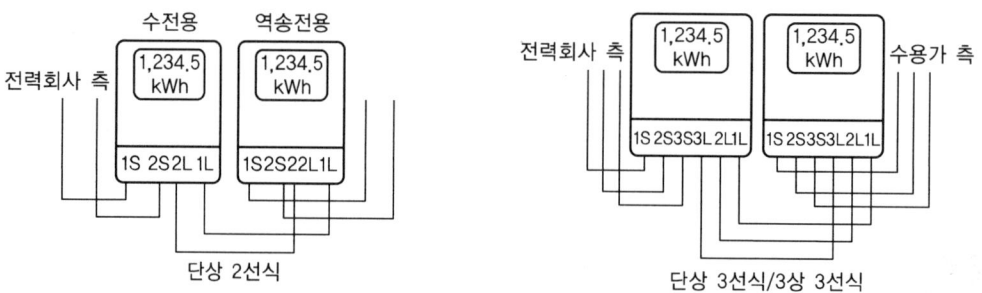

역송전 계량용의 적산전력계는 수요전력량계와는 역으로 수용가 측을 전원 측으로 접속한다.

2. 변전설비

1) 변전소

높은 전압을 낮은 전압(부하에 알맞은 전압)으로 변환하는 장소

2) 변전설비

(1) 특고압 수전설비 결선도

CB 1차 측에 PT를, CB 2차 측에 CT를 시설하는 경우

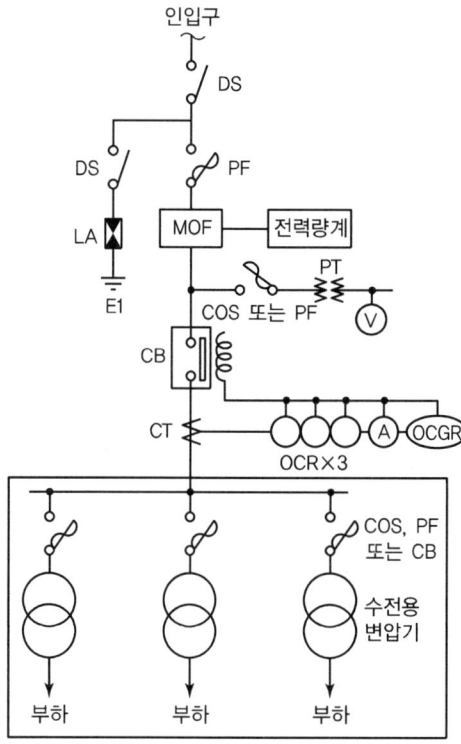

① 변압기

1차 전압(22.9[kV])을 2차 전압(부하에 알맞은 전압 220~380[V])으로 변성하는 기기

② 변압기 결선
　㉠ △-△ 결선
　㉡ Y-Y 결선
　㉢ △-Y 결선
　㉣ Y-Y-△ 결선

③ 차단기

차단기는 회로를 개방 투입하고 사고전류는 신속히 차단하여 기기 및 선로보호

　㉠ 소호방식에 따른 차단기 종류
　　• OCB(Oil Circuit Breaker) : 유입차단기
　　• ABB(Air Blast Circuit Breaker) : 공기차단기
　　• MBB(Magnetic Blast Circuit Breaker) : 자기차단기
　　• VCB(Vacuum Circuit Breaker) : 진공차단기
　　• GCB(Gas Circuit Breaker) : 가스차단기

ⓛ 차단기 동작시간

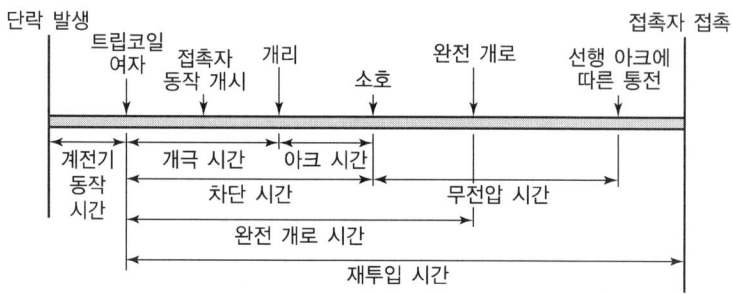

ⓒ 차단기 표준동작책무

동작책무란 1~2회 이상 투입차단하거나 또는 투입차단을 일정한 시간 간격으로 행하는 일련의 동작

종별	동작 책무
일반용	CO-15초-CO
고속도 재투입용	O-0.3초-CO-3분-CO

※ O : 차단기 개방, CO : 투입 후 즉시 개방

④ 단로기(DS ; Disconnecting Switch)
   무부하 상태에서 선로를 분리하는 장치
⑤ MOF : 계기용 변압변류기(계기용 변성기함)
   CT와 PT를 한 함 내에 넣어 계측
⑥ COS(Cut Out Switch) : 과부하 전류차단
⑦ PF(Power Fuse) : 전력용 퓨즈(단락전류 차단)

3) 조상설비
 • 조상설비는 부하변동으로 인한 전압변동을 조정하여 수전단전압을 일정하게 유지
 • 역률을 개선하여 송전손실 경감
 • 조상설비는 회전기와 정지기로 구분
   - 회전기 : 동기조상기
   - 정지기 : 전력용 콘덴서, 분로리액터

(1) 전력용 콘덴서(진상용, 병렬)
  ① 직렬콘덴서와 병렬콘덴서가 있다.
  ② 직렬콘덴서는 사용하지 않는다.
  ③ 병렬(전력용, 진상용) 콘덴서

㉠ 콘덴서를 부하와 병렬로 접속

㉡ 콘덴서는 전압보다 90° 위상이 빠른 진상 무효전력공급하여 부하의 역률 개선

(2) 직렬리액터

콘덴서를 조상용 연결할 때 전압파형이 비틀려 콘덴서에 발생하는 고조파 전압이 커지게 된다. 따라서 선로에 고조파 돌입전류를 억제하고자 직렬리액터를 전력용 콘덴서와 직렬로 연결한다.

(3) 방전코일(저항)

콘덴서를 회로로부터 분리 시 잔류전하는 쉽게 자기방전을 할 수 없어 코일이나 저항을 통해 방전시킨다.

(4) 분로리액터

지상전류를 얻어 전압 상승을 억제할 목적으로 분로리액터를 설치한다.

4) 보호계전방식

(1) 계통 보호 개요

① 이상상태 항상 감시
② 고장 발생 시 고장구간 신속 분리

(2) 보호계전기 구비조건

① 보호동작이 정확할 것
② 고장 개소를 정확하게 선택할 것
③ 온도와 파형에 의한 오차가 적을 것
④ 장시간 사용해도 특성 변화가 없을 것
⑤ 열적 · 기계적으로 견고할 것
⑥ 보수 점검이 용이할 것
⑦ 가격이 싸고, 소비전력도 적을 것

(3) 보호계전기의 종류

① 형태상 분류

㉠ 아날로그형 : 전자기계형, 정지형

㉡ 디지털형 : 정해진 프로그램에 의거 마이크로 프로세서로 계산해서 크기, 위상을 판단하여 동작

② 기능상의 분류

㉠ 전류계전기

- 과전류계전기(OCR ; Over Current Relay) : 전류가 일정값 이상일 때 동작
- 부족전류계전기(UCR ; Under Current Relay) : 전류가 일정값 이하일 때 동작

ⓒ 전압계전기
- 과전압계전기(OVR ; Over Voltage Relay) : 전압이 일정값 이상일 때 동작
- 부족전압계전기(UVR ; Under Voltage Relay) : 전압이 일정값 이하일 때 동작

ⓒ 차동계전기(DCR ; Differential Current Relay) : 유입전류와 유출전류의 차에 의해 동작

ⓔ 주파수계전기
- 저주파수계전기(UFR ; Under Frequency Relay)
- 과주파수계전기(OFR ; Over Frequency Relay)

ⓜ 역전류계전기(Reverse Current Protection)
직류회로의 전류가 소정의 규정방향과는 역의 방향으로 흘렀을 때 동작하는 계전기

2 태양광발전 관제 시스템 설계

1. 방범 시스템

태양광발전 설비의 방범 시스템에는 CCTV(폐쇄회로 텔레비전) 시스템과 출입통제 시스템이 있다.

2. 방재 시스템

태양광발전 설비의 방재 시스템은 뇌서지, 과전압, 방화, 지진 등에 대한 대책이다.

1) 뇌서지 대책

(1) 피뢰침
① 직격뢰에 대한 방지대책
② 태양광발전 설비 주위에 접근한 뇌격전류를 흡입하여 대지로 방류

(2) 서지보호장치(SPD ; Surge Protective Device)
① 과도 · 과전압을 제한하고 서지전류를 우회하게 하는 장치
② 간접뢰에 대한 방지대책
③ 뇌서지가 태양전지 어레이, 출력 조절기 등 침입 시 이 기기들을 보호하기 위한 장치
④ 어레이 보호 시 스트링마다 피뢰소자 설치
⑤ 어레이 전체 출력단에 설치
⑥ 접속함 및 분전반 내에 설치하는 피뢰소자는 방전내량이 큰 것(타입 Ⅰ) 선정
⑦ 어레이 주회로 내에 설치하는 피뢰소자는 방전내량이 작은 것(타입 Ⅱ, 타입 Ⅲ) 선정

(3) 피뢰시스템
- 태양광발전 설비는 야외에 상시 노출되어 있으므로 직격뢰의 위험과 접지선, 전력선을 통한 간접뢰에 대한 방지대책을 강구하여야 한다.
- 건축물 상부에 어레이를 설치할 경우 지면으로부터 어레이의 높이 합산 20[m] 이상 시 피뢰설비 설치 의무 대상이며, 개방된 넓은 공간에 설치된 발전설비구조물은 직격뢰의 피격 대상이 될 가능성이 있으므로 피뢰시스템을 설치하여야 한다.

① 시스템 보호대책
  ㉠ 구조물(어레이 포함) : 단일 또는 조합으로 사용되는 다음 수단으로 구성된 LEMP(뇌전자계임펄스) 보호대책 시스템
    - 접지 및 본딩 대책
    - 자기차폐
    - 선로의 경로
    - 협조된 SPD 보호
  ㉡ 인입설비(전력선 등)
    - 선로의 말단과 선로상의 여러 위치에 설치된 서지보호장치
    - 케이블의 자기차폐

② 피뢰시스템의 역할
  ㉠ 외부 피뢰시스템
    - 수뢰부시스템 : 구조물의 뇌격을 받아들임
    - 인하도선시스템 : 뇌격전류를 안전하게 대지로 보냄
    - 접지시스템 : 뇌격전류를 대지로 방류시킴
  ㉡ 내부 시스템의 고장 보호(차폐, 본딩(Bonding) 및 접지, SPD)
  ㉢ 외부 피뢰시스템의 구성 예

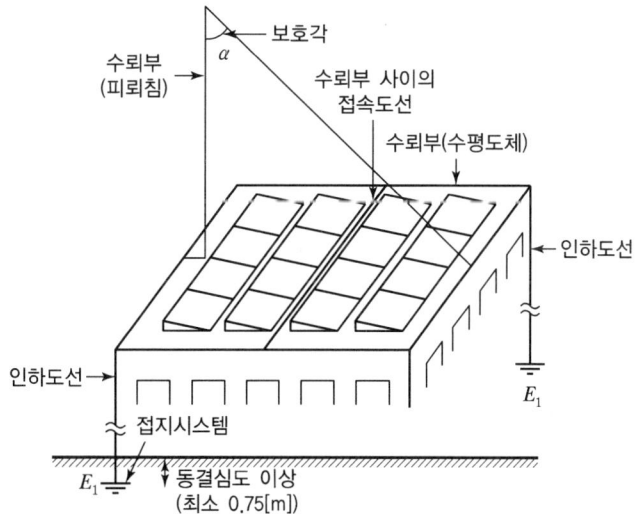

[외부 피뢰시스템의 구성]

③ 피뢰설비 수뢰부시스템
　　㉠ 수뢰부시스템을 적절하게 설계하면 뇌격전류가 구조물을 관통할 확률은 상당히 감소한다.
　　㉡ 수뢰부시스템은 다음의 요소의 조합으로 구성된다.
　　　• 돌침(받쳐주는 구조물이 없이 세워진 지지대(마스트) 포함)
　　　• 수평도체
　　　• 메시도체

2) 내진대책
　　지진 발생 시 성능에 지장을 주지 않도록 시설

3) 방화대책
　　① 배선 : 접속부 저항 측정, 난연 케이블 설치
　　② 기기 : 큐비클 내 설치
　　③ 자동화재탐지기 시설

3. 모니터링 시스템

태양광발전 모니터링 시스템은 일사량, 부하, 계통, 인버터, 태양전지 어레이의 전압, 전류, 전력량, 기상조건, 방재, 방법 등 발전소 내 모든 시스템을 실시간 모니터링하여 체계적·효율적으로 관리하기 위한 시스템이다.

1) 시스템 구성 요소
　　① PC : 프로그램 내장
　　② 모니터 : LED
　　③ 공유기 : CCTV 저장(DVR), 인터넷
　　　TCP/IP 유선(UTP Cable) 연결
　　④ Serial Server(직렬 서버) : 기상정보 수집, 전력기기 감시 등 데이터 수집 공유기를 통해 사용자 PC로 전달
　　⑤ 기상정보 수집 : 일사량, 온도, 습도 등의 정보를 풍속센서를 통해 수집

···05 태양광발전시스템 감리

1 설계감리

1. 설계의 기본방향과 관리

1) 설계감리의 기본방향

(1) 설계감리
전력시설물의 설치보수공사의 계획 조사 및 설계가 법령에 따라 적정하게 시행되도록 관리하는 것이다.

(2) 설계감리를 받아야 하는 설계도서
① 용량 80만[kW] 이상의 발전설비
② 전압 30만[V] 이상의 송전 및 변전설비
③ 전압 10만[V] 이상의 수전설비, 구내배전설비, 전력사용설비
④ 전기철도의 수전설비, 철도신호설비, 구내배전설비, 전력사용설비
⑤ 국제공항의 수전설비, 구내배전설비, 전력사용설비
⑥ 21층 이상이거나 연면적 5만[m^2] 이상인 건축물의 전력시설물
⑦ 그 밖에 산업통상자원부령으로 정하는 전력시설물

2) 설계감리의 관리

(1) 설계감리의 수행기준
설계도서의 설계감리는 종합설계업 등록한 자 또는 특급기술사 3명 이상을 보유한 설계업자 또는 공사감리업자로 특급감리원 3명 이상을 보유한 감리업자

(2) 설계감리 관련 업무 범위
① 설계감리의 업무 범위
전력시설물공사의 관련 법령 기술기준 및 시공기준에의 적합성 검토 등
② 설계감리원의 업무 범위
주요 설계용역 업무에 대한 기술자문 등
③ 발주자의 업무 범위
설계감리용역 계약문서에 정해진 바에 따라 설계 감리원을 지도·감독

(3) 설계도서의 보관의무
① 전력시설물의 소유자 및 관리주체는 시설물이 폐기될 때까지 전력시설물에 대한 실시설계도서 및 준공설계도서를 보관해야 한다.

② 설계업자는 해당 전력시설물이 준공된 후 5년간 설계도서를 보관해야 한다.
③ 감리업자는 하자담보책임기간이 끝날 때까지 준공설계도서를 보관해야 한다.

2. 설계절차별 제출서류

1) 설계감리의 단계별 제출서류
   ① 설계감리업무 수행계획서 작성 제출
   ② 설계업무의 진행상황 및 기성 등의 검토 확인 보고
   ③ 설계감리원은 설계의 해당 공정마다 설계공정별 관리를 수행
   ④ 설계감리원은 지연된 공정의 만회대책을 설계자와 협의하여 조치 후 발주자에게 보고
   ⑤ 설계감리원은 발주자의 요구 및 지시사항 변경 시 지시·감독하고, 설계자의 요구에 변경 시 발주자에게 보고

2) 설계감리원의 준공 시 제출서류
   설계감리 완료와 동시에 발주자에게 제출해야 할 서류
   ① 근무상황부
   ② 설계감리일지
   ③ 설계감리지시부
   ④ 설계감리기록부
   ⑤ 설계자와 협의사항기록부
   ⑥ 설계감리 추진현황
   ⑦ 설계도서
   ⑧ 설계도서 검토의견서

3. 설계도서 검토

1) 설계설명서 검토
   설계감리원은 설계자가 작성한 설계설명서의 적정성 여부를 검토하여야 한다.

2) 설계도면 검토
   설계감리원은 설계도면의 적정성을 검토하여 확인한다.

3) 설계도서 검토 후 수행업무
   설계검토결과 누락, 오류, 부적정한 사항에 대한 수정 및 보완을 지시한다.

2 착공감리

1. 설계도서 검토

감리원은 설계도면, 설계설명서, 공사비산출내역서, 공사계약서의 계약내용, 해당 공사의 조사 설계보고서 등을 검토한다.

2. 착공신고서 검토 및 보고

감리원은 공사가 시작된 경우 공사업자로부터 착공신고서를 제출받아 적정성 여부를 검토하여 7일 이내 발주자에게 보고한다.

3. 하도급 관련 사항 검토

감리원은 공사업자가 도급받은 공사를 전기공사업에 따라 하도급하고자 발주자에게 통지하거나 동의 또는 요청하는 사항에 대해서는 전기공사 하도급 계약통지서에 관한 적정성 여부를 검토하여 요청받은 날로부터 7일 이내에 발주자에게 의견을 제출하여야 한다.

4. 현장여건 조사

① 감리원은 공사 시작과 동시에 공사업자에게 가설시설물의 면적, 위치 등을 표시한 가설시설물 설치계획표를 작성하여 제출하도록 한다.
  ㉠ 공사용 도로(발·변전설비, 송·배전설비에 해당)
  ㉡ 가설사무소 작업장 창고, 숙소 등
  ㉢ 자재야적장
  ㉣ 공사용 임시전력

② 공사표지판 설치 : 표지판의 크기, 설치장소 등이 포함된 표지판 제작설치계획서를 제출받아 검토 후 설치토록 한다.

5. 인·허가 업무 검토

감리원은 공사시공과 관련된 각종 인·허가 사항을 포함한 제 법규 등을 공사업자로 하여금 준수토록 지도·감독하여야 하며 발주자의 이름으로 득하여야 하는 인·허가 사항은 발주자 협조를 요청하여 득한다.

3 시공감리

1. 감리와 감독의 역할

1) 일반행정업무

① 감리업무 수행상 필요서식 기록·보관
② 공사업자 공사업무 수행상 필요서식 기록·보관

2) 감리보고

(1) 발주자에게 수시 보고
    긴급사항이나 중요사항은 발주자에게 수시 보고

(2) 분기보고서 작성 제출
    매 분기 말 다음 달 5일 이내로 발주자에게 제출

(3) 최종보고서 작성 제출
    최종보고서는 감리 종료 후 14일 이내에 발주자에게 제출

3) 현장 정기교육

① 법령 기술기준 공사현황 숙지
② 기술자 화합 양질시공
③ 시공결과 분석 및 평가
④ 작업 시 유의사항

4) 감리원 의견제시

5) 시공기술자 교체

6) 제3자의 손해방지

7) 공사업자에 대한 지시 및 수명사항의 처리

8) 사진촬영 및 보관

···06 도면작성

1 도면기호

1. 전기도면 관련 기호

1) 옥내배선(1)

명칭	도면기호	비고
천장은폐배선 바닥은폐배선 노출배선	——— - - - - - - ·······	① 천장 은폐배선 중 천장 속의 배선을 구별하는 경우는 천장 속의 배선에 —·—·—·—을 사용하여도 좋다. ② 노출배선 중 바닥면 노출배선을 구별하는 경우는 바닥면 노출배선에 —·—·—·—을 사용하여도 좋다. ③ 전선의 종류를 표시할 필요가 있는 경우는 기호를 기입한다. 보기 : 600[V] 비닐 절연전선 IV 　　　600[V] 2종 비닐 절연전선 HIV 　　　가교 폴리에틸렌 절연 비닐 시스케이블 CV 　　　600[V] 비닐 절연 비닐 시스케이블(평형) VVF 　　　내화 케이블 FP, 내열전선 HP 　　　통신용 PVC 옥내선 TIV ④ 절연전선의 굵기 및 전선 수는 다음과 같이 기입한다. 단위가 명백한 경우는 단위를 생략하여도 좋다. 보기 : ⫽⫽⫽ 1.6　⫽⫽ 2　⫽⫽ 2[mm^2]　⫽⫽⫽ 8 숫자 방기의 보기 : $\overline{1.6 \times 5}$　$\overline{5.5 \times 5}$ 다만, 시방서 등에 전선의 굵기 및 전선 수가 명백한 경우는 기입하지 않아도 좋다. ⑤ 케이블의 굵기 및 선심 수(또는 쌍수)는 다음과 같이 기입하고 필요에 따라 전압을 기입한다. 보기 : 1.6[mm] 3심인 경우 $\overline{1.6-3C}$ 　　　0.5[mm] 100쌍인 경우 $\overline{0.5-100P}$ 다만, 시방서 등에 케이블의 굵기 및 선심 수가 명백한 경우는 기입하지 않아도 좋다. ⑥ 전선의 접속점은 다음에 따른다. 보기 : ─•─ ⑦ 배관은 다음과 같이 표시한다.

명칭	도면기호	비고
		보기 : —//—1.6(19) 강제 전선관인 경우
		—//—1.6(VE16) 경질 비닐 전선관인 경우
		—//—1.6(F$_2$17) 2종 금속제 가요전선관인 경우
		—//—1.6(PE16) 합성수지제 가요관인 경우
		—C—(19) 전선이 들어 있지 않은 경우
		다만, 시방서 등에 명백한 경우는 기입하지 않아도 좋다.
		⑧ 플로어 덕트의 표시는 다음과 같다.
		보기 : ———(F7) ———(FC6)
		정크션 박스를 표시하는 경우는 다음과 같다.
		보기 : --◎--
		⑨ 금속 덕트의 표시는 다음과 같다.
		보기 : MD
		⑩ 금속선 홈통의 표시는 다음과 같다.
		보기 : -----MM$_1$ -----MM$_2$
		1종 2종
		⑪ 라이팅 덕트의 표시는 다음과 같다.
		보기 : □---LD ---□---LD
		□는 피드인 박스를 표시하며, 필요에 따라 전압, 극수, 용량을 기입한다.
		보기 : □-----LD 125[V] 2[P] 15[A]
		⑫ 접지선의 표시는 다음과 같다.
		보기 : ——E2.0
		⑬ 접지선과 배선을 동일관 내에 넣는 경우는 다음과 같다.
		보기 : —///—2.0(25) E2.0
		⑭ 케이블의 방화구획 관통부는 다음과 같이 표시한다.
		보기 : —(H)—
		⑮ 정원등 등에 사용하는 지중매설 배선은 다음과 같다.

명칭	도면기호	비고
		보기 : —··—··—··—
		⑯ 옥외배선은 옥내배선의 그림기호를 준용한다. ⑰ 구별을 필요로 하지 않는 경우는 실선만으로 표시하여도 좋다. ⑱ 건축도의 선과 명확히 구별한다.

2) 옥내배선(2)

명칭	도면기호	비고
상승	↗	① 동일 층의 상승, 인하는 특별히 표시하지 않는다. ② 관, 선 등의 굵기를 명기한다. 다만, 명백한 경우는 기입하지 않아도 좋다. ③ 필요에 따라 공사 종별을 방기한다. ④ 케이블의 방화구획 관통부는 다음과 같이 표기한다. 보기 : 상승 : ⊘ 인하 : ⊘ 소통 : ⊘
인하	↙	
소통	↗↙	
풀 박스 및 접속상자	⊠	① 재료의 종류, 치수를 표시한다. ② 박스의 대소 및 모양에 따라 표시한다.
VVF용 조인트 박스	⊘	단자붙임을 표시하는 경우는 t를 방기한다. 보기 : ⊘t
접지 단자	⏚	의료용인 것은 H를 방기한다.
접지 센터	EC	보기 : ⏚H EC H
접지극	⏚	① 접지 종별을 다음과 같이 방기한다. 　　제1종 E_1, 제2종 E_2, 제3종 E_3, 특별 제3종, E_{S3} 보기 : ⏚ E_3 ② 필요에 따라 재료의 종류, 크기, 필요한 접지 저항치 등을 방기한다.
수전점	⌇	인입구에 적용하여도 좋다.
점검구	◯	

3) 버스 덕트

명칭	도면기호	비고
버스 덕트		① 필요에 따라 다음 사항을 표시한다. 　a. 피드 버스 덕트 FBD 　　플러그인 버스 덕트 PBD 　　트롤리 버스 덕트 TBD 　b. 방수형인 경우는 WP 　c. 전기방식, 정격전압, 정격전류 　보기 : FBD 3φ3[W] 300[V] 600[A] ② 익스팬션을 표시하는 경우는 다음과 같다. ③ 오프셋을 표시하는 경우는 다음과 같다. ④ 탭붙이를 표시하는 경우는 다음과 같다. ⑤ 상승, 인하를 표시하는 경우는 다음과 같다. 　　상승 :　　　　　　　　인하 : ⑥ 필요에 따라 정격전류에 의해 나비를 바꾸어 표시하여도 좋다.

4) 합성수지선 홈통

명칭	도면기호	비고
합성 수지선 홈통		① 필요에 따라 전선의 종류, 굵기, 가닥 수, 선홈통의 크기 등을 기입한다. 　보기 : 　　　　IV 1.6×4(PR35×18) 　　　　(PR35×18) ② 회선 수를 다음과 같이 표시하여도 좋다. 　보기 : ③ 그림기호 　　　는 ------- PR ------- 로 표시하여도 좋다. ④ 조인트 박스를 표시하는 경우는 다음과 같다.　　　J ⑤ 콘센트를 표시하는 경우는 다음과 같다.　　　　　Ⅱ ⑥ 점멸기를 표시하는 경우는 다음과 같다.　　　　　● ⑦ 걸림 로제트를 표시하는 경우는 다음과 같다.　　　○

※ 증설 : 굵은 선, 적색
　기설 : 가는 선 또는 점선, 흑색 또는 청색으로 표시
　철거 : ×표시

5) 기기

명칭	도면기호	비고
전동기	(M)	필요에 따라 전기방식, 전압, 용량을 방기한다. 보기 : $(M) \begin{array}{l} 3\phi 200[V] \\ 3.7[kW] \end{array}$
콘덴서	⊣⊢	전동기의 비고를 준용한다.
전열기	(H)	
환기팬 (선풍기 포함)	∞	필요에 따라 종류 및 크기를 방기한다.
룸 에어컨	RC	① 옥외 유닛에는 0을, 옥내 유닛에는 1을 방기한다. 보기 : RC_0 RC_1 ② 필요에 따라 전동기, 전열기의 전기방식, 전압, 용량 등을 방기한다.
소형 변압기	(T)	① 필요에 따라 용량, 2차 전압을 방기한다. ② 필요에 따라 벨 변압기는 B, 리모콘 변압기는 R, 네온 변압기는 N, 형광등용 안정기는 F, HID 등(고효율 방전등)용 안정기는 H를 방기한다. 보기 : $(T)_B$ $(T)_R$ $(T)_N$ $(T)_F$ $(T)_H$ ③ 형광등용 안정기 및 HID 등용 안정기로서 기구에 넣는 것은 표시하지 않는다.
정류장치	▶⊢	필요에 따라 종류, 용량, 전압 등을 방기한다.
축전지	⊣⊢	
발전기	(G)	전동기의 비고를 준용한다.

6) 전등 · 전력 사항

(1) 조명기구

명칭	도면기호	비고
일반용 조명 (백열등, HID 등)	○	① 벽붙이는 벽 옆을 칠한다. ② 기구의 종류를 표시하는 경우 ○ 안이나 방기로 글자명, 숫자 등의 문자기호를 기입하고 도면의 비교 등에 표시한다. 보기 : 나 ○나 1 ○₁ A ○A 같은 방에 같은 기구를 여러 개 시설하는 경우는 통합하여 문자기호와 기구 수를 기입하여도 좋다. ③ ②에 따르기 어려운 경우는 다음 보기에 따른다. 보기 : 걸림 로제트만 ( ) 　　　 체인 팬던트　　 CP 　　　 팬던트　　　　 ⊖ 　　　 파이프 팬던트　 P 　　　 실링-직접 부착　 CL 　　　 리셉터클　　　 R 　　　 샹들리에　　　 CH 　　　 매입기구　　　 DL (◎로 하여도 좋다.) ④ 용량을 표시하는 경우는 와트 수[W]×램프 수로 표시한다. 보기 : 100 200×3 ※ 형광등 표시는 앞에 F를 붙인다. ⑤ 옥외등은 ⊗로 하여도 좋다. ⑥ HID 등의 종류를 표시하는 경우는 용량 앞에 다음 기호를 붙인다. 　수은등　　　　　　H 　메탈할로이드등　　M 　나트륨등　　　　　N 보기 : H400

명칭		도면기호	비고
형광등			① 그림기호 ⊏○⊐는 ⊏○⊐로 표시하여도 좋다. ② 벽붙이는 벽 옆을 칠한다. 보기 : 가로붙이인 경우 : ⊏●⊐ 　　　세로붙이인 경우 : ▯●▯ ③ 기구 종류를 표시하는 경우는 ○ 안이나 방기로 글자명, 숫자 등의 문자기호를 기입하고 도면의 비고 등에 표시한다. 보기 : 나○ ○나　①○ ○₁　Ⓐ○ ○ₐ 등 같은 방에 같은 기구를 여러 개 시설하는 경우는 통합하여 문자기호와 기구 수를 기입하여도 좋다. 또한 여기에 따르기 어려운 경우는 일반용 조명 백열등, HID 등의 적용 ③을 준용한다. ④ 용량을 표시하는 경우는 램프의 크기(형)×램프 수로 표시한다. 또, 용량 앞에 F를 붙인다. 보기 : F 40　F40×2 ⑤ 용량 이외의 기구 수를 표시하는 경우는 램프의 크기(형)×램프 수-기구 수로 표시한다. 보기 : F40×2　　F40×2-3 ⑥ 기구 내 배선의 연결방법을 표시하는 경우는 다음과 같다. 보기 : ⊏○⊐─── ⊏○⊐─── 　　　　　F40-2　　　　F40-3 ⑦ 기구의 대소 및 모양에 따라 표시하여도 좋다. 보기 : ▯○▯　　□○□
비상용 조명 (건축기준법에 따르는 것)	백열등	●	① 일반용 소명 백열등의 비고를 준용한다. 다만, 기구의 종류를 표시하는 경우는 방기한다. ② 일반용 조명 백열등에 조립하는 경우는 ⊏●⊐로 한다.
	형광등	⊏●⊐	① 일반용 조명 형광등의 비고를 준용한다. 다만, 기구의 종류를 표시하는 경우는 방기한다. ② 계단에 설치하는 통로유도등과 겸용인 것은 ⊏⊗⊐로 한다.

명칭		도면기호	비고
유도등 (소방법에 따르는 것)	백열등	⊗	① 일반용 조명 백열등의 비고를 준용한다. ② 객석 유도등인 경우는 필요에 따라 S를 방기한다. ⊗$_S$ ③ 전지내장형은 B를 방기한다. ⊗$_B$
	형광등	▭⊗▭	① 일반용 조명 형광등의 비고를 준용한다. ② 기구의 종류를 표시하는 경우는 방기한다. 보기 : ▭⊗▭중 ③ 통로 유도등인 경우는 필요에 따라 화살표를 기입한다. 보기 : ▭⊗▭← ▭⊗▭→ ④ 계단에 설치하는 비상용 조명과 겸용인 것은 ▭⊗▭로 한다.
불멸 또는 비상용등 (건축기준법, 소방법에 따르지 않는 것)	백열등	⊗	① 벽붙이는 벽 옆을 칠한다. ⊗ ② 일반용 조명 백열등의 비고를 준용한다. 다만, 기구의 종류를 표시하는 경우는 방기한다.
	형광등	▭⊗▭	① 벽붙이는 벽 옆을 칠한다. ▭⊗▭ ② 일반용 조명 형광등의 비고를 준용한다. 다만, 기구의 종류를 표시하는 경우는 방기한다.

(2) 콘센트

명칭	도면기호	비고
콘센트	⊙	① 그림기호는 벽붙이를 표시하고 옆 벽을 칠한다. ② 그림기호 ⊙는 ⊖로 표시하여도 좋다. ③ 천장에 부착하는 경우는 다음과 같다. ⊙ ④ 바닥에 부착하는 경우는 다음과 같다. ⊙ ⑤ 용량의 표시방법은 다음과 같다. 　a. 15[A]는 방기하지 않는다. 　b. 20[A] 이상은 암페어 수를 방기한다. 보기 : ⊙$_{20A}$ ⑥ 2구 이상인 경우는 구 수를 방기한다. 보기 : ⊙$_2$ ⑦ 3극 이상인 것은 극수를 방기한다.

명칭	도면기호	비고
		보기 : ⊙3P ⑧ 종류를 표시하는 경우는 다음과 같다. 보기 : 빠짐 방지형 ⊙LK 걸림형 ⊙T 접지극붙이 ⊙E 접지단자붙이 ⊙ET 누전 차단기붙이 ⊙EL ⑨ 방수형은 WP를 방기한다. ⊙WP ⑩ 방폭형은 EX를 방기한다. ⊙EX ⑪ 타이머붙이, 덮개붙이 등 특수한 것은 방기한다. ⑫ 의료용은 H를 방기한다. ⊙H ⑬ 전원 종별을 명확히 하고 싶은 경우는 그 뜻을 방기한다.
비상 콘센트 (소방법 기준)	⊡	
점멸기	●	① 용량의 표시방법은 다음과 같다. a. 10[A]는 방기하지 않는다. b. 15[A] 이상은 전류치를 방기한다. 보기 : ●15A ② 극수의 표시방법은 다음과 같다. a. 단극은 방기하지 않는다. b. 2극 또는 3로, 4로는 각각 2P 또는 3, 4의 숫자를 방기한다. 보기 : ●2P ●3 ③ 풀스위치는 P를 방기한다. ●P ④ 파일럿 램프를 내장하는 것은 L을 방기한다. ●L ⑤ 따로 놓여진 파일럿 램프는 ○로 표시한다. 보기 : ○●

명칭	도면기호	비고
		⑥ 방수형은 WP를 방기한다. ◯WP ⑦ 방폭형은 EX를 방기한다. ◯EX ⑧ 타이머붙이는 T를 방기한다. ◯T ⑨ 자동형, 덮개붙이 등 특수한 것은 방기한다. ⑩ 옥외등 등에 사용하는 자동 점멸기는 A 및 용량을 방기한다. 보기 : ◯A(3A)
조광기	◯↗	용량을 표시하는 경우는 방기한다. 보기 : ◯↗ 15A ※ 형광등은 용량 앞에 F를 방기한다.
리모콘 스위치	◯R	① 파일럿 램프붙이는 ◯를 병기한다. 보기 : ◯◯R ② 리모콘 스위치임이 명백한 경우는 R을 생략하여도 좋다.
셀렉터 스위치	⊗	① 점멸회로 수를 방기한다. 보기 : ⊗9 ② 파일럿 램프붙이는 L을 방기한다. 보기 : ⊗9L
리모콘 릴레이	▲	리모콘 릴레이를 집합하여 부착하는 경우는 ▲▲▲를 사용하고 릴레이 수를 방기한다. 보기 : ▲▲▲10

(3) 개폐기 및 계기

명칭	도면기호	비고
개폐기	S	① 상자들이인 경우는 상자의 재질 등을 방기한다. ② 극수, 정격전류, 퓨즈 정격전류 등을 방기한다. 보기 : S 2P30A f15A ③ 전류계붙이는 Ⓢ 를 사용하고 전류계의 정격전류를 방기한다. 보기 : Ⓢ 3P30A f15A A5
배선용 차단기	B	① 상자들이인 경우는 상자의 재질 등을 방기한다. ② 극수, 프레임의 크기, 정격전류 등을 방기한다. 보기 : B 3P 225AF 150A ③ 모터브레이커를 표시하는 경우는 Ⓑ 을 사용한다. ④ B 를 S MCB 로 표시하여도 좋다.
누전 차단기	E	① 상자들이인 경우는 상자의 재질 등을 방기한다. ② 과전류 소자붙이는 극수, 프레임의 크기, 정격전류, 정격 감도전류 등, 과전류 소자 없음은 극수, 정격전류, 정격 감도전류 등을 방기한다. 보기 : 과전류 소자붙이 : E 2P 30AF 15A 30mA 과전류 소자 없음 : E 2P 15A 30mA ③ 과전류 소자붙이는 BE 를 사용하여도 좋다. ④ E 를 E ELB 로 표시하여도 좋다.
전자 개폐기용 누름 버튼	⬤B	텀블러형 등인 경우도 이것을 사용한다. 파일럿 램프붙이인 경우는 L을 방기한다.
압력 스위치	⬤P	
플로트 스위치	⬤F	
플로트리스 스위치 전극	⬤LF	전극 수를 방기한다. 보기 : ⬤LF3
타임 스위치	TS	

명칭	도면기호	비고
전력량계	Wh	① 필요에 따라 전기방식, 전압, 전류 등을 방기한다. ② 그림기호 Wh는 WH로 표시하여도 좋다.
전력량계(상자들이 또는 후드붙이)	Wh	① 전력량계의 비고를 준용한다. ② 집합 계기상자에 넣는 경우는 전력량계의 수를 방기한다. 보기 : Wh 12
변류기 (상자들이)	CT	필요에 따라 전류를 방기한다.
전류 제한기	L	① 필요에 따라 전류를 방기한다. ② 상자들이인 경우는 그 뜻을 방기한다.
누전 경보기	ⓖG	필요에 따라 종류를 방기한다.
누전 화재 경보기 (소방법 기준)	ⓖF	필요에 따라 급별을 방기한다.
지진 감지기	EQ	필요에 따라 작동 특성을 방기한다. 보기 : EQ 100 170cm/s² EQ 100~170 Gal

(4) 배전반 · 분전반 · 제어반

명칭	도면기호	비고
배전반, 분전반 및 제어반	▭	① 종류를 구별하는 경우는 다음과 같다. 　배전반 ⊠　　분전반 ◪　　제어반 ⊠ ② 직류용은 그 뜻을 방기한다. ③ 재해방지 전원회로용 배전반 등인 경우는 2중 틀로 하고 필요에 　따라 종별을 방기한다. 보기 : ⊠1종　　◪2종

(5) 태양광발전설비 설계도면에 사용되는 기호

명칭	도면기호	명칭	도면기호
다이오드	▶|	태양전지모듈	◁
배터리	─|⊢+	접속함	⊠
DCDC 컨버터	[=/]	태양전지셀	─|⊢+
인버터	[=/∼]		

2 설계도서의 작성

1. 설계도서의 개요

1) 정의

건축물의 건축 등에 관한 공사용 도면, 시방서, 표준명세서, 구조계산서 등 발주자에게 제시된 도면을 말한다.

2) 실시설계 성과물

(1) 실시설계도서
① 설계설명서
② 설계도면
③ 공사시방서

(2) 공사비계산서
① 내역서
② 산출서
③ 견적서

(3) 설계계산서
① 부하계산서
② 용량계산서
③ 간선계산서
④ 구조계산서

3) 설계도서 해석의 우선순위

설계도서, 법령 해석, 감리자의 지시 등이 서로 일치하지 아니하는 경우 계약으로 적용의 우선순위를 정하지 아니한 때에는 다음의 순서를 원칙으로 한다.

> 공사시방서 → 설계도면 → 전문시방서 → 표준시방서 → 산출내역서 → 승인된 상세 시공도면 → 관계법령 유권해석 → 감리자의 지시사항

2. 시방서

1) 정의

시방서란 어떤 공사의 품질에 관한 요구사항들을 규정하는 공사계약문서의 하나로서 공사관리에 필요한 시공기준으로 품질과 직접적으로 관련된 문서를 말한다.

2) 시방서의 종류

(1) 표준시방서

별도의 공사시방서를 작성하지 않고 모든 공사에 공통으로 적용되는 사항을 규정한 시방서로, 발주처 또는 설계업자가 공사시방서 작성 시 활용하는 기준

(2) 전문시방서

표준시방서를 기본으로 특정한 공사의 시공 또는 공사시방서의 작성에 활용하기 위한 시공기준

(3) 공사시방서

당해 공사의 설계도서 작성 시 작성되어 당해 공사 시행 시 시공기준이 되는 것으로, 공사시방서는 표준시방서 및 전문시방서를 기본으로 작성

3) 시방서의 작성요령

(1) 공사시방서에 포함될 주요 사항
① 설계도면에 표시하기 어려운 공사의 범위, 정도, 규모, 배치 등을 보완하는 사항을 포함한다.
② 해석상 도면에 표시한 것만으로 불충분한 부분에 대해 보완할 내용을 기술한다.
③ 현행 표준시방서에서 공사(특별, 특기)시방서에 위임한 사항을 포함한다.

(2) 공사시방서의 작성요령
① 표준시방서와 전문시방서의 내용을 기본으로 하여 작성한다.
② 도면에 표시하기 불편한 내용을 기술하고, 치수는 가능한 도면에 표시한다.
③ 사용할 자재의 성능 규격 시험 및 검증에 관하여 기술한다.
④ 시공 시 유의사항을 착공 전, 시공 중, 시공 완료 후로 구분하여 작성한다.
⑤ 시공목적물의 허용오차(공법상 정밀도와 마무리의 정밀도)를 포함한다.

(3) 공사시방서 작성 시 유의사항
① 시방내용의 문장은 간결하게 하고, 불필요한 낱말이나 구절은 피한다.
② 불가능한 사항은 기재하지 않는다.
③ 상치되는 공법, 자재시방과 성능시방 기준을 모두 기재하지 않는다.

3. 설계도

1) 정의

설계도란 시공될 공사의 성격과 범위를 표시하고 설계자의 의사를 일정한 약속에 근거하여 공사목적물의 내용을 구체적인 그림으로 표시해 놓은 도서이다.

2) 설계도의 내용
    (1) 표지
        공사명칭, 발주처, 일자, 설계자명, 도면매수 등 기재

    (2) 표제란과 정보영역
        ① 표제란
            작성 및 관리에 필요한 정보를 기록하기 위한 것

        ② 정보영역
            ㉠ 발주자 정보영역
            ㉡ 수급인 정보영역
            ㉢ 공사정보영역
            ㉣ 도면정보영역

    (3) 목록
        설계도서를 제본한 순서대로 도면번호 및 도면명칭을 기재한다.

    (4) 배치도
        설계대상 건축물, 전력인입선로, 구내배선도 등 기입

    (5) 건물단면도
        단면도에는 각 층 바닥면, 천장높이 등 기입

    (6) 단선 접속도
        수변전설비, 자가발전설비, 동력제어반, 분전반 등의 주 회로 전기적 접속도를 단선으로 표시

    (7) 계통도
        건축전기설비를 종목별로 계통적으로 기입

    (8) 배선도
        동력, 조명, 콘센트, 구내통신, 방재설비 등을 구분하여 각 층마다 평면도로 표시하여 기입

    (9) 기기 시방 및 배치도
        기기 명칭, 정격, 동작 설명, 재질 등을 표시하고 기기의 배치 장소를 기입

SECTION 002 실전예상문제

01 태양광발전 토목 및 구조물설계

01 다음 중 깊은 기초에 해당하지 않는 것은?

① 전면 기초　② 말뚝 기초　③ 피어 기초　④ 케이슨 기초

풀이 기초
- 직접 기초 (얕은 기초)
  - Footing 기초
    - 독립 Footing 기초
    - 복합 Footing 기초
    - 연속 Footing 기초
  - 전면 기초
- 깊은 기초
  - 말뚝 기초
  - 피어 기초
  - 케이슨 기초

02 태양전지 가대 설계 시 상정하중이 아닌 것은?

① 적설하중　② 활하중　③ 온도하중　④ 풍하중

풀이 상정하중

구분		내용
수직하중	고정하중	어레이 + 프레임 + 서포트하중
	적설하중	경사계수 및 눈의 단위질량 고려
	활하중	건축물 및 공작물을 점유 사용함으로써 발생하는 하중
수평하중	풍하중	어레이에 가한 풍압, 지지물에 가한 풍압의 합
	지진하중	지지층의 전단력 계수 고려

03 태양전지 어레이 가대를 아래와 같이 설계하고자 한다. 설계순서를 옳게 나열한 것은?

ⓐ 태양전지 모듈의 배열 결정　　ⓑ 설치장소 결정
ⓒ 상정최대하중 산출　　　　　　ⓓ 지지대 기초 설계
ⓔ 지지대의 형태, 높이, 구조 결정

① ⓐ→ⓒ→ⓔ→ⓑ→ⓓ
② ⓑ→ⓐ→ⓔ→ⓒ→ⓓ
③ ⓐ→ⓓ→ⓒ→ⓔ→ⓑ
④ ⓑ→ⓒ→ⓐ→ⓔ→ⓓ

정답 01 ① 02 ③ 03 ②

풀이 태양전지 어레이 가대 설계순서

설치장소 결정(부지 선정) → 태양전지 모듈 배열 결정(태양전지모듈 직병렬 결정) → 지지대의 형태, 높이, 구조 결정 → 상정최대하중 산출 → 지지대 기초 설계

04 풍하중을 산출하는 데 사용되는 지역별 설계 기본풍속[m/s]으로 틀린 것은?

① 경기도 25~30
② 강원도 25~40
③ 경상도 25~45
④ 제주도 50~60

풀이 지역별 기본풍속[m/s]
- 서울, 인천, 경기도 : 26~30
- 강원도 : 24~34
- 대전, 충남북 : 24~34
- 부산, 대구, 울산, 경남 : 24~40(울릉, 독도 40, 부산 38)
- 광주, 전남북 : 24~36
- 제주도 : 44

05 태양광발전시스템 어레이 기초시설 중 내력벽 또는 조적벽을 지지하는 기초로 벽체 양옆에 캔틸레버(Cantilever) 작용으로 하중을 분산시키는 기초는 무엇인가?

① 독립기초
② 연속기초
③ 온통기초
④ 파일기초

풀이 기초의 면적이 작거나 지내력이 작을 경우 편심 하중에 대한 지지력이 떨어진다. 연속기초 및 복합기초는 두 개 이상의 기초가 철근콘크리트에 의해 연결이 된 형태이므로 상부 구조물의 하중을 지지함과 동시에 한쪽으로 편심 하중이 작용하더라도 캔틸레버 작용에 의해 구조물을 안정적으로 지지할 수 있다. 즉, 두 개 이상의 기초 사이에 연결된 철근콘크리트로 인하여 편심 하중이 분산되는 효과를 얻을 수 있다.

06 태양전지 어레이용 가대의 구조설계 시 적용되는 상정하중의 분류 중 수평하중에 속하는 것은?

① 풍하중
② 활하중
③ 고정하중
④ 적설하중

풀이
- 수평하중 : 풍하중, 지진하중
- 수직하중 : 고정하중, 활하중, 적설하중

07 태양광발전설비 구조물 설계하중 조합에 해당되지 않는 것은?

① 적설 시 : 고정+적설하중
② 폭풍 시 : 고정+풍압하중
③ 지진 시 : 고정+지진하중
④ 진동 시 : 고정+진동하중

풀이 진동하중은 없다.

정답 04 ④ 05 ② 06 ① 07 ④

08 지지물 설계 시 작용하는 하중의 크기 순서는?

① 폭풍 > 적설 > 지진
② 적설 > 폭풍 > 지진
③ 지진 > 폭풍 > 적설
④ 지진 > 적설 > 폭풍

09 어레이 설치지역의 설계속도압이 1,000[N/m²], 유효수압면적이 7[m²]인 어레이의 풍하중 [kN]은 얼마인가?(단, 가스트 영향계수는 1.8, 풍압계수는 1.3이다.)

① 15.38
② 16.38
③ 14.38
④ 17.38

풀이 풍하중($W = P_C$)

설계풍압 $P_C [\text{kN/m}^2] = q_z \cdot G_f \cdot C_f$

또는 $P_C[\text{kN}] = q_z \cdot G_f \cdot C_f \cdot A$

$q_z = \dfrac{1}{2} \rho V_z^2$

여기서, q_z : 임의 높이(z)에서의 설계속도압[kN/m²]

ρ : 공기밀도(0.00125[kN·s²/m⁴] = 1.25[kg/m³])

$V_z = V_0 \cdot K_{zr} \cdot K_{zt} \cdot I_W$

여기서, V_z : 지역별 기본풍속(25~45[m/s])에 지형, 중요도, 바람의 분포 등을 고려한 값

$W[\text{kN}] = q_z \cdot G_f \cdot C_f \cdot A = 1,000 \times 1.8 \times 1.3 \times 7 \times 10^{-3} = 16.380$

여기서, A : 유효수압면적[m²]
C_f : 풍압계수
G_f : 가스트 영향계수

10 태양광발전시스템 구조물의 지진하중 산출식 $K = C_L \times G$에서 G는 무엇을 의미하는가?(단, C_L은 지진층 전단력계수이다.)

① 풍압하중
② 고정하중
③ 유동하중
④ 적설하중

풀이 K : 구조물의 지진하중, C_L : 지진층 전단력계수, G : 고정하중

11 어레이 설치지역 설계속도압이 50[N/m²], 유효수압면적이 0.6[m²]인 어레이의 풍하중[N]은?(단, 풍압계수는 1.3이다.)

① 39
② 29
③ 70.2
④ 49

풀이 풍하중(W) $= q_z \cdot G_f \cdot C_f \cdot A = 50 \times 1.3 \times 0.6 = 39[\text{N}]$

정답 08 ① 09 ② 10 ② 11 ①

12 태양광발전시스템의 기초설계 단계에서 설계자의 업무가 아닌 것은?
① 토목설계
② 구조물 설계
③ 전기설계
④ 자금조달

풀이 태양광발전시스템의 기초설계 단계에서 이루어지는 업무는 전기설계, 토목설계, 구조물설계이다.

13 태양전지 어레이 설계 시의 고려사항 중 발전설비용량 결정의 기술적 측면으로 옳지 않은 것은?
① 사업부지의 면적
② 어레이의 직렬 모듈 수 및 구성방식
③ 어레이별 이격거리
④ 전기안전관리자 상주 여부

풀이 전기안전관리자는 발전설비의 운영점검장비를 담당한다.

14 태양광 어레이 구조물 중 일반 철골구조과 비교하여 파워 볼트 시스템(Power Bolt System)의 단점은?
① 필요한 응력에 의한 자재 사용으로 경제적인 설계를 할 수 있다.
② 제품의 규격이 정교하여 구조물의 마감처리를 정밀하게 할 수 있다.
③ 조립 및 해체가 간단하여 타 장소에 이설 설치가 가능하다.
④ 모듈이 적고 짧은 스팬(Span) 구조물에 유리하다.

풀이 파워 볼트 시스템의 장점
- 필요한 응력에 의한 자재 사용으로 경제적인 설계를 할 수 있다.
- 제품의 규격이 정교하여 구조물의 마감처리를 정밀하게 할 수 있다.
- 조립 및 해체가 간단하여 타 장소에 이설 설치가 가능하다.
- 피로강도가 높다.
- 시공이 간편하고 접합부의 강도가 크다.

15 파워 볼트 시스템의 설명으로 잘못된 것은?
① 제품규격이 커서 마감 처리도 정교하게 할 수 있다.
② 공장에서 제작 및 생산되어 현장에서 용접이 필요 없다.
③ 단스팬 구조물에 유리하다.
④ 타 트러스트보다 작게 경제적으로 설계할 수 있다.

풀이
- 단스팬 구조물은 일반철골구조가 유리하다.
- 파워 볼트 시스템은 공장, 창고, 레저시설, 전시장 등 구조적으로 넓은 공간이 필요한 곳에서 유리하다.

정답 12 ④ 13 ④ 14 ④ 15 ③

16 파워 볼트 시스템의 단점으로 틀린 것은?
   ① 모듈이 적고 짧은 스팬일 때는 가격이 비싸다.
   ② 초대형 구조물일 경우 큰 강도를 요하는 파이프와 볼 등의 부품이 작다.
   ③ 부재의 생산치수로 인하여 구조물 높이와 거리가 제한적이다.
   ④ 긴 모듈 설계 시 원가 절감을 위해 제품이 생산되는 파이프의 크기를 염두하고 설계해야 한다.

   풀이 부재의 생산치수로 인하여 구조물의 높이와 거리가 제한적인 것은 일반철골구조이다.

17 태양광 어레이 구조물 중 일반 철골구조에 비교할 때 파워 볼트 시스템(Power Bolt System)의 장점이 아닌 것은?
   ① 필요한 응력에 의한 자재 사용으로 경제적인 설계를 할 수 있다.
   ② 제품의 규격이 정교하여 구조물의 마감처리를 정밀하게 할 수 있다.
   ③ 조립 및 해체가 간단하여 타 장소에 이설 설치가 가능하다.
   ④ 모듈이 적고 짧은 스팬(Span) 구조물에 유리하다.

   풀이 Space Frame(파워볼트시스템)의 장점
   - 구조적 안정성 확보 용이
   - 부재의 운반 및 조립시공이 용이
   - 제품규격이 정교하고 마감처리를 정밀하게 할 수 있다.
   - 경제적 설계 가능

18 설치장소에 따른 가대의 분류방법으로 틀린 것은?
   ① 평지   ② 고정식
   ③ 평지붕   ④ 건물 외벽

   풀이
   - 어레이 설치방식에 따른 분류 : 고정식, 경사가변형, 추적식
   - 어레이 설치장소에 따른 분류 : 평지, 경사지, 평지붕, 경사지붕, 건물 외벽 등

19 태양광 모듈 설계 시 가대의 수명을 30년 이상 보증하려고 할 때 선정 재질로 가장 바람직한 것은?(단, 경제성 고려는 하지 않는다.)
   ① 강재   ② 스테인리스
   ③ 강재+도색   ④ 강재+용융아연도금

   풀이 가대의 재질에 따른 종류
   - 강제+용융 아연도금
   - 스테인리스(sus)
   - 용융 아연−알루미늄−마그네슘 합금 도금된 형강
   - 알루미늄 합금제
   ※ 스테인리스(sus) 재질의 가대는 부식에 강하고 수명은 길지만 가격은 고가이다.

정답 16 ③ 17 ④ 18 ② 19 ②

20 어레이 가대의 설계순서로 옳은 것은?

① 설치장소 결정 → 모듈의 배열 결정 → 상정 최대하중 산출 → 재질 · 형태 · 크기 선정
② 설치장소 결정 → 모듈의 배열 결정 → 재질 · 형태 · 크기 선정 → 상정 최대하중 산출
③ 설치장소 결정 → 모듈의 배열 결정 → 재질 · 형태 · 크기 선정 → 지지대 기초설계
④ 설치장소 결정 → 재질 · 형태 · 크기 선정 → 모듈의 배열 결정 → 상정 최대하중 산출

풀이 가대 설계 순서
설치장소 결정 → 모듈의 배열 결정 → 지지대 형태 · 높이 · 구조 결정 → 설계기준 적용 → 상정 최대하중 산출 → 하중에 의한 부재응력 산출 → 응력에 따른 재질 · 형태 · 크기 선정 → 지지대 기초설계

21 고정식 가대와 단축, 양축 추적식 가대에 대한 설명으로 틀린 것은?

① 고정식은 양축 추적식에 비해 견고성이 있다.
② 추적식은 디자인 적용 시 한계가 있다.
③ 시설단가는 고정식에 비해 양축 추적식이 높다.
④ 발전효율이 높은 순서는 고정, 단축, 양축식의 순이다.

풀이 발전효율이 높은 순서는 양축, 단축, 고정식 순이다.

22 태양광 발전설비의 고정식 가대와 단축, 양축 추적식 가대에 대한 설명으로 틀린 것은?

① 고정식보다 양축 추적식이 견고하다.
② 추적식은 디자인 적용 시 한계가 있다.
③ 발전효율은 양축 추적식이 가장 높다.
④ 시설단가는 고정식에 비해 양축 추적식이 비싸다.

풀이 고정식의 장점은 시설 단가가 낮고, 구조물이 견고하다. 하지만 발전량이 추적식보다 적은 단점이 있다. 추적식의 경우 구동 부분이 있어 구조물은 고정식보다 견고할 수 없다.

23 태양전지 어레이의 경사각에 대한 설명으로 틀린 것은?

① 태양광 어레이가 지면과 이루는 각
② 경사각을 낮출수록 대지이용률이 증가함
③ 방위각과 동일한 각
④ 발전량이 연간 최대가 되는 최적 경사각 설정

풀이 • 적설을 고려하여 결정
  • 발전시간 내 음영이 생기지 않도록 어레이 배치
  • 방위각은 태양광 어레이가 정남향과 이루는 각

정답 20 ③ 21 ④ 22 ① 23 ③

24 어레이 설계 시 설치방식 및 경사각 결정의 기술적 측면에서의 고려사항으로 거리가 먼 것은?

① 태양광 발전과 건물과의 통합 수준
② 설치 방식별 특성을 반영
③ 시공성 및 유지관리
④ 지역의 특성

풀이 어레이 설계 시 설치방식 및 경사각 결정의 기술적 측면에서의 고려사항
- 설치방식 : 추적방식 및 추적방법
- 태양광발전과 건물과의 통합수준
- 시공성 및 유지관리

25 태양전지 어레이의 방위각에 대한 설명으로 틀린 것은?

① 태양광 어레이가 정남향과 이루는 각
② 하루 중 최대부하 시로 선정 또는 건물의 그림자를 피할 수 있는 각도로 선정
③ 발전시간 내 음영이 생기지 않도록 어레이 배치
④ 남중고도일 때 최대

풀이 방위각은 남중고도일 때 0°로 최소이다.

26 태양전지 어레이용 가대의 재질 및 형태에 관한 조건으로 잘못된 것은?

① 염해, 공해 등을 고려하여 부식(녹)이 발생하지 않을 것
② 최소 20년 이상 내구성을 가질 것
③ 어레이의 자체 하중에 풍압하중을 더한 하중에 견딜 수 있을 것
④ 수급이 용이하고 가격이 저렴할 것

풀이
- 어레이를 단단히 고정
- 절삭 등 가공이 쉽고 가벼울 것
- 규격화, 접합은 볼트접합, 용접접합

27 태양광 어레이 설계 시 태양 고도각을 결정하는 기준이 되는 때는?

① 하지
② 입춘
③ 동지
④ 춘추분

풀이 태양 고도각은 낮을수록 그림자가 길어져 인접한 모듈에 음영을 발생시킬 수 있으므로 태양고도가 가장 낮은 동지를 기준으로 태양 고도각을 결정한다.

정답 24 ④ 25 ④ 26 ④ 27 ③

28 태양광발전시스템 어레이 지지대의 조건으로 가장 거리가 먼 것은?

① 유지관리가 용이할 것
② 미관 및 조형성을 가질 것
③ 태풍, 지진 등 외력에 충분히 견딜 것
④ 대기환경에 충분히 비내수성을 가질 것

풀이 어레이 지지대 조건
- 유지관리가 용이할 것
- 미관 및 조형성을 가질 것
- 태풍, 지진 등 외력에 충분히 견딜 것
- 대기환경에 충분히 내수성, 내부식성이 있을 것

29 가대의 재질에 따른 분류의 설명으로 잘못된 것은?

① 강제+도장 : 저가, 도료의 재질에 따라 내후성 결정, 5~10년 주기로 재도장
② 강제+용융아연도금 : 중가, 철의 2배의 내식성, 부분적인 녹 발생
③ 스테인리스(sus) : 고가, 니켈, 크롬합금, 경량
④ 알루미늄합금재 : 중가, 경량으로 시공성 우수, 강도 약함

풀이 용융아연도금강제는 철의 10배의 내식성

30 태양광 발전소에 설치되는 가대 설계의 절차 과정이다. ( ) 안에 알맞은 내용으로 옳은 것은?

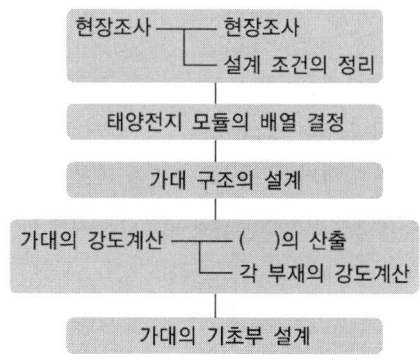

① 경사각도
② 상정하중
③ 모듈의 수량
④ 앵커볼트 수량

31 태양전지 어레이의 설치방향과 발전시간을 결정하는 요소는 무엇인가?

① 일조량
② 태양의 방위각
③ 태양의 고도
④ 위도

정답 28 ④ 29 ② 30 ② 31 ②

풀이 태양전지 어레이 설치방향
- 북반구 : 남향
- 남반구 : 북향
- 태양의 방위각 : 태양광 어레이가 정남향과 이루는 각, 하루 중 최대부하 시로 선정, 건물 그림자를 피할 수 있는 각도, 발전시간 내 음영이 생기지 않도록 어레이 배치

32 태양전지 어레이의 설치각도와 전후면 이격거리 결정요소로 잘못된 것은?
① 어레이 크기
② 위도
③ 온도
④ 장애물의 높이

33 태양전지 병렬 네트워크 방식으로 어레이를 구성하는 데 적합한 조건은?
① 구름 등에 의해 음영 발생이 잦은 지역
② 비나 눈이 많이 내리는 지역
③ 어레이 설치대수가 많을 때
④ 태양광 어레이와 어레이의 이격거리 미비로 음영을 피할 수 없을 때

34 태양전지 병렬 네트워크 방식으로 어레이를 구성하는 것이 가장 적합한 곳은?
① 비나 눈이 많이 내리는 지역
② 태양고도의 영향을 받는 북쪽지역
③ 눈, 낙엽 등에 의한 음영의 발생이 잦은 지역
④ 태양광 어레이와 어레이의 이격거리 미비로 음영을 피할 수 없는 지역

풀이 병렬로 연결된 모듈은 직렬로 연결된 모듈과 비교해서 상대적으로 적은 음영에 대한 영향을 받는다.

정답 32 ③ 33 ④ 34 ④

02 한국전기설비규정(KEC)

01 전기설비의 일반사항에 대한 내용으로 잘못된 것은?

① 고전압의 침입 등에 의한 감전, 화재 등으로 사람에게 손상을 줄 우려가 없도록 접지를 실시한다.
② 뇌방전으로 인한 과전압으로부터 전기설비의 손상, 감전 등의 우려가 없도록 피뢰설비를 시설한다.
③ 전로에 시설하는 전기기계·기구는 통상 사용상태에서 발생하는 열에 견디는 것이어야 한다.
④ 전선의 접속부분에는 전기저항이 증가되도록 접속하고 절연성능이 저하되지 않도록 하여야 한다.

풀이 한국전기설비규정(KEC) 123. 전선의 접속
전선을 접속하는 경우에는 전선의 전기저항을 증가시키지 아니하도록 접속하여야 한다.

02 전기설비의 종류에 해당되지 않는 것은?

① 전기사업용 전기설비
② 일반용 전기설비
③ 특수용 전기설비
④ 자가용 전기설비

풀이 전기사업법 제2조(정의)
16. "전기설비"란 발전·송전·변전·배전·전기공급 또는 전기사용을 위하여 설치하는 기계·기구·댐·수로·저수지·전선로·보안통신선로 및 그 밖의 설비(「댐건설·관리 및 주변지역지원 등에 관한 법률」에 따라 건설되는 댐·저수지와 선박·차량 또는 항공기에 설치되는 것과 그 밖에 대통령령으로 정하는 것은 제외한다)로서 다음 각 목의 것을 말한다.
가. 전기사업용 전기설비
나. 일반용 전기설비
다. 자가용 전기설비

03 전선의 접속방법으로 틀린 것은?

① 접속부분의 전기저항을 증가시킬 것
② 접속부분은 접속관 기타의 기구를 사용할 것
③ 전선의 세기를 20[%] 이상 감소시키지 아니할 것
④ 전기화학적 성질이 다른 도체를 접속하는 경우에는 접속부분에 전기적 부식이 생기지 아니하도록 할 것

풀이 한국전기설비규정(KEC) 123. 전선의 접속
전선을 접속하는 경우에는 전선의 전기저항을 증가시키지 아니하도록 접속하여야 한다.

정답 01 ④ 02 ③ 03 ①

04 교류에서 저압의 한계는 몇 [V]인가?

① 380 ② 600 ③ 1,000 ④ 1,500

풀이

분류	전압의 범위	
저압	• 직류 : 1.5[kV] 이하	• 교류 : 1[kV] 이하
고압	• 직류 : 1.5[kV] 초과, 7[kV] 이하	• 교류 : 1[kV] 초과, 7[kV] 이하
특고압	7[kV] 초과	

05 전압을 구분하는 경우 직류전압에서 저압은?

① 600[V] 이하 ② 750[V] 이하
③ 1,000[V] 이하 ④ 1,500[V] 이하

06 한국전기설비규정(KEC)에서 전압을 구분하는 경우 고압에서의 직류 범위로 옳은 것은?

① 1,000[V] 이상 7,000[V] 이하 ② 1,000[V] 초과 7,000[V] 이하
③ 1,500[V] 초과 7,000[V] 이하 ④ 1,500[V] 이상 7,000[V] 이하

07 7,000[V]를 초과하는 전압은?

① 저압 ② 고압 ③ 특고압 ④ 초고압

08 전력기술관리법에 따라 해당되는 전력시설물의 설계도서는 설계감리를 받아야 한다. 법에 따른 전력시설물 중 설계감리 대상에 해당하지 않는 것은?

① 용량 80만킬로와트 이상의 발전설비
② 전압 20만볼트 이상의 송전 · 변전설비
③ 전압 10만볼트 이상의 수전설비 · 구내배전설비 · 전력사용설비
④ 전기철도의 수전설비 · 철도신호설비 · 구내배전설비 · 전차선설비 · 전력사용설비

풀이 설계감리를 받아야 하는 설계도서
• 용량 80만[kW] 이상의 발전설비
• 전압 30만[V] 이상의 송전 및 변전설비
• 전압 10만[V] 이상의 수전설비, 구내배전설비, 전력사용설비
• 전기철도의 수전설비, 철도신호설비, 구내배전설비, 전력사용설비
• 국제공항의 수전설비, 구내배전설비, 전력사용설비
• 21층 이상이거나 연면적 5만[m²] 이상인 건축물의 전력시설물
• 그 밖에 산업통상자원부령으로 정하는 전력시설물

정답 04 ③ 05 ④ 06 ③ 07 ③ 08 ②

09 전기사용 장소의 사용전압이 SELV 및 PELV이고 DC 시험전압이 250[V]인 전로의 전선 상호 간 및 전로와 대지 사이의 절연저항은 개폐기 또는 과전류차단기로 구분할 수 있는 전로마다 몇 [MΩ] 이상이어야 하는가?

① 0.5 ② 1 ③ 2 ④ 3

풀이 저압전로의 절연성능

전기사용 장소의 사용전압이 저압인 전로의 전선 상호 간 및 전로와 대지 사이의 절연저항은 개폐기 또는 과전류차단기로 구분할 수 있는 전로마다 다음 표에서 정한 값 이상이어야 한다. 다만, 전선 상호 간의 절연저항은 기계기구의 분리가 용이하지 않은 분기회로의 경우 기기 접속 전에 측정할 수 있다. 또한, 측정 시 영향을 주거나 손상을 받을 수 있는 SPD 또는 기타 기기 등은 측정 전에 분리시켜야 하고, 부득이하게 분리가 어려운 경우에는 시험전압을 250[V] DC로 낮추어 측정할 수 있지만 절연저항 값은 1[MΩ] 이상이어야 한다.

전로의 사용전압[V]	DC 시험전압[V]	절연저항[MΩ]
SELV 및 PELV	250	0.5
FELV, 500[V] 이하	500	1.0
500[V] 초과	1,000	1.0

* 특별저압(Extra Low Voltage : 2차 전압이 AC 50[V], DC 120[V] 이하)으로 SELV(비접지회로 구성) 및 PELV(접지회로 구성)은 1차와 2차가 전기적으로 절연된 회로, FELV는 1차와 2차가 전기적으로 절연되지 않은 회로
  - FELV(Functional Extra Low Voltage)
  - SELV(Safety Extra Low Voltage)
  - PELV(Protective Extra Low Voltage)

10 한국전기설비규정(KEC)에서 저압전선로의 절연성능 중 전로의 사용전압이 FELV 500[V] 이하(DC 시험전압 500[V])인 경우 절연저항 값은 몇 [MΩ]인가?

① 1 ② 2 ③ 3 ④ 4

11 전기사용 장소 사용전압이 500[V] 초과인 전선로의 전선 상호 간 및 전로와 대지 사이의 절연저항은 개폐기 또는 과전류차단기로 구분할 수 있는 전로마다 몇 [MΩ] 이상이어야 하는가?

① 0.5 ② 1 ③ 2 ④ 3

12 지중에 매설되어 있고 대지와의 전기저항값이 몇 [Ω] 이하의 값을 유지하고 있는 금속제 수도관을 접지전극으로 사용할 수 있는가?

① 2 ② 3 ③ 4 ④ 5

정답 09 ① 10 ① 11 ② 12 ②

풀이 수도관 등의 접지극
지중에 매설되어 있고 대지와의 전기저항 값이 3[Ω] 이하의 값을 유지하고 있는 금속제 수도관로는 이를 접지극으로 사용할 수 있다.

13 사용전압이 저압인 전로에서 정전이 어려운 경우 등 절연저항 측정이 곤란한 경우에는 누설전류를 몇 [mA] 이하로 유지해야 하는가?

① 1　　　　　② 2　　　　　③ 5　　　　　④ 10

풀이 전로의 절연저항 및 절연내력
사용전압이 저압인 전로에서 정전이 어려운 경우 등 절연저항 측정이 곤란한 경우에는 누설전류를 1[mA] 이하로 유지하여야 한다.

14 태양전지 모듈의 절연내력시험 시 10분간 연속적으로 인가하는 직류전압 또는 교류전압(500[V] 미만으로 되는 경우에는 500[V])은 최대사용전압의 몇 배인가?

① 직류 1.5배, 교류 1.5배　　　　② 직류 1.5배, 교류 1배
③ 직류 1배, 교류 1.5배　　　　　④ 직류 1배, 교류 1배

풀이 절연내압 측정
표준 태양전지 어레이 개방전압을 최대사용전압으로 간주하여 최대사용전압의 1.5배의 직류전압 혹은 1배의 교류전압(5[V] 미만일 때는 500[V])을 10분간 인가하여 절연파괴 등의 이상이 발생하지 않는 것을 확인한다.

15 태양전지 모듈은 최대사용전압 몇 배의 직류전압을 충전부분과 대지 사이에 연속하여 10분간 가하여 절연내력을 시험하였을 때 이에 견디어야 하는가?

① 0.92　　　　② 1　　　　③ 1.25　　　　④ 1.5

풀이 연료전지 및 태양전지 모듈의 절연내력
연료전지 및 태양전지 모듈은 최대사용전압의 1.5배의 직류전압 또는 1배의 교류전압(500[V] 미만으로 되는 경우에는 500[V])을 충전부분과 대지 사이에 연속하여 10분간 가하여 절연내력을 시험하였을 때에 이에 견디는 것이어야 한다.

16 분산형 전원 배전계통 연계 기술기준에 따라 전기방식이 교류 단상 220[V]인 분산형 전원을 저압 한전계통에 연계할 수 있는 용량은?

① 100[kW] 미만　　② 150[kW] 미만　　③ 250[kW] 미만　　④ 500[kW] 미만

풀이 분산형 전원을 저압 한전계통에 연계할 수 있는 용량은 100[kW] 미만이다.

정답 13 ①　14 ②　15 ④　16 ①

17 한국전기설비규정(KEC)에 따라 일반주택 및 아파트 각 호실의 현관등은 몇 분 이내에 소등되도록 타임스위치를 시설하여야 하는가?

① 1 ② 2 ③ 3 ④ 5

풀이 일반주택 및 아파트 각 호실의 현관등은 3분 이내에 소등되도록 타임스위치를 시설하여야 한다.

18 케이블 콘크리트에 직접 매설하는 경우 케이블은 철근 등을 따라 포설하는 것을 원칙으로 하고 바인드선 등으로 철근 등에 몇 [m] 이하의 간격으로 고정하여야 하는가?

① 1 ② 2 ③ 3 ④ 4

풀이 케이블을 콘크리트에 직접 매설하는 경우 케이블은 철근 등을 따라 포설하는 것을 원칙으로 하고 바인드선 등으로 철근 등에 1[m] 이하의 간격으로 고정하여야 한다.

19 한국전기설비규정(KEC)에 따라 분산형 전원을 전력계통에 연계하는 경우 인버터로부터 직류가 계통으로 유출되는 것을 방지하기 위하여 접속점과 인버터 사이에 설치하는 것은?(단, 단권변압기는 제외한다.)

① 차단기
② 전력퓨즈
③ 보호계전기
④ 상용주파수 변압기

풀이 인버터 회로방식

절연방식	회로도 및 설명
상용주파 변압기 절연방식	태양전지 직류출력을 상용주파의 교류로 변환한 후 변압기로 절연한다.
고주파 변압기 절연방식	태양전지의 직류출력을 고주파 교류로 변환한 후, 소형 고주파 변압기로 절연한다. 그 다음 일단 직류로 변환하고 다시 상용주파수 교류로 변환한다.
트랜스리스 방식 (무변압기방식)	태양전지의 직류출력 DC-DC 컨버터로 승압하고 인버터로 상용주파의 교류로 변환한다.

정답 17 ③ 18 ① 19 ④

20 분산형 전원 배전계통 연계 기술기준에 따라 태양광발전시스템 및 그 연계 시스템의 운영 시 태양광발전시스템 연결점에서 최대 정격 출력전류의 몇 [%]를 초과하는 직류 전류를 배전계통으로 유입시켜서는 안 되는가?

① 0.3　　　　② 0.5　　　　③ 0.7　　　　④ 1.0

풀이 분산형 전원을 배전계통에 연계 시 최대 정격 출력전류의 0.5[%]를 초과하는 직류 전류를 배전계통으로 유입시켜서는 안 된다.

21 한국전기설비규정(KEC)에 따라 전선을 접속하는 경우 전선의 세기를 몇 [%] 이상 감소시키지 않아야 하는가?

① 10　　　　② 20　　　　③ 25　　　　④ 30

풀이 한국전기설비규정(KEC)에 따라 전선을 접속하는 경우 전선의 세기를 20[%] 이상 감소시키지 않아야 한다.

22 한국전기설비규정(KEC)에 따라 몇 [V]를 초과하는 축전지는 비접지측 도체의 쉽게 차단할 수 있는 곳에 개폐기를 시설하여야 하는가?

① 30　　　　② 60　　　　③ 150　　　　④ 400

풀이 30[V]를 초과하는 축전지는 비접지 측 도체의 쉽게 차단할 수 있는 곳에 개폐기를 시설해야 한다.

23 한국전기설비규정(KEC)에 따라 저압 옥내 직류전기설비의 접지시설에 양(+)도체를 접지하는 경우 무엇에 대한 보호를 하여야 하는가?

① 지락　　　　② 감전　　　　③ 단락　　　　④ 과부하

풀이 저압 옥내 직류전기설비의 접지시설에 양(+)도체를 접지하는 것은 감전보호이다.

24 한국전기설비규정(KEC)에서 전로의 중성점의 접지 목적으로 틀린 것은?

① 대지의 전압의 저하
② 손실 전력의 감소
③ 이상 전압의 억제
④ 전로의 보호장치의 확실한 동작의 확보

풀이 전로의 중성점의 접지
전로의 보호장치의 확실한 동작의 확보, 이상 전압의 억제 및 대지전압의 저하를 위하여 특히 필요한 경우에 전로의 중성점에 접지공사를 할 경우에는 다음 각 호에 따라야 한다.

정답 20 ②　21 ②　22 ①　23 ②　24 ②

25 한국전기설비규정(KEC)에 따라 저압 접촉전선을 옥측 또는 옥외에 시설하는 경우 시설하는 공사로 틀린 것은?

① 애자사용 공사　　② 버스덕트공사
③ 합성수지관 공사　　④ 절연 트롤리 공사

풀이 옥측 또는 옥외에 시설하는 접촉전선의 시설
저압 접촉전선을 옥측 또는 옥외에 시설하는 경우에는 기계기구에 시설하는 경우 이외에는 애자사용 공사, 버스덕트 공사 또는 절연 트롤리 공사에 의하여 시설하여야 한다.

26 다음 중 접지공사의 종류에 따른 접지저항값의 적용 예외사항을 기술한 것 중 잘못된 것은?

① 전로의 중성점 접지
② 의료장소의 접지
③ 특고압 직류전로 보호장치의 확실한 동작 확보 및 이상전압 억제를 위하여 특히 필요한 경우에 대해 그 전로에 접지공사를 시설할 때
④ 대지 사이의 전기저항값이 100[Ω] 이하인 값을 유지하는 건물의 철골이 있는 경우

풀이 수도관 접지극
지중에 매설되어 있고 대지와의 전기저항값이 3[Ω] 이하의 값을 유지하고 있는 금속제 수도관로는 이를 접지공사의 접지극으로 사용할 수 있다.

27 접지공사에서 접지선의 지하 75[cm]로부터 지표상 2[m]까지의 부분에 대해 전기용품 안전관리법상 적용을 받는 보호물로 적합한 것은?

① 금속몰드　　② 합성수지관
③ 케이블덕트　　④ 금속전선관

풀이 접지선의 지하 75[cm]로부터 지표상 2[m]까지의 부분은 전기용품관리법의 적용을 받는 합성수지관 또는 이와 동등 이상의 절연효력 및 강도를 가지는 몰드로 덮을 것

28 저압용 기계기구에서 전기를 공급하는 전로에 누전차단기를 시설하면 외함 접지를 생략할 수 있다. 이때 누전차단기의 정격기술기준으로 알맞은 것은?(단, 인체보호용일 때)

① 정격감도전류 15[mA] 이하 동작시간 0.03초 이하 전류동작형
② 정격감도전류 30[mA] 이하 동작시간 0.03초 이하 전류동작형
③ 정격감도전류 30[mA] 이하 동작시간 0.1초 이하 전류동작형
④ 정격감도전류 15[mA] 이하 동작시간 0.1초 이하 전류동작형

정답 25 ③　26 ④　27 ②　28 ②

풀이 기계기구의 철대 및 외함 접지
인체감전보호용 누전차단기의 경우 정격감도전류 30[mA] 이하, 동작시간 0.03초 이하의 전류동작형에 한한다.

29 전기사업법에 따라 전기사업자는 전기사업용 전기설비의 설치공사 또는 변경공사로서 산업통상자원부령으로 정하는 공사를 하려는 경우에는 그 공사계획에 대하여 누구에게 인가를 받아야 하는가?

① 대통령
② 시 · 도지사
③ 전기위원회
④ 산업통상자원부장관

풀이 전기사업용 전기설비의 설치공사, 변경공사를 하려는 자는 그 공사계획에 대해 산업통상자원부장관의 인가를 받아야 한다.

30 한국전기설비규정(KEC)에서 금속제 외함을 가지는 저압의 기계기구를 사람이 쉽게 접촉할 우려가 있는 곳에 시설하는 경우 그 기계기구의 사용전압이 몇 [V]를 초과하면 전기를 공급하는 전로에 지락이 생겼을 때에 자동적으로 전로를 차단하는 장치를 하여야 하는가?

① 30
② 60
③ 150
④ 300

풀이 지락차단장치 등의 시설
금속제 외함을 가지는 사용전압이 60[V]를 초과하는 저압의 기계 기구로서 사람이 쉽게 접촉할 우려가 있는 곳에 시설하는 것에 전기를 공급하는 전로에는 전로에 지락이 생겼을 때에 자동적으로 전로를 차단하는 장치를 하여야 한다.

31 접지극으로 사용할 수 없는 것은?

① 접지봉
② 접지판
③ 금속계 가스관
④ 금속제 수도관

풀이
- 접지봉은 $14\phi \times 1,000[mm]$, $16\phi \times 1,800[mm]$, $18\phi \times 2,400[mm]$을 기준으로 한다.
- 접지동판은 $300 \times 300 \times 10[mm]$ 이상으로 한다.
- 지중 매설되고 대지와의 전기저항치가 3[Ω] 이하의 것을 유지하는 금속제 수도관로는 제1종, 제2종, 제3종 접지공사 및 기타 접지공사의 접지극으로 사용할 수 있다.

정답 29 ④ 30 ② 31 ③

32 연료전지 및 태양전지 모듈의 절연내력시험 시 최대사용전압의 1.5배의 직류전압을 몇 분간 인가하는가?

① 5분　　　　② 10분　　　　③ 15분　　　　④ 20분

풀이 연료전지 및 태양전지 모듈의 절연내력
- 시험전압 : 최대사용전압의 1.5배의 직류전압 또는 1배의 교류전압(500[V] 미만으로 되는 경우에는 500[V])
- 시험방법 : 충전부분과 대지 사이에 연속하여 10분간 가했을 때 이에 견디어야 한다.

33 태양광발전소의 태양전지모듈, 전선 및 개폐기 등의 기구를 시설할 때 고려해야 할 사항이 아닌 것은?

① 충전부분이 노출되지 아니하도록 시설할 것
② 태양전지 모듈에 접속하는 부하 측의 전로에는 그 접속점과 떨어진 부분에 개폐기를 시설할 것
③ 태양전지 모듈을 병렬로 접속하는 전로에 단락이 생긴 경우에 전로를 보호하는 과전류차단기 등의 기구를 시설할 것
④ 태양전지 모듈 및 개폐기 등에 전선을 접속하는 경우 접속점에 장력이 가해지지 않도록 할 것

풀이 태양전지 모듈 등의 시설
① 태양전지 발전소에 시설하는 태양전지 모듈, 전선 및 개폐기, 기타 기구는 다음의 각 호에 따라 시설하여야 한다.
　1. 충전부분은 노출되지 아니하도록 시설할 것
　2. 태양전지 모듈에 접속하는 부하 측의 전로(복수의 태양전지 모듈을 시설한 경우에는 그 집합체에 접속하는 부하 측의 전로)에는 그 접속점에 근접하여 개폐기 기타 이와 유사한 기구(부하전류를 개폐할 수 있는 것에 한한다.)를 시설할 것
　3. 태양전지 모듈을 병렬로 접속하는 전로에는 그 전로에 단락이 생긴 경우에 전로를 보호하는 과전류차단기, 기타의 기구를 시설할 것. 다만, 그 전로가 단락전류에 견딜 수 있는 경우에는 그러하지 아니하다.
　4. 전선은 다음에 의하여 시설할 것. 다만, 기계·기구의 구조상 그 내부에 안전하게 시설할 수 있을 경우에는 그러하지 아니하다.
　　가. 전선은 공칭단면적 2.5[mm²] 이상의 연동선 또는 이와 동등 이상의 세기 및 굵기의 것일 것
　　나. 옥내에 시설할 경우에는 합성수지관공사, 금속관공사, 가요전선관공사 또는 케이블공사로 관련 규정에 준하여 시설할 것
　　다. 옥측 또는 옥외에 시설할 경우에는 합성수지관공사, 금속관공사, 가요전선관공사 또는 케이블공사로 관련 규정에 준하여 시설할 것
　5. 태양전지 모듈 및 개폐기 그 밖의 기구에 전선을 접속하는 경우에는 나사 조임 그 밖에 이와 동등 이상의 효력이 있는 방법에 의하여 견고하고 또한 전기적으로 완전하게 접속함과 동시에 접속점에 장력이 가해지지 아니하도록 할 것
② 태양전지 모듈의 지지물은 자중, 적재하중, 적설 또는 풍압 및 지진 기타의 진동과 충격에 대하여 안전한 구조의 것이어야 한다.

정답　32 ②　33 ②

34 태양전지 모듈을 병렬로 접속하는 전로에 단락이 생긴 경우 전로를 보호하기 위하여 설치하는 것은?

① 개폐기
② 과전류차단기
③ 누전차단기
④ 전류검출기

풀이 태양전지 모듈을 병렬로 접속하는 전로에는 그 전로에 단락이 생긴 경우에 전로를 보호하는 과전류차단기 기타의 기구를 시설할 것

35 발전소를 건설하는 공사에서 철근콘크리트 또는 철골구조부를 제외한 발전설비공사의 하자담보 책임기간은 몇 년인가?

① 1년
② 3년
③ 5년
④ 7년

풀이 전기 및 전력설비 공사

구분	보증기간[년]
배관, 배선공사, 피뢰침 공사	2
피뢰침공사	3
조명설비공사	1
동력설비공사, 수·배전공사, 전기기기공사	2
수·변전설비공사	3
발전설비공사	3

36 저압 가공전선이 다른 저압 가공전선과 접근상태로 시설되거나 교차하여 시설되는 경우 저압 가공전선 상호 간의 이격거리는 몇 [cm] 이상인가?

① 60
② 50
③ 40
④ 20

풀이 저압가공전선이 다른 저압가공전선과 접근상태로 시설되거나 교차하여 시설되는 경우에는 저압가공전선 상호 간의 이격거리는 60[cm](어느 한쪽의 전선이 고압절연전선, 특고압절연전선 또는 케이블인 경우에 30[cm] 이상 하나의 저압가공전선과 다른 저압가공전선로의 지지물 사이의 이격거리는 30[cm] 이상이어야 한다.)

정답 34 ② 35 ② 36 ①

37 한국전기설비규정(KEC)에서 저압 옥내배선을 금속관공사로 시공할 때 그 방법이 틀린 것은?

① 금속관 내에서 전선은 접속점을 만들어서는 안 된다.
② 금속관 배선은 절연전선(옥외용 비닐절연전선을 제외)을 사용해야 한다.
③ 교류회로는 1회로의 전선 전부를 동일 관 내에 넣는 것을 원칙으로 한다.
④ 금속관을 콘크리트에 매설하는 경우 관의 두께는 1.0[mm] 이상을 사용해야 한다.

풀이 금속관 공사 시 관의 두께는 콘크리트에 매설하는 것은 1.2[mm] 이상으로 한다.

38 저압 가공 인입선의 시설에 대한 설명으로 틀린 것은?

① 전선은 절연전선, 다심형 전선 또는 케이블일 것
② 전선은 지름 1.6[mm]의 경동선 또는 이와 동등 이상의 세기 및 굵기의 것
③ 전선의 높이는 철도 및 궤도를 횡단하는 경우에는 레일면 상 6.5[m] 이상일 것
④ 전선의 높이는 횡단보도교의 위에 시설하는 경우에는 노면 상 3[m] 이상일 것

풀이 전선이 케이블인 경우 이외에는 인장강도 2.30[kN] 이상의 것 또는 지름 2.6[mm] 이상의 인입용 비닐절연전선일 것. 다만, 경간이 15[m] 이하인 경우는 인장강도 1.25[kN] 이상의 것 또는 지름 2[mm] 이상의 인입용 비닐절연전선일 것

39 옥내에 시설하는 저압용 배전반 및 분전반의 시설 방법으로 틀린 것은?

① 한 개의 분전반에는 두 가지 전원(2회선의 간선)만 공급할 것
② 노출하여 시설되는 배전반 및 분전반은 불연성 또는 난연성의 것을 시설할 것
③ 배전반 및 분전반은 전기를 쉽게 조작할 수 있고 쉽게 점검할 수 있는 장소에 시설할 것
④ 노출된 충전부가 있는 배전반 및 분전반은 취급자 이외의 사람이 쉽게 출입할 수 없도록 시설할 것

풀이 옥내에 시설하는 저압용 배·분전반의 기구 및 전선은 쉽게 점검할 수 있도록 하고, 한 개의 분전반에는 한 가지 전원(1회선의 간선)만 공급하여야 한다.

40 저압 옥내배선에 사용하는 연동선의 최소 굵기는 몇 [mm^2] 이상인가?

① 2   ② 2.5   ③ 4   ④ 6

풀이 저압 옥내배선의 사용전선
단면적이 2.5[mm^2] 이상의 연동선 또는 이와 동등 이상의 강도 및 굵기의 것

정답 37 ④ 38 ② 39 ① 40 ②

41 고압 옥측 전선로의 전선으로 사용할 수 있는 것은?
① 케이블   ② 절연전선   ③ 다심형 전선   ④ 나경동선

풀이 고압 옥측 전선로의 시설 : 전선은 케이블일 것

42 발·변전소 또는 이에 준하는 곳에 시설하는 배전반에 고압용 기구 또는 전선을 시설하는 경우 적당하지 않은 방법은?
① 취급에 위험을 주지 않도록 방호장치를 할 것
② 점검이 용이하게 통로를 시설할 것
③ 회로 설비는 반드시 관에 넣어 시설할 것
④ 기기 조작에 필요한 공간을 확보할 것

풀이 발변전소 또는 이에 준하는 곳에 시설하는 배전반의 시설
- 배전반에 붙이는 기구 및 전선은 점검할 수 있도록 시설해야 한다.
- 배전반에 고압용 또는 특고압용의 기구 또는 전선을 시설하는 경우에는 취급자에게 위험이 미치지 아니하도록 적당한 방호장치 또는 통로를 시설하여야 하며 기기 조작에 필요한 공간을 확보해야 한다.

43 전선을 접속하는 경우 전선의 세기를 몇 [%] 이상 감소시키지 않아야 하는가?
① 10   ② 20   ③ 30   ④ 40

풀이 전선 접속 시 전선의 세기를 20[%] 이상 감소시키지 않는다.

44 수상전선로의 전선을 가공전선로의 전선과 육상에서 접속하는 경우 접속점의 높이는?
① 지표상 4[m] 이상   ② 지표상 5[m] 이상
③ 지표상 6[m] 이상   ④ 지표상 7[m] 이상

풀이 수상전선로의 전선과 가공전선로의 접속점의 높이
- 접속점이 육상에 있는 경우 : 지표상 5[m] 이상
- 수면상에 있는 경우 : 저압 4[m] 이상, 고압 5[m] 이상

45 전기사업자가 전기품질을 유지하기 위하여 지켜야 하는 표준전압, 표준주파수와 허용오차에 관한 설명으로 틀린 것은?
① 표준전압 110볼트의 상하로 6볼트 이내   ② 표준전압 220볼트의 상하로 13볼트 이내
③ 표준전압 380볼트의 상하로 20볼트 이내   ④ 표준주파수 60헤르츠의 상하로 0.2헤르츠 이내

정답 41 ① 42 ③ 43 ② 44 ② 45 ③

풀이 전기품질 유지를 위한 전압유지 범위

구분	공칭전압[V]	전압유지 범위[V]
저압	110	±6[V](104~116)
	220	±13[V](207~233)
	380	±38[V](342~418)
고압	6,600	6,000~6,900(−600~+300[V])
특별고압	22,900	20,800~23,800(−2,100~+900[V])

46 전기사업자 및 한국전력거래소가 측정기준·측정방법 및 보존방법 등을 정하여 산업통상자원부장관에게 제출하여야 하는 대상은?

① 전류 및 전압
② 전력 및 역률
③ 역률 및 주파수
④ 전압 및 주파수

풀이 전기사업법 시행규칙 제19조(전압 및 주파수의 측정)
② 전기사업자 및 한국전력거래소는 제1항에 따른 전압 및 주파수의 측정기준·측정방법 및 보존방법 등을 정하여 산업통상자원부장관에게 제출하여야 한다.

47 전기공사의 종류와 예시가 잘못 짝지어진 것은?

① 발전설비공사 : 태양광발전소의 전기설비공사
② 송전설비공사 : 철탑 조립공사
③ 변전설비공사 : 모선 설비공사
④ 배전설비공사 : 보호제어설비 설치공사

풀이 전기공사의 종류에 따른 전기공사의 예시

전기공사의 종류	전기공사의 예시
발전설비 공사	발전소(원자력발전소, 화력발전소, 풍력발전소, 수력발전소, 조력발전소, 태양열발전소, 내연발전소, 열병합발전소, 태양광발전소 등의 발전소를 말한다.)의 전기설비공사와 이에 따른 제어설비공사
송전설비 공사	• 공중 송전설비공사 : 공중 송전설비공사에 부대되는 철탑 기초공사 및 철탑조립공사(시시물 실치 및 철탑도장을 포함한다.), 공중전선 설치공사(금구류 설치를 포함한다.), 횡단 개소의 보조설비공사, 보호선·보호망공사 • 지중 송전설비공사 : 지중송전설비공사에 부대되는 전력구설비공사, 공동구 안의 전기설비공사, 전력지중관로설비공사, 전력케이블 설치공사(전선방재설비공사를 포함한다.) • 물밑 송전설비공사 : 물밑전력 케이블 설치공사 • 터널 안 전선로공사 : 철도·궤도·자동차도·인도 등의 터널 안 전선로공사
변전설비 공사	• 변전설비 기초공사 : 변전기기, 철구, 가대 및 덕트 등의 설치를 위한 공사 • 모선설비공사 : 모선(母線) 설치(금구류 및 애자장치를 포함한다.), 지지 및 분기개소의 설비공사 • 변전기기 설치공사 : 변압기, 개폐장치(차단기, 단로기 등을 말한다.), 피뢰기 등의 설치공사 • 보호제어설비 설치공사 : 보호·제어반 및 제어케이블의 설치공사

정답 46 ④ 47 ④

전기공사의 종류	전기공사의 예시
배전설비 공사	• 공중배전 설비공사 : 전주 등 지지물공사, 변압기 등 전기기기 설치공사, 가선공사(수목전지공사를 포함한다.) • 지중배전 설비공사 : 지중배전 설비공사에 부대되는 전력구설비공사, 공동구 안의 전기설비공사, 전력지중관로설비공사, 변압기 등 전기기기 설치공사, 전력케이블 설치공사(전선방재설비공사를 포함한다.) • 물밑 배전설비공사 : 물밑전력케이블설치공사 • 터널 안 전선로공사 : 철도·궤도·자동차도·인도 등의 터널 안 전선로공사

※ 보호제어설비 설치공사는 발전설비공사이다.

48 전기공사업자의 등록을 반드시 취소해야 하는 사항으로 틀린 것은?

① 공사업의 등록을 한 후 1년 이내에 영업을 시작하지 아니하거나 계속하여 1년 이상 공사업을 휴업한 경우
② 영업정지처분기간에 영업을 하거나 최근 5년간 3회 이상 영업정지처분을 받은 경우
③ 거짓이나 그 밖의 부정한 방법으로 공사업을 등록 신고한 경우
④ 하도급 관계법령을 위반하여 하도급을 주거나 다시 하도급을 준 경우

풀이 전기공사업자 등록취소사항

거짓이나 그 밖의 부정한 방법으로 다음에 해당하는 행위를 한 경우
• 기술능력 및 자본금 등에 미달하게 된 경우
• 공사업의 등록기준에 관한 신고를 하지 아니한 경우
• 전기공사업 등록사항 결격사유에 해당하는 경우
• 타인에게 성명·상호를 사용하게 하거나 등록증 또는 등록수첩을 빌려준 경우
• 시정명령 또는 지시를 이행하지 아니한 경우
• 해당 전기공사가 완료되어 같은 조에 따른 시정명령 또는 지시를 명할 수 없게 된 경우
• 신고를 거짓으로 한 경우
• 공사업의 등록을 한 후 1년 이내에 영업을 시작하지 아니하거나 계속하여 1년 이상 공사업을 휴업한 경우
• 영업정지처분기간에 영업을 하거나 최근 5년간 3회 이상 영업정지처분을 받은 경우

49 다음 ( ) 안에 가장 적합한 내용은?

전기설비기술기준에서 "발전소"란 발전기·원동기·연료전지·( )·해양에너지발전설비·전기저장장치 그 밖의 기계기구를 시설하여 전기를 생산하는 곳을 말한다.

① 태양광　　　　　　　　　　　② 태양전지
③ 태양열　　　　　　　　　　　④ 집광판

정답 48 ④　49 ②

풀이 전기설비기술기준에서 "발전소"란 발전기 · 원동기 · 연료전지 · 태양전지 · 해양에너지발전설비 · 전기저장장치 그 밖의 기계기구(비상용 예비전원을 얻을 목적으로 시설하는 것 및 휴대용 발전기를 제외한다)를 시설하여 전기를 생산하는 곳을 말한다.

50 전기설비기술기준에 정한 용어의 정의로 잘못된 것은?

① 발전소란 발전기 · 원동기 · 연료전지 · 태양전지 · 해양에너지 그 밖의 기계 · 기구를 시설하여 전기를 발생시키는 곳을 말한다.
② 변전소란 변전소의 밖으로부터 전송받은 전기를 변전소 안에 시설한 변압기, 전동발전기, 회전변류기, 정류 그 밖의 기계 · 기구에 의하여 변성하는 곳으로서 변성한 전기를 다시 변전소 밖으로 전송하는 곳을 말한다.
③ 개폐소란 개폐소 안에 시설한 개폐기 및 기타 장치에 의하여 전로를 개폐하는 곳으로서 발전소, 변전소 및 수용장소 이외의 곳을 말한다.
④ 급전소란 전력계통에 긴급한 전력공급 및 급전조작을 하는 곳을 말한다.

풀이 급전소란 전력계통의 운영에 관한 지시 및 급전조작을 하는 곳을 말한다.

51 발 · 변전소의 주요 변압기에 반드시 시설하지 않아도 되는 계측기는?

① 전압계
② 전류계
③ 역률계
④ 온도계

풀이 계측장치는 전압계, 전류계, 전력계, 온도계이다.

52 발전기의 용량에 관계없이 자동적으로 이를 전로로부터 차단하는 장치를 시설하여야 하는 경우는?

① 베어링 과열
② 유압의 과팽창
③ 발전기 내부고장
④ 과전류 또는 과전압 발생

풀이 발전기의 보호장치 기술기준에서 자동적으로 전로로부터 차단장치를 시설해야 하는 경우
- 발전기에 과전류나 과전압이 생긴 경우
- 용량 500[kVA] 이상의 발전기를 구동하는 수차압유장치의 유압이 현저하게 저하하는 경우
- 용량 200[kVA] 이상의 수차발전기의 스러스트 베어링 온도가 현저히 상승하는 경우
- 용량이 1만 [kVA]를 넘는 발전기 내부 고장이 생기는 경우

정답 50 ④ 51 ③ 52 ④

53 저압의 전선로 중 절연부분의 전선과 대지 사이의 절연저항은 사용전압에 대한 누설전류가 최대공급전류의 얼마를 넘지 않도록 유지해야 하는가?

① $\dfrac{1}{1,000}$　　　② $\dfrac{1}{2,000}$

③ $\dfrac{1}{2,500}$　　　④ $\dfrac{1}{3,000}$

풀이 전압의 전선로 중 대지 사이의 절연저항은 사용전압에 대한 누설전류가 최대공급전류의 $\dfrac{1}{2,000}$ 을 넘지 않도록 유지하여야 한다.

54 전로에는 보기 쉬운 곳에 상별 표시를 해야 한다. 기술기준에서 표시해야 할 의무가 없는 전로는?

① 발전소의 특고압전로　　　② 변전소의 특고압전로
③ 수변전설비의 특고압전로　　　④ 변전소의 고압전로

풀이 상별 표시는 특고압 측에만 한다.

55 저압가공인입선의 시설에 대한 기술로 잘못된 것은?

① 전선이 케이블인 경우 이외에는 인장강도 2.3[kN] 이상의 것 또는 지름 2.0[mm] 이상의 인입용 비닐전선일 것
② 전선은 절연전선 다심형 전선 또는 케이블일 것
③ 전선의 높이는 철도 또는 궤도를 횡단하는 경우에는 노면상 6.5[m] 이상
④ 전선의 높이는 횡단보도교의 위에 시설하는 경우 노면상 3[m] 이상

풀이 저압 인입선의 시설
전선이 케이블인 경우 이외에는 절연전선, 다심형 전선 또는 케이블이며, 인장강도 2.30[kN] 이상 또는 지름 2.6[mm] 이상의 인입용 비닐절연전선일 것

56 고압 옥측 전선로의 전선으로 사용할 수 있는 전선은?

① 절연전선　　　② DV 전선
③ 케이블　　　④ 비닐절연전선

풀이 고압 옥측 전선로의 시설
고압 측 전선로에 사용하는 전선은 케이블이다.

정답 53 ②　54 ④　55 ①　56 ③

57 고압 가공전선과 가공 약전류 전선을 동일 지지물에 시설하는 경우에 전선 상호 간의 최소이격거리는 일반적으로 몇 [m] 이상인가?(단, 고압 가공전선은 절연전선이다.)

① 0.75[m] 이상
② 1.5[m] 이상
③ 2.0[m] 이상
④ 2.5[m] 이상

풀이 저고압 가공전선과 가공약전류 전선 등의 공가
가공전선을 가공 약전선의 위로 하고 별개의 완금류에 시설할 것. 이격거리는 저압가공 전선은 75[cm] 이상, 고압은 1.5[m] 이상이어야 한다.

58 3상 4선식 22.9[kV] 중성점 다중접지식 가공전선로의 전로와 대지 사이의 절연내력 시험전압은 얼마인가?

① 25,190[V]
② 21,068[V]
③ 34,350[V]
④ 28,625[V]

풀이 고압 및 특고압 전로의 절연내력시험
고압 및 특고압 전로는 시험전압을 전로와 대지 사이에 계속하여 10분간 가하여 절연내력을 시험하는 경우 이에 견디어야 한다. 다만, 케이블을 사용하는 교류전로는 시험 전압이 직류이면 아래 표에 정한 시험전압의 2배의 직류전압으로 한다.

전로의 종류(최대사용전압)	시험전압
1. 7[kV] 이하	최대사용전압의 1.5배의 전압
2. 7[kV] 초과 25[kV] 이하인 중성점 접지식 전로(중성선을 가지는 것으로서 그 중성선을 다중접지하는 것에 한한다.)	최대사용전압의 0.92배의 전압
3. 7[kV] 초과 60[kV] 이하인 전로	최대사용전압의 1.25배의 전압 (최저시험전압 10,500[V])
4. 60[kV] 초과 중성점 비접지식 전로	최대사용전압의 1.25배의 전압
5. 60[kV] 초과 중성점 접지식 전로	최대사용전압의 1.1배의 전압 (최저시험전압 75[kV])
6. 60[kV] 초과 중성점 직접 접지식 전로	최대사용전압의 0.72배의 전압
7. 170[kV] 초과 중성점에 직접 접지되어 있는 발전소 또는 변전소 혹은 이에 준하는 장소에 시설하는 것	최대사용전압의 0.64배의 전압

59 옥내전로의 대지전압에서 주택의 태양전지 모듈에 접속하는 부하 측 옥내배선을 시설하는 경우 주택의 옥내전로의 대지전압으로 맞는 것은?

① 직류 450[V] 이하
② 직류 500[V] 이하
③ 직류 600[V] 이하
④ 직류 750[V] 이하

정답 57 ② 58 ② 59 ③

풀이 주택의 태양전지 모듈에 접속하는 부하 측 옥내배선을 다음 각 호에 따라 시설하는 경우에 주택의 옥내전로의 대지전압은 직류 600[V] 이하일 것
- 전로에 지락이 생겼을 때 자동적으로 전로를 차단하는 장치를 시설할 것
- 사람이 접촉할 우려가 없는 은폐된 장소에 합성수지관공사, 금속관공사 및 케이블공사에 의하여 시설하거나 사람이 접촉할 우려가 없도록 케이블공사에 의하여 시설하고 전선에 적당한 방호장치를 시설

60 구내에 시설한 개폐기, 기타의 장치에 의하여 전로를 개폐하는 곳으로 발전소, 변전소 및 수용장소 이외의 곳을 무엇이라 하는가?

① 송전소 ② 배전소 ③ 급전소 ④ 개폐소

61 발전소와 전기수용설비, 변전소와 전기수용설비, 송전선로와 전기수용설비, 전기수용설비 상호 간을 연결하는 선로가 아닌 것은?

① 송전선로 ② 배전선로 ③ 개폐소 ④ 발전선로

풀이 전기수용설비 상호 간을 연결하는 선로
- 송전선로 : 발전소와 변전소(전기수용설비)
- 배전선로 : 변전소와 부하(전기수용설비)
- 개폐소 : 송전선로와 50[kV] 이상의 전압을 개폐하는 곳(전기수용설비)
- 발전선로 : 발전소(전기수용설비) 상호 간

62 특고압 배전용 변압기의 특고압 측에 반드시 시설하여야 하는 기기는?

① 보호계전기 ② 조상기
③ 전력량계 ④ 개폐기 및 과전류 차단기

풀이 특고압용 옥외용 배전용 변압기의 특고압 측에는 반드시 개폐기 및 과전류 차단기를 시설한다. (단, 22.9[kV]는 과전류 차단기만 시설한다.)

63 과전류 차단기를 설치해서는 안 되는 장소로 잘못된 것은?

① 접지공사 접지선 ② 다선식 선로의 중성선
③ 저압 가공전선로의 접지 측 전선 ④ 저압 옥내 전선로

풀이 과전류 차단기의 시설 제한
- 접지공사 접지선
- 다선식 선로의 중성선
- 저압가공전선로의 접지 측 전선
※ 저압 옥내 전선로는 분기회로별로 과전류 차단기를 설치해야 한다.

정답 60 ④ 61 ③ 62 ④ 63 ④

64 과전류차단기를 시설하여야 하는 장소는?

① 저압옥내선로
② 접지공사의 접지선
③ 다선식 선로의 중성선
④ 전로의 일부에 접지공사를 한 저압 가공전선로의 접지 측 전선

풀이 과전류차단기의 시설 제한
접지공사의 접지선, 다선식 전로의 중성선 및 제23조제1항부터 제3항까지의 규정에 의하여 전로의 일부에 접지공사를 한 저압 가공전선로의 접지 측 전선에는 과전류차단기를 시설하여서는 안 된다.

65 고압 또는 특고압 전로 중 기계·기구 및 전선을 보호하기 위하여 필요한 곳에는 어떤 기기를 설치해야 하는가?

① 개폐기
② 단로기
③ 과전류차단기
④ 피뢰기

풀이 고압 또는 특고압 전로 중 기계·기구 및 전선을 보호하기 위하여 필요한 곳에는 과전류 차단기를 시설하여야 한다.

66 고압용 또는 특별고압용의 개폐기로서 중력 등에 의해 자연히 동작할 우려가 있는 것에는 어떤 장치를 설치해야 하는가?

① 제어장치
② 차단장치
③ 자물쇠장치
④ 단락 및 지락장치

풀이 개폐기의 시설
고압용 또는 특고압용의 개폐기로서 중력 등에 의하여 자연히 작동할 우려가 있는 것은 자물쇠장치, 기타 이를 방지하는 장치를 시설하여야 한다.

67 일반용 전기설비의 범위로 바르지 않은 것은?

① 전압 600[V] 이하로서 용량 75[kW] 미만의 전력을 타인으로부터 수전하여 그 수전장소에서 그 전기를 사용하기 위한 전기설비
② 전압 600[V] 이하로서 용량 10[kW] 이하인 변압기
③ 영화 및 비디오물의 진흥에 관한 법률 시행령에 따른 설치용량 20[kW] 이상의 전기설비
④ 유흥주점, 단란주점의 시설에 설치하는 용량 20[kW] 이상의 전기설비

정답 64 ① 65 ③ 66 ③ 67 ②

풀이 전기사업법 시행규칙 제3조(일반용 전기설비의 범위)
① 「전기사업법」(이하 "법"이라 한다.) 제2조제18호에 따른 일반용 전기설비는 다음 각 호의 어느 하나에 해당하는 전기설비로 한다.
  1. 저압에 해당하는 용량 75킬로와트(제조업 또는 심야전력을 이용하는 전기설비는 용량 100킬로와트) 미만의 전력을 타인으로부터 수전하여 그 수전장소(담·울타리 또는 그 밖의 시설물로 타인의 출입을 제한하는 구역을 포함한다. 이하 같다)에서 그 전기를 사용하기 위한 전기설비
  2. 저압에 해당하는 용량 10킬로와트 이하인 발전기
② 제1항에도 불구하고 다음 각 호의 어느 하나에 해당하는 전기설비는 일반용 전기설비로 보지 아니한다.
  1. 자가용 전기설비의 설치장소와 동일한 수전장소에 설치하는 전기설비
  2. 다음 각 목의 위험시설에 설치하는 용량 20킬로와트 이상의 전기설비
    가. 「총포·도검·화약류 등의 안전관리에 관한 법률」 제2조제3항에 따른 화약류(장난감용 꽃불은 제외한다)를 제조하는 사업장
    나. 「광산안전법 시행령」 제3조제1항제2호가목에 따른 갑종탄광
    다. 「도시가스사업법」에 따른 도시가스사업장, 「액화석유가스의 안전관리 및 사업법」에 따른 액화석유가스의 저장·충전 및 판매사업장 또는 「고압가스 안전관리법」에 따른 고압가스의 제조소 및 저장소
    라. 「위험물 안전관리법」 제2조제1항제3호 및 제5호에 따른 위험물의 제조소 또는 취급소
  3. 다음 각 목의 여러 사람이 이용하는 시설에 설치하는 용량 20킬로와트 이상의 전기설비
    가. 「공연법」 제2조제4호에 따른 공연장
    나. 「영화 및 비디오물의 진흥에 관한 법률」 제2조제10호에 따른 영화상영관
    다. 「식품위생법 시행령」에 따른 유흥주점·단란주점
    라. 「체육시설의 설치·이용에 관한 법률」에 따른 체력단련장
    마. 「유통산업발전법」 제2조제3호 및 제7호에 따른 대규모 점포 및 상점가
    바. 「의료법」 제3조에 따른 의료기관
    사. 「관광진흥법」에 따른 호텔
    아. 「화재예방·소방시설 설치·유지 및 안전관리에 관한 법률 시행령」 별표 2 제3호 나목에 따른 집회장

68 전기의 원활한 흐름과 품질 유지를 위하여 전기의 흐름을 통제·관리하는 체제를 무엇이라 하는가?
① 전력시스템 ② 전력계통
③ 전기회로 ④ 전기관리시스템

풀이 "전력계통"이란 전기의 원활한 흐름과 품질 유지를 위하여 전기의 흐름을 통제·관리하는 체제를 말한다.

69 고압 및 특고압 전로에 시설하는 피뢰기의 접지저항값은?
① 10[Ω] ② 20[Ω] ③ 50[Ω] ④ 100[Ω]

정답 68 ② 69 ①

[풀이] **피뢰기의 접지**
고압 및 특고압의 전로에 시설하는 피뢰기 접지저항값은 10[Ω] 이하로 하여야 한다.

70 고압 및 특별고압의 전로에 피뢰기를 설치하지 않아도 되는 것은?

① 변전소 또는 이에 준하는 장소의 가공전선 인입구 및 인출구
② 고압 및 특고압 가공전선로로부터 공급을 받는 수용장소의 인입구
③ 지중전선로에 연결된 구내 수전설비 2차측 선로
④ 가공전선로와 지중전선로가 접속되는 곳

[풀이] **피뢰기의 시설**
- 발·변전소 또는 이에 준하는 장소의 가공전선 인입구 및 인출구
- 배전용 변압기의 고압 측 및 특고압 측
- 고압 및 특고압 가공전선로로부터 공급을 받는 수용장소의 인입구
- 가공전선로와 지중전선로가 접속되는 곳

71 피뢰시스템 설명 중 틀린 것은?

① 건축물 상부에 어레이를 설치할 경우 지면으로부터 어레이의 높이 합산 30[m] 이상 시 피뢰설비 설치의무 대상이다.
② 시스템 보호대책으로 구조물에는 접지 및 본딩 대책, 자기차폐, 선로의 경로, 협조된 SPD이 있고 인입선설비(전력선 등)에는 선로 말단과 선로 상의 여러 위치에 설치된 서지보호장치, 케이블 자기차폐 등이 있다.
③ 외부 피뢰시스템에는 수뢰부시스템, 인하도선시스템, 접지시스템이 있다.
④ 내부시스템 고장보호는 차폐·본딩 및 접지 SPD 등이 있다.

[풀이] 건축물 상부에 어레이를 설치할 경우 지면으로부터 어레이의 높이 합산 20[m] 이상 시 피뢰설비 설치의무 대상이다.

72 지중 관로 및 지중 전선로에 대한 표현으로 잘못된 것은?

① 지중 관로란 지중 전선로, 지중 약전류전선로, 지중 광섬유케이블선로, 지중에 시설하는 수관 및 가스관과 이와 유사한 것 및 이들에 부속하는 지중함 등을 말한다.
② 지중 전선로의 전선은 케이블을 사용한다.
③ 지중 관로는 직매식, 관로식, 암거식에 의해 시설한다.
④ 지중 전선로의 전선은 절연전선을 사용하고 직매식, 암거식, 전력구식에 의해 시설한다.

정답 70 ③ 71 ① 72 ④

풀이
- 지중 전선로는 전선에 케이블을 사용하고 또한 관로식·암거식(暗渠式) 또는 직접 매설식에 의하여 시설하여야 한다.
- "지중 관로"란 지중 전선로·지중 약전류 전선로·지중 광섬유 케이블 선로·지중에 시설하는 수관 및 가스관과 이와 유사한 것 및 이들에 부속하는 지중함 등을 말한다.

73 지중전선로에 사용하는 지중함의 시설기준으로 틀린 것은?

① 지중함은 견고하고 차량, 기타 중량물의 압력에 견디는 구조일 것
② 지중함은 그 안의 고인 물을 제거할 수 있는 구조로 되어 있을 것
③ 지중함의 뚜껑은 시설자 이외의 자가 쉽게 열 수 없도록 시설할 것
④ 작업을 위한 조명과 세척이 가능한 시설을 설치할 것

풀이 조명과 세척이 가능한 시설은 하지 않아도 된다.

74 한국전기설비규정(KEC)에서 지중 전선로에 케이블을 사용하여 관로식으로 시설할 경우 매설 깊이를 몇 [m] 이상으로 하여야 하는가?

① 0.3
② 0.6
③ 0.8
④ 1.0

풀이 지중 전선로의 시설
① 지중 전선로는 전선에 케이블을 사용하고 또한 관로식·암거식(暗渠式) 또는 직접 매설식에 의하여 시설하여야 한다.
② 지중 전선로를 관로식 또는 암거식에 의하여 시설하는 경우에는 다음 각 호에 따라야 한다.
   1. 관로식에 의하여 시설하는 경우에는 매설 깊이를 1.0[m] 이상으로 하되, 매설깊이가 충분하지 못한 장소에는 견고하고 차량 기타 중량물의 압력에 견디는 것을 사용할 것. 다만 중량물의 압력을 받을 우려가 없는 곳은 60[cm] 이상으로 한다.
   2. 직접 매설식에 의하여 시설하는 경우 : 매설 깊이를 차량 기타 중량물의 압력을 받을 우려가 있는 장소에는 1.0[m] 이상, 기타 장소에는 60[cm] 이상

75 피뢰기의 설치장소 중 잘못된 것은?

① 발·변전소 또는 이에 준하는 장소의 가공전선 인입구 및 인출구
② 가공전선로에 접속하는 특고압 배전용 변압기의 고압 측 및 특고압 측
③ 가공전선로와 지중전선로가 접속되는 곳
④ 고압 및 특고압 지중전선로로부터 공급받는 수용가의 인입구

정답 73 ④ 74 ④ 75 ④

76 피뢰기의 설치장소로 틀린 것은?

① 가공전선로와 지중전선로가 접속되는 곳
② 저압 가공전선로로부터 공급을 받는 수용장소의 인입구
③ 고압 및 특고압 가공전선로로부터 공급을 받는 수용장소의 인입구
④ 발전소·변전소 또는 이에 준하는 장소의 가공전선 인입구 및 인출구

풀이 고압 및 특고압 전로의 피뢰기 시설 설치장소
- 발전소·변전소 또는 이에 준하는 장소의 가공전선 인입구 및 인출구
- 가공전선로(25[kV] 이하의 중성점 다중접지식 특고압 가공전선로를 제외한다)에 접속하는 배전용 변압기의 고압 측 및 특고압 측
- 고압 및 특고압의 가공전선로로부터 공급을 받는 수용장소의 인입구
- 가공전선로와 지중전선로가 접속되는 곳

77 고압 또는 특고압의 기계·기구, 모선 등을 옥외에 시설하는 발전소, 개폐소 또는 이에 준하는 곳에 시설하는 울타리, 담 등에 대한 판단기준으로 잘못된 것은?

① 울타리, 담 등의 높이는 2.5[m] 이상으로 한다.
② 지표면과 울타리, 담 등의 하단 사이의 간격은 15[cm] 이하로 할 것
③ 출입구에는 출입금지의 표시를 할 것
④ 출입구에는 자물쇠장치 기타 적당한 장치를 할 것

풀이 발전소 등의 울타리·담 등의 시설
① 고압 또는 특고압의 기계 기구, 모선 등을 옥외에 시설하는 발전소·변전소·개폐소 또는 이에 준하는 곳에는 다음 각 호에 따라 구내에 취급자 이외의 사람이 들어가지 아니하도록 시설하여야 한다. 다만, 토지의 상황에 의하여 사람이 들어갈 우려가 없는 곳은 그러하지 아니하다.
  1. 울타리·담 등을 시설할 것
  2. 출입구에는 출입금지의 표시를 할 것
  3. 출입구에는 자물쇠장치, 기타 적당한 장치를 할 것
② 제1항의 울타리·담 등은 다음의 각 호에 따라 시설하여야 한다.
  1. 울타리·담 등의 높이는 2[m] 이상으로 하고 지표면과 울타리·담 등의 하단 사이의 간격은 15[cm] 이하로 할 것
  2. 울타리·담 등과 고압 및 특고압의 충전 부분이 접근하는 경우에는 울타리·담 등의 높이와 울타리·담 등으로부터 충전부분까지 거리의 합계는 다음 표에서 정한 값 이상으로 할 것

사용 전압의 구분	울타리·담 등의 높이와 울타리·담 등으로부터 충전부분까지의 거리의 합계
35[kV] 이하	5[m]
35[kV] 초과 160[kV] 이하	6[m]
160[kV] 초과	6[m]에 160[kV]를 초과하는 10[kV] 또는 그 단수마다 12[cm]를 더한 값

정답 76 ② 77 ①

78 고압 또는 특고압의 기계기구·모선 등을 옥외에 시설하는 발전소·변전소·개폐소 또는 이에 준하는 곳에 시설하는 울타리·담 등에 대한 전기설비기술기준으로 적합하지 않은 것은?

① 출입구에는 출입금지의 표시를 할 것
② 출입구에는 자물쇠장치 기타 적당한 장치를 할 것
③ 울타리·담 등의 높이는 1.8[m] 이상으로 할 것
④ 지표면과 울타리·담 등의 하단 사이의 간격은 15[cm] 이하로 할 것

풀이 발전소 등의 울타리·담 등의 시설
- 울타리·담 등을 시설할 것
- 출입구에는 출입금지의 표시를 할 것
- 출입구에는 자물쇠장치 기타 적당한 장치를 할 것
- 울타리·담 등의 높이는 2[m] 이상으로 하고 지표면과 울타리·담 등의 하단 사이의 간격은 15[cm] 이하로 할 것

79 발전소, 변전소, 개폐소 등에서 울타리·담 등의 시설 시 사용 전압이 35[kV] 이하이고, 울타리의 높이가 2[m]인 경우 울타리 상단 부분과 충전 부분의 이격거리는 몇 [m] 이상이 되어야 하는가?

① 3[m] 이상　　② 5[m] 이상
③ 6[m] 이상　　④ 7[m] 이상

풀이 발전소 등의 울타리·담 등의 시설
35[kV] 이하 시 울타리·담 등의 높이와 울타리·담 등으로부터 충전 부분까지의 거리의 합계는 5[m] 이상이어야 한다. 울타리의 높이가 2[m]이므로 울타리 상단 부분과 충전 부분과의 이격거리는 3[m] 이상이어야 한다.

80 400[V]를 넘는 저압 옥내배선의 사용전선으로 단면적이 1[mm²] 이상인 케이블을 사용할 때 일반적인 경우 어떤 종류의 케이블을 선택하는가?

① CN-CV 케이블
② 폴리에틸렌 절연비닐시스케이블
③ 부틸고무절연 폴리에틸렌시스케이블
④ 미네랄 인슐레이션케이블

풀이 일반적으로 저압옥내배선 1.0[mm²]의 MI 케이블을 사용한다.

정답 78 ③　79 ①　80 ④

81 정격전류가 40[A]를 초과하고 50[A] 이하인 과전류차단기로 보호되는 저압옥내전로에서 사용되는 옥내배선의 최소굵기는?

① 2.5[mm²]
② 6[mm²]
③ 10[mm²]
④ 16[mm²]

풀이 분기회로의 시설

저압 옥내전로의 종류	저압 옥내배선의 굵기	하나의 나사 접속기, 하나의 소켓 또는 하나의 콘센트에서 그 분기점에 이르는 부분의 전선의 굵기
정격전류가 15[A] 이하이고 과전류차단기로 보호되는 것	단면적 2.5[mm²] (미네랄 인슐레이션케이블은 단면적 1[mm²])	—
정격전류가 15[A]를 초과하고 20[A] 이하인 배선용 차단기로 보호되는 것		
정격전류가 15[A]를 초과하고 20[A] 이하인 과전류 차단기(배선용 차단기를 제외한다.)로 보호되는 것	단면적 4[mm²] (미네랄 인슐레이션케이블은 단면적 1.5[mm²])	단면적 2.5[mm²] (미네랄 인슐레이션케이블은 단면적 1[mm²])
정격전류가 20[A]를 초과하고 30[A] 이하인 과전류 차단기로 보호되는 것	단면적 6[mm²] (미네랄 인슐레이션케이블은 단면적 2.5[mm²])	
정격전류가 30[A]을 초과하고 40[A] 이하인 과전류 차단기로 보호되는 것	단면적 10[mm²] (미네랄인슐레이션케이블은 단면적 6[mm²])	단면적 4[mm²] (미네랄 인슐레이션케이블은 단면적 1.5[mm²])
정격전류가 40[A]을 초과하고 50[A] 이하인 과전류 차단기로 보호되는 것	단면적 16[mm²] (미네랄인슐레이션케이블은 단면적 10[mm²])	

82 저압 옥내배선은 일반적인 경우 지름 몇 [mm²] 이상의 연동선이거나 이와 동등 이상의 세기 및 굵기의 것을 사용해야 하는가?

① 2.5[mm²] 이상
② 4.0[mm²] 이상
③ 6[mm²] 이상
④ 10[mm²] 이상

83 정격전류가 15[A] 이상이고, 20[A] 이하인 배선용 차단기로 보호되는 저압옥내전로의 콘센트는 정격전류가 몇 [A]인 것을 사용해야 하는가?

① 15[A] 이하
② 20[A] 이하
③ 30[A] 이하
④ 40[A] 이하

정답 81 ④ 82 ① 83 ②

풀이 분기회로의 시설

저압 옥내전로의 종류	콘센트	나사 접속기 또는 소켓
정격전류가 15[A] 이하이고 전류 차단기로 보호되는 것	정격전류가 15[A] 이하인 것	나사형의 소켓으로서 공칭 지름이 39[mm] 이하인 것이나 나사형 이외의 소켓 또는 공칭 지름이 39[mm] 이하인 나사 접속기
정격전류가 15[A]를 초과하고 20[A] 이하인 배선용 차단기로 보호되는 것	정격전류가 20[A] 이하인 것	
정격전류가 15[A]를 초과하고 20[A] 이하인 과전류 차단기(배선용 차단기를 제외한다.)로 보호되는 것	정격전류가 20[A]인 것(정격전류가 20[A] 미만의 꽂임 플러그가 접속될 수 있는 것은 제외한다.)	할로겐 전구용의 소켓이나 할로겐 전구용 이외의 백열전등용·방전등용의 소켓으로서 공칭 지름이 39[mm]인 것 또는 공칭 지름이 39[mm]인 나사 접속기
정격전류가 20[A]를 초과하고 30[A] 이하의 과전류 차단기로 보호되는 것	정격전류가 20[A] 이상 30[A] 이하인 것(정격전류가 20[A] 미만의 꽂임 플러그가 접속될 수 있는 것은 제외한다.)	
정격전류가 30[A]를 초과하고 40[A] 이하인 과전류 차단기로 보호되는 것	정격전류가 30[A] 이상 40[A] 이하인 것	
정격전류가 40[A]를 초과하고 50[A] 이하인 과전류 차단기로 보호되는 것	정격전류가 40[A] 이상 50[A] 이하인 것	

84 고압 옥내배선공사 시 사용전선의 최소 단면적은?

① 4[mm²] 이상　　② 6[mm²] 이상
③ 10[mm²] 이상　　④ 16[mm²] 이상

풀이 고압 옥내배선 등의 시설
1. 고압 옥내배선은 다음 중 1에 의하여 시설할 것
   가. 애자 사용 공사(건조한 장소로서 전개된 장소에 한한다.)
   나. 케이블 공사
   다. 케이블 트레이 공사
2. 애자 사용 공사에 의한 고압 옥내배선은 다음에 의하고, 또한 사람이 접촉할 우려가 없도록 시설할 것
   가. 전선은 공칭단면적 6[mm²]의 연동선 또는 이와 동등 이상의 세기 및 굵기의 고압 절연전선이나 특별고압 절연전선 또는 인하용 고압 절연전선일 것
   나. 전선의 지지점 간의 거리는 6[m] 이하일 것. 다만, 전선을 조영재의 면을 따라 붙이는 경우에는 2[m] 이하이어야 한다.

85 아크가 발생하는 고압용 차단기를 시설하는 경우 가연성 물질로부터의 이격거리는 몇 [m] 이상인가?

① 0.5　　② 1.0
③ 1.5　　④ 2.0

정답 84 ② 85 ②

풀이 아크를 발생하는 기구의 시설

동작 시에 아크를 발생하는 기구는 목재의 벽 또는 가연성 물체로부터 고압용은 1[m] 이상 특고압용은 2[m] 이상 이격시킨다.

86 점검할 수 있는 은폐장소로서 건조한 곳에 시설하는 애자 사용 노출공사에 있어서 사용전압 440[V]의 경우 전선과 조영재 사이의 이격거리는?

① 2[cm] 이상
② 2.5[cm] 이상
③ 3[cm] 이상
④ 5[cm] 이상

풀이 저압의 경우 400[V] 이상일 때 전선과 조영재 사이의 이격거리는 4.5[cm] 이상이다. 단, 건조한 곳에 시설하는 경우 2.5[cm] 이상이다.

87 분산형 전원을 인버터를 이용하여 전력계통에 연계하는 경우 접속점과 인버터 사이에 상용주파수 변압기를 설치해야 하는데 별도의 사항을 충족하는 경우는 예외로 할 수 있다. 다음 중 충족사항을 잘못 기술한 것은?

① 인버터의 직류 측 회로가 비접지인 경우
② 고주파 변압기를 사용하는 경우
③ 인버터의 교류출력 측에 직류 검출기를 구비하고 직류 검출 시에 교류출력을 정지하는 기능을 갖춘 경우
④ 인버터 내부에 단독운전에 대한 보호기능이 갖춰진 경우

풀이 저압 계통 연계 시 직류유출방지 변압기의 시설

분산형 전원을 인버터를 이용하여 배전사업자의 저압 전력계통에 연계하는 경우 인버터로부터 직류가 계통으로 유출되는 것을 방지하기 위하여 접속점(접속설비와 분산형 전원 설치자 측 전기설비의 접속점을 말한다.)과 인버터 사이에 상용주파수 변압기(단권변압기를 제외한다.)를 시설하여야 한다. 다만, 다음 각 호를 모두 충족하는 경우에는 예외로 한다.
1. 인버터의 직류 측 회로가 비접지인 경우 또는 고주파 변압기를 사용하는 경우
2. 인버터의 교류출력 측에 직류 검출기를 구비하고, 직류 검출 시에 교류출력을 정지하는 기능을 갖춘 경우

88 분산형 전원을 인버터를 이용하여 전력계통에 연계하는 경우 인버터로부터 직류가 계통으로 유출되는 것을 방지하기 위하여 접속점과 인버터 사이에 설치하는 것은?

① 차단기
② 전동기
③ 보호계전기
④ 상용주파수 변압기

정답 86 ② 87 ④ 88 ④

[풀이] 저압 계통연계 시 직류유출방지 변압기의 시설
분산형 전원을 인버터를 이용하여 배전사업자의 저압 전력계통에 연계하는 경우 인버터로부터 직류가 계통으로 유출되는 것을 방지하기 위하여 접속점(접속설비와 분산형 전원 설치자 측 전기설비의 접속점을 말한다.)과 인버터 사이에 상용주파수 변압기(단권변압기를 제외한다.)를 시설하여야 한다. 다만, 다음 각 호를 모두 충족하는 경우에는 예외로 한다.
1. 인버터의 직류 측 회로가 비접지인 경우 또는 고주파 변압기를 사용하는 경우
2. 인버터의 교류출력 측에 직류 검출기를 구비하고, 직류 검출 시에 교류출력을 정지하는 기능을 갖춘 경우

89 전력계통에 연계하는 태양전지 발전소에 시설하는 계측장치로 옳은 것은?

① 주요 변압기의 전압 및 전류 또는 전력
② 주요 변압기의 전압 및 전류 또는 온도
③ 주요 변압기의 전압 및 전류 또는 역류
④ 주요 변압기의 전압 및 유온 또는 주파수

[풀이] 전력계통에 연계하는 태양전지 발전소에 시설하는 계측장치
- 발전기, 연료전지 또는 태양전지 모듈(복수의 태양 전지모듈을 설치하는 경우에는 그 집합체)의 전압 및 전류 또는 전력
- 발전기에 베어링(수중 메탈을 제외한다.) 및 고정자(固定子)의 온도
- 발전기(정격출력이 10,000[kW]를 넘는 증기터빈에 접속하는 것에 한한다.)의 진동의 진폭
- 주요 변압기의 전압 및 전류 또는 전력
- 특별고압용 변압기의 온도

90 한국전기설비규정(KEC)에서 사용하는 용어의 정의 중 전력계통의 일부가 전력계통의 전원과 전기적으로 분리된 상태에서 분산형 전원에 의해서만 가압되는 상태를 무엇이라 하는가?

① 계통연계 ② 단독운전
③ 접근상태 ④ 단순병렬운전

[풀이] 단독운전(Islanding)
한전계통의 일부가 한전계통의 전원과 전기적으로 분리된 상태에서 분산형 전원에 의해서만 가압되는 상태를 말한다.

91 계통연계하는 분산형 전원을 설치하는 경우 이상 또는 고장발생의 경우가 아닌 것은?

① 단독운전 상태 ② 분산형 전원의 이상 또는 고장
③ 연계한 변압기 중성점 접지시설 ④ 연계한 전력계통의 이상 또는 고장

정답 89 ① 90 ② 91 ③

풀이 계통연계용 보호장치의 시설
계통연계하는 분산형 전원을 설치하는 경우 다음 각 호의 1에 해당하는 이상 또는 고장 발생 시 자동적으로 분산형 전원을 전력계통으로부터 분리하기 위한 장치 시설 및 해당 계통과의 보호협조를 실시하여야 한다.
1. 분산형 전원의 이상 또는 고장
2. 연계한 전력계통의 이상 또는 고장
3. 단독운전 상태

92 태양전지 발전소에 시설하는 태양전지 모듈 시설방법을 잘못 기술한 것은?
① 충전부분은 노출되지 아니하도록 시설할 것
② 태양전지 모듈에 접속하는 전원 측의 전로에는 그 접속점에 근접하여 차단기, 기타 이와 유사한 기구를 시설할 것
③ 태양전지 모듈을 병렬접속하는 전로에는 그 전로에 단락이 생긴 경우에 전로를 보호할 수 있는 과전류 차단기를 시설할 것
④ 전선은 공칭단면적 2.5[mm²] 이상의 연동선을 사용할 것

풀이 태양전지 모듈 등의 시설
① 태양전지 발전소에 시설하는 태양전지 모듈, 전선 및 개폐기, 기타 기구는 다음의 각 호에 따라 시설하여야 한다.
   1. 충전부분은 노출되지 아니하도록 시설할 것
   2. 태양전지 모듈에 접속하는 부하 측의 전로(복수의 태양전지 모듈을 시설한 경우에는 그 집합체에 접속하는 부하 측의 전로)에는 그 접속점에 근접하여 개폐기, 기타 이와 유사한 기구(부하전류를 개폐할 수 있는 것에 한한다.)를 시설할 것
   3. 태양전지 모듈을 병렬로 접속하는 전로에는 그 전로에 단락이 생긴 경우에 전로를 보호하는 과전류차단기, 기타의 기구를 시설할 것. 다만, 그 전로가 단락전류에 견딜 수 있는 경우에는 그러하지 아니하다.
   4. 전선은 다음에 의하여 시설할 것. 다만, 기계·기구의 구조상 그 내부에 안전하게 시설할 수 있을 경우에는 그러하지 아니하다.
      가. 전선은 공칭단면적 2.5[mm²] 이상의 연동선 또는 이와 동등 이상의 세기 및 굵기의 것일 것
      나. 옥내에 시설할 경우에는 합성수지관공사, 금속관공사, 가요전선관공사 또는 케이블공사로 관련 규정에 준하여 시설할 것
      다. 옥측 또는 옥외에 시설할 경우에는 합성수지관공사, 금속관공사, 가요전선관공사 또는 케이블공사로 관련 규정에 준하여 시설할 것
   5. 태양전지 모듈 및 개폐기 그 밖의 기구에 전선을 접속하는 경우에는 나사 조임 그 밖에 이와 동등 이상의 효력이 있는 방법에 의하여 견고하고 또한 전기적으로 완전하게 접속함과 동시에 접속점에 장력이 가해지지 아니하도록 할 것
② 태양전지 모듈의 지지물은 자중, 적재하중, 적설 또는 풍압 및 지진 기타의 진동과 충격에 대하여 안전한 구조의 것이어야 한다.

정답 92 ②

93 발전소 등의 부지 시설조건에서 틀린 것은?

① 산지전용 후 발생하는 절·성토면의 수직높이는 15[m] 이하로 한다.
② 부지 조성을 위해 산지를 전용할 경우에는 산지의 평균경사도가 25도 이하여야 한다.
③ 산지전용면적 중 산지 전용으로 발생되는 절·성토 경사면의 면적이 100분의 50을 초과해서는 안 된다.
④ 산지 전용 후 발생하는 절토면 최하단부에서 발전 및 변전설비까지의 최소이격거리는 보안울타리, 외곽도로, 수림대 등을 포함하여 5[m] 이상이어야 한다.

풀이 발전소 등의 부지 시설조건
1. 부지 조성을 위해 산지를 전용할 경우에는 전용하고자 하는 산지의 평균 경사도가 25도 이하여야 하며, 산지전용면적 중 산지 전용으로 발생되는 절·성토 경사면의 면적이 100분의 50을 초과해서는 아니 된다.
2. 산지 전용 후 발생하는 절·성토면의 수직높이는 15[m] 이하로 한다. 다만, 345[kV]급 이상 변전소 또는 전기사업용 전기설비인 발전소로서 불가피하게 절·성토면 수직높이가 15[m] 초과되는 장대비탈면이 발생할 경우에는 절·성토면의 안정성에 대한 전문용역기관(토질 및 기초와 구조분야 전문기술사를 보유한 엔지니어링 활동주체로 등록된 업체)의 검토 결과에 따라 용수, 배수, 법면보호 및 낙석방지 등 안전대책을 수립한 후 시행하여야 한다.
3. 산지 전용 후 발생하는 절토면 최하단부에서 발전 및 변전설비까지의 최소간격은 보안울타리, 외곽도로, 수림대 등을 포함하여 6[m] 이상이 되어야 한다. 다만, 옥내변전소와 옹벽, 낙석방지망 등 안전대책을 수립한 시설의 경우에는 예외로 한다.

94 태양전지 모듈 등의 시설 시 옥측 또는 옥외에 시설하는 공사법이 아닌 것은?

① 합성수지관 공사
② 애자 사용 공사
③ 금속관 공사
④ 가요전선관 공사

풀이 주택용 계통연계형 태양광발전설비에서 전로 및 기기의 사용전압은 400[V] 이하로 한다. 다만, 태양전지모듈에 접속하는 부하 측의 옥내배선(복수의 태양전자모듈을 시설한 경우는 그 집합체에 접속하는 부하 측의 배선)은 아래 사항에 의해 시설하였는지 확인한다. 주택 옥내전로의 대지전압이 직류 600[V] 이하인 경우는 적용하지 않는다.
- 전로에 지락이 발생하였을 경우 자동적으로 전로를 차단하는 장치를 시설할 것
- 사람이 접촉할 우려가 없는 은폐된 장소에 합성수지관공사, 금속관공사 및 케이블공사에 의하여 시설하거나 사람이 접촉할 우려가 없도록 케이블공사에 의하여 시설할 것
- 전선은 적당한 방호장치를 시설할 것
- 대지 전압은 300[V] 이하

정답 93 ④ 94 ②

95 태양전지 모듈에 시설하는 전선은 공칭단면적 얼마 이상의 연동선 또는 이와 동등 이상의 세기 및 굵기[mm²]의 전선을 사용해야 하는가?

① 2.5   ② 4   ③ 6   ④ 8

풀이 태양전지 모듈 등의 시설
전선은 공칭단면적 2.5[mm²] 이상의 연동선 또는 이와 동등 이상의 세기 및 굵기의 것일 것

96 태양광발전소의 전선 시설 시 시설 내용으로 잘못된 것은?

① 전선은 공칭단면적 1.5[mm²] 이상의 연동선 또는 이와 유사한 동등 이상의 세기 및 굵기일 것
② 옥내에 시설할 경우에는 합성수지관공사, 금속관공사, 가요전선관공사 또는 케이블공사로 각 규정에 준하여 시설할 것
③ 옥측 또는 옥외에 시설할 경우에는 합성수지관공사, 금속관공사, 가요전선관공사 또는 케이블공사로 각 규정에 준하여 시설할 것
④ 기계기구의 구조상 그 내부에 안전하게 시설할 수 있을 경우에는 그러지 아니한다.

풀이 태양광발전시설 시 전선은 공칭 단면적 2.5[mm²] 이상의 연동선 또는 이와 동등 이상의 세기 및 굵기일 것

97 태양전지 발전소에 시설하는 태양전지 모듈 및 전선 기타 기구 등의 시설방법으로 틀린 것은?

① 전선은 공칭단면적 6[mm²] 이상의 연동선 또는 이와 유사한 동등 이상의 세기 및 굵기의 것일 것
② 태양전지 모듈을 병렬로 접속하는 전로에는 과전류차단기를 시설할 것
③ 충전부분은 노출되지 않도록 시설할 것
④ 태양전지 모듈의 지지물은 자중, 적재하중, 적설 또는 풍압의 진동과 충격에 대하여 안전한 구조의 것일 것

풀이 전선은 공칭 단면적 2.5[mm²] 이상의 연동선 또는 이와 동등 이상의 세기 및 굵기의 것이어야 한다.

98 태양전지 모듈의 시설에 관한 내용 중 잘못된 것은?

① 충전부분은 노출되지 아니하도록 시설한다.
② 태양전지 모듈을 병렬로 접속하는 전로에는 과전류차단기를 설치한다.
③ 태양전지 모듈의 지지물은 진동과 충격에 대하여 안전한 구조이어야 한다.
④ 옥측 또는 옥외에 시설하는 경우에는 합성수지관공사, 케이블공사 및 금속몰드공사로 시설한다.

풀이 배선기구나 전선로를 옥측 또는 옥외에 시설하는 경우에는 합성수지관공사, 금속관공사 가요전선관공사 또는 케이블공사로 한다.

정답 95 ①   96 ①   97 ①   98 ④

99 태양전지 모듈 및 개폐기를 전선과 접속할 때 그 방법이 잘못된 것은?

① 접속 시 나사조임, 그 밖에 이와 동등 이상의 효력이 있는 방법에 의하여 견고하게 할 것
② 전기적으로 완전하게 접속할 것
③ 접속점에는 장력을 가해 접속할 것
④ 그 밖의 기구 등도 전선과 접속 시 나사조임, 그 밖에 이와 동등 이상의 효력이 있는 방법으로 견고하게 접속할 것

풀이 접속점에는 장력을 가해 접속해서는 안 된다.

100 태양전지 모듈 등의 전선을 옥내에 시설할 경우 합성수지관 공사에 준하여 시설하여야 한다. 합성수지관 전선공사 시 조건에 대한 사항으로 잘못 기술한 것은?

① 전선은 절연전선일 것
② 전선은 관 내 접속점이 없을 것
③ 전선은 연선일 것
④ 현저한 기계적 충격을 받더라도 충격에 견딜 것

풀이 합성수지관은 현저한 기계적 충격을 받을 우려가 없는 장소에 시설한다.

101 태양전지 발전소에 시설하는 태양전지 모듈, 전선 및 개폐기 등의 시설기준을 설명한 것 중 틀린 것은?

① 충전부분은 노출되지 않도록 시설할 것
② 태양전지 모듈에 접속하는 부하 측 전로에는 그 접속점에 근접하여 개폐기를 시설할 것
③ 전선은 공칭단면적 1.5[mm²] 이상의 연동선 또는 이와 유사한 동등 이상의 세기 및 굵기의 것일 것
④ 태양전지 모듈을 병렬로 접속하는 전로에는 그 전로에 단락이 생긴 경우에 전로를 보호하는 과전류차단기를 시설할 것

풀이 전선은 공칭 단면적 2.5[mm²] 이상의 연동선 또는 이와 동등 이상의 세기 및 굵기의 것일 것

102 발전소·변전소 또는 이에 준하는 곳에 시설하는 배전반에 고압용 기구 또는 전선을 시설하는 경우 적당하지 않은 것은?

① 점검이 용이하게 통로를 시설할 것
② 기기조작에 필요한 공간을 확보할 것
③ 회로설비는 반드시 관에 넣어 시설할 것
④ 취급에 위험을 주지 않도록 방호장치를 할 것

정답 99 ③ 100 ④ 101 ③ 102 ③

풀이 배전반의 시설
- 발전소·변전소·개폐소 또는 이에 준하는 곳에 시설하는 배전반에 붙이는 기구 및 전선(관에 넣은 전선 및 개장한 케이블을 제외)은 점검할 수 있도록 시설하여야 한다.
- 위의 배전반에 고압용 또는 특고압용의 기구 또는 전선을 시설하는 경우에는 취급자에게 위험이 미치지 아니하도록 적당한 방호장치 또는 통로를 시설하여야 하며, 기기조작에 필요한 공간을 확보하여야 한다.

103 주택의 태양전지모듈에 접속하는 부하 측 옥내전로에 지락이 생겼을 때 자동적으로 전로를 차단하는 장치를 시설한 경우, 주택의 옥내전로의 대지전압은 직류 몇 [V] 이하여야 하는가?

① 150 ② 220 ③ 300 ④ 600

풀이 옥내전로의 대지 전압의 제한
주택의 태양전지 모듈에 접속하는 부하 측 옥내배선(복수의 태양전지모듈을 시설하는 경우에는 그 집합체에 접속하는 부하 측의 배선)을 다음 각 호에 따라 시설하는 경우에 주택의 옥내전로의 대지전압은 직류 600[V] 이하일 것
1. 전로에 지락이 생겼을 때 자동적으로 전로를 차단하는 장치를 시설할 것
2. 사람이 접촉할 우려가 없는 은폐된 장소에 합성수지관공사, 금속관공사 및 케이블 공사에 의하여 시설하거나 사람이 접촉할 우려가 없도록 케이블 공사에 의하여 시설하고 전선에 적당한 방호장치를 시설할 것

104 태양전지 모듈의 전선을 옥내에 금속관공사에 의해 시설할 때의 시설방법으로 잘못된 것은?

① 전선은 절연전선일 것
② 전선은 연선일 것
③ 전선은 금속관 안에서 접속이 가능하고 이때 전선의 피복이 손상되지 않도록 매끄럽게 할 것
④ 1종 금속제 가요전선관과 2종 금속제 가요전선관이 있을 것

풀이 금속관 공사
① 금속관 공사에 의한 저압 옥내배선은 다음 각 호에 따라 시설하여야 한다.
   1. 전선은 절연전선(옥외용 비닐절연전선을 제외한다.)일 것
   2. 전선은 연선일 것. 다만, 다음의 것은 적용하지 않는다.
      가. 짧고 가는 금속관에 넣은 것
      나. 단면적 10[mm^2](알루미늄선은 단면적 16[mm^2]) 이하의 것
   3. 전선은 금속관 안에서 접속점이 없도록 할 것
② 금속관공사에 사용하는 금속관과 박스, 기타의 부속품(관 상호 간을 접속하는 것 및 관의 끝에 접속하는 것에 한하며 리듀서를 제외한다.)은 다음 각 호에 적합한 것이어야 한다.
   1. 전선의 피복이 손상되지 않도록 매끄럽게 한다.
   2. 1종 금속제 가요전선과 2종 금속제 가요전선관이 있다.

정답 103 ④ 104 ③

105 주택의 태양전지 모듈에 접속하는 부하 측 옥내배선을 시설하는 경우에 주택의 옥내전로의 대지전압은 직류 몇 [V] 이하인가?

① 200   ② 300   ③ 500   ④ 600

풀이 태양광 발전설비의 점검지침
주택용 계통 연계형 태양광발전설비에서 전로 및 기기의 사용전압은 400[V] 이하로 한다. 다만, 태양전지 모듈에 접속하는 부하 측의 옥내배선(복수의 태양전지 모듈을 시설한 경우는 그 집합체에 접속하는 부하 측의 배선)은 다음 각 호에 의해 시설하였는지 확인한다. 주택옥내전로의 대지전압이 직류 600[V] 이하일 것
1. 전로에 지락이 생겼을 때 자동적으로 전로를 차단하는 장치를 시설할 것
2. 사람이 접촉할 우려가 없는 은폐된 장소에 합성수지관공사, 금속관 공사 및 케이블공사에 의하여 시설하거나 사람이 접촉할 우려가 없도록 케이블 공사에 의하여 시설하고 전선에 적당한 방호장치를 시설

106 수상전선로의 전선을 가공전선로의 전선과 육상에서 접속하는 경우 접속점의 높이는 지표상 최소 몇 [m]인가?

① 4   ② 5   ③ 6   ④ 7

풀이 수상전선로의 시설
전선의 접속점은 다음의 높이로 지지물에 견고하게 붙일 것
- 접속점이 육상에 있는 경우에는 지표상 5[m] 이상. 다만, 수상전선로의 사용전압이 저압인 경우에 도로상 이외의 곳에 있을 때에는 지표상 4[m]까지로 감할 수 있다.
- 접속점이 수면상에 있는 경우에는 수상전선로의 사용전압이 저압인 경우에는 수면상 4[m] 이상, 고압인 경우에는 수면상 5[m] 이상

107 물기가 많고 전개된 장소에서 440[V] 옥내배선을 할 때 시설 가능한 전선관공사는?

① 금속관공사, 합성수지관공사, 케이블공사
② 금속덕트공사, 합성수지관공사, 케이블공사
③ 금속덕트공사, 합성수지관공사
④ 금속덕트공사, 케이블공사

풀이 물기가 있고 전개된 장소에서의 옥내배선 시 전선관공사는 합성수지관공사, 금속관공사, 가요전선공사, 케이블공사이다.

108 저압옥내배선을 할 때 인입용 비닐 절연전선을 사용할 수 없는 전선관공사는?

① 금속관공사   ② 가요전선관공사
③ 합성수지관공사   ④ 애자사용공사

정답 105 ④   106 ②   107 ①   108 ④

109 케이블 트레이에 의한 저압 옥내배선의 시설을 설명한 것 중 잘못된 것은?

① 전선은 연피 케이블, 알루미늄 등 난연성 케이블 또는 금속관 혹은 합성수지관 등에 넣은 절연전선을 사용
② 케이블 트레이 안에서 전선을 접속하는 경우에는 전선의 접속부분은 측면 레일 위로 나오지 않도록 하고 그 부분은 절연처리한다.
③ 수평으로 포설하는 케이블 이외의 케이블은 케이블 트레이의 가로대에 견고하게 고정시켜야 한다.
④ 저압 케이블과 고압 또는 특고압 케이블은 동일 케이블 트레이 안에 시설한다.

풀이 케이블 트레이 공사

케이블 트레이(케이블을 지지하기 위하여 사용하는 금속제 또는 불연성 재료로 제작된 유닛 또는 유닛의 집합체 및 그에 부속하는 부속재 등으로 구성된 견고한 구조물을 말하며 사다리형, 펀칭형, 통풍 채널형, 바닥밀폐형, 기타 이와 유사한 구조물을 포함한다.)에 의한 저압 옥내배선은 다음 각 호에 따라 시설하여야 한다.
1. 전선은 연피 케이블, 알루미늄피 케이블 등 난연성 케이블, 기타 케이블(적당한 간격으로 연소(延燒) 방지조치를 하여야 한다.) 또는 금속관 혹은 합성수지관 등에 넣은 절연전선을 사용하여야 한다.
2. 제1호의 각 전선은 관련되는 각 조항에서 사용이 허용되는 것에 한하여 시설할 수 있다.
3. 케이블 트레이 안에서 전선을 접속하는 경우에는 전선 접속부분에 사람이 접근할 수 있고 또한 그 부분이 측면 레일 위로 나오지 않도록 하고 그 부분을 절연처리하여야 한다.
4. 수평으로 포설하는 케이블 이외의 케이블은 케이블 트레이의 가로대에 견고하게 고정시켜야 한다.
5. 저압 케이블과 고압 또는 특고압 케이블은 동일 케이블 트레이 안에 시설하여서는 아니 된다. 다만, 견고한 불연성의 격벽을 시설하는 경우 또는 금속 외장 케이블인 경우에는 그러하지 아니하다.

110 케이블 트레이 공사에 사용되는 케이블 트레이 시설 기준으로 적합하지 않은 것은?

① 수용된 모든 전선을 지지할 수 있는 강도이어야 하고 케이블 트레이의 안전율은 1.5 이상으로 하여야 한다.
② 전선의 피복 등을 손상시킬 돌기 등이 없이 매끈하여야 한다.
③ 비금속재 케이블 트레이는 난연성 재료의 것이어야 한다.
④ 저압옥내배선의 사용전압이 400[V] 이상인 경우에는 접지공사를 하지 않아도 된다.

풀이 케이블 트레이 선정(KEC 232.41.2)

케이블 트레이공사에 사용하는 케이블 트레이는 다음 각 호에 적합하여야 한다.
1. 수용된 모든 전선을 지지할 수 있는 적합한 강도의 것이어야 한다. 이 경우 케이블 트레이의 안전율은 1.5 이상으로 하여야 한다.
2. 지지대는 트레이 자체 하중과 포설된 케이블 하중을 충분히 견딜 수 있는 강도를 가져야 한다.
3. 전선의 피복 등을 손상시킬 돌기 등이 없이 매끈하여야 한다.
4. 금속재의 것은 적절한 방식 처리를 한 것이거나 내식성 재료의 것이어야 한다.
5. 측면 레일 또는 이와 유사한 구조재를 취부하여야 한다.
6. 배선의 방향 및 높이를 변경하는 데 필요한 부속재, 기타 적당한 기구를 갖춘 것이어야 한다.

정답 109 ④ 110 ④

7. 비금속제 케이블 트레이는 난연성 재료의 것이어야 한다.
8. 금속제 케이블 트레이 시스템은 기계적·전기적으로 완전하게 접속하여야 하며 KEC 211(감전보호)과 140(접지시스템)에 준하여 접지공사를 한다.
9. 케이블이 케이블 트레이 계통에서 금속관, 합성수지관 등 또는 함으로 옮겨가는 개소에는 케이블에 압력이 가하여지지 않도록 지지하여야 한다.
10. 별도로 방호를 필요로 하는 배선부분에는 필요한 방호력이 있는 불연성의 커버 등을 사용하여야 한다.
11. 케이블 트레이가 방화구획의 벽, 마루, 천장 등을 관통하는 경우에 관통부는 불연성의 물질로 충전(充塡)하여야 한다.
12. 케이블 트레이 공사에 사용하는 케이블 트레이 및 그 부속재의 표준은 KS C 8464 또는 산업통상자원부장관이 지정하는 자가 전력산업계의 의견 수렴을 거쳐 정한 전력산업기술기준(KEPIC) ECD 3000을 준용할 수 있다.

※ 케이블 트레이는 KS C 8464(케이블 트레이)를 준용한다.

111 케이블 트레이 공사에 사용하는 케이블 트레이에 대한 설명으로 틀린 것은?

① 비금속제 케이블 트레이는 난연성 재료의 것이어야 한다.
② 전선의 피복 등에 손상시킬 돌기 등이 없이 매끈해야 한다.
③ 수용된 모든 전선을 지지할 수 있는 적합한 강도로 케이블 트레이의 안전율은 1.3 이상으로 하여야 한다.
④ 케이블 트레이가 방화구획의 벽, 마루, 천장 등을 관통하는 경우에 관통부는 불연성의 물질로 충전하여야 한다.

풀이 케이블 트레이 공사
케이블 트레이 공사에 사용하는 케이블 트레이는 수용된 모든 전선을 지지할 수 있는 적합한 강도의 것이어야 한다. 이 경우 케이블 트레이의 안전율은 1.5 이상으로 하여야 한다.

112 계통연계하는 분산형 전원을 설치하는 경우 고장 발생 시 자동적으로 분산형 전원을 전력계통으로부터 분리하기 위한 장치를 시설하여야 하는데 다음 중 그 고장에 해당되지 않는 것은?

① 단독운전 상태
② 연계한 전력계통의 이상 또는 고장
③ 분산형 전원의 이상 또는 고장
④ 자립운전 상태

풀이 자립운전이란 분산형 전원이 한전계통으로부터 분리된 상태에서 해당 구내계통 내의 부하에만 전력을 공급하고 있는 상태이다.

계통연계용 보호장치의 시설
① 계통연계하는 분산형 전원을 설치하는 경우 다음 각 호의 1에 해당하는 이상 또는 고장 발생 시 자동적으로 분산형 전원을 전력계통으로부터 분리하기 위한 장치를 시설하여야 한다.
  1. 분산형 전원의 이상 또는 고장

정답 111 ③ 112 ④

2. 연계한 전력계통의 이상 또는 고장
3. 단독운전 상태

② 제1항 제2호에 따라 연계한 전력계통의 이상 또는 고장 발생 시 분산형 전원의 분리시점은 해당 계통의 재폐로 시점 이전이어야 하며, 이상 발생 후 해당 계통의 전압 및 주파수가 정상 범위 내에 들어올 때까지 계통과의 분리상태를 유지하는 등 연계한 계통의 재폐로방식과 협조를 이루어야 한다.

113 분산형 전원을 계통에 연계하는 경우 전력계통의 단락용량이 전선의 순시허용전류를 상회할 경우 시설해야 하는 장치로 가장 알맞은 것은?

① 과전류 차단기
② 지락차단기
③ 영상변류기
④ 한류리액터

풀이 분산형 전원발전설비의 연계에 의해 계통의 단락용량이 차단기의 차단용량 등을 상회할 우려가 있을 때는 분산형 전원 발전설치자가 단락전류를 제한하는 장치인 한류리액터를 설치한다.

114 발전소에서 시설하는 계측장치의 계측대상을 잘못 기술한 것은?

① 발전기, 연료전지 또는 태양전지 모듈의 전압, 전류, 전력
② 발전기의 베어링 및 고정자 온도
③ 정격출력이 1,000[kV]를 초과하는 증기터빈에 접속하는 발전기 진동의 진폭
④ 주요 변압기의 전압, 전류, 전력

풀이 계측장치
발전소에는 다음 각 호의 사항을 계측하는 장치를 시설하여야 한다. 다만, 태양전지 발전소는 연계하는 전력계통에 그 발전소 이외의 전원이 없는 것에 대하여는 그러하지 아니하다.
1. 발전기 · 연료전지 또는 태양전지 모듈(복수의 태양전지 모듈을 설치하는 경우에는 그 집합체)의 전압 및 전류 또는 전력
2. 발전기의 베어링(수중 메탈을 제외한다.) 및 고정자(固定子)의 온도
3. 정격출력이 10,000[kW]를 초과하는 증기터빈에 접속하는 발전기의 진동의 진폭(정격출력이 400,000[kW] 이상의 증기터빈에 접속하는 발전기는 이를 자동적으로 기록하는 것에 한한다.)
4. 주요 변압기의 전압 및 전류 또는 전력
5. 특고압용 변압기의 온도

115 발전기 · 변압기 · 무효 전력 보상 장치 · 계기용 변성기 · 모선 및 이를 지지하는 애자는 어떤 전류에 의하여 생기는 기계적 충격에 견디어야 하는가?

① 충전전류
② 정격전류
③ 단락전류
④ 유도전류

정답 113 ④ 114 ③ 115 ③

풀이 발전기 등의 기계적 강도

발전기・변압기・무효 전력 보상 장치・계기용 변성기・모선 및 이를 지지하는 애자는 단락전류에 의하여 생기는 기계적 충격에 견디는 것이어야 한다.

116 가공 케이블 시설 시 고압 가공전선에 케이블을 사용하는 조가용선은 단면적이 몇 [mm²] 이상인 아연도 강연선인가?

① 8[mm²]   ② 14[mm²]   ③ 22[mm²]   ④ 32[mm²]

풀이 가공 케이블의 시설
- 케이블은 조가용선에 행거로 시설할 것. 이 경우에는 사용전압이 고압인 때에는 그 행거의 간격을 50[cm] 이하로 시설하여야 한다.
- 조가용선은 인장강도 5.93[kN] 이상의 것 또는 단면적 22[mm²] 이상인 아연도 철 연선일 것
- 조가용선 및 케이블의 피복에 사용하는 금속체에는 접지공사를 할 것
- 조가용선을 케이블에 접촉시켜 금속테이프를 감는 경우에는 20[cm] 이하의 간격으로 나선상으로 한다.

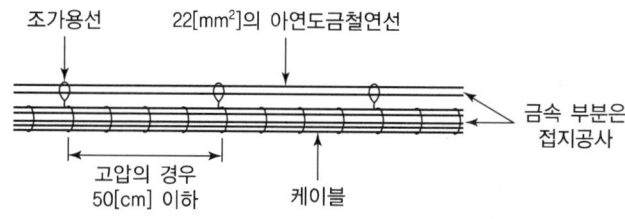

[가공 케이블의 시설]

117 가공전선로의 지지물에 사용하는 발판 볼트는 지표상 최대 몇 [m] 미만에 시설하여서는 안 되는가?

① 1.2   ② 1.5   ③ 1.8   ④ 2.0

풀이 가공전선로 지지물의 승탑 및 승주방지

가공전선로의 지지물에 취급자가 오르내리는데 사용하는 발판 볼트 등을 지표상 1.8[m] 미만에 시설하여서는 아니 된다.

118 리플프리전류란 교류를 직류로 변환할 때 리플 성분이 몇 [%](실효값) 이하로 포함된 직류를 말하는가?

① 3[%]   ② 5[%]   ③ 7[%]   ④ 10[%]

풀이 리플프리전류란 교류를 직류로 변환할 때 리플 성분이 10[%](실효값) 이하로 포함된 직류를 말한다.

119 한국전기설비규정(KEC)에서는 관광숙박업에 이용되는 객실의 입구에 조명용 전등을 설치할 경우 몇 분 이내에 소등되는 타임스위치를 시설해야 하는가?

① 1 ② 2 ③ 3 ④ 5

풀이 점멸장치와 타임스위치 등의 시설
조명용 전등을 설치할 때에는 다음 각 호에 따라 타임스위치를 시설하여야 한다.
1. 관광진흥법과 공중위생법에 의한 관광숙박업 또는 숙박업(여인숙업을 제외한다.)에 이용되는 객실의 입구 등은 1분 이내에 소등되는 것일 것
2. 일반주택 및 아파트 각 호실의 현관 등은 3분 이내에 소등되는 것일 것

120 축전지실 등의 시설조건으로 틀린 것은?

① 축전지실은 발전기실과 동일한 장소에 시설하여야 한다.
② 축전지실 등은 폭발성의 가스가 축적되지 않도록 환기장치 등을 시설하여야 한다.
③ 옥내전로에 연계되는 축전지는 비접지 측 도체에 과전류 보호장치를 시설하여야 한다.
④ 30[V]를 초과하는 축전지는 비접지 측 도체에 쉽게 차단할 수 있는 곳에 개폐기를 시설하여야 한다.

풀이 축전지실 등의 시설
• 30[V]를 초과하는 축전지는 비접지 측 도체에 쉽게 차단할 수 있는 곳에 개폐기를 시설하여야 한다.
• 옥내전로에 연계되는 축전지는 비접지 측 도체에 과전류보호장치를 시설하여야 한다.
• 축전지실 등은 폭발성의 가스가 축적되지 않도록 환기장치 등을 시설하여야 한다.

정답 119 ① 120 ①

03 태양광발전 모듈배치 및 전압강하 계산

01 태양광 모듈·설치용량은 사업계획서상의 모듈설계용량과 동일해야 한다. 다만 모듈당 용량에 따라 설계용량과 동일하게 설치할 수 없는 경우에 한해서 설계용량의 몇 [%] 이내까지 가능한가?

① 110[%]   ② 105[%]
③ 104[%]   ④ 102[%]

풀이 모듈의 설치용량은 PCS인버터 용량의 105[%] 이내이어야 한다. 모듈의 설치용량은 사업계획서상의 모듈 설계용량과 동일해야 한다. 다만 모듈당 용량에 따라 설계용량과 동일하게 설치할 수 없는 경우에 한해서 설계용량의 110[%] 이내까지 가능하다.

02 경사 지붕면적이 144[m^2](12×12)인 건축물에 태양광발전설비를 구축하려고 한다. 가로길이가 1.7[m], 세로길이가 0.85[m]인 165[Wp]급 모듈의 온도에 따른 전압범위가 28~42[V]일 때 모듈의 설치 가능 개수는?(단, 파워컨디셔너의 동작전압은 190~620[V], 효율은 90[%], 설치간격 및 기타 손실은 무시)

① 14   ② 7
③ 98   ④ 120

풀이 모듈의 설치 가능 개수(최대)
- 가로배열 : 12÷1.7=7.058(7개 설치 가능)
- 세로배열 : 12÷0.85=14.117(14개 설치 가능)
- 14개 직렬연결 시 최저전압 : 28×14=392[V]
- 14개 직렬연결 시 최고전압 : 42×14=588[V]

최고전압 및 최저전압이 파워컨디셔너의 동작범위(190~620) 이내이므로, 14개 직렬연결이 가능
∴ 설치 가능 개수=14×7=98개

- 세로깔기 : 모듈의 긴 쪽이 좌우가 되도록
- 가로깔기 : 모듈의 긴 쪽이 상하가 되도록

03 태양전지 모듈의 배선 설계 시 확인해야 하는 사항으로 틀린 것은?

① 주파수 확인   ② 비접지 확인
③ 전압극성 확인   ④ 단락전류 확인

풀이 태양전지 모듈의 출력은 직류이기 때문에 주파수와는 무관하다.

정답 01 ① 02 ③ 03 ①

04 다음 각 모듈별 발전량[Wp]은?

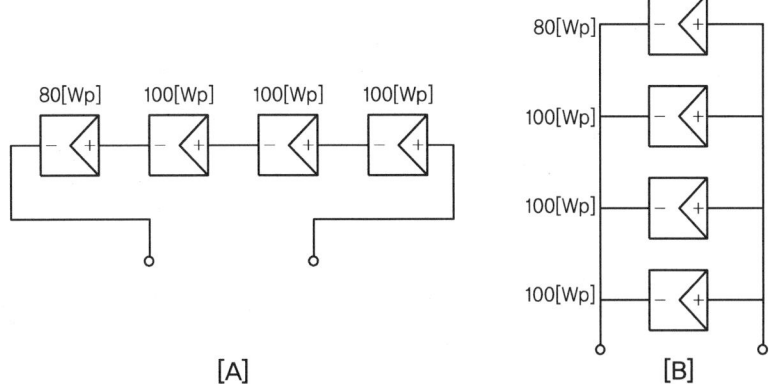

① A : 380　　　　B : 380　　② A : 320　　　　B : 380
③ A : 320　　　　B : 320　　④ A : 380　　　　B : 320

풀이
- A직렬 : Wp = 80 + 80 + 80 + 80 = 80 × 4 = 320
- B병렬 : Wp = 80 + 100 + 100 + 100 = 380
- 직렬연결 : 음영에 의한 모듈의 발전량 감소는 직렬로 연결된 모든 모듈에 영향을 준다.
- 병렬연결 : 음영에 의한 모듈의 발전량 감소는 병렬로 연결된 모든 모듈에 영향을 주지 않는다.

05 셀의 직렬연결 시 음영에 의한 출력은 몇 [W]인가?(단, 셀은 모두 5[W] × 10개이고, 음영에 의해 출력이 저하한 셀은 3.5[W] × 4개이다.)

① 50　　　　　　　　　　　② 44
③ 35　　　　　　　　　　　④ 28

풀이 직렬연결 시 음영에 영향을 받은 셀이 직렬연결된 모든 셀에 영향을 미친다.

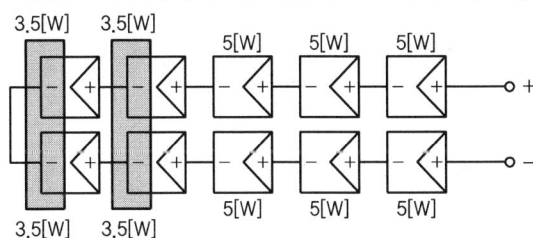

4개 셀에 음영 발생 시(직렬)
3.5 × 10 = 35[W]

정답 04 ②　05 ③

06 그림과 같이 태양광 어레이의 배선연결을 설계하였을 때의 문제점으로 가장 옳은 것은?

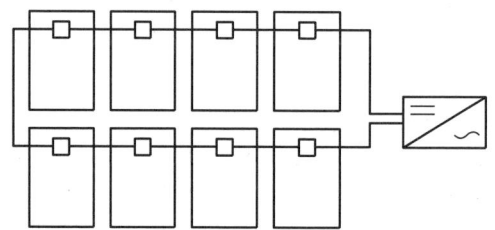

① 낙뢰에 취약하다.
② 누설전류가 커진다.
③ 고조파가 발생한다.
④ 전선의 길이가 길어져 전압강하가 커진다.

풀이 전계가 넓게 분포되어 낙뢰에 취약하다.

07 모듈 수가 70개, 모듈 1개의 Wp가 120[Wp]인 태양전지 어레이의 발전 가능 용량[kWp]은? (단, 파워컨디셔너 효율은 90[%])

① 7.56 ② 7.16 ③ 8.56 ④ 6.65

풀이 발전 가능 용량=모듈 수×모듈 1개의 Wp×파워컨디셔너 효율
$kWp = 70 \times 120 \times 0.9 \times 10^{-3} = 7.56 [kWp]$

08 태양광 모듈을 설치하는 데 면적을 가장 적게 차지하는 전지의 재료는?

① 다결정 전지
② 고효율 전지
③ 단결정 전지
④ 비정질 실리콘 전지

풀이 고효율 전지(HIT)
태양전지를 말하는 것으로 단결정 실리콘 표면에 아몰퍼스 실리콘을 적층시켜 태양전지 셀 표면의 발전 손실을 억제시킨 고출력 태양전지이다.

09 태양광 인버터의 용량이 40[kW]일 때 인버터에 연결될 모듈의 최대 설치 용량[kW]은?(단, 태양광 설비 시공기준에 준한다.)

① 40 ② 42
③ 45 ④ 50

풀이 시공기준
사업계획서상의 인버터 설계용량 이상이어야 하고, 인버터에 연결된 모듈의 설치용량은 인버터의 설치 용량의 105[%] 이내이어야 한다.
$40 \times 1.05 = 42 [kW]$

10 파워컨디셔너의 동작범위가 250~550[V], 모듈의 온도에 따른 전압범위가 25~45[V]일 때 모듈의 최대직렬연결 가능 개수는?

① 11
② 12
③ 13
④ 14

풀이 모듈의 최대직렬매수 = $\dfrac{\text{인버터 입력전압 최댓값}}{\text{모듈의 최대 출력동작전압}}$

최저 25[V] 동작범위 250일 때 $\dfrac{250}{25} = 10$개

최대 45[V] 동작범위 550일 때 $\dfrac{550}{45} = 12.22$개

즉, 12개일 때
최소 $12 \times 25 = 300$[V]
최대 $12 \times 45 = 540$[V]
∴ 동작범위 250~550[V] 이내이므로 직렬연결 가능

13개일 때
최소 $13 \times 25 = 325$[V]
최대 $13 \times 45 = 585$[V]
∴ 동작범위를 초과하므로 직렬연결 불가능

11 다음과 같은 태양광발전시스템의 어레이 설계 시 직병렬 수량은?

- 모듈 최대 출력 : 250[Wp]
- 시스템 출력 전력 : 50,000[W]
- 1스트링 직렬매수 : 10직렬

① 10직렬-10병렬
② 10직렬-15병렬
③ 10직렬-20병렬
④ 10직렬-25병렬

풀이 병렬 수 = $\dfrac{\text{시스템 출력}}{\text{모든 최대 출력} \times \text{직렬 수}} = \dfrac{50,000}{250 \times 10} = 20$

12 파워컨디셔너의 동작범위가 250~590[V], 태양전지 모듈이 온도에 따른 전압범위가 30~45[V]일 때 태양전지 모듈의 최대직렬 연결 가능 개수는?

① 11개
② 12개
③ 13개
④ 14개

풀이 최대 직렬 수 = PCS 최대 입력전압(동작범위의 최댓값) ÷ 모듈의 최고 전압(표면온도가 최저일 때)
∴ $590 \div 45 ≒ 13.11$

정답 10 ② 11 ③ 12 ③

13 다음과 같은 태양광발전시스템의 어레이 설계 시 직병렬 수량은?

- 모듈 최대 출력 : 250[Wp]
- 시스템 출력 전력 : 50,000[W]
- 1스트링 직렬매수 : 10직렬

① 10직렬－10병렬
② 10직렬－15병렬
③ 10직렬－20병렬
④ 10직렬－25병렬

풀이 시스템 출력 전력＝병렬 수×모듈최대전력×직렬 수

$$병렬 수 = \frac{시스템 출력}{모듈 최대 출력 \times 직렬 수} = \frac{50,000[W]}{250[Wp] \times 10} = 20$$

14 태양광발전시스템 출력 18,750[W], 태양전지모듈 최대출력 250[W], 모듈의 직렬연결 개수가 5개일 때 최대 병렬연결 개수는?

① 10
② 15
③ 20
④ 25

풀이 $$병렬연결 개수 = \frac{태양광발전시스템 출력}{모듈 최대 출력 \times 직렬 수} = \frac{18,750[W]}{250[W] \times 5} = 15$$

15 1,000[kW] 태양광발전시스템 어레이의 직병렬 구성으로 가장 적합한 것은?(단, 인버터의 입력범위는 430~750[V]이며, 기타 조건은 표준상태이다.)

- P_{mpp} : 250[W]
- I_{mpp} : 8.2[A]
- I_{sc} : 8.4[A]
- V_{mpp} : 30.5[V]
- V_{oc} : 37.5[V]

① 18직렬 200병렬
② 18직렬 240병렬
③ 20직렬 200병렬
④ 20직렬 240병렬

풀이 $$모듈의 직렬 수 = \frac{인버터 입력 전압}{모듈의 최대동작전압}$$

인버터 입력전압은 인버터 MPP 동작전압의 중간값 $= \frac{430 + 750}{2} = 590$

모듈 직렬 수 $= \frac{590}{30.5} = 19.3$(직렬)

최소직렬 수이므로 절상 직렬 수 20개
전체발전량＝모듈 직렬 수×모듈 병렬 수×모듈 1개 출력

$$모듈 병렬 수 = \frac{전체발전량}{모듈 직렬 수 \times 모듈 1개 출력} = \frac{1,000 \times 10^3}{20 \times 250} = 200(병렬)$$

정답 13 ③ 14 ② 15 ③

16 온도가 $-15[℃]$에서 태양전지모듈의 V_{mpp}와 V_{oc}는 약 몇 [V]인가?

- P_{mpp} : 250[W]
- V_{mpp} : 30.8[V]
- V_{oc} : 38.3[V]

온도에 따른 전압변동률 : $-0.32[\%/℃]$

① V_{mpp} : 14.74, V_{oc} : 23.20
② V_{mpp} : 24.74, V_{oc} : 33.20
③ V_{mpp} : 34.74, V_{oc} : 43.20
④ V_{mpp} : 44.74, V_{oc} : 53.20

풀이
$$\Delta_L V_{mpp} = V_{mpp}\{1 + \beta_{pu} \times (T_{\min} - 25°)\}$$
$$= 30.8 \times \left[1 + \left(\frac{-0.32}{100}\right) \times (-15° - 25°)\right] \fallingdotseq 34.74[V] \ (\beta_{pu} = \beta \times 0.01)$$
$$\Delta_L V_{oc} = V_{oc}\{1 + \beta_{pu} \times (T_{\min} - 25°)\}$$
$$= 38.3 \times \left[1 + \left(\frac{-0.32}{100}\right) \times (-15° - 25°)\right] \fallingdotseq 43.20[V]$$

17 1,000[kW] 태양광발전시스템의 직·병렬 구성으로 가장 적합한 것은?(단, 인버터의 MPPT는 450~820[V])이며, 기타 조건은 표준 상태이다.)

- P_{mpp} : 250[W]
- V_{mpp} : 31.8[V]
- I_{mpp} : 8.13[A]
- V_{oc} : 38.3[V]
- I_{sc} : 8.62A]

① 18직렬 200병렬
② 20직렬 211병렬
③ 20직렬 200병렬
④ 18직렬 240병렬

풀이 직렬 수 $= \dfrac{\text{인버터 입력전압}}{\text{태양전지 모듈 최대동작전압}} = \dfrac{635}{31.8} = 19.968 = 20$

인버터 MPP 동작전압의 중간 값 $\dfrac{820 + 450}{2} = 635[V]$를 기준으로 직렬 수 산정

병렬 수 $= \dfrac{\text{전체 발전량}}{\text{태양전지 모듈 발전량} \times \text{직렬 수}} = \dfrac{1,000 \times 10^3}{250 \times 20} = 200$

18 표준시험조건(STC)의 기준으로 틀린 것은?

① 수광 조건은 대기 질량정수(AM ; Air Mass) 1.5의 지역을 기준으로 한다.
② 빛의 일조 강도는 1,000[W/m²]를 기준으로 한다.
③ 모든 시험의 풍속조건은 10[m/s]로 한다.
④ 모든 시험의 기준온도는 25[℃]로 한다.

정답 16 ③ 17 ③ 18 ③

풀이

	STC 시험조건		NOCT 시험조건
일사량	1,000[W/m²]	일사량	800[W/m²]
셀 온도	25	외기온도	20[℃]
AM	1.5	풍속	1[m/s]
			모듈 뒷면 개방

19 시스템 출력전력이 24,000[W], 모듈 최대출력이 160[W], 모듈의 직렬 장수가 15장일 때 모듈의 병렬 장수는?

① 8   ② 9   ③ 10   ④ 11

풀이 태양전지 모듈의 병렬 장수 = $\dfrac{\text{시스템 출력전력[W]}}{\text{모듈 최대출력160[W]} \times \text{직렬 장수}} = \dfrac{24,000}{160 \times 15} = 10$

20 태양전지의 변환효율로 옳은 것은?

① $\dfrac{\text{출력 전기에너지}}{\text{입사 태양광에너지}} \times 100$

② $\dfrac{\text{인버터 출력 전기에너지}}{\text{인버터 입력 전기에너지}} \times 100$

③ $\dfrac{\text{출력 전기에너지}}{\text{출력 태양광에너지}} \times 100$

④ $\dfrac{\text{입사 태양광에너지}}{\text{태양발생에너지}} \times 100$

풀이 태양전지 변환효율 = $\dfrac{\text{태양전지모듈 최대출력}}{\text{단위면적당 태양광입사량}} \times 100$

21 태양광 모듈에서 인버터까지 전압강하 계산식은?(단, A : 전선의 단면적[mm²], I : 전류[A], L : 전선 1가닥의 길이[m]이다.)

① $\dfrac{17.8 \times L \times I}{1,000 \times A}$
② $\dfrac{30.8 \times L \times I}{1,000 \times A}$
③ $\dfrac{35.6 \times L \times I}{1,000 \times A}$
④ $\dfrac{38.8 \times L \times I}{1,000 \times A}$

풀이 모듈에서 인버터까지는 직류이므로 태양광 선로의 전압강하 계산식은 회로의 전기방식별로 다음과 같다.

회로의 전기방식	전압강하	전선의 단면적
직류 2선식 교류 2선식	$e = \dfrac{35.6 \times L \times I}{1,000 \times A}$	$A = \dfrac{35.6 \times L \times I}{1,000 \times e}$
3상 3선식	$e = \dfrac{30.8 \times L \times I}{1,000 \times A}$	$A = \dfrac{30.8 \times L \times I}{1,000 \times e}$

여기서, e : 각 선 간의 전압강하[V]
A : 전선의 단면적[mm²]
L : 도체 1본의 길이[m]
I : 전류[A]

정답 19 ③ 20 ① 21 ③

22 3상 3선식 태양광발전시스템의 전압강하 계산식으로 옳은 것은?(단, e : 각 전선의 전압강하[V], A : 전선의 단면적[mm²], L : 전선 1본의 길이[m], I : 전류[A])

① $e = \dfrac{35.6 \times L \times I}{1,000 \times A}$　　　② $e = \dfrac{17.8 \times L \times I}{1,000 \times A}$

③ $e = \dfrac{30.8 \times L \times I}{1,000 \times A}$　　　④ $e = \dfrac{40.1 \times L \times I}{1,000 \times A}$

풀이 전압강하 계산식

회로의 전기방식	전압강하	전선의 단면적
직류 2선식 교류 2선식	$e = \dfrac{35.6 \times L \times I}{1,000 \times A}$	$A = \dfrac{35.6 \times L \times I}{1,000 \times e}$
3상 4선식 단상 3선식	$e = \dfrac{17.8 \times L \times I}{1,000 \times A}$	$A = \dfrac{17.8 \times L \times I}{1,000 \times e}$
3상 3선식	$e = \dfrac{30.8 \times L \times I}{1,000 \times A}$	$A = \dfrac{30.8 \times L \times I}{1,000 \times e}$

23 모듈에서 접속함 직류배선이 50[m]이며, 모듈 어레이 전압이 600[V], 전류가 8[A]일 때, 전압강하는 몇 [V]인가?(단, 전선의 단면적은 4.0[mm²]이다.)

① 1.56[V]　　② 2.56[V]　　③ 3.56[V]　　④ 4.56[V]

풀이 태양광 모듈에서 인버터까지 전압강하 계산식은 다음과 같다.

$e = \dfrac{35.6 \times L \times I}{1,000 \times A} = \dfrac{35.6 \times 50 \times 8}{1,000 \times 4} = 3.56[V]$

24 태양전지 모듈에서 접속함까지 직류배선이 100[m]이며, 모듈 어레이 전압이 610[V], 전류가 9[A]일 때, 전압강하는 몇 [V]인가?(단, 전선의 단면적은 4.0[mm²]이다.)

① 8.01　　　　　　　　② 9.01
③ 10.01　　　　　　　　④ 11.01

풀이 직류배선 전압강하 $e = \dfrac{35.6 \times L \times I}{1,000 \times A} = \dfrac{35.6 \times 100 \times 9}{1,000 \times 4} = 8.01$

여기서, L : 선길이, I : 선전류, A : 선단면적

25 파워컨디셔너의 출력용량이 100[kW], 파워컨디셔너의 효율(E_f)이 90[%], 파워컨디셔너의 최저입력전압(V_i)이 250[V], 직류선로의 전압강하(V_d)가 3[V]일 때 파워컨디셔너의 직류입력전류(I_d)[A]는?

① 429　　　② 439　　　③ 329　　　④ 530

정답 22 ③　23 ③　24 ①　25 ②

풀이 $I_d = \dfrac{P[\text{kW}] \times 10^3}{E_f(V_i + V_d)} = \dfrac{100 \times 10^3}{0.9(250+3)} = 439.174[\text{A}]$

26 전기방식에 따른 전압강하 계산식에서 직류 2선식 전압강하 계산식은?

① $e = \dfrac{35.6 \times L \times I}{1,000 \times A}$ ② $e = \dfrac{17.8 \times L \times I}{1,000 \times A}$

③ $e = \dfrac{30.8 \times L \times I}{1,000 \times A}$ ④ $e = \dfrac{35.6 \times L \times A}{1,000 \times I}$

풀이 ① 교류 2선식, 직류 2선식, ② 단상 3선식, 3상 4선식, ③ 3상 3선식

27 태양광발전에서 인버터 출력 측의 3상 4선식 간선의 전압강하 계산식으로 알맞은 것은?

① $\dfrac{17.8 \times L \times I}{1,000 \times A}$ ② $\dfrac{20.8 \times L \times I}{1,000 \times A}$

③ $\dfrac{30.8 \times L \times I}{1,000 \times A}$ ④ $\dfrac{35.6 \times L \times I}{1,000 \times A}$

풀이 태양광 선로의 전압강하 계산식

전기방식	전압강하	전선의 단면적
직류 2선식 교류 2선식	$e = \dfrac{35.6 \times L \times I}{1,000 \times A}$	$A = \dfrac{35.6 \times L \times I}{1,000 \times e}$
단상 3선식 3상 4선식	$e = \dfrac{17.8 \times L \times I}{1,000 \times A}$	$A = \dfrac{17.8 \times L \times I}{1,000 \times e}$
3상 3선식	$e = \dfrac{30.8 \times L \times I}{1,000 \times A}$	$A = \dfrac{30.8 \times L \times I}{1,000 \times e}$

여기서, e : 각 선간의 전압강하[V]
  A : 전선의 단면적[mm²]
  L : 도체 1본의 길이[m]
  I : 전류[A]

3상 4선식일 경우 전압강하 $e = \dfrac{17.8 \times L \times I}{1,000 \times A}$

28 어레이에서 파워컨디셔너 입력단 간 및 파워컨디셔너 출력단과 계통연계점 간의 전압 강하는 몇 [%]를 초과해서는 안 되는가?

① 3[%] ② 4[%]
③ 5[%] ④ 6[%]

정답 26 ① 27 ① 28 ①

29 166[W] 태양전지(5[A], 33.3[V])가 10개 직렬, 20개 병렬로 접속된 PV 어레이 접속함에서 파워컨디셔너 설치 위치까지의 거리가 50[m], 전선의 단면적이 50[mm^2]일 때 전압강하율은? (단, 어레이에서 접속함까지의 전압강하는 0.3[V]이다.)

① 0.9   ② 2.9   ③ 1.09   ④ 1.29

풀이 전압강하율$(\varepsilon) = \dfrac{\text{전압강하(송전단전압} - \text{수전단전압)}}{\text{수전단전압}} \times 100 = \dfrac{e}{\text{송전단전압} - e}$

전압강하 e는 직류 2선식이므로 $e = \dfrac{35.6 \times L \times I}{1,000 \times A}$

거리 $L = 50$[m], 전선의 단면적 $A = 50$[mm^2]이고,
최대(접속함) 출력전류 $I = 5 \times 20 = 100$[A],
최대(접속함) 출력전압(송전단전압) $V = (33.3 - 0.3) \times 10 = 330$[V]이면,

$e = \dfrac{35.6 \times 50 \times 100}{1,000 \times 50} = 3.56$

∴ $\varepsilon = \dfrac{3.56}{330 - 3.56} \times 100 = 1.09$

30 단독운전 방지기능이 없는 10[kW] 태양광발전시스템이 380[V], 60[Hz]의 계통전원에 연결되어 운전될 경우, 태양광발전시스템의 출력이 10[kW], 부하가 유효전력 10[kW], 지상무효전력이 +9.5[kVar], 진상무효전력이 -10[kVar]일 때 단독운전이 일어날 경우 예상되는 주파수 값은?

① 58.48[Hz]   ② 59.32[Hz]
③ 60.0[Hz]   ④ 61.38[Hz]

풀이 주파수 $f = \dfrac{1}{2\pi\sqrt{LC}}$ 이므로,

지상무효전력 $P = \dfrac{V^2}{x_L}$ 이고 $x_L = 2\pi fL$

$P = \dfrac{V^2}{2\pi fL}$ 에서 $L = \dfrac{V^2}{2\pi fP} = \dfrac{380^2}{2\pi \times 60 \times 9.5 \times 10^3} = 0.040319$

진상무효전력 $P = \dfrac{V^2}{x_C}$, $x_C = \dfrac{1}{2\pi fC}$

$P = \dfrac{V^2}{\dfrac{1}{2\pi fC}} = 2\pi fCV^2$ 에서 $C = \dfrac{P}{2\pi fV^2}$

$C = \dfrac{10 \times 10^3}{2\pi \times 60 \times 380^2} = 0.00018369$

$f = \dfrac{1}{2\pi\sqrt{LC}} = \dfrac{1}{2\pi\sqrt{0.040319 \times 0.00018369}} = 58.48$[Hz]

정답 29 ③   30 ①

31 22.9[kV], 380[V] 3상 선로의 정격전류(기준전류)가 1.3[kA], %Z가 5[%]일 때 단락전류 [kA]는?(단, 전동기 기여전류는 무시한다.)

① 25　　　② 26　　　③ 30　　　④ 35

풀이 단락전류 $I_s = \dfrac{100}{\%Z} \times I_n = \dfrac{100}{5} \times 1.3 = 26[kA]$

32 22.9[kV] 3상 선로의 차단기 설치점에서 전원 측으로 바라본 합성 %Z가 100[MVA] 기준으로 22[%]일 때 단락전류 [kA]는?(단, 기기의 정격전압은 24[kV]로 한다.)

① 7.5　　　② 10.9　　　③ 11.5　　　④ 12.6

풀이 단락단전류 $I_s = \dfrac{100}{\%Z} \times I_n$

정격전류 $I_n = \dfrac{P}{\sqrt{3}\, V} = \dfrac{100 \times 10^3}{\sqrt{3} \times 22.9} = 2,521.18[A] \times 10^{-3} = 2.52[kA]$

$I_s = \dfrac{100}{22} \times 2.52[kA] = 11.4545 \fallingdotseq 11.5[kA]$

33 CT와 PT를 한 함 내에 넣어 사용하는 것은?

① LA　　　② VCB　　　③ SPD　　　④ MOF

풀이 ① LA : 피뢰기
② VCB : 진공차단기
③ SPD : 서지보호기

34 태양전지 모듈에서 인버터 입력단 간 거리가 120[m] 이하일 때 전선의 길이에 따른 전압강하 최대 허용치[%]는?

① 3[%]　　　② 5[%]　　　③ 7[%]　　　④ 10[%]

풀이 태양전지판에서 파워컨디셔너(PCS) 입력단 간 및 파워컨디셔너(PCS) 출력단과 계통연계점 간의 전압강하는 각 3[%]를 초과하여서는 안 된다. 단, 전선길이가 60[m]를 초과할 경우에는 다음 표에 따라 시공할 수 있다. 전압강하계산서(또는 측정치)를 설치확인 신청 시에 제출하여야 한다.

전선길이	전압강하
120[m] 이하	5[%]
200[m] 이하	6[%]
200[m] 초과	7[%]

정답 31 ②　32 ③　33 ④　34 ②

35 태양전지 모듈과 인버터, 인버터와 계통연계점 간의 전압강하는 각 몇 [%]를 초과하지 않아야 하는가?

① 3   ② 5   ③ 7   ④ 8

풀이 전압강하는 태양전지판에서 인버터 입력단 간 및 인버터 출력단과 계통연계점 간의 전압강하는 각 3[%]를 초과해서는 안 된다.(단, 전선길이 60[m] 초과 시 다음 표에 따라 시공할 수 있다.)

전선길이	120[m] 이하	200[m] 이하	200[m] 초과
전압강하	5[%]	6[%]	7[%]

정답 35 ①

04 태양광발전 수배전반 및 관제시스템 설계

01 전기실에 설치하는 소화설비로 적당하지 못한 것은?
① 옥외소화전 ② 이산화탄소 소화설비
③ 물분무 소화설비 ④ 스프링클러 소화설비

풀이 스프링클러 소화설비는 감전위험이 있어 전기실에 설치하지 않는다.

02 태양광 발전시스템의 전기설계 계산서에 해당하지 않는 것은?
① 구조 계산서 ② 전압강하 계산서
③ 보호계전기 정정치 계산서 ④ 모듈 및 어레이 직병렬 계산서

풀이 구조계산서는 태양광구조물의 구조적 안정성을 검토하는 계산서이다.

03 다음 중 태양광 발전설비의 외부 피뢰시스템에 해당하지 않는 것은?
① 접지시스템 ② 수뢰부시스템
③ 인하도선시스템 ④ 다중방호시스템

풀이 외부 피뢰시스템
수뢰부시스템, 인하도선시스템, 접지시스템

04 피뢰소자의 선정방법에 대한 설명 중 ( ) 안에 알맞은 내용을 나열한 것은?

접속함 내의 분전반 내에 설치하는 피뢰소자로 어레스터는 (㉠)을 선정하고, 어레이 주회로 내에 설치하는 피뢰소자인 서지업서버는 (㉡)을 선정한다.

① ㉠ : 충전내량이 큰 것, ㉡ : 충전내량이 작은 것
② ㉠ : 방전내량이 큰 것, ㉡ : 방전내량이 작은 것
③ ㉠ : 충전내량이 작은 것, ㉡ : 충전내량이 큰 것
④ ㉠ : 방전내량이 작은 것, ㉡ : 방전내량이 큰 것

풀이 접속함 내의 분전반 내에 설치하는 피뢰소자로 어레스터는 방전내량이 큰 것을 선정하고, 어레이 주회로 내에 설치하는 피뢰소자인 서지업서버는 방전내량이 작은 것을 선정한다.

정답 01 ④ 02 ① 03 ④ 04 ②

05 태양광발전 설비의 기본 방화대책으로 잘못된 것은?

① PV 어레이 : 접속부 저항치를 측정한다.
② Cable : 난연 Cable을 설치하고 직사광은 피한다.
③ 접속함 : 차양판을 설치하며 내부 온도 상승을 방지한다.
④ Oil 변압기는 기름을 사용하므로 유지·보수를 위해 실내에 설치한다.

풀이
- 변압기는 건식일 경우 큐비클 내에 설치하고 방화구획한다.
- 유입변압기인 경우 가능하면 옥외 설치를 권장한다.(NFPA 70 : 미국 화재안전기준)
- 전력기기는 실내 설치 시 큐비클 내 설치하고 방화구획한다.

06 태양광발전시스템에서 계통으로 유입되는 고조파 전류(Total Harmonic Distortion)는 총합 몇 [%]를 초과하면 안 되는가?

① 2[%]　　② 3[%]
③ 4[%]　　④ 5[%]

풀이 태양광발전시스템에서 계통유입되는 총 고조파 전류(THD)는 5[%]를 초과해서는 안 되고 각 차수별로 3[%]를 초과할 수 없다.

07 모듈에 음영이 발생할 경우 출력저하 및 발열을 억제하기 위해 설치하는 것은?

① 저항　　② 노이즈 필터
③ 서지보호장치　　④ 바이패스 소자

풀이 바이패스 소자
- 그늘 발생 시 전기를 생산하지 못하는 셀에 저항이 증가되고 전압에 의해서 발열되어 핫스팟 현상이 발생한다. 이를 방지하기 위한 목적으로 고저항이 된 셀들과 병렬로 접속하여 음영된 셀에 흐르는 전류를 바이패스하도록 하는 것이 바이패스 소자(다이오드를 사용)이다.
- 바이패스 다이오드는 모듈 후면에 있는 출력단자함에 설치되며, 셀 18~20개마다 1개의 바이패스 다이오드를 설치한다.
- 공칭 최대 출력전압의 1.5배 이상

08 태양광발전시스템은 전력계통 유무 및 타 에너지원에 의한 발전시스템으로 구분하고 있다. 태양광발전시스템의 종류가 아닌 것은?

① 독립형　　② 하이브리드형
③ 열병합　　④ 계통연계형

풀이 열병합발전소는 열과 전기를 이용하는 발전소이다. 태양광발전시스템 종류에는 독립형, 하이브리드형, 계통연계형이 있다.

정답　05 ④　06 ④　07 ④　08 ③

09 계통연계 운전 중 송전이나 수전 시 시스템 보호를 위한 보호계전기의 종류가 아닌 것은?

① 부족전압 계전기(UVR)
② 부족주파수 계전기(UFR)
③ 역전력 계전기(RPR)
④ 과전압 계전기(OVR)

풀이 역전력 계전기는 시스템 보호를 위한 보호계전기가 아니다.

10 독립형 태양광 인버터의 시험항목이 아닌 것은?

① 효율시험
② 출력 측 단락시험
③ 절연저항시험
④ 교류출력전류 변형률 시험

풀이 태양광발전용 독립형·연계형 인버터의 시험항목

시험항목		독립형	계통연계형
1. 구조시험		○	○
2. 절연성능시험	절연저항시험	○	○
	내전압시험	○	○
	감전보호시험	○	○
	절연거리시험	○	○
3. 보호기능시험	출력 과전압 및 부족전압보호기능시험	○	○
	주파수 상승 및 저하 보호기능시험	○	○
	단독운전 방지기능시험	×	○
	복전후일정시간투입방지기능시험	×	○
	교류전압, 주파수 추종범위시험	×	○
	교류출력전류 변형률 시험	×	○
4. 정상특성시험	누설전류시험	○	○
	온도상승시험	○	○
	효율시험	○	○
	대기손실시험	×	○
	자동기동·정지시험	×	○
	최대전력 추종시험	×	○
	출력전류 직류분 검출시험	×	○
5. 과도응답 특성시험	입력전력 급변시험	○	○
	계통전압 급변시험	×	○
	계통전압위상 급변시험	×	○
6. 외부사고시험	출력 측 단락시험	○	○
	계통전압 순간정전·강하시험	×	○
	부하차단시험	○	○

정답 09 ③ 10 ④

시험항목		독립형	계통연계형
7. 내전기 환경시험	계통전압 왜형률내량시험	×	○
	계통전압불평형시험	×	○
	부하불평형시험	○	×
8. 내주위 환경시험	습도시험	○	○
	온습도사이클시험	○	○
9. 전자기적 합성(EMC)	전자파 장해(EMI)	○	○
	전자파 내성(EMS)	○	○

11 계통연계형 태양광 인버터의 시험항목이 아닌 것은?

① 효율시험
② 온도상승시험
③ 단독운전방지시험
④ 부하불평형시험

풀이 10번 해설 참조

12 전력계통의 한 점을 직접접지하고 설비의 노출 도전성 부분을 전원계통의 접지극과는 전기적으로 독립한 접지극으로 접속하는 방식은?

① TT 계통(TT System)
② IT 계통(IT System)
③ TN-S 계통(TN-S System)
④ TN-C 계통(TN-C System)

풀이 TN 계통

전원공급 측 1개소 이상에서 직접접지하고 설비기기의 노출 도전성 부분을(Protective Conductors)를 통하여 전원의 접지점으로 연결

TN 계통은 중성선(N)과 보호도체(E)의 관계에 따라 다음의 3종류가 있다.
- TN-C : 시스템 전체에 걸쳐 중성선과 보호도체가 단일도선으로 공급되어 있다.
- TN-S : 시스템 전체에 걸쳐 중성선과 보호도체가 분리되어 있고 전원 측의 접지 전극은 공유한다.
- TN-C-S : 시스템 일부에서 중성선과 보호도체가 단일도선으로 공급되고 전원공급 측 TN-C이고 노출도전성 부분은 TN-S방식이다.
- TT 계통 : 전원공급 측을 1개소 이상에서 직접접지(계통접지)하고 설비의 노출도전성 부분은 계통접지와는 전기적으로 독립된 접지전극에 정지한다.
- IT 계통 : 전원공급 측 비접지. 설비의 노출 도전성 부분은 전기적으로 독립적인 접지전극에 기기접지한다.

정답 11 ④ 12 ①

13 태양광발전 통합모니터링 시스템의 구성요소가 아닌 것은?

① 전력변환장치 감시제어장치(AIS)
② 태양광 모듈 계측 메인장치(SCS)
③ 자동기상 관측장치(AWS)
④ 자동고장전류 계산장치(ACS)

풀이 자동고장전류 계산장치는 차단기 용량의 계산 시 사용된다.

14 태양광발전시스템을 1,000[m²] 부지에 하나의 어레이로 설치할 때, 모듈 효율 15[%], 일사량 500[W/m²]이면 생산되는 전력은?(단, 기타 조건은 무시한다.)

① 75[kW]
② 750[kW]
③ 7,500[kW]
④ 75,000[kW]

풀이 출력 P = 일사량[W/m²] × 면적[m²] × 효율
$= 500 \times 1,000 \times 0.15 \times 10^{-3} = 75[kW]$

15 피뢰설비의 수뢰부 시스템으로 틀린 것은?

① 돌침
② 수평도체
③ 메시도체
④ 인하도체

풀이 수뢰부 시스템은 돌침, 수평도체, 메시도체의 각각 사용 또는 조합으로 구성된다. 인하도체는 수뢰부와 접지극을 연결하는 것이다.

16 태양광발전시스템에 적용하는 피뢰방식이 아닌 것은?

① 돌침 방식
② 케이지 방식
③ 구조체 방식
④ 수평도체 방식

풀이 KS C IEC 62305에 의한 수뢰부시스템은 다음 3가지 방식 중 한 가지 또는 두 가지 이상의 조합으로 구성된다.
- 돌침
- 수평도체
- 메시도체(케이지 방식)

17 피뢰기의 구비 조건이 아닌 것은?

① 방전 내량이 클 것
② 속류 차단능력이 클 것
③ 충격 방전개시 전압이 높을 것
④ 상용주파 방전개시 전압이 높을 것

정답 13 ④ 14 ① 15 ④ 16 ③ 17 ③

풀이 피뢰기(LA)가 구비해야 할 조건
충격 방전개시 전압이 낮고, 상용주파 방전 개시전압이 높아야 하고, 속류의 차단능력이 충분하여야 하며, 방전내량이 크고 제한전압이 낮아야 한다.

18 태양광발전설비 피뢰설비 설치기준으로 틀린 것은?

① 낙뢰 우려가 있는 건축물 또는 높이 20[m] 이상 건축물
② KS C IEC 62305 기준에 의거 설치
③ 낙뢰 빈도가 많은 지역은 높이 20[m] 이하 건축물에는 설치할 수 없다.
④ 중요한 건물(박물관 등)

풀이 낙뢰 빈도가 많은 지역은 높이 20[m] 이하 건축물에서도 설치할 수 있다.

19 피뢰설비의 레벨등급 중 2등급 회전구체의 반경은?

① 20[m]　　② 30[m]　　③ 45[m]　　④ 60[m]

풀이 피뢰시스템의 레벨별 회전구체 반경, 메시 치수와 보호각의 최댓값

피뢰시스템의 레벨	보호법	
	회전구체 반경 r[m]	메시 치수 W[m]
I	20	5×5
II	30	10×10
III	45	15×15
IV	60	20×20

20 피뢰시스템 중 뇌격전류를 안전하게 대지로 전송하는 것은?

① 돌침　　　　　　　　　　② 감시시스템
③ 수뢰부시스템　　　　　　④ 인하도선시스템

풀이 피뢰시스템
• 수뢰부시스템 : 구조물의 뇌격을 받아들임
• 인하도선시스템 : 뇌격전류를 안전하게 대지로 보냄
• 접지시스템 : 뇌격전류를 대지로 방류시킴

21 과도 과전압을 제한하고 서지전류를 우회시키는 장치의 약어는?

① DS　　　　② SPD　　　　③ ELB　　　　④ MCCB

정답 18 ③　19 ②　20 ④　21 ②

풀이
- DS : Disconnector Switch
- SPD : Surge Protection Device
- ELB : Earth Leakage Breaker
- MCCB : Molded Case Circuit Breaker
- SPD : 과도 과전압을 제한하고 서지전류를 우회시키는 장치

22 화재 시 전선배관의 관통부분에서의 방화구획 조치가 아닌 것은?
① 충전재 사용
② 난연 레진 사용
③ 난연 테이프 사용
④ 폴리에틸렌(PE) 케이블 사용

풀이 방화구획 및 관통부 처리 관련 사항
- 난연성 : 관통부분의 충전재, 케이블, 배관재의 변형, 파손, 탈락, 소실로 인해 뒷면에 화염, 연기가 나지 않을 것
- 내열성 : 관통부분의 충전재, 내열씰재의 전열에 의해 뒷면이 연소할 위험이 있는 온도가 되지 않을 것
- 내화구조 : 건축물의 화재로 인한 화열이 일정 시간만큼 가해지는 경우 구조내력상 지장이 있는 변형, 용융, 파손 및 기타 손상을 발생시키지 않는 것
- 폴리에틸렌(polyethylene) : 열가소성의 범용수지로 PE라고도 한다. 내습, 방습성, 내한성, 내약품성, 전기절연성이 뛰어나다.
- 내화구조의 인정관리기준 제2조제7항에서 방화구역의 수평, 수직 설비관통부, 조인트, 커튼월과 바닥 사이 등의 틈새에는 내화충전구조로 설치하도록 규정

23 방화구획을 관통하는 배관, 배선의 처리방법에 대한 설명으로 틀린 것은?
① 다른 설비로 연소, 확대하는 것을 방지하는 것이다.
② 관통부분의 충전재, 내열시트재는 전열에 의해 이면측이 연소할 위험온도가 되지 않을 것
③ 관통부분의 충전재, 배관재의 변형, 소실 등에 의한 이면측에 화염, 연기가 나오지 않을 것
④ 내화구조물을 배선, 배관 등으로 관통한 경우 되메움 충전재는 관통전과 동등하지 않아도 된다.

풀이 내화구조물을 배선, 배관 등으로 관통한 경우 되메움 충전재는 관통전과 동등 이상이어야 한다. 케이블 등 관통부분의 시공방법은 「건축법 시행령」제56조, 「건축물의 피난방화구조 등의 기준에 관한 규칙」및 국토교통부 고시 「내화구조의 인정 및 관리기준」에 근거하여 적용한다. 이 기준에 의하면 충전부의 성능확인은 「내화충전구조 세부운영지침」에 따르도록 되어 있다.

내화구조의 인정 및 관리기준 제21조(시험방법 및 성능기준 등)
① 내화충전구조는 규칙 [별표 1] 내화구조의 성능기준 이상 견딜 수 있는 것으로서, 원장이 국토해양부 장관의 승인을 득한 「내화충전구조 세부운영지침」에서 정하는 절차와 방법, 기준에 따라 시험한 결과 성능이 확보된 것이어야 한다.

정답 22 ④ 23 ④

24 태양광시스템에서 방화구획 관통부를 처리하는 주된 목적은?
① 다른 설비로의 화재확산 방지 ② 배전반 및 분전반 보호
③ 태양전지 어레이 보호 ④ 인버터 보호

풀이 태양광시스템에서 방화구획 관통부를 처리하는 주된 목적은 '다른 설비로의 화재확산 방지'에 있다.

25 태양광발전시스템에서 방화구역 관통부의 처리에 관한 설명 중 틀린 것은?
① 전선배관의 관통부분에서 다른 설비로 화재 확산을 방지하는 것이다.
② 관통부분의 충전재, 케이블, 배관재의 변형·파손·탈락·소실로 뒷면에 화염 연기가 발생하지 않아야 한다.
③ 내열성이란 관통 부분의 충전재 내열재의 전열에 의해 뒷면이 연소할 위험이 있는 온도가 되지 않아야 한다.
④ 출입문은 방화문으로 한다.

풀이 방화문은 방화구획 관통부와 관계없다.

26 케이블의 방화구획 관통부 처리에서 불필요한 것은?
① 난연성 ② 내열성
③ 내화구조 ④ 단열구조

풀이 케이블 방화구획 관통부 처리목적
1. 화재 발생 시 전선배관의 관통부분에서 다른 설비로의 화재 확산 방지
2. Cable을 옥외에서 옥내로 들어올 때 관통부분 처리
   - 난연성 : 관통부분의 충진재, 배관재 변형탈락, 소손 등으로 인해 뒷면에 화염이나 연기가 발생하지 않을 것
   - 내열성 : 관통부분의 충진재, 내열씰재의 전열에 의해 뒷면이 연소할 위험이 있는 온도가 되지 않을 것

※ 단열구조는 건축에서 열이 외부로 빠져나가지 않도록 하는 구조

27 태양광발전시스템에 있어서 방화구획 관통부를 처리하는 주된 목적은?
① 방화설비의 사용 용이 ② 전선관 및 배선의 보호
③ 화재감지기 오작동 방지 ④ 다른 설비로의 화재 확산 방지

풀이 태양광발전시스템에 있어서 방화구획 관통부를 처리하는 주된 목적은 다른 설비로의 화재 확산을 방지하는 것이다.

정답 24 ① 25 ④ 26 ④ 27 ④

28 방화구획 관통부의 방화벽 또는 방화바닥 설치 시 시공방법으로 틀린 것은?

① 일반 실리콘 폼을 양쪽 불연 내화패널 사이에 빈틈이 없이 충전한다.
② 관통벽에 미리 시설해 놓은 틀에 불연성 내화패널을 앵커볼트로 고정시킨다.
③ 불연성 내화패널과 케이블 트레이, 케이블 사이에 빈틈과 주위를 밀폐재로 봉한다.
④ 방화판을 관통구의 크기에 맞도록 케이블 트레이의 중심 양쪽으로 2장을 만든다.

풀이 케이블 등 관통부분의 시공방법은 「건축법 시행령」 제56조, 「건축물의 피난방화구조 등의 기준에 관한 규칙」 및 국토교통부 고시 「내화구조의 인정 및 관리기준」에 근거하여 적용한다. 이 기준에 의하면 충전부의 성능 확인은 「내화충전구조 세부운영지침」에 따르도록 되어 있다.

내화구조의 인정 및 관리기준 제21조(시험방법 및 성능기준 등)
① 내화충전구조는 규칙 [별표 1] 내화구조의 성능기준 이상 견딜 수 있는 것으로서, 원장이 국토해양부장관의 승인을 득한 「내화충전구조 세부운영지침」에서 정하는 절차와 방법, 기준에 따라 시험한 결과 성능이 확보된 것이어야 한다.

29 방화구획 관통부의 처리 시 배선을 옥외에서 옥내로 끌어들이는 관통부분에 충족하여야 하는 사항 2가지는?

① 내열성과 가요성
② 난연성과 내후성
③ 난연성과 내열성
④ 내열성과 내후성

풀이 방화구획 관통부 처리
- 난연성 : 관통부분의 충전재, 케이블, 배관재의 변형, 탈락, 소실로 인해 뒷면에 화염, 연기가 나지 않을 것
- 내열성 : 관통부분의 충전재, 내열씰재의 전열에 의해 뒷면이 연소할 위험이 있는 온도가 되지 않을 것

30 방화구획 관통부의 처리에 관한 설명으로 틀린 것은?

① 전선배관의 관통부에서는 다른 설비로 불길이 번지거나 확대를 방지하는 것이다.
② 관통부의 충전재, 내열씰재의 전열에 의해 뒷면이 연소할 위험이 있는 온도가 되지 않아야 한다.
③ 내열성이란 관통부의 충전재, 케이블, 배관재의 변형, 파손, 탈락, 소실로 뒷면에 화염, 연기가 발생하지 않도록 하는 것이다.
④ 내화구조물 배선, 배관 등으로 관통한 경우의 되메우기 충전재는 관통하기 전과 같거나 그 이상의 내화구조로 하지 않으면 안 된다.

풀이 29번 해설 참조

정답 28 ① 29 ③ 30 ③

31 분산형 전원의 역률은 한전과 별도 협의가 없는 경우 몇 [%] 이상 유지해야 하는가?
① 85 ② 90
③ 95 ④ 100

32 방범용 CCTV 시스템 설계 시 고려사항으로 틀린 것은?
① 발전소 내부 전 공간의 실시간 감시 가능
② 감시제어반에서의 통합감시 가능
③ 최소 30일 이상의 기록이 가능한 저장장치
④ 개별화된 장비(하드웨어) 및 솔루션(소프트웨어)

풀이 CCTV 시스템 : 표준화된 장비(하드웨어) 및 솔루션(소프트웨어)

33 태양광발전 설비의 내부 시스템의 고장 보호방법으로 틀린 것은?
① 차폐 실시 ② 본딩 및 접지 실시
③ 피뢰침 설치 ④ SPD 설치

풀이 피뢰침은 외부의 뇌격보호용으로 사용된다.

34 태양광발전 설비의 보호대책으로 외부 피뢰 시스템의 구성이 아닌 것은?
① 수뢰부 : 구조물의 뇌격을 받아들임
② 인하도선 : 뇌격전류를 접지극에 전달
③ 접지극 : 뇌격전류를 대지로 흘려보내는 것
④ 퓨즈 : 뇌격전류 차단

풀이 퓨즈는 단락전류를 차단하는 장치이다.

35 SPD(Surge Protective Device)를 시험에 의해 분류 시 II등급 시험의 전류파형은?
① $10/350[\mu s]$ 전류파형 ② $8/20[\mu s]$ 전류파형
③ $1.2/50[\mu s]$ 전류파형 ④ $8/20[\mu s]$ 전압파형

풀이 II등급 시험전류파형(파두장/파미장)은 $8/20[\mu s]$이다.

• SPD 분류 시 방전내량의 크기
  클래스 I > 클래스 II > 클래스 III

정답 31 ② 32 ④ 33 ③ 34 ④ 35 ②

• SPD 분류표

구분		동작 원리
소자의 특성에 따른 분류	전압 스위치형	일정 전압을 초과하면 단번에 낮은 전압으로 스위칭 동작
	전압 제한형	침입한 과전압을 거의 일정한 전압으로 제한하는 동작
	복합형	위에 언급한 2종류의 소자를 조합해 사용
시험에 의한 분류	I등급 시험	(10/350[μs])의 전류 파형으로 시험하고 직격뢰를 가정
	II등급 시험	(8/20[μs])의 전류 파형으로 시험하고 유도뢰를 가정
	III등급 시험	콤비네이션 파형 발생기에서 전압 파형(1.2/50[μs])과 전류 파형(8/20[μs])으로 시험하고 반복 서지에 대응

36 서지보호장치(SPD) II등급 시험으로 알맞은 것은?

① 10/350[μs]의 전류 파형으로 시험하고 직격뢰를 가정
② 8/20[μs]의 전류 파형으로 시험하고 유도뢰를 가정
③ 콤비네이션 파형 발생기에서 전압 파형은 1.2/50[μs]과 전류 파형 8/20[μs]으로 시험하고 반복 서지에 대응
④ 8/20[μs]의 전압파형으로 시험하고 직격뢰를 가정

풀이 서지보호장치(SPD) 등급시험 및 동작원리

구분		동작 원리
소자의 특성에 따른 분류	전압스위치형	일정 전압을 초과하면 단번에 낮은 전압으로 스위칭 동작
	전압제한형	침입한 과전압을 거의 일정한 전압으로 제한하는 동작
	복합형	위에 언급한 2종류의 소자를 조합해 사용
시험에 의한 분류	I등급 시험	(10/350[μs])의 전류 파형으로 시험하고 직격뢰를 가정
	II등급 시험	(8/20[μs])의 전류 파형으로 시험하고 유도뢰를 가정
	III등급 시험	콤비네이션 파형 발생기에서 전압 파형(1.2/50[μs])과 전류 파형(8/20[μs])으로 시험하고 반복 서지에 대응

정답 36 ②

05 태양광발전시스템 감리

01 태양광발전소 등 전력시설물 감리업무를 무엇이라 하는가?
① 검측감리   ② 시공감리
③ 책임감리   ④ 설계감리

풀이 책임감리원이란 감리업자를 대표하여 현장에 상주하면서 해당 공사 전반에 관하여 책임감리 등의 업무를 총괄하는 사람을 말한다. 전력시설물 감리는 책임감리이다.

02 발주자의 감독권한 대행을 제외한 행정업무, 시공관리업무, 공정관리업무, 안전관리업무를 포함하는 감리를 무엇이라고 하는가?
① 검측감리   ② 시공감리
③ 책임감리   ④ 설계감리

풀이 시공감리
발주자의 감독권한 대행을 제외한 행정업무, 시공관리업무, 공정관리업무, 안전관리업무를 포함하는 감리

03 감리원의 수행업무 방법으로 옳지 않은 것은?
① 검사업무지침을 현장별로 수립한다.
② 시공기술자 실명부 확인은 생략한다.
③ 현장에서의 검사는 체크리스트를 사용한다.
④ 검사업무 지침은 시공 관련자에게 배포한다.

풀이 공사업자가 검사요청서를 제출할 때 시공기술자 실명부가 첨부되었는지를 확인한다.

04 태양광발전설비의 준공검사 후 현장문서 인수·인계 사항이 아닌 것은?
① 준공 사진첩   ② 품질시험 및 검사성과 총괄표
③ 시설물 인수인계서   ④ 공사계획서

풀이 현장문서 인수·인계 사항
• 준공사진첩   • 준공도면
• 품질시험 및 검사성과 총괄표   • 기자재 구매서류
• 시설물 인수·인계서   • 그 밖에 발주자가 필요하다고 인정하는 서류

정답 01 ③ 02 ② 03 ② 04 ④

신재생에너지발전설비/태양광

05 기성 검사 절차에서 계약자가 단위업무별 가중치와 월별 공정률을 표시하여 공사 착공 전에 발주처에 사전검토 및 확인을 받아야 하는 것은?

① 감리일지
② 설계감리 확인서
③ 시공 예정공정표
④ 투입인원 건강기록부

풀이 공사(시공) 예정공정표
시공자(계약자)가 단위업무별 가중치와 월별 공정률을 표시하여 공사 착공 전에 발주처에 사전검토 및 확인을 받아야 하는 것

06 태양광발전시스템의 설계도서가 아닌 것은?

① 시방서
② 설계도면
③ 품질관리계획서
④ 공사비 산출내역서

풀이 태양광발전시스템의 설계도서
- 설계도면
- 설계설명서
- 시방서
- 기술계산서
- 공사비 산출내역서
- 공사계약서의 계약내용

07 계약자가 단위업무별 가중치와 월별 공정률을 표시하여 공사 착공 전에 발주처에 사전검토 및 확인을 받아야 하는 것은?

① 투입인원 건강기록부
② 설계감리 확인서
③ 시공 예정공정표
④ 감리일지

풀이 감리원은 공사가 시작된 경우 공사업자로부터 착공신고서를 제출받아 검토하여 7일 이내에 발주자에게 보고하여야 한다.
- 시공관리책임자 지정통보서
- 공사예정공정표
- 품질관리계획서
- 공사도급계약서 사본 및 산출내역서
- 공사 시작 전 사진
- 현장기술자 경력사항 확인서 및 자격증 사본
- 안전관리계획서

08 감리원은 공사가 시작된 경우에 공사업자로부터 착공신고서를 제출받아 적정성 여부 검토 후 며칠 이내에 발주자에게 보고하여야 하는가?

① 5일
② 7일
③ 10일
④ 14일

정답 05 ③ 06 ③ 07 ③ 08 ②

풀이 착공신고서 검토 및 보고

감리원은 공사가 시작된 경우에는 공사업자로부터 다음 서류가 포함된 착공신고서를 제출받아 적정성 여부를 검토하여 7일 이내에 발주자에게 보고하여야 한다.

09 감리원은 하도급 계약통지서에 관한 적정성 여부를 검토하여 발주자에게 며칠 이내에 의견을 제출하는가?

① 7일 이내 ② 10일 이내 ③ 15일 이내 ④ 30일 이내

풀이 전기공사 하도급 계약통지서에 관한 적정성 여부를 검토하여 요청받은 날로부터 7일 이내에 의견 제출

10 설계 감리원의 기본업무 수행사항이 아닌 것은?

① 과업지시서에 따라 업무를 성실히 수행하고 설계의 품질향상에 노력하여야 한다.
② 설계용역 계약 및 설계감리용역 계약내용이 충실히 이행될 수 있도록 하여야 한다.
③ 설계 및 설계 감리용역 시행에 따른 업무연락, 문제점 파악 및 민원해결 등을 성실히 수행하여야 한다.
④ 설계공정의 진척에 따라 설계자로부터 필요한 자료 등을 제출받아 설계용역이 원활히 추진될 수 있도록 설계감리업무를 수행하여야 한다.

풀이 설계감리원의 기본임무
- 설계용역 계약 및 설계감리용역 계약내용이 충실히 이행될 수 있도록 하여야 한다.
- 해당 설계용역이 관련 법령 및 전기설비기술기준 등에 적합한 내용대로 설계되는지의 여부를 확인 및 설계의 경제성 검토를 실시하고, 기술지도 등을 하여야 한다.
- 설계공정의 진척에 따라 설계자로부터 필요한 자료 등을 제출받아 설계용역이 원활히 추진될 수 있도록 설계감리업무를 수행하여야 한다.
- 과업지시서에 따라 업무를 성실히 수행하고 설계의 품질향상에 노력하여야 한다.

11 설계감리원이 필요한 경우 비치하여야 할 문서가 아닌 것은?

① 근무상황부 ② 설계감리 지시부
③ 설계감리 기록부 ④ 준공검사원

풀이 설계감리원은 필요한 경우 다음 문서를 비치하고 그 세부양식은 발주자의 승인을 받아 설계감리과정을 기록한다.
- 근무상황부
- 설계감리 지시부
- 설계자와 협의사항기록부
- 설계감리 검토의견 및 조치결과서
- 설계도서 검토의견서
- 설계감리 일지
- 설계감리 기록부
- 설계감리 추진현황
- 설계감리 주요 검토결과
- 설계도서를 검토한 근거서류

정답 09 ① 10 ③ 11 ④

12 감리용역 계약문서가 아닌 것은?

① 과업지시서　　② 공사입찰 유의서
③ 감리비 산출내역서　　④ 기술용역계약 일반조건

풀이 감리용역 계약문서는 계약서, 기술용역입찰유의서, 기술용역계약 일반조건, 감리용역계약 특수조건, 과업지시서, 감리비 산출내역서 등으로 구성되며, 이들 계약문서는 상호 보완의 효력을 가진다.

13 감리용역 계약문서로 볼 수 없는 것은?

① 기술용역 입찰유의서　　② 과업지시서
③ 감리비 산출내역서　　④ 설계도서

풀이 감리용역 계약문서
- 계약서
- 기술용역계약 일반조건
- 감리비 산출내역서 등
- 기술용역 입찰유의서
- 과업지시서

14 감리원의 감리업무가 아닌 것은?

① 발주자의 권한 대행
② 공사의 품질 확보와 향상에 노력
③ 공사의 계획, 발주, 설계 시공 등 전반 업무 총괄
④ 품질관리, 공사관리, 안전관리 등에 대한 기술지도

풀이 ㉠ 감리원의 감리업무
- 발주자의 권한 대행
- 공사의 품질 확보와 향상에 노력 : 설계도서 검토, 착공신고서 검토 및 보고
- 품질관리, 공사관리, 안전관리 등에 대한 기술지도

㉡ 건설사업관리(CM)
공사의 계획, 발주, 설계, 시공 등 전반업무 총괄

15 설계도서 적용 시 고려사항이다. 옳지 않은 것은?

① 숫자로 나타낸 치수는 도면상 축척으로 잰 치수보다 우선한다.
② 특별시방서는 당해공사에 한하여 일반시방서에 우선하여 적용한다.
③ 특별시방서 및 도면에 기재되지 않은 사항은 일반시방서에 의한다.
④ 공사계약서 상호 간에 차이와 문제가 있는 경우 발주자의 의견을 참조하여 감리원이 최종적으로 결정한다.

정답　12 ②　13 ④　14 ③　15 ④

풀이 공사계약서 상호 간에 차이와 문제가 있는 경우에는 계약 당사자 간의 협의를 통해 조정하는 것이지 감리원이 최종적으로 결정하는 자는 아니다.

16 감리원이 해당 공사 착공 전에 실시하는 설계도서 검토내용에 포함되지 않는 것은?

① 설계도서등의 내용에 대한 상호일치 여부
② 현장조건에 부합 및 시공의 실제가능 여부
③ 설계도서의 누락, 오류 등 불명확한 부분의 존재 여부
④ 시공사가 제출한 물량내역서와 발주자가 제공한 산출내역서의 수량 일치 여부

풀이 감리원은 설계도서 등에 대하여 공사계약문서 상호 간의 모순되는 사항, 현장 실정과의 부합 여부 등 현장 시공을 주안으로 하여 해당 공사 시작 전에 검토하여야 하며 검토내용에는 다음 각 호의 사항 등이 포함되어야 한다.
- 현장조건에 부합 여부
- 시공의 실제가능 여부
- 다른 사업 또는 다른 공정과의 상호부합 여부
- 설계도면, 설계설명서, 기술계산서, 산출내역서 등의 내용에 대한 상호일치 여부
- 설계도서의 누락, 오류 등 불명확한 부분의 존재 여부
- 발주자가 제공한 물량 내역서와 공사업자가 제출한 산출내역서의 수량일치 여부
- 시공상의 예상 문제점 및 대책 등

17 감리원은 설계도서 등에 대하여 현장 시공을 주안으로 하여 해당 공사 시작 전에 검토하여야 할 사항으로 옳지 않은 것은?

① 시공의 설계 가능 여부
② 현장조건에 부합 여부
③ 설계도서의 누락, 오류 등 불명확한 부분의 존재 여부
④ 착공부터 완공까지의 공사기간 여부

풀이 16번 해설 참조

18 건설공사에 관한 기획, 타당성 조사, 분석, 설계, 조달, 계약, 시공관리, 감리평가, 사후관리 등에 관한 업무의 전부 또는 일부를 수행하는 건설용역업은?

① Construction Management
② Project Management
③ Design Management
④ Agency Management

풀이 건설사업관리(Construction Management)란 건설공사에 관한 기획, 타당성조사, 분석, 설계, 조달, 계약, 시공관리, 감리평가, 또는 사후관리 등에 관한 관리를 수행하는 것을 말한다.

정답 16 ④ 17 ④ 18 ①

19 태양광발전설비의 준공 후 감리원이 발주자에게 인수인계할 목록에 반드시 포함되어야 하는 서류로서 옳지 않은 것은?
① 기자재 구매서류
② 시설물 인수인계서
③ 안전교육 실적표
④ 품질시험 및 검사성과 총괄표

풀이 현장문서 인수인계 목록
- 준공사진첩
- 준공도면
- 품질시험 및 검사성과 총괄표
- 기자재 구매서류
- 시설물 인수인계서

20 자가용 전기설비의 검사를 받으려면 신청인은 안전공사에 검사희망일 며칠 전까지 사용 전 검사를 신청하여야 하는가?
① 5일
② 7일
③ 14일
④ 30일

21 감리원이 공사업자에게 행하는 기술지도 사항이 아닌 것은?
① 품질관리
② 시공관리
③ 공정관리
④ 운영관리

풀이 감리원이 공사업자에게 행하는 기술지도
- 시공관리
- 공정관리
- 품질관리
- 안전관리

22 공사감리원 배치시기로 적절한 것은?
① 착공 7일 후
② 착공 10일 후
③ 공사 시작 전
④ 현장여건에 따른 적당한 시기

풀이 전력기술관리법 제12조의2(감리원의 배치 등)
① 다음 각 호의 어느 하나에 해당하는 자(이하 "감리업자등"이라 한다)가 공사감리를 하려는 경우에는 산업통상자원부장관이 정하여 고시하는 감리원 배치기준에 따라 소속 감리원을 공사 시작 전에 배치하여야 한다.

23 공사업자가 감리원에게 제출하는 시공 상세도에 포함되지 않는 것은?
① 실제 시공 가능 여부
② 공사추진 실적현황
③ 현장의 시공 기술자가 명확하게 이해할 수 있는지 여부
④ 설계도면, 설계 설명서 또는 관계 규정에 일치하는지 여부

정답 19 ③ 20 ② 21 ④ 22 ③ 23 ②

풀이 전력시설물 공사감리업무 수행지침 제31조(시공상세도 승인)
1. 설계도면, 설계설명서 또는 관계 규정에 일치하는지 여부
2. 현장의 시공기술자가 명확하게 이해할 수 있는지 여부
3. 실제시공 가능 여부
4. 안정성의 확보 여부
5. 계산의 정확성
6. 제도의 품질 및 선명성, 도면작성 표준에 일치 여부
7. 도면으로 표시 곤란한 내용은 시공 시 유의사항으로 작성되었는지 등의 검토

24 태양광 발전설비의 공사감리 법적 근거는?

① 전기사업법
② 전기설비기술기준
③ 전력기술관리법
④ 전기공사업법

풀이 전력기술관리법은 전력기술의 연구·개발을 촉진하고 이를 효율적으로 이용·관리함으로써 전력기술 수준을 향상시키고 전력시설물 설치를 적절하게 하여 공공의 안전 확보와 국민경제의 발전에 이바지함을 목적으로 한다.

25 태양광발전시스템의 감리에 대한 설명으로 틀린 것은?

① 감리는 설계감리와 공사감리로 구분되고 감리원이 수행한다.
② 감리원은 감리업체에 종사하면서 감리업무를 수행하는 사람을 말한다.
③ 상주감리원이란 현장에 상주하면서 감리업무를 수행하는 사람으로서 책임감리원과 보조감리원을 말한다.
④ 설계감리는 시공관리, 품질관리, 안전관리 등에 대한 감리업무의 권한을 발주자가 대행하는 것이다.

풀이 설계감리란 전력시설물의 설치보수공사의 계획 조사 및 설계를 법령에 따라 적정하게 시행되도록 관리하는 것을 말한다.

26 설계도서 적용 시 고려사항으로 볼 수 없는 것은?

① 도면상 축적으로 잰 치수가 숫자로 나타낸 치수보다 우선한다.
② 특별시방서는 당해 공사에 한하여 일반시방서에 우선한다.
③ 특별시방서 및 도면에 기재되지 않은 사항은 일반시방서에 의한다.
④ 설계도면 및 시방서의 어느 한 쪽에 기재되어 있는 것은 그 양쪽에 기재되어 있는 사항과 동일하게 다룬다.

정답 24 ③ 25 ④ 26 ①

풀이 설계도서

시방서, 설계도면, 설계설명서, 공사비산출내역서, 기술계산서, 공사계약서의 계약내용과 해당 공사의 조사 설계보고서를 말한다.

※ 숫자로 나타낸 치수는 도면상 축적으로 잰 치수보다 우선한다.

27 비상주 감리원의 업무에 해당하지 않는 것은?

① 중요한 설계변경에 대한 기술검토
② 설계변경 및 계약금액 조정의 심사
③ 근무상황판에 현장근무위치와 업무내용 기록
④ 정기적(분기 또는 월별)으로 현장 시공상태를 종합적으로 점검·확인·평가하고 기술지도

풀이 '근무상황판에 현장근무위치와 업무내용 기록'은 비상주 감리원의 업무가 아니다.

28 비상주감리원의 업무수행 범위로 틀린 것은?

① 설계도서 검토
② 상주감리원이 수행하지 못하는 현장 조사분석 및 시공상의 문제점에 대한 기술 검토
③ 설계변경 및 계약금 금액 조정심사
④ 문제 발생 시 현장시공상태 점검

풀이 비상주감리원의 업무 범위
- 설계도서 등의 검토
- 상주감리원이 수행하지 못하는 현장 조사분석 및 시공상의 문제점에 대한 기술 검토와 민원사항에 대한 현지조사 및 해결방안 검토
- 중요한 설계변경에 대한 기술 검토
- 설계변경 및 계약금액 조정의 심사
- 기성 및 준공검사
- 정기적(분기 또는 월별)으로 현장 시공상태의 종합적인 점검·확인·평가 및 기술지도
- 공사와 관련하여 발주자(지원업무 수행자 포함)가 요구한 기술적 사항 등에 대한 검토
- 그 밖에 감리업무 추진에 필요한 기술지원 업무

29 상주감리원의 현장근무 규정에 대한 설명으로 틀린 것은?

① 공사현장에서 운영요령에 따라 배치된 일수를 상주해야 한다.
② 다른 업무 또는 부득이한 사유로 3일 이상 현장을 이탈하는 경우 발주자에게 통보한다.
③ 유급휴가로 현장을 이탈하게 되는 경우에는 감리업무에 지장이 없도록 직무대행자를 지정한다.
④ 발주자의 요청이 있는 경우에는 초과근무를 해야 한다.

풀이 다른 업무 또는 부득이한 사유로 1일 이상 현장을 이탈하는 경우에는 반드시 발주자의 승인을 받아야 한다.

정답 27 ③ 28 ④ 29 ②

30 시방서 종류별로 설명한 것 중 틀린 것은?

① 공사시방서 – 특정 공사를 위해 작성
② 특기시방서 – 비기술적인 사항을 규정
③ 표준시방서 – 모든 공사의 공통적인 사항을 규정
④ 기술시방서 – 공사 전반에 기술적인 사항을 규정

풀이 일반시방서 : 비기술적인 사항을 규정한다.

31 다음 중 시방서의 종류로 틀린 것은?

① 표준시방서
② 전문시방
③ 공사시방서
④ 설계시방서

풀이 설계시방서는 없다.

32 지원업무 수행자의 주요 업무범위로 잘못된 것은?

① 감리업무 수행계획서 감리원 배치계획도 검토
② 보상담당부서에서 수행하는 통상적인 보상업무 외에 감리원 및 공사업자와 협조하여 용지측량 기공승락 지장물 이설 확인 등 용지 보상 지원업무 수행
③ 계약금액 조정심사, 품질검사
④ 감리원에 대한 지도점검(근태상황 등)

풀이 지원업무담당자의 주요 업무범위
- 입찰참가자격심사(PQ) 기준 작성(필요한 경우)
- 감리업무 수행계획서, 감리원 배치계획서 검토
- 보상 담당부서에 수행하는 통상적인 보상업무 외에 감리원 및 공사업자가 협조하여 용지측량, 기공(起工) 승락, 지장물 이설 확인 등의 용지보상 지원업무 수행
- 감리원에 대한 지도·점검(근태상황 등)
- 감리원이 수행할 수 없는 공사와 관련한 각종 관·민원업무 및 인·허가 업무를 해결하고, 특히 지역성 민원해결을 위한 합동조사, 공청회 개최 등 추진
- 설계변경, 공기연장 등 주요사항 발생 시 발주자로부터 검토, 지시가 있을 경우, 현지 확인 및 검토 보고
- 공사관계자회의 등에 참석, 발주자의 지시사항 전달 및 감리·공사수행상 문제점 파악·보고
- 필요시 기성검사 및 각종 검사 입회
- 준공검사 입회
- 준공도서 등의 인수
- 하자 발생 시 현지조사 및 사후조치

정답 30 ② 31 ④ 32 ③

33 감리용역의 계약문서로 잘못된 것은?

① 계약서
② 기술용역 입찰유의서
③ 과업지시서
④ 공사입찰유의서

풀이 감리용역 계약문서
계약서, 기술용역 입찰유의서, 기술용역계약 일반조건, 기술용역계약 특수조건, 감리비산출 내역서, 과업지시서

34 설계감리를 받아야 할 전력시설물이 아닌 것은?

① 용량 80만[kW] 이상의 발전설비
② 전압 30만[V] 이상의 송전 및 변전설비
③ 11층 이상이거나 연면적 30,000[m^2] 이상인 건축물의 전력시설물
④ 전압 10만[V] 이상의 수전설비, 구내배전설비, 전력사용설비

풀이 전력기술관리법 시행령 제18조(설계감리 등)
① 법 제11조제4항에서 "대통령령으로 정하는 요건에 해당하는 전력시설물"이란 다음 각 호의 어느 하나에 해당하는 전력시설물을 말한다.
1. 용량 80만킬로와트 이상의 발전설비
2. 전압 30만볼트 이상의 송전·변전설비
3. 전압 10만볼트 이상의 수전설비·구내배전설비·전력사용설비
4. 전기철도의 수전설비·철도신호설비·구내배전설비·전차선설비·전력사용설비
5. 국제공항의 수전설비·구내배전설비·전력사용설비
6. 21층 이상이거나 연면적 5만제곱미터 이상인 건축물의 전력시설물. 다만, 「주택법」 제2조제3호에 따른 공동주택의 전력시설물은 제외한다.
7. 그 밖에 산업통상자원부령으로 정하는 전력시설물

35 설계 감리원이 설계업자로부터 착수신고서를 제출받아 적정성 여부를 검토하여 보고하여야 하는 것은?

① 근무상황부
② 예정공정표
③ 설계감리일지
④ 설계감리기록부

풀이 설계감리업무 수행지침 제8조(설계용역의 관리)
설계감리원은 설계용역 착수 및 수행단계에서 다음 각 항의 설계감리업무를 수행하여야 한다.
① 설계감리원은 설계업자로부터 착수신고서를 제출받아 다음 각 호의 사항에 대한 적정성 여부를 검토하여 보고하여야 한다.
1. 예정공정표
2. 과업수행계획 등 그 밖에 필요한 사항

정답 33 ④ 34 ③ 35 ②

36 설계감리원의 설계도면 적정성 검토사항으로 틀린 것은?

① 설계 결과물(도면)이 입력 자료와 비교해서 합리적으로 표시되었는지 여부
② 도면 상에 작업장 방위각이 표시되었는지 여부
③ 설계입력자료가 도면에 맞게 표시되었는지 여부
④ 도면이 적정하게, 해석 및 실시 가능하며 지속성 있게 표현되었는지 여부

풀이 설계감리원의 설계도면 적정성 검토사항
- 도면작성이 의도하는 대로 경제성, 정확성 및 적정성 등을 가졌는지 여부
- 설계입력자료가 도면에 맞게 표시되었는지 여부
- 관련 도면들과 다른 관련 문서들의 관계가 명확하게 표시되었는지 여부
- 설계결과물(도면)이 입력자료와 비교해서 합리적으로 되었는지 여부
- 도면이 적정하게, 해석 및 실시 가능하며 지속성 있게 표현되었는지 여부
- 도면 상에 사업명을 부여했는지 여부

37 설계감리를 받아야 하는 전력시설의 설계도서 내용으로 틀린 것은?

① 용량 100만 [kW] 이상의 발전설비
② 전압 30만 [V] 이상의 송전 변전설비
③ 전압 10만 [V] 이상의 수전설비 구내배전설비, 전력사용설비
④ 21층 이상이거나 연면적 5만 [m^2] 이상인 건축물의 전력시설물

풀이 설계감리를 받아야 하는 설계도서
- 용량 80만 [kW] 이상의 발전설비
- 전압 30만 [V] 이상의 송전 · 변전설비
- 전압 10만 [V] 이상의 수전설비 · 구내배전설비 · 전력사용설비
- 전기철도의 수전설비 · 구내배전설비 · 전력사용설비
- 국제공항의 수전설비 · 구내배전설비 · 전력사용설비
- 21층 이상이거나 연면적 5만 [m^2] 이상인 건축물의 전력시설물(공동주택의 전력시설물은 제외)
- 그 밖에 산업통상자원부령으로 정하는 전력시설물

38 설계감리업무 수행 시 설계감리원이 비치하여 설계감리 과정을 기록하여야 하는 문서가 아닌 것은?

① 근무상황부
② 설계감리일지
③ 안전교육실적표
④ 설계감리 검토의견 및 조치 결과서

풀이 설계감리원의 문서비치 및 준공 시 제출서류
- 근무상황부
- 설계감리 일지
- 설계감리 지시부
- 설계감리 기록부
- 설계자와 협의사항 기록부
- 설계감리 추진현황

정답 36 ② 37 ① 38 ③

- 설계감리 검토의견 및 조치 결과서
- 설계감리 주요검토결과
- 설계도서 검토의견서
- 설계도서(내역서, 수량산출 및 도면 등)를 검토한 근거서류
- 해당 용역 관련 수·발신 공문서 및 서류
- 그 밖에 발주자가 요구하는 서류

39 설계감리원의 업무범위 내용을 설명한 것 중 잘못된 것은?

① 주요 설계용역 업무에 대한 기술자문
② 사업기획 및 타당성 조사 등 전 단계 용역 수행 내용의 검토
③ 시공성 및 유지관리의 용이성 검토
④ 공사업무와 준공검사업무 검토

풀이 설계감리원의 업무범위
- 주요 설계용역 업무에 대한 기술자문
- 사업기획 및 타당성 조사 등 전 단계 용역 수행 내용의 검토
- 시공성 및 유지관리의 용이성 검토
- 설계도서의 누락, 오류, 불명확한 부분에 대한 추가 및 정정 지시 및 확인
- 설계업무의 공정 및 기성 관리의 검토·확인
- 설계감리 결과보고서의 작성
- 그 밖의 계약문서에 명시된 사항

40 다음 중 설계감리의 업무범위가 아닌 것은?

① 사용자재의 적정성 검토
② 설계도면의 적정성 검토
③ 주요인력 및 장비투입 현황 검토
④ 공사기간 및 공사비의 적정성 검토

풀이 설계감리의 업무범위
- 전력시설물공사의 관련 법령 : 기술기준, 설계기준, 시공기준의 적합성 검토
- 사용자재의 적정성 검토
- 설계의 경제성 검토
- 설계 공정의 관리에 관한 검토
- 설계 내용의 시공 가능성에 대한 검토
- 공사기간 및 공사비의 적정성 검토
- 설계도면 및 설계설명서 작성의 적정성 검토

41 감리원이 설계도서 검토와 관련하여 불합리한 착오나 의문사항이 있을 때 그 내용과 의견을 보고해야 하는 사람은?
① 발주자
② 감리업자
③ 시행사
④ 설계도서 작성자

42 책임 설계감리원이 발주자에게 설계감리의 기성 및 준공을 처리할 때 제출하는 서류 중 감리기록서류에 해당하지 않는 것은?
① 설계감리 일지
② 설계감리 지시부
③ 설계감리 결과보고서
④ 설계자와 협의사항 기록부

풀이 감리기록서류
- 설계감리일지
- 설계감리지시부
- 설계감리기록부
- 설계감리요청서
- 설계자와 협의사항 기록부

43 감리업무에 착수할 때 감리업자는 해당 서류를 첨부한 착수신고서를 발주자에게 제출하여 승인을 받아야 한다. 첨부서류와 관계없는 것은?
① 감리업무 수행계획서
② 감리비 산출내역서
③ 상주·비상주 감리원 배치계획서와 감리원 경력확인서
④ 설계도면, 설계설명서, 기술계산서, 산출내역서 등의 내용에 대한 상호 일치

풀이 감리용역 착수단계에서 발주자 승인을 받아야 할 착수신고서·첨부서류
- 감리업무 수행계획서
- 감리비 산출내역서
- 상주·비상주 감리원 배치계획서와 감리원의 경력확인서
- 감리원 조직 구성내용과 감리원별 투입기간 및 담당 업무
※ 공사예정공정표는 착수신고서에 포함되지 않는다.

44 다음의 착공신고서 검토 내용으로 틀린 것은?

> 감리원은 공사가 시작된 경우 공사업자로부터 착공신고서를 제출받아 적정성 여부를 검토하여 7일 이내에 발주자에게 보고해야 한다.

① 시공관리책임자 지정통보서
② 현장조건의 부합 여부
③ 공사도급계약서 사본 및 산출내역서
④ 현장기술자의 경력사항 확인서 및 자격증 사본

정답 41 ① 42 ③ 43 ④ 44 ②

풀이 착공신고서 검토 내용
- 시공관리책임자 지정통지서(현장관리조직, 안전관리자)
- 공사예정공정표
- 품질관리계획서
- 공사도급계약서 사본 및 산출내역서
- 공사 시작 전 사진
- 현장기술자 경력사항 확인서 및 자격증 사본
- 안전관리계획서
- 작업인원 및 장비투입 계획서
- 그 밖에 발주자가 지정한 사항

45 공사업자가 공사시작과 동시에 감리원에게 작성, 제출하여야 할 가설시설물의 설치계획표에 포함되는 사항이 아닌 것은?

① 공사용도로
② 공사예정공정표
③ 공사용 임시전력
④ 가설사무소, 작업장, 창고 등의 부대시설

풀이 공사업자의 가설시설물 설치계획표를 작성 제출 내용
- 공사용 도로(발·변전설비, 송배전설비에 해당)
- 가설사무소, 작업장, 창고, 숙소, 식당 및 그 밖의 부대설비
- 자재 야적장
- 공사용 임시전력

46 감리원은 공사 시작과 동시에 공사업자에게 가설시설물의 면적, 위치 등을 표시한 가설시설물 설치계획표를 작성하여 제출하도록 해야 한다. 다음 중 공사업자가 기재해야 할 내용으로 틀린 것은?

① 공사용 도로(발·변전 설비, 송배전설비에 해당)
② 가설 사무소, 작업장, 창고, 숙소, 식당 및 그 밖의 부대설비
③ 자재 야적장
④ 상용 사용전력

풀이 가설시설물 설치계획표 작성 시 기재 내용
- 공사용 도로(발·변전 설비, 송배전설비에 해당)
- 가설 사무소, 작업장, 창고, 숙소, 식당 및 그 밖의 부대설비
- 자재 야적장
- 공사용 임시전력

정답 45 ② 46 ④

47 감리원은 공사업자가 하도급 사항을 규정에 따라 처리하지 않고, 위장 하도급하거나 무면허업자에게 하도급하는 등 불법적 행위를 하지 않도록 지도하고 공사업자가 불법하도급하는 것을 안 때에는 다음 중 어떤 조치를 취해야 하는가?

① 공사진행과 관계없이 신속히 발주자에게 보고 후 발주자 의견에 따라 처리
② 진행 중인 공사를 마무리하고 발주자에게 구두 보고
③ 공사를 중지시키고 발주자에게 서면 보고
④ 공사를 중지시키고 현장에서 퇴출 처리

풀이 공사를 중지시키고 발주자에게 서면 보고하며, 현장 입구에 불법하도급 행위신고 표지판을 공사업자에게 설치토록 한다.

48 부분공사 중지 사유로 맞지 않는 것은?

① 재시공 지시가 이행되지 않는 상태에서 다음 단계의 공정이 진행되면 하자가 발생될 수 있다고 판단될 때
② 안전시공상 중대한 위험이 예상되어 물적·인적 중대한 피해가 예견될 때
③ 동일 공정에 있어 3회 이상 시정지시가 이행되지 않을 때
④ 동일 공정에 있어 3회 이상 경고가 있었음에도 이행되지 않을 때

풀이 동일 공정에 있어 2회 이상 경고가 있었음에도 이행되지 않을 때

49 감리원은 시공된 공사가 품질 확보 미흡 또는 중대한 위해를 발생시킬 수 있다고 판단되거나 안전상 중대한 위험이 발생된 경우 공사 중지를 지시할 수 있는데, 다음 중 전면 중지에 해당하는 것은?

① 공사업자가 공사의 부실 발생 우려가 짙은 상황에서 적절한 조치를 취하지 않은 채 공사를 계속 진행할 때
② 동일 공정이 있어 3회 이상 시정지시가 이행되지 않을 때
③ 안전시공상 중대한 위험이 예상되어 물적·인적 중대한 피해가 예견될 때
④ 재시공 지시가 이행되지 않은 상태에서 다음 단계의 공정이 진행되면 하자가 발생될 수 있다고 판단될 때

풀이 전면 중지 사유
- 공사업자가 고의로 공사의 추진을 지연시키거나 공사의 부실 발생 우려가 짙은 상황에서 적절한 조치를 취하지 않고 공사를 계속하는 경우
- 부분중지가 이행되지 않음으로써 전체 공정에 영향을 미칠 것이라고 판단될 때
- 지진·해일·폭풍 등 불가항력적인 사태가 발생하여 시공을 계속할 수 없다고 판단될 때
- 천재지변 등으로 발주자의 지시가 있을 때

정답 47 ③ 48 ④ 49 ①

50 전면 공사 중지 사유로 타당하지 않은 것은?

① 공사업자가 고의로 공사의 추진을 지연시키거나 공사의 부실 발생 우려가 짙은 상황에서 적절한 조치를 취하지 않은 채 공사를 계속 진행하는 경우
② 부분 중지가 이행되지 않음으로써 전체 공정에 영향을 끼칠 것으로 판단될 때
③ 지진 · 해일 · 폭풍 등 불가항력적인 사태가 발생하여 시공을 계속할 수 없다고 판단될 때
④ 천재지변 등으로 책임감리자의 지시가 있을 때

풀이 천재지변 등으로 발주자의 지시가 있을 때

51 태양광발전시스템 관련 기기의 반입검사의 내용으로 틀린 것은?

① 공장 검수 시 합격된 자재에 한해 반입한다.
② 책임감리원이 검토 · 승인된 기자재(공급원 승인제품)에 한하여 현장 반입한다.
③ 시공사와 제작업자의 현장사정을 고려하여 생략 가능하다.
④ 현장자재 반입검사는 공급원 승인제품, 품질적합 내용, 내역물량수량 반입 시 손상 여부 등에 대해 전수검사를 원칙으로 한다.

풀이 반입검사를 생략하여 시공사와 기자재 제작업자의 경제적 이득과 제조 시 발생하는 불량을 사전에 체크하지 못하면 공사 전체의 부실공사 우려가 있다.
현장 반입자재에 대한 품질 적합 내용 및 손상 여부는 전수조사를 한다.

52 태양광발전설비의 인 · 허가 업무 검토 내용 중 발전사업허가 시 첨부되어야 할 서류가 아닌 것은?

① 사업계획서
② 송전관계 열람도
③ 사업 개시 후 10년간 연도별 예상사업손익산출서
④ 신용평가 의견서 및 소요재원 조달계획서

풀이 태양광발전설비 발전사업허가 신청 시 첨부서류
- 사업계획서
- 송전관계 열람도
- 발전원가 명세서 및 기술인력 확보계획서(200[kW] 이하는 생략)
- 사업 개시 후 5년간 연도별 예상사업 손익산출서
- 발전 설비 개요서
- 신용평가의견서 및 소요재원 조달계획서
- 정관 · 등기부등본 · 대차대조표 · 손익계산서(법인인 경우, 설립 중인 법인은 그 정관)

정답 50 ④ 51 ③ 52 ③

53 태양광발전설비의 3,000[kW] 초과 설비에 대한 공사계획인가는 다음 중 누구에게서 받는가?
① 대통령
② 국무총리
③ 산업통상자원부장관
④ 시·도지사

풀이 태양광발전설비 공사계획인가 범위
- 3,000[kW] 초과 설비 : 공사계획인가 – 산업통상자원부장관
- 3,000[kW] 이하 설비 : 공사계획신고 – 시·도지사
※ 단, 제주특별자치도는 제주국제자유도시 특별법에 따라 3,000[kW] 이상의 발전설비도 제주특별자치도지사의 허가사항임

54 발전회사의 등록조건에 해당하지 않는 것은?
① 전기(발전)사업 허가를 득할 것
② 전력시장 운영규칙상의 기술을 만족할 것
③ 회원가입비 및 연회비 납부
④ 발전설비 유무

풀이 발전설비 보유는 등록조건에 해당하지 않는다.

55 감리원은 환경영향평가법에 따른 환경영향조사결과를 조사기간이 만료된 날로부터 며칠 이내에 지방환경청장 및 승인기관의 장에게 통보해야 하는가?
① 15일
② 30일
③ 45일
④ 50일

56 다음 인·허가 흐름도에서 ㄱ, ㄴ에 알맞은 내용은?

(ㄱ) → 사전환경성 검토·협의 → 개발행위 허가 → (ㄴ) → 사용전기설비 사용 전 검사(한국전기안전공사) → 대상설비 확인 → 전력수급계약 체결 → 사업개시 신고

① ㄱ : 환경영향평가   ㄴ : 발전사업허가 신청
② ㄱ : 환경영향평가   ㄴ : 전기설비공사계획인가 및 신고
③ ㄱ : 발전사업허가 신청   ㄴ : 환경영향평가
④ ㄱ : 전기설비공사계획인가 및 신고   ㄴ : 환경영향평가

정답 53 ③ 54 ④ 55 ③ 56 ②

풀이 주요 인·허가 절차서 흐름도

절차		세부 내용	관련 기관
1단계	발전사업 허가신청 • 3,000[kW] 초과 : 산업통상자원부 • 3,000[kW] 이하 : 시·도지사	1. 전기사업 허가 신청서 2. 첨부서류 ① 사업계획서 ② 송전관계 열람도 ③ 발전원가 명세서 및 기술인력 확보 계획서(200[kW] 이하는 생략) ④ 사업 개시 후 5년간 연도별 예상 사업 손익 산출서 ⑤ 발전 설비 개요서 ⑥ 신용평가의견서 및 소요재원 조달계획서 ⑦ 정관·등기부등본·대차대조표·손익계산서 (법인인 경우, 설립 중인 법인은 그 정관)	산업통상 자원부장관 시·도지사
	검토 의뢰	전력거래소 / 한국전력공사 / 시·도	
	도 : 허가기준 검토	발전사업 세부허가기준 / 송전계통 검토 / 결격사유 조회	
	최종 검토		
2단계	사전환경성 검토·협의	100,000[kW] 미만 : 사전환경성 검토 100,000[kW] 이상 : 환경영향 평가	기초지방 자치단체장
	개발행위허가	농지·산지 전용허가, 사방지 지정의 해제 사도개설의 허가, 무연분묘의 개장 허가	
	전기설비공사계획 인가 및 신고	공사계획 인가 또는 신고	산업통상자원부 장관 시·도지사
3단계	사용 전 검사	사용 전 검사	전기안전공사
	대상 설비 확인	사용 전 검사 후 1개월 이내 신청	공급인증기관 (신재생센터)
4단계	전력수급계약 체결	전력수급계약 체결	전력거래소/ 한국전력공사
	사업 개시 신고	사업 개시 신고	산업통상자원부 장관, 시·도지사

57 시공감리에서 태양광설비 공사업자의 공사업무 수행상 필요한 서식으로 반드시 기록·보관해야 할 서류가 아닌 것은?

① 하도급 현황　　　　　　　　　② 주요 인력 및 장비투입 현황
③ 기자재공급원 승인 현황　　　　④ 감리원 업무일지

정답 57 ④

풀이 공사업자 공사업무수행상 필요한 서식으로 기록 · 보관해야 할 서류
- 하도급 현황
- 작업계획서
- 주간공정계획 및 실적보고서
- 각종 측정 기록표
- 주요 인력 및 장비투입 현황
- 기자재 공급원 승인 현황
- 안전관리비 사용실적 현황

58 발주자에게 책임감리원이 제출하는 분기보고서에 포함되지 않는 사항은?

① 작업 변경 현황
② 공사추진 현황
③ 감리원 업무일지
④ 주요기자재 검사 및 수불내용

풀이 책임감리원은 분기보고서를 작성하여 발주자에게 제출하여야 한다. 보고서는 매 분기 말 다음 달 5일 이내로 제출한다.
- 공사추진 현황
- 품질검사 및 관리현황
- 주요기자재 검사 및 수불내용
- 감리원 업무일지
- 검사 요청 및 결과 통보내용
- 설계변경 현황

59 공사감리 분기보고서는 다음 중 누가 작성하여 누구에게 제출하여야 하는가?

① 책임감리원이 작성하여 발주자에게 제출
② 책임감리원이 작성하여 감리업자에게 제출
③ 공사업자가 작성하여 발주자에게 제출
④ 공사업자가 작성하여 감리업자에게 제출

풀이 책임감리원은 다음의 사항이 포함된 분기보고서를 작성하여 발주자에게 제출하여야 한다.
공사추진현황(공사계획의 개요와 공사추진계획 및 실적, 공정현황, 감리용역현황, 감리조직, 감리원 조치내역 등)

60 책임감리원이 발주자에게 제출하는 분기보고서에 해당되지 않는 것은?

① 감리원 업무일지
② 품질검사 및 관리현황
③ 공사추진현황
④ 주요 인력 및 장비투입 현황

풀이 책임감리원이 발주자에게 제출하는 분기보고서에 포함되어야 할 내용
- 공사추진현황(공사계획의 개요와 공사추진계획 및 실적, 공정현황, 감리용역현황, 감리조직, 감리원 조치내역 등)
- 감리원 업무일지
- 품질검사 및 관리현황
- 검사요청 및 결과통보 내용
- 주요 기자재 검사 및 수불내용(주요 기자재 검사 및 입 · 출고가 명시된 수불현황)
- 설계변경현황
- 그 밖에 책임감리원이 감리에 관하여 중요하다고 인정하는 사항

정답 58 ①　59 ①　60 ④

61 감리원이 시공과 관련하여 공사업자에게 지시한 사항 및 처리내용 중 잘못된 것은?
① 감리원은 시공과 관련하여 공사업자에게 지시를 하고자 할 때는 서면으로 하는 것을 원칙으로 한다.
② 감리원은 지시사항에 대하여 그 이행상태를 수시로 점검하고 공사업자로부터 이행결과를 보고받아 기록·관리해야 한다.
③ 현장 상황에 따라 긴급한 경우 또는 경미한 사항에 대해서는 구두로 시행토록 지시하고, 추후 서면지시는 생략한다.
④ 감리원의 지시내용은 해당 공사 설계도면 및 설계설명서 등 관계규정에 근거하여 구체적으로 기술하여 공사업자가 명확히 이해할 수 있도록 해야 한다.

풀이 현장 실정에 따라 시급한 경우 또는 경미한 사항에 대해서는 우선 구두로 지시하며 시행토록 하고 추후에 이를 서면으로 확인한다.

62 감리원은 공사업자의 시공기술자 등이 공사현장에 적합하지 않다고 인정되는 경우에는 시정을 요구하고 발주자에게 그 실정을 보고하여 교체사유가 인정되면 공사업자는 교체요구에 응하여야 한다. 교체사유로서 틀린 것은?
① 시공관리 책임자가 불법 하도급을 하거나 이를 방치하였을 때
② 시공관리 책임자가 시공능력이 준수하다고 인정되나 정당한 사유없이 기성공정이 예정공정보다 빠를 때
③ 시공관리 책임자가 감리원과 발주자의 사전승낙을 받지 아니하고 정당한 사유 없이 해당 공사현장을 이탈한 때
④ 시공관리 책임자가 고의 또는 과실로 공사를 조잡하게 시공하거나 부실 시공을 하여 일반인에게 위해를 끼친 때

풀이 시공기술자 교체사유
- 시공기술자 및 안전관리자가 관계 법령에 따른 배치기준, 겸직금지, 보수교육 이수 및 품질관리 등의 법규를 위반하였을 때
- 시공관리책임자가 감리원과 발주자의 사전 승낙을 받지 아니하고 정당한 사유 없이 해당 공사현장을 이탈한 때
- 시공관리책임자가 고의 또는 과실로 공사를 조잡하게 시정하거나 부실시공을 하여 일반인에게 위해(危害)를 끼친 때
- 시공관리책임자가 계약에 따른 시공 및 기술능력이 부족하다고 인정되거나 정당한 사유 없이 기성공정이 예약공정에 현격히 미달한 때
- 시공관리 책임자가 불법 하도급을 하거나 이를 방치하였을 때
- 시공기술자의 기술능력이 부족하여 시공에 차질을 초래하거나 감리원의 정당한 지시에 응하지 아니할 때
- 시공관리 책임자가 감리원의 검사·확인 등 승인을 받지 아니하고 후속 공정을 진행하거나 정당한 사유 없이 공사를 중단할 때

63 시공기술자의 교체 사유로 잘못된 것은?

① 시공기술자 및 안전관리자가 관계법령에 따른 배치기준 겸직금지 보수교육 이수 및 품질관리 등의 법규를 위반하였을 때
② 시공관리책임자가 감리원과 발주자의 사전 승낙을 받지 아니하고, 정당한 사유 없이 해당 공사현장을 이탈할 때
③ 시공관리책임자가 불법하도급을 하거나 이를 방치하였을 때
④ 시공관리책임자가 정당한 사유 없이 기성공정이 예정공정에 미달할 때

풀이 62번 해설 참조

64 감리원은 공사업자가 작성 제출한 시공계획서를 제출받아 이를 검토·승인하고 시공하도록 해야 하며 시공계획서의 보완이 필요한 경우에는 그 내용과 사유를 문서로서 공사업자에게 통보해야 한다. 시공계획서에 포함할 내용으로 틀린 것은?

① 현장 조직표
② 공사 세부공정표
③ 주요 공정의 시공절차 및 방법
④ 감리업무일지

풀이 시공계획서에 포함할 내용
- 현장 조직표
- 공사 세부공정표
- 주요 공정의 시공절차 및 방법
- 시공일정
- 주요 장비 동원계획
- 주요 기자재 및 인력투입 계획
- 주요 설비
- 품질·안전·환경관리대책 등

65 전력시설물의 감리원이 공사업자로부터 받은 시공상세도를 승인할 때 고려할 사항이 아닌 것은?

① 설계도면, 설계설명서 또는 관계 규정에 일치하는지 여부
② 현장시공기술자가 명확하게 이해할 수 있는지 여부
③ 주요 공정의 시공 절차 및 방법
④ 실제 시공 가능 여부

풀이 전력시설물 공사감리업무 수행지침 제31조(시공상세도 승인)
1. 설계도면, 설계설명서 또는 관계 규정에 일치하는지 여부
2. 현장의 시공기술자가 명확하게 이해할 수 있는지 여부
3. 실제시공 가능 여부
4. 안정성의 확보 여부
5. 계산의 정확성
6. 제도의 품질 및 선명성, 도면작성 표준에 일치 여부
7. 도면으로 표시 곤란한 내용은 시공 시 유의사항으로 작성되었는지 등의 검토

정답 63 ④ 64 ④ 65 ③

66 공사업자가 제출하는 시공상세도의 내용 설명 중 잘못된 것은?
① 공사업자는 감리원이 시공상 필요하다고 인정하는 경우에는 시공상세도를 제출해야 한다.
② 제출한 날로부터 7일 이내에 검토 확인 후 승인해야 하고, 7일 이내에 검토 확인이 불가능한 때에는 사유 등을 명시하여 통보한다.
③ 통보사항이 없는 때에는 승인한 것으로 본다.
④ 감리원이 시공상세도를 검토 확인하고 승인 전 급한 공정은 우선 시공하게 한다.

풀이 1. 공사업자는 감리원이 시공상 필요하다고 인정하는 경우에는 시공상세도를 제출하여야 하며, 감리원이 시공상세도(Shop Drawing)를 검토·확인하여 승인할 때까지 시공을 해서는 아니 된다.
2. 감리원은 공사업자로부터 시공상세도를 사전에 제출받아 다음의 사항을 고려하여 공사업자가 제출한 날부터 7일 이내에 검토·확인하여 승인한 후 시공할 수 있도록 하여야 한다. 다만, 7일 이내에 검토·확인이 불가능한 때에는 사유 등을 명시하여 통보하고, 통보사항이 없는 때에는 승인한 것으로 본다.
 • 설계도면, 설계설명서 또는 관계 규정에 일치하는지 여부
 • 현장의 시공기술자가 명확하게 이해할 수 있는지 여부
 • 실제 시공 가능 여부
 • 안정성의 확보 여부
 • 계산의 정확성
 • 제도의 품질 및 선명성, 도면 작성 표준에 일치 여부
 • 도면으로 표시 곤란한 내용은 시공 시 유의사항으로 작성되었는지 등의 검토

67 공사감리업무를 수행하는 감리원에 대한 설명으로 틀린 것은?
① 공사업자의 의무와 책임을 면제시킬 수 있다.
② 계약조건과 다른 지시나 조치 또는 결정을 하여서는 안 된다.
③ 공사가 끝난 후 발주자와 출석요구가 있을 경우 이에 응하여야 한다.
④ 공사의 품질확보 및 질적 향상을 위하여 기술지도와 지원에 노력하여야 한다.

풀이 감리원에게는 공사업자의 의무와 책임을 면제시킬 권한은 발주자에게 있다.

68 감리원은 공사업자로부터 시공상세도를 사전에 제출받아 검토·확인하여 승인 후 시공할 수 있도록 해야 한다. 검토·확인 항목으로 틀린 것은?
① 설계도면 설계설명서 또는 관계규정에 일치하는지 여부
② 현장의 시공기술자가 명확하게 이해할 수 있는지 여부
③ 실제 시공의 가능 여부
④ 제도의 품질 및 선명성 도면 작성의 전문성에 부합되는지 여부

정답 66 ④ 67 ① 68 ④

풀이 시공상세도 사전 검토·확인 내용
- 설계도면, 설계설명서 또는 관계 규정에 일치하는지 여부
- 현장의 시공기술자가 명확하게 이해할 수 있는지 여부
- 실제 시공 가능 여부
- 안정성의 확보 여부
- 계산의 정확성
- 제도의 품질 및 선명성, 도면 작성 표준에 일치 여부
- 도면으로 표시 곤란한 내용은 시공 시 유의사항으로 작성되었는지 등의 검토

69 감리원의 공사시행 단계에서의 감리업무가 아닌 것은?

① 인허가 관련업무
② 품질관리 관련업무
③ 공정관리 관련업무
④ 환경관리 관련업무

풀이 감리원은 해당 공사가 공사계약문서, 예정공정표, 발주자의 지시사항, 그 밖에 관련 법령의 내용대로 시공되는가를 공사 시행 시 수시로 확인하여 품질관리에 임하여야 하고, 공사업자에게 품질·시공·안전·공정관리 등에 대한 기술지도와 지원을 하여야 한다.

70 감리원은 시공계획서를 공사 착공신고서와 별도로 실제 공사 시작 전에 제출받아야 하고 공사 중 시공계획서에 중요한 내용 변경이 발생할 경우에는 그때마다 변경시공계획서를 제출받아야 하는데, 이것을 받은 며칠 내에 검토 확인하여 승인하여야 하는가?

① 5일
② 7일
③ 10일
④ 15일

71 다음의 ( ) 안에 해당하는 것은?

감리원은 공사업자로부터 시공상세도를 사전에 제출받아 ( ) 이내에 검토 확인하여 승인 후 시공할 수 있도록 하여야 한다. 다만 ( ) 이내에 검토 확인이 불가능한 때에는 사유 등을 명시하여 통보하고 통보사항이 없는 때에는 승인한 것으로 본다.

① 5일
② 7일
③ 10일
④ 15일

정답 69 ① 70 ① 71 ②

72 설계 변경 및 계약금액의 조정 관련 감리업무 중 잘못 설명한 것은?
① 발주자는 설계변경방침 결정을 요구받은 경우에는 설계변경에 대한 기술검토를 위하여 소속직원으로 기술검토팀을 구성하여 운영할 수 있다.
② 발주자는 설계변경 원인이 설계자의 하자라고 판단되는 경우에는 설계자에게 설계변경을 지시할 수 있다.
③ 책임감리원은 설계변경 등으로 인한 계약금액의 조정을 위한 각종 서류를 공사업자로부터 제출받아 검토 확인 후 신속히 발주자에게 보고한다.
④ 공사업자는 설계변경 지시내용의 이행 가능 여부를 당시의 공정, 자재수급 상황 등을 검토하여 확정한다.

풀이 책임감리원은 설계변경 등으로 인한 계약금액의 조정을 위한 각종 서류를 공사업자로부터 제출받아 검토 확인 후 감리업자에게 보고하여야 한다.

73 물가변동에 의한 계약금액 조정 시 감리원은 공사업자로부터 제출된 서류를 검토 확인하여 조정요청을 받은 날로부터 며칠 이내에 검토의견을 첨부하여 발주자에게 보고해야 하는가?
① 5일 ② 7일
③ 14일 ④ 15일

74 책임감리원은 최종감리보고서를 감리기간 종료 후 며칠 이내에 발주자에게 제출하여야 하는가?
① 3일 이내 ② 7일 이내
③ 14일 이내 ④ 30일 이내

풀이 책임감리원은 최종감리보고서를 감리기간 종료 후 14일 이내에 발주자에게 제출하여야 한다.

75 최종 계약금액의 조정은 예비 준공검사기간 등을 고려하여 늦어도 준공예정일 며칠 전까지 발주자에게 제출되어야 하는가?
① 20일 ② 30일
③ 45일 ④ 50일

76 감리원이 공사업자로부터 물가 변동에 따른 계약금액 조정요청을 받은 경우에 공사업자로 하여금 작성·제출하게 하는 서류 중 잘못된 것은?
① 물가변동 조정요청서 ② 계약금액 조정요청서
③ 품목조정률 또는 지수조정률의 산출근거 ④ 유지관리비용 내역서

정답 72 ③ 73 ③ 74 ③ 75 ③ 76 ④

풀이 물가 변동으로 인한 계약금액의 조정과 관련하여 공사업자가 작성·제출해야 할 서류 목록
- 물가변동 조정요청서
- 계약금액 조정요청서
- 품목조정률 또는 지수조정률의 산출근거
- 계약금액 조정 산출근거
- 그 밖에 설계변경 시 필요한 서류

77 감리원의 검사업무 수행 내용으로 잘못된 것은?

① 감리원의 검사업무지침은 검사하여야 할 세부공종, 검사절차, 검사시기 또는 검사빈도, 검사 체크리스트 등의 내용을 포함해야 한다.
② 수립된 검사업무지침은 모든 시공 관련자에게 배포하고 주지시켜야 하며 보다 확실한 이행을 위하여 교육한다.
③ 공사업자가 검사요청서를 제출할 때 시공기술자 실명부가 첨부되었는지를 확인한다.
④ 공사업자가 요청한 검사일에 감리원이 정당한 사유 없이 검사를 하지 않는 경우에는 공정 추진에 지장이 없도록 요청한 날 이전 또는 휴일검사를 하여야 하며 이때 발생하는 감리대가는 발주자가 부담한다.

풀이 감리원의 검사업무 수행 내용
- 현장에서의 시공확인을 위한 검사는 해당 공사와 현장조건을 감안한 '검사업무지침'을 현장별로 작성·수립하여 발주자의 승인을 받은 후 이를 근거로 수행함을 원칙으로 한다. 검사업무지침은 검사하여야 할 세부공종, 검사절차, 검사시기 또는 검사빈도, 검사 체크리스트 등의 내용을 포함하여야 한다.
- 수립된 검사업무지침은 모든 시공 관련자에게 배포하고 주지시켜야 하며, 보다 확실한 이행을 위하여 교육한다.
- 현장에서의 검사는 체크리스트를 사용하여 수행하고, 그 결과를 검사 체크리스트에 기록한 후 공사업자에게 통보하여 후속 공정의 승인 여부와 지적사항을 명확히 전달한다.
- 검사 체크리스트에는 검사항목에 대한 시공기준 또는 합격기준을 기재하여 검사결과의 합격 여부를 합리적으로 신속히 판정한다.
- 단계적인 검사로는 현장 확인이 곤란한 공종은 시공 중 감리원의 계속적인 입회·확인으로 시행한다.
- 공사업자가 검사요청서를 제출할 때 시공기술자 실명부가 첨부되었는지를 확인한다.
- 공사업자가 요청한 검사일에 감리원이 정당한 사유 없이 검사를 하지 않는 경우에는 공정 추진에 지장이 없도록 요청한 날 이전 또는 휴일 검사를 하여야 하며, 이때 발생하는 감리대가는 감리업자가 부담한다.

78 다음의 ( ) 안에 알맞은 내용은?

> 감리원은 (㉠)에 따른 일정단계의 작업이 완료되면 공사업자로부터 검사요청서를 제출받아 그 시공상태를 확인 검사하는 것을 원칙으로 하고 가능한 한 공사의 효율적인 추진을 위하여 (㉡)에서 수시 입회하여 검사하도록 한다.

① ㉠ 설계도면, ㉡ 제조과정
② ㉠ 시공계획서, ㉡ 시공과정
③ ㉠ 품질검사, ㉡ 시공과정
④ ㉠ 시공계획서, ㉡ 품질검사

정답 77 ④ 78 ②

79 시공된 공사가 품질 확보 미흡 또는 위해를 발생시킬 우려가 있다고 판단되거나 감리원의 확인 검사에 대한 승인을 받지 아니하고 후속공정을 진행한 경우와 관계 규정에 맞지 않게 시공한 경우 감리원이 조치해야 할 사항은?

① 공사 부분 중지
② 공사 전면 중지
③ 품질 재검사
④ 감리원의 재시공 지시

80 감리원의 검사업무 중 아래 (ㄱ), (ㄴ)에 들어갈 내용은?

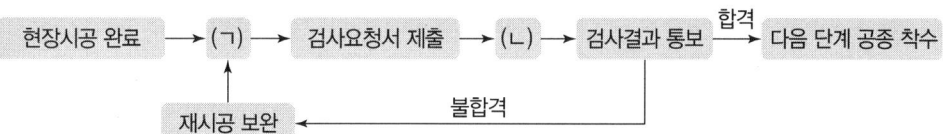

① ㄱ : 시공관리책임자 점검   ㄴ : 감리원 현장검사
② ㄱ : 시공관리책임자 점검   ㄴ : 발주자 현장검사
③ ㄱ : 감리원 현장점검   ㄴ : 시공관리책임자 점검
④ ㄱ : 감리원 현장점검   ㄴ : 발주자 현장검사

81 구조물 및 자재 종류별 검사에서 감리원의 검사절차로 옳은 것은?

　㉠ 시공완료　　㉡ 검사요청서 제출　　㉢ 시공관리책임자 점검
　㉣ 감리원 현장검사　　㉤ 검사결과 통보

① ㉠→㉢→㉡→㉣→㉤
② ㉠→㉢→㉣→㉡→㉤
③ ㉠→㉡→㉢→㉣→㉤
④ ㉠→㉣→㉡→㉢→㉤

풀이 감리원 검사절차

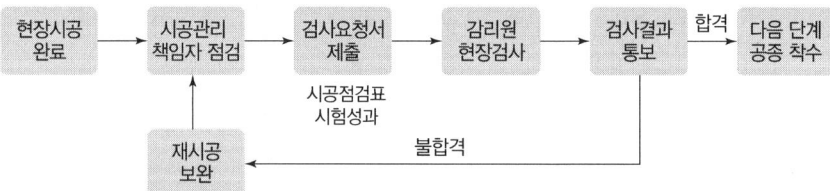

82 시공감리가 확인하는 기기의 품질기준 중 태양전지 셀(Cell)의 전압-전류 특성시험의 평가기준으로 올바른 것은?

① 출력의 분포는 ±2[%] 이내
② 출력의 분포는 ±3[%] 이내
③ 출력의 분포는 ±4[%] 이내
④ 출력의 분포는 ±5[%] 이내

정답 79 ④ 80 ① 81 ① 82 ②

83 감리용역이 완료된 때에는 며칠 이내에 공사감리 완료보고서를 제출하여야 하는가?
① 7일
② 10일
③ 30일
④ 60일

풀이 감리업자는 해당 감리용역이 완료된 때에는 30일 이내에 공사감리 완료보고서를 협회에 제출하여야 한다.

84 태양전지 셀(Cell)의 시험항목에 따른 기기의 품질 및 평가기준으로 틀린 것은?
① 셀 : 깨짐, 크랙이 없는 것
② 치수는 156[mm] 미만일 때 제시한 값 대비 ±0.5[mm]
③ 두께는 제시한 값 대비 ±56[μm]
④ 전류-전압 특성시험에서 출력분포는 정격출력의 ±3[%] 이내

풀이 태양전지 셀(Cell)의 시험항목에 따른 기기의 품질 및 평가기준

시험항목	평가기준
1. 육안 외형 및 치수 검사	• 셀 : 깨짐, 크랙이 없는 것 • 치수는 156[mm] 미만일 때 제시한 값 대비 ±0.5[mm] • 두께는 제시한 값 대비 ±40[μm]
2. 전류-전압 특성시험	출력의 분포는 정격출력의 ±3[%] 이내
3. 온도계수시험	평가기준 없음(시험결과만 표기)
4. 스펙트럼 응답시험	평가기준 없음(시험결과만 표기)
5. 2차 기준 태양전지 교정시험	• 신규 교정 시험 • 재교정 시 초기 교정값의 5[%] 이상 변화하면 사용 불가 • 인증 필수시험 항목이 아닌 선택 시험항목

85 감리원은 해당 공사의 설계도서, 설계설명서, 공정계획 등을 검토하여 품질관리가 소홀해지기 쉽거나 하자 발생 빈도가 높으며 시정이 어렵고 많은 노력과 경비가 소요되는 공종 또는 부위를 중점 품질관리 대상으로 선정하여 다른 공종에 비하여 우선적으로 품질관리상태를 입회·확인 하여야 한다. 중점 품질관리 공종 선정 시 고려사항으로 틀린 것은?
① 공정계획에 따른 월별·공종별 시험종목 및 시험횟수
② 품질관리 담당 감리원의 직접 입회·확인이 가능한 적정시험 횟수
③ 반복작업에 의한 표본검사가 가능한지 여부
④ 공정의 특성상 품질관리상태를 육안 등으로 간접 확인할 수 있는지 여부

풀이 중점 품질관리 공종 선정 시 고려사항
• 공정계획에 따른 월별·공종별 시험종목 및 시험횟수
• 공사업자의 품질관리 요원 및 공정에 따른 충원계획

정답 83 ③ 84 ③ 85 ③

- 품질관리 담당 감리원의 직접 입회·확인이 가능한 적정시험 횟수
- 공정의 특성상 품질관리 상태를 육안 등으로 간접 확인할 수 있는지 여부
- 작업조건의 양호 및 불량 상태
- 다른 현장의 시공사례에서 하자 발생 빈도가 높은 공종인지 여부
- 품질관리 불량 부위의 시정이 용이한지 여부
- 시공 후 지중에 매몰되어 추후 품질 확인이 어렵고 재시공이 곤란한지 여부
- 품질불량 시 인근 부위 또는 다른 공종에 미치는 영향의 대소
- 시공이 광활한 지역에서 이루어져 접근이 용이한지 여부

86 감리원의 품질관리 관련 업무에 대한 설명으로 잘못된 것은?

① 감리원이 품질관리계획과 관련하여 검토 확인하여야 할 문서는 계획서 및 지침서 등이다.
② 감리원은 공사업자가 품질관리 이행을 위해 제출하는 문서를 검토·확인한 후 필요한 경우에는 발주자에게 승인을 요청해야 한다.
③ 감리원은 품질관리계획이 발주자로부터 승인되기 전이라도 급한 공정은 공사업자에게 해당 업무를 수행하게 할 수 있다.
④ 감리원은 공사업자가 공사계약문서에서 정한 품질관리계획대로 품질에 영향을 미치는 모든 작업을 성실하게 수행하는지 검사·확인 및 관리할 책임이 있다.

풀이 감리원은 품질관리계획이 발주자로부터 승인되기 전까지는 공사업자에게 해당 업무를 수행하게 하여서는 아니 된다.

87 감리원의 공사 진도관리와 관련하여 ( ) 안에 들어갈 알맞은 내용은?

감리원은 공사업자로부터 전체 실시공정표에 따른 월간, 주간 상세공정표를 작업착수 며칠 전에 제출받아 검토·확인하여야 한다.
(1) 월간 상세공정표 : 작업 착수 (㉠)일 전 제출
(2) 주간 상세공정표 : 작업 착수 (㉡)일 전 제출

① ㉠ 7, ㉡ 4
② ㉠ 4, ㉡ 7
③ ㉠ 3, ㉡ 8
④ ㉠ 8, ㉡ 3

풀이 감리원의 공사 진도관리
감리원은 공사업자로부터 전체 실시공정표에 따른 월간, 주간 상세공정표를 사전에 제출받아 검토확인하여야 한다.
- 월간 상세공정표 : 작업 착수 7일 전 제출
- 주간 상세공정표 : 작업 착수 4일 전 제출

정답 86 ③ 87 ①

88 공사 진도관리와 관련하여 감리원은 공사업자로부터 전체 실시공정표에 따른 월간·주간 상세공정표를 작업착수 며칠 전에 각각 제출받아 검토 확인해야 하는가?

① 월간 상세공정표 : 작업착수 7일 전 제출   주간 상세공정표 : 작업착수 4일 전 제출
② 월간 상세공정표 : 작업착수 10일 전 제출   주간 상세공정표 : 작업착수 5일 전 제출
③ 월간 상세공정표 : 작업착수 15일 전 제출   주간 상세공정표 : 작업착수 7일 전 제출
④ 월간 상세공정표 : 작업착수 5일 전 제출   주간 상세공정표 : 작업착수 3일 전 제출

89 다음의 (   ) 안에 알맞은 내용은?

> 감리원은 공사 시작일로부터 (㉠) 이내에 공사업자로부터 공정관리계획서를 제출받아 제출받은 날로부터 (㉡) 이내에 검토하여 승인하고 발주자에게 제출해야 한다.

① ㉠ 14, ㉡ 30
② ㉠ 30, ㉡ 14
③ ㉠ 14, ㉡ 7
④ ㉠ 7, ㉡ 14

90 감리원은 매 분기마다 공사업자로부터 안전관리 결과보고서를 제출받아 이를 검토하고 미비한 사항이 있을 때에는 시정하도록 조치하여야 한다. 이때 공사업자가 제출하는 안전관리 결과보고서에 포함되는 서류가 아닌 것은?

① 안전보건 관리체제
② 안전관리조직표
③ 안전교육실적표
④ 건강진단서

풀이 안전관리 결과보고서의 검토
감리원은 매 분기마다 공사업자로부터 안전관리 결과보고서를 제출받아 이를 검토하고 미비한 사항이 있을 때에는 시정하도록 조치하여야 하며, 안전관리 결과보고서에는 다음 각 호와 같은 서류가 포함되어야 한다.
1. 안전관리 조직표
2. 안전보건 관리체제
3. 재해발생 현황
4. 산재요양신청서 사본
5. 안전교육 실적표
6. 그 밖에 필요한 서류

91 감리원은 안전에 관한 감리업무를 수행하기 위하여 공사업자에게 자료를 기록·유지하게 하고 이행상태를 점검해야 한다. 점검대상으로 틀린 것은?

① 안전업무일지(일일보고)
② 안전점검 실시
③ 작업일지
④ 월간 안전통계

정답 88 ① 89 ② 90 ④ 91 ③

풀이 안전에 관한 감리업무 수행 시 점검대상
• 안전업무일지(일일보고)
• 안전점검 실시(안전업무일지에 포함 가능)
• 안전교육(안전업무일지에 포함 가능)
• 각종 사고보고
• 월간 안전통계(무재해, 사고)
• 안전관리비 사용실적(월별)

92 자가용 전기설비 사용 전 검사 전후 신청인 및 전기안전관리자 등 검사 입회자에게 회의를 통해 설명하고 확인시켜야 할 사항이 아닌 것은?

① 검사의 목적과 내용
② 검사의 절차 및 방법
③ 준공표지판 설치
④ 안전관리비 사용실적

풀이 자가용 전기설비 사용 전 검사 전후 회의 실시
• 검사의 목적과 내용
• 안전작업수칙
• 검사의 절차 및 방법
• 검사에 필요한 안전자료 검토 및 확인
• 검사결과 부적합 사항의 조치내용 및 개수방법 기술적 조언 및 권고
• 준공표지판 설치

93 전력기술관리법 시행령 및 시행규칙의 감리원 업무범위가 아닌 것은?

① 현장 조사 및 분석
② 공사 단계별 기성 확인
③ 입찰참가자 자격심사 기준 작성
④ 현장 시공상태의 평가 및 기술지도

풀이 '입찰참가자 자격심사 기준 작성'은 발주처 업무이지 감리원의 업무범위가 아니다.

06 도면작성

01 설계도서의 의미를 가장 적합하게 설명한 것은?
① 구조물 등을 그린 도면으로 건축물, 시설물, 기타 각종 사물의 예정된 계획을 공학적으로 나타낸 도면이다.
② 설계, 공사에 대한 시공 중의 지시 등, 도면으로 표현될 수 없는 문장이나 수치 등을 표현한 것으로 공사 수행에 관련된 제반 규정 및 요구사항을 표시한 것이다.
③ 공사계약에 있어 발주자로부터 제시된 도면 및 그 시공기준을 정한 시방서류로서 설계도면, 표준시방서, 특기시방서, 현장설명서 및 현장설명에 대한 질문 회답서 등을 총칭하는 것이다.
④ 각종 기계·장치 등의 요구조건을 만족시키고, 합리적·경제적인 제품을 만들기 위해 그 계획을 종합하여 설계하며 구체적인 내용을 명시하는 일을 일컫는다.

풀이 ①은 설계도, ②는 시방서, ④는 작업(공정)지시서 등에 대한 설명이다.

02 도면의 작성 및 관리에 필요한 정보를 모아서 기재한 것은 무엇인가?
① 범례
② 표제란
③ 상세도
④ 도면목록표

풀이 도면의 작성 및 관리에 필요한 정보를 모아서 기재한 것을 '표제란'이라 한다.

03 설계도서에 해당되지 않는 것은?
① 시방서
② 시공상세도
③ 설계도면
④ 내역서

풀이 "설계"란 전력시설물의 설치 보수공사에 관한 계획서, 설계도면, 설계설명서, 공사비 명세서, 기술계산서 및 이와 관련된 서류[이하 "설계도서"라 한다]를 작성하는 것을 말한다.

04 일반적으로 구조물이나 시설물 등을 공사 또는 제작할 목적으로 상세하게 작성된 도면은?
① 상세도
② 시방서
③ 간트도표
④ 내역서

풀이
- 상세도 : 실시설계도면을 기준으로 각 공종별, 형식별 세부사항들이 표현하여 현장여건을 반영한다.
- 시방서 : 공사수행에 관련된 제반규정 및 요구사항을 총칭
- 간트도표 : 프로젝트 일정관리에 사용
- 내역서 : 일정한 기간 동안 사용한 경비를 총괄적으로 합산하기 위해 작성하는 문서

정답 01 ③ 02 ② 03 ② 04 ①

05 태양광발전시스템의 기초설계단계에서 설계자의 업무가 아닌 것은?

① 자금조달 ② 토목설계
③ 전기설계 ④ 구조물 설계

풀이 설계자의 업무
전기설계, 구조물 설계, 토목설계 등

06 지상에서의 길이 5[m]를 축척 1/200로 도면에 나타낼 때 그 길이는?

① 2.5[mm] ② 10[mm]
③ 20[mm] ④ 25[mm]

풀이 $5[m] \times \dfrac{1}{200} = 0.025[m] \times 1,000 = 25[mm]$

07 다음 중 실시설계 성과물이 아닌 것은?

① 설계계획서
② 실시설계도서(설계설명서, 설계도면, 공사시방서)
③ 공사비적산서(내역서, 산출서, 견적서)
④ 설계계산서(부하계산서, 간선계산서, 용량계산서, 구조계산서)

풀이
- 설계성과물 : 기본설계 성과물, 실시설계 성과물
- 설계계획서는 기본설계 성과물이다.
  ※ 기본설계 성과물 : 설계계획서, 기본설계도면, 개략공사내역서
  실시설계 성과물 : 실시설계도서(설계설명서, 설계도면, 공사시방서), 공사비적산서(내역서, 산출서, 견적서), 설계계산서(부하계산서, 간선계산서, 용량계산서, 구조계산서)

08 전기시설물 설계 시 설계도서의 실시설계 성과물이 아닌 것은?

① 내역서, 산출서, 견적서
② 설계설명서, 설계도면, 공사시방서
③ 용량계산서, 구조계산서, 부하계산서, 간선계산서
④ 설계계획서, 개략공사비 내역서, 시스템 선정 검토서

풀이 실시설계 성과물
설계도면, 설계설명서, 내역산출서, 견적서, 공사시방서, 부하계산서, 간선계산서, 구조계산서 등

정답 05 ① 06 ④ 07 ① 08 ④

09 전기설계 일반사항에서 실시설계 성과물 중 공사비 견적서와 가장 거리가 먼 것은?
① 계산서
② 내역서
③ 산출서
④ 견적서

풀이 실시설계 성과물 중 공사견적서는 내역서, 산출서, 견적서 등이다.

10 설계도서 해석의 우선순위로 타당한 것은?
① 1. 설계도면, 2. 표준시방서, 3. 전문시방서, 4. 공사시방서, 5. 산출내역서
② 1. 설계도면, 2. 공사시방서, 3. 전문시방서, 4. 표준시방서, 5. 산출내역서
③ 1. 공사시방서, 2. 설계도면, 3. 전문시방서, 4. 표준시방서, 5. 산출내역서
④ 1. 공사시방서, 2. 설계도면, 3. 전문시방서, 4. 산출내역서, 5. 표준시방서

풀이 설계도서 해석의 우선순위
1. 공사시방서, 2. 설계도면, 3. 전문시방서, 4. 표준시방서, 5. 산출내역서
6. 승인된 상세시공도면, 7. 관계법령 유권해석, 8. 감리자의 지시사항

11 설계도서 해석의 우선순위로 가장 먼저 검토할 것은?(단, 계약으로 우선순위를 정하지 아니한 경우이다.)
① 공사시방서
② 산출내역서
③ 감리자 지시사항
④ 승인된 상세시공도면

풀이 10번 해설 참조

12 태양광발전설비 시공 시 설계도서, 법령해석, 감리자의 지시 등이 서로 일치하지 않는 경우에 있어 계약으로 그 순위를 정하지 아니할 때 가장 우선시하는 것은?
① 표준시방서
② 공사시방서
③ 감리자의 지시사항
④ 관계법령의 유권해석

풀이 공사시방서
공사별로 건설공사 수행을 위한 기준으로서 계약문서의 일부가 되며, 설계도면에 표시하기 곤란하거나 불편한 내용과 당해 공사의 수행을 위한 재료, 공법, 품질시험 및 검사 등 품질관리, 안전관리계획 등에 관한 사항을 기술하고, 당해 공사의 특수성, 지역여건, 공사방법 등을 고려하여 공사별, 공종별로 정하여 시행하는 시공기준

정답 09 ① 10 ③ 11 ① 12 ②

13 설계도서의 해석의 우선순위로 옳은 것은?

① 공사시방서 → 설계도면 → 전문시방서 → 표준시방서 → 산출내역서 → 승인된 상세시공도면 → 관계법령의 유권해석 → 감리자의 지시사항
② 공사시방서 → 설계도면 → 표준시방서 → 전문시방서 → 산출내역서 → 승인된 상세시공도면 → 관계법령의 유권해석 → 감리자의 지시사항
③ 공사시방서 → 설계도면 → 전문시방서 → 산출내역서 → 표준시방서 → 승인된 상세시공도면 → 관계법령의 유권해석 → 감리자의 지시사항
④ 공사시방서 → 설계도면 → 표준시방서 → 산출내역서 → 전문시방서 → 승인된 상세시공도면 → 관계법령의 유권해석 → 감리자의 지시사항

풀이 설계도서 해석의 우선순위
설계도서법령 해석감리자의 지시 등이 서로 일치하지 아니하는 경우에 있어 계약으로 그 적용의 우선순위를 정하지 아니한 때에는 다음 순서를 원칙으로 한다.
1. 공사시방서, 2. 설계도면, 3. 전문시방서, 4. 표준시방서, 5. 산출내역서
6. 승인된 상세시공도면, 7. 관계법령의 유권해석, 8. 감리자의 지시사항

14 설계도서 적용 시 고려사항으로 틀린 것은?

① 숫자로 나타낸 치수는 도면상 축척으로 잰 치수보다 우선한다.
② 특기시방서는 당해 공사에 한하여 일반시방서에 우선하여 적용한다.
③ 공사계약문서 상호 간에 차이와 문제가 있을 때는 감리에 의하여 최종적으로 결정한다.
④ 설계도면 및 시방서의 어느 한쪽에 기재되어 있는 것은 그 양쪽에 기재되어 있는 사항과 완전히 동일하게 다룬다.

풀이 공사계약문서 상호 간에 차이와 문제가 있을 때는 감리자의 의견을 참조하여 발주자가 결정한다.

15 설계도면의 제도원칙 중 잘못된 것은?

① 대상물의 크기, 모양, 자세, 위치의 정보는 물론 표면처리 재료, 제작·설치 방법 등의 정보를 포함해야 한다.
② 도면은 알아보기 쉽도록 간결하게 표기하고 중요부분은 중복하여 표기한다.
③ 보이는 부분은 실선으로, 숨겨진 부분은 파선으로 표기함을 원칙으로 한다.
④ 대칭적인 것은 중심선의 한쪽을 외형도, 반대쪽을 단면도로 표시한다.

풀이 설계도면의 제도 원칙
도면은 알아보기 쉽도록 간결하게 표기하고 중복을 피한다. 또한 도면에서 불필요한 것은 표기하지 않는다.

정답 13 ① 14 ③ 15 ②

16 재료의 종류와 품질, 사용처, 시공방법, 제품납기, 준공기일 등 설계도면에 나타내기 어려운 사항을 명확하게 기록한 것으로 공사 계약문서의 하나로 건설공사 관리에 필요한 시공기준 등을 기록한 문서를 무엇이라 하는가?
① 설계도면 ② 시공도면 ③ 시방서 ④ 감리일지

17 공사시방서의 작성요령으로 틀린 것은?
① 도면에 표시하기 불편한 내용을 기술하고 치수는 가능한 도면에 표시한다.
② 공사의 질적 요구조건을 기술한다.
③ 시공 시 유의사항을 착공 전, 시공 중, 시공 완료 후로 구분하여 작성한다.
④ 시공목적물의 오차는 허용하지 않는다.

풀이 시공목적물의 허용오차를 포함하고, 사용할 자재의 성능 규격시험 및 검증에 관하여 기술한다.

18 공사 설계도면에 해당되지 않는 도면은?
① 입체도 ② 배치도 ③ 상세도 ④ 평면도

풀이 설계도면 : 시공될 공사의 성격과 범위를 표시하고 설계자의 의사를 일정한 약속에 근거하여 그림으로 표현한 도서(배치도, 상세도, 평면도, 단면도, 단선접속도, 계통도, 배선도 등)

19 도면 작성 및 관리에 필요한 정보를 기록하기 위한 것은?
① 목록표 ② 표제란 ③ 범례 ④ 색인부

풀이 표제란의 정보영역
발주자 정보영역, 수급인 정보영역, 공사 정보영역, 도면 정보영역

20 시방서의 역할 및 명기사항이 아닌 것은?
① 주요 기자재에 대한 규격, 수량 및 납기일을 개재한다.
② 시공상에 필요한 품질 및 안전관리계획, 시공상에서 특별히 주의해야 할 특기 사항들을 포함시킨다.
③ 시공상에 필요한 기술기준을 규정하는 것으로 계약서류에 포함되는 설계도서의 일부로 법적인 구속력을 갖는다.
④ 설계도면에 표기하지 못한 상세 내용, 즉 공정별 적용되는 국내외 표준기준, 시공방법, 허용오차 등의 기술적 내용을 기재한다.

풀이 주요 기자재에 대한 규격, 수량 및 납기일 등은 내역서의 내용이다.

정답 16 ③ 17 ④ 18 ① 19 ② 20 ①

신재생에너지발전설비/태양광

21 전기도면 관련 기호 중 전동기를 나타내는 기호는?

① Ⓜ ② Ⓗ ③ Ⓖ ④ Ⓣ

풀이 Ⓜ : 전동기, Ⓗ : 전열기, Ⓖ : 발전기, Ⓣ : 변압기

22 태양광발전시스템 설계수순에 있어서 기본설계 검토영역에 포함되지 않는 것은?

① 태양광발전시스템 제어방식의 선정
② 태양전지 모듈의 제작 및 인버터 제작 주문
③ 현지 측량 지질조사 및 설치지점의 위치 음영 조사
④ 태양광발전용 인버터의 사양 및 전기설비의 설치용량 선정

풀이 기본설계는 태양광발전소의 기본적인 사항을 검토하는 것으로 태양광발전소 건립이 가능한지를 기술적, 경제적으로 판단하는 과정이다. 주변 음영 분석과, 현지 조사를 통한 측량 및 지질조사, 태양광발전시스템 제어방식, 그리고 설치할 수 있는 태양전지모듈의 용량과 인버터를 결정한다. 인버터와 모듈의 제작과 주문은 실시설계단계에서 진행된다.

23 태양광발전시스템의 설계절차에 포함되지 않는 것은?

① 기획 ② 기본설계 ③ 실시설계 ④ 운전요령

풀이 태양광발전시스템의 설계절차는 기획 → 기본설계 → 실시설계이며 운전요령은 태양광발전소 건설 후 운영에 관한 사항이다.

24 설계도서의 종류에 포함되지 않는 것은?

① 설계도면 ② 표준 및 특기 시방서
③ 내역서 ④ 제품 소개서

풀이 설계도서 종류 : 설계도면, 설계설명서, 기술계산서 내역서, 공사명세서

25 주택용 태양광발전시스템의 설계 표준절차의 순서가 바른 것은?

① 어레이의 설치·설계 → 태양전지의 모듈 선정 → 태양전지 어레이 발전량 산출 → 기기 선정
② 태양전지의 모듈 선정 → 어레이의 설치·설계 → 태양전지 어레이 발전량 산출 → 기기 선정
③ 태양전지 어레이 발전량 산출 → 어레이의 설치·설계 → 태양전지의 모듈 선정 → 기기 선정
④ 어레이의 설치·설계 → 태양전지의 모듈 선정 → 기기 선정 → 태양전지 어레이 발전량 산출

풀이 주택용 태양광발전시스템의 설계 표준절차
어레이 설치 부지 면적 결정 → 태양전지 모듈 선정 → 어레이의 설치·설계(모듈의 배열 결정, 전압범위에 따른 직렬 수, 병렬 수) → 태양전지 어레이 발전량 산출 → 기기 선정

정답 21 ① 22 ② 23 ④ 24 ④ 25 ②

PART 03

태양광발전 시공

SECTION 001 태양광발전 토목공사

01 태양광발전 토목공사 수행

🔳 토목시공 기준

1. 지질 및 지반조사

1) 지반조사의 목적
   ① 구조물에 적합한 기초의 형식과 기초의 심도 결정
   ② 지반의 지내력 평가
   ③ 구조물의 예상침하량 평가
   ④ 지반 특성과 관련된 기초의 잠재적인 문제점 파악
   ⑤ 지하수위 결정
   ⑥ 기초지반의 변화에 따른 시공방법 결정

2) 지반조사를 실시하는 과정에 반드시 포함되어야 할 내용
   ① 각 토층의 두께와 분포상태
   ② 지하수의 위치와 지하수와 관련된 특성
   ③ 토질시험을 위한 흙시료의 채취
   ④ 기초의 설계나 시공 관련 특이사항

2. 현장시험에 의한 지내력 검토 방안

지층의 구조를 알기 위한 가시적인 조사방법에는 시추조사가 있으며, 이 외에 얕은 기초에 적합한 지내력 시험으로 표준관입시험, 콘관입시험, 평판재하시험 등이 있다.

1) 시추조사
   ① 연속적인 지층의 분포 현황을 파악하기 위한 시험으로 파쇄대 및 단층대의 확인, 지반 공학적 특성 파악 및 시료 채취를 목적으로 한다.
   ② 대상구간에서 채취되는 시추코어, 순환수, 굴진속도 등을 분석함으로써 지층의 층분포, 구성물질, 절리, 불연속면, 파쇄대 등의 지질구조 파악이 가능하다.
   ③ 표준관입시험(SPT) 및 각종 현장시험과 병행하여 실시하기도 한다.
   ④ Boring의 방법으로는 충격식과 회전수세식의 두 종류가 있다.

2) 표준관입시험
   ① 63.5[kg]의 해머를 76[cm]의 높이에서 자유낙하시켜 정해진 규격의 원통 분리형 시료채취기(Split Barrel Sampler)를 시추공 내에서 30[cm] 관입시키는 데 필요한 해머 타격 횟수 값(N값)을 측정하여 지반을 분류하거나 연·경도를 평가하고 나아가 지반 강도, 상대밀도, 내부마찰각 등의 지반정수를 추정할 수 있는 시험방법이다.
   ② 건조하거나 습윤상태의 사질토 지반에 설치한 기초의 지지력은 기초의 폭과 표준관입시험의 N치를 이용하여 직접 구할 수 있다.

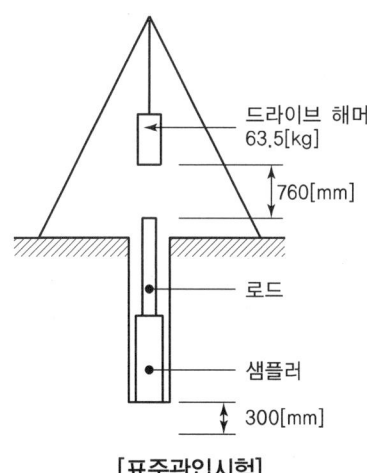

[표준관입시험]

3) 평판재하시험(PBT)
   예상 기초 위치까지 지반을 굴착한 다음에 재하판을 설치하고 하중을 가하면서 하중과 침하량을 측정하여 기초지반의 지지력을 구하는 시험(KS F 2444)이다.

4) 콘관입시험
   ① 원추 모양 콘의 관입 저항으로 지반의 단단함, 다짐 정도를 조사하는 시험이다.
   ② 깊은 세립토층(느슨하고 균질한 비점성)에 사용하도록 개발되었기 때문에 조밀하고 혼합된 토질에서는 시험이 어려울 수 있다.

3. 연약지반 여부 검토

연약지반의 토질분류상 점토·실트계열의 토질로서 지하수위가 높아 함수비가 클 경우 과도한 침하 발생과 측방변형으로 인하여 성토체와 구조물의 안전에 영향을 주는 지반이다.

1) 연약지반의 문제점
   ① 측방유동 및 액상화
   ② 성토 및 굴착사면 파괴
   ③ 지반 장기침하
   ④ 주변지반 변형
   ⑤ 구조물 부등침하
   ⑥ 지하매설관 손상
   ⑦ 사면활동

2) 연약지반 판정기준

구분	이탄질 및 점토질 지반		사질토 지반
층두께[m]	10 미만	10 이상	–
N치	4 이하	6 이하	10 이하
q_u [kN/m²]	6 이하	10 이하	–
q_c [kN/m²]	80 이하	120 이하	400 이하

여기서, N치 : 표준관입시험(Standard Penetration Test)에 의하여 측정된 시험치
q_u : 일축압축강도[kN/m²]
q_c : 콘관입저항력[kN/m²]

4. 지반상태에 따른 문제점 및 대책

지반 상태	문제점	대책
점착력, 내부마찰각이 부족할 경우	활동 및 침하 발생	구조체 설계 변경(활동 방지벽 및 저판 증가)
허용지지력이 부족할 경우	침하 및 전도 발생	• 구조체 설계 변경(저판 폭 증가) • 지반의 치환
지하수위가 높을 경우	지지력 저하로 침하 발생	• 특별 배수공법 적용 • 쇄석 또는 암버럭 등으로 치환
암반일 경우	표준설계도 적용 시 과다 설계	구조체 설계 변경(단면 감소, 단, 정지토압으로 설계)
연약층이 깊을 경우	침하, 전도, 활동 발생	말뚝 기초로 설계 변경
배면토의 강도정수가 부족할 경우	전도, 활동, 구조체 균열 및 파괴 발생	• 구조체 설계 변경(단면 및 저판 폭 증가) • 뒷채움 재료를 양질토로 변경 • 토압 경감을 위하여 사면경사도 완화

5. 지반 개량공법

주요 공법	내용
치환공법	연약층의 일부 또는 전부를 제거하여 양질의 토사로 치환하는 공법
선행재하공법	지반에 미리 설계하중 이상의 하중을 재하(성토)하여 압밀을 촉진시키는 공법
연직배수공법	지중에 적당한 간격으로 연직방향의 모래기둥, 페이퍼, 플라스틱 등 배수재를 설치하여 수평방향 배수거리를 단축하여 압밀을 촉진시키는 공법
모래다짐공법	지중에 모래 또는 쇄석의 다짐말뚝을 만들어 탈수 촉진, 다짐, 모래기둥 등으로 지반의 지지력을 증가시키는 공법
동다짐공법	진동기나 중량의 추를 낙하시켜 사질토의 지반을 다지는 공법
동압밀공법	진동기나 중량의 추를 낙하시켜 점성토의 지반을 다지는 공법
약액주입공법	생석회, 시멘트밀크, 물유리 등의 약액을 연약지층에 주입시켜 지반강도를 증가시키는 공법

2 측량

1. 측량의 목적

① 부지의 고저차를 파악한다.
② 설치 가능한 태양전지 모듈의 수량을 결정한다.
③ 최소한의 토목공사를 위한 시공기면을 결정한다.
④ 실제 부지와 지적도상의 오차를 파악한다.

2. 측량의 종류

1) 거리측량

① 2점 간의 거리를 직접 또는 간접으로 1회 또는 여러 회로 나누어 측량한다.
② 보측 : 보폭 75~80[cm]
③ 음측 : 340[m/sec]
④ 기구에 의한 측량 : 줄자, 스타디아(Stadia), 광파기

2) 수준(고저)측량

① 기준면으로부터 구하고자 하는 점의 높이를 측정하거나, 두 지점 사이의 상대적인 고저차를 구하는 측량이다.
② 지표면에 있는 제 점의 고저차를 관측하여, 그 점들의 고저(표고)를 결정하고 지도 제작, 공사의 계획, 설계 및 시공에 필요한 고저(표고) 자료를 제공하는 중요한 측량이다.

③ 용어
    ㉠ 전시 : 표고의 미지점에 함척을 세워 이것을 망원경으로 읽는 것
    ㉡ 후시 : 표고의 기지점에 함척을 세워 이것을 망원경으로 읽는 것
    ㉢ 이점 : 레벨을 새로이 고쳐 세워야 할 때, 고쳐 세운 점
    ㉣ 기계고 : 망원경의 시선의 표고

3) 각도측량
① 두 방향선이 이루는 각을 구하는 측량으로 일반적으로 트랜싯(Transit)·세오돌라이트(Theodolite) 등의 측각의를 사용하여 측각한다.
② 거리 측량·수준 측량 등과 함께 기본적인 측량의 하나이다.

4) 평판측량
① 사람의 시각에 의존하는 측량으로서 삼각위에 평판을 올려놓고 그 위에 제도지를 붙인 다음, 앨리데이드(Alidade : 평판 위에 얹어 지상의 목표 방향을 정하는 측량 기기)를 사용하여 현장에서 점이나 사물의 위치, 거리, 방향, 높이 등을 측정하여 도면 위에 직접 작도하는 측량이다.
② 지역이 넓지 않을 때, 복잡한 세부 측량을 할 때, 지형도를 작성할 때 사용하는 방법이다.
③ 정밀도는 낮으나 실용적인 면에서 아직도 널리 이용되고 있다.

3 기초

1. 기초의 요구 조건

① 설계하중에 대한 구조적 안정성 확보
② 구조물의 허용 침하량 이내의 침하
③ 환경변화, 지반 쇄굴 등에 저항하여 최소의 근입 깊이 유지
④ 시공 가능성 측면에서 현장 여건 고려

2. 기초의 형식 결정을 위한 고려 사항

① 지반 조건 : 지반 종류, 지하수위, 지반의 균일성, 암반의 깊이
② 상부 구조물의 특성 : 허용 침하량, 구조물의 중요도, 특이 요구 조건
③ 상부 구조물의 하중 : 기초의 설계하중
④ 기초 형식에 따른 경제성을 비교 검토

3. 기초의 종류

1) 기초 종류

2) 얕은 기초와 깊은 기초의 구분

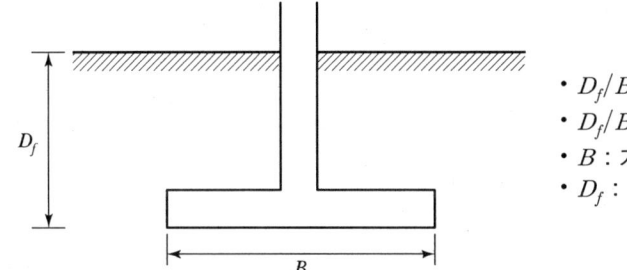

- $D_f/B \leq 1$: 얕은 기초
- $D_f/B > 1$: 깊은 기초
- B : 기초의 폭
- D_f : 기초의 관입 깊이

3) 얕은 기초의 종류 구분

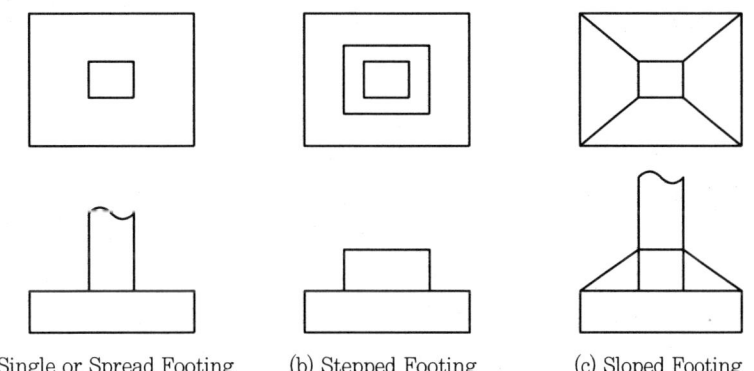

(a) Single or Spread Footing (b) Stepped Footing (c) Sloped Footing

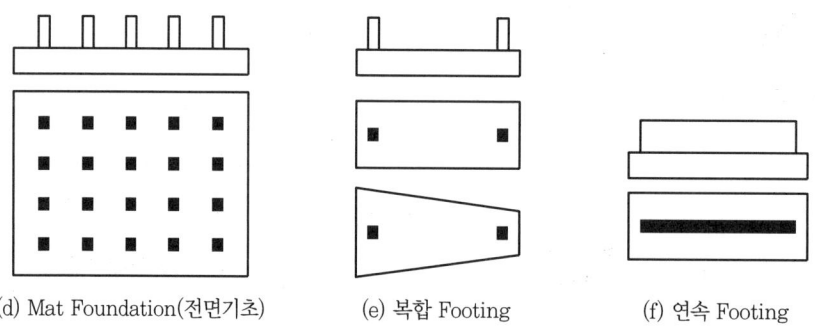

(d) Mat Foundation(전면기초)   (e) 복합 Footing   (f) 연속 Footing

4. 얕은 기초의 설계(Terzaghi 지지력 공식)

1) 기초의 크기

① 원칙 : 하중의 면적당 크기 < 허용 지지력

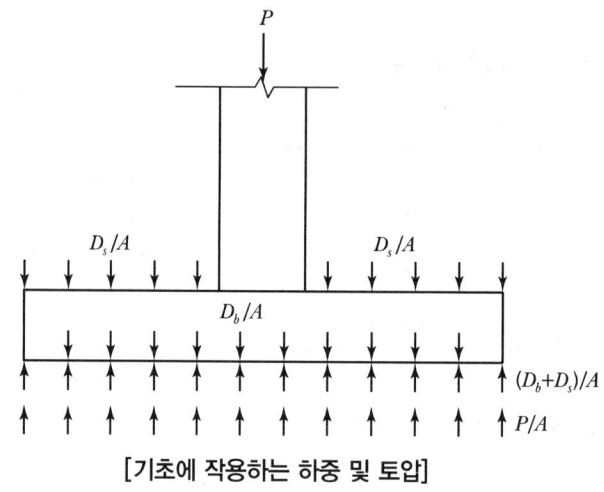

[기초에 작용하는 하중 및 토압]

② 기초가 지지하는 하중

$$\text{기초의 크기 } A = \frac{D + D_b + W}{q_a}$$

여기서, D : 상부 구조물의 고정하중
D_b : 기초의 자중
W : 풍하중

③ 얕은 기초 지지력 공식(Terzaghi 식)

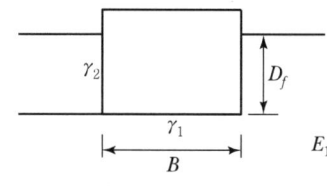

[독립 기초 단면도]

④ 허용 지지력

$$q_a = \frac{q_u}{F_s}$$

여기서, q_u : 극한 지지력
F_s : 안전율

⑤ 총 허용하중

$$Q_a = q_a A$$

여기서, q_a : 허용 지지력
A : 기초의 밑면적

5. 복합기초의 설계

$$L = 2a + \frac{2Q_2 \cdot S}{Q_1 + Q_2}, \quad B = \frac{Q_1 + Q_2}{q_a \cdot L}$$

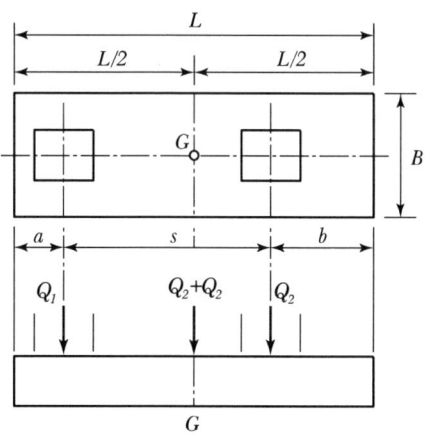

6. 태양광발전에 적용 가능한 기초의 종류

종류	특징
독립기초	• 지지대 1당 1개의 얕은 기초 • 지지층이 얕을 때 적용 • 소형, 소규모 어레이에 적용
복합기초	• 지지대 2대 이상 연결 • 지지층이 얕을 때 적용 • 중대형 어레이에 적용
말뚝기초	• 지지층이 깊을 때 적용 • 독립기초 시공 전 말뚝 시공
무기초(스크루)	콘크리트 기초 없이 스크루강(내식)을 직접 삽입
무기초(형강)	콘크리트 기초 없이 타격에 의해 삽입
무기초(앵커)	슬래브나 기존 시멘트 바닥면에 앵커를 삽입
무기초(루프형)	• 평면 또는 경사면 지붕에 내식성 루프 패널을 설치 • 모듈을 루프 패널에 부착

SECTION 002 태양광발전 구조물 시공

01 발전형태별 구조물 시공

1 태양전지 어레이용 가대 및 지지대 설치

① 태양광 어레이용 지지대 및 가대 설치순서 결정
② 태양광 어레이용 가대, 모듈고정용 가대, 케이블 트레이용 채널순으로 조립
③ 구조물은 현장 조립을 원칙으로 함
④ 모듈의 지지물은 자중, 적재하중 및 구조하중은 물론 풍압, 적설 및 지진, 기타 진동과 충격에 견딜 수 있는 안전한 구조의 것으로 할 것
⑤ 볼트는 와셔 등을 사용하여 헐겁지 않도록 단단히 조립하고 지붕설치형의 경우에는 건물의 방수 등에 문제가 없도록 설치
⑥ 채결용 볼트 너트 와셔(볼트 캡 포함)는 아연도금 처리 또는 동등 이상의 녹방지 기초콘크리트 앵커볼트의 돌출부분은 반드시 볼트 캡 착용
⑦ 태양전지 모듈의 유지보수를 위한 공간과 작업안전을 위한 발판 및 안전난간 설치(단, 안전성이 확보된 설비인 경우 예외)

2 태양광 구조물의 설계기준에 따른 시공

1. 구조시공의 기본

① 안정성 : 내진, 내풍, 상정하중, 천재지변에 안전
② 시공성 : 부재의 재질, 접합방법 동일, 규격화 등
③ 사용성 및 내구성 : 경년 변화, 지반상태, 환경 등 고려
④ 경제성 : 과다 설계 배제, 공사비 절감 등

2. 구조물 시공 시 적용기준

① 건축법 및 동 시행령, 건축물의 구조기준 등에 관한 규칙
② 건축구조 설계기준
③ 강구조 설계기준 : 하중저항계수 설계법
④ 콘크리트구조 설계기준

3. 기초의 구조

기초의 조건은 다음과 같다.
① 구조적 안정성 확보 : 설계하중에 대한 안정성 확보
② 허용침하량 이내
③ 최소 깊이 유지 : 환경변화, 국부적 지반 쇄굴 등에 저항
④ 시공 가능성 : 현장 여건 고려

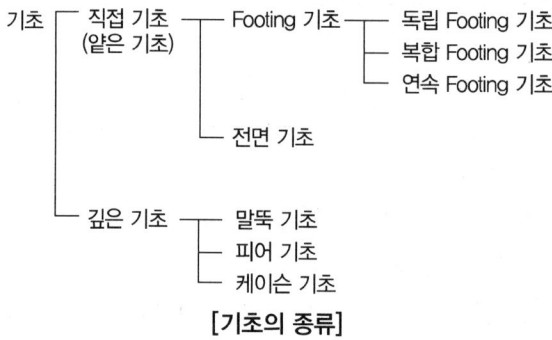

[기초의 종류]

SECTION 003 태양광발전 전기시설공사

01 태양광발전 어레이 시공

1 발전형태별 태양전지 어레이 설치공사

1. 태양전지 어레이의 방위각과 경사각 시공 시 고려사항

1) 방위각 : 어레이가 정남향과 이루는 각
   ① 발전시간 내 음영이 생기지 않도록 배치
   ② 최소의 설치면적

2) 경사각 : 어레이가 지면과 이루는 각
   ① 발전 전력량이 연간 최대가 되도록 배치
   ② 적설을 고려하여 결정
   ③ 경사각에 따른 이격거리 확보
   ④ 발전시간 내 음영이 생기지 않도록 배치
   ⑤ 어레이 경사각은 10°~90°
   ⑥ 자정효과를 얻기 위해 10° 이상
   ⑦ 적설량이 많은 지역에서는 45° 이상 설계
   ⑧ 강우 시 태양전지 모듈 표면에 흙탕물이 튀는 것을 방지하기 위해 지면으로부터 60[cm] 이상 높이에 설치

2. 태양전지 어레이용 가대 조건

1) 가대의 재질
   ① 환경소선 설계내용 연수에 따라 결성
   ② 염해 공해 등에 의해 부식의 발생이 없을 것

2) 가대의 강도
   어레이 자체하중+풍압하중에 견디도록 설계

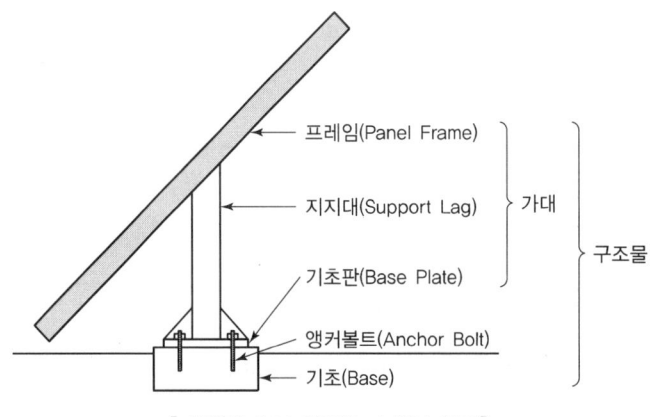

[태양전지 어레이용 가대의 설치]

3) 재질에 따른 가대의 종류

종류	가격	비고
강제+도장	저가	재도장(5~10주기)
강제+용융아연도금	중가	철의 10배 정도 내식성 부분 녹 발생
스테인리스(sus)	고가	경량
알루미늄 합금제	중가	경량, 강도가 약함, 부식

3. 어레이 설치방식에 따른 분류

① 고정식

② 경사가변형

③ 추적식

㉠ 추적방향 : 단축식, 양축식

㉡ 추적방식 : 감지식, 프로그램 혼합식

4. 태양전지 어레이용 가대 시공

1) 가대의 구조 : 프레임(수평부재, 수직부재), 지지대, 기초판

2) 설계하중 : 가대는 설치장소, 설치방식, 형태 등에 따라 하중이 달라지므로 그에 맞는 설계하중이 필요하다.

3) 상정하중 : 상정하중은 수직하중과 수평하중을 고려한다.

(1) 수직하중

① 고정하중 : 어레이+프레임+지지대

② 적설하중

③ 활하중 : 건축물 및 공작물을 점유 사용함으로써 발생

(2) 수평하중
　① 풍하중 : 바람
　② 지진하중 : 지진 시 진동에 의한 하중

(3) 하중의 크기 : 폭풍 시＞적설 시＞지진 시
　① 폭풍 시 : 고정＋풍압하중
　② 적설 시 : 고정＋적설하중
　③ 지진 시 : 고정＋지진하중

4) 개스킷의 사용

(1) 태양전지 모듈과 가대접합 시 태양전지 모듈 간의 완충작용을 위해 개스킷을 사용한다.
　① 개스킷에 사용되는 재료
　　㉠ 저온저압 : 종이, 고무, 석면, 마, 합성수지
　　㉡ 고온고압 : 동, 납, 연강

2 배관·배선공사

1. 태양광 모듈과 태양광 인버터 간의 배관·배선

① 태양전지 모듈의 이면으로부터 접속용 케이블이 2가닥씩 나오기 때문에 반드시 극성을 확인한 후 결선한다.
② 케이블은 건물마감이나 러닝보드 표면에 가깝게 시공하고, 필요시 전선관을 이용하여 케이블을 보호한다.
③ 태양전지모듈은 인버터 입력전압 범위 내에서 스트링 필요매수를 직렬결선하고 어레이 지지대 위에 조립한다.
④ 케이블을 각 스트링에서 접속함까지 배선하고 접속함 내는 병렬로 결선한다.
⑤ 옥상 또는 지붕 위에 설치한 태양전지 어레이에서 처마 밑 접속함까지 배선 시 물의 침입을 방지하기 위한 차수처리를 반드시 한다.
⑥ 접속함은 어레이 근처에 설치한다.
⑦ 태양광의 직류전원과 교류전원은 격벽에 의해 분리되거나 함께 접속되지 않을 경우 동일한 전선관 케이블트레이 접속함 내에 시설하지 않아야 한다.
⑧ 접속함에서 인버터까지의 배선은 전압강하 2[%] 이하로 상정한다.
⑨ 태양전지 어레이를 지상에 설치 시 지중배선으로 할 수 있다.

2. 태양광 인버터에서 옥내 분전반 간의 배관·배선

인버터 출력의 전기방식에는 단상 2선식, 3상 3선식, 3상 4선식이 있고 교류 측의 중성선을 구별하여 결선한다.

1) 시공기준

① 부하 불평형에 의한 중성선에 최대전류의 발생 우려가 있을 경우 수전점에 과전류차단기를 설치해야 한다.
② 수전점 차단기 개방 시 부하불평형으로 과전압이 발생할 경우 인버터는 정지되어야 한다.
③ 누전차단기와 SPD(서지보호기)를 설치한다.

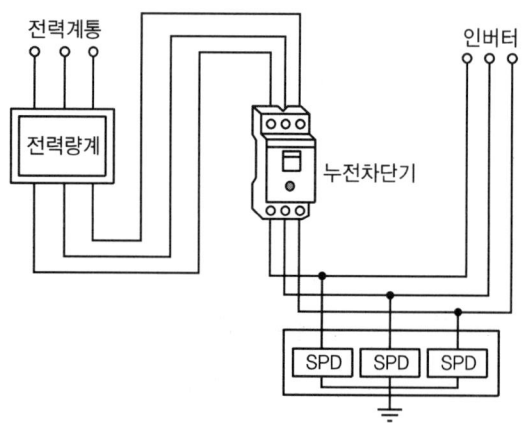

[분전반 내의 누전차단기와 SPD 설치]

2) 전압강하

태양전지 모듈에서 인버터 입력단 간 및 인버터 출력단과 계통 연계점 간의 전압강하는 각각 3[%]를 초과하지 않아야 한다. 단, 전선의 길이가 60[m] 초과할 경우 다음 표에 따라 시공할 수 있다.

전선길이	전압강하
120[m] 이하	5[%]
200[m] 이하	6[%]
200[m] 초과	7[%]

- 회로의 전기방식에 의한 전압강하식

직류 2선식, 교류 2선식의 전압강하 $e = \dfrac{35.6LI}{1,000A}$

여기서, L : 도체길이, I : 전류, A : 전선의 단면적

3) 태양전지 모듈 간 직병렬 배선

① 모듈을 포함한 모든 충전부분은 노출되지 않도록 시설해야 한다.
② 모듈 배선은 스테이플, 스트랩 또는 행거나 이와 유사한 부속품으로 130[cm] 이내 간격으로 고정하고, 가장 늘어진 부분이 모듈 면으로부터 30[cm] 이내에 들도록 한다.
③ 어레이 직렬군은 동일한 단락전류를 가진 모듈로 구성해야 한다. 1대의 인버터에 연결된 태양전지 어레이의 직렬군(스트링)이 2병렬 이상일 경우에는 각 직렬군(스트링)의 출력전압을 동일하게 배열해야 한다.
④ 모듈 이면의 접속용 케이블은 2개씩 나와 있으므로 반드시 극성(+, −) 표시를 확인한 후 결선한다.
⑤ 모듈 간 배선은 단락전류에 충분히 견딜 수 있도록 2.5[mm²] 이상의 전선을 사용해야 한다.
⑥ 배선의 접속부는 용융접착테이프와 보호테이프로 감는다.

3. 태양광 어레이 검사

어레이 검사 내용은 다음과 같다.
① 전압 극성 확인
② 단락전류 측정
③ 비접지 확인 : 직류 측 회로의 비접지 확인

4. 케이블 선정 및 단말처리

1) 케이블 선정

태양전지에서 옥내에 이르는 배선에 사용되는 전선은 모듈전용선 XLPE 케이블, 직류용 전선을 사용하고, 옥외용 케이블은 UV-케이블을 사용한다.

2) 케이블의 단말처리

(1) 전선의 접속 시 접속부에 절연물과 동등 이상의 절연효과가 있는 재료로 접속해야 한다.
(2) 절연테이프의 종류
① 자기융착테이프 : 부틸고무제와 저압용 폴리에틸렌 부틸고무제 재질로 이루어져 있다.
② 보호테이프 : 자기융착테이프에 다시 한 번 감아주는 용도로 쓰인다.
③ 비닐절연테이프 : 장시간 사용 시 접착력이 저하되어 태양광발전설비처럼 장시간 사용하는 시설에는 적합하지 않다.

5. 방화구획 관통부의 처리

1) 관통부의 처리목적

화재 발생 시 전선배관의 관통 부분에서 다른 설비로의 화재 확산을 방지하기 위함이다.

2) 배선이 옥외에서 옥내로 연결된 관통 부분의 처리방법
    ① 난연성 : 뒷면에 화염이나 연기가 발생하지 않을 것
    ② 내열성 : 뒷면이 연소할 위험이 있는 온도가 되지 않을 것

02 태양광발전 계통 연계장치 시공

1 태양광발전시스템 발전량 산출

1. 전력 수요량 산정

① 독립전원용 태양광발전시스템 설계는 부하소비전력량으로 태양전지 용량을 결정
② 계통연계 시스템 사용전력량과 발전전력수량 사이에 제한적 관계없음
③ 설치장소의 면적에 의해 시스템 용량 결정

> 소비전력량 산출 = 부하수량 × 소비전력 × 사용시간

2. 발전가능량 산정

1) 발전량 산출
    ① 독립형 : 전력수요량이 발전량
    ② 계통연계형 : 설치면적이 발전량

2) PV 시스템의 발전량 산출
    (1) 태양전지 어레이 필요 용량[kW] 산출(태양전지 용량과 부하 소비전력량의 관계)

$$P_{AS} = \frac{E_L \times D \times R}{(H_A / G_s) \times K}$$

여기서, P_{AS} : 표준상태에서의 태양전지 어레이 출력[kW]
　　　　　표준상태, AM(대기질량) 1.5, 일사강도 1,000[W/m²], 태양전지셀 온도 25[℃]
　　　H_A : 특정 기간에 얻을 수 있는 어레이 표면일사량[kWh/(m² · 기간)]
　　　G_s : 표준상태에서의 일사강도[kW/m²]
　　　E_L : 특정 시간에서의 부하소비전력량(전력수요량)[kWh/기간]
　　　D : 부하의 태양광발전시스템에 대한 의존율 = 1 - 백업전원전력 의존율
　　　R : 설계여유계수(추정한 일사량의 정확성 등의 설치환경에 따른 보정)
　　　K : 종합설계계수(태양전지 모듈출력의 불균형보정 회로손실, 기기에 의한 손실 등 포함)

(2) 월간 발전량 산출

① 경사면 일사량에 의한 산출

$$월간 \ 발전량 \ E_{PM} = P_{AS} \times K \times \left(\frac{H_{AM}}{G_s}\right) [kWh/월]$$

여기서, P_{AS} : 표준상태에서의 태양전지 어레이 출력[kW]
K : 종합설계계수
H_{AM} : 월 적산 어레이 표면(경사면) 일사량[kWh/(m² · 월)]
G_s : 표준상태에서의 일사강도[kW/m²]

② 발전시간에 의한 방법

㉠ 일평균 발전시간 = $\dfrac{1년간 \ 발전전력량[kWh]}{시스템 \ 용량[kW] \times 운전일수}$

㉡ 시스템 이용률 = $\dfrac{1년간 \ 발전전력량[kWh]}{24[h] \times 운전일수 \times 시스템 \ 용량[kW]}$

= $\dfrac{일평균 \ 발전시간[h]}{24[h]}$

2 인버터와 제어장치 설치

1. 파워컨디셔너 시스템(PCS ; Power Conditioner System)

파워컨디셔너는 태양전지에서 발전된 직류전력을 교류전력으로 변환하고, 교류부하에 전력을 공급함과 동시에 잉여전력을 한전 계통으로 역송전하는 장치이다.

2. 파워컨디셔너의 기능(역할)

1) 자동전압조정기능

태양광발전시스템을 한전계통에 접속하여 역송 병렬운전을 하는 경우 전력 전송을 위한 수전점의 전압이 상승하여 한전의 전압 유지범위를 벗어날 수 있으므로 이를 방지하기 위하여 자동전압 조정기능을 부가하여 전압의 상승을 방지하고 있다. 자동전압 조정기능에는 진상무효전력제어기능과 출력제어기능이 있으며, 가정용으로 사용되는 3[kW] 미만의 것에는 이 기능이 생략된 것도 있다.

(1) 진상무효전력제어

앞선 전류의 제어는 역률 80[%]까지 실행되고, 이로 인한 전압상승의 억제효과는 최대 2~3[%] 정도가 된다.

(2) 출력제어

진상무효전력제어방식에 의한 전압상승억제가 한계에 달하고 계속해서 한전계통의 전압이 상승하는 경우에는 태양광발전시스템의 출력을 제한하여 파워컨디셔너의 출력 전압의 상승을 방지하기 위해서 동작한다.

2) 자동운전, 자동정지 기능

새벽에 태양전지 어레이에 일조량이 확보되어 파워컨디셔너의 DC 입력전압의 최저 전압 이상이 되면 자동적으로 운전을 개시하여 발전을 시작하고, 일몰 시에도 발전이 가능한 파장범위까지 발전을 하다가 파워컨디셔너의 최저 DC 입력전압 이하가 되면 자동으로 운전을 정지한다.

3) 계통연계 보호장치

(1) 한전계통과 병력운전되는 저압연계시스템 보호장치 설치

과전압계전기(OVR), 저전압 계전기(UVR), 과주파수 계전기(OFR), 저주파수 계전기(UFR)

(2) 한전계통과 병렬 운전되는 특고압 연계의 보호계전기 설치장소

지락과전류 계전기(OCGR)를 수용가 특고압 측에 특고압 연계의 보호계전기의 설치장소는 태양광발전소 구내 수전점(수전보호 배전반)에 설치함을 원칙으로 하고 있다.

(3) 보호계전기의 검출레벨과 동작시한

계전기기	기기번호	용도	검출 레벨	동작 시한
유효전력 계전기	32P	유효전력 역송방지	상시병렬운전 발전상태에서 전력계통 동요 시 및 외부 사고 시 오동작하지 않는 범위 내에서 최솟값	0.5~2.0초
무효전력 계전기	32Q	단락사고 보호	배후계통 최소조건하에서 상대 단 모선 2상 단락 사고 시 유입 무효전력의 1/3 이하	0.5~2.0초 (외부사고 시 오동작하지 않도록 보호협조 정정)
부족전력 계전기	32U	부족전력 검출	상시 병렬운전 발전상태에서 전력계통 동요 시 및 외부사고 시 오동작하지 않는 범위 내에서 최솟값, 계전기의 동작은 발전기의 운전상태에서만 차단기가 트립(Trip)되도록 한다.	0.5~2.0초
과전압 계전기	59	과전압 보호	• 순시형 : 정격전압의 150[%] • 반한시형 : 정격전압의 115[%]	순시 정정치의 120[%]에서 2.0초
저전압 계전기	27	사고검출 또는 무전압 검출	정격전압의 80[%]	Supervising용 0.2~0.3초
주파수 계전기	81O 81U	주파수 변동 검출	• 고주파수 : 63.0[Hz] • 저주파수 : 57.0[Hz]	0.5초 1분
과전류 계전기	50/51	과전류 보호	• 순시 : 단락보호 • 한시 : 150[%]에서 과부하보호 및 후비보호	TR 2차 3상 단락 시 0.6초 이하

(4) 연계 계통 이상 시 태양광발전시스템의 분리와 투입
① 단락 및 지락 고장으로 인한 선로보호장치 설치
② 정전 복전 후 5분을 초과하여 재투입
③ 차단장치는 한전 배전계통의 정전 시에는 투입 불가능하도록 시설
④ 연계 계통 고장 시에는 0.5초 이내 분리하는 단독운전 방지장치 설치

4) 최대전력 추종제어기능(MPPT)

파워컨디셔너는 태양전지 어레이에서 발생되는 시시각각의 전압과 전류를 최대 출력으로 변환하기 위하여 태양전지 셀의 일사강도-온도 특성 또는 태양전지 어레이의 전압-전류 특성에 따라 최대 출력운전이 될 수 있도록 추종하는 기능을 최대전력추종(MPPT ; Maximum Power Point Tracking)제어라고 한다.

제어방식에는 직접제어식과 간접제어식이 있다.

(1) 직접제어방식
  센서를 통해 온도, 일사량 등의 외부조건을 측정하여 최대 전력 동작점이 변하는 파라미터(온도, 일사량)를 미리 입력하여 비례제어하는 방식
  ① 장점 : 구성 간단, 외부상황에 즉각적 대응 가능
  ② 단점 : 성능이 떨어진다.

(2) 간접제어방식
  ① P & O(Perturb & Observe) 제어
    ㉠ 태양전지 어레이의 출력전압을 주기적으로 증가·감소시키고, 이전의 출력전력을 현재의 출력전력과 비교하여 최대전력 동작점을 찾는 방식이다.
    ㉡ 간단하여 가장 많이 채용되는 방식이다.
    ㉢ 최대 전력점 부근에서 Oscillation이 발생하여 손실이 생긴다.
    ㉣ 외부 조건이 급변할 경우 전력손실이 커지고 제어가 불안정하게 된다.

  ② Incremental Conductance(IncCond) 제어
    ㉠ 태양전지 출력의 컨덕턴스와 증분 컨덕턴스를 비교하여 최대 전력 동작점을 추종하는 방식이다.
    ㉡ 최대 전력점에서 어레이 출력이 안정된다.
    ㉢ 일사량이 급변하는 경우에도 대응성이 좋다.
    ㉣ 계산량이 많아서 빠른 프로세서가 요구된다.

③ Hysterisis-Band 변동제어
  ㉠ 태양전지 어레이 출력전압을 최대 전력점까지 증가시킨 후, 임의의 Gain을 최대전력점에서 전력과 곱하여 최소 전력값을 지정한다.
  ㉡ 지정된 최소 전력값은 두 개가 생기므로 최대 전력을 기준으로 어레이 출력전압을 증가 혹은 감소시키면서 매 주기 동작한다.
  ㉢ 어레이 그림자 영향 혹은 모듈의 특성으로 인하여 최대전력점 부근에서 최대전력점이 한 개 이상 생기는 경우 최대전력점을 추종할 수 있다.

5) 단독운전 방지기능
  (1) 단독운전
    태양광발전시스템이 한전계통과 연계되어 발전을 하고 있는 상태에서 한전계통의 정전이 발생한 경우 태양광발전시스템은 정전으로 분리된 계통에 전력을 계속 공급하게 되는 운전상태를 단독운전이라 한다.
  (2) 단독운전 시 보수점검자에게 감전 등의 안전사고 위험이 있으므로 태양광발전시스템을 정지시켜야 한다.
  (3) 분리된 구간의 부하용량보다 태양광발전시스템의 용량이 큰 경우 단독운전상태에서 전압계전기(OVR, UVR), 주파수계전기(OFR, UFR)에서는 보호할 수 없으므로 단독운전 방지기능을 설치하여 안전하게 정지할 수 있도록 한다.
  (4) 파워컨디셔너에는 수동적 방식과 능동적 방식 2종류의 단독운전 방지기능이 내장되어 있다.
    ① 수동적 방식(검출시간 0.5초 이내, 유지시간 5~10초)

종별	개요
전압위상 도약검출방식	• 단독운전 시 파워컨디셔너 출력이 역률1에서 부하의 역률로 변화하는 순간의 전압위상의 도약을 검출한다. • 단독운전 시 위상변화가 발생하지 않을 때에는 검출할 수 없지만, 오동작이 적고 실용적이다.
제3고조파 전압급증 검출방식	• 단독운전 시 변압기의 여자전류 공급에 따른 전압 변동의 급변을 검출한다. • 부하가 되는 변압기로 인하여 오작동의 확률이 비교적 높다.
주파수 변화율 검출방식	단독운전 시 발전전력과 부하의 불평형에 의한 주파수의 급변을 검출한다.

② 능동적 방식(검출시한 0.5~1초)

종별	개요
주파수 시프트 방식	파워컨디셔너의 내부발전기에 주파수 바이어스를 주었을 때, 단독운전 발생 시 나타나는 주파수 변동을 검출하는 방식이다.
유효전력 변동방식	파워컨디셔너의 출력에 주기적인 유효전력 변동을 주었을 때, 단독운전 발생 시 나타나는 전압, 전류, 또는 주파수 변동을 검출하는 방식으로 상시 출력의 변동 가능성이 있다.
무효전력 변동방식	파워컨디셔너의 출력에 주기적인 무효전력 변동을 주었을 때 단독운전 발생 시 나타나는 주파수 변동 등을 검출하는 방식이다.
부하변동방식	파워컨디셔너의 출력과 병렬로 임피던스를 순간적 또는 주기적으로 삽입하여 전압 또는 전류의 급변을 검출하는 방식이다.

6) 직류검출기능

① 파워컨디셔너는 직류를 교류로 변환하기 위하여 반도체 스위칭 소자(MOSFET, IGBT)를 고주파수로 스위칭하기 때문에 소자의 불규칙 분포 등에 의해 그 출력에는 적지만 직류분이 리플(Ripple) 형태로 포함된다.

② 교류 성분에 직류분을 함유하는 경우 주상변압기의 자기포화로 인한 고조파 발생, 계전기 등의 오·부작동 등 한전계통 운영에 문제를 야기하게 된다.

③ 이를 방지하기 위해서 무변압기방식의 파워컨디셔너에서는 파워컨디셔너의 정격교류 최대 출력전류의 직류성분 함유율을 분산형 배전계통 연계기술 가이드라인에서는 0.5[%] 초과하지 않도록 유지할 것을 규정하고 있다.

7) 직류 지락 검출 기능

① 무변압기방식의 파워컨디셔너에서는 태양전지어레이의 직류 측과 한전 계통의 교류 측이 전기적으로 절연되어 있지 않기 때문에 태양전지어레이의 직류 측 지락사고에 대한 대책이 필요하다.

② 태양전지어레이의 직류 측에서 지락사고가 발생하면 지락전류에 직류성분이 중첩되어 일반적으로 사용되고 있는 누전차단기는 이를 검출할 수 없는 상황이 발생한다.

③ 이런 상황에 대비하여 파워컨디셔너의 내부에 직류 지락검출기를 설치하여, 태양전지 어레이 측 직류지락사고를 검출하여 차단하는 기능이 필요하다. 일반적으로 직류 측 지락사고 검출 레벨은 100[mA]로 설정되어 운전되고 있다.

3. 파워컨디셔너 선정 시 점검(Check Point) 사항

1) 태양광발전시스템에 적용하고 있는 파워컨디셔너의 용량
   ① 소용량 : 10[kW] 미만
   ② 공공산업시설용,·발전사업용 : 10~1,000[kW]

2) 파워컨디셔너 선정 시 반드시 확인하여야 할 사항
   ① 파워컨디셔너 제어방식 : 전압형 전류제어방식
   ② 출력 기본파 역률 : 95[%] 이상
   ③ 전류 왜형률 : 총합 5[%] 이하, 각 차수마다 3[%] 이하
   ④ 최고효율 및 유러피언 효율이 높을 것

3) 태양광 유효이용에 관한 점검사항
   ① 최대전력 변환효율이 높을 것
   ② 최대전력 추종제어(MPPT)에 의한 최대전력의 추출이 가능할 것
   ③ 야간 등의 대기손실이 적을 것
   ④ 저부하 시의 손실이 적을 것

4) 전력품질 공급 안정성에 관한 점검사항
   ① 잡음발생 및 직류유출이 적을 것
   ② 고조파의 발생이 적을 것
   ③ 기동 정지가 안정적일 것

4. 태양광 발전시스템의 효율의 종류

효율의 종류에는 최고효율 · 유러피언효율 · 추적효율이 있다.

1) 최고효율

   전력변환(직류 → 교류, 교류 → 직류)을 행하였을 때, 최고의 변환효율을 나타내는 단위

   $$\eta_{\max} = \frac{AC_{power}}{DC_{power}} \times 100[\%]$$

2) 추적효율

   태양광발전시스템용 파워컨디셔너가 일사량과 온도변화에 따른 최대 전력점을 추적하는 효율

   $$추적효율 = \frac{운전최대출력[kW]}{일조량과 온도에 따른 최대출력[kW]} \times 100[\%]$$

3) 유러피언 효율(European Efficiency)

변환기의 고효율 성능척도를 나타내는 단위로서 출력에 따른 변환효율에 비중을 두어 측정하는 단위(예 : 각 출력 5[%]/10[%]/20[%]/30[%]/50[%]/100[%]에서 효율을 측정하여 그 비중(계수)을 0.03/0.06/0.13/0.10/0.48/0.20 두어 곱한 값을 합산하여 계산한 값)

$$\eta_{EURO} = 0.03 \cdot \eta_{5\%} + 0.06 \cdot \eta_{10\%} + 0.13 \cdot \eta_{20\%} + 0.10 \cdot \eta_{30\%} + 0.48 \cdot \eta_{50\%} + 0.20 \cdot \eta_{100\%}$$

총 Euro 효율을 구하기 위한 출력 전력별 비중(계수)은 다음 표와 같다.

출력전력[%]	5	10	20	30	50	100
출력별 비중(계수)	0.03	0.06	0.13	0.10	0.48	0.20

5. 파워컨디셔너의 종류

1) 파워컨디셔너의 종류 : 전류(Commutation)방식, 제어방식, 절연방식에 따라 분류

① 전류방식 : 자기전류(Self Commutation), 강제전류(Line Commutation)

② 제어방식 : 전압제어형, 전류제어형

③ 절연방식 : 상용주파절연방식, 고주파절연방식, 무변압기방식

2) 파워컨디셔너의 절연(회로)방식

① 계통연계용 파워컨디셔너의 직류 측과 교류 측의 절연방법에 따른 회로방식에는 상용주파절연방식, 고주파절연방식, 무변압기방식이 있으며 전기설비기술기준에 적합한 파워컨디셔너 회로방식을 선정하여야 한다.

② **파워컨디셔너의 절연방식에 따른 분류**

태양광발전시스템의 직류 측과 교류 측(상용전원 전력계통)과의 절연방식에 따른 파워컨디셔너의 종류 및 회로도 특징은 다음과 같다.

구분	회로도	특징	
상용주파 절연방식	PV — DC→AC 인버터 — 상용주파 변압기	태양전지의 직류출력을 상용 주파의 교류로 변환한 후 상용주파 변압기로 절연한다.	
		장점	1. 주 회로와 제어부를 가장 간단히 구성할 수 있다. 2. 변압기로 절연이 되어 계통과의 안정성이 확보된다. 3. 3ϕ 10[kW] 이상의 파워컨디셔너에 적용된다.
		단점	1. 변압기 때문에 효율이 떨어진다. 2. 사이즈와 무게가 커진다.
고주파 절연방식	PV — DC→AC 고주파 인버터 — 고주파 변압기 — AC→DC — DC→AC 인버터	태양전지의 직류출력을 고주파 교류로 변환한 후 소형의 고주파 변압기로 절연하고, 그 후 직류로 변환하고 다시 상용주파의 교류로 변환한다.	
		장점	1. 한전계통과 전기적으로 절연되어 안정성이 높다. 2. 저주파 절연 변압기를 사용하지 않기 때문에 고효율화, 소형경량화, 상용주파 절연방식에 비해 저렴하다.
		단점	많은 파워 소자를 사용하며 구성이 복잡하다.
무변압기 방식	PV — 컨버터 — 인버터	태양전지의 직류 DC/DC 컨버터로 승압 후, DC/AC 인버터로 상용주파수의 교류로 변환한다.	
		장점	1. 변압기를 사용하지 않기 때문에 고효율, 소형 경량화에 가장 유리하다. 2. 시스템 구성에 필요한 전력용 반도체 소자가 가장 적기 때문에 저가의 시스템 구현에 적합하다.
		단점	1. 변압기를 사용하지 않기 때문에 안정성에서 불리하다. 2. 안정성 확보를 위해 복잡한 제어가 요구된다.

6. 파워컨디셔너 시스템 방식

1) 태양광시스템의 설치조건에 따른 계통연계형 인버터 설치 유형

(1) 인버터 시스템 구성방식에 따른 분류

① 전압방식에 따른 분류
  ㉠ 저전압 병렬방식
  ㉡ 고전압 방식

② 인버터의 대수 및 연결에 따른 분류
  ㉠ 중앙집중식
  ㉡ 마스터 슬레이브 방식
  ㉢ 병렬운전방식
  ㉣ 모듈 인버터 방식
  ㉤ 서브어레이와 스트링 인버터 방식

2) 종류별 특성

(1) 저전압 병렬방식

① 구조(중앙집중식 인버터의 저전압방식)

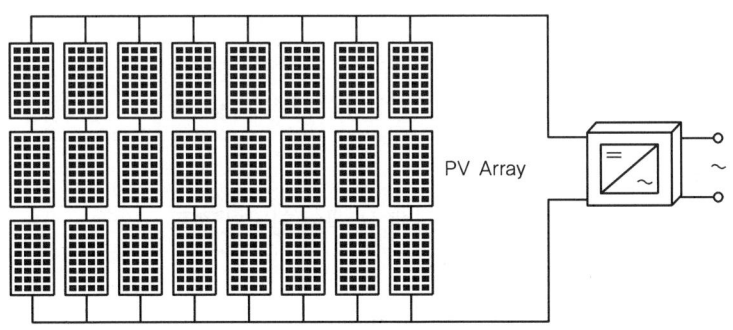

② 특징 : • 모듈 3~5개 직렬 연결
 • DC 120[V] 이하
 • 보호등급 Ⅲ 적용
③ 장점 : • 음영을 적게 받는다.
 • 고장 시 해당 스트링만 교체
④ 단점 : • 중앙집중형일 때 높은 전류 발생
 • 저항손을 줄이기 위해 굵은 케이블 간선 사용
⑤ 적용 : 건물일체형 태양광발전시스템에 적용

(2) 고전압 방식

　① 구조(중앙집중형 인버터의 고전압방식)

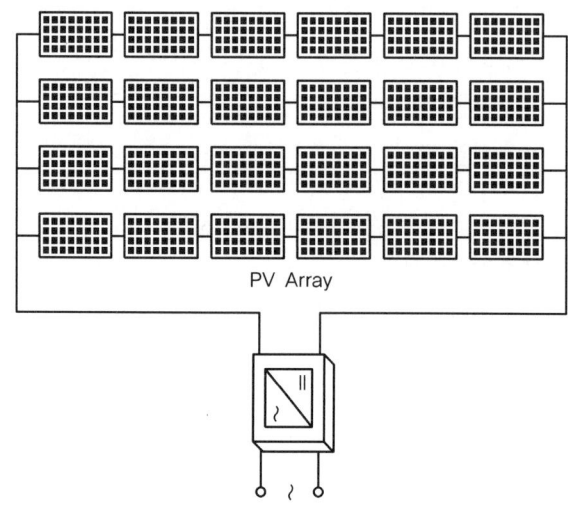

　② 특징 : • DC 120[V] 초과
　　　　　• 보호등급 Ⅱ 적용
　③ 장점 : • 케이블의 사이즈(굵기)가 작아짐
　　　　　• 전압강하가 줄어듦
　④ 단점 : 긴 스트링으로 음영손실 발생 가능성 증가
　⑤ 적용 : 국내에서는 고전압방식 주로 채용

(3) 중앙집중식

　① 특징 : 다수의 스트링에 한 개의 인버터 설치
　② 장점 : • 투자비 절감
　　　　　• 설치면적 최소화
　　　　　• 간편한 유지관리
　③ 단점 : • 고장 시 시스템 전체 동작 불가
　　　　　• 낮은 복사량일 때 효율 저하
　　　　　• 고장 시 높은 A/S 비용

(4) 마스터 슬레이브(Master-slave) 방식
　① 구조(중앙집중형 인버터가 있는 마스터 슬레이브방식)

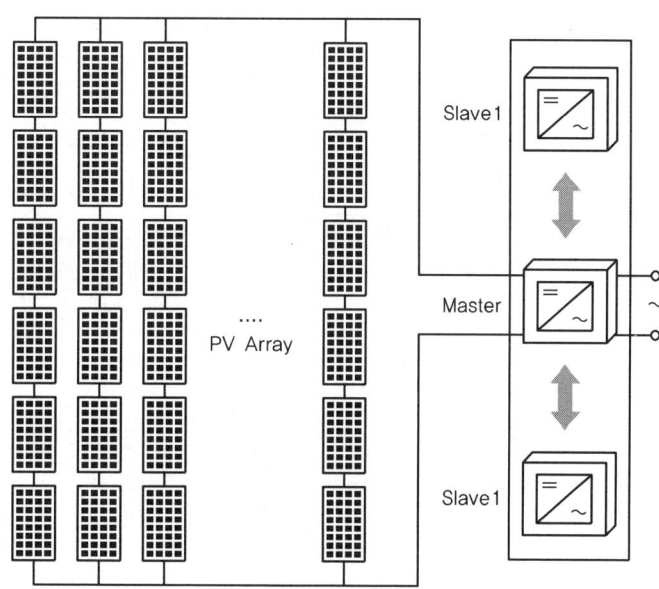

　② 특징 : 하나의 마스터에 2~3개의 슬레이브 인버터로 구성
　③ 장점 : 인버터 1대의 중앙집중식보다 효율이 높음
　④ 단점 : 인버터 1대 설치 시보다 시설 투자비 증가

(5) 병렬운전방식
　① 구조(인버터 병렬운전방식)

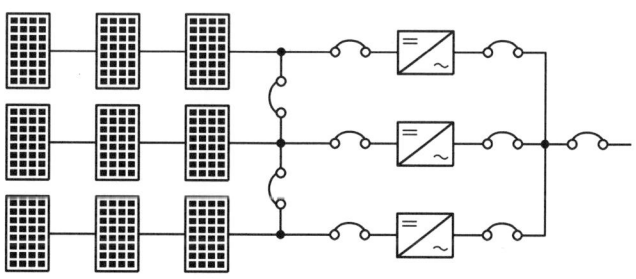

　② 특징 : 인버터 입력부분을 병렬로 연결
　③ 장점 : • 인버터 효율 증가 및 수명 연장
　　　　　　• 백업(Backup) 유리
　④ 단점 : 보호방식 복잡

(6) 모듈 인버터 방식(AC 모듈)
　① 구조

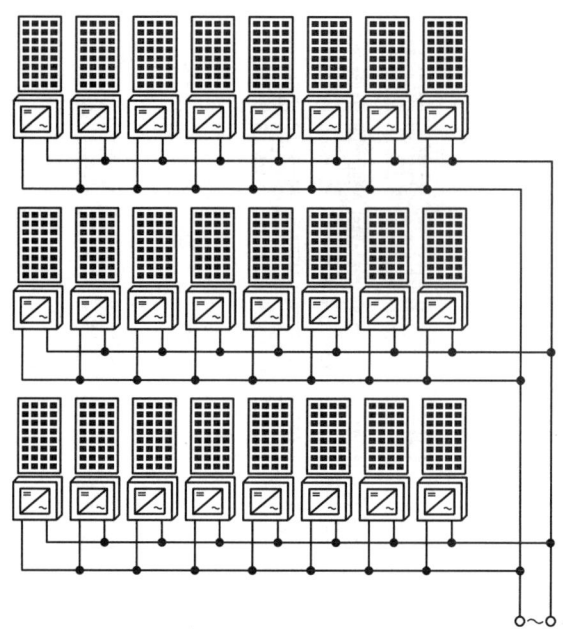

　② 특징 : 모듈 하나마다 별개의 인버터 설치
　③ 장점 : • 최대 효율 및 MPP 최적 제어 가능
　　　　　• 시스템 확장 유리
　④ 단점 : 투자비가 가장 비싸다.

(7) 서브어레이와 스트링 인버터 방식(분산형 인버터 방식)
   ① 구조

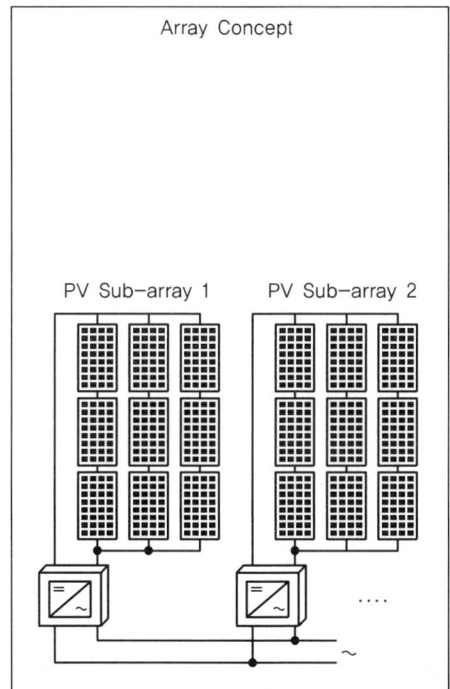 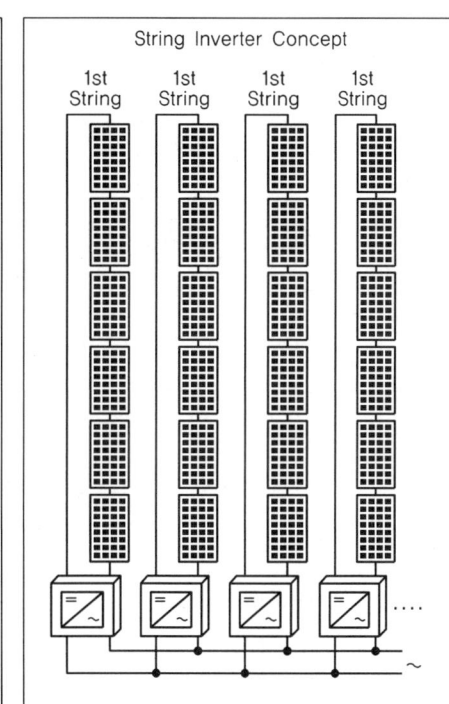

   ② 특징 : • 하나의 스트링에 하나의 인버터 설치(스트링 인버터)
            • 2~3개의 스트링 연결(서브 어레이)
   ③ 장점 : • 설치가 간편
            • 설치비 절감
            • 접속함 생략 가능
            • 케이블양 감소
   ④ 단점 : 스트링이 길 경우 음영에 따른 전력손실 증가

3 수배전반 설치

1. 변압기

1) 변압기 용량

① 태양광 어레이 최대 출력 용량
  어레이 최대출력용량=모듈 최대출력용량×직렬 수×병렬 수[kWp]

② 인버터 출력용량
  인버터 출력용량=어레이 최대출력×인버터 정격효율[kW]

③ 인버터 최대출력
  인버터 최대출력=인버터 출력용량×모듈 Power Tolerance[kW]
  단, 모듈 Power Tolerance±3[%]

④ 변압기 용량
  변압기 용량≥인버터 출력용량[kW]×여유율

2) 고효율 변압기

(1) 아몰퍼스 변압기

① 특징
  ㉠ 철, 붕소, 규소 등의 혼합물을 이용하여 용융, 급속 냉각 등으로 만들어진 비정질 자성 재료로 철심(Core)을 구성한 변압기이다.
  ㉡ 원자가 규칙적으로 배열되기 전에 고체화되어 비정질을 형성한다.
  ㉢ 두께가 0.025[mm] 정도인 박판(일반형 규소강판 : 0.3[mm])

② 장점
  ㉠ 무결정의 비정질성에 의한 히스테리시스손을 절감한다.
  ㉡ 얇은 두께로 인한 와류손을 절감한다.
  ㉢ 경부하에 유리하며, 대기전력을 절감한다.

③ 단점
  ㉠ MVA급 이상의 변압기 제작이 어렵다.
  ㉡ 변압기 소음이 크다.

(2) 자구미세화 변압기

① 특징
  ㉠ 방향성 규소강판의 자구(Magnetic Domain)를 미세화시켜 철손(Core Loss)을 개선한 변압기이다.
  ㉡ 자구미세화 방법으로는 Laser 처리, Geared Roll에 의한 압입, 화학적 Etching 등이 있다.

② 장점
  ㉠ 과부하 내량 및 고조파 내량이 커서 K Factor 7 변압기로 활용된다.
  ㉡ 무부하손 및 부하손 절감이 가능(부하율이 높고 변화가 적은 수용가에 유리)하다.
  ㉢ 대용량 변압기 제작이 가능하다.
  ㉣ 변압기 소음이 적다.
③ 단점
  경부하 시 아몰퍼스 변압기에 비해 손실이 크다.

3) 변압기 시험 및 검사항목
  ① 외관 검사
  ② 권선 저항 측정
  ③ 절연 저항 측정
  ④ 변압비 측정 및 변위·극성시험
  ⑤ 임피던스 전압 및 부하 손실 측정
  ⑥ 무부하 손실 및 여자 전류 측정
  ⑦ 유도 내전압 시험
  ⑧ 상용 주파 내전압 시험

2. 차단기

1) 차단기 선정
  (1) 태양광발전시스템 차단기 선정 시 고려사항
    ① 직류 측 차단기 용량 산정 시 고려사항
      ㉠ 태양전지의 단락전류(I_{sc})는 온도에 대해 정(+)특성을 갖는다.
      ㉡ 모듈의 표면온도가 최고온도일 때의 단락전류(I_{sc}) 이상으로 선정한다.
    ② 인버터의 차단기 용량 산정 시 고려사항
      인버터의 과전류 제한치는 정격전류의 1.1~1.5배이므로, 최댓값인 정격전류의 1.5배로 선정한다.
  (2) 차단기 용량 산정
    ① 단락용량의 산출 방법
      ㉠ 기준용량 선정
        기기들의 전압 및 용량이 다르므로 기준용량을 선정하는데, 일반적으로 특고압 기준으로 100[MVA]를 선정한다.

ⓒ 기기의 기준용량에 대한 %Z 환산

$$기준용량에 \ 대한 \ \%Z = \frac{기준용량}{자기용량} \times 자기용량에 \ 대한 \ \%Z$$

ⓒ 임피던스맵(Impedance Map) 작성

임피던스맵을 작성하여 사고지점까지의 합성 %Z를 산출한다.

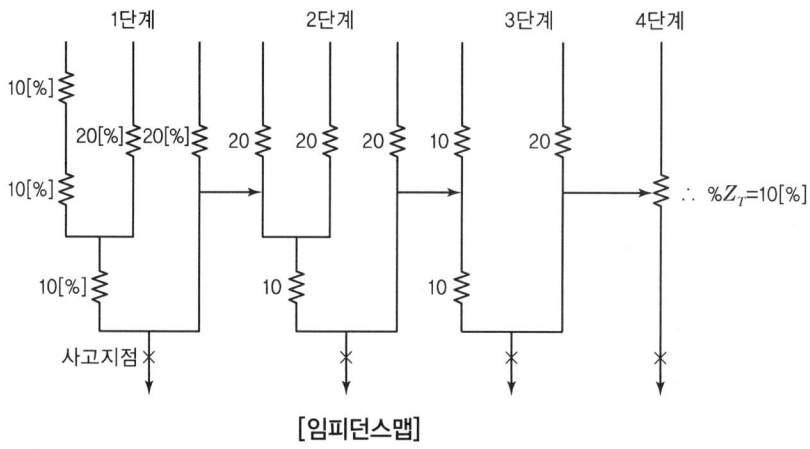

[임피던스맵]

ⓒ 단락용량 산출

$$P_s = \frac{100P_n}{\%Z_T} \ \text{또는} \ P_s = \sqrt{3} \ V_s \times I_s$$

(단락용량[MVA]= $\sqrt{3}$×공칭전압[kV]×단락전류[kA])

$$I_s = \frac{100I_n}{\%Z_T}$$

여기서, P_s : 단락용량[MVA]
P_n : 기준용량[MVA]
V_s : 공칭전압[kV]
I_n : 정격전류[kA]
$\%Z_T$: 사고지점에서 바라본 합성 %Z

② 정격차단용량의 선정

차단기의 차단용량이란 그 차단기를 적용할 수 있는 계통의 3상 단락용량 한도를 의미한다.

정격차단용량[MVA]= $\sqrt{3}$×정격전압[kV]×단락전류[kA])

계통의 %Z에 의한 단락전류 및 단락용량을 산출한 후 단락용량 이상의 정격차단용량의 차단기를 선정한다.

※ 22.9[kV]용 차단기의 정격전압
- 미국 ANSI 규격(한국전력공사) : 25.8[kV]
- 국제표준 IEC 규격(전기안전공사) : 24[kV]

③ 저압 차단기의 선정

A점에서의 정격전류를 계산하면

$$I_n = \frac{400 \times 10^3}{\sqrt{3} \times 380} ≒ 607.74[A]$$

A점에서의 단락전류를 계산하면

$$I_s = \frac{100 I_n}{\%Z} = \frac{100 \times 607.74}{5} = 12,154.8[A] ≒ 12.15[kA]$$

여기에 안전율을 고려하여 상위의 정격차단전류[kA]의 ACB를 선정한다.

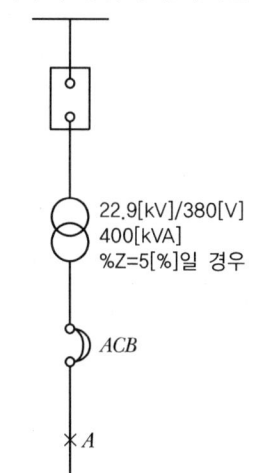

[저압선로의 단락전류 계산 예]

④ 배선용 차단기의 선정

배선용 차단기는 KS C 8321에 규정한 것 또는 이와 동등 이상의 성능을 갖춘 것을 사용하고 정격전압, 정격전류 및 정격 단시간 내전류(또는 정격차단용량)는 그 용도에 적합한 것이어야 한다.

㉠ MCCB 차단규격

AF	AT
30	3, 5, 6, 10, 15, 20, 30
50	3, 5, 6, 10, 15, 20, 30, 40
60	3, 5, 6, 10, 15, 20, 30, 40, 50

AF	AT
100	15, 20, 30, 40, 50, 60, 75, 100
225	100, 125, 150, 175, 200, 225
400	225, 250, 300, 350, 400
600	400, 500, 600
800	600, 700, 800
1,000	800, 1,000
1,200	1,000, 1,200

3. 특고압 관련 기기

1) 계기용 변압변류기(MOF ; Metering Out Fit)

변압기	변류기
• 정격 1차 전압 : 13.2[kV] • 정격 2차 전압 : 110[V] • 정격부담 : 100[VA] • 오차계급 : 0.5CL	• 정격 1차 전압 : 계산값 • 정격 2차 전류 : 5[A] • 정격부담 : 40[VA] • 오차계급 : 0.5CL • 과전류 강도 : 계산값

2) 진공차단기(VCB ; Vacuum Circuit Breaker)

① 인출형(W/Bushing & Shutter), G급

② 정격전압 : 24[kV]

③ 정격전류 : 630[A]

④ 정격차단전류 : 25[kA]

⑤ 정격차단시간 : 3Cycle

⑥ 조작전압/Trip 제어전류 : DC 110[V]/5[A] 이하

⑦ 트립 방식/조작방법 : 전압 트립 방식/Motor Operation Type

⑧ 부대품 : 보조스위치, 수동개폐장치, 조작 Counter를 포함

3) 전력용 퓨즈(PF ; Power Fuse)

① 정격전압 : 24[kV]

② 정격전류(Fuse Holder) : 계산값

③ 정격전류(Fuse Link) : 계산값

④ 정격차단전류 : 계산값

4) 피뢰기(LA ; Linghtning Arrestor)
    ① Disconnection
    ② 정격전압 : 18[kV]
    ③ 공칭방전전류 : 2.5[kA]

5) 계기용 변류기(CT ; Current Transformer)
    ① Epoxy Mold Type
    ② 정격전압 : 25.8[kV]
    ③ 정격 1차 전류 : 계산값
    ④ 정격 2차 전류 : 5[A]
    ⑤ 정격부담/전류정수 : 40[VA], $N>10$
    ⑥ 오차계급 : 1.0CL
    ⑦ 과전류 강도 : 12.5[kA]/1[sec]

6) 부하 개폐기(LBS ; Load Breaker Switch)
    ① 3극 단투 퓨즈 붙임형
    ② 정격전압 : 24[kV]
    ③ 정격전류 : 630[A]
    ④ 정격 단시간 전류 : 12[kA]
    ⑤ 충격파 내전압 : 125[kV]

7) 디지털 계측기 및 디지털 보호계전기
    ① 주요 기능
        ㉠ 배전반의 각종 Panel Meter, 보호계전기류, 조작 및 절환 기능을 한다.
        ㉡ Switch Lamp 등을 1대의 장치로 집중화한다.
        ㉢ 각종 전기량을 Digital로 집중 표시한다.
        ㉣ 계통의 상수와 선식 및 PT비, CT비 등의 설정을 임의로 조정 가능하다.
        ㉤ 차단기의 On/Off 조작 및 Local/Remote 선택 스위치 기능을 한다.
        ㉥ 보호계전기의 동작상태 등을 표시하는 Led 표시등 역할을 한다.
        ㉦ 고장 및 사고기록, 차단기 통전시간, 차단기 조작횟수 등의 저장 기능을 한다.
        ㉧ 전력 중앙감시제어설비와의 Data 통신 및 원방 제어, 감시 기능을 한다.
    ② 계측요소 : V, A, Vo, kW, WH, PF, THD, Varh, Hz 등
    ③ 보호계전기 기능 : OCR, OVR, SGR, OVGR, OVR, UVR, POR 등
    ④ 표시기능 : 보호계전기, CB, 고장발생 등의 데이터 LCD 표시
    ⑤ 차단기 On/Off 기능

⑥ 통신기능 : 광통신(10BaseF), 이더넷(10BaseT), RS485/232
⑦ Event Recorder : 1,024개, 오실로그라피-64개
⑧ Sampling Rate : 64/Cycle

8) 시험단자(PTT, CTT)

① Plug In Type
② 극수 : 4W
③ 접속방법 : 이면접속
④ 시험용 단자 : 변류기(CT) 2차 단락편이 있는 것을 사용

4. 저압 관련 기기

1) 기중차단기(ACB ; Air Circuit Breaker)

① 4극 단투, 인출형
② 정격전압 : AC 600[V]
③ 정격전류 : 계산값
④ 정격차단시간 : 0.04[sec]
⑤ 투입시간 : 0.06[sec]
⑥ 투입 조작방식 : 전동 Charge(자동, 수동)
⑦ Trip 방식 : 전압 트립(자동, 수동)
⑧ 조작 : 현장 및 원방
⑨ 조작 및 제어전압 : DC 110[V]
⑩ 전자식 트립 장치 : 연속 및 설정전류 조정이 가능한 구조로 된 제품을 사용

2) 배선용 차단기(MCCB ; Molded Case Circuit Breaker)

① 정격전압 : AC 600[V], DC 250[V], DC 750[V]
② 정격전류 : 계산값
③ 극수 : 2P, 3P, 4P
④ 트립 방식 : 열동전자식 또는 완전전자식

3) 계기용 변압기(VT(PT) ; Voltage Transformer)

① 건식(ABS Resin Type)
② 정격 1차 전압 : 계산값
③ 정격 2차 전압 : 계산값
④ 정격부담 : 계산값
⑤ 오차계급 : 1.0급

4) 계기용 변류기(CT ; Current Transformer)
   ① 건식(ABS Resin Type)
   ② 정격 1차 전류 : 계산값
   ③ 정격 2차 전류 : 5[A]
   ④ 정격부담 : 계산값
   ⑤ 오차계급 : 1.0급

5) 전자접촉기(MC ; Magnetic Contactor)
   ① 표면형
   ② 정격전압 : AC 440[V]
   ③ 정격용량 : 계산값
   ④ 극수 : 3P
   ⑤ 조작전원 : AC 220[V]

6) 진상 콘덴서
   ① 진상용, 고효율 몰드형
   ② 상 및 정격주파수 : 3상, 60[Hz]
   ③ 정격전압 : 계산값
   ④ 정격용량 : 계산값
   ⑤ 방전저항부 증착 전극형

7) 직렬 리액터(S.R ; Series Reactor)
   ① 건식
   ② 상 및 정격주파수 : 3상, 60[Hz]
   ③ 정격전압 : AC 440[V]
   ④ 정격용량 : 계산값

8) 영상변류기(ZCT ; Zero Phase Current Transformer)
   ① ELD용으로 관통형
   ② 재질 : 석탄산 베크라이트
   ③ 정격전압 : 계산값
   ④ 정격전류 : 계산값
   ⑤ 정격주파수 : 60[Hz]
   ⑥ 영상 1차 전류 200[mA]에서 정격출력전압 : 100[mV]
   ⑦ 전선(중선선 포함)이 관통될 수 있는 크기

9) 디지털 계측기(기존과 동일제품)
    ① 계측요소 : V, A, kW, WH, PF, Hz 등
    ② 차단기 : On, Off 기능
    ③ 표시기능 : CB 동작 상태 LCD 표시
    ④ 통신기능 및 기타 사항은 제작사 제작 시방에 준한다.

10) 서지 억제기(SPD ; Surge Protection Device)
    ① 저압선로 서지(Secondary Surge) 방지용
    ② 각 상과 중성선 사이에 설치하며, 내부는 건식 구조이고 강재 함체로 구성한다.
    ③ 특성
        ㉠ 사용전압 : DC 100[V], DC 200[V], DC 300[V], 3상 4선 380/220[V]
        ㉡ 전류용량 : 40[kA], 60[kA], 80[kA], 100[kA]
        ㉢ 제한전압 : 상−중성선은 2[kV], 선간은 3[kV] 이하
            (1.2/50[μs] 20[kV], 8/20[μs] 10[kA] 인가 시)
        ㉣ 최대허용전압 : AC 275[V]
    ④ 동작표시 : 전원표시등은 녹색 LED, 경보표시등은 적색 LED를 사용한다.
    ⑤ 제품을 선정하여 설치 위치, 방법 등을 결정할 때에는 반드시 제조업체와 협의한다.

4 계통연계 시공

1. 연계 기술기준(한전 : 분산형 전원 배전계통 연계 기술기준)

1) 전기방식
    ① 분산형 전원의 전기방식은 연계하고자 하는 계통의 전기방식과 동일하게 함을 원칙으로 한다.
    ② 분산형 전원의 연계구분에 따른 연계계통의 전기방식

구분	연계계통의 전기방식
저압 한전계통 연계	교류 단상 220[V] 또는 교류 삼상 380[V] 중 기술적으로 타당하다고 한전이 정한 한 가지 전기방식
특고압 한전계통 연계	교류 삼상 22,900[V]

2) 한전계통 접지와의 협조

역송병렬 형태의 분산형 전원 연계 시 그 접지방식은 해당 한전계통에 연결되어 있는 타 설비의 정격을 초과하는 과전압을 유발하거나 한전계통의 지락고장 보호협조를 방해해서는 안 된다.

3) 동기화

① 분산형 전원의 계통 연계 또는 가압된 구내계통의 가압된 한전계통에 대한 연계에 대하여 병렬연계 장치의 투입 순간에 표의 모든 동기화 변수들이 제시된 제한범위 이내에 있어야 하며, 만일 어느 하나의 변수라도 제시된 범위를 벗어날 경우에는 병렬연계 장치가 투입되지 않아야 한다.

② 계통 연계를 위한 동기화 변수 제한범위

분산형 전원 정격용량 합계[kW]	주파수 차(Δf) [Hz]	전압 차(ΔV) [%]	위상각 차($\Delta \phi$) [°]
0 ~ 500	0.3	10	20
500 초과 ~1,500	0.2	5	15
1,500 초과 ~ 20,000 미만	0.1	3	10

4) 비의도적인 한전계통 가압

분산형 전원은 한전계통이 가압되어 있지 않을 때 한전계통을 가압해서는 안 된다.

5) 감시설비

① 특고압 또는 전용 변압기를 통해 저압 한전계통에 연계하는 분산형 전원이 하나의 공통 연결점에서 단위 분산형 전원의 용량 또는 분산형 전원 용량의 총합이 250[kW] 이상일 경우 분산형 전원 설치자는 분산형 전원 연결점에 연계상태, 유·무효전력 출력, 운전 역률 및 전압 등의 전력품질을 감시하기 위한 설비를 갖추어야 한다.

② 한전계통 운영상 필요할 경우 한전은 분산형 전원 설치자에게 제1항에 의한 감시설비와 한전계통 운영시스템의 실시간 연계를 요구하거나 실시간 연계가 기술적으로 불가할 경우 감시기록 제출을 요구할 수 있으며, 분산형 전원 설치자는 이에 응하여야 한다.

6) 분리장치

① 접속점에는 접근이 용이하고 잠금이 가능하며 개방상태를 육안으로 확인할 수 있는 분리 장치를 설치하여야 한다.(단, 단순병렬 분산형 전원은 제1항의 조건을 만족하는 경우 책임분계점 개폐기로 대체 가능함)

② 제4조제3항에 따라 역송병렬 형태의 분산형 전원이 특고압 한전계통에 연계되는 경우 제1항에 의한 분리장치는 연계용량에 관계없이 전압·전류 감시 기능, 고장표시(FI ; Fault Indication) 기능 등을 구비한 자동개폐기를 설치하여야 한다.

7) 연계 시스템의 건전성

① 연계 시스템은 전자기 장해 환경에 견딜 수 있어야 하며, 전자기 장해의 영향으로 인하여 연계 시스템이 오동작하거나 그 상태가 변화되어서는 안 된다.

② 연계 시스템은 서지를 견딜 수 있는 능력을 갖추어야 한다.

8) 한전계통 이상 시 분산형 전원 분리 및 재병입

① 분산형 전원은 연계된 한전계통 선로의 고장 시 해당 한전계통에 대한 가압을 즉시 중지하여야 한다.

② 제1항에 의한 분산형 전원 분리시점은 해당 한전계통의 재폐로 시점 이전이어야 한다.

③ 전압

㉠ 연계 시스템의 보호장치는 각 선간전압의 실효값 또는 기본파 값을 감지해야 한다. 단, 구내계통을 한전계통에 연결하는 변압기가 Y-Y 결선 접지방식의 것 또는 단상 변압기일 경우에는 각 상전압을 감지해야 한다.

㉡ 제1호의 전압 중 어느 값이나 표와 같은 비정상 범위 내에 있을 경우 분산형 전원은 해당 분리시간(Clearing Time) 내에 한전계통에 대한 가압을 중지하여야 한다.

㉢ 다음 각 목의 하나에 해당하는 경우에는 분산형 전원 연결점에서 제1호에 의한 전압을 검출할 수 있다.

- 하나의 구내계통에서 분산형전원 용량의 총합이 30[kW] 이하인 경우
- 연계 시스템 설비가 단독운전 방지시험을 통과한 것으로 확인될 경우
- 분산형 전원 용량의 총합이 구내계통의 15분간 최대수요전력 연간 최솟값의 50[%] 미만이고, 한전계통으로의 유·무효전력 역송이 허용되지 않는 경우

[비정상 전압에 대한 분산형 전원 분리시간]

전압 범위 (기준전압에 대한 백분율[%])	분리시간 [초]
$V < 50$	0.5
$50 \leq V < 70$	2.00
$70 \leq V < 90$	2.00
$110 < V < 120$	1.00
$V \geq 120$	0.16

④ 주파수

계통 주파수가 표와 같은 비정상 범위 내에 있을 경우 분산형 전원은 해당 분리시간 내에 한전계통에 대한 가압을 중지하여야 한다.

[비정상 주파수에 대한 분산형 전원 분리시간]

분산형 전원 용량	주파수 범위[Hz]	분리시간[초]
용량 무관	$f > 61.5$	0.16
	$f < 57.5$	3.00
	$f < 57.0$	0.16

9) 분산형 전원 이상 시 보호협조
① 분산형 전원의 이상 또는 고장 시 이로 인한 영향이 연계된 한전계통으로 파급되지 않도록 분산형 전원을 해당 계통과 신속히 분리하기 위한 보호협조를 실시하여야 한다.
② 분산형 전원 연계 시스템의 보호도면과 제어도면은 사전에 반드시 한전과 협의하여야 한다.

10) 전기품질
① 분산형 전원 및 그 연계 시스템은 분산형 전원 연결점에서 최대 정격출력전류의 0.5[%]를 초과하는 직류 전류를 계통으로 유입시켜서는 안 된다.
② 분산형 전원의 역률은 90[%] 이상으로 유지함을 원칙으로 한다. 다만, 역송병렬로 연계하는 경우에 해당한다.

11) 변압기
직류 발전원을 이용한 분산형 전원 설치자는 인버터로부터 직류가 계통으로 유입되는 것을 방지하기 위하여 연계 시스템에 상용주파 변압기를 설치하여야 한다. 단, 다음 조건을 모두 만족시키는 경우에는 상용주파 변압기의 설치를 생략할 수 있다.
① 직류회로가 비접지인 경우 또는 고주파 변압기를 사용하는 경우
② 교류출력 측에 직류 검출기를 구비하고 직류 검출 시에 교류출력을 정지하는 기능을 갖춘 경우

5 전기실 건축물 시공

1. 변전소(전기실) 설치 기준
① 한국전기설비규정(KEC) : 발전소, 변전소, 개폐소 또는 이에 준하는 곳의 시설
② 내선규정 3220-4 : 수전실 등의 시설

2. 전기실의 설치 시 고려사항
① 어레이 구성의 중심에 가깝고, 배전에 편리한 장소
② 전력회사로부터 전원 인출과 구내 배전선의 인입이 편리한 곳
③ 장치 증설이나 확장의 여유가 있을 것
④ 기기의 반출입이 편리할 것
⑤ 고온이나 다습한 곳은 피할 것
⑥ 냉방 및 환기시설을 설치할 것
⑦ 부식성 가스, 먼지가 많은 곳은 피할 것
⑧ 침수의 우려가 없을 것
⑨ 폭발물, 가연성의 저장소 부근을 피할 것
⑩ 진동이 없고, 지반이 견고한 장소일 것(내진구조 포함)
⑪ 수·변전실용 건축물 등에 의해 모듈에 그림자 영향이 없을 것
⑫ 경제적일 것

3. 수전실 등의 시설

1) 수전실 또는 큐비클 시설장소의 선정 원칙
① 물이 침입하거나 침투할 우려가 없도록 조치를 강구한 장소일 것
② 고온·다습한 장소에 시설하는 경우는 적당한 방호조치를 강구한 장소일 것
③ 특수장소에서 명시하는 장소에 시설하는 경우는 격벽을 설치하는 등의 조치를 강구한 장소일 것

2) 수전실 또는 큐비클의 구조
① 기초는 기기의 설치에 충분한 강도를 가질 것
② 수전실은 불연재료로 만들어진 벽, 기둥, 바닥 및 천장으로 구획되고, 창 및 출입구는 방화문을 시설한 것
③ 조수류 등이 침입할 우려가 없도록 조치를 강구한 것
④ 환기가 가능한 구조의 것
⑤ 눈·비의 침입을 방지하는 구조의 것

⑥ 넓이는 기기 등의 보수, 점검 및 교체에 지장이 없는 구조로 된 것
⑦ 수전실 또는 큐비클의 조명은 감시 및 조작을 안전하고 확실하게 하기 위하여 필요한 조명설비를 시설하여야 하며 정전 시의 안전조작을 위한 비상조명 설비(또는 장치)를 설치할 것
⑧ 수전실 또는 큐비클은 자물쇠로 잠글 수 있는 구조일 것

3) 위험표시의 설치
수전실 또는 큐비클 등에는 적당한 위험표시를 설치하여야 한다.

4) 유지거리 기준
변압기, 배전반 등 수전설비 주요 부분이 유지하여야 할 거리의 기준은 원칙적으로 표(KEC)의 값 이상일 것

[수전설비의 배전반 등의 최소유지거리]

위치별 기기별	앞면 또는 조작·계측면	뒷면 또는 점검면	열상호간 (점검하는 면)	기타의 면
특고압 배전반	1.7	0.8	1.4	–
고압 배전반	1.5	0.6	1.2	–
저압 배전반	1.5	0.6	1.2	–
변압기 등	1.5	0.6	1.2	0.3

주 1) 앞면 또는 조작계측면은 배전반 앞에서 계측기를 판독할 수 있거나 필요조작을 할 수 있는 최소거리이다.
 2) 뒷면 또는 점검면은 사람이 통행할 수 있는 최소거리이다. 무리 없이 편안히 통행하기 위하여 0.9[m] 이상으로 함이 좋다.
 3) 열상호간(점검하는 면)은 기기류를 2열 이상 설치하는 경우를 말하며 배전반류의 내부에 기기가 설치되는 경우는 이의 인출을 대비하여 내장기기의 최대 폭에 적절한 안전거리(통상 0.3[m] 이상)를 가산한 거리를 확보하는 것이 좋다.
 4) 기타 면은 변압기 등을 벽 등에 연하여 설치하는 경우 최소 확보거리이다. 이 경우도 사람의 동행이 필요한 경우는 0.6[m] 이상으로 함이 바람직하다.

┅03 전기전자 기초

① 전기전자 기초이론

1. 전기 기초

1) 전류

(1) 전자

전기를 흐르게 하는 근원은 전자이다. 전자는 모든 물질의 원자 속에 있다. 원자핵(Atomic Nucleus) 안에는 양의 전기를 가진 양성자(Proton)와 전기가 없는 중성자(Neutron)로 되어 있다.

```
물질 - 분자 - 원자(Atom) ┬ 전자(Election)
                        └ 원자핵 ┬ 중성자
                                 └ 양성자
```

(2) 전류와 전자

① 구리 은과 같은 금속 도체는 전기가 잘 흐른다. 이는 도체 내에서 전자가 쉽게 이동할 수 있기 때문이다. 즉, 전류란 전자의 흐름이라고 할 수 있다.

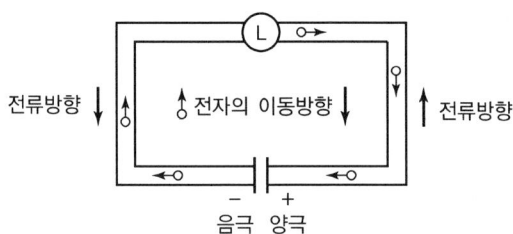

② 도선 속은 전지의 음(-)극으로부터 전구를 거쳐 전지의 양(+)극으로 전자가 이동한다. 이와 같이 전자의 이동방향과 전류의 흐르는 방향은 반대로 정해 놓은 것이다.
   ㉠ 전자 : (-)에서 (+)로 이동
   ㉡ 전류 : (+)에서 (-)로 이동

(3) 전류의 크기

전자가 가지고 있는 전기를 전하라 하고, 기호는 Q, 단위는 [C]이다. 어떤 도선의 단면을 1초 동안에 1[C]의 전하가 통과하였을 때 흐른 전류를 1[A]로 정한 것이 전류의 크기이다.

$$전류(I) = \frac{Q}{t} [\text{A}]$$

2) 전압(Voltage)

전압은 전위차(Electric Potential Difference)라고도 한다. 전위차가 없으면 전류가 흐르지 않는다. 즉, 어떤 2점 간의 전위차를 말한다.

3) 저항(Resistance)

(1) 저항의 크기

저항은 전기회로에서 전기의 흐름을 방해한다.

$$저항(R) = \rho \frac{l}{A} [\Omega]$$

여기서, ρ : 고유저항 또는 저항률
$l[\text{m}]$: 도체길이
$A[\text{m}^2]$: 도체단면적

$$A = \frac{\pi D^2}{4} \qquad D = 지름 \qquad R = \rho \frac{l}{\frac{\pi D^2}{4}}$$

(2) 저항의 접속

① 직렬접속

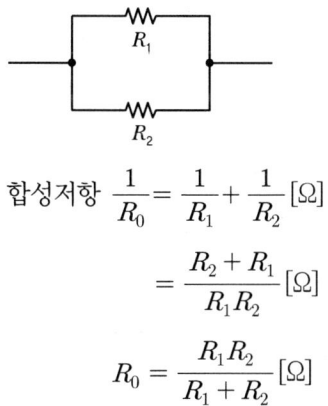

합성저항 $R_0 = R_1 + R_2 [\Omega]$

② 병렬접속

합성저항 $\dfrac{1}{R_0} = \dfrac{1}{R_1} + \dfrac{1}{R_2} [\Omega]$

$\qquad\qquad = \dfrac{R_2 + R_1}{R_1 R_2} [\Omega]$

$R_0 = \dfrac{R_1 R_2}{R_1 + R_2} [\Omega]$

4) 전기회로(Electric Circuit)

① 전기회로 : 전류가 흐르는 통로
② 전원(Source) : 전기를 공급하는 것(전지)
③ 부하(Load) : 전기를 소비하는 것

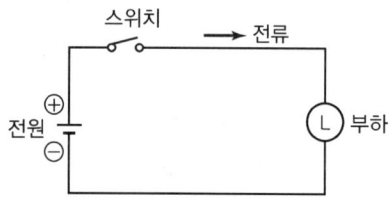

5) 전력

① 전기에너지를 다른 형태의 에너지로 바꾸어 수행하는 것을 전력(Electric Power)이라 한다.

$$P = VI[\text{W}]$$

② 조명 : 전기에너지를 빛에너지로 바꾼다.
③ 동력 : 전기에너지를 기계적(회전력) 에너지로 바꾼다.

6) 전력량

① 전력량은 전력과 시간의 곱으로 나타낸다.

$$W = P \times t[\text{Wh}]$$

② 각 가정에 전력량계를 부착하여 전기사용량을 계산한다.
③ 한 달 사용량을 계산하므로 적산 전력량계라고 부른다.

7) 직류와 교류

(1) 직류(DC ; Direct Current)
전압 및 전류의 크기와 방향이 일정

(2) 교류(AC ; Alternating Current)
전압 및 전류의 크기와 방향이 시간에 따라 교대로 바뀌는 것

① 오실로스코프
오실로스코프는 전기의 파형을 측정하는 계측기이다.

② 직류와 교류의 기호(Symbol)
㉠ 직류(건전지) : ─┤├─
㉡ 교류 : ─⊙─

③ 사인파 교류(정현파 교류)
발전기에서 만드는 교류전기는 사인파(Sinusodial Wave) 형태이다.

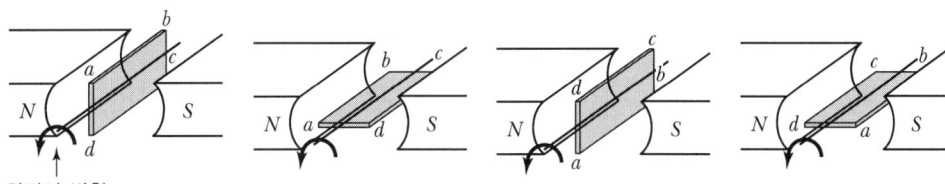

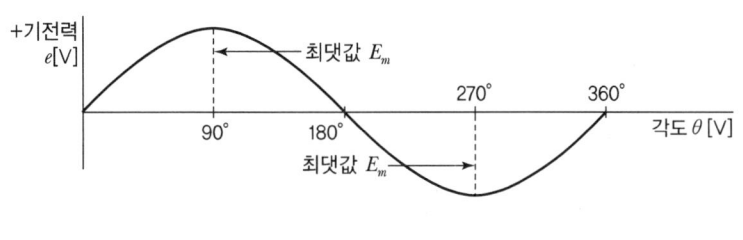

[사인파 발생원리]

N극 S극 사이에서 도체가 회전하게 되면 도체에 전압이 발생한다. 도체는 360° 회전하므로 전압의 파형도 $2\pi[\text{rad}]$ 범위 내에서 사인파가 된다.

④ 주파수와 주기
　㉠ 주파수(Frequency)는 1초 동안 반복 사이클이다.

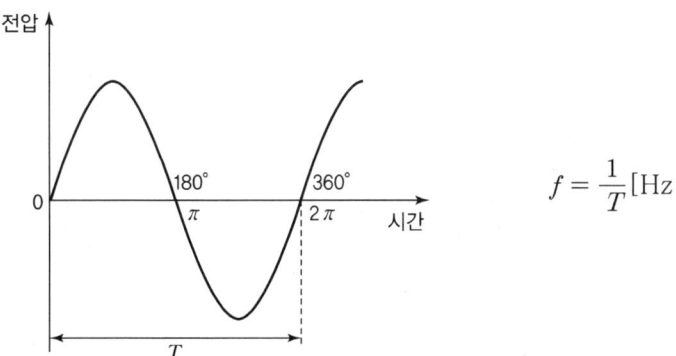

$$f = \frac{1}{T}[\text{Hz}]$$

　㉡ 주기는 같은 파형이 반복되는 사이클이다.
　$T = \frac{1}{f}[\text{s}]$

⑤ 각속도
　단위시간에 원주상의 두 점 A와 B 사이에 이동한 각도이다.

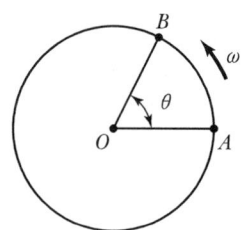

㉠ 시간[t] 동안에 각도가 θ[rad]만큼 이동한 경우 각속도(ω)

$$\omega = \frac{\theta}{t} [\text{rad/s}]$$

㉡ 교류파형이 한 바퀴 회전했을 때 각속도(ω)

$$\omega = 2\pi f [\text{rad/s}] \qquad f = 60[\text{Hz}] \text{이면 } \omega = 2\pi f = 2\pi \times 60 = 120\pi$$

⑥ 위상

① 동상 : 두 개의 사인파 교류가 시간적으로 똑같은 경우
② 위상차 : 두 개의 파형이 시간적으로 다른 경우

$$v_1 = V_m \sin\omega t [\text{V}]$$

$$v_2 = V_m \sin(\omega t - \theta)[\text{V}]$$

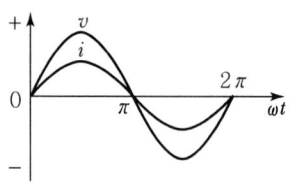
[동상인 파형]

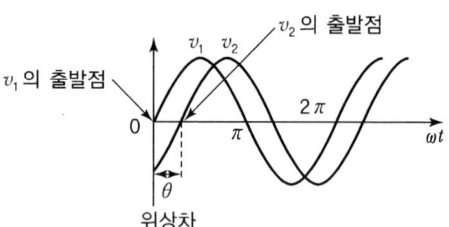
[위상차가 있는 파형]

⑦ 사인파 교류전압의 크기 표시방법

사인파 교류전압의 크기를 표시하는 방법으로 순시값, 최댓값, 실효값, 평균값이 있다.

㉠ 순시값(Instantaneous Value)

사인파 교류전압의 크기가 시간마다 바뀌는 값

순시값(v) = $V_m \sin\omega t [\text{V}]$

여기서, V_m : 최댓값
ω : 각속도
t : 시간

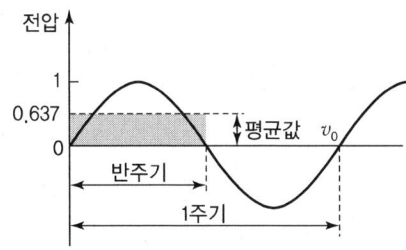

ⓒ 최댓값(Maximum Value) : $V_m = \sqrt{2}\,V[\text{V}]$

사인파 교류파형의 순시값에서 진폭이 최대인 값

ⓒ 실효값(Effective Value) : $V = \dfrac{V_m}{\sqrt{2}} = 0.707\,V_m[\text{V}]$

교류전압의 크기를 부를 때의 값
※ 교류전압은 실효값을 의미한다.

ⓔ 평균값(Average Value) : $V_a = \dfrac{\sqrt{2}}{\pi}V_m = 0.637[\text{V}]$

사인파 교류전압의 평균. 즉, 사인파 교류의 반주기를 평균

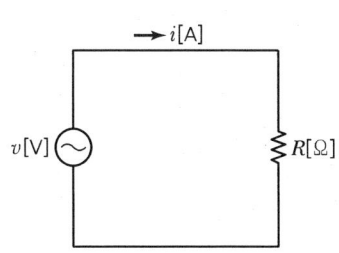

8) 단상 교류회로

(1) 저항(R)의 교류회로

전압(v)과 전류(i)는 동상이고 크기는 다르다.

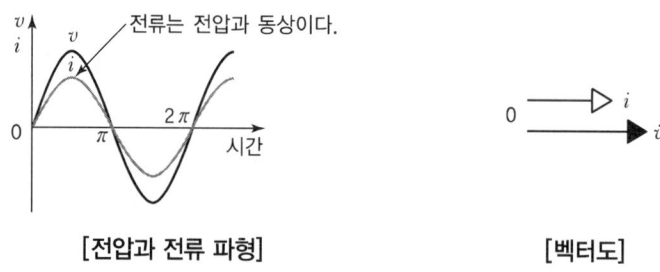

[전압과 전류 파형] [벡터도]

① 교류전압 $v = V_m \sin\omega t$를 인가 시 흐르는 전류(i)

$$i = \frac{V_m}{R}\sin\omega t [A]$$

여기서, V_m : 최댓값

② 벡터도에서 전류의 크기

$$I = \frac{V}{R}[A]$$

여기서, V : 실효값

(2) 인덕턴스(L)의 교류회로

전류 i의 위상은 전압 v보다 90° 느리다.

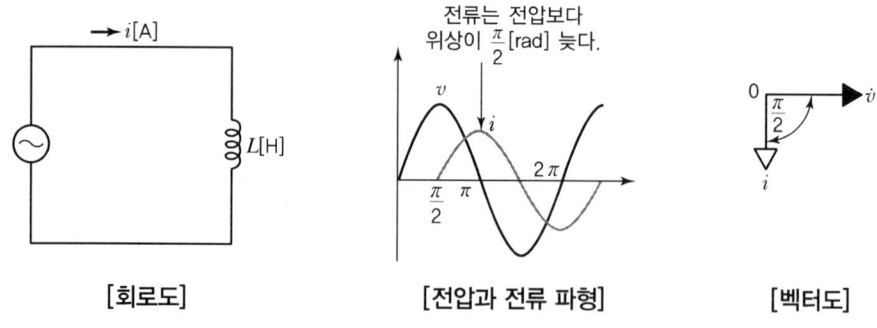

[회로도] [전압과 전류 파형] [벡터도]

① 교류전압 $v = V_m \sin\omega t[V]$를 인가 시 흐르는 전류(i)

$$i = \frac{V_m}{X_L}\sin(\omega t - 90°)[A]$$

② 벡터도에서 전류의 크기

$$I = \frac{V}{X_L}[A]$$

여기서, X_L : 유도성 리액턴스

$$X_L = \omega L = 2\pi f L [\Omega]$$

(3) 정전용량(C)의 교류회로

전압 v보다 전류 i가 90° 위상이 빠르다.

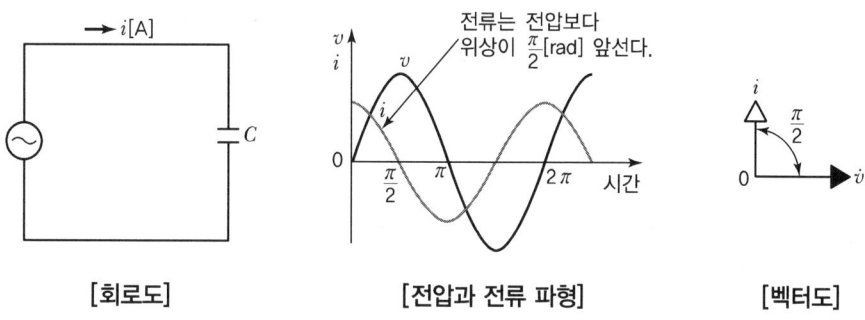

[회로도]　　　　[전압과 전류 파형]　　　　[벡터도]

9) 3상 교류전압

① 단상 교류전압은 사인파 교류파형이 한 개이지만, 3상 교류전압은 사인파 교류파형이 3개이다.

② 3상 교류발전기

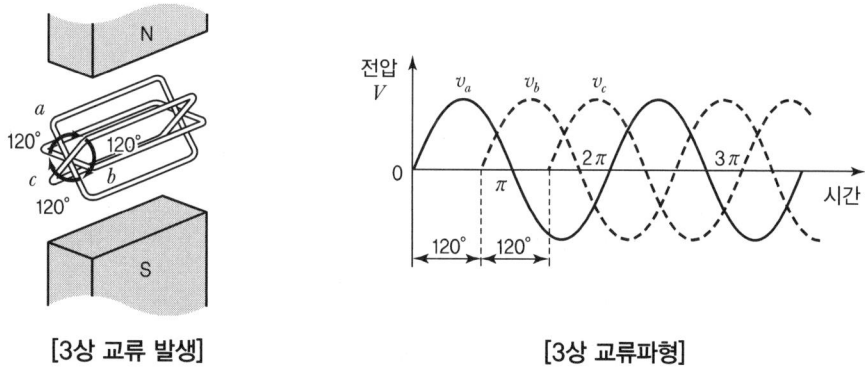

[3상 교류 발생]　　　　[3상 교류파형]

3상 교류 발전기에서 N극, S극의 자기장 내 3개의 회전자 도체가 120° 간격으로 배치하고, 이 회전자가 회전하면 3개의 교류 파형이 120° 간격으로 발생한다. 즉, 3개의 전압은 120°의 위상차를 가지고 있다.

$v_a = \sqrt{2}\ V\sin\omega t\,[\text{V}]$

$v_b = \sqrt{2}\ V\sin(\omega t - 120°)\,[\text{V}]$

$v_c = \sqrt{2}\ V\sin(\omega t - 240°)\,[\text{V}]$

10) 교류전력

(1) 단상 전력(P [W])

$$P = VI\cos\theta [\text{W}]$$

여기서, V : 교류전압 실효값
I : 교류전류 실효값
$\cos\theta$: 전기기기의 역률(Power Factor)

(2) 3상 전력

$$P = \sqrt{3}\,VI\cos\theta [\text{W}]$$

① 교류전압 $v = V_m \sin\omega t$를 인가 시 흐르는 전류(i)

$$i = \frac{V_m}{X_C}\sin(\omega t + 90°)[\text{A}]$$

② 벡터도에서 전류의 크기

$$I = \frac{V}{X_C}[\text{A}]$$

여기서, X_C : 용량 리액턴스

$$X_c = \frac{1}{\omega C} = \frac{1}{2\pi fC}[\Omega]$$

(3) 임피던스(Impedance)

실제로 교류회로에서는 R, L, C 성분이 혼합되어 사용된다. 이때 사용되는 중요한 개념이 임피던스이다.

① R과 L이 직렬접속 시 전압과 전류 해석

㉠ 두 성분은 위상이 다르기 때문에 대수합으로 $(R + X_L)$과 같이 합하거나 전압도 $(V_R + V_L)$로 합하면 안 된다. R과 X_L의 합을 구할 때는 벡터의 합으로 구해야 한다. 이를 임피던스(Impedance)라 한다. 임피던스 $Z = \sqrt{R^2 + X_L^2}$ 이다.

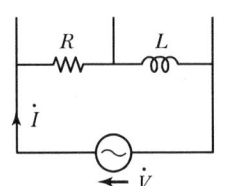 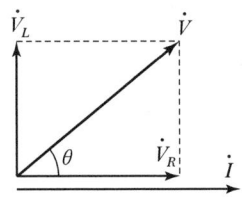

[R와 L의 직렬회로]

ⓒ 전류 $I = \dfrac{V}{Z} = \dfrac{V}{\sqrt{R^2 + X_L^2}}$ [A]

ⓒ 벡터도에서 전압 V는 전류 I보다 θ만큼 위상이 앞서고 있다.
이때 전압과 전류의 위상차 θ는
$\theta = \tan^{-1}\dfrac{V_L}{V_R} = \tan^{-1}\dfrac{X_L}{R}$ [°]

11) 배전

(1) 배전선로

① 고압배전선로
배전용 변전소에서 배전용 변압기인 주상변압기에 이르는 고압선로

② 저압배전선로
배전용 변압기인 주상변압기에서 수용가에 이르는 저압선로

(2) 배전방식의 종류

① 특고압배전방식
특고압배전방식은 22.9[kV]−Y결선방식(중성점 다중접지방식)을 사용한다.

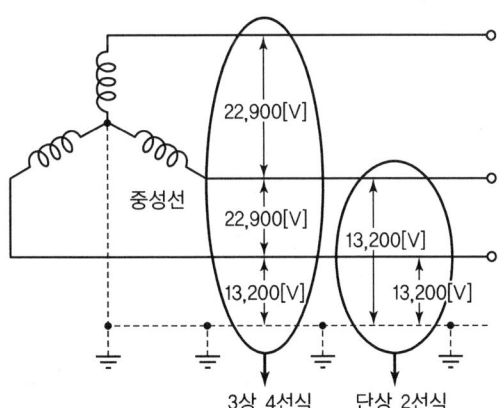

② 저압배전방식

단상 2선식, 단상 3선식, 3상 3선식, 3상 4선식이 있다.

㉠ 단상 2선식

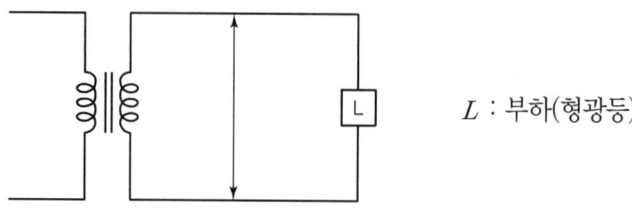

L : 부하(형광등)

㉡ 단상 3선식

전압선 2선 중성선으로 배전

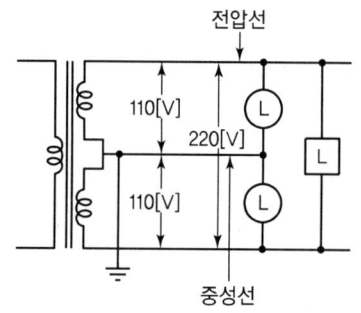

㉢ 3상 3선식

전압선 3선 동력부하 공급

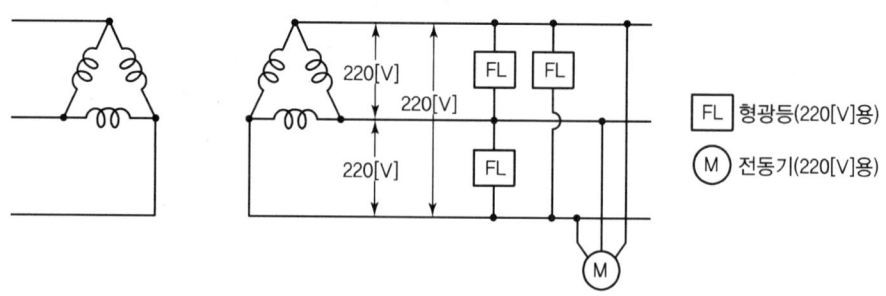

④ 3상 4선식

전압선 3선 중성선

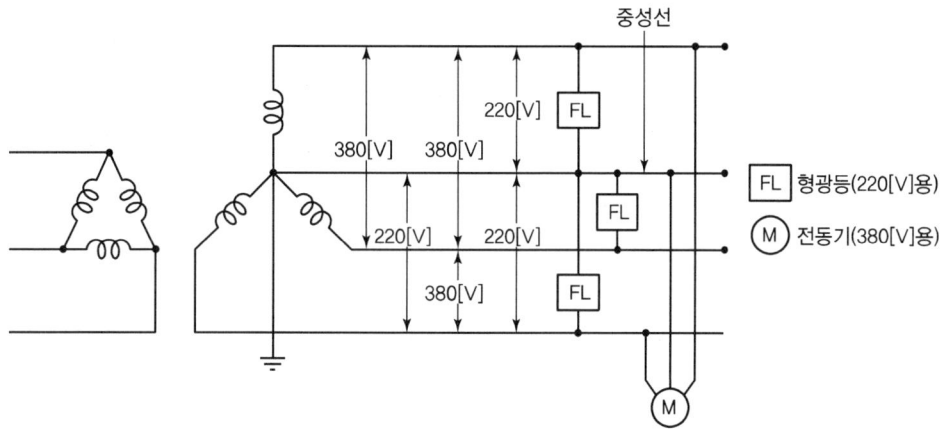

2. 전자 기초

1) 전자소자

(1) 반도체

물질은 전류가 잘 흐르는 도체(Conductor)와 전류가 흐르기 어려운 절연체(Insulator)로 구분할 수 있는데, 반도체(Semiconductor)는 도체와 절연체의 중간적인 성질을 가진다. 반도체는 빛이나 전압 온도 등의 외부 변화나 가공 및 제조방법에 따라 전도율이 변하며, 순수한 반도체에 불순물을 첨가하여 전도율을 조절할 수 있다.

① 저항률에 따른 물질의 분류

구분	도체	반도체	절연체
물질	은, 구리, 알루미늄	실리콘(Si), 게르마늄(Ge)	운모, 석영, 고무
저항률[Ω·m]	$10^{-8} \sim 10^{-5}$ 정도	$10^{-5} \sim 10^{4}$ 정도	$10^{4} \sim 10^{16}$ 정도

㉠ 도체는 충만내로부터 공핍내에 전도 전사가 옮겨져서 전도내를 형성하고 있기 때문에 전기 전도가 매우 높다.

㉡ 반도체는 평상시에는 공핍대에 전자가 없으며, 금지대의 폭이 좁다. 따라서 외부에서 에너지를 가하면 충만대의 일부 전자는 쉽게 금지대를 넘어서 공핍대에 올라갈 수 있다.

㉢ 절연체는 금지대의 폭이 크므로 외부에서 큰 에너지를 가하지 않으면 충만대의 전자는 공핍대에 올라갈 수 없다.

② 에너지대
　㉠ 허용대(Allowable Band) : 전자가 존재할 수 있는 영역
　㉡ 금지대(Forbidden Band) : 전자가 존재할 수 없는 영역
　　• 전도대(Conduction Band) : 전자가 자유로이 이동 가능한 허용대
　　• 충만대(Filled Band) : 전자가 꽉 차서 이동할 여지가 없는 허용대
　　• 공핍대(Empty Band) : 보통 상태에서 전자가 존재하지 않는 허용대

③ 자유전자와 정공
　㉠ 모든 물질은 원자로 구성되어 있고 원자의 구조는 원자핵과 그 주위의 궤도를 돌고 있는 전자로 이루어진다. 실리콘(Si) 원자에서는 한 개의 원자핵 주위를 14개의 전자가 궤도를 형성하여 돌고 있다.

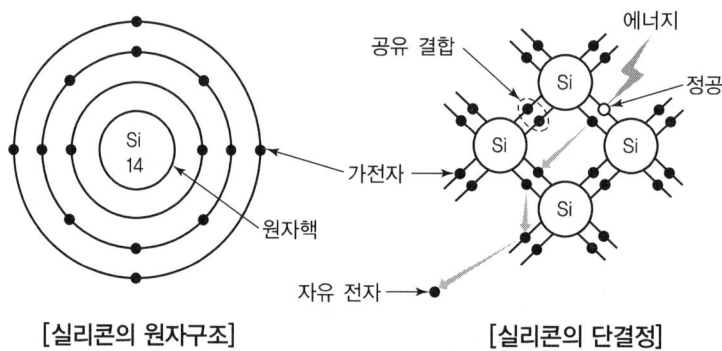

[실리콘의 원자구조]　　　[실리콘의 단결정]

　㉡ 원자핵에서 가장 바깥쪽 궤도를 돌고 있는 전자를 가전자라고 하는데, 이 가전자는 외부에서 에너지가 가해지면 궤도를 쉽게 이탈한다. 이탈된 가전자는 원자 사이를 자유롭게 움직일 수 있는 자유원자(Free Electron)가 된다.
　㉢ 반도체 소자는 단결정이다. 실리콘의 단결정은 전기적으로 중성이지만 온도를 높이거나 빛을 비추면 자유전자가 생겨서 전류를 흘릴 수 있는 반도체가 된다. 전자가 이동하여 비어 있는 구멍을 정공(Hole)이라 하고, 전기적으로 ⊕ 성질을 띤다.

[반송자(Carrier)의 이동 특성]

반송자	전기의 성질	흐름 방향	전류 방향
전자	⊖	(−)극 → (+)극	반대
정공	⊕	(+)극 → (−)극	같음

④ 반도체의 종류
  ㉠ 진성반도체
    실리콘이나 게르마늄의 단결정과 같이 불순물이 섞이지 않은 순수한 반도체이다.(Si, Ge)

  ㉡ 불순물반도체
    4가 원자의 진성반도체에 3가나 5가의 불순물을 첨가하여 만든 것으로 진성반도체에 비해 전도성이 좋다.

  ㉢ n형 반도체
    진성반도체(Si, Ge)에 5가 원자인 비소(As), 안티몬(Sb)의 불순물을 첨가하면 전자 수가 정공 수보다 많아지는 것을 n형 반도체라 한다. 첨가된 5가 원자를 도너(Donor)라 한다.

  ㉣ P형 반도체
    진성반도체에 3가 원자인 보론(B), 인듐(In)의 불순물을 첨가하면 가전자가 1개 부족하여 정공이 생기는데, 이를 P형 반도체라 한다. 첨가된 3가 원자는 억셉터(Acceptor)라 한다.

2 송변전설비 기초이론

1. 송전설비 기초

1) 전력계통

전력을 생산하는 발전소, 전력을 수송하는 송전설비, 전력을 배분하는 배전설비, 전력을 소모하는 부하를 총괄하는 말이다.

2) 송전선로의 구성
- 발전소에서 발전된 전압은 6.6~24[kV] 정도의 3상 교류이다.
- 장거리 송전에 적합한 전압, 즉 154.345.765[kV]의 초고압으로 승압하여 1차 변전소로 송전
- 1차 변전소에서 154[kV]로 강압하여 2차 변전소나 대전력 수용가로 송전 2차 변전소에서는 22.9[kV]로 강압하여 배전선로나 배전용 변압기를 통해 수용가에 공급

(1) 발전소
  기계적 에너지를 전기적 에너지로 변환하여 전력을 생산하는 장소

(2) 변전소

　　구외에서 전송된 전기를 변압기를 통해 부하에 알맞은 전압으로 변성하는 장소

(3) 개폐소

　　발전소 변전소 수용가 이외의 장소로 50[kV] 이상의 전압을 개폐하는 곳

3) 송전방식

　직류송전방식과 교류송전방식이 있으며, 우리나라의 부하 대부분은 교류송전방식이다.

4) 송전전압

　우리나라의 송배전 전압 : 765[kV]−345[kV]−154[kV]−66[kV]−22.9[kV]−380/220[V]

5) 가공 송전선로 구성

(1) 구분

　　송전선로는 가공선로와 지중선로로 나눌 수 있다.
　　가공선로는 전선을 철탑 등의 지지물에 애자로 지지하는 방식이다.

(2) 지지물

　　철탑, 철주, 강관전주, 목주, 철근콘크리트주 등으로 구분된다.
　　154[kV]급 이상의 송전선로 지지물에는 철탑이 사용된다.

① 철탑

　　철탑은 전압, 회선수, 전선 굵기, 경간, 경과지의 지형 등에 따라 여러 형태의 것들이 사용된다.

　　㉠ 4각 철탑 : 4면이 동일한 모양의 철탑으로 설계가 용이하고, 안전도가 커서 가장 많이 사용

　　㉡ 방형 철탑 : 마주보는 두 면이 동일한 형태의 철탑

　　㉢ 우두형 철탑 : 소머리처럼 중간부 이상이 넓은 형태의 철탑

② 철주

　　송전용량 66[kV] 이하 송전선로에 주로 사용

③ 강관전주

　　토막구조로 되어 있어 협소한 지역의 시공에 용이

(3) 전선

① 전선의 구비조건

　　㉠ 도전율이 높을 것
　　㉡ 기계적 강도가 클 것
　　㉢ 가공성이 클 것

ⓔ 내구성이 있을 것
ⓜ 비중이 작을 것
ⓑ 공사 보수상 취급이 용이할 것
ⓢ 가격이 저렴할 것
② 전선의 종류
㉠ 단일연선 : 동일한 재질의 단선을 꼬아 합친 것
㉡ 합성연선 : 가공 송전선로에 주로 사용하는 합성연선은 두 종류 이상의 금속선을 꼬아합친 강심 알루미늄 연선이 대표적이다.
③ 단도체와 복도체
㉠ 단도체 방식 : 각 상의 전선을 한 가닥으로 하는 방식
㉡ 복도체 방식 : 각 상의 전선을 한 가닥으로 하면 코로나 발생이 쉽다. 이를 방지하기 위해 한 상당 두 가닥 이상의 전선을 사용하는 것을 복도체 방식이라 한다. 우리나라는 154[kV] 송전선은 ACSR 410[mm^2] 2도체 345[kV] 송전선 ACSR 480[mm^2] 2도체 또는 4도체 방식, 765[kV] 송전선 ACSR 480[mm^2] 6도체 방식 사용
④ 송전선의 코로나 현상
전선 표면의 전위경도가 증가하는 경우 전선 주위의 공기의 절연이 부분적으로 파괴되는 현상
㉠ 코로나의 영향
- 코로나 손실로 인한 송전용량 감소
- 전선의 부식
- 전파방해 발생
- 통신선 유도장애 발생
㉡ 코로나 방지대책
- 임계전압(코로나 방전 개시전압)을 크게 한다.
- 복도체 방식 채용
- 가선금구 개량
- 전선직경(지름)을 크게 한다.
⑤ 송전선의 이도(Dip)
이도란 전선의 늘어진 정도를 말한다.

(4) 애자
애자는 철탑의 완철에 기계적으로 고정시키고 전기적으로 절연하기 위해 사용한다.
① 애자의 구비조건

㉠ 충분한 절연내력을 가질 것
㉡ 충분한 절연저항을 가질 것
㉢ 기계적 강도가 클 것
㉣ 누설전류가 적을 것
㉤ 온도의 급변에 견디고 습기를 흡수하지 말 것
㉥ 경제적일 것

② 애자의 종류
㉠ 송전선로 : 핀애자, 현수애자, 장간애자, 내무애자
㉡ 배전선로 : 핀애자, 현수애자, 라인포스트애자, 인류애자

(5) 전선의 진동과 도약
전선이 상하로의 진동이 장시간 지속되면 단선이 발생하게 된다. 이를 방지하기 위해 댐퍼를 설치한다.

① 댐퍼(Damper)
클램프 가까이에 적당한 중량의 추를 설치하여 진동에너지를 흡수하는 것

② 철탑의 오프셋
동절기에 전선에 부착했던 빙설이 떨어지면 장력을 잃고, 반발력으로 튀어올라 상부의 전선과 접촉하여 단락사고가 발생할 수 있다. 이를 방지하기 위해 오프셋을 충분히 주어야 한다.

6) 지중 송전선로
지중선로는 전력케이블을 지하에 포설하여 송전하는 방식

(1) 장점
① 안전하다.
② 미관상 좋다.
③ 낙뢰에 영향을 받지 않는다.
④ 통신선에 유도장애가 적다.

(2) 단점
① 고장점 검출이 어렵고 복구에 시간이 많이 걸린다.
② 시설비가 비싸다.

(3) 전력케이블 종류
① OF(Oil Filled)
유침 절연지를 절연체로 사용한다.

케이블 내부에 기름통로를 넣고 절연유를 충전하여 케이블 외부에 설치된 유압조정탱크에 의해 절연유를 상시 대기압 이상의 압력을 가하는 케이블이다.

② XLPE(Cross-Linked Polyethylene) Cable
XLPE(가교 폴리에틸렌)을 절연체로 사용한 Cable 600[V] 저압에서 500[kV] 초고압까지 광범위하게 사용한다.

(4) 전력 케이블 시공방식
① 직매식
㉠ 케이블 보호재인 트러프를 사용하여 케이블을 직접 매설하는 방식
㉡ 차량의 압력을 받는 곳 1.0[m], 기타 장소는 0.6[m] 이상 시공
② 관로식
합성수지파형관, PVC직관, 강관, 흄관 등 파이프를 사용하여 관로를 구성한 뒤 케이블을 부설하는 방식
③ 전력구식
㉠ 지하에 구조물을 만들어 그 내부에 케이블을 포설하는 방식
㉡ 가스 통신 상하수도 관로 등과 전력설비를 동시에 설치하는 공동구식도 전력구식의 일종

7) 선로정수
송전선로는 저항 R, 인덕턴스 L, 정전용량 C, 누설 컨덕턴스 G의 4가지 정수를 가진 연속된 전기회로이다.

(1) 저항 $R\,[\Omega/m]$
전류의 흐름을 방해하는 전선의 저항은 재료와 온도에 따라 변한다.

(2) 인덕턴스 $L\,[H/m]$, $[mH/km]$
송전선로에 전류가 흐르면 인덕턴스가 발생한다. 3상 3선식 송전선로의 경우 각 선의 위치가 다르기 때문에 각상의 인덕턴스가 달라지고 선로의 전압 강하도 달라진다. 그러므로 송전전압이 평형되어 있다 하더라도 전압 강하차에 의해 수전단 전압은 불평형상태가 된다. 이를 방지하기 위해 연가를 한다.

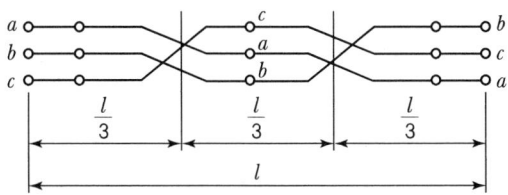

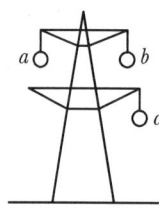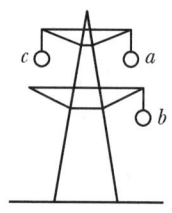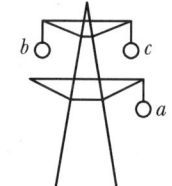

[송전선로의 연가]

(3) 정전용량 C[F/m], [μH/km]

가공 송전선로의 전선상호 간, 전선과 대지 사이에는 공기를 유전체로 하는 선간정전용량과 대지정전 용량이 생긴다. 그러므로 선로에 전압이 가해지면 충전전류가 흐른다. 선간정전용량과 대지정전용량을 합하여 작용정전용량 또는 정전용량이라 한다.

(4) 누설 컨덕턴스 G[℧/m]

누설 컨덕턴스는 누설저항의 역수이므로 아주 작은 값이다. 누설 컨덕턴스는 실용상 무시해도 된다.

(5) 지중선로의 정전용량은 가공송전선에 비해 약 30배 정도 크다.

8) 중성점 접지방식과 유도장해

(1) 중성점 접지방식

송전계통은 3상 4선으로 Y결선의 중성점을 접지하는 방식을 채용한다.

① 중성점 접지방식의 종류
  ㉠ 직접 접지방식

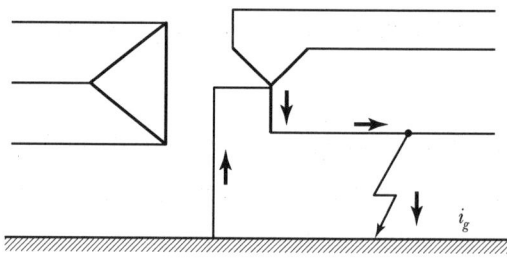

i_g : 지락 고장 전류

[중성점 접지방식]

  ㉡ 저항 접지방식
  ㉢ 소호리액터 접지방식

(2) 유도장해

전력선이 통신선에 근접해 있을 경우 통신선에 전압전류가 유도되어 장해를 일으킨다.

① 정전유도

전력선과 통신선의 상호 정전용량의 불평형에 의해 발생하여 통신선에 잡음 발생

② 전자유도

㉠ 전력선과 통신선의 상호 인덕턴스에 의해 발생

㉡ 지락 시 통신기기에 장애 발생

③ 고조파 유도

고조파 유도에 의해 잡음장해가 발생

9) 이상전압

차단기 개폐 시 나타나는 개폐서지와 같은 내부 이상전압과 직격뢰·유도뢰와 같이 외부 요인에 의해 침입하는 외부 이상전압으로 나눌 수 있다.

(1) 내부 이상전압

① 고장 발생 시 이상전압

송전선로의 한선이 지락, 단락 시 발생하는 이상전압이다.

② 계통 조작 시 이상전압

송전선로 개폐조작에 따른 과도현상으로 발생하며, 개폐서지라고도 한다.

(2) 외부 이상전압

① 직격뢰에 의한 이상전압

선로에 뇌력전류가 직접 인가 시 발생하는 이상전압이다.

② 유도뢰에 의한 이상전압

뇌운 상호 간 또는 뇌운과 대지 사이에서 방전이 일어날 때 방전경로 부근이나 뇌운 밑에 있는 송전선로 상에 이상전압이 발생하는 경우

(3) 이상전압 방지대책

① 피뢰기 설치

② 가공지선 설치

③ 철탑의 접지저항 저감

2. 배전설비 기초

1) 배전선로의 배전방식

(1) 특고압 배전방식

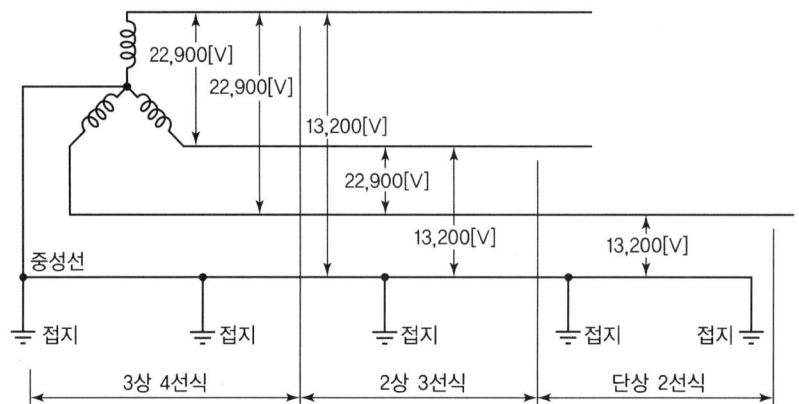

[Y결선 22.9[kV] 다중접지 계통방식]

(2) 저압 배전방식

① 단상 2선식(220[V])

㉠ 회로도

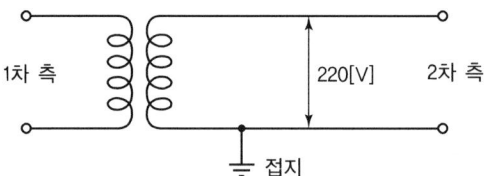

㉡ 적용 : 일반가정 전등

② 단상 3선식(220[V], 110[V])

㉠ 회로도

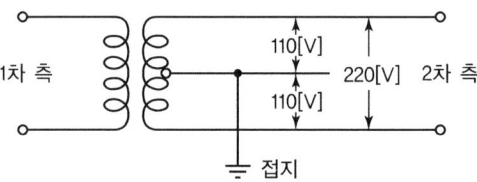

㉡ 적용 : 일반가정 전등, 소규모 공장 전력

③ 3상 3선식(220[V])
　㉠ 회로도

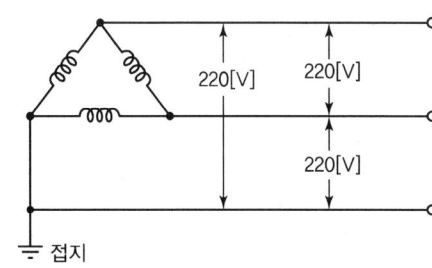

　㉡ 적용 : 소규모 공장

④ 3상 4선식(380[V], 220[V])
　㉠ 회로도

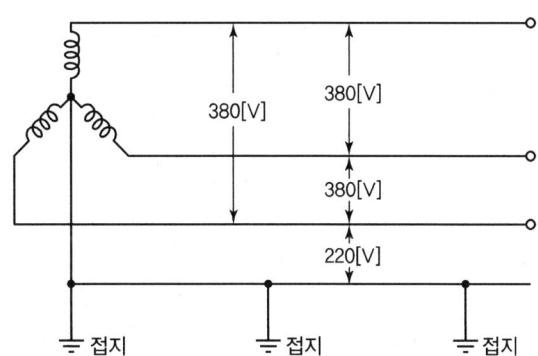

　㉡ 적용 : 동력 및 전등부하

2) 배전선로 시설의 시설방식
   (1) 가공 배전선로
      ① 구성도

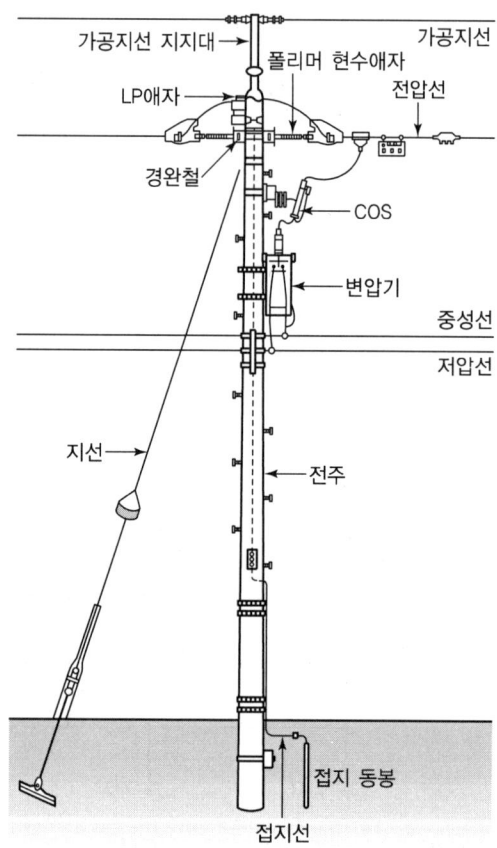

   ② 지지물
      지지물로는 목주 철근콘크리트주 강관전주, 철주, 철탑 등이 있고 이 중 철근콘크리트주가 가장 많이 사용된다.

   ③ 완철과 래크
      전선을 지지하는 금구류

   ④ 전선
      ㉠ 강심알루미늄 연선(ACSR)
      ㉡ 옥외용 비닐 절연전선(OW ; Outdoor Weather Proof Polyvinyl Chloride Insulated Wires) 저압 배전선로용
      ㉢ 인입용 비닐 절연전선(DV)

⑤ 애자류
  ㉠ 라인포스트애자
  ㉡ 현수애자
  ㉢ 폴리모애자
    재질이 실리콘 또는 EPDM(Ethylene Propylene Diene Monomer)이다.

⑥ 개폐기
  선로고장, 휴전작업 시 부하 절환

⑦ 주상 변압기
  1차 측 22.9[kV]를 2차 측 380, 220[V]으로 변성

(2) 지중 배전선로
  ① 케이블 포설방식
    직매식, 관로식, 전력구식이 있다.

  ② 지중 전력케이블
    ㉠ CNCV(Concentric Netural Cross-linked Polyethylene Insulated Polyvinyl Choride Sheathed Cable)
    ㉡ TR-CNCV(수밀형 동심중성선 케이블)
    ㉢ TR-CNCE(수트리 억제용 수밀형 동심중성선 케이블)
    ㉣ FR-CNCO-W(난연성 특고압 지중 케이블)
    ㉤ 600[V] CV 케이블

3) 배전선로의 보호

  (1) Recloser(자동재폐로 차단기)
    과전류 발생 시 자동으로 차단과 재폐로 반복

  (2) ASS(Automatic Section Switch, 자동고장구간 개폐기)
    책임분계점에 설치 수전설비의 고장이 배전선로에 파급되는 것 방지

3. 변전설비

1) 변전소
높은 전압을 낮은 전압(부하에 알맞은 전압)으로 변환하는 장소

2) 변전설비
(1) 특고압 수전설비 결선도

CB 1차 측에 PT를, CB 2차 측에 CT를 시설하는 경우

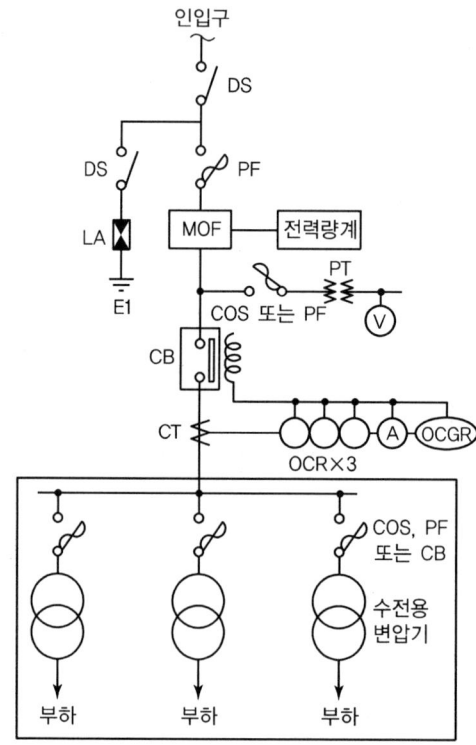

① 변압기

　1차 전압(22.9[kV])을 2차 전압(부하에 알맞은 전압 220~380[V])으로 변성하는 기기

② 변압기 결선

　㉠ △-△ 결선

　㉡ Y-Y 결선

　㉢ △-Y 결선

　㉣ Y-Y-△ 결선

③ 차단기

차단기는 회로를 개방 투입하고 사고전류는 신속히 차단하여 기기 및 선로보호

㉠ 소호방식에 따른 차단기 종류
- OCB(Oil Circuit Breaker) : 유입차단기
- ABB(Air Blast Circuit Breaker) : 공기차단기
- MBB(Magnetic Blast Circuit Breaker) : 자기차단기
- VCB(Vacuum Circuit Breaker) : 진공차단기
- GCB(Gas Circuit Breaker) : 가스차단기

㉡ 차단기 동작시간

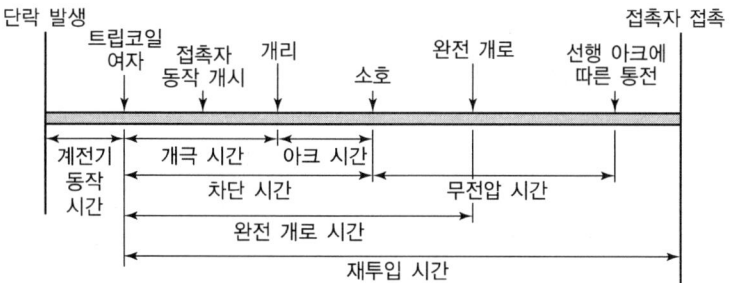

㉢ 차단기 표준동작책무

동작책무란 1~2회 이상 투입차단하거나 또는 투입차단을 일정한 시간 간격으로 행하는 일련의 동작

종별	동작 책무
일반용	CO-15초-CO
고속도 재투입용	O-0.3초-CO-3분-CO

※ O : 차단기 개방, CO : 투입 후 즉시 개방

④ 단로기(DS ; Disconnecting Switch)

무부하 상태에서 선로를 분리하는 장치

⑤ MOF : 계기용 변압변류기(계기용 변성기함)

CT와 PT를 한 함 내에 넣어 계측

⑥ COS(Cut Out Switch) : 과부하 전류차단

⑦ PF(Power Fuse) : 전력용 퓨즈(단락전류 차단)

3) 조상설비
- 조상설비는 부하변동으로 인한 전압변동을 조정하여 수전단전압을 일정하게 유지
- 역률을 개선하여 송전손실 경감
- 조상설비는 회전기와 정지기로 구분
  - 회전기 : 동기조상기
  - 정지기 : 전력용 콘덴서, 분로리액터

(1) 전력용 콘덴서(진상용, 병렬)
① 직렬콘덴서와 병렬콘덴서가 있다.
② 직렬콘덴서는 사용하지 않는다.
③ 병렬(전력용, 진상용) 콘덴서
  ㉠ 콘덴서를 부하와 병렬로 접속
  ㉡ 콘덴서는 전압보다 90° 위상이 빠른 진상 무효전력공급하여 부하의 역률 개선

(2) 직렬리액터
콘덴서를 조상용 연결할 때 전압파형이 비틀려 콘덴서에 발생하는 고조파 전압이 커지게 된다. 따라서 선로에 고조파 돌입전류를 억제하고자 직렬리액터를 전력용 콘덴서와 직렬로 연결한다.

(3) 방전코일(저항)
콘덴서를 회로로부터 분리 시 잔류전하는 쉽게 자기방전을 할 수 없어 코일이나 저항을 통해 방전시킨다.

(4) 분로리액터
지상전류를 얻어 전압 상승을 억제할 목적으로 분로리액터를 설치한다.

4) 보호계전방식

(1) 계통 보호 개요
① 이상상태 항상 감시
② 고장 발생 시 고장구간 신속 분리

(2) 보호계전기 구비조건
① 보호동작이 정확할 것
② 고장 개소를 정확하게 선택할 것
③ 온도와 파형에 의한 오차가 적을 것
④ 장시간 사용해도 특성 변화가 없을 것
⑤ 열적·기계적으로 견고할 것

⑥ 보수 점검이 용이할 것
⑦ 가격이 싸고, 소비전력도 적을 것

(3) 보호계전기의 종류
① 형태상 분류
㉠ 아날로그형 : 전자기계형, 정지형
㉡ 디지털형 : 정해진 프로그램에 의거 마이크로 프로세서로 계산해서 크기, 위상을 판단하여 동작

② 기능상의 분류
㉠ 전류계전기
- 과전류계전기(OCR ; Over Current Relay) : 전류가 일정값 이상일 때 동작
- 부족전류계전기(UCR ; Under Current Relay) : 전류가 일정값 이하일 때 동작

㉡ 전압계전기
- 과전압계전기(OVR ; Over Voltage Relay) : 전압이 일정값 이상일 때 동작
- 부족전압계전기(UVR ; Under Voltage Relay) : 전압이 일정값 이하일 때 동작

㉢ 차동계전기(DCR ; Differential Current Relay)
유입전류와 유출전류의 차에 의해 동작하는 계전기

㉣ 주파수계전기
- 저주파수계전기(UFR ; Under Frequency Relay)
- 과주파수계전기(OFR ; Over Frequency Relay)

㉤ 역전류계전기(Reverse Current Protection)
직류회로의 전류가 소정의 규정방향과는 역의 방향으로 흘렀을 때 동작하는 계전기

04 배관 · 배선공사

1 태양광 모듈과 태양광 인버터 간의 배관 · 배선

① 태양전지 모듈의 이면으로부터 접속용 케이블이 2가닥씩 나오기 때문에 반드시 극성을 확인한 후 결선한다.
② 케이블은 건물마감이나 러닝보드 표면에 가깝게 시공하고, 필요시 전선관을 이용하여 케이블을 보호한다.
③ 태양전지모듈은 인버터 입력전압 범위 내에서 스트링 필요매수를 직렬결선하고 어레이 지지대 위에 조립한다.
④ 케이블을 각 스트링에서 접속함까지 배선하고 접속함 내는 병렬로 결선한다.
⑤ 옥상 또는 지붕 위에 설치한 태양전지 어레이에서 처마 밑 접속함까지 배선 시 물의 침입을 방지하기 위한 차수처리를 반드시 한다.
⑥ 접속함은 어레이 근처에 설치한다.
⑦ 태양광의 직류전원과 교류전원은 격벽에 의해 분리되거나 함께 접속되지 않을 경우 동일한 전선관 케이블트레이 접속함 내에 시설하지 않아야 한다.
⑧ 접속함에서 인버터까지의 배선은 전압강하 2[%] 이하로 상정한다.
⑨ 태양전지 어레이를 지상에 설치 시 지중배선으로 할 수 있다.

2 태양광 인버터에서 옥내 분전반 간의 배관 · 배선

인버터 출력의 전기방식에는 단상 2선식, 3상 3선식, 3상 4선식이 있고 교류 측의 중성선을 구별하여 결선한다.

1. 시공기준

① 부하 불평형에 의한 중성선에 최대전류의 발생 우려가 있을 경우 수전점에 과전류차단기를 설치해야 한다.
② 수전점 차단기 개방 시 부하불평형으로 과전압이 발생할 경우 인버터는 정지되어야 한다.
③ 누전차단기와 SPD(서지보호기)를 설치한다.

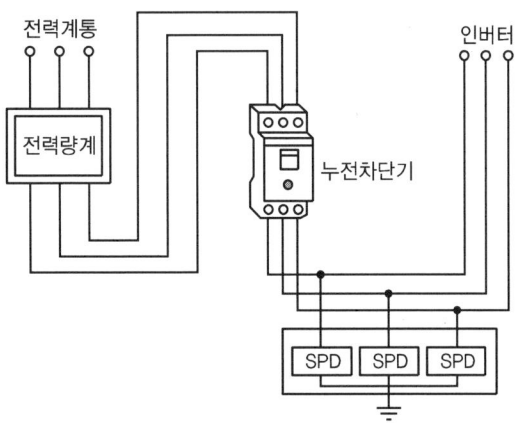

[분전반 내의 누전차단기와 SPD 설치]

2. 전압강하

태양전지 모듈에서 인버터 입력단 간 및 인버터 출력단과 계통 연계점 간의 전압강하는 각각 3[%]를 초과하지 않아야 한다. 단, 전선의 길이가 60[m] 초과할 경우 다음 표에 따라 시공할 수 있다.

전선길이	전압강하
120[m] 이하	5[%]
200[m] 이하	6[%]
200[m] 초과	7[%]

- 회로의 전기방식에 의한 전압강하식

  직류 2선식, 교류 2선식의 전압강하 $e = \dfrac{35.6LI}{1,000A}$

  여기서, L : 도체길이, I : 전류, A : 전선의 단면적

3. 태양전지 모듈 간 직병렬 배선

① 모듈을 포함한 모든 충전부분은 노출되지 않도록 시설해야 한다.

② 모듈 배선은 스테이플, 스트랩 또는 행거나 이와 유사한 부속품으로 130[cm] 이내 간격으로 고정하고, 가장 늘어진 부분이 모듈 면으로부터 30[cm] 이내에 들도록 한다.

③ 어레이 직렬군은 동일한 단락전류를 가진 모듈로 구성해야 한다. 1대의 인버터에 연결된 태양전지 어레이의 직렬군(스트링)이 2병렬 이상일 경우에는 각 직렬군(스트링)의 출력전압을 동일하게 배열해야 한다.

④ 모듈 이면의 접속용 케이블은 2개씩 나와 있으므로 반드시 극성(+, -) 표시를 확인한 후 결선한다.

⑤ 모듈 간 배선은 단락전류에 충분히 견딜 수 있도록 2.5[mm²] 이상의 전선을 사용해야 한다.
⑥ 배선의 접속부는 용융접착테이프와 보호테이프로 감는다.

3 태양광 어레이 검사

어레이 검사 내용은 다음과 같다.
① 전압 극성 확인
② 단락전류 측정
③ 비접지 확인 : 직류 측 회로의 비접지 확인

4 케이블 선정 및 단말처리

1. 케이블 선정

태양전지에서 옥내에 이르는 배선에 사용되는 전선은 모듈전용선 XLPE 케이블, 직류용 전선을 사용하고, 옥외용 케이블은 UV-케이블을 사용한다.

2. 케이블의 단말처리

① 전선의 접속 시 접속부에 절연물과 동등 이상의 절연효과가 있는 재료로 접속해야 한다.
② 절연테이프의 종류
  ㉠ 자기융착테이프 : 부틸고무제와 저압용 폴리에틸렌 부틸고무제 재질로 이루어져 있다.
  ㉡ 보호테이프 : 자기융착테이프에 다시 한 번 감아주는 용도로 쓰인다.
  ㉢ 비닐절연테이프 : 장시간 사용 시 접착력이 저하되어 태양광발전설비처럼 장시간 사용하는 시설에는 적합하지 않다.

5 방화구획 관통부의 처리

1. 관통부의 처리목적

화재 발생 시 전선배관의 관통 부분에서 다른 설비로의 화재 확산을 방지하기 위함이다.

2. 배선이 옥외에서 옥내로 연결된 관통 부분의 처리방법

① 난연성 : 뒷면에 화염이나 연기가 발생하지 않을 것
② 내열성 : 뒷면이 연소할 위험이 있는 온도가 되지 않을 것

SECTION 004 태양광발전 장치 준공검사

01 태양광발전 사용 전 검사

1 법정검사

1. 법정검사

1) 사용 전 검사대상의 범위(신설인 경우)

구분	검사 종류	용량	선임	감리원 배치
일반용	사용 전 점검	10[kW] 이하	미선임	필요 없음
자가용	사용 전 검사 (저압설비는 공사계획 미신고)	10[kW] 초과 (자가용 설비 내에 있는 경우 용량에 관계없이 자가용임)	대행업체 대행 가능 (1,000[kW] 이하)	감리원 배치확인서 (자체 감리원 불인정 -상용이기 때문)
사업용	사용 전 검사 (시·도에 공사계획 신고)	전 용량 대상	대행업체 대행 가능 (10[kW] 이하 미선임 가능)	감리원 배치확인서 (자체 감리원 불인정 -상용이기 때문)

2) 공사계획 인가 또는 신고대상 설비

구분	설치공사	변경공사
인가대상 발전소	출력 1만[kW] 이상의 발전소의 설치	출력 1만[kW] 이상의 발전소의 설치
신고대상 발전소	출력 1만[kW] 미만의 발전소의 설치	출력 1만[kW] 미만의 발전소의 설치

2. 태양광발전 설비검사

1) 사용 전 검사항목 및 세부검사내용(자가용)

검사항목	세부검사내용	수검자 준비자료
1. 태양광발전 설비표	태양광발전 설비표 작성	• 공사계획인가(신고서) • 태양광발전 설비 개요
2. 태양광전지 검사 • 태양광전지 일반규격 • 태양광전지 검사	• 규격확인 • 외관검사 • 전지 전기적 특성시험 • 어레이	• 공사계획인가(신고)서 • 태양광전지 규격서 • 단선결선도 • 태양전지 트립인터록 도면 • 시퀀스 도면 • 보호장치 및 계전기 시험 성적서 • 절연저항시험 성적서
3. 전력변환장치 검사 • 전력변환장치 일반 규격 • 전력변환장치 검사	• 규격확인 • 외관검사 • 절연저항 • 절연내력 • 제어회로 및 경보장치 • 전력조절부/Static 스위치 자동·수동 절체시험 • 역방향운전제어시험 • 단독운전방지시험 • 인버터 자동 수동절체 시험 • 충전기능시험	• 공사계획인가(신고)서 • 단선결선도 • 시퀀스 도면 • 보호장치 및 계전기시험 성적서 • 절연저항시험 성격서 • 절연내력시험 성격서 • 경보회로시험 성격서 • 부대설비시험 성격서
• 보호장치 검사	• 외관검사 • 절연저항 • 보호장치시험	
• 축전지	• 시설상태 확인 • 전해액 확인 • 환기시설 상태	
4. 종합연동시험 검사	검사 시 일사량을 기준으로 가능출력 확인하고 발전량 이상 유무 확인(30분)	
5. 부하운전시험 검사		
6. 기타 부속설비	전기수용설비 항목을 준용	

2) 태양광설비 정기검사항목 및 세부검사내용(자가용)

검사항목	세부검사내용	수검사 준비자료

1. 태양광전지 검사
  • 태양광전지 일반규격
  • 태양광전지 검사
	• 규격확인
	• 외관검사
	• 전지 전기적 특성시험
	• 어레이
		• 전회 검사 성적서
		• 단선결선도
		• 태양전지 트립인터록 도면
		• 시퀀스 도면
		• 보호장치 및 계전기 시험 성적서
		• 절연저항시험 성적서

2. 전력변환장치 검사
  • 전력변환장치 일반규격
 	
  • 전력변환장치 검사
 	
  • 보호장치 검사
  • 축전지
	• 규격확인
	
	• 외관검사
	• 절연저항
	• 제어회로 및 경보장치
	• 단독운전 방지시험
	• 인버터 운전시험
	• 보호장치시험
	• 시설상태 확인
	• 전해액 확인
	• 환기시설 상태
		• 단선결선도
		• 시퀀스 도면
		• 보호장치 및 계전기 시험 성적서
		• 절연저항시험 성적서
		• 절연내력시험 성적서
		• 경보회로시험 성적서
		• 부대설비시험 성적서

3. 종합연동시험 • 종합연동시험	검사 시 일사량을 기준으로 가능 출력 확인하고 발전량 이상 유무 확인(30분)	
4. 부하운전시험	부하운전시험 의견	• 출력 기록지 • 전회 검사 이후 총 운전 및 기동횟수 • 전회 검사 이후 주요 경비 내용

3) 사용 전 검사항목 및 세부검사내용(사업용)

검사항목	세부검사내용	수검자 준비자료
1. 태양광발전 설비표	태양광발전 설비표 작성	• 공사계획인가(신고)서 • 태양광발전 설비 개요
2. 태양광전지 검사 　• 태양광전지 일반규격 　• 태양광전지 검사	• 규격확인 • 외관검사 • 전지 전기적 특성시험 • 어레이	• 공사계획인가(신고)서 • 태양광전지 규격서 • 단선결선도 • 태양전지 트립인터록 도면 • 시퀀스 도면 • 보호장치 및 계전기 시험 성적서 • 절연저항시험 성적서
3. 전력변환장치 검사 　• 전력변환장치 일반규격 　• 전력변환장치 검사 　• 보호장치검사 　• 축전지	• 규격 확인 • 외관검사 • 절연저항 • 절연내력 • 제어회로 및 경보장치 • 전력조절부/Static 스위치 자동· 　수동 절체시험 • 역방향운전 제어시험 • 단독운전방지시험 • 인버터 자동·수동 절체시험 • 충전기능시험 • 외관검사 • 절연저항 • 보호장치시험 • 시설상태 확인 • 전해액 확인 • 환기시설 상태	• 공사계획인가(신고)서 • 단선결선도 • 시퀀스 도면 • 보호장치 및 계전기시험 성적서 • 절연저항시험 성적서 • 절연내력시험 성적서 • 경보회로시험 성적서 • 부대설비시험 성적서
4. 변압기 검사 　• 변압기 일반규격	• 규격확인 • 외관검사 • 접지시공상태 • 절연저항 • 절연내력 • 특성시험 • 절연유 내압시험 • 탭절환장치시험	• 공사계획인가(신고)서 • 변압기 및 부대설비 규격서 • 단선결선도 • 시퀀스 도면 • 절연유 유출방지 시설도면 • 특성시험 성적서 • 보호장치 및 계전기 시험 성적서 • 상회전 및 Loop 시험 성적서 • 절연내력시험성적서
5. 차단기 검사 　• 차단기 일반규격	규격확인	공사계획인가(신고)서
6. 전선로(모선) 검사 　• 전선로 일반규격	규격확인	공사계획인가(신고)서
7. 접지설비 검사 　• 접지 일반규격	규격확인	접지설계 내역 및 시공도면
8. 비상발전기 검사 　• 발전기 일반규격	규격확인	공사계획인가(신고)서

4) 정기검사항목 및 세부검사내용(사업용)

검사항목	세부검사내용	수검자 준비자료
1. 태양광전지 검사 • 태양광전지 일반규격 • 태양광전지 검사	• 규격확인 • 외관검사 • 전지 전기적 특성시험 • 어레이	• 전회 검사 성적서 • 단선결선도 • 태양전지 트립인터록 도면 • 시퀀스 도면 • 보호장치 및 계전기 시험 성적서 • 절연저항시험 성적서
2. 전력변환장치 검사 • 전력변환장치 일반규격	• 규격 확인	• 단선결선도 • 시퀀스 도면
• 전력변환장치 검사	• 외관검사 • 절연저항 • 제어회로 및 경보장치 • 단독운전방지시험 • 인버터 운전시험	• 보호장치 및 계전기시험 성적서 • 절연저항시험 성적서 • 절연내력시험 성적서 • 경보회로시험 성적서 • 부대설비시험 성적서
• 보호장치검사	• 보호장치시험	
• 축전지	• 시설상태 확인 • 전해액 확인 • 환기시설 상태	
3. 변압기 검사 • 변압기 시험검사	• 규격확인 • 외관검사 • 조작용 전원 및 회로점검 • 보호장치 및 계전기 시험 • 절연저항 측정 • 절연유 내압시험 • 제어회로 및 경보장치시험	• 전회 검사 성적서 • 시퀀스 도면 • 보호계전기시험 성적서 • 계기교정시험 성적서 • 경보회로시험 성적서 • 절연저항시험 성적서 • 절연유 내압시험 성적서
4. 차단기 검사 (발전기용 차단기)	• 규격확인 • 외관검사 • 조작용 전원 및 회로점검 • 절연저항 측정 • 개폐표시 상태확인 • 제어회로 및 경보장치시험	• 전회 검사 성적서 • 개폐기 인터록 도면 • 계기교정시험 성적서 • 경보회로시험 성적서 • 절연저항시험 성적서
5. 전선로(모선) 검사 • 전선로 일반규격 • 전선로 검사 (가공, 지중, GIB, 기타)	• 규격확인 • 외관검사 • 보호장치 및 계전기 시험 • 절연저항 • 절연내력	• 전선로 및 부대설비 규격서 • 단선결선도 • 보호계전기 결선도 • 시퀀스 도면 • 보호장치 및 계전기 시험 성적서
6. 접지설비 검사 • 접지 일반규격	• 규격확인 • 접지저항 측정	• 접지저항 시험 성적서
7. 종합연동시험 • 종합연동시험	검사 시 일사량을 기준으로 가능 출력 확인하고 발전량 이상 유무 확인(30분)	
8. 부하운전시험	부하운전시험 의견	• 출력기록지 • 전회 검사 이후 총 운전 및 기동횟수 • 전회 검사 이후 주요 경비 내용

2 접지시스템

1. 접지의 정의 및 목적

1) 정의
접지는 대지에 전기적 단자를 설치하여 절연대상물을 대지의 낮은 저항으로 연결하는 것이다.

2) 목적
접지의 목적은 인축에 대한 안전과 설비 및 기기에 대한 안정이다. 즉, 전기설비나 전기기기 등의 이상전압제어 및 보호장치의 확실한 동작으로 인축에 대한 감전사고 방지와 전기·전자 통신설비 및 기기의 안정된 동작의 확보를 위한 것이다.

2. 접지설비의 개요

1개의 건축물에는 그 건축물 대지전위의 기준이 되는 접지극, 접지선 및 주 접지단자를 그림과 같이 구성한다. 건축 내 전기기기의 노출 도전성 부분 및 계통 외 도전성 부분(건축구조물의 금속제 부분 및 가스, 물, 난방 등의 금속배관설비)은 모두 주 접지단자에 접속한다.

또한, 손의 접근한계 내에 있는 전기기기 상호 간 및 전기기기와 계통 외 도전성 부분은 보조등전위 접속용 선에 접속한다.

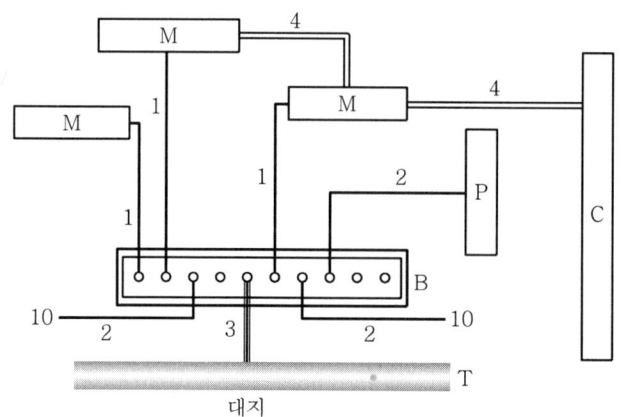

1 : 보호선(PE)
2 : 주등전위 접속용 선
3 : 접지선
4 : 보조등전위 접속용 선
10 : 기타 기기(예, 통신설비)

B : 주접지단자
M : 전기기구의 노출 도전성 부분
C : 철골, 금속덕트의 계통 외 도전성 부분
P : 수도관, 가스관 등 금속배관
T : 접지극

3. 접지시스템 구분

1) 계통접지
전력계통의 이상현상에 대비하여 대지와 계통을 접속

2) 보호접지
감전보호를 목적으로 기기의 한 점 이상을 접지(전기기계외함과 대지면을 전선으로 연결)

3) 피뢰시스템접지
뇌격전류를 안전하게 대지로 방류하기 위한 접지

4. 접지시스템의 시설 종류

1) 단독접지
(특)고압계통의 접지극과 저압 접지계통의 접지극을 독립적으로 시설하는 접지 방식

2) 공통/통합접지
공통접지는 (특)고압 접지계통과 저압 접지계통을 등전위 형성을 위해 공통으로 접지하는 방식이고 통합접지 방식은 계통접지·통신접지·피뢰접지의 접지극을 통합하여 접지하는 방식

5. 수전전압별 접지설계 시 고려사항

1) 저압수전 수용가 접지설계
주상변압기를 통해 저압전원을 공급받는 수용가의 경우 지락전류 계산과 자동차단 조건 등을 고려하여 접지설계

2) (특)고압수전 수용가 접지설계
(특)고압으로 수전받는 수용가의 경우 접촉·보폭전압과 대지전위상승(EPR), 허용 접촉전압 등을 고려하여 접지설계

3 접지선

1. 보호도체의 단면적

① 다음 표에서 정한 값 이상의 단면적

상도체의 단면적 S [mm²]	대응하는 보호도체의 최소 단면적 [mm²]	
	보호도체의 재질이 상도체와 같은 경우	보호도체의 재질이 상도체와 다른 경우
$S \leq 16$	S	$\dfrac{k_1}{k_2} \times S$
$16 < S \leq 35$	16	$\dfrac{k_1}{k_2} \times 16$
$S > 35$	$\dfrac{S}{2}$	$\dfrac{k_1}{k_2} \times \dfrac{S}{2}$

여기서, k_1 : 도체 및 절연의 재질에 따라 KS C IEC 60364-5-54 부속서 A(규정)의 표 A54.1 또는 IEC 60364-4-43의 표 43A에서 선정된 상도체에 대한 값

k_2 : KS C IEC 60364-5-54 부속서 A(규정)의 표 A54.2~A54.6에서 선정된 보호도체에 대한 값 PEN 도체의 경우 단면적의 축소는 중성선의 크기결정에 대한 규칙에만 허용된다.

② 계산에 의한 경우는 다음 계산식으로 구한다.(이 식은 차단시간 5초 이하인 경우에 적용한다.)

$$S = \frac{\sqrt{I^2 t}}{k}$$

여기서, S : 단면적[mm²]

I : 보호계전기를 통해 흐를 수 있는(임피던스를 무시 가능한 경우) 지락 고장전류 값 (교류실효 값 : A)

t : 차단기 동작시간[s]

k : 보호선, 절연 및 기타 부위의 재료 및 초기온도와 최종온도로 정해지는 계수

③ 위 식으로 표준규격에 일치하지 않은 크기가 나온 경우는 가장 가까운 상위 표준 단면적을 가진 선을 사용해야 한다.

④ 보호선이 전원케이블 또는 케이블 용기의 일부로 구성되어 있지 않은 경우는 단면적을 어떠한 경우에도 다음 값 이상으로 해야 한다.

㉠ 기계적 보호가 된 것은 단면적 2.5[mm²] 동, 16[mm²] 알루미늄

㉡ 기계적 보호가 안 된 것은 단면적 4.0[mm²] 동, 16[mm²] 알루미늄

2. 보호선의 종류

① 다심케이블의 전선
② 충전 전선과 공통 외함에 시설하는 절연전선 또는 나전선
③ 고정배선의 나전선 또는 절연전선
④ 금속케이블외장, 케이블차폐, 케이블외장
⑤ 금속관, 전선묶음, 동심 전선

3. 보호선의 전기적 연속성 유지

① 보호선을 기계적, 화학적 열화 및 전기역학적 힘에 대해 적절히 보호해 주어야 한다.(예 : 합성수지관, 금속관 등에 포설)
② 보호선의 접속부는 컴파운드 충진 또는 캡슐(Capsule)에 수납한 경우를 제외하고 검사 및 시험 시에 접근 가능하도록 해야 한다.
③ 보호선은 개폐기를 삽입하지 않아야 한다. 다만, 시험을 위한 공구를 이용하여 분리하는 접속부 설치는 가능하다.

4. PEN 선(PEN 도체)

① PEN 선은 고정 전기설비에서만 사용되고, 기계적으로 단면적 10[mm^2] 이상의 동 또는 16[mm^2] 이상의 알루미늄을 사용할 수 있다.
② PEN 선은 사용하는 최고전압을 위해서 절연되어야 한다.
③ 설비의 한 지점에 중성선과 보호선으로 시설할 경우 중성선을 설비의 다른 접지부분(예 : PEN 선의 보호선)에 접속하여서는 안 된다. 다만, PEN 선은 각각 중성선과 보호선으로 구성하여야 한다. 별도의 단자 또는 바는 보호선과 중성선을 위해 시설한다. 이 경우에 PEN 선은 단자 또는 바에 접속하여야 한다.
④ 계통 외 도전성 부분은 PEN 선으로 사용하지 않는다.

5. 등전위 접속선(등전위 결합도체)

① 주 접지단자에 접속되는 등전위 접속선의 단면적은 다음 값 이상이어야 한다.
  ㉠ 동 : 6[mm^2]
  ㉡ 알루미늄 : 16[mm^2]
  ㉢ 철 : 50[mm^2]
② 두 개의 노출 도전성 부분에 접속하는 등전위 접속선은 노출 도전성 부분에 접속된 작은 보호선의 도전성보다 큰 도전성을 가져야 한다.
③ 노출 도전성 부분을 계통 외 도전성 부분에 접속하는 등전위 접속선은 보호선 단면적의 1/2 이상의 도전성을 가져야 한다.

6. 중성선과 보호선의 식별

① 중성선 또는 중간선의 식별에는 청록색 또는 흰색이 사용된다.
② 보호선의 식별에는 녹/황 조합 또는 녹색이 사용된다.
③ PEN 선의 식별은 다음 중 하나로 표시한다.
- 선의 전체 표시는 녹색/노란색, 선의 끝부분 표시는 청록색으로 한다.

7. 최소단면적

① 접지선의 최소단면적은 내선규정에 따라야 하며, 지중에 매설하는 경우에는 아래 표에 따라야 한다.

[접지선의 규약 단면적]

구분	기계적 보호 있음	기계적 보호 없음
부식에 대한 보호 있음	2.5[mm^2] 동, 10[mm^2] 철	16[mm^2] 동, 16[mm^2] 철
부식에 대한 보호 없음	25[mm^2] 동, 50[mm^2] 철	

② 접지선이 외상을 받을 염려가 있는 경우에는 합성수지관(두께 2[mm] 미만의 합성수지제 전선관 및 난연성이 없는 CD관은 제외한다) 등에 넣어야 한다. 다만, 사람이 접촉할 우려가 없는 경우에는 금속관을 이용해서 보호할 수 있다.
③ 접지선과 접지극과의 접속은 튼튼하게 또는 전기적으로 충분해야 한다. 클램프를 사용하는 경우에는 접지극 또는 접지선이 손상되지 않도록 하여야 한다.

8. 전선식별법 국제표준화(KEC 121.2)

전선 구분	KEC 식별색상
상선(L1)	갈색
상선(L2)	흑색
상선(L3)	회색
중성선(N)	청색
접지/보호도체(PE)	녹황교차

9. 과전류 차단기의 시설제한

접지공사의 접지선은 과전류차단기를 시설하여서는 안 된다.

10. 피뢰침용 접지선과 거리

전등전력용, 소세력회로용 및 출퇴표시등 회로용의 접지극 또는 접지선은 피뢰침용의 접지극 및 접지선에서 2[m] 이상 이격하여 시설하여야 한다. 다만, 건축물의 철골 등을 각각의 접지극 및 접지선에 사용하는 경우에는 적용하지 않는다.

4 접지극

접지극이란 접지선과 대지의 낮은 저항과 연결하여 주는 시설물이다.

1. 접지극의 종류

① 접지극에는 다음의 것을 사용할 수 있다.
  ㉠ 접지봉 및 판
  ㉡ 접지판
  ㉢ 접지테이프 또는 선
  ㉣ 건축물 기초에 매입된 접지극
  ㉤ 콘크리트 내의 철근
  ㉥ 금속제 수도관 설비
② 접지극의 종류 및 매설깊이는 토양의 건조 또는 동결에 따라 접지저항 값이 소요 값보다 증가되지 않도록 선정하여야 한다.

2. 매설 또는 타입식 접지극

① 매설 또는 타입식 접지극은 동판, 동봉, 철관, 철봉, 동봉강관, 탄소피복강봉, 탄소접지모듈 등을 사용하고 이들을 가급적 물기가 있는 장소와 가스, 산 등으로 인하여 부식될 우려가 없는 장소를 선정하여 지중에 매설하거나 타입하여야 한다.
② 접지극은 다음 사항을 원칙으로 한다.
  ㉠ 동판 : 두께 0.7[mm] 이상, 면적 90[cm^2] 편면(片面) 이상
  ㉡ 동봉, 동피복강봉 : 지름 8[mm] 이상, 길이 0.9[m] 이상
  ㉢ 철관 : 외경 25[mm] 이상, 길이 0.9[m] 이상의 아연도금가스철관 또는 후성전선관
  ㉣ 철봉 : 지름 12[mm] 이상, 길이 0.9[m] 이상의 아연도금
  ㉤ 동봉강관 : 두께 1.6[mm] 이상, 길이 0.9[m] 이상, 면적 250[cm^2] 편면 이상
  ㉥ 탄소피복강관 : 지름 8[mm] 이상의 강심이고 길이 0.9[m] 이상
③ 접지선과 접지극은 Cad Welding, 접지클램프, 커넥터, 납땜(소회로) 또는 기타 확실한 방법에 의하여 접속하여야 한다. 이때 납땜은 은(銀) 납류에 의한 것이어야 하고 납과 주석의 합금은 바람직하지 못하다.

5 계통접지의 방식

계통접지와 기기접지의 조합에 따라 접지방식에는 여러 가지 방식이 있는데 국내에서는 KS C IEC 60364 규정을 적용하여 TN 계통(TN System), TT 계통(TT System), IT 계통(IT System)을 제안하고 있다.

1. 저압전로의 보호도체 및 중성선의 접속방식에 따라 다음과 같이 분류한다.
① TN 계통
② TT 계통
③ IT 계통

2. 계통접지에서 사용되는 문자의 정의

1) 제1문자 : 전력계통과 대지의 관계
   ① T : 한 점을 대지에 직접 접속한다.
   ② I : 모든 충전부를 대지(접지)로부터 절연시키거나 임피던스를 삽입하여 한 점을 대지에 직접 접속한다.

2) 제2문자 : 설비의 노출 도전성 부분과 대지와의 관계
   ① T : 전력계통의 접지와는 무관하며 노출 도전성 부분을 대지로 직접 접속한다.
   ② N : 노출 도전성 부분을 전력계통의 접지점(교류계통에서 통상적으로 중성점 또는 중성점이 없을 경우에는 단상)에 직접 접속한다.
   * 그 다음 문자(문자가 있을 경우) : 중성선과 보호선의 조치
   ③ S : 보호선의 기능을 중성선 또는 접지측 전선(또는 교류계통에서 접지측 상)과 분리된 전선으로 실시한다.
   ④ C : 중성선 및 보호선의 기능을 한 개의 전선으로 겸용한다.(PEN 선)

기호 설명	
─/─	중성선(N)
─/─	보호선(PE)
─/─	보호선과 중성선 결합(PEN)

* 기호 : TN 계통, TT 계통, IT 계통에 동일 적용

3. TN 계통(Terra Neutral System)

① TN 계통이란 전원의 한 점을 직접 접지하고 설비의 노출 도전성 부분을 보호선(PE)을 이용하여 전원의 한 점에 접속하는 접지계통을 말한다. 즉, 접지전류가 설비의 노출 도전성 부분에서 전원 접지점으로 흐를 수 있는 금속경로가 형성된다.

② TN 계통은 중성선 및 보호선의 배치에 따라 TN-S 계통, TN-C-S 계통 및 TN-C 계통의 세 종류가 있다.

③ TN 계통방식에서 지락은 과전류차단기에 의해 보호된다. 따라서 사고가 발생한 경우에는 고장점 임피던스를 고려하여 일정시간 안에 전원의 과전류차단기가 동작하도록 차단기 특성 및 도체의 크기를 선정할 필요가 있다.

㉠ TN-S 계통

계통 전체에 대해 별도의 중성선 또는 PE 도체를 사용한다.

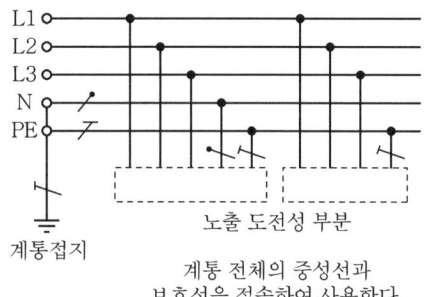

[계통 내에서 별도의 중성선과 보호도체가 있는 TN-S 계통]

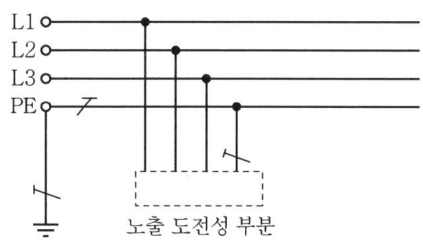

[계통 내에서 별도의 접지된 선도체와 보호도체가 있는 TN-S 계통]

ⓛ TN-C 계통

계통 전체에 대해 중성선과 보호도체의 기능을 동일도체로 겸용한 PEN 도체를 사용한다.

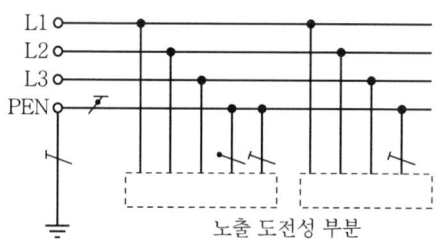

[TN-C 계통]

ⓒ TN-C-S 계통

계통의 일부분에서 PEN 도체를 사용하거나 중성선과 별도의 PE 도체를 사용한다.

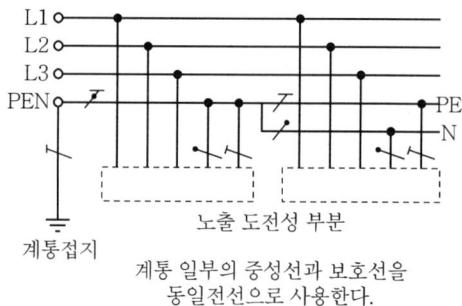

[TN-C-S 계통]

4. TT 계통(Terra Terra System)

① TT 계통이란 전원의 한 점을 직접 접지하고 설비의 노출 도전성 부분을 전원계통의 접지극과는 전기적으로 독립한 접지극에 접지하는 접지계통을 말한다.
② 이 계통방식에서 지락은 과전류차단기 또는 누전차단기로 보호되며, 이 경우 기기 프레임의 대지전위 상승을 제한하기 위한 조건이 필요하다.

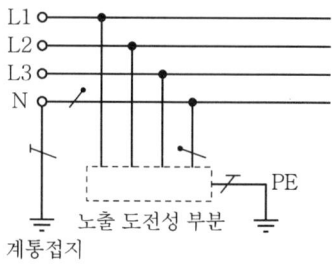

[설비 전체에서 별도의 중성선과 보호도체가 있는 TT 계통]

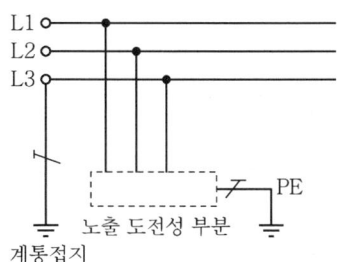

[설비 전체에서 접지된 보호도체가 있으나 배전용 중성선이 없는 TT 계통]

5. IT 계통(Insulation Terra System)

① IT 계통이란 충전부 전체를 대지로부터 절연시키거나, 한 점에 임피던스를 삽입하여 대지에 접속시키고, 전기기기의 노출 도전성 부분 단독 또는 일괄적으로 접지하거나 또는 계통접지로 접속하는 접지계통을 말한다.

② 1점 지락사고의 경우 기기 프레임 측의 접지저항을 낮게 함으로써 보호되지만 2점 지락사고 시에는 대책을 고려해야 한다.

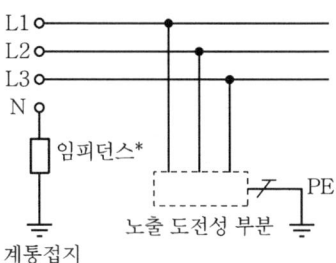

[계통 내의 모든 노출 도전부가 보호도체에 의해 접속되어 일괄 접지된 IT 계통]

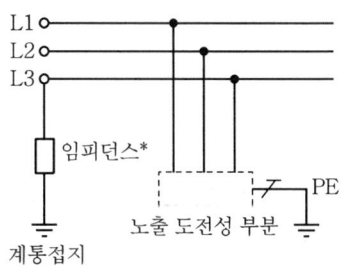

[노출 도전부가 조합으로 또는 개별로 접지된 IT 계통]

6 접지공사의 시설기준

① 접지극은 지하 75[cm] 이상의 깊이에 매설할 것
② 접지선은 지표상 60[cm]까지 절연전선 및 케이블을 사용할 것
③ 접지선은 지하 75[cm]부터 지표상 2[m]까지는 합성수지관 또는 절연몰드 등으로 보호한다.

7 변압기 중성점 접지

① 변압기의 중성점 접지저항 값은 다음에 의한다.
　㉠ 일반적으로 변압기의 고압·특고압 측 전로 1선 지락전류로 150을 나눈 값과 같은 저항 값 이하

$$R = \frac{150}{\text{변압기의 고압 측 또는 특고압 측 1선 지락전류}}$$

　㉡ 변압기의 고압·특고압 측 전로 또는 사용전압이 35[kV] 이하의 특고압전로가 저압 측 전로와 혼촉하고 저압전로의 대지전압이 150[V]를 초과하는 경우에는 저항값은 다음에 의한다.
　　• 1초 초과 2초 이내에 고압·특고압 전로를 자동으로 차단하는 장치를 설치할 때는 300을 나눈 값 이하
　　• 1초 이내에 고압·특고압 전로를 자동으로 차단하는 장치를 설치할 때는 600을 나눈 값 이하

② 전로의 1선 지락전류는 실측 값에 의한다. 다만, 실측이 곤란한 경우에는 선로정수 등으로 계산한 값에 의한다.

8 공통접지 및 통합접지

① 고압 및 특고압과 저압 전기설비의 접지극이 서로 근접하여 시설되어 있는 변전소 또는 이와 유사한 곳에서는 다음과 같이 공통접지시스템으로 할 수 있다.
　㉠ 저압 전기설비의 접지극이 고압 및 특고압 접지극의 접지저항 형성영역에 완전히 포함되어 있다면 위험전압이 발생하지 않도록 이들 접지극을 상호 접속하여야 한다.
　㉡ 접지시스템에서 고압 및 특고압 계통의 지락사고 시 저압계통에 가해지는 상용주파 과전압은 다음 표에서 정한 값을 초과해서는 안 된다.

[저압설비 허용 상용주파 과전압]

고압계통에서 지락고장시간 [초]	저압설비 허용 상용주파수 과전압 [V]	비고
> 5	$U_0 + 250$	중성선 도체가 없는 계통에서 U_0는 선간전압을 말한다.
≤ 5	$U_0 + 1,200$	

1. 순시 상용주파 과전압에 대한 저압기기의 절연 설계기준과 관련된다.
2. 중성선이 변전소 변압기의 접지계통에 접속된 계통에서, 건축물 외부에 설치한 외함이 접지되지 않은 기기의 절연에는 일시적 상용주파 과전압이 나타날 수 있다.

9 전로의 중성점 접지 목적

① 보호장치의 확실한 동작 확보
② 이상전압 억제
③ 대지전압 저하

10 기계기구의 철대 및 외함의 접지

① 전로에 시설하는 기계기구의 철대 및 금속제 외함(외함이 없는 변압기 또는 계기용 변성기는 철심)에는 140에 의한 접지공사를 하여야 한다.
② 다음의 어느 하나에 해당하는 경우에는 ①의 규정에 따르지 않을 수 있다.
  ㉠ 사용전압이 직류 300[V] 또는 교류 대지전압이 150[V] 이하인 기계기구를 건조한 곳에 시설하는 경우
  ㉡ 저압용의 기계기구를 건조한 목재의 마루 기타 이와 유사한 절연성 물건 위에서 취급하도록 시설하는 경우
  ㉢ 저압용이나 고압용의 기계기구, 341.2에서 규정하는 특고압 전선로에 접속하는 배전용 변압기나 이에 접속하는 전선에 시설하는 기계기구 또는 333.32의 1과 4에서 규정하는 특고압 가공전선로의 전로에 시설하는 기계기구를 사람이 쉽게 접촉할 우려가 없도록 목주 기타 이와 유사한 것의 위에 시설하는 경우
  ㉣ 철대 또는 외함의 주위에 적당한 절연대를 설치하는 경우
  ㉤ 외함이 없는 계기용 변성기가 고무·합성수지 기타의 절연물로 피복한 것일 경우
  ㉥ 「전기용품 및 생활용품 안전관리법」의 적용을 받는 이중절연구조로 되어 있는 기계기구를 시설하는 경우
  ㉦ 저압용 기계기구에 전기를 공급하는 전로의 전원 측에 절연변압기(2차 전압이 300[V] 이하이며, 정격용량이 3[kVA] 이하인 것에 한한다)를 시설하고 또한 그 절연변압기의 부하 측 전로를 접지하지 않은 경우
  ㉧ 물기 있는 장소 이외의 장소에 시설하는 저압용의 개별 기계기구에 전기를 공급하는 전로에 「전기용품 및 생활용품 안전관리법」의 적용을 받는 인체감전보호용 누전차단기(정격감도전류가 30[mA] 이하, 동작시간이 0.03초 이하의 전류동작형에 한한다)를 시설하는 경우
  ㉨ 외함을 충전하여 사용하는 기계기구에 사람이 접촉할 우려가 없도록 시설하거나 절연대를 시설하는 경우

11 금속관 등의 접지공사

금속관 등의 접지는 전선의 절연열화 등에 의해 금속관에 누전되었을 경우의 위험을 방지하기 위해 시설한다. 금속관 및 각 기기와의 구체적인 접지공사에 대해 다음 그림에서 나타내었다.

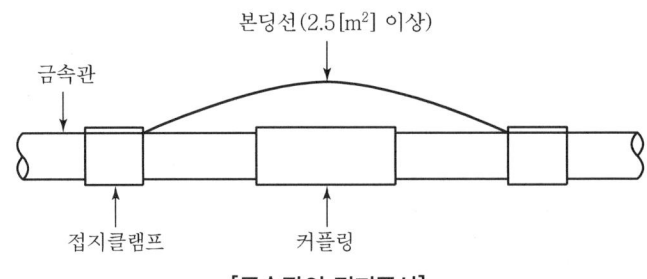

[금속관의 접지공사]

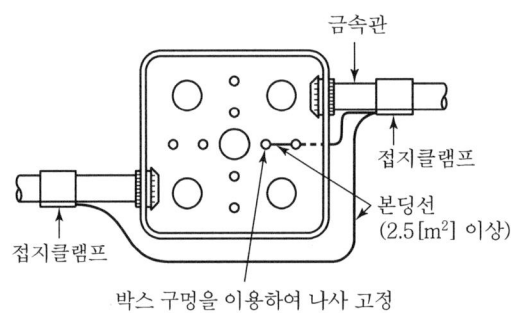

[금속관과 Box의 접지공사]

12 감전보호용 등전위본딩

전계 내에서 복수점이 동일한 전위를 이루기 위한 도전부 사이의 전기적 접속

1. 등전위본딩의 적용

건축물·구조물에서 접지도체, 주접지단자와 다음의 도전성 부분은 등전위본딩하여야 한다. 다만, 이들 부분이 다른 보호도체로 주접지단자에 연결된 경우에는 그러하지 아니하다.
① 수도관·가스관 등 외부에서 내부로 인입되는 금속배관
② 건축물·구조물의 철근, 철골 등 금속보강재
③ 일상생활에서 접촉이 가능한 금속제 난방배관 및 공조설비 등 계통외도전부

2. 등전위본딩의 시설(보호등전위본딩)

① 건축물·구조물의 외부에서 내부로 들어오는 각종 금속제 배관은 다음과 같이 하여야 한다.

㉠ 1개소에 집중하여 인입하고, 인입구 부근에서 서로 접속하여 등전위본딩 바에 접속하여야 한다.

㉡ 대형 건축물 등으로 1개소에 집중하여 인입하기 어려운 경우에는 본딩도체를 1개의 본딩 바에 연결한다.

② 수도관·가스관의 경우 내부로 인입된 최초의 밸브 후단에서 등전위본딩을 하여야 한다.

③ 건축물·구조물의 철근, 철골 등 금속보강재는 등전위본딩을 하여야 한다.

3. 등전위본딩 도체(보호등전위본딩 도체)

① 주접지단자에 접속하기 위한 등전위본딩 도체는 설비 내에 있는 가장 큰 보호접지도체 단면적의 1/2 이상의 단면적을 가져야 하고 다음의 단면적 이상이어야 한다.

㉠ 구리도체 : 6[mm^2]

㉡ 알루미늄도체 : 16[mm^2]

㉢ 강철도체 : 50[mm^2]

② 주접지단자에 접속하기 위한 보호본딩도체의 단면적은 구리도체 25[mm^2] 또는 다른 재질의 동등한 단면적을 초과할 필요는 없다.

13 접지저항의 측정

1. 공통·통합접지저항 측정방법

1) 보조극을 일직선으로 배치하여 측정하는 방법

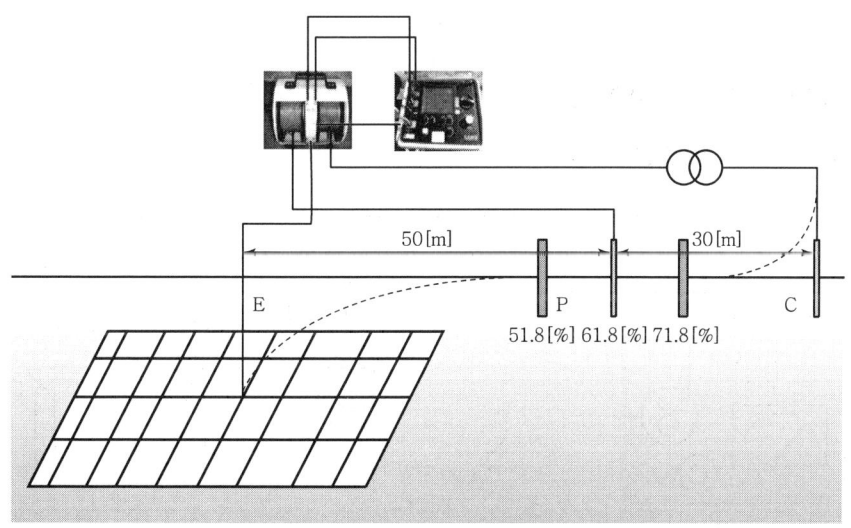

[보조극을 일직선으로 배치하여 측정하는 방법]

① 보조극은 저항구역이 중첩되지 않도록 접지극 규모의 6.5배 이격하거나, 접지극과 전류 보조극 간 80[m] 이상 이격하여 측정
② P 위치는 전위변화가 적은 E, C 간 일직선상 61.8[%] 지점에 설치
③ 접지극의 저항이 참값인가를 확인하기 위해서는 P를 C의 61.8[%] 지점, 71.8[%] 지점 및 51.8[%] 지점에 설치하여 세 측정 값을 취함
④ 세 측정 값의 오차가 ±5[%] 이하이면 세 측정 값의 평균을 E의 접지저항 값으로 함
⑤ 세 측정 값의 오차가 ±5[%] 초과하면 E와 C 간의 거리를 늘려 시험을 반복함. 통합접지 방식인 경우에는 모든 도전부에 등전위본딩을 실시하고, 접지저항 값은 10[Ω] 이하를 유지할 것

2) 보조극을 90~180° 배치하여 측정하는 방법

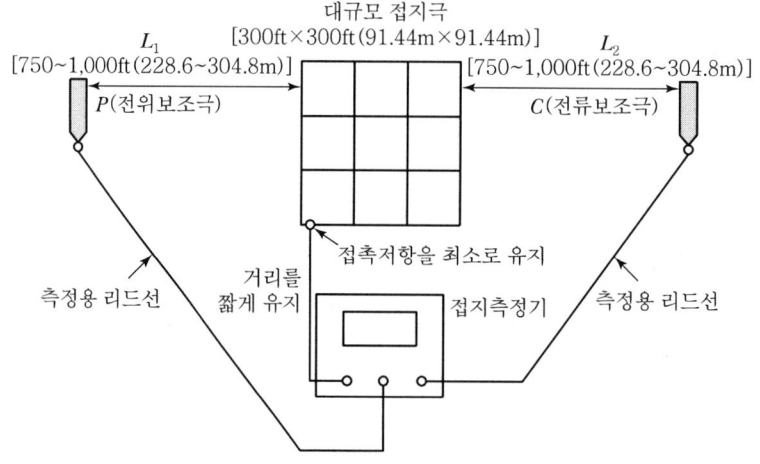

2. 전위차계 접지저항계 측정방법

1) 접지저항계 사용방법

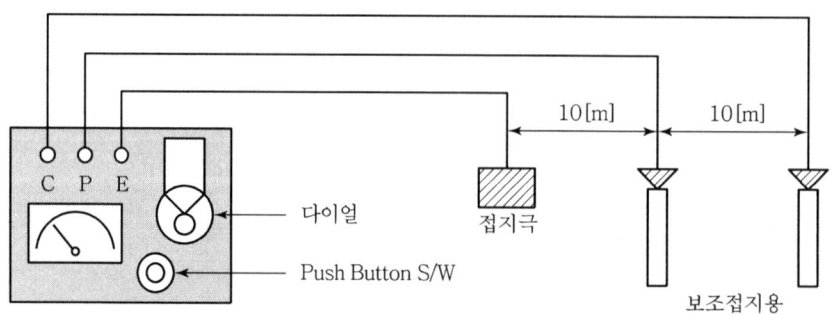

2) 측정방법

① 계측기를 수평으로 놓는다.
② 보조접지용을 습기가 있는 곳에 직선으로 10[m] 이상 간격을 두고 박는다.
③ E 단자의 리드선을 접지극(접지선)에 접속한다.
④ P, C 단자를 보조접지용에 접속한다.
⑤ Push Button을 누르면서 다이얼을 돌려 검류계의 눈금이 중앙(0)에 지시할 때 다이얼의 값을 읽는다.

3) 콜라우시 브리지법

접지극 E와 제1보조전극 P, 제2보조전극 C와의 간격을 10[m] 이상으로 하여 측정한다.

4) 간이접지저항계 측정법

측정할 때 접지보조전극을 타설할 수 없는 경우에는 간이접지저항계를 사용하여 접지저항을 측정한다.

5) 클램프 온 측정법

전위차계식 접지저항계 대신 측정할 수 있는 방식으로 $22.9[kV-Y]$ 배전계통이나 통신케이블의 경우처럼 다중접지시스템의 측정에 사용되는 방법이다.

SECTION 005 실전예상문제

01 태양광발전 토목공사 및 구조물 시공

01 태양전지 어레이의 구조물 설치 시 지반상태에 따른 해결책이 아닌 것은?

① 연약층이 깊을 경우 독립기초로 한다.
② 지반의 허용지지력이 부족할 경우 지관폭을 증가시키거나 지반을 치환한다.
③ 배면토의 강도정수가 부족할 경우 지관폭을 증가시키거나 사면경사도를 완화한다.
④ 지반의 지하수위가 높을 경우 지지력 저하로 침하가 발생할 수 있으므로 배수공을 설치한다.

풀이 말뚝기초 : 연약층이 깊을 경우 침하, 전도, 활동 등이 발생할 수 있으므로 말뚝기초(깊은 기초)로 한다.

02 지반상태의 문제점 및 이에 대한 대책으로 잘못된 것은?

① 지반의 허용지지력 부족 시 침하 및 전도 발생 : 지관폭 증가, 지반의 치환
② 지반의 지하수위가 높을 때 지지력 저하로 침하 발생 : 배수공 설치
③ 연약층이 깊을 경우 침하 전도 활동 발생 : 독립기초로 한다.
④ 배면토의 강도정수 부족 시 전도 및 활동 발생 : 지관폭 증가, 사면경사도 완화

풀이 연약층이 깊어 침하 전도가 발생하면 말뚝기초로 설계 변경한다.
지반이 암반일 때 과다설계 : 구조체 설계 변경(단면 감소)

03 지지층이 얕은 태양광발전소 부지에 사용되는 기초는?

① 케이슨 기초　　　　　　　② 말뚝기초
③ 피어 기초　　　　　　　　④ 직접기초

풀이 기초의 종류
- 직접기초 : 지지층이 얕을 경우 자주 쓰인다.
- 말뚝기초 : 지지층이 깊을 경우 자주 쓰인다.
- 주춧돌 기초 : 첨탑 등의 기초에 자주 쓰인다.
- 케이슨 기초 : 하천 내의 교량 등에 자주 쓰인다.
- 연속기초 : 지지층이 매우 깊은 경우에 자주 쓰인다.
- 독립기초 : 지지물의 응력을 개별로 지지하는 기초이다.

정답 01 ① 02 ③ 03 ④

04 기초판과 기둥으로 형성되어 있으며, 기둥과 보로 구성되어 있는 건축물에 적용되는 기초의 종류는?

① 말뚝기초   ② 독립기초
③ 복합기초   ④ 연속기초

풀이) 지상용 태양광발전시스템에서 구조물을 지지하는 기초종류
직접기초, 연속기초, 말뚝기초, 주춧돌기초, 케이슨기초

독립기초

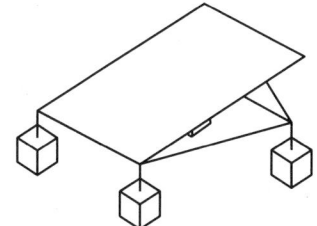
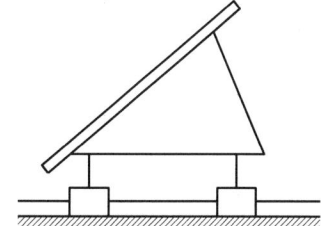

05 태양전지 어레이의 구조물을 지상에 설치하기 위한 기초의 종류 중 지지층이 얕을 경우 쓰이는 방식은?

① 말뚝기초   ② 직접기초
③ 피어기초   ④ 케이슨 기초

풀이)
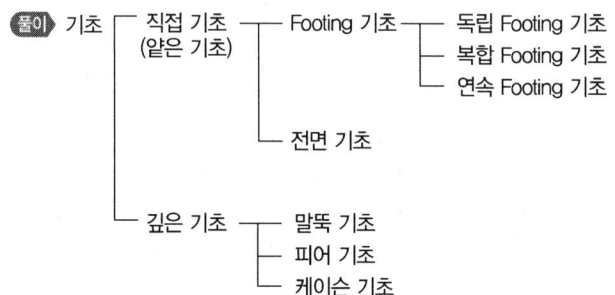

06 지상에 태양전지 어레이를 설치하기 위한 기초형식 중 지지층이 얕은 경우에 사용하는 방식이 아닌 것은?

① 말뚝 기초   ② 직접 기초
③ 독립 푸팅 기초   ④ 복합 푸팅 기초

풀이) • 직접 기초, 독립 푸팅 기초, 복합 푸팅 기초 : 얕은 기초
• 말뚝 기초 : 깊은 기초

정답 04 ② 05 ② 06 ①

07 태양광발전설비의 구조물 설치 시 기초의 종류 중 지지층이 깊을 경우 쓰는 방식이 아닌 것은?
① 직접 기초
② 말뚝 기초
③ 피어 기초
④ 케이슨 기초

풀이 5번 해설 참조

08 기초의 폭을 B, 기초의 관입 깊이를 D_f라 할 때 얕은 기초와 깊은 기초의 구분 기준은?
① $\dfrac{B}{D_f} \leq 1$: 얕은 기초, $\dfrac{B}{D_f} > 1$: 깊은 기초
② $\dfrac{B}{D_f} \leq 2$: 얕은 기초, $\dfrac{B}{D_f} > 2$: 깊은 기초
③ $\dfrac{D_f}{B} \leq 1$: 얕은 기초, $\dfrac{D_f}{B} > 1$: 깊은 기초
④ $\dfrac{D_f}{B} \leq 2$: 얕은 기초, $\dfrac{D_f}{B} > 2$: 깊은 기초

풀이

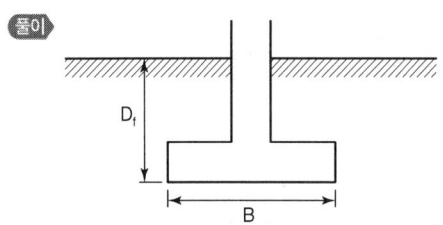

$\dfrac{D_f}{B} \leq 1$: 얕은 기초

$\dfrac{D_f}{B} > 1$: 깊은 기초

여기서, B : 기초의 폭
D_f : 기초의 관입 깊이

09 태양전지 어레이 설치공사의 주의사항으로 틀린 것은?
① 구조물 및 지지대는 현장용접을 한다.
② 너트의 풀림 방지를 위해 이중너트를 사용하고 스프링와셔를 체결한다.
③ 태양광 어레이 기초면 확인을 위해 수평기, 수평줄, 수직추를 확보한다.
④ 지지대의 기초앵커볼트의 조임은 바로세우기 완료 후, 앵커볼트의 장력이 균일하게 되도록 한다.

풀이 태양전지 어레이용 가대 및 지지대 설치방법
• 어레이용 가대 모듈 고정용 가대 및 케이트 트레이용 채널 순으로 조립한다.
• 구조물 및 지지대 형강류(H형, ㄷ형, ㄱ형)는 공장에서 용융아연도금을 시행한 후 현장에서 조립을 원칙으로 한다.

10 태양광발전시스템에서 태양전지 어레이용 가대 및 지지대 설치 시 고려사항이 아닌 것은?
① 태양전지 어레이용 가대 및 지지대의 설치순서, 양중방법 등의 설치계획을 결정한다.
② 태양전지 모듈의 유지보수를 위한 공간과 작업 안전을 위한 발판, 안전난간을 설치한다.
③ 지지물의 자중, 적재하중 및 구조하중에 맞게 안전한 구조의 것으로 설치한다.
④ 구조물의 자재 중 강제류는 현장에서 절단, 용융 아연도금하여 조립함을 원칙으로 한다.

> **[풀이]** • 구조물의 자재 중 형강류(강제류, H형, ㄷ형, ㄱ형)는 공장에서 용융아연도금을 시행한 후 현장에서 조립을 원칙으로 한다.
> • 현장절단이 아닌 공장에서 절단 후 용융아연도금하여 현장으로 수송한다.

11 태양광발전설비 시스템의 기초 및 구조물 시공에 대한 것 중 틀린 것은?

① 현장 반입에 합격된 자재만 시공에 사용해야 한다.
② 기초공사 및 지지물 작업의 완료시점에 맞추어 반입된 자재를 중심으로 설치한다.
③ 반입된 자재가 도착하면 기초공사 및 지지물 작업을 시작한다.
④ 기존 시설물에 대한 시공 변경이 요구될 때에는 정해진 절차에 따라 진행한다.

> **[풀이]** 반입자재가 현장에 도착하기 전에 기초공사 및 지지물 작업을 완료해야 한다.

12 옥상 또는 지붕 위에 설치한 태양전지 어레이로부터 접속함으로 배선할 경우 그림과 같이 케이블의 곡률반경은 케이블 외경의 몇 배 이상의 반경으로 배선해야 하는가?

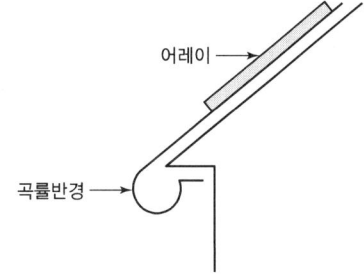

① 2배 이상
② 4배 이상
③ 6배 이상
④ 8배 이상

> **[풀이]** 옥상 지붕 위에 설치하는 물막이는 원칙적으로 케이블 외경의 6배 이상 구부려 배선한다.

13 태양광발전설비 구조물의 기초공사에 관한 설명 중 틀린 것은?

① 현장 여건을 고려한 시공 가능성
② 설계하중에 대한 안정성 확보
③ 허용침하량 이상의 침하
④ 환경변화 국부적 지반 쇄굴 등에 저항

> **[풀이]** • 구조적 안정성 확보 : 설계하중에 대한 안정성 확보
> • 허용침하량 이내 : 구조물의 허용침하량 이내의 침하
> • 최소의 깊이 유지 : 환경변화, 국부적 지반쇄굴 등에 저항
> • 시공 가능성 : 현장 여건 고려

정답 11 ③ 12 ③ 13 ③

14 태양광발전시스템의 발전형태별 태양전지 어레이 설치 시 준비 및 주의사항으로 틀린 것은?
① 가대 및 지지대는 현장에서 직접 용접한다.
② 태양전지 어레이 기초면 수평기, 수평줄을 확보한다.
③ 너트의 풀림방지는 이중너트를 사용하고 스프링 와셔를 체결한다.
④ 지지대 기초 앵커볼트의 유지 및 매립은 강제프레임 등에 의하여 고정하는 방식으로 한다.

풀이 태양전지 어레이용 가대 및 지지대 설치 준비 및 주의사항
- 태양광 어레이 기초면 확인용 수평기, 수평줄, 수직추를 확보한다.
- 지지대 및 가대(철골) 운반용 크레인 및 유자격 크레인공인지 확인
- 지지대 기초 앵커볼트의 유지 및 매립은 강제프레임 등에 의하여 고정하는 방식으로 하고 콘크리트 타설 시 이동, 변형이 발생하지 않도록 한다.
- 지지대 기초 앵커볼트의 조임은 바로세우기 완료 후, 앵커볼트의 장력이 균일하게 되도록 한다. 너트의 풀림방지는 이중너트를 사용한다.

15 어레이의 가대 설치방법으로 잘못된 것은?
① 볼트 조립은 헐거움이 없도록 단단히 조립한다.
② 부재의 접합에서 볼트접합, 용접접합 등은 이들과 동등 이상의 품질을 확보할 수 있는 방법으로 한다.
③ 기초콘크리트 앵커볼트 부분은 수시점검을 위해 볼트캡 등을 씌워서는 안 된다.
④ 어레이의 자체하중에 풍압하중을 더한 하중에 견딜 수 있도록 한다.

풀이 앵커볼트(체결용 볼트 너트와셔)
용융 아연도금처리 또는 동등 이상의 녹방지 처리를 해야 하며, 기초콘크리트 앵커볼트의 돌출부분은 볼트캡을 착용해야 한다.

16 지붕 설치형 태양전지 모듈과 가대 지지기구의 재료에 관한 설명으로 틀린 것은?
① 태양전지 모듈은 지붕 위에서 취급이 쉽도록 짧은 변은 1[m] 이하, 중량은 15[kg] 정도 이하로 한다.
② 가대 지지기구의 재료는 장기간 옥외 사용에 견딜 수 있도록 일반 강재를 이용하여 제작한다.
③ 태양전지 셀의 색은 기본적으로 단결정은 흑색계, 다결정은 청색계, 아몰퍼스는 갈색계통이다.
④ 태양전지 모듈은 작업성을 고려하여 매수를 적게 하기 위해 출력이 큰 대형사이즈가 사용된다.

풀이 지붕 설치형 태양전지모듈과 가대 지지기구의 재료
태양전지모듈은 작업성을 고려해 매수를 적게 하기 위해 출력이 큰 대형 사이즈가 주택용으로서 시판되고 있다. 지붕 위에서 취급하기 쉽도록 하기 위해서는 짧은 변은 1[m] 이하, 중량은 15[kg] 정도 이하가 바람직하다. 태양전지 셀의 색은 기본적으로 단결정은 흑색계, 다결정은 청색계, 아몰퍼스는 갈색계통이다. 가대 지지기구의 재료는 장기간의 옥외 사용(20년 예상)에 견딜 수 있는 재료를 쓸 필요가 있으며, 용융아연도금강재, 스테인리스재 등을 사용하는 것이 바람직하다.

정답 14 ① 15 ③ 16 ②

17 다음 중 태양광 모듈 및 어레이 설치 후 설명으로 틀린 것은?

① 모듈의 극성접속이 올바른지를 테스터 직류전압계로 확인한다.
② 모듈의 설명서에 표시된 단락전류가 흐르는지 직류전류계로 확인한다.
③ 모듈 구조는 모듈 설치로 인해 다른 접지의 연접성이 훼손되지 않은 것을 사용해야 한다.
④ 인버터는 절연변압기를 시설하는 경우가 빈번하여 직류 측 회로를 접지해야 한다.

풀이 태양광발전 설비 중 인버터는 절연변압기를 시설하는 경우가 드물어 직류 측 회로를 비접지로 한다.

18 태양광발전설비 구조물의 이격거리를 산정할 때 고려사항이 아닌 것은?

① 구조물의 설치면적
② 어레이 설치 시 경사각
③ 구조물 설치장소의 위도
④ 구조물에 미치는 하중

풀이 구조물 이격거리 산정 시 고려사항
- 어레이의 1개 면적(집광면적)
- 어레이의 높이(세로길이)
- 발전 가능 시간 동안 태양의 고도(12월 22일 동지 때 기준)
- 이격거리 $d = L \times \{\cos\alpha + \sin\alpha \times \tan(90° - \beta)\}$
  여기서, L : 모듈길이, α : 경사각, β : 동지 시 남중고도

19 태양광발전설비를 고정식으로 설치 시 국내에서 최적 경사각은?

① 15~20°
② 20~25°
③ 28~36°
④ 40~45°

풀이 연구자료에 의하면 국내 최적 경사각은 33°에서 대부분 지방의 발전효율이 최대가 된다.
- 자정효과를 얻기 위해 10° 이상
- 적설량이 많은 지역에서는 45° 이상 설계
- 모듈은 흙탕물이 튀는 것을 방지하기 위해 지면으로부터 60[cm] 이상 높이에 설치

20 태양광발전설비 설치 시 어레이 면이 지면과 이루는 경사 α에 대한 설명 중 틀린 것은?

① 태양광발전시스템의 이상적인 발전량을 고려할 때 어레이 경사각은 설치장소에서 태양의 고도각과 일치시키는 것으로 한다.
② 동일한 발전출력 시 어레이 경사각이 작을수록 대지의 이용률은 증가한다.
③ 경사진 지붕에 어레이 설치 시 어레이 경사각은 지붕의 경사각에 일치시킨다.
④ 적설량이 많은 지역에서는 어레이 경사각을 크게 하고 바람이 심하게 부는 지역에서는 어레이 경사각을 작게 한다.

풀이 어레이 최적 경사각은 설치장소의 태양의 위도와 일치시키는 것이 원칙이다.

정답 17 ④ 18 ④ 19 ③ 20 ①

21 금속 확장 앵커의 시공방법으로 틀린 것은?

① 기초 콘크리트가 완전히 양생한 후 작업을 한다.
② 콘크리트 드릴 선정은 앵커볼트의 직경에 적합한 드릴 규격을 선택한다.
③ 천공은 적정한 깊이로 하여 지지력을 확보한다.
④ 모재구멍과 천공구멍이 맞지 않을 경우 앵커를 비스듬히 삽입하고 토크렌치로 조인다.

풀이 모재구멍과 천공의 구멍이 맞지 않을 경우, 하자로 취급하여 재시공해야 한다. 천공 전 먹줄로 구멍표시를 정확히 하여 천공한다.

22 태양광발전시스템 구조물 시공에서 기초공사의 고려사항이 아닌 것은?

① 기초지반의 지층조건
② 기초지반의 지지력
③ 지반의 물리적 특성
④ 지반의 상부표토의 토질

풀이 구조물 시공 시 기초공사의 착안(고려)사항
- 얕은 기초 : 기초지반의 지층조건, 지반의 물리적 특성, 기초지반의 지지력
- 깊은 기초 : 기초지반의 지층조건, 지반의 물리적 특성, 말뚝의 지지력 및 지반의 역학 특성

23 태양전지 어레이의 상정하중에 대한 설명으로 틀린 것은?

① 적설하중은 모듈면의 수직 적설하중을 나타낸다.
② 고정하중은 모듈과 지지물 등의 질량의 합이다.
③ 지진하중은 모듈에 가해지는 직선 지진력을 의미한다.
④ 풍압하중은 모듈과 지지물에 가해지는 풍압력의 합니다.

풀이 지진하중은 수평하중이다.

24 태양광발전 구조물 기초의 형식을 결정할 때 고려사항으로 틀린 것은?

① 지반의 조건
② 상부구조물의 하중
③ 상부구조물의 응력강도
④ 시공의 경제성

풀이 구조물 기초형식 결정 시 고려사항
- 지반의 조건 : 지반의 종류, 지하수위, 지반의 균일성, 암반의 깊이
- 상부구조물의 특성 : 허용침하량, 구조물의 중요도
- 상부구조물의 하중 : 기초의 설계하중
- 기타 : 기초형식에 따른 경제성 비교

25 태양광발전시스템 구조물의 설치공사 순서를 올바르게 나타낸 것은?
① 어레이 기초공사 → 어레이 가대공사 → 어레이 설치공사 → 배선공사 → 검사
② 어레이 가대공사 → 어레이 기초공사 → 어레이 설치공사 → 배선공사 → 검사
③ 배선공사 → 어레이 기초공사 → 어레이 가대공사 → 어레이 설치공사 → 검사
④ 배선공사 → 어레이 가대공사 → 어레이 기초공사 → 어레이 설치공사 → 검사

풀이 태양광발전시스템 구조물 설치공사 순서

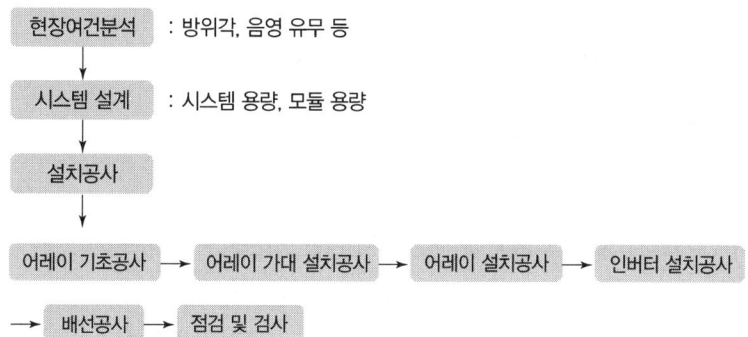

26 전력기술관리법 시행령 및 시행규칙의 감리원 업무범위가 아닌 것은?
① 현장 조사 및 분석
② 공사 단계별 기성 확인
③ 입찰참가자 자격심사 기준 작성
④ 현장 시공상태의 평가 및 기술지도

풀이 '입찰참가자 자격심사 기준 작성'은 발주처 업무이지 감리원의 업무범위가 아니다.

27 태양광발전시스템의 일반적인 시공 순서로 옳은 것은?

| ㉠ 모듈 | ㉡ 어레이 | ㉢ 인버터 | ㉣ 접속반 | ㉤ 계통 간 간선 |

① ㉠→㉡→㉣→㉢→㉤
② ㉠→㉤→㉢→㉡→㉣
③ ㉠→㉣→㉤→㉡→㉢
④ ㉠→㉢→㉤→㉣→㉡

풀이 태양광발전시스템의 일반적인 시공 순서
모듈 → 어레이 설치 → 접속반 설치 → 인버터 설치 → 계통 간 간선 설치

28 태양광발전시스템 구조물의 설치공사 순서를 바르게 나열한 것은?

㉠ 어레이 가대공사   ㉡ 어레이 기초공사   ㉢ 어레이 설치공사
㉣ 배선공사   ㉤ 점검 및 검사

① ㉡→㉠→㉢→㉣→㉤   ② ㉠→㉡→㉢→㉣→㉤
③ ㉣→㉡→㉠→㉢→㉤   ④ ㉣→㉠→㉡→㉢→㉤

풀이 설치공사의 절차

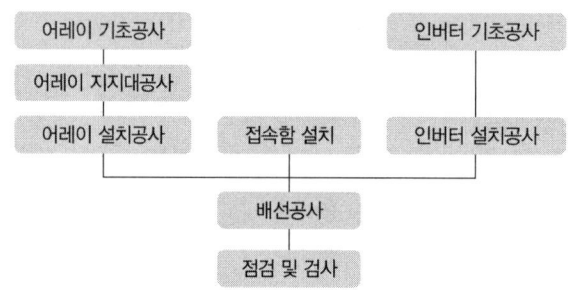

29 태양광발전설비 전기공사 중 옥외공사에 해당하지 않는 것은?

① 접속함 설치 ② 전력량계 설치
③ 분전반의 개조 ④ 태양전지 모듈 간의 배선

풀이 전기공사의 절차

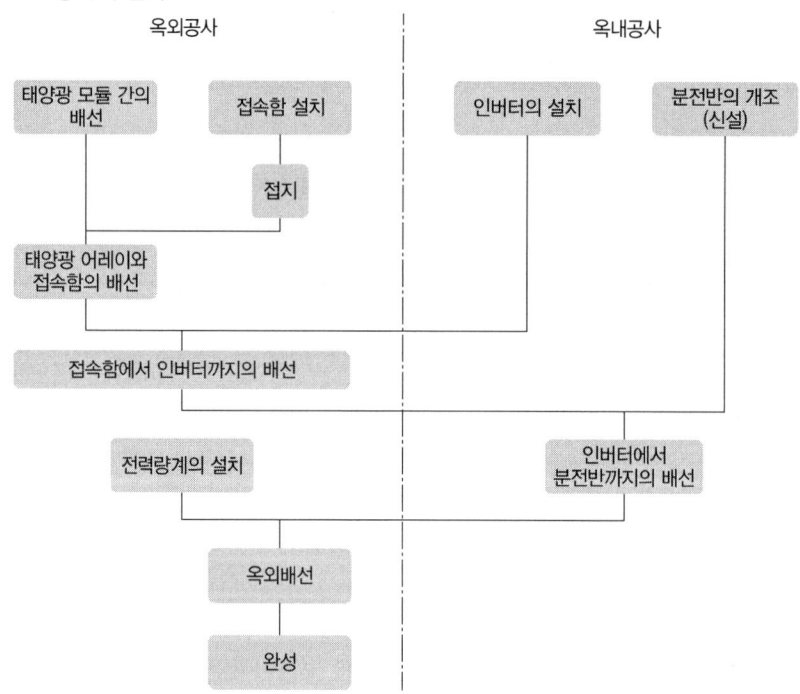

정답 29 ③

30 태양광발전시스템의 일반적인 시공절차에 대한 순서로 옳은 것은?

① 기초공사 → 자재주문 → 시스템 설계 → 모듈설치 → 간선공사 → 시운전 및 점검
② 시스템 설계 → 자재주문 → 간선공사 → 모듈설치 → 기초공사 → 시운전 및 점검
③ 자재주문 → 시스템 설계 → 기초공사 → 모듈설치 → 간선공사 → 시운전 및 점검
④ 시스템 설계 → 자재주문 → 기초공사 → 모듈설치 → 간선공사 → 시운전 및 점검

31 태양광발전시스템 구조물의 종류가 아닌 것은?

① 고정식
② 단축식
③ 양축식
④ 일자식

풀이 태양광발전 구조물의 종류
- 고정형 : 정남향에 위치하고 태양광의 입사각이 모듈에 90°로 입사되도록 경사각을 고정하는 방식
- 경사가변형 : 경사각을 계절 또는 월별에 따라서 상하로 위치 변화시키는 방식
- 단축 추적식 : 상하추적 또는 좌우추적으로 태양의 한 측만을 추적하도록 설계된 방식
- 양축 추적식 : 태양의 직달 일사량이 최대가 되도록 상하, 좌우를 동시에 추적하도록 설계된 방식

32 태양광발전시스템의 일반적인 시공 절차에 대한 순서로 옳은 것은?

① 반입 자재 검수 → 토목공사 → 기기설치공사 → 전기배관배선공사 → 점검 및 검사
② 토목공사 → 반입 자재 검수 → 기기설치공사 → 전기배관배선공사 → 점검 및 검사
③ 반입 자재 검수 → 토목공사 → 전기배관배선공사 → 기기설치공사 → 점검 및 검사
④ 토목공사 → 반입 자재 검수 → 전기배관배선공사 → 기기설치공사 → 점검 및 검사

33 태양광발전시스템 건설을 위한 기본계획 흐름도가 올바른 것은?

① 현장여건분석 → 시스템설계 → 구성요소제작 → 기초공사 → 구조물설치 → 간선공사 → 모듈설치 → 인버터설치 → 시운전 → 운전개시
② 현상여선분석 → 시스템설세 → 기초공사 → 구싱요소제작 → 구조물실치 → 간신공사 → 모듈설치 → 인버터설치 → 시운전 → 운전개시
③ 현장여건분석 → 시스템설계 → 구성요소제작 → 기초공사 → 구조물설치 → 모듈설치 → 간선공사 → 인버터설치 → 시운전 → 운전개시
④ 현장여건분석 → 시스템설계 → 구성요소제작 → 기초공사 → 구조물설치 → 모듈설치 → 인버터설치 → 간선공사 → 시운전 → 운전개시

풀이 태양광발전시스템 기본계획 흐름도＝태양광발전 시공절차 순서

정답 30 ④ 31 ④ 32 ② 33 ③

34 태양광발전시스템의 시공절차에 포함되는 것은?

① 인버터 설치공사
② 설치장소의 조사
③ 모듈 직렬 개수 선정
④ 태양광 어레이의 발전량 산출

풀이 태양광발전시스템 시공절차

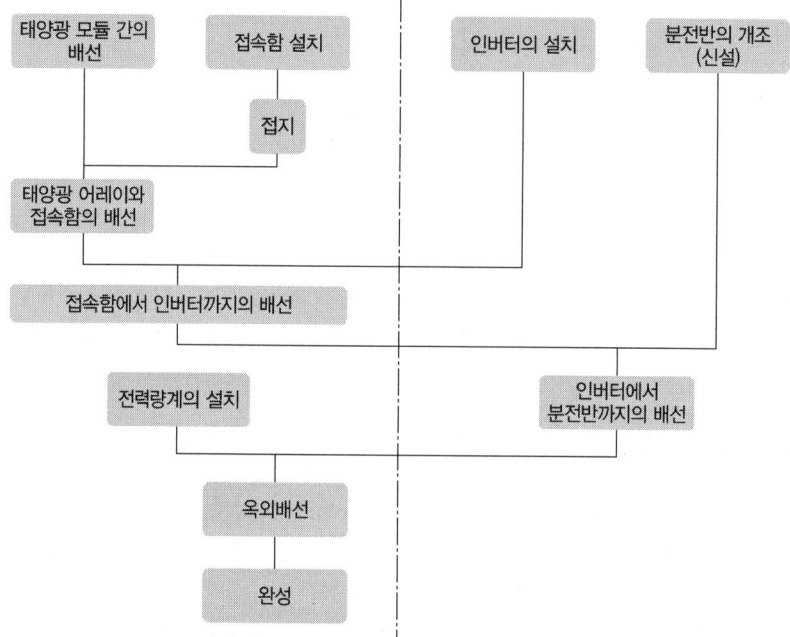

35 태양광발전설비 설치를 위한 현장실사 시 고려할 사항이 아닌 것은?

① 모듈유형, 시스템 개념 및 설치방법에 관한 고객의 희망사항
② 원하는 태양광 전력 및 발전량
③ 지형의 조건
④ 축전지 용량

풀이 태양광발전설비 설치를 위한 현장실사 시 고려사항
- 모듈유형, 시스템 개념 및 설치방법
- 태양광 전력 및 발전량
- 지형조건

정답 34 ① 35 ④

36 태양광발전시스템의 기획 및 설계 시 조사할 항목과 연결이 잘못된 것은?

① 사전조사 – 각 지자체 조례 등
② 환경조건의 조사 – 빛, 염해, 공해
③ 설치조건의 조사 – 설치장소, 재료의 반입 경로
④ 설계조건의 검토 – 전기안전관리자 이력 검토

풀이 설계조건 검토사항
부지면적, 지질 및 지반, 계통연계 가능, 방위각, 음영 여부, 시스템 용량 등

37 건설 생산 체계 중 건설 생산 추진 순서이다. ( ) 안에 들어갈 내용으로 알맞은 것은?

프로젝트의 착상 및 타당성 분석 → (㉠) → 구매, 전달 → (㉡) → 시운전 및 완공 → 인도

① ㉠ 설계, ㉡ 시공
② ㉠ 현장조사, ㉡ 시공
③ ㉠ 입찰, ㉡ 설계
④ ㉠ 현장조사, ㉡ 설계

38 태양광발전시스템의 시공절차 순서로 옳은 것은?

① 기초공사 → 자재주문 → 시스템설계 → 모듈설치 → 계통공사 → 시운전 및 점검
② 시스템설계 → 자재주문 → 기초공사 → 계통공사 → 모듈설치 → 시운전 및 점검
③ 자재주문 → 시스템설계 → 기초공사 → 모듈설치 → 계통공사 → 시운전 및 점검
④ 시스템설계 → 자재주문 → 기초공사 → 모듈설치 → 계통공사 → 시운전 및 점검

39 태양광발전시스템의 시공절차에 포함되지 않는 것은?

① 접지공사
② 어레이 기초공사
③ 인버터 설치공사
④ 태양광 어레이의 발전량 산출

풀이 태양광발전시스템 시공절차
현장여건분석 → 시스템설계 → 구성요소제작 → 기초공사 → 구조물설치 → 모듈설치 → 간선공사 → 인버터설치 → 시운전 → 운전개시

정답 36 ④ 37 ① 38 ④ 39 ④

40 어레이와 인버터 설치공사에서 다음 A, B, C에 알맞은 내용은?

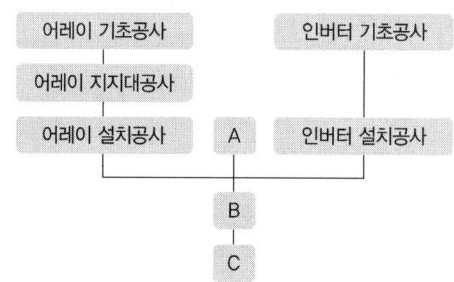

① A : 접속함 설치, B : 배선공사, C : 점검 및 검사
② A : 배선공사, B : 접속함 설치, C : 점검 및 검사
③ A : 차단기 설치, B : 배선공사, C : 접속함 설치
④ A : 차단기 설치, B : 접속함 설치, C : 배선공사

41 태양광발전시스템의 시공설치에 포함되지 않는 것은?
① 어레이 기초공사
② 전기배선공사
③ 태양광 어레이의 발전량 산출
④ 태양전지 모듈의 설치공사

풀이 시공설치에는 어레이 설치공사, 전기배선공사, 모듈설치공사, 인버터설치공사 등이 포함된다.

42 태양광발전시스템의 구조물설치 계획단계에서 고려해야 할 사항으로 틀린 것은?
① 지지대의 재질
② 지지대의 모양
③ 지지대의 강도
④ 지지대의 내용연수

풀이 태양광발전시스템 구조물 설치 계획단계의 고려사항
• 태양전지 모듈의 지지물 : 자중 적재하중 및 구조하중은 물론 풍압 적설 및 지진과 진동의 충격에 견딜 수 있는 안전한 구조일 것
• 가대의 재질 : 녹 발생이 없고 최소 20년 이상 내구성이 있을 것

43 태양광설비 시공기준 중 태양전지판에 관한 설명으로 틀린 것은?
① 태양광 모듈 설치열이 2열 이상일 경우 앞쪽 열의 음영이 뒤쪽 열에 미치지 않도록 설치하여야 한다.
② 설치용량은 사업계획서상의 설계용량 이상이어야 하며, 설계용량의 110[%]를 초과하지 않아야 한다.
③ 장애물로 인한 음영에도 불구하고 일사시간은 1일 5시간(춘분 3~5월, 추분 9~10월 기준) 이상이어야 한다.
④ 전기선, 피뢰침, 안테나 등의 경미한 음영도 장애물로 취급한다.

정답 40 ① 41 ③ 42 ② 43 ④

풀이 태양광설비 시공기준
- 일사시간 : 장애물로 인한 음영에도 불구하고 일사시간은 1일 5시간(춘분 3~5월, 추분 9~11월 기준) 이상이어야 한다.(단, 전기줄, 피뢰침, 안테나 등 경미한 음영은 장애물로 보지 않는다.)
- 태양광 모듈 설치열이 2열 이상일 경우 앞열은 뒷열에 음영이 지지 않도록 설치한다.
- 태양전지 설계용량의 110[%]를 초과하지 않아야 한다.

44 태양광발전시스템의 시공절차와 주의사항에 대한 설명으로 틀린 것은?
① 주철가대, 금속제 외함 및 금속배관 등은 누전사고 방지를 위한 접지공사가 필요하다.
② 태양광 발전시스템의 전기공사는 태양전지 모듈의 설치와 병행하여 진행한다.
③ 공사용 자재 반입 시 레커차를 사용할 경우 레커차의 암 선단이 배전선에 근접할 때, 절연전선 또는 전력케이블에 보호관을 씌운 후 전력회사에 통보한다.
④ 태양전지 모듈의 배열 및 결선방법은 모듈의 출력 전압과 설치장소에 따라 다르기 때문에 체크리스트를 이용하여 시공 전과 후에도 확인하는 것이 바람직하다.

풀이 공사용 자재의 반입 시 레커차를 사용할 경우 레커차의 암 선단이 배전선에 근접할 때, 공사착공 전에 전력회사와 사전협의 후 절연전선 또는 전력케이블에 보호관을 씌우는 등의 보호조치를 한다.

45 지붕형 태양광발전시스템 어레이 기초공사에 포함되는 것은?
① 방수공사
② 접지공사
③ 구조물공사
④ 모듈 설치공사

풀이 지붕형 태양광발전시스템 어레이 설치공사 순서
어레이 기초공사(방수공사) → 어레이 가대공사(구조물공사) → 어레이 설치공사(모듈 설치공사) → 접지공사 → 배선공사 → 검사

46 일반 지붕재에 태양전지 모듈을 넣은 지붕재 방식은?
① 지붕재 마감형
② 지붕재 일체형
③ 지붕재 건재형
④ 지붕재 설치형

풀이 지붕재 일체형 태양전지 모듈은 일반 지붕재에 태양전지 모듈을 넣은 지붕재를 말한다.

정답 44 ③ 45 ① 46 ②

47 지붕 건재형 태양전지 모듈의 설치장소를 고려한 설치사항으로 옳지 않은 것은?
   ① 태양전지 모듈의 하중에 견딜 수 있는 강도를 가질 것
   ② 풍력계수는 처마 끝이나 지붕 중앙부를 똑같이 하여 시설할 것
   ③ 인접 가옥의 화재에 대한 방화대책을 세워 시설할 것
   ④ 눈이 많은 지역에서는 적설 방지대책을 강구하여 시설할 것

   풀이) 처마 끝이나 지붕 중앙부 등은 각 위치별로 풍압을 다르게 받기 때문에 지붕 건재형 설치 시 각각 다르게 풍력계수를 적용하여야 한다.

48 지붕에 설치하는 태양광발전시스템 중 톱 라이트의 특징이 아닌 것은?
   ① 채광 및 셀에 의한 차광효과도 있다.
   ② 셀의 배치에 따라서 개구율을 바꿀 수 있다.
   ③ 중·고층 건물의 벽면을 유효하게 이용한다.
   ④ 톱 라이트의 유리 부분에 맞게 태양전지 유리를 설치한 타입이다.

   풀이) 중·고층 건물의 벽면을 유효하게 이용할 수 있는 것은 벽설치형의 특징이다.

49 지붕에 설치하는 태양광발전 형태로 틀린 것은?
   ① 창재형   ② 지붕설치형   ③ 톱라이트형   ④ 지붕건재형

   풀이) 태양광발전 지붕 설치 방식

   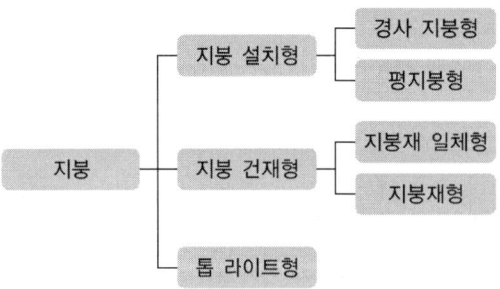

   ※ 창재형은 창측에 설치하는 형태다.

50 지붕에 설치하는 태양전지 모듈의 설치방법으로 틀린 것은?
   ① 시공, 유지보수 등의 작업을 하기 쉽도록 한다.
   ② 온도상승을 방지하기 위해 지붕과 모듈 간에는 간격을 둔다.
   ③ 모듈 고정용 볼트, 너트 등은 상부에서 조일 수 있어야 한다.
   ④ 태양전지 모듈의 설치방법 중 세로 깔기는 모듈의 긴 쪽이 상하가 되도록 설치한다.

정답 47 ② 48 ③ 49 ① 50 ④

풀이 지붕 설치형 태양전지모듈 설치방법
- 시공, 유지보수 등의 작업을 하기 쉽도록 한다.
- 태양전지 모듈의 온도 상승을 억제하기 위해서 지붕과 태양전지 모듈의 간격을 15[cm] 둔다.
- 미관 및 안전상 가대와 지지기구 등의 노출부를 가능한 한 적게 한다.
- 모듈 고정용 볼트, 너트 등은 상부에서 조일 수 있어야 한다.
- 적설량이 많은 지역에서는 어레이와 건물의 적설하중을 고려하여 적정한 설치방법을 선택함과 동시에 유효한 대책을 강구한다.
- 모듈의 설치방법 : 세로 깔기—모듈의 긴 쪽이 좌우가 되도록 설치
  　　　　　　　　 가로 깔기—모듈의 긴 쪽이 상하가 되도록 설치

51 창문 상부 등 건물 외부에 가대를 설치하고 그 위에 태양광 모듈을 설치한 형태는?
① 경사지붕형　　② 벽 건재형
③ 루버형　　　　④ 차양형

풀이 차양형 : 창문 상부 등 건물 외부에 가대를 설치하고 그 위에 태양광 모듈을 설치한 형태

52 주택지붕형 태양전지 모듈 어레이를 설치하기 위해 가장 중요하게 고려해야 하는 사항은?
① 냉각조건　　② 음영
③ 설치높이　　④ 설치각도

풀이 주택지붕형 태양광발전의 효율을 가장 많이 떨어뜨리는 요소는 주변 음영 요소이다.

53 태양전지 모듈 설치 및 조립 시 주의사항으로 틀린 것은?
① 태양전지 모듈의 파손방지를 위해 충격이 가지 않도록 한다.
② 태양전지 모듈과 가대의 접합 시 부식방지용 개스킷을 적용한다.
③ 태양전지 모듈용 가대의 상단에서 하단으로 순차적으로 조립한다.
④ 태양전지모듈의 필요 정격전압이 되도록 1스트링의 직렬매수를 선정한다.

풀이 가대의 조립은 하단에서 상단의 순으로 하여야 한다.

54 태양전지모듈을 설치할 경우 시공기준에 적합하지 않은 것은?
① 모듈 전면의 음영이 최대화되어야 한다.
② 경사각은 현장 여건에 따라 조정하여 설치할 수 있다.
③ 설치용량은 사업계획서상의 모듈 설계용량과 동일하여야 한다.
④ 방위각은 그림자의 영향을 받지 않는 곳에 정남향 설치를 원칙으로 한다.

정답 51 ④　52 ②　53 ③　54 ①

풀이 시공기준의 내용

태양광모듈 설치열이 2열 이상일 경우 앞열은 뒷열에 음영이 지지 않도록 설치하여야 한다.

55 지붕 설치형 태양광 발전방식의 설치에 대한 설명으로 틀린 것은?

① 태양전지는 지붕 중앙부에 놓는 것이 바람직하다.
② 태양전지 모듈의 접속은 전선 또는 커넥터 부착 전선 등을 사용한다.
③ 건축물은 고정하중, 적재하중, 지진 등에 대하여 안전한 구조를 가져야 한다.
④ 건축물을 건축하거나 대수선하는 경우에는 지방자치단체장이 정하는 바에 따라 구조의 안전을 확인한다.

풀이 지붕 설치형
- 설치장소 : 지붕중앙부가 처마 끝과 용마루의 풍력계수보다 낮으므로 태양광 모듈은 중앙부에 설치하는 것이 바람직하다.
- 하중 : 고정하중, 적재하중, 적설하중, 풍압, 지진 등에 대하여 안전한 구조 건축물을 건축하거나 대수선하는 경우에는 대통령령으로 정하는 바에 따라 구조 안전 확인 구조 내력의 기준과 구조계산 방법 등에 관하여 필요한 사항은 국토교통부령으로 정한다.
- 설치방법 : 태양전지모듈 접속은 전선 또는 커넥터 부착 전선 등을 사용하여 확실히 한다.

56 태양전지 어레이 설계 시 커넥터, 단자대, 개폐기 등 관련 부품은 어레이 회로의 몇 배 이상의 출력전압에 견디어야 하는가?

① 1.1배　　　　　　　　　　② 1.3배
③ 1.5배　　　　　　　　　　④ 1.6배

풀이 태양전지 어레이 출력전압

태양전지 어레이의 회로를 개방상태로 하면 태양전지 어레이 최대출력전압의 1.3배의 전압(개방전압)이 발생. 커넥터와 단자대, 개폐기 등에도 이 전압이 가해지므로 기기를 선택할 때는 기기의 정격전압이 개방전압 이상인 것을 사용한다.

57 태양광 설치 공사 중 태양전지 모듈의 설치 시 추락 방지에 대한 안전대책이 아닌 것은?

① 안전모 착용　　　　　　　② 안전허리띠 착용
③ 저압 절연장갑 착용　　　　④ 안전대 및 안전화 착용

풀이 추락 방지 안전대책
- 안전모 착용　　　　　　　　・안전허리띠 착용
- 안전화 착용　　　　　　　　・안전대 설치

※ 저압 절연장갑 착용은 감전 방지대책에 해당된다.

정답 55 ④　56 ②　57 ③

58 태양광설비 시공기준에 관한 설명으로 틀린 것은?

① 실내용 인버터를 실외에 설치하는 경우는 5[kW] 이상이어야 한다.
② 모듈에서 실내에 이르는 배선에 쓰이는 전선은 모듈전용선 또는 TFR-CV선을 사용하여야 한다.
③ 태양전지 모듈에서 인버터입력단 간의 전압강하는 10[%]를 초과하여서는 안 된다.
④ 역전류방지다이오드의 용량은 모듈단락전류의 1.4배 이상이어야 하며 현장에서 확인할 수 있도록 표시하여야 한다.

풀이 태양광설비 시공기준
전압강하 모듈에서 인버터입력단 간 및 인버터출력단과 계통연계점 간의 전압강하는 각 3[%]를 초과하여서는 안 된다. 다만, 전선길이가 60[m]를 초과할 경우에는 아래 표에 따라 시공할 수 있다. 전압강하 계약서(또는 측정치)를 설치확인 신청 시에 제출하여야 한다.

전선길이	전압강하
120[m] 이하	5[%]
200[m] 이하	6[%]
200[m] 초과	7[%]

59 태양광발전시스템의 전기배선에 관한 설명으로 옳지 않은 것은?

① 태양전지에서 옥내에 이르는 배선에 쓰이는 전선은 모듈 전용선을 사용하여야 한다.
② 전선이 지면을 통과하는 경우에는 피복에 손상이 발생되지 않도록 조치를 취하여야 한다.
③ 인버터출력단과 계통연계점 간의 전압강하는 5[%] 이하로 하여야 한다.
④ 태양전지판의 출력배선은 군별, 극성별로 확인할 수 있도록 표시하여야 한다.

풀이 태양전지판에 인버터 입력단 간 및 인버터 출력단과 계통연계점 간의 전압강하는 3[%]를 초과해서는 안 된다. 단, 60[m] 초과 시 전선길이별 전압강하는 다음과 같다.

전선길이	120[m] 이하	200[m] 이하	200[m] 초과
전압강하	5[%]	6[%]	7[%]

60 다음 ( ) 안의 내용으로 알맞은 것은?

태양광 모듈의 배열 및 결선방법은 출력전압과 설치장소 등이 다르기 때문에 ( )를 이용하여 시공 전과 시공완료 후에 확인하는 것이 좋다.

① 체크리스트　　　　　　　　② 부품 사양서
③ 단선 결선도　　　　　　　　④ 고정식계통도

풀이 태양광발전설비를 점검하기 위한 리스트는 체크리스트이다.

정답 58 ③　59 ③　60 ①

61 케이블 단말처리 중 시공 시 테이프 폭이 3/4 로부터 2/3 정도로 중첩해 감아 놓으면 시간이 지남에 따라 융착하여 일체화하는 절연테이프 종류는?

① 자기융착 절연테이프
② 비닐 절연테이프
③ 보호테이프
④ 노튼 테이프

풀이 절연테이프의 종류
- 비닐 절연테이프 : 장시간 사용 시 점착력이 떨어져 태양광 발전설비에는 적합하지 않다.
- 보호테이프 : 자기융착테이프의 열화를 방지하기 위해 자기융착테이프 위에 다시 한 번 감아주는 보호테이프이다.
- 자기융착 절연테이프 : 부틸고무제와 폴리에틸렌+부틸고무가 합성된 제품이 있지만 일반적으로 저압의 경우 부틸고무제는 사용하지 않는다.

62 가교폴리에틸렌 케이블 단말처리를 위해 사용하는 절연테이프의 종류는?

① 고무 절연테이프
② 비닐 절연테이프
③ 자기융착 절연테이프
④ 폴리에틸렌 절연테이프

풀이 ㉠ 전선의 피복을 벗겨내어 상호접속하는 접속부는 절연물과 동등 이상의 절연효과가 있는 재료로 접속해야 한다.
㉡ XLPE 케이블은 XLPE 절연체가 내후성이 약하므로 이를 보완하기 위해 단말처리 시 자기융착 테이프 및 보호테이프를 절연체에 감아 내후성을 향상시킨다.
- 자기융착 절연테이프 : 내후성 향상을 위해 사용된다.
- 보호테이프 : 자기융착 절연테이프의 열화를 방지하기 위해 자기융착 절연테이프 위에 다시 한 번 감아주는 테이프이다.
- 비닐 절연테이프 : 태양광발전시스템 설비에는 적합하지 않다.

63 케이블 단말처리 방법의 순서를 옳게 나타낸 것은?

㉠ 점착성 절연테이프를 감는다.
㉡ 케이블의 피복을 벗겨낸다.
㉢ 보호테이프를 반 폭 이상 겹치도록 1회 이상 감는다.
㉣ 쌍관을 케이블에 삽입한다.
㉤ 케이블 종단에 극성을 표시한다.

① ㉡→㉤→㉠→㉢→㉣
② ㉡→㉢→㉠→㉣→㉤
③ ㉡→㉤→㉣→㉠→㉢
④ ㉡→㉣→㉠→㉢→㉤

정답 61 ① 62 ③ 63 ④

풀이 케이블 단말처리 방법
  ㉠ 쌍관을 사용하는 단말처리 방법
    케이블의 피복을 벗겨낸다. → 쌍관을 케이블에 입힌다. → 점착성 절연 테이프를 감는다. → 그 위에 보호테이프를 반 폭 이상 겹치도록 1회 이상 감는다. → 케이블 종단에 극성을 표시한다.
  ㉡ 절연테이프의 단말처리 방법
    케이블의 피복을 벗겨낸다. → 점착성 절연테이프의 반 이상을 겹치도록 하여 1회 이상 감는다. → 그 위에 보호테이프를 반 폭 이상 겹치도록 1회 이상 감는다.

64 태양광발전시스템과 분산전원의 전력계통 연계 시 장점이 아닌 것은?

① 배전선로 이용률이 향상된다.
② 공급신뢰도가 향상된다.
③ 고장 시의 단락용량이 줄어든다.
④ 부하율이 향상된다.

풀이 분산형 전원의 전력계통 연계운전 시 장단점
  ㉠ 장점
    • 배전선로 이용률 향상
    • 공급신뢰도 향상
    • 부하율 향상
  ㉡ 단점
    연계계통 사고에 의한 발전기의 단락전류에 의해 계통의 단락용량 증가로 차단기의 차단용량 부족상황 발생

65 전력계통에 태양광발전시스템을 연계 시 전력품질의 고려사항이 아닌 것은?

① 역률
② 플리커
③ 유도장해
④ 고조파전류

풀이 전력계통 연계 시 유효전력, 무효전력, 전압, 전압변동(플리커 발생요인), 역률 고조파 등을 감시할 수 있는 장비가 설치되어야 한다.

66 경사도 계수 0.7, 노출계수 0.9, 기본 지붕적설하중 0.7, 적설면적 100[m²]일 때 적설하중은 얼마인가?

① 40.1
② 44.1
③ 48.2
④ 54.4

풀이 적설하중＝경사로계수×노출계수×지붕적설하중×적설면적
　　　　＝0.7×0.9×0.7×100
　　　　＝44.1[kN]

정답 64 ③ 65 ③ 66 ②

67 다음 중 적설하중과 관련 있는 사항이 아닌 것은?

① 중요도계수 ② 노출계수
③ 온도계수 ④ 내압계수

풀이 적설하중(S_s)

$$S_s = C_s \cdot (C_b \cdot C_e \cdot C_t \cdot I_s \cdot S_g) \cdot A \,[\text{kN}]$$

여기서, C_s : 지붕경사도계수, C_b : 기본 적설하중계수, C_e : 노출계수, C_t : 온도계수, I_s : 중요도 계수, S_g : 지상적설하중, A : 적설면적[m^2]

내압계수는 적설하중과 무관하다.

68 태양전지 어레이용 지지대에 영구적으로 작용하는 상정하중은?

① 고정하중 ② 풍압하중
③ 적설하중 ④ 지진하중

풀이 태양전지 어레이용 지지대에 영구적으로 작용하는 상정하중은 고정하중이다.

정답 67 ④ 68 ①

02 태양광발전 어레이 및 계통연계장치 시공

01 태양광발전시스템을 계통에 연계할 때 동기화를 고려하지 않아도 되는 것은?
① 주파수차
② 전압차
③ 위상차
④ 전류차

풀이 태양광발전시스템과 계통은 전압과 주파수 위상에서 동기가 이루어져야 한다.

02 케이블 트레이 시공방식의 장점이 아닌 것은?
① 방열 특성이 좋다.
② 허용전류가 크다.
③ 장래부하 증설 시 대응력이 크다.
④ 재해를 거의 받지 않는다.

풀이 케이블 트레이란 케이블을 지지하기 위하여 사용하는 금속재 또는 불연성 재료로 제작된 유닛 또는 유닛의 집합체 및 그에 부속하는 부속재 등으로 구성된 견고한 구조물을 말한다.

케이블 트레이 시공방식
㉠ 장점
- 방열 특성이 좋다.
- 시공이 용이하다.
- 허용전류가 크다.
- 장래부하 증설 시 대응력이 크다.
- 전선 수가 많을 때 경제적이다.

㉡ 단점
- 자연재해 및 동식물의 영향을 받는다.

03 다음 ( ) 안에 알맞은 내용으로 옳은 것은?

전선관의 굵기는 동일 전선의 경우에는 피복을 포함한 단면적 총합계가 관의 내단면적의 (㉠)[%] 이하로 할 수 있으며, 서로 다른 굵기의 전선을 동일 관의 내단면적의 (㉡)[%] 이하기 되도록 선정하는 게 일반적인 원칙이다.

① ㉠ 24, ㉡ 48
② ㉠ 32, ㉡ 24
③ ㉠ 32, ㉡ 48
④ ㉠ 48, ㉡ 32

풀이 전선관의 두께는 전선의 피복절연물을 포함하는 단면적 총합의 48[%] 이하로 한다.(단, 두께가 다른 케이블의 경우는 32[%] 이하를 원칙으로 한다.)

정답 01 ④ 02 ④ 03 ④

04 태양전지 모듈과 인버터 간의 지중 전선로를 직접매설식으로 시설하는 경우 알맞은 공사방법은?

① 중량물의 압력을 받을 우려가 있는 경우 1.0[m] 이상 일반장소는 0.5[m] 이상 깊이로 매설한다.
② 중량물의 압력을 받을 우려가 있는 경우 1.2[m] 이상 일반장소는 0.5[m] 이상 깊이로 매설한다.
③ 중량물의 압력을 받을 우려가 있는 경우 1.0[m] 이상 일반장소는 0.6[m] 이상 깊이로 매설한다.
④ 중량물의 압력을 받을 우려가 있는 경우 1.2[m] 이상 일반장소는 0.6[m] 이상 깊이로 매설한다.

풀이 지중 전선로의 시설
지중 전선로를 직접 매설식에 의하여 시설하는 경우에는 매설 깊이를 차량 기타 중량물의 압력을 받을 우려가 있는 장소에는 1.0[m] 이상, 기타 장소에는 60[m] 이상으로 하고 또한 지중 전선을 견고한 트라프 기타 방호물에 넣어 시설하여야 한다.

05 태양전지 모듈의 배선을 지중으로 시공하는 경우의 설명으로 틀린 것은?

① 지중배선과 지표면의 중간에 매설 표시 시트를 포설한다.
② 지중배관 시 중량물의 압력을 받는 경우 0.6[m] 이상의 깊이로 매설한다.
③ 지중매설배관은 배선용 탄소강 강관, 내충격성 경화비닐 전선관을 사용한다.
④ 지중전선로의 매설 개소에는 필요에 따라 매설 깊이, 전선방향 등을 지상에 표시한다.

풀이
• 지중배관 시 중량물의 압력을 받는 경우 1.0[m] 이상 깊이로 매설
• 지중배관 시 중량물의 압력을 받을 우려가 없을 때는 0.6[m] 이상으로 매설

06 지중 전선로의 장점으로 틀린 것은?

① 고장이 적다.
② 보안상의 위험이 적다.
③ 공사 및 보수가 용이하다.
④ 설비의 안정성에 있어서 유리하다.

풀이 지중전선로
㉠ 장점
• 고장이 적다.(낙뢰에 안전)
• 미관에 문제없다.(쾌적한 도심환경 조성)
• 보안상 위험이 적다.
• 설비의 안전성에 유리하다.(안전하다.)
• 감전 우려가 적다.
㉡ 단점
• 건설비용이 고가이다.
• 공사 및 유지보수가 곤란하다.
• 고장점 발견이 어렵고 복구가 어렵다.

정답 04 ③ 05 ② 06 ③

07 직류전원을 이용한 분산형 전원의 인버터로부터 직류가 교류계통으로 유입되는 것을 방지하기 위하여 설치하는 것은?

① 직류 차단장치 ② 리액터
③ 상용주파 변압기 ④ 고조파 필터

풀이 상용주파 변압기
태양전지 직류출력을 상용주파의 교류로 변환한 후 변압기를 이용해 절연과 전압변환을 한다.

08 서지 보호를 위해 SPD 설치 시 접속도체의 길이는 몇 [m] 이하가 되도록 하여야 하는가?

① 0.3 ② 0.5 ③ 0.8 ④ 1.0

풀이 가능하면 전체 전선의 길이가 0.5[m]를 초과하지 않아야 한다. 어떠한 접속점도 없어야 한다.

09 저압배선 선로의 역조류로 계통이 개방되어 단독운전 상태가 된 경우 검출방식이 아닌 것은?

① 과전압 계전기 ② 과전류 계전기
③ 부족전압 계전기 ④ 주파수 저하 계전기

풀이 역송전이 있는 저압연계시스템에서는 과전압계전기(OVR), 저전압계전기(UVR), 과주파수계전기(OFR), 저주파수계전기(UFR) 등의 계통연계 보호장치는 인버터에 내장되어 있다.

10 태양전지에서 옥내에 이르는 배선에 쓰이는 연결전선으로 적당하지 않은 것은?

① GV 전선 ② CV 전선
③ 모듈 전용선 ④ TFR-CV 전선

풀이 태양전지에서 옥내에 이르는 배선에 쓰이는 전선
- 모듈 전용선
- TFR-CV 전선
- CV 전선

※ GV 전선 : 접지용 난연 비닐전선

11 태양광발전시스템 중 접속반에 설치되어야 하는 주요 부품이 아닌 것은?

① 역류 방지 다이오드 ② 직류 출력 개폐기
③ 서지보호장치 ④ 자기융착 절연테이프

정답 07 ③ 08 ② 09 ② 10 ① 11 ④

풀이) 접속반에 설치되는 주요 부품
직류출력 개폐기, 피뢰소자, 역류방지소자, 단자대 서지보호장치(SPD), DCCT, DCPT
※ 자기융착 절연테이프는 시공 시 케이블 단말처리용이다.

12 태양광발전설비 시공 중 접속함에서 인버터까지 배선의 전압 강하율은 몇 [%] 이내로 권장하고 있는가?
① 1~2[%]   ② 4~5[%]
③ 7~9[%]   ④ 10~15[%]

풀이) 태양광발전설비 시공 중 접속함에서 인버터까지 배선의 전압 강하율은 1~2[%] 이내로 권장하고 있다.

13 태양전지 어레이 출력을 접속함 내부의 1개소에서 통합한 후 인버터로 가는 회로 중간에 설치하는 것은?
① 인덕터   ② 증폭기
③ 변압기   ④ 주 개폐기

풀이) 태양전지 어레이 출력을 한곳으로 모은 후 인버터와의 회로 중간에 설치하는 것은 주 개폐기이다.

14 접지설비의 그림에서 M, P, C, B의 명칭으로 맞는 것은?

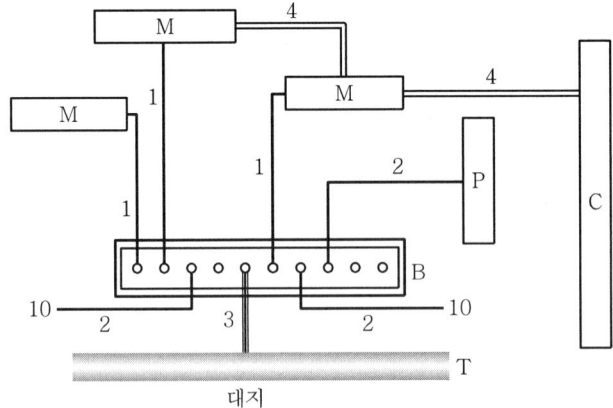

① M : 수도관, 가스관 등 금속배관
   P : 접지기구의 노출 도전성 부분
   B : 주접지단자
   C : 철골 금속덕트의 계통 외 도전성 부분

② M : 전기기구의 노출 도전성 부분
   P : 수도관, 가스관 등 금속배관
   B : 주접지단자
   C : 철골 금속덕트의 계통 외 도전성 부분

정답 12 ① 13 ④ 14 ②

③ M : 철골 금속덕트의 계통 외 도전성 부분
   P : 수도관, 가스관 등 금속배관
   B : 주접지단자
   C : 전기기구의 노출 도전성 부분

④ M : 전기기구의 노출 도전성 부분
   P : 수도관, 가스관 등 금속배관
   B : 철골 금속덕트의 계통 외 도전성 부분
   C : 주접지단자

풀이) 1 : 보호선(PE)
    2 : 주등전위 접속용 선
    3 : 접지선
    4 : 보조등전위 접속용 선
    10 : 기타 기기(예, 통신설비)
    B : 주접지단자
    M : 전기기구의 노출 도전성 부분
    C : 철골, 금속덕트의 계통 외 도전성 부분
    P : 수도관, 가스관 등 금속배관
    T : 접지극

15 다음 접지설비의 구성도에서 1, 2, 3, 4의 명칭은?

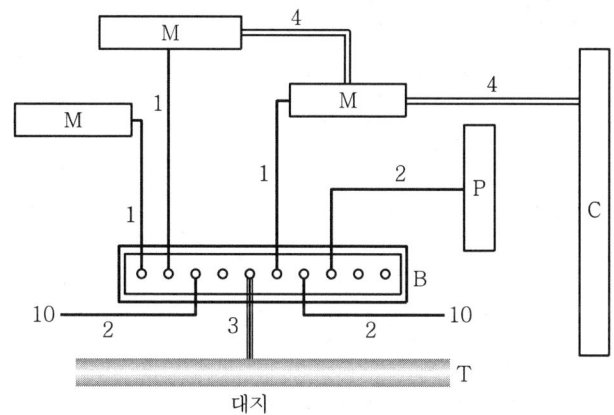

① 1 : 주등전위 접속용 선
   2 : 보호선
   3 : 접지선
   4 : 보조등전위 접속용 선

② 1 : 보조등전위 접속용 선
   2 : 보호선
   3 : 접지선
   4 : 주등전위 접속용 선

③ 1 : 보호선
   2 : 주등전위 접속용 선
   3 : 접지선
   4 : 보조등전위 접속용 선

④ 1 : 보호선
   2 : 접지선
   3 : 보조등전위 접속용 선
   4 : 주등전위 접속용 선

풀이) 14번 해설 참조

정답 15 ③

16 백열 전등 또는 방전등에 전기를 공급하는 옥내 전로의 대지 전압은 몇 [V] 이하이어야 하는가?
(단, 백열 전등 또는 방전등에 부속하는 전선을 사람이 접촉할 우려가 없도록 설치하였다.)

① 100　　　　② 150　　　　③ 200　　　　④ 300

풀이 옥내 전로의 대지 전압 제한
백열 전등 또는 방전등에 전기를 공급하는 옥내 전로의 대지 전압은 300[V] 이하이어야 한다.

17 다음 중 접지설비 시공방법으로 옳은 것을 모두 고르면?

ⓐ 부식, 전식 등의 외적 영향에 견딜 수 있도록 시설되어야 한다.
ⓑ 접지저항값은 전기설비에 대한 보호 및 기능적 요구사항에 적합해야 한다.
ⓒ 지락전류가 열적, 기계적 및 전자력적 스트레스에 의한 위험이 없이 흘러야 한다.

① ⓐ　　　　　　　　　　② ⓐ, ⓑ
③ ⓑ, ⓒ　　　　　　　　　④ ⓐ, ⓑ, ⓒ

풀이 접지선택 조건
접지의 선택은 대지 저항률, 설치공간, 시공장소의 온도, 습도 등의 기후 특성, 장비의 요구 사양, 접지의 신뢰성 및 안정성 그리고 유지 보수에 의한 경제성 등을 참고하여 선택하여야 한다.

18 금속제 외함을 가진 저압의 기계기구로서 사람이 쉽게 접촉될 우려가 있는 곳에 시설하는 경우 전기를 공급받는 전로에 지락이 생겼을 때 자동적으로 전로를 차단하는 장치를 설치하여야 하는 기계기구의 사용전압은 몇 [V]를 초과하는 경우인가?

① 30　　　　② 50　　　　③ 100　　　　④ 150

풀이 누전차단기의 시설
금속제 외함을 가진 사용전압이 50[V]를 초과하는 저압의 기계기구로서 사람이 쉽게 접촉할 우려가 있는 곳에 시설하는 것에 전기를 공급하는 전로에는 전원의 자동차단에 의한 저압전로의 보호대책으로 누전차단기를 시설하여야 한다.

19 접지시스템의 구분에서 다음 설명 중 잘못된 것은?

① 계통접지 : 전력계통의 이상현상에 대비하여 대지와 계통을 접속
② 보호접지 : (특)고압계통의 접지극과 저압계통의 접지극을 독립적으로 시설하는 방식
③ 공통/통합접지 : 공통접지는 (특)고압접지계통과 저압접지계통을 등전위 형성을 위해 공통으로 접지하는 방식
④ 피뢰시스템 접지 : 뇌격전류를 안전하게 대지로 방류하기 위한 접지

정답 16 ④　17 ④　18 ②　19 ②

> **풀이**
> • 보호접지 : 감전보호를 목적으로 기기의 한 점 이상을 접지
> • 단독접지 : (특)고압계통의 접지극과 저압계통의 접지극을 독립적으로 시설하는 접지방식

20 매설 혹은 심타 접지극의 종류로 동판을 사용하는 경우 알맞은 치수는?

① 두께 0.6[mm] 이상, 면적 800[cm²] 이상
② 두께 0.6[mm] 이상, 면적 900[cm²] 이상
③ 두께 0.7[mm] 이상, 면적 900[cm²] 이상
④ 두께 0.8[mm] 이상, 면적 800[cm²] 이상

> **풀이** 접지극의 종류와 치수
>
> | 종류 | 수치 |
> | --- | --- |
> | 동판 | 두께 0.7[mm], 면적 900[cm²](편면) 이상 |
> | 동봉 동피복강봉 | 직경 8[mm], 길이 0.9[m] 이상 |
> | 동복강봉 | 두께 1.6[mm], 길이 0.9[m] 이상 |

21 저압전로의 보호도체 및 중성선의 접속방식에 따른 분류 중 전원의 한 점을 직접 접지하고 설비의 노출 도전성 부분을 보호선(PE)을 이용하여 전원의 한 점에 접속하는 접지계통으로 맞는 것은 어느 것인가?

① TN 계통
② TT 계통
③ IT 계통
④ II 계통

> **풀이**
> • TT 계통 : 전원의 한 점을 직접 접지하고 설비의 노출 도전성 부분을 전원계통의 접지극과는 전기적으로 독립한 접지극에 접지하는 방식
> • IT 계통 : 충전부 전체를 대지 절연시키거나 한 점에 임피던스를 삽입하여 대지에 접속시키고, 전기기기의 노출 도전성 부분은 단독 또는 일괄적으로 접지하거나 계통접지로 접속하는 방식

22 KS C IEC 60364의 저압계통의 접지방식이 아닌 것은?

① TT 방식
② TN-C 방식
③ TT-C 방식
④ IT 방식

> **풀이** KS C IEC 60364의 저압계통의 접지방식
> • TN 계통방식(TN-C, TN-S, TN-C-S)
> • TT 계통방식
> • IT 계통방식

정답 20 ③ 21 ① 22 ③

23 변압기의 고압측 전로와의 혼촉에 의하여 저압측 전로의 대지전압이 150[V]를 넘는 경우에 2초 이내에 고압전로를 자동차단하는 장치가 되어 있는 6,600/220[V] 배전선로에 있어서 1선 지락전류가 2[A]이면 접지저항 값의 최대는 몇 [Ω]인가?

① 50[Ω]   ② 75[Ω]
③ 150[Ω] ④ 300[Ω]

풀이 변압기 중성점 접지

변압기의 중성점 접지저항 값은 다음에 의한다.

1. 변압기의 고압·특고압 측 전로 1선 지락전류로 150을 나눈 값과 같은 저항 값 이하

$$R = \frac{150}{\text{변압기의 고압 측 또는 특고압 측의 1선 지락전류}}[\Omega]$$

2. 사용전압이 35[kV] 이하의 특고압전로가 저압측 전로와 혼촉하고 저압전로의 대지전압이 150[V]를 초과하는 경우에는 저항 값은 다음에 의한다.

- 1초 초과 2초 이내에 고압·특고압 전로를 자동으로 차단하는 장치를 설치할 때는 300을 나눈 값 이하

$$R = \frac{300}{\text{변압기의 고압 측 또는 특고압 측의 1선 지락전류}}[\Omega]$$

- 1초 이내에 고압·특고압 전로를 자동으로 차단하는 장치를 설치할 때는 600을 나눈 값 이하

$$R = \frac{600}{\text{변압기의 고압 측 또는 특고압 측의 1선 지락전류}}[\Omega]$$

$$= \frac{300}{1\text{선 지락전류}} = \frac{300}{2} = 150[\Omega]$$

24 변압기 중성점 접지공사의 접지저항 값을 $\frac{150}{I}[\Omega]$으로 정하고 있는데, 이때 I에 해당하는 것은 어느 것인가?

① 변압기의 고압 측 또는 특고압 측 전로의 1선 지락전류의 암페어 수
② 변압기의 고압 측 또는 특고압 측 전로의 단락 사고 시 고장 전류의 암페어 수
③ 변압기의 1차 측과 2차 측의 혼촉에 의한 단락전류의 암페어 수
④ 변압기의 1차와 2차에 해당되는 전류의 합

풀이 변압기 중성점 접지

접지저항 값	비고
• $\frac{150}{I}[\Omega]$ 이하 • 자동차단 설비가 1초 이내 동작하면 $\frac{600}{I}[\Omega]$ • 자동차단 설비가 1초를 넘어 2초 이내 동작하면 $\frac{300}{I}[\Omega]$	I : 변압기의 고압·특고압 측 전로 1선 지락전류

정답 23 ③ 24 ①

25 변압기 고압 측 전로의 1선 지락전류가 5[A]일 때 접지저항 값의 최댓값[Ω]은?(단, 혼촉에 의한 대지 전압은 150[V]이다.)

① 25
② 30
③ 35
④ 40

풀이 변압기 중성점 접지

접지저항 값 = $\dfrac{150}{1선\ 지락전류} = \dfrac{150}{5} = 30[\Omega]$

26 태양광발전시스템 시공 중 감전 방지책에 대한 설명으로 틀린 것은?

① 강우 시 작업을 중단한다.
② 저압전로용 절연장갑을 착용한다.
③ 이중절연 처리가 된 공구를 사용한다.
④ 작업 종료 후 태양전지 모듈 표면에 차광시트를 붙인다.

풀이 태양광발전시스템 시공 중 감전 방지대책
- 작업 전 태양전지 모듈의 표면에 차광시트를 붙여 태양광을 차단한다.
- 저압선로용 절연장갑을 착용한다.
- 절연 처리가 된 공구를 사용한다.
- 강우 시 작업을 금지한다.

27 접지극의 물리적인 접지저항 저감방법이 아닌 것은?

① 접지극의 직렬접속
② 접지극의 치수 확대
③ 접지극을 깊이 매설
④ MESH 공법

풀이 접지극 접지저항 저감방법에는 화학적 저감방법과 물리적 저감방법이 있다.
- **물리적 저감방법** : 접지극 깊이매설, 접지극 병렬접속, 접지극 치수 확대, MESH 공법 등이 있다.
- **화학적 저감방법** : 화이트아스론 규산화이트 등을 사용하여 접지저항을 저감, 환경오염문제로 화학적 저감재 사용을 자제하고 있다.

28 접지극의 물리적인 접지저항 저감방법 중 수직공법인 것은?

① 보링공법
② MESH 공법
③ 접지극의 치수 확대
④ 접지극의 병렬접속

풀이 접지저항 저감방법
접지극의 물리적인 접지저항 저감방법 중 수직공법의 보링공법이다.

정답 25 ② 26 ④ 27 ① 28 ①

29 접지공사 시 접지극의 매설 깊이는 지하 몇 [cm] 이상으로 매설하여야 하는가?
① 30 ② 60
③ 75 ④ 120

풀이 접지극은 지하 75[cm] 이상으로 하되 동결 깊이를 감안하여 매설하여야 한다.

30 접지저항은 대지저항률에 따라 크게 좌우된다. 대지저항률에 영향을 주는 요인으로 틀린 것은?
① 물리적 영향 ② 온도적 영향
③ 계절적 영향 ④ 흙의 종류나 수분의 영향

풀이 대지 저항률에 영향을 주는 요소
토양의 종류나 수분 함유량 혹은 온도, 계절 변동 이외에 토양에 함유된 수분에 용해된 물질과 그 물질의 농도, 그리고 토양의 입자의 크기, 조밀도 등이 대지저항률에 영향을 주는 요인이 된다.
대지저항 저감방법으로 물리적 저감방법과 화학적 저감방법이 있다.

31 접지극의 물리적인 접지저항 저감방법 중에서 수평공법이 아닌 것은?
① 접지극의 병렬접속 ② MESH 공법
③ 접지극의 치수 확대 ④ 보링공법

풀이 접지저항 저감대책 : 물리적 저감방법, 화학적 저감방법
물리적 저감방법에는 수평공법과 수직공법이 있다.
• 수평공법 : 접지극 병렬접속, 접지극의 치수 확대, 매설지선 및 평판접지극 메시공법, 다중접지시트
• 수직공법 : 보링공법, 접지봉 심타법

32 접지극에 사용되지 않는 것은?
① 동판 ② 탄소피복강
③ 알루미늄봉 ④ 동피복강봉

풀이 접지극에 사용되는 것 : 동판, 동피복강봉, 탄소피복강

33 접지저항을 감소시키는 접지저항 저감제가 갖추어야 할 조건이 아닌 것은?
① 사람과 가축에 안전할 것 ② 전기적으로 양호한 부도체일 것
③ 접지전극을 부식시키지 않을 것 ④ 경제적일 것

정답 29 ③ 30 ① 31 ④ 32 ③ 33 ②

풀이 접지저항 저감제가 갖추어야 할 조건(특성)
- 공해성이 없고 안전할 것
- 전기적으로 양도체일 것
- 접지선과 전극의 부식 억제
- 저감효과가 클 것
- 저감효과에 지속성이 있을 것
- 작업성이 좋을 것

34 수용장소의 인입구 부근에서 변압기 중성점 접지를 한 저압전로의 중성선에 추가로 접지공사를 하려고 할 때, 접지도체는 몇 [mm²] 이상의 연동선이어야 하는가?

① 1.0   ② 2.5   ③ 6   ④ 10

풀이 저압수용가 인입구 접지
수용장소 인입구 부근에서 다음의 것을 접지극으로 사용하여 변압기 중성점 접지를 한 저압전선로의 중성선 또는 접지 측 전선에 추가로 접지공사를 할 수 있다.
- 지중에 매설되어 있고 대지와의 전기저항 값이 3[Ω] 이하의 값을 유지하고 있는 금속제 수도관로
- 대지 사이의 전기저항 값이 3[Ω] 이하인 값을 유지하는 건물의 철골
- 접지도체는 공칭단면적 6[mm²] 이상의 연동선

35 태양광 발전설비의 접지공사 시 접지선의 색은?

① 청색   ② 녹색   ③ 백색   ④ 노란색

풀이 접지선의 색은 녹색으로 한다.

36 표준 태양전지 어레이의 개방전압을 최대사용전압으로 간주할 때 절연내력 측정방법으로 옳은 것은?

① 최대사용전압의 1배의 직류전압이나 1.5배의 교류전압을 10분간 인가하여 절연파괴 등 이상이 발생하지 않을 것
② 최대사용전압의 1배의 직류전압이나 1.5배의 교류전압을 20분간 인가하여 절연파괴 등 이상이 발생하지 않을 것
③ 최대사용전압의 1.5배의 직류전압이나 1배의 교류전압을 10분간 인가하여 절연파괴 등 이상이 발생하지 않을 것
④ 최대사용전압의 1.5배의 직류전압이나 1배의 교류전압을 20분간 인가하여 절연파괴 등 이상이 발생하지 않을 것

풀이 연료전지 및 태양전지 모듈의 절연내력
연료전지 및 태양전지 모듈로 최대사용전압의 1.5배의 직류전압 또는 1배의 교류전압(500[V] 미만으로 되는 경우에는 500[V])을 충전부분과 대지 사이에 연속하여 10분간 가하여 절연내력을 시험하였을 때 견디는 것

정답 34 ③   35 ②   36 ③

37 태양광발전시스템 중 태양전지 모듈의 절연내력 검사 시 기술기준 내용으로 옳은 것은?

① 최대사용전압의 1배의 직류전압 또는 1배의 교류전압을 충전부분과 대지 사이에 5분간 가하여 절연내력시험을 견딜 것
② 최대사용전압의 1배의 직류전압 또는 1.5배의 교류전압을 충전부분과 대지 사이에 10분간 가하여 절연내력시험을 견딜 것
③ 최대사용전압의 1.5배의 직류전압 또는 1배의 교류전압을 충전부분과 대지 사이에 10분간 가하여 절연내력시험을 견딜 것
④ 최대사용전압의 1.5배의 직류전압 또는 1.5배의 교류전압을 충전부분과 대지 사이에 5분간 가하여 절연내력시험을 견딜 것

풀이 36번 해설 참조

38 태양광발전시스템 공사 중 태양전지 어레이의 절연저항 측정에 필요한 시험 기자재로 가장 거리가 먼 것은?

① 온도계　　② 습도계　　③ 계전기　　④ 절연저항계

풀이 어레이 절연저항 측정 시 필요한 시험기자재
- 절연저항계(메거)　　• 온도계　　• 습도계

39 보조전극을 이용한 접지저항 측정시 보조전극의 간격은 몇 [m] 이상으로 이격하는가?

① 1　　② 2　　③ 5　　④ 10

풀이 접지전극 보조전극의 간격은 10[m]로 하고 직선에 가까운 상태로 설치한다.

40 수용장소의 인입구 부근에 금속제 수도 관로가 있는 경우 또는 대지 간의 전기저항 값이 몇 [Ω] 이하인 값을 유지하는 건물의 철골이 있는 경우에는 이것을 접지극으로 사용하여 저압 전선로의 접지 측 전선에 추가 접지할 수 있는가?

① 1[Ω]　　② 2[Ω]　　③ 3[Ω]　　④ 4[Ω]

풀이 저압수용가 인입구 접지

수용장소 인입구 부근에서 다음의 것을 접지극으로 사용하여 변압기 중성점 접지를 한 저압전선로의 중성선 또는 접지 측 전선에 추가로 접지공사를 할 수 있다.
- 지중에 매설되어 있고 대지와의 전기저항 값이 3[Ω] 이하의 값을 유지하고 있는 금속제 수도관로
- 대지 사이의 전기저항 값이 3[Ω] 이하인 값을 유지하는 건물의 철골
- 접지도체는 공칭단면적 6[mm^2] 이상의 연동선

41 직접 접지계통의 특징이 아닌 것은?

① 지락전류가 크다.
② 과도안정도가 좋다.
③ 이상전압을 억제한다.
④ 유도장해가 크다.

풀이 직접 접지계통의 특징
- 과도안정도가 나빠진다.
- 큰 지락전류로 통신선에 유도장해 발생
- 지락 시 불평형 전류로 고조파가 발생하여 유도장해 발생
- 지락전류로 기기에 큰 기계적 충격 발생
- 차단기 수명단축 : 계통사고는 대부분 1선 지락 사고이므로 차단기가 대전류를 차단할 기회가 많아진다.
- 절연레벨 경감으로 경제적이다.

42 국제표준화(KEC 121.2)에서 전선식별의 색상 중 틀린 것은?

① L1 : 갈색, L2 : 흑색, L3 : 회색
② 중성선(N) : 청색
③ 접지/보호도체 : 녹황교차
④ L1 : 청색, L2 : 적색, L3 : 흑색

풀이 전선식별법 국제표준화(KEC 121.2)

전선 구분	KEC 식별색상
상선(L1)	갈색
상선(L2)	흑색
상선(L3)	회색
중성선(N)	청색
접지/보호도체(PE)	녹황교차

43 공통접지 시설 중 상도체($S[\mathrm{mm}^2]$)의 단면적이 $S \leq 16$인 경우 보호도체 재질이 상도체와 같은 경우의 보호도체 최소 단면적은?

① $S[\mathrm{mm}^2]$
② $16[\mathrm{mm}^2]$
③ $S/2[\mathrm{mm}^2]$
④ $8[\mathrm{mm}^2]$

풀이 보호도체의 단면적

상도체의 단면적 $S[\mathrm{mm}^2]$	대응하는 보호도체의 최소 단면적$[\mathrm{mm}^2]$	
	보호도체의 재질이 상도체와 같은 경우	보호도체의 재질이 상도체와 다른 경우
$S \leq 16$	S	$(k_1/k_2) \times S$
$16 < S \leq 35$	16	$(k_1/k_2) \times 16$
$S > 35$	$S/2$	$(k_1/k_2) \times (S/2)$

※ k_1, k_2 : 도체 및 절연의 재질에 따라 KS C IEC 60364에서 산정된 상도체에 대한 k값

정답 41 ② 42 ④ 43 ①

44 접지저항 측정방법으로 틀린 것은?
① 콜라우시 브리지법
② 전위차계 접지저항계
③ Wenner의 4전극법
④ Clamp on 측정법

풀이 Wenner의 4전극법 대지의 고유저항 측정방법이다.

45 공통접지 시설 중 상도체($S[\text{mm}^2]$)의 단면적이 $16<S\leq35$인 경우 보호도체 재질이 상도체와 같은 경우의 보호도체 최소 단면적은?
① $S[\text{mm}^2]$
② $16[\text{mm}^2]$
③ $S/2[\text{mm}^2]$
④ $8[\text{mm}^2]$

풀이 보호도체의 단면적

상도체의 단면적 $S[\text{mm}^2]$	대응하는 보호도체의 최소 단면적$[\text{mm}^2]$	
	보호도체의 재질이 상도체와 같은 경우	보호도체의 재질이 상도체와 다른 경우
$S\leq16$	S	$(k_1/k_2)\times S$
$16<S\leq35$	16	$(k_1/k_2)\times 16$
$S>35$	$S/2$	$(k_1/k_2)\times(S/2)$

※ k_1, k_2 : 도체 및 절연의 재질에 따라 KS C IEC 60364에서 산정된 상도체에 대한 k값
  a : PEN 도체의 경우 단면적의 축소는 중성선의 크기 결정에 대한 규칙에만 허용된다.

46 접지공사의 시설기준으로 잘못된 것은?
① 접지극은 지하 75[cm] 이상의 깊이에 매설할 것
② 접지선은 지표상 60[cm]까지 절연전선 및 케이블을 사용할 것
③ 접지선은 지하 75[cm]부터 지표상 2[m]까지는 합성수지관 또는 절연몰드 등으로 보호한다.
④ 접지극은 지하 50[cm] 이상 깊이에 매설할 것

풀이 접지공사의 시설기준
- 접지극은 지하 75[cm] 이상의 깊이에 매설할 것
- 접지선은 지표상 60[cm]까지 절연전선 및 케이블을 사용할 것
- 접지선은 지하 75[cm]부터 지표상 2[m]까지는 합성수지관 또는 절연몰드 등으로 보호한다.

47 태양전지 어레이 출력이 500[W] 이하일 때 접지선의 두께는 몇 [mm^2]인가?
① 1
② 1.5
③ 2
④ 2.5

정답 44 ③ 45 ② 46 ④ 47 ②

풀이 태양전지 어레이 출력에 따른 접지선의 두께

태양전지 어레이 출력	접지선의 두께[mm²]
500[W]	1.5
500[W] 초과 2[kW] 이하	2.5
2[kW] 초과하는 경우	4

48 저압전로의 보호도체 및 중성선의 접속방식에 따른 접지계통에서 아래 그림은 어느 접지계통 방식인가?

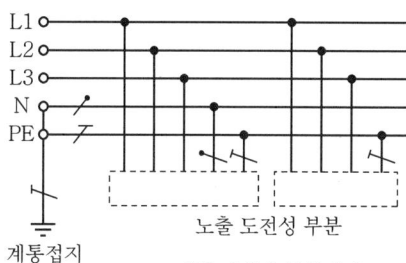
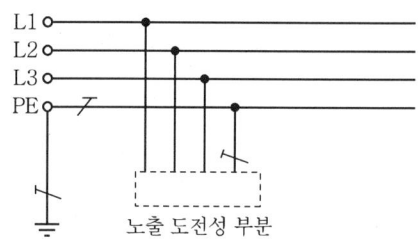

① TN-C 계통
② TN-S 계통
③ TN-C-S 계통
④ TT 계통

풀이
- TN-C 계통 : 계통 전체에 대해 중성선과 보호도체의 기능을 동일도체로 겸용한 PEN 도체를 사용한다.
- TN-S 계통 : 계통 전체에 대해 별도의 중성선 또는 PE 도체를 사용한다.
- TN-C-S 계통 : 계통의 일부분에서 PEN 도체를 사용하거나 중성선과 별도의 PE 도체를 사용한다.
- TT 계통 : 설비 전체에서 별도의 중성선과 보호도체가 있는 TT 계통 설비 전체에서 정지된 보호도체가 있으나 배전용 중성선이 없는 TT 계통

49 국제적으로 통용되고 국내에서도 사용되는 KS C IEC 60364의 저압계통의 접지방식 중 잘못된 것은?

① TN-C
② TN-S
③ TT-C
④ IT

풀이 KS C IEC 60364의 저압계통의 접지방식
TN 방식(TN-C, TN-S, TN-C-S 방식), TT 방식, IT 방식이 있다.

※ T : Terre, N : Netural, I : Insulation

50 태양광발전설비의 접지공사에 대해 설명한 것 중 틀린 것은?
① 태양전지 어레이에서 인버터까지의 직류전로는 원칙적으로 접지공사를 실시하지 않는다.
② 접지는 태양전지 모듈 하나를 제거하여도 태양광 전원회로에 접속된 접지도체의 연속성에 영향을 주지 않아야 한다.
③ 태양광발전설비는 누전에 의한 감전사고 및 화재로부터 인명과 재산을 보호하기 위해 접지를 해야 한다.
④ 접지선은 백색으로 시설하고 기계기구외함에 접지공사 등을 한다.

풀이 접지선은 녹색으로 하고 기계기구외함에 접지공사를 한다.

51 태양광발전 건설 시 부지 선정의 고려사항으로 틀린 것은?
① 지정학적 조건 : 일조량 등
② 건설상 조건 : 부지의 접근성 및 주변환경
③ 전력계통과의 연계조건 : 태양광발전은 계통연계는 무시해도 무방
④ 경제성 : 부지매입가격 및 부대공사비 등

풀이 태양광발전 건설 시 전력계통과의 연계성도 고려해야 한다.(전력계통의 인입위치 등)

52 태양광발전 전기공사 절차에서 옥외공사가 아닌 것은?
① 접속함 설치
② 분전반 개조(신설)
③ 접속함에서 인버터까지 배선
④ 전력량계 설치

풀이 분전반 개조(신설)는 옥내에 설치한다.

53 태양광발전 인허가 절차 중 사전환경성 검토, 협의 내용으로 옳은 것은?
① 50,000[kW] 미만 : 환경 영향평가, 50,000[kW] 이상 : 사전 환경성 검토
② 50,000[kW] 미만 : 사전 환경성 검토, 50,000[kW] 이상 : 환경 영향평가
③ 100,000[kW] 미만 : 환경 영향평가, 100,000[kW] 이상 : 사전 환경성 검토
④ 100,000[kW] 미만 : 사전 환경성 검토, 100,000[kW] 이상 : 환경 영향평가

54 총 설비용량 80[kW], 수용률 75[%], 부하율 80[%]인 수용가의 평균전력은 몇 [kW]인가?
① 30
② 36
③ 42
④ 48

정답 50 ④ 51 ③ 52 ② 53 ④ 54 ④

풀이 수용률 $= \dfrac{\text{최대 수요 전력[kW]}}{\text{부하 설비 합계[kW]}} \times 100[\%]$

부하율 $= \dfrac{\text{평균 수요 전력[kW]}}{\text{최대 수요 전력[kW]}} \times 100[\%]$

$75[\%] = \dfrac{\text{최대 수요 전력[kW]}}{80[\text{kW}]} \times 100[\%]$, 최대 수요 전력 $= 0.75 \times 80 = 60[\text{kW}]$

$80[\%] = \dfrac{\text{평균 수요 전력[kW]}}{60[\text{kW}]} \times 100[\%]$, 평균 수요 전력 $= 0.8 \times 60 = 48[\text{kW}]$

55 계산값이 항상 1 이상인 것은?

① 부등률
② 수용률
③ 부하율
④ 전압 강하율

풀이 부등률 $= \dfrac{\text{개별수용 최대전력의 합[kW]}}{\text{합성최대전력[kW]}} \geq 1$ (항상 1 이상이다.)

56 수용설비와 부하의 관계를 나타내는 수용률, 부등률, 부하율 및 전일효율에 대한 설명이다. 틀린 것은?

① 수용률은 수용가의 최대수요전력과 그 수용가가 설치하고 있는 설비 용량의 합계와의 비를 말한다.
② 부등률은 최대 전력의 발생 시각 또는 발생 시기의 분산을 나타내는 지표를 말한다.
③ 부하율은 어느 일정기간 중 평균 수요전력과 최대수요전력의 비를 나타낸 것으로 부하율이 낮을수록 설비가 효율적으로 사용된다고 할 수 있다.
④ 전일효율은 하루 동안의 에너지 효율로서 24시간 중의 출력에 상당한 전력량을 그 전력량과 그 날의 손실 전력량의 합으로 나누는 것을 말한다.

풀이
- 수용률 $= \dfrac{\text{최대수용전력[kW]}}{\text{총 부하설비 용량[kW]}} \times 100\%$
- 부등률 $= \dfrac{\text{수용설비 각각의 최대수용전력의 합[kW]}}{\text{합성 최대수용전력의 합[kW]}} \geq 1$
- 부하율 $= \dfrac{\text{평균전력[kW]}}{\text{합성 최대수용전력의 합[kW]}}$

∴ 부하율이 높을수록 설비가 효율적으로 사용

57 퓨즈 용량 선정 시 적용하는 단락전류는?

① 대칭 단락전류 실효값
② 최대 비대칭 단락전류 순시값
③ 최대 비대칭 단락전류 실효값
④ 3상 평균 비대칭 단락전류 실효값

정답 55 ① 56 ③ 57 ①

풀이 퓨즈 정격 차단용량을 표시하는 경우 직류분을 포함시킨 비대칭 실효값으로 나타내지 않고 교류분만의 대칭 실효값만으로 나타낸다.

58 태양광발전 전기공사에서의 체크리스트 항목이 아닌 것은?

① 어레이 설치방향 ② 계통연계 유무
③ 피뢰소자의 배치 ④ 기후

풀이 태양광발전 전기공사 체크리스트 항목
- 시설명칭, 시공일자, 시공회사
- 기후
- 계통연계 유무
- 모듈 배치도 등
- 어레이 설치방향
- 용량
- 모듈 : 개방전압, 단락전류, 인버터 입출력전압

59 피뢰기의 정격전압이란?

① 충격파의 방전 개시 전압 ② 상용 주파수의 방전 개시 전압
③ 속류의 차단이 되는 최고의 교류전압 ④ 충격 방전 전류를 통하고 있을 때의 단자전압

풀이 피뢰기 정격전압
속류의 차단이 되는 최고의 교류 전압, 즉 피뢰기의 양단자 사이에 인가할 수 있는 사용주파수의 사용전압 최고한도를 규정한 값으로 실효값으로 표현한다.

60 건축물에 피뢰설비가 설치되어야 하는 높이는 몇 [m] 이상인가?

① 10 ② 15 ③ 20 ④ 25

풀이 건축물의 설비기준 등에 관한 규칙 제20조(피뢰설비)
낙뢰의 우려가 있는 건축물 또는 높이 20미터 이상의 건축물에는 기준에 적합하게 피뢰설비를 설치하여야 한다.

61 전력계통에서 3권선 변압기(Y−Y−△)를 사용하는 주된 이유는?

① 노이즈 제거 ② 전력손실 감소
③ 2가지 용량 사용 ④ 제3고조파 제거

풀이 3권선의 용도
- 제3고조파 제거 : 제3고조파가 △권선 내 순환하므로
- 조상설비의 설치
- 소내용 전원의 공급 등이다.

정답 58 ③ 59 ③ 60 ③ 61 ④

62 분산형 전원을 배전계통 연계 시 승압용 변압기의 1차 결선방식으로 옳은 것은?(단, 인버터는 3상이며, 절연변압기를 사용하는 조건임)

① Y결선 ② △결선
③ V결선 ④ 스코트(Scott) 결선

풀이 태양광발전의 승압용 변압기 1차 측 결선은 Y결선을 사용한다.

63 어떤 건물에서 총 설비 부하용량이 850[kW], 수용률 60[%]라면, 변압기의 용량은 최소 몇 [kVA]로 하여야 하는가?(단, 설비부하의 종합역률은 0.75이다.)

① 510 ② 620 ③ 680 ④ 740

풀이 변압기용량 = $\dfrac{\text{설비용량}[kW] \times \text{수용률}}{\text{역률} \times \text{부등률}}[kVA] = \dfrac{850 \times 0.6}{0.75} = 680[kVA]$

64 최대수용전력이 600[kVA]이고 설비용량은 전등부하 350[kVA], 동력부하 500[kVA]이다. 이때 수용률[%]은?

① 32.80
② 52.62
③ 70.58
④ 79.62

풀이 수용률 = $\dfrac{\text{최대 수요 전력}}{\text{설비용량}[kW]} \times 100[\%] = \dfrac{600}{350+500} \times 100[\%] ≒ 70.58[\%]$

65 최대수용전력은 1,000[kVA]이고 설비용량은 전등부하 500[kW], 동력부하 700[kVA]이다. 이때 수용률은?

① 83.3[%]
② 86.6[%]
③ 88.3[%]
④ 90.6[%]

풀이 수용률 = $\dfrac{\text{최대수용전력}}{\text{설비용량}} \times 100 = \dfrac{1,000}{500+700} \times 100 = 83.3[\%]$

66 태양광발전시스템 시공 전 실시해야 할 현장여건 분석 내용 중 틀린 것은?

① 설치조건 : 방위각, 경사각 ② 환경여건 : 음영 여부
③ 전력여건 : 배전용량 연계점 ④ 전기방식 : 단상 2선, 3상 3선

풀이 전기방식은 부하에 따라 결정된다.

정답 62 ① 63 ③ 64 ③ 65 ① 66 ④

67 어레이 용량은 3~5[kW]이며, 경사각은 0°로 고정되어 태양이 움직이는 시간에 따라 동서로 추적하는 모듈 설비방식은?

① 고정형
② 경사 가변형
③ 단축 추적형
④ 양축 추적형

풀이 어레이의 추적방향에 따른 분류
- 단축 추적형 : 태양광 어레이가 태양의 한 측만을 추적하도록 설계된 방식
- 양축 추적형 : 어레이가 항상 태양의 직달 일사량이 최대가 되도록 상하 좌우를 동시에 추적하도록 설계된 방식

68 전압 동요에 의한 플리커의 경감대책으로 전원 측에 실시하는 대책으로 틀린 것은?

① 전용 계통으로 공급한다.
② 단락용량이 적은 계통에서 공급한다.
③ 전용 변압기로 공급한다.
④ 공급 전압을 승압한다.

풀이 전원 측에서의 플리커 경감대책
- 전용 계통으로 공급한다.
- 전용 변압기로 공급한다.
- 저압 배선을 굵은 전선으로 바꾼다.
- 공급 전압을 승압한다.
- 단락용량이 큰 계통에서 공급한다.
- 저압 뱅킹방식, 저압 네트워크방식을 채용한다.

69 태양광발전시스템의 모니터링 시스템 프로그램 기능이 아닌 것은?

① 데이터 수집기능
② 데이터 저장기능
③ 데이터 분석기능
④ 데이터 예측기능

풀이 모니터링 프로그램 기능
- 데이터 수집기능
- 데이터 분석기능
- 실시간 모니터링 화면구성
- 데이터 저장기능
- 데이터 통계기능

70 태양전지 모듈 설치 시 감전방지책으로 옳은 것은?

① 작업 시에는 일반 장갑을 착용한다.
② 강우 시 발전이 없기 때문에 작업을 해도 무관하다.
③ 태양광 모듈을 수리할 경우 표면을 차광시트로 씌워야 한다.
④ 태양전지 모듈은 저압이기 때문에 공구는 반드시 절연처리될 필요가 없다.

정답 67 ③ 68 ② 69 ④ 70 ③

풀이 감전방지대책
- 작업 전에 태양전지 모듈의 표면에 차광시트를 붙여 태양광을 차단한다.
- 저압선로용 절연장갑을 낀다.
- 절연처리가 된 공구를 사용한다.
- 강우 시에는 작업을 하지 않는다.

71 태양광발전시스템의 시공 시 감전방지 대책으로 틀린 것은?

① 안전띠를 착용하여 작업한다.
② 절연처리가 된 공구를 사용한다.
③ 강우 시에는 작업을 하지 않는다.
④ 작업 전에 태양전지 모듈의 표면에 차광시트를 붙여 태양광을 차단한다.

풀이 70번 해설 참조

72 태양전지 모듈 설치 시 감전사고 방지를 위한 대책이 아닌 것은?

① 태양전지 모듈 표면의 차광시트를 제거한다. ② 강우 또는 강설 시는 작업을 하지 않는다.
③ 절연처리된 공구를 사용한다. ④ 절연장갑을 착용한다.

풀이 70번 해설 참조

73 태양광발전시스템의 전기공사에서 발생할 감전의 방지대책으로 틀린 것은?

① 작업 전 태양전지 모듈 표면에 차광막을 씌워 태양광을 차폐한다.
② 저압 절연장갑을 착용한 후에 작업에 임한다.
③ 절연처리된 공구만을 사용한다.
④ 강우 시나 습도가 과도하게 많은 날에는 절연화, 절연장갑, 절연모 등을 철저히 착용하고 작업에 임해야 한다.

74 태양전지 모듈 시공 시의 안전대책에 대한 고려사항으로 적절치 않은 것은?

① 절연된 공구를 사용한다.
② 강우 시에는 반드시 우비를 착용하고 작업에 임한다.
③ 안전모, 안전대, 안전화, 안전 허리띠 등을 반드시 착용하여야 한다.
④ 작업자는 자신의 안전확보와 2차 재해방지를 위해 작업에 적합한 복장을 갖춰 작업에 임해야 한다.

정답 71 ① 72 ① 73 ④ 74 ②

풀이 안전대책

ⓐ 복장 및 추락방지
작업에 적합한 복장은 작업자 자신의 안전을 보장하고 2차 재해를 예방할 수 있다.
- 안전모 착용 : 머리보호를 위해 착용한다.
- 안전대 착용 : 추락방지를 위해 필히 착용한다.
- 안전화 : 미끄럼 방지의 효과가 있는 신발
- 안전허리띠 착용 : 공구 공사 부재의 낙하 방지를 위해 착용한다.

ⓑ 작업 중 감전방지대책
태양광 모듈 한 장의 출력전압은 모듈별 용량과 편차에 따라 직류 25~45[V] 정도이다. 요구되는 발전에 필요한 전압만큼 상승시키기 위해서는 여러 개의 모듈을 직렬로 연결하여 종단 전압을 250~450[V] 또는 450~820[V]까지의 고전압으로 얻을 수 있다. 또한 작업에 있어 감전방지를 위하여 다음과 같은 안전대책이 요구된다.
- 작업 전 태양광 모듈 표면에 차광막을 씌워 태양광을 차폐한다.
- 저압 절연장갑을 착용한다.
- 절연 처리된 공구를 사용한다.
- 강우 시에는 감전사고, 미끄러짐, 추락사고 등의 우려가 있으므로 작업을 금지한다.

75 태양광 모듈 시공 시 감전사고 방지를 위한 대책이 아닌 것은?

① 면장갑을 착용한다.
② 우천 시 작업하지 않는다.
③ 절연 처리된 공구를 사용한다.
④ 태양전지 모듈 표면에 차광 시트를 부착한다.

풀이 감전방지대책
- 작업 전에 태양전지 모듈의 표면에 차광시트를 붙여 태양광을 차단한다.
- 저압선로용 절연장갑을 낀다.
- 절연처리가 된 공구를 사용한다.
- 강우 시에는 작업을 하지 않는다.

76 태양광발전시스템 중 태양전지 어레이용 가대의 재질 및 형태에 따른 사항으로 옳지 않은 것은?

① 절삭 등의 가공이 쉽고 무거워야 한다.
② 최소 20년 이상의 내구성을 가져야 한다.
③ 불필요한 가공을 피할 수 있도록 규격화되어야 한다.
④ 염해, 공해 등을 고려하여 녹이 발생하지 않아야 한다.

풀이 절삭 등의 가공이 쉽고 가벼워야 한다.

정답 75 ① 76 ①

77 태양전지 어레이용 지지대의 재질로서 사용되지 않는 것은?
① 티타늄
② 알루미늄 합금
③ 스테인리스 스틸
④ 용융아연 도금된 형강

풀이 어레이용 지지대 재질
- 용융아연 도금된 형강
- 알루미늄 합금
- 스테인리스 스틸

78 태양광발전설비의 어레이용 가대의 재질 및 형태에 대한 조건 중 틀린 것은?
① 염해공해 등을 고려해 부식(녹)이 발생하지 않을 것
② 어레이의 자체 하중에 풍압하중을 더한 하중에 견딜 수 있을 것
③ 어레이를 단단히 고정할 수 있을 것
④ 풍압하중에 견딜 수 있도록 자체 하중이 클 것

풀이 가대의 재질 및 형태
- 절삭 등 가공이 쉽고 가벼울 것(자체 하중)
- 최소 20년 이상 내구성이 있을 것
- 수급이 용이하고 경제적일 것
- 불필요한 가공을 피할 수 있도록 규격화되어 있을 것

79 태양광발전시스템의 구조물 시공의 적용기준으로 틀린 것은?
① 건축법 등 시행령
② 건축구조 설계기준
③ 강구조 설계기준 : 하중저항계수 설계법
④ 신·재생에너지 설비의 지원기준

풀이 구조물 시공 적용기준
- 건축법 및 동 시행령, 건축물의 구조기준 등에 관한 규칙
- 건축구조 설계기준
- 강구조설계기준 : 하중저항계수 설계법
- 콘크리트 구조 설계기준

80 구조물 시공의 주요 적용기준에 해당하지 않는 것은?
① 토목구조 설계기준
② 콘크리트구조 설계기준
③ 강구조 설계기준, 하중저항계수 설계법
④ 건축법 및 동 시행령, 건축물의 구조기준 등에 관한 규칙

정답 77 ① 78 ④ 79 ④ 80 ①

풀이 구조물 시공의 주요 적용기준
- 건축법 등 시행령, 구조물의 구조기준 등에 관한 규칙
- 건축구조 설계기준
- 강구조 설계기준, 하중저항계수 설계법
- 콘크리트구조 설계기준

81 태양광 발전시스템의 어레이 설치 종류가 아닌 것은?

① 양축식
② 일자식
③ 단축식
④ 고정식

풀이 태양광발전시스템 어레이 설치 종류는 고정식, 경사가변식, 단축식, 양축식이 있다.

82 태양광발전설비의 가대 및 구조물 설치 내용으로 잘못된 것은?

① 태양광 어레이용 가대(세로대, 가로대), 모듈고정용 가대, 케이블 트레이용 채널 순으로 조립한다.
② 체결용 볼트너트와셔는 용융아연도금처리 및 동등 이상의 녹방지처리를 해야 한다.
③ 기초콘크리트 앵커볼트의 돌출부분에는 볼트캡을 착용해야 한다.
④ 어레이용 구조물용 강재는 공장에서 용융 아연도금을 한 후 현장에서 직접 용접하여 구조물을 시공한다.

풀이 어레이용 구조물용 강재는 공장에서 용융 아연도금을 한 후 현장에서는 조립을 원칙으로 한다. 현장용접은 가급적 피한다.

83 태양광발전시스템 시공 시 작업의 종류에 따른 필요공구로 틀린 것은?

① 프레임커팅 – 스피트 커터
② 앵커구멍천공 – 앵커드릴(앵글천공기)
③ 절삭부분가공 – 핸드그라인더
④ 도통시험 – 레벨미터

풀이 도통시험 – 테스터기
시공 시 필요한 공구 : 레벨기, 해머드릴, 해머프레카, 터미널압착기, 앵글천공기, 각종 수공구

84 태양광발전설비 시공 시 필요한 대형 장비가 아닌 것은?

① 굴삭기
② 크레인
③ 컴프레서
④ 지게차

풀이
- 시공 시 필요한 소형장비 : 컴프레서, 발전기, 사다리 외
- 시공 시 필요한 대형장비 : 굴삭기, 크레인, 지게차

정답 81 ② 82 ④ 83 ④ 84 ③

85 수상 태양광발전에 관한 설명으로 틀린 것은?
  ① 상부에 설치된 자재 및 작업자의 총량을 고려하여 부력을 가져야 한다.
  ② 홍수, 태풍, 파랑 수위변화 등에도 안정성을 유지하기 위해 계류장치를 사용한다.
  ③ 수상 태양광발전설비는 모듈과 함께 인버터를 설치한다.
  ④ 수상에 설치된 발전설비는 수중생태 등의 환경에 대한 고려가 있어야 한다.

  풀이 인버터는 지상의 전기실 내에 설치해야 한다.

86 수상태양광발전설비에 대한 설명으로 잘못된 것은?
  ① 수상태양광발전설비 모듈과 함께 인버터를 설치한다.
  ② 상부에 설치된 자재 및 작업자의 총량을 고려한 부력을 가져야 한다.
  ③ 홍수, 태풍, 주위변화 등에도 안전성을 유지하기 위해 계류장치를 사용한다.
  ④ 수상에 설치된 발전설비는 수중생태 등의 환경에 대한 고려가 있어야 한다.

  풀이 인버터는 육지에 설치한다.

87 수상태양광발전설비에서 사용되는 발전설비가 아닌 것은?
  ① 부력제   ② 계류장치   ③ 인버터   ④ 축전지

  풀이 축전지는 수상태양광발전설비에 사용되는 설비가 아니다.

88 태양광발전시스템의 시공 시 태양전지 모듈의 설치를 위하여 운반하는 경우 주의사항으로 옳은 것은?
  ① 태양전지 모듈의 보호막은 벗겨서 운반한다.
  ② 태양전지 모듈을 인력으로 이동할 때에는 1인 1조로 한다.
  ③ 태양전지 모듈의 파손방지를 위해 충격이 가해지지 않도록 한다.
  ④ 접속되어진 모듈이 리드선은 빗물 등 이물질이 유입되어도 된다.

  풀이 • 태양전지 모듈의 보호막을 씌워서 운반한다.
       • 태양전지 모듈을 인력으로 이동할 때에는 2인 1조로 한다.
       • 접속된 모듈의 리드선은 빗물 등 이물질이 유입되어서는 안 된다.

89 태양전지 모듈의 배선 후 확인할 사항 등 태양전지 어레이 검사항목이 아닌 것은?
  ① 사양서에 기초한 전압 확인   ② 고조파전류 측정
  ③ 단락전류 측정   ④ 비접지 확인

정답 85 ③ 86 ① 87 ④ 88 ③ 89 ②

풀이 태양전지 어레이 검사
- 사양서에 기초한 전압 확인
- 단락전류 측정
- 정극·부극의 극성 측정
- 비접지 확인

90 태양전지 모듈 설치방법으로 틀린 것은?

① 태양전지 모듈의 직렬매수(스트링)는 직류 상용전압 또는 파워컨디셔너(PCS)의 입력전압 범위에서 선정한다.
② 태양전지 모듈의 설치는 가대의 하단에서 상단으로 순차적으로 조립한다.
③ 태양전지 모듈과 가대의 접합 시 전식방지를 위해 개스킷은 사용하지 않는다.
④ 모듈의 작업 및 이동 시에는 2인 1조로 한다.

풀이 태양전지 모듈과 가대의 접합 시 전식방지를 위해 개스킷을 사용하여 조립한다.

91 지붕설치형 태양전지 모듈의 설치방법 중 유의할 사항으로 틀린 것은?

① 모듈 교환이 쉬울 것
② 지붕과 태양전지 모듈 간은 간격이 없도록 할 것
③ 지지기구 등의 노출부를 가능한 한 줄일 것
④ 적설량이 많은 곳에서는 적설하중을 고려할 것

풀이 지붕설치형 태양전지 모듈의 설치방법 시 유의사항
- 시공, 유지보수 등의 작업을 위해 공간을 유지하여야 한다.
- 태양전지모듈의 온도상승을 억제하기 위해서 지붕과 태양전지모듈의 간격을 둔다.
- 미관 및 안전상 가대와 지지기구 등의 노출부는 가능한 한 적게 한다.
- 모듈 고정용 볼트, 너트 등은 상부에서 조일 수 있어야 한다.
- 적설량이 많은 지역에서는 어레이와 건물의 적설하중을 고려하여 적정한 설치방법을 선택함과 동시에 유효한 대책을 강구한다.

92 태양광 모듈의 설치방법 검토사항으로 틀린 것은?

① 미관 및 안전상 가대와 지지기구 등의 노출부는 가능한 한 적게 한다.
② 모듈의 고정용 볼트, 너트 등은 하부에서 조일 수 있도록 한다.
③ 적설량이 많은 지역에서는 건물의 적설하중을 고려하여 적정한 설치방법을 선택한다.
④ 태양광 모듈의 온도상승을 억제하기 위해 지붕과 태양광 모듈의 간격을 둔다.

풀이 모듈의 고정용 볼트, 너트 등은 상부에서 조일 수 있도록 하되 상황에 따라 하부에서도 작업할 수 있도록 한다.

정답 90 ③ 91 ② 92 ②

93 태양광발전시스템에 관한 설명 중 틀린 것은?

① 태양광 모듈 배선 후 각 모듈의 극성, 단락전류, 비접지 등을 확인한다.
② 태양전지에서 인버터까지의 직류전로(어레이 주회로)는 원칙적으로 접지공사를 하지 않는다.
③ 케이블 매설 시 길이가 30[m] 이상인 경우 20[m]마다 지중함을 설치하는 것이 좋다.
④ 접지공사는 400[V] 미만 저압기계기구는 접지공사를 한다.

풀이 케이블 매설 시 길이가 30[m] 이상인 경우 30[m]마다 지중함 설치

94 태양광설비의 시공기준에 대한 설명 중 틀린 것은?

① 태양전지판의 출력배선은 군별, 극성별로 확인할 수 있도록 표시해야 한다.
② 역류방지용 다이오드 용량은 모듈단락전류의 1.4배 이상이어야 하며 현장에서 확인할 수 있도록 표시하여야 한다.
③ 태양전지 각 직렬군은 동일한 개방전류를 가진 모듈로 구성해야 한다.
④ 태양전지판에서 인버터 입력단 간 및 인버터 출력단과 계통연계점 간의 전압강하는 각 3[%]를 초과해서는 안 된다.

풀이 태양전지 각 직렬군은 동일한 단락전류를 가진 모듈로 구성해야 한다.

95 역전류 방지다이오드에 관한 다음 설명에서 (   ) 안에 알맞은 것은?

(A)대 인버터 연결된 태양전지모듈의 직렬군이 (B)병렬 이상일 때 역전류방지 다이오드 설치 용량은 모듈 단락전류의 (C)배 이상이어야 하고 현장에서 확인 가능해야 한다.

① A : 2, B : 2, C : 1.4
② A : 1, B : 1, C : 1.4
③ A : 1, B : 1, C : 1.4
④ A : 2, B : 2, C : 1.4

96 태양전지판 시공기준에 대한 설명으로 잘못된 것은?

① 설치용량은 사업계획서상에 제시된 설계용량 이상이어야 한다.
② 그림자의 영향을 받지 않는 곳에 정남향 설치를 원칙으로 한다.
③ 모듈의 설치열이 2열 이상일 경우 앞열은 뒷열에 음영이 지지 않도록 설치하여야 한다.
④ 전깃줄, 피뢰침, 안테나 등 경미한 음영도 장애물로 본다.

풀이 전깃줄, 피뢰침, 안테나 등 경미한 음영은 장애물로 보지 않는다.

정답 93 ③ 94 ③ 95 ① 96 ④

97 계통연계 운전 중인 태양광발전시스템이 단독 운전하는 경우 전력계통으로부터 최대 몇 초 이내에 분리시켜야 하는가?

① 0.2초
② 0.3초
③ 0.4초
④ 0.5초

풀이 단독운전 시 전력계통으로부터 분리 및 재투입시간 0.5초 내 정지, 5분 후 재투입

98 인버터 선정 시 검토사항으로 틀린 것은?

① 소음 발생이 적을 것
② 고조파의 발생이 적을 것
③ 기동·정지가 안정적일 것
④ 야간의 대기전압 손실이 클 것

풀이 인버터 선정 시 검토사항
- 국내외 인증제품 선정
- 전력변환효율이 높을 것
- 저부하 시, 대기 시 손실이 적을 것
- 고조파 잡음 발생이 적을 것
- 수명이 길고 신뢰성이 높을 것
- 제품의 수급 및 A/S 체계 확인

99 인버터의 설치 및 성능조건을 설명한 것 중 잘못된 것은?

① 인버터의 설치용량은 설계용량 이상이어야 하고 인버터에 연결된 모듈의 설치용량은 인버터 설치용량의 105[%] 이내이어야 한다.
② 옥내용을 옥외 설치 시 빗물의 침투를 방지할 수 있도록 옥내에 준하는 수준으로 설치해야 한다. 단, 5[kW] 이상 용량일 때만 가능하다.
③ 입력단(모듈출력) 전압, 전류 전력과 출력단(인버터 출력)의 전압, 전류, 전력, 역률, 주파수, 누적발전량, 최대출력량이 표시되어야 한다.
④ 외함 접지 시 고주파 누설전류가 급증할 수 있으므로 절연상태를 유지한다.

풀이 외함 접지는 감전사고 방지를 위해 반드시 실시해야 하며 접지공사는 한국전기설비규정에 의한다.

100 옥내용 태양광 인버터를 옥외에 설치할 수 있는 용량은 몇 [kW] 이상인가?

① 1
② 2
③ 3
④ 5

풀이 인버터 시공기준
시공기준에 의하면 실내·실외용을 구분하여 설치하여야 한다.(단, 옥내용을 옥외에 설치하는 경우는 5[kW] 이상 용량일 경우에만 가능하며 이 경우 빗물 침투를 방지할 수 있도록 옥내에 준하는 수준으로 외함 등을 설치하여야 한다.)

정답 97 ④ 98 ④ 99 ④ 100 ④

101 다음 (   ) 안에 들어갈 용량은 몇 [kW] 이상인가?

> 태양광발전시스템의 인버터는 옥내, 옥외용으로 구분하여 설치해야 한다. 단, 옥내용을 옥외로 설치하는 경우는 (   )[kW] 이상 용량일 경우에만 가능하며, 이 경우 빗물의 침투를 방지할 수 있도록 옥내에 준하는 수준으로 설치해야 한다.

① 3　　　　② 5　　　　③ 10　　　　④ 20

풀이 100번 해설 참조

102 태양광 파워컨디셔너 설치 후 역률 확인 시 출력 기본파 역률은 몇 [%] 이상인가?

① 85　　　　② 90　　　　③ 93　　　　④ 95

풀이 KS기준에 의한 파워컨디셔너의 역률은 95[%] 이상이어야 한다.

103 인버터에 대한 설명 중 잘못 표현한 것은?

① 해당 용량이 없어 인증을 받지 않은 제품을 설치할 경우 신·재생에너지 설비인증에 관한 규정상의 효율시험 및 보호기능시험이 포함된 시험성적서를 제출하여야 한다.
② 옥내용과 옥외용으로 구분하여 설치하고 옥내용을 옥외 설치 시 5[kW] 이상 용량일 때만 가능하고 빗물 침투를 방지할 수 있도록 옥내에 준하는 수준으로 설치한다.
③ 인버터에 연결된 모듈의 설치용량은 인버터 용량의 103[%] 이내로 한다.
④ 출력단의 전압, 전류, 전력, 역률, 주파수, 누적발전량, 최대 출력량이 표시되야 한다.

풀이 인버터에 연결된 모듈의 설치용량은 인버터의 설치용량 105[%] 이내로 한다.

104 태양광설비 인버터의 입력단(모듈출력)에 표시하지 않아도 되는 것은?

① 전압　　　　　　　　② 전류
③ 전력　　　　　　　　④ 주파수

풀이
- 인버터 입력단(모듈출력)의 표시사항은 전압, 전류, 전력이 표시되어야 한다.
- 인버터 입력단은 직류이므로 주파수는 표시할 수 없다.

105 무 변압기형 인버터의 설명으로 알맞은 것은?

① 변압기형 인버터보다 효율이 낮다.　　② 변압기형 인버터보다 무게가 증가한다.
③ 변압기형 인버터보다 크기가 증가한다.　④ 변압기형 인버터보다 노이즈 간섭이 증가한다.

정답 101 ②　102 ④　103 ③　104 ④　105 ④

풀이 ㉠ 인버터 회로방식의 종류 : 상용주파 절연방식, 고주파 절연방식, 무변압기 방식
㉡ 무변압기형 인버터
- 장점 : 변압기가 없어 효율이 높다. 크기와 중량이 작다.
- 단점 : 노이즈 간섭이 증가한다.

106 태양광 발전설비 시공기준 중 인버터에 관한 설명으로 옳은 것은?

① 옥내용을 옥외에 설치하는 경우는 10[kW] 이상이어야 한다.
② 모듈의 설치용량은 인버터의 설치용량의 105[%] 이내이어야 한다.
③ 각 직렬군의 태양전지 최대전압은 입력전압 범위 안에 있어야 한다.
④ 인버터의 출력단 표시사항은 전압, 전류만 표시된다.

풀이 태양광 발전설비에서 인버터에 관한 시공 설명
- 옥내용을 옥외에 설치하는 경우는 5[kW] 이상 용량일 경우에만 가능하다.
- 각 직렬군의 태양전지 개방전압은 인버터 입력전압 범위 안에 있어야 한다.
- 인버터의 출력단의 전압, 전류, 전력, 역률, 주파수, 누적발전량, 최대출력량이 표시되어야 한다.

107 계통연계형 소형 태양광 인버터의 옥외 설치 시 IP(Ingress Protection rating) 등급은?

① IP 20 이상
② IP 25 이상
③ IP 33 이상
④ IP 44 이상

풀이 KS C 8564 표 1 태양광 발전용 인버터의 분류

용도	형식	설치 장소	비고
계통 연계형	단상	실내/실외	실내형 : IP 20 이상 실외형 : IP 44 이상 (KS C IEC 62093)
	3상	실내/실외	
독립형	단상	실내/실외	
	3상	실내/실외	

접속함 IP 보호등급
- 소형(3회로 이하) : IP 54
- 중대형(4회로 이상) : 실내 IP 20, 실외 IP 54

108 저압배전 선로의 역조류가 있는 경우에 인버터의 단독운전을 검출하는 계전 요소가 아닌 것은?

① 거리 계전기
② 과전압 계전기
③ 주파수 계전기
④ 부족전압 계전기

풀이 단독운전을 검출하는 계전 요소는 과전압 계전기(OVR), 부족전압 계전기(UVR), 과주파수 계전기(OFR), 저주파수 계전기(UFR)이다.

정답 106 ② 107 ④ 108 ①

109 전기방식과 인버터의 구성에 관한 내용 중 옳지 못한 것은?
① 트랜스리스 방식에서는 절연이 없어 누설전류로 인한 차단기의 오동작이 발생할 가능성이 있다.
② 인버터와 연계된 계통의 전기방식은 단상 2선식, 3선식(△ 및 Y 결선) 등이 있다.
③ 트랜스리스 방식의 인버터를 사용할 경우 인버터의 구성 연계와 결선방식을 일치시킬 필요가 없다.
④ 인버터 선정 시 연계하는 계통의 전압상수 주파수 모듈의 특성을 분석하여 적합한 것을 선정한다.

풀이 트랜스리스 방식의 인버터를 사용할 경우 인버터의 구성 연계와의 결선방식을 일치시킬 필요가 있다.

110 태양전지 모듈과 어레이 설치 후 확인 점검해야 하는 사항으로 잘못된 것은?
① 전압극성 확인
② 비접지 확인
③ 개방전류 확인
④ 접지의 연접성 확인

풀이 어레이 검사내용
전압극성 확인, 단락전류 측정, 비접지 확인, 모듈 설치 후 접지의 연접성 확인(양극과 접지 여부)

111 접속함 설치공사 중 고려사항이 아닌 것은?
① 접속함 설치위치는 어레이 근처가 적합하다.
② 외함의 재질은 가급적 SUS304 재질로 제작 설치한다.
③ 접속함은 풍압 및 설계하중에 견디고 방수 · 방부형으로 제작한다.
④ 역류 방지 다이오드의 용량은 모듈 단락 전류의 4배 이상으로 한다.

풀이 역류 방지 다이오드의 용량은 모듈 단락 전류의 1.4배 이상으로 한다.

112 태양광발전시스템의 접속단자함에 설치되는 퓨즈 용량은 스트링 정격전류의 몇 배 이상을 설치하여야 하는가?
① 1.25배
② 1.5배
③ 2.0배
④ 2.5배

풀이 접속단자함에 설치되는 퓨즈 용량은 스트링 정격전류의 1.25배 이상 설치히여야 한다.

113 태양광 모듈의 배선에 대한 설명으로 잘못된 것은?
① 태양전지 모듈을 포함한 모든 충전부분은 노출되지 않도록 시설해야 한다.
② 태양전지 모듈의 출력배선은 군별 · 극성별로 확인할 수 있도록 표시해야 한다.
③ 가장 많이 늘어진 부분이 모듈 면으로부터 30[cm] 이내로 들도록 한다.
④ 바람에 흔들리지 않도록 케이블타이, 스테이플, 스트랩 또는 행거 등으로 100[cm] 이내의 간격으로 고정한다.

정답 109 ③ 110 ③ 111 ④ 112 ① 113 ④

풀이 모듈배선은 바람에 흔들리지 않도록 케이블타이, 스테이플, 스트랩, 행거 등으로 130[cm] 이내 간격으로 고정한다.

114 태양광 발전설비의 모듈, 접속함, 인버터 등에 접속하는 배선공사 방법에 대한 설명으로 틀린 것은?

① 태양전지 모듈 간 배선에 사용하는 전선의 굵기는 1.0[mm²] 이상이어야 한다.
② 스트링 접속도선은 단락전류보다 1.25배 이상의 전류를 수용할 수 있어야 한다.
③ 태양전지 모듈 뒷면의 접속단자 연결 시 극성에 유의해야 한다.
④ 접속함의 설치는 모듈 구성에 따라 어레이 부근에 설치하는 것이 바람직하다.

풀이 태양전지 모듈 간 배선에 사용하는 전선의 굵기는 2.5[mm²] 이상이어야 한다.

115 태양전지 모듈 및 어레이 설치 후의 설명이 아닌 것은?

① 태양전지 모듈의 극성이 올바른지 직류전압계로 확인한다.
② 태양전지 모듈의 설명서에 기재된 단락전류가 흐르는지 직류전류계로 측정한다.
③ 태양전지 모듈구조는 설치로 인해 다른 접지의 연결성이 훼손되지 않은 것을 사용한다.
④ 태양전지 모듈과 인버터 사이에 직류 측 회로는 반드시 접지한다.

풀이 태양전지 모듈의 배선공사가 끝나면 각 모듈 극성·전압·단락전류의 확인, 양극과의 접지 여부(비접지) 등을 확인한다. 특히, 태양광 발전설비 중 파워컨디셔너(PCS)는 절연변압기를 시설하는 경우가 드물기 때문에 일반적으로 직류 측 회로를 비접지로 하고 있다.

116 태양광 모듈과 인버터 간의 배관·배선방법으로 잘못된 것은?

① 태양전지 모듈은 인버터 입력전압 범위 내에서 스트링 필요 매수를 직렬로 결선하고 어레이 지지대 위에 조립한다.
② 케이블을 각 스트링으로부터 접속함까지 배선하여 접속함 내에서 직렬로 결선한다.
③ 태양전지 모듈의 뒷면으로부터 접속용 케이블 2가닥씩이므로 반드시 극성을 확인하여 결선한다.
④ 케이블은 건물마감이나 러닝보드의 표면에 가깝게 시공해야 하며 필요시 전선관을 이용하여 물리적 손상으로부터 보호한다.

풀이 케이블을 각 스트링으로부터 접속함까지 배선하여 접속함 내에서 병렬로 결선한다. 이때 케이블에 스트링 번호를 기입해두면 점검·보수 시 편리하다.

117 태양광모듈 어레이 설치 후 확인 점검 시 사용하는 기기로만 짝지어진 것은?

① 교류전압계, 교류전류계
② 교류전압계, 직류전류계
③ 직류전압계, 직류전류계
④ 직류전압계, 교류전류계

풀이 어레이 출력이 직류이므로 직류전압계와 직류전류계가 필요하다.

118 태양전지 모듈의 검사 시 성능평가 요소가 아닌 것은?

① 충진율
② 개방전압
③ 전력변환효율
④ 방전종지전압

풀이 태양전지 모듈의 검사 시 성능평가 요소(전기적 특성)
최대출력, 개방전압 및 단락전류, 최대출력 전압 및 전류, 충진율, 전력변환 효율

119 태양전지 모듈 간 직·병렬 배선에 대한 설명 중 잘못된 것은?

① 1대의 인버터에 연결된 태양전지 어레이의 직렬군(스트링)이 2병렬 이상일 때 각 직렬군(스트링)의 출력전압이 동일하게 되도록 배열해야 한다.
② 어레이의 각 직렬군은 동일한 단락전류를 가진 모듈로 구성해야 한다.
③ 태양전지 모듈 배선은 바람에 흔들리지 않도록 스테이플, 스트랩 또는 행거와 이와 유사한 부속품으로 130[cm] 이내 간격으로 견고히 고정하고 가장 늘어진 부분이 모듈 면으로부터 30[cm] 내에 들도록 한다.
④ 케이블이나 전선은 모듈 뒷면에 설치된 전선관에 설치되거나 가지런히 배열 및 고정되어야 하며 이들의 최소 곡률반경은 지름의 3배 이상이 되도록 한다.

풀이
- 최소곡률 반경은 6배 이상 되도록 한다.
- 태양전지 모듈을 포함한 모든 충전부분은 노출되지 않도록 시설한다.
- 극성을 반드시 표시한다.
- 배선단락전류에 견딜 수 있도록 2.5[mm²] 이상의 연동선을 사용한다.

120 접속함에 관한 설명으로 틀린 것은?

① 접속함 안에 바이패스 다이오드를 설치한다.
② 접속함은 노출이 적고, 소유자의 접근 및 육안 확인이 용이한 장소에 설치하여야 한다.
③ 접속함 내부 발생열을 배출할 수 있는 환기구 및 방열판을 설치하여야 한다.
④ 접속함 전면부는 직사광선을 견딜 수 있는 폴리카보네이트(PC) 또는 동등 이상의 재질로 제작하여야 한다.

풀이
- 접속함 내에는 역류 방지 다이오드를 설치한다.
- 바이패스 다이오드는 모듈 후면의 단자함 내에 설치한다.

정답 117 ③ 118 ④ 119 ④ 120 ①

121 접속함의 설치방법(공사)에 대한 설명으로 잘못된 것은?
 ① 접속함 설치위치는 어레이 근처가 적합하다.
 ② 외함의 재질은 가급적 SUS로 하는 것이 바람직하다.
 ③ 접속함은 풍압 및 설계하중에 견디고 방수·방부형으로 제작되어야 한다.
 ④ 역류방지 다이오드의 용량은 모듈 단락전류의 1.2배 이상으로 한다.

 풀이 역류방지 다이오드 용량은 모듈 단락전류의 1.4배 이상으로 한다. 용량 부족 시 단락전류에 의해 다이오드가 소손될 위험이 있다.

122 옥상 또는 지붕 위에 설치된 어레이로부터 처마 밑 접속함으로 배선 시 물의 침입을 막기 위한 물빼기를 해야 하며 이 경우 케이블 지름의 몇 배 이상의 반경으로 배선해야 하는가?
 ① 3배 ② 4배 ③ 5배 ④ 6배

123 태양전지 모듈 간 배선은 단락전류에 충분히 견딜 수 있도록 몇 [mm²] 이상의 전선으로 해야 하는가?
 ① 1.5 이상 ② 2.5 이상
 ③ 5.5 이상 ④ 8 이상

124 태양전지 모듈의 배선공사가 끝나고 확인할 사항이 아닌 것은?
 ① 단락전류 확인 ② 단락전압 확인
 ③ 모듈의 극성 확인 ④ 모듈 출력전압 확인

 풀이 태양전지 모듈의 배선이 끝나면 각 모듈 극성·전압·단락전류의 확인, 양극과의 접지 여부(비접지) 등을 확인한다. 특히, 태양광 발전설비 중 파워컨디셔너(PCS)는 절연변압기를 시설하는 경우가 드물기 때문에 일반적으로 직류 측 회로를 비접지로 하고 있다.

125 태양광발전시스템에 일반적으로 적용하는 CV 케이블의 장점으로 틀린 것은?
 ① 내열성이 우수하다.
 ② 내수성이 우수하다.
 ③ 내후성이 우수하다.
 ④ 도체의 최고 허용온도는 연속 사용의 경우 90[℃], 단락 시에는 230[℃]이다.

정답 121 ④ 122 ④ 123 ② 124 ② 125 ③

풀이 CV 케이블의 특징
  ㉠ 장점
   - 내열성이 우수하다.
   - 내수성이 우수하다.
  ㉡ 단점
   CV 케이블의 가교폴리에틸렌 절연체는 내후성이 떨어진다.

126 태양광발전용 옥외 배선에 사용하는 전선은?
① XLPE Cable ② OW 전선
③ CV Cable   ④ UV Cable

풀이
- 태양전지의 옥내 사용 전선 : 모듈전용선, F-CV선, TFR-CV선, 직류용 전선 사용
- 태양전지의 옥외 사용 전선 : UV Cable

127 태양광발전시스템에 사용하는 CV 케이블의 최고 허용온도는 몇 [℃]인가?
① 80   ② 90   ③ 100   ④ 110

풀이 CV 케이블의 최고 허용온도는 90[℃]이다.

128 태양광발전시스템의 배선공사에 사용되는 케이블 중 내연성이 가장 좋은 케이블은?
① ACSR(강심 알루미늄 연선)
② VV(비닐절연 비닐시스 케이블)
③ CV(가교 폴리에틸렌 절연비닐시스 케이블)
④ PNCT(고무 절연 클로로프렌 시스 캡타이어 케이블)

풀이

케이블 종류	허용최고온도[℃]	내연성	열 변형성	내후성
CV	90	양호	양호	양호
VV	60	양호	가능	양호
PNCT	80	우수	가능	양호

129 태양광발전용 옥내 배선에 사용하는 배선이 아닌 것은?
① 모듈전용선   ② F-CV선
③ UV Cable   ④ TFR-CV선

정답 126 ④ 127 ② 128 ④ 129 ③

130 분산형 태양광발전시스템 준공 시 인입구 배선의 점검사항으로 틀린 것은?
① 전선의 저항 측정
② 규격전선 사용 여부
③ 전선피복 손상 여부
④ 배선공사방법의 적합 여부

풀이 준공 시 인입구 배선의 점검사항
- 전선피복 손상 여부
- 배선공사방법의 적합 여부
- 규격전선 사용 여부
- 전선의 고정상태 여부

※ 전선의 저항 측정은 점검사항이 아니다.(측정사항)

131 일반적으로 국내의 대용량 태양광발전시스템 전기공사 중 옥외공사가 아닌 것은?
① 인버터의 설치
② 접속함 설치
③ 태양전지 모듈 간의 배선
④ 태양전지 어레이와 접속함의 배선

풀이 태양광발전 전기공사의 옥내 · 옥외 공사
㉠ 옥내공사
- 인버터 설치
- 분전반 설치

㉡ 옥외공사
- 모듈 간 배선
- 접속함 설치
- 어레이와 접속함 배선
- 접속함에서 인버터까지의 배선
- 전력량계 설치
- 옥외배선

132 태양광발전설비의 케이블 시공방법 중 잘못된 것은?
① 공칭단면적 2.5[mm^2] 이상의 연동선 또는 이와 동등 이상의 세기 및 굵기의 것이어야 한다.
② 옥내에 시설할 경우 합성수지관 금속관공사, 가요전선관공사 또는 케이블공사로 한국전기설비규정에 따라 시설한다.
③ 옥측 또는 옥외에 시설할 경우 합성수지관공사, 금속관공사, 가요전선관공사 또는 케이블공사로 전기설비기술기준의 규정에 따라 시설한다.
④ 옥내와 옥외에 사용하는 케이블은 동일하다.

풀이 옥내와 옥외에 사용하는 케이블은 다르다.

정답 130 ① 131 ① 132 ④

133 태양광발전설비에 사용하는 케이블 접속(기기단자와 케이블 접속) 방법 중 잘못된 것은?

① 볼트의 크기에 맞는 토크렌치를 사용하여 규정된 힘으로 조여 준다.
② 조임은 볼트를 돌려서 조여 준다.
③ 2개 이상의 볼트를 사용하는 경우 한쪽만 심하게 조이지 않도록 주의한다.
④ 조임이 견고하고 전기적으로 완전하게 접속함과 동시에 접속점에 장력이 가해지지 않도록 해야 한다.

풀이 조임은 너트를 돌려서 조여 준다.

134 케이블 트레이 시공방식의 장점으로 틀린 것은?

① 허용전류가 크다.
② 방열 특성이 좋다.
③ 장래부하 증설에 대응력이 크다.
④ 동식물의 영향을 받지 않는다.

풀이
- 장점 : 시공 및 유지보수가 용이하다.
- 단점 : 동식물의 영향을 받는다. Cable 포설 수가 작으면 비경제적이다.

135 태양광 모듈을 지붕에 시공하고 옥내 배선공사를 케이블 트레이 공사로 시공할 경우 케이블 트레이에 적용할 수 없는 전선은?

① 연피 케이블
② PVC 케이블
③ 난연성 케이블
④ 알루미늄피 케이블

풀이 케이블 트레이 공사
전선은 연피 케이블, 알루미늄피 케이블 등 난연성 케이블 또는 금속관 혹은 합성수지관 등에 넣은 절연 전선을 사용하여야 한다.

136 케이블 트레이의 시설방법으로 틀린 것은?

① 수평으로 포설하는 케이블은 케이블 트레이의 가로대에 반드시 견고하게 고정시켜야 한다.
② 저압케이블과 고압 또는 특고압케이블은 동일 케이블 트레이 내에 시설하여서는 안 된다.
③ 케이블이 케이블 트레이 계통에서 금속관 등으로 옮겨가는 개소는 케이블에 압력이 가해지지 않도록 한다.
④ 케이블 트레이가 방화구획의 벽, 마루, 천장 등을 관통 시 개구부에 연소방지시설 등 적절한 조치를 해야 한다.

풀이 수평으로 포설하는 케이블 이외의 케이블은 케이블 트레이의 가로대에 견고하게 고정시켜야 한다.

정답 133 ② 134 ④ 135 ② 136 ①

137 태양전지 전지판 연결공사에 대한 설명으로 틀린 것은?

① 전선의 연결부위는 전선관 내에서 연결하여야 한다.
② 전선관은 전기적 · 기계적으로 확실히 접속한다.
③ 태양광 모듈 결선 시 Junction Box Hole에 맞는 방수 콘넥터를 사용한다.
④ 태양전지에서 옥내에 이르는 배선은 모듈전용선, F-CV선, TFR-CV선 등을 사용한다.

풀이 전선관 내에서 연결해서는 안 된다.

138 계통 주파수가 다음 중 어떤 범위를 유지하지 못할 경우 분산형 전원은 3.00초 이내에 전력 계통으로부터 발전설비를 분리해야 하는가?

① $f > 615$
② $f < 57.5$
③ $f < 57.0$
④ $f > 57.5$

풀이 계통 주파수가 다음 표와 같은 비정상 범위 내에 있을 때 분산형 전원은 해당 분리시간 내에 한전계통에 대한 가압을 중지해야 한다.

비정상 주파수에 대한 분산형 전원 분리시간

분산형 전원 용량	주파수 범위[Hz]	분리시간[초]
용량 무관	$f > 61.5$	0.16
	$f < 57.5$	3.00
	$f < 57.0$	0.16

139 전선을 지중 매설할 경우 중량물의 압력을 받을 위험이 있는 경우 매설 깊이는?

① 0.6[m] 이상
② 1.0[m] 이상
③ 1.2[m] 이상
④ 1.5[m] 이상

풀이 지중선로 매설 시 중량물의 압력을 받을 염려가 없는 경우는 0.6[m] 이상, 중량물의 압력을 받을 경우는 1.0[m]로 한다.

140 지붕에 설치하는 태양전지 모듈의 설치방법으로 옳지 않은 것은?

① 시공, 유지보수 등의 작업을 하기 쉽도록 한다.
② 온도 상승을 방지하기 위해 지붕과 모듈의 간격을 둔다.
③ 모듈 고정용 볼트, 너트 등은 상부에서 조일 수 있어야 한다.
④ 태양전지 모듈의 설치방법 중 세로 깔기는 모듈의 긴 쪽이 상하가 되도록 설치한다.

정답 137 ① 138 ② 139 ② 140 ④

풀이
- 가로 깔기 : 모듈의 긴 쪽이 상하가 되도록 설치하는 방법
- 세로 깔기 : 모듈의 긴 쪽이 좌우가 되도록 설치하는 방법

[가로 깔기(2단 적층)]

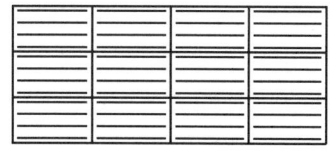

[세로 깔기(3단 적층)]

141 태양광발전시스템의 배선공사에 사용되는 케이블 중 내연성이 가장 좋은 케이블은?

① ACSR(강심 알루미늄 연선)
② VV(비닐절연 비닐시스 케이블)
③ CV(가교 폴리에틸렌 절연 비닐시스 케이블)
④ PNCT(에틸렌 프로필렌고무 절연 클로로플랜시스 캡타이어 케이블)

풀이 내연성이 가장 우수한 케이블은 PNCT 케이블이다.

케이블의 종류	허용최고온도[℃]	내연성	열변형성	내후성
CV	90	○	○	○
VV	60	○	■	○
PNCT	80	◎	■	○

※ ◎(우량), ○(양호), ■(가능)

142 태양전지 전지판 연결공사에 대한 설명으로 틀린 것은?

① 전선관은 전기적, 기계적으로 확실히 접속한다.
② 전선의 연결부위는 전선관 내에서 연결하여야 한다.
③ 태양광 모듈 결선 시 정션박스 홀에 맞는 방수 커넥터를 사용한다.
④ 태양전지에서 옥내에 이르는 배선은 모듈전용선 F-CV선, TFR-CV선 등을 사용한다.

풀이 전선관 내에 전선의 연결부위가 있으면 안 된다. 전선의 연결(접속)은 접속함 내에서 이루어져야 한다.

정답 141 ④ 142 ②

143 태양광 모듈의 전기배선 및 접속함 시공방법으로 틀린 것은?
① 접속 배선함 연결부위는 일체형 전용 커넥터를 사용
② 역전류방지 다이오드의 용량은 모듈 단락전류의 1.4배 이상일 것
③ 전선의 지면을 통과하는 경우에는 피복에 손상이 발생되지 않도록 조치
④ 1대의 인버터에 연결된 태양전지 직렬군이 2병렬 이상일 경우에는 각 직렬군의 출력전류가 동일하도록 배열

풀이 1대의 인버터에 연결된 태양전지 직렬군이 2병렬 이상일 경우에는 각 직렬군의 출력전압이 동일하도록 배열해야 한다. KS C 8567(2017.08)에 의거 역전류 방지 다이오드의 용량은 모듈 단락전류의 1.4배 이상

144 태양광발전시스템의 전기배선공사로 직류배선공사와 교류배선공사를 들 수 있다. 직류배선공사의 특징으로 옳은 것은?
① 교류배선공사보다 효율이 좋다.
② 감전위험이 크다.
③ 절연비용이 비싸다.
④ 아크소호에 유리하다.

풀이 DC 전원공급방식. DC → AC 변환을 줄여주어 전력손실을 줄여준다.

145 태양광설비의 전기배선 기준으로 옳지 않은 것은?
① 태양전지판의 접속 배선함 연결부위는 일체형 전용 커넥터를 사용한다.
② 태양전지에서 옥내에 이르는 전선은 비닐절연전선 또는 TFR-CV선을 사용한다.
③ 태양전지판의 배선은 바람에 흔들림이 없도록 케이블 타이 등으로 단단히 고정한다.
④ 태양전지판의 출력배선은 극성을 확인할 수 있도록 표시를 한다.

풀이 태양전지에서 옥내에 이르는 배선에 사용되는 전선은 모듈전용선 XLPE Cable이나 이와 동등 이상의 제품 또는 직류용 전선이다. 옥외 사용 Cable은 자외선에 견딜 수 있는 UV Cable이어야 한다.

146 간선의 굵기를 산정하는 데 결정요소가 아닌 것은?
① 불평형 전류
② 허용전류
③ 전압강하
④ 고조파

풀이 전선 굵기의 결정요소
- 허용전류
- 전압강하
- 기계적 강도
- 고조파
- 장래증설 및 변경분

정답 143 ④ 144 ① 145 ② 146 ①

147 가공송전선로에 사용되는 전선의 구비조건이 아닌 것은?
① 내구성이 있을 것
② 도전율이 높을 것
③ 비중(밀도)이 높을 것
④ 가선작업이 용이할 것

풀이 가공송전 선로에 사용되는 전선의 구비조건 : 비중(밀도)이 작아야 한다.

148 태양전지 모듈 간의 배선 시 단락전류에 충분히 견딜 수 있는 전선의 최소 굵기로 적당한 것은?
① 0.75[mm^2]
② 2.5[mm^2]
③ 4.0[mm^2]
④ 6.0[mm^2]

풀이 전선의 공칭단면적 2.5[mm^2] 이상의 연동선 또는 이와 동등 이상의 세기 및 굵기일 것

149 태양전지 어레이의 출력 확인 방법이 아닌 것은?
① 단락전류의 확인
② 절연저항의 측정
③ 모듈의 정격전압 측정
④ 비접지 확인

풀이 태양전지 모듈의 배선이 끝나면 각 모듈의 전압극성 확인, 단락전류 측정, 비접지 확인이 이루어져야 한다.

150 태양광 모듈 배선이 끝난 후 검사하는 항목이 아닌 것은?
① 극성 확인
② 단락전류 측정
③ 전압 확인
④ 일사량 측정

풀이 태양전지 모듈 배선 후 검사항목
- 전압 · 극성 확인
- 단락전류 측정
- 비접지 확인

151 태양전지 모듈의 설치방법 검토 항목으로 적당하지 않은 것은?
① 시공 · 유지보수 등을 고려하여 작업하기 쉽게 한다.
② 모듈 고정용 볼트, 너트 등은 상부에서 조일 수 있어야 한다.
③ 미관 및 안전상 가대와 지지기구 등의 노출부를 가능한 한 크게 한다.
④ 태양전지 모듈 온도상승 억제를 위해 지붕과 태양전지 사이에 간격을 둔다.

정답 147 ③ 148 ② 149 ② 150 ④ 151 ③

풀이 ▶ 태양전지 모듈의 설치방법
- 태양전지 모듈의 직렬매수(스트링)는 직류사용전압 또는 파워컨디셔너(PCS)의 입력전압 범위 내에서 선정한다.
- 태양전지 모듈의 설치는 가대 하단에서 상단으로 순차적으로 조립한다.
- 태양전지 모듈과 가대 접합 시 전식방지를 위해 개스킷을 사용하여 조립한다.
- 미관 및 안전상 가대와 지지기구의 노출부는 가능한 한 작게 한다.
- 태양전지 모듈 온도상승 억제를 위해 지붕과 태양전지 사이에 간격을 둔다.

152 태양전지 모듈의 배선 연결 후 확인 점검사항이 아닌 것은?

① 각 모듈의 극성 확인 ② 전압 확인
③ 플리커 확인 ④ 단락전류의 측정

풀이 ▶
- 태양전지 모듈 배선 작업이 끝나면 각 모듈의 극성 확인(+, -), 전압 확인, 단락전류 확인, 접지(비접지) 확인을 한다.
- 인버터는 절연변압기를 시설하는 경우가 드물기 때문에 직류 측 회로는 비접지이다.

153 태양전지 모듈 2차 측 회로를 비접지 방식으로 할 경우 비접지 확인방법이 아닌 것은?

① 검전기로 확인 ② 전류계로 확인
③ 회로시험기로 확인 ④ 간이측정기로 확인

풀이 ▶ 태양전지 모듈 2차 측 회로의 비접지 확인방법

- 회로시험기로 확인(테스터)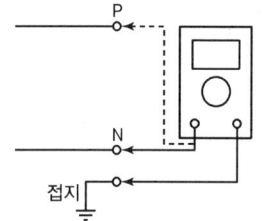
- 검전기로 확인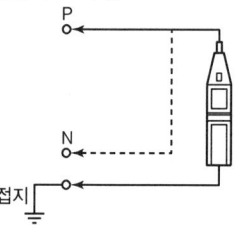
- 간이측정기로 확인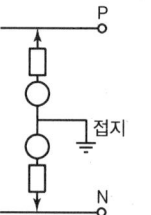

154 태양전지 모듈의 배선이 끝난 후 확인사항이 아닌 것은?

① 비접지 확인 ② 전압극성 확인
③ 단락전류 확인 ④ 개방전류 확인

풀이 ▶ 모듈 배선이 끝난 후 태양전지 어레이의 검사사항
- 전압극성 확인
- 단락전류 측정
- 비접지 확인

정답 152 ③ 153 ② 154 ④

155 인버터의 직류 측 회로를 비접지로 하는 경우 비접지의 확인방법이 아닌 것은?

① 테스터로 확인
② 검전기로 확인
③ 간이측정기 사용
④ 활선접근경부장치 사용

풀이 인버터 직류 측 비접지 확인방법
- 테스터로 확인(회로시험기)
- 검전기로 확인
- 간이측정기 사용

156 태양전지 모듈 조립 시 주의사항으로 적합하지 않은 것은?

① 태양전지 모듈의 파손방지를 위해 충격이 가지 않도록 한다.
② 태양전지 모듈의 인력 이동 시 2인 1조로 한다.
③ 태양전지 모듈과 가대의 접합 시 개스킷 등은 사용하지 않는다.
④ 접속하지 않은 모듈의 리드선은 빗물 등 이물질이 유입되지 않도록 보호테이프로 감는다.

풀이
- 가대의 접합 시 태양전지 모듈 간의 완충작용을 위해 개스킷을 사용하는 것이 바람직하다.
- 개스킷에 사용되는 재료 : 저온저압 : 종이, 고무, 석면, 마, 합성수지
  고온고압 : 동, 납, 연강

157 태양전지 모듈 공사 시 금속부재 절단 작업에 필요한 장비가 아닌 것은?

① 보호안경　　　　　　　　　② 방진마스크
③ 헬멧　　　　　　　　　　　④ 절연장갑

풀이 금속부재 절단 작업장비 : 헬멧, 안전장갑, 방진마스크, 보호안경

158 국내에서 태양광발전설비의 모듈을 고정식으로 설치할 때 최적 경사각은 일반적으로 몇 도 정도인가?

① 5~15°　　　　　　　　　　② 24~36°
③ 55~60°　　　　　　　　　 ④ 75~90°

풀이 국내에서 모듈을 고정식으로 설치할 때 일반적인 최적 경사각은 24~36°다.

정답 155 ④　156 ③　157 ④　158 ②

159 태양전지 모듈의 시공기준에 대한 설명으로 틀린 것은?

① 전기줄, 피뢰침, 안테나 등의 미약한 음영도 장해물로 본다.
② 태양전지 모듈 설치열이 2열 이상인 경우 앞열은 뒷열에 음영이 지지 않도록 설치하여야 한다.
③ 장해물로 인한 음영에도 불구하고 일조시간은 1일 5시간(춘분 3~5월, 추분 9~11월 기준) 이상이어야 한다.
④ 설치용량은 사업계획서상의 모듈 설계용량과 동일하여야 하나 동일하게 설치할 수 없는 경우에 한하여 설계용량의 110[%] 이내까지 가능하다.

풀이 전기줄, 피뢰침, 안테나 등의 미약한 음영은 장해물로 보지 않는다.

160 태양전지 모듈의 취부방향에서 모듈의 긴 방향을 종으로 설치하는 이유가 아닌 것은?

① 발전부지가 적게 되므로
② 세정효과가 좋아지므로
③ 적설지대에 적합하므로
④ 먼지, 꽃가루 등이 많은 지역에 적합하므로

풀이 태양전지 모듈의 설치방법
　㉠ 가로 깔기 : 모듈의 긴 쪽이 상하가 되도록 설치
　㉡ 세로 깔기
　　• 모듈의 긴 쪽이 좌우가(종이) 되도록 설치
　　• 이 방법은 발전부지가 적어진다.

태양전지 모듈의 취부방향에서 모듈의 긴 방향을 종으로 설치하는 이유
• 세정효과가 좋아짐
• 적설지대에 적합
• 먼지, 꽃가루 등이 많은 지역에 적합

161 분산형 전원을 배전계통에 연계 시 승압용 변압기의 1차 결선방식으로 옳은 것은?(단, 인버터는 3상이며, 절연변압기를 사용하는 조건임)

① Y결선
② △결선
③ V결선
④ 스코트(Scott) 결선

풀이 분산형 전원을 배전계통에 연계 시 발전 전용일 경우 Y - △ 방식이므로 승압용 변압기의 1차 결선방식은 Y결선이다.

정답 159 ① 160 ① 161 ①

162 다음 ( ) 안의 내용으로 옳은 것은?

태양광발전시스템은 상용 전력계통 연계 유·무에 따라 독립형과 ( )으로 구분한다.

① 계통연계형
② 병렬연계형
③ 복합연계형
④ 단독연계형

풀이 태양광발전시스템은 상용 전력계통 연계 유·무에 따라 독립형과 계통연계형으로 구분한다.

163 독립형 전원시스템용 축전지 선정 시 고려사항으로 옳은 것은?

① 자기방전이 클 것
② 에너지 저장 밀도가 낮을 것
③ 충방전 사이클 특성이 우수한 것
④ 중량 대비 효율이 낮을 것

풀이 축전지가 갖추어야 할 요구조건
- 자기방전율이 낮을 것
- 수명이 길 것
- 방전전압전류가 안정적일 것
- 과충전 과방전에 강할 것
- 에너지 저장 밀도가 높을 것
- 환경 변화에 안정적일 것
- 중량 대비 효율이 높을 것
- 유지보수가 용이할 것
- 경제적일 것

164 태양광발전시스템과 분산전원의 전력계통 연계 시 특징이 아닌 것은?

① 부하율이 향상된다.
② 공급 신뢰도가 향상된다.
③ 배전선로 이용률이 향상된다.
④ 고장 시의 단락 용량이 줄어든다.

풀이 태양광발전시스템과 전력계통 연계 시 특징
- 부하율 향상
- 공급 신뢰도 향상
- 배전선로 이용률 증대
- 고장 시의 단락 용량은 증가한다.

정답 162 ① 163 ③ 164 ④

165 접지극을 공용하는 통합접지로 하는 경우 낙뢰 등에 의한 과전압으로부터 전기설비 등을 보호하기 위해 설치해야 하는 것은?

① VCB ② GCB ③ RCD ④ SPD

풀이 낙뢰 등에 의한 과전압으로부터 전기설비 서지보호장치(SPD)를 설치한다.
① VCB : 진공차단기
② GCB : 가스차단기
③ RCD : 누전차단기

166 전력계통의 전압을 조정하는 조상설비 중 진상 또는 지상 모두 무효전력 조정이 가능한 것은?

① 단로기 ② 분로 리액터
③ 동기 조상기 ④ 전력용 콘덴서

풀이 조상설비 중 진상 또는 지상 모두 무효전력 조정이 가능한 것은 동기 조상기이다.

167 태양광발전설비 중 접속함에 사용되는 장치로 다음 그림은 무엇을 나타낸 것인가?

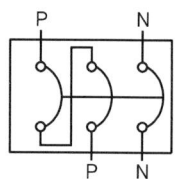

① MCCB ② GIS ③ ACB ④ VCB

풀이 MCCB는 태양광발전설비 중 접속반 내부에 설치되는 직류 차단기이다.

168 태양광발전시스템과 전력계통선과의 연계를 위한 송수전설비에서 중요한 송전용 변압기의 용량 산정에 고려사항이 아닌 것은?

① 변압기 효율과 부하율의 관계 ② 변압기 뱅크방식에 따른 송전방식
③ DC 케이블선의 굵기 ④ 인버터 종류에 따른 변압기의 결선방식

풀이 송수전설비는 AC 케이블을 사용하기 때문에 DC 케이블선의 굵기는 송전용 변압기의 용량 산정에 고려사항이 아니다.

169 공기 중에서 아크를 소호하는 차단기로 1,000[V] 이하에서 사용하는 저압용 차단기는?

① VCB ② OCB ③ GCB ④ ACB

정답 165 ④ 166 ③ 167 ① 168 ③ 169 ④

풀이 • VCB(진공차단기), OCB(유입차단기), GCB(가스차단기) : 고압용 차단기
• ACB(Air Circuit Breaker, 기중차단기) : 저압용 차단기

170 전기실(변전실) 설치장소 선정을 위한 고려사항으로 틀린 것은?
① 기기의 반출이 편리할 것
② 고온이나 다습한 곳은 피할 것
③ 어레이 구성의 중심에 가깝고 배전에 편리한 장소일 것
④ 전력회사의 전원인출 장소에서 가급적 멀리 떨어져 있을 것

풀이 전력회사의 전원인출 장소에서 가까울수록 전력손실이 적다.

171 전선의 굵기 선정을 위한 고려사항이 아닌 것은?
① 허용전류
② 전압강하
③ 기계적 강도
④ 태양광발전량

풀이 전선의 굵기 선정 시 고려사항
• 허용전류
• 전압강하
• 기계적 강도
• 장래증설 변경분
• 고조파분

172 보호도체의 단면적에서 상도체의 단면적[mm²]이 $S > 35$일 때 보호도체의 최소단면적[mm²]은?(단, 보호도체의 재질이 상도체와 같은 경우)

① S
② 16
③ $\dfrac{S}{2}$
④ $\dfrac{S}{3}$

풀이 보호도체의 단면적
아래의 표에서 정한 값 이상의 단면적

상도체의 단면적 S[mm²]	대응하는 보호도체의 최소 단면적[mm²]	
	보호도체의 재질이 상도체와 같은 경우	보호도체의 재질이 상도체와 다른 경우
$S \leq 16$	S	$(k_1/k_2) \times S$
$16 < S \leq 35$	16	$(k_1/k_2) \times 16$
$S > 35$	$S/2$	$(k_1/k_2) \times (S/2)$

여기서, k_1 : 도체 및 절연의 재질에 따라 KS C IEC 60364-5-54 부속서 A(규정)의 표 A54.1 또는 IEC 60364-4-43의 표 43A에서 선정된 상도체에 대한 값
k_2 : KS C IEC 60364-5-54 부속서 A(규정)의 표 A54.2~A54.6에서 선정된 보도도체에 대한 값
PEN 도체의 경우 단면적의 축소는 중성선의 크기결정에 대한 규칙에만 허용된다.

정답 170 ④ 171 ④ 172 ③

173 변압기의 중성점 접지저항 값에 대한 설명 중 틀린 것은?

① 일반적으로 변압기의 고압 · 특고압 측 전로 1선 지락전류로 100을 나눈 값과 같은 저항 값 이하
② 1초 초과 2초 이내에 고압 · 특고압 전로를 자동으로 차단하는 장치를 설치할 때는 300을 나눈 값 이하
③ 1초 이내에 고압 · 특고압 전로를 자동으로 차단하는 장치를 설치할 때는 600을 나눈 값 이하
④ 전로의 1선 지락전류는 실측 값에 의한다. 다만, 실측이 곤란한 경우에는 선로정수 등으로 계산한 값에 의한다.

풀이
1. 변압기의 중성점 접지저항 값은 다음에 의한다.
   1) 일반적으로 변압기의 고압 · 특고압 측 전로 1선 지락전류로 150을 나눈 값과 같은 저항 값 이하
   2) 변압기의 고압 · 특고압 측 전로 또는 사용전압이 35[kV] 이하의 특고압전로가 저압 측 전로와 혼촉하고 저압전로의 대지전압이 150[V]를 초과하는 경우에는 저항 값은 다음에 의한다.
      ① 1초 초과 2초 이내에 고압 · 특고압 전로를 자동으로 차단하는 장치를 설치할 때는 300을 나눈 값 이하
      ② 1초 이내에 고압 · 특고압 전로를 자동으로 차단하는 장치를 설치할 때는 600을 나눈 값 이하
2. 전로의 1선 지락전류는 실측 값에 의한다. 다만, 실측이 곤란한 경우에는 선로정수 등으로 계산한 값에 의한다.

174 특고압 배전반에서 앞면 또는 조작 계측 면의 최소 유지거리는?

① 1.4　　② 1.5
③ 1.7　　④ 0.8

풀이 수전설비의 배전반 등의 최소 유지거리

기기별 \ 위치별	앞면 또는 조작 · 계측면	뒷면 또는 점검면	열 상호 간 (점검하는 면)	기타의 면
특고압 배전반	1.7	0.8	1.4	—
고압 배전반	1.5	0.6	1.2	—
저압 배전반	1.5	0.6	1.2	—
변압기	1.5	0.6	1.2	0.3

175 인버터의 공칭전력은 인버터와 모듈, 기술, 지역일사량 등의 지역조건과 모듈의 방향에 따라 어레이 출력(STC에서의)의 몇 [%]까지 될 수 있는가?

① ±10[%]　　② ±15[%]
③ ±20[%]　　④ ±25[%]

정답 173 ①　174 ③　175 ③

176 인버터의 용량산정계수(C_{INV})의 범위는?

① $0.9 < C_{INV} < 1.0$
② $0.83 < C_{INV} < 1.25$
③ $0.8 < C_{INV} < 1.2$
④ $0.93 < C_{INV} < 1.15$

177 인버터의 직류입력전압으로 주로 사용되는 전압은?(단, 실용화되고 있는 전압)

① 220[V]
② 380[V]
③ 110[V]
④ 440[V]

178 단독운전 방지기능에 대한 설명으로 틀린 것은?

① 비동기에 의한 고장이 발생하지 않도록 한다.
② 일부 구간의 부하에만 전력을 공급하는 단독운전 상태검출기능이다.
③ 계통의 정상운전, 설비운전, 공공 인축 안전 등에 영향을 미치지 않도록 한다.
④ 최대 0.5초 이내의 순간에 태양광발전설비를 분리시킨다.

풀이 비동기에 의한 고장방지는 계통연계 측 보호계전기의 역할이다.

179 다음에서 A와 B의 값은?

> 인버터의 공칭출력보다 A[%] 높은 전력을 B분 동안 전력계통에 공급하는 것이 허용된다. 인버터 제조업체들은 이 값을 보증하고 이를 적합성 확인으로 인증해야 한다.

① 5[%], 5분
② 5[%], 10분
③ 10[%], 10분
④ 10[%], 5분

180 태양광발전 방식 중 동일 태양전지 모듈 설치용량기준으로 가장 많은 발전량을 생산하는 순서대로 나타낸 것은?

| ㉠ 양방향 추적식 | ㉡ 경사가변식 |
| ㉢ 단방향 추적식 | ㉣ 고정식 |

① ㉠ → ㉡ → ㉢ → ㉣
② ㉠ → ㉢ → ㉡ → ㉣
③ ㉣ → ㉢ → ㉡ → ㉠
④ ㉣ → ㉡ → ㉢ → ㉠

풀이 고정식 대비 경사가변형은 15~20[%], 단방향 추적식 20~30[%], 양방향 추적식은 30~50[%] 정도 발전량이 증가된다. 높은 순으로 나열하면 양방향 추적식 → 단방향 추적식 → 경사가변식 → 고정식이다.

정답 176 ② 177 ② 178 ① 179 ③ 180 ②

181 모듈 1장의 출력이 150[W], 가로길이가 1.5[m], 세로길이가 0.8[m]일 때 모듈의 변환효율은?(단, 일사강도는 1,000[W/m²]을 적용)

① 10.5[%] ② 12.5[%] ③ 11.5[%] ④ 13.5[%]

풀이 모듈 변환효율 = $\dfrac{모듈출력[W]}{모듈에\ 입사된\ 에너지양[W]} \times 100[\%]$ = $\dfrac{모듈출력}{일사강도 \times 모듈면적} \times 100[\%]$

모듈에 입사된 에너지양[W] = 모듈면적 × 일사강도 = 1.5 × 0.8 × 1,000 = 1,200[W]

모듈 변환효율 = $\dfrac{150}{1,200} \times 100 = 12.5$

182 태양전지 셀과 태양광 모듈에 관한 변환효율의 관계를 옳게 나타낸 것은?

- η_c : 태양전지 셀의 효율
- η_m : 태양광 모듈의 효율
- η_a : 태양광 어레이의 효율

① $\eta_a > \eta_m > \eta_c$ ② $\eta_m > \eta_c > \eta_a$
③ $\eta_c > \eta_a > \eta_m$ ④ $\eta_c > \eta_m > \eta_a$

풀이 셀에서 어레이로의 시스템이 점점 커질수록 손실요인이 발생하므로 효율은 감소한다.

183 태양광 설치방법 중 발전효율이 가장 낮은 것은?

① 추적식 어레이 ② 고정식 어레이
③ 건물통합형(BIPV) ④ 경사가변형 어레이

풀이 BIPV는 건물일체형으로 건축 외장재로서의 기능을 수행하거나 GTG(Glass To Glass) 또는 입면으로 설치되는 경우가 많으므로 발전효율이 낮다.

184 태양광 인버터의 전력변환효율이 다음과 같을 때 유로변환효율은 몇 [%]인가?

정격전력[%]	전력변환효율[%]
5	76
10	79
20	83
30	87
50	93
100	95

① 90.10 ② 90.15 ③ 90.20 ④ 90.25

정답 181 ② 182 ④ 183 ③ 184 ②

풀이 유러피언 효율
변환기의 고효율 성능척도를 표시하는 단위, 출력에 따른 변환효율에 비중을 두어 측정하는 단위

출력(정격전력)[%]	비중계수
5	0.03
10	0.06
20	0.13
30	0.10
50	0.48
100	0.20

$\eta_{Euro} = 0.03\eta_{5\%} + 0.06\eta_{10\%} + 0.13\eta_{20\%} + 0.1\eta_{30\%} + 0.48\eta_{50\%} + 0.27\eta_{100\%}$
$= 0.03 \times 76 + 0.06 \times 79 + 0.13 \times 83 + 0.1 \times 87 + 0.48 \times 93 + 0.2 \times 95 = 90.15$

185 태양전지 어레이 구조설계 시 기본방향(고려사항)으로 잘못된 것은?

① 안정성 : 내진·내풍 최대상정하중 고려, 천재지변 고려
② 시공성 : 부재의 재질, 접합방법 등의 다양화와 규격화
③ 사용성 및 내구성 : 경년 변화, 지반의 상태 환경 등을 고려한 설계
④ 경제성 : 과다설계 배제, 공사비 절감공법

풀이 시공성을 위해서는 부재의 재질, 접합방법 등이 동일해야 한다.

186 태양광발전시스템의 종류에 대한 설명으로 잘못된 것은?

① 단순병렬시스템은 계통연계형의 일종으로 양방향 조류가 흐른다.
② 하이브리드시스템은 태양광발전 외에 디젤발전기(또는 풍력발전)와 함께 운영하는 것이다.
③ 하이브리드시스템은 충·방전 제어장치를 축전지 부하에 연결한다.
④ 계통연계형이란 태양광발전에서 생산된 직류를 인버터에 의해 교류로 변환 후 상용교류 전력망에 연계시키는 방식이다.

풀이 하이브리드시스템은 충·방전 제어장치를 축전지 인버터에 연결시킨 후 부하와 연결한다.

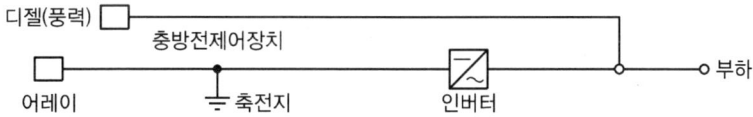

정답 185 ② 186 ③

187 태양광발전시스템의 계통연계 기술기준을 크게 3가지로 구분할 때 해당되지 않는 것은?

① 도입한계용량
② 외부운전성능
③ 전력품질
④ 보호협조

풀이 태양광발전시스템의 계통연계 기술기준에는 전력품질, 보호협조, 도입한계용량 등이 있다.

188 전력계통이 없는 섬, 기타 도서지역에 많이 사용하는 태양광발전소 종류의 형식은?

① 계통연계형
② 연산형
③ 독립형
④ 추적형

풀이 ① 계통연계형 : 태양광발전시스템을 포함한 자가발전설비를 전력회사의 계통에 연계하는 시스템
② 연산형 : 프로그램을 이용한 날짜계산에 의한 추적방식
③ 독립형 : 전기회사 전기공급을 받을 수 없는 도서지방, 깊은 산속, 등대와 같은 특수장소에 적합
④ 추적형 : 태양광발전 효율을 높이기 위해 태양을 추적하여 발전

189 건물통합형(BIPV) 태양광발전의 설명으로 틀린 것은?

① 발전효율은 상대적으로 낮다.
② 주변환경과 조화로운 디자인이 가능하다.
③ 건물에 사용되는 고가의 외장 마감재와 태양광발전시스템 비용이 비슷하여 경제성이 있다.
④ 구조가 복잡하고 전복이나 오동작에 의한 사고 가능성이 높다.

풀이 구조는 복잡하나 전복이나 오동작에 의한 사고 가능성은 낮다.

190 건축자재와 태양전지를 결합시켜 지붕, 파사드, 블라인드 등과 같이 건물외피에 적용하는 건축물 일체형 태양광발전시스템의 종류로 옳은 것은?

① HIT
② CPV
③ BIPV
④ CIGS

풀이 건물일체형 태양광시스템(BIPV ; Building Integrated PV)
태양광 모듈을 건축물에 설치하여 건축 부자재의 역할 및 기능과 전력생산을 동시에 할 수 있는 시스템으로 창호, 스팬드럴, 커튼월, 이중파사드, 외벽, 차양시설, 아트리움, 싱글, 지붕재, 캐노피, 테라스, 파고라 등을 범위로 한다.
- HIT : cell의 종류
- CPV : cell의 종류
- CIGS : 박막형 태양전지, 구리, 인듐, 갈륨, 셀레늄의 화합물을 유리나 플라스틱 등의 기판에 얇은 막으로 쌓아올린 전지

정답 187 ② 188 ③ 189 ④ 190 ③

191 고정형 어레이의 특징으로 잘못된 것은?

① 태양광의 방위각과 경사각을 고정하여 설치
② 구조가 안전하고 전복이나 오동작에 의한 사고 가능성이 낮음
③ 구조물의 구동이 없어 하단부 공간 활용 가능
④ 발전효율이 상대적으로 높음

풀이 발전효율이 타 설치방법에 비해 낮다.

192 추적식 어레이의 특징으로 잘못된 것은?

① 단방향 추적식과 양방향 추적식으로 구분한다.
② 태양광선을 집광하기 위해 집광형만이 사용된다.
③ 추적방법으로는 감지식, 프로그램 제어식, 혼합형 추적방식이 있다.
④ 동력과 기기 조작을 이용하여 태양광의 직달일사량이 최대가 되도록 한다.

풀이 태양광선의 집광 유무에 따라 평판형과 집광형 어레이가 사용된다.

193 다음 (   ) 안에 들어갈 알맞은 내용은?

태양광발전시스템은 설치 형태에 따라 (㉠)식과 (㉡)식이 있다.

① ㉠ : 고정, ㉡ : 추적
② ㉠ : 독립, ㉡ : 추적
③ ㉠ : 연계, ㉡ : 추적
④ ㉠ : 역조류, ㉡ : 단독

풀이
• 태양광발전시스템은 설치 형태에 따라 고정식, 추적식이 있다.
• 추적식에는 추적방향(단축식, 양축식)식과 추적방식(감지식, 프로그램식, 혼합식)이 있다.

194 경사가변형 어레이의 설명으로 틀린 것은?

① 고정식에 비해 개별 발전 차이 간격이 11[%] 증가한다.
② 개별장치의 설치간격이 상대적으로 좁아 비용 대비 발전효율이 증가한다.
③ 구조적으로 안정되어 부수적인 고정장치가 필요 없다.
④ 발전효율은 고정식에 비해 5[%] 상승한다.

풀이 구조적으로 안정성을 높이기 위해 강선을 이용한 추가 고정장치 등이 필요하다.

정답 191 ④ 192 ② 193 ① 194 ③

195 태양광발전 설치방법 중 발전효율이 가장 높은 것은?

① 추적식
② 경사가변형
③ 고정식
④ 건물통합형(BIPV)

풀이 발전효율 크기 순서 : 추적식 > 경사가변형 > 고정식 > 건물통합형

196 어레이 설치 시 태양을 바라보는 방향으로 높이가 2.5[m]인 장애물이 있을 경우 장애물로부터의 최소 이격거리[m]는?(단, 발전 가능 한계시각에서의 태양의 고도각은 15°이다.)

① 8.33
② 10.2
③ 9.33
④ 9.2

풀이 $\tan\alpha = \dfrac{h}{d}$, $d = \dfrac{h}{\tan\alpha} = \dfrac{2.5}{\tan15°} = 9.33$

197 파워 컨디셔너의 주요 기능에 해당하지 않는 것은?

① 전압·전류 제어기능
② 최대전력 추종(MPPT)기능
③ 계통연계 보호기능
④ 단락전류 차단기능

풀이 ④ 단락전류의 차단은 CB(차단기)가 한다.
PCS의 주요 기능으로는 단독운전 검출기능, 자동전압 조정기능, 직류지락 검출기능이 있다.

198 태양광발전시스템의 인버터회로방식이 아닌 것은?

① 저주파수 변압기형
② 부하 시 탭 절환형
③ 고주파 변압기 절연형
④ 무변압기형

풀이 인버터회로방식
상용주파 변압기 절연방식(저주파수 변압기형), 고주파 변압기 절연방식(고주파 변압기 절연형), 트랜스리스 방식(무변압기형)

199 음영의 영향을 가장 많이 받는 인버터 접속방법은?

① 중앙집중방식
② 서브 어레이 방식
③ 개별 스트링 방식
④ 마이크로 인버터 방식

풀이 중앙집중방식의 경우 모듈의 직·병렬 접속이 하나의 인버터에 집중되므로 음영의 영향을 가장 많이 받는다.

200 파워컨디셔너의 종류 중 인버터의 대수 및 연결방식에 따른 구분에서 최대 효율 및 MPP 최적제어가 가능하나 투자비가 가장 많이 드는 방식은 무엇인가?

① 마스터 슬레이브 방식
② 모듈인버터 방식
③ 병렬운전방식
④ 중앙집중식

정답 200 ②

03 기초이론(전기, 전자, 송전 · 배전 · 변전)

01 실효값이 120[V]인 교류전압을 1,200[Ω]의 저항에 인가할 경우 소비되는 전력은?

① 0.1[W] ② 10[W]
③ 12[W] ④ 14.4[W]

풀이 소비전력 $P = IV = \dfrac{V}{R} \times V = \dfrac{V^2}{R}$

여기서, V : 실효값, R : 저항값

$P = \dfrac{120^2}{1,200} = 12$

02 일상적인 변압기에 대한 설명 중 옳은 것은?

① 단자전류의 비 I_2/I_1는 권수비와 같다.
② 단자전압의 비 V_2/V_1는 코일의 권수비와 같다.
③ 1차 측 복소전력은 2차 측 부하의 복소전력과 같다.
④ 1차 단자에서 본 전체 임피던스는 부하 임피던스에 권수비의 자승의 역수를 곱한 것과 같다.

풀이 변압기 권수비 $= \dfrac{N_1}{N_2} = \dfrac{V_1}{V_2} = \dfrac{I_2}{I_1}$

여기서, N_1, N_2 : 1차, 2차 권수
V_1, V_2 : 1차, 2차 전압
I_1, I_2 : 1차, 2차 전류

1차 측 복소전력은 2차 측 부하의 복소전력과 다르다.

03 3[kW] 인버터의 입력전압범위가 25~35[V]이고 최대 출력에서 효율이 89[%]이다. 최대 정격에서 인버터의 최대입력 전류는 몇 [A]인가?

① 135 ② 124
③ 113 ④ 96

풀이 $P = VI\cos\theta\eta$에서 $I = \dfrac{P}{V\cos\theta\eta} = \dfrac{3 \times 10^3}{25 \times 0.89} = 134.83 ≒ 135[A]$

여기서, P : 최대정격, I : 최대입력전류, V : 최소입력전압
$\cos\theta$: 역률, η : 효율

정답 01 ③ 02 ① 03 ①

04 1[Ω·m]와 동일한 단위는?
① 1[μΩ·cm]
② 10^2[Ω·mm^2]
③ 10^4[Ω·cm]
④ 10^6[Ω·mm^2/m]

풀이 고유저항의 단위
$1[Ω·m] = 1[Ω·m^2/m] = 1[Ω·(10^3·mm)^2/m] = 1×10^6[Ω·mm^2/m]$

05 25[W]의 전구 2개를 하루에 5시간 사용하고, 65[W] 팬(Fan)을 하루에 7시간 사용한다고 할 때, 24시간 동안의 총 전력량[Wh/day]은?
① 880
② 705
③ 580
④ 455

풀이 24시간 사용전력량(W)
$W = (25 × 2 × 5) + (65 × 7) = 705$[Wh/day]

06 장거리 전력 전송에 고전압이 사용되는 이유가 아닌 것은?
① 송전용량이 증가한다.
② 전력손실이 감소한다.
③ 선로절연이 낮아지므로 건설비가 감소한다.
④ 동일 용량의 전력을 송전할 경우 송전선의 굵기를 줄일 수 있다.

풀이 고전압을 사용하면 선로 절연비용이 높아져 건설비가 증가한다.

07 저항 1[kΩ], 커패시터 5,000[μF]의 $R-C$ 직렬회로에 100[V] 전압을 인가하였을 때, 시정수는 몇 [sec]인가?
① 0.5
② 5
③ 10
④ 15

풀이 $R-C$ 직렬회로의 시정수(τ) $= RC = 1×10^3[Ω] × 5,000×10^{-6}[F] = 5[sec]$

08 변압기에서 1차 전압이 120[V], 2차 전압이 12[V]일 때 1차 권선수가 400회라면 2차 권선수는?
① 10
② 40
③ 400
④ 4,000

정답 04 ④ 05 ② 06 ③ 07 ② 08 ②

풀이 변압기 권선비 : a

$a = \dfrac{N_1}{N_2} = \dfrac{V_1}{V_2} = \dfrac{I_2}{I_1}$ 에서 $a = \dfrac{V_1}{V_2} = \dfrac{120}{12} = 10$

$a = \dfrac{N_1}{N_2}$ 에서 $N_2 = \dfrac{N_1}{a} = \dfrac{400}{10} = 40$

09 다음 중 도체의 저항과 관계없는 것은?

① 도체의 도전율　　② 도체의 길이
③ 도체의 고유저항　④ 도체의 단면적 형태

풀이 도체의 저항 $R = \rho\dfrac{l}{A} = \dfrac{l}{\sigma A}$ 으로 고유저항$(\rho) = \dfrac{1}{\sigma}$, 도전율$(\sigma)$, 길이$(l)$, 단면적$(A)$과 관계가 있다.

10 옴의 법칙에서 전류의 크기는 어느 것에 비례하는가?

① 임피던스　　② 전선의 길이
③ 전선의 고유저항　④ 전선의 단면적

풀이 옴(Ohm) 법칙에서 전류 $I = \dfrac{V}{R}$ 이고, 저항 $R = \rho\dfrac{l}{A}$

　　여기서, ρ : 도체의 고유저항
　　　　　l : 도체길이
　　　　　A : 도체의 단면적

$I = \dfrac{V}{\rho\dfrac{l}{A}} = \dfrac{V \cdot A}{\rho l}$ 이므로 $I \propto A$ 이고 $I \propto \dfrac{l}{\rho l}$ 이다.

11 도선의 길이가 3배로 늘어나고 지름이 1/3로 줄어든 경우 그 도선의 저항은 어떻게 되는가?

① 27배 증가　　② 9배 증가
③ $\dfrac{1}{27}$로 감소　④ $\dfrac{1}{9}$로 감소

풀이 도선의 저항(R)은 $R = \rho\dfrac{l}{A} = \rho\dfrac{l}{\dfrac{\pi D^2}{4}}$ 에서 길이 l과 지름 D의 관계식으로 저항 R을 계산

$R = \dfrac{l}{D^2} = \dfrac{3l}{\left(\dfrac{1}{3}D\right)^2} = \dfrac{27l}{D^2} = 27\dfrac{l}{D^2}$ 이므로 저항 R은 27배로 증가

정답 09 ④　10 ④　11 ①

12 도선의 길이가 2배로 늘어나고, 지름이 1/2로 줄어들 경우 그 도선의 저항은?

① 4배 증가
② 4배 감소
③ 8배 증가
④ 8배 감소

풀이 도선의 저항 $(R) = \rho \dfrac{l}{A} = \rho \dfrac{l}{\dfrac{\pi D^2}{4}}$ 에서 l, D의 관계식으로 저항 R을 계산

$$R = \dfrac{l}{D^2} = \dfrac{2l}{\left(\dfrac{1}{2}D\right)^2} = 8\dfrac{l}{D^2}$$

저항 R은 8배로 증가한다.

13 RL 직렬회로에 $v = 100\sin(120\pi t)[\text{V}]$의 전원을 연결하여 $i = 2\sin(120\pi t - 45°)[\text{A}]$의 전류가 흐르도록 하려면 저항은 몇 $[\Omega]$인가?

① 50
② 100
③ $50\sqrt{2}$
④ $\dfrac{50}{\sqrt{2}}$

풀이 $v = 100\sin(120\pi t)[\text{V}]$와 $i = 2\sin(120\pi t - 45°)[\text{A}]$ 식은 전류가 전압보다 45° 늦음을 의미하고,

임피던스 $Z = \dfrac{v}{i} = \dfrac{100\sin(120\pi t)}{2\sin(120\pi t - 45°)} = 50\angle 45°$

$= 50(\cos(45°) + j\sin(45°)) = \dfrac{50}{\sqrt{2}} + j\dfrac{50}{\sqrt{2}}$ 에서

실효값 $(V) = \dfrac{\text{최댓값}(V_m)}{\sqrt{2}}$ 이므로

∴ 저항 $R = \dfrac{50}{\sqrt{2}}[\Omega]$

리액턴스 $X_L = \dfrac{50}{\sqrt{2}}[\Omega]$, 임피던스 $Z = \sqrt{R^2 + X_L^2} = 50[\Omega]$

14 $v = 100\sqrt{2}\sin\left(120\pi t + \dfrac{\pi}{3}\right)[\text{V}]$인 정현파 교류전압의 실효값과 주파수는?

① 100[V], 50[Hz]
② 100[V], 60[Hz]
③ 141[V], 50[Hz]
④ 141[V], 60[Hz]

풀이 $v = V_m\sin(\omega t + \theta)$에서 V_m : 최댓값

$V = 100\sqrt{2}\sin\left(120\pi t + \dfrac{\pi}{3}\right)[\text{V}]$

$V_m = 100\sqrt{2}$

정답 12 ③ 13 ④ 14 ②

$$\omega = 120\pi t$$

실효값 $= \dfrac{V_m}{\sqrt{2}} = \dfrac{100\sqrt{2}}{\sqrt{2}} = 100[\text{V}]$

전기각속도 $\omega = 2\pi ft$에서 $f = \dfrac{\omega}{2\pi t} = \dfrac{120\pi t}{2\pi t} = 60[\text{Hz}]$

∴ 실효값 100[V], 주파수 60[Hz]

15 줄의 법칙을 이용한 발열량[cal] 계산식으로 옳은 것은?(단, I는 전류[A], R은 저항[Ω], t는 시간[sec]이다.)

① $H = 0.24I^2R$
② $H = 0.24I^2Rt$
③ $H = 0.024I^2Rt$
④ $H = 0.24I^2R^2$

풀이 줄의 법칙은 도체에 일정 시간 전류를 흘리면 도체에서 열이 발생하고 발열량 계산식은 $H = 0.24I^2Rt$ [cal]이다.

16 장거리 전력전송에 고전압이 사용되는 이유는?

① 저전압보다 조절하기가 더 쉽다.
② 손실(I^2R)이 감소한다.
③ 전자기장이 강하다.
④ 작은 변압기가 사용된다.

풀이 장거리 전력전송에 고전압을 사용하는 이유 : 전력손실을 저감하기 위해서다.
손실 $P_l = I^2R$

17 송전선로의 선로정수에 포함되지 않는 것은?

① 저항
② 정전용량
③ 리액턴스
④ 누설 컨덕턴스

풀이 송전선로의 선로정수
R(저항), L(인덕턴스), C(정전용량), G(누설 컨덕턴스)

18 분산형 전원 배전계통 연계 시 반드시 설치하지 않아도 되는 보호장치는?

① 결상계전기
② 저전압계전기
③ 저주파수계전기
④ 역기전력 역전력계전기

정답 15 ② 16 ② 17 ③ 18 ①

풀이 분산형 전원의 고장 발생 시 자동적으로 계통과의 연계를 분리할 수 있는 보호장치가 필요하다.
- 계통 또는 분산형 전원 측의 단락·지락 고장 시 보호를 위한 보호장치를 설치한다.
- 적정한 전압과 주파수를 벗어난 운전을 방지하기 위하여 과·전압계전기, 과·저주파수계전기를 설치한다.
- 단순병렬 분산형 전원의 경우에는 역전력 계전기를 설치한다.
- 결상계전기의 사용목적 : 3상선로, 발전기 등에서 1상 또는 2상결상(단선)이나 저전압 또는 역상 등의 사고 발생 시 사고확대 및 파급방지

19 일정 전압의 직류전원에 저항을 접속하고 전류를 흘릴 때 이 전류값을 20[%] 증가시키기 위해서는 저항값을 어떻게 하면 되는가?

① 저항값을 20[%]로 감소시킨다.
② 저항값을 66[%]로 감소시킨다.
③ 저항값을 83[%]로 감소시킨다.
④ 저항값을 120[%]로 증가시킨다.

풀이 $I = \dfrac{V}{R}$, $I \propto \dfrac{1}{R}$에서

즉, 전류와 저항은 반비례하므로 전류를 20[%] 증가시키면 저항은 그 역수만큼 감소한다.

$\dfrac{1}{1.2} = 0.8333$

20 220[V], 60[Hz] 교류전원을 변압기를 사용하여 24[V]의 교류전원으로 바꾸려고 한다. 이 변압기 1차 코일의 권선수가 300회일 때, 2차 코일의 권선수는 몇 회로 하면 되는가?

① 약 22회
② 약 33회
③ 약 66회
④ 약 600회

풀이 변압기 권선비

1차 코일 권수 $n_1 = 300$일 때 2차 코일 권수 n_2는

$a = \dfrac{n_1}{n_2} = \dfrac{V_1}{V_2} = \dfrac{I_2}{I_1}$

$a = \dfrac{V_1}{V_2} = \dfrac{220}{24} = 9.166$

$a = \dfrac{n_1}{n_2}$ → $n_2 = \dfrac{n_1}{a} = \dfrac{300}{9.166} = 32.729 ≒ 33$

21 내부저항이 각각 0.3[Ω] 및 0.2[Ω]인 1.5[V]의 두 전지를 직렬로 연결한 후에 외부에 2.5[Ω]의 저항 부하를 직렬로 연결하였다. 이 회로에 흐르는 전류는 몇 [A]인가?

① 0.5
② 1.0
③ 1.2
④ 1.5

정답 19 ③ 20 ② 21 ②

풀이 직렬연결 전압 $V = 1.5 + 1.5 = 3[V]$

$$I = \frac{V}{R} = \frac{1.5+1.5}{(0.3+0.2)+2.5} = \frac{3}{0.5+2.5} = \frac{3}{3} = 1$$

22 실효값이 220[V]인 교류전압을 1.2[kΩ]의 저항에 인가할 경우 소비되는 전력은 약 몇 [W]인가?

① 14.4　　　　　　　　　② 18.3
③ 26.4　　　　　　　　　④ 40.3

풀이 소비전력 $P = VI(V=IR) = I^2R\left(I=\frac{V}{R}\right) = \frac{V^2}{R}$

$$P = \frac{220^2}{1.2 \times 10^3} = 40.333[W]$$

23 2[Ω], 3[Ω], 5[Ω]의 저항 3개가 직렬로 접속된 회로에 5[A]의 전류가 흐르면 공급 전압은 몇 [V]인가?

① 30　　　② 50　　　③ 70　　　④ 100

풀이 회로도

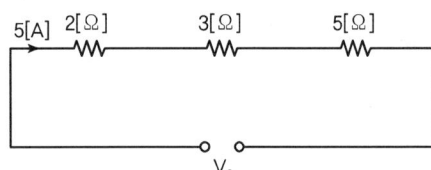

전압 $V_0 = IR_0$ 이므로
전저항 $R_0 = 2+3+5 = 10[\Omega]$
$V_0 = 5 \times 10 = 50[V]$

24 10[A]의 전류를 흘렸을 때의 전력이 50[W]인 저항에 20[A]의 전류를 흘렸다면 소비전력은 몇 [W]인가?

① 50　　　② 100　　　③ 150　　　④ 200

풀이 소비전력 $(P) = IV + I \times IR = I^2R$

저항 $(R) = \frac{P}{I^2} = \frac{50}{10^2} = 0.5[\Omega]$

$P = 20^2 \times 0.5 = 200[W]$

정답 22 ④　23 ②　24 ④

25 수전전압이 22.9[kV]이고 3상 단락전류가 10,000[A]인 수용가의 수전용 차단기의 차단용량은 몇 [MVA] 이상이면 되는가?(단, 여유율은 고려하지 않는다.)

① 433 ② 447 ③ 457 ④ 467

풀이 차단용량$(P) = \sqrt{3} \times \text{kV}(\text{정격전압}) \times \text{kA}(\text{정격차단전류})$
$= \sqrt{3} \times 25.8 \times 10,000 \times 10^{-3} = 446.87 ≒ 447[\text{MVA}]$
22.9[kV]의 정격전압은 25.8[kV]

26 어떤 전지의 외부회로 저항은 5[Ω]이고, 전류는 8[A]가 흐른다. 외부회로에 5[Ω] 대신에 15[Ω]의 저항을 접속하면 4[A]로 떨어진다. 이 전지의 기전력은?

① 40[V] ② 60[V] ③ 80[V] ④ 100[V]

풀이 기전력$(V) = I_1(R_1 + r)$
$= I_2(R_2 + r)$
여기서, I : 전류, R : 외부저항, r : 내부저항

내부저항 r을 구하면
$V = I_1(R_1 + r) = I_2(R_2 + r) = 8(5 + r) = 4(15 + r) = 40 + 8r = 60 + 4r = 4r = 20$
$r = 5$
$V = 8(5 + 5) = 4(15 + 5) = 80[\text{V}]$

27 최대눈금 50[V]인 직류 전압계가 있다. 이 전압계를 사용하여 150[V]의 전압을 측정하려면 배율기의 저항은 몇 [Ω]을 사용하면 되는가?(단, 전압계의 내부저항은 5,000[Ω]이다.)

① 1,000 ② 2,500 ③ 5,000 ④ 10,000

풀이 배율기(multiplier)
전압의 측정범위를 넓히기 위해 전압계에 직렬로 달아주는 저항을 배율기 저항이라 한다.

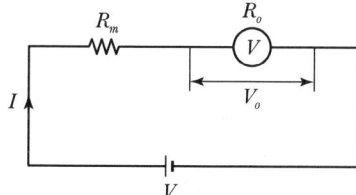

여기서, R_m : 배율기 저항
R_o : 전압계 내부저항
V : 측정하고자 하는 전압
I : 전압계에 흐르는 저항
V_o : 전압계에 걸리는 전압

$V = I(R_m + R_o) = IR_m + IR_o$
$IR_m = V - IR_o$
$R_m = \dfrac{V - IR_o}{I}$

정답 25 ② 26 ③ 27 ④

여기서 $I = \dfrac{V}{R_m + R_o}$ 이므로 전압계에 걸리는 전압 $V_o = IR_o$

$$V_o = \dfrac{V}{R_m + R_o} R_o = \dfrac{R_o}{R_m + R_o} \times V$$

$$V = V_o \left(\dfrac{R_m + R_o}{R_o}\right) = V_o \left(1 + \dfrac{R_m}{R_o}\right)$$

배율$(m) = \dfrac{V}{V_o} = \left(1 + \dfrac{R_m}{R_o}\right)$

배율기 저항$(R_m) = \left(\dfrac{V}{V_o} - 1\right) \times R_o = \left(\dfrac{150}{50} - 1\right) \times 5{,}000 = 10{,}000\,[\Omega]$

분류기(shunt) : 전류의 측정 범위를 넓히기 위해 전류계에 병렬로 저항을 달아주는 저항을 분류기 저항이라 한다.

28
역률이 50[%]이고 1상의 임피던스가 60[Ω]인 유도 부하를 △로 결선하고 여기에 병렬로 저항 20[Ω]을 Y결선으로 하여 3상 선간전압 200[V]를 가할 때, 소비전력[W]은?

① 2,000
② 2,200
③ 2,500
④ 3,000

풀이 △ 결선 시 전력$(P) = 3 V_p I_p \cos\theta$ $V_l = V_p$ $I_l = \sqrt{3} I_p$

Y결선 시 전력$(P) = \sqrt{3} V_l I_l$ $V_l = \sqrt{3} V_p$ $I_l = I_p$

소비전력$(P) = 3 V_p I_p \cos\theta + \sqrt{3} V_l I_l$

병렬이므로 전압은 같고 전류만 구하면 되므로

$$\sqrt{3}\, V_l I_l = \sqrt{3} \times \sqrt{3}\, V_p \times I_p = 3 V_p \times I_p$$

$$= 3 V_p \times \dfrac{V_p}{R} = 3 \times \dfrac{V_p^{\,2}}{R}$$

$$= 3 \times \dfrac{\left(\dfrac{V_l}{\sqrt{3}}\right)^2}{R}$$

Y결선이므로 선간전압 $V_l = 200$

$$\therefore P = 3 V_p I_p \cos\theta + 3 \times \dfrac{\left(\dfrac{V_l}{\sqrt{3}}\right)^2}{R} = 3 \times V_p \times \dfrac{V_p}{R} \times \cos\theta + 3 \times \dfrac{\left(\dfrac{V_l}{\sqrt{3}}\right)^2}{R}$$

$$= 3 \times 200 \times \dfrac{200}{60} \times 0.5 + 3 \times \dfrac{\left(\dfrac{200}{\sqrt{3}}\right)^2}{20} = 3{,}000\,[\text{W}]$$

29 변압기 결선방식 중 △−△결선의 특징이 아닌 것은?
① 1상분이 고장 나면, 나머지 2대로 V결선을 할 수 있다.
② 상전압이 선간전압의 $1/\sqrt{3}$이 되어 고전압에 적합하다.
③ 제3고조파 전류에 의한 기전력의 왜곡을 일으키지 않는다.
④ 각 변압기의 상전류가 선전류의 $1/\sqrt{3}$이 되어 대전류에 적합하다.

풀이 Y−Y 결선 : 상전압이 선간전압의 $1/\sqrt{3}$이 되어 고전압에 적합한 결선

30 저항 50[Ω], 인덕턴스 200[mH]의 직렬회로에 주파수 50[Hz]의 교류를 접속하였다면, 이 회로의 역률은 약 몇 [%]인가?
① 52.3 ② 62.3 ③ 72.3 ④ 82.3

풀이 역률$(\cos\theta) = \dfrac{R}{Z} \times 100[\%] = \dfrac{R}{\sqrt{R^2 + X_L^2}} \times 100[\%]$

여기서, $X_L = 2\pi fL = 2 \times 3.14 \times 50 \times 200 \times 10^{-3}[\Omega] = 62.83[\Omega]$

∴ $\cos\theta = \dfrac{50}{\sqrt{50^2 + 62.83^2}} \times 100 = 62.268 ≒ 62.3[\%]$

여기서, R : 저항, Z : 임피던스

31 다음 설명 중 틀린 것은?
① 옴의 법칙으로 전압은 저항에 반비례함을 의미한다.
② 온도의 상승에 따라 도체 외 전기저항은 증가한다.
③ 도선의 저항은 길이에 비례하고 단면적에 반비례한다.
④ 전기가 누설되지 않도록 하는 것을 절연이라고 하며 그 재료를 절연물이라고 한다.

풀이 • $V = IR$로 전압은 전류에 비례한다.
• $R = \dfrac{V}{I}$, $R = \rho\dfrac{l}{A} = \dfrac{l}{K \cdot A}$

여기서, ρ : 도체의 고유저항, l : 도체 길이, A : 도체 단면적, K : 도전율

온도에 따른 전기저항 변화
도선을 구성하는 원자들은 온도가 올라가면 진동이 활발해져 도선을 지나는 자유전자와 원자들과의 충돌이 활발해져 전기저항이 커지게 된다.

32 "임의의 폐회로에서 기전력의 총합은 저항에서 발생하는 전압강하의 총합과 같다."는 법칙은?
① 패러데이의 법칙
② 플레밍의 오른손 법칙
③ 키르히호프의 제1법칙
④ 키르히호프의 제2법칙

정답 29 ② 30 ② 31 ① 32 ④

[풀이] ① 패러데이의 법칙 : 유도기전력의 크기는 폐회로에 쇄교하는 자속의 시간적 변화율에 비례한다.
② 플레밍의 오른손 법칙 : 오른손 엄지, 둘째, 셋째 손가락을 서로 직각으로 굽히고 엄지와 둘째 손가락을 도체의 운동속도와 자속밀도의 방향으로 가리킬 때, 셋째 손가락의 방향이 기전력의 방향이 된다.
③ 키르히호프의 제1법칙 : 임의의 한 분기점에 유입 또는 유출되는 전류합은 0이다.
④ 키르히호프의 제2법칙 : 회로망 내의 임의의 폐회로(경로)에 있어서 전원전압의 합은 전압강하의 합과 같다.

33 전압계가 일반적으로 가지고 있어야 하는 특성은?

① 높은 내부저항 ② 낮은 외부저항
③ 높은 감도 ④ 큰 전류를 잘 견딜 능력

[풀이] 전압계는 내부저항이 높을수록 오차를 줄일 수 있다.

34 스마트 그리드(Smart Grid)에 대한 설명으로 틀린 것은?

① 분산전원 전원공급방식이다. ② 네트워크 구조이다.
③ 단방향 통신방식이다. ④ 디지털 기술 기반이다.

[풀이] 지능형 권력망(Smart Grid)
스마트 그리드는 전력공급자와 소비자가 양방향 통신을 이용하여 실시간으로 정보를 교환한다.

35 결정질 실리콘 태양전지의 일반적인 제조공정이 아닌 것은?

① 웨이퍼 장착 ② 표면 조직화
③ 측면 접합 ④ 반사방지막 코딩

[풀이] 태양전지 제조공정
- 세정 및 웨이퍼 표면 가공(Texturing)
- 도핑 시 형성된 산화막(PSG) 제거
- 반사방지막 형성(AR Coating)
- 금속전극 소성(Firing)
- 에미터 형성(Doping)
- p-n접합 측면분리(Edge Isolation)
- 금속전극 형성(Metallization)
- 태양전지 특성 검사 및 분류(Sorting)

36 궤도전자가 강한 에너지를 받아서 원자 내의 궤도를 이탈하여 자유전자가 되는 것을 무엇이라 하는가?

① 여기 ② 공진
③ 전리 ④ 방사

정답 33 ① 34 ③ 35 ③ 36 ③

풀이 • 전리 : 원자핵의 구속력으로부터 완전히 벗어나 원자는 전자를 잃어 이온화되는 상태, 궤도전자, 즉 자유전자
• 여기 : 기저상태에서 에너지가 높은 상태로 옮겨가는 것, 핵의 구속력을 벗어나지 않은 상태
• 공진 : 특정진동수(주파수)에서 큰 진폭으로 진동하는 현상

37 전력 반도체 소자 중 전압구동방식의 소자인 것은?
① Thyristor
② GTO
③ BJT
④ IGBT

풀이 • 전압구동방식 : IGBT, MOSFET, MCT
• 전류구동방식 : Thyristor, GTO, BJT

38 PN접합구조의 반도체 소자에 빛을 조사할 때, 전압차를 가지는 전자와 정공의 쌍이 생성되는 현상은?
① 광기전력효과
② 광이온화효과
③ 핀치효과
④ 광전하효과

풀이 PN접합에 빛을 조사시킬 때 전자-정공 쌍이 생성되고 분리되면 n형 이미터 쪽에는 전자가 과다하게 많고 다른 p형 베이스 쪽에는 홀이 많이 모이게 됨으로써 접합 양단에 두 전극을 서로 띠어 개방하면 광기전력(또는 전위차)이 발생하는 현상이다.

39 다음 중 송전선로에 대한 설명으로 옳지 않은 것은?
① 송전설비는 발전소 상호 간, 변전소 상호 간, 발전소와 변전소 간을 연결하는 전선로와 전기설비를 말한다.
② 송전선로는 발전소, 1차 변전소, 배전용 변전소로 구성된다.
③ 송전방식은 교류 송전방식만이 사용된다.
④ 송전계통의 개요는 송전선로, 급전설비, 운영설비이다.

풀이 송전방식은 직류·교류 송전 모두 가능하다.

40 변전소의 설치 목적이 아닌 것은?
① 전압을 승압한다.
② 전압을 강압한다.
③ 전력손실을 감소시킨다.
④ 계통의 주파수를 변환시킨다.

정답 37 ④ 38 ① 39 ③ 40 ④

풀이 변전소의 설치목적
- 전압을 승압 및 강압
- 전기의 질 유지
- 유효전력(접속변경 등) 제어 및 무효전력(조상설비) 제어
- 전력손실 감소
- 전력의 집중연계 및 수용가에 배분
- 정전을 최소로 억제하는 장소

41 변전실의 면적에 영향을 주는 요소로 틀린 것은?

① 수전전압 및 수전방식
② 변전실의 접지방식
③ 변전설비 시스템 방식
④ 건축물의 구조적 요건

풀이 변전실 면적에 영향을 주는 요소
- 변압기 용량 및 수량 형식
- 변전설비시스템(강압) 방식
- 건축물의 구조적 여건
- 수전전압 및 수전방식
- 기기배치방법 및 유지보수 시 필요면적

42 변전소에서 무효전력을 조정하는 전기설비로 옳은 것은?

① 변성기
② 피뢰기
③ 축전기
④ 조상설비

풀이 무효전력을 조정하는 전기설비는 조상설비로, 콘덴서, 리액터, 동기조상기, SCV, STATCOM 등이 있다.

43 변전소 역할을 잘못 설명한 것은?

① 공급받은 전압을 부하에 알맞은 전압으로 변성하는 장소이다.
② 전력조류를 제어한다.
③ 유효전력과 무효전력을 제어한다.
④ 전력 및 주파수를 발생한다.

풀이 발전소 : 전력 및 주파수를 발생한다.

44 변전소의 설치 목적이 아닌 것은?

① 송배전선로 보호
② 전력조류의 제어
③ 전압의 변성과 조정
④ 전력의 발생과 분배

풀이 변전소의 설치목적
전압의 변성과 조정, 전력조류 제어, 송배전 선로보호
※ 전력의 발생과 분배는 '발전소'의 설치 목적이다.

정답 41 ② 42 ④ 43 ④ 44 ④

45 변전소의 설치 목적이 아닌 것은?

① 전력의 발생과 계통의 주파수를 변환시킨다.
② 발전전력을 집중 연계한다.
③ 수용가에 배분하고 정전을 최소화한다.
④ 경제적인 이유에서 전압을 승압 또는 강압한다.

풀이 전력의 발생과 계통의 주파수 변환은 발전소의 기능이다.

46 배전선로의 손실 경감과 관계없는 것은?

① 승압
② 역률 개선
③ 다중접지방식의 채용
④ 부하의 불평형 방지

풀이 배전선로 손실 경감대책
- 적정 배전방식 채택
- 전력용 콘덴서의 설치
- 저압선로에서의 대책
- 저손실 배전변압기 채용
- 부하의 불평형 방지
- 전류밀도의 감소와 평형
- 고압선로에서의 대책
- 배전전압의 승압
- 역률 개선

47 선로 구분 기능을 갖고 있는 개폐기에 수용가 측의 사고 발생 시 사고전류를 감지하여 자동으로 접점을 분리시켜 사고구간을 분리하는 것은?

① 자동부하 전환 개폐기(ALTS)
② 자동고장 구분 개폐기(ASS)
③ 리클로저(R/C)
④ 선로개폐기(LS)

풀이
- ASS(자동고장 구분 개폐기) : 고장구간 자동분리, 과부하 및 고장전류 검출
- Recoloser(리클로저) : 지락 단락사고 시 고장검출하여 선로차단 후 일정시간 경과하면 자동적으로 재투입동작 반복 순간고장 제거

48 역률을 개선하였을 경우 그 효과로 맞지 않는 것은?

① 전력손실의 감소
② 전압강하의 감소
③ 각종 기기의 수명연장
④ 설비용량의 무효분 증가

풀이 역률개선효과
1. 전력회사 측
   - 전력계통 안정
   - 설비용량의 효율적 운용
   - 전력손실 감소
   - 투자비 경감

정답 45 ① 46 ③ 47 ② 48 ④

2. 수용가 측
- 전력손실 감소(변압기 및 배전선 손실감소)
- 전압강하 경감
- 설비용량여유 증가
- 각종 기기의 수명연장

49 전력계통의 무효전력을 조정하여 전압조정 및 전력손실의 경감을 도모하기 위한 설비는?

① 조상설비
② 보호계전장치
③ 부하 시 Tap 절환장치
④ 계기용 변성기

풀이
- 보호계전장치는 계기용 변성기에서 입력을 받아 정상인가 고장상태인가를 판정, 고장 부분 검출을 행하여 차단기에 개폐지령을 주는 장치이다.
- 부하 시 Tap 절환장치는 송전을 멈추는 일 없이 계통의 전압을 조정하는 설비로 변압기와 일체가 된 부하 시 Tap 절환변압기로 사용된다.
- 계기용 변성기는 고압전, 대전류의 전기를 측정 또는 보호할 수 없기 때문에 이것을 적당한 전압, 전류로 변성하기 위한 것이다.

50 태양광발전소를 설치하는 수용가의 공통접속점에서의 역률은 몇 [%] 이상이어야 하는가?

① 75[%]
② 80[%]
③ 85[%]
④ 90[%]

풀이 분산형 전원에 대한 역률은 원칙적으로 전기 사용 부하와 마찬가지로 역률을 90[%] 이상으로 유지하도록 하되, 전압변동률 제한기준을 만족시키기 위해 역률의 제어를 통한 전압상승 방지가 불가피한 경우에는 최하 80[%]까지 운전을 허용할 수 있는 단서조항을 두는 것이 보다 바람직하다고 할 것이다.

51 특고압 배전선로에 태양광발전시스템 연계 시 시설보호를 위해 설치하는 보호계전기가 아닌 것은?

① 과전압계전기
② 비율차동계전기
③ 부족전압계전기
④ 부족주파수계전기

풀이 비율차동계전기는 변압기 발전기 내부고장에 대한 보호계전기이다.

52 가공 송전선에 댐퍼를 설치하는 이유는?

① 코로나 방지
② 현수애자 경사방지
③ 전자유도 감소
④ 전선 진동방지

풀이 댐퍼 설치 이유
가공송전선은 풍속기후에 의해 전선의 진동현상이 발생하는데, 이 진동으로부터 전선을 보호하기 위한 것

정답 49 ① 50 ④ 51 ② 52 ④

53 전력계통에 순간 정전이 발생하여 태양광발전용 인버터가 정지할 때 동작하는 계전기는?

① 역전력 계전기
② 과전압 계전기
③ 저전압 계전기
④ 과전류 계전기

풀이 순간 정전이 발생하면 저전압 계전기가 동작하여 인버터가 정지된다.

54 태양광발전시스템을 전력계통과 연계하기 위한 변압기의 결선방법으로 가장 적당한 것은?(단, 인버터는 절연변압기를 사용하고 있는 경우이다.)

① Y – Y
② Y – △
③ △ – △
④ △ – Y

풀이 분산형 전원을 계통과 연계 시 계통기술기준에 따라 한전의 전기방식은 Y결선, 태양광발전시스템은 △결선한다.

55 전력계통에서 3권선 변압기(Y−Y−△)를 사용하는 주된 이유는?

① 승압용
② 노이즈 제거
③ 제3고조파 제거
④ 2가지 용량 사용

풀이 Y−Y−△ 결선 사용 이유
△권선에는 제3고조파가 △권선 내 순환전류를 흐르게 유도하여 제3고조파를 억제한다. 이는 △권선 내에 순환하여 열로 소모(제거)시키기 위함이다.

56 분산형 전원 발전설비와 계통연계지점에서의 전기품질에 관한 설명으로 틀린 것은?

① 고조파의 측정치가 5[%] 이내인지 확인한다.
② 분산형 전원 측 역률의 측정치가 80[%] 이상인지 확인한다.
③ 분산형 전원 및 그 연계 시스템은 분산형 전원 연결점에서 직류가 계통으로 유입되는 것을 방지하기 위하여 연계 시스템에 상용주파변압기를 설치하였는지 확인한다.
④ 분산형 전원은 빈번한 기동·탈락 또는 출력변동 등에 의하여 계통에 연결된 다른 전기사용자에게 시각적인 자극을 줄 만한 플리커나 설비의 오동작을 초래하는 전압변동을 발생하지 않게 되었는지 확인한다.

풀이 분산형 전원 배전계통 연계 기술기준 제15조(전기품질)
② 역률
1. 분산형 전원의 역률은 90[%] 이상으로 유지함을 원칙으로 한다.

정답 53 ③ 54 ② 55 ③ 56 ②

57 3상 변압기 병렬운전 결선방식이 아닌 것은?

① △-△와 △-△
② Y-△와 Y-△
③ △-Y와 Y-△
④ Y-△와 Y-Y

풀이 Y-△와 Y-Y 결선방식은 위상 불일치로 3상 변압기 병렬운전이 불가능하다.

58 선로 구분 기능을 갖고 있는 개폐기에 수용가 측의 사고 발생 시 사고전류를 감지하여 자동으로 접점을 분리시켜 사고구간을 분리하는 것은?

① 리클로저(R/C)
② 선로개폐기(LS)
③ 자동고장 구분 개폐기(ASS)
④ 자동부하 전환 개폐기(ALTS)

풀이 자동고장 구분 개폐기(ASS)
22.9[kV-Y] 배선전로에서 변전소 CB 또는 Recloser 부하 측에 부하용량 4,000[kVA] 이하인 지점 또는 수용가와의 책임 분계점에 설치, 후비보호장치와 협조하여 고장구간을 자동적으로 구분, 분리하는 개폐기

59 분산형 전원을 배전계통에 연계할 때 승압용 변압기의 1차 결선방식은 어떻게 하면 되는가? (단, 인버터는 3상이며, 절연변압기를 사용하는 경우임)

① Y결선
② △결선
③ V결선
④ 스코트

풀이 분산형 전원의 배전계통 연계 시 승압용 변압기 1차 결선은 Y결선 방식이고 주로 Y-△-Y(또는 Y-Y-△) 방식 채용, △권선은 인버터에서 발생하는 고조파를 저감하기 위해 채용한다.

60 태양전지모듈의 지중배선 시공에 대한 설명으로 틀린 것은?

① 지중매설관은 배선용 탄소강 강관, 내충격성 경화비닐 전선관을 사용한다.
② 지중배관 시 중량물의 압력을 받는 경우 1.0[m] 이상의 깊이로 매설한다.
③ 지중전선로의 매설개소에는 필요에 따라 매설깊이, 전선방향 등을 지상에 표시한다.
④ 지중배관이 지나는 지표면에 배관의 재질, 수량, 길이, 재원 등을 표시한 지시서를 포설한다.

풀이 지중배선의 시공
- 지중매설관은 배선용 탄소강 강관, 내충격성 경화비닐 전선관을 사용한다. 단, 공사상의 부득이한 경우에 후강 전선관에 방수·방청처리를 한 경우에는 그렇지 아니하다.
- 지중배관과 지표면의 중간에 매설표시 시트를 포설한다.
- 지중전선로의 매설개소에는 필요에 따라 매설 깊이, 전선의 방향 등 지상에서 쉽게 확인할 수 있도록 기둥 주위 등에 표시하는 것이 요망된다.
- 지중배관 시 중량물의 압력을 받는 경우 1.0[m] 이상의 깊이로 매설한다.(중량물의 압력을 받을 염려가 없는 경우는 0.6[m] 이상)

정답 57 ④ 58 ③ 59 ① 60 ④

61 지중전선로는 도시의 미관, 자연재해의 사고에 대한 고신뢰도 등이 요구되는 경우에 사용된다. 지중전선로의 단점에 해당되는 것은?

① 건설비가 싸다.
② 송전용량이 적다.
③ 건설기간이 짧다.
④ 사고복구를 단시간에 할 수 있다.

풀이 ㉠ 지중선로의 장점
- 안전하다.
- 미관에 문제없다.
- 낙뢰에 안전
㉡ 지중선로의 단점
- 건설비 고가
- 건설기간이 길다.
- 송전용량이 상대적으로 작다.
- 사고 시 복구에 장시간 소요

62 직류 송전방식의 장점이 아닌 것은?

① 안정도가 좋다.
② 송전효율이 좋다.
③ 절연계급을 낮출 수 있다.
④ 회전자계를 쉽게 얻을 수 있다.

풀이 교류송전방식의 장점 : 회전자계를 쉽게 얻을 수 있다.

63 장거리 대전력 송전에서 직류송전방식의 장점으로 틀린 것은?

① 절연계급을 낮출 수 있다.
② 리액턴스가 없으므로 리액턴스에 의한 전압강하가 없다.
③ 전압의 승압 강압 변경이 용이하다.
④ 송전효율이 좋다.

풀이 1. 직류송전방식의 장단점
㉠ 장점
- 절연계급을 낮출 수 있다.
- 리액턴스가 없으므로 리액턴스에 의한 전압강하가 없다.
- 송전효율이 좋다.
- 안정도가 좋다.
- 도체이용률이 좋다.
㉡ 단점
- 교직 변환장치가 필요하며 설비가 비싸다.
- 고전압 대전류 차단이 어렵다.
- 회전자계를 얻을 수 없다.

정답 61 ② 62 ④ 63 ③

2. 교류송전방식의 장단점
   ㉠ 장점
   - 전압의 승압 · 강압 변경이 용이하다.
   - 회전자계를 쉽게 얻을 수 있다.
   - 일괄된 운용을 기할 수 있다.

   ㉡ 단점
   - 보호방식이 복잡해진다.
   - 많은 계통이 연계되어 있어 고장 시 복구가 어렵다.
   - 무효전력으로 인한 송전 손실이 크다.

64 직류 송전방식과 비교했을 때 교류 송전방식의 장점이 아닌 것은?

① 안정도가 좋다.
② 회전자계를 쉽게 얻을 수 있다.
③ 전압의 승압, 강압 변경이 용이하다.
④ 교류방식으로 일관된 운용을 기할 수 있다.

풀이 63번 해설 참조

65 전선재료의 구비조건으로 틀린 것은?

① 도전율이 클 것
② 비중이 작을 것
③ 가요성이 작을 것
④ 기계적 강도가 클 것

풀이 전선재료의 구비조건
- 도전율(허용전류)이 클 것
- 기계적 강도가 클 것
- 비중(밀도)이 작을 것
- 가요성이 있을 것
- 내구성이 클 것
- 부식성이 작을 것
- 가격이 싸고 구입이 쉬울 것

66 간선의 굵기를 산정하는 결정요소가 아닌 것은?

① 허용전류
② 기계적 강도
③ 전압강하
④ 불평형 전류

풀이 간선의 굵기를 산정하는 결정요소로는 허용전류, 전압강하, 기계적강도, 차단기의 정격전류, 고조파 등이 있다.

정답 64 ① 65 ③ 66 ④

67 가공전선의 구비조건으로 틀린 것은?
① 도전율이 클 것
② 가요성이 있을 것
③ 내구성이 클 것
④ 기계적 강도가 작을 것

풀이 가공전선의 구비조건
- 도전율(허용전류)이 클 것
- 가요성이 있을 것
- 기계적 강도가 클 것
- 비중(밀도)이 작을 것
- 내구성이 클 것
- 부식성이 작을 것
- 경제적일 것

68 장거리 송전선로에서 전선의 단선을 방지하기 위해 사용하는 전선은?
① 가공케이블
② CVCN Cable
③ 알루미늄선
④ ACSR

풀이 ACSR(강심 알루미늄 연선)
내부에 강심을 두어 전선의 단선을 방지한다.

69 송전선로의 선로정수로 틀린 것은?
① R(저항)
② C(정전용량)
③ M(리액턴스)
④ G(누설 컨덕턴스)

풀이 송전선로의 선로정수
R, L(인덕턴스), C, G

70 3상 수직배치인 선로에서 오프셋을 주는 이유는?
① 수평하중 감소
② 수직하중 및 자체하중 감소
③ 상하선의 단락사고 방지
④ 상하선의 지락사고 방지

71 다음 중 이도를 크게 할 경우의 단점이 아닌 것은?
① 지지물이 높아진다.
② 전선접촉사고가 많아진다.
③ 진동을 방지한다.
④ 단선의 우려가 있다.

정답 67 ④ 68 ④ 69 ③ 70 ③ 71 ③

풀이 ㉠ 가공전선로에서의 이도
- 이도의 대소는 지지물의 높이를 좌우한다.
- 이도가 너무 크면 전선은 그만큼 좌우로 크게 진동해서 다른 상의 전선에 접촉하거나 수목에 접촉해서 위험을 준다.
- 이도가 너무 작으면 그와 반비례해서 전선의 장력이 증가하여 심할 경우에는 전선이 단선되기도 한다.

㉡ 이도(D) : 전선의 처짐현상

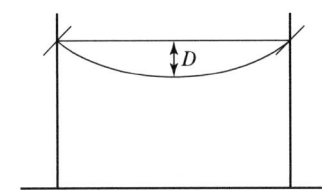

72 가공송전선로를 가선할 때 하중조건과 온도조건을 고려하여 적당한 이도(Dip)를 주도록 해야 한다. 이도에 대한 설명으로 올바른 것은?

① 이도의 대소는 지지물의 높이를 좌우한다.
② 전선을 가선할 때 전선을 팽팽하게 가선하는 것을 가리켜 이도를 크게 준다고 한다.
③ 이도가 작으면 전선이 좌우로 크게 흔들려서 다른 상의 전선에 접촉하여 위험하게 된다.
④ 이도를 작게 하면 이에 비례하여 전선의 장력이 증가하여 심할 때는 전선 상호 간에 꼬이게 된다.

73 송전선로에 댐퍼를 설치하는 이유는?

① 단락 방지
② 코로나 방지
③ 전선의 진동 방지
④ 유도장애 방지

74 선로정수를 전체적으로 평형이 되게 하고 인접 통신선에 유도장애를 줄일 수 있는 방법은?

① 복도체를 사용한다.
② 고조파 방지
③ 연가를 한다.
④ 딥(Dip)을 크게 한다.

풀이 연가의 목적
선로정수 평행, 통신선 유도장애 방지, 직렬공진 방지

75 송전선로의 안정도 증진방법으로 틀린 것은?

① 계통을 연계한다.
② 전압변동을 적게 한다.
③ 직렬 리액턴스를 크게 한다.
④ 중간 조상방식을 채택한다.

정답 72 ① 73 ③ 74 ③ 75 ③

풀이 송전전로의 안정도 증진방법
- 직렬 리액턴스를 적게 한다.
- 전압변동을 적게 한다.
- 계통을 연계한다.
- 고장전류를 줄이고 고장구간을 고속으로 차단한다.
- 중간 조상방식을 채택한다.
- 고장 시 발전기 입출력의 불평형을 적게 한다.

76 송전선로에 복도체를 사용할 경우 같은 단면적의 단도체를 사용할 때와 비교해 잘못된 것은?

① 인덕턴스 감소 정전용량 증가로 송전용량 증대
② 전선표면의 전위경도 감소로 코로나 개시전압이 높아져 코로나 손실 감소
③ 안정도 증대
④ 전선의 허용전류 감소

풀이 ㉠ 장점
- 인덕턴스는 감소되고, 정전용량은 증가해서 송전용량을 증대시킬 수 있다.
- 전선표면의 전위 경도를 감소시켜 코로나 개시전압이 높아지므로 코로나 손실을 줄일 수 있다.
- 안정도를 증대시킬 수 있다.
- 전선의 허용전류는 증대한다.

㉡ 단점
- 정전용량이 커지기 때문에 페란티 현상 발생 → 분로 리액터 설치
- 풍압하중, 빙설의 하중으로 진동 발생 → 댐퍼 설치
- 각 소도체 간에 흡입력이 작용하여 단락사고 발생
- 복도체 : 한 상에 2가닥 이상(154 : 2가닥, 345 : 2~4가닥, 765 : 6가닥)

77 복도체에서 2본의 전선이 서로 충돌하는 것을 방지하기 위하여 2본의 전선 사이에 적당한 간격을 두어 설치하는 것은?

① 댐퍼
② 아킹혼
③ 스페이서
④ 소호 리액터

풀이 아킹혼
이상전압(섬락)으로부터 애자련 보호, 애자련 전압의 전압분담 균등화

78 송전선용 표준철탑 설계 시 일반적인 하중으로 가장 큰 것은?

① 전선 애자의 중량
② 풍압
③ 빙설
④ 전선, 애자, 빙설 하중

정답 76 ④ 77 ③ 78 ②

풀이 송전선의 가장 큰 하중
수평횡하중(풍압하중)

79 코로나 현상으로 발생되는 영향이 아닌 것은?

① 통신선 유도장해 발생 증가　② 소호리액터 소호능력 증가
③ 송전효율 저하　　　　　　　④ 잡음 발생

풀이 코로나 현상의 영향
- 통신선 유도장해 발생
- 송전효율 저하
- 잡음 발생

80 송전계통에서 이상전압의 방지대책으로 잘못된 것은?

① 가공 송전선로의 피뢰용으로 가공지선에 의한 뇌차폐
② 철탑의 저항값을 작게 하여 역섬락 방지
③ 피뢰기를 설치하여 기기 및 선로 보호
④ 연가 실시

풀이 이상전압 방지대책

㉠ 가공지선 : 직격뇌 차폐, 유도뇌 차폐, 통신선의 유도장해 경감
- 차폐각 : 30~45° ┌ 30° 이하 : 100[%]
　　　　　　　　　└ 45° 이하 : 97[%]
- 차폐각이 작을수록 보호효과가 크고 시설비는 고가다.
- 2조지선 사용 : 차폐효율이 높아진다.
- 연가는 선로정수 평행 등에 사용

㉡ 매설지선 : 철탑 저항값(탑각 저항값)을 감소시켜 역섬락 방지
　※ 역섬락 : 뇌 전류가 철탑에서 대지로 방전 시 철탑의 접지저항값이 클 경우 대지가 아닌 송전선에 섬락을 일으키는 현상
㉢ 소호장치 : 아킹혼, 아킹링 → 뇌로부터 애자련 보호
㉣ 피뢰기 : 뇌 전류를 방전, 속류를 차단하여 기계기구 절연보호
㉤ 피뢰침

81 송전계통의 지락 보호계전기의 동작이 가장 확실한 접지방식은?

① 비접지방식　　　　　　② 직접접지방식
③ 소호 리액터 접지방식　④ 고저항 접지방식

정답 79 ② 80 ④ 81 ②

풀이 직접접지방식 : 154[kV], 345[kV] 송전선로 → 우리나라 접지방식
  ㉠ 장점
    • 1선 지락 시 전위 상승이 가장 낮다.
    • 선로 및 기기의 절연레벨이 경감(변압기 단절연이 가능)된다.
    • 기기값이 저렴하여 경제적이다.
    • 보호계전기의 동작이 신속·확실하다.
  ㉡ 단점
    • 1선 지락 시 지락전류가 최대가 된다.
    • 영상분 전류로 인한 통신선의 유도장해가 매우 크다.
    • 대용량 차단기가 필요하다.
    • 과도안정도가 나쁘다.

82 송전선로에 중성점을 접지하는 목적으로 틀린 것은?

① 1선 지락 시 전위 상승을 억제하여 기계기구의 절연보호
② 단절연이 가능하므로 기기 가격 저렴
③ 과도안정도 증진
④ 송전용량 증가

풀이 중성점 접지 목적
  • 이상전압 방지
  • 1선 지락 시 전위상승을 억제하여 기계기구의 절연보호
  • 단절연이 가능하므로 기기값 저렴
  • 과도 안정도 증진
  • 보호계전기의 동작 신속

83 3본의 송전선에 동상의 전류가 흘렀을 경우 이 전류는 어떤 전류인가?

① 평형전류   ② 동위상전류   ③ 단락전류   ④ 대칭전류

풀이 동위상전류
각상 전류의 위상차가 없는 전류(동위상)

84 특고압 배전방식으로 주로 사용하는 방식은?(단, 가공선로일 경우)

① 단상 2선식   ② 단상 3선식   ③ 3상 3선식   ④ 3상 4선식

풀이 특고압 배전방식은 3상 3선식, 3상 4선식 중 주로 3상 4선식을 채용한다.

정답 82 ④ 83 ② 84 ④

85 저압 배전선로의 구성 중 방사상 방식의 특징이 아닌 것은?

① 구성이 단순하다. ② 공사비가 저렴하다.
③ 전압변동 및 전력손실이 크다. ④ 사고에 의한 정전 범위가 좁다.

풀이
- 방사상(수지식) : 부하 분포에 따라 나뭇가지 모양으로 분기선을 내면서 공급하는 방식
- 장점 : 구성이 간단하고 공사비가 저렴하다.
- 단점 : 전압변동 및 전력손실이 크다. 사고시 정전 범위가 넓다.
- 계통도

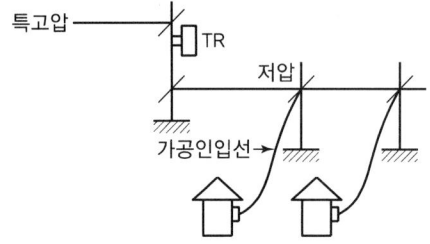

86 전선에서 전류의 밀도가 도선의 중심으로 들어갈수록 작아지는 현상을 무엇이라 하는가?

① 근접효과 ② 표피효과
③ 페란티 효과 ④ 역률 증대효과

풀이 도선의 중심에 들어갈수록 전류밀도가 낮고, 표면 쪽은 전하밀도가 크다. 표피효과는 전선이 굵을수록, 주파수가 높을수록 커진다.

87 전선로의 지지물에 가해지는 하중에서 상시하중으로 가장 큰 하중은?

① 수직하중 ② 수직횡하중
③ 수평횡하중 ④ 수직하중과 자체하중

풀이 가장 큰 하중은 수평횡하중(풍압)이다.

88 케이블에서 전력손실과 관계없는 것은?

① 저항손 ② 유전체손
③ 연피손 ④ 철손

풀이 케이블 손실
저항손 > 유전체손 > 연피손

※ 철손 : 철심에서 발생, 변압기, 발전기 등

정답 85 ④ 86 ② 87 ③ 88 ④

89 옥내 배선에 사용하는 전선의 굵기 결정 시 고려사항이 아닌 것은?
  ① 허용전류
  ② 전압강하
  ③ 기계적 강도
  ④ 임피던스

  풀이 전선의 굵기 결정 시 고려사항
  • 허용전류
  • 전압강하
  • 기계적 강도
  • 고조파분
  • 장래증설 변경분

90 전력선에 의한 통신선의 전자유도장해의 주된 원인은 무엇인가?
  ① 전력선의 배치 불균형
  ② 전력선과 통신선의 이격거리가 충분할 때
  ③ 영상전류의 흐름
  ④ 전력선과 통신선의 차폐효과 충분

  풀이 전자유도장애 원인
  영상전류, 상호인덕턴스

91 가공지선을 설치하는 이유는?
  ① 전주의 지지 보강
  ② 뇌해 방지
  ③ 중성점 접지
  ④ 전선의 진동방지

  풀이 가공지선의 설치 목적
  직격뇌차폐, 유도뇌차폐, 통신선의 유도장애 경감

92 송전계통의 절연협조에서 절연레벨을 가장 낮게 할 수 있는 기기는?
  ① 단로기   ② 변압기   ③ 피뢰기   ④ 차단기

  풀이 피뢰기의 설치 목적은 이상전압으로부터 기기를 보호하기 위함이다.(변압기 보호)
  절연레벨은 차단기 및 단로기 > 변압기 > 피뢰기 순이다.

93 계통 내의 각 기계기구 및 애자 등의 상호 간에 적정한 절연강도를 갖게 함으로써 계통설계를 합리적으로 할 수 있는 것은 무엇인가?
  ① 절연협조
  ② 기준충격절연강도(BIL)
  ③ 보호계전
  ④ 절연계급

  풀이 절연협조
  보호기기와 보호기기의 상호절연 협력, 계통 전체의 신뢰도를 높이고 경제적·합리적 설계를 한다.

정답 89 ④ 90 ③ 91 ② 92 ③ 93 ①

94 부하전류는 차단하지 못하고 무부하 전류만 개폐하는 것은?

① DS
② VCB
③ GCB
④ OCB

풀이 CB(차단기)는 부하전류는 개폐하고 사고전류는 즉시 차단하여 선로 및 기기를 보호한다.

95 전력용 퓨즈가 차단할 수 있는 전류는?

① 과부하전류
② 과도전류
③ 단락전류
④ 지락전류

풀이 전력용 퓨즈는 단락전류만 차단한다.

전력용 퓨즈의 장단점
㉠ 장점
- 가격이 싸다.
- 소형, 경량이다.
- 고속 차단된다.
- 보수가 간단하다.
- 차단능력이 크다.

㉡ 단점
- 재투입이 불가능하다.
- 과도전류에 용단되기 쉽다.
- 계전기를 자유로이 조정할 수 없다.
- 한류형은 과전압을 발생한다.

96 보호계전기의 구비조건으로 틀린 것은?

① 고장의 정도 및 위치를 정확히 파악할 것
② 고장개소를 정확히 선택할 것
③ 오동작이 없을 것
④ 후비보호능력은 없어도 됨

풀이 보호계전기의 구비조건
- 고장의 정도 및 위치를 정확히 파악할 것
- 고장 개소를 정확히 선택할 것
- 동작이 예민하고 오동작이 없을 것
- 소비전력이 적고, 경제적일 것
- 후비보호능력이 있을 것

97 전 영역에서 동작전류가 커질수록 동작시간이 짧아지는 계전기는?

① 순한시 계전기
② 정한시 계전기
③ 반한시 계전기
④ 반한정시 계전기

풀이 동작시간에 의한 분류
- 순한시 계전기 : 규정된 이상의 전류가 흐르면 즉시 동작(0.3초 이내)
  ※ 고속도 계전기 : 0.5~2[Hz] 내에 동작하는 계전기
- 정한시 계전기 : 규정된 이상의 전류가 흐를 때 전류의 크기와 관계없이 일정시간 후 동작

정답 94 ① 95 ③ 96 ④ 97 ③

- 반한시 계전기 : 전류가 크면 동작시간은 짧고, 전류가 작으면 동작시간은 길어지는 계전기(반대로 동작)
- 반한시 – 정한시 계전기 : 전류가 작은 구간은 반한시 특성을 갖고 전류가 일정 범위를 넘으면 정한시 특성을 갖는 계전기

98 전력계통의 단락용량 경감대책으로 틀린 것은?

① 사고 시 모선 분리방식을 채용한다.
② 발전기와 변압기의 임피던스를 작게 한다.
③ 계통 간을 직류설비라든지 특수한 장치로 연계한다.
④ 계통을 분할하거나 송전선 또는 모선 간에 한류리액터를 삽입한다.

풀이 단락용량 $P_s = \dfrac{100 P_n}{\%Z}$ 으로서 단락용량을 경감하기 위해서는 계통기기(변압기, 발전기 등)의 임피던스를 크게 하여야 한다.

99 전등 설비 250[W], 전열 설비 800[W], 전동기 설비 200[W], 기타 150[W]인 수용가가 있다. 이 수용가의 최대수용전력이 910[W]이면 수용률은?

① 65[%]
② 70[%]
③ 75[%]
④ 80[%]

풀이 최대수용전력=910[W]
부하설비용량=전등 250[W]+전열 800[W]+전동기 200[W]+기타 150[W]=1,400[W]
수용률= $\dfrac{\text{최대수용전력}[W]}{\text{부하설비용량}[W]} \times 100[\%] = \dfrac{910}{1,400} \times 100[\%] = 65[\%]$

100 고장전류 중 일반적으로 가장 큰 전류에 해당하는 것은?

① 1선 지락전류
② 2선 지락전류
③ 선간 단락전류
④ 3상 단락전류

풀이 고장전류 중 가장 큰 전류는 3상 단락전류이다. 고장계산은 3상 단락전류로 가정한다.

101 특고압 계통에서 분산형 전원의 연계로 인한 계통 투입, 탈락 및 출력 변동 빈도가 1일 4회 초과, 1시간에 2회 이하이면 순시전압변동률은 몇 [%]를 초과하지 않아야 하는가?

① 3
② 4
③ 5
④ 6

정답 98 ② 99 ① 100 ④ 101 ②

풀이 분산형 전원 배전계통 연계 기술기준 제16조(순시전압계통)
특고압 순시전압변동률 허용기준

변경 빈도	순시전압변동률
1시간에 2회 초과 10회 이하	3[%]
1일 4회 초과 1시간에 2회 이하	4[%]
1일 4회 이하	5[%]

102 정격용량 10,000[kVA], %임피던스 4[%]인 3상 변압기가 2차 측에서 3상 단락 시 단락용량은?

① 200[MVA]
② 250[MVA]
③ 270[MVA]
④ 280[MVA]

풀이 차단기 용량 $P_s = \sqrt{3} \times kV(\text{정격전압}) \times kA(\text{정격차단전류})[MVA]$

$$P_s = \frac{100}{\%Z} P_n = \frac{100}{4} \times 10,000 \times 10^{-3} = 250[MVA]$$

103 수전용 변전설비의 1차 측에 설치하는 차단기 용량은 무엇에 의해 정해지는가?

① 수전용량
② 공급 측 전원크기
③ 변압기의 권수비
④ 부하용량

풀이 차단용량[MVA] = $\sqrt{3} V_n I_s$

$I_s = \frac{100}{\%Z} \times I_n$

$= \frac{100}{\%Z} \times P_n$

여기서, %Z : %임피던스
P_n : 기준용량
I_s : 단락전류
V_n : 정격전압
I_n : 정격전류

∴ 공급 측 전원 크기에 의해 결정된다.

104 수용가의 수용률은 어느 것인가?

① $\frac{\text{최대전력}}{\text{부하 설비용량}} \times 100$
② $\frac{\text{부하설비용량}}{\text{최대전력}} \times 100$
③ $\frac{\text{평균수용전력}}{\text{최대 수용전력}} \times 100$
④ $\frac{\text{최대수용전력}}{\text{평균수용전력}} \times 100$

풀이 부하율$(F) = \frac{\text{평균전력}[kW]}{\text{최대전력}[kW]} \times 100 = \frac{\text{사용전력량}[kWh/\text{시간}[h]]}{\text{최대전력}[kW]} \times 100[\%]$

부등률 = $\frac{\text{개별수용 최대전력의 합}[kW]}{\text{합성최대전력}[kW]} \geq 1$ (항상 1 이상이다.)

정답 102 ② 103 ② 104 ①

105 역률 0.8, 소비전력 480[kW]의 부하에 전원을 공급하는 변전소에 전력용 콘덴서 220[kVA]를 설치하면 역률은 몇 [%]로 개선할 수 있는가?

① 94[%]   ② 96[%]
③ 98[%]   ④ 99[%]

풀이 부하역률 $\cos\theta_2 = \dfrac{P}{\sqrt{P^2+Q^2}} \times 100$

여기서, P : 유효전력, Q : 무효전력

부하 측 무효전력
$Q_L = \dfrac{P}{\cos\theta_1} \times \sin\theta_1 \; (\sin\theta = \sqrt{1-\cos^2\theta})$

콘덴서 설치 후 무효전력 $Q = Q_L - Q_C$

여기서, Q_C : 콘덴서용량

$\cos\theta_2 = \dfrac{480}{\sqrt{480^2 + \left(\dfrac{480}{0.8} \times 0.6 - 220\right)^2}} \times 100 = 96[\%]$

106 부하가 4,800[kW]이고 역률이 60[%]인 것을 병렬로 콘덴서를 접속하여 합성역률을 80[%]로 개선하려면 필요한 콘덴서 용량은?

① 2,400[kVA]   ② 2,800[kVA]
③ 3,000[kVA]   ④ 3,200[kVA]

풀이 콘덴서 용량 $Q_c = P[\text{kW}](\tan\theta_1 - \tan\theta_2)$

$= P[\text{kW}]\left(\dfrac{\sin\theta_1}{\cos\theta_1} - \dfrac{\sin\theta_2}{\cos\theta_2}\right) \quad \sin\theta = \sqrt{1-\cos^2\theta}$

$= P[\text{kW}]\left(\dfrac{\sqrt{1-\cos^2\theta_1}}{\cos\theta_1} - \dfrac{\sqrt{1-\cos^2\theta_2}}{\cos\theta_2}\right)$

$= P[\text{kW}]\left(\dfrac{\sqrt{1-0.6^2}}{0.6} - \dfrac{\sqrt{1-0.8^2}}{0.8}\right)$

$= 4,800\left(\dfrac{0.8}{0.6} - \dfrac{0.6}{0.8}\right) = 2,800[\text{kVA}]$

정답 105 ② 106 ②

04 태양광발전 준공검사 및 사용 전 검사

01 사용 전 검사 및 법정검사에 대한 설명으로 틀린 것은?
① 법정검사의 목적은 전기설비가 공사계획대로 설계 시공되었는가를 확인하는 것이다.
② 사용 전 검사는 전기설비의 설치공사 또는 변경공사를 한 자는 산업통상자원부령이 정하는 바에 따라 산업통상자원부장관 또는 시·도지사가 실시하는 검사에 합격한 후에 이를 사용하여야 한다.
③ 법정검사 수행절차 시 불합격 시정기한은 사용 전 검사는 15일, 정기검사는 3개월이다.
④ 전기안전에 지장이 없는 경우에 발전기 인가 출력보다 낮고 저출력 운전 시에는 임시사용이 불가능하다.

풀이 임시사용
- 발전기 출력이 인가(신고) 출력보다 낮은 경우
- 송·수전에 직접적인 관련이 없는 울타리 등이 미 시공된 상태이나 안전조치를 취한 경우
- 교대성·예비성 설비 또는 비상용 예비 발전기 미완성 상태로 주설비가 완성되어 사용상 지장이 없는 경우

02 사용 전 검사 대상범위 중 자가용 설비의 경우에 해당하는 용량은?
① 10[kW] 초과
② 20[kW] 초과
③ 50[kW] 초과
④ 100[kW] 초과

풀이 사용 전 검사 대상범위(신설 경우)

구분	검사 종류	용량	선임	감리원 배치
일반용	사용 전 점검	10[kW] 이하	미선임	필요 없음
자가용	사용 전 검사(저압설비는 공사계획 미신고)	10[kW] 초과(자가용 설비 내에 있는 경우 용량에 관계없이 자가용임)	대행업체 대행 가능 (1,000[kW] 이하)	감리원 배치확인서(자체 감리원 불인정-상용이기 때문)
사업용	사용 전 검사(시·도에 공사계획 신고)	전 용량 대상	대행업체 대행 가능 (10[kW] 이하 미선임 가능)	감리원 배치확인서(자체 감리원 불인정-상용이기 때문)

03 태양광발전설비의 사용 전 검사에 필요한 서류가 아닌 것은?
① 시공계획서
② 감리원 배치 확인서
③ 사용 전 검사 신청서
④ 공사계획인가(신고)서

정답 01 ④ 02 ① 03 ①

풀이 사용 전 검사에 필요한 서류
- 사용 전 검사(점검) 신청서
- 태양광 발전설비 개요
- 공사계획인가(신고)서
- 태양광전지 규격서
- 단선결선도, 시퀀스 도면, 태양전지 트립 인터록 도면, 종합 인터록 도면 – 설계면허(직인 필요 없음)
- 절연저항시험 성적서, 절연내력시험 성적서, 경보회로시험 성적서, 부대설비시험 성적서, 보호장치 및 계전기시험 성적서
- 출력 기록지
- 전기안전관리자 선임필증 사본(사용 전 점검 제외)
- 감리원 배치확인서(사용 전 점검 제외)

04 태양광발전설비 사용 전 검사에 필요한 서류가 아닌 것은?
① 공사 내역서
② 공사 계획신고서
③ 감리원 배치 확인서
④ 태양광 전지 규격서 및 성적서

풀이 3번 해설 참조

05 태양광발전 설비의 사용 전 검사에 필요한 서류로 잘못된 것은?
① 태양전지규격
② 단선결선도, 시퀀스 도면, 태양전지 트립인터록 도면, 설계면허
③ 전기안전관리자 선임필증사본(사용 전 점검 제외)
④ 유지관리 계획서

풀이 3번 해설 참조

06 사용 전 검사항목 중 전력변환장치의 검사항목의 세부검사 내용이 아닌 것은?
① 절연내력
② 전력조절부/Static 스위치 자동수동절체시험
③ 역방향 운전제어시스템
④ 과전류 차단기능

풀이 사용 전 검사 시 전력변환장치(인버터) 검사항목
- 외관검사
- 절연저항
- 절연내력
- 제어회로 및 경보장치
- 전력조절부/Static 스위치 자동수동절체시험
- 역방향 운전제어시험
- 단독운전 방지시험
- 인버터 자동·수동 절체시험
- 충전기능시험

정답 04 ① 05 ④ 06 ④

07 태양광발전 및 발전용 수전설비에서 사용 전 검사 세부항목 중 차단기 검사항목으로 틀린 것은?
① 절연저항 측정
② 개폐표시상태 확인
③ 단독운전 방지시험
④ 조작용 전원 및 회로점검

풀이 단독운전 방지시험은 전력변환장치의 세부검사 항목이다.

08 사업용 태양광 발전설비 정기검사 항목이 아닌 것은?
① 변압기 검사
② 접속함 검사
③ 태양전지 검사
④ 전력변환장치검사

풀이 사업용 태양광발전설비 정기검사 항목
태양전지검사, 변압기 검사, 전력변환장치검사, 차단기검사, 모선검사

09 자가용 태양광발전설비의 사용 전 검사항목으로 틀린 것은?
① 태양전지검사
② 전력변환장치 검사
③ 종합연동시험검사
④ 접지설비검사

풀이 자가용 태양광발전 정기검사항목 및 세부검사내용
- 태양전지검사
- 전력변환장치(인버터) 검사
- 종합연동시험검사
- 부하운전시험검사
※ 사업용 : 자가용＋변압기검사, 차단기검사, 모선검사, 접지설비검사, 비상발전기검사

10 사용 전 검사 시 태양전지의 전기적 특성 확인에 대한 설명으로 잘못된 것은?
① 검사자는 모듈 간 접속이 제대로 연결되었는지 확인하기 위해 개방전압이나 단락전류를 확인한다.
② 태양광발전소에 설치된 태양전지셀의 셀당 최소입력을 측정한다.
③ 개방전압과 단락전류와의 곱에 대한 최대 출력의 비(충진율)를 태양전지규격서로부터 확인하여 기록한다.
④ 검사자는 운전개시 전에 태양광 회로의 절연상태를 확인하고 통전 여부를 판단하기 위해 절연저항을 측정한다.

풀이 태양전지셀의 셀당 최대출력을 기록한다.

정답 07 ③ 08 ② 09 ④ 10 ②

11 사용 전 검사 시 태양전지 모듈 또는 패널의 점검에 관한 설명 중 틀린 것은?

① 각 모듈의 모델번호가 설계도면과 일치하는지 확인하여야 한다.
② 지붕 설치형 어레이는 수검자가 지상에서 육안으로 점검한다.
③ 검사자는 모듈의 유형과 설치개수 등을 1,000[lx] 이상의 조명 아래에서 육안으로 점검한다.
④ 사용 전 검사 시 공사계획 인가(신고)서의 내용과 일치하는 지 태양전지 모듈의 정격용량을 확인하여 이를 사용 전 검사필증에 표기하여야 한다.

풀이
- 모듈의 유형과 설치개수 등을 1,000[lx] 이상의 밝은 조명 아래에서 육안으로 점검한다.
- 지상설치형 어레이의 경우에는 지상에서 육안으로 점검하며 지붕설치형 어레이는 수검자가 제공한 낙상 보호조치를 확인한 후 점검 및 검사자가 직접 지붕에 올라 어레이를 검사한다.
- 지붕의 경사가 심해 검사자가 직접 오를 수 없는 경우에는 수검자가 제공한 사다리나 승강장치에 올라 정확한 모듈과 어레이의 설치 개수를 세어 설계도면과 일치하는지 확인한다.
- 정확한 모듈 개수의 확인은 전압과 전류 출력에 영향을 미치므로 매우 중요하다. 간혹 현장의 모듈이 인가서 상의 모듈 모델번호와 다른 경우가 있으므로 각 모듈의 모델번호 역시 설계도면과 일치하는지 확인한다.
- 지붕에 설치된 모듈은 모델번호를 확인하기 곤란한 경우가 많으므로 수검자가 카메라로 찍은 사진을 근거로 확인한다.
- 사용 전 검사 시 공사계획인가(신고)서의 내용과 일치하는지 태양전지 모듈의 정격용량을 확인하여 이를 사용전검사필증에 표시하고, 다음 사항을 확인한다.

12 사용 전 검사 시 태양전지 모듈 또는 패널의 점검사항으로 잘못된 것은?

① 지상설치형 어레이는 지상에서 육안으로 점검한다.
② 지붕설치형 어레이는 낙상보호장치를 확인한 후 직접 지붕에 올라 어레이를 점검한다.
③ 사용 전 검사 시 공사계획인가(신고)서의 내용과 일치하는지 태양전지 모듈의 정격용량을 확인하여 이를 사용 전 검사필증에 표시한다.
④ 태양전지 모듈 또는 패널 점검 검사자는 모듈의 유형과 설치개수 등을 500[lux] 이상의 조명 아래서 육안으로 점검한다.

풀이 1,000[lux] 이상의 조명 아래서 육안으로 점검한다.

13 감리원은 공사업자로부터 시운전 계획서를 제출받아 검토 확정하여 시운전 며칠 이내에 발주자와 공사업자에게 통보해야 하는가?

① 5일   ② 7일
③ 15일   ④ 20일

정답 11 ② 12 ④ 13 ④

14 다음에서 임명 요청 시 첨부되는 서류가 아닌 것은?

> 감리원은 준공(또는 기성부분) 검사원을 접수하였을 때에는 신속히 검토 확인하고 준공(기성 부분) 감리조서와 다음의 서류를 첨부하여 지체 없이 감리업자에게 제출하여야 하며 최대한 신속히 기성검사 및 준공검사자의 임명요청을 하여야 한다.

① 주요 기자재 검수 및 수불부
② 감리원의 검사기록서류 및 시공 당시의 사진
③ 사용 전 검사 체크리스트
④ 품질시험 및 검사성과 총괄표

풀이 기성검사 및 준공검사자의 임명 요청 시 첨부서류
- 주요 기자재 검수 및 수불부
- 감리원의 검사기록 서류 및 시공 당시의 사진
- 품질시험 및 검사성과 총괄표
- 발생품 정리부
- 그 밖에 감리원이 필요하다고 인정하는 서류와 준공검사원에는 지급기자재 잉여분 조치현황과 공사의 사전검사확인서류, 안전관리점검 총괄표 추가 첨부

15 태양광발전시스템의 준공 시 점검요령이 아닌 것은?

① 인버터 취부상태를 확인할 것
② 송전 시 전력량계(거래용 계량기)의 회전을 확인할 것
③ 발전사업자의 경우 전력회사에 지급한 전력량계 사용 여부를 확인할 것
④ 전문가에게 시설물에서 소리, 냄새 등이 나는지 확인을 의뢰할 것

풀이 ④ 시설물에서 소리, 냄새 등의 발생 여부를 확인하는 일은 운전 중에 유지관리자가 점검하는 사항임

준공검사
- 완공된 시설물이 설계도서대로 시공되었는지 여부
- 시공 시 현장 상주감리원이 작성 비치한 제 기록의 검토
- 폐품 또는 발생물의 유무 및 처리의 적정 여부
- 지급기자재의 사용적부와 잉여자재의 유무 및 그 처리의 적정 여부
- 제반가설시설물의 제거와 원상복구 정리상황
- 감리원의 준공검사원에 대한 검토의견서

16 준공검사의 내용으로 틀린 것은?

① 완공된 시설물이 설계도서대로 시공되었는지 여부
② 시공 시 현장 상주감리원이 작성 비치한 제 기록에 대한 검토
③ 안전관리일지의 기록에 대한 검토
④ 폐품 또는 발생물의 유무 및 처리의 적정 여부

정답 14 ③ 15 ④ 16 ③

풀이 준공검사 관련 내용
- 완공된 시설물이 설계도서대로 시공되었는지 여부
- 시공 시 현장 상주감리원이 작성 비치한 제 기록에 대한 검토
- 폐품 또는 발생물의 유무 및 처리의 적정 여부
- 지급 기자재의 사용 적부와 잉여자재의 유무 및 그 처리의 적정 여부
- 제반 가설시설물의 제거와 원상복구 정리상황
- 감리원의 준공검사원에 대한 검토의견서
- 그 밖에 검사자가 필요하다고 인정하는 사항

17 다음에서 ( ) 안에 해당하는 내용은?

> 준공검사자는 계약에 소정 기일이 명시되지 않는 한 임명통지를 받은 날부터 (㉠) 이내에 해당 공사의 검사를 완료하고 검사조치를 작성하여 검사완료일부터 (㉡) 이내에 검사 결과를 소속감리업자에게 보고하고 감리업자는 신속히 검토 후 발주자에게 통보한다.

① ㉠ 3일, ㉡ 8일
② ㉠ 8일, ㉡ 3일
③ ㉠ 5일, ㉡ 10일
④ ㉠ 10일, ㉡ 5일

18 감리원이 준공 후 발주자에게 인계할 주요 문서목록으로 거리가 가장 먼 것은?

① 준공도면
② 준공사진첩
③ 시설물 인수 · 인계서
④ 성능보증서 또는 인증서

풀이 준공 후 현장문서 인수 · 인계 목록 내용
준공사진첩, 준공도, 준공내역서, 시방서, 시공도, 시험성적서, 기자재 구매서류, 공사 관련 기록부, 시설물 인수 · 인계서, 준공검사조서, 그밖에 발주자가 필요하다고 인정하는 서류

19 예비준공검사는 준공예정일 며칠 전에 실시해야 하는가?

① 1개월 전
② 2개월 전
③ 40일 전
④ 50일 전

20 감리원은 공사업자에게 해당 공사의 예비준공검사 완료 후 며칠 이내에 시설물 인수인계계획을 수립 검토해야 하는가?

① 예비준공검사 후 7일
② 예비준공검사 후 14일
③ 예비준공검사 후 17일
④ 예비준공검사 후 20일

정답 17 ② 18 ④ 19 ② 20 ②

21 태양광발전설비의 준공검사 시 확인사항이 아닌 것은?

① 시설물의 유지관리 방법
② 감리원의 준공 검사원에 대한 검토의견서
③ 제반 가설시설물의 제거와 원상복구 정리상황
④ 완공된 시설물이 설계도서대로 시공되었는지 여부

풀이 전력시설물 공사감리업무 수행지침 제57조(기성 및 준공검사) 준공검사 시 확인사항
- 완공된 시설물이 설계도서대로 시공되었는지의 여부
- 시공 시 현장 상주감리원이 작성 비치한 제 기록에 대한 검토
- 폐품 또는 발생물의 유무 및 처리의 적정 여부
- 지급 기자재의 사용적부와 잉여자재의 유무 및 그 처리의 적정 여부
- 제반 가설시설물의 제거와 원상복구 정리상황
- 감리원의 준공검사원에 대한 검토의견서
- 그 밖에 검사자가 필요하다고 인정하는 사항

22 태양광발전설비의 준공 후 감리원이 발주자에게 인수인계할 목록에 반드시 포함되어야 하는 서류가 아닌 것은?

① 안전교육 실적표
② 기자재 구매서류
③ 시설물 인수·인계서
④ 품질시험 및 검사성과 총괄표

풀이 준공 후 현장문서 인수·인계 목록 내용
준공사진첩, 준공도, 준공내역서, 시방서, 시공도, 시험성적서, 기자재 구매서류, 공사 관련 기록부, 시설물 인수·인계서, 준공검사조서, 그밖에 발주자가 필요하다고 인정하는 서류

23 수전단 전압이 송전단 전압보다 높아지는 현상은?

① 표피효과
② 코로나 현상
③ 역섬락 현상
④ 페란티 현상

풀이 페란티(Ferranti) 현상 : 경부하 또는 무부하 시 수전단 전압이 송전단 전압보다 높아지는 현상

정답 21 ① 22 ① 23 ④

PART 04

태양광발전 운영

SECTION 001 태양광발전시스템 운영

01 태양광발전 사업개시 신고

1 사업개시 신고 및 전기안전관리자 선임

1. 운영계획 및 사업개시

1) 일별 · 월별 · 연간 운영계획 수립 시 고려 요소

    (1) 발전전력의 거래

    신 · 재생에너지 발전사업자 및 자가용 신 · 재생에너지 발전설비 설치자는 발전설비용량에 생산한 전력을 전기판매사업자(한전) 또는 전력시장(전력거래소)과 거래할 수 있다.

    ① 발전설비용량의 거래구분
      ㉠ 1,000[kW] 이하 : 전력시장(전력거래소) 전기판매사업자(한전)
      ㉡ 1,000[kW] 이상 : 전력시장(전력거래소)

    (2) 예산편성

    유지관리에 필요한 자금을 확보하고 편성한다.

    (3) 안전관리자 선임

    ① 용량 1,000[kW] 이상인 경우 상주 안전관리자를 선임한다.
    ② 안전관리업무 대행자격 요건
      ㉠ 안전공사
      ㉡ 자본금, 보유하여야 할 기술인력 등 대통령령으로 정하는 요건을 갖춘 전기안전관리대행 사업자
      ㉢ 전기분야의 기술자격을 취득한 사람으로서 대통령령으로 정하는 장비를 보유하고 있는 자
    ③ 안전관리업무 대행 규모
      ㉠ 안전공사 및 대행사업자 : 용량 1,000[kW] 미만
      ㉡ 개인대행자 : 용량 250[kW] 미만

(4) 점검
① 점검의 종류로는 준공 시 점검, 일상점검, 정기점검, 임시점검 등이 있다.
② 점검 설비의 종류
㉠ 태양전지
㉡ 접속함
㉢ 파워컨디셔너
㉣ 개폐기 등

2. 사업허가증 발급방법 등

1) 전기(발전) 사업허가

(1) 허가권자
① 3,000[kW] 초과 설비 : 산업통상자원부장관
② 3,000[kW] 이하 설비 : 시・도지사

(2) 허가기준
① 전기사업 수행에 필요한 재무능력 및 기술능력이 있을 것
② 전기사업이 계획대로 수행될 수 있을 것
③ 발전소가 특정 지역에 편중되어 전력계통의 운영에 지장을 주지 말 것
④ 발전연료가 어느 하나에 편중되어 전력수급에 지장을 주지 말 것

(3) 허가변경
허가 변경되는 경우는 산업통상자원부장관 또는 시・도지사의 변경허가를 받아야 한다.

(4) 허가취소
전기사업자가 사업준비기간 내에 전기설비의 설치 및 사업의 개시를 하지 아니하는 경우 전기위원회의 심의를 거쳐 허가를 취소한다.

① 신・재생에너지 발전사업 준비기간의 상한 : 10년
② 발전사업 허가 시 사업준비기간을 지정

(5) 허가절차

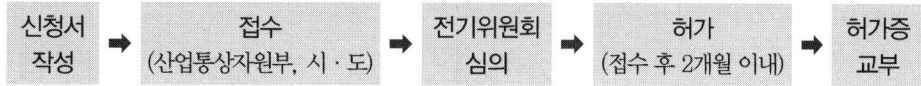

단, 3,000[kW] 이하일 경우 전기위원회 심의를 거치지 아니함

(6) 필요서류목록

   ① 3,000[kW] 이하
       ㉠ 전기사업허가신청서
       ㉡ 사업계획서
       ㉢ 송전관계일람도
       ㉣ 발전원가명세서
       ㉤ 기술인력확보계획서

   ② 3,000[kW] 초과
       ㉠ 전기사업허가신청서
       ㉡ 사업계획서
       ㉢ 사업개시 후 5년간 연도별 예산사업손익산출서
       ㉣ 발전설비의 개요서
       ㉤ 송전관계 일람도
       ㉥ 발전원가 명세서
       ㉦ 신용평가 의견서
       ㉧ 소요재원 조달계획서
       ㉨ 기술인력 확보계획서
       ㉩ 법인인 경우 정관 및 재무현황

2) 신·재생에너지 공급의무화(RPS ; Renewable Portfolio Standard) 제도절차
   ① RPS란 일정 규모 이상의 발전설비를 보유한 발전사업자에게 총 발전량의 일정량 이상을 신·재생에너지로 생산한 전력을 공급토록 의무화한 제도이다.
   ② 발전사업자는 신·재생에너지설비를 공급의무량만큼 설치하거나 신·재생에너지 발전설비 소규모사업자 등으로부터 공급인증서(REC ; Renewable Energy Certificate)를 구매해야 한다.

2 SMP 및 REC 정산

1. 연간 발전량 산출 및 발전전력의 판매액 산출

1) 연간 발전량 산출

(1) 발전 가능량 산출

① 계통연계형의 경우 부지면적에 설치 가능한 태양전지의 개수(모듈수)를 산출한 후 발전량을 산출한다.

② 독립형의 경우 전력 수요량을 산출한 후 이를 토대로 태양전지의 출력, 일사강도, 기타 계수 등을 고려하여 발전량을 산출한다.

(2) PV시스템의 발전 가능량 산출

① 태양전지 어레이 필요 용량[kW] 산출

$$P_{AD} = \frac{E_L \times D \times R}{\left(\dfrac{H_A}{G_S}\right) \times K} [\text{kW}]$$

여기서, P_{AD} : 표준상태에서의 태양전지 어레이 필요 출력[kW]
(AM(대기질량) 1.5, 일사강도 1,000[W/m²], 태양전지 셀 온도 25[℃])
H_A : 어떤 기간에 얻을 수 있는 어레이 표면(경사면) 일사량[kWh/(m² · 기간)]
G_S : 표준상태에서의 일사강도[kW/m²](=1[kW/m²])
E_L : 어느 기간에서의 부하소비전력량(전력수요량)[kWh/기간]
D : 부하의 태양광발전시스템에 대한 의존율=1-(백업 전원전력의 의존율)
R : 설계여유계수(추정일사량의 정확성 등 설치환경에 따른 보정)
K : 종합설계계수

② 월간 발전 가능량 산출

월간 발전 가능량(시스템 발전전력량) E_{PM}

$$E_{PM} = P_{AS} \times \left(\frac{H_{AM}}{G_S}\right) \times K [\text{kWh/월}]$$

여기서, P_{AS} : 표준상태에서의 태양전지 어레이(모듈 총 수량) 출력[kW]
H_{AM} : 월 적산 어레이 표면(경사면) 일사량[kWh/(m² · 월)]
G_S : 표준상태에서의 일사강도[kW/m²](=1[kW/m²])
K : 종합설계계수

2) 발전 전력의 판매액 산출

① 연간 전력 판매액=판매단가[원/kWh]×연간 발전 전력량[kWh]

② 판매단가(매전단가)=계통한계가격(SMP)+공급인증서가격(REC)×가중치

　㉠ SMP(System Marginal Price, 계통한계가격) : 발전소에서 전력을 판매하는 가격 거래시간별로 일반발전기(원자력, 석탄 외의 발전기)의 전력량에 대해 적용하는 전력시장가격(원/kWh)으로서, 비제약발전계획을 수립한 결과 시간대별로 출력(Output)이 할당된 발전기의 유효발전가격(변동비) 가운데 가장 높은 값으로 결정된다.

　㉡ REC(Renewable Energy Certification, 신·재생에너지 공급인증서) : 신·재생에너지 공급인증서로 RPS(Renewable Portfolio Standard, 신·재생에너지 공급 의무화 제도)에서 사용되는 인증서이다.

③ 연간 REC(공급인증서) 판매가격
　=설비용량×일평균 발전시간×연일수×가중치×REC 판매가격(원/REC)

02 태양광발전설비 설치확인

1 설비점검 체크리스트

1. 검사 체크리스트 작성 시 고려사항

① 체계적이고 객관성 있는 현장 확인 및 승인

② 부주의, 착오, 미확인에 따른 실수를 사전에 예방하여 충실한 현장 확인 업무 유도

③ 확인·검사의 표준화로 현장의 시공기술자에게 작업의 기준 및 주안점을 정확히 주지시켜 품질 향상을 도모

④ 객관적이고 명확한 검사결과로 공사업자에게 현장에서의 불필요한 시비를 방지하는 등의 효율적인 확인·검사 업무를 도모

2. 구조물 설치공사 체크리스트

공종 code no.		검측일자	20××년 월 일
공종	구조물공사	위치 및 부위	
세부공종	어레이 설치공사		

검사항목	검사결과 시공사	검사결과 감리원	검사기준 (시방)	조치사항
사용된 자재와 도면, 시방 일치 여부			설계도면, 시방서	
제작도면 검토 여부(공장제작 도면, 현장제작 도면)			설계도면, 시방서	
철골세우기 장비용량과 부재의 중량 확인 여부			설계도면, 시방서	
제품 가조립 상태 확인 여부			설계도면, 시방서	
강재규격, 치수의 도면 일치 여부			설계도면, 시방서	
아연도금 상태 확인 여부			설계도면, 시방서	
Bolt, Nut, High Tension Bolt의 규격 및 재질 확인 여부			설계도면, 시방서	
반입 자재 적재 상태			설계도면, 시방서	
허용되는 조립기울기 범위 내인지 확인 여부			설계도면, 시방서	
결합부의 접촉면 밀착 여부			설계도면, 시방서	
앵커볼트의 상태(콘크리트 타설 전·후, 세우기 전)			설계도면, 시방서	
볼트, 너트의 규격품 여부(KS B1010)			설계도면, 시방서	
나사의 정밀도 확인 여부(KS B01213)			설계도면, 시방서	
고장력 볼트 조임검사 및 검사기록 작성, 유지 여부			설계도면, 시방서	
볼트캡 확인			설계도면, 시방서	
기준 레벨이 일정하며 도면과 일치하는지 여부			설계도면, 시방서	
수직부재의 경사도가 도면과 일치하는지 여부			설계도면, 시방서	
구조물의 방위각이 도면과 일치하는지 여부			설계도면, 시방서	
어레이 간 이격거리 확인			설계도면, 시방서	

시공자 점검	성명 : (인)	감리원 검측	성명 : (인)
시공자 재점검	성명 : (인)	감리원 재검측	성명 : (인)

2 설치된 발전설비 부품의 성능검사

1. 시스템 성능평가의 분류

① 구성요인의 성능 신뢰성
② 사이트 : 설치대상기관, 설치시설의 분류, 설치형태, 설치분류
③ 발전성능
④ 신뢰성 : 트러블(Trouble), 운전데이터의 결측상황, 계획정지
⑤ 설치가격 : 시스템 설치단가, 태양전지 설치단가, 인버터 설치단가

2. 성능평가를 위한 측정요소

성능평가 측정요소	산출방법
태양광어레이 변환효율	$\dfrac{\text{태양전지 어레이 출력전력}[kW]}{\text{경사면 일사량}[kW/m^2] \times \text{태양전지 어레이 면적}[m^2]}$
시스템 발전효율	$\dfrac{\text{시스템 발전 전력량}[kWh]}{\text{경사면 일사량}[kW/m^2] \times \text{태양전지 어레이 면적}[m^2]}$
태양에너지 의존율	$\dfrac{\text{시스템의 평균 발전전력}[kW] \text{ 또는 전력량}[kWh]}{\text{부하소비전력}[kW] \text{ 또는 전력량}[kWh]}$
시스템 이용률	$\dfrac{\text{시스템 발전 전력량}[kWh]}{24[h] \times \text{운전일수} \times \text{태양전지 어레이 설계용량(표준상태)}}$
시스템 가동률	$\dfrac{\text{시스템 동작시간}[h]}{24[h] \times \text{운전일수}}$
시스템 일조가동률	$\dfrac{\text{시스템 동작시간}[h]}{\text{가조시간}^*}$

* 가조시간 : 태양에서 오는 직사광선, 즉 일조를 기대할 수 있는 시간

03 태양광발전시스템 운영

1 태양광발전시스템의 점검방법과 시기

1. 태양광발전시스템 운영점검사항

1) 점검사항

(1) 태양전지 어레이

기기명	점검부위	점검종류	주기	점검내용
태양전지	모듈 가대 MCCB 서지보호장치 배선 접지선	일상점검	1개월	• 외관점검
		정기점검	설치 후 1년~수년	• 외관점검 • 각 부의 청소 • 볼트배선, 접속단자 등의 이완 • 태양전지 출력전압·전류 측정 • 절연저항 측정 • 접지저항 측정

(2) 인버터

기기명	점검부위	점검종류	주기	점검내용
파워 컨디셔너	각종 제어용 전원 인버터 주회로 제어 보드 냉각용 팬 서지보호장치 전자 접촉기 각종 저항기 LED 표시기	일상점검	1개월	• 외관점검(이음, 악취) • 상태표시 LED 확인 • 내부 수납기기 탈락 파손·변색
		정기점검	설치 후 1년~수년	• 외관점검 • 커넥터 접속상태 점검 • 절연저항 측정 • 냉각용 팬 운전상태 점검 • 서지보호장치 상태 육안점검 • 제어전원 전압 측정 • 전자접촉기 육안점검 • 발전상황 육안점검 • 청소 • 보호요소 동작 특성, 시한 특성 측정 • 인버터 전해 콘덴서 냉각용 팬 점검 • 인버터 본체 냉각용 팬 점검

(3) 연계 보호장치

기기명	점검부위	점검종류	주기	점검내용
연계 보호장치	보호 릴레이 트랜스듀서 제어 전원 보조 릴레이 냉각팬 히터	일상점검	1개월	• 외관점검 • 보호 릴레이 • 디지털 미터 표시 • 무정전 전원장치 • 축전지 일충전 상태 • 팬 히터 동작
		정기점검	설치 후 1년 및 4년	• 외관점검 • 외부청소 • 볼트, 배선 등의 느슨함 • 환기공 필터 점검 • 절연저항 측정 • 동작(시퀀스) 시험 • 보호 릴레이 동작특성시험 • 무정전 전원 백업 시간 • 제어전원 전압 확인

2 태양광 모니터링 시스템

1. 태양광발전 모니터링 시스템

1) 적용

   태양광발전 모니터링 시스템은 태양광발전 설비 및 응용프로그램 설치에 적용된다.

2) 구성요소

   ① 시스템 구성 　　　　② 운영체계 및 성능
   ③ 원격차단 　　　　　　④ 동작상태 감시
   ⑤ 그래프 감시(일보) 　　⑥ 월간 발전현황(월보)
   ⑦ 이상 발생기록 화면 　 ⑧ 운전상태 감시 및 측정 등

3) 프로그램 기능

   ① 데이터 수집기능 　　　② 데이터 저장기능
   ③ 데이터 분석기능 　　　④ 데이터 통계기능

3 발전시스템 운영 관리계획

1. 태양광발전시스템의 운영체계 및 절차

1) 운영

(1) 현장관리인 : 발전소 구내 보안 및 청소

(2) 전기안전관리자(자격증 소유자) 선임
① 1,000[kW] 미만 : 안전관리 대행 가능
② 1,000[kW] 이상 : 사업자가 선임

(3) 제3자 유지보수계약 유지(인버터 등)

2) 감시 및 Patrol

태양광발전소 설비 감시

3) 태양광발전시스템의 운영방법

(1) 시설용량 및 발전량
① 시설용량 : 부하의 용도 및 사용량을 합산한 월평균 사용량으로 정한다.
② 발전량 : 봄 가을에 많고 여름, 겨울에는 감소

(2) 모듈 관리
① 표면은 특수처리된 강화유리이므로 충격을 주지 않도록 한다.
② 모듈 표면에 그늘이 지거나 황사 먼지, 공해물질, 나뭇잎이 있으면 발전효율이 저하되므로, 이물질 제거 및 그늘이 지지 않도록 한다.
③ 모듈의 온도가 높을수록 발전효율이 저하되므로, 물을 뿌려 온도를 조절해준다.
④ 풍압 진동 등으로 모듈과 형강의 체결부위가 느슨해지는 경우가 있으므로 정기점검을 한다.

(3) 인버터 및 접속함 관리
① 태양광발전 설비의 고장요인은 대부분 인버터에서 발생하므로 정기점검 필요
② 접속함에는 역류 방지 다이오드 차단기 PT, CT 단자대 등이 내장되어 있으므로 정기점검 필요

(4) 강구조물 및 전선관리
① 강구조물은 녹이 슬지 않도록 주의하고 녹 발생 시에는 도장을 한다.
② 전선 피복이나 연결부에는 정기적 점검 필요

(5) 응급조치방법
① 태양광발전 설비가 작동되지 않을 때
㉠ AC 차단기 개방(OFF)
㉡ 접속함 내부 DC 차단기 개방(OFF)
㉢ 인버터 정지 후 점검

② 점검 완료 후 복귀 시
㉠ 접속함 내부 DC 차단기 투입(ON)
㉡ AC 차단기 투입(ON)

4 발전시스템 비정상 운영 시 대처 및 조치 등

1. 태양광발전시스템의 운전조작방법

1) 운전 시 조작방법
① Main VCB반 전압 확인
② 접속반, 인버터 DC 전압 확인
③ DC용 차단기 ON
④ AC 측 차단기 ON
⑤ 5분 후 인버터 정상작동 여부 확인

2) 정전 시 조작방법
① Main VCB반 전압 확인 및 계전기를 확인하여 정전 여부 확인, 부저 OFF
② 인버터 상태확인(정지)
③ 한전 전원 복구 여부 확인
④ 인버터 DC 전압 확인 후 운전 시 조작방법에 의해 재시동

2. 태양광발전시스템의 동작원리

독립형, 계통연계형, 하이브리드형이 있다.

1) 독립형 시스템의 동작원리

① 계통도

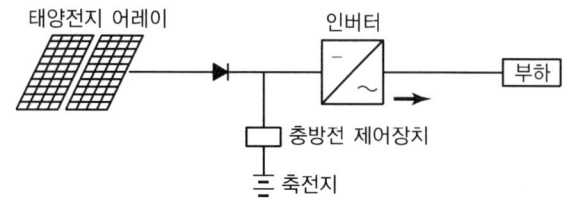

② 상용계통과 직접 연계되지 않고 분리된 방식
③ 오지, 유무인 등대, 중계소, 가로등에 적용

2) 하이브리드형 시스템(Hybrid System)의 동작원리

① 계통도

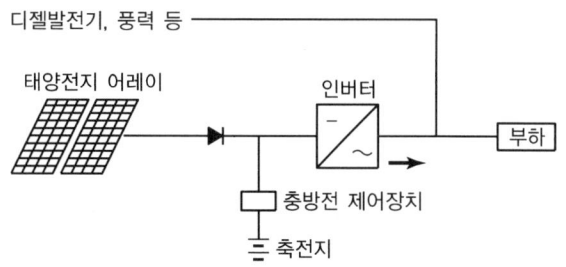

② 풍력 디젤, 열병합 발전 등을 결합하여 공급하는 방식
③ 시스템 구성 및 부하 종류에 따라 계통연계형 및 독립형을 모두 적용

3) 계통연계형 시스템의 동작원리

① 계통도

② 초과 생산된 전력은 상용계통에 보내고 야간 혹은 우천 시 전력생산이 불충분한 경우 상용계통에서 전력을 공급받는 방식
③ 축전지 설비가 필요치 않아 시스템 가격이 상대적으로 저렴

SECTION 002 태양광발전시스템 유지

01 태양광발전 준공 후 점검

1 태양광발전 모듈 어레이 측정 및 점검

1. 태양광발전 모듈

1) 제품

인증받은 설비를 설치하되, 건물일체형 태양광시스템은 센터의 장이 별도로 정하는 품질기준(KS C 8561 또는 8562 일부 준용)에 따라 발전성능 및 내구성 등을 만족하는 시험결과가 포함된 시험성적서를 센터로 제출할 경우에 인증받은 설비와 유사한 형태의 모듈을 사용할 수 있다.

2) 모듈 설치용량

사업계획서상의 모듈 설계용량과 동일하되, 단위모듈당 용량에 따라 설계용량과 동일하게 설치할 수 없을 경우에 한하여 설계용량의 110[%] 이내까지 가능하다.

3) 설치상태

① 모듈의 일조면 : 정남향으로 설치하고, 불가능할 경우에 한하여 정남향을 기준으로 동쪽 또는 서쪽 방향으로 45° 이내에 설치할 수 있다.
② 모듈의 일조시간 : 장애물로 인한 음영에도 불구하고 춘분(3~5월)·추분(9~11월) 기준 1일 5시간 이상이어야 한다. 단, 전기줄, 피뢰침, 안테나 등 경미한 음영은 장애물로 보지 않는다.
③ 태양광모듈 설치열이 2열 이상일 경우 앞열은 뒷열에 음영이 지지 않도록 설치한다.

2. 모듈 관리

① 모듈 표면은 강한 충격이 있을 시 파손될 우려가 있으므로 충격이 발생되지 않도록 주의한다.
② 모듈 표면에 그늘이 지거나 공해물질이 쌓이거나 나뭇잎 등이 떨어진 경우 전체적인 발전효율이 저하되므로 고압 분사기를 이용하여 정기적으로 물을 뿌려주거나 부드러운 천으로 이물질을 제거하여 발전효율을 높일 수 있다.
③ 태양광에 의해 모듈온도가 상승할 경우 살수장치 등을 사용하여 물을 뿌려 온도를 조절해 주면 발전효율을 높일 수 있다.

④ 풍압이나 진동으로 인해 모듈과 형강의 체결부위가 느슨해질 수 있으므로 정기적인 점검이 필요하다.

3. 태양전지 모듈의 설치

1) 태양전지 모듈 운반 시 주의사항

① 파손 방지를 위해 태양전지 모듈에 충격이 가해지지 않도록 한다.
② 모듈의 인력 이동 시 2인 1조로 한다.
③ 접속하지 않은 모듈의 리드선에 이물질이 유입되지 않도록 조치한다.

2) 태양전지 모듈의 설치방법

[가로깔기(2단 적층)]

[세로깔기(3단 적층)]

3) 태양전지 모듈의 설치

① 태양전지 모듈의 직렬매수(스트링)는 직류 사용전압 또는 파워컨디셔너의 입력전압 범위에서 선정한다.
② 태양전지 모듈은 가대의 하단에서 상단으로 순차적으로 조립한다.
③ 태양전지 모듈과 가대의 접합 시 전식 방지를 위해 개스킷(gasket)을 사용하여 조립한다.

4) 태양전지 모듈의 직·병렬 접속의 예

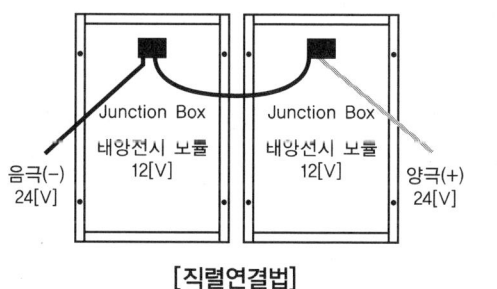

[직렬연결법]

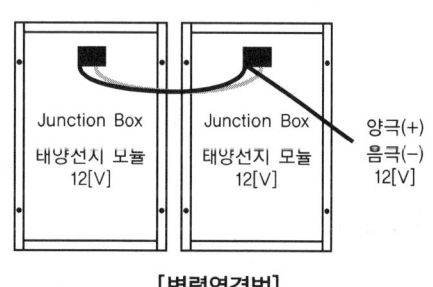

[병렬연결법]

5) 태양전지 모듈의 설치 완료 후 실시하는 검사

① 전압, 극성 확인
② 단락전류 측정
③ 접지 확인 : 직류 측 회로의 비접지 여부 확인

6) 태양전지 모듈 간 배선
    ① 태양전지 모듈을 포함한 모든 충전부분은 노출되지 않도록 시설한다.
    ② 태양전지 모듈 배선은 단락전류에 충분히 견딜 수 있도록 2.5[mm²] 이상의 전선을 사용한다.
    ③ 태양전지 모듈 배선은 바람에 흔들리지 않도록 스테이플, 스트랩, 행거나 이와 유사한 부속품으로 130[cm] 이내 간격으로 견고하게 고정하여 가장 늘어진 부분이 모듈 면으로부터 30[cm] 내에 들도록 한다.
    ④ 모듈에서 인버터에 이르는 배선에 사용되는 케이블은 모듈 전용선 또는 단심(1C) 난연성 케이블(TFR-CV, F-CV, FR-CV 등)을 사용하며, 케이블이 지면 위에 설치되거나 포설되는 경우에는 피복에 손상이 발생되지 않게 별도의 조치를 취한다.
    ⑤ 태양전지발전시스템 어레이의 각 직렬군은 동일한 단락전류를 가진 모듈로 구성하며, 1대의 파워컨디셔너에 연결된 태양전지 어레이의 직렬군(스트링)이 2병렬 이상일 경우에는 각 직렬군(스트링)의 출력전압이 동일하게 되도록 배열한다.
    ⑥ 모듈 뒷면의 접속용 케이블은 2개씩 나와 있으므로 반드시 극성(+, -) 표시를 확인한 후 결선을 해야 한다. 극성 표시는 제조사에 따라 단자함 내부 또는 리드선의 케이블 커넥터에 표시한다.
    ⑦ 배선 접속부는 이물질이 유입되지 않도록 용융접착테이프와 보호테이프로 감는다.
    ⑧ 케이블이나 전선은 모듈 뒷면에 설치된 전선관에 설치하거나 가지런히 배열 및 고정하며, 최소 곡률반경은 지름의 6배 이상이 되도록 한다.

7) 태양광 어레이 검사
    (1) 어레이 검사 방법
        태양전지 모듈의 배선이 끝나면 각 모듈 극성 확인, 전압 확인, 단락전류 확인, 양극과의 접지 여부 확인을 한다.

    (2) 태양전지 어레이 검사
        태양전지 모듈의 배열 및 결선방법은 모듈의 출력전압이나 설치장소 등에 따라 다르므로 체크리스트를 이용해 배열 및 결선방법 등에 대해 시공 전과 시공 완료 후에 각각 확인한다.

    (3) 태양전지 어레이의 출력 확인
        체크리스트를 활용한다.

8) 어레이 검사 내용

(1) 전압 극성확인

멀티테스터, 직류전압계를 이용하여, 태양전지 모듈이 바르게 시공되어 모듈 제작사에서 제공한 카탈로그 설명서대로 전압이 나오고 있는지, 극성이 바른지 등을 확인한다.

(2) 단락전류 측정

태양전지 모듈의 설명서에 기재된 단락전류가 흐르는 직류전류계로 측정하고, 타 모듈과 비교해 측정치가 현저히 다른 경우는 재차 점검한다.

(3) 비접지 확인

① KS C IEC 60364-7-712(태양전지 전원시스템)에 따르면 AC 측과 DC 측 사이에 최소한의 단순한 분리가 있다면 DC 측의 충전 도체 중 하나의 접지가 허용된다. 그러나 파워컨디셔너는 절연변압기를 시설하는 경우가 드물기 때문에 일반적으로 직류 측 회로를 비접지로 하고 있다.

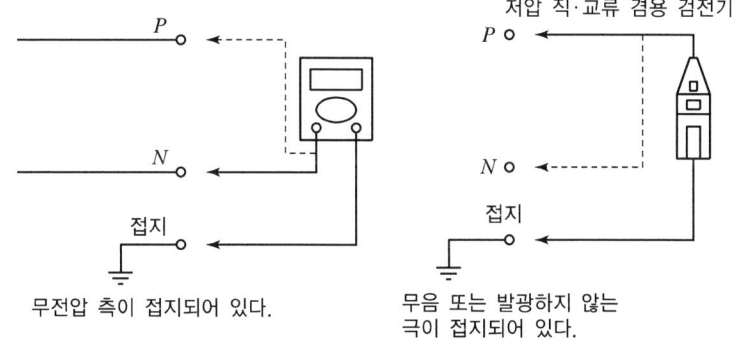

[비접지 확인방법]

② 이동통신용 중계기 등 통신용 전원으로 사용할 때에는 편단 접지를 하는 경우가 있으므로 통신기기 제작사와 협의하여 접지한다.

2 토목시설의 점검

1. 기초의 구조 선정

1) 기초의 요구조건

① 설계하중에 대한 구조적 안정성을 확보한다.
② 구조물의 허용 침하량 이내이어야 한다.
③ 환경 변화, 국부적 지반 쇄굴 등에 저항하여 최소의 깊이를 유지한다.
④ 시공 가능성 측면에서 현장 여건을 고려한다.

2) 기초의 형식 결정을 위한 고려 사항

① 지반 조건 : 지반 종류, 지하수위, 지반의 균일성, 암반의 깊이
② 상부 구조물의 특성 : 허용 침하량, 구조물의 중요도, 특이 요구 조건
③ 상부 구조물의 하중 : 기초의 설계하중
④ 기초 형식에 따른 경제성을 비교한다.

3) 기초의 종류

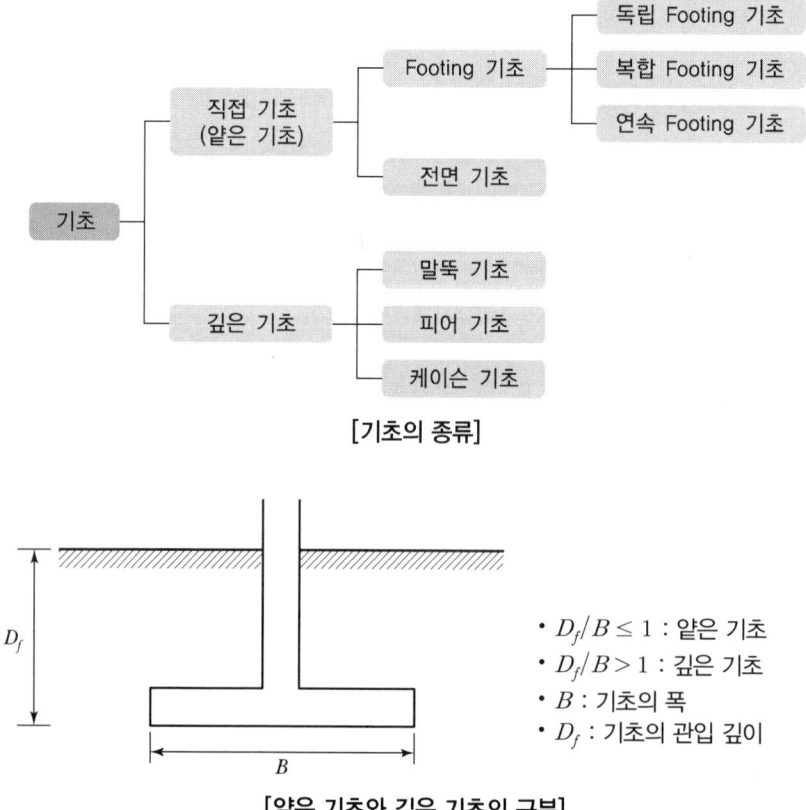

[기초의 종류]

- $D_f/B \leq 1$: 얕은 기초
- $D_f/B > 1$: 깊은 기초
- B : 기초의 폭
- D_f : 기초의 관입 깊이

[얕은 기초와 깊은 기초의 구분]

2. 공종별 지반조사

1) 공종별 지반조사 항목

공종	착안사항
공통	지층 조건, 지하매설물 확인, 지반의 물리 특성
옹벽	기초 및 배면지반 지층 조건, 기초 및 배면지반 물리 특성, 기초지반 지지력 및 역학 특성, 배면지반의 역학 특성, 기초 및 배면지반 다짐도
사면	사면 지층 조건, 지반의 물리 특성, 지반의 역학 특성, 지반의 투수성
연약지반	연약지반의 지층 조건, 지반의 물리 특성, 지반의 역학 특성, 유기물 함유 여부
구조물 기초	• 얕은 기초 : 기초지반의 지층 조건, 지반의 물리 특성, 기초지반 지지력 • 깊은 기초 : 기초지반의 지층 조건, 지반의 물리 특성, 말뚝의 지지력 및 지반의 역학 특성
절토부 성토부	기초지반 지층 조건, 지반의 물리 특성, 지반의 투수성, 아스팔트포장두께, 지반의 역학 특성, 지반의 다짐 특성, 암석의 물리 특성, 암석의 강도

2) 지반 상태에 따른 문제점 및 대책

지반 상태	문제점	대책
점착력, 내부마찰각이 부족할 경우	활동 및 침하 발생	구조체 설계 변경(활동 방지벽 및 저판 증가)
허용지지력이 부족할 경우	침하 및 전도 발생	• 구조체 설계 변경(저판 폭 증가) • 지반의 치환
지하수위가 높을 경우	지지력 저하로 침하 발생	• 특별 배수공법 적용 • 쇄석 또는 암버럭 등으로 치환
암반일 경우	표준설계도 적용 시 과다 설계	구조체 설계 변경(단면 감소, 단, 정지토압으로 설계)
연약층이 깊을 경우	침하, 전도, 활동 발생	말뚝 기초로 설계 변경
배면토의 강도정수가 부족할 경우	전도, 활동, 구조체 균열 및 파괴 발생	• 구조체 설계 변경(단면 및 저판 폭 증가) • 뒷채움 재료를 양질토로 변경 • 토압 경감을 위하여 사면경사도 완화

※ 강도정수(상수) : 토압, 지지력, 경사면 안정 등의 계산에 필요한 값으로 흙의 종류, 차짐 정도, 함수량 등에 따라 다름

① 내부 마찰각(ϕ : Angle of Internal Friction)
  ㉠ 흙 속에서 일어나는 수직응력과 전단저항과의 관계 직선이 수직응력축과 만드는 각도
  ㉡ 일체가 된 흙더미의 흙 사이 마찰각

② 점착력(C : Cohesion)
  ㉠ 찰흙 등 미세한 입자를 포함하는 흙이 어느 면에서 미끄러지려고 할 때 이 면에 작용하는 전단저항력 중 수직 압력에 관계없이 나타나는 저항력
  ㉡ 내부 마찰각 ϕ가 0인 경우의 전단저항력

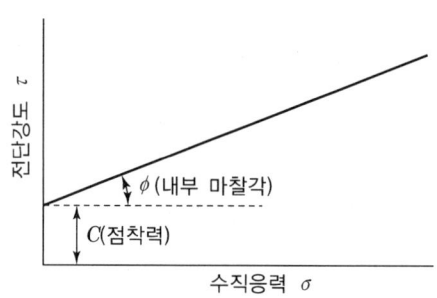

3 접속반 인버터 주변기기 장치 점검

1. 태양광발전시스템의 구성요소(모듈, 출력조절기(Power Conditioner System), 주변장치(Balance of System))

1) 태양광 어레이(PV Array)

   태양광 어레이는 발전장치 역할을 하는 것으로, 구성요소는 모듈, 구조물, 접속함, 다이오드 등이다.

2) 인버터

   (1) 인버터의 기능
   ① 직류를 교류로 변환
   ② 최대 전력점 추종
   ③ 고효율제어
   ④ 직류제어
   ⑤ 고조파 억제
   ⑥ 계통연계 및 보호기능
   ⑦ 단독운전 방지기능
   ⑧ 역조류 기능
   ⑨ 자동운전 정지기능 등

   (2) 인버터의 절연방식에 따른 분류
   ① 상용주파 절연방식
   ② 고주파 절연방식
   ③ 무변압기 방식

3) 바이패스 다이오드(By Pass Diode) 및 역류 방지 다이오드(Blocking Diode)

(1) 바이패스 다이오드

태양전지에 그늘이 지면 그 부위가 저항역할을 하게 되어 모듈에 악영향을 미치므로 일부 태양전지의 출력을 포기하고 나머지 태양전지로 회로를 구성하기 위해 바이패스 다이오드를 사용한다.(태양전지 모듈 후면에 위치)

(2) 역류 방지 다이오드

어레이 내 스트링과 스트링 사이에서도 전압불균형 등의 원인으로, 병렬 접속한 스트링 사이에 전류가 흘러 어레이에 악영향을 미칠 수 있는데 이를 방지하기 위해 설치한다. (스트링마다 설치)

4) 축전지
① 가장 경제적인 전원공급장치
② 알칼리 축전지와 연축전지 사용된다.

5) 충·방전 컨트롤러
충·방전 컨트롤러는 주로 독립형 시스템에서 태양전지 모듈로부터 생산된 전기를 축전지에 저장 또는 방전하는 데 사용한다.

2. 접속함(단자함, 수납함, 배전함)

1) 접속함의 설치목적
① 보수·점검 시 회로를 분리하거나 점검을 용이하게 하기 위해 설치
② 스트링별 고장 시 정지 범위를 분리하여 운전을 할 수 있도록 설치

2) 접속함의 내부회로 결선도

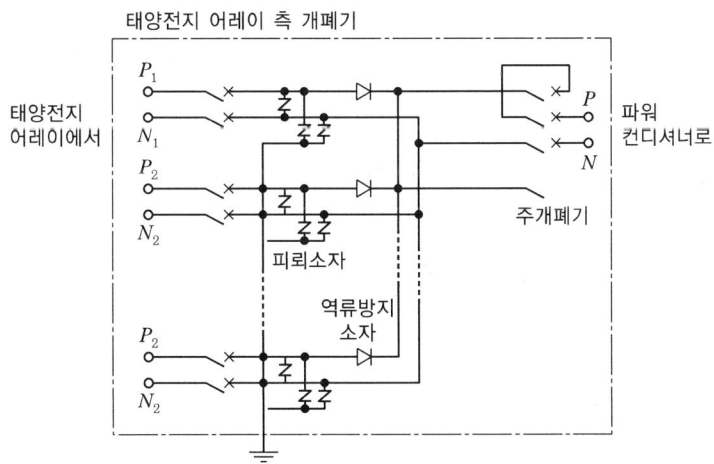

3) 접속함 내 설치되는 기기
    ① 태양전지 어레이 측 기기
    ② 주개폐기
    ③ 서지보호장치(SPD ; Surge Protected Device)
    ④ 역류방지소자
    ⑤ 출력단자대
    ⑥ 감시용 DCCT(Shunt), DCPT, T/D(Transducer)

4) 접속함의 연결전선
    ① 태양전지에서 옥내에 이르는 배선에 쓰이는 전선은 모두 모듈전용선(TFR-CV선)을 사용하여야 한다.
    ② 전선이 지면을 통과할 경우에는 피복에 손상이 발생되지 않게 별도의 조치를 취해야 한다.
    ③ 리드선의 극성 표시방법은 케이블에 (+), (-)의 마크 표시, 케이블 색은 적색(+), 청색 (-)으로 구분한다.

5) 접속함 선정 시 고려사항

독립형 또는 계통연계형 태양광발전 시스템에 사용되는 개폐장치 및 제어장치 부속품을 포함하는 직류 1,500[V]를 초과하지 않는 태양광발전용 접속함은 KS C 8567(2017)에 의한 인증 제품을 사용하여야 한다.

접속함의 병렬 스트링 수에 의한 분류와 설치장소에 의한 보호등급은 다음과 같다.

[접속함의 분류 및 보호등급]

병렬 스트링 수에 의한 분류	설치장소에 의한 분류
소형(3회로 이하)	IP 54 이상
중대형(4회로 이상)	실내형 : IP 20 이상
	실외형 : IP 54 이상

6) 단자대

태양전지 어레이의 스트링별로 배선을 접속함까지 가지고 와서 접속 내부 단자대를 통해 접속

7) 접속함의 외부 · 내부

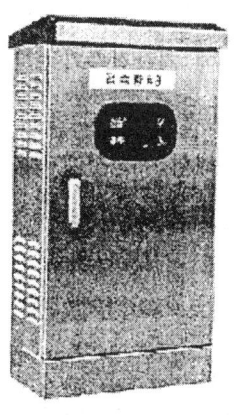
[외부]

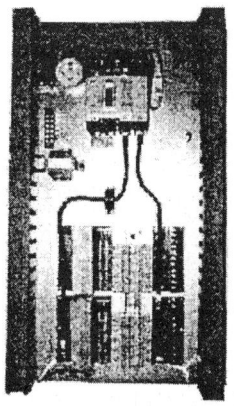
[내부]

8) 접속함 선정 시 주의사항

① 전압 : 접속함의 정격전압은 태양전지 스트링의 개방 시의 최대직류전압으로 선정
② 전류 : 정격입력전류는 접속함에 안전하게 흘릴 수 있는 전류값이며 최대전류를 기준하여 선정

9) 주 개폐기

① 주 개폐기는 태양전지 어레이의 출력을 1개소에 통합한 후 파워컨디셔너와 회로도 중에 설치한다.
② 주 개폐기는 태양전지 어레이의 최대사용전압, 통과전류를 만족하는 것으로서 최대 통과전류(표준태양전지 어레이 단락전류)를 개폐할 수 있는 것을 사용하면 좋다. 또한 보수도 용이하고 MCCB를 사용해도 좋지만 태양전지 어레이의 단락전류에서는 자동차단(트립)되지 않는 정격의 것을 사용하는 것이 좋다. 그리고 반드시 정격전압에 적정한 직류차단기를 사용하여야 한다.
③ 태양전지 어레이 측 개폐기로 단로기나 Fuse를 사용하는 경우에는 반드시 주 개폐기로 MCCB를 설치하여야 한다.
④ 배선용 차단기(MCCB)
배선용 차단기는 개폐기구 트립장치 등을 절연물의 용기 내에 일체로 조립한 것

10) 어레이 측 개폐기

태양전지 어레이 측 개폐기는 태양전지 어레이의 점검 · 보수 또는 일부 태양전지 모듈의 고장 발생 시 스트링 단위로 회로를 분리시키기 위해 스트링 단위로 설치한다.

11) 피뢰소자

저압 전기설비의 피뢰소자는 서지보호장치(SPD ; Surge Protective Device)라고도 한다.

(1) 서지보호장치(SPD)
① 서지로부터 각종 장비들을 보호하는 장치이다.
② SPD는 과도전압과 노이즈를 감쇄시키는 장치로서 TVSS(Transient Voltage Surge Suppressor)라고도 불린다.

(2) SPD 설치목적
① 태양광 발전설비가 피뢰침에 의한 직격뢰로부터는 보호되어야 한다.
② 서지보호소자는 유도 뇌서지가 태양전지 어레이 또는 파워컨디셔너 등에 침입한 경우에 전기설비 또는 장치를 뇌서지로부터 보호하기 위해 설치한다.

(3) 서지보호장치 설치위치
① 접속함에는 태양전지 어레이의 보호를 위해 스트링마다 서지보호소자(SPD)를 설치
② 낙뢰 빈도가 높은 경우에는 주개폐기 측에도 설치한다.
③ 배선은 접지단자에서 최대한 짧게 하여야 하며, 서지보호소자의 접지 측 배선을 일괄해서 접속한다.

3. 축전지

- 축전지(Electric Storage Batteries)는 전기에너지를 화학에너지로 바꿔 저장하고, 필요할 때 다시 전기에너지로 바꿔 쓰는 장치로서 전력저장장치라 할 수 있다.
- 발전량 부족 시나 야간, 일조가 없을 때의 부하로 전력을 공급하기 위해 전력저장장치(축전지)를 설치한다. 독립형 태양광발전에서 섬 지방이나 산간지방 등 상용전원이 없는 곳에서 활용한다.
- 계통 연계형 태양광발전시스템에서도 축전지를 설치하여 재해 시 비상전원 공급, 발전전력 급변 시의 버퍼, 전력저장, 피크 시프트 등 시스템의 적용범위를 확대함으로써 비상전원의 확보, 전력품질의 유지, 경제성 등의 목적으로 설치하는 경우도 있다.
- 최근에는 다수의 태양광발전시스템이 계통에 연계되었을 때 계통전압 안정화 및 피크 제어 목적으로 축전지를 이용한 ESS(Energy Storage System)를 도입하고 있다.

1) 축전지 종류

① 연축전지 : 양극판(PbO_2), 음극판(Pb), 격리판, 전해액(H_2SO_4) 및 전조(Container)로 구성되어 있는 축전지로 태양광발전시스템에서 가장 많이 사용된다.
② 알칼리축전지 : 수산화 물질과 같은 알칼리용액으로 전해액이 구성된 축전지이다.

2) 축전지 기대수명에 영향을 미치는 요소
    ① 방전심도(DOD)
    ② 방전횟수
    ③ 사용온도
    이 중 방전심도의 영향이 가장 크다.

3) 축전지 선정
    (1) 독립형 전원시스템용 축전지

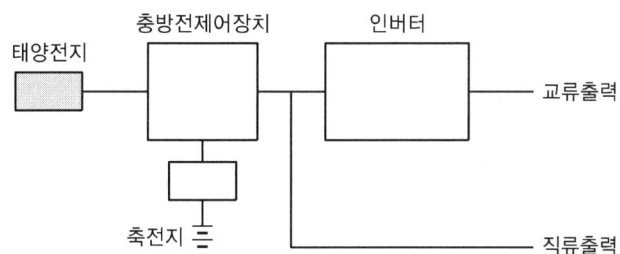

   ① 축전지 용량$(C) = \dfrac{1일\ 소비전력량 \times 불일조일수}{보수율 \times 방전심도 \times 축전지전압(방전종지전압)}$[Ah]
      ㉠ 방전심도(DOD ; Depth Of Discharge) : 축전지의 잔종용량을 표현하는 방법
      ㉡ 불일조일수 : 기상 상태의 변화로 발전을 할 수 없을 때의 일수
   ② 직류부하 전용일 때는 인버터가 필요 없다.
   ③ 직류출력 전압과 축전지의 전압을 서로 같게 한다.

   (2) 계통연계 시스템용 축전지
    ① 방재 대응형
       재해 시 인버터를 자립운전으로 전환하고 특정 재해대응 부하로 전력을 공급한다.

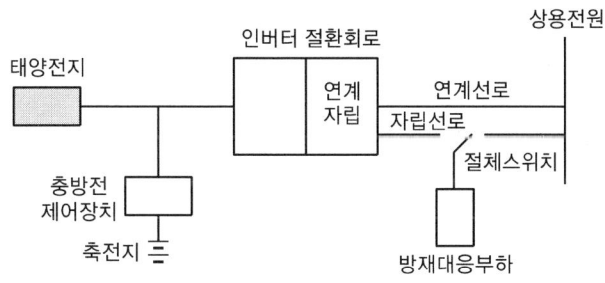

       ㉠ 평상시 계통연계 운전
       ㉡ 정전 시 방재, 비상부하 자립운전
       ㉢ 정전 회복 후 야간충전운전

② 부하 평준화 대응형(피크 시프트형, 야간전력 저장형)
태양전지 출력과 축전지 출력을 병용하여 부하의 피크 시에 인버터를 필요 출력으로 운전하여 수전전력의 증대를 막고 기본전력요금을 절감하려는 시스템이다.

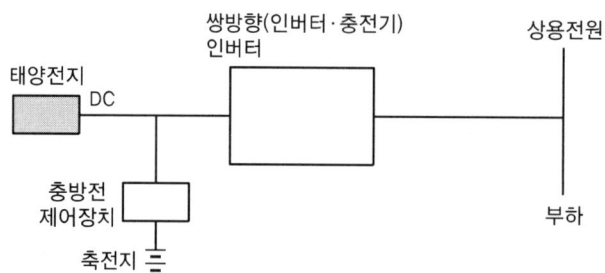

㉠ 보통 때 연계운전
㉡ 피크 시 태양전지＋축전지 겸용에 의한 피크부하 부담
㉢ 정전 회복 후 야간 충전운전
㉣ 계통안정화 대응형 : 기후가 급변할 때나 계통부하가 급변할 때는 축전지를 방전하고, 태양전지 출력이 증대하여 계통전압이 상승하도록 할 때에는 축전지를 충전하여 역류를 줄이고 전압의 상승을 방지하는 방식
㉤ 계통 연계형 시스템용 축전지 용량 산출식

$$C = \frac{KI}{L}[\text{Ah}]$$

여기서, C : 온도 25[℃]에서 정격방전율 환산용량(축전지의 표시용량)
K : 방전시간, 축전지 온도, 허용최저전압으로 결정되는 용량환산시간
I : 평균 방전전류
L : 보수율(수명 말기의 용량감소율 고려해 일반적으로 0.8 적용)

4) 축전지 설비의 설치기준

축전지 설비를 설치할 경우에는 다음 표와 같이 최소한의 이격거리를 확보할 필요가 있으므로 시스템의 설계 시에 이를 반영해야 한다.

이격거리를 확보해야 할 부분	이격거리[m]
큐비클 이외의 발전설비와의 사이	1.0
큐비클 이외의 변전설비와의 거리	1.0
옥외에 설치할 경우 건물과의 사이	2.0
전면 또는 조작면	1.0
점검면	0.6
환기면[*]	0.2

* 전면, 조작면 또는 점검면 이외에 환기구가 설치되는 면을 말한다.

5) 축전지가 갖추어야 할 조건

① 자기 방전율이 낮을 것
② 에너지 저장밀도가 높을 것
③ 중량 대비 효율이 높을 것
④ 과충전 및 과방전에 강할 것
⑤ 가격이 저렴하고 장수명일 것

4. 교류 측 기기

1) 분전반

① 분전반은 계통에 연계하는 경우에 파워컨디셔너의 교류출력을 계통으로 접속할 때 사용하는 차단기를 수납하는 함이다.
② 일반주택, 빌딩의 경우 대부분 분전반이나 배전반이 설치되어 있으므로 태양광발전시스템의 정격출력전류에 적합한 차단기가 있으면 그것을 사용한다.
③ 기설치된 분전반 내 차단기의 여유가 없으면 별도의 분전반 설치
④ 차단기는 역접속 가능형 누전차단기 설치(지락검출기능)
    (단, 기설치된 분전반의 계통 측에 지락검출기능이 부착된 과전류 차단기가 이미 설치된 경우에는 교체할 필요가 없다.)

2) 적산전력량계

적산전력량계는 계통연계에서 역송전한 전력량을 계측하여 전력회사에 판매하는 전력요금의 산출을 하는 계량기로서 계량법에 의한 검정을 받은 적산전력량계를 사용해야 한다.

(1) 적산전력량계의 설치
① 종래 전력회사가 설치하고 있는 수요전력량계의 적산전력량계도 역송전이 있는 계통연계시스템을 설치할 때는 전력회사가 역송방지장치가 부착된 적산전력량계로 변경하게 된다.

② 역송전력계량용의 적산전력량계는 전력회사가 설치하는 수요전력량계의 적산전력량계에 인접하여 설치한다.

③ 적산전력량계는 옥외용의 경우 옥외용 함에 내장하는 것으로 하고 옥내용의 경우 창이 부착된 옥외용 수납함의 내부에 설치한다.

(2) 적산전력량계 접속(결선)도

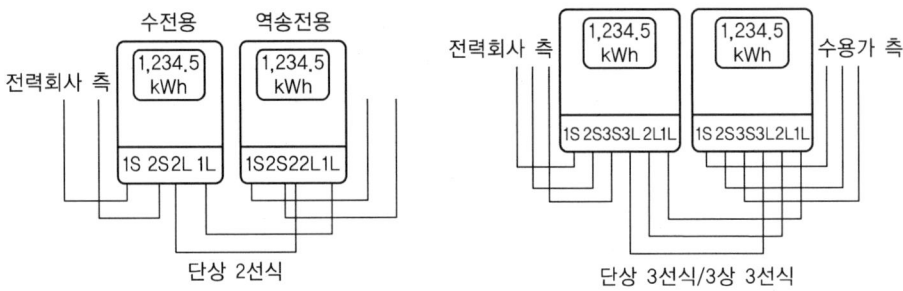

역송전 계량용의 적산전력계는 수요전력량계와는 역으로 수용가 측을 전원 측으로 접속한다.

5. 낙뢰대책

- 뇌가 발생하여 뇌운과 대지 사이가 번개로 연결되면, 대지 측에 중대한 장해가 발생한다.
- 태양전지 어레이는 면적이 넓고 차폐물이 없는 옥외에 설치되므로 뇌격에 의한 피해가 많이 발생되고 있다.
- 직격뢰에 대한 보호는 피뢰침, 가공지선 등으로 설치하고 일반적으로 유도뢰를 기준하여 피뢰대책을 수립하고 있다.

1) 낙뢰의 종류

(1) 직격뢰

① 전력설비나 전기기기에 직접 뇌가 떨어져 직접 뇌 방전을 받는 낙뢰를 말한다.

② 직격뢰의 전류파고치가 15~20[kA] 이하가 거의 50[%]이지만 200[kA] 이상인 것도 있다.

③ 직격뢰 대책은 피뢰침을 설치한다.

(2) 유도뢰

① 직격뢰가 원인인 경우(전자유도)

나무나 빌딩 등이 비교적 높은 건물 등에 뇌격하여 직격로 전류가 흘러 주위에 강한 전자계가 생기고 전자유도작용에 의해 부근의 전력 송전선이나 통신선에 서지전압이 발생한다.

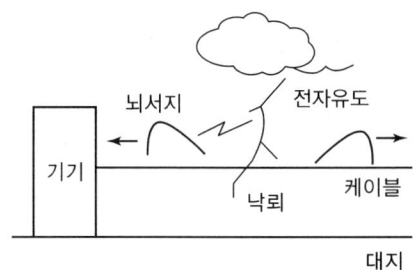

② 정전유도

정전유도에 의한 것은 뇌 구름에 의해 전로에 유도된 플러스 전하가 낙뢰로 인한 지표면 전하가 중화되면 뇌서지가 되어 선로를 타고 이동한다.

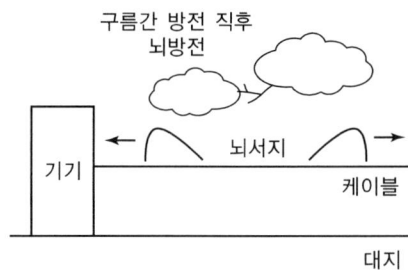

2) 낙뢰(뇌서지) 방호대책

(1) 감전으로부터 인축의 상해를 줄이기 위한 대책
   ① 노출도전성 부분의 절연
   ② 등전위화(메시접지시스템 이용)
   ③ 뇌 등전위 본딩
   ④ 물리적 제한과 경고표시

(2) 물리적 손상을 줄이기 위한 보호대책(외부 뇌보호)
   ① 외부 피뢰시스템
      ㉠ 수뢰부시스템
      ㉡ 인하도선시스템
      ㉢ 접지극시스템
   ② 피뢰 등전위 본딩
   ③ 외부 피뢰시스템으로부터 전기적 절연(이격거리)

(3) 피뢰시스템의 등급별 회전구체 반지름 메시치수

구분	보호법	
피뢰시스템 등급	회전구체 반지름 γ [m]	메시치수 W_m [m]
I	20	5×5
II	30	10×10
III	45	15×15
IV	60	20×20

(4) 전기전자 설비의 고장을 줄이기 위한 보호대책
   ① 접지 및 본딩 대책
   ② 자기차폐
   ③ 선로의 포설경로
   ④ 절연인터페이스
   ⑤ 협조된 SPD 시스템

3) 뇌서지 대책

(1) PV 시스템을 보호하기 위한 대책
   ① 피뢰소자를 어레이 주회로 내부에 분산시켜 설치하고 접속함에도 설치한다.
   ② 저압배전선에서 침입하는 뇌서지에 대해서는 분전반에 피뢰소자를 설치한다.
   ③ 뇌우 다발지역에서는 교류전원 측으로 내뢰 트랜스를 설치하여 보다 안전한 대책을 세운다.

(2) 뇌보호시스템
   ① 외부 뇌보호 : 수뇌부, 인하도선, 접지극, 차폐, 안전이격거리
   ② 내부 뇌보호 : 등전위 본딩, 차폐, 안전이격거리, 서지보호장치(SPD), 접지

(3) 피뢰대책용 부품
   뇌보호용 부품에는 크게 피뢰소자와 내뢰트랜스 2가지가 있으며, PV 시스템에는 일반적으로 피뢰소자인 어레스터 또는 서지업서버를 사용한다.
   ① 어레스터(SPD, 저압) : 낙뢰에 의한 충격성 과전압에 대하여 전기설비의 단자전압을 규정치 이내로 저감시켜 정전을 일으키지 않고 원상태로 회귀하는 장치이다.
   ② 서지업서버(SA, 고압) : 전선로에 침입하는 이상 전압의 높이를 완화하고 파고치를 저하시키는 장치이다.
   ③ 내뢰 트랜스 : 실드 부착 절연트랜스를 주체로 하고 어레스터 및 콘덴서를 부가시킨 것, 뇌서지가 침입한 경우 내부에 넣은 어레스터에서의 제어 및 1차 측과 2차 측 간의 고절연화, 실드에 의해 뇌서지의 흐름을 완전히 차단할 수 있도록 한 변압기이다.

(4) 피뢰소자의 설치장소(선정)
  ① 접속함 내와 분전반 내에 설치하는 피뢰소자는 어레스터(방전내량이 큰 것)를 선정한다.
  ② 어레이 주회로 내에 설치하는 피뢰소자는 서지업서버(방전내량이 적은 것)를 선정한다.

(5) 서지보호장치(SPD ; Surge Protective Device)
  ① 저압의 전기설비의 피뢰소자
    태양광발전시스템은 모듈을 비롯하여 파워컨디셔너 등 각종 전기·전자 설비들로 순간적인 과전압이나 전류에 매우 취약한 반도체들로 구성되어 있다. 따라서 낙뢰나 스위칭 개폐 등에 의해 발생되는 순간 과전압은 이러한 기기들을 순식간에 손상시킬 수 있다. 태양광발전시스템의 특성상 순간의 사고도 용납될 수 없기 때문에 이를 보호하기 위하여 SPD 등을 중요지점에 각각 설치하여야 한다.
  ② SPD의 특징
    ㉠ 서지억제기, 서지방호장치 등 다양한 용어로 통용되고 있지만, 보통 서지보호장치 또는 SPD로 호칭한다.
    ㉡ SPD는 크게 반도체형과 갭형이 있다.
    ㉢ 최근에는 반도체 SPD가 많이 사용되고 있다.
    ㉣ 종래에는 SPD 소자에 탄화규소(SiC)가 사용되어 왔으나 산화아연(ZnO)이 개발된 이후, 반도체형의 SPD 소자에 산화아연이 많이 사용되고 있다.
    ㉤ 산화아연은 큰 서지 내량과 우수한 제한 전압 등의 특징을 갖고 있어 직렬 갭을 필요로 하지 않는 이상적인 SPD로서 기기의 입·출력부에 설치한다.
  ③ 뇌보호영역(LPZ ; Lightning Protection Zone)별 SPD의 선택기준

구분	파형 및 내량	적용 SPD
LPZ 1	$10/350[\mu s]$ 파형 기준의 임펄스 전류 I_{imp} $15[kA] \sim 60[kA]$	Class I SPD
LPZ 2	$8/20[\mu s]$ 파형 기준의 최대방전전류 I_{max} $40[kA] \sim 160[kA]$	Class II SPD
LPZ 3	$1.2/50[\mu s]$(전압), $8/20[\mu s]$(전류) 조합파 기준	Class III SPD

  ④ 피뢰기가 구비해야 할 조건
    ㉠ 충격방전 개시전압이 낮을 것
    ㉡ 상용주파 방전 개시 전압이 높을 것
    ㉢ 방전내량이 높고 제한전압이 낮을 것
    ㉣ 속류의 차단능력이 충분할 것

02 태양광발전 점검 개요

1 일상점검 항목 및 점검 요령

1. 유지보수 의미

유지관리란 태양광발전시스템의 기능을 유지하기 위해 수시점검, 일상점검, 정기점검을 통하여 사전에 유해요인을 제거하고 손상된 부분은 원상복구하여 초기상태를 유지함과 동시에 최적의 발전량을 이루고 근무자 및 주변인의 안전확보를 위해 시행하는 것이다.

2. 유지보수 절차

1) 유지관리 절차 시 고려사항

① 시설물별 적절한 유지관리계획서 작성
② 유지관리자는 유지관리계획서에 따라 시설물을 점검하고, 점검결과는 점검기록부에 기록하여 보관한다.
③ 점검결과에 따라 발견된 결함의 진행성 여부, 발생시기, 결함의 형태나 발생위치 원인 및 장해추이를 정확히 평가·판정한다.
④ 점검결과에 의한 평가·판정 후 적절한 대책을 수립한다.

2) 점검종류

일상점검, 정기점검, 임시점검으로 분류한다.

① 일상점검 : 일상점검은 주로 점검자의 감각(오감)을 통해 실시하는 것으로 소리, 냄새 등으로 판별
② 정기점검 : 정기점검은 무전압 상태에서 기기의 이상상태를 점검
③ 임시점검 : 일상점검 등에서 이상을 발견한 경우 및 사고 발생 시의 점검

3) 점검주기

제약조건 점검분류	Door 개방	Cover 개방	무정전	회로 정전	모선 정전	차단기 인출	점검 주기
일상점검			O				매일
	O	O					1회/월
정기점검	O	O		O		O	1회/반기
	O				O	O	1회/3년
임시점검	O	O		O	O	O	필요시

4) 보수점검작업 시 주의사항

(1) 점검 전의 유의사항

① 준비작업 : 응급처치 방법 및 설비・기계의 안전 확인

② 회로도 검토 : 전원스위치의 차단상태 및 접지선의 접속상태

③ 연락처 : 관련부서와 긴밀하고 확실하게 연락할 수 있는 비상연락망 사전확인

④ 무전압상태 확인 및 안전조치

　㉠ 차단기, 단로기 무전압상태 확인

　㉡ 검전기 사용하여 무전압 확인하고 필요개소에 접지

　㉢ 고압 및 특고압 차단기는 개방하고, 점검 중 표찰부착

　㉣ 단로기는 쇄정 후 점검 중 표찰

⑤ 전류 전압에 대한 주의 : 콘덴서 및 Cable의 접속부 점검 시 잔류전하는 방전하고 접지 실시

⑥ 오조작 방지 : 차단기, 단로기 쇄정 후 점검 중

⑦ 절연용 보호기구 준비

⑧ 쥐, 곤충, 뱀 등의 침입방지대책을 세운다.

(2) 점검 후의 유의사항

① 접지선 제거

② 최종확인

　㉠ 작업자가 수배전반 내에 들어가 있는지 확인한다.

　㉡ 점검을 위해 임시로 설치한 가설물 등이 철거되었는지 확인한다.

　㉢ 볼트너트 단자반 결선의 조임 및 연결작업의 누락은 없는지 확인한다.

　㉣ 작업 전에 투입된 공구 등이 목록을 통해 회수되었는지 확인한다.

　㉤ 점검 중 쥐, 곤충, 뱀 등의 침입은 없는지 확인한다.

3. 유지보수계획 시 고려사항

1) 유지관리계획

(1) 점검계획

① 시설물의 종류, 범위, 항목, 방법 및 장비

② 점검대상 부위의 설계자료, 과거이력 파악

③ 시설물의 구조적 특성 및 특별한 문제점 파악

④ 시설물의 규모 및 점검의 난이도

(2) 점검계획 시 고려사항
① 설비의 사용기간 : 오래된 설비일수록 고장발생확률이 높다.
② 설비의 중요도 : 중요도에 따라 점검내용과 주기 검토
③ 환경조건 : 악조건, 옥내, 옥외 등
④ 고장이력 : 고장을 많이 일으키는 설비의 점검
⑤ 부하상태 : 사용빈도가 높은 설비, 부하의 증가 상태 점검

2) 유지관리의 경제성
(1) 유지관리비의 구성
유지비, 보수비, 개량비, 일반관리비, 운용지원비로 구성

(2) 내용연수
① 물리적 내용연수 : 사용 또는 세월의 흐름에 따른 손상열화 등의 변질로 위험상태에 이르는 기간
② 기능적 내용연수 : 기능의 저하로 시설물의 편익과 효용을 저하시켜 그 기능을 발휘하기 어려운 상태에 이르기까지의 기간
③ 사회적 내용연수 : 사회적 환경변화에 적응하지 못하여 발생하는 효용성의 감소
④ 법정 내용연수 : 물리적 마모, 기능상·경제상의 조건을 고려하여 규정한 연수

4. 유지보수 관리지침

1) 일상정기점검에 대한 조치

대상		조치방법 및 유의사항
청소		① 공기를 사용하는 경우에는 흡입방식을 추천하며, 토출방식을 사용하는 경우에는 공기의 습도(제습필터), 압력에 주의한다. ② 문, 커버 등을 열기 전에는 배전반 상부의 먼지나 이물질을 제거한다. ③ 절연물은 충전부를 가로지르는 방향으로 청소한다. ④ 청소걸레는 화학적으로 중성인 것을 사용하고 섬유의 올이나, 습기(물기) 등에 주의한다.
볼트 조임	모선	① 조임 방법 : 조임은 지정된 재료, 부품을 정확히 사용하고 다음 항목에 주의한다. • 볼트의 크기에 맞는 토크렌치를 사용하여 규정된 힘으로 조인다. • 조임은 너트를 돌려서 조인다. • 2개 이상의 볼트를 사용하는 경우 한쪽만 심하게 조이지 않도록 주의한다. ② 조임 확인 : 토크렌치의 힘이 부족할 경우 또는 조임작업을 하지 않는 경우에는 접촉저항에 의해 열이 발생하여 사고가 발생할 수 있으므로 반드시 규정된 힘으로 조여졌는지 확인하여야 한다. ③ 볼트 크기별 조이는 힘 | 볼트 크기	M6	M8	M10	M12	M16 | |---|---|---|---|---|---|
힘[kg/m^3]	50	120	240	400	850	

대상		조치방법 및 유의사항
볼트 조임	구조물	① 구조물(태양광 가대 등)의 볼트 크기별 조이는 힘은 다음 표를 참조한다. | 볼트 크기	M3	M4	M5	M6	M8	M10	M12	M16 | |---|---|---|---|---|---|---|---|---|
힘[kg/m^3]	7	18	35	58	135	270	480	1,180	
절연물 보수	공통	① 자기성 절연물에 오손 및 이물질이 부착된 경우에는 상기 표의 청소방법에 따라 청소한다. ② 합성수지 적층판, 목재 등이 오래되어 헐거움이 발생되는 경우에는 부품을 교환한다. ③ 절연물에 균열, 파손, 변형이 있는 경우 부품을 교환한다. ④ 절연물의 절연저항이 떨어진 경우에는 종래의 데이터를 기초로 하여 계열적으로 비교검토한다(구간, 부품별로 분리하여 측정). 동시에 접속되어 있는 각 기기 등을 체크하여 원인을 규명하고 처리한다. ⑤ 절연저항값은 온도, 습도 및 표면의 오손상태에 따라 크게 영향을 받는다. 주회로 차단기, 단로기(부하개폐기 포함) 	구분	측정 장비	절연저항값[MΩ]	 |---|---|---|
주도전부	1,000[V] 메거	500 이상
저압 제어회로	500[V] 메거	2 이상	

03 태양광발전 유지관리

1 발전설비 유지관리

1. 사용 전 검사(준공 시의 점검)

상용 사업용 태양광발전시스템의 공사가 완료되면 사용 전 검사를 받아야 한다.

1) 준공 시의 점검설비와 점검항목, 점검방법

구분		점검항목	점검요령
태양전지 어레이	육안점검	표면의 오염 및 파손	오염 및 파손이 없을 것
		프레임 파손 및 변형	파손 및 뚜렷한 변형이 없을 것
		가대의 부식 및 녹	가대의 부식 및 녹이 없을 것 (녹의 진행이 없는 도금강판의 끝단부는 제외)
		가대의 고정	볼트 및 너트의 풀림이 없을 것
		가대의 접지	배선공사 및 접지의 접속이 확실할 것
		코킹	코킹의 파손 및 불량이 없을 것
		지붕재 파손	지붕재의 파손, 어긋남, 균열이 없을 것
	측정	접지저항	접지저항 100[Ω] 이하
		가대고정	볼트가 규정된 토크 수치로 조여 있을 것
인버터	육안점검	외함의 부식 및 파손	부식 및 파손이 없을 것
		취부	• 견고하게 고정되어 있을 것 • 유지보수에 충분한 공간이 확보되어 있을 것 • 옥내용 : 과도한 습기, 기름 습기, 연기, 부식성 가스, 가연가스, 먼지, 염분, 화기 등이 존재하지 않은 장소일 것 • 옥외용 : 눈이 쌓이거나 침수의 우려가 없을 것 • 화기, 가연가스 및 인화물이 없을 것
		배선의 극성	• P는 태양전지(+), N은 태양전지(−) • V, O, W는 계통측 배선(단상 3선식 220[V]) [V−O, O−W 간 220[V](O는 중성선)] • 자립 운전용 배선은 전용 콘센트 또는 단자에 의해 전용배선으로 하고 용량은 15[A] 이상일 것
		단자대 나사의 풀림	확실히 취부되고 나사의 풀림이 없을 것
		접지단자와의 접속	접지와 바르게 접속되어 있을 것 (접지봉 및 인버터 '접지단자'와 접속)

구분		점검항목	점검요령
접속함	육안 점검	외함의 부식 및 파손	부식 및 파손이 없을 것
		방수처리	전선인입구가 실리콘 등으로 방수처리될 것
		배선의 극성	태양전지에서 배선의 극성이 바뀌지 않을 것
		단자대 나사 풀림	확실히 취부되고 나사의 풀림이 없을 것
	측정	절연저항 (태양전지-접지 간)	DC 500[V] 메거로 측정 시 0.2[MΩ] 이상
		절연저항 (각 출력단자 -접지 간)	DC 500[V] 메거로 측정 시 1[MΩ] 이상
		개방전압 및 극성	규정된 전압범위 내이고 극성이 올바를 것(각 회로마다 모두 측정)
		절연저항(인버터 입출력 단자 -접지 간)	DC 500[V] 메거로 측정 시 1[MΩ] 이상
		접지저항	접지저항 100[Ω] 이하
발전 전력	육안 점검	인버터의 출력표시	인버터 운전 중 전력표시부에 사양대로 표시될 것
		전력량계(송전 시)	회전을 확인할 것
		전력량계(수전 시)	정지를 확인할 것
운전 정지	조작 및 육안 점검	보호계전기능의 설정	전력회사 정정치를 확인할 것
		운전	운전스위치 '운전'에서 운전할 것
		정지	운전스위치 '정지'에서 정지할 것
		투입저지 시한타이머동작시험	인버터가 정지하여 5분 후 자동기동할 것
		자립운전	자립운전으로 전환할 때, 자립운전용 콘센트에서 사양서의 규정전압이 출력될 것
		표시부의 동작확인	표시가 정상으로 표시되어 있을 것
		이상음 등	운전 중 이상음, 이상진동, 악취 등의 발생이 없을 것
	측정	발생전압 (태양전지 모듈)	태양전지의 동작전압이 정상일 것 (동작전압 판정 일람표에서 확인)
축전지	육안 점검	외관점검 전해액 비중 전해액면 저하	부하로의 급전을 정지한 상태에서 실시할 것
	측정 및 시험	단자전압 (총 전압/셀 전압)	

2) 일상점검

　　① 일상점검은 육안점검으로 매월 1회 정도 실시

　　② 점검설비 : 태양전지어레이, 접속함, 인버터, 축전지

3) 정기점검

　　① 무전압상태에서 기기의 이상상태 점검

　　② 점검설비 : 태양전지어레이, 접속함, 인버터, 축전지, 태양광발전용 개폐기 등

2 송변전설비 유지관리

송변전설비 유지관리는 배전반과 배전반 내의 기기 및 부속기기에 대해 일상점검, 정기점검으로 유지보수하는 것이다.

1. 일상점검

1) 배전반

　　(1) 대상

　　　　① 외함 : 문, 외부, 명판 인출기구, 반출기구

　　　　② 모선 및 지지물 : 모선전반(소리, 냄새)

　　　　③ 주회로 인입·인출부 : 접속부, 부싱, 단말부, 관통부

　　　　④ 제어회로의 배선 : 배선전반

　　　　⑤ 단자대 : 외부 일반

　　　　⑥ 접지 : 접지단자, 접지선

2) 내장기기 및 부속기기

　　(1) 대상

　　　　① 주회로용 차단기 : 개폐표시등, 표시기, 개폐도수계

　　　　② 배선용 차단기 누전차단기 : 조작장치

　　　　③ 단로기 : 개폐표시기, 개폐표시등

　　　　④ 변압기 리액터 : 온도계, 유면계, 가스압력계

　　　　⑤ 주회로용 퓨즈 : 외부 일반

2. 정기점검

1) 배전반

　　① 외함 : 문, 격벽 주회로단자부

　　② 배전반 : 제어회로부, 명판표시물, 인출기구

③ 모선 및 지지물 : 모선전반, 애자부싱 절연지지물
④ 주회로인입인출부 : 접속부 부싱 단말부
⑤ 배선 : 전선 일반, 전선지지대
⑥ 단자대 : 외부 일반
⑦ 접지 : 접지단자, 접지모선
⑧ 장치일반 : 주회로, 제어회로, 인터록

2) 내장기기 및 부속기기
① 주회로용 차단기 : 개폐표시기, 개폐표시등, 개폐도수계 조작장치
② 배선용 차단기 : 조작장치
③ 단로기(DS) : 주접촉부 조작장치
④ LBS : 부하 개폐기
⑤ 변성기 : 외부 일반
⑥ 변압기 : 유면계, 냉각팬 온도계
⑦ 주회로용 퓨즈 : 외부 일반
⑧ 피뢰기 : 외부 일반
⑨ 전력용 콘덴서 : 외부 일반 등

3 태양광발전시스템의 고장원인

① 제조결함
② 시공불량
③ 운영과정의 외상
④ 전기적·기계적 스트레스에 의한 셀의 파손
⑤ 모듈 표면의 흙탕물, 새의 배설물에 의한 고장
⑥ 경년열화에 의한 셀의 노화
⑦ 주변환경(염해 부식성 가스 등)에 의한 부식

4 태양광발전시스템의 문제진단

1. 외관검사

1) 태양전지모듈 어레이의 점검
   시공 시 반드시 외관점검 실시

2) 배선케이블의 점검
   설치 시 및 공사 도중에 외관점검

3) 접속함 인버터
   설치 및 접속 시 양극 음극 접속확인 및 점검

4) 축전지 및 주변설비 점검

2. 운전상황 확인

1) 이음, 이상진동 이취에 주의

2) 운전상황점검
   표시상태, 계측장치가 평상시와 크게 다를 때

3. 태양전지 어레이 출력 확인

1) 개방전압 측정

   (1) 측정목적
       동작불량 스트링이나 태양전지모듈 검출 직렬접속선의 결선누락사고 등을 검출

   (2) 측정방법
       직류전압계(테스터)

   (3) 측정순서
       ① 접속함의 출력개폐기 개방(Off)
       ② 접속함의 각 스트링 단로 스위치(MCCB 또는 퓨즈)가 있는 경우 MCCB 또는 퓨즈 개방
       ③ 각 모듈이 그늘져 있지 않은지 확인한다.
       ④ 측정하는 스트링의 MCCB 또는 퓨즈 투입(On)
       ⑤ 직류전압계로 각 스트링의 P−N 단자 간의 전압을 측정
       ⑥ 평가 : 각 스트링의 개방전압값이 측정 시의 조건하에서 타당한 값인지 확인한다.

(4) 측정 시 주의사항

① 어레이 표면을 청소한다.

② 각 스트링 측정은 안정된 일사강도가 얻어질 때 실시한다.

③ 측정시각은 일사강도 온도의 변동을 적게 하기 위해 맑은날 남쪽에 있을 때의 전후 1시간에 실시한다.

④ 셀은 비오는 날에도 미소한 전압을 발생하므로 주의하여 측정한다.

2) 단락전류의 확인

① 모듈 표면의 온도변화에 따른 단락전류의 변화는 거의 없으나 일사량의 차이에 의한 모듈의 단락전류의 변화는 매우 크므로 측정 시 고려해야 한다.

② 단락전류를 측정함으로써 모듈의 이상 유무를 검출할 수 있다.

3) 인버터 회로(절연변압기 부착)의 절연저항 측정

(1) 측정기기

① 인버터정격전압 300[V] 이하 : 500[V] 절연저항계(메거)

② 인버터정격전압 300[V] 초과 600[V] 이하 : 1,000[V] 절연저항계(메거)

4. 절연내력의 측정

1) 태양전지 어레이 회로 및 인버터 회로

최대사용전압의 1.5배의 직류전압이나 1배의 교류전압(500[V] 미만일 때는 500[V]로)을 10분간 인가하여 절연파괴 등의 이상이 발생하지 않을 것

5. 접지저항의 측정

1) 접지목적

① 감전방지

② 기기의 손상방지

③ 보호계전기의 확실한 동작 확보

2) 접지저항 측정법

① 콜라우시 브리지법

② 전위차계 접지저항계법

③ 간이접지저항계 측정법

④ 클램프온 측정법

5 고장별 조치방법

1. 인버터 고장
직접 수리가 곤란하므로 제조업체에 A/S 의뢰

2. 태양전지모듈 고장
1) 모듈의 개방전압 문제
   ① 원인 : 셀 및 바이패스다이오드 손상
   ② 대책 : 손상된 모듈을 찾아 교체

2) 모듈의 단락전류 문제
   ① 원인 : 음영에 의한 경우와 모듈 불량, 모듈표면의 흙탕물, 새의 배설물 등에 따라 모듈의 단락전류가 다른 경우 출력 저하

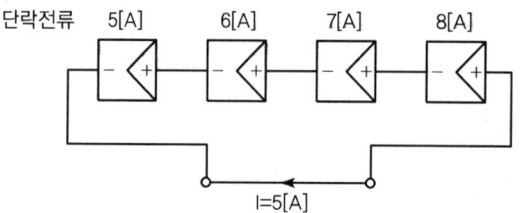

   ② 대책 : 불량모듈 교체, 이물질 제거

3. 모듈의 절연저항 문제
① 원인 : 모듈의 파손, 열화 케이블 열화, 피복손상 시 절연 저하
② 대책 : 모듈 교체

6 발전형태별 정기보수

1. 자가용 태양광발전 설비 사용 전 검사 항목

1) 태양광발전 설비표 : 태양광발전 설비표 작성

2) 태양광전지검사
   ① 태양광전지 일반규격
   ② 태양광전지검사 : 외관검사, 전지전기적 특성시험, 어레이

3) 전력변환장치검사
   ① 전력변환장치 일반규격
   ② 전력변환장치검사 : 외관검사, 절연저항, 절연내력, 제어회로 및 경보장치, 역방향운전 제어시험, 단독운전방지시험
   ③ 보호장치검사 : 절연저항시험, 보호장치시험
   ④ 축전지 : 시설상태 확인, 전해액 확인, 환기시설 상태 확인

4) 종합연동시험검사
5) 부하운전시험검사

2. 사업용 태양광발전 설비 사용 전 검사 항목

1) 태양광발전 설비표 : 태양광발전 설비표 작성

2) 태양전지검사
   ① 태양전지 일반규격
   ② 태양전지검사 : 외관검사, 전지전기적 특성시험, 어레이

3) 전력변환장치검사
   ① 전력변환장치 일반규격
   ② 전력변환장치검사 : 절연저항, 절연내력, 제어회로 및 경보장치 역방향 운전제어시험, 단독운전방지시험
   ③ 보호장치검사 : 절연저항시험, 보호장치시험
   ④ 축전지 : 시설상태 확인, 전해액 확인, 환기시설 상태 확인

4) 변압기검사
   ① 변압기 일반규격
   ② 변압기 본체검사 : 절연저항, 절연내력 접지시공 상태 특성시험, 절연유내압시험, 상회전시험

③ 보호장치검사 : 절연저항, 보호장치 및 계전기시험
④ 제어 및 경보장치검사 : 절연저항, 경보장치, 제어장치, 계측장치
⑤ 부대설비검사 : 절연유유출방지시설, 피뢰장치, 계기용 변성기, 접지시공상태 표시

5) 차단기검사

6) 전선로(모선)검사

7) 접지설비검사

8) 비상발전기검사

9) 종합연동시험검사

10) 부하운전검사

3. 자가용 태양광발전 설비 정기검사 항목

① 태양전지검사
② 전력변환장치검사
③ 종합연동시험검사
④ 부하운전시험

4. 사업용 태양광발전 설비 정기검사 항목

① 태양광전지검사
② 전력변환장치검사
③ 변압기검사
④ 차단기검사
⑤ 전선로(모선)검사
⑥ 접지설비검사
⑦ 종합연동시험검사
⑧ 부하운전시험

SECTION 003 태양광발전시스템 안전관리

01 태양광발전 시공상 안전 확인

1 시공 안전관리

1. 전기작업의 안전

1) 전기작업의 준비

(1) 작업책임자 준비
① 작업 전 현장시설상태를 확인하고 작업내용과 안전조치를 주지시킴
② 정전작업 시 : 정전범위, 정전 및 송전시간, 개폐기의 차단장소, 작업순서, 작업자의 작업배치, 작업종료 후 처치 등에 대해 설명
③ 고압활선작업과 활선근접작업 시 : 신체보호, 시설방호 사람의 배치, 작업순서 등을 관계자에게 설명

(2) 작업자 준비
작업책임자의 명령에 따라 올바른 작업순서로 안전하게 작업해야 한다.

2. 전기안전수칙

① 작업자는 시계, 반지 등 금속체 물건을 착용해서는 안 된다.
② 정전작업 시 안전표찰을 부착하고, 출입을 제한시킬 필요가 있을 때에는 구획로프 설치
③ 고압이상 개폐기 및 차단기의 조작은 책임자의 승인을 받고 조작순서에 의해 조작
④ 고압이상 개폐기 조작은 꼭 무부하상태에서 실시, 개폐기 조작 후 잔류전하 방전상태를 검전기로 확인한다.
⑤ 고압이상 전기실비는 안전장구를 착용 후 조작한다.
⑥ 비상발전기 가동 전 비상전원 공급구간을 재확인한다.
⑦ 작업완료 후 전기설비의 이상 유무를 확인 후 통전한다.

3. 태양광발전시스템의 안전관리대책

작업종류	사고예방	조치사항
모듈 설치	추락사고 예방	• 높은 곳 작업 시 안전난간대 설치 • 안전모, 안전화, 안전벨트 착용
구조물 설치		• 안전난간대 설치 • 안전모, 안전화, 안전벨트 착용
전선작업 및 설치		• 정품의 알루미늄 사다리 설치 • 안전모, 안전화, 안전벨트 착용
접속함 인버터 연결	감전사고 예방	• 태양전지 모듈 등 전원개방 • 절연장갑 착용
임시 배선작업		• 누전 발생 우려 장소에 누전차단기 설치 • 전선 피복상태 관리

4. 유지관리지침서 작성

감리원은 발주자(설계자) 또는 공사업자(주요 설비 납품자) 등이 제출한 시설물의 유지관리지침 자료를 검토하고 유지관리지침서를 작성하여, 공사 준공 후 14일 이내에 발주자에게 제출하여야 한다.

5. 유지관리지침서 작성 내용

① 시설물의 규격 및 기능설명서
② 시설물 유지관리기구에 대한 의견서
③ 시설물 유지관리방법
④ 특기사항

02 태양광발전 설비상 안전 확인

1 설비의 안전관리

1. 점검방법

1) 일상점검
   ① 유지보수 요원의 감각기관에 의존하여 시각 점검(변색, 파손, 단자 이완 등), 비정상적인 소리, 냄새 점검 등을 통해 시설물의 외부에서 점검항목별로 실시한다.
   ② 이상상태가 발견된 경우에는 시설물의 문을 열고 그 정도를 확인한다.
   ③ 직접 운전이 불가할 정도인 경우를 제외하고는 이상상태의 내용을 일지 및 점검기록부에 기록하여 운전 중 및 정기점검 시 점검에 참고한다.

2) 정기점검
   ① 원칙적으로 정전을 시킨 다음 무전압 상태에서 기기의 이상상태를 점검해야 하며 필요시 기기를 분해하여 점검한다.
   ② 태양광발전시스템이 계통에 연계되어 운영 중인 상태에서 점검할 때에는 감전사고가 일어나지 않도록 주의한다.

3) 임시점검
   대형 사고가 발생한 경우에는 사고의 원인 파악, 영향(사고의 파급, 발전 출력의 감소 등) 분석, 대책 수립을 하여 보수 조치하여야 한다.

2. 점검주기

① 점검주기는 대상기기의 환경조건, 운전조건, 설비의 중요성, 사용 연수 등을 고려하여 선정한다.
② 모선정전은 별로 없으나 심각한 사고를 방지하기 위해 3년에 1회 정도 점검하는 것이 좋다.
③ 점검의 제약조건과 점검종류

구분	Door 개발	Cover 개방	무정전	회로정전	모선정전	차단기 인출	점검주기
일상점검			○				매일
	○		○				1회/월
정기점검	○	○		○		○	1회/반기
	○	○		○	○	○	1회/3년
임시점검	○	○		○	○	○	필요시

3. 보수점검 시 주의사항

작업자의 안전을 위하여 기기의 구조 및 운전에 관한 내용을 반드시 숙지하며, 안전사고에 대한 예방조치를 한 후 2인 1조로 보수점검에 임해야 한다.

1) 보수점검 전 유의사항

① 응급처치 방법을 숙지하고 설비, 기계의 안전을 확인한다.
② Loop가 형성되는 경우를 대비하여 태양광발전시스템의 각종 전원 스위치의 차단상태 및 접지선의 접속상태를 확인한다.
③ 관련 부서와 긴밀하고 확실하게 연락할 수 있도록 연락망을 미리 확인하여 만일의 사태에 신속히 대처할 수 있도록 한다.
④ 무전압 상태 확인 및 안전조치
  ㉠ 관련된 차단기, 단로기를 열어 무전압 상태로 만든다.
  ㉡ 검전기를 사용하여 무전압 상태를 확인하고 필요한 개소는 접지를 실시한다.
  ㉢ 특고압 및 고압 차단기는 개방하여 Test Position 위치로 인출하고, "점검 중" 표찰을 부착한다.
  ㉣ 단로기는 쇄정시킨 후 "점검 중" 표찰을 부착한다.
⑤ 콘덴서 및 케이블의 접속부를 점검할 경우에는 잔류전하를 방전시키고 접지를 실시한다.
⑥ 인출형 차단기 및 단로기는 쇄정 후 "점검 중" 표찰을 부착한다.
⑦ 절연용 보호기구를 준비한다.
⑧ 쥐, 곤충, 뱀 등의 침입 방지대책을 세운다.

2) 보수 점검 후 유의사항

① 점검 시 안전을 위하여 접지한 것을 점검 후에 반드시 제거하여야 한다.
② 최종 확인사항
  ㉠ 작업자가 수·배전반 내에 들어가 있지 않은지 확인한다.
  ㉡ 점검을 위해 임시로 설치한 가설물 등이 철거되었는지 확인한다.
  ㉢ 볼트, 너트 단자반 결선의 조임 및 연결작업의 누락이 없는지 확인한다.
  ㉣ 작업 전에 투입된 공구 등이 목록을 통해 회수되었는지 확인한다.
  ㉤ 점검 중 쥐, 곤충, 뱀 등의 침입 여부를 확인한다.

3) 점검의 기록

일상점검, 정기점검, 임시점검 시에는 반드시 점검 및 수리한 요점 및 고장 상황, 일자 등을 기록하여 차기 점검에 활용한다.

4. 하자보수

1) 검사 대상

   준공된 태양광발전소 건설부지 및 전기설비 중 하자보증기간 내에 있는 모든 공사를 대상으로 한다.

2) 검사 시기

   연간 2회 이상 실시한다.

3) 하자 발생 시 조치사항

   ① 하자 발견 즉시 도급자에게 서면 통보하여 하자를 보수하도록 요청한다.
   ② 하자보수 요청 후 미이행 시는 하자보증 보험사 또는 연대 보증사에 서면 통보하여 조치(이 경우 발주자는 도급자에게 하자보수 불이행에 따른 행정처벌 조치)한다.
   ③ 도급자는 하자보수 착공계 제출 후 공사에 임하여야 하며, 하자보수를 완료한 경우 하자보수준공계를 제출하여 감독자의 준공검사를 거쳐야 처리가 완료된다.
   ④ 하자보수 및 검사를 완료한 경우에는 하자보수관리부를 작성하여 보관한다.

4) 공사하자 담보 책임기간(지방계약법 시행규칙 제68조 [별표 1])

관련 법령	대상 공정		책임기간
건설산업 기본법	도로(암거, 측구 포함)		2년
	상수도, 하수도	철근콘크리트 또는 철골구조부	7년
		관로 매설 또는 기기 설치	3년
	관개수로 또는 매립		3년
	부지정지		2년
	조경시설물 또는 조경식재		2년
	발전·가스 또는 산업설비	철근콘크리트 또는 철골구조부	7년
		그 밖의 시설	3년
	그 밖의 토목공사		1년
전기 공사업법	발전설비공사	철근콘크리트 또는 철골구조부	7년
		그 밖의 시설	3년
	지중 송배전설비공사	송전설비공사(케이블, 물밑송전설비공사 포함)	5년
		배전설비공사	3년
	송전설비공사		3년
	변전설비공사(전기설비 및 기기설치공사 포함)		3년
	배전설비공사	배선설비 철탑공사	3년
		그 밖의 배전설비공사	2년
	그 밖의 전기설비공사		1년

관련 법령	대상 공정	책임기간
정보통신 공사업법	사업용 전기통신설비 중 케이블설치공사(구내 제외) 관로, 철탑, 교환기 설치, 전송설비, 위선통신설비공사	3년
	그 밖의 공사	1년

※ 태양광발전설비 하자보증기간 : 3년

5) 하자보수기간(신재생에너지법 시행규칙 제16조의2)
   ① 법 제30조의3제1항에서 "산업통상자원부령으로 정하는 자"란 법 제27조제1항 각 호의 어느 하나에 해당하는 보급사업에 참여한 지방자치단체 또는 공공기관을 말한다.
   ② 법 제30조의3제1항에 따른 하자보수의 대상이 되는 신·재생에너지 설비는 법 제12조제2항 및 제27조에 따라 설치한 설비로 한다.
   ③ 법 제30조의3제1항에 따른 하자보수의 기간은 5년의 범위에서 산업통상자원부장관이 정하여 고시한다.

2 작업 중 안전대책

1. 복장 및 추락 방지대책

1) 작업자 복장

   작업자는 자신의 안전 확보와 2차 재해 방지를 위해 작업에 적합한 복장을 갖추고 작업에 임해야 한다.

2) 개인용 안전장구(추락장비용 안전장구)

   ① 안전모 착용
   ② 안전대 착용 : 추락방지를 위해 필히 사용
   ③ 안전화 착용 : 미끄럼 방지 효과가 있는 신발
   ④ 안전 허리띠 착용 : 공구, 공사 부재의 낙하 방지를 위해 사용

2. 작업 중 감전 방지대책

1) 감전사고 원인

   태양전지 모듈 1장의 출력전압은 모듈 종류에 따라 직류 25~35[V] 정도이지만, 모듈을 필요한 개수만큼 직렬로 접속하면 말단전압은 250~450[V] 또는 450~820[V]까지의 고전압이 되므로 감전사고의 원인이 된다.

2) 모듈 설치 시 감전 방지대책
① 저압 절연장갑을 착용한다.
② 절연 처리된 공구를 사용한다.
③ 작업 전 태양전지 모듈 표면에 차광막을 씌워 태양광을 차폐한다.
④ 강우 시에는 미끄러짐으로 인한 추락사고로 이어질 우려가 있으므로 작업을 금지한다.

03 태양광발전 구조상 안전 확인

1 구조 안전관리 및 천재지변에 따른 구조상 안전관리

1. 침수 대비
① 지표면으로부터 충분한 공간을 확보한 뒤 전력설비를 설치하고, 침수 피해를 막기 위해 사전에 배수시설을 확보한다.
② 별도의 전기실을 사용하지 않는 외장형 인버터의 경우에는 사전에 외함보호등급(IP 54 이상)을 반드시 확인한다.

2. 풍속 대비
① 국내 시설물 내풍 설계기준 : 25~45[m/s]
② 최근 태풍의 강도가 커지고 있으므로 평균 풍속 50~60[m/s]까지 견딜 수 있도록 구조물 작업을 견고히 한다.

3. 방수 관리 및 염해 대비
① 환기를 위해 인버터에 덕트를 설치할 경우 덕트 내부로 들어온 습한 공기가 인버터 내부로 들어오지 않도록 덕트 내에 습기방지 필터를 설치한다.
② 매우 습한 지역에서 전기실 공사 시 방수포를 사용하여 발전소 내 습기를 최소화하고 산업용 제습제나 제습기를 상시 비치한다.
③ 바닷가 지역에서는 염해 방지를 위해 충분히 금속 코팅된 구조물을 사용하고 사전에 인버터 공급사와 논의하여 높은 외함 등급의 인버터를 설치한다.

4. 낙뢰 대비
여름철 천둥과 낙뢰를 동반한 폭우에 대비하여 피뢰 접지와 과전압 보호장치 등을 미리 설치하여 피해를 최소화한다.

5. 인버터 관리

① 기상상태가 발전소 운영이 어려울 정도로 안 좋을 경우에는 인버터 내부 조작전원을 포함한 모든 전원을 차단한 후 인버터 작동을 중지한다.

② 재가동 시에는 우선 캐비넷 문을 열고, 만약 수분 침투가 발견될 경우 이를 완벽히 제거하는 것이 중요하다. 수분 제거 후 보다 안정적인 운영을 위해서는 조작전원만을 투입하고 습도계 동작점을 80[%]에서 60[%]로 낮춘 후 인버터 동작 스위치가 정지인 상태에서 최소 하루 이상을 대기상태로 둔다.

③ 실외에 설치하는 스트링 인버터의 경우 커버가 제대로 닫혀 있는지를 수시로 확인한다. 만약 폭우로 인한 수분 침투가 우려되면 DC 연결을 해체한 후 인버터를 중지한다.

04 안전관리장비

1 안전장비 종류

1. 절연용 보호구

1) 용도

7,000[V] 이하 전로의 활선작업 및 활선 근접작업 시 감전사고를 방지하기 위해 작업자 몸에 착용하는 것

2) 종류

안전모, 전기용 고무장갑, 전기용 고무절연장화 등

2. 절연용 방호구

1) 용도

25,000[V] 이하의 전로의 활선작업 또는 활선 근접작업 시 감전사고 방지를 위해 전로의 충전부에 장착하는 것. 고압충전부로부터 머리 30[cm], 발밑 60[cm] 이내 접근 시 사용

2) 종류

고무판, 절연관, 절연시트, 절연커버, 애자커버 등

3. 검출용구

정전작업 시 전로의 정전 여부를 확인하기 위한 것

1) 저압 및 고압용 검전기

   (1) 사용범위
      ① 보수작업 시 저압 또는 고압 충전 유무 확인
      ② 고저압 회로의 기기 및 설비 등의 정전 확인
      ③ 지지물 부속부위의 고저압 충전 유무 확인

   (2) 사용 시 주의사항
      ① 습기가 있는 장소 등은 고압고무장갑 착용
      ② 검전기의 정격전압을 초과하여 사용하는 것 금지
      ③ 검전기의 사용이 부적당한 경우에는 조작봉으로 대응

2) 특별고압 검전기

   (1) 사용범위
      특별고압설비의 충전 유무 확인

   (2) 사용 시 주의사항
      ① 습기가 있는 장소 등은 고압고무장갑 착용
      ② 검전기의 정격전압을 초과하여 사용하는 것 금지
      ③ 검전기의 사용이 부적당한 경우에는 조작봉으로 대응

3) 활선접근경보기

   작업자가 충전된 기기나 전선로에 근접한 경우 경고음을 발생하여 접근위험경고 및 감전재해를 방지하기 위해 사용

   (1) 사용범위
      ① 정전작업장소에서 사선구간과 활선구간이 공존하는 장소
      ② 활선에 근접하여 작업하는 경우

   (2) 사용 시 주의사항
      ① 활선접근경보기를 검전기 대용으로 사용하지 말 것
      ② 시험용 버튼을 눌러 정상 여부 확인
      ③ 불필요하게 안전모에 부착하지 말 것
      ④ 변전소의 실내 또는 큐비클 내부에서는 사용하지 말 것(부동작 또는 오동작됨)
      ⑤ 안테나가 안전모 정면이 되도록 착용할 것
      ⑥ 팔에 착용할 때에는 안테나가 충전부의 정면이 되도록 착용할 것

4. 접지용구

작업자의 감전사고를 방지하기 위한 것으로, 접지용구를 설치하거나 철거 시 접지도선이 자신이나 타인의 신체는 물론 전선, 기기 등에 접촉하지 않도록 주의한다.

5. 측정계기

1) 멀티미터

   측정대상 : 저항, 직류전류, 직류전압, 교류전압

2) 클램프미터(훅온미터)

   ① 측정대상 : 저항, 전압, 전류
   ② 교류측정기기로 전력설비의 운용관리 및 점검에 가장 널리 사용

2 안전장비 보관요령

1. 보관요령

① 안전장비 중 검사장비, 측정장비는 전기·전자기기로 습기에 약하므로 건조한 장소에 보관
② 안전모, 안전장갑, 방진마스크 등의 개인보호구는 언제든지 사용할 수 있도록 손질하여 보관
③ 정기점검관리 요령
   ㉠ 한 달에 한 번 이상 책임있는 감독자가 점검을 할 것
   ㉡ 청결하고 습기가 없는 장소에 보관할 것
   ㉢ 보호구 사용 후에는 손질하여 항상 깨끗이 보관할 것
   ㉣ 세척 후에는 완전히 건조시켜 보관할 것

SECTION 004 실전예상문제

01 태양광발전시스템 운영

01 발전설비용량이 1,000[kW]인 경우 발전사업 허가권자는?

① 시 · 도지사
② 한국전력공사
③ 한국전기안전공사
④ 산업통상자원부장관

풀이 전기(발전)사업 허가권자
- 3,000[kW] 초과 시설 : 산업통상자원부장관
- 3,000[kW] 이하 시설 : 특별시장, 광역시장, 도지사

02 태양광발전사업의 허가를 받기 위해 전기사업허가신청서와 함께 제출하는 사업계획서 내용 중 전기설비 개요에 포함되어야 할 사항으로 틀린 것은?

① 태양전지의 종류
② 인버터의 입력전압
③ 집광판의 설치단가
④ 태양전지의 정격출력

풀이 전기사업허가신청서 전기설비 개요 포함 내용
- 태양전지모듈 : 태양전지방식, 모듈의 정격출력, 개방전압/정격전압, 단락전류/정격전류, 외형크기, 모듈 무게
- 태양광 어레이 : 어레이 용량, 태양전지모듈 수, 설치면적
- 인버터 : 용량, 주파수, 입력전압, 정격전압, 출력전압, 크기, 무게

03 전기사업 허가신청서의 처리절차로 옳은 것은?

① 신청서 작성 및 제출 → 검토 → 접수 → 전기위원회 심의 → 허가증 발급
② 신청서 작성 및 제출 → 접수 → 검토 → 전기위원회 심의 → 허가증 발급
③ 신청서 작성 및 제출 → 전기위원회 심의 → 검토 → 접수 → 허가증 발급
④ 신청서 작성 및 제출 → 접수 → 전기위원회 심의 → 검토 → 허가증 발급

풀이

정답 01 ① 02 ③ 03 ②

04 산업통상자원부장관의 허가가 필요한 발전설비 용량[kW]은?
① 2,000
② 2,500
③ 3,000
④ 3,500

풀이 전기(발전)사업 허가권자
- 3,000[kW] 초과 시설 : 산업통상자원부장관
- 3,000[kW] 이하 시설 : 특별시장, 광역시장, 도지사

05 다음 인·허가 절차 내용에서 빈칸에 알맞은 것은?

발전사업허가 신청 → 사전환경성 검토 협의 → 개발행위 허가 → (   ) → 사용 전 검사 → 전력수급계약 체결 → 사업개시 신고 → 대상설비 확인

① 발전사업을 위한 업무협의(전력거래소)
② 송전계통 검토(한국전력공사)
③ 전기설비공사계획 인가 및 신고
④ 신·재생에너지 공급의무화(RPS)를 위한 설치 확인

06 발전설비 용량이 3,000[kW] 이하일 때 전기(발전)사업 허가권자는?
① 산업통상자원부장
② 시·도지사
③ 국무총리
④ 한국전력사장

풀이 4번 해설 참조

07 발전설비용량 200[kW] 초과 3,000[kW] 이하인 발전사업의 허가를 신청하는 경우 사업계획서 구비서류로 틀린 것은?
① 발전원가명세서(발전사업 또는 구역전기사업의 허가를 신청하는 경우만 해당한다.)
② 전기설비 건설 및 운영 계획 관련 증명서류
③ 부지의 확보 및 배치 계획 관련 증명서류
④ 송전관계 일람도

풀이 전기사업법 시행규칙 [별표 1의2] 사업계획서 구비서류(제4조제1항제1호 관련)
발전설비용량 200[kW] 초과 3,000[kW] 이하인 발전사업의 허가를 신청하는 경우 사업계획서 구비서류 : 전기설비 건설 및 운영 계획 관련 증명서류, 송전관계 일람도, 발전원가명세서(발전사업 또는 구역전기사업의 허가를 신청하는 경우만 해당한다.)

정답 04 ④ 05 ③ 06 ② 07 ③

08 전기(발전)사업 허가기준에 대한 설명으로 틀린 것은?

① 전기사업 수행에 필요한 재무능력 및 기술능력이 있을 것
② 전기사업이 계획대로 수행될 수 있을 것
③ 발전소가 특정지역에 편중되어 전력계통의 운영에 지장을 주지 말 것
④ 발전연료는 가장 저렴한 것을 사용하여 발전단가를 낮출 것

풀이 발전연료가 어느 하나에 편중되어 전력수급에 지장을 초래하여서는 아니할 것

09 전기사업의 허가기준으로 틀린 것은?

① 전기사업이 계획대로 수행될 수 있을 것
② 전기사업을 적정하게 수행하는 데 필요한 재무능력 및 기술능력이 있을 것
③ 그 밖에 공익상 필요한 것으로서 산업통상자원부령으로 정하는 기준에 적합할 것
④ 발전소나 발전연료가 특정 지역에 편중되어 전력계통의 운영에 지장을 주지 아니할 것

풀이 전기(발전)사업의 허가기준(전기사업법 제7조)
- 전기사업 수행에 필요한 재무능력 및 기술능력이 있을 것
- 전기사업이 계획대로 수행될 수 있을 것
- 발전소가 특정지역에 편중되어 전력계통의 운영에 지장을 초래하여서는 아니할 것
- 발전연료가 어느 하나에 편중되어 전력수급에 지장을 초래하여서는 아니할 것
- 그 밖에 공익상 필요한 것으로서 대통령령으로 정하는 기준에 적합할 것

10 전기(발전)사업에서 허가 변경사항으로 잘못된 것은?

① 사업구역 또는 특정한 공급구역이 변경되는 경우
② 공급전압이 변경되는 경우
③ 설비용량이 변경되는 경우
④ 발전연료가 변경되는 경우

풀이 허가변경사항은 공급구역, 공급전압, 설비용량이 변경되는 경우이다.

11 태양광발전시스템 준공 시 점검할 부분이 아닌 것은?

① 인버터(파워컨디셔너) 점검
② 중계단자함(접속함) 점검
③ 태양전지(어레이) 점검
④ 부하 점검

풀이 태양광발전시스템 준공 시 점검설비
태양전지 어레이, 접속함(중간 단자함), 개폐기, 전력량계, 인입구, 인버터

정답 08 ④ 09 ③ 10 ④ 11 ④

12 발전설비용량 3,000[kW]인 발전사업 허가신청 시 첨부서류가 아닌 것은?

① 사업계획서 ② 발전원가 명세서
③ 송전관계 일람도 ④ 전기설비 개요서

풀이 전기(발전)사업 허가 시 필요서류 목록

목록(필요서류)	200[kW] 이하	3,000[kW] 이하	3,000[kW] 초과
전기사업 허가신청서	○	○	○
사업계획서	○	○	○
송전관계 일람도	○	○	○
발전원가 명세서		○	○
기술인력확보계획서		○	○
사업개시 후 5년간 손익산출서			○
발전설비 개요서			○
신용평가 의견서 및 소요재원 조달계획서			○
신청인이 법인인 경우 그 정관 등 재무현황			○
신청인이 설립 중인 법인인 경우 그 정관			○

13 발전사업 허가 제출서류 중 발전용량 3,000[kW] 이하 시 제출하지 않아도 되는 서류는?

① 전기사업 허가신청서 ② 발전원가 명세서
③ 신용평가 의견서 ④ 송전관계 일람도

풀이 3,000[kW] 이하인 경우 필요서류
전기사업허가신청서, 전기사업법 시행규칙에 따른 사업계획서, 송전관계 일람도, 발전원가 명세서, 발전설비 운영을 위한 기술인력 확보계획을 기재한 서류

14 산업통상자원부의 허가가 필요한 설비용량[kW]은?

① 1,000 ② 2,000
③ 3,000 ④ 4,000

풀이 전기(발전)사업 허가권자
- 3,000[kW] 초과시설 : 산업통상자원부장관
- 3,000[kW] 이하시설 : 특별시장, 광역시장, 도지사

15 태양광발전설비 발전용량이 3,000[kW] 초과인 발전사업 허가신청 시 제출서류로 틀린 것은?

① 송전관계 일람도
② 사업 개시 후 5년 기간에 대한 연도별 예산산업 손익산출서
③ 신용평가의견서 및 소요재원조달계획서
④ 공사계획신고서

풀이 전기(발전)사업 허가 시 필요서류 목록
 ㉠ 3,000[kW] 이하
  • 전기사업허가신청서(전기사업법 시행규칙 별지 제1호 서식) 1부
  • 전기사업법 시행규칙 별표 1의 작성요령에 의한 사업계획서 1부
  • 송전관계 일람도 1부
  • 발전원가 명세서 1부(200[kW] 이하는 생략)
  • 발전설비의 운영을 위한 기술인력의 확보계획을 기재한 서류 1부(200[kW] 이하는 생략)

 ㉡ 3,000[kW] 초과
  • 전기사업허가신청서(전기사업법 시행규칙 별지 제1호 서식) 1부
  • 전기사업법 시행규칙 별표 1의 작성요령에 의한 사업계획서 1부
  • 사업 개시 후 5년 기간에 대한 연도별 예산산업 손익산출서 1부
  • 발전설비의 개요서 1부
  • 송전관계 일람도 및 발전원가 명세서 1부
  • 신용평가 의견서 및 소요재원 조달계획서 1부
  • 발전설비의 운영을 위한 기술인력 확보계획을 기재한 서류 1부
  • 신청인이 법인인 경우에는 그 정관 등 재무현황 관련 자료 1부
  • 신청인이 설립 중인 법인인 경우에는 그 정관 1부

16 태양광발전시스템 공사계획을 사전인가 받아야 하는 설비용량은 몇 [kW] 이하인가?

① 10,000
② 20,000
③ 30,000
④ 40,000

풀이 태양광발전시스템 공사계획을 사전인가 받아야 하는 용량
10,000[kW] 이하로 시·도지사의 사전인가를 받아야 한다.

17 발전설비 용량이 200[kW] 이하인 경우 허가신청 시 생략해도 무방한 것은?

① 전기사업허가신청서
② 사업계획서
③ 송전관계일람도
④ 발전원가명세서 및 기술인력확보계획서

풀이 발전원가명세서 및 기술인력확보계획서는 200[kW] 이하는 생략

정답 15 ④ 16 ① 17 ④

18 사업허가 변경신청 시 처리절차로 옳은 것은?

① 신청서 작성 및 제출 → 검토 → 접수 → 전기위원회 심의 → 변경허가증 발급
② 신청서 작성 및 제출 → 접수 → 전기위원회 심의 → 검토 → 변경허가증 발급
③ 신청서 작성 및 제출 → 전기위원회 심의 → 접수 → 검토 → 변경허가증 발급
④ 신청서 작성 및 제출 → 접수 → 검토 → 전기위원회 심의 → 변경허가증 발급

풀이 전기사업 (변경)허가 신청서 처리절차

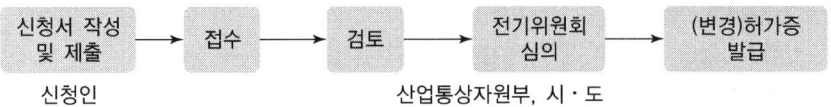

신청서 작성 및 제출 (신청인) → 접수 → 검토 → 전기위원회 심의 → (변경)허가증 발급
(산업통상자원부, 시·도)

19 산업통상자원부장관이 전기(발전)사업 허가 시 심의를 거쳐야 하는 기관은?

① 한국전력공사
② 전력기술인협회
③ 전력거래소
④ 산업통상자원부 전기위원회

풀이 3,000[kW] 이하일 때는 전기위원회의 심의를 거치지 아니함

20 사업용 전기설비의 사용 전 검사 신청 시, 신청장소와 신청기한은?

① 전력기술인협회, 검사 7일 전
② 한국전기안전공사, 검사 10일 전
③ 한국전기안전공사, 검사 7일 전
④ 한국전력공사, 검사 10일 전

21 신·재생에너지 공급의무화(RPS) 제도에서 공급인증서(REC) 발급대상 설비 확인은 사용 전 검사 후 몇 개월 이내에 실행해야 하는가?

① 1개월 ② 2개월 ③ 3개월 ④ 4개월

22 발전설비공사에서 철근콘크리트 또는 철골구조부의 하자담보 책임기간으로 옳은 것은?

① 7년 ② 5년 ③ 3년 ④ 2년

풀이 전기공사의 하자담보 책임기간

발전설비공사	철근콘크리트 또는 철공구조부	7년
	그 밖의 시설	3년
지중 송배전설비공사	송전설비공사(케이블, 물밑송전설비공사 포함)	5년
	배전설비공사	3년

정답 18 ④ 19 ④ 20 ③ 21 ① 22 ①

송전설비공사		3년
변전설비공사(전기설비 및 기기설치공사 포함)		3년
배전설비공사	배전설비 철탑공사	3년
	그 밖의 배전설비공사	2년
그 밖의 전기설비공사		1년
태양광발전설비공사		3년

23 태양광발전사업계획서 작성 시 고려할 사항으로 틀린 것은?

① 사업계획 개요 : 발전소 명칭, 위치, 설비용량, 사용연료 등
② 사업개시 예정일
③ 전기판매사업 및 구역전기사업 개시일부터 2년간의 공급계획
④ 태양광발전설비 및 송변전 설비 개요

풀이 태양광발전사업계획서 작성 시 고려사항
- 사업구분 – 발전사업(태양광발전사업)
- 사업계획 개요 : 발전소 명칭, 위치, 설비용량, 사용연료, 총 사업비 등
- 사업개시 예정일
- 전기판매사업 및 구역전기사업 개시일로부터 5년간 연도별 공급계획
- 소요자금 및 조달방법
- 태양광발전설비 및 송·변전설비의 개요
- 공사비 개괄 계산서
- 전기설비의 설치일정

24 태양광발전시스템의 운영에 대한 기술 중 잘못된 것은?

① 시설용량은 부하의 용도 및 적정 사용량을 합산한 월평균 사용량에 따라 결정된다.
② 모듈은 특수강화유리로 충격 시 파손위험이 있으므로 주의하고 모듈 표면에 그늘이 지거나 이물질(공해물질, 나뭇잎)이 있으면 발전효율이 저하되므로 그늘이 지지 않도록 하고, 이물질을 제거해준다.
③ 모듈 표면온도가 높으면 높을수록 발전효율이 저하되므로 물을 뿌려 온도를 조절해준다.
④ 태양광발전설비의 고장요인은 대부분 어레이 및 스트링에서 발생하므로, 가동 여부를 정기적으로 점검한다.

풀이 태양광발전설비의 고장요인은 대부분 인버터에서 발생하므로 정상가동 여부를 정기적인 점검으로 확인해야 한다.

25 태양광발전설비 운영자 숙지사항 중 옳은 것은?

① 계통연계형의 경우 한전전원이 OFF일 때 인버터가 자동정지하고 한전이 복전되었을 때 즉시 재기동한다.
② 접속함 차단기를 차단하면 전압이 유기되지 않으므로 감전에 주의할 필요가 없다.
③ 계통연계형의 경우 한전전원이 OFF일 때 역송전 불가하다.
④ 먼지나 이물질이 태양전지에 부착된 경우 전력생산의 저하 및 수명에 영향을 미치지 않는다.

풀이
- 계통연계형인 경우 한전전원이 OFF일 때 인버터가 자동정지하고 한전이 복전되었을 때 5분 후 인버터 재기동
- 한전전원이 OFF될 경우 인버터의 단독운전 방지기능으로 인버터 동작은 중지된다.

26 태양광발전시스템의 운전 시 조작방법 순서로 알맞은 것은?

① Main VCB반 전압 확인 → 인버터 DC 전압 확인 → DC용 차단기 ON → AC 측 차단기 ON → 5분 후 인버터 정상작동 여부 확인
② Main VCB반 전압 확인 → 인버터 DC 전압 확인 → AC 측 차단기 ON → DC용 차단기 ON → 5분 후 인버터 정상작동 여부 확인
③ Main VCB반 전압 확인 → 5분 후 인버터 정상작동 여부 확인 → 인버터 DC 전압 확인 → DC용 차단기 ON → AC 측 차단기 ON
④ Main VCB반 전압 확인 → 5분 후 인버터 정상작동 여부 확인 → 인버터 DC 전압 확인 → AC 측 차단기 ON → DC용 차단기 ON

27 독립형 태양광발전시스템의 주요 구성장치가 아닌 것은?

① 태양광(PV) 모듈
② 충·방전 제어기
③ 축전지 또는 축전지 뱅크
④ 배전시스템 및 송전설비

풀이 독립형 태양광발전시스템의 구성장치
태양전지(모듈) → 충·방전 제어장치 → 인버터 → 부하
                            ↓
                          축전지

정답 25 ③ 26 ② 27 ④

28 태양광발전설비 운영에 관한 설명 중 틀린 것은?
① 태양광발전설비의 발전량은 여름철이 봄철, 가을철보다 많다.
② 태양전지 모듈 표면의 온도가 높을수록 발전효율이 저하되므로 정기적으로 물을 뿌려 온도를 조절해준다.
③ 태양광발전설비의 고장요인은 대부분 인버터에서 발생하므로 정기적으로 정상가동 유무를 확인한다.
④ 태양광발전설비의 일상점검, 정기점검은 주기에 맞춰 실시한다.

풀이 태양광발전설비의 발전량은 일사량이 가장 많은 봄철에 제일 많다.

29 태양전지 발전원리로 가장 적절한 것은 무엇인가?
① 광전효과(Photovoltaic Effect)
② 제만효과(Zeeman Effect)
③ 슈타르크효과(Stark Effect)
④ 1차 전기광효과(Pockels Effect)

풀이 광전효과(Photovoltaic Effect)
pn접합에 빛을 비추면 전자와 전공이 생성되어 반도체에 기전력이 발생하는 현상

30 시스템 운영 시 비치 목록으로 틀린 것은?
① 발전 시스템 피난안내도
② 발전 시스템 운영 매뉴얼
③ 발전 시스템 긴급복구 안내문
④ 전지안전관리자용 정기 점검표

풀이 시스템 운영 시 비치 목록
- 발전 시스템 운영 매뉴얼
- 발전 시스템 긴급복구 안내문
- 전기안전관리용 정기 점검표
- 발전 시스템 시방서
- 발전 시스템 계약서 사본
- 발전 시스템 건설 관련 도면(토목, 건축 기계, 전기도면 등)
- 발전 시스템 구조물의 구조 계산서
- 발전 시스템 한전 계통 연계 관련 서류
- 발전 시스템 일반 점검표
- 발전 시스템 안전교육 표지판
- 발전 시스템 긴급복구 안내문 등

31 독립형 태양광발전시스템의 구성요소가 아닌 것은?
① 태양전지 어레이
② 인버터
③ 계통연계기
④ 축전지

정답 28 ① 29 ① 30 ① 31 ③

풀이 독립형 태양광발전시스템 구성요소
- 태양전지모듈(어레이)
- 접속함
- 축전지
- 충방전 제어기
- 인버터
- 계통연계기는 계통연계형 태양광 발전시스템이다.

32 사업계획서 작성에서 태양광설비 개요에 포함되어야 할 사항으로 틀린 것은?

① 인버터의 종류 ② 집광판의 재질
③ 인버터의 정격출력 ④ 태양전지의 정격용량

풀이 사업계획서 작성방법 중 태양광발전설비의 전기설비 개요에 포함되어야 할 사항(전기사업법 시행규칙 [별표 1])
- 태양전지의 종류, 정격용량, 정격전압 및 정격출력
- 인버터의 종류, 입력전압, 출력전압 및 정격출력
- 집광판의 면적

33 태양광발전시스템 운영 시 비치서류가 아닌 것은?

① 건설 관련 도면 ② 구조물의 구조계산서
③ 송전 관계 일람도 ④ 시방서 및 계약서 사본

풀이 태양광발전시스템 운영 시 갖추어야 할 목록(비치서류)
- 태양광발전시스템 계약서 사본
- 태양광발전시스템 시방서
- 태양광발전시스템 건설 관련 도면(전기, 토목, 건축, 기계 등)
- 태양광발전시스템 구조물 구조계산서
- 태양광발전시스템 운영매뉴얼
- 태양광발전시스템 한전계통 연계 관련 서류 등(송전관계 일람도, 사업허가 신청 시 제출해야 하는 서류)

34 태양광발전시스템 운영에 관한 설명으로 틀린 것은?

① 시설용량은 부하의 용도 및 적정 사용량을 합산한 연평균 사용량에 따라 결정된다.
② 발전량은 봄·가을이 많으며 여름·겨울에는 기후여건에 따라 감소한다.
③ 모듈 표면의 온도가 높을수록 발전효율이 저하되므로 온도를 조절해 줄 필요가 있다.
④ 태양광발전설비의 고장 요인은 대부분 인버터에서 발생하므로 정기점검이 필요하다.

풀이 시설용량은 태양광발전소에 설치된 태양전지모듈의 총합으로 나타낸다.

정답 32 ② 33 ③ 34 ①

35 독립형 태양광발전시스템의 주요 구성장치가 아닌 것은?
① 인버터　　　　　　　　　　② 태양전지 모듈
③ 충방전 제어기　　　　　　　④ 송전설비 및 배전 시스템

풀이 독립형 태양광발전시스템의 주요 구성장치
- 태양전지모듈
- 축전지
- 인버터
- 접속함
- 충방전 제어기

36 발전용량 3[MW]를 초과하는 전기사업허가를 신청하는 곳은?
① 산업통상자원부　　　　　　② 과학기술정보통신부
③ 고용노동부　　　　　　　　④ 특별시장 등 지방자치단체장

풀이 전기발전사업허가권자
- 3,000[kW] 이하 설비 : 특별시장, 광역시장, 도지사
- 3,000[kW] 초과 설비 : 산업통상자원부장관

37 태양광 시스템이 설치가 되면 사용 전에 허가를 받아야 한다. 이때 받아야 하는 검사는 무엇인가?
① 정기검사　　　　　　　　　② 일상점검
③ 사용 전 검사　　　　　　　④ 특별검사

풀이 전기설비의 설치공사 또는 변경공사를 한 자는 산업통상자원부령으로 정하는 바에 따라 산업통상자원부장관 또는 시·도지사가 실시하는 사용 전 검사에 합격한 후에 이를 사용하여야 한다.

38 STC 조건에서 모듈 효율 측정 시 주위 온도는?
① 10[℃]　　② 15[℃]　　③ 20[℃]　　④ 25[℃]

풀이 STC(Standard Test Condition) 표준시험조건
- 복사강도 : 1,000[W/m^2]
- AM : 1.5
- 기준온도(셀온도) : 25[℃]

39 전기사업용 전기설비 검사를 받고자 하는 자는 안전공사에 검사희망일 며칠 전에 정기검사를 신청하여야 하는가?
① 10　　② 7　　③ 5　　④ 3

정답 35 ④　36 ①　37 ③　38 ④　39 ②

풀이 전기사업용 전기설비 검사를 받고자 하는 자는 인천공사에 검사희망일 7일 전에 정기검사(또는 사용 전 검사)를 신청하여야 한다.

40 독립형 태양광발전시스템의 구성장치가 아닌 것은?

① 충·방전제어기
② 단독운전방지시스템
③ 축전지 또는 축전지뱅크
④ 인버터

풀이 독립형 태양광발전시스템의 주요 구성장치
- 태양전지모듈
- 축전지
- 인버터
- 접속함
- 충방전 제어기

41 독립형 태양광발전시스템의 주요 구성장치로 볼 수 없는 것은?

① 태양광(PV) 모듈
② 충·방전 제어기
③ 축전지 또는 축전지 뱅크
④ 송전설비

풀이 송전설비는 전력을 송전하기 위한 설비이다.

42 태양광발전시스템에서 전력 1[kW] 발전에 필요한 모듈의 면적은 재질에 따라 다르다. 가장 작은 면적을 차지하는 재질로 옳은 것은?

① 단결정 셀
② 다결정 셀
③ 카드뮴 텔루라이드(CdTe)
④ 박막 필름형 아몰퍼스

풀이 전지재료의 종류별 모듈면적

전기재료의 종류	단결정	고효율전지	다결정	CIS	CdTe	비정질 실리콘
1[KWp]당 필요한 대지 또는 지붕면적	7~9[m^2]	6~7[m^2]	7.5~10[m^2]	9~11[m^2]	12~17[m^2]	14~20[m^2]

43 결정질 태양전지모듈이 태양광에 노출되는 경우에 따라 유기되는 열화 정도를 테스트할 수 있는 장치로 옳은 것은?

① UV 시험장치
② 항온항습장치
③ 염수분무장치
④ 솔라시뮬레이터

정답 40 ② 41 ④ 42 ① 43 ①

풀이 UV 전처리 시험(UV Preconditioning Test)
태양전지모듈의 태양광에 노출되는 경우에 따라 유기되는 열화 정도를 시험한다. 제논아크 등을 사용하여 모듈온도 60[℃]±5[℃]의 건조한 조건을 유지하고 파장범위 280~320[nm]에서 방사조도 5[kWh/m^2] 또는 파장범위 280~385[nm]에서 방사조도 15[kWh/m^2]에서 시험한다.

44 현재 상업화되어 있는 태양전지 중 가장 높은 온도계수 특성을 지니고 있어 출력의 감소가 가장 큰 태양전지는?

① 단결정실리콘태양전지
② 다결정실리콘태양전지
③ 박막실리콘태양전지
④ CIGS태양전지

풀이 가장 높은 온도계수 특성을 가진 태양전지는 단결정실리콘태양전지이다.

45 태양전지의 결정질 실리콘 전지는 단결정 전지와 다결정 전지로 구분되는데, 다결정 전지에 속하지 않는 것은?

① 다결정 파워 전지
② 다결정 밴드 전지
③ 다결정 박막 전지
④ 다결정 염료 전지

풀이 태양전지의 유형

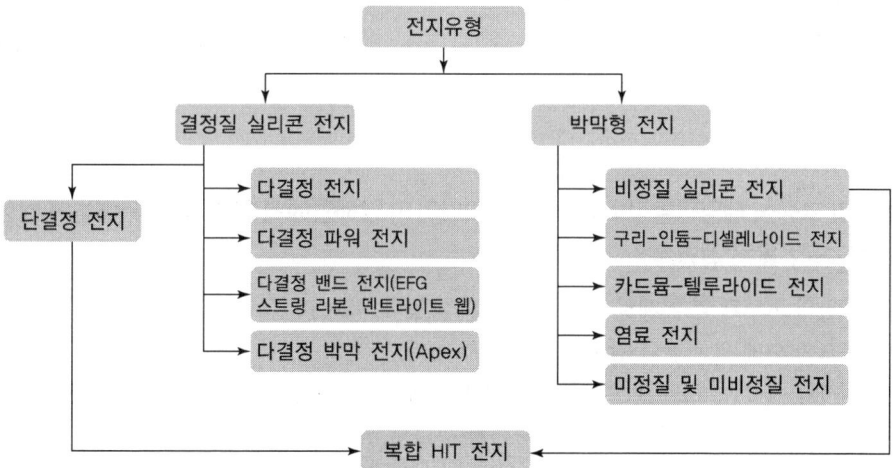

정답 44 ① 45 ④

46 다결정실리콘 태양광모듈을 이용하여 사막과 같은 고온 환경에서 작동시킬 때, 단결정 실리콘 대비 차이점에 대한 설명으로 가장 옳지 않은 것은?

① 상대적으로 온도계수가 작아 출력이 크다.
② 기판의 이동도가 떨어져 동일 용량 설계 시보다 큰 면적을 필요로 한다.
③ 기판의 결정 구조에 따라 디자인 측면에서 건축물에 적용이 우수하다.
④ 물질의 고유특성인 에너지 갭이 작아 온도에 대한 특성은 우수하다.

풀이 다결정실리콘 전지와 단결정실리콘의 고온에서 작동 시 차이점
물질의 고유특성인 에너지 갭이 작아 온도에 대한 특성은 나쁘다.

47 태양광발전은 큰 전류를 생성하는 소자들의 결합 구조물이다. 단결정 실리콘 태양전지의 경우 무려 8~9[A]까지 생성하는 특성이나 V_{oc}(Open Circuit Voltage)는 0.6~0.65[V]밖에 안 되어 출력은 4~5[W]로 측정된다. 일반적으로 I_{sc}의 전류에는 영향을 미치나 V_{oc}를 높일 수 있는 방법으로 가장 적절한 설명은?

① 작동 전류를 감소시킨다.
② 기판 대비 불순물의 농도를 높게 주입하여 제조한다.
③ 기판의 불순물 농도를 낮은 것으로 선택하여 제조한다.
④ V_{oc}를 높게 제조하기 위해서는 저온의 공정으로 진행한다.

풀이 기판 대비 불순물의 농도를 높게 주입하여 제조한다. 즉 불순물의 확산을 이용하여 효율이 높은 태양전지를 제조한다.

48 30°의 고정식 태양광발전소 운전 시 우리나라의 남해안에서 연중 대비 5~6월에 발생하는 현상으로 가장 옳은 설명은?

① 태양의 고도가 연중 제일 높아 출력이 가장 높다.
② 온도 상승에 의한 출력 감소가 연중 제일 높다.
③ 일사량(시간)에 의한 발전은 7, 8월 대비 두 번째로 높다.
④ 양축식 대비 단축식의 출력이 연중 가장 높다.

풀이 남해안에서 5~6월에 발생하는 현상
㉠ 태양의 고도가 연중 제일 높아 출력이 가장 높다. 고도가 가장 높은 날은 하지(6월 21~22일경)이고, 태양광발전소 발전량은 4~6월 사이가 가장 높다.
㉡ 온도 상승에 의한 출력 감소가 연중 제일 높다.
㉢ 일사량(시간)에 의한 발전은 7, 8월 대비 두 번째로 높다.
㉣ 양축식 대비 단축식의 출력이 연중 가장 높다.
• 단축식 : 동서로 이동
• 양축식 : 동서남북으로 이동

정답 46 ④ 47 ② 48 ①

49 독립형 태양광발전시스템에서 부족일수의 설명으로 가장 옳은 것은?

① 정전된 일수를 말한다.
② 유지 보수를 위한 일수를 말한다.
③ 연속적으로 발전이 가능한 일수를 말한다.
④ 연속적으로 발전이 불가능한 일수를 말한다.

풀이 부족일수란 하루 종일 해가 비치지 않은 날의 수를 말하며 태양광발전에서는 기후의 영향으로 발전이 불가능한 일수를 말한다.

50 태양광발전시스템에 필요한 설비는 시험·인증을 받아야 한다. 시험·인증 절차로 옳은 것은?

① 인증신청 → 서류심사 → 성능심사 → 공장심사 → 인증서 발급
② 인증신청 → 성능심사 → 서류심사 → 공장심사 → 인증서 발급
③ 인증신청 → 서류심사 → 공장심사 → 성능심사 → 인증서 발급
④ 인증신청 → 공장심사 → 서류심사 → 성능심사 → 인증서 발급

풀이 신재생에너지 시험·인증 절차
인증신청(제조 및 수입업자 → 인증기관) → 문서심사/공장심사(인증기관) → 성능심사(성능검사기관) → 인증서 발급(인증기관)

51 신·재생에너지 설치의무화제도에 따른 설치의무화 대상기관이 아닌 곳은?

① 국가기관 및 지방자치단체
② 특별법에 따라 설립된 법인
③ 납입자본금으로 연간 50억 원 이상을 출자한 법인
④ 대통령령으로 정하는 10억 원 이상을 출연한 정부출연기관

풀이 ㉠ 신·재생에너지 설치의무화제도
공공기관이 신·증·개축하는 연면적 1,000[m^2] 이상의 건축물에 대하여 일정비율 이상을 신·재생에너지 설비 설치에 투자하도록 의무화하는 제도

㉡ 설치의무화 대상기관
- 국가기관 및 지방자치단체
- 공공기관
- 정부가 대통령령으로 정하는 금액 이상을 출연한 정부출연기관
- 정부출자기업체
- 납입자본금의 100분의 50 이상을 출자한 법인
- 납입자본금으로 50억 원 이상을 출자한 법인
- 특별법에 따라 설립한 법인

정답 49 ④ 50 ③ 51 ④

52 신재생에너지설비 KS인증 대상 품목 중 태양광 설비의 대상 품목이 아닌 것은?

① 박막 태양광발전 모듈(성능)　　② 소형 태양광발전용 인버터
③ 특대형 태양광발전용 인버터　　④ 결정질 실리콘 태양광발전 모듈(성능)

풀이 KS인증 대상 품목 중 태양광 설비의 대상 품목

표준번호	표준명
KS C 8567 : 2015	태양광발전용 접속함
KS C 8566 : 2015	태양전지
KS C 8575 : 2015	축전지
KS C 8574 : 2015	충전제어시스템
KS C 8565 : 2015	중대형 태양광발전용 인버터(계통연계형, 독립형)
KS C 8564 : 2015	소형 태양광발전용 인버터(계통연계형, 독립형)
KS C 8563 : 2015	태양광발전(PV), 모듈(안전)
KS C 8562 : 2015	박막 태양전지 모듈(성능)
KS C 8561 : 2015	결정질 태양전지 모듈(성능)

53 태양광발전설비 점검 시 비치해야 하는 전기안전관리 장비가 아닌 것은?

① 온도계　　② 클램프 미터
③ 적외선 온도측정기　　④ 습도계

풀이 태양광발전설비 점검 시 비치해야 하는 전기안전관리 장비
- 온도계 : 주변온도 측정에 사용
- 클램프 미터 : 태양전지모듈의 출력 전류 및 전력 측정
- 적외선 온도측정기 : 열화

54 실리콘 태양전지는 200에서 100마이크로 단위의 얇은 형태로 지속적인 연구개발이 진행되고 있다. 향후 실제 모듈화 및 발전소 운영 시에 대한 설명으로 틀린 것은?

① 소재의 감소는 있으나 발전소 운영 시 외부 충격에 의해 쉽게 물리적인 미소결함의 가능성이 높다.
② 모듈화 진행 시 낮은 압력으로 공정이 진행되면 파손에 의한 생산성의 감소는 줄일 수 있으나 기포나 수분 제거 시 어려움이 있다.
③ 모듈화 진행 시 얇아질수록 쉽게 금속배선작업 등에 의하여 휨 현상은 줄일 수 있으나 셀과 셀 연결 시 파손의 위험이 증가한다.
④ 확산 공정 시 접합 형성을 위한 동일 깊이 및 동일 불순물 농도의 주입시간은 두께와 관계가 없다.

풀이 모듈화 진행 시 얇아질수록 금속배선작업 등에 의해 휨현상이 증가한다.

정답　52 ③　53 ④　54 ③

55 화합물반도체를 이용한 대표적 태양전지에는 CICS, CdTe, GaAs 등이 있다. 결정질 실리콘 대비 이들 태양전지의 특징으로 가장 옳지 않은 것은?

① 온도계수가 작아 고온에서 출력 감소가 적다.
② 에너지갭은 크나 직접 천이형 에너지갭으로 광특성이 우수하다.
③ CdTe는 에너지갭이 실리콘보다 커 고온환경의 박막 태양전지로 많이 응용되고 있다.
④ 큰 에너지갭으로 인해 보다 짧은 파장대역보다는 파장이 긴 대역의 빛을 흡수할 수 있다.

풀이 큰 에너지갭으로 인해 보다 긴 파장대역보다는 파장이 짧은 대역의 빛을 흡수할 수 있다.

56 BIPV용의 See Through 구조나 Glass to Glass 구조에 대한 설명으로 가장 적절한 것은?

① 모듈의 단위면적당 출력은 기존 발전소 대비 일정하다.
② EVA를 사용하지 않은 저진공 형태의 Glass to Glass의 경우 모듈의 출력은 온도 대비 매우 우수하다.
③ See Through 형태의 경우 Laser 가공비에 의한 비용 증가는 있으나 투시도가 좋아진다.
④ BIPV용으로 북반구에서 정남향으로 90° 각도로 설치한 경우에 출력은 거의 0이다.

풀이 건물 일체형 태양광 발전(BIPV ; Building Integrated Photo Voltaic)
- 태양광 모듈을 건축물에 설치하여 건축부자재의 역할 및 기능과 전력 생산을 동시에 할 수 있는 시스템
- 모듈 단위면적당 출력은 기존 발전소에 비해 일정하지 않다.
- BIPV는 모듈 단위면적당 타 태양전지에 비해 출력이 낮다.
- 낮은 일사량과 반사되는 빛에 의해 BIPV는 발전이 가능하여 출력이 0이 될 수는 없다.

57 실리콘 단결정 · 다결정 태양전지에 대한 일반적인 설명 중 틀린 것은?

① 고온 작동 시 다결정의 출력 감소가 크다.
② 단결정의 직렬저항성분이 작다.
③ 다결정 전지의 병렬성분이 작다.
④ V_{oc}(Open Circuit Voltage) 크기의 차는 작다.

풀이 단결정 태양전지와 다결정 태양전지의 특징
- 출력비교에서 단결성 태양전지가 크다.
- 직렬저항과 병렬저항이 $I-V$ 곡선에 미치는 영향은 직렬저항이 작을수록, 병렬저항이 커질수록 출력이 커진다. 동일한 조건이라면 단결정의 출력이 다결정보다 크므로 단결정의 직렬저항은 다결정의 직렬저항보다 작고 단결정의 병렬저항은 다결정의 병렬저항보다 크다.
- 온도가 증가하면 개방전압과 최대출력은 선형으로 감소하므로 단결정의 출력 감소가 다결정보다 크다.
- 조사량이 감소하면 조사량에 비례하여 단락전류는 감소하지만 개방전압의 차이는 별로 없다.

정답 55 ④ 56 ③ 57 ①

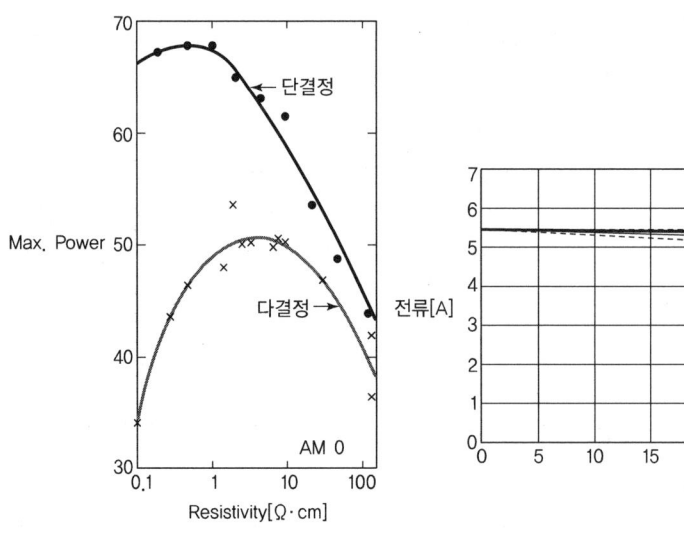

[단결정 및 다결정 실리콘 태양전지의 출력 비교]

[R_p, R_s가 $I-V$ 커브에 미치는 영향]

58 결정질 실리콘 태양광발전 모듈의 인증제품에 대한 표시사항으로 틀린 것은?

① 제품의 단가
② 인증부여 번호
③ 제품의 주요 사양
④ 설비명 및 모델명

풀이 KS C IEC 표준에 따른 모듈의 인증 제품에 대한 표시사항
- 제조업자명 또는 그 약호
- 제조연월일 및 제조번호
- 내풍압성의 등급
- 최대 시스템 전압(H 또는 L)
- 어레이의 조립형태(A 또는 B)
- 공칭 최대출력(P_{mpp})[Wp]
- 공칭 개방전압(V_{oc})[V]
- 공칭 단락전류(I_{sc})[A]
- 공칭 최대출력 동작전압(V_{mpp})[V]
- 공칭 최대출력 동작전류(I_{mpp})[A]
- 공칭 중량[kg]
- 크기
- 역내전압[V] : 바이패스 다이오드의 유무(Amorphous계만 해당)

정답 58 ①

59 박막 태양광발전 모듈은 광조사 시험 후 STC 조건에서의 최대 출력 측정값이 제조자가 표시한 정격 출력 최솟값의 몇 [%] 이상이어야 하는가?

① 95 ② 90 ③ 85 ④ 80

풀이 KS C 8562(박막 태양전지 모듈) 6.19 광조사 시험의 품질기준
- 최대 출력 : 시험 후 STC 조건에서의 측정값은 제조자가 표시한 정격출력 최솟값의 90[%] 이상일 것
- 균일도 : 5[%] 이내일 것

60 최근 태양전지는 효율이 20[%] 이상의 고효율 태양전지 및 모듈이 연구되고 있고 생산 중이다. p-type 및 n-type의 전지의 설명으로 가장 부적절한 것은?

① 전자의 이동도가 홀 대비 수배 빠르다.
② 동일한 불순물 농도에서는 p-type이 n-type 대비 비저항이 작다.
③ n-type 기판에는 고농도의 p-type 불순물(B)을 주입하여 셀의 접합을 형성하고 있다.
④ 최근 국내외 각 회사들에서 n-type 기반의 양면수광형 태양전지모듈의 생산 및 고효율화 연구가 진행 중이다.

풀이 광에너지 변환을 위해 태양전지는 반도체 구조 내에서 전자들이 비대칭이어야 한다.
n-type 지역은 큰 전자밀도와 작은 정공밀도를 가지고 있고, p-type 지역은 큰 정공밀도와 작은 전자밀도를 가지고 있다. 만약 동일한 불순물 농도이면 p-type이 n-type 대비 비저항이 커진다.

61 결정질 실리콘 태양전지모듈의 최대 출력 결정 시 품질기준으로 틀린 것은?

① 시험 시료의 출력균일도는 평균출력의 ±3[%] 이내일 것
② 시험 시료의 최종 환경시험 후 최대출력의 열화는 최초 최대출력의 -8[%]를 초과하지 않을 것
③ 해당 태양전지 모듈의 최대 출력을 측정하되, 시험시료의 평균출력은 정격출력 이상일 것
④ 최대 시스템 전압의 두 배에 1,000[V]를 더한 것과 같은 전압을 최대 500[V/s] 이하의 상승률로 태양전지모듈의 출력단자와 패널 또는 접지단자(프레임)에 1분간 유지할 것

풀이 ㉠ 최대출력 결정
- 해당 태양광 모듈의 최대출력을 측정하되, 시험시료의 평균출력은 정격출력 이상일 것
- 시험시료의 출력균일도는 평균출력의 ±3[%] 이내일 것
- 시험시료의 최종 환경시험 후 최대출력의 열화는 최초 최대출력의 -8[%]를 초과하지 않을 것

㉡ 모듈의 절연내력시험
최대 시스템 전압의 두 배에 1,000[V]를 더한 것과 같은 전압을 최대 500[V/s] 이하의 상승률로 태양전지모듈의 출력단자와 패널 또는 접지단자(프레임)에 1분간 유지한다.(다만 시스템 전압이 50[V] 이하일 때는 인가전압을 50[V]로 한다.)

정답 59 ② 60 ② 61 ④

62 태양광발전 어레이가 받는 일조량과 같은 크기의 일조량을 받는 데 필요한 일조시간은?
① 등가 1일 일조시간
② 어레이 가동시간
③ 적산 일조시간
④ 최적 일조시간

풀이
- 기준등가 가동시간=등가 1일 일조시간
  실제로 태양광발전 어레이가 받은 일조량과 같은 크기의 일조량을 받는 데 필요한 일조시간
- 어레이 등가 가동시간 : 어레이가 단위 정격용량당 발전한 출력에너지를 시간으로 나타낸 것

63 태양광발전시스템의 단락전류 측정 시 가장 낮게 측정되는 경우는 다음 중 어느 것인가?
① 한여름 낮(태양전지 어레이 표면온도 70[℃])
② 한여름 아침(태양전지 어레이 표면온도 20[℃])
③ 한겨울 낮(태양전지 어레이 표면온도 40[℃])
④ 한겨울 아침(태양전지 어레이 표면온도 −10[℃])

풀이 태양전지모듈의 출력전류 특성
- 태양전지모듈의 출력전류는 일사량과 비례한다.
- 태양전지모듈의 표면온도가 증가하면 출력전류는 아주 조금 증가한다.

64 Ribbon 재료로 사용되고 있는 부품은 대부분 주석−납−은 계열을 사용하나 현재 Pb−Free(납 제거)의 물질들이 개발 중이다. 리본 재료의 설명으로 가장 부적절한 것은?
① 수분 침투에 의해 노출되면 쉽게 산화하여 R_s(직렬등가저항)의 증가 및 R_{sh}(병렬등가저항)을 감소시켜 출력 감소의 원인이 된다.
② 리본 연결공정에서 진공에 의해 압착은 하나 계면부위에서 기포가 완전히 제거되지 않으면 시간에 따라 산화에 의해 셀의 R_{sh}(병렬등가저항)이 감소하여 출력도 감소한다.
③ 리본 연결공정의 조건 및 물질과 공정 온도에 따라 셀의 휨(Bowing) 현상은 없으나 직렬저항에 직접적인 영향을 미친다.
④ 납 성분의 리본은 유해하나 접촉저항 감소 및 유연성 측면에서 사용하며 순간적인 고온에서 공정이 진행되어 셀에 열적 스트레스를 적게 준다.

풀이 Tabbing 시 결정질 태양전지의 휨(Bowing) 현상
Ribbon을 납땜하는 Tabbing 공정은 Solar Cell이 박막화될수록 공정상에서 외부 영향에 의해 Solar Cell Bowing되는 현상이 심화된다.

정답 62 ① 63 ④ 64 ③

65 솔라 시뮬레이터는 시험 면에서 몇 [W/m²]의 유효조사강도를 생성할 수 있어야 하는가?(단, STC 측정 목적으로 사용되도록 설계된 시뮬레이터이다.)

① 2,000   ② 1,500   ③ 1,000   ④ 500

풀이 표준시험조건(STC : Standard Test Condition)
- 소자 접합온도 : 25[℃]
- 대기질량지수 : AM 1.5
- 조사강도 : 1,000[W/m²]

66 단결정 실리콘 태양전지에서 가장 많은 전류를 생성하는 파장대역은?

① 자외선   ② 가시광선   ③ 적외선   ④ 원적외선

풀이 태양광은 380~760[nm]의 가시광선에서 가장 높은 에너지를 갖는다.

67 방향과 경사가 서로 다른 하부 어레이들로 구성된 태양광발전시스템의 인버터 운영방식으로 적합한 것은?

① 중앙집중형   ② 분산형
③ 모듈형   ④ 마스터-슬레이브형

풀이
- 인버터시스템 방식 : 중앙집중형과 분산형으로 구분
- 인버터의 전체 시스템에서는 중앙집중형 인버터로, 스트링은 스트링인버터로, 모듈은 모듈인버터로 사용
- 방향과 경사가 서로 다른 하부 어레이들로 구성된 시스템 또는 부분적으로 음영이 되는 시스템의 경우에는 분산형 인버터 방식 고려

68 인버터의 제어 특성을 측정하기 위한 방법으로 옳지 않은 것은?

① 입출력 측정   ② 과·저전압 측정
③ AC 회로시험   ④ $I-V$ 곡선

풀이 인버터 제어특성 점검 및 측정사항

고장유형	육안검사	다기능측정	접지저항측정	입출력측정	절연저항측정	과·저전압측정	$I-V$ 곡선	인버터수치읽기	AC 회로점검	전력망분석
효율				○				○	○	○
제어 특성				○		○		○	○	○
조화 내용									○	○
전압왜란								○	○	○

정답   65 ③   66 ②   67 ②   68 ④

69 태양광발전시스템에 설치되는 모선 및 구조물의 볼트 조임에 대한 설명 중 틀린 것은?

① 조임은 너트를 돌려서 조여 준다.
② 토크렌치에 의하여 규정된 힘이 가해졌는지를 확인할 필요가 없다.
③ 볼트의 크기에 맞는 토크렌치를 사용하여 규정된 힘으로 조여 준다.
④ 2개 이상의 볼트를 사용하는 경우 한쪽만 심하게 조이지 않도록 주의한다.

풀이 볼트 조임은 토크렌치에 의하여 규정된 힘이 가해졌는지를 확인할 필요가 있다.

70 소형 태양광발전용 3상 독립형 인버터의 경우 부하 불평형시험 시 정격 용량에 해당하는 부하를 연결한 후 U상, V상, W상 중 한 상의 부하를 0으로 조정한 후 몇 분 동안 운전하는가?

① 60
② 30
③ 15
④ 10

풀이 KS C 8564(소형 태양광 발전용 인버터) 8. 8. 3. 1 부하 불평형시험의 방법
3상 독립형 인버터에 적용하며, 정격 용량에 해당하는 부하를 연결한 후 U상, V상, W상 중 한 상의 부하를 0으로 조정한 후 30분 동안 운전한다.

71 인버터의 회로방식에 따른 종류가 아닌 것은?

① 고주파 변압기 절연방식
② 트랜스리스 방식
③ 상용주파 변압기 절연방식
④ 무전류 전령방식

풀이 회로방식에 따른 인버터의 종류
- 상용주파 변압기 절연방식 : 태양전지 직류출력을 상용주파의 교류로 변환한 후 변압기로 절연한다.
- 고주파 변압기 절연방식 : 태양전지 직류출력을 고주파 교류로 변환한 후 소형 고주파 변압기로 절연한다.
- 트랜스리스방식 : 태양전지 직류출력을 DC-DC 컨버터로 승압하고 인버터로 상용주파의 교류로 변환한다.

72 태양광발전용 인버터의 정격 입력전압이 제조사로부터 규정되지 않은 경우 정격 입력전압 기준은?(단, 허용되는 최대 입력전압은 V_L, 발전을 시작하기 위한 최소 입력전압은 V_S이다.)

① $\dfrac{V_L \cdot V_S}{2}$
② $\dfrac{V_L^2 \cdot V_S^2}{2}$
③ $\dfrac{V_L - V_S}{2}$
④ $\dfrac{V_L + V_S}{2}$

풀이 ㉠ 최대 입력전압($V_{dc,\max}$, V_L) : 인버터의 입력으로 허용되는 최대 입력전압
㉡ 최소 입력전압($V_{dc,\min}$, V_S) : 인버터가 발전을 시작하기 위한 최소 입력전압

정답 69 ② 70 ② 71 ④ 72 ④

ⓒ 정격 입력전압($V_{dc,r}$)
  • 인버터의 정격출력이 가능한 제조사에 의해 규정(데이터 시트에 명시)된 최적 입력전압
  • 만일, 제조사로부터 규정되어 있지 않은 경우 다음의 수식으로부터 도출한다.

$$V_{dc,r} = \frac{V_{dc,\max} + V_{dc,\min}}{2}, \quad V_{dc,r} = \frac{V_L + V_S}{2}$$

73 파워컨디셔너의 단독운전 방지기능에서 능동적 방식에 속하지 않는 것은?

① 유효전력 변동방식
② 무효전력 변동방식
③ 주파수 시프트방식
④ 주파수 변화율 검출방식

풀이 인버터의 단독운전 방지기능이 내장된 방식
ⓐ 수동적 방식(검출시간 0.5초 이내 유지시간 5~10초)
  • 전압위상도약 검출방식
  • 제3고조파 전압급증 검출방식
  • 주파수 변화율 검출방식
ⓑ 능동적 방식(검출시한 0.5~1초)
  • 주파수 시프트방식
  • 유효전력 변동방식
  • 무효전력 변동방식
  • 부하 변동방식

74 인버터 과온(Inverter Over Temperature) 고장 표시가 있을 때, 가장 먼저 하는 조치로 적절한 것은?

① 인버터 누설전류를 확인한다.
② 인버터 냉각계통의 이상 유무를 확인한다.
③ 송변전설비와 연결되는 배전선의 절연저항을 확인한다.
④ 고조파의 국부과열 여부를 확인하기 위해 고조파 함유율을 조사한다.

풀이 인버터 과온 시 인버터 및 팬 점검 후 운전한다.

75 태양전지 모듈인증 시험절차가 아닌 것은?

① 육안검사
② 온도계수 측정
③ 습도-결빙 시험
④ $I-V$ 특성 시험

풀이 전처리 → 육안점검 → 발전성능시험 → 절연시험 → 습윤누설전류시험 → 온도계수 측정 → 온도 사이클 → 습도결빙시험

정답 73 ④ 74 ② 75 ④

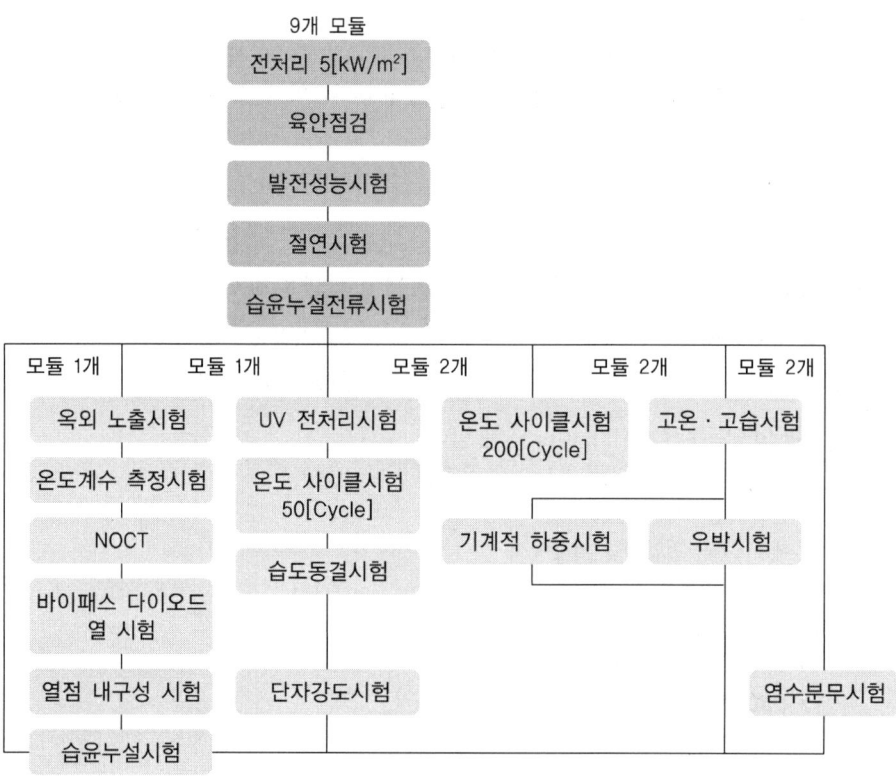

76 사업계획서 작성 시 전기설비의 개요에 포함될 사항으로 틀린 것은?

① 전기설비의 작업자 수
② 사업개시 예정일
③ 전기설비의 명칭
④ 소요부지 면적

풀이 사업계획서 작성방법 중 태양광발전설비의 전기설비 개요 포함사항(전기사업법 시행규칙 [별표 1])
- 태양전지의 종류, 정격용량, 정격전압 및 정격출력
- 인버터의 종류, 입력전압, 출력전압 및 정격출력
- 집광판의 면적

77 태양광발전 모듈의 고장원인으로 제조공정상 불량이 아닌 것은?

① 핫 스팟(Hot Spot)
② 적화현상
③ 백화현상
④ 프레임 변형

풀이 모듈의 제조공정상 불량 : Hot Spot, 적화현상, 백화현상
프레임 변형은 출하 후 물리적 힘에 의해 발생된다.

정답 76 ① 77 ④

78 결정질 태양전지모듈 성능평가를 위한 시험장치가 아닌 것은?

① 염수분무장치
② 솔라 시뮬레이터
③ 기계적 하중시험장치
④ 테스트핑거 및 테스트 핀

풀이 시험장치

	시험장치	시험내용
1	솔라시뮬레이터	• 태양전지모듈의 발전성능을 옥내에서 시험하는 인공광원 • 방사조도 ±2[%] 이내, 광원 균일도 ±2[%] 이내의 A등급 이상
2	항온항습장치	• 태양전지모듈의 온도사이클시험, 습도-동결시험, 고온고습시험에 필요한 환경 체임버(Chamber) • 온도 ±2[℃] 이내, 습도 ±5[%] 이내
3	염수분무장치	태양전지모듈의 구성재로 몇 패키지의 염분에 대한 내구성을 시험하기 위한 체임버
4	UV 시험장치	태양전지모듈이 태양광에 노출되는 경우에 따라서 유기되는 열화 정도를 시험하기 위한 장치
5	기계적 하중시험장치	태양전지모듈에 대하여 바람, 눈 및 얼음에 의한 하중에 대한 기계적 내구성을 조사하기 위한 장치
6	우박시험장치	우박의 충격에 대한 태양전지모듈의 기계적 강도를 조사하기 위한 시험장치
7	단자강도 시험장치	태양전지모듈의 단자부분이 모듈의 부착, 배선 또는 사용 중에 가해지는 외력에 대하여 충분한 강도가 있는지를 조사하기 위한 장치

79 태양광발전시스템 모듈의 고장으로 틀린 것은?

① 핫 스팟
② 백화현상
③ 부스바 과열
④ 프레임 변형

풀이 모듈의 부스바는 단락전류에 충분히 견딜 수 있도록 설계되어 있어 과열이 발생하지 않는다.

80 태양광발전시스템 출력 에너지를 태양광발전 어레이의 정격출력과 가동시간의 곱으로 나눈 값은?

① 주변기기 효율
② 종합시스템 효율
③ 시스템 이용률
④ 어레이 기여율

풀이 • 태양광발전시스템 이용률

$$L_{SP} = \frac{W_{SP}}{P_O \times \tau}$$

여기서, L_{SP} : 시스템 이용률
W_{SP} : 태양광발전시스템의 출력[kWh]
P_O : 어레이의 정격출력[kWh]
τ : 측정시간[h]

정답 78 ④ 79 ③ 80 ③

• 어레이 기여율(태양에너지 의존율)

$$F_{A,\tau} = \frac{E_{A,\tau}}{E_{in,\tau}}$$

여기서, $F_{A,\tau}$: 어레이 기여율
$E_{A,\tau}$: 어레이 출력 전력량[kWh]
$E_{in,\tau}$: 종합시스템 입력 전력량[kWh]

81 분산형 전원 발전설비의 역률은 계통 연계지점에서 원칙적으로 얼마 이상을 유지하여야 하는가?

① 0.8 ② 0.85 ③ 0.9 ④ 0.95

풀이 분산형 전원의 역률은 90[%] 이상으로 유지함을 원칙으로 한다.

82 태양광발전시스템에서 모듈 선정 시의 변환효율식은?(단, 최대출력은 $P_{\max}$[M], 모듈 전면적은 A_t[m²], 방사속도는 G[W/m²]이다.)

① $\dfrac{P_{\max}}{A_t \times G} \times 100[\%]$ ② $\dfrac{P_{\max} \times A_t}{G} \times 100[\%]$

③ $\dfrac{P_{\max} \times G}{A_t} \times 100[\%]$ ④ $\dfrac{A_t \times G}{P_{\max}} \times 100[\%]$

풀이 광변환효율 = $\dfrac{최대발전량}{태양전지\ 모듈면적 \times 일사량} = \dfrac{P_{\max}}{A_t \times G} \times 100$

83 태양광(PV) 모듈 접촉점의 장애를 발견하기 위한 점검 및 측정방법은?

① 다기능 측정 ② 접지저항 측정
③ 절연저항 측정 ④ 과/저전압 측정

풀이 모듈 접촉점이 끊어질 경우 저항값의 증가 $I-V$ 곡선을 측정하여 명판값과 비교하여 차이가 나면 접촉점 장애가 발생하는데, 이를 측정하는 기기는 다기능 측정기이다.
다기능 측정기는 모듈 $I-V$ Curve 측정기로 모듈의 $I-V$, $P-V$, 최대출력, 단락전류, 단락전류밀도, 개방전압 동작전류, 동작전압, 곡선인자, 변환효율, 일사강도, 외기온도, 표면온도를 측정한다.

84 태양광 전원의 연계용 변압기의 용량이 1[MVA]인 경우, 5[%]의 임피던스를 가지고 있다면 10[MVA]를 기준으로 한 %임피던스는?

① 300[%] ② 400[%] ③ 50[%] ④ 60[%]

정답 81 ③ 82 ① 83 ① 84 ③

풀이 %임피던스 전압 $= \dfrac{\text{임피던스 전압}}{1차 \ 측 \ 정격전압} \times 100[\%]$

A를 기준용량 B로 환산한 경우

$\%Z_B = \dfrac{P_B}{P_A} \times \%Z_A = \dfrac{10[\text{MVA}]}{1[\text{MVA}]} \times 5[\%] = 50[\%]$

여기서, P_B : 기준용량, P_A : 자기용량, $\%Z_A$: 자기용량 임피던스

85 1,200[W] 태양광 전원이 부하 400[W], 역률 1인 선로 말단 부하 측에 연계된 경우 부하 측 수용가의 전압[V]은?(단, 전원 측에서 말단까지 선로 임피던스를 5[Ω], 전원 측 전압은 227.8[V]이다.)

① 240.5　　　② 227.8　　　③ 245.4　　　④ 210.0

풀이 전원[W] = 1,200 − 400 = 800[W]

전류[A] $= \dfrac{P}{V} = \dfrac{800}{227.8} = 3.51[\text{A}]$

선간전압[V] $= IR = 3.51[\text{A}] \times 5[\Omega] = 17.55[\text{V}]$

부하 측 전압 = 전원전압 + 선간전압 = 227.8[V] + 17.55[V] = 245.35[V] ≒ 245.4[V]

86 태양광전원의 용량이 50[MVA]에 대하여, 15[%]의 임피던스를 가지는 경우, 100[MVA]를 기준으로 한 %임피던스는?

① 30　　　② 40　　　③ 50　　　④ 60

풀이 A를 기준으로 한 B로 환산 시 $\%Z_B$는

$\%Z_B = \dfrac{\text{기준용량}}{\text{자기용량}} \times \text{자기용량} \ \%Z_A = \dfrac{100[\text{MVA}]}{50[\text{MVA}]} \times 15 = 30[\%]$

87 태양전지 어레이의 전기적 회로 구성요소가 아닌 것은?

① 스트링　　　　　　　　　② 바이패스 다이오드
③ 환류 다이오드　　　　　　④ 접속함

풀이 ㉠ 어레이의 전기적 회로 구성요소
- 태양전지모듈
- 구조물
- 접속함
- 다이오드를 직렬로 접속하여 하나로 합쳐진 스트링

㉡ 환류 다이오드
스위칭소자(IGBT, MOSFET 등)가 ON−OFF 시 인덕터 양단에서 나타나는 역기전력이 스위칭 소자의 내전압을 초과하여 소손되는 것을 방지하기 위해 스위칭 소자와 역병렬로 설치하는 다이오드이다.

정답 85 ③　86 ①　87 ③

88 태양광발전설비의 구성요소가 아닌 것은?

① 인버터　　② 모듈　　③ BIPV　　④ 접속함

풀이 태양광발전설비의 구성요소 : 모듈, 인버터, 접속함, 축전지, 적산전력량계
③ BIPV는 태양전지모듈의 종류이다.

89 태양광 모듈에 설치되어 있는 바이패스 다이오드(Bypass Diode)의 역할과 거리가 먼 것은?

① 그림자 효과가 발생할 때 쉽게 작동한다.
② 내부의 직렬저항이 커질 때 작동한다.
③ 전자 내부의 병렬저항이 작아질 때 쉽게 작동한다.
④ 병렬 다이오드의 개수가 증가할수록 쉽게 작동한다.

90 태양광발전의 스트링 및 모듈에서 태양전지의 출력이 서로 달라 출력의 회로 내부에 전기적 출력의 부조화 등이 발생한다. 다음의 핫스폿(Hot Spot) 현상에 관한 일반적인 설명으로 가장 적절한 것은?

① 모듈 내의 태양전지의 V_{oc}는 같으나 I_{sc}가 달라 전기적 출력차로 핫스팟(Hot Spot)이 발생한다.
② 직렬연결의 경우 낮은 출력이 발생하는 태양전지에 핫스폿(Hot Spot)이 발생한다.
③ 병렬연결의 경우 높은 출력의 태양전지에 핫스폿(Hot Spot)이 발생한다.
④ 핫스폿(Hot Spot)이 모듈 내의 전 태양전지에 동일한 크기로 발생한다.

풀이 핫스폿(Hot Spot) : 직렬 연결 시 음영에 의해 낮은 출력이 발생하면 태양전지 모듈의 음영부분에서 핫스폿이 발생한다.

91 태양광발전 모듈의 열점이 발생할 수 있는 원인으로 틀린 것은?

① 주위온도　　② 셀의 부정합
③ 부분적인 그늘　　④ 내부접속 불량

풀이 모듈의 열점(Hot Spot) 원인 : 부분적 그늘, 셀의 부정합, 내부접속 불량, 셀의 결함, 셀의 특성 열화

92 운영계획 수립 시 주기와 점검내용이 맞지 않는 것은?

① 일간점검 : 태양광모듈 주위에 그림자를 발생시키는 물체의 유무
② 주간점검 : 태양광모듈 표면의 불순물 유무
③ 월간점검 : 태양광모듈 외부의 변형 발생 유무
④ 연간점검 : 태양광모듈 결선상 탈선부분 발생 유무

정답 88 ③　89 ④　90 ②　91 ①　92 ④

풀이 태양광모듈의 결선상 탈선부분은 모듈 제조 시 점검사항이다.

93 태양광발전소 운영 시 일부 스트링의 모듈 출력이 갑작스럽게 떨어졌을 경우 예측될 수 있는 상황과 거리가 먼 것은?

① 모듈 일부에 외부 환경에 의하여 그림자 효과가 발생하였다.
② 바이패스(Bypass Diode)가 환경변화요인으로 작동하여 출력의 불균일이 발생하였다.
③ 외부 충격에 의해 셀 및 모듈의 일부가 파손되어 출력이 감소되었다.
④ 충진재에 수분이 침투하여 금속전극의 부식이 발생하고 직렬저항이 증가하였다.

풀이 충진재에 수분이 침투하면 병렬저항이 낮아져 누설전류가 증가한다.

94 태양광발전시스템의 응급조치순서 중 차단과 투입순서가 옳은 것은?

Ⓐ 한전차단기 　　　　　　　　　Ⓑ 접속함 내부 차단기
Ⓒ 인버터

① Ⓒ → Ⓑ → Ⓐ, Ⓐ → Ⓑ → Ⓒ
② Ⓒ → Ⓑ → Ⓐ, Ⓐ → Ⓑ → Ⓒ
③ Ⓑ → Ⓒ → Ⓐ, Ⓐ → Ⓒ → Ⓑ
④ Ⓐ → Ⓑ → Ⓒ, Ⓐ → Ⓑ → Ⓒ

풀이 태양광발전시스템의 응급조치순서
• 차단순서 : 접속함 내부 차단기 → 인버터 → 한전차단기
• 투입순서 : 한전차단기 → 인버터 → 접속함 내부 차단기

95 태양광발전시스템 운전조작방법 중 운전 시 행해지는 조작방법으로 틀린 것은?

① 한전전원 복구 여부 확인
② Main VCB반 전압 확인
③ AC 측 차단기 On, DC 측 차단기 On
④ 5분 후 인버터 정상작동 여부 확인

풀이 태양광발전시스템 운전 시 조작방법
• Main VCB반 전압 확인　　　　• 접속반, 인버터 DC전압 확인
• AC 측 차단기 On, DC용 차단기 On　　• 5분 후 인버터 정상작동 여부 확인

96 태양광발전시스템이 작동되지 않을 때 응급조치순서로 옳은 것은?

① 접속함 내부 차단기 개방 → 인버터 개방 → 설비 점검
② 접속함 내부 차단기 개방 → 인버터 투입 → 설비 점검
③ 접속함 내부 차단기 투입 → 인버터 개방 → 설비 점검
④ 접속함 내부 차단기 투입 → 인버터 투입 → 설비 점검

정답 93 ④　94 ③　95 ①　96 ①

풀이 태양광발전시스템 응급조치순서
접속함 내부 차단기 Off → 인버터 Off 후 점검 → 점검 후 인버터 On → 접속함 내부차단기 On

97 태양광발전설비가 작동되지 않을 때, 응급조치 방법으로 잘못된 것은?

① AC 차단기 개방(Off)
② 접속함 내부 DC 차단기 개방(Off)
③ 인버터 정지 후 점검
④ 축전지 전원 Off

풀이 태양광발전설비가 작동되지 않을 경우 ①, ②, ③으로 점검 완료 후 복귀는 접속함 내부 DC 차단기 투입(On) → AC 차단기 투입(On) → 5분 후 인버터 정상작동 여부 확인

98 정전작업 중 조치사항에 대한 설명 중 틀린 것은?

① 작업지휘자에 의한 작업지휘
② 개폐기 관리
③ 근접 활선에 대한 방호상태 관리
④ 검전기로 개로된 전로의 충전 여부 확인

풀이 정전작업 전/중/후 조치사항은 다음과 같다.

구분	조치사항
정전작업 전	• 전로의 개로개폐에 시건장치 및 통전금지 표지판 설치 • 전력 케이블, 전력 콘덴서 등의 잔류전하의 방전 • 검전기로 개로된 전로의 충전 여부 확인 • 단락접지기구로 단락접지
정전작업 중	• 작업지휘자에 의한 작업지휘 • 개폐기의 관리 • 단락접지의 수시 확인 • 근접 활선에 대한 방호상태의 관리
정전작업 후	• 단락접지기구의 철거 • 시건장치 또는 표지판 철거 • 작업자에 대한 위험이 없는 것을 최종 확인 • 개폐기 투입으로 송전 재개

99 정전작업 전에 할 조치사항에 대한 설명 중 틀린 것은?

① 전로의 개로된 개폐기에 시건장치 및 통전금지 표지판 설치
② 전력 케이블, 전력 콘덴서 등의 잔류전하 방전
③ 검전기로 개로된 전로의 충전 여부 확인
④ 단락접지기구의 철거

정답 97 ④ 98 ④ 99 ④

풀이 정전작업 전 조치사항
- 전로의 개로개폐기에 시건장치 및 통전금지 표지판 설치
- 전력 케이블, 전력 콘덴서 등의 잔류전하의 방전
- 검전기로 개로된 전로의 충전 여부 확인
- 단락접지기구로 단락접지

100 정전작업 중에 할 조치사항에 대한 설명으로 틀린 것은?
① 개폐기 관리
② 작업지휘자에 의한 작업지시
③ 단락접지기구의 철거
④ 근접 활선에 대한 방호상태의 관리

풀이 정전작업 중 조치사항
- 작업지휘자에 의한 작업지휘
- 개폐기의 관리
- 단락접지의 수시 확인
- 근접 활선에 대한 방호상태의 관리

101 태양광발전시스템이 작동되지 않는 경우 응급조치순서로 옳은 것은?
① 인버터 Off → 접속함 내부 차단기 Off 후 점검 → 점검 후 접속함 내부차단기 On → 인버터 On
② 접속함 내부 차단기 Off → 인버터 Off 후 점검 → 점검 후 인버터 On → 접속함 내부 차단기 On
③ 인버터 Off → 접속함 내부 차단기 Off 후 점검 → 점검 후 인버터 On → 접속함 내부 차단기 On
④ 접속함 내부 차단기 Off → 인버터 Off 후 점검 → 점검 후 접속함 내부차단기 On → 인버터 On

풀이 태양광발전시스템 응급조치순서
접속함 내부 차단기 Off → 인버터 Off 후 점검 → 점검 후 인버터 On → 접속함 내부 차단기 On

정답 100 ③ 101 ②

02 태양광발전시스템 유지(준공 후 점검, 점검개요, 유지관리)

01 준공 시 태양전지 어레이의 점검항목이 아닌 것은?
① 프레임 파손 및 변형 유무
② 가대 접지 상태
③ 표면의 오염 및 파손상태
④ 전력량계 설치 유무

풀이 준공 시 태양전지 어레이의 점검항목
- 육안점검 : 표면의 오염 및 파손, 프레임 파손 및 변형, 가대의 부식 및 녹, 가대의 고정, 가대의 접지, 코킹, 지붕재 파손
- 측정 : 접지저항, 가대고정(볼트가 규정된 토크 수치로 조여 있을 것)

02 파워컨디셔너의 일상점검항목이 아닌 것은?
① 외함의 부식 및 파손
② 외부 배선의 손상 여부
③ 이상음, 악취 및 과열 상태
④ 가대의 부식 및 오염 상태

풀이 파워컨디셔너의 일상점검항목(육안점검항목)
외함의 부식 및 파손 외부 배선의 손상, 통풍, 이음, 이취, 연기발생 및 이상과열, 표시부의 이상표시 발전사항
④ 가대의 부식 및 오염 상태는 어레이의 준공 시 점검항목에 해당된다.

03 태양광발전시스템의 계측·표시에 관한 설명으로 틀린 것은?
① 계측기의 소비전력을 최대한 높여야 한다.
② 시스템의 운전상태 감시를 위한 계측 또는 표시이다.
③ 시스템 기기 및 시스템 종합평가를 위한 계측이다.
④ 홍보용으로 표시장치를 설치하기도 한다.

풀이 계측을 위한 소비전력은 최저로 해야 한다.

04 태양광발전시스템에 계측기구 및 표시장치 설치목적으로 틀린 것은?
① 시스템의 홍보
② 시스템의 운전상태 감시
③ 시스템에서 생산된 전력 판매량 파악
④ 시스템 기기 또는 시스템 종합평가

풀이 시스템에서 생산된 '전력 판매량'이 아니라 '전력량'을 파악하기 위한 것이다.

정답 01 ④ 02 ④ 03 ① 04 ③

05 태양광발전시스템의 계측과 표시의 목적으로 잘못된 것은?

① 시스템의 운전상태 감시를 위한 계측 또는 표시
② 사업자의 추가 설비 투자 산출을 위한 계측
③ 시스템에 의한 발전 전력량을 알기 위한 계측
④ 시스템 기기 또는 시스템 종합 평가를 위한 계측

풀이 태양광발전시스템의 계측 표시의 목적
- 시스템의 운전상태 감시를 위한 계측 또는 표시
- 시스템의 발전량을 알기 위한 계측
- 시스템의 기기 및 시스템의 종합평가를 위한 계측
- 시스템의 운전상황을 견학자에게 보여주고 시스템의 홍보를 위한 계측 또는 표시

06 태양광발전시스템의 계측기구 및 표시장치의 구성으로 틀린 것은?

① 검출기
② 감시장치
③ 신호변환기
④ 연산장치

풀이 계측기구 및 표시장치의 구성도

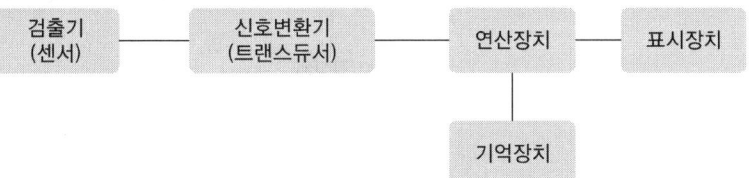

07 태양광발전시스템의 계측 표시 목적이 아닌 것은?

① 시스템의 발전량을 알기 위한 계측
② 시스템의 운영 자료를 견학자에게 제공
③ 시스템의 기기 및 시스템 종합평가를 위한 계측
④ 시스템의 운전상태를 감시하기 위한 계측 또는 표시

풀이 태양광발전시스템 계측 표시 목적
시스템의 운전상황을 견학자에게 보여주고 시스템의 홍보를 하기 위해서다.

08 태양광발전시스템의 계측기구 중 검출기로 검출된 데이터를 컴퓨터 및 장거리에 설치된 표시장치로의 전송에 사용되는 것은?

① 표시장치
② 연산장치
③ 트랜스듀서
④ 기억장치

정답 05 ② 06 ② 07 ② 08 ③

09 태양광발전시스템의 계측기구 중 검출기(센서)의 종류로 잘못된 것은?
① 분압기
② 분류기
③ 온도계
④ 차단기

풀이 검출기(센서)의 종류
- 직류회로의 전압은 직접 또는 분압기로 분압하여 검출
- 직류회로의 전류는 직접 또는 분류기를 사용하여 검출
- 교류회로의 전압, 전류, 전력, 역률 등은 직접 또는 PT, CT를 통해 검출
- 일사강도는 일사계, 기온은 온도계로 검출
- 풍향, 풍속은 풍향풍속계로 검출

10 태양광발전설비의 계측기구, 표시장치의 구성요소로 틀린 것은?
① 검출기
② 신호변환기
③ 연산장치
④ 인버터

풀이 계측기구 · 표시장치의 구성도

11 태양광발전시스템의 운전특성을 측정할 경우 사용되는 계측기기에 대한 설명으로 틀린 것은?
① 온도계의 정확도는 ±1[℃]로 한다.
② 일사계의 정확도는 ±1[%]로 한다.
③ 전력계의 정확도는 ±1[%]로 한다.
④ 전압계 및 전류계의 정확도는 ±0.5[%]로 한다.

풀이 KS C 8535(태양광발전시스템 운전특성의 측정방법) 표준 5. 계측기기의 정확도
- 일사계의 정확도는 ±2.5[%]로 한다.
- 온도계의 정확도는 ±1[℃]로 한다.
- 전압 및 전류계의 정확도는 ±0.5[℃]로 한다.
- 전력계의 정확도는 ±1[%]로 한다.
※ 계측기기의 교정은 2년마다 정기적으로 한다.

12 생산 전력이 1,000[kW]를 초과할 때 생산된 전력을 거래할 수 있는 곳은?
① 전기판매사업자
② 전력시장
③ 전기공사협회
④ 전력기술인협회

정답 09 ④ 10 ④ 11 ② 12 ②

풀이 소규모 신·재생에너지 발전전력의 거래에 관한 지침에 따라 생산된 전력은 발전설비 용량에 따라 거래할 수 있다.
- 1,000[kW] 이하 : 전기판매사업자(한전), 전력시장(한국전력거래소)
- 1,000[kW] 초과 : 전력시장(한국전력거래소)

13 개인의 주택용 등에 사용되는 소용량의 인버터 용량은 보통 몇 [kW]인가?
① 3
② 10
③ 50
④ 100

풀이 일반가정에 설치되는 3[kW] 미만의 소출력 태양광발전시스템의 경우에는 일반용 전기설비로 자리매김 되어 있다.

14 가정용 계통연계형 태양광발전설비 장애 및 고장의 경우로 볼 수 없는 것은?
① 날씨가 좋고 부하 사용이 많지 않을 때 계량기 역회전이 없다.
② 날씨가 좋은 날 인버터가 작동하지 않는다.
③ 추가 전기 사용이 없는데도 전기요금이 평상시보다 많이 부과됐다.
④ 가정용 전기의 수전전압이 10[V] 떨어졌다.

풀이 전압은 220±13[V], 380±38[V]이므로 10[V]는 허용오차 이내이다.

15 독립형 태양광발전시스템의 구소요소는?
① 태양전지 → 충·방전 제어장치 → 축전지 → 인버터 → 계통연계 보호장치
② 태양전지 → 충·방전 제어장치 → 축전지 → 인버터
③ 태양전지 → 축전지 → 계통연계 보호장치
④ 태양전지 → 축전지 → 풍력발전기 → 인버터

16 독립형 태양광발전시스템이 적용되는 곳은?
① 도심지역
② 인구다발지역 주택가
③ 도서지역 주택
④ 지능형 건물(IB)

풀이 독립형 태양광발전시스템이 적용되는 곳
오지, 유·무인등대, 가로등, 중계소, 도서지역 주택, 즉 한전의 전력계통이 연결되지 않은 시스템에 전기를 생산하여 공급

정답 13 ① 14 ④ 15 ② 16 ③

17 계통연계형 태양광발전시스템의 특징이 아닌 것은?
① 생산된 전력을 지역전력망에 공급될 수 있도록 구성된다.
② 주택용·상업용 빌딩, 단순복합형(태양광-풍력)·다중복합형 등으로 사용할 수 있는 태양광발전의 가장 일반적인 형태이다.
③ 초과된 전력은 상용계통에 보내고 야간 혹은 우천시 전력 생산이 불충분한 경우 상용계통으로부터 전력을 받을 수 있다.
④ 전력저장장치(축전지)가 필요하다.

풀이 계통연계형 시스템은 전력저장장치가 필요치 않아 가격이 상대적으로 낮다.

18 태양광전원이 배전선로에 연계되어 운용되는 경우, 수용가의 전압을 일정하게 유지시키는 데 가장 중요한 역할을 하는 것은?
① 변전소계전기   ② 리클로저
③ 주상변압기   ④ 선로전압조정기

풀이 태양광전원이 연계된 배전계통에서 발생되는 과전압문제를 해소하기 위하여 계통에서 발생하는 전압변동에 대응하여 전압을 일정하게 유지시킬 수 있는 선로전압조정장치이다.

19 태양전지를 여러 장 직렬연결하여 하나의 프레임으로 조립하여 만든 패널은 무엇인가?
① 태양전지   ② 모듈   ③ 어레이   ④ 태양전지 발전시스템

풀이 태양전지 → 모듈 → 어레이

20 충·방전 컨트롤러가 갖추어야 할 기능이 아닌 것은?
① 전력변환기능   ② 온도보정기능
③ 역류방지기능   ④ 야간타이머기능

풀이 충·방전 컨트롤러 기능
축전지가 일정선 이하로 떨어질 경우 부하와의 연결을 차단하는 기능
※ 전력변환기능은 인버터의 기능이다.

21 어레이 내의 스트링과 스트링 사이에서도 전압불균형 등의 원인으로 병렬접속한 스트링 사이에 전류가 흘러 어레이에 악영향을 미칠 수 있는데 이를 방지하기 위해 설치하는 것은?
① 인버터   ② 역류 방지 다이오드(Blocking Diode)
③ By-pass Diode   ④ String

정답 17 ④ 18 ④ 19 ② 20 ① 21 ②

22 인버터의 절연방식으로 분류한 것 중 틀린 것은?
① 상용주파 절연방식　　　　② 고주파수 절연방식
③ 무변압기 방식　　　　　　④ Gas 절연방식

풀이 절연방식은 ①, ②, ③이다.

23 태양광발전시스템의 계측기기나 표시장치가 아닌 것은?
① 전력량계　　　　　　　　② LED
③ 인버터　　　　　　　　　④ 일사계

풀이 인버터는 DC를 AC로 변환하는 장치이다.

태양광발전시스템의 계측기기 및 표시장치
- 일사계
- 전력량계
- 기온풍속계
- 표시장치 : LED

24 태양광발전시스템의 운영에 있어 계측기기나 표시장치의 사용목적이 아닌 것은?
① 시스템의 성능 예측
② 시스템의 운전상태 감시
③ 시스템의 발전전력량 파악
④ 시스템의 성능을 평가하기 위한 데이터 수집

풀이 태양광발전시스템 운영 시 계측기기나 표시장치의 사용목적
- 시스템의 운전상태 감시를 위한 계측 또는 표시
- 시스템의 발전전력량을 알기 위한 계측
- 시스템 기기 및 시스템 종합평가를 위한 계측
- 시스템의 운전상황을 견학자에게 보여주고, 시스템 홍보를 위한 계측 또는 표시

25 대양광발전시스템의 계측 및 표시에 필요한 기기로 틀린 것은?
① 교류회로 전압 측정을 위한 분류기
② 계측 데이터를 복사, 보존하기 위한 기억장치
③ 검출된 전압, 전류 등의 데이터 전송을 위한 신호변환기
④ 일시 계측 데이터를 적산하여 평균값 및 적산값을 얻기 위한 연산장치

풀이 직류회로의 전압은 직접 또는 분압기로 분압하여 검출한다.

정답 22 ④　23 ③　24 ①　25 ①

26 태양광발전 모니터링 시스템 중 고장진단기능이 아닌 것은?

① 직렬회로 상태표시(전압, 전류, 전력 스위치 상태 등)
② 파워컨디셔너의 감시, 이상 유무 확인
③ 계통 연계 감시
④ 자동화재탐지설비기능

풀이 자동화재탐지설비는 화재를 조기에 발견하여 진화하기 위한 설비이지 고장진단기능이 있는 설비는 아니다.

27 태양광발전 모니터링 시스템의 주요 기능이 아닌 것은?

① 무인으로 태양광 발전소 운전 현황을 실시간으로 확인할 수 있다.
② 실시간 발전 현황을 모니터링 화면이나 모바일 기기에서도 실시간 확인할 수 있다.
③ 기상관측장치의 데이터를 수집하여 발전소의 기상현황을 확인할 수 있다.
④ 모듈 직렬회로에서 음영에 의한 손실량 기록을 확인할 수 있다.

풀이 모니터링으로는 음영 원인을 분석할 수 없다.

태양광발전 모니터링 시스템의 주요 기능
- 기록 및 통계 : 추이그래프 및 이력데이터
- 실시간 모니터링 : 발전 현황, 일사량, 온도
- 경보 발생
- 보고서 생성

28 모니터링 시스템의 구성요소가 아닌 것은?

① PC, 모니터, 공유기
② 직렬서버
③ 기상수집 I/O 통신모듈 : 일사량센서, 습도센서, 온도센서, 풍속센서 등
④ 인버터

풀이 인버터는 직류를 교류로 변환하는 태양광발전시스템 구성요소이다.

29 모니터링시스템의 주요 구성요소가 아닌 것은?

① 발전소 내 감시용 CCTV
② LOCAL 및 Web Monitoring
③ 기상관측장치
④ LBS

풀이 모니터링시스템 주요구성 요소
- PC : LOCAL 및 Web Monitoring 내장

정답 26 ④ 27 ④ 28 ④ 29 ④

- 모니터 : LED, 디지털 감시화면
- 공유기 : CCTV 저장 데이터
- 기상수집 I/O 통신모듈, 일사량센서, 온도센서, 풍속센서, 습도센서 등
※ LBS(Load Break Switch) : 부하개폐기

30 검출기에 의해 측정된 데이터를 컴퓨터 및 먼 거리로 전송하는 것은?
① 연산장치
② 표시장치
③ 기억장치
④ 신호변환기

풀이 계측시스템
- 검출기 : 직류회로의 전압, 전류를 검출, 교류회로의 전압, 전류, 전력, 역률, 주파수 등을 검출
- 신호변환기 : 검출기에 의해 측정된 데이터를 표시장치로 전송
- 연산장치 : 계측된 데이터를 적산하여 일정기간마다의 평균값, 적산값으로 얻는다.
- 기억장치 : 컴퓨터 내의 메모리나 컴팩트 디스크를 사용하여 데이터 저장

31 주택용 태양광발전시스템의 계측에 대한 설명으로 틀린 것은?
① 주택용 태양광발전시스템은 전력회사에서 공급받는 전력량과 설치자가 전력회사로 역조류한 잉여전력량을 계량하기 위해 2대의 전력량계를 설치한다.
② 주택용 파워컨디셔너에는 운전상태를 감시하는 기능은 있으나 발전전력의 검출기능은 없다.
③ 운전상태를 감시하기 위해 LED나 액정디스플레이 등의 표시장치를 갖추고 있다.
④ 파워컨디셔너와는 별도로 표시장치를 설치하고 거실 등의 떨어진 위치에서 태양광발전시스템의 운전상태를 모니터링할 수 있는 제품도 있다.

풀이 주택용 태양광발전시스템
- 주택용 시스템의 경우에는 전력회사에서 공급받는 전력량과 설치자가 전력회사로 역조류한 잉여전력량을 계량하기 위해 2대의 전력량계(買, 賣)가 설치된다.
- 주택용 파워컨디셔너에는 운전상태를 감시하기 위해 발전전력의 검출기능과 그 계측결과를 표시하기 위한 LED나 액정디스플레이 등의 표시장치를 갖추고 있다.
- 최근에는 파워컨디셔너와는 별도로 표시장치를 설치하고, 거실 등의 떨어진 위치에서 태양광발전시스템의 운전상태를 모니터링할 수 있는 제품이 있으며, 이 같은 장치는 특정 발전량을 곱하거나 CO_2의 삭감량을 표시하는 등의 다양한 표시기능을 갖추고 있다.

32 태양광발전시스템에서 모니터링 프로그램의 기능으로 틀린 것은?
① 데이터 수집기능
② 데이터 저장기능
③ 데이터 연산기능
④ 데이터 분석기능

정답 30 ④ 31 ② 32 ③

풀이 태양광 모니터링 프로그램의 기능
데이터 수집기능, 데이터 저장기능, 데이터 분석기능, 데이터 통계기능

33 모니터링 시스템의 운영 점검사항으로 틀린 것은?
① 센서 접속 이상 유무
② 가대 등의 녹 발생 유무
③ 인터넷 접속상태 및 통신단자 이상 유무
④ 인버터 모니터링 데이터 이상 유무

풀이 어레이 일상점검항목 : 가대의 녹 발생 유무

34 모니터링 프로그램의 기능이 아닌 것은?
① 데이터 수집기능
② 데이터 저장기능
③ 데이터 통계기능
④ 데이터 계산기능

풀이 데이터 계산기능이 아니라 분석기능이다.

35 품질기준에 대한 설명 중 틀린 것은?
① 품질기준은 유지보수 활동에 필요한 외적인 조건으로 정의되며 기술 특성과 성과품의 특성을 규정한다.
② 품질기준은 유지관리 활동을 야기시킬 조건과 점검주기를 명시해야 한다.
③ 충분한 결과를 얻기 위해 시방서를 상세히 확인해야 한다.
④ 전력변환장치와 같은 복잡한 설비의 경우에는 시공 기술자에 의해 품질기준이 규정되어야 한다.

풀이 복잡한 설비의 경우에는 전문기술자에 의해 품질기준이 규정된다.

36 태양광발전시스템의 성능평가를 위한 측정요소가 아닌 것은?
① 경제성
② 정확성
③ 신뢰성
④ 발전성능

풀이 태양광발전시스템의 성능평가를 위한 측정요소
구성요인의 성능, 신뢰성, 사이트, 발전성능 설치비용(경제성)

37 태양광발전시스템의 신뢰성 평가 분석항목으로 틀린 것은?
① 트러블
② 운전데이터의 결측상황
③ 계획 정지
④ 경제성

정답 33 ② 34 ④ 35 ④ 36 ② 37 ④

풀이 태양광발전시스템의 신뢰성 평가 분석항목
- Trouble : 시스템 트러블, 계측 트러블
- 운전데이터의 결측상황
- 계획 정지

38 신뢰성 평가 분석 항목 중 시스템 트러블로 옳은 것은?

① 프리즈
② 인버터 정지
③ 컴퓨터의 조작오류
④ 컴퓨터 전원의 차단

풀이 신뢰성 평가 분석항목
㉠ 트러블(Trouble)
- 시스템 트러블 : 인버터 정지, 직류지락, 계통지락, RCD(ELB)트립 원인불명 등에 의한 시스템 운전 정지 등
- 계측 트러블 : 컴퓨터 전원의 차단, 컴퓨터의 조작오류, 기타 원인불명
㉡ 운전데이터의 결측상황
㉢ 계획정지 : 정전(정기점검, 개수정전, 계통정전)

39 태양광발전시스템 성능평가를 위한 신뢰성 평가 분석항목 중 트러블에 관한 연결이 틀린 것은?

① 계측 트러블 : 컴퓨터 전원의 차단
② 시스템 트러블 : 인버터 정지
③ 시스템 트러블 : 계통 지락
④ 계측 트러블 : ELB 트립

풀이 38번 해설 참조

40 태양광발전시스템의 성능평가를 위한 사이트 평가방법으로 틀린 것은?

① 설치시설의 분류
② 설치 대상기관
③ 운전 데이터의 결속상황
④ 시공업자

풀이 태양광발전시스템의 사이트 평가방법
- 설치 대상기관
- 설치시설의 분류
- 설치시설의 지역
- 설치형태
- 설치용량
- 설치각도와 방위
- 시공업자
- 기기제조사

정답 38 ② 39 ④ 40 ③

41 시스템 성능평가 분류 중 사이트 평가방법 항목으로 틀린 것은?

① 설치 용량 ② 설치 형태
③ 설치 단가 ④ 설치 대상기관

풀이 사이트 평가방법
설치 대상기관, 설치 형태, 설치 용량, 설치시설의 분류, 설치시설의 지역

42 다음은 성능평가 측정 중 시험장치에 관한 설명이다. ( ) 안에 들어갈 내용으로 옳은 것은?

> 솔라 시뮬레이터는 태양광발전 모듈의 성능을 (Ⓐ)에서 시험하기 위한 인공광원이며, KS C IEC 60904-9에서 규정하는 방사조도 (Ⓑ) 이내, 광원 균일도 (Ⓒ) 이내의 A등급 이상으로 한다.

① Ⓐ 옥내, Ⓑ ±1[%], Ⓒ ±1[%]
② Ⓐ 옥내, Ⓑ ±2[%], Ⓒ ±2[%]
③ Ⓐ 옥외, Ⓑ ±1[%], Ⓒ ±1[%]
④ Ⓐ 옥외, Ⓑ ±2[%], Ⓒ ±2[%]

풀이 KS C 8561(결정질 실리콘 태양광발전 모듈(성능)의 시험장치 중 솔라 시뮬레이터는 태양광발전의 모듈의 성능을 옥내에서 시험하기 위한 인공광원이며, KS C IEC 60904-9에서 규정하는 방사조도 ±2[%] 이내, 광원 균일도 ±2[%] 이내의 A등급 이상으로 한다.

43 태양광발전시스템의 신뢰성 평가분석 항목에서 계측 트러블에 속하는 것은?

① 계통지락 ② 직류지락
③ 인버터의 정지 ④ 컴퓨터의 조작오류

풀이 신뢰성 평가분석 항목
- 시스템 트러블 : 인버터 정지, 직류지락, 계통지락, RCD(=ELB) 트립, 원인불명 등에 의한 시스템의 정지
- 계측 트러블 : 컴퓨터 전원의 차단, 컴퓨터의 조작오류, 기타 원인불명

44 태양광발전시스템 성능평가를 위한 사이트 평가방법이 아닌 것은?

① 설치용량 ② 발전성능
③ 시공업자 ④ 설치대상기관

풀이
- 시스템 성능평가 분류 : 구성요인의 성능·신뢰성, 사이트, 발전성능, 설치가격
- 사이트 평가방법 : 설치 대상기관, 설치 시설의 분류, 설치 시설의 지역, 설치 형태, 설치 용량, 설치 각도와 방위, 시공업자, 기기제조사

정답 41 ③ 42 ② 43 ④ 44 ②

45 태양광발전시스템 성능평가의 분류로 틀린 것은?
① 신뢰성
② 경제성
③ 설치형태
④ 발전성능

풀이 44번 해설 참조

46 시스템 성능평가의 분류로 틀린 것은?
① 신뢰성
② 사이트
③ 발전성능
④ 분석가격

풀이 태양광발전시스템의 성능평가를 위한 측정요소는 구성요인의 성능·신뢰성, 사이트, 발전성능, 설치코스트(경제성) 등이 있다.

47 성능평가를 위한 측정요소 중 설치코스트 평가방법에 해당하지 않는 것은?
① 유지·보수 단가
② 기초공사 단가
③ 계측표시장치 단가
④ 태양전지 설치단가

풀이 성능평가를 위한 측정요소 중 설치코스트 평가방법
시스템 설치단가, 태양전지 설치단가, 파워컨디셔너 설치단가, 어레이 가대 설치단가, 계측표시장치 단가, 기초공사 단가, 부착시공 단가

48 태양광발전시스템 성능분석 용어에 대한 설명으로 틀린 것은?
① 태양광 어레이 변환효율 : $\dfrac{\text{태양전지 어레이 출력전력[kW]}}{\text{경사면 일사량[kW/m}^2\text{]} \times \text{태양전지 어레이 면적[m}^2\text{]}}$

② 시스템 발전효율 : $\dfrac{\text{시스템 발전 전력량[kWh]}}{\text{경사면 일사량[kW/m}^2\text{]} \times \text{태양전지 어레이 면적[m}^2\text{]}}$

③ 시스템 이용률 : $\dfrac{\text{시스템 발전 전력량[kWh]}}{24[h] \times \text{운전일수} \times \text{태양전지 어레이 설계용량(표준상태)}}$

④ 시스템 가동률 : $\dfrac{\text{시스템 평균의 발전전력 또는 전력량[kWh]}}{\text{부하소비전력[kW] 또는 전력량[kW]}}$

풀이

성능분석 용어	산출방법
태양광 어레이 변환효율	$\dfrac{\text{태양전지 어레이 출력전력[kW]}}{\text{경사면 일사량[kW/m}^2\text{]} \times \text{태양전지 어레이 면적[m}^2\text{]}}$
시스템 발전효율	$\dfrac{\text{시스템 발전 전력량[kWh]}}{\text{경사면 일사량[kW/m}^2\text{]} \times \text{태양전지 어레이 면적[m}^2\text{]}}$
태양에너지 의존율	$\dfrac{\text{시스템의 평균 발전전력 또는 전력량[kWh]}}{\text{부하소비전력[kW] 또는 전력량[kW]}}$

정답 45 ③ 46 ④ 47 ① 48 ④

성능분석 용어	산출방법
시스템 이용률	$\dfrac{\text{시스템 발전 전력량[kWh]}}{24[\text{h}] \times \text{운전일수} \times \text{태양전지 어레이 설계용량(표준상태)}}$
시스템 성능(출력)계수	$\dfrac{\text{시스템 발전 전력량[kWh]} \times \text{표준 일사강도}}{\text{태양전지 어레이 설계용량(표준상태)[kW]} \times \text{경사면 누적일사량}([\text{kWh/m}^2])}$
시스템 가동률	$\dfrac{\text{시스템 동작시간[h]}}{24[\text{h}] \times \text{운전일수}}$
시스템 일조가동률	$\dfrac{\text{시스템 동작시간[h]}}{\text{가조시간}}$

49 분산형 전원 발전설비는 전력계통 연계지점에서 발전기 용량 정격 최대전류의 몇 [%] 이상인 직류전류를 전력계통으로 유입해서는 안 되는가?

① 2 ② 1 ③ 0.5 ④ 0.3

풀이 직류 유입 제한
분산형 전원 및 그 연계 시스템은 분산형 전원 연결점에서 최대 정격 출력전류의 0.5[%]를 초과하는 직류 전류를 계통으로 유입시켜서는 안 된다.

50 태양광발전에서 수명 감소의 가장 큰 원인 중 하나는 충진재(Encapsulant)의 특성변화에 기인한다. 충진재 중 EVA(Ethylene Vinyl Acetate)의 설명으로 가장 부적절한 것은?

① 겔(Gel) 함량과 Curing 온도에 따라 가교율에 의해 강도가 달라진다.
② 가교율이 높으면 강도가 증가하고 미소 충격에 의해 태양전지의 균열로 이어질 수 있다.
③ 빛과 수분을 동시에 일부 차단한다.
④ 장기간 적외선에 노출되어 변색이 급격히 진행된다.

풀이 장기간 적외선에 노출되어 변색이 천천히 진행된다.

51 태양광 모듈의 유지관리사항이 아닌 것은?

① 모듈의 유리 표면 청결 유지
② 음영이 생기지 않도록 주변 정리
③ 케이블 극성 유의 및 방수 커넥터 사용 여부
④ 셀이 병렬로 연결되었는지 여부

풀이 태양광 모듈의 유지관리사항
• 충격이 발생하지 않도록 주의(강화유리)
• 모듈 표면 이물질 제거 및 지지대 녹 발생 유무 확인
• 모듈 표면이 그늘 지지 않도록 주의
• 태양전지 셀의 직렬로 연결되었는지 확인

52 태양광(PV) 모듈의 적층판 파괴를 발견하기 위한 방법으로 적당한 것은?

① 다기능 측정
② 입출력 측정
③ 절연저항 측정
④ 과/저전압 측정

풀이 모듈 결함점검 및 측정사항

고장 유형	육안 검사	다기능 측정	접지 저항 측정	입출력 측정	절연 저항 측정	과/저 전압 측정	$I-V$ 곡선	인버터 수치 읽기	AC 회로 시험	전력망 분석
적층판 파괴	O	O					O			
바이패스다이오드		O							(O)	
접촉점		O	O				O		(O)	
습기	O	O			O	O				
결합모듈	O	O			O	O			(O)	

53 태양광발전시스템 고장으로 문제점이 발견된 경우 판단 및 조치사항에 대한 설명으로 틀린 것은?

① 불량 모듈을 교체할 때에는 동일 규격제품으로 교체하고, 그렇지 못한 경우에는 더 작은 단락전류 값을 가진 모듈로 교체해야 안전하다.
② 파워컨디셔너가 고장인 경우에는 유지보수 담당자가 직접 수리보수하지 않도록 하고, 제조업체에 AS를 의뢰하여 보수해야 한다.
③ 태양전지 모듈에서 음영이 들지 않았음에도 불구하고, 단락전류 값이 갑자기 작아지면 즉시 모듈을 교체하여야 한다.
④ 태양전지 셀 및 바이패스 다이오드가 손상된 경우, 태양전지 모듈을 교체한다.

풀이 불량 모듈을 교체할 때에는 동일 규격제품으로 교체하고, 그렇지 못한 경우에는 더 큰 단락전류 값을 가진 모듈로 교체해야 출력저하가 발생되지 않는다.

54 태양광발전설비의 전력 케이블로 적당하지 않은 것은?

① FR-CV
② UV케이블
③ EM케이블
④ FR-CVVS

풀이 FR-CVVS : 제어용 비닐절연 비닐시스 케이블

55 태양전지 및 어레이의 점검 내용이 아닌 것은?

① 프레임 파손 및 변형
② 유리 표면의 오염 및 파손
③ 보호계전기의 설정
④ 지지대의 접지 및 고정

정답 52 ① 53 ① 54 ④ 55 ③

[풀이] 태양전지 어레이 점검항목
- 표면의 오염 및 파손
- 가대의 부식 및 녹 발생
- 가대접지
- 지붕재의 파손
- 외부배선의 손상
- 프레임 파손 및 변형
- 가대 고정
- 코킹
- 접지저항
- 접지선의 접속 및 접속단자 풀림

56 태양광발전시스템의 유지보수 점검 시 보통 유지해야 할 절연저항은 몇 [MΩ] 이상인가?

① 1.0　　② 2.0　　③ 3.0　　④ 4.0

[풀이] 절연저항시험
- 판정기준 : 절연저항이 1[MΩ] 이상일 것
- 입력단자 및 출력단자를 각각 단락하고 그 단자와 대지 간의 절연저항을 측정

57 태양광발전시스템 저압배전선과의 계통연계 시 필요한 보호장치 중 발전설비의 고장을 보호하기 위한 보호장치는?

① 과전압보호계전기
② 과주파수계전기
③ 부족주파수계전기
④ 단락방향계전기

[풀이] 역조류를 허용하는 발전설비를 저압배전선과 연계 시 전압변동이 발생을 막기 위해 과전압 보호계전기를 사용하고, 단락방향계전기, 부족주파수 계전기, 고주파계전기는 계통과 연계를 분리하는 곳에 사용할 수가 있다.

58 소형 태양광발전용 인버터의 자동 기동·정지시험 시 품질기준 중 채터링은 몇 회 이내이어야 하는가?

① 2　　② 3　　③ 4　　④ 5

[풀이] KS C 8564(소형 태양광발전용 인버터) 자동 기동·정지시험의 품질기준에 의거 채터링은 3회 이내일 것(채터링 : 자동 기동·정지 시에 인버터가 기동, 정지를 불안정하게 반복되는 현상)

59 한전에서 사용하고 있는 분산전원 계통연계 가이드라인에서 태양광전원의 연계지점에서 역률 유지기준은 몇 [%]인가?

① 지상 80[%]　　② 지상 90[%]　　③ 진상 80[%]　　④ 진상 90[%]

[풀이] 분산형 전원 배전계통의 연계역률
분산형 전원의 역률은 90[%] 이상으로 유지함을 원칙으로 한다.

정답　56 ①　57 ①　58 ②　59 ②

60 유지관리에 필요한 기술자료의 수집, 기술의 연수, 보전기술개발의 제반비용 등으로 구성되는 유지관리비의 항목은 무엇인가?

① 개량비
② 유지비
③ 운용지원비
④ 일반관리비

풀이 유지관리비 구성항목
- 유지비 : 일상점검, 정기점검, 청소, 보안, 식재관리, 제설 등에 필요한 유지점검에 관련된 비용
- 운용지원비 : 유지관리에 필요한 기술자료의 수집, 기술의 연수, 보전기술개발의 제반비용
- 일반관리비 : 행정비, 관련세금, 보험료, 감가상각, 업무위탁에 필요한 사무비 및 위탁업무의 검사에 필요한 경비

61 태양광발전시스템 중 계통연계형 시스템의 구성이 아닌 것은?

① 축전지
② 상용계통
③ 인버터
④ 태양전지판

풀이 축전지는 독립형 태양광발전시스템의 구성요소

62 태양광발전시스템에 있어 운전 정지 후에 해야 하는 점검사항은?

① 부하 전류 확인
② 단자의 조임 상태 확인
③ 계기류의 이상 유무 확인
④ 각 선간전압 확인

풀이 ①, ③, ④는 운전 중에 점검할 수 있는 항목이다.

63 모듈외관, 태양전지 등에 크랙, 구부러짐, 갈라짐 등을 확인하기 위한 외관검사 시 최소 몇 [lx] 이상의 광 조사상태에서 진행해야 하는가?

① 300
② 500
③ 750
④ 1,000

풀이 KS C 8561(결정질 태양전지 모듈) 표준 6.1.1 외관검사 방법에 의거, 1,000[lux=lx] 이상의 광 조사상태에서 모듈외관, 태양전지 등에 크랙, 구부러짐, 갈라짐 등이 없는지 확인한다.

64 중대형 태양광발전용 인버터의 효율시험에서 교류전원을 정격전압 및 정격 주파수로 운전하고, 운전 시작 후 최소한 몇 시간 이후에 측정하여야 하는가?

① 2
② 3
③ 4
④ 5

정답 60 ③ 61 ① 62 ② 63 ④ 64 ①

> **풀이** KS C 8565(중대형 태양광발전용 인버터) 8.5.5.1 효율시험 방법에서 교류전원을 정격전압 및 정격 주파수로 운전하고, 운전 시작 후 최소한 2시간 이후에 측정한다.

65 태양광 모듈의 고장원인이 아닌 것은?
① 모듈 극성의 오결선
② 유리표면의 오염
③ 외부 충격
④ 낙뢰 및 서지

> **풀이** 모듈의 고장원인
> 낙뢰 및 서지, 모듈 극성의 오결선, 외부 충격 등

66 태양광발전(PV) 모듈 안전조건 시험요건에 해당하지 않는 것은?
① 전지충격위험시험
② 화재위험시험
③ 역전압 과부하시험
④ 기계적 응력시험

> **풀이** 태양광발전(PV) 모듈 안전조건 시험요건
> • 전지충격위험시험
> • 화재위험시험
> • 기계적 응력시험

67 자가용 태양광발전설비의 사용 전 검사항목이 아닌 것은?
① 부하운전시험 검사
② 변압기 본체 검사
③ 전력변환장치 검사
④ 종합연동시험 검사

> **풀이** ② 변압기 본체 검사는 사업용 태양광설비의 사용 전 검사항목이다.
>
> 자가용 태양광발전설비의 사용 전 검사항목
> • 태양광발전 설비표   • 태양광전지검사
> • 전력변환장치검사   • 종합연동시험검사
> • 부하운전시험검사

68 박막 태양광발전 모듈의 최대 출력 결정 시 품질기준으로 시험시료의 출력 균일도는 평균출력의 몇 [%] 이내이어야 하는가?
① ±1
② ±2
③ ±3
④ ±4

> **풀이** KS C 8562(박막 태양전지 모듈) 6.2.2 품질기준(초기)에서 시험시료의 출력 균일도는 평균출력의 ±3[%] 이내일 것

정답 65 ② 66 ③ 67 ② 68 ③

69 태양전지 어레이 점검 시 가장 먼저 점검해야 하는 것은?
① 단락전류
② 정격전류
③ 개방전압
④ 단락전압

풀이 태양전지 어레이의 점검순서
개방전압 측정 → 단락전류 측정

70 바이패스 다이오드 열 시험을 진행 시 STC에서 단락전류의 몇 배와 같은 전류를 적용하는가?
① 2
② 1.5
③ 1.25
④ 1

풀이 KS C 8561에 의한 바이패스 다이오드의 열시험(Bypass Diode Thermal Test)은 STC(표준시험조건)에서 단락전류의 1.25배와 같은 전류를 적용한다.

71 태양광발전 설비 중 주로 발청 현상으로 인한 페인트나 은분의 도포가 필요한 곳은?
① 배전반
② 인버터
③ 모듈
④ 구조물

풀이 태양광발전설비 중 구조물 철부 표면이 장기간 노출되면 산소이온화 현상이 발생하고 이를 방지하기 위해 용융아연도금을 실시한다.

72 태양전지 어레이의 출력 확인을 위해 개방전압을 측정할 때의 순서를 올바르게 나열한 것은?

㉠ 각 모듈이 그늘로 되어 있지 않은 것을 확인한다.
㉡ 접속함의 각 스트링 MCCB 또는 퓨즈를 Off한다.
㉢ 접속함의 주 개폐기를 Off한다.
㉣ 측정하려는 스트링의 MCCB 또는 퓨즈를 On하여 측정한다.

① ㉠ → ㉡ → ㉢ → ㉣
② ㉠ → ㉢ → ㉡ → ㉣
③ ㉡ → ㉢ → ㉠ → ㉣
④ ㉢ → ㉡ → ㉠ → ㉣

풀이 개방전압의 측정순서
㉠ 접속함의 출력 개폐기를 개방(Off)한다.
㉡ 접속함의 각 스트링 단로스위치(MCCB 또는 퓨즈)가 있는 경우의 MCCB 또는 퓨즈를 개방(Off)한다.
㉢ 각 모듈이 그늘져 있지 않은지 확인한다.
㉣ 측정하는 스트링의 MCCB 또는 퓨즈를 투입(On)한다.
㉤ 직류전압계로 각 스트링의 P-N 단자 간의 전압을 측정한다.

정답 69 ③ 70 ③ 71 ④ 72 ④

73 태양전지 어레이의 개방전압을 측정할 때 유의해야 할 사항이 아닌 것은?

① 각 스트링의 전압은 안정된 일사강도가 얻어질 때 실시한다.
② 태양전지 어레이의 표면을 청소할 필요가 있다.
③ 태양이 남쪽에 있을 때의 전·후 1시간은 일사강도가 가장 높으므로 측정을 피하는 것이 좋다.
④ 측정 시각은 일사강도 온도의 변동을 극히 적게 하기 위해 맑을 때 실시하는 것이 바람직하다.

풀이 개방전압 측정 시 유의사항
- 태양전지 어레이의 표면을 청소할 필요가 있다.
- 각 스트링의 측정은 안정된 일사강도가 얻어질 때 실시한다.
- 측정시각은 일사강도, 온도의 변동을 극히 적게 하기 위해 맑을 때, 남쪽에 있을 때의 전후 1시간에 실시하는 것이 바람직하다.
- 태양전지 셀은 비오는 날에도 미소한 전압을 발생하고 있으므로 매우 주의해서 측정해야 한다.

74 최대출력 결정시험에 대한 설명 중 틀린 것은?

① 해당 태양광모듈의 최대출력을 측정할 것
② 시험시료의 최대출력은 정격출력 이상이어야 할 것
③ 시험시료의 출력균일도는 평균출력의 ±3[%] 이내일 것
④ 시험시료의 최종 환경시험 후 최대출력의 열화는 최초 최대출력을 −8[%] 초과하지 않을 것

풀이 최대출력결정 판정기준
- 해당 태양광모듈의 최대출력을 측정하되, 시험시료의 평균출력은 정격출력 이상일 것
- 시험시료의 출력 균일도는 평균출력의 ±3[%] 이내일 것
- 시험시료의 최종 환경시험 후 최대출력의 열화는 최종 최대출력을 −8[%] 초과하지 않을 것

75 태양광발전시스템에서 태양전지 스트링과 모듈의 동작불량, 직렬 접속선의 결선 누락 등을 확인하기 위한 점검방법은?

① 개방전압 측정
② 단락전류 측정
③ 운전상황 점검
④ 일상점검

풀이 개방전압측정 목적
태양전지 스트링과 모듈의 동작불량, 직렬 접속선의 결선 누락 등을 확인

76 태양광발전시스템의 개방전압을 측정할 때 유의해야 할 사항으로 틀린 것은?

① 태양전지 어레이의 표면은 청소하지 않아도 된다.
② 태양전지 셀은 비오는 날에도 미소한 전압을 발생하고 있으므로 매우 주의하여 측정하여야 한다.
③ 각 스트링의 측정은 안정된 일사강도가 얻어질 때 실시한다.

정답 73 ③ 74 ② 75 ① 76 ①

④ 측정시각은 일사강도, 온도의 변동을 극히 적게 하기 위해 맑을 때, 남쪽에 있을 때의 전후 1시간에 실시하는 것이 바람직하다.

풀이 개방전압을 측정하기 전에 태양전지 어레이의 표면을 청소해야 한다.

77 개방전압의 측정 시 유의사항으로 틀린 것은?

① 태양전지 어레이의 표면을 청소할 필요가 있다.
② 각 스트링의 측정은 안정된 일사강도가 얻어질 때 실시한다.
③ 측정시각은 일사강도 온도의 변동을 극히 적게 하기 위해 맑을 때, 동쪽에 있을 때의 전후 2시간 내에 실시하는 것이 좋다.
④ 태양전지 셀은 비오는 날에도 미소한 전압이 발생하므로 주의해서 측정한다.

풀이 측정시간은 일사강도 온도의 변동을 극히 적게 하기 위하여 측정은 맑을 때, 남쪽에 있을 때의 전후 1시간 내에 실시하는 것이 좋다.

78 개방전압의 측정목적으로 잘못된 것은?

① 동작불량 스트링 검출
② 동작불량 모듈 검출
③ 직렬 접속선의 결선누락 사고 검출
④ 인버터의 접속불량 검출

풀이 개방전압 측정목적
태양전지 어레이의 각 스트링의 개방전압을 측정하여 개방전압 불균일에 따라 동작불량 스트링, 동작불량 모듈, 직렬접속선의 결선누락사고를 검출한다.

79 다음 중 개방전압 시험기자재는 무엇인가?

① 직류전압계(테스터)
② 검전기
③ 접지저항 측정기
④ 절연저항계

80 개방전압 측정순서를 순서대로 나열한 것은?

ㄱ. 접속함의 출력개폐기를 개방(Off)한다.
ㄴ. 접속함의 각 스트링 단로스위치(MCCB 또는 퓨즈)가 있는 경우의 MCCB 또는 퓨즈를 개방한다.
ㄷ. 각 모듈이 그늘져 있지 않은지 확인한다.
ㄹ. 측정하는 스트링의 MCCB 또는 퓨즈를 투입(On)한다.
ㅁ. 직류전압계로 각 스트링의 P-N 단자 간의 전압을 측정한다.

정답 77 ③ 78 ④ 79 ① 80 ②

① ㄴ → ㄱ → ㄷ → ㄹ → ㅁ　　　　② ㄱ → ㄴ → ㄷ → ㄹ → ㅁ
③ ㄷ → ㄴ → ㄱ → ㄹ → ㅁ　　　　④ ㄱ → ㄴ → ㅁ → ㄷ → ㄹ

81 태양전지 어레이의 동작 불량 스트링이나 태양전지 모듈의 검출 및 직렬 접속선의 결선누락사고, 잘못 연결된 극성 등을 검출하기 위해 측정하는 것은?

① 누설전류　　　　② 개방전압
③ 접지저항　　　　④ 절연저항

풀이 개방전압의 측정목적
동작 불량 스트링이나 태양전지 모듈의 검출 및 직렬 접속선의 결선누락 사고, 잘못 연결된 극성을 검출하기 위해서다.

82 개방전압 측정 시 유의사항으로 틀린 것은?

① 각 스트링의 측정은 안정된 일사강도가 얻어질 때 하도록 한다.
② 태양광발전 모듈표면의 이물질, 먼지 등의 청소가 필요하다.
③ 개방전압 측정 시 안전을 위해 우천 시 또는 흐린 날에 측정하도록 한다.
④ 측정시각은 일사강도, 온도의 변동을 극히 적게 하기 위하여, 청명할 때와 남쪽에 있을 때의 전후 1시간에 실시하는 것이 바람직하다.

풀이 개방전압 측정은 청명할 때와 남쪽에 있을 때의 전후 1시간에 실시한다.

83 태양전지 어레이의 출력 확인 시험 중 개방전압 측정순서에 대한 설명으로 틀린 것은?

① 접속함의 주개폐기를 개방(Off)한다.
② 접속함의 각 스트링의 MCCB 또는 퓨즈가 있는 경우 개방(Off)한다.
③ 각 모듈이 그늘 져 있지 않은지 확인한다.
④ 출력개폐기의 입력부에 서지 업서버를 취부하고 있는 경우 접지단자를 분리시킨다.

풀이 개방전압 측정순서
절연저항 측정 시 출력개폐기의 입력부에 SPD(또는 서지 업서버)를 취부하고 있는 경우는 접지단자를 분리시킨 후 측정한다. 개방전압 측정 시에는 SPD 접지단자를 분리할 필요가 없다.

84 태양전지 어레이의 점검항목 중 육안점검사항이 아닌 것은?

① 단자대의 나사 풀림　　　　② 지붕재의 파손
③ 가대의 접지　　　　④ 표면의 오염 및 파손

정답　81 ②　82 ③　83 ④　84 ①

풀이 태양전지 어레이의 점검항목 및 점검요령

점검항목		점검요령
육안검사	표면의 오염 및 파손	오염 및 파손의 유무
	프레임 파손 및 변형	파손 및 두드러진 변형이 없을 것
	가대의 부식 및 녹 발생	부식 및 녹이 없을 것(녹의 진행이 없고, 도금강판의 끝부분은 제외)
	가대의 고정	볼트 및 너트의 풀림이 없을 것
	가대의 접지	배선공사 및 접지접속이 확실할 것
	코킹	코킹의 망가짐 및 불량이 없을 것
	지붕재의 파손	지붕재의 파손, 어긋남, 뒤틀림, 균열이 없을 것
측정	접지저항	—

85 승압용 변압기를 설치한 태양광 발전소이다. 태양광발전모듈에서 인버터 입력단 간 및 인버터 출력단과 계통연계점 간의 전압강하는 최대 몇 [%] 이하인가?(단, 전선의 길이가 200[m] 이하이다.)

① 3　　　　　② 4　　　　　③ 5　　　　　④ 6

풀이 모듈에서 인버터 입력단 간 및 인버터 출력단과 계통연계점 간의 전압강하는 각 3[%]를 초과하여서는 아니 된다. 다만, 전선길이가 60[m]를 초과할 경우에는 아래 표에 따라 시공할 수 있다.

전선길이	120[m] 이하	200[m] 이하	200[m] 초과
전압강하	5[%]	6[%]	7[%]

86 모듈의 온도에 따른 $I-V$ 특성곡선에서 태양전지 특징을 설명한 것 중 옳은 것은?

① 태양전지 전압은 온도에 반비례한다.　　② 태양전지 온도가 올라가면 발전량이 증가한다.
③ 태양전지 전압은 온도에 비례한다.　　　④ 태양전지 온도와 발전량은 상관관계가 없다.

풀이 태양전지모듈의 온도 특성

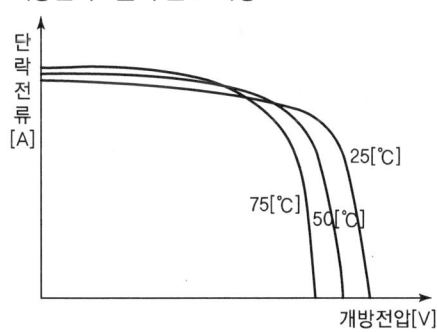

태양전지의 출력전압은 온도에 반비례하고, 출력전류는 온도가 증가함에 따라 조금 증가한다.

정답 85 ④　86 ①

87 태양광발전시스템의 단락전류 측정 시 가장 높게 측정되는 경우는 다음 중 어느 것인가?

① 한여름 낮(태양전지 어레이의 표면온도 70[℃])
② 한여름 아침(태양전지 어레이의 표면온도 20[℃])
③ 한겨울 낮(태양전지 어레이의 표면온도 40[℃])
④ 한겨울 아침(태양전지 어레이의 표면온도 -10[℃])

풀이 모듈의 일조량, 온도변화에 따른 단락전류 특성곡선

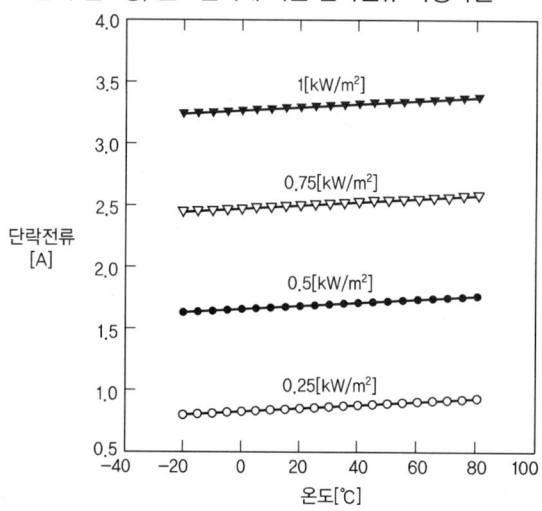

그래프에서 태양전지 어레이의 표면온도가 높을수록 단락전류가 크게 나타난다.

88 중·대형 태양광발전용 인버터의 누설전류시험에 대한 설명이 아닌 것은?

① 정격 주파수로 운전한다.
② 인버터를 정격출력에서 운전한다.
③ 판정기준은 누설전류가 5[mA] 이하이다.
④ 인버터의 기체와 대지 사이에 100[Ω] 이상의 저항을 접속한다.

풀이 인버터의 누설전류시험
• 교류전원을 정격전압 및 정격주파수로 운전한다.
• 직류전원은 인버터 출력이 정격출력이 되도록 설정한다.
• 인버터의 기체와 대지 사이에 1[kΩ] 이상의 저항을 접속해서 저항에 흐르는 누설전류를 측정한다.
• 판정기준은 누설전류가 5[mA] 이하이다.

89 태양광발전시스템에 사용된 스트링다이오드의 결함을 점검하기 위한 방법으로 옳은 것은?

① 육안검사 ② 접지저항 측정
③ 입출력 측정 ④ 전력망 분석

정답 87 ① 88 ④ 89 ③

풀이 스트링다이오드의 결함 및 점검·측정방법
다기능 측정, 입출력 측정, $I-V$ 곡선

90 저압용 기계기구에서 전기를 공급하는 전로에 누전차단기를 시설하면 외함의 접지를 생략할 수 있다. 이 경우의 누전차단기의 정격이 기술기준에 적합한 것은?

① 정격 감도 전류 15[mA] 이하, 동작 시간 0.1초 이하의 전류 동작형
② 정격 감도 전류 15[mA] 이하, 동작 시간 0.2초 이하의 전류 동작형
③ 정격 감도 전류 30[mA] 이하, 동작 시간 0.1초 이하의 전류 동작형
④ 정격 감도 전류 30[mA] 이하, 동작 시간 0.03초 이하의 전류 동작형

풀이 기계기구의 철대 및 외함의 접지
전로에 시설하는 기계기구의 철대 및 금속제 외함에는 접지공사를 하여야 한다. 그러나 물기 있는 장소 이외의 장소에 시설하는 저압용의 개별 기계기구에 전기를 공급하는 전로에 인체감전보호용 누전차단기(정격 감도 전류 30[mA] 이하, 동작 시간 0.03초 이하의 전류 동작형)를 시설하는 경우에는 접지를 생략할 수 있다.

91 금속관 공사에 의한 저압 옥내 배선 시 콘크리트에 매설하는 경우 관의 최소 두께[mm]는?

① 1.0   ② 1.2   ③ 1.4   ④ 1.6

풀이 금속관공사
관의 두께는 다음에 의할 것
- 콘크리트 매입하는 것은 1.2[mm] 이상
- 콘크리트 매입 이외의 것은 1[mm] 이상

92 저압 가공인입선의 전선으로 사용해서는 안 되는 것은?

① 케이블   ② 절연전선
③ 나전선   ④ 옥외용 비닐전선

풀이 저압 인입선의 시설
저압 가공인입선은 다음에 따라 시설하여야 한다.
㉠ 전선은 절연전선 또는 케이블일 것
㉡ 전선이 절연전선인 경우
- 경간이 15[m] 초과 : 인장강도 2.30[kN] 이상의 것 또는 지름 2.6[mm] 이상의 인입용 비닐절연전선일 것
- 경간이 15[m] 이하 : 인장강도 1.25[kN] 이상의 것 또는 지름 2[mm] 이상의 인입용 비닐절연전선일 것
㉢ 전선이 옥외용 비닐절연전선인 경우에는 사람이 접촉할 우려가 없도록 시설할 것

정답 90 ④ 91 ② 92 ③

93 3[kV]의 고압 옥내배선을 케이블공사로 설계하는 경우 사용할 수 없는 케이블은?

① 비닐외장케이블
② 클로로프렌 외장케이블
③ 연피케이블
④ MI 케이블

풀이 고압 및 특고압케이블
사용전압이 고압인 전로의 전선으로 사용하는 케이블은
- 클로로프렌외장케이블
- 비닐외장케이블
- 폴리에틸렌외장케이블
- 콤바인 덕트 케이블
※ MI 케이블은 저압만 사용한다.

94 인버터 고장 시 고장부분 점검 후 정상작동 시 5분 후에 재기동하지 않아도 되는 경우는?

① 과전압
② 저전압
③ 저주파수
④ 전자접촉기

풀이 ㉠ 인버터 고장부분 점검 후 정상 시 5분 후 재기동되어야 하는 경우
- 태양전지 : 과전압, 저전압, 과전압 제한 초과, 저전압 제한 초과
- 한전계통 : 정전, 과전압, 부족전압, 저주파수, 고주파수

㉡ 전자접촉기는 교체 점검 후 운전

95 한전계통에 순간정전이 발생하여 태양광발전시스템 인버터가 정지할 때 동작되는 계전기는?

① 주파수계전기
② 과전압계전기
③ 저전압계전기
④ 역상계전기

풀이 한전계통에 순간정전이 발생하면 이를 측정하기 위해 저전압계전기를 이용하여 인버터가 정지하도록 한다.

96 인버터의 제어특성을 점검하기 위한 측정 및 시험 방법으로 적당하지 않은 것은?

① 입출력 측정
② 과/저전압 측정
③ AC 회로시험
④ 육안검사

풀이 인버터 제어특성 점검 및 측정사항

고장 유형	육안 검사	다기능 측정	접지 저항 측정	입출력 측정	절연 저항 측정	과/저 전압 측정	$I-V$ 곡선	인버터 수치 읽기	AC 회로 시험	전력망 분석
효율			○					○	○	○
제어특성				○		○		○		
고조파									○	○
선로전압 결함								○	○	○

97 분산형 전원 발전설비는 고장에 의한 단독운전 상태가 발생했을 경우 몇 초 이내에 전력 계통으로부터 분리시켜야 하는가?

① 0.5 ② 0.3 ③ 0.1 ④ 1.0

풀이 단독운전
연계된 계통의 고장이나 작업 등으로 인해 분산형 전원이 공통 연결점을 통해 한전 계통의 일부를 가압하는 단독운전 상태가 발생할 경우 해당 분산형 전원연계 시스템은 이를 감지하여 단독운전 발생 후 최대 0.5초 이내에 한전계통에 대한 가압을 중지해야 한다.

98 접지공사에 사용하는 접지선을 사람이 접촉할 우려가 있는 곳에 시설하는 접지도체는 최소 어느 부분에 대하여 합성수지관 또는 이와 동등 이상의 절연 효력 및 강도를 가지는 몰드로 덮게 되어 있는가?

① 지하 30[cm]로부터 지표상 1.5[m]까지의 부분
② 지하 50[cm]로부터 지표상 1.6[m]까지의 부분
③ 지하 75[cm]로부터 지표상 2[m]까지의 부분
④ 지하 90[cm]로부터 지표상 2.5[m]까지의 부분

풀이 접지도체
접지도체는 지하 0.75[m]로부터 지표상 2[m]까지 부분은 합성수지관(두께 2[mm] 미만의 합성수지제 전선관 및 가연성 콤바인덕트관은 제외한다) 또는 이와 동등 이상의 절연효과와 강도를 가지는 몰드로 덮어야 한다.

99 중성선 다중 접지 방식의 전로에 접속된 최대 사용 전압 23,000[V]의 변압기 권선을 절연 내력 시험할 때 시험되는 권선과 다른 권선, 철심 및 외함 사이에 인가할 시험 전압은 몇 [V]인가?

① 21,160
② 25,300
③ 28,750
④ 34,500

정답 97 ① 98 ③ 99 ①

풀이 변압기 전로의 절연내력

권선의 종류 (최대 사용전압)	접지방식	시험전압 (최대 사용전압의 배수)	최저 시험전압
1. 7[kV] 이하		1.5배	500[V]
	다중접지	0.92배	500[V]
2. 7[kV] 초과 25[kV] 이하	다중접지	0.92배	
3. 7[kV] 초과 60[kV] 이하(2.의 것 제외)		1.25배	10.5[kV]
4. 60[kV] 초과	비접지	1.25배	
5. 60[kV] 초과(6.의 것 제외)	접지식	1.1배	75[kV]
6. 60[kV] 초과	직접 접지	0.72배	
7. 170[kV] 초과	직접 접지	0.64배	

∴ 시험 전압 = 23,000 × 0.92 = 21,160[V]

100 접지저항의 측정방법이 아닌 것은?

① 보호 접지저항계 측정법 ② 전위차계 접지저항계 측정법
③ 클램프 온(Clamp on) 측정법 ④ 콜라우시(Kohlrausch) 브리지법

풀이 접지저항 측정방법
- 콜라우시 브리지법
- 전위차계 접지저항계 측정법
- 클램프 온 측정법
- 간이 접지저항계 측정법

※ 대지의 고유저항 측정법 : Wenner의 4전극법

101 접지용구 사용 시 주의사항이 아닌 것은?

① 접지용구의 철거는 설치의 역순으로 한다.
② 접지 설치 전에 관계 개폐기의 개방을 확인하여야 한다.
③ 접지용구 설치·철거 시에는 접지도선이 신체에 접촉하지 않도록 주의한다.
④ 접지용구의 취급은 반드시 전기 안전관리자의 책임하에 행하여야 한다.

풀이 접지용구의 취급은 작업책임자의 책임하에 행하여야 한다.

102 인버터의 전압 왜란(Distortion)을 측정하기 위한 방법이 아닌 것은?

① 인버터 수치 읽기 ② AC 회로시험
③ 전력망 분석 ④ $I - V$ 곡선

정답 100 ① 101 ④ 102 ④

풀이 ㉠ 인버터의 전압 왜란(Distortion)
- 인버터는 스위칭 소자의 비선형적 특성에 의해 전압 왜란이 발생한다.
- 왜란은 교류에서 발생하는 현상으로 왜란을 측정하기 위해서는 AC 측정법이 사용된다.

㉡ $I-V$ 곡선
태양전지의 출력특성(전압 전류)을 나타낸 것으로 DC 측정법으로 측정된다.

103 태양전지에서 사막과 같이 주위 온도가 매우 높은 지역에서 나타나는 현상으로 옳은 것은?

① V_{oc}(Open Circuit Voltage)가 증가한다.
② I_{sc}(Short Circuit Current)는 불변한다.
③ 전기적 출력($P_{\max}$)은 거의 불변한다.
④ FF(Fill Factor)는 감소한다.

풀이 태양전지 모듈의 주위 온도와 일사량
- 충진률(FF ; Fill Factor)는 태양전지 모듈의 성능평가사항이다.
$$FF = \frac{I_m \cdot V_m}{I_{sc} \cdot V_{oc}} = \frac{P_{\max}}{I_{sc} \cdot V_{oc}}$$
- 태양전지 모듈의 출력전압은 온도에 반비례하고 일사량에 비례한다.
- 태양전지 모듈의 출력전류는 일사량에 비례하고 온도가 상승하면 아주 낮은 양이 증가한다.
- 높은 온도에 의한 전압 감소로 전체 출력이 감소한다.

104 태양광 인버터 이상신호 해결 후 재기동시킬 때 인버터를 ON한 후 몇 분 후에 재기동하여야 하는가?

① 즉시 기동
② 1분 후
③ 3분 후
④ 5분 후

풀이 운전정지 점검항목에서 투입저지시킨 타이머 동작시험 시 인버터가 정지하고 5분 후 자동 기동할 것

105 태양광발전시스템에서 고장 빈도가 가장 높고 출력에 영향을 미치는 기기는?

① 인버터
② PV 어레이
③ 퓨즈
④ 차단기

풀이 인버터와 같이 구성이 복잡한 장비일수록 고장 빈도가 높다.

정답 103 ④ 104 ④ 105 ①

106 인버터 변환효율을 구하는 식은?(단, P_{AC}는 교류 입력전력, P_{DC}는 직류입력 전력이다.)

① $\dfrac{P_{AC}}{P_{DC}}$ ② $\dfrac{P_{DC}}{P_{AC}}$

③ $\dfrac{P_{DC}}{P_{AC}+P_{DC}}$ ④ $\dfrac{P_{AC}}{P_{AC}+P_{DC}}$

풀이 최고 변환효율
인버터의 전력 변환(DC → AC, AC → DC)을 행할 때,
최고 변환효율(η_{MAX}) = $\dfrac{AC_{power}}{DC_{power}} \times 100[\%]$

107 태양광발전용 파워 컨디셔너의 정격부하효율 결정 시 조건으로 틀린 것은?
① 온도 상승 시험 이전의 값으로 한다.
② 부하 역률은 정격값으로 한다.
③ 입력 전압, 출력 전압, 전력 및 주파수는 정격값으로 한다.
④ 계통 연계형인 경우 직류 쪽의 전압 또는 교류 쪽의 전류 왜곡률은 규정된 값을 초과하지 않는 것으로 한다.

풀이 태양광발전용 파워 컨디셔너의 효율 결정 시에는 교류전원을 정격전압 및 정격 주파수로 운전하고, 운전시작 후 2시간 이후에 측정한다.

108 중대형 태양광발전용 계통연계형 인버터의 효율시험에 대한 설명으로 틀린 것은?
① Euro 변환효율로 측정한다.
② 운전시작 후 최소한 30분 이후에 효율을 측정한다.
③ 정격용량이 10[kW] 초과 30[kW] 이하에서의 효율은 90[%] 이상이어야 한다.
④ 정격용량이 30[kW] 초과 100[kW] 이하에서의 효율은 92[%] 이상이어야 한다.

풀이 운전시작 후 최소한 '2시간 이후'에 효율을 측정한다.

109 인버터의 효율을 측정하기 위한 방법으로 적합하지 않은 것은?
① 입출력 측정 ② AC 회로시험
③ 전력망 분석 ④ 절연저항 측정

풀이 인버터 효율 점검 및 측정방법
입출력 측정, 인버터 수치읽기, AC 회로시험, 전력망 분석

정답 106 ① 107 ① 108 ② 109 ④

110 태양광발전시스템에서 좋은 신뢰성을 갖도록 인버터 용량을 크게 하고 있다. 인버터의 단위용량을 크게 할 때의 설명으로 틀린 것은?

① 어레이 구성면적이 넓어진다.
② 선로의 누설전류가 증가한다.
③ 정전용량이 감소한다.
④ 경제적이다.

풀이 인버터의 단위용량을 크게 할 때, 선로의 누설전류가 증가하므로 정전용량도 증가한다.
누설전류 $I_C = \omega C E$
여기서, E : 상용주파교류전압(직류 측에 존재하는), C : 정전용량

$\omega = 2\pi f$ 이므로 $I_C = 2\pi f C E$
$2\pi f$, E 일정
∴ I_C 가 증가하면 C 도 증가

111 중대형 태양광발전용 인버터의 정상 특성 시험항목 중 독립형인 경우에는 해당되지 않는 시험항목은?

① 자동 기동·정지 시험
② 온도상승 시험
③ 누설전류 시험
④ 효율 시험

풀이 태양광발전용 인버터의 정상 특성 시험항목

	시험항목	독립형	계통연계형
정상특성시험	a) 교류전압, 주파수 추종범위 시험	×	○
	b) 교류출력전류 변형률 시험	×	○
	c) 누설전류시험	○	○
	d) 온도상승시험	○	○
	e) 효율시험	○	○
	f) 대기손실시험	×	○
	g) 자동기동·정지시험	×	○
	h) 최대전력 추종시험	○	○
	i) 출력전류 직류분 검출시험	○	○

112 태양광발전시스템 장애나 실패 원인 중 가장 발생빈도가 높은 원인은?

① 인버터 고장
② 느슨한 결선
③ 스트링 퓨즈의 결함
④ 서지전압보호기의 결함

풀이 태양광발전설비의 고장요인은 대부분 인버터에서 발생한다.

정답 110 ③ 111 ① 112 ①

113 태양광발전소 운전 시 모듈에서 Hot Spot 발생의 원인과 설명으로 가장 적절한 것은?

① 전지의 직렬(R_s) 및 병렬(R_{sh}) 저항이 증가한다.
② 전지의 직렬(R_s) 및 병렬(R_{sh}) 저항이 감소한다.
③ 전지의 직렬(R_s) 저항이 증가하고, 병렬(R_{sh}) 저항이 감소한다.
④ 전지의 직렬(R_s) 저항이 감소하고, 병렬(R_{sh}) 저항이 증가한다.

풀이
- 태양전지 모듈에서 일부 셀에 그늘이 발생하면 음영셀은 발전을 하지 못하고 열점(Hot Spot)을 일으켜 셀의 파손 등을 일으킬 수 있다.
- Hot Spot이 발생할 때는 출력이 감소하므로 직렬저항은 증가하고 병렬저항은 감소한다.

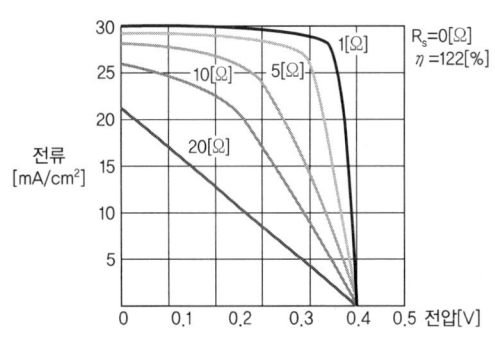
[직렬저항과 $I - V$ 특성곡선]

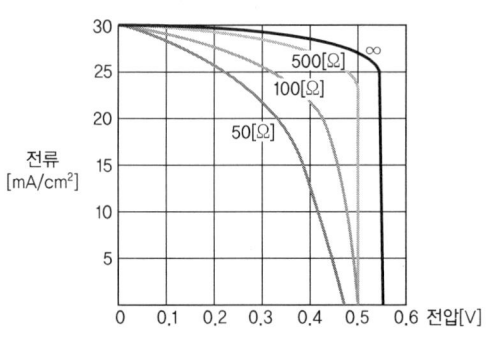
[병렬저항과 $I - V$ 특성곡선]

114 태양전지 모듈의 핫 스팟(Hot Spot) 현상에 대한 유해한 결과를 제한하기 위한 시험은?

① 고온고습 시험
② UV 전처리 시험
③ 온도사이클 시험
④ 바이패스 다이오드 열시험

풀이 바이패스 다이오드 열시험
태양전지 모듈의 Hot Spot 현상에 대한 유해한 결과를 제한하기 위해 사용되는 다이오드가 열에 대한 내성설계가 얼마나 잘 되어 있는지 그리고 유사한 환경에서 장시간 사용 시 신뢰성이 확보되었는지 평가하는 목적으로 하며 STC 조건에서 단락전류의 1.25배와 같은 전류를 적용한다.

115 태양전지 모듈, 전선 및 개폐기 등의 유지관리사항 중 틀린 것은?

① 전선의 공칭단면적 $2.0[mm^2]$ 이상의 연동선 또는 동등 이상의 세기 및 굵기인지 확인한다.
② 전기적으로 완전한 접속과 동시에 접속점 장력이 가해지지 않도록 한다.
③ 충전부분이 노출되었는지 확인한다.
④ 전로에 단락이 생긴 경우 전로를 보호하는 과전류 차단기 시설을 확인한다.

풀이 케이블 시공방법
공칭단면적 $2.5[mm^2]$ 이상의 연동선 또는 동등 이상의 세기 및 굵기인지 확인

정답 113 ③ 114 ④ 115 ①

116 태양광발전용 접속함의 성능시험 방법이 아닌 것은?

① 내전압
② 절연저항
③ 자동 차단성능시험
④ 수동조작 차단성능시험

풀이 태양광발전용 접속함의 성능시험 항목
㉠ 절연저항(1[MΩ] 이상일 것)
㉡ 내전압
㉢ 조작성능
 • 수동조작 : 개폐조작
 • 전기조작 : 투입조작, 개방조작, 전압트립, 트립자유
㉣ 차단기 성능

117 태양광발전시스템 중 접속함의 고장원인이 아닌 것은?

① 결합상태
② 다이오드 불량
③ 방수처리 불량
④ 퓨즈 고장

풀이 접속함의 고장원인
• 결합상태 불량
• 다이오드 불량
• 퓨즈 고장
※ 방수처리 불량은 외적인 요인이다.

118 태양광전원이 연계된 배전계통에서 사고가 발생하는 경우 배전계통을 보호하는 보호협조 기기에 해당하는 것이 아닌 것은?

① 배전용 변전소 차단기
② 리클로저(Recloser)
③ 인터럽터 스위치
④ 고조파계전기

풀이 인터럽터 스위치 : 수동작만 가능, 과부하 시 자동개폐 불가, 돌입전류 억제 불가

119 태양광발전설비에 설치된 퓨즈의 고장을 점검하기 위한 방법으로 적당하지 않은 것은?

① 육안검사
② 다기능 측정
③ 전력망 분석
④ 입출력 측정

풀이 퓨즈의 고장 점검 및 측정방법 : 육안검사, 다기능 측정, 입출력 측정

정답 116 ③ 117 ③ 118 ③ 119 ③

120 유지관리자가 갖추어야 할 자세에 대한 설명 중 틀린 것은?

① 시설물의 결함이나 파손을 초래하는 요인을 사전조사로 발견하여 미연에 방지토록 한다.
② 시설물의 결함이나 파손은 조기 발견하고 즉시 조치하여 파손이 확대되지 않도록 한다.
③ 이용 편의에 있어서 제한 및 장애를 최대한 적게 한다.
④ 경제성을 최우선으로 하여 모든 작업을 시행한다.

풀이 유지관리자의 자세
- 안전을 최우선으로 하여 모든 작업을 시행한다.
- 면밀한 작업계획 수립에 의해 최대의 작업효과를 내고 예산 낭비의 요인이 없도록 한다.

121 태양광발전시스템의 유지관리절차에서 빈칸에 해당하지 않는 사항은?

시설물 점검 → (　　　) → 이상 및 결함 발생 → 측정기로 정밀검사 또는 정밀안전진단, 전문가 정밀진단 → 보수 판단 → 설계 및 예산 확보 → 공사 및 준공검사 → 시설물 사용 및 유지관리

① 일상점검　　② 정기점검　　③ 임시점검　　④ 비상점검

122 유지관리비의 구성요소가 아닌 것은?

① 유지비　　　　　　　② 보수비와 개량비
③ 자재관리비　　　　　④ 운용지원비

풀이 유지관리비 구성요소
유지비, 보수비와 개량비, 운용지원비, 일반관리비

123 유지관리 절차 시 고려사항으로 틀린 것은?

① 시설물별 적절한 유지관리 계획서를 작성한다.
② 유지관리자는 점검결과표에 의해 시설물의 점검을 실시한다.
③ 점검 결과는 점검기록부(또는 일지)에 기록·보관한다.
④ 점검 결과에 의한 평가 판정 후 적절한 대책을 수립하여야 한다.

풀이 유지관리자는 유지관리계획서에 따라 시설물의 점검을 실시한다.

124 태양광발전시스템의 점검에서 유지보수 관점의 점검 종류가 아닌 것은?

① 일상점검　　　　　　② 임시점검
③ 비상점검　　　　　　④ 정기점검

정답 120 ④　121 ④　122 ③　123 ②　124 ③

풀이 • 태양광발전시스템의 점검 : 준공 시의 점검, 일상점검, 정기점검
• 유지보수 관점의 점검 : 일상점검, 정기점검, 임시점검

125 점검계획의 수립에 있어서 고려해야 할 사항으로 틀린 것은?

① 설비의 중요도에 대해서는 설비에는 중요설비와 비교적 중요하지 않은 설비가 있으므로 그 중요도에 따라서 점검내용 및 점검주기를 검토하여야 한다.
② 부하상태에 대해서는 사용빈도가 높은 설비, 부하의 증가, 환경조건의 악화 등 과부하 상태로 된 설비 등은 점검주기를 단축시킬 필요가 없다.
③ 점검내용 및 점검주기는 설비의 사용기간, 설비의 중요도, 환경조건, 고장이력, 부하상태 등의 조건을 고려하여 결정한다.
④ 설비의 사용기간에 대해서는 장시간 사용한 설비의 고장확률이 높으므로 점검내용을 세분화하고 점검주기를 단축한다.

풀이 부하상태에 대해서는 사용빈도가 높은 설비, 부하의 증가, 환경조건의 악화 등 과부하 상태로 된 설비 등의 점검주기는 단축한다.

126 태양광발전시스템의 점검에서 유지보수 점검 종류가 아닌 것은?

① 일상점검   ② 일시점검
③ 정기점검   ④ 임시점검

풀이 태양광발전시스템의 유지보수 점검의 종류 : 일상점검, 정기점검, 임시점검

127 전기사업법에서 태양광발전시스템은 정기적으로 검사를 받아야 하는데 그 검사 시기는?

① 1년 이내   ② 2년 이내
③ 3년 이내   ④ 4년 이내

풀이 전기안전관리법 시행규칙 [별표 4]에 의거 태양광 전기설비 계통의 정기검사 시기는 4년 이내이다.

128 점검계획 시 고려사항으로 잘못된 것은?

① 설비의 사용기간   ② 설비의 중요도
③ 설비의 종류   ④ 환경조건

풀이 **점검계획 시 고려사항**
• 설비의 사용기간   • 설비의 중요도   • 환경조건
• 고장이력   • 부하상태

정답 125 ② 126 ② 127 ④ 128 ③

129 태양광발전시스템의 점검계획에서 고려해야 할 사항이 아닌 것은?
① 고장이력
② 설비의 중요도
③ 설비의 운영비용
④ 설비의 사용기간

풀이 태양광발전시스템 점검계획 시 고려사항
설비의 사용기간, 설비의 중요도, 환경조건, 고장이력, 부하상태

130 태양광발전시스템에 사용된 서지전압 보호기의 결함을 측정하기 위한 방법으로 적당하지 않은 것은?
① 다기능 측정
② 절연저항 측정
③ 과·저전압 측정
④ $I-V$ 곡선 측정

풀이 서지전압보호기의 결함점검 및 측정방법
• 육안검사
• 다기능 측정
• 절연저항 측정
• 과·저전압 측정

131 태양광발전시스템에서 모듈의 적층판 파괴를 발견하기 위한 점검 및 측정방법으로 적당하지 않은 것은?
① 육안검사
② 다기능 측정
③ $I-V$ 곡선
④ 전력망 분석

풀이 모듈 적층판 파괴점검 및 측정방법
육안검사, 다기능 측정, $I-V$ 곡선

132 태양광발전시스템에 설치된 퓨즈의 고장을 점검하기 위한 방법으로 틀린 것은?
① 육안검사
② 전력망 분석
③ 다기능 측정
④ 입출력 측정

풀이 퓨즈의 고장 점검방법
육안검사, 입출력측정, 다기능검사

133 태양광발전시스템에서 모듈의 결함을 발견하기 위한 점검 및 측정방법으로 옳지 않은 것은?
① 육안검사
② 다기능 측정
③ 절연저항 측정
④ 입출력 측정

정답 129 ③ 130 ④ 131 ④ 132 ② 133 ④

풀이 모듈 결함 점검 및 측정방법
육안검사, 다기능 측정, 절연저항 측정, $I-V$ 곡선

134 동작 불량의 스트링이나 태양전지 모듈의 검출 및 직렬 접속선의 결선 누락사고 등을 검출하기 위한 측정으로 옳은 것은?

① 단락전류 측정
② 개방전압 측정
③ 절연저항 측정
④ 정격전류 측정

풀이
- 개방전압 : 동작 불량의 스트링이나 태양전지 모듈의 검출 및 직렬 접속선의 결선 누락사고 등을 검출하기 위한 측정
- 절연저항 : 모듈의 절연상태 확인을 위한 측정
- 단락전류 : 모듈의 오염, 크랙, 음영에 의한 전류감소 등을 확인하기 위한 측정

135 결정질 실리콘 태양광발전 모듈의 외관검사에 대한 설명으로 틀린 것은?

① 태양전지는 깨짐, 크랙이 없어야 한다.
② 500[lx] 이상의 광조사 상태에서 검사를 진행한다.
③ 모듈 외관은 크랙, 구부러짐, 갈라짐 등이 없어야 한다.
④ 태양전지와 태양전지, 태양전지와 프레임의 접촉이 없어야 한다.

풀이 결정질 실리콘 태양전지 모듈의 외관검사는 1,000[lx=lux] 이상의 광조사 상태에서 검사한다.

136 태양전지 모듈의 출력이 부하보다 많아서 역조류가 발생하고, 용량성 부하로 구성되면 어떤 현상이 발생하는가?

① 전압에 무관함
② 전압강하만 발생함
③ 전압상승만 발생함
④ 전압강하와 전압상승이 발생함

풀이 태양전지 모듈의 출력이 부하보다 많아서 역조류가 발생하고 부하가 용량성으로 구성되면 전압상승만 발생

137 태양전지 모듈의 고장원인으로 적당하지 않은 것은?

① 습기 및 수분 침투에 의한 내부회로의 단락
② 기계적 스트레스에 의한 태양전지 셀의 파손
③ 경년열화에 의한 태양전지 셀 및 리본의 노화
④ 염해, 부식성 가스 등 주변 환경에 의한 부식

정답 134 ② 135 ② 136 ③ 137 ①

풀이 태양전지 모듈의 고장원인
- 기계적 스트레스에 의한 태양전지 셀의 파손
- 경년열화에 의한 태양전지 셀 및 리본의 노화
- 염해, 부식성 가스 등 주변 환경에 의한 부식

※ 태양전지 모듈은 진공으로 압착되어 있으므로 습기 및 수분 침투에 의한 내부회로의 단락이 발생하지 않는다.

138 태양광발전시스템의 점검 중 유의사항으로 잘못된 것은?

① 태양광발전 모듈은 접속반의 차단기를 개방시켰다 하더라도 전압이 유지되고 있으므로 감전에 주의해야 한다.
② 인버터는 계통(한전) 전원을 On시키면 자동으로 정지하게 되어 있으므로 인버터의 운전을 확인 후 점검을 한다.
③ 일사량의 급변으로 인한 인버터의 MPPT 제어 실패로 인버터 정지 현상이 발생할 수 있고 인버터는 일정시한(5분)이 경과한 후 자동으로 재기동하므로 유의하여 점검을 실시한다.
④ 태양광 어레이 부근에서 건축공사 등을 시행하는 경우 먼지나 이물질 등이 모듈에 부착되면 전력생산 저하와 수명에 영향을 주므로 주의한다.

풀이 인버터는 계통 전원을 Off시키면 자동으로 정지하게 되므로 인버터의 정지를 확인한 후 점검한다.

139 일상점검을 할 때 볼트의 조임방법이 틀린 것은?

① 조임은 지정된 재료, 부품을 정확히 사용한다.
② 조임은 너트를 돌려서 조여준다.
③ 2개 이상의 볼트를 사용하는 경우 한쪽만 심하게 조이지 않도록 주의한다.
④ 볼트의 크기에 맞는 파이프렌치를 사용하여 규정된 힘으로 조여준다.

풀이 볼트의 조임방법
- 조임은 너트를 돌려서 조여준다.
- 2개 이상의 볼트를 사용하는 경우 한쪽만 심하게 조이지 않도록 주의한다.
- 볼트의 크기에 맞는 토크렌치를 사용하여 규정된 힘으로 조여준다.

140 운전상태에서 점검이 가능한 점검분류는 무엇인가?

① 정기점검(보통)
② 정기점검(세밀)
③ 임시점검
④ 일상점검

풀이 운전(통전) 상태에서 점검이 가능한 점검은 일상점검이다.

정답 138 ② 139 ④ 140 ④

141 일상정기점검 중 청소에 대한 조치사항으로 잘못된 것은?

① 공기를 사용하는 경우에는 토출방식으로 한다.
② 문 커버 등을 열기 전에는 배전반 상부의 먼지나 이물질을 제거한다.
③ 절연물은 충전부를 가로지르는 방향으로 청소한다.
④ 청소걸레는 화학적으로 중성인 것을 사용하고 섬유의 올 풀림과 습기 등에 주의한다.

풀이 일상정기점검에 대한 조치사항 중 청소부분
공기를 사용하는 경우에는 흡입방식을 추천하며, 토출방식을 사용하는 경우에는 공기의 습도(제습, 필터), 압력에 주의한다.

142 일상점검에 대한 설명으로 틀린 것은?

① 일상점검은 유지보수요원의 감각기관(오감)에 의거하여 실시하는 것으로 비정상적인 소리, 냄새 등을 통해 시설물의 외부에서 점검항목별로 점검한다.
② 이상상태가 발견된 경우에는 시설물의 문을 열고 이상 정도를 확인한다.
③ 이상 상태의 내용을 일지 및 점검기록부에 기록하여 운전 중이나 정기점검 시 참고한다.
④ 일상점검은 정전을 시켜놓고 무전압상태에서 기기의 이상상태를 점검하는 것이다.

풀이 정전을 시켜놓고 무전압상태에서 기기의 이상상태를 점검하는 것이 '정기점검'이다.

143 태양광발전소 일상점검의 요령으로 틀린 것은?

① 인버터 통풍구가 막혀 있을 것
② 접속함 외함에 파손이 없을 것
③ 태양전지 어레이에 오염이 없을 것
④ 인버터 운전 시 이상 냄새가 없을 것

풀이 태양광발전소의 일상점검
㉠ 태양전지 어레이의 육안점검
- 유리 등 표면의 오염 및 파손 : 오염 및 파손이 없을 것
- 가대의 부식 및 녹 : 부식 및 녹이 없을 것
- 외부배선의 손상 : 접속케이블의 손상이 없을 것

㉡ 접속함 육안점검
- 외함의 부식 및 손상 : 부식 및 파손이 없을 것
- 외부배선의 손상 : 접속 Cable의 손상이 없을 것

㉢ 인버터의 육안점검
- 외함의 부식 및 파손 : 외함의 부식 및 파손이 없을 것
- 외부배선의 손상 : 외부배선의 손상이 없을 것
- 환기 확인(환기구멍, 환기필터) : 환기구를 막고 있지 않을 것, 환기필터가 막혀 있지 않을 것
- 이상음, 악취, 이상과열 : 이상음, 악취, 과열이 없을 것
- 표시부의 이상표시 : 이상을 표시하는 램프의 점등, 점멸이 없을 것

정답 141 ① 142 ④ 143 ①

144 독립형 태양광발전설비 유지보수 중 일상점검 항목이 아닌 것은?

① 접속함의 개방전압
② 인버터의 이상 과열
③ 축전기의 액면 저하
④ 지지대의 부식

풀이 일상순시점검은 문을 열어 점검하든지 커버를 해체한 후 점검하는 것이 아니고 이상한 소리나 냄새, 손상 등을 접속반 외부에서 점검하는 것을 말한다.
접속함의 일상점검은 외부의 부식 및 파손, 외부배선의 손상을 점검한다.

145 태양광발전시스템의 일상점검 항목이 아닌 것은?

① 인버터-통풍 확인
② 접속함-절연저항 측정
③ 인버터-표시부의 이상표시
④ 태양전지모듈-표면의 오염 및 파손

풀이 태양광 발전시스템 일상점검

- 태양전지 어레이

	점검항목	점검요령
육안점검	유리 등 표면의 오염 및 파손	심한 오염 및 파손이 없을 것
	가대의 부식 및 녹	부식 및 녹이 없을 것
	외부배선(접속케이블)의 손상	접속케이블에 손상이 없을 것

- 접속함

	점검항목	점검요령
육안점검	외함의 부식 및 손상	부식 및 파손이 없을 것
	외부배선(접속케이블)의 손상	접속케이블에 손상이 없을 것

- 인버터

	점검항목	점검요령
육안점검	외함의 부식 및 파손	외함의 부식·녹이 없고 충전부가 노출되어 있지 않을 것
	외부배선(접속케이블)의 손상	인버터에 접속된 배선에 손상이 없을 것
	환기(환기구멍, 환기필터) 확인	환기구를 막고 있지 않을 것 환기필터가 막혀 있지 않을 것
	이상음, 악취, 발연 및 이상과열	운전 시의 이상음, 이상 진동, 악취 및 이상 과열이 없을 것
	표시부의 이상표시	표시부에 이상코드, 이상을 표시하는 램프의 점등, 점멸 등이 없을 것
	발전상황	표시부의 발전상황에 이상이 없을 것

정답 144 ① 145 ②

146 송전설비 배전반에서 주회로의 인입부분 및 인출부분에 대한 일상점검의 내용이 아닌 것은?

① 볼트 종류의 이완상태에 따른 진동음 발생 여부를 확인한다.
② 케이블의 접속부분에서 과열현상에 의한 이상한 냄새의 발생 여부를 점검한다.
③ 케이블의 관통부분에서 곤충이나 벌레 등의 침입 가능성이 있는지 점검한다.
④ 부싱부분에서 접지 및 절연저항 값을 측정하고 점검한다.

풀이 주회로 인입 인출부

점검 개소	목적	점검내용	비고
폐쇄 모선의 접속부	이상한 소리	볼트류의 조임이 이완되어 진동음은 없는가?	
부싱(Bushing)	손상	균열, 파손은 없는가?	
	이상한 소리	코로나(Corona) 방전 등에 의한 진동음은 없는가?	
케이블 단말부 및 접속부, 케이블 관통부	이상한 소리	볼트류의 조임이 이완되어 진동음은 없는가?	
	이상한 냄새	코로나 방전 또는 과열에 의한 이상한 냄새는 나지 않는가?	
	손상	케이블 막이판의 탈락 또는 간격의 벌어짐은 없는가?	
	쥐, 곤충 등의 침입	침입의 흔적은 없는가?	

147 태양광발전설비의 일상점검 항목이 아닌 것은?

① 모듈 간 배선의 손상 여부
② 인버터의 이상음 발생 여부
③ 접지저항의 규정 값 이하 여부
④ 모듈 표면의 오염 및 파손 여부

풀이
• 일상점검은 주로 점검자의 감각(오감)을 통해 실시하는 것으로 이상한 소리, 냄새, 손상 등을 점검
• 접지저항, 절연저항은 측정하는 항목으로 정기점검 시 시행

148 태양광발전 송변전설비의 일상순시점검 내용으로 틀린 것은?

① 접지선의 단선, 부식 여부를 확인한다.
② 모선지지물의 이상소음, 이상한 냄새가 없는지 확인한다.
③ 모든 설비는 정전상태를 유지하고 주요 중전부는 접지를 한다.
④ 외함을 열어 확인할 경우, 안전장구를 착용하고 충전부와 이격거리를 유지한다.

풀이 일상순시점검
• 일상순시점검은 배전반 외부에서 이상한 소리, 냄새, 손상 등을 점검항목의 대상항목에 따라 점검하는 것
• 이상 상태 발견 시 배전반 문을 열고 이상 정도 확인
• 이상 상태가 직접 운전이 불가능한 경우를 제외하고는 이상 상태 내용을 기록하고 정기점검 시 참고자료로 반영한다.

정답 146 ④ 147 ③ 148 ③

149 송·변전 설비 중 배전반에서 주회로 인입·인출부의 일상점검 내용이 아닌 것은?

① 볼트류 등의 조임 상태 확인
② 표시기, 표시등의 정확 유무 확인
③ 쥐, 곤충 등의 침입 여부 확인
④ 코로나 방전에 의한 이상음 여부 확인

풀이 배전반에서 주회로 인입·인출부에는 표시기, 표시등이 없다.

150 배전반 제어회로의 배선에서 일상점검 항목이 아닌 것은?

① 전선 지지물의 탈락 여부 확인
② 조임부의 이완 여부 확인
③ 과열에 의한 이상한 냄새 여부 확인
④ 가동부 등의 연결전선의 절연피복 손상 여부 확인

풀이 배전반 제어회로의 배선의 일상점검 항목

대상	점검개소	목적	점검내용
제어회로의 배선	배전 전반	손상	가동부 등의 연결전선의 절연피복 손상 여부 확인
			전선 지지물의 탈락 여부 확인
		이상한 냄새	과열에 의한 이상한 냄새 여부 확인

151 정기점검 시 주회로용 퓨즈의 외부 일반점검 목적과 점검내용으로 틀린 것은?

① 지시표시 – 영점조정은 잘 되어 있는지 확인
② 손상 – 퓨즈통, 애자 등에 균열, 변형 여부 확인
③ 변색 – 퓨즈통, 퓨즈 홀더의 단자부에 변색 여부 확인
④ 볼트의 조임 이완 – 단자부의 볼트 조임의 이완 여부 확인

풀이 주회로용 퓨즈

점검개소	목적	점검내용	비고
외부 일반	볼트의 조임 이완	단자부의 볼트 조임의 이완은 없는가?	
	손상	퓨즈통, 애자 등에 균열, 변형은 없는가?	
	변색	퓨즈통, 퓨즈 홀더의 단자부에 변색은 없는가?	
	오손	애자 등에 이물, 먼지 등이 부착되어 있지 않은가?	
	동작	단로기 TYPE은 개폐조작에 이상은 없는가?	

152 태양광발전시스템의 용량이 100[kW] 미만인 경우의 정기점검은?

① 매월 1회
② 매월 2회
③ 매년 1회
④ 매년 2회

정답 149 ② 150 ② 151 ① 152 ①

풀이 태양광발전 설비의 규모별 정기점검 횟수

용량별		점검횟수	점검간격
저압	1~300[kW] 이하	월 1회	20일 이상
	300[kW] 초과	월 2회	10일 이상
고압	1~300[kW] 이하	월 1회	20일 이상
	300[kW] 초과~500[kW] 이하	월 2회	10일 이상
	500[kW] 초과~700[kW] 이하	월 3회	7일 이상
	700[kW] 초과~1,500[kW] 이하	월 4회	5일 이상
	1,500[kW] 초과~2,000[kW] 이하	월 5회	4일 이상
	2,000[kW] 초과~2,500[kW] 미만	월 6회	3일 이상

153 Door 개방의 일상점검 주기는 얼마인가?

① 월 1회   ② 1회/반기   ② 일 1회   ④ 연 1회

풀이 일상점검 주기

점검분류 \ 제약조건	Door 개방	Cover 개방	무정전	회로정전	모선정전	차단기 인출	점검주기
일상점검			○				매일
	○		○				1회/월
정기점검	○	○		○		○	1회/반기
	○	○		○	○	○	1회/3년
임시점검	○	○		○	○	○	필요시

154 사업용 태양광발전설비 정기검사 항목 중 전력변환장치 검사내용이 아닌 것은?

① 외관검사   ② 접지저항 측정
③ 단독운전 방지시험   ④ 제어회로 및 경보장치시험

풀이 사업용 태양광발전설비 전력변환장치 정기검사 항목

검사항목	세부검사내용	수검자 준비자료
전력변환장치 일반 규격	규격확인	• 단선결선도 • 시퀀스 도면 • 보호장치 및 계전기 시험 성적서 • 절연저항시험 성적서 • 절연내력시험 성적서 • 경보회로시험 성적서 • 부대설비시험 성적서
전력변환장치검사	• 외관검사 • 절연저항 • 제어회로 및 경보장치 • 단독운전 방지시험 • 인버터 운전시험	
보호장치검사	보호장치시험	
축전지	• 시설상태 확인 • 전해액 확인 • 환기시설 상태	

※ 접지설비검사 : 접지설비 일반규격 : ㉠ 규격확인, ㉡ 접지저항 측정

정답 153 ① 154 ②

155 정기점검에 대한 설명 중 잘못된 것은?

① 정기점검 주기는 설비용량에 따라 월 1~4회 이상으로 실시한다.
② 정부 지원금으로 설치된 태양광발전설비는 설치 공사업체가 하자 보수기간인 2년 동안 연 1회 점검을 실시한다.
③ 정기점점은 원칙적으로 정전을 시켜놓고 무전압 상태에서 기기의 이상상태를 점검한다.
④ 정전하지 않고 점검을 하여야 할 경우에는 안전사고가 일어나지 않도록 주의한다.

풀이 설비공사업체가 하자 보수기간 5년 동안 연 1회 점검한다.

156 태양광발전시스템 정기점검 사항 중 인버터의 투입저지 시한 타이머(동작시험) 관련 인버터가 정지하여 자동 기동할 때는 몇 분 정도 시간이 소요되는가?

① 1분 ② 3분 ③ 5분 ④ 10분

풀이 인버터 정기점검

점검항목		점검요령
측정 및 시험	절연저항(인버터 입출력단자-접지 간)	1[MΩ] 이상 측정전압 DC 500[V]
	표시부의 동작 확인(표시부 표시, 충전전력 등)	표시상황 및 발전상황에 이상이 없을 것
	투입저지 시한 타이머(동작시험)	인버터가 정지하여 5분 후 가동할 것

157 태양광발전시스템의 유지보수 관점에서 말하는 점검의 종류로 틀린 것은?

① 일상점검 ② 정기점검
③ 임시점검 ④ 준공 시 점검

풀이 태양광발전시스템의 유지보수 점검의 종류 : 일상점검, 정기점검, 임시점검

158 자가용 전기설비의 정기검사 항목 중 태양광 전지의 전기적 특성시험 항목으로 틀린 것은?

① 최대출력 ② 개방전압
③ 단락전류 ④ 절연저항

풀이 정기검사 항목
- 최대출력 : 태양광발전소에 설치된 태양전지 셀의 셀당 최대출력을 기록한다.
- 개방전압 및 단락전류 : 모듈 간 제대로 접속되었는지 확인하기 위해 개방전압이나 단락전류를 확인한다.
- 최대출력 전압 및 전류 : 태양광발전소 검사 시 모니터링 감시장치 등을 통해 하루 중 순간 최대출력이 발생할 때의 인버터의 교류전압 및 전류를 기록한다.
- 충진율 : 개방전압과 단락전류와의 곱에 대한 최대출력의 비를 태양전지 규격서로부터 확인한다.
- 전력변환 효율 : 기기의 효율을 제작사의 시험성적서 등을 확인하여 기록한다.

정답 155 ② 156 ③ 157 ④ 158 ④

159 자가용 태양광발전설비의 정기적인 검사주기는?

① 1년 ② 2년
③ 3년 ④ 4년

풀이 태양광발전소의 안정적인 운용을 위해 4년마다 정기적으로 검사해야 한다.

160 송변전설비 유지관리 점검의 종류에서 원칙적으로 정전을 시키고 무전압 상태에서 기기의 이상상태를 점검하고 필요에 따라서는 기기를 분해하여 점검하는 방식은 무엇인가?

① 일상점검 ② 육안점검
③ 정기점검 ④ 수시점검

풀이 일상점검은 무정전(통전) 상태에서 계측기나 공구를 사용하지 않고, 인간의 감각(오감)에 의한 점검이고, 정기점검은 원칙적으로 정전을 시키고, 무전압 상태에서 기기의 이상상태를 점검하고 필요에 따라서는 기기를 분해하여 점검하는 것이다.

161 사업용 태양광발전설비 정기검사 항목 중 필수항목이 아닌 것은?

① 태양전지 ② 전력변환장치
③ 차단기 ④ 접속함

풀이 사업용 태양광발전설비의 정기검사 항목
- 태양전지검사
- 변압기검사
- 전선로검사
- 종합연동시험검사
- 전력변환장치검사
- 차단기검사
- 접지설비검사
- 부하운전시험

162 태양광발전시스템의 유지관리를 위한 일상점검 및 정기점검에 관한 내용으로 틀린 것은?

① 출력 3[kW] 미만의 소형 태양광발전시스템의 경우에 대해서는 정기점검을 하지 않아도 무방하다.
② 일상점검은 점검담당자가 육안에 의해 실시하는 것으로 일상점검의 점검주기는 매월 1회 정도이다.
③ 축전지에 대한 일상점검은 부하를 차단한 상태에서 변색, 부풀음, 온도상승, 냄새 등의 점검을 실시해야 한다.
④ 정기점검은 지상에서 실시해야 함을 원칙으로 하지만, 필요에 따라 지붕이나 옥상 위에서 점검을 실시할 수도 있다.

풀이 출력 3[kW] 미만의 소형 태양광발전시스템의 경우에도 정기점검을 실시하여야 한다.

정답 159 ④ 160 ③ 161 ④ 162 ①

163 태양광발전시스템에서 사용되는 송·변전 시스템 점검사항 중 비상정지회로의 점검은 언제 수행되어야 하는가?

① 일시점검 ② 외관점검
③ 정기점검 ④ 일상순시점검

풀이 태양광발전시스템의 인버터에 설치된 비상정지회로는 정기점검(정전 후 점검) 시에 반드시 동작시험을 수행하여야 한다.

164 자가용 태양광발전설비 정기검사 항목이 아닌 것은?

① 변압기 검사 ② 태양광 전지 검사
③ 전력변환장치 검사 ④ 부하 운전시험 검사

풀이 태양광발전설비는 어레이, 접속함, 인버터(전력변환장치), 배전반까지이며, 부하 운전시험은 인버터의 발전전력을 확인하는 것이다. 변압기는 수변전설비에 해당된다.

165 자가용 태양광발전설비의 정기검사 항목이 아닌 것은?

① 종합연동시험 검사 ② 부하운전시험 검사
③ 전력변환장치 검사 ④ 변압기본체 검사

풀이 자가용 태양광발전설비의 정기검사 항목
태양광전지 검사, 전략변환장치 검사, 종합연동시험 검사, 부하운전시험 검사

166 자가용 태양광발전소의 태양전지·전기설비 계통의 정기검사 시기는?

① 4년 이내 ② 3년 이내 ③ 2년 이내 ④ 1년 이내

풀이 전기안전관리법 시행규칙 [별표 4]에 의거 태양광·전기설비 계통의 정기검사 시기는 4년 이내이다.

167 모선의 정기점검 주기는?

① 매일 ② 월 1회 ③ 6개월에 1회 ④ 3년에 1회

168 태양광발전시스템의 점검 중 정지상태에서 불량품의 교체 절연저항을 측정·실시하는 점검은?

① 일상점검 ② 정기점검 ③ 임시점검 ④ 순시점검

정답 163 ③ 164 ① 165 ④ 166 ① 167 ④ 168 ②

풀이 정기점검은 장시간 정지상태에서 불량품 교체, 절연저항 측정, 차단기 내부점검 등이 용이하도록 전체적으로 분해하여 세부점검을 실시한다.

169 자가용 태양광발전설비의 전력변환장치의 정기점검 항목으로 틀린 것은?

① 절연저항
② 제어회로 및 경보장치
③ 단독운전 방지시험
④ 전해액 확인검사

풀이 전력변환장치의 정기검사 항목
- 외관검사
- 절연저항
- 제어회로 및 경보장치
- 단독운전 방지시험
- 인버터 운전시험

170 송배전반의 육안검사 사항으로 옳은 것은?

① 가대의 고정 상태
② 부스바 단자의 풀림
③ 오일 온도계
④ 퓨즈 및 차단기 상태

풀이 송배전반의 육안검사 사항
오일온도계, 전선의 취부상태 등

171 보수점검작업 시 점검 전의 유의사항으로 틀린 것은?

① 회로도 검토
② 비상연락망 사전확인
③ 접지선 제거
④ 무전압 상태 확인

풀이 접지선 제거는 점검 이후의 유의사항이다.

점검 전 유의사항
- 준비작업 : 응급처치 방법 및 설비, 기계의 안전 확인
- 회로도의 검토 : 전원계통에 Loop가 형성되는 경우에 대비
- 연락처 : 비상연락망을 사전 확인하여 만일의 사태에 신속히 대처
- 무전압 상태 확인 및 안전조치 : 관련된 차단기, 단로기 Open 등
- 잔류전압 주의 : 콘덴서 및 Cable의 접속부 점검 시 접지 실시
- 오조작 방지 : 인출형 차단기, 단로기는 쇄정 후 "점검 중" 표찰 부착
- 절연용 보호기구 준비
- 쥐, 곤충 등의 침입대책을 세움

정답 169 ④　170 ③　171 ③

172 태양광발전시스템 보수점검 작업 시 점검 전 유의사항이 아닌 것은?

① 회로도 검토
② 오조작 방지
③ 접지선 제거
④ 무전압 상태 확인

풀이 태양광발전시스템 보수점검
㉠ 점검 전의 유의사항
- 철저한 준비
- 회로도에 의한 검토
- 관련회사의 관련부서와 긴밀하고 신속한 연락
- 무전압상태 확인 및 안전조치

㉡ 점검 후의 유의사항
- 접지선 제거
- 최종 확인

173 보수점검작업 시 점검 후의 유의사항으로 최종 확인해야 할 내용 중 잘못된 것은?

① 작업자가 수배전반 내에 들어가 있는지 확인한다.
② 점검을 위해 임시로 설치한 가설물이 철거되었는지 확인한다.
③ 볼트, 너트 단자반 결선의 조임 및 연결 작업의 누락은 없는지 확인한다.
④ 잔류전압에 주의한다.

풀이 잔류전압에 대한 주의는 점검 전 항목이다.

점검 후 유의사항 중 최종 확인사항
- 작업자가 수·배전반 내에 들어가 있는지 확인한다.
- 점검을 위해 임시로 설치한 가설물 등이 철거되었는지 확인한다.
- 볼트, 너트 단자반 결선의 조임 및 연결작업의 누락은 없는지 확인한다.
- 작업 전에 투입된 공구 등이 목록을 통해 회수되었는지 확인한다.
- 점검 중 쥐, 곤충, 뱀 등의 침입은 없는지 확인한다.

174 태양광발전시스템 중 설비 종류에 따른 육안점검 항목이 아닌 것은?

① 유리 등 표면의 오염 및 파손 확인
② 가대의 부식 및 녹 확인
③ 프레임 파손 및 변형 확인
④ 볼트가 규정된 토크 수치로 조여져 있는지 확인

풀이 ④는 시공 시 태양전지 모듈과 케이블 접속 시 확인할 사항이다.

정답 172 ③ 173 ④ 174 ④

태양광발전시스템 설비 중 육안점검 항목(태양전지 어레이)
- 표면의 오염 및 파손
- 가대의 부식 및 녹
- 가대의 접지
- 지붕재의 파손
- 프레임 파손 및 변형
- 가대의 고정
- 코킹

175 하자 발생 시 조치사항을 설명한 것 중 틀린 것은?

① 하자 발견 즉시 도급자에게 서면 통보하여 하자를 보수토록 한다.
② 하자 보수 요청 후 미이행 시는 하자보증보험사 또는 연대보증사에 서면 통보하여 조치한다.
③ 도급자는 하자 보수 시공계를 제출 후 공사에 임해야 하며 하자 보수 완료 후 준공계를 시공자에게 제출하여 검사한다.
④ 하자 보수 및 검사를 완료한 후 하자 보수 관리부를 작성하여 보관한다.

풀이 도급자는 하자 보수 착공계 제출 후 공사에 임하여야 하며 하자 보수를 완료한 경우 하자 보수 준공계를 제출하여 감독자의 준공검사를 득해야 처리가 완료된다.

176 유지보수 전 취하는 안전조치로 틀린 것은?

① 해당 단로기를 닫고 주 회로에 무전압이 되게 한다.
② 차단기 앞에 "점검 중" 표지판을 설치한다.
③ 잔류전압을 방전시키기 위해 접지를 실시한다.
④ 검전기로 무전압 상태를 확인한다.

풀이 유지보수 전 단로기, 차단기는 개방한다.

유지보수 전 안전조치(점검 전 유의사항)
㉠ 준비작업
㉡ 회로도 검토
㉢ 연락처 : 비상연락망
㉣ 무전압 상태 확인 및 안전조치
  - 관련된 차단기 단로기를 무전압상태로 만든다.
  - 검전기를 사용하여 무전압상태 확인이 필요한 개소는 접지를 실시한다.
  - 특고압 및 고압차단기는 개방하여 Test Position 위치로 인출하고 "점검 중"이라는 표찰을 부착한다.
  - 단로기는 쇄정시킨 후 "점검 중" 표찰을 부착한다.
㉤ 잔류전압 주의 : 콘덴서 및 케이블 접속부 점검 시 잔류전하를 방전시키고 접지를 실시한다.
㉥ 오조작 방지
㉦ 절연용 보호기구 준비

정답 175 ③ 176 ①

177 송전설비공사의 하자 보수 책임기간은 몇 년인가?

① 1년　　　　② 2년　　　　③ 3년　　　　④ 4년

풀이 전기공사의 종류별 하자담보 책임기간

전기공사의 종류	하자담보 책임기간
1. 발전설비 공사	
가. 철근콘크리트 또는 철골구조부	7년
나. 가목 외 시설공사	3년
2. 터널식 및 개착식 전력구 송전·배전설비공사	
가. 철근콘크리트 또는 철골구조부	10년
나. 가목 외 송전설비공사	5년
다. 가목 외 배전설비공사	2년
3. 지중 송전·배전설비공사	
가. 송전설비공사(케이블공사 및 물밑 송전설비공사를 포함한다.)	5년
나. 배전설비공사	3년
4. 송전설비공사	3년
5. 변전설비공사(전기설비 및 기기설치공사를 포함한다.)	3년
6. 배전설비공사	
가. 배전설비 철탑공사	3년
나. 가목 외 배전설비공사	2년
7. 그 밖의 전기설비공사	1년

178 절연물의 보수에 대한 설명으로 틀린 것은?

① 자기성 절연물에 오손 및 이물질이 부착된 경우에는 청소한다.
② 합성수지 적층판, 목재 등이 오래되어 헐거움이 발생되는 경우에는 보수하여 재사용한다.
③ 절연물에 균열, 파손, 변형이 있는 경우 부품을 교환한다.
④ 절연물의 절연저항이 떨어진 경우에는 종래의 데이터를 기초로 하여 계열적으로 비교·검토한다.(구간 부품별로 분리하여 측정한다.)

풀이 합성수지 적층판, 목재 등이 오래되어 헐거움이 발생되는 경우에는 보수가 아니라 아예 부품을 교환한다.

179 절연저항에 대한 설명 중 틀린 것은?

① 절연저항을 측정할 경우 어레스터 등의 피뢰소자의 접지 측을 분리시킨다.
② 우천시나 비가 갠 직후에는 절연저항의 측정을 피하는 것이 좋다.
③ 절연저항은 습도에 영향을 받고 온도에는 영향을 받지 않으므로 습도만 측정·기록한다.
④ 태양전지는 낮 동안 항상 전압이 발생하고 있기 때문에 사전에 주의하여 절연저항을 측정할 필요가 있다.

풀이 절연저항은 기온이나 습도에 영향을 받기 때문에 절연저항 측정 시 습도, 온도 등도 측정치와 동시에 기록한다.

180 주로 정지상태에서 행하는 점검으로 제어운전장치의 기계 점검, 절연저항의 측정 등을 실시할 때 하는 점검은?

① 일상점검
② 임시점검
③ 정기점검
④ 완공 시 점검

풀이 정기점검은 정지(정전)상태에서 행하는 점검으로 제어운전장치의 기계 점검, 절연저항의 측정 등을 측정한다.

181 운전개시나 정기점검의 경우는 물론 사고 시에도 불량개소를 판정하고자 하는 경우 실시하는 측정은?

① 단락전류
② 절연저항
③ 개방전압
④ 발전전력

풀이 전기설비의 불량개소를 판정하기 위한 측정은 절연저항 측정이다.

182 절연내압 측정 시 최대사용전압의 몇 배의 직류전압을 인가하는가?(단, 표준태양전지 어레이 개방전압을 최대사용전압으로 보는 경우)

① 1
② 1.5
③ 2
④ 3

풀이 태양전지 어레이 회로 절연내압 측정
표준태양전지 어레이 개방전압을 최대 사용전압으로 간주하여 최대사용전압의 1.5배의 직류전압 혹은 1배의 교류전압(500[V] 미만일 때는 500[V])을 10분간 인가하여 절연파괴 등의 이상이 발생하지 않는 것을 확인한다.

정답 179 ③ 180 ③ 181 ② 182 ②

183 다음 그림은 절연저항측정회로도이다. 빈칸에 들어갈 내용으로 알맞은 것은?

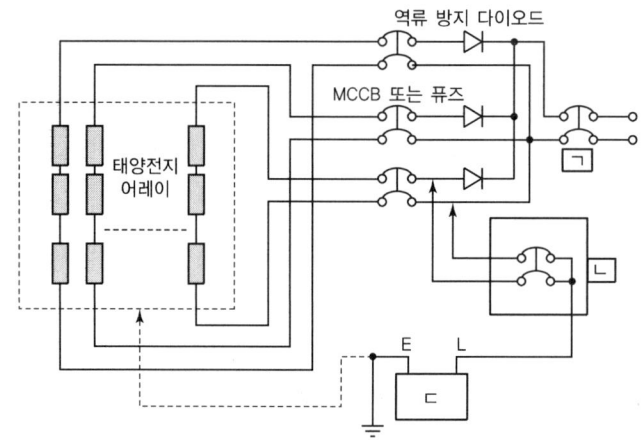

① ㉠ : 출력 개폐기　㉡ : 단락용 개폐기　㉢ : 절연저항계
② ㉠ : 출력 개폐기　㉡ : 절연저항계　㉢ : 단락용 개폐기
③ ㉠ : 단락용 개폐기　㉡ : 출력 개폐기　㉢ : 절연저항계
④ ㉠ : 단락용 개폐기　㉡ : 절연저항계　㉢ : 출력 개폐기

풀이 출력 개폐기=주 개폐기

184 인버터 입력회로 절연저항을 측정하기 위한 순서의 내용으로 적당하지 않은 것은?
① 태양전지 회로를 접속함에서 분리한다.
② 분전반 내의 분기 차단기를 개방한다.
③ 직류 측의 모든 입력단자 및 교류 측의 전체 출력단자를 각각 단락한다.
④ 교류단자와 대지 간의 절연저항을 측정한다.

풀이 직류단자와 대지 간의 절연저항을 측정하고 측정결과의 판정기준은 전기설비기술기준에 따른다.

185 태양광발전시스템에서 사용되는 배선 케이블의 손상 유무를 파악하는 육안점검 사항으로 틀린 것은?
① 배선의 변색 및 변형　② 배선의 결선상태
③ 배선의 늘어짐　④ 배선의 저항

풀이 배선의 저항은 설계 시 전압강하 검토 시 필요한 요소이다.

정답 183 ① 184 ④ 185 ④

186 전선의 색구별에서 중성선의 색은 어느 것인가?

① 갈색
② 녹색
③ 회색
④ 청색

풀이 전선의 식별

상(문자)	L1	L2	L3	N	보호도체
색상	갈색	흑색	회색	청색	녹색-노란색

187 한 수용장소의 인입구에서 분기하여 지지물을 거치지 않고 다른 수용장소의 인입구에 이르는 부분을 무엇이라 하는가?

① 옥측 배선
② 옥내 배선
③ 연접 인입선
④ 가공 인입선

풀이 한 수용장소의 인입구에서 분기하여 지지물을 거치지 않고 다른 수용장소의 인입구에 이르는 부분을 연접 인입선이라 한다.

188 태양광발전시스템이 사용 전 검사를 받아야 하는 시기는?

① 기초공사 완료 시
② 전체공사 완료 시
③ 구조물공사 완료 시
④ 어레이공사 완료 시

풀이 사용 전 검사의 대상 및 시기
상용 사업용 태양광발전시스템은 공사가 완료되면 사용 전 검사(준공 시 점검)를 받아야 한다.

189 태양광 발전시스템 보수점검 시 점검 전의 유의사항으로 틀린 것은?

① 점검 전에 접지선을 제거한다.
② 절연용 보호기구를 준비한다.
③ 응급처치 방법 및 설비, 기계의 안전을 확인한다.
④ 비상연락망을 사전 확인하여 만일의 사태에 신속히 대처한다.

풀이
- 철저한 준비
  - 회로도에 의한 검토(무전압 상태 확인)
  - 무전압 상태 확인
  - 잔류전압 유무 확인
  - 절연용 보호기구를 준비한다.
  - 응급처치 방법 및 설비, 기계의 안전을 확인한다.
  - 비상연락망을 사전 확인하여 만일의 사태에 신속히 대처한다.

정답 186 ④ 187 ③ 188 ② 189 ①

190 사업용 태양광발전설비의 사용 전 검사 중 차단기 본체 심사의 세부검사 내용이 아닌 것은?

① 절연내력
② 접지시공상태
③ Tap 절환장치
④ 절연유 및 내압시험(OCB)

풀이 차단기 본체 심사의 세부검사
- 외관 검사
- 절연저항
- 특성시험
- 상회전 및 Loop 시험
- 접지 시공 상태
- 절연내력
- 절연유 및 내압시험(OCB)
- 충전시험

※ Tap 절환장치는 변압기 본체 세부 검사 내용

191 태양전지 어레이의 점검항목 중 육안점검항목으로 틀린 것은?

① 표면의 오염 및 파손
② 가대의 부식 및 녹
③ 접지저항
④ 가대의 접지

풀이 태양전지 어레이의 점검항목

	점검항목	점검요령
육안 점검	표면의 오염 및 파손	오염 및 파손이 없을 것
	프레임 파손 및 변형	파손 및 뚜렷한 변형이 없을 것
	가대의 부식 및 녹	가대의 부식 및 녹이 없을 것(녹의 진행이 없는 도금강판의 끝단부는 제외)
	가대의 고정	볼트 및 너트의 풀림이 없을 것
	가대의 접지	배선공사 및 접지의 접속이 확실할 것
	코킹	코킹의 파손 및 불량이 없을 것
	지붕재 파손	지붕재의 파손, 어긋남, 균열이 없을 것
측정	접지저항	접지저항 100[Ω] 이하(제3종 접지)
	가대 고정	볼트가 규정된 토크 수치로 조여 있을 것

192 태양광발전시스템 운전조작 방법 중 태양전지 모듈에 대한 설명으로 틀린 것은?

① 풍압이나 진동으로 인하여 태양전지 모듈과 형강의 체결부위가 느슨해지는 경우가 있으므로 정기적으로 점검해야 한다.
② 발전효율을 높이기 위해 부드러운 천으로 이물질을 제거하며, 태양전지 모듈표면에 흠이 생기지 않도록 주의해야 한다.
③ 태양전지 모듈표면에 그늘이 지거나, 나뭇잎 등이 떨어져 있는 경우 전체적인 발전 효율저하 요인으로 작용할 수 있다.
④ 태양전지 모듈표면은 주로 일반 유리로 되어 있어, 약한 충격에도 파손될 수 있다.

정답 190 ③ 191 ③ 192 ④

풀이 태양전지 모듈표면은 강화유리로 한다.

193 태양광발전시스템의 일상점검 시 태양전지 어레이의 육안점검 항목이 아닌 것은?

① 표면의 오염 및 파손
② 지지대의 부식 및 녹
③ 외부배선(접속케이블)의 손상
④ 접지저항의 측정

풀이 접지저항의 측정은 접지저항계를 사용하며, 정기점검 항목이다.

194 태양광 발전시스템용 축전지의 정기점검 항목 중 육안점검의 항목이 아닌 것은?

① 외관점검
② 단자전압
③ 전해액 비중
④ 전해액면 저하

풀이 축전지의 단자전압은 측정사항이다.

195 결정질 실리콘 태양광발전 모듈 성능을 시험하는 시험장치가 아닌 것은?

① 염수분무장치
② 항온항습장치
③ 우박시험장치
④ 저온방전시험장치

풀이 KS C 8561(결정질 실리콘 태양광발전 모듈(성능))의 시험장치
솔라 시뮬레이터, 항온항습장치, 염수분무장치, UV시험장치, 기계적 하중시험장치, 우박시험장치, 단자강도 시험장치

196 태양전지 어레이 점검 시 가장 먼저 점검해야 하는 것은?

① 개방전압
② 개방전류
③ 정격전류
④ 단락전압

풀이 태양전지 어레이 점검 시 가장 먼저 개방전압을 측정하여 극성, 전압을 확인한다.

197 태양광 발전모듈의 정기점검 시 육안점검 항목으로 옳은 것은?

① 단자전압
② 절연저항
③ 접지선의 접속 및 접속단자의 이완
④ 투입저지 시한 타이머 동작시험

풀이 육안점검 항목은 계측기나 공구 등을 사용하지 않는 점검방법이다.

정답 193 ④ 194 ② 195 ④ 196 ① 197 ③

198 태양광 모듈 성능시험을 위한 표준시험 조건 중 최적의 온도기준[℃]은?

① 30　　② 25　　③ 20　　④ 15

199 태양광발전시스템 점검항목에서 태양전지 어레이의 접지저항값은 얼마인가?

① 10[Ω] 이하　　② 20[Ω] 이하
③ 100[Ω] 이하　　④ 150[Ω] 이하

풀이 모듈전압은 일반적으로 380[V]이므로 접지저항값은 100[Ω] 이하

200 직독식 접지저항계에 의한 접지저항 측정 시 E단자를 접지극에 접속하고 일직선상으로 몇 [m] 이상 떨어져 보조 접지봉을 박는가?

① 5　　② 10　　③ 15　　④ 20

풀이 측정방법
- 계측기를 수평으로 놓는다.
- 보조접지용을 습기가 있는 곳에 직선으로 10[m] 이상 간격을 두고 박는다.
- E 단자의 리드선을 접지극(접지선)에 접속한다.
- P, C 단자를 보조접지용에 접속한다.
- Push Button을 누르면서 다이얼을 돌려 검류계의 눈금이 중앙(0)에 지시할 때 다이얼의 값을 읽는다.

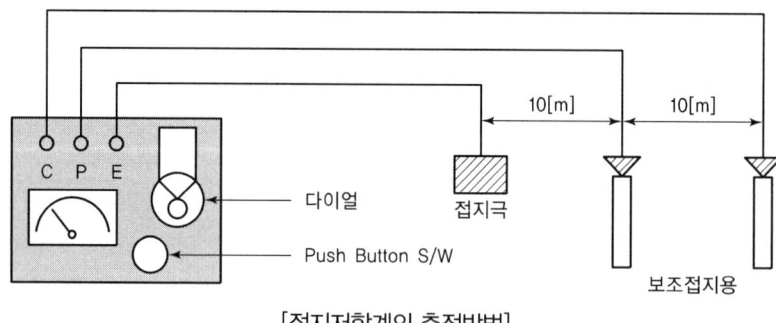

[접지저항계의 측정방법]

201 태양광발전시스템의 점검 중 인버터의 육안점검 항목으로 틀린 것은?(단, 사용 전 검사 시)

① 외함의 부식 및 파손　　② 배선의 극성
③ 접지단자와의 접속　　④ 절연저항

정답 198 ②　199 ③　200 ②　201 ④

풀이 인버터의 점검내용

점검항목		점검내용
육안 점검	외함의 부식 및 파손	부식 및 파손이 없을 것
	취부	• 견고하게 고정되어 있을 것 • 유지보수에 충분한 공간이 확보되어 있을 것 • 옥내용 : 과도한 습기, 기름 습기, 연기, 부식성 가스, 가연가스, 먼지, 염분, 화기 등이 존재하지 않는 장소일 것 • 옥외용 : 눈이 쌓이거나 침수의 우려가 없을 것 • 화기, 가연가스 및 인화물이 없을 것
	배선의 극성	• P는 태양전지(+), N은 태양전지(−) • V, O, W는 계통 측 배선(단상 3선식 220[V]) [V−O, O−W 간 220[V](O는 중성선)] • 자립 운전용 배선은 전용 콘센트 또는 단자에 의해 전용배선으로 하고 용량은 15[A] 이상일 것
	단자대 나사의 풀림	확실히 취부되고 나사의 풀림이 없을 것
	접지단자와의 결속	접지와 바르게 접속되어 있을 것 (접지봉 및 인버터 '접지단자'와 접속)
측정	절연저항(인버터 입출력 단자−접지 간)	DC 500[V] 메거로 측정 시 1[MΩ] 이상
	접지저항	접지저항 100[Ω] 이하

202 소형 태양광발전용 인버터의 절연성능시험 항목으로 틀린 것은?

① 내전압시험
② 감전보호시험
③ 절연저항시험
④ 부하 불평형시험

풀이
• 인버터의 절연성능시험 항목 : 절연저항시험, 내전압시험, 감전보호시험, 절연거리시험
• 내전기 환경시험 : 계통 전압 왜형률 내량시험, 계통전압 순간정전강하시험, 부하 불평형 시험

203 인버터의 유지관리 내용으로 틀린 것은?

① 전원이 입력된 상태이거나 운전 중에는 커버를 열지 말아야 한다.
② 감전의 위험이 있으므로 젖은 손으로 스위치를 조작하지 않는다.
③ 전선의 피복이 손상되었을 경우에는 제조사에 연락을 취하고 운전을 계속한다.
④ 인버터 내부에는 나사나 물, 기름 등의 이물질이 들어가지 않게 하여야 한다.

풀이 전선의 피복이 손상된 경우 인체감전 또는 화재 등의 원인이 되므로 즉시 인버터의 운전을 정지시키고, 전선의 피복을 보수하거나 전선을 교체한 후 운전하여야 한다.

정답 202 ④ 203 ③

204 소형 태양광발전용 인버터의 정상특성 시험항목 중 독립형 인버터의 시험항목으로 틀린 것은?

① 효율시험
② 온도상승시험
③ 대기손실시험
④ 누설전류시험

풀이 계통연계형 태양광발전시스템의 정상특성 시험항목 : 대기손실시험

205 태양광발전용 연계형/독립형 인버터의 성능시험을 위해 사용되는 CT 등 출력계측기의 정확한 범위는?

① 10[%] 이내
② 5[%] 이내
③ 3[%] 이내
④ 1[%] 이내

풀이 인버터의 CT 정확도는 3[%] 이내이며, 전력량계의 정확도는 ±1.0[%] 이내이다.

206 인버터의 정기점검 항목 중 육안점검 항목으로 틀린 것은?

① 접지선의 손상
② 통풍 확인
③ 운전 시 이상음
④ 표시부 동작 확인

207 중대형 태양광발전용 독립형 인버터에서 정상특성시험 시 시험항목으로 틀린 것은?

① 효율시험
② 누설전류시험
③ 대기손실시험
④ 온도상승시험

풀이 중대형 태양광발전용 독립형 인버터에서 정상특성시험 시 시험항목

구분	시험항목	독립형	계통연계형
정상특성시험	1. 교류전압, 주파수 추종 범위 시험	×	○
	2. 교류출력전류 변형률 시험	×	○
	3. 누설전류시험	○	○
	4. 온도상승시험	○	○
	5. 효율시험	○	○
	6. 대기손실시험	×	○
	7. 자동가동·정지시험	×	○
	8. 최대전력 추종시험	×	○
	9. 출력전류 직류분 검출시험	×	○

정답 204 ③ 205 ③ 206 ④ 207 ③

208 태양광발전시스템 인버터의 시험항목으로 틀린 것은?

① 정상특성시험
② 절연성능시험
③ 전자기 적합성
④ 과열점 내구성 시험

풀이 태양광발전시스템 인버터의 시험항목 : 절연성능시험, 보호기능시험, 정상특성시험, 과도응답특성시험, 외부사고시험, 내전기 환경시험, 내주위 환경시험, 전자기 적합성(EMC)

209 태양광발전시스템에 대한 정기점검에서, 접속함 출력단자와 접지 간의 절연상태 이상 여부를 판정하는 절연저항값이 기준치는 최소 몇 [MΩ] 이상인가?(단, 절연저항계(메거)의 측정전압은 직류 500[V]이다.)

① 0.5
② 1
③ 1.5
④ 2

풀이 접속함 출력단자와 접지 간의 절연상태 이상 여부를 판정하는 절연저항값이 기준치는 최소 1[MΩ] 이상이어야 한다.(500[V] 절연저항계)

210 중간단자함(접속함)의 육안점검 항목으로 틀린 것은?

① 배선의 극성
② 개방전압 및 극성
③ 외함의 부식 및 파손
④ 단자대 나사의 풀림

풀이 개방전압은 육안으로 확인할 수 없고 계측기를 사용해야 한다.

211 인버터(파워컨디셔너)의 일상점검 항목이 아닌 것은?

① 외부배선(접속케이블)의 손상
② 가대의 부식 및 오염 상태
③ 외함의 부식 및 파손
④ 표시부의 이상표시

풀이 가대는 태양전지 어레이의 구성항목이다.

212 태양전지 어레이의 일상점검 항목 중 육안점검 내용으로 틀린 것은?

① 표면의 오염 및 파손
② 보호계전기의 설정
③ 지지대의 부식 및 녹
④ 외부배선(접속케이블)의 손상

풀이 보호계전기
태양전지, 수변전설비 등 계통의 사고에 대해 보호대상을 완전히 보호하고 각종 기기에 손상을 최소화하는 목적으로 설치한다.

정답 208 ④ 209 ② 210 ② 211 ② 212 ②

213 절연변압기 부착 인버터 출력회로의 절연저항 측정순서를 올바르게 나열한 것은?

> 가. 태양전지회로를 접속함에서 분리
> 나. 분전반 내의 분기차단기 개방
> 다. 직류 측의 모든 입력단자 및 교류 측의 전체 출력단자를 각각 단락
> 라. 교류단자와 대지 간의 절연저항 측정
> 마. 측정결과의 판정기준을 전기설비기술기준에 따라 표시

① 나 → 가 → 다 → 라 → 마
② 다 → 가 → 나 → 라 → 마
③ 가 → 나 → 다 → 라 → 마
④ 가 → 나 → 다 → 마 → 라

214 태양광발전시스템 절연저항 측정 시 필요한 시험기자재가 아닌 것은?

① 온도계
② 습도계
③ 접지저항계
④ 절연저항계

풀이 절연저항 측정 시 필요한 시험기자재
- 절연저항계(메거)
- 온도계
- 습도계
- 단락용 개폐기

215 태양광발전시스템 인버터의 일상점검 항목으로 틀린 것은?

① 절연저항 측정
② 외함의 부식 및 파손
③ 이음, 이취, 연기 발생, 이상 과열
④ 외부배선(접속케이블)의 손상

풀이 일상점검은 무정전(통전) 상태에서 계측기나 공구를 사용하지 않고, 인간의 감각(오감)에 의해 행하는 점검이다.

216 인버터 입력회로 절연저항 측정방법에 대한 설명으로 틀린 것은?

① 분전반 내의 분기차단기를 개방한다.
② 접속함까지의 전로를 포함하여 절연저항을 측정하는 것으로 한다.
③ 직류 측 전체의 입력단자와 교류 측 전체 출력단자를 각각 단락한다.
④ 태양전지회로를 접속함에서 분리하여 인버터의 입력단자 및 출력단자를 각각 단락하면서 출력단자와 대지 간의 절연저항을 측정한다.

풀이 입력회로 절연저항 측정이므로 입력단자와 대지 간의 절연저항을 측정한다.

정답 213 ③ 214 ③ 215 ① 216 ④

217 인버터 출력회로 절연저항 측정방법 중 틀린 것은?

① 태양전지회로를 접속함에서 분리한다.
② 직류 측의 전체 입력단자 및 교류 측의 전체 출력단자를 각각 단락한다.
③ 절연변압기가 별도로 설치된 경우에는 이를 분리하여 측정한다.
④ 인버터의 입출력단자를 단락하여 출력단자와 대지 간의 절연저항을 측정한다.

풀이 절연변압기가 별도로 설치된 경우에도 이를 포함하여 측정한다.

218 태양광발전시스템의 점검 중 DC 500[V] 메거로 인버터의 입출력단자-접지 간의 절연저항 측정 시 값은 얼마 이상인가?

① 0.1[MΩ] 이상
② 1[MΩ] 이상
③ 2[MΩ] 이상
④ 3[MΩ] 이상

219 태양광발전시스템 정기점검 사항 중 접속함의 출력단자와 접지 간의 절연저항은 몇 [MΩ] 이상이어야 하는가?

① 0.2   ② 0.5   ③ 0.7   ④ 1

풀이 출력단자와 접지 간의 절연저항
1[MΩ] 이상 측정전압 DC 500[V]

220 정격전압 300[V] 이하의 절연변압기 부착 인버터 회로의 절연저항 시험기자재는 무엇인가?

① 1,000[V] 메거
② 500[V] 메거
③ 검전기
④ 보호계전기

풀이 절연변압기 부착 인버터 회로의 절연저항 시험기자재
• 인버터 정격전압 300[V] 이하 : 500[V] 절연저항계(메거)
• 인버터 정격전압 300[V] 초과 600[V] 이하 : 1,000[V] 절연저항계(메거)

221 태양광발전시스템의 운전 시 조작방법으로 틀린 것은?

① Main VCB반 전압 확인
② 접속반, 인버터 정상작동 여부 확인
③ AC용 차단기 On, DC 측 차단기 On
④ 즉시 인버터 정상작동 여부 확인

풀이 태양광발전시스템용 인버터는 복전해도 5분이 경과한 후에 운전해야 한다.

정답 217 ③ 218 ② 219 ④ 220 ② 221 ④

222 인버터에 누전이 발생했을 경우 인버터에 표시되는 내용으로 옳은 것은?

① serial communication fault
② line inverter async fault
③ inverter M/C fault
④ inverter ground fault

풀이
- RTU 통신계통 이상 : serial communication fault
- 위상(한전 – 인버터) 이상 : line inverter async fault
- 인버터 M/C 이상 : inverter M/C fault
- 누전 발생 : inverter ground fault

223 중대형 태양광발전용 인버터의 누설전류시험 시 누설전류는 최대 몇 [mA] 이하여야 하는가?

① 5 ② 7 ③ 10 ④ 15

풀이 소형 및 중대형 태양광발전용 인버터의 누설전류시험 시 누설전류는 최대 5[mA] 이하이어야 한다.

224 다음 ( ) 안에 들어갈 숫자로 알맞은 것은?

> 측정기구로서 500[V]의 절연저항계를 이용하고 인버터의 정격전압이 300[V]를 넘고 600[V] 이하인 경우는 ( )[V]의 절연저항계를 사용한다.

① 500 ② 1,000 ③ 1,500 ④ 2,000

풀이 시험기자재
- 인버터 정격전압 300[V] 이하 : 500[V] 절연저항계(메거)
- 인버터 정격전압 300[V] 초과 600[V] 이하 : 1,000[V] 절연저항계(메거)

225 태양광 인버터의 회로에 대한 절연저항의 측정방법으로 틀린 것은?

① 정격전압이 입출력에서 다를 경우에는 높은 측의 전압을 절연저항계의 선택기준으로 한다.
② 입출력 단자에 주회로 이외의 제어단자 등이 있는 경우에는 분리시키고 측정한다.
③ 서지 업서버 등의 정격에 약한 회로에 관해서는 회로에서 분리시킨다.
④ 무변압기형 인버터의 경우에는 제조업자가 추천하는 방법에 따라 측정한다.

풀이 인버터 회로에 대한 절연저항 측정 시 유의사항
- 정격전압이 입출력과 다를 때는 높은 측의 전압을 절연저항계의 선택기준으로 한다.
- 입출력 단자에 주회로 이외의 제어단자 등이 있는 경우는 이것을 포함해서 측정한다.
- 측정할 때는 SPD 등의 정격에 약한 회로들은 회로에서 분리시킨다.
- 절연변압기를 장착하지 않은 인버터의 경우에는 제조업자가 권장하는 방법에 따라 측정한다.
- 트랜스리스 인버터의 경우에는 제조업자가 추천하는 방법에 따라 측정한다.

정답 222 ④ 223 ① 224 ② 225 ②

226 태양광발전시스템용 독립형 인버터의 시험항목으로 옳은 것은?

① 출력 측 단락시험
② 자동기동, 정지시험
③ 단독운전 방지기능시험
④ 교류출력전류 변형률시험

풀이 태양광발전시스템용 인버터 시험항목

시험항목		독립형	계통 연계형
구조시험		○	○
절연성능 시험	절연저항시험	○	○
	내전압시험	○	○
	감전보호시험	○	○
	절연거리시험	○	○
보호기능 시험	출력과 전압 및 부족전압보호기능시험	○	○
	주파수 상승 및 저하보호기능시험	○	○
	단독운전방지기능시험	×	○
	복전 후 일정시간 투입방지기능시험	×	○
정상특성 시험	교류전압, 주파수 추종범위시험	×	○
	교류출력전류 변형률시험	×	○
	누설전류시험	○	○
	온도상승시험	○	○
	효율시험	○	○
	대기 손실시험	×	○
	자동가동·정지시험	×	○
	최대전력 추종시험	×	○
	출력전류 직류분 검출시험	×	○
과도응답 시험	입력전력 급변시험	○	○
	계통전압 급변시험	×	○
	계통전압위상 급변시험	×	○
외부사고 시험	출력 측 단락시험	○	○
	계통전압 순간정전·강하시험	×	○
	부하차단시험	○	○
내전기 환경시험	계통전압 왜형률 내량시험	×	○
	계통전압 불평형시험	×	○
	부하 불평형시험	○	×
내 주위환경 시험	습도시험	○	○
	온습도 사이클시험	○	○
전자기 적합성 (EMC)	전자파 장해(EMI)	○	○
	전자파 내성(EMS)	○	○

정답 226 ①

227 인버터 절연저항 측정 시 주의사항으로 틀린 것은?

① 정격에 약한 회로들은 회로에서 분리하여 측정한다.
② 정격전압이 입출력과 다를 때는 낮은 측의 전압을 선택기준으로 한다.
③ 입출력단자에 주회로 이외 제어단자 등이 있는 경우 이것을 포함해서 측정한다.
④ 절연변압기를 장착하지 않은 인버터는 제조사가 추천하는 방법에 따라 측정한다.

풀이 225번 해설 참조

228 계통 연계형 인버터의 계통전압 불평형시험의 품질기준으로 틀린 것은?

① 역률이 0.95 이상일 것
② 정격출력에서 정상적으로 동작할 것
③ 절연저항은 1[MΩ] 이상이며, 상용 주파수 내전압에 1분간 견딜 것
④ 출력전류의 총합 외형률이 5[%] 이하, 각 차수별 외형률이 3[%] 이하일 것

풀이
㉠ 계통전압 불평형시험(내전기환경시험) : 인버터의 배전방식이 3상 4선식인 경우 적용
 [판정기준]
 • 정격출력에서 안전하게 운전할 것
 • 역률이 0.95 이상일 것
 • 출력전류의 총합 왜형률이 5[%] 이하, 각 차수별 왜형률이 3[%] 이하일 것
㉡ 내 주위 환경시험
 [판정기준]
 • 절연저항은 1[MΩ] 이상일 것
 • 상용 주파수 내전압에 1분간 견딜 것

229 중대형 태양광발전용 인버터의 누설전류시험에 대한 설명이 아닌 것은?

① 품질기준은 누설전류가 5[mA] 이하이다.
② 교류전원을 정격 전압 및 정격 주파수로 운전한다.
③ 직류전원은 인버터 출력이 정격출력이 되도록 설정한다.
④ 인버터의 기체와 대지 사이에 100[Ω] 이상의 저항을 접속한다.

풀이 누설전류시험
• 교류전원을 정격 전압 및 정격 주파수로 운영한다.
• 직류전원을 인버터 출력이 정격출력이 되도록 설정한다.
• 인버터의 기체와 대지 사이에 1[kΩ]의 저항을 접속해서 저항에 흐르는 누설전류를 측정한다.
• 누설전류가 5[mA] 이하일 것

정답 227 ② 228 ③ 229 ④

230 절연변압기 부착 인버터 회로 절연저항 측정 시 유의사항으로 틀린 것은?

① 정격전압이 입출력과 다를 때는 낮은 측의 전압을 절연저항계의 선택기준으로 한다.
② 입출력 단자에 주 회로 이외의 제어단자 등이 있는 경우에는 이것을 포함해서 측정한다.
③ 측정할 때는 SPD 등의 정격에 약한 회로들은 회로에서 분리시킨다.
④ 절연변압기를 장착하지 않은 인버터의 경우에는 제조업자가 권장하는 방법에 따라 측정한다.

풀이 ① 정격전압이 입출력과 다를 때는 높은 측의 전압을 절연저항계의 선택기준으로 한다.

231 태양광발전시스템의 접속함 점검 중 DC500[V] 메거로 태양전지-접지 간 절연저항 측정 시 값은 얼마 이상인가?

① 0.1[MΩ] 이상   ② 0.2[MΩ] 이상   ③ 1[MΩ] 이상   ④ 2[MΩ] 이상

풀이 접속함의 점검항목

점검항목		점검요령
육안점검	외함의 부식 및 파손	부식 및 파손이 없을 것
	방수처리	전선 인입구가 실리콘 등으로 방수 처리될 것
	배선의 극성	태양전지에서 배선의 극성이 바뀌지 않을 것
	단자대 나사 풀림	확실히 취부되고 나사의 풀림이 없을 것
측정	절연저항(태양전지-접지 간)	DC 500[V] 메거로 측정 시 0.2[MΩ] 이상
	절연저항(각 출력단자-접지 간)	DC 500[V] 메거로 측정 시 1[MΩ] 이상
	개방전압 및 극성	규정된 전압범위 이내이고 극성이 올바를 것 (각 회로마다 모두 측정)

232 어레이 및 접속함(단자함) 점검내용이 아닌 것은?

① 어레이 출력 확인   ② 절연저항 측정
③ 퓨즈 및 다이오드의 소손 여부   ④ 온도센서 동작 확인

풀이 접속함 점검항목

　㉠ 접속함은 어레이와 인버터 사이에 설치
　㉡ 접속함 내 설치기기 점검
　　• 어레이 측 개폐기   • 주 개폐기
　　• 서지보호장치(SPD)   • 역류방지소자
　　• 출력용 단자대
　　• 감시용 DC, CT, DC, PT, T/O(Transducer) 또는 Multi Power Transducer 등
　㉢ 육안점검 : 외함의 부식 및 파손, 방수처리, 배선의 극성 단자대 나사 풀림
　㉣ 측정 : 절연저항(태양전지-접지 간 : 각 출력단자-접지 간) 개방전압 및 극성
　㉤ 퓨즈 : 단락전류 차단

정답 230 ① 231 ② 232 ④

233 절연변압기가 부착된 태양광 인버터의 정격전압이 600[V]일 때 절연저항 측정 시 사용하는 절연저항계는 몇 [V]용을 이용하는가?

① 500 ② 1,000 ③ 2,000 ④ 3,000

풀이 인버터 회로(절연변압기 부착)
입력단자 및 출력단자를 각각 단락하고, 그 단자와 대지 간의 절연저항을 측정한다. KS C 1302에서 규정하는 대로 시험품의 정격전압이 300[V] 미만에서는 500[V], 300[V] 이상 600[V] 이하에서는 1,000[V]의 절연저항계를 사용해 측정한다.
시험기자재
- 인버터 정격전압 300[V] 이하 : 500[V] 절연저항계(메거)
- 인버터 정격전압 300[V] 초과 600[V] 이하 : 1,000[V] 절연저항계(메거)

234 태양광발전시스템의 접속함 정기점검 시 육안점검 항목으로 틀린 것은?

① 외부배선의 손상 ② 전해액면 저하
③ 접지선의 손상 ④ 외함의 부식 및 파손

풀이 축전지 육안점검 항목 : 전해액면의 저하

235 중대형 태양광발전용 인버터의 시험 중 정상특성시험 항목이 아닌 것은?

① 내전압시험 ② 효율시험
③ 누설전류시험 ④ 온도상승시험

풀이 중대형 태양광발전용 인버터의 시험 중 정상특성시험 항목
교류전압 주파수 추종범위시험, 교류 출력전류 변형률시험, 누설전류시험, 온도상승시험, 효율시험, 대기손실시험, 자동 기동·정지 시험, 최대전력 추종시험, 출력전류 직류분 검출시험

236 태양광발전시스템 각 부분에 절연상태를 측정하기 위한 시험기재가 아닌 것은?

① 온도계 ② 직류전압계(테스터)
③ 단락용 개폐기 ④ 절연저항계(메거)

풀이 절연저항의 시험기재 : 절연저항계(메거), 온도계, 습도계, 단락용 개폐기

237 접속함에 설치된 태양전지와 접지선 간의 절연저항은 DC 500[V] 메거로 측정 시 최소 몇 [MΩ] 이상이어야 하는가?

① 0.1 ② 0.2 ③ 0.3 ④ 0.4

풀이 태양전지와 접지선 간의 절연저항은 DC 500[V] 메거로 측정 시 최소 0.2[MΩ] 이상이어야 한다.

정답 233 ② 234 ② 235 ① 236 ② 237 ②

238 태양광발전시스템 접속함의 고장현상과 원인의 연결로 틀린 것은?

① 어레이 단자 변형 – 누전
② 다이오드 과열 – 다이오드 불량
③ 부스바 과열 – 과전류, 부스바 결합상태 불량
④ 터미널 튜브 변색 – 과전류, 과열

(풀이) 어레이 단자의 변형은 외부의 무리한 힘에 의한 것이다.

239 태양광발전 설비의 접속함 점검사항이 아닌 것은?

① 역전류 방지 다이오드의 이상 유무
② 접속부의 볼트 조임 상태 및 발열상태
③ 퓨즈상태 확인
④ 조도계 센서의 동작 여부

240 태양광발전시스템의 점검 중 발전전력의 육안점검에 대한 설명으로 틀린 것은?

① 인버터의 출력표시 : 인버터 운전 중 전력표시부에 사양대로 표시될 것
② 전략량계(송전 시) : 회전을 확인할 것
③ 전략량계(수전 시) : 정지를 확인할 것
④ 표시부 동작 확인 : 표시가 정상으로 되어 있을 것

(풀이) 표시부 동작 확인은 운전 정지 시 육안점검 사항이다.

241 태양광발전용 접속함의 환경시험 중 충격시험에서의 시험조건으로 틀린 것은?

① 상하 방향 각 5회
② 공칭 펄스 : 11[ms]
③ 가속도: 500[m/s^2]
④ 정현반파

(풀이) KS C IEC 60068-2-27(충격시험) : 운반 또는 사용되는 동안 비교적 드문 비 반복적 충격 등을 입을 수 있는 부품, 장치 및 기타 전기기계적 제품에 적용한다.
- 비 반복적인 충격 : 각 축과 방향에 3번의 충격

가혹도		펄스 형태	부품용
첨두 가속도[m/s^2]	지속시간[ms]		
500	11	• 최종 첨두 톱니 파형 • 반정형 파형 • 사다리꼴 파형	바퀴가 달린 차량으로 운반되며 안전한 포장에 들어 있는 품목

정답 238 ① 239 ④ 240 ④ 241 ①

242 태양광발전용 접속함의 시험항목이 아닌 것은?

① 내부식성 시험
② 온도상승시험
③ 절연특성시험
④ UV전처리시험

풀이 KS C 8567(태양광발전용 접속함) 표준에 의한 시험 항목
구조시험, 공간 거리와 연면거리시험, 절연특성시험, 내열성 시험, 내부식성 시험, 외함 보호등급(IP), 온도상승시험, 직류전원장치의 안전성 및 전파와 적합성 시험, 표시의 내구성 시험

243 태양광발전시스템의 점검 중 운전정지의 조작 및 육안점검의 내용으로 틀린 것은?

① 운전스위치는 운전에서 운전하고 정지에서 정지할 것
② 인버터가 정지하여 3분 후 자동기동할 것
③ 자립운전으로 전환할 때, 자립운전용 콘센트에서 사양서의 규정전압이 출력될 것
④ 표시부의 동작 확인

풀이 운전정지 점검항목

	점검항목	점검요령
조작 및 육안점검	보호계전기능의 설정	전력회사 정정치를 확인할 것
	운전	운전스위치 '운전'에서 운전할 것
	정지	운전스위치 '정지'에서 정지할 것
	투입 저지시한 타이머 동작시험	인버터가 정지하여 5분 후 자동기동할 것
	자립운전	자립운전으로 전환할 때, 자립운전용 콘센트에서 사양서의 규정전압이 출력될 것
	표시부의 동작 확인	표시가 정상으로 표시되어 있을 것
	이상음 등	운전 중 이상음, 이상진동, 악취 등의 발생이 없을 것
측정	발생전압(태양전지 모듈)	태양전지의 동작전압이 정상일 것(동작전압 판정 일람표에서 확인)

244 태양광발전시스템의 일상점검 주기는?

① 매일
② 주 1회
③ 월 1회
④ 6개월 1회

245 배전반 제어회로의 배선에서 일상점검항목으로 틀린 것은?

① 가동부 등의 연결전선의 절연피복 손상 여부 확인
② 전선의 지지물의 탈락 여부 확인
③ 과열에 의한 이상한 냄새 여부 확인
④ 조임부의 이완 여부 확인

정답 242 ④ 243 ② 244 ③ 245 ④

풀이 배전반 제어회로 배선과 단자대의 일상점검 항목

대상	점검개소	목적	점검내용
제어 회로의 배선	배선 전반	손상	가동부 등의 연결전선의 절연피복 손상 여부 확인
			전선지지물의 탈락 여부 확인
		이상한 냄새	과열에 의한 이상한 냄새 여부 확인
단자대	외부 일반	조임의 이완	조임부의 이완 여부 확인
		손상	절연물 등의 균열, 파손 여부 확인

246 도체의 저항, 두 점 사이의 전압 및 전류세기를 측정하는 검사장비는?
① 오실로스코프
② 접지저항계
③ 멀티미터
④ 검전기

풀이
- 오실로스코프 : 파동과 같은 주기적 진동(Oscillation)을 시각적으로 보여주는 장비
- 멀티미터 : 저항, 직류/교류 전압, 직류전류(10[A] 이하) 측정
- 접지저항계 : 접지극과 대지와의 저항 측정
- 검전기 : 전로의 통전 유·무 확인

247 금속부분에 녹이 발생한 경우 유의하여 점검할 부분이 아닌 곳은?
① 용접부위의 부식으로 기계적 강도가 떨어질 우려가 없는 부위
② 기구부 등에 녹이 발생하여 회전이 원활하지 않다고 생각하는 부위
③ 녹의 발생으로 접촉저항이 변화하여 통전에 지장이 생기는 부위
④ 녹이 발생하여 미관을 저해하는 부위

풀이 금속부분에 녹이 발생한 경우 유의하여 점검할 부분
- 기구부 등에 녹이 발생하여 회전이 원활하지 않다고 생각되는 부위
- 녹의 발생으로 접촉저항이 변화하여 통전부에 지장이 생기는 부위
- 스프링의 녹 발생, 접합 용접부위의 부식 등으로 기계적 강도가 떨어질 염려가 있는 부위
- 녹이 발생하여 미관을 해치는 부위

248 배전반 외부에서 이상한 소리, 냄새, 손상 등을 점검항목에 따라 점검하며, 이상 상태 발견 시 배전반 문을 열고 이상 정도를 확인하는 점검은?
① 일시점검
② 정기점검
③ 임시점검
④ 일상순시점검

정답 246 ③　247 ①　248 ④

풀이 ㉠ 일상순시점검
- 유지보수요원의 감각기관에 의거해 시각점검 실시(변색 파손, 단자 이완 등) – 비정상적인 소리, 냄새 등을 통해 시설물의 외부에서 점검항목별로 점검한다.
- 이상 상태가 발견된 경우에는 시설물의 문을 열고 이상 정도를 확인한다.

㉡ 정기점검 : 원칙적으로 정전시키고 무전압상태에서 기기의 이상 상태 점검
㉢ 임시점검 : 임시점검은 일상점검 등에서 발견된 이상 등의 문제나 사고가 발생한 경우 점검

249 변압기의 일상점검 항목으로 잘못된 것은?

① 이상한 소리, 이상한 냄새
② 절연유의 노출
③ 온도계 및 유면계의 지시치
④ 동작상태 표시부분의 식별 여부

풀이 동작상태 표시부분의 식별 여부는 차단기의 일상점검 항목이다.

변압기 리액터의 일상점검 항목

점검 개소	목적	점검 내용
외부일반	이상한 소리	코로나 등의 이상한 소리는 없는가?
	이상한 냄새	코로나 방전 또는 과열에 의한 이상한 냄새는 없는가?
	누출	절연유의 누출은 없는가?
온도계	지시표시	지시는 소정의 범위 내에 들어가 있는가?
유면계 가스압력계	지시 표시	유면은 적당한 위치에 있는가?
		가스의 압력은 규정치보다 낮지 않은가(질소봉입의 경우)?

250 송변전설비의 유지관리 시 점검 후의 유의사항으로 옳은 것은?

① 준비 철저 및 연락
② 회로도에 의한 검토
③ 무전압 상태 확인 및 안전조치
④ 접지선 제거 및 최종 확인

풀이 송변전설비의 점검 후 유의사항
㉠ 접지선 제거
㉡ 최종 확인
최종 작업자는 다음 사항을 확인한다.
- 작업자가 태양광발전시스템 및 송·배전반 내에서 작업 중인지를 확인한다.
- 점검을 위해 임시로 설치한 설치물의 철거가 지연되고 있지는 않은지 확인한다.
- 볼트 조임 작업을 모두 재점검한다.
- 공구 등이 시설물 내부에 방치되어 있지 않은지 확인한다.
- 쥐, 곤충 등이 침입하지 않았는지 확인한다.

251 변압기에 대한 일상점검의 항목으로 틀린 것은?

① 온도계의 표시가 적정 온도범위에서 유지되는지 여부
② 코로나에 의한 이상한 소리의 발생 여부
③ 과열에 의한 이상한 냄새의 발생 여부
④ 냉각팬 필터 부분의 막힘 여부

풀이 냉각팬 필터 부분의 막힘 여부 점검은 인버터의 일상점검 항목이다.

252 송변전설비 유지관리 시 배전반의 일상순시점검 대상이 아닌 것은?

① 외함
② 접지
③ 주 회로 단자부
④ 모선 및 지지물

풀이 배전반의 일상순시점검 대상
- 외함
- 모선 및 지지물
- 주회로 인입 인출부
- 제어회로의 배선
- 단자대
- 접지

253 절연내력의 측정에 관한 설명 중 빈칸에 알맞은 내용은?

절연저항 측정과 같은 회로조건으로서 표준 태양전지 어레이 개방전압을 최대 사용전압으로 간주하여 최대 사용전압의 (ㄱ)의 직류전압이나 (ㄴ)의 교류전압(500[V] 미만일 때는 500[V])을 (ㄷ)간 인가하여 절연파괴 등의 이상이 발생하지 않은 것을 확인한다.

① ㄱ : 1배   ㄴ : 1.5배   ㄷ : 10분
② ㄱ : 1.5배   ㄴ : 5배   ㄷ : 5분
③ ㄱ : 1.5배   ㄴ : 1배   ㄷ : 10분
④ ㄱ : 1.5배   ㄴ : 1배   ㄷ : 5분

254 태양전지모듈 어레이의 절연내압 측정 시 개방전압 1.5배의 직류전압 또는 1배의 교류전압을 몇 분간 인가하는가?

① 5분
② 10분
③ 15분
④ 20분

풀이 태양전지 어레이의 절연내압 측정
표준태양전지 어레이의 개방전압을 최대 사용전압으로 간주하여 최대 사용전압의 1.5배의 직류 전압 혹은 1배의 교류 전압(500[V] 미만일 때는 500[V])을 10분간 인가한 후 절연파괴 등의 이상이 발생하지 않는 것을 확인한다.

정답 251 ④ 252 ③ 253 ③ 254 ②

255 전력설비기기를 이상전압으로부터 보호하는 장치는?

① 피뢰기
② 부하개폐기
③ 단로기
④ 계기용 변성기

풀이 ② 부하개폐기 : 부하전류의 개폐
③ 단로기 : 무부하상태에서 전로의 개폐
④ 계기용 변성기 : 계기용 변류기(CT)와 계기용 변압기(PT)를 한 상자에 넣은 것

256 독립형 태양광발전시스템에서 사용되는 축전지가 갖추어야 할 특징으로 적당하지 않은 것은?

① 충분히 긴 사용 수명
② 높은 자기 방전과 에너지 효율
③ 높은 에너지와 전력밀도
④ 낮은 유지보수 요건

풀이 축전지가 갖추어야 할 조건
- 가격이 싸고 성능이 좋을 것
- 수명이 길 것
- 높은 에너지와 전력밀도
- 진동내성
- 유지보수 편리
- 작은 충전전류로 충전할 수 있을 것
- 자기방전이 낮을 것
- 친환경

257 태양광발전시스템의 운전상태에 따른 발생신호에 대한 설명으로 틀린 것은?

① 인버터에 이상이 발생하면 인버터는 자동으로 정지하고 이상신호를 나타낸다.
② 태양전지 전압이 저전압 또는 과전압이 되면 이상신호를 나타내고 인버터 MC는 ON 상태로 정지한다.
③ 한전 전력계통에서 정전이 발생하면 0.5초 이내에 인버터는 정지하고 복전 확인 후 5분 이후에 재기동한다.
④ 정상운전 시에는 태양전지로부터 전력을 공급받아 인버터가 계통전압과 동기로 운전을 하며 계통과 부하에 전력을 공급한다.

풀이
- 정상운전 : 태양전지로부터 전력을 공급받아 인버터가 계통전압과 동기로 운전을 하며 계통과 부하에 전력을 공급한다.
- 태양전지 전압 이상 시 운전 : 태양전지가 저전압이나 과전압 상태가 되면 이상신호(Fault)를 표시하고, 인버터는 정지, M/C는 OFF상태로 된다.
- 인버터 이상 시 운전 : 인버터에 문제 발생하면 자동정지하고 이상신호(Fault)를 표시한다.

정답 255 ① 256 ② 257 ②

258 태양광발전용 축전지의 측정항목으로 틀린 것은?

① 일사량
② 충전전류
③ 방전전류
④ 단자전압

풀이 축전지의 측정항목 : 충전전류, 방전전류, 단자전압

259 태양전지 어레이 개방전압 측정 시 주의사항으로 틀린 것은?

① 각 스트링의 측정은 안정된 일사강도가 얻어질 때 실시한다.
② 측정시각은 맑은 날, 해가 남쪽에 있을 때 1시간 동안 실시한다.
③ 셀은 비오는 날에도 미소한 전압을 발생하고 있으니 주의한다.
④ 측정은 직류전류계로 측정한다.

풀이 태양광어레이 개방전압 측정 시 유의사항
- 태양전지 어레이의 표면을 청소할 필요가 있다.
- 각 스트링의 측정은 안정된 일사강도가 얻어질 때 실시한다.
- 측정시각은 일사강도, 온도의 변동을 극히 적게 하기 위해 맑을 때, 남쪽에 있을 때 전후 1시간에 실시하는 것이 바람직하다.
- 태양전지의 셀은 비오는 날에도 미소한 전압을 발생하고 있으므로 매우 주의하여 측정해야 한다.
- 개방전압은 직류전압계로 측정한다.

260 태양전지 모듈 어레이의 개방전압 측정의 목적이 아닌 것은?

① 인버터의 오동작 여부 검출
② 동작 불량의 태양전지 모듈 검출
③ 직렬 접속선의 결선 누락사고 검출
④ 태양전지 모듈의 잘못 연결된 극성 검출

풀이 태양전지 모듈 어레이의 개방전압 측정은 태양전지 어레이 동작상태를 확인하기 위함이다.

태양전지 어레이의 개방전압 측정목적
- 동작 불량의 스트링이나 태양전지모듈 검출
- 직렬 접속선의 결선 누락사고 검출
- 태양전지 모듈의 잘못 연결된 극성 검출

261 계기용 변류기(CT)의 2차 측 개방 시 미치는 영향에 대한 대책으로 잘못된 것은?

① CT 2차 측은 반드시 접지한다.
② 변류기 2차 측은 1차 전류가 흐르고 있는 상태에서는 절대로 개로되지 않도록 한다.
③ 2차 개로 보호용 비직선 저항요소를 부착한다.
④ 누전차단기를 설치한다.

풀이 1. CT 2차 개방 시 1차 전류가 모두 여자전류가 되어 철심이 과도하게 여자되고 포화에 의한 한도까지 고전압이 유기되어 절연이 파괴될 우려가 있으므로 변류기 2차 측은 1차 전류가 흐르고 있는 상태에서는 절대로 개방되지 않도록 한다.
2. CT 2차 측 개방에 대한 대책
㉠ CT 2차 측은 반드시 접지한다.
 • 1차 권선과 2차 권선 사이의 정전용량에 의해 1차 측 고압이 2차 측으로 이행될 수 있다.
 • 그 이행전압을 대지로 방전시키기 위해 2차 측을 접지한다.
㉡ 변류기 2차 측은 1차 전류가 흐르고 있는 상태에서는 절대로 개로되지 않도록 주의한다.
㉢ 2차 개로 보호용 비직선 저항요소를 부착한다.

정답 261 ④

03 태양광시스템 안전관리(시공, 설비, 구조, 장비)

01 전기안전 작업수칙에 대한 설명으로 틀린 것은?

① 작업자는 작업을 주어진 시간 내에 완료해야 하므로 시계를 착용하고 작업에 임해야 한다.
② 고압 이상 개폐기 조작은 꼭 무부하 상태에서 실시하고 개폐기 조작 후 잔류전하 방전상태를 검전기로 확인한다.
③ 고압 이상의 전기설비는 꼭 안전장구를 착용 후 조작한다.
④ 비상용 발전기 가동 전 비상전원 공급구간을 반드시 재확인한다.

풀이 전기안전 작업수칙
- 작업자는 시계, 반지 등 금속체 물건을 착용해서는 안 된다.
- 정전작업 시 작업 중의 안전표찰을 부착하고 출입을 제한시킬 필요가 있을 시에는 구획로프를 설치한다.
- 고압 이상 개폐기 및 차단기의 조작은 책임자의 승인을 받고 담당자가 조작순서에 의해 조작한다.
- 고압 이상 개폐기 조작은 반드시 무부하 상태에서 실시하고 개폐기 조작 후 잔류전하 방전상태 역시 검전기로 확인한다.
- 고압 이상의 전기설비는 반드시 안전장구를 착용한 후 조작한다.
- 비상용 발전기 가동 전 비상전원 공급구간을 반드시 재확인한다.
- 작업 완료 후 전기설비의 이상 유무를 확인한 후 통전한다.

02 태양광발전시스템의 안전관리 예방업무가 아닌 것은?

① 시설물 및 작업장 위험 방지
② 안전작업 관련 훈련 및 교육
③ 안전관리비 실행 집행 및 관리
④ 안전장구, 보호구, 소화설비의 설치, 점검, 정비

풀이 안전관리 예방업무
- 시설물 및 작업장 위험방지
- 안전작업 관련 훈련 및 교육
- 소화 및 피난훈련
- 안전장치, 보호구, 소화설비의 설치, 점검, 정비

03 전기안전관리업무를 대행하는 자가 갖추어야 할 장비가 아닌 것은?

① 절연저항기
② 클램프미터
③ 저압검전기
④ 인버터

정답 01 ① 02 ③ 03 ④

풀이 전기안전관리업무 대행자가 갖추어야 할 장비
- 절연저항 측정기(500[V], 100[MΩ])
- 접지저항 측정기
- 클램프미터
- 고압 · 특고압 검전기
- 저압 검전기

04 전기안전규칙 준수사항에 대한 설명으로 잘못된 것은?

① 작업장의 바닥이 젖은 상태에서는 절대로 작업해서는 안 된다.
② 전기작업을 할 때는 절대로 혼자 작업해서는 안 된다.
③ 전기작업은 한 손을 사용하지 말고 가능하면 양손으로 작업한다.
④ 어떠한 경우에도 접지선을 제거해서는 안 된다.

풀이 전기안전규칙 준수사항
- 모든 전기설비 및 전기선로에는 항상 전기가 흐르고 있다는 생각으로 작업에 임해야 한다.
- 작업 전에 현장의 작업조건과 위험요소의 존재 여부를 미리 확인한다.
- 배선용 차단기, 누전차단기 등과 같은 안전장치가 결코 자신의 안전을 보호할 수 있다고 생각해서는 안 된다.
- 어떠한 경우에도 접지선을 절대 제거해서는 안 된다.
- 기기와 전선의 연결, 공구 등의 정리정돈을 철저히 해야 한다.
- 작업장의 바닥이 젖은 상태에서는 절대로 작업해서는 안 된다.
- 전기작업을 할 때는 절대로 혼자 작업해서는 안 된다.
- 전기작업은 양손을 사용하지 말고 가능하면 한 손으로 작업한다.
- 작업 중에는 절대 잡담(특히 활선인 경우)을 하지 않도록 한다.
- 전기작업자는 어떤 상황이라도 급하게 행동해서는 안 된다.

05 전기재해를 예방하는 전기안전규칙에 관한 설명 중 틀린 것은?

① 통전표시기를 전선에 설치하여 전원의 투입상태를 감시할 것
② 전기작업을 할 때에는 되도록 두 손으로 안전하게 작업할 것
③ 전원을 차단했더라도 전기설비 및 전기선로에는 전기가 흐른다는 생각으로 작업에 임할 것
④ 배선용 차단기, 누전차단기 등이 작업자의 안전을 보호하지 못하므로 정상 동작상태를 확인할 것

풀이 전기안전규칙 준수사항
- 모든 전기설비 및 전기선로에는 항상 전기가 흐르고 있다는 생각으로 작업에 임해야 한다.
- 작업 전에 현장의 작업조건과 위험요소의 존재 여부를 미리 확인한다.
- 배선용 차단기 누전차단기 등과 같은 안전장치가 결코 자신의 안전을 보호할 수 있다고 생각해서는 안 된다.

정답 04 ③ 05 ②

- 어떠한 경우에도 접지선을 절대 제거해서는 안 된다.
- 기기와 전선의 연결 공구 등의 정리정돈을 철저히 해야 한다.
- 바닥이 젖은 상태에서는 절대로 작업해서는 안 된다.
- 전기작업을 할 때는 절대로 혼자 작업해서는 안 된다.
- 전기작업은 양손을 사용하지 말고 가능하면 한 손으로 작업한다.
- 작업 중 잡담은 절대 금한다.
- 전기작업자는 어떤 상황이라도 급하게 행동해서는 안 된다.

06 태양광발전설비의 안전관리를 위해 안전관리자가 보유하여야 할 장비로 적당하지 않은 것은?

① 검전기
② 각도계
③ 전압 Tester
④ Earth Tester

 풀이

장비	수량
1. 절연저항 측정기(500[V], 100[MΩ] : 인버터 정격전압 300[V] 이하	1
2. 절연저항 측정기(1,000[V], 2,000[MΩ] : 인버터 정격전압 300[V] 초과 600[V] 이하	1
3. 접지저항 측정기	1
4. 클램프미터	1
5. 저압검전기	1
6. 고압 및 특고압기	1
7. 계전기 시험기	1
8. 적외선 열화상 카메라(적외선 실화상 기능을 갖추고 측정온도 250[℃] 이상, 해상도 1만 픽셀 이상일 것)	1

07 전기안전관리 대행자격 요건으로 적당하지 않은 것은?

① 안전공사
② 자본금을 보유하여야 할 기술인력 등 대통령령으로 정하는 요건을 갖춘 전기안전관리 대행사업자
③ 전기분야의 기술자격을 취득한 사람으로서 대통령령으로 정하는 장비를 보유하고 있는 자
④ 건실기술인협회

풀이 전기 안전관리 대행자격요건 ①, ②, ③항

08 태양광발전설비 용량이 700[kW] 이상 1,000[kW] 미만일 때 정기점검 횟수는?

① 월 2회
② 월 1회
③ 월 4회
④ 월 3회

정답 06 ② 07 ④ 08 ③

풀이 발전설비 용량별 정기점검 횟수

용량[kW]	300 이하	500 이하	700 이하	1,500 이하
횟수(월)	1회	2회	3회	4회

09 전기안전관리자를 상주 안전관리자로 선임해야 하는 발전설비 용량은?
① 100[kW] 이하
② 250[kW] 이하
③ 500[kW] 이하
④ 1,000[kW] 초과

풀이 태양광발전설비 용량에 따른 안전관리자 선임

발전용량	안전관리자 선임
10[kW] 이하	미선임
10[kW] 초과	안전관리자 선임
1,000[kW] 이하	안전관리자 대행사업자 대행 가능
1,000[kW] 초과	상주 안전관리자 선임

10 태양광발전시스템 사용 전 검사 및 정기검사, 안전관리자 선임과 관련된 법은?
① 전기사업법
② 전기공사업법
③ 전력기술관리법
④ 한국전력공사규정

풀이 전기사업법 시행규칙 제26조(전기안전관리업무의 대행 규모)
법 제22조제3항에 따라 안전공사, 같은 항 제2호에 따른 전기안전관리대행사업자(이하 "대행사업자"라 한다) 및 같은 항 제3호에 따른 자(이하 "개인대행자"라 한다)가 전기안전관리업무를 대행할 수 있는 전기설비의 규모는 다음 각 호의 구분에 따른다.
1. 안전공사 및 대행사업자 : 다음 각 목의 어느 하나에 해당하는 전기설비(둘 이상의 전기설비용량의 합계가 4천 500킬로와트 미만인 경우로 한정한다.)
  가. 용량 1천 킬로와트 미만의 전기수용설비
  나. 용량 300킬로와트 미만의 발전설비(법 제22조제3항에 따른 전기사업용 신재생에너지발전설비 중 태양광발전설비 이외의 발전설비는 원격감시·제어기능을 갖춘 경우로 한정한다). 다만, 비상용 예비발전설비의 경우에는 용량 500킬로와트 미만으로 한다.
  다. 용량 1천 킬로와트(원격감시·제어기능을 갖춘 경우 용량 3천 킬로와트) 미만의 태양광발전설비
2. 개인대행자 : 다음 각 목의 어느 하나에 해당하는 전기설비(둘 이상의 용량의 합계가 1천 550킬로와트 미만인 전기설비로 한정한다.)
  가. 용량 500킬로와트 미만의 전기수용설비
  나. 용량 150킬로와트 미만의 발전설비(법 제22조제3항에 따른 전기사업용 신재생에너지발전설비 중 태양광발전설비 이외의 발전설비는 원격감시·제어기능을 갖춘 경우로 한정한다). 다만, 비상용 예비발전설비의 경우에는 용량 300킬로와트 미만으로 한다.
  다. 용량 250킬로와트(원격감시·제어기능을 갖춘 경우 용량 750킬로와트) 미만의 태양광발전설비

정답 09 ④ 10 ①

11 누전에 의한 인사사고 및 화재로부터 인명과 재산을 지키기 위해 전기기기의 접지를 완벽하게 시공해야 한다. 이에 해당하는 대상이 아닌 것은?

① 전기기기의 가대
② 금속관
③ 목재구조
④ 케이블의 피복금속재

풀이 인체감전보호 및 화재예방을 위한 접지는 노출도전부와 계통외도전부의 금속체에 대해 실시한다.

12 설비용량 10[kW] 초과 태양광발전시스템 전기설비를 운영하기 위한 법정 필수요원은?

① 모니터링 요원
② 전기안전관리자
③ 유지보수 요원
④ REC 관리자

풀이 설비용량 10[kW] 초과 태양광발전설비는 안전관리자가 선임되어야 하고 용량 1,000[kW] 미만인 것은 안전관리업무를 대행하게 할 수 있고 그 이상의 경우 상주안전관리를 선임하여야 한다.

13 안전관리업무를 외부 대행사업자가 수행할 수 있는 태양광발전용량 설비의 규모는?

① 500[kW] 미만
② 750[kW] 미만
③ 1,000[kW] 미만
④ 3,000[kW] 미만

풀이 안전관리업무 대행규모(전기안전관리법 시행규칙 제26조)
- 안전공사 및 대행사업자 : 용량 1,000[kW] 미만
- 개인 대행자 : 용량 250[kW] 미만

14 국제사회안전협회(ISSA)의 5대 안전수칙 준수사항으로 잘못된 것은?

① 작업 전 전원 차단
② 전원 투입의 방지
③ 단락접지
④ 작업장소의 개방

풀이 국제사회안전협회의 5대 안전수칙
- 작업 전 전원 차단
- 전원 투입 방지
- 작업장소의 무전압 여부 확인
- 단락접지
- 작업장소의 보호

정답 11 ③ 12 ② 13 ③ 14 ④

15 정전작업 전 조치사항으로 틀린 것은?

① 전로의 개로 개폐기에 시건장치 및 통전금지 표지판 설치
② 전력케이블, 전력콘덴서 등의 잔류전하의 방전
③ 검전기로 개로된 전로의 충전 여부 확인
④ 작업감독자에 의한 작업 지휘

풀이 정전작업 전 조치사항 : 단락접지기구로 단락접지

16 감전의 위험을 방지하기 위해 정전작업 시에 작성하는 정전작업요령에 포함되는 사항이 아닌 것은?

① 정전확인순서에 관한 사항
② 단독 근무 시 필요한 사항
③ 단락접지 실시에 관한 사항
④ 시운전을 위한 일시운전에 관한 사항

풀이 정전작업 요령에 포함되어야 할 사항
- 작업책임자의 임명, 정전범위 및 절연용 보호구의 작업시작 전 점검 등 작업 시 작업에 필요한 사항
- 전로 또는 설비의 정전순서에 관한 사항
- 개폐기 관리 및 표지판 부착에 관한 사항
- 정전확인순서에 관한 사항
- 단락접지 실시에 관한 사항
- 전원 재투입순서의 관한 사항
- 점검 또는 시운전을 위한 일시운전에 관한 사항

17 정전작업 후의 조치사항으로 틀린 것은?

① 단락접지기구의 철거
② 시건장치 또는 표지판 철거
③ 작업자에 대한 위험이 없는 것을 최종 확인
④ 근접활선에 대한 방호상태의 관리 확인

풀이 정전작업 후 조치사항
①, ②, ③ 외에 개폐기 투입으로 송전 재개

18 충전전로의 방호 시 유의사항으로 틀린 것은?

① 주상에서의 방호작업은 단독으로 한다.
② 방호작업 시에는 발판 등을 사용하고 안정된 자세로 절연용 방호구를 장착한다.
③ 절연용 방호구는 몸 가까운 충전전로로부터 설치하고 철거 시에는 반대로 먼 곳부터 한다.
④ 바인드 선이나 전선의 끝이 전기용 고무장갑에 상처를 내지 않도록 주의한다.

정답 15 ④ 16 ② 17 ④ 18 ①

풀이 충전전로 방호 시 유의사항
- 작업지휘자는 작업자에게 방호방법과 순서를 지시한 후 직접 방호작업을 지휘한다.
- 절연용 방호구는 잘 손질되고 정비된 것으로 준비하고 손상 유무를 점검한다.
- 방호를 하는 작업자는 먼저 절연용 보호구를 착용하여 신체를 보호한 후, 작업 지휘자가 보호구의 착용 상태를 점검하고, 미비점이 있으면 바로잡은 후 작업에 착수한다.
- 주상에서의 방호작업은 원칙적으로 2명이 하고, 단독작업은 가급적 피한다.
- 방호작업 시에는 발판 등을 사용하고 안정된 자세로 절연용 방호구를 장착한다.
- 절연용 방호구는 몸 가까운 충전전로로부터 설치하고, 철거 시에는 반대로 먼 곳부터 한다.
- 바인드선이나 전선의 끝이 전기용 고무장갑에 상처를 내지 않도록 주의한다.
- 절연용 방호구는 작업 중이나 이동 시 탈락되지 않도록 고무끈 등으로 확실하게 고정시킨다.

19 충전전로를 취급하는 근로자가 착용하는 절연용 보호구가 아닌 것은?
① 절연 고무장갑
② 절연 안전모
③ 절연 담요
④ 절연화

풀이 작업자의 감전사고를 방지하기 위해 작업자가 착용하는 절연용 보호구
전기용(절연) 안전모, 전기용(절연) 고무장갑, 전기용(절연) 고무장화(=절연화)

20 고압활선작업 시의 안전조치사항으로 잘못된 것은?
① 절연용 보호구 착용
② 절연용 방호구 설치
③ 단락접지기구 철거
④ 활선작업용 기구 사용

풀이 고압활선작업 시의 안전조치사항
- 절연용 보호구 착용
- 절연용 방호구 설치
- 활선작업용 기구 사용
- 활선작업용 장치 사용

21 접근 위험경고 및 감전재해를 방지하기 위하여 사용되는 활선접근경보기의 사용범위가 아닌 것은?
① 활선에 근접하여 작업하는 경우
② 작업 중 착각·오인 등에 의해 감전이 우려되는 경우
③ 보수작업 시행 시 저압 또는 고압 충전 유무를 확인하는 경우
④ 정전작업 장소에서 사선구간과 활선구간이 공존되어 있는 경우

풀이 보수작업 시행 시 저압 또는 고압 충전 유·무를 확인하는 것은 검전기이다.

정답 19 ③ 20 ③ 21 ③

22 절연용 보호구가 아닌 것은?

① 안전모
② 전기용 고무장갑
③ 전기용 고무절연장화
④ 전기용 작업복

풀이 절연용 보호구의 종류
안전모, 전기용 고무장갑, 전기용 고무절연장화 등

23 절연용 방호구가 아닌 것은?

① 애자커버
② 핫스틱
③ 고무판
④ 절연시트

풀이 절연용 방호구의 종류
고무판, 절연관, 절연시트, 절연커버, 애자커버 등

24 절연용 방호구의 종류가 아닌 것은?

① 고무판
② 절연관
③ 후크봉
④ 절연시트

풀이 23번 해설 참조

25 전기용 고무장갑 사용 시 주의사항에 대한 설명 중 잘못된 것은?

① 고무장갑은 공구, 자재와 혼합보관하거나 운반하지 말 것
② 고무장갑의 손상 우려 시에는 반드시 가죽장갑을 내부에 착용할 것
③ 3[kV]용 고무장갑을 6[kV]에 사용하지 말 것
④ 소매를 접어서 사용하지 말 것

풀이 전기용 고무장갑 사용 시 주의사항
- 사용 전에 반드시 공기를 불어넣어 새는 곳이 없는지 확인하고, 샐 경우에는 사용하지 말 것
- 고무장갑은 공구, 자재와 혼합보관 및 운반하지 말 것
- 사용하지 않는 고무장갑은 먼지, 습기, 기름 등이 없고 통풍이 잘되는 곳에 보관할 것
- 고무장갑의 손상 우려 시에는 반드시 가죽장갑을 외부에 착용할 것
- 3[kV]용 고무장갑을 6[kV]에 사용하지 말 것
- 소매를 접어서 사용하지 말 것

정답 22 ④ 23 ② 24 ③ 25 ②

26 전기용 고무장갑의 사용범위에 대한 설명으로 틀린 것은?

① 고압 이하 충전부의 접속 · 절단 등을 작업할 경우
② 건조한 장소에서 고압전로에 접근이 어려운 경우
③ 정전작업 시 역송전으로 선로, 기기가 단락, 접지되는 경우
④ 활선상태의 배전용 지지물에 누설전류가 흐를 우려가 있는 경우

풀이 전기용 고무장갑의 사용범위
- 활선상태의 배전용 지지물에 누설전류가 흐를 우려가 있는 경우
- 고압 이하의 충전부의 접속 · 절단 · 점검 등의 작업
- 고압활선 또는 활선근접작업으로 감전이 우려되는 장소
- 우중 또는 습기가 많은 장소의 기중개폐기를 개방 · 투입할 경우
- 정전작업 시 역송전으로 선로, 기기가 단락, 접지되는 경우
- 습기가 많은 장소에서 고압전로에 감전이 우려되는 경우
- 기타 전격의 위험이 우려되는 장소

27 활선작업은 활선장구 및 고무보호장구를 사용해야 한다. 그러나 몇 [V]를 초과하면 고무보호장구를 사용해서는 안 되는가?

① 3,300[V] ② 6,600[V] ③ 7,000[V] ④ 13,200[V]

풀이 활선작업 시 안전유의사항
작업 착수 전에 작업장소의 도체(전화선 포함)는 대지전압이 7,000[V] 이하일 때는 반드시 고무방호구로 방호해야 하며, 7,000[V]를 초과할 시에는 활선장구로 옮기도록 한다.

28 태양광발전시스템의 감전사고 예방대책으로 잘못된 것은?

① 태양전지모듈 등 전원 개방
② 절연장갑 착용
③ 누전경보기 설치
④ 전선의 피복상태 관리

풀이 태양광발전시스템의 감전사고 예방대책

작업 종류	사고예방	조치사항
모듈 설치	추락사고 예방	• 높은 곳에서 작업 시 안전난간대 설치 • 안전모, 안전화, 안전벨트 착용
구조물 설치		• 안전 난간대 설치 • 안전모, 안전화, 안전벨트 착용
전선작업 및 설치		• 정품의 알루미늄 사다리 사용 • 안전모, 안전화, 안전벨트 착용
접속함, 파워컨디셔너 등 연결	감전사고 예방	• 태양전지 모듈 등 전원 개방 • 절연장갑 착용
임시 배선작업		• 누전 발생 우려 장소에 누전차단기 설치 • 전선피복상태 관리

정답 26 ② 27 ③ 28 ③

29 태양광 발전시스템의 안전관리대책으로 추락사고 예방을 위한 조치사항 아닌 것은?

① 안전모 착용
② 절연장갑 착용
③ 안전벨트 착용
④ 안전 난간대 설치

풀이 ㉠ 안전대책 복장 및 추락방지
- 헬멧(안전모)의 착용
- 안전벨트 착용
- 안전화 착용
- 허리띠 착용

㉡ 감전방지책
- 작업 전에 태양전지 모듈의 표면에 차광시트를 씌워 태양광을 차단
- 저압선로용 절연장갑을 낀다.
- 절연처리가 된 공구를 사용한다.
- 강우 시 작업을 하지 않는다.

30 사용전압이 22[kV] 이하인 경우 접근한계거리는?

① 20[cm]
② 30[cm]
③ 50[cm]
④ 60[cm]

풀이 사용전압에 따른 접근한계거리

사용전압[kV]	접근한계거리[cm]	사용전압[kV]	접근한계거리[cm]
22 이하	20	110 초과 154 이하	120
22 초과 33 이하	30	154 초과 187 이하	140
33 초과 66 이하	50	187 초과 220 이하	160
66 초과 77 이하	60	220 초과	220
77 초과 100 이하	90		

31 사용전압이 66[kV] 이하인 와이어로프와 송배전선 간 이격거리는?

① 1.2[m]
② 2.0[m]
③ 2.4[m]
④ 4.0[m]

풀이 사용전압에 따른 와이어로프와 송배전선 간의 이격거리

사용전압[kV]	이격거리[m]	사용전압[kV]	이격거리[m]
0.6	1.0	77 이하	2.4
7 이하	1.2	110 이하	3.0
11 이하	2.0	154 이하	4.0
22 이하	2.0	220 이하	5.2
33 이하	2.0	275 이하	6.4
66 이하	2.0	500 이하	10.8

정답 29 ② 30 ① 31 ②

32 분전함의 구성품이 아닌 것은?
① 개폐기
② 계측기기
③ 피뢰소자
④ 인버터

풀이 분전함의 구성품
개폐기, 계측기기, 피뢰소자

33 접속함에 사용되는 스트링 퓨즈에 대한 설명으로 적당한 것은?
① 문제가 발생한 태양광 어레이의 점검·보수 시 분리하기 위해 설치한다.
② 볼트 조임 상태 및 과전류의 소손 흔적을 점검한다.
③ 장애가 발생한 어레이로 역전압이 흐르는 것을 방지한다.
④ 전압계, 전류계, 계량기 등 정상동작을 확인한다.

34 멀티미터(테스터)의 측정대상이 아닌 것은?
① 저항
② 직류전류
③ 교류전류
④ 직류전압, 교류전압

풀이 멀티미터의 측정대상
저항, 직류전류, 직류전압, 교류전압

35 저압 및 고압용 검전기 사용 시 주의사항으로 틀린 것은?
① 습기가 있는 장소로서 위험이 예상되는 경우에는 고압 고무장갑 착용
② 검전기의 정격전압을 초과하여 사용하는 것은 금지
③ 검전기의 사용이 부적당한 경우에는 조작봉으로 대응
④ 활선접근경보기를 검전기로 사용

풀이 활선접근경보기를 검전기 대용으로 사용하지 말 것

36 클램프 미터의 측정대상이 아닌 것은?
① 저항
② 전류
③ 전력
④ 전압

풀이 클램프 미터의 측정대상
저항, 전류, 전압

정답 32 ④ 33 ① 34 ③ 35 ④ 36 ③

37 안전장비의 정기점검관리 보관요령에 대한 설명으로 틀린 것은?
① 일주일에 한 번 책임 있는 감독자가 점검할 것
② 청결하고 습기가 없는 장소에 보관할 것
③ 보호구 사용 후에는 손질하여 항상 깨끗이 보관할 것
④ 세척 후에는 완전히 건조시켜 보관할 것

풀이 안전장비의 정기점검은 한 달에 한 번 이상 책임 있는 감독자가 점검한다.

38 안전보호구 관리요령으로 틀린 것은?
① 사용 후 세척하여 보관할 것
② 세척 후에는 건조시켜 보관할 것
③ 정기적으로 점검 관리하여 보관할 것
④ 청결하고 습기가 있는 곳에 보관할 것

풀이 안전보호구 관리보관 요령
- 사용 후 세척하여 보관한다.
- 세척 후에는 건조시켜 보관한다.
- 정기적으로 점검 관리하여 보관한다.
- 청결하고 습기가 없는 곳에 보관한다.

정답 37 ① 38 ④

PART 05

CBT 대비 모의고사

SECTION 001 제1회 CBT 대비 모의고사

1과목 태양광발전 기획

01 다음 그림과 같이 축전지회로가 구성되어 있을 때, 단자 A, B 사이에 나타나는 출력전압과 축전지 용량은?

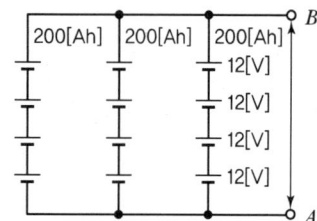

① DC 12[V], 200[Ah]
② DC 12[V], 600[Ah]
③ DC 48[V], 200[Ah]
④ DC 48[V], 600[Ah]

풀이 축전지 용량 $Q = 200 + 200 + 200 = 600[Ah]$
출력전압 $V = 12 + 12 + 12 + 12 = 48[V]$

02 단독운전 방지기능이 없는 10[kW] 태양광발전시스템이 380[V], 60[Hz]의 계통전원에 연결되어 운전될 경우, 태양광발전시스템의 출력이 10[kW], 부하가 유효전력이 10[kW], 지상무효전력이 +9.5[kVar], 진상무효전력이 -10[kVar]일 때 단독운전이 일어날 경우 예상되는 공진주파수는 약 몇 [Hz]인가?

① 58.48   ② 59.32
③ 60.00   ④ 61.38

풀이 주파수 $(f) = \dfrac{1}{2\pi\sqrt{LC}}$ 이므로,

지상무효전력 $P = \dfrac{V^2}{x_L}$ 이고 $x_L = 2\pi fL$

$P = \dfrac{V^2}{2\pi fL}$ 에서

$L = \dfrac{V^2}{2\pi fP} = \dfrac{380^2}{2\pi \times 60 \times 9.5 \times 10^3} = 0.040319$

진상무효전력 $P = \dfrac{V^2}{x_C}$, $x_C = \dfrac{1}{2\pi fC}$

$P = \dfrac{V^2}{\dfrac{1}{2\pi fC}} = 2\pi fCV^2$에서 $C = \dfrac{P}{2\pi fV^2}$

$C = \dfrac{10 \times 10^3}{2\pi \times 60 \times 380^2} = 0.00018369$

$f = \dfrac{1}{2\pi\sqrt{LC}} = \dfrac{1}{2\pi\sqrt{0.040319 \times 0.00018369}}$
$= 58.48[Hz]$

03 신·재생에너지 설비의 지원 등에 관한 규정에 따라 위반행위별 사업참여 제한기준 중 사업내용 위반에 해당하지 않는 것은?

① 허위 또는 부정한 방법으로 신청서를 제출한 경우
② 허위 또는 부정한 방법으로 설치확인을 받은 경우
③ 허위 또는 부정한 방법으로 보조금을 수령한 경우
④ 센터의 장의 시정요구에 정당한 사유 없이 응하지 않는 경우

풀이 신·재생에너지 설비지원 등의 위반행위별 사업참여 제한기준(제52조제1항)

내용	제한기준
가. 허위 또는 부정한 방법으로 신청서를 제출한 경우 나. 허위 또는 부정한 방법으로 보조금을 수령한 경우 다. 수혜자 및 참여기업이 특별한 사유 없이 사업을 포기하는 경우 라. 센터의 장의 시정요구에 정당한 사유 없이 응하지 않는 경우	2년 이상
마. 센터의 장의 승인 없이 사업계획 또는 사업내용(설치용량·사업기간 등)을 변경한 경우	1년 이상

정답 01 ④ 02 ① 03 ②

04 부지선정 시 일반적으로 고려되어야 하는 사항으로 틀린 것은?

① 풍향 조건 ② 지리적인 조건
③ 행정상의 조건 ④ 건설환경적 조건

풀이 부지선정 시 고려사항
- 지리적 조건
- 행정상 조건
- 건설환경적 조건
- 전력계통과의 연계
- 경제성

05 전기공사업법에서 명시하고 있는 하자담보 책임기간이 다른 공사는?

① 변전설비공사
② 태양광발전설비공사
③ 배전설비공사 중 철탑공사
④ 지중송전을 위한 케이블 공사

풀이 전기공사의 하자담보 책임기간

발전설비공사	철근콘크리트 또는 철공구조부	7년
	그 밖의 시설	3년
지중 송배전설비공사	송전설비공사(케이블, 물밑송전설비공사 포함)	5년
	배전설비공사	3년
송전설비공사		3년
변전설비공사(전기설비 및 기기설치공사 포함)		3년
배전설비공사	배전설비 철탑공사	3년
	그 밖의 배전설비공사	2년
그 밖의 전기설비공사		1년
태양광발전설비공사		3년

06 표준상태에서의 태양광발전 어레이 출력이 20,000[W], 월 적산 어레이 표면(경사면) 일사량이 275[kWh/m² · 월], 표준상태에서의 일사강도가 1[kW/m²], 종합설계계수가 0.85일 때 월간 발전량[kWh/월]은?

① 4,675 ② 4.675
③ 112,200 ④ 140,250

풀이 경사면 일사량에 의한 월간 발전량 산출

월간 발전량 $E_{PM} = P_{AS} \times K \times \left(\dfrac{H_{AM}}{G_s}\right)$[kWh/월]

여기서, P_{AS} : 표준상태에서의 태양전지 어레이 출력 [kW]
K : 종합설계계수
H_{AM} : 월 적산 어레이 표면(경사면) 일사량 [kWh/(m² · 월)]
G_s : 표준상태에서의 일사강도[kW/m²]

$E_{PM} = 20,000 \times 10^{-3} \times \left(\dfrac{275}{1}\right) \times 0.85$
$= 4,675$

07 역류방지 다이오드(Blocking Diode)의 역할에 대한 설명으로 옳은 것은?

① 과전류가 흐를 때 회로를 차단한다.
② 태양광발전 모듈의 최적 운전점을 추적한다.
③ 태양광발전시스템의 외함을 접지하는 데 사용한다.
④ 태양광이 없을 때 축전지로부터 태양전지를 보호한다.

풀이 역류방지 소자의 설치목적(역할)
- 태양전지 모듈에 그늘(음영)이 생긴 경우, 그 스트링 전압이 낮아져 부하가 되는 것을 방지한다.
- 독립형 태양광발전시스템에서 축전지가 설치된 경우 야간에 태양광발전이 정지된 상태에서 축전지 전력이 태양전지 모듈 쪽으로 흘러들어 소모되는 것을 방지한다.

08 전기사업법에 따라 발전사업허가를 신청하는 경우로서 사업계획서만 제출하여도 되는 발전설비용량은 몇 [kW] 이하인가?(단, 구역전기사업의 허가 외의 허가를 신청하는 경우이다.)

① 200 ② 300
③ 500 ④ 1,000

풀이 전기사업법에서 200[kW] 이하 발전사업허가 신청 시 제출서류
사업허가 신청서, 사업계획서

정답 04 ① 05 ④ 06 ① 07 ④ 08 ①

09 일조시간과 가조시간에 대한 설명으로 틀린 것은?

① 일조시간과 가조시간의 비를 일조율(%)이라 한다.
② 일조시간은 실제로 태양광선이 지표면을 내리쬔 시간이다.
③ 구름이 많은 날씨일 경우 가조시간과 일조시간이 일치한다.
④ 가조시간이랑 한 지방의 해 돋는 시간부터 해 지는 시간까지의 시간을 말한다.

풀이 구름이 많은 날씨일 경우 일조시간과 가조시간이 다르다.

10 전기사업법에 따라 전력수급기본계획의 수립 시 기본계획에 포함되어야 할 사항으로 틀린 것은?

① 분산형 전원의 개발에 관한 사항
② 분산형 전원의 확대에 관한 사항
③ 전력수급의 기본방향에 관한 사항
④ 주요 송전·변전설비계획에 관한 사항

풀이 전력수급기본계획 수립 시 기본계획에 포함되어야 할 사항
- 전력수급의 기본방향에 관한 사항
- 전력수급의 장기전망에 관한 사항
- 전기설비 시설계획에 관한 사항
- 전력수요의 관리사항
- 분산형 전원의 확대에 관한 사항
- 주요 송전·변전설비계획에 관한 사항

11 태양광발전 전지를 재료에 따라 구분한 것으로 틀린 것은?

① 유기물
② 폴리머형
③ 리튬이온형
④ 염료감응형

풀이 태양전지의 재료에 따른 분류
실리콘, 화합물 반도체, 신소재, 유기물 등으로 분류
㉠ 실리콘
- 실리콘 웨이퍼 : 단결정 실리콘, 다결정 실리콘
- 실리콘 박막, 비정질 실리콘, 박막실리콘 결정

㉡ 화합물 반도체
- Ⅱ → Ⅵ : CIS, CIGS, CdTe
- Ⅲ → Ⅴ : GaInP$_2$, GaAs

㉢ 신소재 → 염료 : Dye sensitized
㉣ 유기물 → 폴리머 : 유기물, 하이브리드

12 신에너지 및 재생에너지 개발·이용·보급 촉진법에 따른 신·재생에너지 통계 전문기관은?

① 통계청
② 한국전력거래소
③ 신·재생에너지센터
④ 한국에너지기술연구원

풀이 신·재생에너지 통계 전문기관은 신·재생에너지센터이다.

13 국토의 계획 및 이용에 관한 법률에 따라 개발행위허가의 경미한 변경으로 틀린 것은?

① 사업기간을 단축하는 경우
② 부지면적 또는 건축물 연면적을 10퍼센트 범위에서 축소하는 경우
③ 관계 법령의 개정에 따라 허가받은 사항을 불가피하게 변경하는 경우
④ 도시·군관리계획의 변경에 따라 허가받은 사항을 불가피하게 변경하는 경우

풀이 개발허가의 경미한 변경(제56조제2항)
㉠ 사업기간을 단축하는 경우
㉡ 다음 각 목의 어느 하나에 해당하는 경우
- 부지면적 또는 건축물 연면적을 5[%] 범위에서 축소하는 경우
- 관계 법령의 개정 또는 도시·군관리계획의 변경에 따라 허가받은 사항을 불가피하게 변경하는 경우
- 「공간정보의 구축 및 관리 등에 관한 법률」 제26조제2항 및 「건축법」 제26조에 따라 허용되는 오차를 반영하기 위한 변경인 경우
- 「건축법 시행령」 제12조제3항 각 호의 어느 하나에 해당하는 변경(공작물의 위치를 1[m] 범위에서 변경하는 경우를 포함)인 경우

정답 09 ③ 10 ① 11 ③ 12 ③ 13 ②

14 전기공사업법에 따른 발전설비 공사의 종류가 아닌 것은?

① 화력발전소　　② 비상용 발전기
③ 태양광발전소　④ 태양열발전소

풀이 전기공사업법에 따른 발전설비 공사의 종류
  • 화력발전소　　• 수력발전소
  • 태양광발전소　• 태양열발전소

15 국토의 계획 및 이용에 관한 법률에 따른 농림지역에서의 개발행위허가의 규모로 옳은 것은?

① 5천제곱미터 미만　② 1만제곱미터 미만
③ 3만제곱미터 미만　④ 5만제곱미터 미만

풀이 용도지역별 허가면적
  ㉠ 도시지역
    • 주거지역, 상업지역, 자연녹지지역, 생산녹지지역 : 1만[m²] 미만
    • 공업지역 : 3만[m²] 미만
    • 보건녹지지역 : 5천[m²] 미만
  ㉡ 관리지역 : 3만[m²] 미만
  ㉢ 농림지역 : 3만[m²] 미만
  ㉣ 자연환경보전지역 : 5천[m²] 미만

16 신에너지 및 재생에너지 개발·이용·보급 촉진법에 따라 신에너지 및 재생에너지 기술개발 및 이용·보급에 관한 계획을 협의하려는 자는 그 시행 사업연도 개시 몇 개월 전까지 산업통상자원부장관에게 계획서를 제출하여야 하는가?

① 1개월　　② 3개월
③ 4개월　　④ 6개월

풀이 신에너지 및 재생에너지 개발·이용·보급 촉진법 제3조(신·재생에너지 기술개발 등에 관한 계획의 사전협의)
  ① 법 제7조에서 "대통령령으로 정하는 자"란 다음 각 호의 어느 하나에 해당하는 자를 말한다.
    1. 정부로부터 출연금을 받은 자
    2. 정부출연기관 또는 제1호에 따른 자로부터 납입자본금의 100분의 50 이상을 출자받은 자
  ② 법 제7조에 따라 신에너지 및 재생에너지(이하 "신·재생에너지"라 한다) 기술개발 및 이용·보급에 관한 계획을 협의하려는 자는 그 시행 사업연도 개시 4개월 전까지 산업통상자원부장관에게 계획서를 제출하여야 한다.

17 계통연계형 태양광발전용 인버터의 기능으로 틀린 것은?

① 직류지락 검출기능
② 자동전압 조정기능
③ 최대전력 추종제어기능
④ 교류를 직류로 변환하는 기능

풀이 인버터의 기능
  직류를 교류로 변환하는 기능

18 표면온도 −15℃에서 태양광발전 모듈의 V_{mpp}와 V_{oc}는 각각 약 몇 [V]인가?

• P_{mpp} : 250[W]　　• V_{mpp} : 30.8[V]
• V_{oc} : 38.3[V]
• 온도에 따른 전압변동률 : −0.32[%/℃]

① V_{mpp} : 14.74, V_{oc} : 23.20
② V_{mpp} : 24.74, V_{oc} : 33.20
③ V_{mpp} : 34.74, V_{oc} : 43.20
④ V_{mpp} : 44.74, V_{oc} : 53.20

풀이 $V_{mpp(-15)} = 30.8 \times \{1+(-0.0032) \times (-15-25)\} = 34.7424$
$V_{oc(-15)} = 38.3 \times \{1+(-0.0032) \times (-15-25)\} = 43.2024$

19 신에너지 및 재생에너지 개발·이용·보급 촉진법에 따라 산업통상자원부장관이 수립하는 신·재생에너지의 기술개발 및 이용·보급을 촉진하기 위한 기본계획의 계획기간은 몇 년 이상인가?

① 1년　　② 3년
③ 5년　　④ 10년

정답　14 ②　15 ③　16 ③　17 ④　18 ③　19 ④

풀이 신·재생에너지 기본계획기간은 10년 이상이다.

20 전기사업법에서 정의하는 "송전선로"란 어느 부분을 연결하는 전선로(통신용으로 전용하는 것은 제외한다.)와 이에 속하는 전기설비를 말하는가?

① 발전소와 변전소 간
② 전기수용설비 상호 간
③ 변전소와 전기수용설비 간
④ 발전소와 전기수용설비 간

풀이 송전선로는 발전소와 변전소 간을 연결하는 전선로이다.

2과목 태양광발전 설계

21 토목 도면에서 밭을 나타내는 기호는?

① ∥　② ∥∣
③ ⊥⊥　④ ○

풀이 토목 도면기호
∥ : 초지　∥∣ : 밭
⊥⊥ : 논　○ : 과수원

22 건축구조기준 설계하중(KDS 41 10 15 : 2019)에 따른 적설하중에 대한 설명으로 틀린 것은?

① 최소 지상적설하중은 0.5[kN/m²]로 한다.
② 우리나라의 기본 지상적설하중 중 가장 높은 지방은 6.0[kN/m²]이다.
③ 지붕의 경사도가 15° 이하 혹은 70°를 초과하는 경우에는 불균형적설하중을 고려하지 않아도 된다.
④ 지상적설하중이 0.5[kN/m²]보다 작은 지역에서는 퇴적량에 의한 추가하중을 고려하지 않아도 무방하다.

풀이 우리나라의 기본 지상적설하중 중 가장 높은 지방은 울릉도, 대관령으로 7.0[kN/m²]이다.

23 22.9[kV] 가공전선과 그 지지물·완금류·지주 사이의 이격거리는 몇 [cm] 이상으로 하여야 하는가?

① 15　② 20
③ 25　④ 30

풀이 22.9[kV] 가공전선과 그 지지물·완금류·지주 사이의 이격거리는 20[cm] 이상으로 하여야 한다.

24 태양광발전 어레이 설치 지역의 설계속도압이 1,000[N/m²], 태양광발전 어레이의 유효수압면적이 7[m²]일 경우 풍하중은 얼마인가?(단, 가스트영향계수는 1.8, 풍력계수는 1.3을 적용하며, 기타 주어지지 않은 조건은 무시한다.)

① 9.75[kN]　② 13.50[kN]
③ 16.38[kN]　④ 17.55[kN]

풀이 풍하중($W = P_c$)
$P_c[\text{kN/m}^2] = q_z \cdot G_f \cdot C_f$
$P_c[\text{kN}] = q_z \cdot g_f \cdot C_f \cdot A$
$P_c[\text{kN}] = 1,000 \times 10^{-3} \times 1.3 \times 1.8 \times 7$
$\phantom{P_c[\text{kN}]} = 16.38[\text{kN}]$
여기서, q_z : 임의의 높이(z)에서 설계속도압 [kN/m²]
G_f : 가스트영향계수
C_f : 풍력계수
A : 유효수압면적

25 신·재생발전기 계통연계기준에 따라 신·재생발전기의 역률은 몇 [%] 이상으로 유지하여 운전하여야 하는가?

① 85　② 90
③ 95　④ 100

풀이 분산형 전원(신·재생발전)의 역률은 90[%] 이상으로 유지한다.

정답　20 ①　21 ②　22 ②　23 ②　24 ③　25 ②

26 설계하중을 시간의 변동에 따라 구분한 것으로 틀린 것은?

① 활하중　　② 영구하중
③ 임시하중　④ 우발하중

풀이　활하중 : 건축물 및 공작물을 점유 사용함으로써 발생

27 전력기술관리법에 따라 해당되는 전력시설물의 설계도서는 설계감리를 받아야 한다. 법에 따른 전력시설물 중 설계감리 대상에 해당하지 않는 것은?

① 용량 80만킬로와트 이상의 발전설비
② 전압 20만볼트 이상의 송전·변전설비
③ 전압 10만볼트 이상의 수전설비·구내배전설비·전력사용설비
④ 전기철도의 수전설비·철도신호설비·구내배전설비·전차선설비·전력사용설비

풀이　설계감리를 받아야 하는 설계도서
- 용량 80만[kW] 이상의 발전설비
- 전압 30만[V] 이상의 송전 및 변전설비
- 전압 10만[V] 이상의 수전설비, 구내배전설비, 전력사용설비
- 전기철도의 수전설비, 철도신호설비, 구내배전설비, 전력사용설비
- 국제공항의 수전설비, 구내배전설비, 전력사용설비
- 21층 이상이거나 연면적 5만[m²] 이상인 건축물의 전력시설물
- 그 밖에 산업통상자원부령으로 정하는 전력시설물

28 분산형 전원 배전계통 연계 기술기준에 따라 전기방식이 교류 단상 220[V]인 분산형 전원을 저압 한전계통에 연계할 수 있는 용량은?

① 100[kW] 미만　② 150[kW] 미만
③ 250[kW] 미만　④ 500[kW] 미만

풀이　분산형 전원을 저압 한전계통에 연계할 수 있는 용량은 100[kW] 미만이다.

29 한국전기설비규정에 따라 일반주택 및 아파트 각 호실의 현관등은 몇 분 이내에 소등되도록 타임스위치를 시설하여야 하는가?

① 1분　② 2분
③ 3분　④ 5분

풀이　일반주택 및 아파트 각 호실의 현관등은 3분 이내에 소등되도록 타임스위치를 시설하여야 한다.

30 내선규정에 따라 케이블 콘크리트에 직접 매설하는 경우 케이블은 철근 등을 따라 포설하는 것을 원칙으로 하고 바인드선 등으로 철근 등에 몇 [m] 이하의 간격으로 고정하여야 하는가?

① 1　② 2
③ 3　④ 4

풀이　케이블을 콘크리트에 직접 매설하는 경우 케이블은 철근 등을 따라 포설하는 것을 원칙으로 하고 바인드선 등으로 철근 등에 1[m]의 이하의 간격으로 고정하여야 한다.

31 모듈에서 접속함까지의 직류배선이 30[m]이며, 모듈 전압이 300[V], 전류가 5[A]일 때, 전압강하는 몇 [V]인가?(단, 전선의 단면적은 4.0[mm²]이다.)

① 1.335　② 1.425
③ 1.787　④ 1.925

풀이　직류 2선식 교류 2선식

전압강하 $e = \dfrac{35.6 \times L \times I}{1,000 A}$

여기서, L : 전선길이
I : 전류
A : 전선의 단면적

$e = \dfrac{35.6 \times 30 \times 5}{1,000 \times 4} = 1.335$

정답　26 ①　27 ②　28 ①　29 ③　30 ①　31 ①

32 설계감리업무 수행지침에 따른 설계감리원의 기본임무에 해당하지 않는 것은?

① 설계용역 계약 및 설계감리용역 계약내용이 충실히 이행될 수 있도록 하여야 한다.
② 과업지시서에 따라 업무를 성실히 수행하고 설계의 품질향상에 노력하여야 한다.
③ 설계감리용역을 시행함에 있어 설계기간과 준공처리 등을 감안하여 충분한 기간을 부여하여 최적의 설계품질이 확보되도록 노력하여야 한다.
④ 설계공정의 진척에 따라 설계자로부터 필요한 자료 등을 제출받아 설계용역이 원활히 추진될 수 있도록 설계감리 업무를 수행하여야 한다.

풀이 설계감리원의 기본임무
- 설계용역 계약 및 설계감리용역 계약내용이 충실히 이행될 수 있도록 하여야 한다.
- 해당 설계용역이 관련 법령 및 전기설비기술기준 등에 적합한 내용대로 설계되는지의 여부를 확인 및 설계의 경제성 검토를 실시하고, 기술지도 등을 하여야 한다.
- 설계공정의 진척에 따라 설계자로부터 필요한 자료 등을 제출받아 설계용역이 원활히 추진될 수 있도록 설계감리업무를 수행하여야 한다.
- 과업지시서에 따라 업무를 성실히 수행하고 설계의 품질향상에 노력하여야 한다.

33 전력시설물 공사감리업무 수행지침에 따라 감리원이 해당 공사 착공 전에 실시하는 설계도서 검토내용에 포함되지 않는 것은?

① 현장조건에 부합 및 시공의 실제 가능 여부
② 설계도서의 누락, 오류 등 불명확한 부분의 존재 여부
③ 시공사가 제출한 물량내역서와 발주사가 제공한 산출내역서의 수량 일치 여부
④ 설계도면, 설계설명서, 기술계산서, 산출내역서 등의 내용에 대한 상호 일치 여부

풀이 착공 전 설계도서 검토내용
㉠ 감리원은 설계도면, 설계설명서, 공사비 산출내역서, 기술계산서, 공사계약서의 계약내용과 해당 공사의 조사 설계보고서 등의 내용을 완전히 숙지하여 새로운 방향의 공법 개선 및 예산 절감을 도모하도록 노력하여야 한다.
㉡ 감리원은 설계도서 등에 대하여 공사계약문서 상호 간의 모순되는 사항, 현장 실정과의 부합 여부 등 현장 시공을 주안으로 하여 해당 공사 시작 전에 검토하여야 하며 검토내용에는 다음 각 호의 사항 등이 포함되어야 한다.
- 현장조건에 부합 여부
- 시공의 실제 가능 여부
- 다른 사업 또는 다른 공정과의 상호 부합 여부
- 설계도면, 설계설명서, 기술계산서, 산출내역서 등의 내용에 대한 상호 일치 여부
- 설계도서의 누락, 오류 등 불명확한 부분의 존재 여부
- 발주자가 제공한 물량 내역서와 공사업자가 제출한 산출내역서의 수량 일치 여부
- 시공상의 예상 문제점 및 대책 등

34 케이블 화재에 대한 설명으로 틀린 것은?

① 연소가 빠르다.
② 연소에너지가 낮고 열기가 강하다.
③ 부식성 가스 및 유독성 가스가 발생한다.
④ 연기 발생으로 피난, 소화활동에 지장을 준다.

풀이 케이블 화재의 문제점
- 연소에너지가 높고 열기가 강하다.
- 농연 부식성 및 유독성 가스가 발생한다.
- 연소가 빠르다.
- 화점을 알 수 없다.
- 소화기 정도로는 소화되지 않는다.

35 한국전기설비규정에 따라 분산형 전원을 전력계통에 연계하는 경우 인버터로부터 직류가 계통으로 유출되는 것을 방지하기 위하여 접속점과 인버터 사이에 설치하는 것은?(단, 단권변압기는 제외한다.)

① 차단기
② 전력퓨즈
③ 보호계전기
④ 상용주파수 변압기

풀이 인버터 회로방식

절연방식	회로도 및 설명
상용주파 변압기 절연방식	태양전지 직류출력을 상용주파의 교류로 변환한 후 변압기로 절연한다.
고주파 변압기 절연방식	태양전지의 직류출력을 고주파 교류로 변환한 후, 소형 고주파 변압기로 절연한다. 그 다음 일단 직류로 변환하고 다시 상용주파수 교류로 변환한다.
트랜스리스 방식 (무변압기 방식)	태양전지의 직류출력 DC-DC 컨버터로 승압하고 인버터로 상용주파의 교류로 변환한다.

36 전력기술관리법에 따라 시·도지사는 감리업자가 공사감리를 성실하게 하지 아니하여 일반인에게 위해(危害)를 끼친 경우 산업통상자원부령으로 정하는 바에 따라 그 등록을 몇 개월 이내의 기간을 정하여 그 영업의 전부 또는 일부의 정지를 명할 수 있는가?

① 1개월　　　② 3개월
③ 6개월　　　④ 9개월

풀이 감리업자가 공사감리를 성실하게 하지 아니하여 일반인에게 위해를 끼친 경우 산업통상자원부령으로 정하는 바에 따라 시·도지사는 그 등록을 6개월 이내의 기간을 정하여 그 영업의 전부 또는 일부의 정지를 명할 수 있다.

37 건축일반용어(KS F 1526 : 2010)의 제도 및 설계에 따라 건축물 또는 물체의 세부를 상세하게 나타내어 그린 도면은?

① 상세도　　　② 투상도
③ 배치도　　　④ 배면도

풀이 상세도
　제도 및 설계에 따라 건축물 또는 물체의 세부를 상세하게 나타내어 그린 도면

38 태양광발전 어레이 세로길이(L)가 3[m], 태양광발전 어레이의 경사각을 33°, 동지 시 발전한계시각에서의 태양 고도각을 20°로 산정하여 북위 37° 지방에서 태양광발전소를 건설할 때 어레이 간 최소 이격거리 d는 약 몇 [m]인가?

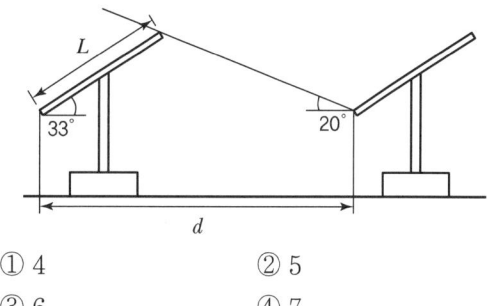

① 4　　　② 5
③ 6　　　④ 7

풀이 모듈 이격거리
$$d = L \times \{\cos\alpha + \sin\alpha \times \tan(90° - \beta)\}$$
　여기서, L : 모듈길이
　　　　α : 경사각
　　　　β : 동지 시 발전한계시각에서 태양고도각
$$d = 3 \times \{\cos 33° + \sin 33° \times \tan(90° - 20°)\}$$
$$= 7.00516 ≒ 7[m]$$

39 전력시설물 공사감리업무 수행지침에 따라 책임감리원은 분기보고서를 작성하여 발주자에게 제출하여야 한다. 보고서는 매 분기 말 다음 달 며칠 이내로 제출하여야 하는가?

① 5일　　　② 7일
③ 15일　　　④ 30일

풀이 분기보고서는 분기 말 다음 달 7일 이내에 제출해야 한다.

정답 36 ③　37 ①　38 ④　39 ②

40 태양광발전 설비의 공사에 적용하는 시방서에 관련된 내용 중 틀린 것은?

① 공사시방서는 설계도면에서 표현이 곤란한 설계 내용 및 세부 공사방법 등을 기술한다.
② 표준시방서는 시설물의 안전 및 공사시행의 적정성과 품질확보 등을 위하여 시설물별로 정한 표준적인 시공기준을 말한다.
③ 시방서란 어떤 프로젝트의 품질에 관한 요구사항들을 규정하는 공사계약문서의 일부분으로서 공사의 품질과 직접적으로 관련된 문서이다.
④ 전문시방서는 공사시방서를 기본으로 모든 공종을 대상으로 하여 특정한 공사의 시공 등에 활용하기 위한 종합적인 시공기준을 말한다.

풀이 전문시방서는 표준시방서를 기본으로 모든 공종을 대상으로 하여 특정한 공사의 시공 또는 공사시방서의 작성에 활용하기 위한 시공기준을 말한다.

3과목 태양광발전 시공

41 도선의 길이가 3배로 늘어나고 반지름이 1/3로 줄어들 경우 그 도선의 저항은 어떻게 변하겠는가?(단, 고유저항에는 변화가 없다.)

① 9배 증가 ② $\frac{1}{9}$로 감소
③ 27배 증가 ④ $\frac{1}{27}$로 감소

풀이 도선의 저항 $R = \rho \frac{l}{A} = \rho \frac{l}{\frac{\pi D^2}{4}}$에서

길이 l과 지름 D의 관계식으로 저항 R을 계산하면
$R = \frac{l}{D^2} = \frac{3l}{\left(\frac{1}{3}D\right)^2} = \frac{27l}{D^2} = 27\frac{l}{D^2}$ 이므로

∴ 저항 R은 27배로 증가

42 태양광발전 어레이의 절연저항 측정에 대한 내용으로 옳은 것은?

① 절연저항 측정 시 온도는 고려하지 않는다.
② 일사시간 동안에는 단락용 개폐기를 이용한다.
③ 발전량이 적어 위험성이 낮은 비 오는 날 측정하는 것이 좋다.
④ 사용전압 400[V] 이상일 때 절연저항 측정기준은 0.1[MΩ] 이상이다.

풀이
• 절연저항 측정 시 온도를 고려한다.
• 비 오는 날은 측정하지 않는다.
• 한국전기설비규정(KEC) 절연저항 기준치

전로의 사용전압 [V]	DC 시험전압 [V]	절연저항 [MΩ]
SELV 및 PELV	250	0.5
FELV, 500[V] 이하	500	1.0
500[V] 초과	1,000	1.0

43 앵커(KCS 11 60 00 : 2016)에 따라 앵커의 삽입작업에 대한 설명으로 틀린 것은?

① 앵커는 삽입 작업대 또는 크레인 등의 장비에 의해서 삽입하여야 한다.
② 소요길이까지 삽입 후 지지대를 설치하여 앵커를 공 내에 고정시킨다.
③ 공에서 누수가 있을 경우에는 공 입구를 부직포로 막아 토사유출을 방지하여야 한다.
④ 앵커 삽입 시 앵커가 천공 구멍의 중앙에 위치하도록 앵커에 중심결정구를 5[m] 간격으로 부착한다.

풀이 앵커 삽입 시 앵커가 천공 구멍의 중앙에 위치하도록 앵커에 중심결정구(센트럴라이저)를 1~3[m] 간격으로 부착한다.

44 태양광발전 어레이용 가대의 재질 및 형태에 따른 검토사항으로 틀린 것은?(단, 가대의 재질은 강재+용융아연도금으로 한다.)

① 20년 이상의 내구성을 가져야 한다.
② 절삭 등의 가공이 쉽고 무거워야 한다.
③ 불필요한 가공을 피할 수 있도록 규격화되어야 한다.
④ 염해, 공해 등을 고려하여 녹이 발생하지 않아야 한다.

풀이 절삭 등의 가공이 쉽고 가벼워야 한다.

45 건물에 설치된 태양광발전시스템의 낙뢰 및 과전압 보호로 고려되어야 하는 방법이 아닌 것은?

① 교류 측에 과전압 보호장치를 설치해야 한다.
② 태양광발전시스템 접속함의 직류 측에 서지보호 장치를 설치해야 한다.
③ 태양광발전시스템이 외부에 노출되어 있다면 적절한 피뢰침을 설치해야 한다.
④ 낙뢰 보호시스템이 있어도 반드시 태양광발전시스템을 접지 및 등전위면에 연결해야 한다.

풀이 낙뢰 보호시스템이 있는 태양광발전시스템의 접지는 등전위면에 연결해서 시공할 수 있고 단독으로 할 수도 있다.

46 가정에 공급하는 교류 전압이 220[V]일 때, 이 220[V]는 무슨 값을 의미하는가?

① 실횻값   ② 최댓값
③ 순시값   ④ 평균값

풀이 실횻값(Effective Value)

$$V = \frac{V_m}{\sqrt{2}} = 0.707 V_m [V]$$

여기서, V_m : 최댓값

$$V_m = \sqrt{2} V$$

실횻값은 교류 전압의 크기를 부를 때의 값이다.

47 단상 브리지 정류회로에서 출력전압의 피크값이 20[V]라면 그 평균값은 약 몇 [V]인가?

① 3.18   ② 6.37
③ 9.0   ④ 12.73

풀이 평균값(Average Value)

$$V_a = \frac{\sqrt{2}}{\pi} V_m = 0.637[V]$$

$$V_m = \sqrt{2} V$$

$$\therefore V_a = \frac{\sqrt{2}}{\pi} \times \sqrt{2} \times V = \frac{\sqrt{2}}{\pi} \times \sqrt{2} \times 20$$
$$= 12.7323 ≒ 12.73[V]$$

48 다른 개폐기기와 비교하여 전력퓨즈의 특징으로 틀린 것은?

① 고속도 차단된다.
② 릴레이가 필요하다.
③ 소형으로 차단 능력이 크며, 재투입은 불가능하다.
④ 동작시간−전류특성을 계전기처럼 자유롭게 조절할 수 없다.

풀이 다른 개폐기기와 비교하여 전력퓨즈는 릴레이가 필요 없다.

49 송전전력, 부하역률, 송전거리, 전력손실 및 선간전압이 같을 경우 3상 3선식에서 전선 한 가닥에 흐르는 전류는 단상 2선식의 경우의 약 몇 [%]가 되는가?

① 57.7   ② 70.7
③ 141   ④ 115

풀이 3상 3선식에서 전선 한 가닥에 흐르는 전류는 단상 2선식의 경우 57.7[%]이다.

50 보호계전장치의 구성 요소 중 검출부에 해당되지 않는 것은?

① 릴레이   ② 영상변류기
③ 계기용 변류기   ④ 계기용 변압기

정답 44 ② 45 ④ 46 ① 47 ④ 48 ② 49 ① 50 ①

풀이 보호계전장치의 구성

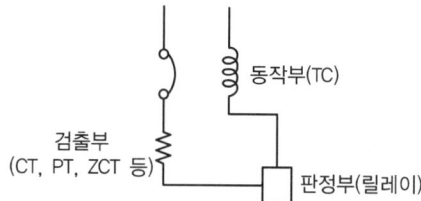

51 애자의 구비조건으로 틀린 것은?
① 누설전류가 적을 것
② 기계적 강도가 클 것
③ 충분한 절연내력을 가질 것
④ 온도의 급변에 잘 견디고 습기를 잘 흡수할 것

풀이 애자의 구비조건
온도의 급변에 잘 견디고 습기를 흡수하지 말 것

52 계약상의 큰 변경이나 불가항력 등에 의한 공정지연이 발생하지 않는 한 사업종료 때까지 수정되지 않는 공정표는?
① 관리기준공정표   ② 사업기본공정표
③ 건설종합공정표   ④ 분야별종합공정표

풀이 사업기본공정표
계약상 큰 변경이나 불가항력 등에 의한 공정지연이 발생하지 않는 한 사업종료 때까지 수정되지 않는 공정표이다.

53 태양광발전시스템을 계통에 연계하는 경우 자동적으로 태양광발전시스템을 전력계통으로부터 분리하기 위한 장치를 시설하지 않아도 되는 경우는?
① 태양광발전시스템의 단독운전 상태
② 연계한 전력계통의 이상 또는 고장
③ 태양광발전시스템의 이상 또는 고장
④ 태양광발용 모니터링 설비의 단독운전 상태

풀이 모니터링 설비는 계통연계시스템에서 분리대상 설비가 아니다.

54 토사기초 터파기에 대한 설명으로 틀린 것은?
① 토사기초 터파기 부위의 지지력 및 침하량은 설계도서에 명시된 허용지지력 및 허용 침하량 기준을 만족하여야 한다.
② 토사기초 지반에서는 터파기 후 지하수와 주변 유입수를 차단하거나 타 부위로 유도 배수하여 지반의 이완, 변형 및 연약화가 진행되지 않도록 조치하여야 한다.
③ 기초 터파기 바닥면이 동결할 경우에는 설계감리원과 협의하여 동결토는 제거하고, 양질의 재료로 치환하는 등 자연지반과 동등 이상의 지내력을 갖도록 조치한다.
④ 토사기초 지반의 토질이 설계도서와 상이하거나 연약한 지반이 분포할 가능성이 있는 지역에서는 시추조사 등의 방법으로 지층분포상태와 허용지지력 및 기초형식의 적합성을 확인하여 공사감독자의 승인을 받아야 한다.

풀이 기초 터파기 바닥면이 동결할 경우 공사감독자와 협의하여 동결토를 제거하고, 양질의 재료로 치환하는 등 자연지반과 동등 이상의 지내력을 갖도록 조치한다.(KS C 11 20 15)

55 전력용 케이블의 지중매설 시공방법(KS C 3140 : 2014)에 따라 관로 인입식 전선로 시공 시 사용되는 강관의 접속방법으로 틀린 것은?
① 나사 박기
② 볼 조인트
③ 접착 접합
④ 패킹 개재 꽂음(고무링 접합)

풀이 케이블의 지중매설 시공방법에 따라 관로 인입식 전선로 시공 시 강관의 접속방법
- 나사 박기
- 볼 조인트
- 패킹 개재 꽂음(고무링 접합)

정답 51 ④ 52 ② 53 ④ 54 ③ 55 ③

56 저압전기설비-제5-52부 : 전기기기의 선정 및 설치-배선설비(KS C IEC 60364-5-52 : 2012)에 따라 도체 및 케이블과 관련한 설치방법에 대한 설명으로 틀린 것은?

① 나도체의 애자사용 시공
② 절연전선의 케이블트레이 시공
③ 절연전선의 케이블덕팅 시스템 시공
④ 외장케이블(외장 및 무기질 절연물을 포함)의 직접 고정 시공

[풀이] 전기기기의 선정 및 설치-배선설비에 따라 도체 및 케이블과 관련한 설치방법
- 나도체의 애자사용 시공
- 절연전선의 케이블덕팅 시스템 시공
- 외장케이블(외장 및 무기질 절연물을 포함)의 직접 고정 시공
- 저압 옥내 배선 케이블트레이 시공기준
  전선은 연피케이블, 알루미늄피케이블, 난연성 케이블 또는 금속관 혹은 합성수지관 등에 넣은 절연전선을 사용

57 전력계통 검토 시 단락전류의 계산목적으로 틀린 것은?

① 보호계전기 세팅
② 변압기 용량 결정
③ 통신유도장해 검토
④ 차단기 차단용량 결정

[풀이] 단락전류의 계산목적
- 차단기 차단용량 결정
- 전력기기의 기계적 강도 및 정격 결정
- 보호계전기 Setting
- 통신유도 장해 검토
- 계통구성
- 유효접지조건 검토 및 154[kV] TR 1차 측 Y결선 중성점 운영

58 변압기에서 1차 전압이 120[V], 2차 전압이 12[V]일 때 1차 권선수가 400회라면 2차 권선수는 몇 회인가?

① 10회
② 40회
③ 400회
④ 4,000회

[풀이] 권수비 $a = \dfrac{N_1}{N_2} = \dfrac{E_1}{E_2} = \dfrac{I_2}{I_1}$ 에서

$a = \dfrac{N_1}{N_2} \quad N_2 = \dfrac{N_1}{a} \quad a = \dfrac{E_1}{E_2}$

$a = \dfrac{120}{12} = 10$

$\therefore N_2 = \dfrac{400}{10} = 40$

59 금속제 케이블트레이의 종류 중 길이 방향의 양 옆면 레일을 각각의 가로 방향 부재로 연결한 조립 금속구조인 것은?

① 사다리형
② 통풍 채널형
③ 바닥 밀폐형
④ 바닥 통풍형

[풀이] 사다리형
길이 방향의 양 옆면 레일을 각각 가로 방향 부재로 연결한 조립 금속구조

60 밴드갭 에너지는 반도체의 특성을 구분하는 매우 중요한 요소다. Si, GaAs, Ge를 밴드갭 에너지의 크기 순으로 옳게 나열한 것은?

① Si>GaAs>Ge
② GaAs>Ge>Si
③ GaAs>Si>Ge
④ Ge>GaAs>Si

[풀이]
- GaAs는 태양전지로서 최고의 효율을 갖는다. (GaAs, InP는 고순도 단결정 재료를 사용)
- 밴드갭 에너지의 크기 순서 : GaAs>Si>Ge

정답 56 ② 57 ② 58 ② 59 ① 60 ③

4과목 태양광발전 운영

61 결정질 실리콘 태양광발전 모듈(성능)(KS C 8561 : 2020)에 따른 시험장치에 해당하지 않는 것은?

① 항온항습 장치
② 단자강도 시험 장치
③ 용량 보존 시험 장치
④ 기계적 하중 시험 장치

풀이 결정질 실리콘 태양광발전 모듈 시험장치
- 항온항습 장치
- 단자강도 시험장치
- 기계적 하중 시험장치
- 온도계수 시험장치
- 바이패스다이오드 시험장치
- 절연저항 시험장치
- NOCT 측정장치
- 옥외노출 시험장치
- UV 시험장치
- 단자강도 시험장치
- 우박 시험장치
- 내전압 시험장치

62 태양광발전시스템 운영에 있어서 월별 운영계획이 아닌 것은?

① 인버터 및 주요 동력기기의 상태 점검
② 일별 운영계획의 분석 및 중요사항 점검
③ 월간 발전량 분석을 통한 효율성 감소방안 강구
④ 모듈, 인버터, 지지대 등의 정기점검 실시 및 계획 수립

풀이 월간 발전량 분석을 통한 효율성 증대방안 강구

63 자가용 전기설비 중 태양광발전시스템의 정기검사 시 태양광 전지의 검사 세부 종목이 아닌 것은?

① 절연저항
② 외관검사
③ 규격확인
④ 절연내력

풀이 태양전지의 검사 세부 종목
- 절연저항
- 외관검사
- 규격확인

64 전원의 재투입 시 안전조치로 틀린 것은?

① 유자격자가 시험 및 육안 검사를 실시한다.
② 차단장치나 단로기 등에 잠금장치 및 꼬리표를 부착한다.
③ 전기기기 등에서 모든 작업자가 완전히 철수했는지를 직접 확인한다.
④ 유자격자는 필요한 경우, 회로 및 설비를 안전하게 가압할 수 있도록 모든 기구, 점퍼선, 단락선, 접지선 및 기타 철거하여야 할 모든 장치들이 제대로 철거되었는지를 확인하여야 한다.

풀이 차단장치나 단로기 등에 잠금장치 및 꼬리표 부착은 작업 전 실시사항이다. 재투입은 작업 후 조치사항이다.

65 태양광발전 접속함(KS C 8567 : 2019)에 따라 소형(3회로 이하) 접속함의 경우 실외에 설치 시 보호등급(IP)으로 옳은 것은?

① IP 25 이상
② IP 50 이상
③ IP 54 이상
④ IP 55 이상

풀이 접속함 보호등급(IP)

병렬 스트링 수에 의한 분류	설치장소에 의한 분류
소형(3회로 이하)	실내형 : IP 54 이상
	실외형 : IP 54 이상
중대형(4회로 이상)	실내형 : IP 20 이상
	실외형 : IP 54 이상

66 태양광발전시스템 운전 특성의 측정 방법(KS C 8535 : 2005)에서 축전지의 측정항목으로 틀린 것은?

① 단자전압
② 충전전류
③ 충전전력량
④ 역조류전류

정답 61 ③ 62 ③ 63 ④ 64 ② 65 ③ 66 ④

풀이 축전지의 측정항목
- 단자전압
- 충전전류
- 충전전력량

67 전기안전관리자의 직무 고시에 따라 태양광발전소 안전관리자가 갖추어야 할 안전장비와 그 장비의 권장 교정 및 시험주기로 옳은 것은?

① 절연장화 1년
② 고압검전기 2년
③ 절연안전모 2년
④ 고압절연장갑 3년

풀이 태양광발전소 안전관리자가 갖추어야 할 안전장비의 권장 교정 및 시험주기
- 절연장화 : 1년
- 절연안전모 : 1년
- 고압절연장갑 : 1년
- 저압검전기, 고압 · 특고압검전기 : 1년
- 특고압 COS조작봉 : 1년

68 전기설비에 있어서 감전예방의 종류 중 직접 접촉에 대한 감전 예방사항이 아닌 것은?

① 장애물에 의한 보호
② 단독시행에 의한 보호
③ 충전부 절연에 의한 보호
④ 격벽 또는 외함에 의한 보호

풀이 직접 접촉에 대한 감전 예방사항
- 장애물에 의한 보호
- 충전부 절연에 의한 보호
- 격벽 또는 외함에 의한 보호

69 인버터에 'Solar Cell UV Fault'로 표시되었을 경우의 현상 설명으로 옳은 것은?

① 태양전지 전압이 규정치 이하일 때
② 태양전지 전력이 규정치 이하일 때
③ 태양전지 전류가 규정치 이하일 때
④ 태양전지 주파수가 규정치 이하일 때

풀이 인버터에 'Solar Cell UV Fault'로 표시되는 경우
태양전지 전압이 규정치 이하일 때

70 전력시설물 공사감리업무 수행지침에 따른 태양광발전시스템 시공 후 감리원의 준공도면 등의 검토 · 확인 사항이 아닌 것은?

① 공사업자로부터 가능한 한 준공예정일 2개월 전까지 준공 설계도서를 제출받아 검토 · 확인하여야 한다.
② 준공 설계도서 등을 검토 · 확인하고 완공된 목적물이 발주자에게 차질없이 인계될 수 있도록 지도 · 감독하여야 한다.
③ 준공도면은 공사시방서에 정한 방법으로 작성되어야 하며, 모든 준공도면에는 발주자의 확인 · 서명이 있어야 한다.
④ 공사업자가 작성 · 제출한 준공도면이 실제 시공된 대로 작성되었는지 여부를 검토 · 확인하여 발주자에게 제출하여야 한다.

풀이 준공도서는 필히 설계자의 날인 후 제출하여야 한다.

71 태양광발전용 변압기의 정기점검 시 점검대상에 해당하지 않는 것은?

① 온도계
② 냉각팬
③ 유면계
④ 조작장치

풀이 변압기 정기점검 시 점검대상
- 외부 일반 : 볼트 조임 · 이완, 손상, 변색, 오손, 누출
- 유면계, 가스압력계 : 지시표시
- 냉각팬 : 오손, 동작, 주유, 운전상태
- 온도계 : 지시표시, 동작

72 태양광발전용 모니터링 프로그램의 기능이 아닌 것은?

① 데이터 수집 기능
② 데이터 분석 기능
③ 데이터 예측 기능
④ 데이터 통계 기능

풀이 태양광발전용 모니터링 프로그램 기능
- 데이터 수집 기능
- 데이터 저장 기능
- 데이터 분석 기능
- 데이터 통계 기능

정답 67 ① 68 ② 69 ① 70 ③ 71 ④ 72 ③

NEW RENEWABLE ENERGY
신재생에너지발전설비/태양광

73 배전반 외부에서 이상한 소리, 냄새, 손상 등을 점검항목에 따라 점검하며, 이상 상태 발견 시 배전반 문을 열고 이상 정도를 확인하는 점검은?

① 일상점검
② 특별점검
③ 정기점검
④ 사용 전 점검

풀이
- 일상점검 : 육안점검으로 매월 1회 정도 실시
- 정기점검 : 무전압 상태에서 기기의 이상 상태를 점검

74 도체의 저항, 두 점 사이의 전압 및 전류의 세기를 측정하는 검사장비는?

① 검전기
② 멀티미터
③ 접지저항계
④ 오실로스코프

풀이
- 멀티미터 : 도체의 저항, 두 점 사이의 전압 및 전류의 세기를 측정
- 검전기 : 전기가 흐르는 전선을 검출
- 오실로스코프 : 특정 시간간격(대역)의 전압 변화를 볼 수 있는 장치. 주로 주기적으로 반복되는 전자신호를 표시하는 데 사용

75 태양광발전소에 선임된 전기안전관리자의 직무 범위로 틀린 것은?

① 전기설비의 운전·조작 또는 이에 대한 업무의 감독
② 전기재해의 발생을 예방하거나 그 피해를 줄이기 위하여 필요한 응급조치
③ 전기설비의 공사·유지 및 운용에 관한 업무 및 이에 종사하는 사람에 대한 안전교육
④ 전기수용설비의 증설 또는 변경공사로서 총공사비가 1억 원 이상인 공사의 감리 업무

풀이 안전관리자의 직무와 감리 업무는 별개이다.

76 중대형 태양광발전용 인버터(계통연계형, 독립형)(KS C 8565 : 2016)에 따라 누설전류 시험 시 누설전류는 몇 [mA] 이하이어야 하는가?

① 5
② 10
③ 15
④ 20

풀이 중대형 태양광발전용 인버터(계통연계형, 독립형)에 따라 누설전류 시험 시 누설전류는 5[mA] 이하이어야 한다.

77 신·재생에너지 공급인증서를 뜻하는 용어는?

① SMP
② REC
③ RPS
④ REP

풀이 신·재생에너지 공급인증서
REC(Renewable Energy Certificates)

78 태양광발전시스템의 일상점검 시 태양광발전 어레이의 육안점검 항목이 아닌 것은?

① 접지저항
② 지지대의 부식 및 녹
③ 표면의 오염 및 파손
④ 외부 배선(접속케이블)의 손상

풀이 일상점검 시 태양광발전 어레이 점검 항목
- 육안점검 항목 : 표면의 오염 및 파손, 프레임 파손 및 변형, 가대의 부식 및 녹, 가대의 고정, 가대의 접지, 코킹 지붕재 파손
- 측정 항목 : 접지저항, 가대의 고정

79 산업안전보건기준에 관한 규칙에 따라 근로자가 충전전로를 취급하거나 그 인근에서 작업하는 경우 그 충전전로의 선간전압이 22.9[kV]라면 충전전로에 대한 접근 한계거리는 몇 [cm]인가?

① 60
② 90
③ 110
④ 130

풀이 선간전압이 22,900[V]라면 충전전로에 대한 접근 한계거리는 90[cm]이다.

정답 73 ① 74 ② 75 ④ 76 ① 77 ② 78 ① 79 ②

80 고장원인을 예방하기 위해 사전에 점검계획 수립 시 고려사항을 모두 고른 것은?

> 가. 설비의 사용기간　나. 설비의 중요도
> 다. 환경조건　　　　　라. 고장이력
> 마. 부하상태

① 가, 라, 마
② 가, 나, 라, 마
③ 나, 다, 라, 마
④ 가, 나, 다, 라, 마

풀이 사전 점검계획 시 고려사항
- 설비의 사용기간
- 설비의 중요도
- 환경조건
- 고장이력
- 부하상태

정답 80 ④

SECTION 002 제2회 CBT 대비 모의고사

1과목 태양광발전 기획

01 태양광발전시스템을 1,000[m²] 부지에 하나의 어레이로 설치할 때 모듈효율 15[%], 일사량 500[W/m²]이면 생산되는 전력[kW]은?(단, 기타 조건은 무시한다.)

① 75
② 750
③ 7,500
④ 75,000

풀이 출력 P = 일사량[W/m²] × 면적[m²] × 효율
$= 500 \times 1,000 \times 0.15 \times 10^{-3}$
$= 75[kW]$

02 신에너지 및 재생에너지 개발·이용·보급 촉진법령에 따라 대통령령으로 정하는 신·재생에너지 품질검사기관이 아닌 것은?

① 한국석유관리원
② 한국임업진흥원
③ 한국에너지공단
④ 한국가스안전공사

풀이 신·재생에너지 품질검사기관
- 한국석유관리원
- 한국임업진흥원
- 한국가스안전공사

03 태양광발전시스템에서 바이패스 다이오드의 설치 위치는?

① 분전반
② 인버터 내부
③ 적산전력계 내부
④ 태양광발전 모듈용 접속함

풀이 태양광발전시스템에서 바이패스 다이오드는 모듈용 접속함(모듈 뒷면)에 설치한다.

04 태양광발전의 장점으로 옳은 것은?

① 에너지 밀도가 높아 대전력을 얻기가 용이하다.
② 풍부한 실리콘 재료로 인해 시스템 설치비용이 적게 든다.
③ 전력생산량에 대한 일사량 의존도가 낮아 설비 이용률이 높다.
④ 실 수용지에 직접 설치가 가능하고, 무인 자동화 운전이 가능하다.

풀이 태양광발전의 장점
- 태양에너지는 무한하다.(반영구적 에너지)
- 태양에너지는 무공해 에너지이다.(친환경 에너지)
- 지역의 편재성이 없다.
- 유지보수가 용이하고 무인화가 가능하다.
- 실 수용지(부하)에 직접 설치 가능

05 신에너지 및 재생에너지 개발·이용·보급 촉진법령에 따라 산업통상자원부장관이 신·재생에너지 관련 통계의 조사·작성·분석 및 관리에 관한 업무의 전부 또는 일부를 하게 할 수 있도록 산업통상자원부령으로 정하는 바에 따라 지정하는 전문성이 있는 기관은?

① 통계청
② 한국전기안전공사
③ 신·재생에너지센터
④ 한국에너지기술연구원

풀이 신·재생에너지 관련 통계의 조사·작성·분석 및 관리에 관한 업무의 전부 또는 일부를 하게 할 수 있는 기관은 신·재생에너지센터이다.

06 전기공사업법령에 따라 전기공사를 공사업자에게 도급을 주는 자를 의미하는 용어의 정의로 옳은 것은?

① 발주자
② 감리자
③ 수급자
④ 도급자

정답 01 ① 02 ③ 03 ④ 04 ④ 05 ③ 06 ①

풀이
- 발주자 : 전기공사를 공사업자에게 도급을 주는 자
- 수급인 : 발주자로부터 전기공사를 도급받은 공사업자
- 도급자 : 원도급, 하도급, 위탁, 그 밖에 어떠한 명칭이든 상관없이 전기공사를 완성할 것을 약정하고, 상대방이 그 일의 결과에 대하여 대가를 지급할 것을 약정하는 자
- 감리자 : 발주자의 위탁을 받아 설계도서, 그 밖의 관계 서류의 내용대로 시공되는지를 확인하고 품질관리, 공사관리, 안전관리 등에 대한 기술지도를 실시하며 관계법령에 따라 발주자의 권한을 대행하는 자

07 국토의 계획 및 이용에 관한 법령에 따라 개발행위허가를 받아야 하는 행위로 틀린 것은?

① 흙·모래·자갈·바위 등의 토석을 채취하는 행위(토지의 형질변경을 목적으로 하는 것을 제외한다.)
② 절토(땅깎기)·성토(흙쌓기)·정지·포장 등의 방법으로 토지의 형상을 변경하는 행위와 공유수면의 매립(경작을 위한 토지의 형질변경을 제외한다.)
③ 녹지지역·관리지역·농림지역 및 자연환경보전지역 안에서 관계법령에 따른 허가·인가 등을 받지 아니하고 행하는 토지의 분할(「건축법」 제57조에 따른 건축물이 있는 대지는 제외한다.)
④ 녹지지역·관리지역 또는 자연환경보전지역 안에서 건축물의 울타리 안(적법한 절차에 의하여 조성된 대지에 한한다.)에 위치한 토지에 물건을 1월 이상 쌓아놓는 행위

풀이 개발행위허가를 받아야 하는 개발행위의 구체적 범위
- 건축물의 건축 : 「건축법」에 따른 건축물의 건축
- 공작물의 설치 : 인공을 가하여 제작한 시설물
- 토지의 형질변경 : 절토·성토·정지·포장 등의 방법으로 토지의 형상을 변경하는 행위(경작을 위한 토지의 형질변경은 제외)
- 토석채취 : 흙·모래·자갈·바위 등의 토석을 채취하는 행위
- 토지 분할
- 물건을 쌓아놓는 행위

08 국내 태양광 발전부지 선정 시 일반적인 고려사항으로 틀린 것은?

① 일사량이 좋고 남향이어야 한다.
② 바람이 잘 들 수 있는 부지가 좋다.
③ 용량에 맞는 부지를 선정해야 한다.
④ 같은 지역이라도 저지대 부지가 좋다.

풀이 태양광 발전부지 선정 시 일반적인 고려사항
㉠ 지정학적 조건
 - 일조량 및 일조시간 : 설치지역의 일조량과 일조시간이 풍부해야 한다.
 - 일조량 : 태양복사의 양
 - 일조시간 : 태양광선이 지표를 비추는 시간
㉡ 건설 및 운영조건 : 주변환경, 접근성
㉢ 행정상 조건 : 인허가 문제
㉣ 전력계통과의 연계
㉤ 경제성

09 전기사업법령에 따른 전기사업의 허가기준으로 틀린 것은?

① 전기사업이 계획대로 수행될 수 있을 것
② 발전소가 특정지역에 집중되어 전력계통의 운영에 용이할 것
③ 전기사업을 적정하게 수행하는 데 필요한 재무능력 및 기술능력이 있을 것
④ 배전사업의 경우 둘 이상의 배전사업자의 사업구역 중 그 전부 또는 일부가 중복되지 아니할 것

풀이 전기사업의 허가기준
- 발전소가 특정지역에 편중되어 전력계통의 운영에 지장을 주지 않을 것
- 발전연료가 어느 하나에 편중되어 전력수급에 지장을 초래하지 않을 것

10 태양광발전용 인버터의 단독운전 방지 기능에서 능동적인 검출 방식이 아닌 것은?

① 부하변동방식
② 주파수 시프트 방식
③ 무효전력 변동방식
④ 전압위상 도약방식

정답 07 ④ 08 ④ 09 ② 10 ④

풀이 인버터의 단독운전 방지 기능에서 능동적 방식
- 주파수 시프트 방식
- 부하변동방식
- 유효전력 변동방식
- 무효전력 변동방식

11 위도가 35°인 지역의 하지 시 태양의 남중고도는 몇 도인가?

① 68.5°   ② 78.5°
③ 88.5°   ④ 58.5°

풀이 절기별 태양의 남중고도
- 동지 시 : $90° - \phi - 23.5°$
- 하지 시 : $90° - \phi + 23.5°$
- 춘추분 시 : $90° - \phi$
  여기서, ϕ : 그 지역의 위도
  ∴ 하지 시 : $90° - \phi + 23.5°$
  $= 90° - 35° + 23.5° = 78.5°$

12 전기사업법령에 따라 3,000[kW]를 초과하는 태양광발전사업 허가절차를 나타낸 것으로 옳은 것은?

㉠ 발전사업 신청서 접수
㉡ 전기사업 허가증 발급
㉢ 발전사업 신청서 작성 및 제출
㉣ 신청인에 통지
㉤ 전기위원회 심의
㉥ 전기안전공사 심의
㉦ 태양광발전산업협회 심의

① ㉢ → ㉠ → ㉤ → ㉡ → ㉣
② ㉠ → ㉢ → ㉥ → ㉡ → ㉣
③ ㉢ → ㉠ → ㉡ → ㉦ → ㉣
④ ㉢ → ㉠ → ㉦ → ㉡ → ㉣

풀이 태양광발전사업 허가절차
신청서 작성 → 접수 → 전기위원회 심의 → 허가(허가증 발급) → 허가증 교부(신청인에 통지)

13 전기공사업법령에 따라 변전기기 설치 등과 같은 변전설비공사의 하자담보책임기간은?

① 1년   ② 2년
③ 3년   ④ 4년

풀이 전기공사의 하자담보 책임기간

발전설비공사	철근콘크리트 또는 철공구조부	7년
	그 밖의 시설	3년
지중 송배전설비공사	송전설비공사(케이블, 물밑송전설비공사 포함)	5년
	배전설비공사	3년
송전설비공사		3년
변전설비공사(전기설비 및 기기설치공사 포함)		3년
배전설비공사	배전설비 철탑공사	3년
	그 밖의 배전설비공사	2년
그 밖의 전기설비공사		1년
태양광발전설비공사		3년

14 전기사업법령에 따라 기금을 사용할 경우 대통령령으로 정하는 전력산업과 관련한 중요사업에 해당하지 않는 것은?

① 전기의 특수적 공급을 위한 사업
② 전력사업 분야 전문인력의 양성 및 관리
③ 전력사업 분야 개발기술의 사업화 지원사업
④ 전력사업 분야의 시험·평가 및 검사시설의 구축

풀이 전기사업법 시행령 제34조(기금의 사용)
법 제49조제11호에서 "대통령령으로 정하는 전력산업과 관련한 중요 사업"이란 다음 각 호의 사업을 말한다.
- 안전관리를 위한 사업
- 법 제6조에 따른 전기의 보편적 공급을 위한 사업
- 전력산업기반 조성사업 및 전력산업기반 조성사업에 대한 기획·관리 및 평가
- 전력산업 분야 전문인력의 양성 및 관리
- 전력산업 분야의 시험·평가 및 검사시설의 구축
- 전력산업의 해외진출 지원사업
- 전력산업 분야 개발기술의 사업화 지원사업

정답 11 ② 12 ① 13 ③ 14 ①

15 신·재생에너지 공급의무화제도 및 연료 혼합의무화제도 관리·운영지침에 따라 신·재생에너지 발전설비용량이 몇 [kW] 미만인 발전소는 공급인증서 발급수수료 및 거래수수료를 면제하는가?

① 100   ② 200
③ 500   ④ 1,000

풀이 신·재생에너지 발전설비용량이 100[kW] 미만인 발전소는 공급인증서 발급수수료 및 거래수수료를 면제한다.

16 다음 설명에 대한 것으로 옳은 것은?

> 투자에 드는 지출액의 현재 가치가 미래에 그 투자에서 기대되는 현금 수입액의 현재 가치와 같아지는 할인율

① 비용편익률   ② 투자회수율
③ 내부수익률   ④ 순현재가치율

풀이
- 비용편익비 : 투자로부터 기대되는 총편익의 현가를 총비용으로 나눈 값
- 순현재가치법 : 투자로부터 기대되는 미래의 총편익을 할인율로 할인한 총편익의 현가에서 총비용의 현가를 공제한 값
- 내부수익률 : 투자로 지출되는 총비용의 현재가치와 그 투자로 유입되는 미래의 총편익의 현재가치가 동일하게 되는 수익률

17 신에너지 및 재생에너지 개발·이용·보급 촉진법의 제정 목적으로 틀린 것은?

① 에너지원의 단일화
② 온실가스 배출의 감소
③ 에너지의 안정적인 공급
④ 에너지 구조의 환경친화적 전환

풀이 신에너지 및 재생에너지 개발·이용·보급 촉진법의 제정 목적
- 에너지원의 다양화
- 온실가스 배출의 감소
- 에너지의 안정적인 공급
- 에너지 구조의 환경친화적 전환

18 독립형 태양광발전 설비의 전원시스템용 축전기 용량 선정 시 고려사항에 해당하지 않는 것은?

① 보수율   ② 설계습도
③ 부조일수   ④ 방전심도(DOD)

풀이 독립형 전원시스템용 축전지 용량 선정
$$C = \frac{1일\ 소비전력량 \times 부조일수}{보수율 \times 방전심도 \times 방전종지전압}$$

19 전기사업법령에 따라 전기사업자가 사업에 필요한 전기설비를 설치하고 사업을 시작하기 위하여 정당한 사유가 없다면 산업통상자원부장관이 지정한 준비기간은 몇 년을 넘을 수 없는가?

① 3년   ② 5년
③ 7년   ④ 10년

풀이 전기사업법 제9조(전기설비의 설치 및 사업의 개시 의무)
① 전기사업자는 허가권자가 지정한 준비기간에 사업에 필요한 전기설비를 설치하고 사업을 시작하여야 한다.
② 제1항에 따른 준비기간은 10년의 범위에서 산업통상자원부장관이 정하여 고시하는 기간을 넘을 수 없다. 다만, 허가권자가 정당한 사유가 있다고 인정하는 경우에는 준비기간을 연장할 수 있다.

20 면적이 200[cm²]이고 변환효율이 20[%]인 태양광발전 모듈에 AM 1.5의 빛을 입사시킬 경우에 생산되는 전력[W]은?(단, 수직복사 E는 1,000 [W/m²]이고 온도는 25[℃]이다.)

① 3   ② 4
③ 5   ④ 6

풀이 효율 $(\eta) = \dfrac{출력(P)}{1,000[W/m^2] \times 면적}$

출력 $P[W] = 1,000[W/m^2] \times 면적 \times 효율$
$P = 1,000 \times 200 \times 10^{-4} \times 0.2 = 4[W]$

정답 15 ① 16 ③ 17 ① 18 ② 19 ④ 20 ②

2과목 태양광발전 설계

21 지반조사 중 본조사 시 검토하여야 하는 사항으로 틀린 것은?

① 지진 이력
② 투수 조건
③ 동결 가능성
④ 지반 성층 상태

풀이 지반조사(본조사) 시 파악하여야 할 조치사항
- 지반의 성층상태
- 지반의 강도특성
- 지반의 변형특성
- 투수조건
- 지반의 다짐특성
- 지반 개량 가능성
- 동결 가능성

22 한국전기설비규정에 따라 가반형(可搬型)의 용접전극을 사용하는 아크용접장치의 용접변압기 1차 측 전로의 대지전압은 몇 [V] 이하이어야 하는가?

① 30
② 60
③ 150
④ 300

풀이 가반형의 용접전극을 사용하는 아크용접장치의 용접변압기 1차 측 전로의 대지전압은 300[V] 이하이어야 한다.

23 전기실에 설치하는 소화설비로 적합하지 않은 것은?

① 이너젠 소화설비
② 할론가스 소화설비
③ 스프링클러 소화설비
④ 이산화탄소 소화설비

풀이 전기실에 설치하는 소화설비
- 이너젠 소화설비
- 할론가스 소화설비
- 이산화탄소 소화설비
- 물분무 소화설비
※ 스프링클러 소화설비는 감전위험이 있어 사용해서는 안 된다.

24 전기도면 관련 기호 중 전동기를 나타내는 기호는?

① Ⓜ
② Ⓗ
③ Ⓖ
④ Ⓣ

풀이
- Ⓜ : 전동기
- Ⓗ : 전열기
- Ⓖ : 발전기
- Ⓣ : 변압기

25 신·재생발전기 계통연계기준에 따라 배전계통의 일부가 배전계통의 전원과 전기적으로 분리된 상태에서 신·재생발전기에 의해서만 가압되는 상태를 말하는 것은?

① 단독운전
② 전압요동
③ 출력 증가율
④ 역송 병렬운전

풀이 단독운전
계통연계기준에 따라 배전계통의 전원과 전기적으로 분리된 상태에서 분산형 전원에서만 가압되는 상태를 단독운전이라 한다.

26 설계도서 작성에 대한 설명으로 틀린 것은?

① 기본설계, 실시설계 순으로 작성한다.
② 실시설계는 기본설계도서에 따라 상세하게 설계하여 도면, 공사시방서 및 공사비 예산서를 작성한다.
③ 공사시방서는 시설물의 안전 및 공사시행의 적정성과 품질확보 등을 위하여 시설물별로 정한 표준적인 시공기준이다.
④ 기본설계란 기본계획으로 완성된 건축물의 개요(용도, 구조, 규모, 형상 등), 구조계획 등을 설비기능면에서 재검토하는 것이다.

풀이 공사시방서
당해 공사의 설계도서 작성 시 작성되어 당해 공사시행 시 시공기준이 되는 것으로 공사시방서는 표준시방서 및 전문시방서를 기본으로 작성한다.

정답 21 ① 22 ④ 23 ③ 24 ① 25 ① 26 ③

27 평지붕에 태양광발전시스템 설치를 위한 설계 검토 시, 평지붕의 적설하중 산정에 사용되지 않은 인자는?

① 노출계수　　② 온도계수
③ 지붕면 외압계수　　④ 지상적설하중의 기본값

풀이 적설하중(S_s)[kN]
$= C_s \cdot S_f \cdot A$
$= C_s \cdot (C_b \cdot C_e \cdot C_t \cdot I_s \cdot S_g) \cdot A$
여기서, C_s : 지붕경사도계수
C_b : 기본적설하중계수
C_e : 노출계수
C_t : 온도계수
S_g : 지상적설하중
A : 적설면적[m^2]

28 분산형 전원 배전계통 연계 기술기준에 따라 태양광발전시스템 및 그 연계 시스템의 운영 시 태양광발전시스템 연결점에서 최대 정격 출력전류의 몇 [%]를 초과하는 직류 전류를 배전계통으로 유입시켜서는 안 되는가?

① 0.3　　② 0.5
③ 0.7　　④ 1.0

풀이 분산형 전원을 배전계통에 연계 시 최대 정격 출력전류의 0.5[%]를 초과하는 직류 전류를 배전계통으로 유입시켜서는 안 된다.

29 고정전기기계기구에 부속하는 코드 및 캡타이어 케이블의 시설기준으로 틀린 것은?

① 코드 및 캡타이어 케이블은 가급적 길게 할 것
② 코드 및 캡타이어 케이블은 현저한 충격을 받지 않도록 할 것
③ 코드 및 캡타이어 케이블은 부득이 지지하여야 할 경우 단지 그 이동을 방지할 수 있을 정도로 그칠 것
④ 코드 및 캡타이어 케이블의 외상을 예방하기 위해 금속관 등의 내부에 배선할 경우 관 또는 몰드의 말단에 적당한 부싱을 사용할 것

풀이 코드 및 캡타이어 케이블의 시설기준
코드 및 캡타이어 케이블은 가급적 짧게 할 것

30 한국전기설비규정에 따라 전선을 접속하는 경우 전선의 세기를 몇 [%] 이상 감소시키지 않아야 하는가?

① 10　　② 20
③ 25　　④ 30

풀이 한국전기설비규정에 따라 전선을 접속하는 경우 전선의 세기를 20[%] 이상 감소시키지 않아야 한다.

31 전력시설물 공사감리업무 수행지침에 따라 감리원이 공사업자로부터 물가변동에 따른 계약금액 조정요청을 받은 경우 공사업자로 하여금 작성·제출하도록 하는 서류 목록이 아닌 것은?

① 물가변동 조정 요청서
② 계약금액 조정 요청서
③ 계약금액 조정 산출근거
④ 안전관리비 사용 내역서

풀이 물가변동으로 인한 계약금액 조정과 관련하여 공사업자가 작성·제출해야 할 서류 목록
• 물가변동 조정 요청서
• 계약금액 조정 요청서
• 품목조정률 또는 지수조정률의 산출근거
• 계약금액 조정 산출근거
• 그 밖에 설계변경 시 필요한 서류

32 전력기술관리법령에 따라 설계업 또는 감리업을 능록한 자는 능록사항이 변경된 경우, 변경사유가 발생한 날부터 며칠 이내에 산업통상자원부령으로 정하는 바에 따라 시·도지사에게 신고하여야 하는가?

① 7일　　② 10일
③ 15일　　④ 30일

풀이 설계업 또는 감리업을 등록한 자는 등록사항이 변경된 경우, 변경사유가 발생한 날부터 30일 이내에 시·도지사에게 신고하여야 한다.

33 전력시설물 공사감리업무 수행지침에 따라 감리원은 공사업자로부터 시공상세도를 사전에 제출받아 검토·확인하여 승인한 후 시공할 수 있도록 하여야 한다. 제출받은 날로부터 며칠 이내에 승인하여야 하는가?

① 3일　　② 5일
③ 7일　　④ 14일

풀이 감리원은 공사업자로부터 시공상세도를 사전에 제출받아 검토하여 7일 이내에 승인하여야 한다.

34 한국전기설비규정에 따라 저압 옥내 직류전기설비의 접지시설을 양(+)도체를 접지하는 경우 무엇에 대한 보호를 하여야 하는가?

① 지락　　② 감전
③ 단락　　④ 과부하

풀이 저압 옥내 직류전기설비의 접지시설을 양(+)도체를 접지하는 것은 감전보호이다.

35 전력기술관리법령에 따라 설계업 또는 감리업을 휴업·재개업(再開業) 또는 폐업한 경우에는 산업통상자원부령으로 정하는 바에 따라 누구에게 신고하여야 하는가?

① 시·도지사
② 전기안전공사장
③ 전기기술인협회장
④ 산업통상자원부장관

풀이 설계업 또는 감리업을 휴업·재개업 또는 폐업한 경우에는 시·도지사에게 신고하여야 한다.

36 태양광발전 모듈에서 인버터까지의 전압강하 계산식은?(단, A: 전선의 단면적[mm²], I: 전류[A], L: 전선 1가닥의 길이[m]이다.)

① $\dfrac{17.8 \times L \times I}{1,000 \times A}$　　② $\dfrac{30.8 \times L \times I}{1,000 \times A}$

③ $\dfrac{33.6 \times L \times I}{1,000 \times A}$　　④ $\dfrac{35.6 \times L \times I}{1,000 \times A}$

풀이 전압강하 계산식
- 직류 2선식 교류 2선식 $e = \dfrac{35.6 \times L \times I}{1,000 \times A}$
- 단상 3선식 삼상 4선식 $e = \dfrac{17.8 \times L \times I}{1,000 \times A}$
- 삼상 3선식 $e = \dfrac{30.8 \times L \times I}{1,000 \times A}$

37 전력시설물 공사관리업무 수행지침에 따라 감리원은 공사가 시작된 경우 공사업자로부터 착공신고서를 제출받아 적정성 여부를 검토하여 며칠 이내에 발주자에게 보고하여야 하는가?

① 2일　　② 3일
③ 5일　　④ 7일

풀이 감리원은 공사가 시작된 경우 공사업자로부터 착공신고서를 제출받아 적정성 여부를 검토하여 7일 이내에 발주자에게 보고하여야 한다.

38 설계감리업무 수행지침에 따라 감리원이 발주자에게 제출하는 설계감리업무 수행계획서에 포함되지 않는 것은?

① 보안 대책 및 보안각서
② 세부공정계획 및 업무흐름도
③ 설계감리 검토의견 및 조치 결과서
④ 용역명, 설계감리규모 및 설계감리기간

풀이 감리원이 발주자에게 제출하는 설계감리업무 수행계획서
- 용역명, 설계감리규모 및 설계감리기간
- 세부공정계획 및 업무흐름도
- 보안 대책 및 보안각서

정답　33 ③　34 ②　35 ①　36 ④　37 ④　38 ③

39 태양광발전시스템 출력이 38,500[W], 모듈 최대출력이 175[W], 모듈의 직렬개수가 20장일 때, 병렬개수는?

① 10 ② 11
③ 12 ④ 13

풀이 출력 P = 직렬수 × 병렬수 × 모듈1매 최대출력 × 효율

$$병렬수 = \frac{P}{직렬수 \times 모듈1매\ 최대출력}$$

$$= \frac{38,500}{20 \times 175} = 11$$

40 태양광발전 어레이 가대를 아래와 같이 설계하고자 한다. 설계 순서를 옳게 나열한 것은?

ⓐ 태양광발전 모듈의 배열 결정
ⓑ 설치장소 결정
ⓒ 상정최대하중 산출
ⓓ 지지대 기초 설계
ⓔ 지지대의 형태, 높이, 구조 결정

① ⓐ → ⓒ → ⓔ → ⓑ → ⓓ
② ⓑ → ⓐ → ⓔ → ⓒ → ⓓ
③ ⓐ → ⓓ → ⓒ → ⓔ → ⓑ
④ ⓑ → ⓒ → ⓐ → ⓔ → ⓓ

풀이 태양광발전 어레이 가대 설계순서
설치장소 결정 → 모듈 배열 → 지지대의 형태, 높이, 구조 결정 → 상정최대하중 산출 → 지지대 기초 설계

3과목 태양광발전 시공

41 케이블 트레이 시공방식의 장점이 아닌 것은?

① 방열특성이 좋다.
② 허용전류가 크다.
③ 재해를 거의 받지 않는다.
④ 장래 부하 증설 시 대응력이 크다.

풀이 케이블 트레이 시공방식의 장단점
㉠ 장점
 • 방열특성이 좋다.
 • 허용전류가 크다.
 • 장래 부하 증설 시 대응력이 좋다.
㉡ 단점
 • 동식물의 영향을 받는다.
 • 케이블 포설수가 작으면 비경제적이다.

42 궤도전자가 강한 에너지를 받아 원자 내의 궤도를 이탈하여 자유전자가 되는 것을 무엇이라 하는가?

① 여기 ② 전리
③ 공진 ④ 방사

풀이
• 여기 : 기저상태에서 에너지가 높은 상태로 옮겨가는 것. 핵의 구속력을 벗어나지 않은 상태
• 전리 : 원자핵의 구속력으로부터 완전히 벗어나 원자가 전자를 잃어 이온화되는 상태. 궤도전자는 자유전자가 됨
• 공진 : 특정진동수(주파수)에서 큰 진폭으로 진동하는 현상

43 공정관리시스템에서 관리직 측면의 공정관리시스템이 아닌 것은?

① 시간관리 ② 지원 도구
③ 자원관리 ④ 생산성 관리

풀이 관리적 측면의 공정관리시스템
• 시간관리
• 자원관리
• 생산성 관리

정답 39 ② 40 ② 41 ③ 42 ② 43 ②

44 터파기(KCS 11 20 15 : 2016)에 따라 굴착작업 시 유의사항으로 틀린 것은?

① 굴착 주위에 과다한 압력을 피하도록 하여야 한다.
② 굴착 중 물이 고이지 않도록 배수장비를 갖춘다.
③ 방호계획은 고정시설물뿐만 아니라 차량 및 주민 등에 대해서도 수립한다.
④ 정해진 깊이보다 깊이 굴착된 경우는 지하수위 상승 공법을 사용하여 원지반보다 연약하지 않도록 한다.

[풀이] 시공 시 유의사항
정해진 깊이보다 깊이 굴착하지 않도록 하고 만약 깊이 굴착된 경우 다시 되메우기를 하고 다짐공법을 사용하여 원기반보다 연약하지 않도록 한다.

45 가요전선관 공사의 시설방법에 대한 설명으로 틀린 것은?

① 가요전선관 상호의 접속은 커플링으로 하여야 한다.
② 가요전선관과 박스의 접속은 접속기로 접속하여야 한다.
③ 전선은 절연전선(옥외용 비닐 절연전선을 제외한다.)을 사용한다.
④ 습기가 많은 장소 또는 물기가 있는 장소에는 2종 가요전선관을 사용한다.

[풀이] 금속재 가요전선관 공사 시공기준
금속제 가요전선관은 외상을 받을 우려가 있는 장소에 설치하여서는 안 된다.

46 태양광발전용 구조물의 기초공사에 관련된 내용으로 틀린 것은?

① 설계하중에 대한 구조적 안정성을 확보해야 한다.
② 현장 여건을 고려하여 시공의 가능성을 판단해야 한다.
③ 기초의 침하 정도는 구조물의 허용 침하량 이내에 있어야 한다.
④ 국부적인 지반 쇄굴의 저항을 고려하여 최대한의 깊이를 유지해야 한다.

[풀이] 태양광발전용 구조물의 기초의 조건
• 구조적 안정성 확보 : 설계하중에 대한 안정성 확보
• 허용침하량 이내
• 최소깊이 유지 : 환경변화, 국부적 지반 쇄굴 등에 저항
• 시공 가능성 : 현장 여건 고려

47 계통의 사고에 대해 보호대상물을 보호하고 사고의 파급을 최소화해주는 보호협조 기기는?

① 개폐기 ② 변압기
③ 보호계전기 ④ 한전계량기

[풀이] 보호계전기
계통의 사고에 대해 보호대상물을 보호하고 사고의 파급을 최소화해주는 보호협조 기기

48 태양광발전설비 인버터 출력회로의 절연저항 측정순서를 옳게 연결한 것은?

가. 태양전지 회로를 접속함에서 분리한다.
나. 분전반 내의 분기차단기를 개방한다.
다. 직류 측의 모든 입력단자 및 교류 측의 전체 출력단자를 각각 단락한다.
라. 교류단자와 대지 간의 절연저항을 측정한다.

① 가 → 나 → 다 → 라 ② 나 → 가 → 다 → 라
③ 다 → 가 → 나 → 라 ④ 가 → 다 → 나 → 라

[풀이] 인버터 출력회로의 절연저항 측정순서
1. 태양전지 회로를 접속함에서 분리한다.
2. 분전반 내의 분기차단기를 개방한다.
3. 직류 측의 모든 입력단자 및 교류측의 전체 출력단자를 각각 단락한다.
4. 교류단자와 대지 간의 절연저항을 측정한다.

49 저항 50[Ω], 인덕턴스 200[mH]의 직렬회로에 주파수 50[Hz]의 교류를 접속하였다면, 이 회로의 역률은 약 몇 [%]인가?

① 52.3 ② 62.3
③ 72.3 ④ 82.3

정답 44 ④ 45 ④ 46 ④ 47 ③ 48 ① 49 ②

풀이 역률 $\cos\theta = \dfrac{R}{Z} \times 100[\%]$

$\qquad\qquad = \dfrac{R}{\sqrt{R^2 + X_L^2}} \times 100[\%]$

여기서, R : 저항, Z : 임피던스

$\qquad X_L = 2\pi fL$

$\qquad\quad = 2 \times 3.14 \times 50 \times 200 \times 10^{-3}$

$\qquad\quad = 62.83[\Omega]$

$\therefore \cos\theta = \dfrac{50}{\sqrt{50^2 + 62.83^2}} \times 100$

$\qquad\quad = 62.268 ≒ 62.3[\%]$

50 송전방식 중 직류 송전방식에 비해 교류 송전방식의 장점이 아닌 것은?

① 회전자계를 쉽게 얻을 수 있다.
② 계통을 일관되게 운용할 수 있다.
③ 전압의 승·강압 변경이 용이하다.
④ 역률이 항상 1로 송전효율이 좋아진다.

풀이 1. 직류 송전방식의 장단점
　㉠ 장점
　　• 절연계급을 낮출 수 있다.
　　• 리액턴스가 없으므로 리액턴스에 의한 전압 강하가 없다.
　　• 송전효율이 좋다.
　　• 안정도가 좋다.
　　• 도체이용률이 좋다.
　㉡ 단점
　　• 교·직류 변환장치가 필요하며 설비가 비싸다.
　　• 고전압 대전류 차단이 어렵다.
　　• 회전자계를 얻을 수 없다.
2. 교류 송전방식이 장단점
　㉠ 장점
　　• 전압의 승·강압 변경이 용이하다.
　　• 회전자계를 쉽게 얻을 수 있다.
　　• 일괄된 운용을 기할 수 있다.
　㉡ 단점
　　• 보호방식이 복잡해진다.
　　• 많은 계통이 연계되어 있어 고장 시 복구가 어렵다.
　　• 무효전력으로 인한 송전 손실이 크다.

51 배전선로에서 지락 고장이나 단락 고장사고가 발생하였을 때 고장을 검출하여 선로를 차단한 후 일정 시간이 경과하면 자동적으로 재투입 동작을 반복함으로써 고장 구간을 제거할 수 있는 보호장치는?

① 리클로저　　　② 라인퓨즈
③ 배전용 차단기　④ 컷아웃 스위치

풀이
• 차단기 : 무부하전류, 부하전류 및 고장전류 차단
• 컷아웃 스위치 : 무부하전류, 부하전류 개폐
• 라인퓨즈 : 단락전류 차단

52 한국전기설비규정에 따라 태양전지 발전소에 시설하는 태양전지 모듈, 전선 및 개폐기, 기타 기구의 시설방법이 아닌 것은?

① 충전부분은 노출되지 아니하도록 시설할 것
② 태양전지 모듈의 프레임은 지지물과 전기적으로 완전하게 접속하여야 한다.
③ 전선은 공칭단면적 $1.0[mm^2]$ 이상의 연동선 또는 이와 동등 이상의 세기 및 굵기의 것일 것
④ 태양전지 발전설비의 직류 전로에 지락이 발생했을 때 자동적으로 전로를 차단하는 장치를 시설해야 한다.

풀이 태양전지 발전소 시설 전선은 공칭단면적 $2.5[mm^2]$ 이상의 연동선 또는 이와 동등 이상의 세기 및 굵기의 것일 것

53 전등 설비용량 250[W], 전열 설비용량 800[W], 전동기 설비용량 200[W], 기타 설비용량 150[W]인 수용가가 있다. 이 수용가의 최대 수용전력이 910[W]이면 수용률[%]은?

① 65　　② 70
③ 75　　④ 80

풀이 수용률(설비이용률) $= \dfrac{\text{최대 수용전력}}{\text{총설비용량}} \times 100[\%]$

총설비용량 $= 250 + 800 + 200 + 150 = 1,400$

수용률 $= \dfrac{910}{1,400} \times 100 = 65[\%]$

정답 50 ④　51 ①　52 ③　53 ①

54 전기사업법령에 따라 사업용 전기설비의 사용 전 검사는 받고자 하는 날의 며칠 전까지 한국전기안전공사로 신청해야 하는가?

① 3일 ② 5일
③ 7일 ④ 10일

풀이 전기설비의 사용 전 검사는 검사를 받고자 하는 날의 7일 전까지 한국전기안전공사에 신청해야 한다.

55 신·재생에너지 설비의 지원 등에 관한 지침에 따른 전기배선에 대한 설명으로 틀린 것은?

① 모듈의 출력배선은 군별 및 극성별로 확인할 수 있도록 표시하여야 한다.
② 가공 전선로를 시설하는 경우에는 목주, 철주, 콘크리트주 등 지지물을 설치하여 케이블의 장력 등을 분산시켜야 한다.
③ 모듈 간 배선은 바람에 흔들림이 없도록 코팅된 와이어 또는 동등 이상 (내구성) 재질의 타이(Tie)로 단단히 고정하여야 한다.
④ 수상형을 포함한 모든 유형의 모듈에서 인버터에 이르는 배선에 사용되는 케이블은 모듈 전용선 또는 단심(1C) 난연성 케이블(TFR-CV, F-CV, FR-CV 등)을 사용하여야 한다.

풀이 태양전지 모듈 배선
- 수상형을 제외한 모든 모듈에서 인버터에 이르는 배선에 사용되는 케이블은 모듈 전용선 또는 단심(1C) 난연성 케이블(TFR-CV, F-CV, FR-CV 등)을 사용하여야 한다.
- 태양전지 모듈을 포함한 모든 충전부분은 노출되지 않도록 시설해야 한다.

56 전선에 전류의 밀도가 도선의 중심으로 들어갈수록 작아지는 현상은?

① 근접효과 ② 표피효과
③ 접지효과 ④ 페란티 현상

풀이
- 표피효과 : 전선에 전류밀도가 도선의 중심으로 들어갈수록 작아지는 현상
- 근접효과 : 전류가 흐르는 평행 2선의 전선이 가까워지면 전류방향이 같고, 전류의 방향이 다르면 실효저항이 증가하여 상대하는 가까운 측의 전류밀도가 달라지는 현상
- 페란티 현상 : 수전단 전압이 송전단 전압보다 높아지는 현상

57 이미터 접지형 증폭기에서 베이스 접지 시 전류증폭률 α가 0.9이면, 전류이득 β는 얼마인가?

① 0.45 ② 0.9
③ 4.5 ④ 9.0

풀이 전류이득 $\beta = \dfrac{I_C}{I_B}$

여기서, I_B : 직류 베이스 전류
I_C : 직류 컬렉터 전류

전류증폭률 $\alpha = \dfrac{\beta}{\beta+1}$

$\beta = \dfrac{\alpha}{1-\alpha} = \dfrac{0.9}{1-0.9} = 9$

58 태양광발전설비에 적용되는 반(Panel)의 시공기준에 대한 설명으로 틀린 것은?

① 베이스용 형강은 기초볼트로 바닥면에 고정하여야 한다.
② 반류에는 고정된 베이스용 형강의 위에 반을 설치하고, 볼트로 고정한다.
③ 수평이동 및 전도(넘어짐) 사고를 방지할 수 있도록 필요한 안전대책을 검토한다.
④ 장치로부터 발생되는 발열에 대하여 환기설비 또는 냉각설비를 고려하지 않는다.

풀이 반(Panel)에 발생되는 발열에는 바이패스 다이오드를 설치한다.

59 태양광발전시스템이 설치된 고층 건물에 적용하는 방법으로 뇌격거리를 반지름으로 하는 가상 구를 대지와 수뢰부가 동시에 접하도록 회전시켜 보호범위를 정하는 방법은 무엇인가?

① 메쉬법
② 돌침 방식
③ 회전구체법
④ 수평도체 방식

풀이 회전구체법
뇌격거리를 반지름으로 하는 가상 구를 대지와 수뢰부가 동시에 접하도록 회전시켜 보호범위를 정하는 방법

60 250[mm] 현수애자 1개의 건조 섬락전압은 100[kV]이다. 현수애자 10개를 직렬로 연결한 애자련의 건조 섬락전압이 850[kV]일 때 연능률은 얼마인가?

① 0.12
② 0.85
③ 1.18
④ 8.5

풀이 연능률 $\eta = \dfrac{V_n}{n \times V_1}$

여기서, V_n : 애자련 전체의 섬락전압[kV]
n : 애자련 1개의 애자개수
V_1 : 애자 1개의 섬락전압

$\eta = \dfrac{850}{10 \times 100} = 0.85$

4과목 태양광발전 운영

61 태양광발전시스템의 점검계획 시 고려해야 할 사항이 아닌 것은?

① 고장이력
② 설비의 중요도
③ 설비의 사용기간
④ 설비의 운영비용

풀이 태양광발전시스템 점검계획 시 고려사항
- 설비의 사용기간
- 설비의 중요도
- 환경조건
- 고장이력
- 부하상태

62 전기사업법령에 따라 전기안전관리자의 선임신고를 한 자가 선임신고증명서의 발급을 요구한 경우에는 산업통상자원부령으로 정하는 바에 따라 어디에서 선임신고증명서를 발급하는가?

① 고용노동부
② 전력기술인단체
③ 산업통상자원부
④ 한국산업인력공단

풀이 전기안전관리자 선임신고증명서 발급기관은 전력기술인협회(단체)이다.

63 절연 보호구의 선정 및 사용에 관한 기술지침에 따른 C종 절연 고무장갑의 사용 전압 범위로 옳은 것은?

① 300[V]를 초과하고 교류 600[V] 이하
② 600[V] 또는 직류 750[V]를 초과하고 3,500[V] 이하
③ 3,500[V]를 초과하고 7,000[V] 이하
④ 12,000[V] 이상

풀이 절연 고무장갑
7,000[V] 이하 전압의 전기작업 시 손이 활선부위에 접촉되어 인체가 감전되는 것을 방지하기 위한 절연성이 있는 전기용 고무장갑으로 성능에 따라 A, B, C종으로 나눈다.

종류	용도
A종	주로 300[V]를 초과하고 교류 600[V] 직류 750[V] 이하의 작업에 사용하는 것
B종	주로 교류 600[V] 직류 750[V]를 초과하고 3,500[V] 이하의 작업에 사용하는 것
C종	주로 3,500[V]를 초과하고 교류 7,000[V] 이하의 작업에 사용할 것

64 태양광발전용 납축전지의 잔존 용량 측정방법(KS C 8532 : 1955)에서 사용하는 전압계와 전류계의 계급은?

① 0.2급 이상
② 0.3급 이상
③ 0.4급 이상
④ 0.5급 이상

풀이 전압계 및 전류계는 계급 0.5급 또는 이와 동등 이상의 것으로 하며 온도계는 규정하는 허용오차 ±2[℃]의 온도계 또는 이와 동등 이상의 것으로 한다.

정답 59 ③ 60 ② 61 ④ 62 ② 63 ③ 64 ④

65 태양광발전시스템의 점검 시 감전 방지대책으로 틀린 것은?

① 저압 절연장갑을 착용한다.
② 작업 전 접지선을 제거한다.
③ 절연 처리된 공구를 사용한다.
④ 모듈 표면에 차광시트를 씌워 태양광을 차단한다.

풀이 감전 방지대책
작업 전 접지선을 설치한다. 접지선은 점검작업 후 철거한다.

66 태양광발전용 인버터의 일상점검에 대한 설명으로 틀린 것은?

① 통풍구가 막혀 있지 않은지를 점검한다.
② 외함의 부식 및 파손이 없는지를 점검한다.
③ 육안점검에 의해서 매년 1회 정도 실시한다.
④ 외부배선(접속케이블)의 손상 여부를 점검한다.

풀이 인버터의 일상점검
일상점검은 육안점검에 의해 매월 1회 정도 실시한다.

67 일반부지에 설치하는 태양광발전시스템의 설비용량 99[kW], 일 평균발전시간 3.6[h], 연일수 365[일], REC 판매가격 173,981[원/REC]일 때 연간 공급인증서 판매수익은 약 몇 만 원인가?

① 1,920만 원
② 2,286만 원
③ 2,716만 원
④ 4,115만 원

풀이
- 연간 공급인증서 판매수익
  = 연간 발전량 × 판매단가
- 연간 발전량
  = 설비용량 × 일평균 발전시간 × 연 일수
  = 99 × 3.6 × 365 = 130,086[kW]
- 판매단가 = SMP + REC × 가중치
- 공급인증서 판매단가
  = REC × 가중치 = 173,981 × 1.2 = 208.7772
  (일반부지 100[kW] 미만은 1.2)
- ∴ 공급인증서 판매수익
  = 130,086 × 208.7772 = 27,158,990.84

68 결정질 실리콘 태양광발전 모듈(성능)(KS C 8561 : 2020)에 따른 시험 장치에 대한 설명으로 틀린 것은?

① 솔라 시뮬레이터 : 태양광발전 모듈의 발전 성능을 옥외에서 시험하기 위한 인공 광원
② 우박 시험 장치 : 우박의 충격에 대한 태양광발전 모듈의 기계적 강도를 조사하기 위한 시험 장치
③ UV 시험 장치 : 태양광발전 모듈이 태양광에 노출되는 경우에 따라서 유기되는 열화 정도를 시험하기 위한 장치
④ 항온 항습 장치 : 태양광발전 모듈의 온도 사이클 시험, 습도-동결 시험, 고온·고습 시험을 하기 위한 환경 체임버

풀이 솔라 시뮬레이터
태양광발전 모듈의 발전 성능을 옥내에서 시험하기 위한 인공 광원

69 전기사업법령에 따라 태양광발전소의 태양광·전기설비 계통의 정기검사 시기는?

① 1년 이내
② 2년 이내
③ 3년 이내
④ 4년 이내

풀이 전기사업법 시행규칙 [별표 10]에 의거 태양광 전기설비 계통의 정기검사 시기는 4년 이내이다.

70 태양광발전시스템의 상태를 파악하기 위하여 설치하는 계측기기로 틀린 것은?

① 전압계
② 조도계
③ 전류계
④ 전력량계

풀이 태양광발전시스템의 상태를 파악하기 위하여 설치하는 계측기기
전압계, 전류계, 전력계, 전력량계

정답 65 ② 66 ③ 67 ③ 68 ① 69 ④ 70 ②

71 태양광발전 어레이 개방전압 측정 시 주의사항으로 틀린 것은?

① 측정은 직류전류계로 측정한다.
② 태양광발전 어레이의 표면을 청소하는 것이 필요하다.
③ 각 스트링의 측정은 안정된 일사강도가 얻어질 때 실시한다.
④ 태양광발전 어레이는 비 오는 날에도 미소한 전압을 발생하고 있으니 주의한다.

풀이 측정은 직류전압계로 측정한다.

72 태양광발전시스템의 구조물에 발생하는 고장으로 틀린 것은?

① 황색 변이   ② 녹 및 부식
③ 이상 진동음   ④ 구조물 변형

풀이 태양광발전시스템의 구조물에 발생하는 고장
- 녹 및 부식
- 구조물 변형
- 이상 진동음

73 배전반의 일상점검 내용이 아닌 것은?

① 접지선에 부식이 없는지 점검
② 후면 백시트가 부풀어 올라 있는지 점검
③ 외함에 부착된 명판의 탈락, 파손이 있는지 점검
④ 제어회로의 배선에 과열 등에 의한 냄새가 나는지 점검

풀이 배전반의 일상점검
- 외함 : 외부 일반, 명판, 인출기구, 조작기구
- 모선 및 지지물 : 모선 전반
- 주회로 인입·인출부 : 폐쇄모선의 접속부, 부싱, 케이블 단말부·접속부·관통부
- 제어회로 배선 : 배선 전반
- 단자대 : 외부 일반
- 접지 : 접지단자, 접지선
※ 후면 백시트가 부풀어 올라 있는지 점검하는 것은 모듈의 일상점검이다.

74 산업안전보건기준에 관한 규칙에 따라 누전에 의한 감전위험을 방지하기 위하여 해당 전로의 정격에 적합하고 감도가 양호하며 확실하게 작동하는 감전방지용 누전차단기를 설치하여야 하는 전기기계·기구로 틀린 것은?

① 대지 전압이 150볼트를 초과하는 이동형 또는 휴대형 전기기계·기구
② 철판·철골 위 등 도전성이 높은 장소에서 사용하는 이동형 또는 휴대형 전기기계·기구
③ 임시배선의 전로가 설치되는 장소에서 사용하는 이동형 또는 휴대형 전기기계·기구
④ 물 등 도전성이 높은 액체가 있는 습윤장소에서 사용하는 750볼트 이상의 교류전압용 전기기계·기구

풀이 감전방지용 누전차단기를 설치하여야 하는 전기기계·기구
물 등 도전성이 높은 액체가 있는 습윤장소에서 사용하는 저압용 전기기계·기구

75 태양광발전 모듈의 정기점검 시 육안점검 항목으로 옳은 것은?

① 표시부의 이상 표시
② 역류방지 다이오드의 손상
③ 프레임 간의 접지 접속 상태
④ 투입저지 시한 타이머 동작시험

풀이 모듈의 정기점검 시 육안점검 항목
접지선의 접속 및 접지단자의 이완
※ 육안점검 항목은 계측기나 공구 등을 사용하지 않는 항목이다.

76 태양광발전시스템의 신뢰성 평가·분석항목이 아닌 것은?

① 사이트
② 계획정지
③ 계측 트러블
④ 시스템 트러블

정답 71 ① 72 ① 73 ② 74 ④ 75 ③ 76 ①

풀이 시스템 성능평가의 분류
- 구성요인의 성능 신뢰성
- 사이트
- 발전성능
- 신뢰성
- 설치가격

신뢰성 평가분석 항목
- 트러블 : 계측 트러블, 시스템 트러블
- 운전 데이터의 결측사항
- 계획정지

77 전기안전작업요령 작성에 관한 기술지침에 따라 사업주가 따라야 하는 정전작업절차에 대한 내용으로 틀린 것은?

① 정전작업 대상 기기의 모든 전원을 차단한다.
② 전원 차단을 위한 안전절차는 전기기기 등을 차단하기 전에 결정하여야 한다.
③ 작업이 이루어지는 전기기기 등을 정전시키는 모든 차단장치에 잠금장치 및 꼬리표를 제거한다.
④ 작업자에게 전기위험을 줄 수 있는 커패시터 등에 축적 또는 유기된 전기에너지는 단락 및 접지시켜 방전시킨다.

풀이 작업이 이루어지는 전기기기 등을 정전시키는 모든 차단장치에 잠금장치 및 꼬리표를 설치한다.

78 중대형 태양광발전용 인버터(계통연계형, 독립형)(KS C 8565 : 2020)에 따라 3상 실외형 인버터의 IP(방진, 방수) 최소 등급은?

① IP 20 ② IP 44
③ IP 54 ④ IP 57

풀이 3상 실외형은 인버터의 IP 최소 등급은 IP 44이다.

79 정기점검에 의한 처리 중 절연물의 보수에 대한 내용으로 틀린 것은?

① 절연물에 균열, 파손, 변형이 있는 경우에는 부품을 교체한다.
② 합성수지 적층판이 오래되어 헐거움이 발생되는 경우에는 부품을 교체한다.
③ 절연물의 절연저항이 떨어진 경우에는 종래의 데이터를 기초로 하여 계열적으로 비교 검토한다.
④ 절연저항 값은 온도, 습도 및 표면의 오손상태에 따라서 크게 영향을 받지 않으므로 양부의 판정이 쉽다.

풀이 절연저항 값은 온도, 습도 및 표면의 오손상태에 따라서 크게 영향을 받는다.

80 접근 위험경고 및 감전재해를 방지하기 위하여 사용하는 활선접근경보기의 사용범위가 아닌 것은?

① 활선에 근접하여 작업하는 경우
② 작업 중 착각 · 오인 등에 의해 감전이 우려되는 경우
③ 보수작업 시행 시 저압 또는 고압 충전유무를 확인하는 경우
④ 정전작업 장소에서 사선구간과 활선구간이 공존되어 있는 경우

풀이 활선경보기의 사용범위
- 정전작업 장소에서 사선구간과 활선구간이 공존되어 있는 경우
- 활선에 근접하여 작업하는 경우
- 변전소에서 22.9[kV] D/L 차단기 점검 보수작업의 경우
- 기타 착각 · 오인 등에 의해 감전이 우려되는 경우

SECTION 003 제3회 CBT 대비 모의고사

1과목 태양광발전 기획

01 3,500[kW] 태양광발전설비를 일반부지에 설치하는 경우 가중치는?

① 0.899 ② 0.977
③ 1.099 ④ 1.122

풀이 일반부지에 설치하는 가중치
- 100[kW] 미만 : 1.2
- 100[kW]부터 : 1.0
- 3,000[kW] 초과 : 0.8

$$\frac{99.999 \times 1.2 + 2,900.001 \times 1.0 + (3,500-3,000) \times 0.8}{3,500} ≒ 0.977$$

02 한국전기설비규정에 따른 지지물 중 철근콘크리트주의 수직 투영면적 1[m²]에 대한 갑종 풍압하중은 몇 [Pa]인가?(단, 원형의 것이다.)

① 588 ② 882
③ 1,117 ④ 1,412

풀이 한국전기설비규정상 갑종 풍압하중

풍압을 받는 구분			구성재의 수직 투영면적 1[m²]에 대한 풍압
목주			588[Pa]
지지물	철주	원형의 것	588[Pa]
		삼각형 또는 마름모형의 것	1,412[Pa]
		강관에 의하여 구성되는 4각형의 것	1,117[Pa]
	철근콘크리트주	원형의 것	588[Pa]
		기타의 것	882[Pa]
	철탑	단주(완철류는 제외함) 원형의 것	588[Pa]
		단주(완철류는 제외함) 기타의 것	1,117[Pa]
		강관으로 구성되는 것 (단주는 제외함)	1,255[Pa]
		기타의 것	2,157[Pa]

03 위도 36.5° 지역의 하지 시 남중고도는?

① 33° ② 45°
③ 66° ④ 77°

풀이 남중고도
㉠ 태양이 가장 높게 떴을 때 태양빛이 지면에 얼마나 높은 각도로(수직에 가깝게) 들어오는지를 나타낸 것
- 하지 때 태양의 남중고도 : 북반구에서 최대, 남반구에서 최소
- 동지 때 태양의 남중고도 : 북반구에서 최소, 남반구에서 최대
- 춘추분일 때 : 적도에서 최대

㉡ 남중고도의 크기 계산식
- 하지 : 90° − 위도 + 23.5°
- 동지 : 90° − 위도 − 23.5°
- 춘추분 : 90° − 위도

∴ 위도가 36.5°인 지역의 하지 시 남중고도
= 90° − 36.5° + 23.5° = 77°

04 국토의 계획 및 이용에 관한 법령에 따라 개발행위 허가신청서 작성 시 신청내용에 해당하지 않는 것은?

① 기초변경 ② 토지분할
③ 물건적치 ④ 토지형질변경

풀이 개발행위 허가신청서 작성 시 신청내용
공작물 설치, 토지형질변경, 토석채취, 토지분할, 물건적치

05 제도−표시의 일반원칙 제23부 : 건설 제도의 선(KS F ISO 128−23 : 2003)에 따른 가는 실선의 용도로 틀린 것은?

① 해칭선 ② 짧은 중심선
③ 치수보조선 ④ 무게 중심선

정답 01 ② 02 ① 03 ④ 04 ① 05 ④

풀이 가는 실선의 용도
- 보이는 면, 절단면, 단면에서 다른 종류의 재료 사이의 경계를 나타내는 선
- 해칭선
- 개구부, 구멍 및 오목한 부분을 나타내는 선
- 계획 초기 단계에서 모듈 격자를 나타내는 선
- 짧은 중심선
- 치수 보조선
- 치수선 및 치수선과 치수 보조선이 만나는 끝단 사선
- 지시선 등

06 전기사업법령에 따라 사업계획서 작성 시 전기설비 개요에 포함되어야 할 태양광설비에 대한 사항으로 틀린 것은?

① 태양전지의 종류 ② 집광판의 면적
③ 접속함의 설치장소 ④ 인버터의 종류

풀이 사업계획서 작성 시 전기설비 개요에 포함되어야 할 사항(태양광설비)
- 태양전지의 종류, 정격용량, 정격전압 및 정격출력
- 인버터(Inverter)의 종류, 입력전압, 출력전압 및 정격출력
- 집광판(集光板)의 면적

07 한국전력거래소의 수행업무가 아닌 것은?

① 전력계통의 설계에 관한 업무
② 회원의 자격 심사에 관한 업무
③ 전력거래량의 계량에 관한 업무
④ 전력시장의 개설·운영에 관한 업무

풀이 한국전력거래소의 수행업무
- 전력시장의 개설·운영에 관한 업무
- 전력거래에 관한 업무
- 회원의 자격 심사에 관한 업무
- 전력거래대금 및 전력거래에 따른 비용의 청구·정산 및 지불에 관한 업무
- 전력거래량의 계량에 관한 업무
- 전력시장운영규칙 등 관련 규칙의 제정·개정에 관한 업무
- 전력계통의 운영에 관한 업무
- 전기품질의 측정·기록·보존에 관한 업무

08 역류방지 다이오드(Blocking Diode)의 역할에 대한 설명으로 옳은 것은?

① 고장전류가 흐를 때 차단한다.
② 태양광발전 모듈의 최적 운전점을 추적한다.
③ 태양광이 없을 때 축전지로부터 태양전지를 보호한다.
④ 태양광발전시스템용 인버터의 금속제 외함을 접지하는 데 사용한다.

풀이 역류방지 다이오드
- 독립형 태양광발전설비의 축전지로부터 태양전지로 역류되는 것을 방지하여 태양전지를 보호한다.
- 태양전지 모듈에 그늘(음영)이 생긴 경우, 그 스트링 전압이 낮아져 부하가 되는 것을 방지한다.

09 이미터 접지형 증폭기에서 베이스 접지 시 전류증폭률 α가 0.9이면, 전류이득 β는 얼마인가?

① 0.5 ② 0.9
③ 5.0 ④ 9.0

풀이
- 전류 증폭률(α) : 컬렉터 전류를 이미터 전류로 나눈 것
- 전류이득(β) : 컬렉터 전류를 베이스 전류로 나눈 것

$$\beta = \left|\frac{\alpha}{\alpha-1}\right| = \left|\frac{0.9}{0.9-1}\right| = 9.0$$

10 전기사업법령에 따라 기초조사에 포함되어야 할 사항 중 경제·사회 분야의 세부항목으로 옳은 것은?

① 발전사업에 따른 지역경제 활성화 방안
② 발전설비에 대한 환경규제 및 기준에 관한 사항
③ 발전설비 건설에 따른 환경오염 최소화 방안
④ 발전사업에 따른 인구 전출 유발효과에 관한 사항

풀이 전기사업법령상 기초조사에 포함되어야 할 사항 중 경제·사회 분야의 세부항목
- 발전사업에 따른 지역경제 활성화 방안
- 발전사업에 따른 인구 유입 및 고용 유발 효과에 관한 사항

정답 06 ③ 07 ① 08 ③ 09 ④ 10 ①

11 다음 조건에서 독립형 태양광발전용 축전지 용량은 약 몇 [Ah]인가?

- 1일 적산부하량 : 2.4[kWh]
- 일조가 없는 날 : 10[일]
- 공칭축전지 전압 : 2[V/cell]
- 보수율 : 0.8
- 축전지 직렬개수 : 48[개]
- 방전심도 : 65[%]

① 394 ② 481
③ 540 ④ 601

풀이 독립형 태양광발전용 축전지 용량

$$C = \frac{L_d \times 10^3 \times D_r}{L \times V_b \times N \times DOD} [Ah]$$

$$= \frac{2.4 \times 10^3 \times 10}{0.8 \times 2.0 \times 48 \times 0.65} = 480.77 \fallingdotseq 481 [Ah]$$

여기서, L_d : 1일 적산부하 전력량[kWh]
D_r : 일조가 없는 날의 일수[일]
L : 보수율(0.8)
V_b : 축전지 공칭전압[V]
N : 축전지 개수
DOD : 방전심도[%]

12 경제성 분석기법에서 적용하는 할인율(r)이란 무엇을 의미하는가?

① 인플레이션 비율
② 과거 이자율에 대한 현재의 이자율
③ 현재 시점의 금전에 대한 금전 시점의 가치 비율
④ 미래의 가치를 현재의 가치와 같게 하는 비율

풀이 할인율(r)
미래의 가치를 현재의 가치와 같게 하는 비율

13 신에너지 및 재생에너지 개발·이용·보급 촉진법령에 따른 신·재생에너지 정책심의회의 심의사항이 아닌 것은?

① 신·재생에너지의 기술개발 및 이용·보급에 관한 중요 사항
② 신·재생에너지 발전에 의하여 공급되는 전기의 기준가격 및 그 변경에 관한 사항
③ 기후변화 대응 기본계획, 에너지 기본계획 및 지속가능 발전 기본계획에 관한 사항
④ 대통령령으로 정하는 경미한 사항을 변경하는 경우를 제외한 기본계획의 수립 및 변경에 관한 사항

풀이 신·재생에너지 정책심의회의 심의사항
- 기본계획의 수립 및 변경에 관한 사항. 다만, 기본계획의 내용 중 대통령령으로 정하는 경미한 사항을 변경하는 경우는 제외한다.
- 신·재생에너지의 기술개발 및 이용·보급에 관한 중요 사항
- 신·재생에너지 발전에 의하여 공급되는 전기의 기준가격 및 그 변경에 관한 사항
- 신·재생에너지 이용·보급에 필요한 관계 법령의 정비 등 제도개선에 관한 사항

14 태양광발전 어레이에 뇌 서지가 침입할 우려가 있는 장소의 대지와 회로 간에 설치하는 것은?

① SPD ② ZCT
③ RCD ④ MCCB

풀이 저압회로의 뇌 서지가 침입할 우려가 있는 장소의 대지와 회로 간에 설치하는 것은 서지보호장치(SPD)이다.

15 전기공사업법령에 따른 전기공사기술자의 시공관리 구분에서 사용전압이 22.9[kV]인 전기공사의 시공관리를 할 수 있는 기술자의 최소등급은?

① 특급 전기공사기술자
② 고급 전기공사기술자
③ 중급 전기공사기술자
④ 초급 전기공사기술자

정답 11 ② 12 ④ 13 ③ 14 ① 15 ③

풀이 전기공사기술자의 시공관리 구분

전기공사기술자의 구분	규모별 시공관리 구분
특급 전기공사기술자 또는 고급 전기공사기술자	모든 전기공사
중급 전기공사기술자	전기공사 중 사용전압이 100,000볼트 이하인 전기공사
초급 전기공사기술자	전기공사 중 사용전압이 1,000볼트 이하인 전기공사

16 결정계 태양광발전 모듈의 면적 1.0[m^2], 표면온도 65[℃], 변환효율 15[%]인 경우 일사강도 0.8[kW/m^2]일 때 출력은 약 몇 [kW]인가?(단, 결정계 태양광발전 전지 온도 보정계수(α)는 −0.4[%/℃]이다.)

① 0.10 ② 0.13
③ 0.16 ④ 0.20

풀이 65[℃]일 때 출력

$P_{\max(65℃)} = P_{\max}\{1+\alpha(T_{cell}-25)\}$

$P_{\max} = E \times A \times \eta = 0.8 \times 1 \times 0.15 = 0.12$ [kW]

$P_{\max(65℃)} = 0.12 + \left\{1 + \dfrac{-0.4}{100}(65-25)\right\}$

$= 0.1008 ≒ 0.1$

17 태양복사에 대한 설명으로 틀린 것은?

① 태양복사량의 평균값을 태양상수라고 하며 약 1,367[W/m^2]이다.
② 매우 흐린 날, 특히 겨울에는 태양복사가 거의 모두 산란복사된다.
③ 산란복사는 태양복사가 구름이나 대기 중의 먼지에 의해 반사되지 않고 확산된 성분이다.
④ 직달복사는 태양으로부터 지표면에 직접 도달되는 복사로 물체에 강한 그림자를 만드는 성분이다.

풀이 산란복사는 대기 중의 먼지에 의해 반사되고 수분에 의해 확산되는 성분이다.

18 동일 출력전류(I)를 가지는 N개의 태양전지를 같은 일사조건에서 서로 병렬로 연결했을 경우 출력전류 I_a에 대한 계산식으로 맞는 것은?

① $I_a = I \times N$ ② $I_a = I^2 \times N$
③ $I_a = \dfrac{I}{N}$ ④ $I_a = \dfrac{I^2}{N}$

풀이
- 태양전지의 직렬연결 시 : 전압이 직렬연결 수만큼 증가
- 태양전지의 병렬연결 시 : 전류가 병렬연결 수만큼 증가

19 전기사업법령에 따라 전기사업자 및 한국전력거래소가 전기의 품질을 유지하기 위해 매년 1회 이상 측정하여야 하는 대상의 연결로 틀린 것은?

① 한국전력거래소−주파수
② 전기판매사업자−전압
③ 송전사업자−전압 및 주파수
④ 배전사업자−전압 및 주파수

풀이 전기사업자 및 한국전력거래소는 다음의 사항을 매년 1회 이상 측정하여야 하며, 측정 결과를 3년간 보존하여야 한다.
- 발전사업자 및 송전사업자의 경우에는 전압 및 주파수
- 배전사업자 및 전기판매사업자의 경우에는 전압
- 한국전력거래소의 경우에는 주파수

20 전기사업법령에 따라 허가받은 사항 중 산업통상자원부령으로 정하는 중요 사항을 변경하려는 경우 산업통상자원부장관의 허가를 받아야 한다. 이 중요 사항에 포함되지 않는 것은?

① 사업자가 변경되는 경우
② 공급전압이 변경되는 경우
③ 사업구역이 변경되는 경우
④ 특정한 공급구역이 변경되는 경우

정답 16 ① 17 ③ 18 ① 19 ④ 20 ①

풀이 변경허가가 필요한 중요 사항(시행규칙 제5조)
㉠ 사업구역 또는 특정한 공급구역
㉡ 공급전압
㉢ 발전사업 또는 구역전기사업의 경우 발전용 전기설비에 관한 다음의 어느 하나에 해당하는 사항
- 설치장소(동일한 읍·면·동에서 설치장소를 변경하는 경우는 제외한다)
- 설비용량(변경 정도가 허가 또는 변경허가를 받은 설비용량의 100분의 10 이하인 경우는 제외한다)
- 원동력의 종류
- 별표 5 제1호나목에 따른 발전설비

2과목 태양광발전 설계

21 전력기술관리법령에 따른 감리원의 업무범위가 아닌 것은?

① 현장 조사·분석
② 공사 단계별 기성(旣成) 확인
③ 현장 시공상태의 평가 및 기술지도
④ 입찰참가자 자격심사 기준 작성

풀이 감리원의 업무범위(시행규칙 제22조)
- 현장 조사·분석
- 공사 단계별 기성(旣成) 확인
- 행정지원업무
- 현장 시공상태의 평가 및 기술지도
- 공사감리업무에 관련되는 각종 일지 작성 및 부대업무

22 평지붕에 태양광발전시스템 설치를 위한 설계 검토 시, 평지붕의 적설하중 산정에 사용되지 않는 인자는?

① 온도계수
② 노출계수
③ 지붕면 외압계수
④ 지상적설하중의 기본값

풀이 평지붕의 적설하중(S_f)
$$S_f = C_b \cdot C_e \cdot C_t \cdot I_s \cdot S_g [\text{kN/m}^2]$$
여기서, C_b : 기본지붕적설하중계수
C_e : 노출계수
C_t : 온도계수
I_s : 중요도계수
S_g : 100년 재현주기 기본지상적설하중

23 설계감리업무 수행지침에 따라 설계감리원이 설계업자로부터 착수신고서를 제출받아 어떤 사항에 대하여 적정성 여부를 검토하여 보고하는가?

① 설계감리일지, 근무상황부
② 설계감리일지, 예정공정표
③ 예정공정표, 과업수행계획 등 그 밖에 필요한 사항
④ 설계감리기록부, 과업수행계획 등 그 밖에 필요한 사항

풀이 설계감리원은 설계업자로부터 착수신고서를 제출받아 다음의 사항에 대한 적정성 여부를 검토하여 보고하여야 한다.
- 예정공정표
- 과업수행계획 등 그 밖에 필요한 사항

24 전력시설물 공사감리업무 수행지침에 따라 부분중지를 지시할 수 있는 사유가 아닌 것은?

① 동일 공정에 있어 2회 이상 경고가 있었음에도 이행되지 않을 때
② 동일 공정에 있어 2회 이상 시정지시가 이행되지 않을 때
③ 안전시공상 중대한 위험이 예상되어 물적, 인적 중대한 피해가 예견될 때
④ 재시공 지시가 이행되지 않는 상태에서는 다음 단계의 공정이 진행됨으로써 하자 발생이 될 수 있다고 판단될 때

풀이 동일 공정에 있어 3회 이상 시정지시가 이행되지 않을 때 부분중지를 지시할 수 있다.

정답 21 ④ 22 ③ 23 ③ 24 ②

25 전기설비기술기준에 따라 저압전선로 중 절연 부분의 전선과 대지 사이 및 전선의 심선 상호 간의 절연저항은 사용전압에 대한 누설전류가 최대 공급전류의 얼마를 넘지 않도록 하여야 하는가?

① 1/1,500　　② 1/2,000
③ 1/2,500　　④ 1/3,000

풀이 저압전선로 중 절연 부분의 전선과 대지 사이 및 전선의 심선 상호 간의 절연저항은 사용전압에 대한 누설전류가 최대 공급전류의 1/2,000을 넘지 않도록 하여야 한다.

26 분산형 전원 배전계통 연계 기술기준의 용어 정의 중 다음 설명에 해당하는 것은?

> 한전계통상에서 검토 대상 분산형 전원으로부터 전기적으로 가장 가까운 지점으로서 다른 분산형 전원 또는 전기사용부하가 존재하거나 연결될 수 있는 지점을 말한다.

① 접속점
② 공통 연결점
③ 분산형 전원 검토점
④ 분산형 전원 연결점

풀이
- 접속점 : 접속설비와 분산형 전원 설치자 측 전기설비가 연결되는 지점
- 분산형 전원 연결점 : 구내계통 내에서 검토 대상 분산형 전원이 존재하거나 연결될 수 있는 지점
- 분산형 전원 검토점 : 분산형 전원 연계 시 이 기준에서 정한 기술요건들이 충족되는지를 검토하는 데 있어 기준이 되는 지점

27 구조물 이격거리 산정 시 고려사항이 아닌 것은?

① 상부구조물의 하중
② 설치될 장소의 경사도
③ 가대의 경사도와 높이
④ 동지 시 발전가능 한계시간에서 태양의 고도

풀이 구조물의 이격거리

$$d = L \times \{\cos\alpha + \sin\alpha \times \tan(90° - \beta)\}[m]$$

여기서, L : 어레이의 길이
$L \times \sin\alpha$: 가대의 높이
$L \times \sin\alpha \times \tan(90° - \beta)$: 그림자의 길이
α : 가대의 경사도(경사각)
β : 발전 한계고도각

28 얕은기초의 침하량에 대한 설명으로 틀린 것은?

① 얕은기초의 침하는 즉시침하, 일차압밀침하, 이차압밀침하를 합한 것을 말한다.
② 일차압밀침하는 지반의 압축특성, 유효응력변화, 지반의 투수성, 경계조건 등을 고려하여 계산한다.
③ 이차압밀침하는 즉시침하 완료 후의 시간-침하관계곡선의 기울기를 적용하여 계산한다.
④ 기초하중에 의해 발생된 지중응력의 증가량이 초기응력에 비해 상대적으로 작지 않은 영향 깊이 내 지반을 대상으로 침하를 계산한다.

풀이 이차압밀침하는 일차압밀침하 완료 후의 시간-침하관계곡선의 기울기를 적용하여 계산한다.

29 전기시설물 설계 시 설계도서의 실시설계 성과물로 묶이지 않은 것은?

① 내역서, 산출서, 견적서
② 설계도면, 공사시방서, 설계설명서
③ 용량계산서, 간선계산서, 부하계산서
④ 공사비 내역서, 용량계획서, 시스템선정검토서

풀이 ㉠ 실시설계 성과물의 종류
- 설계도서 : 설계설명서, 설계도면, 공사시방서
- 공사비 적산서 : 내역서, 산출서, 견적서
- 설계계산서 : 용량계산서, 부하계산서, 간선계산서, 전압강하계산서

㉡ 기본설계 성과물
공사비 내역서, 용량계획서(추정 계산서), 시스템선정검토서

30 전력시설물 공사감리업무 수행지침에 따라 공사가 시작된 경우 공사업자가 감리원에게 제출하는 착공신고서에 포함되지 않는 것은?(단, 그 밖에 발주자의 지정한 사항이 없는 경우이다.)

① 작업인원 및 장비투입 계획서
② 공사도급 계약서 사본 및 산출내역서
③ 관계자 회의 및 협의사항 기록 대장
④ 현장기술자 경력사항 확인서 및 자격증 사본

풀이 감리원은 공사가 시작된 경우에는 공사업자로부터 다음의 서류가 포함된 착공신고서를 제출받아 적정성 여부를 검토하여 7일 이내에 발주자에게 보고하여야 한다.
- 시공관리책임자 지정통지서(현장관리조직, 안전관리자)
- 공사 예정공정표
- 품질관리계획서
- 공사도급 계약서 사본 및 산출내역서
- 공사 시작 전 사진
- 현장기술자 경력사항 확인서 및 자격증 사본
- 안전관리계획서
- 작업인원 및 장비투입 계획서

31 한국전기설비규정에 따른 저압 옥내 직류 전기설비에 대한 시설기준으로 틀린 것은?

① 축전지실 등은 폭발성의 가스가 축적되지 않도록 환기장치 등을 시설하여야 한다.
② 옥내전로에 연결되는 축전지는 접지 측 도체에 과전압보호장치를 시설하여야 한다.
③ 저압 직류전로에 과전류차단기를 설치하는 경우 직류 단락전류를 차단하는 능력을 가지는 것이어야 하고 "직류용" 표시를 하여야 한다.
④ 저압 직류전기설비를 접지하는 경우에는 직류 누설전류에 의한 전기부식작용으로 인한 접지극이나 다른 금속체에 손상의 위험이 없도록 시설하여야 한다.

풀이 옥내전로에 연결되는 축전지는 비접지 측 도체에 과전류보호장치를 시설하여야 한다.

32 태양광발전시스템의 피뢰설비를 회전구체법으로 할 경우 회전구체 반지름(r)은 몇 [m]인가? (단, 보호레벨은 III등급으로 한다.)

① 20 ② 30
③ 45 ④ 60

풀이 회전구체법으로 할 경우 보호레벨에 따른 회전구체 반지름

보호등급	회전구체 반경 r[m]
I	20
II	30
III	45
IV	60

33 250[W] 태양전지(8[A], 40[V])가 14직렬, 10병렬로 설치된 PV 어레이 단자함에서 인버터까지 거리가 100[m], 전선의 단면적이 16[mm²]일 때 전압강하율[%]은?(단, 어레이에서 단자함까지의 모듈 한 장당 전압강하는 0.5[V]이다.)

① 2.5 ② 3.3
③ 3.5 ④ 3.9

풀이 전압강하율($\%e$)

$$= \frac{송전단전압(V_s) - 수전단전압(V_r)}{수전단전압(V_r)}$$

$$= \frac{e}{송전단전압 - e}$$

전압강하 $e = \frac{35.6 \times L \times I}{1,000 \times A} = \frac{35.6 \times 100 \times 80}{1,000 \times 16}$
$= 17.8[V]$

※ 태양전지는 직류 2선식 회로

단자함 출력전류 I = 태양전지 전류 × 병렬수
$= 8 \times 10 = 80[A]$
단자함 출력전압(송전단) $V_s = 39.5 \times 14 = 553[V]$
전압강하율($\%e$) = $\frac{17.8}{553 - 17.8} \times 100$
$= 3.3258 ≒ 3.3$

정답 30 ③ 31 ② 32 ③ 33 ②

34 외기온도 30[℃]에서 태양광발전 모듈의 최대 출력전압은 약 몇 [V]인가?

- V_{mpp} : 41.3[V]
- I_{mpp} : 7.74[A]
- NOCT : 47[℃]
- 전압온도계수 : −0.31[%/℃]

① 36.34 ② 38.32
③ 40.54 ④ 42.35

풀이 모듈의 최대 출력전압

$$V_{m(온도)} = V_m\{1+온도계수(T_{cell}-25)\}$$

$$T_{cell} = T_{amb} + \frac{NOCT-20}{800} \times 1{,}000$$

$$= 30 + \frac{47-20}{800} \times 1{,}000 = 63.75[℃]$$

$$V_{m(63.75℃)} = 41.3\left\{1+\frac{-0.31}{100}(63.75-25)\right\}$$

$$= 36.338 ≒ 36.34[V]$$

35 중대형 태양광발전용 인버터(계통연계형, 독립형)(KS C 8565 : 2021)에 따른 정상특성시험 항목이 아닌 것은?

① 효율시험 ② 내전압시험
③ 온도상승시험 ④ 누설전류시험

풀이
- 정상특성시험 : 교류 전압·주파수 추종범위시험, 교류출력 전류 변형률 시험, 누설전류시험, 온도상승시험, 효율시험, 대기손실시험, 자동 기동·정지시험, 최대전력추종시험, 출력전류 직류분 검출시험
- 내전압시험은 절연성능시험에 해당한다.

36 태양광발전소 설비용량이 2,700[kW], SMP가 200[원/kWh], 가중치 적용 전 REC가 150[원/kWh]인 경우 판매단가[원/kWh]는?(단, "SMP+REC×가중치" 계약방식이며, 설치장소는 건축물을 이용하여 설치하는 것으로 한다.)

① 425 ② 435
③ 500 ④ 525

풀이 판매단가 = SMP + REC × 가중치
= 200 + 150 × 1.5 = 425[원/kWh]

※ 가중치(건축물)
- 3,000[kW] 이하 1.5
- 3,000[kW] 초과 1.0

37 송전전력, 부하역률, 송전거리, 전력손실 및 선간전압이 같을 경우 3상 3선식에서 전선 한 가닥에 흐르는 전류는 단상 2선식의 경우의 약 몇 [%]가 되는가?

① 57.7 ② 70.7
③ 115 ④ 141

풀이 송전전력, 부하역률, 송전거리, 전력손실 및 선간전압이 같을 경우 전선 한 가닥에 흐르는 전류

전기방식	단상 2선식	단상 3선식	3상 3선식	3상 4선식
1선 전류	I_1 (100%)	$I_2 = \frac{I_1}{2}$ (50%)	$I_3 = \frac{I_1}{\sqrt{3}}$ (57.7%)	$I_4 = \frac{I_1}{3}$ (33.3%)

38 신·재생에너지 설비의 지원 등에 관한 지침에 따라 태양광발전용 인버터에 대한 내용으로 옳은 것은?

① 태양광발전용 인버터는 KS 인증제품을 설치하여야 한다.
② 인버터에 연결된 모듈의 설치용량은 인버터용량의 110[%] 이내이어야 한다.
③ 인버터의 입력단(모듈출력)의 표시사항은 전압, 전류, 주파수가 표시되어야 한다.
④ 인버터는 실내 및 실외용으로 구분하여 설치하여야 하며, 실내용은 실외에 설치할 수 있다.

풀이
- 인버터에 연결된 모듈의 설치용량은 인버터용량의 105[%] 이내이어야 한다.
- 인버터의 입력단(모듈출력)의 표시사항은 전압, 전류, 전력이 표시되어야 한다.
- 인버터는 실내 및 실외용으로 구분하여 설치하여야 하며, 실외용은 실내에 설치할 수 있다.

정답 34 ① 35 ② 36 ① 37 ① 38 ①

39 전기설계 일반사항에서 실시설계 성과물 중 공사비 적산서와 가장 거리가 먼 것은?

① 내역서 ② 계산서
③ 산출서 ④ 견적서

풀이 전기설계 일반사항에서 실시설계 성과물

실시설계 도서	설계설명서, 설계도면, 공사시방서
공사비 적산서	내역서, 산출서, 견적서
설계계산서	조도계산서, 부하계산서, 간선계산서, 용량계산서(변압기, 인버터, 모듈)
기타 사항	관공서 협의기록, 관계자 협의기록, 기타 기록(설계자문, 심의 등)

40 설계도면 작성 시 발전기의 전기도면 기호로 옳은 것은?

① RC ② G
③ ▶│ ④ T

풀이

룸 에어컨	발전기	정류기	소형변압기
RC	G	▶│	T

3과목 태양광발전 시공

41 지반공사의 시공기록 포함사항이 아닌 것은?

① 각종 조사 및 시험계획서
② 공사명, 공사개소, 사업주체, 시공자, 시행공정
③ 임시가설비의 배치와 능력, 시공방법, 기계기구
④ 완성된 기초공의 제원, 배치도, 구조도, 지반의 개요

풀이 지반공사의 시공기록 포함사항
- 각종 조사 및 시험성과
- 환경대책 및 안전대책
- 시공 중에 발생한 특수상황과 그 대책
- 각 공정의 시공기록, 사진 등

42 수변전설비공사(KCS 31 60 10 : 2019)에 따른 전력퓨즈에 대한 설명으로 틀린 것은?

① 퓨즈가 차단할 수 있는 단락전류의 최대 전류값으로 표시하여야 한다.
② 차단용량을 표시하는 경우 교류분의 대칭 실효값을 나타내어야 한다.
③ 정격전압은 3상 회로에서 사용 가능한 전압한도를 표시하는 것으로 퓨즈의 정격전압은 계통 최대 상전압으로 선정한다.
④ 정격전류는 전력퓨즈가 온도상승 한도를 넘지 않고 연속으로 흘려보낼 수 있는 전류값이며 실효값으로 표시하여야 한다.

풀이 퓨즈의 정격전압은 계통 최대 선간전압으로 선정한다.

43 옥외전기공사(KCS 31 60 05 : 2019)에 따른 지중전선로 시공방법으로 틀린 것은?

① 지중전선로는 콘크리트제 트로프 또는 기타 견고한 관에 넣어서 시설하여야 한다.
② 지중전선로의 전선은 케이블을 사용하고, 공사방법은 관로식·암거식 또는 직접매설방식으로 하여야 한다.
③ 지중전선로를 직접매설방식에 의하여 시설하는 경우, 설치장소(차도·인도 등)에 따라 깊이를 같게 하여야 한다.
④ 지중전선로를 관로식 또는 암거식에 의하여 시설하는 경우에는 차량·기타 중량물의 압력에 견디고 또한 물기가 스며들지 않도록 배관 또는 암거를 사용하여야 한다.

풀이 지중전선로를 직접매설방식에 의하여 시설하는 경우, 설치장소(차도·인도 등)에 따라 깊이를 달리하여야 한다.
- 중량물의 압력을 받을 우려가 있는 장소 : 깊이 1[m] 이상
- 중량물의 압력을 받을 우려가 없는 장소 : 깊이 0.6[m] 이상

정답 39 ② 40 ② 41 ① 42 ③ 43 ③

44 노튼의 정리와 등가변환 관계에 있는 것은?

① 중첩의 정리
② 보상의 정리
③ 밀만의 정리
④ 테브난의 정리

풀이
- 테브난의 정리 : 어떠한 전압, 전류 전원과 저항이 포함된 회로를 하나의 전압 전원과 이에 직렬로 연결된 저항으로 나타낸 등가회로로 변환한 것
- 노튼의 정리 : 어떠한 전압, 전류 전원과 저항이 포함된 회로를 하나의 전류 전원과 이에 병렬로 연결된 저항으로 나타낸 등가회로로 변환한 것
- 노튼의 정리와 테브난의 정리는 서로 등가변환 관계에 있다.

45 송전선로의 안정도 증진방법으로 틀린 것은?

① 전압변동을 작게 한다.
② 직렬 리액턴스를 크게 한다.
③ 중간조상방식을 채택한다.
④ 고장 시 발전기 입·출력의 불평형을 작게 한다.

풀이 안정도 증진을 위해 리액턴스를 작게 한다.

46 태양전지의 전지판 연결공사에 대한 설명으로 틀린 것은?

① 전선의 연결부위는 전선관 내에서 연결하여야 한다.
② 전선관은 전기적, 기계적으로 확실히 접속한다.
③ 태양광 모듈 결선 시 Junction Box Hole에 맞는 방수 커넥터를 사용한다.
④ 태양전지에서 옥내에 이르는 배선은 모듈 전용선, F-CV선, TFR-CV선 등을 사용한다.

풀이 전선관 내에서의 연결(접속)은 허용되지 않는다. 전선의 연결(접속)은 접속함 내에서 이루어져야 한다.

47 전류의 이동으로 발생하는 현상이 아닌 것은?

① 화학작용
② 발열작용
③ 탄화작용
④ 자기작용

풀이 전류의 이동으로 발생하는 현상
자기작용, 발열작용, 화학작용

48 태양광발전시스템 구조물의 설치공사 순서를 보기에서 찾아 옳게 나열한 것은?

[보기]
㉠ 어레이 가대공사 ㉡ 어레이 기초공사
㉢ 어레이 설치공사 ㉣ 점검 및 검사
㉤ 배선공사

① ㉠ → ㉡ → ㉢ → ㉣ → ㉤
② ㉡ → ㉠ → ㉢ → ㉤ → ㉣
③ ㉢ → ㉤ → ㉣ → ㉡ → ㉠
④ ㉢ → ㉣ → ㉤ → ㉠ → ㉡

풀이 구조물 설치공사 순서
어레이 기초공사 → 어레이 가대공사 → 어레이 설치공사 → 배선공사 → 점검 및 검사

49 지붕 건재형 태양전지 모듈의 설치장소를 고려한 설치사항으로 옳지 않은 것은?

① 태양전지 모듈의 하중에 견딜 수 있는 강도를 가질 것
② 인접 가옥의 화재에 대한 방화대책을 세워 시설할 것
③ 눈이 많은 지역에서는 적설 방지대책을 강구하여 시설할 것
④ 풍력계수는 처마 끝이나 지붕 중앙부나 똑같이 하여 시설할 것

풀이 지붕의 풍력계수는 지붕의 중앙부보다 처마 끝을 크게 하여야 한다.

정답 44 ④ 45 ② 46 ① 47 ③ 48 ② 49 ④

50 한국전기설비규정(KEC)에 따른 지락차단장치 등의 시설에 관한 내용이다. ( ) 안에 알맞은 것은?

> 특고압전로 또는 고압전로에 변압기에 의하여 결합되는 사용전압 ( )[V] 초과의 저압전로 또는 발전기에서 공급하는 사용전압 ( )[V] 초과의 저압전로에는 전로에 지락이 생겼을 때에 자동적으로 전로를 차단하는 장치를 시설하여야 한다.

① 60   ② 200
③ 400   ④ 600

풀이 지락차단장치 등의 시설(KEC 341.12)
특고압전로 또는 고압전로에 변압기에 의하여 결합되는 사용전압 400[V] 초과의 저압전로 또는 발전기에서 공급하는 사용전압 400[V] 초과의 저압전로에는 전로에 지락이 생겼을 때에 자동적으로 전로를 차단하는 장치를 시설하여야 한다.

51 한국전기설비규정에 따라 고압 가공전선 상호 간의 이격거리는 몇 [m] 이상이어야 하는가?

① 0.6   ② 0.8
③ 1.2   ④ 2.0

풀이 고압 가공전선 상호 간의 접근 또는 교차(KEC 332.17)
고압 가공전선 상호 간의 이격거리는 0.8[m](어느 한쪽의 전선이 케이블인 경우에는 0.4[m]) 이상, 하나의 고압 가공전선과 다른 고압 가공전선로의 지지물 사이의 이격거리는 0.6[m](전선이 케이블인 경우에는 0.3[m]) 이상일 것

52 태양광발전시스템 공사에 적용될 기본풍속에 대한 설명으로 틀린 것은?

① 10분간의 평균풍속이다.
② 재현기간 100년의 풍속이다.
③ 개활지의 지상 10[m]에서의 풍속이다.
④ 지역별 풍속에는 서로 차이가 없다.

풀이 풍속은 지역별로 차이가 있다.

53 한국전기설비규정에 따라 라이팅덕트공사에 의한 저압 옥내배선의 시설기준으로 틀린 것은?

① 덕트는 조영재에 견고하게 붙일 것
② 덕트의 개구부는 위로 향하여 시설할 것
③ 덕트는 조영재를 관통하여 시설하지 아니할 것
④ 덕트의 지지점 간의 거리는 2[m] 이하로 할 것

풀이 라이딩덕트는 덕트의 개구부를 아래로 향하여 시설할 것

54 역률 개선을 통하여 얻을 수 있는 효과가 아닌 것은?

① 전압강하의 경감
② 설비용량의 여유분 증가
③ 배전선 및 변압기의 손실 경감
④ 수용가의 전기요금(기본요금) 증가

풀이 역률 개선으로 기본요금을 경감해 주므로 수용가의 전기요금이 경감된다.

55 전력계통에 순간정전이 발생하여 태양광발전용 인버터가 정지할 때 동작되는 계전기는?

① 역전력계전기   ② 과전압계전기
③ 저전압계전기   ④ 과전류계전기

풀이 순간정전이 발생하면 저전압계전기가 동작하여 인버터가 정지한다.

56 태양전지 모듈 배선을 금속관공사로 시공할 경우의 설명으로 틀린 것은?

① 옥외용 비닐절연전선을 사용하여야 한다.
② 금속관 내에서 전선은 접속점을 만들어서는 안 된다.
③ 짧고 가는 금속관에 넣는 전선인 경우 단선을 사용할 수 있다.
④ 전선은 단면적 10[mm²]을 초과하는 경우 연선을 사용하여야 한다.

정답 50 ③ 51 ② 52 ④ 53 ② 54 ④ 55 ③ 56 ①

풀이 금속관 공사에 의한 저압 옥내배선은 다음에 따라 시설하여야 한다.
㉠ 전선은 절연전선(옥외용 비닐절연전선을 제외한다)일 것
㉡ 전선은 연선일 것. 다만, 다음의 것은 적용하지 않는다.
- 짧고 가는 금속관에 넣은 것
- 단면적 10[mm²](알루미늄선은 단면적 16[mm²]) 이하일 것

㉢ 전선은 금속관 안에서 접속점이 없도록 할 것

57 산업안전보건기준에 관한 규칙에 따라 사업주가 근로자에게 미칠 위험성을 미리 제거하기 위하여 안전진단 등 안전성 평가를 진행하여야 하는 경우에 해당되지 않는 것은?

① 화재 등으로 구축물 또는 이와 유사한 시설물의 내력(耐力)이 개선되었을 경우
② 구축물 또는 이와 유사한 시설물의 인근에서 굴착·항타작업 등으로 침하·균열 등이 발생하여 붕괴의 위험이 예상될 때
③ 구축물 또는 이와 유사한 시설물에 지난, 동해(凍害), 부동침하(不動沈下) 등으로 균열·비틀림 등이 발생하였을 경우
④ 구조물, 건축물, 그 밖의 시설물이 그 자체의 무게·적설·풍압 또는 그 밖에 부가되는 하중 등으로 붕괴 등의 위험이 있을 경우

풀이 사업주가 안전성 평가를 진행하여야 하는 경우
- 화재 등으로 구축물 또는 이와 유사한 시설물의 내력(耐力)이 심하게 저하되었을 경우
- 오랜 기간 사용하지 아니하던 구축물 또는 이와 유사한 시설물을 재사용하게 되어 안전성을 검토하여야 하는 경우
- 그 밖의 잠재위험이 예상될 경우

58 어떤 전지의 외부회로 저항은 5[Ω]이고, 전류는 8[A]가 흐른다. 외부회로에 5[Ω] 대신에 15[Ω]의 저항을 접속하면 4[A]로 떨어진다. 이 전지의 기전력[V]은?

① 100 ② 80
③ 60 ④ 40

풀이 기전력 $V = I_1(R_1+r) = I_2(R_2+r)$
여기서, I : 전류, R : 외부저항, r : 내부저항

내부저항 r을 구하면
$V = I_1(R_1+r) = I_2(R_2+r)$
$8(5+r) = 4(15+r)$
$40+8r = 60+4r$
$4r = 20$
$\therefore r = 5$
$V = 8(5+5) = 4(15+5) = 80[V]$

59 태양광 전원의 용량 50[MVA]에 대하여 15[%]의 임피던스를 가지는 경우, 100[MVA]를 기준으로 본 %임피던스는 몇 [%]인가?

① 10 ② 15
③ 30 ④ 60

풀이 환산 %임피던스 $= \dfrac{\text{기준용량}}{\text{자기용량}} \times \text{자기\%임피던스}$
$= \dfrac{100}{50} \times 15 = 30[\%]$

60 낙뢰의 위험으로부터 시설물을 보호하기 위한 피뢰방식이 아닌 것은?

① 돌침 방식 ② 분산 방식
③ 메시도체 방식 ④ 수평도체 방식

풀이 외부피뢰시스템의 수뢰부시스템(피뢰방식)은 다음 요소의 조합으로 이루어진다.
- 돌침 방식
- 수평도체 방식
- 메시도체 방식

정답 57 ① 58 ② 59 ③ 60 ②

4과목 태양광발전 운영

61 중대형 태양광발전용 인버터(계통연계형, 독립형)(KS C 8565 : 2021)에 따른 누설전류시험의 품질기준은 누설전류가 몇 [mA] 이하이어야 하는가?

① 5 ② 10
③ 15 ④ 30

풀이 누설전류시험의 품질기준은 누설전류가 5[mA] 이하이어야 한다.

62 신재생발전기 송전계통 연계 기술기준에 따라 신재생발전기는 유효전력의 출력을 계통운영자의 지시 후 5초 이내에 정격출력의 몇 [%]까지 출력을 감소할 수 있어야 하는가?(단, 연료전지 발전기는 제외한다.)

① 10 ② 20
③ 30 ④ 40

풀이 신재생발전기는 유효전력의 출력을 계통운영자의 지시 후 5초 이내에 정격출력의 20[%]까지 출력을 감소할 수 있어야 한다.

63 산업안전보건법령에 따른 정지신호, 소화설비 및 그 장소, 유해행위의 금지표지 색채는?

① 녹색 ② 노란색
③ 파란색 ④ 빨간색

풀이 안전보건표지의 색도기준 및 용도(시행규칙 [별표 8])

색채	용도	사용례
빨간색	금지	정지신호, 소화설비 및 그 장소, 유해행위의 금지
	경고	화학물질 취급장소에서의 유해·위험경고
노란색	경고	화학물질 취급장소에서의 유해·위험경고 이외의 위험경고, 주의표지 또는 기계방호물
파란색	지시	특정 행위의 지시 및 사실의 고지
녹색	안내	비상구 및 피난소, 사람 또는 차량의 통행표지

64 태양광발전시스템의 안전관리 예방업무가 아닌 것은?

① 시설물 및 작업장 위험방지
② 안전관리비 실행 집행 및 관리
③ 안전작업 관련 훈련 및 교육
④ 안전장구, 보호구, 소화설비의 설치, 점검, 정비

풀이 안전관리비 실행 집행 및 관리는 예산관리 업무이다.

65 결정질 실리콘 태양광발전 모듈(성능)(KS C 8561 : 2020)에 따라 외관검사 시 몇 [lx] 이상의 광조사상태에서 진행하는가?

① 1,000 ② 1,500
③ 2,000 ④ 2,500

풀이 외관검사
1,000[lx=lux] 이상의 광조사상태에서 모듈외관, 태양전지 등에 크랙, 구부러짐, 갈라짐 등이 없는지 확인한다.

66 절연 고무장갑의 사용범위에 대한 설명으로 틀린 것은?

① 습기가 많은 장소에서의 개폐기 개방, 투입의 경우
② 충전부에 접근하여 머리에 전기적 충격을 받을 우려가 있는 경우
③ 활선상태의 배전용 지지물에 누설전류의 발생 우려가 있는 경우
④ 정전작업 시 역송전이 우려되는 선로나 기기에 단락접지를 하는 경우

풀이 충전부에 근접하여 머리에 전기적 충격을 받을 우려가 있는 경우에 사용하는 것은 전기안전모이다.

정답 61 ① 62 ② 63 ④ 64 ② 65 ① 66 ②

67 태양광발전시스템 운전 특성의 측정 방법(KS C 8535 : 2005)에 따른 용어 정의 중 다른 전원에서의 보충 전력량을 의미하는 것은?

① 표준 전력량 ② 백업 전력량
③ 역조류 전력량 ④ 계통 수전 전력량

풀이
- 백업 전력량 : 다른 전원에서의 보충 전력량
- 계통 수전 전력량 : 상용 전력계통에서의 수전 전력량
- 역조류 전력량 : 수용가에서 상용 전력계통으로 향하는 전력량
- 어레이면 일사량 : 어레이면에 들어오는 직달 일사량 및 산란 일사량이 있는 기간의 총량

68 태양광발전용 인버터의 육안점검 항목에 해당하지 않는 것은?

① 배선의 극성 ② 지붕재의 파손
③ 접지단자와의 접속 ④ 단자대의 나사 풀림

풀이 인버터의 육안점검 항목
- 배선의 극성
- 접지단자와의 접속
- 단자대의 나사 풀림

69 전기안전관리자의 직무에 관한 고시에 따라 저압 전기설비 중 반기마다 필수 측정항목은?

① 누설전류 측정 ② 접지저항 측정
③ 절연저항 측정 ④ 절연내력 측정

풀이 점검 종류별 측정 및 시험항목

구분	주기		
	분기	반기	연차
저압 전기설비			
－ 절연저항 측정		필요시	필수
－ 누설전류 측정	필요시	필요시	
－ 접지저항 측정		필수	
고압 이상 전기설비			
－ 절연저항 측정			필수
－ 접지저항 측정			필수
－ 절연내력 측정			필수

70 중대형 태양광발전용 인버터(계통연계형, 독립형)(KS C 8565 : 2020)의 절연성능 시험방법에서 입력단자 및 출력단자를 각각 단락하고, 그 단자와 대지 간의 절연저항을 측정하는 경우 품질기준으로서 절연저항은 몇 [MΩ] 이상이어야 하는가?

① 0.1 ② 0.3
③ 0.5 ④ 1.0

풀이 입력단자 및 출력단자를 각각 단락하고, 그 단자와 대지 간의 절연저항을 측정하여 1[MΩ] 이상이어야 한다.

71 소형 태양광발전용 인버터의 절연성능시험 항목으로 틀린 것은?

① 내전압시험
② 감전보호시험
③ 절연저항시험
④ 부하 불평형시험

풀이
- 인버터의 절연성능시험 항목 : 절연저항시험, 내전압시험, 감전보호시험, 절연거리시험
- 내전기 환경시험 : 계통전압 왜형률 내량 시험, 계통전압 순간정전·강하시험, 부하 불평형 시험

72 신재생에너지 설비 지원 등에 관한 지침에 따른 모듈 배선의 육안확인 판정기준으로 틀린 것은?(단, BAPV 설비는 제외한다.)

① 가공전선로 지지물 설치
② 군별, 극성별로 별도 표시
③ 바람에 흔들림이 없게 단단히 고정
④ 배선 보호를 위해 경사지붕 및 외벽 표면에 전선 처리 여부

풀이
- 배선 보호를 위해 경사지붕 및 외벽 표면에 전선처리 여부는 BAPV에 해당한다.
- BIPV(Building Integrated Photovoltaics) : 건물일체형 태양광
- BAPV(Building Attached Photovoltaics) : 건물부착형 태양광

정답 67 ② 68 ② 69 ② 70 ④ 71 ④ 72 ④

73 전기사업법령에 따른 태양광발전시스템 정기점검에 대한 설명으로 틀린 것은?

① 저압이고 용량 50[kW] 초과 100[kW] 이하의 경우는 매월 1회 이상 점검하여야 한다.
② 저압이고 용량 200[kW] 초과 300[kW] 이하의 경우는 매월 2회 이상 점검하여야 한다.
③ 고압이고 용량 500[kW] 초과 600[kW] 이하의 경우는 매월 3회 이상 점검하여야 한다.
④ 고압이고 용량 600[kW] 초과 700[kW] 이하의 경우는 매월 3회 이상 점검하여야 한다.

풀이 용량별 점검횟수

	용량별	점검횟수
저압	1~300[kW] 이하	월 1회
	300[kW] 초과	월 2회
고압	1~300[kW] 이하	월 1회
	300[kW] 초과~500[kW] 이하	월 2회
	500[kW] 초과~700[kW] 이하	월 3회
	700[kW] 초과~1,500[kW] 이하	월 4회
	1,500[kW] 초과~2,000[kW] 이하	월 5회
	2,000[kW] 초과~2,500[kW] 미만	월 6회

74 전기설비 검사 및 점검의 방법·절차 등에 관한 고시에 따라 전기수용설비 정기검사 중 보호장치 특성 시험항목으로 틀린 것은?

① 내압시험
② 연동시험
③ 최소동작시험
④ 한시특성시험

풀이 보호장치 특성시험
• 연동시험
• 최소동작시험
• 한시특성시험

75 송전설비의 유지관리를 위한 육안점검사항 중 배전반 주회로 인입·인출부에 대한 점검개소와 점검 내용에 관한 설명으로 틀린 것은?

① 부싱 : 코로나 방전에 의한 이상음 여부 확인
② 부싱 : 레일 또는 스토퍼의 변형 여부 확인
③ 케이블 단말부 및 접속부, 관통부 : 쥐, 곤충 등의 침입 여부 확인
④ 케이블 단말부 및 접속부, 관통부 : 케이블 막이판의 떨어짐 또는 간격의 벌어짐 유무 확인

풀이 부싱에는 레일 또는 스토퍼가 없다.

76 전기사업법령에 따라 발전시설용량이 3천[kW] 이하인 발전사업의 사업개시의 신고를 하려는 자는 사업개시신고서를 누구에게 제출하여야 하는가?

① 시·도지사
② 산업통상자원부장관
③ 한국전력공사 사장
④ 한국전기안전공사 사장

풀이 • 3천[kW] 이하 : 시·도지사
• 3천[kW] 초과 : 산업통상자원부장관

77 태양광발전소의 높은 시스템 전압으로 인하여 태양광발전 모듈과 대지와의 전위차가 모듈의 열화를 가속시킴으로써 출력이 감소하는 현상에 대한 설명으로 틀린 것은?

① 직렬저항이 감소하여 누설전류가 증가한다.
② 온도와 습도가 높을수록 쉽게 발생한다.
③ 웨이퍼의 저항, 이미터 면저항에 영향을 받는다.
④ N타입, P타입 태양광발전 모듈에서 모두 발생할 수 있다.

풀이 병렬저항이 감소하여 누설전류가 증가한다.

정답 73 ② 74 ① 75 ② 76 ① 77 ①

78 산업안전보건기준에 관한 규칙에 따라 꽂음 접속기를 설치하거나 사용하는 경우 준수하여야 하는 사항으로 틀린 것은?

① 서로 같은 전압의 꽂음 접속기는 서로 접속되지 아니한 구조의 것을 사용할 것
② 해당 꽂음 접속기에 잠금장치가 있는 경우에는 접속 후 잠그고 사용할 것
③ 근로자가 해당 꽂음 접속기를 접속시킬 경우에는 땀 등으로 젖은 손으로 취급하지 않도록 할 것
④ 습윤한 장소에 사용되는 꽂음 접속기는 방수형 등 그 장소에 적합한 것을 사용할 것

풀이 서로 다른 전압의 꽂음 접속기는 서로 접속되지 아니한 구조의 것을 사용할 것

79 전기사업법령에 따라 전기사업자는 허가권자가 지정한 준비기간에 사업에 필요한 전기설비를 설치하고 사업을 시작하여야 한다. 그 준비기간은 몇 년의 범위에서 산업통상자원부장관이 정하여 고시하는 기간을 넘을 수 없는가?

① 5년 ② 7년
③ 10년 ④ 15년

풀이 전기사업자는 산업통상자원부장관이 지정한 준비기간에 사업에 필요한 전기설비를 설치하고 사업을 시작하여야 하며, 준비기간은 10년을 넘을 수 없다. 다만, 허가권자가 정당한 사유가 있다고 인정하는 경우에는 준비기간을 연장할 수 있다.

80 인버터의 정기점검항목 중 육안점검항목으로 틀린 것은?

① 통풍 확인
② 운전 시 이상음
③ 접지선 손상
④ 투입저지 시한 타이머 동작시험

풀이 인버터의 육안점검항목
- 통풍 확인
- 운전 시 이상음
- 접지선 손상

투입저지 시한 타이머 동작시험은 시험항목이다.

SECTION 004 제4회 CBT 대비 모의고사

1과목 태양광발전 기획

01 일반적으로 고장전류 중 가장 큰 전류는?

① 1선 지락전류　② 선간 단락전류
③ 2선 지락전류　④ 3상 단락전류

(풀이) 고장전류의 크기
3상 단락전류>선간 단락전류>2선 지락전류>1선 지락전류

02 신에너지 및 재생에너지 개발·이용·보급 촉진법령에 따라 2025년도 신재생에너지 의무공급량의 비율[%]은?

① 13.5　② 14
③ 15　④ 17

(풀이) 신재생에너지 의무공급량의 비율(시행령 [별표 3])

해당 연도	비율[%]
2023년	13.0
2024년	13.5
2025년	14.0
2026년	15.0
2027년	17.0
2028년	19.0
2029년	22.5
2030년 이후	25.0

03 일정전압의 직류전원에 저항을 접속하고 전류를 흘릴 때, 이 전류값을 20[%] 증가시키기 위해서는 저항값을 어떻게 하면 되는가?(단, 변경 전 저항 R_1, 변경 후 저항 R_2이다.)

① $R_2 ≒ 0.47 \times R_1$　② $R_2 ≒ 0.56 \times R_1$
③ $R_2 ≒ 0.67 \times R_1$　④ $R_2 ≒ 0.83 \times R_1$

(풀이) $V=IR$에서 $V=1.2I \times \dfrac{R}{1.2}$ (전류 1.2배 증가, 저항 1.2배 감소)이므로

$R_2 = \dfrac{1}{1.2}R_1 = 0.83R_1$

04 신·재생에너지 공급의무화제도 및 연료 혼합의무화제도 관리·운영지침에 따른 용어의 정의 중 정부와 에너지 공급사 간에 신·재생에너지 확대 보급을 위해 체결한 협약을 말하는 용어의 약어로 옳은 것은?

① REC　② RFS
③ RPA　④ REP

(풀이)
- REC(Renewable Energy Certificate) : 공급인증서의 발급 및 거래단위로서 공급인증서 발급대상 설비에서 공급된 [MWh] 기준의 신·재생에너지 전력량에 대해 가중치를 곱하여 부여하는 단위
- REP(Renewable Energy Point) : 생산인증서의 발급 및 거래단위로서 생산인증서 발급대상 설비에서 생산된 [MWh] 기준의 신·재생에너지 전력량에 대해 부여하는 단위
- 신·재생에너지 개발공급협약(RPA ; Renewable Portfolio Agreement) : 정부와 에너지 공급사 간에 신·재생에너지 확대 보급을 위해 체결한 협약

05 신에너지 및 재생에너지 개발·이용·보급 촉진법령에 따라 공급인증기관이 제정하는 공급인증서 발급 및 거래시장 운영에 관한 규칙에 포함되는 사항으로 틀린 것은?

① 공급인증서의 거래방법에 관한 사항
② 신·재생에너지 공급량의 증명에 관한 사항
③ 공급인증서 가격의 결정방법에 관한 사항
④ 저탄소 녹색성장과 관련된 법제도에 관한 사항

정답 01 ④　02 ②　03 ④　04 ③　05 ④

풀이 저탄소 녹색성장과 관련된 법제도에 관한 사항은 신에너지 및 재생에너지 개발·이용·보급 촉진법과 관계없다.

06 계통연계형 태양광발전용 인버터 방식 중 중앙집중형 인버터의 분류방식이 아닌 것은?

① 고전압 방식
② 저전압 방식
③ 모듈 인버터 방식
④ 마스터-슬레이브 방식

풀이 • 중앙집중형 인버터 방식 : 고전압 방식, 저전압 방식, 마스터-슬레이브 방식
• 분산형 인버터 방식 : 서브어레이 방식, 스트링 방식, 모듈 인버터 방식

07 신재생에너지 생산인증서(REP ; Renewable Energy Point)의 발급 및 관리기관은?

① 한국전력공사
② 한국전력거래소
③ 한국신재생에너지센터
④ 한국전기안전공사

풀이 한국신재생에너지센터장은 생산인증서(REP) 발급 신청일부터 30일 이내에 신재생에너지 생산인증서를 대여사업자에게 발급하여야 한다.

08 한국전기설비규정에 따라 주접지단자에 접속하기 위한 등전위본딩 도체는 설비 내에 있는 가장 큰 보호접지도체 단면적의 1/2 이상의 단면적을 가져야 하고 구리도체인 경우 단면적은 몇 [mm²] 이상이어야 하는가?

① 2.5   ② 4
③ 6   ④ 16

풀이 주접지단자에 접속하기 위한 등전위본딩 도체는 설비 내에 있는 가장 큰 보호접지도체 단면적의 1/2 이상의 단면적을 가져야 하고 다음의 단면적 이상이어야 한다.

• 구리도체 6[mm²]
• 알루미늄 도체 16[mm²]
• 강철 도체 50[mm²]

09 환경영향평가법령에 따라 태양광발전소의 경우 환경영향평가를 받아야 하는 발전시설용량은 몇 [kW] 이상인가?

① 5,000   ② 10,000
③ 100,000   ④ 500,000

풀이 시행령 별표 4에 따라 태양력·풍력 또는 연료전지 발전소의 경우에는 발전시설용량이 10만 킬로와트 이상이면 환경영향평가를 받아야 한다.

10 AM(Air Mass) 값이 1.5일 때, 지표면에서 태양을 올려보는 각도는?

① 35.61°   ② 41.81°
③ 45.02°   ④ 60.38°

풀이 지표면에서 태양을 올려보는 각을 θ라고 하면

$$AM = \frac{1}{\sin\theta}$$

$$\theta = \sin^{-1}\left(\frac{1}{AM}\right) = \sin^{-1}\left(\frac{1}{1.5}\right) = 41.81°$$

11 다음과 같은 조건에 적합한 독립형 태양광발전시스템의 설치용량은 약 몇 [kWp]인가?(단, STC 조건을 기준으로 한다.)

• 연 일사량 : 1,356[kWh/m²]
• 연 부하소비량 : 3,000[kWh]
• 부하의 태양광발전시스템 의존율 : 50[%]
• 설계여유계수 : 20[%]
• 종합설계계수 : 80[%]

① 1.33   ② 1.66
③ 2.55   ④ 2.99

정답 06 ③ 07 ③ 08 ③ 09 ③ 10 ② 11 ②

풀이 독립형 태양광발전시스템의 설치용량(P_{AD})

$$P_{AD} = \frac{E_L \times D \times R}{\left(\dfrac{H_A}{G_S}\right) \times K} = \frac{3,000 \times 0.5 \times 1.2}{\left(\dfrac{1,356}{1}\right) \times 0.8}$$

$= 1.659 ≒ 1.66$

여기서, H_A : 연 일사량[kWh/m²]
G_S : STC 조건 일조강도(= 1[kW/m²])
E_L : 연 부하소비전력량[kWh/기간]
D : 부하의 태양광발전시스템에 대한 의존율
R : 설계여유계수
K : 종합설계계수

12 국토의 계획 및 이용에 관한 법령에 따른 개발행위 허가 대상 중 토지의 형질변경에 해당하지 않는 것은?

① 절토(땅깎기)　② 성토(흙쌓기)
③ 정지(땅고르기)　④ 토지분할

풀이 개발행위허가의 대상(시행령 제51조)
법에 따라 개발행위허가를 받아야 하는 행위는 다음과 같다.
- 건축물의 건축 : 「건축법」 제2조제1항제2호에 따른 건축물의 건축
- 공작물의 설치 : 인공을 가하여 제작한 시설물(「건축법」 제2조제1항제2호에 따른 건축물을 제외한다)의 설치
- 토지의 형질변경 : 절토(땅깎기)ㆍ성토(흙쌓기)ㆍ정지(땅고르기)ㆍ포장 등의 방법으로 토지의 형상을 변경하는 행위와 공유수면의 매립(경작을 위한 토지의 형질변경을 제외한다)
- 토석채취 : 흙ㆍ모래ㆍ자갈ㆍ바위 등의 토석을 채취하는 행위. 다만, 토지의 형질변경을 목적으로 하는 것을 제외한다.

13 전기사업법령에 따라 발전사업을 하려는 자는 주민의 의견을 들으려는 경우 발전소가 입지하는 해당 지역을 주된 보급지역으로 하는 일간신문에 공고하고, 발전사업의 내용을 주민이 열람할 수 있도록 하여야 한다. 이때 공고사항으로 틀린 것은?

① 발전사업 부지 소유자
② 발전사업 허가 신청자
③ 발전사업의 명칭, 위치 및 면적
④ 발전사업의 주요 내용(발전설비용량, 사업개시 예정일, 사업 운영기간 등)

풀이 발전사업에 대한 의견수렴 절차(시행령 제4조의2)
발전사업을 하려는 자는 주민의 의견을 들으려는 경우 발전소가 입지하는 해당 지역을 주된 보급지역으로 하는 일간신문에 다음의 사항을 공고하고, 발전사업의 내용을 주민이 열람할 수 있도록 해야 한다.
- 발전사업의 명칭, 위치 및 면적
- 발전사업의 주요 내용(발전설비용량, 사업개시 예정일, 사업 운영기간 등)
- 발전사업 허가 신청자
- 의견제출 기간 및 방법

14 전기공사업법령에 따라 전기공사업 등록증 및 등록수첩을 발급하는 자는?

① 시ㆍ도지사
② 전기안전공사 사장
③ 산업통상자원부장관
④ 지정공사업자단체장

풀이 전기공사업법 제4조에 따라 시ㆍ도지사는 제1항에 따라 공사업의 등록을 받으면 등록증 및 등록수첩을 발급하여야 한다.

15 전기공사업법령에 따라 전기공사 분리발주의 예외사항에 해당하지 않는 것은?

① 공사의 성질상 분리하여 발주할 수 없는 경우
② 긴급한 조치가 필요한 공사로서 기술관리상 분리하여 발주할 수 없는 경우
③ 국방 및 국가안보 등과 관련한 공사로서 기밀유지를 위하여 분리하여 발주할 수 없는 경우
④ 공사기간이 부족하여 준공기한 내에 공사를 완성할 수 없다고 발주자가 판단할 경우

정답 12 ④　13 ①　14 ①　15 ④

풀이 분리발주의 예외(시행령 제8조)
- 공사의 성질상 분리하여 발주할 수 없는 경우
- 긴급한 조치가 필요한 공사로서 기술관리상 분리하여 발주할 수 없는 경우
- 국방 및 국가안보 등과 관련한 공사로서 기밀 유지를 위하여 분리하여 발주할 수 없는 경우

16 다음은 국토의 계획 및 이용에 관한 법령에 따른 개발행위허가를 받지 아니하여도 되는 경미한 행위 중 토석채취에 대한 내용이다. ( ) 안에 들어갈 내용으로 옳은 것은?

도시지역 또는 지구단위계획구역에서 채취면적이 (㉠)[m^2] 이하인 토지에서의 부피 (㉡)[m^3] 이하의 토석채취

① ㉠ 10, ㉡ 20
② ㉠ 20, ㉡ 25
③ ㉠ 25, ㉡ 50
④ ㉠ 30, ㉡ 60

풀이 허가를 받지 아니하여도 되는 경미한 행위(시행령 제53조)
도시지역 또는 지구단위계획구역에서 채취면적이 25[m^2] 이하인 토지에서의 부피 50[m^3] 이하의 토석채취

17 최대수용전력이 1,000[kVA]이고 설비용량이 전등부하 500[kW], 동력부하 700[kVA]일 때 수용률[%]은?

① 77.9
② 83.3
③ 88.3
④ 90.6

풀이 수용률 = $\dfrac{\text{최대수용전력}[kVA]}{\text{총설비용량}[kVA]} \times 100[\%]$
= $\dfrac{1,000[kVA]}{(500+700)[kVA]} \times 100[\%]$
= $83.33[\%] ≒ 83.3[\%]$

18 태양광발전시스템 설치장소 선정 시 고려사항과 관계가 없는 것은?

① 도로 접근성이 용이하여야 한다.
② 설치장소의 고도 및 기압을 고려해야 한다.
③ 일사량 및 일조시간을 고려해야 한다.
④ 전력계통 연계조건이 어떠한지 살펴야 한다.

풀이 설치장소의 고도 및 기압은 설치장소 선정 시 고려사항이 아니다.

19 그림은 태양광발전설비와 태양전지판의 크기를 나타낸 것이다. 햇빛이 지표면에 수직으로 입사할 때 1[m^2]의 지표면에서 단위 시간당 받는 빛에너지가 1,000[W]이고 태양전지의 변환효율이 15[%]일 때, 이 태양광발전시설이 2시간 동안 생산하는 전력량은 몇 [Wh]인가?(단, 햇빛은 2시간 내내 동일하게 지면에 수직으로 입사하며, 태양전지 표면에서 빛의 반사는 일어나지 않는다.)

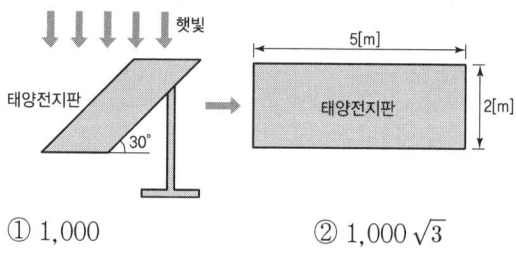

① 1,000
② 1,000$\sqrt{3}$
③ 1,500
④ 1,500$\sqrt{3}$

풀이 출력 = 면적 × 일사량 × 효율
경사면 일사량 = 수직면 일사량 × $\cos 30°$
= $1,000 \times \cos 30°$
= $866.025 ≒ 866$
출력 = $2 \times 5 \times 866 \times 0.15 = 1,299[W]$
∴ 2시간 동안 생산하는 전력량
= $1,299 \times 2 = 2,598 = 1,500\sqrt{3}[W]$

정답 16 ③ 17 ② 18 ② 19 ④

20 에너지저장시스템(ESS)에서 발전량과 부하 간의 균형을 맞추기 위한 Grid Support 용도와 피크전력 대응을 위한 대책은 무엇인가?

① Power Backup
② Load Leveling
③ Power Management
④ Battery Management

풀이 ESS에서 발전량과 부하 간의 균형을 맞추기 위한 Grid Support 용도와 피크전력 대응을 위한 대책은 부하평준화(Load Leveling)이다.

2과목 태양광발전 설계

21 시방서에 대한 설명으로 틀린 것은?
① 공사시방서는 견적내역서를 기본으로 하여 작성한다.
② 공사시방서는 계약문서의 일부가 되기도 하며, 공사별, 공종별로 정하여 시행하는 시공기준이 된다.
③ 발주처가 공사시방서를 작성하는 경우에 활용하기 위한 시공기준은 표준시방서에 따른다.
④ 특별한 공사의 시공 또는 공사시방서의 작성에 활용하기 위한 종합적인 시공의 기준이 되는 것은 전문시방서이다.

풀이 공사시방서는 표준시방서를 기본으로 작성한다.

22 신재생발전기 계통연계기준에 따라 태양광발전기 계통운영자가 지시하는 기능을 수행하기 위해 구비하여야 하는 무효전력 제어방식에 해당하지 않는 것은?
① 일정 입력전류 제어
② 일정 역률 제어
③ 일정 무효전력 출력제어
④ 전압 조정을 위한 무효전력 제어

풀이 태양광발전기 계통운영자가 지시하는 기능을 수행하기 위해 구비하여야 하는 무효전력 제어방식
• 일정 역률 제어
• 일정 무효전력 출력제어
• 전압 조정을 위한 무효전력 제어

23 한국전기설비규정에 따라 저압 가공전선로의 지지물이 목주인 경우, 풍압하중의 몇 배의 하중에 견디는 강도를 가지는 것이어야 하는가?
① 1.1배
② 1.2배
③ 1.5배
④ 1.8배

풀이 저압 가공전선로의 지지물은 목주인 경우에는 풍압하중의 1.2배의 하중, 기타의 경우에는 풍압하중에 견디는 강도를 가지는 것이어야 한다.

24 분산형 전원 배전계통 연계 기술기준에 따라 Hybrid 분산형 전원의 변동 빈도를 정의하기 어렵다고 판단되는 경우 순시전압변동률은 몇 [%]를 적용하여야 하는가?
① 1
② 2
③ 3
④ 5

풀이 Hybrid 분산형 전원의 변동 빈도를 정의하기 어렵다고 판단되는 경우에는 순시전압변동률 3[%]를 적용한다.

25 소형 태양광발전용 인버터(계통연계형, 독립형)(KS C 8564 : 2021)에 따른 계통연계형 태양광 인버터의 옥외 설치 시 IP(Ingress Protection Rating) 등급은?
① IP 20 이상
② IP 25 이상
③ IP 33 이상
④ IP 44 이상

풀이 태양광발전용 인버터의 분류

용도	형식	설치 장소	비고
계통연계형	3상	실내/실외	실내형 : IP 20 이상 실외형 : IP 44 이상 (KS C IEC 62093)
독립형	3상	실내/실외	

정답 20 ② 21 ① 22 ① 23 ② 24 ③ 25 ④

26 단상 브리지 정류회로에서 전원전압이 220[V]인 경우 출력전압의 평균값은 약 몇 [V]인가?

① 98 ② 120
③ 198 ④ 200

풀이 단상 브리지 (전파)정류파형의 평균값(V_a)

$$V_a = \frac{2}{\pi} \times (실효값 \times \sqrt{2})$$
$$= \frac{2\sqrt{2}}{\pi} \times 실효값$$
$$= \frac{2\sqrt{2}}{\pi} \times 220 = 198.17 ≒ 198[V]$$

27 분산형 전원 배전계통 연계 기술기준에 의해 태양광발전시스템 및 그 연계 시스템의 운영 시 태양광발전시스템 연결점에서 최대 정격 출력전류의 몇 [%]를 초과하는 직류 전류를 배전계통으로 유입시켜서는 안 되는가?

① 0.5 ② 0.7
③ 1.0 ④ 3.0

풀이 태양광발전시스템 및 그 연계 시스템의 운영 시 태양광발전시스템 연결점에서 최대 정격 출력전류의 0.5[%]를 초과하는 직류 전류를 배전계통으로 유입시켜서는 아니 된다.

28 단상 3선식 간선의 전압강하(e) 계산식으로 옳은 것은?(단, A : 전선의 단면적[mm^2], I : 전류[A], L : 전선 1가닥의 길이[m]이다.)

① $e = \dfrac{17.8 \times L \times I}{1,000 \times A}$

② $e = \dfrac{30.8 \times L \times I}{1,000 \times A}$

③ $e = \dfrac{32.6 \times L \times I}{1,000 \times A}$

④ $e = \dfrac{35.6 \times L \times I}{1,000 \times A}$

풀이 전기방식별 간선의 전압강하 및 전선의 단면적 계산

전기방식	전압강하[V]	전선의 단면적[mm^2]
직류 2선식 교류 2선식	$e = \dfrac{35.6 \times L \times I}{1,000 \times A}$	$A = \dfrac{35.6 \times L \times I}{1,000 \times e}$
단상 3선식 3상 4선식	$e = \dfrac{17.8 \times L \times I}{1,000 \times A}$	$A = \dfrac{17.8 \times L \times I}{1,000 \times e}$
3상 3선식	$e = \dfrac{30.8 \times L \times I}{1,000 \times A}$	$A = \dfrac{30.8 \times L \times I}{1,000 \times e}$

29 어레이 설치 지역의 설계속도압이 1,100[N/m^2], 유효수압면적이 8.0[m^2]인 어레이의 풍하중은 약 몇 [kN]인가?(단, 가스트영향계수는 1.8, 풍압계수는 1.3을 적용한다.)

① 13,700 ② 16,717
③ 20,592 ④ 25,234

풀이 풍하중(W) = $G_f \times C_f \times q_z \times A$[N]

여기서, G_f : 가스트영향계수
C_f : 풍압계수
q_z : 임의의 높이(z)에서의 설계속도압 [N/m^2]

※ $q_z = \dfrac{1}{2} \rho V_z^2$

V_z : 지역별 기본 풍속(24~44[m/s])에 지형, 중요도, 바람의 분포 등을 고려한 값
A : 유효수압면적[m^2]

∴ 풍하중(W) = $G_f \times C_f \times q_z \times A$
$= 1.8 \times 1.3 \times 1,100 \times 8$
$= 20,592[N] = 20.592[kN]$

30 전력기술관리법령에 따라 전문 감리업 면허 보유자가 수행할 수 있는 감리업의 영업범위는?

① 발전설비용량 5만[kW] 미만의 전력시설물
② 발전설비용량 10만[kW] 미만의 전력시설물
③ 발전설비용량 15만[kW] 미만의 전력시설물
④ 발전설비용량 20만[kW] 미만의 전력시설물

정답 26 ③ 27 ① 28 ① 29 ③ 30 ②

풀이 **전문 감리업 면허 보유자의 영업범위**
발전·변전설비 용량 10만킬로와트 미만의 전력시설물, 전압 10만볼트 미만의 송전·배전선로, 20킬로미터 미만의 전력시설물, 용량 5천킬로와트 미만의 전기수용설비, 연면적 3만제곱미터 미만인 건축물의 전력시설물

31 한국전기설비규정에 따른 전기울타리의 시설기준에 대한 설명으로 틀린 것은?

① 전기울타리는 사람이 쉽게 출입하지 아니하는 곳에 설치할 것
② 전선은 인장강도 1.38[kN] 이상의 것 또는 지름 2[mm] 이상의 경동선일 것
③ 전선과 이를 지지하는 기둥 사이의 이격거리는 25[mm] 이상일 것
④ 전선과 다른 시설물(가공 전선을 제외한다) 또는 수목과의 이격거리는 0.5[m] 이상일 것

풀이 전선과 다른 시설물(가공 전선을 제외한다) 또는 수목과의 이격거리는 0.3[m] 이상일 것

32 해칭선에 대한 설명으로 옳은 것은?

① 가는 실선을 30° 기울여 사용
② 가는 실선을 45° 기울여 사용
③ 가는 실선을 50° 기울여 사용
④ 가는 실선을 65° 기울여 사용

풀이 해칭(Hatching)선은 단면처리가 된 부분을 가는 실선의 사선으로 나타내며, 주요 외형선 또는 중심선에 대해서는 45° 기울여 그리며, 간격은 2~3[mm] 동일간격으로 그린다.

33 변환효율 13[%]의 100[W] 태양광발전 모듈을 이용하여 10[kW] 태양광발전 어레이를 구성하는 데 필요한 설치면적[m²]으로 적당한 것은?(단, STC 조건이다.)

① 76
② 77
③ 78
④ 79

풀이 $\eta(효율) = \dfrac{P(출력)}{일조강도 \times 면적}$ 에서

$면적 = \dfrac{P}{일조강도 \times \eta} = \dfrac{10 \times 10^3}{1,000 \times 0.13}$
$= 76.923 ≒ 77[m^2]$

※ STC 조건이므로 일조강도는 1,000[W/m²]

34 태양광발전 어레이의 세로길이(L)가 1.95[m], 어레이 경사각 25°, 태양의 고도각 21°로 하여 북위 37° 지방에서 태양광발전시스템을 설치하고자 할 때 어레이 간 최소 이격거리는 약 몇 [m]인가?

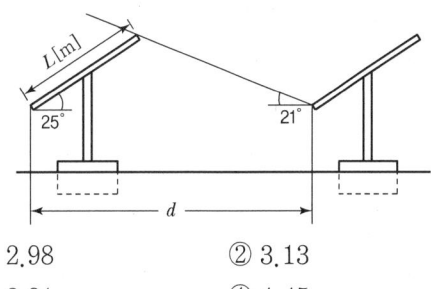

① 2.98
② 3.13
③ 3.91
④ 4.45

풀이 **모듈 이격거리**
$d = L\{\cos\alpha + \sin\alpha \times \tan(90° - \beta)\}[m]$
여기서, L : 어레이 길이
α : 어레이 경사각
β : 발전한계시각에서의 태양의 고도각

$d = 1.95\{\cos 25° + \sin 25° \times \tan(90° - 21°)\}$
$= 3.914 ≒ 3.91[m]$

35 1,000[kW] 태양광발전시스템 어레이의 직병렬 구성으로 가장 적합한 것은?(단, 인버터의 입력범위는 430~750[V]이며, 기타 조건은 표준상태이다.)

• P_{mpp} : 250[W]	• V_{mpp} : 30.5[V]
• I_{mpp} : 8.2[A]	• V_{oc} : 37.5[V]
• I_{sc} : 8.4[A]	

① 19직렬 200병렬
② 19직렬 240병렬
③ 20직렬 200병렬
④ 20직렬 240병렬

정답 31 ④　32 ②　33 ②　34 ③　35 ③

풀이 • 모듈의 최대 직렬수

$$= \frac{\text{PCS 입력전압의 최고값}}{\text{최저온도일 때 모듈의 개방전압}}$$

$$= \frac{750}{37.5} = 20[\text{직렬}]$$

• 모듈의 병렬수

설비용량 = 모듈 1매 출력 × 병렬수 × 직렬수

$$\text{병렬수} = \frac{\text{설비용량}}{\text{모듈 1매 출력} \times \text{직렬수}}$$

$$= \frac{1{,}000 \times 10^3}{250 \times 20} = 200$$

36 전력시설물 공사감리업무 수행지침에 따른 감리용역 계약문서가 아닌 것은?

① 설계도서
② 과업지시서
③ 기술용역입찰유의서
④ 감리비 산출내역서

풀이 감리용역 계약문서
감리용역 계약서, 기술용역입찰유의서, 감리용역계약 일반조건, 감리용역계약 특수조건, 과업지시서, 감리비 산출내역서 등으로 구성되며 상호 보완의 효력을 가진 문서이다.

37 분산형 전원 배전계통 연계 기술기준에 따라 전기방식이 교류 단상 220[V]인 분산형 전원을 저압한 계통에 연계할 수 있는 용량은?

① 100[kW] 미만
② 150[kW] 미만
③ 200[kW] 미만
④ 250[kW] 미만

풀이 분산형 전원을 저압한전계통에 연계할 수 있는 용량은 100[kW] 미만이다.

38 태양광 모듈의 길이가 2[m], 모듈의 경사각이 37°, 앞 열과 뒷 열 간의 이격거리가 4.7[m]일 때, 태양의 고도각은?(단, 소수점 이하 셋째 자리에서 반올림한다.)

① 18.42°
② 19.24°
③ 20.37°
④ 21.16°

풀이
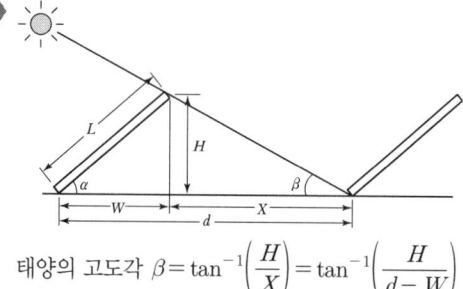

태양의 고도각 $\beta = \tan^{-1}\left(\dfrac{H}{X}\right) = \tan^{-1}\left(\dfrac{H}{d-W}\right)$

$$= \tan^{-1}\left(\frac{1.2}{4.7-1.6}\right)$$

$$= 21.161 \fallingdotseq 21.16$$

높이 $H = L \times \sin\alpha = 2 \times \sin 37°$
$\qquad = 1.203 \fallingdotseq 1.20$

길이 $W = L \times \cos\alpha = 2 \times \cos 37°$
$\qquad = 1.597 \fallingdotseq 1.60$

39 자연상태의 토량 1,000[m³]를 흐트러진 상태로 하면 토량은 몇 [m³]로 되는가?(단, 흐트러진 상태의 토량 변화율은 1.2, 다져진 상태의 토량 변화율은 0.9이다.)

① 883
② 900
③ 1,200
④ 1,333

풀이 흐트러진 상태의 토량
= 자연상태의 토량 × 흐트러진 상태의 토량 변화율
= 1,000[m³] × 1.2
= 1,200[m³]

40 태양광발전의 어레이용 가대의 구조설계 시 적용하는 상정하중 분류 중 수평하중에 속하는 것은?

① 활하중
② 풍하중
③ 적설하중
④ 고정하중

풀이 • 수직하중 : 고정하중(D), 활하중(L), 지붕활하중(Lr), 적설하중(S)
• 수평하중 : 풍하중(W), 지진하중(E)

3과목 태양광발전 시공

41 한국전기설비규정에 따른 지중전선로에 사용하는 케이블의 시설방법이 아닌 것은?

① 관로식   ② 암거식
③ 간접매설식   ④ 직접매설식

풀이 지중전선로 케이블의 시설방법
직접매설식, 관로식, 암거식

42 전력계통에 사용되는 제어반 내에 설치되는 지시계기의 오차계급에 대한 설명으로 틀린 것은?

① 역률계의 계급은 5.0급 이하로 한다.
② 위상계의 계급은 5.0급 이하로 한다.
③ 주파수계의 계급은 5.0급 이하로 한다.
④ 무효전력계의 계급은 5.0급 이하로 한다.

풀이 지시계기의 오차계급 중 주파수계는 역률계, 위상계, 무효전력계에 비하여 지시범위가 좁기 때문에 2.5급 이하로 한다.

43 태양광발전설비의 사용 전 검사 방법으로 틀린 것은?

① 각종 보호계전기 제어기능 등을 모의(수동) 동작시켜 차단 및 경보상태를 확인한다.
② 제작사 자체 또는 시험기관에서 제시한 설정값에서 전력조절부와 Static 스위치의 자동·수동 절체동작을 확인한다.
③ 기준 일사량 및 온도 조건하에서 회로를 개방하고 두 단자(P, N) 간 개방전압(V_{oc})을 측정한다.
④ 접속함에서 태양광전지 스트링의 양극과 음극을 개방시키고, DC전로와 대지(접지) 간에 500[V] 또는 1,000[V] Megger로 절연저항을 측정한다.

풀이 접속함에서 태양광전지 스트링의 양극과 음극을 단락시키고, 이 부분(DC전로)과 대지(접지) 간에 500[V] 또는 1,000[V] Megger로 절연저항을 측정한다.

44 얕은기초(KCS 11 50 05 : 2021)에 따른 토공작업 중 기초터파기 및 바닥면 마무리 방법이 아닌 것은?

① 기초바닥면은 평탄하게 마무리하여야 한다.
② 바닥면에 용수, 우수 등의 유입이 우려될 경우에는 배수처리를 하여야 한다.
③ 암반지지 기초의 경우 바닥면의 경사가 1 : 3 이상인 경우 계단식 또는 톱니식으로 마무리하여야 한다.
④ 바닥면이 암반일 경우에는 돌부스러기 등 이물질을 완전히 제거하여야 하고 토사일 경우에는 적절한 다짐장비로 충분한 다짐을 하여야 한다.

풀이 얕은기초에 따른 기초터파기 및 바닥마무리 방법
- 암반지지 기초의 경우 바닥면의 경사가 1 : 4 이상인 경우 계단식 또는 톱니식으로 마무리하여야 한다.
- 기초터파기 경사는 토질조건과 지하수의 상태 등에 따라 안전한 굴착면 경사를 유지하여야 하고 필요시 가설흙막이벽을 설치하여야 한다.
- 기초바닥재로 지름 80[mm] 이상의 조약돌을 포설할 경우에는 막자갈 또는 쇄석 등의 채움재료로 간극을 메우고 소형 롤러 또는 램머 등으로 다짐을 하여야 한다.
- 기초바닥재로 자갈 또는 모래를 포설할 경우, 설계포설면까지 재료를 포설한 후 소형 롤러, 램머 등으로 다짐을 하여야 하며, 설계 포설두께가 20[cm] 이상으로 두꺼울 경우에는 한 층의 다짐두께를 20[cm] 이하로 층 다짐하여야 한다.

45 땅깎기(절토)(KCS 11 20 10 : 2020)에 따른 땅깎기 시공조건에 대한 설명으로 틀린 것은?

① 측선, 기면, 능고선 및 기준년을 확인하여야 한다.
② 설비시설의 철거 및 이설을 위해서는 설비관리자에게 통지하여야 한다.
③ 기존 설비시설은 위치와 상태를 확인하고 손상되지 않게 보호하여야 한다.
④ 수목, 잔디, 노두암, 최종조경의 일부로 남게 될 기타 물건은 매몰시켜야 한다.

정답 41 ③ 42 ③ 43 ④ 44 ③ 45 ④

풀이 땅깎기 시공조건
- 수목, 잔디, 노두암, 최종조경의 일부로 남게 될 기타 물건은 보호하여야 한다.
- 공사의 위치를 설정한 측량기준점 및 시공기면이 설계도서에 명시된 것과 같은지 확인하여야 한다.
- 수준점, 측량기준점, 기존 구조물, 기타 구역 내 시설물은 땅파기 장비 또는 자동차 통행으로 손상되지 않게 보호하여야 한다.

46 한국전기설비규정에 따라 태양광발전 모듈 배선을 금속관공사로 시공할 경우의 시설기준으로 틀린 것은?

① 옥외용 비닐절연전선을 사용하여야 한다.
② 짧고 가는 금속관에 넣는 전선인 경우 단선을 사용할 수 있다.
③ 전선은 금속관 안에서 접속점을 만들어서는 안 된다.
④ 전선은 단면적 10[mm²]를 초과하는 경우 연선을 사용하여야 한다.

풀이 금속관공사의 시설조건(232.12.1)
㉠ 전선은 절연전선(옥외용 비닐절연전선을 제외한다)일 것
㉡ 전선은 연선일 것. 다만, 다음의 것은 적용하지 않는다.
- 짧고 가는 금속관에 넣은 것
- 단면적 10[mm²](알루미늄선은 단면적 16[mm²]) 이하의 것

㉢ 전선은 금속관 안에서 접속점이 없도록 할 것

47 특수 목적 다이오드 중 다음 내용에 해당하는 것은?

역방향 항복 영역에서도 동작하도록 설계되었다는 점에서 일반 정류 다이오드와는 다른 실리콘 PN접합 소자이다. 주로 부하에 일정한 전압을 공급하기 위한 정전압 회로에 사용된다.

① 제너 다이오드
② 발광 다이오드
③ 역류방지 다이오드
④ 바이패스 다이오드

풀이 부하에 일정한 전압을 공급하기 위한 정전압 회로에 사용하는 다이오드는 제너 다이오드이다.

48 태양광발전시스템에 사용되는 인버터의 출력 측 절연저항을 측정하는 순서는?

㉠ 교류단자와 대지 간의 절연저항을 측정한다.
㉡ 태양전지 회로를 접속함에서 분리한다.
㉢ 분전반 내의 분기차단기를 개방한다.
㉣ 직류 측의 모든 입력단자 및 교류 측의 전체 출력단자를 각각 단락한다.

① ㉠→㉡→㉢→㉣
② ㉢→㉡→㉠→㉣
③ ㉢→㉡→㉣→㉠
④ ㉡→㉢→㉣→㉠

풀이 인버터의 출력 측 절연저항 측정순서
직류회로 개방 → 교류회로 개방 → 직류 측의 모든 입력단자 및 교류 측의 전체 출력단자를 각각 단락 → 직류단자와 대지 간의 절연저항을 측정

49 지반이 연약하여 흙과 흙 사이에 시멘트풀을 넣어서 지반을 튼튼하게 하는 지상형 어레이 설치 공법은?

① 스파이럴 공법
② 스크루 공법
③ 레이밍 파일 공법
④ 보링그라우팅 공법

풀이
- 스파이럴(Spiral) 공법 : 콘크리트 기초와 다르게 토지에 직접 스파이럴 파일(나선형 구조물)을 삽입하는 공법
- 스크루(Screw) 공법 : 토지에 직접 스크루 파일을 삽입하는 공법
- 레이밍 파일(Ramming Pile) 공법 : 토지에 직접 U형, C형, H형 단면 등의 파일 기초를 삽입하는 공법
- 보링그라우팅(Boring Grouting) 공법 : 지반이 연약하여 흙과 흙 사이에 시멘트풀을 넣어서 지반을 튼튼하게 하는 공법

정답 46 ① 47 ① 48 ④ 49 ④

50 차단기의 트립방식으로 틀린 것은?

① CT 트립방식
② 저항 트립방식
③ 콘덴서 트립방식
④ 부족전압 트립방식

풀이 차단기의 트립방식
CT 트립방식, 콘덴서 트립방식, 부족전압 트립방식, 축전지(배터리) 트립방식

51 신재생에너지 설비의 지원 등에 관한 지침에 따라 태양광발전 접속함의 설치에 대한 설명으로 틀린 것은?

① 직사광선 노출이 적고, 소유자의 접근 및 육안 확인이 용이한 장소에 설치하여야 한다.
② 접속함 및 접속함 일체형 인버터는 KS 인증제품을 설치하여야 한다.
③ 접속함 일체형 인버터 중 인버터의 용량이 100[kW]를 초과하는 경우에는 접속함 품질기준(KS C 8565)을 만족하여야 한다.
④ 지락, 낙뢰, 단락 등으로 인해 태양광발전설비가 이상 현상이 발생한 경우 경보등이 켜지거나 외부에서 육안 확인이 가능하여야 한다.

풀이 접속함 일체형 인버터 중 인버터의 용량이 250[kW]를 초과하는 경우에 접속함은 품질기준(KS C 8567)을 만족하여야 한다.

52 전력계통의 중성점 직접접지방식의 장점이 아닌 것은?

① 과도 안정도가 증진된다.
② 보호계전기의 동작이 신속하다.
③ 단절연이 가능하므로 절연레벨을 낮출 수 있다.
④ 1선 지락 시 전위 상승을 억제하여 기계기구의 절연보호가 가능하다.

풀이 중성점 직접접지방식은 과도 안정도가 떨어진다.

비접지방식의 장점
• 과도 안정도가 증진된다.
• 1선 지락 시에도 전기 공급이 가능하다.

53 전기사업자가 전기품질을 유지하기 위하여 지켜야 하는 표준전압, 표준주파수와 허용오차에 관한 설명으로 틀린 것은?

① 표준전압 110[V]의 상하로 6[V] 이내
② 표준전압 220[V]의 상하로 13[V] 이내
③ 표준전압 380[V]의 상하로 20[V] 이내
④ 표준주파수 60[Hz]의 상하로 0.2[Hz] 이내

풀이 • 표준전압 및 허용오차

표준전압	허용오차
110[V]	110[V]의 상하로 6[V] 이내
220[V]	220[V]의 상하로 13[V] 이내
380[V]	380[V]의 상하로 38[V] 이내

• 표준주파수 및 허용오차

표준주파수	허용오차
60[Hz]	60[Hz] 상하로 0.2[Hz] 이내

54 교류의 파고율을 나타내는 관계식으로 옳은 것은?

① $\dfrac{실효값}{최댓값}$
② $\dfrac{최댓값}{실효값}$
③ $\dfrac{실효값}{평균값}$
④ $\dfrac{평균값}{실효값}$

풀이 • 교류의 파형률 = $\dfrac{실효값}{평균값}$
• 교류의 파고율 = $\dfrac{최댓값}{실효값}$

정답 50 ② 51 ③ 52 ① 53 ③ 54 ②

55 태양광발전 모듈에서 인버터에 이르는 배선에 대한 설명으로 틀린 것은?

① 태양광발전 모듈에서 인버터에 이르는 배선은 극성별로 확인할 수 있도록 표시한다.
② 태양광발전 모듈에서 인버터에 이르는 배선에 사용되는 케이블은 피뢰도체와 교차 시공한다.
③ 태양광발전 어레이의 출력배선을 중량물의 압력을 받는 장소에 지중으로 직접매설식에 의해 시설하는 경우 1[m] 이상의 매설깊이로 한다.
④ 태양광발전 모듈 간의 배선은 2.5[mm²] 이상의 연동선 또는 이와 동등 이상의 세기 및 굵기의 것을 사용한다.

[풀이] 태양광발전 모듈에서 인버터에 이르는 배선에 사용되는 케이블은 가능한 한 피뢰도체와 떨어진 상태로 포설하며, 피뢰도체와 교차 시공하지 않도록 한다.

56 일반적으로 고장전류 중 가장 큰 전류는?

① 1선 지락전류   ② 선간 단락전류
③ 2선 지락전류   ④ 3상 단락전류

[풀이] 고장전류의 크기
3상 단락전류 > 선간 단락전류 > 2선 지락전류 > 1선 지락전류

57 그림과 같이 접지저항계를 이용하여 접지저항을 측정하고자 한다. 정확한 측정값을 얻기 위하여 E전극과 P전극 사이의 거리는 E전극과 C전극 사이 거리의 몇 [%] 위치에 설치하여야 하는가?

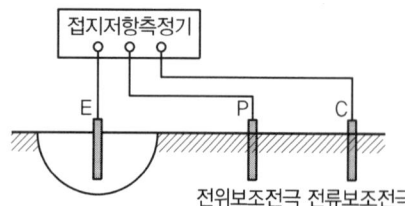

① 51.8   ② 57.8
③ 61.8   ④ 67.8

[풀이] 61.8[%]의 법칙
전위강하법에 의한 접지저항의 측정 시 그림과 같이 E극과 C극 사이의 전체거리의 61.8[%] 지점에 P극을 설치하면 정확한 접지저항값을 얻을 수 있다.

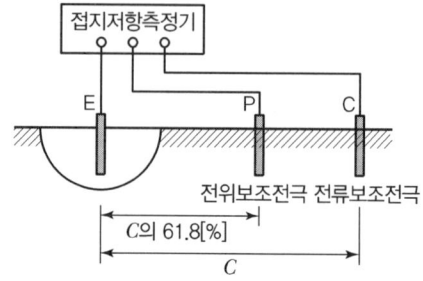

58 한국전기설비규정에 따라 금속관을 콘크리트에 매입하는 것은 관의 두께가 몇 [mm] 이상이어야 하는가?

① 1.0   ② 1.2
③ 1.6   ④ 2.0

[풀이] 금속전선관을 콘크리트에 매입하는 것은 관의 두께가 1.2[mm] 이상, 그 이외의 것은 1[mm] 이상이어야 한다.

59 볼트 접합 및 핀 연결(KCS 14 31 25 : 2019)에서 정의하는 고장력 볼트의 호칭에 따른 조임길이(볼트 접합되는 판들의 두께 합)에 더하는 길이(너트 1개, 와셔 2개 두께와 나사피치 3개의 합)로 틀린 것은?(단, TS볼트의 경우는 제외한다.)

① M16-30[mm]   ② M20-35[mm]
③ M26-50[mm]   ④ M30-55[mm]

[풀이] 고장력 볼트의 조임길이에 더하는 길이

호칭	조임길이에 더하는 길이[mm]
M16	30
M20	35
M22	40
M24	45
M27	50
M30	55

정답 55 ② 56 ④ 57 ③ 58 ② 59 ③

60 공사의 상호 관계를 명백하게 표시하기 위해 네트워크를 작성하고 관련 계산을 시도하여 여러 가지 검토가 가능한 공정관리 기법은?

① 막대그림표 ② 좌표식 공정표
③ 네트워크 공정표 ④ 나무가지식 공정표

풀이
- 막대그림표 : 공정을 종축에, 공기를 횡축에 취하여 각각의 공사 기간을 선으로 표시한 것
- 좌표식 공정표 : 직각 좌표축의 횡축에 공사기간을, 종축에 공사량·위치 등을 취하여 좌표로 표시한 것

4과목 태양광발전 운영

61 태양광발전시스템 직류용 커넥터-안전 요구사항 및 시험(KS C IEC 62852 : 2014)에 따라 잠금 장치 또는 스냅인 장치가 있는 커넥터는 최소 몇 [N]의 부하에 견뎌야 하는가?

① 20 ② 35
③ 50 ④ 80

풀이
- 잠금 장치 또는 스냅인(Snap-in) 장치가 있는 커넥터는 최소 80[N]의 부하에 견뎌야 한다.
- 잠금 장치 또는 스냅인(Snap-in) 장치가 없는 커넥터는 최소 50[N]의 제거하는 힘을 견뎌야 한다.

62 2차 접근상태는 가공전선이 다른 시설물과 접근하는 경우에 그 가공전선이 다른 시설물의 위쪽 또는 옆쪽에서 수평거리로 몇 [m] 미만인 곳에 시설되는 상태를 말하는가?

① 0.5 ② 1.0
③ 2.0 ④ 3.0

풀이 2차 접근상태는 가공전선이 다른 시설물과 접근하는 경우에 그 가공전선이 다른 시설물의 위쪽 또는 옆쪽에서 수평거리로 3[m] 미만인 곳에 시설되는 상태를 말한다.

63 태양광발전시스템의 신뢰성 평가 및 분석 항목에 대한 설명 중 틀린 것은?

① 운전 데이터의 결측 상황
② 정기점검, 개수정전, 계통정전 등의 수시정지 상황
③ 계측 트러블-컴퓨터 전원의 차단 및 조작오류
④ 시스템 트러블-인버터의 정지, 직류지락, 계통지락 등에 의한 시스템의 운전정지

풀이 신뢰성 평가 및 분석 항목
- 시스템 트러블 : 인버터 정지, 직류지락, 계통지락, RCD 트립, 원인불명 등에 의한 시스템 운전정지 등
- 계측 트러블 : 컴퓨터 전원의 차단, 컴퓨터의 조작오류, 기타 원인불명
- 계획정지 : 정전 등(정기점검·개수정전, 계통정전)
- 운전 데이터의 결측 상황

64 전기설비 검사 및 점검 방법·절차 등에 관한 기술고시에 따라 태양광발전설비에서 보호장치의 정기검사 시 세부검사 내용으로 틀린 것은?

① 외관검사 ② 절연저항
③ 보호장치시험 ④ 제어회로 및 경보장치

풀이 제어회로 및 경보장치는 전력변환장치 세부검사 내용이다.

태양광발전설비 보호장치의 정기검사 시 세부검사 내용
- 외관검사
- 절연저항
- 보호장치시험

65 태양광발전 어레이의 육안점검 시 점검내용으로 틀린 것은?

① 나사의 풀림 여부
② 유리 등 표면의 오염 및 파손
③ 가대의 부식 및 녹 발생 여부
④ 절연저항 측정 및 접지, 본딩선 접속상태

풀이 육안점검은 계측기를 사용하지 않는 점검이며, 절연저항 측정 시에는 절연저항 측정기가 필요하다.

정답 60 ③ 61 ④ 62 ④ 63 ② 64 ④ 65 ④

66 인버터의 이상표시신호에 따른 조치방법에 대한 설명으로 틀린 것은?

① Line Phase Sequence Fault : 상전압 확인 후 재운전
② Line Inverter Async Fault : 계통주파수 점검 후 운전
③ Inverter Ground Fault : 인버터 고장부분 수리 또는 접지저항 확인 후 운전
④ Line Over Voltage Fault : 계통전압 확인 후 정상 시 5분 후 재가동

풀이 Line Phase Sequence Fault : 상회전 확인 후 정상 시 재운전

67 중대형 태양광발전용 인버터(계통연계형, 독립형)(KS C 8565 : 2020)에 따른 독립형 시험 항목으로 옳은 것은?

① 출력 측 단락시험
② 자동기동 · 정지시험
③ 교류출력전류 변형률 시험
④ 단독운전방지기능시험

풀이 • 계통연계형, 독립형 : 출력 측 단락시험
• 계통연계형 : 자동기동 · 정지시험, 교류출력전류 변형률 시험, 단독운전방지기능시험

68 개방전압 측정 시 유의사항으로 틀린 것은?

① 태양광발전 모듈 표면의 이물질, 먼지 등을 청소하는 것이 필요하다.
② 각 스트링의 측정은 안정된 일사강도가 얻어질 때 하도록 한다.
③ 개방전압 측정 시 안전을 위해 우천 시 또는 흐린 날에 측정하도록 한다.
④ 태양광발전 모듈의 개방전압 측정 시 접속함에서 주차단기를 반드시 차단하고 측정한다.

풀이 측정시각은 일사강도, 온도의 변동을 극히 적게 하기 위해 맑을 때, 남쪽에 있을 때의 전후 1시간에 실시하는 것이 바람직하다.

69 태양광발전시스템 점검 계획 시 고려해야 할 사항이 아닌 것은?

① 고장 이력
② 환경 조건
③ 부하 종류
④ 설비의 중요도

풀이 태양광발전시스템 점검 계획 시 고려사항
• 설비의 사용기간 • 설비의 중요도
• 환경 조건 • 고장 이력
• 부하 상태

70 토목시설물 중 절토부 점검 내용으로 틀린 것은?

① 침하 발생 여부
② 인장균열 발생 여부
③ 급격한 지하수 용출 여부
④ 누수, 층 분리 및 박락, 백태 발생 여부

풀이 절토부 점검 내용
• 침하 발생 여부
• 인정균열 발생 여부
• 급격한 지하수 용출 여부
• 지속적인 낙석 발생 여부

71 분산형 전원 배전계통 연계 기술기준에 따라 계통지원 기능을 수행하는 분산형 전원의 비상시 기능으로 틀린 것은?

① 출력 중단 기능
② 단독운전 방지 기능
③ 유효전력 제한 기능
④ 계통과 전기적 분리 및 재연계 기능

풀이 ㉠ 분산형 전원의 비상시 기능
• 출력 중단 기능
• 단독운전 방지 기능
• 계통과 전기적 분리 및 재연계 기능
㉡ 유효전력 제어 기능
• 유효전력 제한 기능
• 전압 제한 기능
• 주파수 제한 기능

정답 66 ① 67 ① 68 ③ 69 ③ 70 ④ 71 ③

72 태양광발전시스템에 계측기구 및 표시장치의 설치목적으로 틀린 것은?

① 시스템의 홍보
② 시스템의 운전 상태를 감시
③ 시스템에서 생산된 전력 판매량 파악
④ 시스템 기기 또는 시스템 종합평가

> **풀이** 계측기구 및 표시장치 설치목적
> - 시스템 홍보
> - 시스템 운전 상태 감시
> - 시스템 기기 또는 시스템 종합평가
> - 생산된 전력량 파악

73 태양광발전시스템의 구조물에 발생하는 고장으로 틀린 것은?

① 황색 변이
② 녹 및 부식
③ 구조물 변형
④ 이상 진동음

> **풀이** 구조물에 발생하는 고장
> - 녹 및 부식
> - 구조물 변형
> - 이상 진동음
> 황색 변이는 태양전지 모듈에서 발생하는 고장이다.

74 배선기구의 정비에 관한 기술지침에 따른 플러그에 대한 설명으로 틀린 것은?

① 플러그의 절연부에 균열, 파손, 탈색 등의 결함이 있는 부품은 교체하여야 한다.
② 절연체의 탈색이나 접촉면의 파임에 대해 육안점검을 하고, 다른 부분도 탈색이나 파인 곳이 있으면 점검한다.
③ 도체 소선은 과열을 방지하기 위해 묶음 헤드나사를 사용하는 경우, 납땜을 사용하여야 한다.
④ 정기적으로 각 도체의 조립품을 단자까지 점검하되, 개별 도체 소선은 적절하게 수납되어야 하고, 단자 부위는 단단하게 조여야 한다.

> **풀이** 도체 소선은 과열을 방지하기 위해 묶음 헤드나사를 사용하는 경우, 납땜을 사용하면 안 된다.

75 전기용 고무장갑의 사용 범위에 대한 설명으로 틀린 것은?

① 고압 이하의 충전부의 접속·절단 등을 작업할 경우
② 건조한 장소에서 고압전로에 접근이 어려운 경우
③ 정전작업 시 역송전으로 선로, 기기가 단락, 접지되는 경우
④ 활선상태의 배전용 지지물에 누설전류가 흐를 우려가 있는 경우

> **풀이** 전기용 고무장갑의 사용범위
> - 활선상태의 배전용 지지물에 누설전류가 흐를 우려가 있는 경우
> - 고압 이하의 충전부의 접속·절단·점검 등의 작업
> - 고압활선 또는 활선근접작업으로 감전이 우려되는 장소
> - 우중 또는 습기가 많은 장소의 기중개폐기를 개방·투입할 경우
> - 정전작업 시 역송전으로 선로, 기기가 단락, 접지되는 경우
> - 습기가 많은 장소에서 고압전로에 감전이 우려되는 경우
> - 기타 전격의 위험이 우려되는 장소

76 산업안전보건기준에 관한 규칙에 따라 사업주가 꽂음접속기를 설치하거나 사용하는 경우 준수사항으로 틀린 것은?

① 해당 꽂음접속기에 잠금장치가 있는 경우에는 접속 후 잠그고 사용할 것
② 서로 다른 전압의 꽂음접속기는 서로 접속되지 아니한 구조의 것을 사용할 것
③ 습윤한 장소에 사용되는 꽂음접속기는 방우형 등 그 장소에 적합한 것을 사용할 것
④ 근로자가 해당 꽂음접속기를 접속시킬 경우에는 땀 등으로 젖은 손으로 취급하지 않도록 할 것

> **풀이** 습윤한 장소에 사용되는 꽂음접속기는 방수형 등 그 장소에 적합한 것을 사용할 것

정답 72 ③ 73 ① 74 ③ 75 ② 76 ③

77 태양광발전시스템에서 작업 중 감전방지 대책으로 틀린 것은?

① 절연 처리된 공구를 사용한다.
② 절연 고무장갑을 착용한다.
③ 강우 시에는 작업을 하지 않는다.
④ 작업 중 태양광발전 모듈 표면에 차광막을 벗긴다.

풀이 작업 중 태양광발전 모듈 표면에 차광막을 씌운다.

78 분산형 전원 배전계통 연계 기술기준에 따라 계통연계형 인버터의 주파수 범위가 57.5[Hz] 미만일 때 운전지속시간은 몇 초인가?

① 0.15
② 0.16
③ 299
④ 300

풀이 비정상 주파수에 대한 분산형 전원의 운전 지속시간과 분리시간

주파수 범위[Hz]	운전지속시간[초]	분리시간[초]
$f > 61.5$	—	0.16
$f < 57.5$	299	300
$f < 57.0$	—	0.16

79 절연보호구의 선정 및 사용에 관한 기술지침에 따라 사용전압이 3,500[V]를 초과하고 7,000[V] 이하의 작업에 사용하는 절연 고무장갑의 종별로 옳은 것은?

① D종
② C종
③ B종
④ A종

풀이
- A종 : 사용전압이 300[V]를 초과하고 교류 600[V] 또는 직류 750[V] 이하의 작업에 사용
- B종 : 교류 600[V] 또는 직류 750[V]를 초과하고 3,500[V] 이하의 작업에 사용
- C종 : 3,500[V]를 초과하고 7,000[V] 이하의 작업에 사용

80 태양광발전(PV) 모듈(안전)(KS C 8563 : 2015)에서 옥외에 사용하는 부품에 대해 방수 등급을 결정하기 위한 장치는?

① IP 시험기
② 트래킹 시험기
③ 난연성 시험기
④ Hot Wire Coil Ignition 시험기

풀이
- IP 시험기 : 옥외에 사용하는 부품에 대해 방수 등급을 결정하기 위한 장치
- 트래킹 시험기 : 액체 오염 물질에 표면이 노출될 때 600[V]에 이르는 전압의 트래킹에 대한 고체 전기절연재료의 절연물의 내성을 측정하는 장치
- 난연성 시험기 : 플라스틱 등 특정 용도로 적용할 때 그 사용 용도의 적합성 여부를 미리 예측할 수 있도록 플라스틱 가연성을 시험하는 장치
- Hot Wire Coil Ignition 시험기 : 시료의 발화를 일으키는 요구 시간을 특정함으로써 고체 전기절연재료의 절연성을 시험하기 위한 장치

정답 77 ④ 78 ③ 79 ② 80 ①

SECTION 005 제5회 CBT 대비 모의고사

1과목 태양광발전 기획

01 피뢰시스템-제1부 : 일반원칙(KS C IEC 62305-1 : 2012)에 따른 외부피뢰시스템에 해당하지 않는 것은?

① 수뢰부시스템
② 인하도선시스템
③ 서지보호장치
④ 접지극시스템

풀이 외부피뢰시스템
　수뢰부시스템, 인하도선시스템, 접지극시스템

02 다음의 전력-전압 특성을 가지는 태양광발전 모듈에서 최대전력(Maximum Power, $P_{\max}$)을 얻기 위한 조건은?

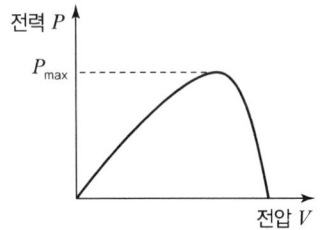

① $\dfrac{dP}{dV} > 0$　　② $\dfrac{dP}{dV} < 0$
③ $\dfrac{dP}{dV} = 0$　　④ $\dfrac{dP}{dV} = 1$

풀이 태양광발전 모듈에서 최대전력($P_{\max}$)을 얻기 위한 조건

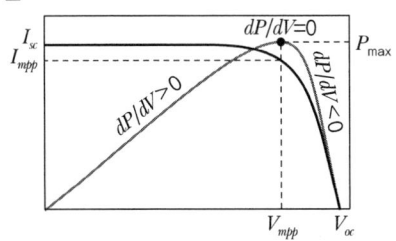

03 신·재생에너지 설비의 지원 등에 관한 지침에 따라 주택지원사업의 경우 시공자가 설치확인 완료 후 공사실적을 한국신재생에너지협회에 신고할 수 있는 기간은 최대 몇 개월 이내인가?

① 1개월　　② 2개월
③ 3개월　　④ 6개월

풀이 공사실적 신고절차(지침 제3조)
　시공자는 설치확인 완료 후 30일 이내에 공사실적을 한국신재생에너지협회에 신고하여야 한다. 다만, 주택지원사업의 경우에는 설치확인 완료 후 3개월 이내에 신고할 수 있다.

04 전기사업법령에 따라 전기사업자가 공급하는 전기의 표준전압 및 표준주파수의 허용오차 범위기준에 관한 설명으로 틀린 것은?

① 60[Hz]의 상하로 0.2[Hz] 이내
② 110[V]의 상하로 6[V] 이내
③ 220[V]의 상하로 15[V] 이내
④ 380[V]의 상하로 38[V] 이내

풀이 220[V]는 상하 13[V] 이내

05 서울의 위도가 37.34°일 때, 하지 시 태양의 남중고도로 옳은 것은?

① 31.16°　　② 51.66°
③ 76.16°　　④ 80.66°

풀이 태양의 남중고도
　• 춘·추분 시 남중고도=90°-위도
　• 동지 시 남중고도=90°-위도-23.5°
　• 하지 시 남중고도=90°-위도+23.5°
　　　　　　　　　=90°-37.34°+23.5°
　　　　　　　　　=76.16°

정답 01 ③　02 ③　03 ③　04 ③　05 ③

06 신에너지 및 재생에너지 개발·이용·보급 촉진법령에 따라 공용화 품목의 지정을 요청하려는 자가 국가기술표준원장에게 제출하여야 하는 지정요청서에 첨부하는 서류로 틀린 것은?

① 대상 품목의 명칭·규격 및 설명서
② 공용화 품목으로 지정받으려는 사유
③ 공용화 품목으로 지정될 경우의 기대효과
④ 공용화 품목으로 지정된 후 진행할 사업계획서

풀이 지정요청서에 첨부하는 서류
- 대상 품목의 명칭·규격 및 설명서
- 공용화 품목으로 지정받으려는 사유
- 공용화 품목으로 지정될 경우의 기대효과

07 다음은 전기사업법령에 따른 전기사업의 허가기준에 대한 내용이다. ( ) 안에 들어갈 내용으로 옳은 것은?

> 법 제7조제5항제4호에서 "대통령령으로 정하는 공급능력"이란 해당 특정한 공급구역의 전력수요의 ( )[%] 이상의 공급능력을 말한다.

① 40　　② 50
③ 60　　④ 70

풀이 전기사업의 허가기준(시행령 제4조제1항)
　　법 제7조제5항제4호에서 "대통령령으로 정하는 공급능력"이란 해당 특정한 공급구역의 전력수요의 60[%] 이상의 공급능력을 말한다.

08 신에너지 및 재생에너지 개발·이용·보급 촉진법령에 따라 신·재생에너지 설비 설치의무기관으로서 정부출연기관이 되려면, 정부가 연간 최소 얼마 이상을 출연해야 하는가?

① 10억 원　　② 20억 원
③ 30억 원　　④ 50억 원

풀이 신·재생에너지 설비 설치의무기관
　　법 제12조제2항제3호에서 "대통령령으로 정하는 금액 이상"이란 연간 50억 원 이상을 말한다.

09 다음 식은 경제성 분석방법 중 어떤 방법인가?(단, n : 사업기간, B : 편익, C : 비용, λ : 할인율이다.)

$$\sum_{t=0}^{n}\frac{B}{(1+\lambda)^t}=\sum_{t=0}^{n}\frac{C}{(1+\lambda)^t}$$

① 순현재가치 방법
② 내부수익률 방법
③ 비용편익비율 방법
④ 수명주기비용 분석방법

풀이 비용편익비율(B/C Ratio) 식

$$\frac{\sum_{t=0}^{n}\frac{B}{(1+\lambda)^t}}{\sum_{t=0}^{n}\frac{C}{(1+\lambda)^t}}=1$$

10 전기사업법령에 따라 전기설비의 설치 및 사업의 개시 의무에 대한 사항으로 틀린 것은?

① 발전사업자는 최초로 전력거래를 한 날부터 60일 이내에 신고하여야 한다.
② 정당한 사유가 없는 한 준비기간은 10년의 범위에서 산업통상자원부장관이 정하여 고시하는 기간을 넘을 수 없다.
③ 전기사업자는 허가권자가 지정한 준비기간에 사업에 필요한 전기설비를 설치하고 사업을 시작하여야 한다.
④ 허가권자는 전기사업을 허가할 때 필요하다고 인정하면 전기사업별 또는 전기설비별로 구분하여 준비기간을 지정할 수 있다.

풀이 발전사업자의 경우에는 최초로 전력거래를 한 날부터 30일 이내에 신고하여야 한다.

정답　06 ④　07 ③　08 ④　09 ③　10 ①

11 신에너지 및 재생에너지 개발·이용·보급 촉진법령에 따라 조성된 사업비의 사용 용도로 틀린 것은?

① 신·재생에너지 특성 산업단지 육성
② 신·재생에너지 설비의 성능평가·인증
③ 신·재생에너지 시범사업 및 보급사업
④ 신·재생에너지의 연구·개발 및 기술평가

풀이 사업비의 사용 용도
- 신·재생에너지 설비의 성능평가·인증
- 신·재생에너지 시범사업 및 보급사업
- 신·재생에너지의 연구·개발 및 기술평가
- 신·재생에너지의 자원조사, 기술수요조사 및 통계 작성
- 신·재생에너지 공급의무화 지원
- 신·재생에너지 기술정보의 수집·분석 및 제공
- 신·재생에너지 분야 기술지도 및 교육·홍보
- 신·재생에너지 분야 특성화대학 및 핵심기술연구센터 육성
- 신·재생에너지 분야 전문인력 양성
- 신·재생에너지 설비 설치기업의 지원
- 신·재생에너지 이용의무화 지원
- 신·재생에너지 관련 국제협력
- 신·재생에너지 설비 및 그 부품의 공용화 지원
- 신·재생에너지 기술의 국제표준화 지원

12 태양광발전 모듈의 온도에 대한 일반적인 특성이 아닌 것은?

① 계절에 따른 온도변화로 출력이 변동한다.
② 태양광발전 모듈의 출력은 정(+)의 온도 특성이 있다.
③ 태양광발전 모듈의 표면온도는 외기온도에 비례해서 맑은 날은 20~40[℃] 정도 높다.
④ 태양광발전 모듈은 온도가 상승할 경우 개방전압과 최대출력이 저하한다.

풀이
- 태양광발전 모듈의 출력은 부(−)의 온도 특성이 있다. 즉, 온도가 올라가면 출력이 저하한다.
- 전압은 온도와 부(−)의 특성이 있다.

13 전기사업법령에 따라 전기사업 등의 공정한 경쟁환경 조성 및 전기사용자의 권익 보호에 관한 사항의 심의와 전기사업 등과 관련된 분쟁의 재정(裁定)을 위하여 산업통상자원부에 무엇을 두는가?

① 전기위원회
② 녹색성장위원회
③ 신·재생에너지정책심의회
④ 한국전기기술기준위원회

풀이 전기사업 등의 공정한 경쟁환경 조성 및 전기사용자의 권익 보호에 관한 사항의 심의와 전기사업 등과 관련된 분쟁의 재정(裁定)을 위하여 산업통상자원부에 전기위원회를 둔다.

14 전기사업법령에 따라 사업계획에 포함되어야 할 사항 중 전기설비 개요에 포함되어야 할 사항에 해당하지 않는 것은?(단, 전기설비가 태양광설비인 경우이다.)

① 집광판의 면적
② 인버터의 종류
③ 태양전지의 종류
④ 이차전지의 종류

풀이 태양광설비의 개요에 포함되어야 할 내용
- 태양전지의 종류, 정격용량, 정격전압 및 정격출력
- 인버터(Inverter)의 종류, 입력전압, 출력전압 및 정격출력
- 집광판의 면적

15 태양전지의 P−N접합에 의한 태양광발전 원리로 옳은 것은?

① 광흡수 → 전하수집 → 전하분리 → 전하생성
② 광흡수 → 전하생성 → 전하분리 → 전하수집
③ 광흡수 → 전하분리 → 전하수집 → 전하생성
④ 광흡수 → 전하생성 → 전하수집 → 전하분리

풀이 P−N접합에 의한 태양광발전 원리
광흡수 → 전하생성 → 전하분리 → 전하수집

정답 11 ① 12 ② 13 ① 14 ④ 15 ②

16 전기안전관리법령에 따른 전기사업용 전기설비 공사계획의 인가 및 신고의 대상에서 발전소의 설치공사 시 인가가 필요한 발전소의 출력은 몇 [kW] 이상인가?

① 10,000
② 30,000
③ 50,000
④ 100,000

풀이
- 인가 : 출력 10,000[kW] 이상의 발전소 설치
- 신고 : 출력 10,000[kW] 미만의 발전소 설치

17 신에너지 및 재생에너지 개발·이용·보급 촉진법령에 따라 집적화단지 조성사업의 실시기관으로 선정되려는 지방자치단체의 장이 산업통상자원부장관에게 제출해야 하는 집적화단지 개발계획에 포함되는 사항으로 틀린 것은?

① 집적화단지의 위치 및 면적
② 집적화단지 조성사업의 개요 및 시행방법
③ 집적화단지 조성사업에 대한 주민수용성 및 친환경성 확보계획
④ 집적화단지 조성 및 기반시설 설치에 필요한 부지의 판매 계획

풀이 집적화단지 조성 및 기반시설 설치에 필요한 부지의 확보 계획

18 태양광발전시스템의 부지 사전조사 내용으로 틀린 것은?

① 사업부지의 위치
② 연평균 일사량
③ 연평균 CO_2 발생량
④ 주변건물 또는 수목에 의한 음영 발생 가능성 여부

풀이 부지 선정 시 CO_2 발생량은 관계없다.

19 전기공사업법령에 따라 공사업자는 공사업을 폐업한 경우 누구에게 그 사실을 신고하여야 하는가?

① 대통령
② 시·도지사
③ 한국전기공사협회장
④ 산업통상자원부장관

풀이 공사업의 폐업신고를 하려는 자는 전기공사업 폐업신고서(전자문서로 된 신고서를 포함한다)에 등록증 및 등록수첩을 첨부하여 시·도지사에게 제출하여야 한다.

20 태양광발전시스템 이용률이 15.5[%]일 때, 일평균 발전시간[h/day]은 약 몇 시간인가?

① 3.42
② 3.55
③ 3.65
④ 3.72

풀이 일평균 발전시간 = 24[h] × 이용률
= 24 × 0.155
= 3.72[h/day]

2과목 태양광발전 설계

21 한국전기설비규정에 따라 고압 가공전선이 다른 고압 가공전선과 접근되거나 교차하여 시설되는 경우 고압 가공전선 상호 간의 이격거리는 몇 [cm] 이상이어야 하는가?(단, 어느 한쪽의 전선이 케이블이 아닌 경우이다.)

① 80
② 90
③ 100
④ 120

풀이 고압 가공전선 상호 간의 이격거리는 0.8[m](어느 한쪽의 전선이 케이블인 경우에는 0.4[m]) 이상, 하나의 고압 가공전선과 다른 고압 가공전선로의 지지물 사이의 이격거리는 0.6[m](전선이 케이블인 경우에는 0.3[m]) 이상이어야 한다.

정답 16 ① 17 ④ 18 ③ 19 ② 20 ④ 21 ①

22 분산형 전원 배전계통 연계 기술기준에 따라 저압계통의 경우, 계통 병입 시 돌입전류를 필요로 하는 발전원에 대해서 계통 병입에 의한 순시전압변동률이 몇 [%]를 초과하지 않아야 하는가?

① 4　　　　　② 5
③ 6　　　　　④ 7

풀이 저압계통의 경우, 계통 병입 시 돌입전류를 필요로 하는 발전원에 대해서 계통 병입에 의한 순시전압변동률이 6[%]를 초과하지 않아야 한다.

23 건축구조기준 설계하중(KDS 41 10 15 : 2019)에 따른 최소 지상적설하중은 몇 [kN/m²]로 하는가?

① 0.3　　　　② 0.5
③ 0.75　　　 ④ 1.0

풀이 최소 지상적설하중은 0.5[kN/m²]로 한다.

24 전기설비 관련 시설공간(KDS 31 10 21 : 2019)에 따른 수변전실의 위치 결정 시 전기적 고려사항에 해당하지 않는 것은?

① 용량의 증설에 대비한 면적을 확보할 수 있는 장소로 한다.
② 수전 및 배전 거리를 짧게 하여 경제성을 고려한다.
③ 사용부하의 중심에서 멀고, 간선의 배선이 용이한 곳으로 한다.
④ 외부로부터 전원을 공급받기 위한 전선로 등의 인입이 편리한 위치로 한다.

풀이 사용부하의 중심에서 가깝고, 간선의 배선이 용이한 곳으로 한다.

25 설계감리업무 수행지침에 따라 설계도서에 포함되어야 할 서류로 적합하지 않은 것은?

① 설계도면
② 설계설명서
③ 설계내역서
④ 신재생에너지 설비확인서

풀이 설계도서
설계도면, 설계내역서, 설계설명서, 그 밖에 발주자가 필요하다고 인정하여 요구한 관련 서류

26 전력시설물 공사감리업무 수행지침에 따라 감리원이 감리현장에서 감리업무 수행상 필요에 의해 비치하고 기록·보관하는 서식으로 틀린 것은?

① 민원처리부
② 감리업무일지
③ 문서발송대장
④ 안전관리비 사용실적 현황

풀이 ㉠ 감리원은 감리현장에서 감리업무 수행상 필요한 서식을 비치하고 기록·보관하여야 한다.
- 감리업무일지
- 근무상황판
- 지원업무수행 기록부
- 착수 신고서
- 회의 및 협의내용 관리대장
- 문서접수대장
- 문서발송대장
- 교육실적 기록부
- 민원처리부 등

㉡ 공사업자는 공사현장에서 공사업무 수행상 필요한 서식을 비치하고 기록·보관하여야 한다.
- 하도급 현황
- 주요 인력 및 장비투입 현황
- 작업계획서
- 기자재 공급원 승인현황
- 주간공정계획 및 실적보고서
- 안전관리비 사용실적 현황

정답 22 ③　23 ②　24 ③　25 ④　26 ④

27 태양광발전소의 단선결선도에 작성하는 다음 그림기호의 명칭으로 옳은 것은?

CTT

① 차단기 접점
② 계기용 절환 개폐기
③ 시험용 전압 단자
④ 시험용 전류 단자

풀이
- 시험용 전압 단자(PTT : Potential Test Terminal)
- 시험용 전류 단자(CTT : Current Test Terminal)

28 설계감리업무 수행지침에 따라 설계감리원이 설계도면의 적정성을 검토함에 있어 확인하여야 하는 사항으로 틀린 것은?

① 도면 작성의 법률적 근거가 제시되었는지 여부
② 도면작성이 의도하는 대로 경제성, 정확성 및 적정성 등을 가졌는지 여부
③ 설계결과물(도면)이 입력 자료와 비교해서 합리적으로 되었는지 여부
④ 도면이 적정하게 해석 가능하게, 실시 가능하며 지속성 있게 표현되었는지 여부

풀이 설계도면의 적정성 검토사항
- 도면 작성이 의도하는 대로 경제성, 정확성 및 적정성 등을 가졌는지 여부
- 설계결과물(도면)이 입력 자료와 비교해서 합리적으로 되었는지 여부
- 도면이 적정하게 해석 가능하게, 실시 가능하며 지속성 있게 표현되었는지 여부
- 설계 입력 자료가 도면에 맞게 표시되었는지 여부
- 관련 도면들과 다른 관련 문서들의 관계가 명확하게 표시되었는지 여부
- 도면상에 사업명을 부여했는지 여부

29 전력기술관리법령에 따라 (설계업, 감리업) 등록신청서에 작성하는 등록사항으로 틀린 것은?

① 기술인력
② 자본금
③ 기간 및 금액
④ 보유장비(감리업만 해당함)

풀이 설계업, 감리업 등록신청서에 작성하는 등록사항
- 기술인력
- 자본금
- 보유장비(감리업만 해당)
- 종류

30 공사시방서에 대한 설명으로 틀린 것은?

① 주요 기자재에 대한 규격, 수량 및 납기일을 기재한다.
② 계약문서에 포함되는 설계도서의 하나로, 계약적 구속력을 가지며, 공사의 질적 요구조건을 규정하는 문서이다.
③ 공사에 필요한 시공방법, 시공품질, 허용오차 등 기술적 사항을 규정한다.
④ 공사감독자 및 수급인에게는 시공을 위한 사전준비, 시공 중의 점검, 시공완료 후의 점검을 위한 지침서로 사용할 수 있다.

풀이
- 시방서에는 주요 기자재에 대한 규격, 수량 등을 기재한다.
- 납기일은 주요 기자재 납품 승인 시에 명기한다.

31 낙석·토석 대책시설(KDS 11 70 20 : 2020)에 따라 낙석방지옹벽의 설계 시 고려사항으로 틀린 것은?

① 낙석의 중량
② 지지기반의 지형
③ 지지기반의 강도
④ 낙석의 최소도약높이

풀이 낙석방지옹벽의 설계 시에는 낙석의 중량, 속도, 최대도약높이, 지지기반의 강도 및 지형, 지질 등을 고려하여 옹벽의 활동, 전도에 대한 안정 및 단면의 강도에 대해서 검토하여야 한다.

정답 27 ④ 28 ① 29 ③ 30 ① 31 ④

32 어떤 태양광발전 모듈의 최대전력은 100[W]이고, STC 조건에서 측정한 값이다. 태양광발전 모듈의 표면온도가 45[℃]일 때, 태양광발전 모듈의 최대출력[W]은?(단, 태양광발전 모듈의 온도보정계수(α)는 -0.5[%/℃]이다.)

① 85 ② 90
③ 100 ④ 105

풀이 최대출력
$$P_{\max(45℃)} = P_{\max}\{1 + \beta(T_{cell} - 25)\}$$
$$= 100\left\{1 + \frac{-0.5}{100}(45-25)\right\}$$
$$= 90[W]$$

33 태양 고도각 20°, 태양광발전 어레이 경사각 30°, 어레이 길이가 2[m]일 때 어레이 간 이격거리는 약 몇 [m]인가?

① 3.36 ② 4.48
③ 4.88 ④ 5.26

풀이 이격거리
$$d = L \times \{\cos\alpha + \sin\alpha \times \tan(90° - \theta)\}$$
$$= 2 \times \{\cos 30° + \sin 30° \times \tan(90° - 20°)\}$$
$$= 4.479 ≒ 4.48$$
여기서, θ : 태양의 고도각, α : 어레이 경사각

34 폐쇄배전반 내 시설하는 고압케이블과 저압케이블 사이의 이격거리는 몇 [m] 이상이어야 하는가?(단, 상호 간에 견고한 내화성 격벽을 시설하거나, 상호 간에 난연성 케이블을 사용하여 접촉하지 아니하도록 시설할 경우에는 그러지 아니하다.)

① 0.01 ② 0.05
③ 0.10 ④ 0.15

풀이 지중전선 상호 간의 접근 또는 교차(KEC 334.7)
지중전선이 다른 지중전선과 접근하거나 교차하는 경우에 지중함 내 이외의 곳에서 상호 간의 이격거리가 저압 지중전선과 고압 지중전선에 있어서는 0.15[m] 이상, 저압이나 고압의 지중전선과 특고압 지중전선에 있어서는 0.3[m] 이상이 되도록 시설하여야 한다.

35 건축일반용어(KS F 1526 : 2010)에 따른 제도 및 설계 용어 중 물체의 형상을 한 시점에서 보이는 대로 평면상에 나타낸 그림은?

① 투시도 ② 단면도
③ 상세도 ④ 투상도

풀이
- 투시도 : 건축물 또는 물체를 원근법에 따라 입체적으로 공간을 잘 표현하기 위해 그린 도면
- 단면도 : 건축이나 물체를 절단하여 내부 생김새를 투영하여 묘사한 그림
- 상세도 : 건축물 또는 물체의 세부를 상세하게 나타내어 그린 도면

36 전기설비기술기준에 따른 극저주파 전자계(Extremely Low Frequency Electric and Magnetic Fields : ELF EMF)라 함은 0[Hz]를 제외한 몇 [Hz] 이하의 전계와 자계를 말하는가?

① 100 ② 200
③ 300 ④ 400

풀이 극저주파 전자계라 함은 0[Hz]를 제외한 300[Hz] 이하의 전계와 자계를 말한다.

37 다음은 한국전기설비규정의 안전을 위한 보호에서 전압 규정을 나타낸 것이다. ( ) 안에 들어갈 내용으로 옳은 것은?(단, 안전을 위한 보호에서 별도의 언급이 없는 경우이다.)

- 교류전압은 (㉠)(으)로 한다.
- 직류전압은 (㉡)(으)로 한다.

① ㉠ 실효값, ㉡ 최댓값
② ㉠ 실효값, ㉡ 리플프리
③ ㉠ 리플프리, ㉡ 실효값
④ ㉠ 최댓값, ㉡ 실효값

풀이 안전을 위한 보호에서 별도의 언급이 없는 한 다음의 전압 규정에 따른다.
- 교류전압은 실효값으로 한다.
- 직류전압은 리플프리로 한다.

정답 32 ② 33 ② 34 ④ 35 ④ 36 ③ 37 ②

38 전력시설물 공사감리업무 수행지침에 따라 감리원은 공사업자가 도급받은 공사를 「전기공사업법」에 따라 하도급하고자 발주자에게 통지하거나, 동의 또는 승낙을 요청하는 사항에 대해서는 「전기공사업법 시행규칙」 별지 제20호 서식의 전기공사 하도급계약 통지서에 관한 적정성 여부를 검토하여 요청받은 날부터 며칠 이내에 발주자에게 의견을 제출하여야 하는가?

① 5일
② 7일
③ 14일
④ 30일

풀이 전기공사 하도급계약 통지서에 관한 적정성 여부를 검토하여 요청받은 날부터 7일 이내에 발주자에게 의견을 제출하여야 한다.

39 분산형 전원 배전계통 연계 기술기준에 따라 분산형 전원을 특고압 한전계통에 연계하는 경우 연계계통의 전기방식으로 옳은 것은?

① 교류 단상 22.9[kV]
② 교류 단상 154[kV]
③ 교류 삼상 22.9[kV]
④ 교류 삼상 154[kV]

풀이 연계구분에 따른 계통의 전기방식
- 저압 한전계통 연계 : 교류 단상 220[V] 또는 교류 삼상 380[V] 중 기술적으로 타당하다고 한전이 정한 한 가지 전기방식
- 특고압 한전계통 연계 : 교류 삼상 22,900[V]

40 지반계측(KDS 11 10 15 : 2021)에 따라 계측의 목적을 효과적으로 확보하기 위해 수립하는 계측계획서 작성 시 고려사항으로 틀린 것은?

① 계측결과의 해석방법
② 계측결과의 수집방법
③ 계측결과의 유지 관리에 활용방법
④ 계측결과의 폐기방법

풀이 지반계측계획서 작성 시 고려사항
- 계측결과의 해석방법
- 계측결과의 수집방법
- 계측결과의 유지 관리에 활용방법
- 계측 대상 시설물(공사)의 개요 및 규모
- 계측 대상 시설물의 구조적 형태
- 계측목적, 계측항목, 계측범위, 계측위치, 계측방법 및 시스템의 구성
- 계측기기의 종류, 사양 및 수량, 검교정 계획
- 계측기기의 설치 유지관리 방법
- 계측자료의 보관, 활용 방법 및 체계
- 계측관리방법(위탁 또는 직영), 직영 관리 시 계측요원의 교육방법

3과목　태양광발전 시공

41 골재의 조립률에 대한 설명으로 틀린 것은?

① 1개의 조립률에는 1개의 입도곡선만 존재한다.
② 1개의 입도곡선에는 1개의 조립률만 존재한다.
③ 조립률이 크면 타설이 어렵지만 시멘트를 절약할 수 있다.
④ 조립률이 작으면 타설이 쉽지만 시멘트양이 많이 필요하다.

풀이 **조립률**(FM ; Fineness Modulus)
80, 40, 20, 10, 5, 2.5, 1.2, 0.6, 0.3, 0.15[mm]의 10개의 체에 남은 양의 누계 백분율을 더하여 100으로 나눈 값
- 잔골재는 조립률이 2.3~3.1 정도가 양호하고, 굵은 골재는 조립률이 6~8 정도가 양호하다.
- 1개의 조립률에는 2개의 표준입도곡선이 존재한다.

42 한국전기설비규정에 따라 케이블 트레이 공사 중 수평 트레이에 단심 케이블을 포설 시 벽면과의 간격은 몇 [mm] 이상 이격 설치하여야 하는가?

① 7
② 12
③ 15
④ 20

정답　38 ②　39 ③　40 ④　41 ①　42 ④

풀이 수평 트레이에 단심 케이블을 포설 시 벽면과의 간격은 20[mm] 이상 이격하여 설치하여야 한다.

43 20[MVA], %임피던스 8[%]인 3상 변압기가 2차 측에서 3상 단락이 되었을 때 단락용량[MVA]은?

① 170　　② 200
③ 250　　④ 315

풀이 단락용량 $= \dfrac{100}{\%Z} \times$ 기준용량
　　　　　$= \dfrac{100}{8} \times 20 = 250$[MVA]

44 전압–전류의 특성이 비직선적인 저항소자로, 전압의 변화에 따라 전기저항 값이 크게 변화하는 소자는?

① 서미스터(Thermistor)
② 배리스터(Varistor)
③ 압전소자(Piezo Element)
④ 열전소자(Thermo Element)

풀이
- 서미스터(Thermistor) : 온도에 따라 물질의 저항이 변화하는 성질을 이용한 전기적 장치이다. 주로 회로의 전류가 일정 이상으로 오르는 것을 방지하거나, 회로의 온도를 감지하는 센서로 이용된다.
- 배리스터(Varistor) : 전압–전류의 특성이 비직선적인 저항소자로, 전압의 변화에 따라 전기저항 값이 크게 변화하는 소자이다.
- 압전소자(Piezo Element) : 압전소자는 힘(압력)을 가함으로써 전압을 발생(압전 효과)시키거나, 전압을 가함으로써 변형(역압전 효과)시키는 소자이다.
- 열전소자(Thermo Element) : 열에너지를 전기에너지로, 전기에너지를 열에너지로 직접 변환하는 효과를 이용한 소자이다.

45 다음은 저압전기설비–제5–54부 : 전기기기의 선정 및 설치–접지설비–5–54 : 2014)에 따른 보조본딩을 위한 보호본딩도체에 대한 설명이다. (　) 안에 들어갈 내용으로 옳은 것은?

계통외도전부에 노출도전부를 접속하는 보호본딩도체의 컨덕턴스는 상응하는 단면적을 갖는 보호도체 컨덕턴스의 (　) 이상이어야 한다.

① 1/2　　② 1/5
③ 1/7　　④ 1/10

풀이 계통외도전부에 노출도전부를 접속하는 보호본딩도체의 컨덕턴스는 상응하는 단면적을 갖는 보호도체 컨덕턴스의 1/2 이상이어야 한다.

46 태양광발전 모듈 설치 및 조립 시 주의사항으로 틀린 것은?

① 태양광발전 모듈과 가대의 접합 시 부식방지용 개스킷(Gasket)을 적용한다.
② 태양광발전 모듈의 파손방지를 위해 충격이 가지 않도록 한다.
③ 태양광발전 모듈을 가대의 하단에서 상단으로 순차적으로 조립한다.
④ 태양광발전 모듈의 필요 정격전압이 되도록 1스트링의 직렬매수를 선정한다.

풀이 1스트링의 태양전지 개방전압은 인버터 입력전압 범위 안에 있어야 한다.

47 수변전설비공사(KCS 31 60 10 : 2019)에 따른 전력퓨즈에 대한 설명으로 틀린 것은?

① 퓨즈가 차단할 수 있는 단락전류의 최대 전류값으로 표시하여야 한다.
② 차단용량을 표시하는 경우 교류분의 대칭 실효값을 나타내어야 한나.
③ 정격전압은 3상 회로에서 사용 가능한 전압한도를 표시하는 것으로 퓨즈의 정격전압은 계통 최대 상전압으로 선정한다.
④ 정격전류는 전력퓨즈가 온도 상승한도를 넘지 않고 연속으로 흘려보낼 수 있는 전류값이며 실효값으로 표시하여야 한다.

풀이 퓨즈의 정격전압은 계통 최대 선간전압으로 한다.

정답 43 ③　44 ②　45 ①　46 ④　47 ③

48 다음 설명에 해당하는 저압 배전방식은?

- 변압기의 공급 전력을 서로 융통시킴으로써 변압기 용량 저감 가능
- 전압변동 및 전력손실 경감
- 부하의 증가에 탄력적으로 대응
- 고장에 대한 보호방법이 적절하고 공급 신뢰도 향상
- 캐스케이딩 현상이 발생

① 방사선 방식
② 저압 네트워크 방식
③ 저압 뱅킹 방식
④ 스포트 네트워크 방식

풀이 ㉠ 방사선 방식
- 구성이 단순하다.
- 공사비가 저렴하다.
- 전압변동 및 전력손실이 크다.
- 플리커 현상이 심하다.
- 사고에 의한 정전 범위가 확대되기 때문에 신뢰성이 낮다.

㉡ 네트워크 방식
- 무정전 공급이 가능하여 공급 신뢰도가 높다.
- 플리커, 전압 변동률이 작다.
- 전력손실이 감소된다.
- 기기의 이용률이 향상된다.
- 건설비가 비싸다.
- 특별한 보호장치를 필요로 한다.

㉢ 스포트 네트워크 방식
- 부하에 무정전 공급이 가능하다.
- 전압 변동률이 작다.

49 정전용량 5[μF]인 커패시터에 1,000[V]의 전압을 가할 때 축적되는 전하[C]는?

① 2×10^{-2}
② 2×10^{-3}
③ 5×10^{-2}
④ 5×10^{-3}

풀이 전하량[C] = 정전용량[F] × 전압[V]
$= (5 \times 10^{-6}) \times 1,000$
$= 5 \times 10^{-3}$[C]

50 다음 논리회로와 등가인 논리게이트는?

① OR
② NOT
③ AND
④ NAND

풀이 논리게이트와 논리회로

논리게이트	논리회로
OR	A, B → Y
AND	A, B → Y
NOT	A → Y, A → X
NAND (NOT AND)	A, B → Y

51 공사 중 발생 가능한 안전사고의 간접 원인이 아닌 것은?

① 인적 원인
② 기술적 원인
③ 교육적 원인
④ 관리적 원인

풀이
- 직접 원인 : 인적 원인, 물적 원인
- 간접 원인 : 기술적 원인, 교육적 원인, 신체적 원인, 정신적 원인, 관리적 원인

52 다음은 얕은기초(KCS 11 50 05 : 2021)에서 기초터파기 및 바닥면 마무리에 대한 내용이다. ( ) 안에 알맞은 것은?

암반지지 기초의 경우 바닥면의 경사가 ( ) 이상인 경우 계단식 또는 톱니식으로 마무리하여야 한다.

① 1 : 1
② 1 : 2
③ 1 : 3
④ 1 : 4

풀이 얕은기초(KCS 11 50 05 : 2021) 3.2.1 (5) 암반지지 기초의 경우 바닥면의 경사가 1 : 4 이상인 경우 계단식 또는 톱니식으로 마무리하여야 한다.

정답 48 ③ 49 ④ 50 ② 51 ① 52 ④

53 전력계통의 전압을 조정하는 조상설비 중 진상 또는 지상의 무효전력 조정이 가능한 것은?

① 단로기 ② 동기조상기
③ 분로리액터 ④ 전력용 커패시터

풀이
- 분로리액터 : 지상 무효전력을 공급하여 전압 조정
- 전력용 커패시터 : 진상 무효전력을 공급하여 전압 조정
- 동기조상기(기계식) : 진상 또는 지상 무효전력을 공급하여 전압 조정

54 한국전기설비규정에 따라 배선설비의 접속방법 선정 시 고려하는 사항이 아닌 것은?

① 도체의 단면적
② 도체의 설치위치
③ 도체와 절연재료
④ 도체를 구성하는 소선의 가닥수와 형상

풀이 전기적 접속(KEC 232.3.3)
접속 방법은 다음 사항을 고려하여 선정한다.
- 도체와 절연재료
- 도체를 구성하는 소선의 가닥수와 형상
- 도체의 단면적
- 함께 접속되는 도체의 수

55 송전전력이 400[MW], 송전거리가 200[km]인 경우의 경제적인 송전전압은 약 몇 [kV]인가? (단, Still 식에 의하여 산정할 것)

① 314 ② 333
③ 353 ④ 364

풀이 경제적인 전압 Still 식
사용전압[kV]
$= 5.5\sqrt{0.6 \times \text{송전거리[km]} + \frac{\text{송전전력[kW]}}{100}}$
$= 5.5\sqrt{0.6 \times 200 + \frac{400 \times 10^3}{100}} = 353[kV]$

56 피뢰시스템 구성요소(LPSC)-제2부 : 도체 및 접지극에 관한 요구사항(KS C IEC 62561-2 : 2014)에 따라 대지와 직접 전기적으로 접속하고 뇌전류를 대지로 방류시키는 접지시스템의 일부분 또는 그 집합을 정의하는 것은?

① 수뢰부 ② 피뢰침
③ 접지극 ④ 인하도선

풀이
- 수뢰부 : 낙뢰를 포착할 목적으로 설치하는 피뢰침, 메시도체, 수평도체 등과 같은 금속 물체
- 피뢰침 : 구조물 직격뢰를 포착하여 전도하기 위한 것
- 인하도선 : 뇌전류를 수뢰부에 접지극으로 흘리기 위한 것
- 접지극 : 대지와 직접 전기적으로 접속하고 뇌전류를 대지로 방류시키는 접지시스템의 일부분 또는 그 집합

57 한국전기설비규정에 따른 전선관시스템의 공사방법이 아닌 것은?

① 케이블공사
② 금속관공사
③ 가요전선관공사
④ 합성수지관공사

풀이 공사방법의 분류(KEC 표 232.2-3)

종류	공사방법
전선관시스템	합성수지관공사, 금속관공사, 가요전선관공사
케이블트렁킹 시스템	합성수지몰드공사, 금속몰드공사, 금속트렁킹공사
케이블덕팅 시스템	플로어덕트공사, 셀룰러덕트공사, 금속덕트공사
케이블트레이 시스템	케이블트레이공사
케이블공사	고정하지 않는 방법, 직접 고정하는 방법, 지지선 방법

정답 53 ② 54 ② 55 ③ 56 ③ 57 ①

58 신·재생에너지 설비 지원 등에 관한 지침에 따른 태양광발전 모듈의 시공기준에 대한 설명으로 틀린 것은?

① 모듈 전면의 음영이 최대화되어야 한다.
② 방위각은 그림자의 영향을 받지 않는 곳에 정남향 설치를 원칙으로 한다.
③ 경사각은 현장 여건에 따라 조정하여 설치하여야 한다.
④ 단위 모듈당 용량에 따라 설계용량과 동일하게 설치할 수 없는 경우에 한하여 설계용량의 110[%] 이내까지 가능하다.

풀이 모듈 전면은 정남향 방향으로 설치하고 음영은 최소화한다.

59 순방향으로 바이어스된 베이스-이미터 트랜지스터 회로의 컬렉터 전류(i_C)가 4.65[mA], 베이스 전류(i_B)가 0.0465[mA]인 경우 DC 전류이득(β_{DC})은?

① 0.02
② 0.55
③ 10
④ 100

풀이 전류이득(β_{DC})
컬렉터 전류를 베이스 전류로 나눈 것
$$\beta_{DC} = \frac{i_C}{i_B} = \frac{4.65}{0.0465} = 100$$

60 콘크리트용 앵커 중 선설치 앵커(Cast-in-place Anchor)에 해당하지 않는 것은?

① 헤드 볼트 앵커
② 스터드 볼트 앵커
③ 언더컷 볼트 앵커
④ 갈고리 볼트 앵커

풀이
• 선설치 앵커 : 헤드 볼트, 헤드 스터드, 갈고리 볼트
• 후설치 앵커 : 비틀림제어 확장 앵커, 변위제어 확장 앵커, 언더컷 앵커, 부착식 앵커

4과목　태양광발전 운영

61 태양광발전시스템 고장원인 중 모듈의 제조공정상 불량에 해당하지 않는 것은?

① 적화 현상
② 황색 변이
③ 백화 현상
④ 유리 적색 착색

풀이 유리 적색 착색은 모듈 청소 시 철(Fe) 성분이 함유된 지하수를 사용하는 경우 발생한다.

62 태양광발전용 인버터의 육안점검 항목에 해당하지 않는 것은?

① 배선의 극성
② 지붕재의 파손
③ 접지단자와의 접속
④ 단자대의 나사 풀림

풀이 지붕재의 파손은 인버터의 육안점검과 무관하다.

63 태양광발전소의 전기안전관리를 수행하기 위하여 계측장비를 주기적으로 교정하고 안전장구의 성능을 유지하여야 한다. 전기안전관리자의 직무 고시에 따른 안전장구의 권장 시험주기가 아닌 것은?

① 저압검전기 1년
② 절연안전모 1년
③ 고압절연장갑 1년
④ 고압·특고압 검전기 6개월

풀이 계측장비의 교정주기 및 안전장구의 권장 시험주기는 모두 1년이다.

64 한국전기설비규정에 따라 태양전지 모듈은 최대사용전압의 몇 배의 직류전압을 충전부분과 대지 사이에 연속하여 10분간 가하여 절연내력을 시험하였을 때에 이에 견디는 것이어야 하는가?

① 1.2배
② 1.5배
③ 1.75배
④ 2.0배

풀이 연료전지 및 태양전지 모듈은 최대사용전압의 1.5배의 직류전압 또는 1배의 교류전압(500[V] 미만으로 되는 경우에는 500[V])을 충전부분과 대지 사이에 연속하여 10분간 가하여 절연내력을 시험하였을 때에 이에 견디는 것이어야 한다.

65 산업안전보건법령에 따라 금속절단기에 설치하는 방호장치로 옳은 것은?

① 백레스트
② 압력방출장치
③ 회전체 접촉 예방장치
④ 날접촉 예방장치

풀이 금속절단기의 톱날부위에는 고정식, 조절식 또는 연동식 날접촉 예방장치를 설치하여야 한다.

66 전기설비 검사 및 점검의 방법·절차 등에 관한 고시에 따른 태양광발전설비에서 전선로(가공, 지중, GIB, 기타)의 정기검사 시 세부검사내용으로 틀린 것은?

① 절연내력시험
② 보호장치시험
③ 절연저항 측정
④ 환기시설 상태

풀이
- 전선로(가공, 지중, GIB, 기타)의 정기검사 시 세부검사 내용: 외관검사, 보호장치 및 계전기 시험, 절연저항 측정, 절연내력시험, 충전시험
- GIB(Gas Insulated Bus): SF_6 가스로 절연한 모선

67 수변선설비의 설치와 유지관리에 관한 기술지침에 따른 충전부 보호에서 방호범위에 대한 설명으로 틀린 것은?

① 작업자들은 공구나 열쇠 등과 같은 금속체를 휴대해서는 안 된다.
② 전기설비의 활선부분과 작업자의 신체 보호장비는 충분한 이격거리를 유지해야 한다.
③ 신속한 유지관리를 위해 수변전실 유자격자의 주된 근무 장소와 전기설비는 서로 같은 공간이어야 한다.
④ 통로, 복도, 창고와 같이 물건들이 이동하는 곳에는 추가 이격거리 확보와 방호조치를 하여야 한다.

풀이 부주의한 접촉을 방지하기 위해 수변전실 유자격자의 주된 근무 장소와 전기설비는 서로 독립된 공간이어야 한다.

68 인버터의 입·출력 단자와 접지 간의 절연저항 측정 시 몇 [MΩ] 이상이어야 하는가?(단, DC 500[V] 메거로 측정한 경우이다.)

① 0.2
② 0.4
③ 0.5
④ 1.0

풀이 저압전로의 절연성능(전기설비기술기준 제52조)

전로의 사용전압 [V]	DC 시험전압 [V]	절연저항 [MΩ]
SELV 및 PELV	250	0.5
FELV, 500[V] 이하	500	1.0
500[V] 초과	1,000	1.0

특별저압(Extra Low Voltage: 2차 전압이 AC 50[V], DC 120[V] 이하)으로 SELV(비접지회로 구성) 및 PELV(접지회로 구성)는 1차와 2차가 전기적으로 절연된 회로, FELV는 1차와 2차가 전기적으로 절연되지 않은 회로이다.

69 결정질 실리콘 태양광발전 모듈(성능)(KS C 8561 : 2020)에 따른 습도-동결시험에서 품질기준 중 최대출력에 대한 내용으로 옳은 것은?

① 시험 전 값의 80[%] 이상일 것
② 시험 전 값의 85[%] 이상일 것
③ 시험 전 값의 90[%] 이상일 것
④ 시험 전 값의 95[%] 이상일 것

풀이 습도-동결시험에서 품질기준: 최대출력은 시험 전 값의 95[%] 이상일 것

정답 65 ④ 66 ④ 67 ③ 68 ④ 69 ④

70 공장 지붕에 4,200[kW] 태양광발전설비를 설치할 경우 REC 가중치는 약 얼마인가?

① 1.2 ② 1.36
③ 1.43 ④ 1.50

풀이 건축물 가중치
- 3,000[kW] 이하 1.5
- 3,000[kW] 초과 1.0

건축물 가중치
$$= \frac{3,000 \times 1.5 + (4,200 - 3,000) \times 1.0}{4,200}$$
$$= 1.3571 ≒ 1.36$$

71 태양광발전시스템이 작동되지 않을 때 응급조치 순서로 옳은 것은?

① 접속함 내부 차단기 투입 → 인버터 개방 → 설비 점검
② 접속함 내부 차단기 투입 → 인버터 투입 → 설비 점검
③ 접속함 내부 차단기 개방 → 인버터 개방 → 설비 점검
④ 접속함 내부 차단기 개방 → 인버터 투입 → 설비 점검

풀이 응급조치 방법
접속함 내부 차단기 개방 → 인버터 개방 → (인버터 정지 후) 설비 점검

72 인버터의 육안점검 항목이 아닌 것은?

① 이상음, 이취, 발연
② 외함의 부식 및 파손
③ 가대의 부식과 녹슴
④ 외부배선(접속 케이블) 손상

풀이 인버터 육안점검 항목
- 이상음, 이취, 발연
- 외함 부식 및 파손
- 외부배선(접속 케이블) 손상
※ 인버터에는 가대가 없다.

73 산업안전보건법령에 따라 작업내용 변경 시 일용근로자를 제외한 근로자를 대상으로 하는 안전보건교육의 교육시간은 몇 시간 이상인가?

① 1시간 ② 2시간
③ 3시간 ④ 5시간

풀이 근로자 안전보건교육(시행규칙 [별표 4])

교육과정	교육대상	교육시간
채용 시 교육	일용근로자	1시간 이상
	일용근로자를 제외한 근로자	8시간 이상
작업내용 변경 시 교육	일용근로자	1시간 이상
	일용근로자를 제외한 근로자	2시간 이상

74 태양광발전시스템의 운영방법에 대한 설명으로 틀린 것은?

① 모듈 표면의 온도가 높을수록 발전효율이 높으므로 강한 빛을 받도록 한다.
② 태양광발전설비의 고장요인이 대부분 인버터에서 발생하므로 정기적으로 정상 가동 여부를 확인한다.
③ 모듈은 고압 분사기를 이용하여 정기적으로 물을 뿌려 이물질을 제거하여 발전효율을 높인다.
④ 구조물이나 구조물 접합자재에 부분적인 발청현상이 있는 경우 녹 방지 페인트, 은분 등으로 도포를 해준다.

풀이 전압은 온도와 부(−)의 특성이므로 모듈 표면온도가 높으면 출력 및 효율이 감소된다.

75 정전작업 중 조치사항에 대한 설명으로 틀린 것은?

① 개폐기의 관리
② 근접 활선에 대한 방호상태 관리
③ 작업지휘자에 의한 작업지휘
④ 검전기로 개로된 전로의 충전 여부 확인

[풀이] ㉠ 정전작업 전 조치사항
- 검전기로 개로된 전로의 충전 여부 확인
- 전로의 개로개폐기에 시건장치 및 통전금지 표지판 설치
- 전력 케이블, 전력용 커패시터 등의 잔류전하 방전
- 단락접지기구로 단락접지

㉡ 정전작업 중 조치사항
- 작업지휘자에 의한 작업지휘
- 개폐기의 관리
- 단락접지의 수시 확인
- 근접 활선에 대한 방호상태 확인

㉢ 정전작업 후 조치사항
- 단락접지기구의 철거
- 시건장치 또는 표지판 철거
- 작업자에 대한 위험이 없는 것을 최종 확인
- 개폐기 투입으로 송전 재개

76 태양광발전시스템에서 사용되는 배선 케이블의 손상 유무를 파악하는 육안점검사항으로 틀린 것은?

① 배선의 저항
② 배선의 결선상태
③ 배선의 늘어짐
④ 배선의 변색 및 변형

[풀이] 저항은 측정사항이다.

77 태양광발전시스템을 운영하기 위하여 필요한 계측장비로 틀린 것은?

① I-V Checker
② 폐쇄력 측정기
③ 열화상 카메라
④ 솔라 경로추적기

[풀이] 폐쇄력 측정기는 급기·가압·제연설비의 부속실 등에 설치된 방화문의 폐쇄력과 개방력을 측정하는 기구이다.

태양광발전시스템 운영을 위한 계측장비
I-V Checker(모듈 분석기), 열화상 카메라, 솔라 경로 추적기, 전력분석계, 절연저항계, 접지저항계, 누설전류측정기 등

78 전기설비 검사 및 점검의 방법·절차 등에 관한 고시에 따라 사업용 태양광발전설비의 정기점검 시 태양광전지의 수검자 준비자료 중 측정 및 점검기록표에 해당하지 않는 것은?

① 접지저항시험 성적서
② 절연저항시험 성적서
③ 절연내력시험 성적서
④ 보호장치 및 계전기시험 성적서

[풀이] 태양전지 수검자 준비자료
㉠ 단선결선도
㉡ 태양광전지 트립 인터록 도면
㉢ 시퀀스 도면
㉣ 측정 및 점검기록표
- 보호장치 및 계전기시험 성적서
- 절연저항시험 성적서
- 접지저항시험 성적서

79 태양광발전소 설비용량이 200[kW], SMP가 90[원/kWh], 가중치 적용 전 REC가 120[원/kWh], 1개월간 생산한 전력량이 10[MWh]일 때 발전수익은 얼마인가?(단, "SMP+1REC 가격×가중치" 계약방식이며, 일반부지에 설치하는 것으로 한다.)

① 1,750,000원
② 1,850,000원
③ 2,220,000원
④ 2,750,000원

[풀이] 일반부지에 용량 200[kW]이므로,
가중치
$= \dfrac{(99.999 \times 1.2) + (200 - 99.999) \times 1.0}{200}$
$= 1.0999 ≒ 1.099$

판매단가 = SMP + REC × 가중치
$= 90 + 120 \times 1.099 = 221.88$

발전수익 = 전력량 × 판매단가
$= 10,000[kW] \times 221.88$
$= 2,218,800 ≒ 2,220,000원$

정답 76 ① 77 ② 78 ③ 79 ③

80 인버터의 계통전압이 규정치 이상일 경우 인버터의 표시내용으로 옳은 것은?

① Utility Line Fault
② Line Over Voltage Fault
③ Inverter Over Current Fault
④ Line Phase Sequence Fault

풀이
- Utility Line Fault : 정전 시 발생
- Line Phase Sequence Fault : 계통전압이 역상일 때 발생
- Inverter Over Current Fault : 인버터 전류가 규정값 이상으로 흐를 때 발생

SECTION 006 제6회 CBT 대비 모의고사

1과목 태양광발전 기획

01 국토의 계획 및 이용에 관한 법령에 따라 도시·군관리계획 시 개발행위허가기준에 대한 설명으로 옳은 것은?

① 대지와 도로의 관계는 「건축법」에 적합할 것
② 주변의 교통소통에 지장을 초래하지 아니할 것
③ 용도지역별 개발행위의 규모 및 건축제한 기준에 적합할 것
④ 공유수면매립의 경우 매립목적이 도시·군계획에 적합할 것

풀이 개발행위허가기준의 도시·군관리계획 분야(시행령 [별표 1의2])
- 용도지역별 개발행위의 규모 및 건축제한 기준에 적합할 것
- 개발행위허가제한지역에 해당하지 아니할 것

02 인버터의 기능 중 계통보호를 위한 기능으로만 묶인 것은?

① 단독운전 방지기능, 자동전압조정기능
② 단독운전 방지기능, 자동운전·정지기능
③ 최대전력 추종제어기능, 자동운전·정지기능
④ 최대전력 추종제어기능, 자동전압조정기능

풀이 인버터의 기능 중 계통보호를 위한 기능
단독운전 방지기능, 자동전압조정기능

03 면적이 250[cm²]이고, 변환효율이 20[%]인 결정질 실리콘 태양전지의 표준조건에서의 출력[W]은?

① 2.4 ② 3.1
③ 4.0 ④ 5.0

풀이 효율 $\eta = \dfrac{출력}{일조강도 \times 면적}$ 에서

$$출력 = \eta \times 일조강도 \times 면적$$
$$= 0.2 \times 1,000[W/m^2] \times 250 \times 10^{-4}[m^2]$$
$$= 5.0[W]$$

04 전기사업법령에 따른 전기사업의 허가기준으로 옳지 않은 것은?

① 전기사업이 계획대로 수행될 수 있을 것
② 발전소나 발전연료가 특정 지역에 편중되어 전력계통의 운영에 지장을 주지 아니할 것
③ 전기사업이 적정하게 수행되는 데 필요한 재무능력이 있을 것
④ 배전사업의 경우 둘 이상의 배전사업자의 사업구역 중 그 전부 또는 일부가 중복되게 할 것

풀이 전기사업의 허가기준
- 전기사업을 적정하게 수행하는 데 필요한 재무능력 및 기술능력이 있을 것
- 전기사업이 계획대로 수행될 수 있을 것
- 배전사업 및 구역전기사업의 경우 둘 이상의 배전사업자의 사업구역 또는 구역전기사업자의 특정한 공급구역 중 그 전부 또는 일부가 중복되지 아니할 것
- 구역전기사업의 경우 특정한 공급구역의 전력수요의 50[%] 이상으로서 대통령령으로 정하는 공급능력을 갖추고, 그 사업으로 인하여 인근 지역의 전기사용자에 대한 다른 전기사업자의 전기공급에 차질이 없을 것
- 발전소나 발전연료가 특정 지역에 편중되어 전력계통의 운영에 지장을 주지 아니할 것
- 「신에너지 및 재생에너지 개발·이용·보급 촉진법」 제2조에 따른 태양에너지 중 태양광, 풍력, 연료전지를 이용하는 발전사업의 경우 대통령령으로 정하는 바에 따라 발전사업 내용에 대한 사전고지를 통하여 주민 의견 수렴 절차를 거칠 것

정답 01 ③ 02 ① 03 ④ 04 ④

05 전기공사업법령에 따라 대통령령으로 정하는 경미한 전기공사가 아닌 것은?

① 전력량계를 부착하거나 떼어내는 공사
② 퓨즈를 부착하거나 떼어내는 공사
③ 꽂음접속기의 보수 및 교환에 관한 공사
④ 벨에 사용되는 소형 변압기(2차 측 전압 60[V] 이하의 것으로 한정한다)의 설치공사

풀이 대통령령으로 정하는 경미한 전기공사
- 꽂음접속기, 소켓, 로제트, 실링블록, 접속기, 전구류, 나이프스위치, 그 밖에 개폐기의 보수 및 교환에 관한 공사
- 벨, 인터폰, 장식전구, 그 밖에 이와 비슷한 시설에 사용되는 소형 변압기(2차 측 전압 36[V] 이하의 것으로 한정한다)의 설치 및 그 2차 측 공사
- 전력량계 또는 퓨즈를 부착하거나 떼어내는 공사
- 「전기용품 및 생활용품 안전관리법」에 따른 전기용품 중 꽂음접속기를 이용하여 사용하거나 전기기계·기구(배선기구는 제외한다. 이하 같다) 단자에 전선[코드, 캡타이어케이블(경질고무케이블) 및 케이블을 포함한다. 이하 같다]을 부착하는 공사
- 전압이 600[V] 이하이고, 전기시설 용량이 5킬로와트 이하인 단독주택 전기시설의 개선 및 보수 공사. 다만, 전기공사기술자가 하는 경우로 한정한다.

06 신·재생에너지 설비의 지원 등에 관한 규정에 따른 주택지원사업은 신·재생에너지 설비를 주택에 설치하려는 경우 설치비의 일부를 국가가 보조금을 지원해 주는 사업을 말한다. 그 범위 및 대상으로 틀린 것은?

① 아파트   ② 기숙사
③ 공공주택   ④ 단독주택

풀이 주택지원사업의 범위 및 대상
- 「건축법」 및 동법 시행령에 따른 단독·공동주택 (기숙사는 제외한다)
- 공공주택

07 태양광발전시스템을 뇌서지의 피해로부터 보호하기 위한 대책으로 적절하지 않은 것은?

① 뇌우 다발지역에서는 교류 전원 측에 내뢰 트랜스를 설치한다.
② 피뢰소자를 어레이 주회로 내부에 분산시켜 설치하고 접속함에도 설치한다.
③ 접지선에서의 침입을 막기 위해 전원 측 전압을 항상 낮게 유지한다.
④ 저압 배전선으로 침입하는 뇌서지에 대해서는 분전반에 피뢰소자를 설치한다.

풀이 전원 측 전압을 낮게 유지하는 것으로 접지선으로 침입하는 뇌서지를 막을 수 없으며, 서지보호장치의 접지선은 되도록 짧게 하여야 한다. (0.5[m] 이내)

08 축전지의 용량환산기간(K)을 구하기 위해 필요한 값이 아닌 것은?

① 방전시간   ② 축전지 보수율
③ 축전지 온도   ④ 허용 최저전압

풀이
- 축전지의 용량환산시간(K)을 구하기 위해 필요한 값 : 방전시간, 축전지 온도, 허용 최저전압
- 보수율은 일반적으로 0.8을 적용한다.

09 신에너지 및 재생에너지 개발·이용·보급 촉진법령에 따라 신·재생에너지 설비를 설치한 시공자는 해당 설비에 대하여 성실하게 무상으로 하자보수를 실시하여야 하며, 그 이행을 보증하는 증서를 신·재생에너지 소유자 또는 산업통상자원부령으로 정하는 자에게 제공하여야 한다. 이때 하자보수의 기간은 몇 년의 범위에서 산업통상자원부장관이 정하여 고시하는가?

① 1년   ② 3년
③ 5년   ④ 7년

풀이 하자보수의 기간은 5년의 범위에서 산업통상자원부장관이 정하여 고시한다.

정답 05 ④ 06 ② 07 ③ 08 ② 09 ③

10 신에너지 및 재생에너지 개발·이용·보급 촉진법령에 따라 국가 또는 지방자치단체가 신·재생에너지 기술개발 및 이용·보급에 관한 사업을 하는 자에게 국유재산 또는 공유재산을 임대하는 경우 「국유재산법」 또는 「공유재산 및 물품관리법」에도 불구하고 임대료를 얼마의 범위에서 경감할 수 있는가?

① $\frac{20}{100}$ ② $\frac{30}{100}$
③ $\frac{50}{100}$ ④ $\frac{80}{100}$

풀이 국가 또는 지방자치단체가 국유재산 또는 공유재산을 임대하는 경우에는 「국유재산법」 또는 「공유재산 및 물품관리법」에도 불구하고 임대료를 100분의 50의 범위에서 경감할 수 있다.

11 전기공사업법령에 따른 전기공사업 등록기준 항목 중 자본금은 얼마 이상이어야 하는가?

① 1억 2천만 원 ② 1억 5천만 원
③ 2억 원 ④ 2억 5천만 원

풀이

항목	공사업의 등록기준
기술능력	전기공사기술자 3명 이상(3명 중 1명 이상은 별표 4의2 비고 제1호에 따른 기술사, 기능장, 기사 또는 산업기사의 자격을 취득한 사람이어야 한다)
자본금	1억 5천만 원 이상
사무실	공사업 운영을 위한 사무실

12 태양광발전시스템의 교류 측 기기인 적산전력량계에 대한 설명으로 틀린 것은?

① 역송전한 전력량계를 계측하여 전력요금을 산출한다.
② 역송전한 전력량계만을 분리계측하기 위하여 역전력방지장치가 부착된 것을 사용한다.
③ 역송전 계량용 적산전력량계는 전력회사 측을 전원 측으로 접속한다.
④ 적산전력량계는 계량법에 의한 검정을 받은 적산전력량계를 사용한다.

풀이 역송전 계량용 적산전력량계는 태양광발전소 측을 전원 측으로 접속한다.

13 3[kW] 인버터의 입력범위가 25~35[V]이고, 최대 출력에서 효율이 89[%]이다. 최대 정격에서 인버터의 최대 입력전류는 약 몇 [A]인가?

① 97 ② 114
③ 125 ④ 135

풀이 인버터 용량 $P = IV \times \eta$ 이므로
최대 입력전류 $I = \dfrac{P}{\text{최소 입력전압} \times \eta}$
$= \dfrac{3 \times 10^3}{25 \times 0.89} = 134.83 ≒ 135$

14 국토의 계획 및 이용에 관한 법령에 따른 개발행위허가 신청 시 첨부되는 서류로 틀린 것은?

① 토지분할인 경우 예산내역서
② 토지 형질변경의 경우 배치도
③ 공작물 설치인 경우 설계도서
④ 토석채취인 경우 공사 또는 사업관리 도서

풀이 개발행위허가신청서(시행규칙 제9조)
- 토지의 소유권 또는 사용권 등 신청인이 당해 토지에 개발행위를 할 수 있음을 증명하는 서류
- 배치도 등 공사 또는 사업 관련 도서(토지의 형질변경 및 토석채취인 경우에 한한다)
- 설계도서(공작물의 설치인 경우에 한한다)
- 당해 건축물의 용도 및 규모를 기재한 서류(건축물의 건축을 목적으로 하는 토지의 형질변경인 경우에 한한다)
- 개발행위의 시행으로 폐지되거나 대체 또는 새로이 설치할 공공시설의 종류·세목·소유자 등의 조서 및 도면과 예산내역서(토지의 형질변경 및 토석채취인 경우에 한한다)
- 법 제57조제1항의 규정에 의한 위해방지·환경오염방지·경관·조경 등을 위한 설계도서 및 그 예산내역서(토지분할인 경우를 제외한다)

정답 10 ③ 11 ② 12 ③ 13 ④ 14 ①

15 전기공사업법에서 산업통상자원부장관 또는 시·도지사의 권한 중 대통령령으로 정하는 바에 따라 공사업자단체에 위탁할 수 있는 업무에 대한 설명으로 틀린 것은?

① 공사업의 등록에 따른 등록신청의 접수
② 공사업의 양도에 따른 신고의 수리
③ 전기공사의 필요한 자재 등 전기공사 관련 정보의 종합관리 및 제공
④ 등록사항 중 산업통상자원부령으로 정하는 중요사항의 변경에 따른 등록사항 변경신고의 수리

풀이 공사업자단체에 위탁할 수 있는 업무
- 공사업의 등록에 따른 등록신청의 접수
- 공사업의 양도에 따른 신고의 수리
- 전기공사의 필요한 자재 등 전기공사 관련 정보의 종합관리 및 제공
- 공사업의 등록기준에 관한 신고의 수리
- 공사업의 등록사항 변경신고의 수리
- 공사업 관련 정보 자료의 제출 요청
- 공사업자의 시공능력의 평가 및 공시
- 공사업 관련 정보 신고의 접수
- 전기공사종합정보시스템의 구축·운영

16 전기실의 설치 부지 선정 시 고려사항으로 틀린 것은?

① 침수의 우려가 없을 것
② 먼지가 없고 다습할 것
③ 기기의 반·출입이 편리할 것
④ 진동이 없고, 지반이 견고할 것

풀이 전기실 설치 부지 선정 시 고려사항
- 침수의 우려가 없을 것
- 먼지가 없고 건조할 것
- 기기의 반·출입이 편리할 것
- 진동이 없고, 지반이 견고할 것
- 부하의 중심일 것

17 독립형 ESS용 축전지의 설계 시 1일 적산부하전력량 2.4[kWh], 부조일수 10일, 보수율 0.8, 방전심도 65[%], 축전지 셀 수가 48개일 때, 축전지 용량은 약 몇 [Ah]인가?(단, 축전지 공칭전압은 2[V/cell]이다.)

① 291　　② 385
③ 481　　④ 585

풀이 독립형 ESS용 축전지 용량[Ah]

$$= \frac{1일\ 적산부하전력량[W] \times 부조일수}{보수율 \times 축전지\ 공칭전압[V] \times 축전지\ 개수 \times 방전심도}$$

$$= \frac{2.4 \times 10^3 \times 10}{0.8 \times 2 \times 48 \times 0.65} = 480.769 ≒ 481[Ah]$$

18 전기사업법령에 따라 태양광발전소 사업허가를 위한 계획서 작성 시 포함되어야 할 사항으로 틀린 것은?

① 사업계획 개요
② 전기설비 운영 계획
③ 전기설비 건설 계획
④ 온실가스 감축 계획

풀이 태양광발전소 사업허가를 위한 계획서 작성내용
사업 구분, 전기설비 개요, 부지의 확보 및 배치 계획, 전력계통의 연계 계획, 온실가스 감축 계획(화력발전의 경우만 해당한다), 소요금액 및 재원조달 계획

19 아몰퍼스 실리콘(Si) 태양전지의 특징이 아닌 것은?

① 구부러지기 쉽다.
② 제조에 필요한 온도가 약 1,400[℃]로 높다.
③ 경량의 기판 위에 형성이 가능하다.
④ 초기에 결정이 열화하여 효율이 감소된다.

풀이 실리콘 태양전지 제조에 필요한 온도
- 단결정 실리콘 : 약 1,400[℃]
- 다결정 실리콘 : 약 800~1,000[℃]
- 아몰퍼스 실리콘 : 약 200[℃]

20 모니터링시스템에 대한 설명으로 틀린 것은?

① 계측·표시장치의 목적은 운전상태 감시, 발전전력량 표시, 시스템 종합평가 계측이다.
② 프로그램 기능으로는 데이터 수집기능, 데이터 저장기능, 데이터 분석기능, 데이터 통계기능 등이 있다.
③ 계측·표시장치시스템은 검출기(센서) → 연산장치 → 신호변환기 → 표시장치 순으로 정보가 전달된다.
④ 데이터 분석기능은 각각의 계측요소마다 일일 평균값과 시간에 따른 각 계측값의 변화를 알 수 있도록 표의 형식으로 데이터를 제공한다.

풀이 계측·표시장치시스템은 검출기(센서) → 신호변환기 → 연산장치 → 표시장치 순으로 정보가 전달된다.

2과목 태양광발전 설계

21 신재생발전기 송전계통 연계 기술기준에 따라 신재생발전기는 최소 출력 이상으로 발전기를 운전하는 경우 몇 분 평균값으로 측정된 유효전력 발전량이 규정된 값을 초과하지 않도록 출력상한을 조정 가능해야 하는가?

① 5분
② 10분
③ 15분
④ 20분

풀이 신재생발전기는 최소 출력 이상으로 발전기를 운전하는 경우 10분 평균값으로 측정된 유효전력 발전량이 규정된 값을 초과하지 않도록 출력상한을 조정 가능해야 한다.

22 한국전기설비규정에 따라 몇 [V]를 초과하는 축전지는 비접지 측 도체에 쉽게 차단할 수 있는 곳에 개폐기를 시설하여야 하는가?

① 15
② 20
③ 30
④ 60

풀이 축전지실 등의 시설(KEC 243.1.7)
• 30[V]를 초과하는 축전지는 비접지 측 도체에 쉽게 차단할 수 있는 곳에 개폐기를 시설하여야 한다.
• 옥내전로에 연계되는 축전지는 비접지 측 도체에 과전류 보호장치를 시설하여야 한다.
• 축전지실 등은 폭발성의 가스가 축적되지 않도록 환기장치 등을 시설하여야 한다.

23 전력시설물 공사감리업무 수행지침에 따른 태양광발전시스템의 착공신고서에 포함된 서류가 아닌 것은?

① 기성내역서
② 안전관리계획서
③ 품질관리계획서
④ 공사예정공정표

풀이 감리원은 공사가 시작된 경우에는 공사업자로부터 다음의 서류가 포함된 착공신고서를 제출받아 적정성 여부를 검토하여 7일 이내에 발주자에게 보고하여야 한다.
• 시공관리책임자 지정통지서(현장관리조직, 안전관리자)
• 공사 예정공정표
• 품질관리계획서
• 공사도급 계약서 사본 및 산출내역서
• 공사 시작 전 사진
• 현장기술자 경력사항 확인서 및 자격증 사본
• 안전관리계획서
• 작업인원 및 장비투입 계획서
• 그 밖에 발주자가 지정한 사항

24 전력기술관리법령에 따라 감리업자 등은 그가 시행한 공사감리 용역이 끝났을 때에는 공사감리 완료보고서를 며칠 이내에 시·도지사에게 제출하여야 하는가?

① 7일
② 15일
③ 20일
④ 30일

풀이 공사감리 완료보고서의 제출기간(법 제12조의2 제3항)
감리업자 등은 그가 시행한 공사감리 용역이 끝났을 때에는 공사감리 완료보고서를 30일 이내에 시·도지사에게 제출하여야 한다.

정답 20 ③ 21 ② 22 ③ 23 ① 24 ④

25 전력시설물 공사감리업무 수행지침에 따른 용어의 정의에서 감리업체에 근무하면서 상주감리원의 업무를 기술적·행정적으로 지원하는 사람을 무엇이라고 하는가?

① 보조감리원
② 책임감리원
③ 비상주감리원
④ 지원업무 담당자

풀이
- 책임감리원 : 감리업자를 대표하여 현장에 상주하면서 해당 공사 전반에 관하여 책임감리 등의 업무를 총괄하는 사람을 말한다.
- 보조감리원 : 책임감리원을 보좌하는 사람으로서 담당 감리업무를 책임감리원과 연대하여 책임지는 사람을 말한다.
- 상주감리원 : 현장에 상주하면서 감리업무를 수행하는 사람으로서 책임감리원과 보조감리원을 말한다.
- 비상주감리원 : 감리업체에 근무하면서 상주감리원의 업무를 기술적·행정적으로 지원하는 사람을 말한다.
- 지원업무 담당자 : 감리업무 수행에 따른 업무 연락 및 문제점 파악, 민원 해결, 용지보상 지원 그밖에 필요한 업무를 수행하게 하기 위하여 발주자가 지정한 발주자의 소속 직원을 말한다.

26 신재생발전기 계통연계기준에 따라 태양광발전기 인버터는 계통운영자의 지시에 따라 유효전력 출력 증감률 속도를 정격의 몇 [%] 이내/분까지 제한하는 것이 가능한 제어성능을 구비해야 하는가?

① 3
② 5
③ 7
④ 10

풀이 인버터의 제어성능(송·배전용 전기설비 이용규정 [별표 6])
풍력 및 태양광발전기 인버터는 계통운영자의 지시에 따라 유효전력 출력 증감률 속도를 정격의 10[%] 이내/분까지 제한하는 것이 가능한 제어성능을 구비해야 한다.

27 전력시설물 공사감리업무 수행지침에 따라 감리원이 착공신고서의 적정 여부를 검토하기 위해 참고하는 사항으로 틀린 것은?

① 안전관리계획 : 전기공사업법에 따른 해당 규정 반영 여부 확인
② 공사 시작 전 사진 : 전경이 잘 나타나도록 촬영되었는지 확인
③ 품질관리계획 : 공사 예정공정표에 따라 공사용 자재의 투입시기와 시험방법, 빈도 등이 적정하게 반영되었는지 확인
④ 작업인원 및 장비투입 계획 : 공사의 규모 및 성격, 특성에 맞는 장비형식이나 수량의 적정 여부 확인

풀이 안전관리계획 : 산업안전보건법령에 따른 해당 규정 반영 여부

28 한국전기설비규정에 따라 사용전압이 400[V] 초과인 저압 가공전선으로 경동선을 사용하는 경우 안전율이 얼마 이상이 되는 이도(弛度)로 시설하여야 하는가?

① 1.2
② 1.5
③ 2.2
④ 2.4

풀이 가공전선은 케이블인 경우 이외에는 그 안전율이 경동선 또는 내열 동합금선은 2.2 이상, 그 밖의 전선은 2.5 이상이 되는 이도(弛度)로 시설하여야 한다.

29 정격용량이 250[W]인 태양광발전 모듈(8.1[A], 30.9[V])로 구성된 어레이(10직렬×30병렬)에서 태양광발전용 인버터까지의 거리가 120[m], 전선의 단면적이 75[mm²]일 때, 전압강하는 몇 [V]인가?

① 4.93
② 6.91
③ 11.99
④ 13.84

풀이 전압강하$(e) = \dfrac{35.6 \times L \times I}{1,000 A}$ (태양광발전이므로)
여기서, L : 전선길이, I : 전류, A : 전선의 단면적

정답 25 ③ 26 ④ 27 ① 28 ③ 29 ④

30병렬이므로 $I = 8.1 \times 30 = 243[A]$

$\therefore e = \dfrac{35.6 \times 120 \times 243}{1,000 \times 75} = 13.84[V]$

30 전력시설물 공사감리업무 수행지침에 따라 감리원은 공사업자로부터 시공상세도를 사전에 제출받아 공사업자가 제출한 날부터 7일 이내에 검토·확인하여 승인한 후 시공할 수 있도록 하여야 한다. 다음 중 고려하지 않아도 되는 것은?(단, 7일 이내에 검토·확인이 불가능한 때에는 사유 등을 명시하여 통보하고, 통보사항이 없을 때에는 승인한 것으로 본다.)

① 계산의 정확성
② 실제 시공 가능 여부
③ 설계도면, 설계설명서 또는 관계 규정에 일치하는지 여부
④ 폐품 또는 발생물 유무 및 처리의 적정 여부

풀이) 시공상세도 고려사항
- 계산의 정확성
- 실제 시공 가능 여부
- 설계도면, 설계설명서 또는 관계 규정에 일치하는지 여부
- 현장의 기술자가 명확하게 이해할 수 있는지 여부
- 안정성의 확보 여부
- 제도의 품질 및 선명성, 도면작성표준에 일치 여부
- 도면으로 표시 곤란한 내용은 시공 시 유의사항으로 작성되었는지 등의 검토

31 한국전기설비규정에 따라 고압 가공전선이 건조물과 접근하는 경우에 고압 가공전선의 건조물의 아래쪽에 시설될 경우 고압 가공전선과 건조물 사이의 이격거리는 몇 [m] 이상이어야 하는가?(단, 전선이 케이블이 아닌 경우이다.)

① 0.4 ② 0.5
③ 0.6 ④ 0.8

풀이) 가공전선과 건조물 사이의 이격거리

종류	이격거리
저압 가공전선	0.6[m] (전선이 케이블인 경우에는 0.3[m])
고압 가공전선	0.8[m] (전선이 케이블인 경우에는 0.4[m])

32 기초 내진 설계기준(KDS 11 50 25 : 2021)에 따라 기초구조물의 내진 설계 시 얕은기초의 등가정적해석이 만족하여야 하는 기본사항으로 틀린 것은?

① 기초에 작용하는 등가정적하중은 기초지반과 상부구조물의 응답특성을 고려하여 결정한다.
② 액상화 영향을 고려하여 기초 및 지반의 안정성을 평가한다.
③ 얕은기초는 지지력, 전도, 활동에 대하여 안전하여야 하고, 변형 및 침하량이 허용치 이하이어야 한다.
④ 말뚝기초 주변 지반에 대하여 액상화 가능성, 말뚝머리의 횡방향 변위 및 침하, 말뚝 본체의 파괴가능성 등을 검토한다.

풀이) 말뚝기초는 깊은기초이다.

33 한국전기설비규정에 따라 전기저장장치를 전용건물에 시설하는 경우에 대한 설명이다. 다음 ( ) 안에 들어갈 내용으로 옳은 것은?

이차전지는 벽면으로부터 ( )[m] 이상 이격하여 설치하여야 한다. 단, 옥외의 전용 컨테이너에서 적정거리를 이격한 경우에는 규정에 의하지 아니할 수 있다.

① 0.5 ② 1.0
③ 1.5 ④ 2.0

풀이) 이차전지는 벽면으로부터 1[m] 이상 이격하여 설치하여야 한다.

정답 30 ④ 31 ④ 32 ④ 33 ②

34 전력시설물 공사감리업무 수행지침에 따라 발주자는 설계변경 방침결정 요구를 받은 경우 설계변경에 대한 기술검토를 위하여 소속직원으로 기술검토팀(T/F팀)을 구성(필요시 민간전문가 구성)·운영 할 수 있으며, 이 경우 단순사항은 며칠 이내에 방침을 확정하여 책임감리원에게 통보하여야 하는가?

① 5일
② 7일
③ 14일
④ 30일

풀이 발주자는 설계변경 방침결정 요구를 받은 경우 설계변경에 대한 기술검토를 위하여 소속직원으로 기술검토팀(T/F팀)을 구성(필요시 민간전문가 구성)·운영할 수 있으며, 이 경우 단순사항은 7일 이내, 그 이외의 사항은 14일 이내에 방침을 확정하여 책임감리원에게 통보하여야 한다.

35 태양광발전시스템을 건축물에 설치하는 경우 설치부위에 따른 구분 중 지붕에 설치하는 형식으로 틀린 것은?

① 창재형
② 지붕건재형
③ 지붕설치형
④ 톱라이트형

풀이 지붕 설치 형식
- 지붕건재형
- 지붕설치형
- 톱라이트형

※ 창재형은 유리창 기능을 가지고 있는 모듈이다.

36 전력기술관리법령에 따라 시·도지사가 산업통상자원부령으로 정하는 바에 따라 그 등록의 취소만 명할 수 있는 설계업자 및 감리업자의 위반사항으로 옳은 것은?

① 다른 사람에게 등록증을 빌려 준 경우
② 이 법을 위반하여 형의 집행유예를 선고받고 그 유예기간 중에 있는 사람
③ 거짓이나 그 밖의 부정한 방법으로 등록을 한 경우
④ 설계 또는 공사감리를 성실하게 하지 아니하여 일반인에게 위해(危害)를 끼치거나 전력시설물을 현저히 부실하게 시공하게 한 경우

풀이 ㉠ 등록을 취소하여야 하는 경우
- 거짓이나 그 밖의 부정한 방법으로 등록을 한 경우
- 등록기준에 미달한 날부터 1개월이 지난 경우

㉡ 6개월 이내의 기간을 정하여 그 영업의 전부 또는 일부의 정지를 명할 수 있는 경우
- 설계 또는 공사감리를 성실하게 하지 아니하여 일반인에게 위해(危害)를 끼치거나 전력시설물을 현저히 부실하게 시공하게 한 경우
- 결격사유 중 어느 하나에 해당하게 된 경우
- 다른 사람에게 등록증을 빌려 준 경우

37 전력기술관리법령에 따라 대통령으로 정하는 요건에 해당하는 전력시설물 중 설계감리를 받아야 하는 발전설비의 최소 용량은?

① 50만[kW]
② 60만[kW]
③ 70만[kW]
④ 80만[kW]

풀이 전력시설물 중 설계감리 대상
- 용량 80만[kW] 이상의 발전설비
- 전압 30만[V] 이상의 송전·변전설비
- 전압 10만[V] 이상의 수전설비·구내배전설비·전력사용설비
- 21층 이상이거나 연면적 5만[m^2] 이상인 건축물의 전력시설물

38 한국전기설비규정에 따라 모듈을 병렬로 접속하는 전로에는 그 전로에 단락전류가 발생할 경우에 전로를 보호하는 무엇을 설치하여야 하는가?

① 단로기
② 개폐기
③ 전류검출기
④ 과전류차단기

풀이 모듈을 병렬로 접속하는 전로에는 그 전로에 단락전류가 발생할 경우에 전로를 보호하는 과전류차단기 또는 기타 기구를 시설하여야 한다.

정답 34 ② 35 ① 36 ③ 37 ④ 38 ④

39 태양광발전 모듈 설치 시 태양을 향한 방향에 높이 3[m]인 장애물이 있을 경우 장애물로부터 최소 이격거리[m]는?(단, 발전가능 한계시각에서의 태양의 고도각은 20°이다.)

① 약 8.2 ② 약 9.5
③ 약 10.5 ④ 약 14.1

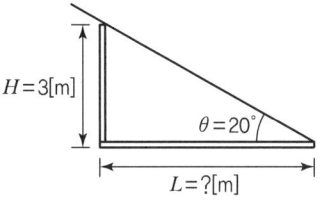

위 그림에서 $\tan 20° = \dfrac{3}{L}$ 이므로

이격거리 $L = \dfrac{3}{\tan 20°} = 8.24 ≒ 8.2[m]$

40 케이블 트레이 공사 시 케이블을 지지하기 위하여 사용하는 금속재 또는 불연성 재료로 제작된 유닛 또는 유닛의 집합체 및 그에 부속하는 부속재 등으로 구성된 견고한 구조물 중 일체식 또는 분리식으로 모든 면에서 통풍구가 있는 그물형 조립 금속구조는?

① 메시형 ② 펀칭형
③ 사다리형 ④ 바닥밀폐형

① 메시형 : 일체식 또는 분리식으로 모든 면에서 통풍구가 있는 그물형 조립 금속구조
② 펀칭형 : 일체식 또는 분리식으로 바닥에 통풍구가 있는 구조
③ 사다리형 : 길이 방향의 양 측면 레일에 각각의 가로 방향 부재로 연결된 구조
④ 바닥밀폐형 : 일체식 또는 분리식으로 바닥에 통풍구가 없는 구조

3과목 태양광발전 시공

41 피뢰시스템의 등급이 Ⅳ인 경우 인하도선 사이의 최적 간격은 몇 [m]인가?

① 5 ② 10
③ 15 ④ 20

인하도선 사이의 최적 간격(KS C IEC 62305-3 표 4)

등급	Ⅰ	Ⅱ	Ⅲ	Ⅳ
간격[m]	10	10	15	20

42 태양광발전시스템에서 지락 발생 시 누전차단기로 보호할 수 없는 경우가 발생하는 이유는?

① 인버터의 출력이 직접 계통에 접속되기 때문에
② 지락전류에 직류성분이 포함되어 있기 때문에
③ 태양광발전 어레이와 계통 측이 절연되어 있지 않기 때문에
④ 태양광발전 어레이에서 발생하는 지락전류의 크기가 매우 크기 때문에

교류회로에 사용되는 누전차단기는 태양광발전시스템의 직류성분이 포함되어 있어 교류회로 지락 발생 시 누전차단기로 보호할 수 없는 경우가 발생한다.

43 태양광발전 모듈에서 인버터에 이르는 배선에 대한 설명으로 틀린 것은?

① 태양광발전 모듈에서 인버터에 이르는 배선은 극성별로 확인할 수 있도록 표시한다.
② 태양광발전 모듈에서 인버터에 이르는 배선에 사용되는 케이블은 피뢰도체와 교차 시공한다.
③ 태양광발전 어레이의 출력배선을 중량물의 압력을 받는 장소에 지중으로 직접매설식에 의해 시설하는 경우 1[m] 이상의 매설깊이로 한다.
④ 태양광발전 모듈 간의 배선은 2.5[mm²] 이상의 연동선 또는 이와 동등 이상의 세기 및 굵기의 것을 사용한다.

정답 39 ① 40 ① 41 ④ 42 ② 43 ②

풀이 태양광발전 모듈에서 인버터에 이르는 배선에 사용되는 케이블은 가능한 한 피뢰도체와 떨어진 상태로 포설하며, 피뢰도체와 교차 시공하지 않도록 한다.

44 가로전선로에서 발생할 수 있는 코로나 현상의 방지 대책이 아닌 것은?

① 가선금구를 개량한다.
② 복도체를 사용한다.
③ 선간거리를 크게 한다.
④ 바깥지름이 작은 전선을 사용한다.

풀이
- 코로나 현상 : 전선로나 애자 부근에 임계전압 이상의 전압이 가해지면 공기의 절연이 부분적으로 파괴되어 낮은 소리나 엷은 빛을 내면서 방전되는 현상
- 코로나 현상을 방지하기 위해서는 전선의 바깥지름을 크게 한다.

45 1[W·s]와 동일한 단위는?

① 1[J] ② 1[kW]
③ 1[kWh] ④ 860[kcal]

풀이 1[W·s]=1[J], 1[J/s]=1[W]

46 10[A]의 전류를 흘렸을 때의 전력이 50[W]인 저항에 20[A]의 전류를 흘렸다면 소비전력은 몇 [W]인가?

① 120 ② 200
③ 300 ④ 350

풀이 소비전력 $P = IV = I \times IR = I^2 R$

$R = \dfrac{P}{I^2} = \dfrac{50}{10^2} = 0.5[\Omega]$

저항에 20[A] 전류가 흐를 때 소비전력
$P_{20} = 20^2 \times 0.5 = 200[W]$

47 3상 1회선 송전선로의 길이가 100[km]이고, 작용커패시턴스 0.0088[μF/km], 주파수 60[Hz], 선간전압 154[kV]일 때, 충전전류는 약 몇 [A]인가?

① 29.5 ② 39.6
③ 48.6 ④ 59.5

풀이 충전전류

$I_c = 2\pi f C V$

$= 2\pi \times 60 \times (100 \times 0.0088 \times 10^{-6}) \times \dfrac{154 \times 10^3}{\sqrt{3}}$

$= 29.48 ≒ 29.5$

※ 대지전압 $= \dfrac{선간전압}{\sqrt{3}}$

48 전면기초가 우선적으로 고려되어야 할 경우로 틀린 것은?

① 지반조건이 좋지 않고, 부등침하가 발생하기 쉬운 지형
② 양압력이 확대기초로 견딜 수 있는 크기 이하인 경우
③ 건물의 하부면적이 기초면적의 2/3 이상인 경우로 지반조건이 불량할 때
④ 구조물에 불균등하게 작용하는 수평하중의 독립기초와 말뚝머리에 불균등한 변위가 예상될 때

풀이
- 양압력 : 구조물이 지하수위 이하에 작용하는 경우 구조물 저부에 작용하는 상향수압
- 양압력에 저항하기 위해서는 말뚝기초로 시공한다.

49 수·변전설비 중 저압 배전반의 뒷면 또는 점검면에서 사람이 통행할 수 있는 최소 거리는 몇 [m] 이상이어야 하는가?

① 0.5 ② 0.6
③ 0.8 ④ 1.2

정답 44 ④ 45 ① 46 ② 47 ① 48 ② 49 ②

[풀이] 수전설비의 배전반 등의 최소유지거리(SPS-KESG-Ⅱ-C-1-0833)

위치별 기기별	앞면 또는 조작· 계측면	뒷면 또는 점검면	열상호간 (점검하는 면)	기타의 면
특고압 배전반	1.7	0.8	1.4	-
고압 배전반	1.5	0.6	1.2	-
저압 배전반	1.5	0.6	1.2	-
변압기 등	1.5	0.6	1.2	0.3

50 태양광발전 모듈 단락전류가 9[A], 스트링 4병렬일 때, 직류(DC) 차단기의 정격전류 범위로 옳은 것은?

① 43.1[A] < 직류차단기 정격전류 ≤ 86.4[A]
② 45[A] < 직류차단기 정격전류 ≤ 86.4[A]
③ 43.1[A] < 직류차단기 정격전류 ≤ 90[A]
④ 45[A] < 직류차단기 정격전류 ≤ 90[A]

[풀이] • 직류차단기의 정격전류 범위
$1.25 I_b < I_{n-DC} \le 2.4 I_b$
• $I_b = 9 \times 4 = 36[A]$이므로
$1.25 \times 36 < I_{n-DC} \le 2.4 \times 36$
∴ 45[A] < 직류차단기 정격전류 ≤ 86.4[A]

51 전기안전관리법령에 따라 사용 전 검사를 받으려는 자는 사용 전 검사 신청서에 필요서류를 첨부하여 검사를 받으려는 날의 며칠 전까지 한국전기안전공사에 제출하여야 하는가?

① 7일 ② 15일
③ 20일 ④ 30일

[풀이] 사용 전 검사를 받으려는 자는 사용 전 검사 신청서에 필요서류를 첨부하여 검사를 받으려는 날의 7일 전까지 한국전기안전공사에 제출하여야 한다.

52 한국전기설비규정에 따른 저압전로의 절연성능에서 전로의 사용전압에 대한 절연저항의 기준으로 틀린 것은?(단, 절연저항은 전로와 대지 사이의 값이다.)

① SELV-0.5[MΩ] 이상
② FELV-1.0[MΩ] 이상
③ PELV-2.0[MΩ] 이상
④ 500[V] 초과-1.0[MΩ] 이상

[풀이] 저압전로의 절연성능

전로의 사용전압 [V]	DC 시험전압 [V]	절연저항 [MΩ]
SELV 및 PELV	250	0.5 이상
FELV, 500[V] 이하	500	1.0 이상
500[V] 초과	1,000	1.0 이상

53 한국전기설비규정에 따라 덕트를 조영재에 붙이는 경우에는 덕트의 지지점 간의 거리를 몇 [m] 이하로 하여야 하는가?(단, 취급자 이외의 자가 출입할 수 있도록 설비한 곳이다.)

① 1 ② 2
③ 3 ④ 5

[풀이] 덕트를 조영재에 붙이는 경우에는 덕트의 지지점 간의 거리를 3[m](취급자 이외의 자가 출입할 수 없도록 설비한 곳에서 수직으로 붙이는 경우에는 6[m]) 이하로 하고 또한 견고하게 붙일 것

54 저전압계전기의 정격전압 정정 시 정격전압의 몇 [%] 범위에서 정정하는 것이 적당한가?

① 10~30
② 35~55
③ 60~80
④ 90~100

정답 50 ② 51 ① 52 ③ 53 ③ 54 ③

풀이 수용가 수전설비의 보호계전기 정정지침

계전기명	용도	동작치 정정
과전류계전기 (OCR)	단락보호	• 한시요소 계약최대전력의 150~170[%] • 순시요소 변압기 2차 3상 단락전류의 150[%]
과전압계전기 (OVR)	과전압운전 방지	정격전압의 130[%]
저전압계전기 (UVR)	무전압 또는 저전압 시 분리용	정격전압의 70[%]

55 한국전기설비규정에 따라 태양광발전 모듈에 접속하는 부하 측의 전로를 옥내에 시설할 경우 적용할 수 있는 합성수지관 공사에서 사용하는 관(합성수지제 휨(가요) 전선관 제외)의 최소 두께[mm]는?

① 1.0 ② 1.25
③ 1.5 ④ 2.0

풀이 태양광발전 모듈에 접속하는 부하 측의 전로를 옥내에 시설할 경우 적용할 수 있는 합성수지관 공사에서 사용하는 관(합성수지제 휨(가요) 전선관 제외)의 최소 두께는 2[mm] 이상이어야 한다.

56 1일 사용전력량이 240[kWh], 수용전력이 20[kW]인 수전설비의 부하율은 몇 [%]인가?

① 20 ② 30
③ 50 ④ 120

풀이 부하율 = $\dfrac{평균전력}{수용전력} \times 100[\%]$

= $\dfrac{1일\ 사용전력량/24}{수용전력} \times 100[\%]$

= $\dfrac{240/24}{20} \times 100[\%]$

= 50[%]

57 한국전기설비규정에 따라 태양전지 발전소에 시설하는 태양전지 모듈, 간선 및 개폐기 기타 기구를 옥내에 시설한 경우 이용할 수 없는 공사 방법은?

① 케이블 공사 ② 합성수지관 공사
③ 가요전선관 공사 ④ 애자 사용 공사

풀이 저압 옥내배선은 합성수지관 공사 · 금속관 공사 · 가요전선관 공사나 케이블 공사에 의하여 시설하여야 한다.

58 네트워크에 의한 공정관리기법의 종류가 아닌 것은?

① ADM 기법 ② CPM 기법
③ PERT 기법 ④ RAMPS 기법

풀이 네트워크에 의한 공정관리 기법
퍼트(PERT), 시피엠(CPM), 램프스(RAMPS)

59 수변전설비를 옥내에 시공 시 유의사항으로 틀린 것은?

① 기기 주위에는 유지관리 공간을 확인하여야 한다.
② 전기실에는 물 배관, 증기관, 환기용 덕트 등을 시설하거나 통과시켜서는 안 된다.
③ 기기의 중량을 산정하여 바닥 강도를 확인하여야 한다.
④ 습기 또는 결로 등에 의한 절연저하의 우려가 있는 경우에는 적절한 공법으로 하여야 한다.

풀이 수변전설비를 옥내에 시공 시 유의사항
• 기기 주위에는 유지관리 공간을 확인하여야 한다.
• 기기의 중량을 산정하여 바닥 강도를 확인하여야 한다.
• 변압기의 발열 등으로 실온이 상승될 우려가 있을 경우에는 환기구 또는 환기팬 등을 설치하여야 한다.
• 습기 또는 결로 등에 의한 절연저하의 우려가 있는 경우에는 적절한 공법으로 하여야 한다.
• 전기실에는 물 배관 · 증기관 · 덕트(환기용 제외) 등을 시설하거나 통과시켜서는 안 된다.

정답 55 ④ 56 ③ 57 ④ 58 ① 59 ②

60 신·재생에너지 설비의 지원 등에 관한 지침에 따라 태양광발전용 인버터에 대한 내용으로 옳은 것은?

① 태양광발전용 인버터는 KS 인증제품을 설치하여야 한다.
② 인버터에 연결된 모듈의 설치용량은 인버터용량의 110[%] 이내이어야 한다.
③ 인버터의 입력단(모듈출력)의 표시사항은 전압, 전류, 주파수가 표시되어야 한다.
④ 인버터는 실내 및 실외용으로 구분하여 설치하여야 하며, 실내용은 실외에 설치할 수 있다.

(풀이) ② 인버터에 연결된 모듈의 설치용량은 인버터용량의 105[%] 이내이어야 한다.
③ 인버터의 입력단(모듈출력)의 표시사항은 전압, 전류, 전력이 표시되어야 한다.
④ 인버터는 실내 및 실외용으로 구분하여 설치하여야 하며, 실외용은 실내에 설치할 수 있다.

4과목 태양광발전 운영

61 건물일체형 태양광 모듈(BIPV)-성능평가 요구사항(KS C 8577 : 2016)에 따른 역전류 과부하 시험에서 과전류 보호 정격의 몇 [%]를 가하여 역전류가 모듈을 지나 흐르도록 하는가?

① 100   ② 115
③ 125   ④ 135

(풀이) 역전류 과부하 시험방법
모든 차단 다이오드를 단락시키고 직류 전원 공급장치의 양극 출력을 모듈 양극 단자에 연결하여, 모듈의 과전류 보호 정격의 135[%]를 가하여 역전류가 모듈을 지나 흐르도록 한다.

62 산업안전보건법령에 따른 다음 안전보건 표지의 내용으로 옳은 것은?

① 고압전기 경고   ② 레이저광선 경고
③ 방사성물질 경고   ④ 폭발성물질 경고

고압전기 경고	레이저광선 경고	방사성물질 경고	폭발성물질 경고

63 태양광발전시스템 운영 시 비치서류가 아닌 것은?

① 건설 관련 도면
② 시방서 및 계약서
③ 송전 관계 일람도
④ 구조물의 구조계산서

(풀이) ㉠ 송전 관계 일람도는 전기사업 허가신청서의 첨부서류 중 사업계획서 구비서류이다.
㉡ 태양광발전시스템 운영 시 비치서류
 • 건설 관련 도면
 • 시방서 및 계약서
 • 구조물의 구조계산서

64 전기안전관리법령에 따라 개인대행자가 전기안전관리업무를 대행할 수 있는 태양광발전설비의 규모로 옳은 것은?(단, 원격감시 및 제어기능을 갖춘 경우이다.)

① 용량 100[kW] 미만
② 용량 250[kW] 미만
③ 용량 500[kW] 미만
④ 용량 750[kW] 미만

풀이 ㉠ 안전공사 및 대행사업자(태양광발전설비)
용량 1천[kW](원격감시 및 제어기능을 갖춘 경우 용량 3천[kW]) 미만
㉡ 개인대행자(태양광발전설비)
용량 250[kW](원격감시 및 제어기능을 갖춘 경우 용량 750[kW]) 미만

65 산업안전보건기준에 관한 규칙에 따라 물체의 낙하·충격, 물체에의 끼임, 감전 또는 정전기 대전(帶電)에 의한 위험이 있는 작업 시 착용하는 보호구는?

① 방열복　　　② 보안면
③ 안전화　　　④ 방진마스크

풀이 산업안전보건기준에 따른 보호구
- 안전모 : 물체가 떨어지거나 날아올 위험 또는 근로자가 추락할 위험이 있는 작업 시 착용
- 안전대(安全帶) : 높이 또는 깊이 2[m] 이상의 추락할 위험이 있는 장소에서 하는 작업 시 착용
- 안전화 : 물체의 낙하·충격, 물체에의 끼임, 감전 또는 정전기의 대전(帶電)에 의한 위험이 있는 작업 시 착용
- 보안경 : 물체가 흩날릴 위험이 있는 작업 시 착용

66 태양광시스템용 배터리 충전 컨트롤러-성능 및 기능(KS C IEC 62509 : 2010)에 따라 배터리 수명 보호 요구조건의 권장 충전 단계에서 배터리 충전 컨트롤러는 주기적으로 배터리에 균등 충전을 제공하며, 균등 충전의 주기는 며칠 이상이어야 하는가?

① 3일　　　② 5일
③ 7일　　　④ 15일

풀이 배터리 충전 컨트롤러는 주기적으로 배터리에 균등 충전을 제공해야 하며, 균등 충전의 주기는 7일 이상이어야 한다.

67 태양광시스템용 이차전지(KS C 8575 : 2021)에 따른 권장 시험방법 중 형식시험에 해당하지 않는 것은?

① 저온방전시험
② 용량시험
③ 재단파 충격시험
④ 사이클 내구성 시험

풀이 이차전지 시험방법 중 형식시험
- 저온방전시험
- 용량시험
- 사이클 내구성 시험
- 용량보존시험

68 중대형 태양광발전용 인버터(계통연계형, 독립형)(KS C 8565 : 2020)에 따른 정상특성시험 항목이 아닌 것은?

① 효율시험　　　② 내전압시험
③ 온도상승시험　④ 누설전류시험

풀이
- 정상특성시험 : 교류 전압·주파수 추종범위시험, 교류출력전류 변형률 시험, 누설전류시험, 온도상승시험, 효율시험, 대기손실시험, 자동기동·정지시험, 최대전력추종시험, 출력전류 직류분 검출시험
- 내전압시험은 절연성능시험이다.

69 전기설비 검사 및 점검의 방법·절차 등에 관한 고시에 따른 태양광발전설비 중 전력변환장치의 정기검사 시 세부검사내용에 해당하는 것은?

① 개방전압
② 위험표시
③ 보호장치시험
④ 울타리, 담 등의 시설상태

풀이
- 전력변환장치의 정기검사 세부내용 : 보호장치시험
- 모듈의 정기검사 세부내용 : 개방전압
- 부대설비의 정기검사 세부내용 : 위험표시, 울타리·담 등의 시설상태

정답 65 ③　66 ③　67 ③　68 ②　69 ③

70 발전설비의 유지관리를 위한 일상점검 시 배전반 주회로 인입·인출부에 대한 점검항목과 점검내용으로 틀린 것은?

① 부싱−코로나 방전에 의한 이상음 여부
② 태양광발전용 개폐기−"태양광발전용"이란 표시 여부
③ 케이블 접속부−과열에 의한 이상한 냄새 발생 여부
④ 폐쇄 모선 접속부−볼트류 등의 조임 이완에 따른 진동음 유무

풀이 태양광발전용 개폐기에 "태양광발전용"이란 표시 여부는 준공 시 육안점검항목이다.

71 태양광발전 접속함(KS C 8567 : 2019)에 따른 절연특성시험 중 내전압시험 시 서로 연결된 주회로의 모든 극과 접지된 외함(절연성의 경우 외함의 금속박) 사이에 시험 전압값을 인가 후 몇 초 동안 유지하여야 하는가?

① 3초 ② 5초
③ 10초 ④ 30초

풀이 내전압시험 시 회로에 시험 전압값으로 인가 후 5초 동안 유지한다.

72 전기 작업계획서의 작성에 관한 기술지침에 따라 작업계획서에 작성하는 내용으로 틀린 것은?

① 작업의 목적
② 작업자의 자격 및 적정 인원
③ 작업자의 인적 사항
④ 교대 근무 시 근무 인계에 관한 사항

풀이 작업계획서의 내용
- 작업의 목적 및 내용
- 작업자의 자격 및 적정 인원
- 작업 범위, 작업책임자 임명, 전격·아크 섬광·아크 폭발 등 전기 위험 요인 파악, 접근 한계거리, 활선 접근 경보장치 휴대 등 작업시작 전에 필요한 사항
- 전로차단에 관한 작업계획 및 전원 재투입 절차 등 작업 상황에 필요한 안전 작업 요령
- 절연용 보호구 및 방호구, 활선작업용 기구·장치 등의 준비·점검·착용·사용 등에 관한 사항
- 점검·시운전을 위한 일시 운전, 작업 중단 등에 관한 사항
- 교대 근무 시 근무 인계에 관한 사항
- 전기작업 장소에 대한 관계 근로자가 아닌 사람의 출입금지에 관한 사항
- 전기안전 작업계획서를 해당 근로자에게 교육할 수 있는 방법과 작성된 전기안전 작업계획서의 평가·관리계획
- 전기 도면, 기기 세부 사항 등 작업과 관련되는 자료 등

73 절연용 방호구의 선정 및 관리 등에 관한 기술지침에 따른 덮개의 구조에 대한 설명으로 틀린 것은?

① 덮개를 설치하였을 때, 충전부는 노출되는 구조이어야 한다.
② 덮개의 두께는 일정하고 균일한 품질이어야 한다.
③ 2개 이상의 덮개를 연결하여 사용할 때, 연결과 분리가 간편하고 설치 및 해체가 용이해야 한다.
④ 덮개를 선로 등에 설치하였을 때, 회전되거나 탈락되지 않아야 하고 연결부가 분리되지 않은 구조이어야 한다.

풀이 절연용 방호구의 선정 및 관리 등에 관한 기술지침에 따른 덮개의 구조
- 덮개의 두께는 일정하고 균일한 품질이어야 한다.
- 2개 이상의 덮개를 연결하여 사용할 때, 연결과 분리가 간편하고 설치 및 해체가 용이해야 한다.
- 덮개를 선로 등에 설치하였을 때, 회전되거나 탈락되지 않아야 하고 연결부가 분리되지 않은 구조이어야 한다.
- 덮개는 형상이 바르고 내·외 표면은 흠, 균열 등의 결함이 없어야 한다.
- 덮개를 설치하였을 때, 충전부가 노출되지 않는 구조이어야 한다.

정답 70 ② 71 ② 72 ③ 73 ①

74 태양광발전시스템의 유지관리 시 보수점검 작업 후 유의사항으로 틀린 것은?

① 쥐, 곤충 등이 침입되어 있지 않은지 확인한다.
② 볼트 조임작업을 완벽하게 하였는지 확인한다.
③ 검전기로 무전압 상태를 확인하고 필요개소에 접지한다.
④ 점검을 위해 임시로 설치한 가설물 등의 철거가 지연되고 있지 않은지 확인한다.

풀이 검전기로 무전압 상태를 확인하고 필요개소에 접지하는 것은 점검 작업 전의 업무이다.

75 태양광발전시스템의 계측 및 표시에 필요한 기기로 틀린 것은?

① 교류회로 전압을 측정하기 위한 분류기
② 검출된 전압, 전류, 전력 등의 데이터 전송을 위한 신호변환기
③ 계측 데이터를 복사, 보존하기 위한 기억장치
④ 일시 계측 데이터를 적산하여 평균값 및 적산값을 얻기 위한 연산장치

풀이 태양광발전시스템의 계측 및 표시 기기
- 검출된 전압, 전류, 전력 등의 데이터 전송을 위한 신호변환기
- 계측 데이터를 복사, 보존하기 위한 기억장치
- 일시 계측 데이터를 적산하여 평균값 및 적산값을 얻기 위한 연산장치
- 순시발전량, 누적발전량, 석유 절감량, CO_2 삭감량 등을 표시하는 표시장치
- 전압, 전류, 주파수, 일사량, 기온, 풍속 등의 전기신호를 검출하는 검출기(센서)
- 전류계 측정 범위를 확대하기 위하여 전류계에 병렬로 연결하는 저항기(분류기)

76 중대형 태양광발전용 인버터(계통연계형, 독립형)(KS C 8565 : 2021)에 따른 구조시험의 품질 기준은 KS C 8565 규정을 만족하고 출력 전력, 전압, 전류는 실제값과 오차가 몇 [%] 이내이어야 하는가?

① 1 ② 3
③ 5 ④ 10

풀이 KS C 8565 규정을 만족하고 출력 전력, 전압, 전류는 실제값과 오차가 3[%] 이내이어야 한다.

77 태양광발전시스템의 계측기구 및 표시장치의 구성으로 틀린 것은?

① 검출기 ② 연산장치
③ 감시장치 ④ 신호변환기

풀이 계측기구 및 표시장치의 구성도

검출기(센서) — 신호변환기(트랜스듀서) — 연산장치 — 표시장치
                                          │
                                       기억장치

78 전기설비 검사 및 점검의 방법·절차 등에 관한 고시에 따른 사업용 태양광발전설비의 정기점검 시 종합검사의 검사항목에 해당하지 않는 것은?

① 종합연동시험 ② 부하운전시험
③ 조상설비시험 ④ 부지 및 구조물

풀이
- 종합검사 항목 : 종합연동시험, 부하운전시험(30분), 부지 및 구조물
- 조상설비는 송·배전계통에 적용된다.

79 태양광발전 접속함(KS C 8567 : 2019)에 따라 직류(DC)용 퓨즈는 IEC 60296-6의 관련 요구사항을 만족하는 어떤 타입을 사용하여야 하는가?

① aPV 타입　　② gPV 타입
③ qPV 타입　　④ sPV 타입

풀이 태양광발전 접속함(KS C 8567 : 2019)에 따라 직류(DC)용 퓨즈는 gPV 타입을 사용한다.

80 전기안전관리법령에 따라 선임된 전기안전관리자의 직무 범위로 틀린 것은?

① 전기설비의 안전관리를 위한 확인·점검 및 이에 대한 업무의 감독
② 전기재해의 발생을 예방하거나 그 피해를 줄이기 위하여 필요한 응급조치
③ 비상용 예비발전설비의 설치·변경공사로서 총공사비가 1억 원 미만인 공사의 감리업무
④ 전기수용설비의 증설 또는 변경공사로서 총공사비가 1억 원 미만인 공사의 감리업무

풀이 전기수용설비의 증설 또는 변경공사로서 총공사비가 5천만 원 미만인 공사의 감리업무

정답　79 ②　80 ④

SECTION 007 제7회 CBT 대비 모의고사

1과목 태양광발전 기획

01 국토의 계획 및 이용에 관한 법령에 따라 개발행위(변경) 허가신청서의 처리기간으로 옳은 것은?

① 7일 ② 15일
③ 30일 ④ 60일

풀이 법 제57조 및 같은 법 시행령 제54조에 따라 개발행위허가의 신청에 대하여 특별한 사유가 없으면 15일 이내에 허가 또는 불허가 처분을 하여야 한다.

02 태양광발전 모듈 1장의 출력이 158[W], 크기가 1.29[m]×0.99[m]이고, 지붕의 설치가능면적이 20[m²]인 경우, 설치되는 태양광발전 모듈의 총출력은 약 몇 [W]인가?

① 1,844 ② 2,370
③ 2,588 ④ 3,160

풀이 총출력=모듈 1장 출력×직렬수×병렬수

모듈 수량(직렬수×병렬수)= $\dfrac{\text{설치가능면적}}{\text{모듈 크기}}$

= $\dfrac{20}{1.29 \times 0.99}$

= 15.66개에서 15장

∴ 총출력=158×15=2,370[W]

03 120[kWp] 태양광발전시스템을 밭에 설치하려고 할 때, REC 가중치는 약 얼마인가?

① 1.15 ② 1.17
③ 1.18 ④ 1.19

풀이 일반부지에 설치하는 경우 가중치
- 100[kW] 미만 1.2
- 3,000[kW] 이하 1.0
- 3,000[kW] 초과 0.8

가중치 = $\dfrac{99.999 \times 1.2 + (\text{용량} - 99.999) \times 1.0}{\text{용량}}$

= $\dfrac{99.999 \times 1.2 + (120 - 99.999) \times 1.0}{120}$

= 1.166

※ 가중치는 소수점 넷째 자리에서 절사한다.

04 환경영향평가법령에 따른 전략환경영향평가의 정책계획에 대한 세부평가항목으로 틀린 것은?

① 입지의 타당성
② 계획의 연계성·지속성
③ 계획의 적정성·지속성
④ 환경보전계획과의 부합성

풀이 전략환경영향평가의 정책계획 세부평가항목(시행령 [별표 1])
- 환경보전계획과의 부합성
- 계획의 연계성·지속성
- 계획의 적정성·연속성

05 전기사업법령에 따라 사업계획서 작성 시 전기설비 개요에 포함되어야 할 태양광설비에 대한 사항으로 틀린 것은?

① 태양전지의 종류
② 집광판의 면적
③ 접속함의 설치장소
④ 인버터의 종류

풀이 사업계획서 작성 시 전기설비 개요에 포함되어야 할 사항(태양광설비)
- 태양전지의 종류, 정격용량, 정격전압 및 정격출력
- 인버터의 종류, 입력전압, 출력전압 및 정격출력
- 집광판의 면적

정답 01 ② 02 ② 03 ② 04 ① 05 ③

06 국토의 계획 및 이용에 관한 법령에 따라 허가를 받지 않아도 되는 경미한 행위에 해당하지 않는 것은?

① 농림지역 안에서 농림어업용 비닐하우스 안에 육상어류양식장의 설치
② 토지의 일부를 공공용지 또는 공용지로 하기 위한 토지의 분할
③ 지구단위계획구역에서 채취면적이 $25[m^2]$ 이하인 토지에서의 부피 $50[m^3]$ 이하의 토석채취
④ 지구단위계획구역에서 물건을 쌓아놓는 면적이 $25[m^2]$ 이하는 토지에서의 부피 $50[m^3]$ 이하로 물건을 쌓아놓는 행위

풀이 허가를 받지 아니하여도 되는 경미한 행위(공작물의 설치 시)
- 도시지역 또는 지구단위계획구역에서 무게가 50톤 이하, 부피가 $50[m^3]$ 이하, 수평투영면적이 $50[m^2]$ 이하인 공작물의 설치. 다만, 「건축법 시행령」 제118조제1항 각 호의 어느 하나에 해당하는 공작물의 설치는 제외한다.
- 도시지역·자연환경보전지역 및 지구단위계획구역 외의 지역에서 무게가 150톤 이하, 부피가 $150[m^3]$ 이하, 수평투영면적이 $150[m^2]$ 이하인 공작물의 설치. 다만, 「건축법 시행령」 제118조제1항 각 호의 어느 하나에 해당하는 공작물의 설치는 제외한다.
- 녹지지역·관리지역 또는 농림지역 안에서의 농림어업용 비닐하우스(비닐하우스 안에 설치하는 육상어류양식장을 제외한다)의 설치

07 태양광발전을 위한 부지선정 시 일반적인 고려사항이 아닌 것은?

① 계통연계 가능성
② 일조량과 일조시간
③ 인근 태양광발전소와의 거리
④ 자연재해의 발생 가능 여부

풀이 부지선정 시 일반적인 고려사항
- 계통연계 가능성
- 일조량과 일조시간
- 자연재해의 발생 가능 여부

08 다음 조건에서 월간 발전량은 약 몇 [kWh]인가?(단, 종합설계계수는 0.66을 적용하며, 기타 조건은 무시한다.)

- 태양전기 어레이 출력 : 10,800[W]
- 월 적산어레이 경사면 일사량 : $115.94[kWh/m^2 \cdot 월]$
- 표준상태의 일사강도 : $1[kWh/m^2]$

① 826.4
② 853.4
③ 987.3
④ 1,120.9

풀이 월간 발전량(E_{PM})

$$E_{PM} = P_{AS} \times \left(\frac{H_{AM}}{G_S}\right) \times K[kWh/월]$$

$$= \frac{10.8[kW] \times 115.94[kWh/m^2 \cdot 월]}{1[kW/m^2]} \times 0.66$$

$$= 826.42 ≒ 826.4[kWh/월]$$

여기서, P_{AS} : 어레이 출력[kW]
H_{AM} : 월별 적산 경사면 일사량 $[kWh/m^2 \cdot 월]$
G_S : 표준상태의 일조강도 = $1[kW/m^2]$

09 신에너지 및 재생에너지 개발·이용·보급 촉진법령에 따른 재생에너지의 종류로 틀린 것은?

① 수소에너지
② 해양에너지
③ 태양에너지
④ 지열에너지

풀이
- 신에너지 : 수소에너지, 연료전지, 석탄 액화가스화 및 중질잔사유 가스화 에너지
- 재생에너지 : 태양(태양광, 태양열), 풍력, 수력, 해양, 지열, 바이오, 폐기물 에너지

정답   06 ①   07 ③   08 ①   09 ①

10 지방자치단체를 당사자로 하는 계약에 관한 법률에 의거하여 용역 표준계약서를 작성하고자 한다. 이때 필요한 붙임서류가 아닌 것은?

① 특별시방서
② 과업내용서
③ 산출내역서
④ 용역 입찰유의서

풀이 용역 표준계약서의 붙임서류(시행규칙 서식 9)
• 용역 입찰유의서 1부
• 과업내용서 1부
• 용역계약 일반조건 1부
• 산출내역서
• 용역계약 특수조건 1부

11 신에너지 및 재생에너지 개발·이용·보급 촉진법령에 따라 집적화단지 조성사업의 실시기관으로 선정되려는 지방자치단체의 장이 집적화단지 개발계획을 수립하여 산업통상자원부장관에게 제출할 때 포함되는 사항이 아닌 것은?

① 집적화단지의 위치 및 면적
② 집적화단지 조성사업의 개요 및 시행방법
③ 집적화단지 조성 및 기반시설 설치에 필요한 부지확보 계획
④ 그 밖에 집적화단지 조성에 필요하다고 신·재생에너지센터장이 인정하고 고시하는 사항

풀이 집적화단지 개발계획 수립 시 산업통상자원부장관에게 제출하는 서류
• 집적화단지의 위치 및 면적
• 집적화단지 조성사업의 개요 및 시행방법
• 집적화단지 조성 및 기반시설 설치에 필요한 부지 확보 계획
• 집적화단지 조성사업에 대한 주민수용성 및 친환경성 확보 계획
• 그 밖에 집적화단지 조성에 필요하다고 산업통상자원부장관이 인정하여 고시하는 사항

12 전기공사업법령에 따라 공사업자가 최근 5년간 몇 회 이상 영업정지처분을 받은 경우 등록취소가 되는가?

① 3회
② 5회
③ 6회
④ 7회

풀이 전기공사업의 등록취소(법 제28조제1항)
영업정지처분기간에 영업을 하거나 최근 5년간 3회 이상 영업정지처분을 받은 경우 등록취소하여야 한다.

13 다음 그림은 직류입력으로부터 교류출력을 얻어내는 인버터의 동작원리를 설명하고 있다. 아래와 같은 출력파형을 얻기 위해 ㉢ 신호에 들어갈 스위치 상태를 $S_1 - S_2 - S_3 - S_4$의 순서에 맞게 나열한 것은?

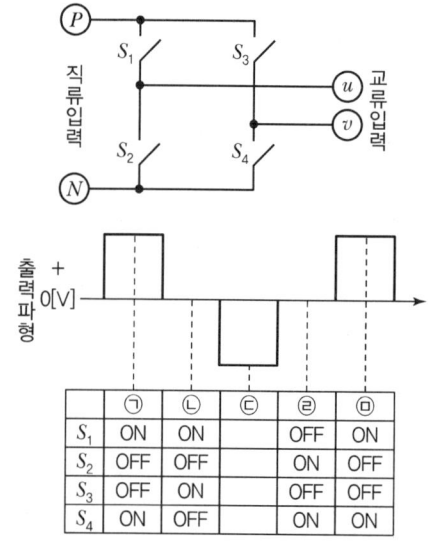

	㉠	㉡	㉢	㉣	㉤
S_1	ON	ON		OFF	ON
S_2	OFF	OFF		ON	OFF
S_3	OFF	ON		OFF	OFF
S_4	ON	OFF		ON	ON

① ON-ON-OFF-OFF
② ON-OFF-OFF-ON
③ OFF-ON-ON-OFF
④ OFF-OFF-ON-ON

풀이

구분	㉠	㉡	㉢	㉣	㉤
S_1	ON	ON	OFF	OFF	ON
S_2	OFF	OFF	ON	ON	OFF
S_3	OFF	ON	ON	OFF	OFF
S_4	ON	OFF	OFF	ON	ON

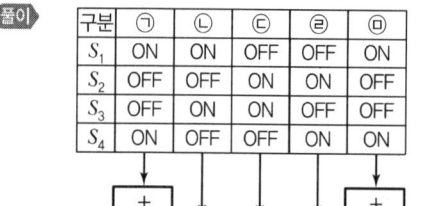

정답 10 ① 11 ④ 12 ① 13 ③

14 설비용량 999.999[kW]인 태양광발전설비를 염전에 설치하였을 때 적용받을 수 있는 가중치는?

① 1.0　　② 1.019
③ 1.045　④ 1.129

풀이 가중치
$= \dfrac{(99.999 \times 1.2) + (999.999 - 99.999) \times 1.0}{999.999}$
$= 1.01999 ≒ 1.019$

※ 일반부지 가중치 : 100[kW] 미만 1.2, 3,000[kW] 이하 1.0, 3,000[kW] 초과 0.8

15 태양전지의 계산식
$T_{cell} = T_{amb} + \left(\dfrac{NOCT - 20}{800}\right) \times S$에서 NOCT는 무엇인가?(단, T_{cell}은 태양전지온도[℃], T_{amb}은 주위온도[℃], S는 방사조도[kW/m²]이다.)

① 일조량
② 개방전압
③ 공기온도
④ 공칭작동 태양전지온도

풀이 NOCT(Nominal Operating photovoltaic Cell Temperature) : 공칭작동 태양전지온도

16 대기질량지수(Air Mass Index, AM)에 대한 설명으로 틀린 것은?

① 표준시험조건(STC)에서는 1.5의 AM을 사용한다.
② 태양이 바로 위에 떠 있을 시 구름이 없는 하늘과 공기압이 P_0 표준운전조건에서 1.0이다.
③ 태양이 바로 머리 위에 있을 때에는 햇빛이 해면에 이를 때까지 지나오는 거리의 합으로 나타낸다.
④ 직달 태양광이 지구 대기를 통과하는 경로의 길이를 표준 상태의 대기압에 연직으로 입사되는 경로의 길이에 대한 비로 나타낸 것이다.

풀이 태양이 바로 머리 위에 있는 경우 햇빛이 해면에 이를 때까지 지나오는 거리의 곱으로 나타낸다.

17 전기사업법령에 따라 산업통상자원부장관은 산지관리법에 따른 산지에 태양광발전설비를 설치하여 전력거래를 하려는 발전사업자가 계절적 요인으로 복구준공이 불가피하게 지연되거나 부분 복구준공이 가능한 경우 등 대통령령으로 정하는 사유가 있는 때에는 몇 개월의 범위에서 사업정지 명령을 유예할 수 있는가?

① 3개월　② 6개월
③ 9개월　④ 12개월

풀이 산지에 설치되는 재생에너지 설비의 전력거래(법 제31조의2제3항)
산업통상자원부장관은 산지관리법에 따른 산지에 태양광발전설비를 설치하여 전력거래를 하려는 발전사업자가 계절적 요인으로 복구준공이 불가피하게 지연되거나 부분 복구준공이 가능한 경우 등 대통령령으로 정하는 사유가 있는 때에는 6개월의 범위에서 사업정지 명령을 유예할 수 있다.

18 태양을 올려보는 각도가 30°인 경우 AM(Air Mass) 값은?

① 1.0　　② 1.25
③ 1.5　　④ 2.0

풀이 지표면에서 태양을 올려보는 각을 θ라 할 때, AM(Air Mass) 값은 다음과 같다.
$AM = \dfrac{1}{\sin\theta} = \dfrac{1}{\sin 30°} = \dfrac{1}{0.5} = 2.0$

19 태양광발전부지의 연간 경사면의 일사량이 4,784[MJ/m²]이고 효율이 81[%]일 때, 일평균 발전량은 약 몇 [kWh/m²]인가?

① 1.329　② 2.949
③ 3.648　④ 4.884

풀이 일평균 발전량
$= \dfrac{\text{연간 경사면의 일사량}[\text{MJ/m}^2] \times \text{효율}}{3.6[\text{MJ}] \times 365}$
$= \dfrac{4,784 \times 0.81}{3.6 \times 365} = 2.949 [\text{kWh/m}^2]$
※ 1[kWh] = 3.6[MJ]

정답 14 ② 15 ④ 16 ③ 17 ② 18 ④ 19 ②

20 신에너지 및 재생에너지 개발·이용·보급 촉진법령에 따라 하자보수의 대상이 되는 신재생에너지 설비 및 하자보수 기간 등은 무엇으로 정하는가?

① 행정안전부령
② 기획재정부령
③ 국토교통부령
④ 산업통상자원부령

풀이 하자보수의 대상이 되는 신재생에너지 설비 및 하자보수 기간 등은 산업통상자원부령으로 정한다.

2과목 태양광발전 설계

21 건축전기설비 일반사항(KDS 21 10 20 : 2019)에 따른 실시설계 성과물에 해당하지 않는 것은?

① 설계계산서
② 실시설계 도서
③ 공사비 적산서
④ 기본설계 계획서

풀이 실시설계 성과물
- 실시설계 도서 : 설계설명서, 설계도면, 공사시방서
- 공사비 적산서 : 내역서, 산출서, 견적서
- 설계계산서 : 조도계산서, 부하계산서, 간선계산서, 용량계산서(변압기, 발전기 등), 기타 계산서
- 기타 사항 : 관공서 협의기록, 관계자 협의기록, 기타 기록(설계자문, 심의 등)

22 다음과 같은 조건일 때 어레이와 어레이 간의 최소 이격거리는 약 몇 [m]인가? (단, 경사고정식으로 정남향이다.)

- 어레이 길이(L) : 3[m]
- 어레이 경사각(θ) : 30°
- 설치지역의 위도(ϕ) : 35.5°

① 4.5
② 4.8
③ 5.1
④ 5.4

풀이 이격거리(d)
$$d = L\{\cos\theta + \sin\theta \times \tan(\phi + 23.5°)\}$$
$$= 3\{\cos 30° + \sin 30° \times \tan(35.5° + 23.5°)\}$$
$$= 5.09 ≒ 5.1[m]$$

23 한국전기설비규정에 따라 사용전압 35[kV] 이하의 특고압 가공전선이 도로를 횡단하는 경우 지표상 높이는 몇 [m] 이상이어야 하는가?

① 5.0
② 5.5
③ 6.0
④ 6.5

풀이 사용전압 35[kV] 이하 특고압 가공전선의 높이

사용전압의 구분	지표상의 높이
35[kV] 이하	5[m] (철도 또는 궤도를 횡단하는 경우에는 6.5[m], 도로를 횡단하는 경우에는 6[m], 횡단보도교의 위에 시설하는 경우로서 전선이 특고압 절연전선 또는 케이블인 경우에는 4[m])

24 전력시설물 공사감리업무 수행지침에 따라 감리원은 공사가 시작된 경우에 공사업자로부터 착공신고서를 제출받아 적정성 여부를 검토 후 며칠 이내에 발주자에게 보고하여야 하는가?

① 3일
② 7일
③ 15일
④ 30일

풀이 감리원은 공사가 시작된 경우에 공사업자로부터 착공신고서를 제출받아 적정성 여부를 검토 후 7일 이내에 발주자에게 보고하여야 한다.

25 한국전기설비규정에 따라 사용전압이 저압인 전로에 정전이 어려운 경우 등 절연저항 측정이 곤란한 경우 저항성분의 누설전류가 몇 [mA] 이하이면 그 전로의 절연성능은 적합한 것으로 보는가?

① 1
② 3
③ 5
④ 7

정답 20 ④ 21 ④ 22 ③ 23 ③ 24 ② 25 ①

풀이 저압 전로에서 정전이 어려운 경우 등 절연저항 측정이 곤란한 경우 저항성분의 누설전류가 1[mA] 이하이면 그 전로의 절연성능은 적합한 것으로 본다.

26 콘크리트 옹벽(KDS 11 80 05 : 2020)에서 콘크리트 옹벽의 안정해석 시 고려하는 하중의 종류에 해당하지 않는 것은?

① 콘크리트 옹벽에 간접 작용하는 외력
② 콘크리트 옹벽과 뒤채움재의 자중 등 고정하중
③ 배수가 되지 않는 조건에서는 수압과 부력
④ 콘크리트 옹벽에 작용하는 토압과 상재하중에 의한 토압증가량

풀이 콘크리트 옹벽의 안정해석 시 고려하는 하중의 종류
 • 콘크리트 옹벽과 뒤채움재의 자중 등 고정하중
 • 배수가 되지 않는 조건에서는 수압과 부력
 • 콘크리트 옹벽에 작용하는 토압과 상재하중에 의한 토압증가량
 • 콘크리트 옹벽에 직접 작용하는 외력
 • 지진에 의한 하중 등

27 최대 출력전압이 50[V], 전압온도계수가 −0.2[V/℃]인 태양광발전 모듈이 있다. 이 모듈의 표면 온도가 60[℃]일 때 직렬로 10장을 연결하였다면, 이때의 최대 출력전압은 몇 [V]인가?(단, STC 조건이다.)

① 385　　② 405
③ 430　　④ 480

풀이 • 60[℃]일 때 모듈의 최대 출력전압
$$V_{mpp}(60℃) = V_{mpp} + 전압온도계수(T_{cell} - 25)$$
$$= 50 + (-0.2(60-25))$$
$$= 43[V]$$
• 직렬로 10장 연결 시 최대 출력전압
$$V_{mpp}(10직렬) = V_{mpp}(60℃) \times 10$$
$$= 43 \times 10$$
$$= 430[V]$$

28 한국전기설비규정에 따른 특고압 가공전선이 가공약전류전선 등 고압의 가공전선이나 고압의 전차선과 제1차 접근상태로 시설되는 경우 특고압 가공전선로는 몇 종 특고압 보안공사를 하여야 하는가?

① 제0종 특고압 보안공사
② 제1종 특고압 보안공사
③ 제2종 특고압 보안공사
④ 제3종 특고압 보안공사

풀이 특고압 전선로는 제3종 특고압 보안공사를 하여야 한다.

29 태양광발전시스템에 설치하는 CCTV에 대한 설명으로 틀린 것은?

① 감시구역에 설치하는 카메라와 제어실(또는 방재센터)에 설치하는 모니터 및 전원장치 등을 기본구성으로 한다.
② 카메라의 특성에 맞는 휘도를 확보하여야 하며, 화각 내 고휘도 광원, 물체, 햇빛직사 등을 피해야 하며, 파괴하기 어려운 위치에 설치한다.
③ 일반적으로 컬러형과 흑백형, 고정형과 회전형(수평, 수직), 옥내형과 옥외형, 노출형과 매입형 등으로 구분하고, 외부에 드러나지 않게 하는 은폐형이 있다.
④ 전체 경계구역을 효율적인 화각(촬영 범위) 이내가 되도록 이중거리, 초점거리, 촬영방식, 유효화소수, 해상도, 최저 피사체 조도 등을 고려하여 선정하여야 한다.

풀이 카메라에는 적외선 램프가 장착되어 있어 별도의 휘도를 확보할 필요는 없다.

정답　26 ①　27 ③　28 ④　29 ②

30 전력시설물 공사감리업무 수행지침에 따라 책임감리원은 분기보고서를 작성하여 발주자에게 제출하여야 한다. 이때 보고서는 매 분기말 다음 달 며칠 이내로 제출하여야 하는가?

① 3일 ② 5일
③ 7일 ④ 14일

풀이 분기보고서의 제출(수행지침 제17조제2항)
책임감리원은 분기보고서를 작성하여 발주자에게 제출하여야 한다. 보고서는 매 분기말 다음 달 7일 이내로 제출한다.

31 단선결선도 작성 시 일반적으로 사용하는 진공차단기(VCB)의 그림기호로 옳은 것은?

① ─◠─ ② ─[◦◦]─
③ ─◞─ ④ ─⊗─

풀이

기호	명칭
─◠─	기중 차단기(일반) ※ 기호 옆에 다음 글자를 부기한다. • 기중 차단기 ACB • 배선용차단기 MCB
─[◦◦]─	교류 차단기(일반) ※ 기호 옆에 다음 글자를 부기한다. • 기름 차단기 OCB • 진공 차단기 VCB • 공기 차단기 ACB • 가스 차단기 GCB
─◞─	동력 조작의 단로기형 부하개폐기
─⊗─	동력 조작의 단로기(간단 표기)

32 지상형 태양광발전시스템 구조물의 종류가 아닌 것은?

① 고정식 ② 양축식
③ 단축식 ④ 부유식

풀이 지상형 태양광발전시스템 구조물의 종류
• 고정식
• 단축식
• 양축식

부유식은 수상형 태양광발전시스템 구조물의 종류에 해당한다.

33 신재생발전기 송전계통 연계 기술기준에 따라 무효전력에 대한 정상상태 허용오차는 몇 [%] 이하이어야 하는가?

① 2 ② 3
③ 5 ④ 10

풀이 무효전력에 대한 정상상태 허용오차는 5[%] 이하이어야 한다.

34 가교 폴리에틸렌 절연 비닐 시스 케이블을 나타내는 약호는?

① CV ② DV
③ GV ④ OC

풀이 • CV(=XLPE) : 가교 폴리에틸렌 비닐 시스 케이블
• DV : 인입용 비닐 절연전선
• GV : 접지용 비닐 절연전선
• OC : 옥외용 가교 폴리에틸렌 절연전선

35 한국전기설비규정에 따라 분산형 전원을 계통에 연계하는 경우 전력계통의 단락용량이 다른 자의 차단기의 차단용량 또는 전선의 순시허용전류 등을 상회할 우려가 있을 때에 그 분산형 전원 설치자가 설치하여야 하는 것은?

① 영상변류기 ② 지락차단기
③ 계기용 변압기 ④ 전류제한 리액터

풀이 분산형 전원을 계통 연계하는 경우 전력계통의 단락용량이 다른 자의 차단기의 차단용량 또는 전선의 순시허용전류 등을 상회할 우려가 있을 때에는 그 분산형 전원 설치자가 전류제한 리액터 등 단락전류를 제한하는 장치를 시설하여야 한다.

정답 30 ③ 31 ② 32 ④ 33 ③ 34 ① 35 ④

36 얕은기초 설계기준(일반설계법)(KDS 11 50 05 : 2021)에 따라 얕은기초의 설계 시 검토하여 결정하는 사항으로 틀린 것은?

① 기초지반이 침하나 전단파괴에 대하여 안전하도록 한다.
② 인접한 구조물에 침하, 균열, 손상 등이 발생하지 않아야 한다.
③ 과도한 침하나 부등침하가 발생하지 않도록 한다.
④ 기초가 경사진 지반에 설치될 경우 기초하중에 의한 비탈면 활동 및 지지력의 증가가 발생하지 않도록 한다.

풀이 기초가 경사진 지반에 설치될 경우 지지력 감소가 발생하지 않도록 한다.

37 신재생발전기 계통연계기준에 따라 태양광발전기 계통운영자가 지시하는 기능을 수행하기 위해 구비하여야 하는 무효전력 제어방식에 해당하지 않는 것은?

① 일정 입력전류 제어
② 일정 역률 제어
③ 일정 무효전력 출력제어
④ 전압 조정을 위한 무효전력 제어

풀이 태양광발전기 계통운영자가 지시하는 기능을 수행하기 위해 구비하여야 하는 무효전력 제어방식
- 일정 역률 제어
- 일정 무효전력 출력제어
- 전압 조정을 위한 무효전력 제어

38 전력기술관리법령에 따라 전력시설물의 설치·보수공사 발주자는 전력시설물의 설치·보수공사의 품질 확보 및 향상을 위하여 누구에게 공사감리를 발주하여야 하는가?

① 전문설계업을 등록한 자
② 종합설계업을 등록한 자
③ 공사감리업을 등록한 자
④ 전기공사업을 등록한 자

풀이 공사감리의 발주(법 제12조제1항)
전력시설물의 설치·보수공사 발주자는 전력시설물의 설치·보수공사의 품질 확보 및 향상을 위하여 공사감리업의 등록을 한 자에게 공사감리를 발주하여야 한다.

39 전기설비기술기준에 따라 사용전압이 400[kV] 이상의 특고압 가공전선과 건조물 사이의 수평거리는 그 건조물의 화재로 인한 그 전선의 손상 등에 의하여 전기사업에 관련된 전기의 원활한 공급에 지장을 줄 우려가 없도록 몇 [m] 이상 이격하여야 하는가?(단, 가공전선과 건조물 상부와의 수직거리가 28[m] 미만인 경우이다.)

① 0.7
② 1.5
③ 3.0
④ 5.0

풀이 사용전압이 400[kV] 이상의 특고압 가공전선과 건조물 사이의 수평거리는 그 건조물의 화재로 인한 그 전선의 손상 등에 의하여 전기사업에 관련된 전기의 원활한 공급에 지장을 줄 우려가 없도록 3[m] 이상 이격하여야 한다.

40 전력기술관리법령에 따라 산업통상자원부장관 또는 시·도지사는 검사(질문을 포함한다)를 하려면 검사일 며칠 전까지 검사 일시, 검사 목적, 검사 내용 등의 검사계획을 검사대상자에게 알려야 하는가?

① 3일
② 7일
③ 10일
④ 15일

풀이 산업통상자원부장관 또는 시·도지사는 검사(질문을 포함한다)를 하려면 검사일 7일 전까지 검사 일시, 검사 목적, 검사 내용 등의 검사계획을 검사 대상자에게 알려야 한다.

정답 36 ④ 37 ① 38 ③ 39 ③ 40 ②

3과목 태양광발전 시공

41 한국전기설비규정에 따라 합성수지관 상호 간 및 박스와는 관을 삽입하는 깊이를 관의 바깥지름의 몇 배 이상으로 하여야 하는가?(단, 접착제를 사용하지 않은 경우이다.)

① 0.8배　　② 1.0배
③ 1.2배　　④ 1.5배

풀이 합성수지관 상호 간 및 박스와는 관을 삽입하는 깊이를 관의 바깥지름의 1.2배(접착제를 사용하는 경우에는 0.8배) 이상으로 하고 또한 꽂음접속에 의하여 견고하게 접속하여야 한다.

42 한국전기설비규정에 따라 태양광발전설비에서 사용하는 전선의 시공방법이 아닌 것은?

① 충전부분이 노출되지 아니하도록 시설할 것
② 접속점에 장력이 가해지도록 할 것
③ 모듈의 출력배선은 극성별로 확인할 수 있도록 표시할 것
④ 모듈 및 기타 기구에 전선을 접속하는 경우는 나사로 조이고, 기타 이와 동등 이상의 효력이 있는 방법으로 기계적·전기적으로 안전하게 접속할 것

풀이 접속점에 장력이 가해지지 않도록 할 것

43 직류 송전방식과 비교했을 때 교류 송전방식의 장점이 아닌 것은?

① 안전도가 좋다.
② 전압의 승압·강압이 용이하다.
③ 회전자계를 쉽게 얻을 수 있다.
④ 교류방식으로 일관된 운용을 기할 수 있다.

풀이 ㉠ 교류 송전방식의 장점
　　・전압의 승압·강압이 용이하다.
　　・회전자계를 쉽게 얻을 수 있다.
　　・교류방식으로 일관된 운용을 기할 수 있다.

㉡ 직류 송전방식의 장점
　・안전도가 좋다.
　・송전효율이 높다.
　・유도장해가 작다.
　・절연레벨을 경감할 수 있다.

44 테브난의 정리와 등가변환 관계에 있는 것은?

① 중첩의 정리　　② 노튼의 정리
③ 밀만의 정리　　④ 보상의 정리

풀이
・테브난의 정리 : 어떠한 전압, 전류 전원과 저항이 포함된 회로를 하나의 전압 전원과 이에 직렬로 연결된 저항으로 나타낸 등가회로로 변환한 것
・노튼의 정리 : 어떠한 전압, 전류 전원과 저항이 포함된 회로를 하나의 전류 전원과 이에 병렬로 연결된 저항으로 나타낸 등가회로로 변환한 것
・테브난의 정리와 노튼의 정리는 서로 등가변환 관계에 있다.

45 연동연선의 단면적이 150[mm²]이고, 소선의 지름이 2.3[mm]이며, 4층 구조라고 할 때 소선의 가닥수는?

① 21　　② 39
③ 61　　④ 91

풀이 연선의 소선 총 가닥수(N)
$N = 3n(n+1)+1 = 3 \times 4(4+1)+1 = 61$
여기서, n : 소선의 층수

46 태양광발전 어레이의 구조물 설치 시 지반상태에 따른 해결책이 아닌 것은?

① 연약층이 깊을 경우 독립기초로 한다.
② 배면토의 강도정수가 부족할 경우 저판폭을 증가시키거나 사면경사도를 완화한다.
③ 지반의 허용지지력이 부족할 경우 저판폭을 증가시키거나 지반을 치환한다.
④ 지반의 지하수위가 높을 경우 지지력 저하로 침하가 발생할 수 있으므로 배수공을 설치한다.

풀이 연약층이 깊을 경우 말뚝기초를 사용한다.

정답 41 ③　42 ②　43 ①　44 ②　45 ③　46 ①

47 수변전설비공사(KCS 31 60 10 : 2019)에 따라 옥내 시공 시 시공조건에 대한 확인으로 틀린 것은?

① 기기의 중량을 산정하여 바닥강도를 확인하여야 한다.
② 기기 주위에는 유지관리 공간을 확인하여야 한다.
③ 전기실에는 물 배관·증기관·덕트(환기용 제외) 등을 시설하거나 통과시켜서는 안 된다.
④ 습기 또는 결로 등에 의한 절연상승의 우려가 있는 경우에는 적절한 공법으로 하여야 한다.

풀이 수변전설비공사 옥내 시공 시 시공조건
- 기기의 중량을 산정하여 바닥강도를 확인하여야 한다.
- 기기 주위에는 유지관리 공간을 확인하여야 한다.
- 전기실에는 물 배관·증기관·덕트(환기용 제외) 등을 시설하거나 통과시켜서는 안 된다.
- 습기 또는 결로 등에 의한 절연저하의 우려가 있는 경우에는 적절한 공법으로 하여야 한다.
- 변압기의 발열 등으로 실온이 상승될 우려가 있을 경우에는 환기구 또는 환기팬 등을 설치하여야 한다.

48 금속으로부터 전자를 진공으로 이탈시키는 데 필요한 최소에너지는?

① 일함수
② 기저준위
③ 에너지준위
④ 페르미준위

풀이
- 일함수 : 금속으로부터 전자를 진공으로 이탈시키는 데 필요한 최소에너지
- 기저준위 : 핵자들이 양자역학적 규칙에 따라 완벽하게 배열된 상태에서 원자핵이 가지는 특정 에너지 값
- 에너지준위 : 원자 및 분자가 갖는 에너지의 값
- 페르미준위 : 절대온도 0[K]에서 최외각전자가 가지는 에너지 높이

49 가공 배선선로에 사용되는 전선의 구비조건이 아닌 것은?

① 도전율이 클 것
② 가공이 쉬울 것
③ 비중이 높을 것
④ 기계적 강도가 클 것

풀이 전선의 구비조건
- 도전율이 클 것
- 가공이 쉬울 것
- 기계적 강도가 클 것
- 비중이 작을 것
- 부식성이 작을 것
- 경제적일 것

50 가공 송전선에 댐퍼를 설치하는 이유는?

① 코로나 방지
② 전선의 진동 방지
③ 전자유도 감소
④ 현수애자 경사 방지

풀이 가공 송전선의 4도체 이상에서 전선 간의 간격 유지 및 진동 방지 목적으로 스페이스 댐퍼(Damper)를 설치한다.

51 브리지(Bridge) 정류회로에서 필요한 다이오드의 수는?

① 1개
② 2개
③ 3개
④ 4개

풀이

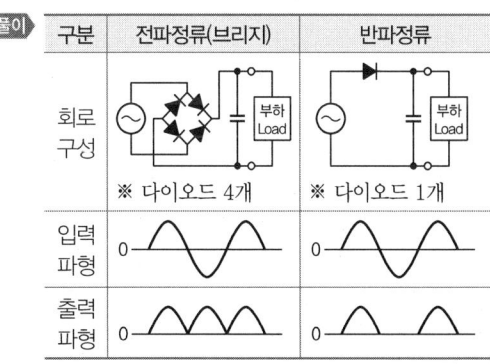

정답 47 ④ 48 ① 49 ③ 50 ② 51 ④

52 신전원설비공사(KCS 31 60 30 : 2019)에 따라 설치하는 태양광발전용 파워컨디셔너에 대한 설명으로 틀린 것은?

① 상세사항은 설계도 및 공사시방서에 따른다.
② 운전·계측·이상상태 및 시스템 설정 등을 표시할 수 있는 표시장치가 있어야 한다.
③ 태양전지출력의 감시 등에 의해 자동운전이 가능하여야 한다.
④ 인버터의 입력전압범위를 넓게 하여 정상 운전 중 구름 및 기타 장애물에 의해 순간적인 그늘이 발생 시에는 인버터가 정지되어야 한다.

풀이 인버터의 입력전압범위를 넓게 하여 정상 운전 중 구름 및 기타 장애물에 의해 순간적인 그늘이 발생 시에도 인버터가 정지되지 않도록 하여야 한다.

53 한국전기설비규정에 따라 피뢰시스템은 전기전자설비가 설치된 건축물, 구조물로서 낙뢰로부터 보호가 필요한 것 또는 지상으로부터 높이가 몇 [m] 이상인 것에 적용하여야 하는가?

① 15 ② 20
③ 25 ④ 30

풀이 피뢰시스템은 전기전자설비가 설치된 건축물, 구조물로서 낙뢰로부터 보호가 필요한 것 또는 지상으로부터 높이가 20[m] 이상인 것에 적용한다.

54 PN 접합 다이오드에 순방향 바이어스 전압을 인가할 때의 설명으로 옳은 것은?

① 내부전계가 강해진다.
② 커패시턴스가 커진다.
③ 전위장벽이 높아진다.
④ 공간전하 영역의 폭이 넓어진다.

풀이 PN 접합 다이오드에서 순방향 바이어스 전압을 인가하면 전하 축적 정전용량(커패시턴스)은 커지고, 내부전계는 약해지며, 공간전하 영역의 폭이 좁아져 전위장벽은 낮아진다.

55 어떤 부하에 전압을 10[%] 낮추면 전력은 몇 [%] 감소하는가?

① 11 ② 15
③ 19 ④ 25

풀이 전력 $P = \dfrac{V^2}{R}$ 에서 $P \propto V^2$ 일 때
$V = (1-0.1)$ 로 낮추면
$V^2 = (1-0.1)^2 = 0.81$
∴ 전력 감소율 $= (1-0.81) \times 100$
$= 0.19 \times 100$
$= 19[\%]$

56 증폭기의 입력전압이 5[mV], 출력전압이 5[V]일 때 전압이득[dB]은?

① 10 ② 60
③ 100 ④ 120

풀이 전압이득 $= 20\log\left(\dfrac{출력전압}{입력전압}\right)$
$= 20\log\left(\dfrac{5}{5 \times 10^{-3}}\right)$
$= 60[\text{dB}]$

57 보호계전장치의 구비조건에 해당하지 않는 것은?

① 협조성 ② 신뢰성
③ 불연성 ④ 후비성

풀이 보호계전장치의 구비조건
- 신뢰성 : 정확한 동작으로 오동작이 없어야 한다.
- 선택성 : 선택차단 및 복구로 정전구간을 최소화해야 한다.
- 협조성 : 전, 후위 계전기 간 협조가 용이해야 한다.
- 후비성 : 후비보호 기능이 있어야 한다.
- 기타 : 취급, 보수, 점검, 정정, 변경 등이 쉬워야 한다.

정답 52 ④ 53 ② 54 ② 55 ③ 56 ② 57 ③

58 신전원설비공사(KCS 31 60 30 : 2019)에 따른 태양광발전 어레이 및 접속함 시설방법으로 틀린 것은?

① 태양광발전 모듈은 교체가 용이한 구조이어야 한다.
② 태양광발전 모듈은 스테인리스 부속자재(볼트, 너트, 와셔 등)로 견고하게 조립하고 시공하여야 한다.
③ 태양광전지 어레이 및 접속함은 장기간 사용에 충분한 난연성이 있어야 한다.
④ 태양광발전 어레이 및 접속함은 자중·적설·풍압·지진·진동·충격 등에 대하여 안전한 구조이어야 한다.

풀이 태양전지 어레이 및 접속함은 장기간 사용에 충분한 내후성이 있어야 한다.

59 신·재생에너지설비의 지원 등에 관한 지침에 따른 전기배선에 대한 설명으로 틀린 것은?

① 모듈의 출력배선은 군별 및 극성별로 확인할 수 있도록 표시하여야 한다.
② 가공 전선로를 시설하는 경우에는 목주, 철주, 콘크리트주 등 지지물을 설치하여 케이블의 장력 등을 분산시켜야 한다.
③ 모듈 간 배선은 바람에 흔들림이 없도록 코팅된 와이어 또는 동등 이상 (내구성) 재질의 타이(Tie)로 단단히 고정하여야 한다.
④ 수상형을 포함한 모든 유형의 모듈에서 인버터에 이르는 배선에 사용되는 케이블은 모듈 전용선 또는 단심(1C) 난연성 케이블(TFR-CV, F-CV, FR-CV 등)을 사용하여야 한다.

풀이 수상형을 제외한 모든 유형의 경우 모듈에서 인버터에 이르는 배선에 사용되는 케이블은 모듈 전용선 또는 단심(1C) 난연성 케이블(TFR-CV, F-CV, FR-CV 등)을 사용하여야 하며 케이블이 지면 위에 설치되거나 포설되는 경우에는 피복에 손상이 발생되지 않게 가요전선관, 금속 덕트 또는 몰드 등을 시설하여야 한다.

60 가요전선관공사의 시설방법에 대한 설명으로 틀린 것은?

① 가요전선관과 박스의 접속은 접속기로 접속하여야 한다.
② 가요전선관 상호의 접속은 커플링으로 하여야 한다.
③ 전선은 절연전선(옥외용 비닐 절연전선을 제외한다)을 사용한다.
④ 습기가 많은 장소 또는 물기가 있는 장소에는 2종 가요전선관을 사용한다.

풀이 습기가 많은 장소 또는 물기가 있는 장소에는 비닐 피복 1종 가요전선관에 한한다.

4과목 태양광발전 운영

61 굴착기 안전보건작업 지침에 따른 작업 중 준수사항에 대한 설명으로 틀린 것은?

① 운전자는 제조사가 제공하는 매뉴얼을 숙지하고 이를 준수하여야 한다.
② 운전자는 경사진 길에서의 굴착기 이동은 저속으로 운행하여야 한다.
③ 운전자가 작업 중 시야 확보에 문제가 발생하는 경우에는 유도자의 신호에 따라 작업을 진행하여야 한다.
④ 운전자는 경사진 장소에서 작업하는 동안에는 굴착기의 미끄럼 방지를 위하여 블레이드를 비탈길 상부 방향에 위치시켜야 한다.

풀이 운전자는 경사진 장소에서 작업하는 동안에는 굴착기의 미끄럼 방지를 위하여 블레이드를 비탈길 하부 방향에 위치시켜야 한다.

정답 58 ③ 59 ④ 60 ④ 61 ④

62 인버터의 이상신호 조치 방법 중 태양전지의 전압이 과전압의 경우 조치사항은?

① 연결단자 점검
② 인버터 및 팬 점검 후 운전
③ 시스템 정지 후 고장 부분 수리 또는 계통 점검 후 운전
④ 태양전지 전압 점검 후 정상 시 5분 후 재가동

풀이 태양전지의 전압이 과전압인 경우 태양전지 전압을 점검 후 정상 시 5분 후 재가동한다.

63 태양광발전시스템 점검 계획 시 고려하는 사항으로 옳은 것은?

① 신설 설비는 고장 발생 확률이 높기 때문에 점검 주기를 단축하였다.
② 고장 이력을 검토하여 고장이 빈번한 기기는 점검 계획에서 제외하였다.
③ 중요한 설비와 비교적 중요하지 않은 설비를 구별하여 반영하였다.
④ 기기 부하 상태를 확인하여 저부하 상태의 설비는 점검 주기를 단축하였다.

풀이 태양광발전시스템 점검 계획 시 고려사항
- 노후설비는 고장 발생 확률이 높기 때문에 점검주기를 단축하여야 한다.
- 고장이 빈번한 기기는 점검주기를 단축하여야 한다.
- 과부하 상태의 설비는 점검주기를 단축하여야 한다.

64 전기설비 검사 및 점검 방법·절차 등에 관한 기술고시에 따라 태양광발전설비에서 전력변환장치의 정기검사 시 세부검사 내용으로 틀린 것은?

① 개방전압
② 절연저항
③ 외관검사
④ 접지저항

풀이 전력변환장치의 정기검사 시 세부검사 내용
규격확인, 외관검사, 절연저항, 접지저항, 제어회로 및 경보장치, 단독운전 방지시험, 인버터 운전시험

65 태양광발전시스템의 청소 시 유의사항으로 틀린 것은?

① 문, 커버 등을 열기 전에 주변의 먼지나 이물질을 제거한다.
② 절연물은 충전부 간을 가로지르는 방향으로 청소한다.
③ 청소걸레는 마른걸레를 사용하되 젖은 걸레를 사용하는 경우 산성인 것을 사용한다.
④ 컴프레셔를 이용하여 공압을 사용하는 진공청소기를 이용한 흡입방식을 사용하고, 토출방식은 공기의 압력에 유의한다.

풀이 태양광 모듈을 세척할 때 또는 젖은 걸레를 사용하는 경우 중성 또는 약알칼리성 세제를 물에 희석하여 사용한다.

66 표의 내용을 기준하여, 한국전력공사의 SMP 구입전력금액의 공급가액을 구하면 약 얼마인가? (단, 소내소비전력 차감 및 무부하 손실량은 없으며, 발전소의 REC 가중치는 1.08이다.)

전월지침[kWh]	8,044.73
당월지침[kWh]	8,182.83
계기배수	360
기준단가[원/kWh]	87.62
손실단가[원/kWh]	127.47

① 716,969원
② 774,343원
③ 4,356,115원
④ 4,704,646원

풀이 SMP 구입전력금액의 공급가액
= (당월지침 − 전월지침) × 계기배수 × 기준단가
= (8,182.83 − 8,044.73) × 360 × 87.62
= 4,356,115.92원
≒ 4,356,115원

정답 62 ④ 63 ③ 64 ① 65 ③ 66 ③

67 태양광발전 접속함(KS C 8567 : 2019)에 따른 서지보호장치(SPD)에 대한 설명으로 틀린 것은?

① 공칭 방전 전류(I_n, 8/20)는 모든 경우에 대해 10[kA] 이상이어야 한다.
② 서지보호장치 최대 연속 사용 전압은 접속함 회로 정격전압의 1.2배 이상이어야 한다.
③ 중대형 접속함(스트링 4회로 이상)의 경우, 출력 회로에 근접하여 서지보호장치를 설치하여야 한다.
④ 소형 접속함(스트링 2회로 이하)의 경우, 출력 회로에 근접하여 서지보호장치를 설치하여야 한다.

풀이 소형 접속함(스트링 3회로 이하)의 경우, 서지보호장치를 설치하지 않아도 된다.

68 태양광발전시스템에서 발생하는 고장의 종류와 원인의 연결로 틀린 것은?

① 환기팬 소음 – 환기팬 노화
② 모듈 백화, 적화 현상 – 제조 공정상 불량
③ 케이블의 변색 – 불량품, 적외선 과다 노출
④ 모듈 단자함 불량 – 방수 불량, 전선 납땜 불량

풀이 케이블의 변색은 자외선 과다 노출 시 발생한다.

69 점검계획 시 고려사항 중 다음의 내용에 해당하는 사항으로 옳은 것은?

> 일반적으로 신설 설비보다 오래된 설비가 고장 발생 확률이 높기 때문에 점검내용을 세분화하고 주기를 단축해야 한다.

① 부하 상태   ② 고장 이력
③ 설비의 중요도   ④ 설비의 사용기간

풀이 오래된 설비가 고장 발생 확률이 높기 때문에 점검내용을 세분화하고 주기를 단축해야 하는 것은 설비의 사용기간에 해당하는 사항이다.

70 제어회로 배선의 육안점검 내용으로 틀린 것은?

① SA의 손상 여부 확인
② 과열에 의한 이상한 냄새 여부 확인
③ 전선 지지물의 탈락 여부 확인
④ 가동부 등의 연결전선의 절연피복 손상 여부 확인

풀이 제어회로 배선의 육안점검
• 과열에 의한 이상한 냄새 여부 확인
• 전선 지지물의 탈락 여부 확인
• 가동부 등의 연결전선의 절연피복 손상 여부 확인

SA(Surge Absorber, 서지흡수기)는 뇌 또는 개폐 서지로부터 전기기기를 보호하기 위한 것으로 제어회로가 아닌 주회로에 설치된다.

71 소형 태양광발전소용 인버터(계통연계형, 독립형)(KS C 8564 : 2021)에 따른 교류 전압, 주파수 추종범위 시험에 대한 설명으로 옳은 것은?

① 출력 역률이 0.98 이상일 것
② 출력 전류의 각 차수별 왜형률은 3[%] 이내일 것
③ 출력 전류의 종합 왜형률은 3[%] 이내일 것
④ 정격 주파수 60[Hz]에서 천천히 변화시켜, 59[Hz]와 61[Hz]에서 교류 출력 전력, 전류 왜형률, 역률 등을 측정한다.

풀이 ① 출력 역률이 0.95 이상일 것
③ 출력 전류의 종합 왜형률은 5[%] 이내일 것
④ 정격 주파수 60[Hz]에서 천천히 변화시켜, 60.45[Hz]와 59.35[Hz]에서 교류 출력 전력, 전류 왜형률, 역률 등을 측정한다.

72 태양광시스템용 이차전지(KS C 8575 : 2021)에 따른 일반적인 일일 사이클로 옳은 것은?

① 낮시간의 충전, 밤시간의 방전
② 낮시간의 충전, 밤시간의 충전
③ 낮시간의 방전, 밤시간의 방전
④ 낮시간의 방전, 밤시간의 충전

풀이 일일 사이클 : 낮시간의 충전, 밤시간의 방전

정답 67 ④ 68 ③ 69 ④ 70 ① 71 ② 72 ①

73 태양광발전시스템에서 유지보수 전의 안전조치로 틀린 것은?

① 잔류전하를 방전시키고 접지시킨다.
② 검전기로 무전압 상태를 확인한다.
③ 차단기 앞에 "점검 중" 표지판을 설치한다.
④ 해당 단로기를 닫고 주회로가 무전압이 되게 한다.

풀이 유지보수 전 안전조치
- 잔류전하를 방전시키고 접지시킨다.
- 검전기로 무전압 상태를 확인한다.
- 차단기 앞에 "점검 중" 표지판을 설치한다.
- 해당 단로기를 열고 주회로가 무전압이 되게 한다.

74 태양광발전 모듈에서 바이패스 다이오드의 고장원인으로 적합하지 않은 것은?

① 외부의 충격   ② 빈번한 차광
③ 낙뢰 및 서지   ④ 낮은 외기 온도

풀이 낮은 외기 온도는 바이패스 다이오드의 고장원인이 아니다.

75 안전장비 보관요령으로 적합하지 않은 것은?

① 청결하고 습기가 없는 장소에 보관할 것
② 세척한 후 건조시키지 말고 보관할 것
③ 보호구는 사용 후 손질하여 깨끗이 보관할 것
④ 한 달에 한 번 이상 책임 있는 감독자가 점검할 것

풀이 세척한 후 완전히 건조시켜 보관할 것

76 태양광발전시스템 직류용 커넥터-안전 요구사항 및 시험(KS C IEC 62852 : 2014)에 따라 커넥터는 부하 없이 몇 회 동작 사이클 기계적 동작을 만족하여야 하는가?

① 30회   ② 50회
③ 80회   ④ 100회

풀이 커넥터는 부하 없이 50회 동작 사이클 기계적 동작을 만족하여야 한다.

77 태양광발전시스템의 계측에 사용되는 기기 중 검출된 데이터를 컴퓨터 및 먼 거리에 설치된 표시장치에 전송하는 경우에 사용되는 장치는?

① 검출기   ② 기억장치
③ 연산장치   ④ 신호변환기

풀이 검출된 데이터를 컴퓨터 및 먼 거리에 설치된 표시장치에 전송하는 경우에 사용되는 장치는 신호변환기이다.

78 지붕공사 안전보건작업 기술지침에 따라 지붕경사가 20° 이상인 경우 지붕작업발판의 설치기준으로 옳은 것은?

① 작업발판 폭은 100[mm] 이상이어야 한다.
② 작업발판의 길이는 1[m] 이상이어야 한다.
③ 미끄러지는 것과 옆으로 움직이는 것을 방지하는 구조이어야 한다.
④ 작업자 및 자재 등을 제외한 하중에 충분히 견딜 수 있는 구조이어야 한다.

풀이 지붕경사가 20° 이상일 때 지붕작업발판의 설치기준
- 작업발판 길이는 3[m] 이상이어야 한다.
- 작업발판 폭은 300[mm] 이상이어야 한다.
- 미끄러지는 것과 옆으로 움직이는 것을 방지하는 구조이어야 한다.
- 작업자 및 자재 등을 포함한 하중에 충분히 견딜 수 있는 구조이어야 한다.
- 디딤발판 간격은 500[mm] 이내이어야 한다.
- 목재 두께는 35[mm] 이상이어야 하며 동등 이상의 강도를 가진 미끄러짐이 없는 재질이어야 한다.

79 태양광발전시스템의 점검 시 비치해야 하는 전기안전관리 장비가 아닌 것은?

① 측량계
② 클램프미터
③ 멀티미터
④ 적외선 온도측정기

정답 73 ④ 74 ④ 75 ② 76 ② 77 ④ 78 ③ 79 ①

풀이 태양광발전시스템의 점검 시 비치해야 하는 안전관리장비
- 멀티미터
- 클램프미터
- 적외선 온도측정기

측량계는 대지 측량 시 사용하는 장비이다.

80 전기안전관리법령에 따라 전기안전관리자를 선임하지 않아도 되는 전기설비로 틀린 것은?

① 설비용량 20[kW] 이하의 발전설비
② 심야전력을 이용하는 전기설비로서 저압에 해당하는 전기수용설비
③ 전기공급계약에 의하여 사용을 중지한 심야전력 전기설비
④ 소유자 또는 점유자가 전기사업자에게 전기설비의 휴지를 통보하지 않은 전기설비

풀이 전기안전관리자를 선임하지 않아도 되는 전기설비 (시행규칙 제25조제1항)
㉠ 저압에 해당하는 전기수용설비로서 제조업 및 「기업활동 규제완화에 관한 특별조치법 시행령」 제2조에 따른 제조업 관련 서비스업에 설치하는 전기수용설비
㉡ 심야전력을 이용하는 전기설비로서 저압에 해당하는 전기수용설비
㉢ 휴지(休止) 중인 다음의 전기설비
  - 전기설비의 소유자 또는 점유자가 전기사업자에게 전기설비의 휴지를 통보한 전기설비
  - 심야전력 전기설비(전기공급계약에 따라 사용을 중지한 경우만 해당한다)
  - 농사용 전기설비(전기를 공급받는 지점에서부터 사용설비까지의 모든 전기설비를 사용하지 아니하는 경우만 해당한다)
㉣ 설비용량 20[kW] 이하의 발전설비

정답 80 ④

SECTION 008 제8회 CBT 대비 모의고사

1과목 태양광발전 기획

01 할인율을 적용한 수입의 현재가치와 지출의 현재가치를 비교하여 비율로 표시한 것은?

① 내부수익률법(IRR)
② 순현재가치법(NPV)
③ 자본회수기간법(PPM)
④ 비용/편익비율법(BCR)

풀이
- 순현재가치법 : 투자로부터 얻게 될 편익의 현재가치에서 비용의 현재가치를 차감한 값을 산출하여 (+)값이면 경제성이 있다고 본다.
- 내부수익률법 : 어떤 사업이나 정책의 순편익의 현재가치의 합을 0으로 만들어 주는 내부수익률을 계산하여 사회적 할인율보다 큰 경우 경제성이 있다고 본다.
- 비용편익비율법 : 연차별 총비율 대비 연차별 총편익의 비를 계산하여 1보다 큰 경우 경제성이 있다고 본다.

02 전기공사업법령에 따른 공사업자의 등록취소에 해당하지 않는 경우는?

① 거짓으로 공사업을 등록한 경우
② 타인에게 등록증 또는 등록수첩을 빌려준 경우
③ 공사업의 등록을 한 후 1년 이내에 영업을 시작하지 아니한 경우
④ 전기공사기술자가 아닌 자에게 전기공사의 시공관리를 맡긴 경우

풀이 전기공사업 등록취소 사유
- 거짓이나 그 밖의 부정한 방법으로 "공사업의 등록" 및 "공사업의 등록기준에 관한 신고" 행위를 한 경우
- 타인에게 성명·상호를 사용하게 하거나 등록증 또는 등록수첩을 빌려 준 경우
- 공사업의 등록을 한 후 1년 이내에 영업을 시작하지 아니하거나 계속하여 1년 이상 공사업을 휴업한 경우
- 영업정지 처분기간에 영업을 하거나 최근 5년간 3회 이상 영업정지 처분을 받은 경우

03 전기공사업법령에 따라 공사업자는 등록사항 중 대통령령으로 정하는 중요 사항이 변경된 경우 그 사유가 발생한 날로부터 며칠 이내에 시·도지사에게 그 사실을 신고하여야 하는가?

① 15일   ② 30일
③ 45일   ④ 60일

풀이 등록사항 변경신고(시행규칙 제8조제1항)
등록사항의 변경신고를 하려는 자는 그 사유가 발생한 날부터 30일 이내에 신고하여야 한다.

04 계통연계형 태양광발전시스템에 축전지를 부가함으로써 발생할 수 있는 장점이 아닌 것은?

① 계통전압의 안정화에 기여한다.
② 정전 발생 시 전력 공급의 역할을 한다.
③ 태양광발전시스템의 수명을 연장한다.
④ 기후 급변 시나 계통부하 급변 시에 부하 평준화 역할을 한다.

풀이 계통연계형 태양광발전시스템과 축전지는 계통전압 안정화, 정전 시 비상부하에 전원 공급, 부하 급변 시 부하 평준화 목적으로 사용된다.

05 전기사업법령에 따른 일반용 전기설비에 해당하는 것은?

① 저압에 해당하는 용량 10[kW] 이하인 발전설비
② 저압에 해당하는 용량 20[kW] 이하인 발전설비
③ 고압에 해당하는 용량 10[kW] 이하인 발전설비
④ 고압에 해당하는 용량 20[kW] 이하인 발전설비

정답 01 ④ 02 ④ 03 ② 04 ③ 05 ①

풀이 일반용 전기설비의 범위(시행규칙 제3조)
- 저압에 해당하는 용량 75[kW] 미만의 전력을 타인으로부터 수전하여 그 수전장소에서 그 전기를 사용하기 위한 전기설비
- 저압에 해당하는 용량 10[kW] 이하인 발전설비

06 전기사업법령에 따라 사업허가 변경신청 시 처리절차로 옳은 것은?(단, 산업통상자원부에 접수하는 경우이다.)

① 신청서 작성 및 제출 → 검토 → 접수 → 전기위원회 심의 → 허가증 발급
② 신청서 작성 및 제출 → 접수 → 검토 → 전기위원회 심의 → 허가증 발급
③ 신청서 작성 및 제출 → 전기위원회 심의 → 접수 → 검토 → 허가증 발급
④ 신청서 작성 및 제출 → 접수 → 전기위원회 심의 → 검토 → 허가증 발급

풀이 사업허가 변경신청 시 처리절차

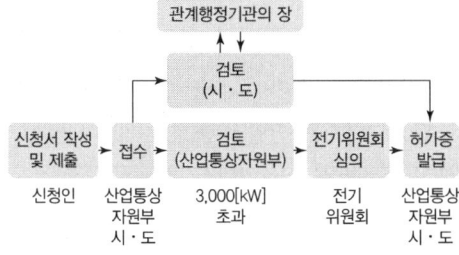

07 신에너지 및 재생에너지 개발·이용·보급 촉진법령에 따라 신·재생에너지 기술 사업화 지원신청서의 처리기간으로 옳은 것은?

① 30일 ② 45일
③ 60일 ④ 90일

풀이 신·재생에너지 기술 사업화 지원신청서 처리기간은 90일이다.(시행규칙 별지 제8호 서식)

08 태양광발전 어레이에서 생산된 전력 125[W]가 인버터에 입력되어 인버터 출력이 100[W]가 되면 인버터의 변환효율은 몇 [%]인가?

① 60 ② 70
③ 80 ④ 90

풀이 인버터 변환효율$(\eta) = \dfrac{출력}{입력} \times 100[\%]$

$= \dfrac{100}{125} \times 100[\%] = 80[\%]$

09 계통연계형 태양광발전용 인버터가 계통의 제한된 전압손실 또는 전압강하기간 동안 연결된 부하에 전력을 계속 생산할 수 있는 인버터의 기능은?

① LVRT
② MPPT
③ 단독운전방지기능
④ 자동운전·정지기능

풀이 계통연계형 인버터가 계통의 제한된 전압손실 또는 전압강하기간 동안 연결된 부하에 전력을 계속 생산할 수 있는 인버터의 기능은 LVRT(Low Voltage Ride Through) 기능이다.

10 신에너지 및 재생에너지 개발·이용·보급 촉진법령에 따른 신·재생에너지 공급인증서의 거래 제한 사유에 해당하지 않는 것은?

① 공급인증서가 기존 방조제를 활용하고 건설된 조력을 이용하여 에너지를 공급하고 발급된 경우
② 공급인증서가 발전소별 5천[kW] 이내의 수력을 이용하여 에너지를 공급하고 발급된 경우
③ 공급인증서가 석탄을 액화·가스화한 에너지 또는 중질잔사유를 가스화한 에너지를 이용하여 에너지를 공급하고 발급된 경우
④ 공급인증서가 폐기물에너지 중 화석연료에서 부수적으로 발생하는 폐가스로부터 얻어지는 에너지를 공급하고 발급된 경우

정답 06 ② 07 ④ 08 ③ 09 ① 10 ②

풀이 공급인증서가 발전소별로 5천[kW]를 넘는 수력을 이용하여 에너지를 공급하고 발급된 경우 거래 제한 사유가 된다.

11 전기사업법령에 따라 전기사업을 하려는 자가 허가받은 사항을 변경하려고 할 때 "산업통상자원부령으로 정하는 중요 사항"에 해당하지 않는 것은?

① 공급전압 변경
② 사업구역 변경
③ 발전설비 설치장소 내에서 인버터의 설치위치 변경
④ 허가를 받은 발전설비용량의 100분의 10을 초과한 설비용량 변경

풀이 산업통상자원부령으로 정하는 중요 사항
　㉠ 사업구역 또는 특정한 공급구역
　㉡ 공급전압
　㉢ 발전사업 또는 구역전기사업의 경우 발전용 전기설비에 관한 다음의 어느 하나에 해당하는 사항
　　• 설치장소(동일한 읍·면·동에서 설치장소를 변경하는 경우는 제외한다)
　　• 설비용량(변경 정도가 허가 또는 변경허가를 받은 설비용량의 100분의 10 이하인 경우는 제외한다)
　　• 원동력의 종류(허가 또는 변경허가를 받은 설비용량이 30만[kW] 이상인 발전용 전기설비에 「신에너지 및 재생에너지 개발·이용·보급 촉진법」 제2조에 따른 신·재생에너지를 이용하는 발전용 전기설비를 추가로 설치하는 경우는 제외한다)

12 저전압 서지보호장치-제12부 : 저압 배전계통 보호용-선정 및 지침(KS C IEC 61643-12 : 2007)에 따른 SPD의 종류로 틀린 것은?

① 조합형 SPD
② 전압 제한형 SPD
③ 전류 제한형 SPD
④ 전압 스위칭형 SPD

풀이
• 전압 제한형 SPD : 서지가 없는 경우 고임피던스를 나타내지만, 서지 전류와 전압이 상승하면 임피던스가 연속적으로 감소하는 특성을 지닌다.
• 전압 스위칭형 SPD : 서지가 없을 때에는 고임피던스를 나타내지만, 전압 서지에 대해 임피던스가 급격하게 낮아지는 특성을 지닌다.
• 조합형 SPD : 전압 스위칭형 부품과 전압 제한형 부품 모두를 포함하는 SPD이다.

13 태양광발전시스템의 직류 측 보호를 위해 태양광발전용 접속함에 설치하는 장치가 아닌 것은?

① 직류용 퓨즈
② 역류방지 다이오드
③ 바이패스 다이오드
④ 서지보호장치(SPD)

풀이 바이패스 다이오드는 셀과 병렬로 연결되어 음영(그림자) 시 열점(Hot Spot)을 방지하는 목적으로 태양전지 모듈의 단자함에 설치된다.

14 태양광발전용 인버터의 회로 구성에서 AC-DC 컨버터를 사용하는 방식은?

① 단권변압기 절연방식
② 고주파 변압기 절연방식
③ 상용주파 변압기 절연방식
④ 무변압기(트랜스리스) 절연방식

풀이 태양광발전용 인버터의 절연방식에 따른 회로도

구분	회로도
상용주파 절연방식	PV - DC→AC 인버터 - 상용주파 변압기
고주파 절연방식	PV - DC→AC 고주파 인버터 - AC→DC 고주파 변압기 - DC→AC 인버터
무변압기 방식	PV - 컨버터 - 인버터

정답 11 ③　12 ③　13 ③　14 ②

15 태양광발전용 인버터의 전력변환효율이 다음과 같을 때 유로(변환)효율은 몇 [%]인가?

정격전력[%]	5	10	20	30	50	100
전력변환효율[%]	76	79	83	87	93	95

① 89.95
② 90.10
③ 90.15
④ 90.25

풀이 유로효율

각 출력 5[%]/10[%]/20[%]/30[%]/50[%]/100[%]에서 효율의 비중을 0.03/0.06/0.13/0.10/0.48/0.20으로 두어 곱한 값을 합산하여 나타낸 효율

$$\text{유로효율} = (76 \times 0.03) + (79 \times 0.06) + (83 \times 0.13) + (87 \times 0.10) + (93 \times 0.48) + (95 \times 0.20) = 90.15$$

16 태양광발전 모듈에 대한 설명으로 틀린 것은?

① 일사량이 증가하면 개방전압이 증가한다.
② 일사량이 감소하면 단락전류가 감소한다.
③ 모듈 표면온도가 증가하면 개방전압이 증가한다.
④ 모듈 표면온도가 증가하면 단락전류가 증가한다.

풀이
- 모듈 표면온도가 증가하면 개방전압이 감소한다.
- 전압은 온도와 부(−)의 특성이므로 온도 증가 시 전압이 감소한다.

17 부지선정 검토 시 법적 인허가 및 신고사항에 포함되지 않는 것은?

① 공작물 축조신고
② 무연분묘 개장허가
③ 사도 개설의 허가
④ 공급인증서 발급허가

풀이 부지선정 검토 시 법적 인허가 및 신고사항
- 공작물 축조신고
- 무연분묘 개장의 허가
- 사도 개설의 허가

18 독립형 태양광발전시스템의 설계 시 1일 부하량이 5,000[Wh]이고, 부조일수가 10일, 보수율이 80[%], 방전심도가 60[%]일 때 축전지 용량은 약 몇 [Ah]인가?(단, 축전지의 공칭전압은 2[V/cell], 축전지 셀 수는 24개이다.)

① 2,170
② 2,325
③ 2,575
④ 2,763

풀이 독립형 축전지 용량 C[Ah] 산출식

$$C = \frac{1일\ 부하량 \times 부조일수}{보수율 \times 축전지\ 공칭전압 \times 축전지\ 셀\ 수 \times 방전심도}$$

$$= \frac{5,000 \times 10}{0.8 \times 2 \times 24 \times 0.6}$$

$$= 2,170.138 ≒ 2,170[Ah]$$

19 전기공사업법령에 따라 전기공사업자가 전기공사를 하도급주기 위하여 미리 해당 전기공사의 발주자에게 이를 알리기 위하여 작성하는 하도급 통지서에 첨부하는 서류로 틀린 것은?

① 하도급(재하도급) 계약서 사본
② 공사예정공정표
③ 하수급인 또는 다시 하도급받은 공사업자의 등록수첩 사본
④ 하수급인 또는 다시 하도급받은 공사업자의 전기공사 자재 보유현황

풀이 하도급 통지서에 첨부하는 서류
- 하도급(재하도급) 계약서 사본
- 하도급(재하도급) 내용이 명시된 공사명세서
- 공사예정공정표
- 하수급인 또는 다시 하도급받은 공사업자의 전기공사 기술자 보유현황
- 하수급인 또는 다시 하도급받은 공사업자의 등록수첩 사본

정답 15 ③ 16 ③ 17 ④ 18 ① 19 ④

20 전기사업법령에 따라 대통령령으로 정하는 규모 이하의 발전설비를 갖추고 특정한 공급구역의 수요에 맞추어 전기를 생산하여 전력시장을 통하지 아니하고 그 공급구역의 전기사용자에게 공급하는 것을 주된 목적으로 하는 사업을 말하는 것은?

① 배전사업 ② 송전사업
③ 중개거래사업 ④ 구역전기사업

풀이

전기사업	발전사업·송전사업·배전사업·전기판매사업 및 구역전기사업
송전사업	발전소에서 생산된 전기를 배전사업자에게 송전하는 데 필요한 전기설비를 설치·관리하는 것을 주된 목적으로 하는 사업
배전사업	발전소로부터 송전된 전기를 전기사용자에게 배전하는 데 필요한 전기설비를 설치·운용하는 것을 주된 목적으로 하는 사업
구역전기사업	대통령령으로 정하는 규모 이하의 발전설비를 갖추고 특정한 공급구역의 수요에 맞추어 전기를 생산하여 전력시장을 통하지 아니하고 그 공급구역의 전기사용자에게 공급하는 것을 주된 목적으로 하는 사업

2과목 태양광발전 설계

21 시방서에 대한 설명으로 틀린 것은?

① 공사시방서는 견적내역서를 기본으로 하여 작성한다.
② 공사시방서는 계약문서의 일부가 되기도 하며, 공사별, 공종별로 정하여 시행하는 시공기준이 된다.
③ 발주처가 공사시방서를 작성하는 경우에 활용하기 위한 시공기준은 표준시방서에 따른다.
④ 특별한 공사의 시공 또는 공사시방서의 작성에 활용하기 위한 종합적인 시공의 기준이 되는 것은 전문시방서이다.

풀이 공사시방서는 표준시방서를 기본으로 작성한다.

22 분산형 전원 배전계통 연계 기술기준에 따라 분산형 전원 연계시스템은 안정상태의 한전계통 전압 및 주파수가 정상범위로 복원된 후 그 범위 내에서 몇 분간 유지되지 않는 한 분산형 전원의 재병입이 발생하지 않도록 하는 지연기능을 갖추어야 하는가?

① 1분 ② 3분
③ 5분 ④ 10분

풀이 분산형 전원 연계시스템은 안정상태의 한전계통 전압 및 주파수가 정상범위로 복원된 후 그 범위 내에서 5분간 유지되지 않는 한 분산형 전원의 재병입이 발생하지 않도록 하는 지연기능을 갖추어야 한다.

23 외기온도 30[℃]에서 태양광발전 모듈의 최대 출력전압은 약 몇 [V]인가?

- V_{mpp} : 41.3[V]
- I_{mpp} : 7.74[A]
- NOCT : 47[℃]
- 전압온도계수 : 0.31[%/℃]

① 36.34 ② 38.32
③ 40.54 ④ 42.35

풀이
$$T_{cell} = T_{amb} + \frac{NOCT - 20}{800} \times 1,000$$
$$= 30 + \frac{47-20}{800} \times 1,000 = 63.75[℃]$$
$$V_{mpp(63.75℃)} = V_{mpp}\{1 + 온도계수(T_{cell} - 25)\}$$
$$= 41.3\{1 + (-0.0031(63.75 - 25))\}$$
$$= 36.338 ≒ 36.34[V]$$

※ 전압과 출력의 온도계수는 부(-)의 특성이므로 -부호로 계산하여야 한다.

정답 20 ④ 21 ① 22 ③ 23 ①

24 전력시설물 공사감리 수행지침에 따른 비상주감리원의 업무에 해당하지 않는 것은?

① 기성 및 준공검사
② 안전관리계획서 작성
③ 설계도서 등의 검토
④ 설계변경 및 계약금액 조정의 심사

풀이 비상주감리원의 업무
- 설계도서 등의 검토
- 상주감리원이 수행하지 못하는 현장 조사분석 및 시공상의 문제점에 대한 기술검토와 민원사항에 대한 현지조사 및 해결방안 검토
- 중요한 설계변경에 대한 기술검토
- 설계변경 및 계약금액 조정의 심사
- 기성 및 준공검사
- 정기적(분기 또는 월별)으로 현장 시공상태를 종합적으로 점검·확인·평가하고 기술지도
- 공사와 관련하여 발주자(지원업무수행자 포함)가 요구한 기술적 사항 등에 대한 검토
- 그 밖에 감리업무 추진에 필요한 기술지원 업무

25 전기설비기술기준에 따른 절연유에 대한 설명 중 다음 ( ) 안에 들어갈 내용으로 옳은 것은?

> 사용전압이 ( )[kV] 이상의 중성점 직접접지식 전로에 접속하는 변압기를 설치하는 곳에는 절연유의 구외 유출 및 지하 침투를 방지하기 위한 설비를 갖추어야 한다.

① 22.9
② 25.8
③ 70
④ 100

풀이 절연유(기술기준 제20조제1항)
사용전압이 100[kV] 이상의 중성점 직접접지식 전로에 접속하는 변압기를 설치하는 곳에는 절연유의 구외 유출 및 지하 침투를 방지하기 위한 설비를 갖추어야 한다.

26 전력시설물 공사감리업무 수행지침에 따라 감리업자는 감리용역 착수 시 착수신고서를 제출하여 발주자의 승인을 받아야 한다. 이때 착수신고서에 포함되지 않는 서류는?

① 공사예정공정표
② 감리업무 수행계획서
③ 감리비 산출내역서
④ 상주, 비상주 감리원 배치계획서

풀이 감리용역 착수신고서 포함서류
- 감리업무 수행계획서
- 감리비 산출내역서
- 상주, 비상주 감리원 배치계획서
- 상주, 비상주 감리원의 경력확인서
- 감리원 조직 구성내용과 감리원별 투입기간 및 담당업무

27 한국전기설비규정에 따라 분산형 전원설비 사업자의 한 사업장의 설비용량 합계가 몇 [kVA] 이상일 경우, 송배전계통과 연계지점의 연결 상태를 감시 또는 유효전력, 무효전력 및 전압을 측정할 수 있는 장치를 시설하여야 하는가?

① 75
② 150
③ 250
④ 300

풀이 분산형 전원설비 사업자의 한 사업장의 설비용량 합계가 250[kVA] 이상일 경우, 송배전계통과 연계지점의 연결 상태를 감시 또는 유효전력, 무효전력 및 전압을 측정할 수 있는 장치를 시설하여야 한다.

28 태양광발전시스템의 발전량 향상을 위하여 다양한 추적방식이 있다. 추적방식 중 발전효율이 가장 높은 방법은?

① 단축 추적식
② 양축 추적식
③ 고정 경사고정식
④ 고정 경사가변식

풀이 발전효율 비교
양축 추적식 > 단축 추적식 > 고정 경사가변식 > 고정 경사고정식

정답 24 ② 25 ④ 26 ① 27 ③ 28 ②

29 전력시설물 공사감리업무 수행지침에 따라 감리원은 해당 공사와 관련하여 공사업자의 공법 변경요구 등 중요한 기술적인 사항에 대하여 요구한 날부터 며칠 이내에 이를 검토하고 의견서를 첨부하여 발주자에게 보고하여야 하는가?

① 3일 ② 7일
③ 10일 ④ 15일

풀이 감리원은 해당 공사와 관련하여 공사업자의 공법 변경요구 등 중요한 기술적인 사항에 대하여 요구한 날부터 7일 이내에 이를 검토하고 의견서를 첨부하여 발주자에게 보고하여야 하며, 전문성이 요구되는 경우에는 요구가 있는 날부터 14일 이내에 비상주감리의 검토의견서를 첨부하여 발주자에 보고하여야 한다.

30 변환효율 13[%]의 100[W] 태양광발전 모듈을 이용하여 10[kW] 태양광발전 어레이를 구성하는 필요한 설치면적[m²]으로 적당한 것은?(단, STC 조건이다.)

① 76 ② 77
③ 78 ④ 79

풀이 효율 = $\dfrac{P_{\max}}{일조강도 \times 면적}$

면적 = $\dfrac{P_{\max}}{일조강도 \times 효율}$

$= \dfrac{10 \times 10^3}{1{,}000 \times 0.13} = 76.93 ≒ 77[m^2]$

31 건축물 기초구조 설계기준(KDS 41 20 00 : 2019)에 따른 기초형식의 선정에 대한 설명으로 틀린 것은?

① 기초형식 선정 시 부지 주변에 미치는 영향을 충분히 고려하여야 한다.
② 기초는 하부구조의 규모, 형상, 구조, 강성 등을 함께 고려하여야 한다.
③ 동일 구조물의 기초에서는 가능한 한 이종형식 기초의 병용을 피해야 한다.
④ 구조성능, 시공성, 경제성 등을 검토하여 합리적으로 기초형식을 선정하여야 한다.

풀이 기초형식의 선정
기초는 상부구조의 규모, 형상, 구조, 강성 등을 함께 고려해야 하고, 대지의 상황 및 지반의 조건에 적합하며, 유해한 장해가 생기지 않아야 한다.

32 전력시설물 공사감리업무 수행지침에서 공사 또는 감리업무가 원활하게 이루어지도록 하기 위하여 감리원, 발주자, 공사업자가 사전에 충분한 검토와 협의를 통하여 모두가 동의하는 조치가 이루어지도록 하는 것은?

① 협의 ② 지시
③ 조정 ④ 승인

풀이
- 협의 : 여러 사람이 모여 서로의 의견을 의논하는 것
- 지시 : 발주자가 감리원 또는 감리원이 공사업자에게 발주자의 발의나 기술적·행정적 소관 업무에 관한 계획, 방침, 기준, 지침, 조정 등에 대하여 기술지도를 하고, 실시하게 하는 것
- 승인 : 발주자 또는 감리원이 공사 또는 감리업무와 관련하여, 이 지침에 나타난 승인사항에 대하여 감리원 또는 공사업자의 요구에 따라 그 내용을 서면으로 동의하는 것

33 분산형 전원 배전계통 연계 기술기준에 따라 전기방식이 교류 단상 220[V]인 분산형 전원을 저압 한전계통에 연계할 수 있는 용량은 몇 [kW] 미만으로 하는가?

① 75 ② 100
③ 150 ④ 200

풀이 전기방식이 교류 단상 220[V]인 분산형 전원을 저압 한전계통에 연계할 수 있는 용량은 100[kW] 미만으로 한다.

34 한국전기설비규정에 따라 태양광발전용 인버터로부터 변압기의 저압 측까지 3상 3선식, 최대 사용전압 370[V]로 배선되어 있는 경우, 변압기의 전로의 절연내력 시험전압은 몇 [V]인가?(단, 중성점이 비접지된 경우이다.)

① 450 ② 475
③ 515 ④ 555

[풀이]

종류	시험전압
최대 사용전압이 7[kV] 이하인 기구 등의 전로(중성점이 비접지된 경우)	최대 사용전압의 1.5배의 전압(직류의 충전 부분에 대하여는 최대 사용전압의 1.5배의 직류전압 또는 1배의 교류전압) (500[V] 미만으로 되는 경우에는 500[V])
최대 사용전압이 7[kV]를 초과하고 25[kV] 이하인 기구 등의 전로로서 중성점 접지식 전로에 접속하는 것	최대 사용전압의 0.92배의 전압

기구 등의 전로의 시험전압 = 370 × 1.5 = 555[V]

35 저압 전기설비−제5−55부 : 전기기기의 선정 및 설치−기타 기기(KS C IEC 60364−5−55 : 2016)에 따라 제어회로의 공칭 전압은 몇 [V]를 초과하지 않는 것이 바람직한가?

① 12 ② 24
③ 220 ④ 380

[풀이] 직류 전원 계통 제어회로의 공칭 전압은 220[V]를 초과하지 않는 것이 바람직하다.

36 지반조사(KDS 11 10 10 : 2018)에 따른 예비조사의 목적으로 틀린 것은?

① 구조물 시공으로 발생될 변화 예측
② 구조물 입지로서의 적합성 평가
③ 시공방법 계획수립에 필요한 정보를 제공
④ 구조물의 거동에 중요한 영향을 미치는 지반의 구성 및 특성 파악

[풀이] 지반조사에 따른 예비조사의 목적
- 구조물 입지로서의 적합성 평가
- 대안 부지가 있는 경우, 대안 부지의 적합성 비교 검토
- 구조물 시공으로 발생될 변화 예측
- 구조물의 거동에 중요한 영향을 미치는 지반의 구성 및 특성 파악
- 상기 조사를 근거로 한 본조사 계획
- 필요시 공사에 필요한 골재원(레미콘, 아스콘, 세골재, 조골재) 및 토취장 확인

37 설계감리업무 수행지침에 따라 설계감리원의 수행 업무범위에 포함되지 않는 것은?

① 설계감리 용역을 발주
② 주요 설계 용역업무에 대한 기술자문
③ 시공성 및 유지관리의 용이성 검토
④ 설계업무의 공정 및 기성관리의 검토·확인

[풀이] 설계감리 용역의 발주는 발주자의 기본업무이다.

38 전력기술관리법령에서 정의하는 용어 중 "발전설비"에 해당하지 않는 것은?

① 제어장치
② 발전된 전력을 공급하기 위한 전선로
③ 수력·기력·원자력·내연력 등 발전을 위한 기계적 설비
④ 전기기계·기구 중 주차단기의 2차 측 단자까지의 설비

[풀이] "발전설비"란 다음의 설비를 말한다. 다만, 수력·기력(汽力)·원자력·내연력(內燃力) 등 발전을 위한 기계적 설비는 제외한다.
- 터빈(높은 압력의 액체·기체를 날개바퀴의 날개에 부딪게 함으로써 회전하는 힘을 얻는 기계를 말한다)·수차 등으로부터 힘을 받아 전력을 생산하기 위한 발전기
- 제어장치
- 발전된 전력을 공급하기 위한 전선로
- 전기기계·기구 중 주차단기의 2차 측 단자까지의 설비

정답 34 ④ 35 ③ 36 ③ 37 ① 38 ③

39 설계감리업무 수행지침에서 정의하는 용어 중 설계감리원 및 설계자가 승인 요청한 사항 등에 대하여 발주자가 설계감리원 및 설계자에게 또는 설계감리원이 설계자에게 서명으로 동의하는 것은?

① 승인 ② 지시
③ 확인 ④ 요구

풀이
- 지시 : 발주자가 설계감리원 및 설계자에게 또는 설계감리원이 설계자에게 소관 업무에 관한 방침, 기준, 계획 등에 대하여 기술지도를 하고, 실시하게 하는 것
- 확인 : 발주자 또는 설계감리원이 설계자가 설계용역을 계약문서대로 실시하고 있는지 및 지시ㆍ조정ㆍ승인 사항에 대한 이행 여부를 문서 등으로 확인하는 것
- 요구 : 계약당사자가 계약조건에 나타난 자신의 업무에 충실하고 정당한 계약수행을 위해 상대방에게 검토, 조사, 지원, 승인, 협조 등의 적합한 조치를 취하도록 의사를 밝히는 것

40 전력기술관리법령에 따른 감리원에 대한 시정조치에 대한 설명이다. 다음 ( ) 안에 들어갈 내용으로 옳은 것은?

> 발주자는 감리원이 업무를 성실하게 수행하지 아니하여 전력시설물공사가 부실하게 될 우려가 있을 때에는 ( )으로 정하는 바에 따라 그 감리원에 대하여 시정지시 등 필요한 조치를 하여야 한다.

① 대통령령 ② 시ㆍ도지사령
③ 국무총리령 ④ 산업통상자원부령

풀이 발주자는 감리원이 업무를 성실하게 수행하지 아니하여 전력시설물공사가 부실하게 될 우려가 있을 때에는 산업통상자원부령으로 정하는 바에 따라 그 감리원에 대하여 시정지시 등 필요한 조치를 하여야 한다.

3과목 태양광발전 시공

41 계기용 변성기(표준용 및 일반 계기용)(KS C 1706 : 2019)에 따라 배전반용으로 사용되는 계기용 변성기의 계급으로 옳은 것은?

① 0.1급 ② 0.2급
③ 0.5급 ④ 3.0급

풀이 계기용 변성기의 계급

계급	호칭	중요 용도
0.1급	표준용	계기용 변성기의 시험용 표준기 또는 특별 정밀 계측용
0.2급		
0.5급	일반 계기용	정밀 계측용
1.0급		보통 계측용, 배전반용
3.0급		배전반용

42 전기안전관리법령에 따른 사용 전 검사 신청서의 처리절차로 옳은 것은?

① 신청서 작성 → 접수 → 검사 → 검토 → 결정 → 검사결과 통보
② 신청서 작성 → 접수 → 검토 → 검사 → 결정 → 검사결과 통보
③ 신청서 작성 → 검사 → 접수 → 검토 → 결정 → 검사결과 통보
④ 신청서 작성 → 검사 → 검토 → 접수 → 결정 → 검사결과 통보

풀이 사용 전 검사 신청서의 처리절차(시행규칙 별지 7호 서식)
신청서 작성 → 접수 → 검토 → 검사 → 결정 → 검사결과 통보

43 태양광발전 구조물 기초터파기용 굴삭기계의 경비 중 손료에 해당하지 않는 항목은?

① 수송비 ② 정비비
③ 관리비 ④ 감가상각비

정답 39 ① 40 ④ 41 ④ 42 ② 43 ①

풀이 경비적산
- 기계경비=기계손료+운전경비+수송비+(조립 및 분해조립비)
- 기계손료=상각비+정비비+관리비
- 운전경비=(연료, 전력, 윤활유 등)+운전수 급여 +소모품비

44 내부저항이 1.0[Ω]인 1.5[V] 전지 두 개를 병렬로 연결한 후 외부에 2.5[Ω]의 저항을 가지는 부하를 직렬로 연결하였다. 외부 회로에 흐르는 전류의 크기[A]는?

① 0.3 ② 0.5
③ 0.7 ④ 1.0

풀이 외부에 흐르는 전류 $I=\dfrac{V(\text{전압})}{R_o(\text{합성저항})}$

R_o=내부저항+외부저항=$\dfrac{1.0}{2}+2.5=3[\Omega]$

$\therefore I=\dfrac{1.5}{3}=0.5[A]$

※ 전지 n개를 병렬 연결 시 : 전류 n배로 증가, 전압 변동 없음, 내부저항 $\dfrac{1}{n}$로 감소

45 한국전기설비규정에 따라 수평 트레이에 다심케이블을 포설 시 벽면과의 간격은 몇 [mm] 이상 이격하여 설치하여야 하는가?

① 10 ② 20
③ 30 ④ 50

풀이 수평 트레이에 다심케이블 포설 시 벽면과의 간격은 20[mm] 이상 이격하여 설치하여야 한다.

46 진공차단기의 특징이 아닌 것은?

① 높은 압력의 공기가 발생하므로 소음이 크다.
② 접점의 소모가 적으므로 차단기의 수명이 길다.
③ 전류 재단현상이 발생하므로 개폐서지가 크다.
④ 소형 경량으로 실내 큐비클에 설치가 가능하다.

풀이 진공차단기는 진공 중에서 차단하므로 소음이 적다.

47 볼트 접합 및 핀 연결(KCS 14 31 25 : 2019)에 따른 볼트조임에 관한 일반사항으로 틀린 것은?

① 와셔는 볼트머리와 너트에 평행하게 놓아야 한다.
② 모든 볼트머리와 너트 밑에 각각 와셔를 1개씩 끼우고, 볼트를 회전시켜 조인다.
③ 볼트의 끼움에서 본조임까지의 작업은 같은 날 이루어지는 것을 원칙으로 한다.
④ 볼트의 조임 작업 시 본조임은 원칙적으로 강우 및 결로 등 습한 상태에서 조임해서는 안 된다.

풀이 모든 볼트머리와 너트 밑에 각각 와셔를 1개씩 끼우고, 너트를 회전시켜 조인다.

48 총 설비용량 80[kW], 수용률 75[%], 부하율 80[%]인 수용가의 평균전력은 몇 [kW]인가?

① 29 ② 35
③ 43 ④ 48

풀이
- 부하율=$\dfrac{\text{평균전력}}{\text{최대 수용전력}}$
- 평균전력=부하율×최대 수용전력
- 최대 수용전력=설비용량×수용률 =80×0.75=60[kW]
- $\therefore$ 평균전력=0.8×60=48[kW]

49 지상 무효분 공급으로 페란티 현상 방지를 위해 설치하는 리액터는?

① 한류 리액터 ② 직렬 리액터
③ 소호 리액터 ④ 병렬 리액터

풀이
- 한류 리액터 : 사고에 의한 큰 고장전류 억제를 위한 것으로 과전류로부터 전력설비 보호를 위해 사용한다.
- 직렬 리액터 : 기동용 리액터, 한류 리액터 등으로 전력계통과 직렬로 연결한다.
- 소호 리액터 : 접지용 리액터로 1선 지락 시 지락전류를 소호 이상전압 방지를 위해 사용한다.
- 병렬(분로) 리액터 : 야간 및 경부하 시 페란티 현상에 의한 수전 측 전압상승 억제를 위해 송전선로에 병렬 연결한다.

정답 44 ② 45 ② 46 ① 47 ② 48 ④ 49 ④

50 한국전기설비규정에 따라 접지극은 동결 깊이를 감안하여 시설하되 고압 이상의 전기설비와 변압기 중성점 접지에 의하여 시설하는 접지극의 매설깊이는 지표면으로부터 지하 몇 [m] 이상으로 하는가?

① 0.5
② 0.75
③ 1.0
④ 1.2

풀이 접지극의 매설깊이는 지표면으로부터 지하 0.75[m] 이상으로 한다.

51 공칭단면적이 38[mm²]인 경동연선을 경간이 300[m]이고, 고저차가 없는 두 철탑 사이에 가선하는 경우 이도는 몇 [m]인가?(단, 전선의 중량이 0.348[kg/m], 전선의 수평장력이 650[kg]이다.)

① 3.02
② 4.02
③ 5.02
④ 6.02

풀이 이도 $D = \dfrac{W(\text{전선의 중량}) \times S^2(\text{경간})}{8T(\text{수평장력})}$

$= \dfrac{0.348 \times 300^2}{8 \times 650} = 6.02[\text{m}]$

52 전압계가 일반적으로 가지고 있어야 하는 특성은?

① 낮은 감도
② 높은 내부저항
③ 높은 인덕턴스
④ 높은 커패시턴스

풀이 고정밀 전압계는 내부저항(임피던스)이 높아야 하고, 전류계는 내부저항(임피던스)이 낮아야 한다.

53 한국전기설비규정에 따라 금속덕트에 전선을 시설 시, 전광표시장치 기타 이와 유사한 장치 또는 제어회로 등의 배선만을 넣는 경우 전선 단면적(절연피복의 단면적을 포함한다.)의 합계는 덕트의 내부 단면적의 몇 [%] 이하이어야 하는가?

① 20
② 30
③ 48
④ 50

풀이 금속덕트에 넣은 전선의 단면적(절연피복의 단면적을 포함한다)의 합계는 덕트의 내부 단면적의 20[%](전광표시장치 기타 이와 유사한 장치 또는 제어회로 등의 배선만을 넣는 경우에는 50[%]) 이하이어야 한다.

54 접지저항을 감소시키는 접지저항 저감제가 갖추어야 할 조건이 아닌 것은?

① 사람과 가축에 안전할 것
② 접지전극을 부식시키지 않을 것
③ 전기적으로 양호한 부도체일 것
④ 계절에 따른 접지저항값의 변동이 적을 것

풀이 접지저항 저감제의 조건
- 사람과 가축에 안전할 것
- 접지전극을 부식시키지 않을 것
- 전기적으로 양호한 도체일 것
- 계절에 따른 접지저항값의 변동이 적을 것

55 태양광발전설비의 시공 전 진행하는 시방서의 검토 내용이 아닌 것은?

① 제반 법규 및 규정의 적합성
② 재해 예방을 위한 검사
③ 설계도면, 구조계산서, 공사내역서의 일치 여부
④ 주요 자재 설비와 제품 등의 제품사양서 일치 여부

풀이 재해 예방을 위한 검사는 공사 진행 전의 업무이다.

56 어떤 변전소의 부하가 10[MVA], 역률이 0.75일 때, 역률을 0.9로 개선하려면 필요한 전력용 커패시터의 용량은 약 몇 [kVar]인가?

① 1,000
② 2,000
③ 3,000
④ 4,000

풀이 커패시터 용량(Q)[kVar]

$Q = \text{유효전력} \times \left(\dfrac{\sqrt{1-\cos\theta_0^2}}{\cos\theta_0} - \dfrac{\sqrt{1-\cos\theta_1^2}}{\cos\theta_1} \right)$

유효전력 = 피상전력[kVA] × 역률
$= 10 \times 10^3 \times 0.75 = 7,500[\text{kW}]$

정답 50 ② 51 ④ 52 ② 53 ④ 54 ③ 55 ② 56 ③

$$\therefore Q = 7{,}500 \times \left(\frac{\sqrt{1-0.75^2}}{0.75} - \frac{\sqrt{1-0.9^2}}{0.9} \right)$$
$$= 2{,}981.9624 \fallingdotseq 3{,}000\,[\text{kVar}]$$

57 그림과 같은 SPD의 접속도체의 총 길이($a+b$)는 몇 [m] 이하로 하여야 하는가?

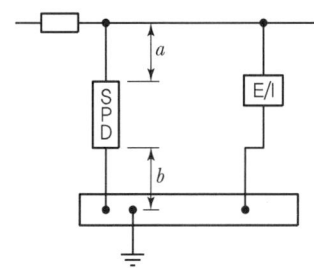

① 0.5
② 0.75
③ 1.0
④ 1.5

풀이
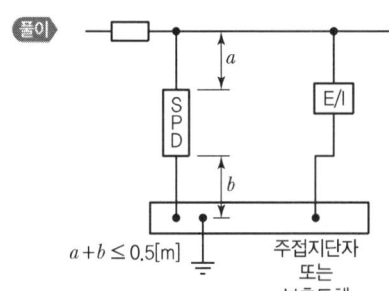

58 태양광발전설비의 사용 전 검사 신청서 제출 시 첨부하는 서류가 아닌 것은?

① 설계도서
② 감리원 배치확인서
③ 접지설계계산서
④ 전기안전관리자 선임신고증명서

풀이 사용 전 검사를 받으려는 자는 사용 전 검사 신청서에 다음의 서류를 첨부하여 검사를 받으려는 날의 7일 전까지 안전공사에 제출해야 한다.
• 공사계획인가서
• 설계도서 및 감리배치확인서
• 전기안전관리자 선임신고증명서 사본

59 수변전설비공사(KCS 31 60 10 : 2019)에 따른 수변전기기 시공에 대한 설명으로 틀린 것은?

① 전기실 바닥 트렌치·트레이 및 풀박스는 전압 및 회선별로 정리하여 배선하고, 회선별로 표찰을 부착하여야 한다.
② 전기실에 설치하는 수변전설비는 특성·품질·시공방법 등을 검토하여야 하며, 감리자의 승인을 얻은 후 설치 및 시공하여야 한다.
③ 모선 및 기기 접속도체의 접속은 전기적·기계적으로 완전하게 시공하여야 하며, 접속점은 최대한으로 하여야 한다.
④ 변압기 등과 같이 진동이 있는 기기와 모선을 접촉할 경우는 기기의 진동이 모선에 전달되지 않도록 가요성 도체 등을 설치하여야 한다.

풀이 모선 및 기기 접속도체의 접속은 전기적·기계적으로 완전하게 시공하여야 하며, 접속점은 최소한으로 하여야 한다.

60 터파기(KCS 11 20 15 : 2018)에 따른 현장 품질관리에 대한 설명으로 틀린 것은?

① 파낸 바닥면과 기초에 접하거나 아래에 있는 흙은 동해를 입지 않도록 보호해야 한다.
② 터파기공사 중 토질에 변화가 생길 때에는 즉시 공사감독자에게 보고하여 승인을 받은 후 시공하여야 한다.
③ 지반변위나 이완된 흙이 터파기 바닥면으로 떨어지는 것을 방지하고 시공 중 지반 안정을 유지해야 한다.
④ 예상하지 못한 지중조건이 발견되면 공사감독자에게 통지하고 작업 중지 지시가 있을 때까지는 해당 구역의 작업을 계속 진행해야 한다.

풀이 예상하지 못한 지중조건이 발견되면 공사감독자에게 통지하고 작업 재개 지시가 있을 때까지는 해당 구역의 작업을 중지해야 한다.

정답 57 ① 58 ③ 59 ③ 60 ④

4과목 태양광발전 운영

61 건축물 내진설계기준(KDS 41 17 00 : 2019)에 따른 구조물의 내진안정성을 제고하기 위한 고려사항으로 틀린 것은?

① 가급적 수평재는 연속되어야 한다.
② 긴 장방형의 평면인 경우, 평면의 양쪽 끝에 지진력저항시스템을 배치한다.
③ 지진하중에 대하여 건물의 비틀림이 최소화되도록 배치한다.
④ 각 방향의 지지하중에 대하여 충분한 여유도를 가질 수 있도록 횡력저항시스템을 배치한다.

풀이 가급적 수직재는 연속되어야 한다.

62 산업안전보건기준에 관한 규칙에 따라 사업주가 근로자에게 미칠 위험성을 미리 제거하기 위하여 안전진단 등 안전성 평가를 진행하여야 하는 경우에 해당하지 않는 것은?

① 화재 등으로 구축물 또는 이와 유사한 시설물의 내력(耐力)이 개선되었을 경우
② 구축물 또는 이와 유사한 시설물의 인근에서 굴착·항타작업 등으로 침하·균열 등이 발생하여 붕괴의 위험이 예상될 때
③ 구축물 또는 이와 유사한 시설물에 지닌, 동해(凍害), 부동침하(不動沈下) 등으로 균열·비틀림 등이 발생하였을 경우
④ 구조물, 건축물, 그 밖의 시설물이 그 자체의 무게·적설·풍압 또는 그 밖에 부가되는 하중 등으로 붕괴 등의 위험이 있을 경우

풀이 안전성 평가를 진행하여야 하는 경우
- 화재 등으로 구축물 또는 이와 유사한 시설물의 내력(耐力)이 심하게 저하되었을 경우
- 오랜 기간 사용하지 아니하던 구축물 또는 이와 유사한 시설물을 재사용하게 되어 안전성을 검토하여야 하는 경우
- 그 밖의 잠재위험이 예상될 경우

63 인버터에 누전이 발생했을 경우 인버터에 표시되는 내용으로 옳은 것은?

① Inverter M/C Fault
② Inverter Ground Fault
③ Serial Communication Fault
④ Line Inverter Async Fault

풀이
- Inverter M/C Fault : 전자접촉기 이상신호가 발생한 경우
- Inverter Ground Fault : 인버터에 누전이 발생한 경우
- Serial Communication Fault : 인버터와 HMI의 통신이 되지 않는 경우
- Line Inverter Async Fault : 계통과 인버터의 주파수 동기가 맞지 않는 경우

64 태양광발전시스템 직류용 커넥터-안전 요구사항 및 시험(KS C IEC 62852 : 2014)에 따라 잠금 장치 또는 스냅인 장치가 있는 커넥터는 최소 몇 [N]의 부하에 견뎌야 하는가?

① 20 ② 35
③ 50 ④ 80

풀이
- 잠금 장치 또는 스냅인(Snap-in) 장치가 있는 커넥터는 최소 80[N]의 부하에 견뎌야 한다.
- 잠금 장치 또는 스냅인(Snap-in) 장치가 없는 커넥터는 최소 50[N]의 제거하는 힘을 견뎌야 한다.

65 굴착공사 계측관리 기술지침에 따른 일반적인 계측기 선정 원리로 틀린 것은?

① 구조가 간단하고 설치가 용이할 것
② 온도와 습도의 영향을 적게 받거나 보정이 간단할 것
③ 계기의 오차가 적고 이상 유무의 발견이 쉬울 것
④ 예상 변위나 응력의 크기보다 계측기의 측정범위가 좁을 것

정답 61 ① 62 ① 63 ② 64 ④ 65 ④

풀이 계측기 선정 원리
- 구조가 간단하고 설치가 용이할 것
- 온도와 습도의 영향을 적게 받거나 보정이 간단할 것
- 계기의 오차가 적고 이상 유무의 발견이 쉬울 것
- 예상 변위나 응력의 크기보다 계측기의 측정범위가 넓을 것
- 계측기의 정밀도, 계측 범위 및 신뢰도가 계측 목적에 적합할 것

66 태양광발전시스템의 절연저항 측정 시 필요한 시험 기자재가 아닌 것은?
① 습도계   ② 온도계
③ 접지저항계   ④ 절연저항계

풀이 절연저항 측정 시 필요한 시험 기자재
- 절연저항계
- 습도계
- 온도계

67 신·재생에너지 설비 지원 등에 관한 지침에 따라 태양광발전설비에 대해 단위시설별로 에너지 생산량 및 가동상태를 확인할 수 있는 모니터링 설비를 설치하여야 하는 용량은 몇 [kW] 이상인가? (단, 각 사업공고에서 모니터링 설비 설치 대상을 따로 정하고 있지 않는 경우이다.)
① 50   ② 100
③ 150   ④ 200

풀이 다음의 설비에 대해 단위시설별로 에너지생산량 및 가동상태를 확인할 수 있는 모니터링 설비를 설치하여야 하며, 용량은 단위사업별 설비용량을 기준으로 한다. 다만, 각 사업 공고에서 모니터링 설비 설치대상을 따로 정하는 경우에는 해당 기준을 적용할 수 있다.
- 50[kW] 이상의 발전설비(수소·연료전지 : 1[kW] 초과설비)
- 200[m²] 이상의 태양열설비
- 175[kW] 이상의 지열 및 수열에너지설비

68 태양광발전소 설비용량이 3,500[kW], SMP가 200[원/kWh], 가중치 적용 전 REC가 150[원/kWh]인 경우 판매단가[원/kWh]는?(단, "SMP+1REC×가중치" 계약방식이며, 일반부지에 설치하는 것으로 한다.)
① 287   ② 325
③ 347   ④ 381

풀이 가중치(일반부지)
- 100[kW] 미만 1.2
- 3,000[kW] 이하 1.0
- 3,000[kW] 초과 0.8

$$가중치 = \frac{(99.999 \times 1.2) + (2,900.001 \times 1.0) + (3,500 - 3,000) \times 0.8}{3,500}$$
$$= 0.97714 ≒ 0.977$$

∴ 판매단가 = SMP + REC × 가중치
= 200 + (150 × 0.977)
= 346.55 ≒ 347[원/kWh]

69 전기안전관리자의 직무에 관한 고시에 따라 전기설비의 주요 구성품이 동작시험 및 계기측정 등을 통해 전기설비기술기준에 적합한지 여부를 매년 정기적으로 정밀하게 점검하는 것은?
① 일상점검
② 공사 중 점검
③ 사용 전 점검
④ 정밀(연차)점검

풀이
- 일상점검 : 전기설비의 외관점검, 작동점검, 기능점검 등을 실시하여 이상 유무를 확인하기 위하여 평상시 점검하는 것
- 정기점검 : 월차, 분기, 반기 등의 일정한 주기를 기준으로 전기설비의 이상 유무를 점검하는 것
- 정밀(연차)점검 : 전기설비의 주요 구성품이 동작시험 및 계기측정 등을 통해 전기설비기술기준에 적합한지 여부를 매년 정기적으로 정밀하게 점검하는 것
- 공사 중 점검 : 전기설비를 설치 또는 변경 중인 공사의 경우 매주 1회 이상 점검하는 것

정답 66 ③ 67 ① 68 ③ 69 ④

70 태양광발전시스템의 점검 중 일상점검에 관한 내용으로 틀린 것은?

① 이상 상태를 발견한 경우 배전반 등의 문을 열고 이상 정도를 확인한다.
② 주로 점검자의 감각(오감)을 통해서 실시하는 것으로 이상한 소리, 냄새, 손상 등을 점검항목에 따라서 행하여야 한다.
③ 원칙적으로 정전을 시켜놓고 무전압 상태에서 기기의 이상상태를 점검하고 필요에 따라서는 기기를 분리하여 점검한다.
④ 이상상태가 직접 운전을 하지 못할 정도로 전개된 경우를 제외하고는 이상상태의 내용을 정기점검 시에 참고자료로 활용한다.

풀이 원칙적으로 정전을 시켜놓고 하는 점검은 정기점검이다.

71 태양전지 어레이의 육안점검항목으로 틀린 것은?

① 가대의 부식 및 녹
② 가대의 접지 연결 상태
③ 표면의 오염 및 파손
④ 이상음, 이취 및 진동 유무

풀이 어레이 육안점검항목
  • 가대의 부식 및 녹
  • 가대의 접지 연결 상태
  • 표면의 오염 및 파손
  • 가대의 고정 상태

어레이는 구동부가 없으므로 이상음 진동이 발생하지 않는다.

72 공정안전에 관한 근로자 교육훈련 지침에 따른 교육훈련계획에 포함되는 사항으로 틀린 것은?

① 교육훈련 비용
② 교육훈련 시기, 횟수 및 시간
③ 교육훈련 방법 및 강사
④ 교육훈련 목적, 범위, 대상, 방법 및 인원

풀이 근로자의 교육훈련계획에 포함되는 사항
  • 교육훈련 시기, 횟수 및 시간
  • 교육훈련 방법 및 강사
  • 교육훈련 목적, 범위, 대상, 방법 및 인원
  • 교육훈련의 종류, 과정, 교육훈련과목 및 교육훈련 내용
  • 교육훈련 성과 측정 및 평가방법

73 전기안전관리자 직무에 관한 고시에 따라 태양광발전설비 점검기록표에 작성하여야 하는 내용이 아닌 것은?

① 태양전지의 최대전력용량
② 전력변환장치의 구입일자
③ 전력변환장치의 정격용량
④ 전력변환장치의 입력전압범위

풀이 태양광발전설비 점검기록표(별지 9호 서식)

	형식	
태양전지	최대전력용량	[kW]
	최대동작전압	[V]
	최대동작전류	[A]
전력변환장치	형식	
	정격용량	[kW]
	입력전압범위	~ [V]
	출력전압	[V]

74 절연보호구의 선정 및 사용에 관한 기술지침에 따라 사용전압이 300[V]를 초과하고 교류 600[V] 또는 직류 750[V] 이하의 작업에 사용하는 절연 고무장갑의 종별로 옳은 것은?

① D종
② C종
③ B종
④ A종

풀이
  • A종 : 사용전압이 300[V]를 초과하고 교류 600[V] 또는 직류 750[V] 이하의 작업에 사용
  • B종 : 교류 600[V] 또는 직류 750[V]를 초과하고 3,500[V] 이하의 작업에 사용
  • C종 : 3,500[V]를 초과하고 7,000[V] 이하의 작업에 사용

정답 70 ③ 71 ④ 72 ① 73 ② 74 ④

75 소형 태양광발전용 인버터(계통연계형, 독립형)(KS C 8564 : 2020)에 따라 3상 독립형 인버터의 경우 부하 불평형 시험 시 정격용량에 해당하는 부하를 연결한 후 U상, V상, W상 중 한 상의 부하를 0으로 조정한 후 몇 분 동안 운전하는가?

① 5분
② 10분
③ 20분
④ 30분

풀이 3상 독립형 인버터의 경우 부하 불평형 시험 시 정격용량에 해당하는 부하를 연결한 후 U상, V상, W상 중 한 상의 부하를 0으로 조정한 후 30분 동안 운전한다.

76 태양광발전용 변압기의 정기점검 내용으로 틀린 것은?

① 부싱 등의 균열, 파손, 변형 여부
② 유면계, 온도계의 파손 여부
③ 퓨즈통, 애자 등에 균열, 변형 여부
④ 건식형인 경우 코일, 절연물의 과열에 의한 손상 여부

풀이 변압기의 정기점검 내용
- 부싱 등의 균열, 파손, 변형 여부
- 유면계, 온도계의 파손 여부
- 건식형인 경우 코일, 절연물의 과열에 의한 손상 여부

변압기에는 퓨즈통이 없다.

77 태양광발전(PV) 모듈(안전)(KS C 8563 : 2015)에서 플라스틱 등 특정 용도로 적용할 때 그 사용용도의 적합성 여부를 미리 예측할 수 있도록 플라스틱 가연성을 시험하는 장치는?

① IP 시험기
② 트래킹 시험기
③ 난연성 시험기
④ Hot Wire Coil Ignition 시험기

풀이
- IP 시험기 : 옥외에 사용하는 부품에 대해 방수 등급을 결정하기 위한 장치
- 트래킹 시험기 : 액체 오염물질에 표면이 노출될 때 600[V]에 이르는 전압의 트래킹에 대한 고체 전기 절연 재료의 절연물의 내성을 측정하는 장치
- Hot Wire Coil Ignition 시험기 : 시료의 발화를 일으키는 요구 시간을 특정함으로써 고체 전기 절연 재료의 절연성을 시험하기 위한 장치

78 이동식 사다리의 제작과 사용에 관한 기술지침에 따라 사용 시 안전기준에 적합하지 않은 것은?

① 사다리를 출입문 앞에 설치해서는 안 된다.
② 사다리 사용 시 반드시 절연장갑과 절연장화를 착용하여야 한다.
③ 사다리는 작업장에서 위와 아래쪽으로 이동 시에만 사용한다.
④ 사다리 사용 시 작업장 주변에 쓰러질 수 있는 물질을 제거하고 작업환경을 개선하여 사용하여야 한다.

풀이 이동식 사다리의 제작과 사용에 관한 안전기준
- 사다리를 출입문 앞에 설치해서는 안 된다.
- 사다리는 작업장에서 위와 아래쪽으로 이동 시에만 사용한다.
- 사다리 사용 시 작업장 주변에 쓰러질 수 있는 물질을 제거하고 작업환경을 개선하여 사용하여야 한다.
- 사다리는 사용 전에 이상 유무를 확인한 후 사용되어야 한다.
- 작업장의 높이에 적합한 사다리를 사용하고, 높이가 사다리보다 높을 때 벽돌이나 박스 등을 이용하여 높이를 높여서는 안 된다.
- 짧은 사다리는 길이를 늘이기 위해 겹쳐 이어서는 안 된다.
- 사다리는 원래 의도된 목적 이외의 용도로 사용해서는 안 된다.
- 사용 시 반드시 안전모와 안전대를 착용하여야 한다.

정답 75 ④ 76 ③ 77 ③ 78 ②

79 전기안전관리자의 직무에 관한 고시에 따라 저압 전기설비 점검에서 연차별로 반드시 실시하여야 하는 측정으로 옳은 것은?

① 누설전류 측정
② 접지저항 측정
③ 절연저항 측정
④ 적외선 열화상 측정

풀이 안전관리규정의 작성(고시 제3조)
- 누설전류 측정 : 필요시(분기 또는 반기)
- 접지저항 측정 : 필수(반기)
- 절연저항 측정 : 필수(연차)
- 적외선 열화상 측정 : 필수(분기)

80 전기설비 검사 및 점검의 방법·절차 등에 관한 고시에 따라 사업용 태양광발전설비의 전력변환장치 정기점검 시 수검자 준비자료에 해당하지 않는 것은?

① 시퀀스 도면
② 단선결선도
③ 측정 및 점검 기록부
④ 공사계획인가(신고)서

풀이 전력변환장치 정기점검 시 수검자 준비자료
단선결선도, 시퀀스 도면, 제품 시험성적서, 측정 및 점검 기록표, 보호장치 및 계전기 시험 성적서, 절연저항시험 성적서, 접지저항시험 성적서, 절연내력시험 성적서, 경보회로시험 성적서, 부대설비시험 성적서, 접지계산서 및 설계도, DC지락차단장치 공인시험기관 시험성적서

정답 79 ③ 80 ④

참고문헌

1. 알기 쉬운 태양광발전, 박종화, 문운당
2. 저탄소 녹색성장을 위한 태양광발전, 이현화 외, 기다리
3. 태양광발전시스템 설계 및 시공, 일본태양광발전협회(이현화 외 역), 인포더북스
4. 태양광발전(알기 쉬운 태양광발전의 원리와 응용), 태양광발전연구회(이영재 외 역), 기문당
5. 태양광발전설비 점검·검사, 기술지침, 한국전기안전공사
6. 산업통상자원부 기술표준원, 태양광발전용어 모음
7. 법제처(W.moleg.go.kr) – 관련 법규
8. 신재생에너지설비의 지원 등에 관한 기준 및 지침, 산업통상자원부, 에너지관리공단 신재생센터
9. 한국전력분산형 전원, 계통연계기준, 한국전력
10. 신재생에너지발전설비(태양광)기사·산업기사 실기, 봉우근 외, 엔트미디어
11. 한국전기설비규정(KEC)
12. 설계감리, 전력시설물 공사감리 업무수행지침

memo

신재생에너지발전설비
기사 필기 태양광

발행일	2016. 7. 20 초판발행
	2019. 1. 10 개정 1판1쇄
	2021. 1. 20 개정 2판1쇄
	2021. 2. 20 개정 2판2쇄
	2021. 6. 20 개정 3판1쇄
	2025. 1. 10 개정 4판1쇄

저 자 | 박문환
발행인 | 정용수
발행처 | 예문사

주 소 | 경기도 파주시 직지길 460(출판도시) 도서출판 예문사
T E L | 031) 955-0550
F A X | 031) 955-0660
등록번호 | 11-76호

- 이 책의 어느 부분도 저작권자나 발행인의 승인 없이 무단 복제하여 이용할 수 없습니다.
- 파본 및 낙장은 구입하신 서점에서 교환하여 드립니다.
- 예문사 홈페이지 http : //www.yeamoonsa.com

정가 : 38,000원

ISBN 978-89-274-5636-0 13560